U0272152

现代养猪

XIAN DAI YANG ZHU JI SHU YU MO SHI

技术与模式

◎ 李观题 李娟 编著

中国农业科学技术出版社

图书在版编目（CIP）数据

现代养猪技术与模式 / 李观题，李娟编著 .—北京：中国农业
科学技术出版社，2015.10
　ISBN978-7-5116-2291-4

　Ⅰ.①现…　Ⅱ.①李…　Ⅲ.①－养猪学
Ⅳ.①S828

中国版本图书馆 CIP 数据核字（2015）第 237918 号

责任编辑　张国锋
责任校对　马广洋

出 版 者　中国农业科学技术出版社
　　　　　　　北京市中关村南大街 12 号　邮编：100081
电　　话　（010）82106636（编辑室）（010）82109702（发行部）
　　　　　　　（010）82109709（读者服务部）
传　　真　（010）82106631
网　　址　http://www.castp.cn
经 销 者　各地新华书店
印 刷 者　北京富泰印刷有限责任公司
开　　本　787mm×1 092mm　1/16
印　　张　39.75
字　　数　1040 千字
版　　次　2015 年 10 月第 1 版　2015 年 10 月第 1 次印刷
定　　价　180.00 元

序　言

　　民以食为天，猪粮安天下，几千年的古训足以说明养猪业在我国国民经济中的重要地位。改革开放以来，虽然我国规模养猪生产有了较大发展，但目前我国养猪业整体水平不高，与发达国家仍有较大差距，尤其是规模猪场面临的猪病复杂，死亡率高，生产效率和经济效益低下，抗风险能力差，粪便与污水处理难度大，环境污染等突出问题，严重制约了现代养猪生产健康发展。科学技术是第一生产力，现代养猪不断技术创新，普及科学养猪知识，是保证我国现代养猪业走向良性循环发展的基础。因此，养猪业迫切需要一本科学、实用的现代养猪指导书。本书作者参阅了大量国内外养猪研究成果，结合自身40余年的从业经历，加上扎实的专业知识基础，丰富的生产实践经验，极强的事业心，专心致志潜心研究总结，终成此卷。该书集现代养猪模式的选择，现代猪场的建设与配套设施、生产工艺流程、机械设备选择应用、粪污控制与处理技术和模式、猪的育种、各类猪的饲养管理、工厂化养猪的布局设计、现代养猪生产自动化与智能化、猪的饲料与饲料配制、疫病防控、生态养猪模式、经营管理等之大成，内容丰富，理论联系实际，实用性强，既可供养猪业、饲料行业生产一线人员参考，也可供科技工作者研究借鉴。

　　该书的出版将为传播现代养猪理念、推动现代科学养猪生产发展起到积极作用，特作此序。

齐德生

华中农业大学动物科技学院教授、博士生导师

二〇一五年五月二十六日

前　言

从古至今，写养猪生产技术的书籍众多，这与我国悠久的养猪历史有关。几千年来，勤劳智慧的中国人民，在养猪生产中积累了丰富的经验。我国古代对猪的品种选育和饲养就已有较高的水平和成就，相传商代的韦豕是最早的猪选种专家。在《周礼》中，记载了各种猪的区分方法，把猪通称为彘或猪。古代猪品种选育技术的记载，集中反映在公元6世纪我国北魏时贾思勰撰写的《齐民要术》中。书中全面、系统、集中、科学地总结了公元6世纪以前我国劳动人民的生产实践经验，是我国也是全世界流传至今的一部最早的农业科学巨著。在猪的选种技术方面的记载，以后散见于元朝的《农桑辑要》(1273)、明朝徐光启撰写的《农政全书》(1639)、清朝张宗洁撰写的《三农记》(1760)。我国古代不仅在猪的品种选育技术方面有较高的水平和成就，而且在猪的饲养技术方面也积累了丰富的经验。汉许慎的《说文》载："以谷圈养豕也"，这说明我国最迟在周朝已经用谷物喂猪。汉刘安《淮南王万毕术》载有肥育猪的方法，并为后人所采用。在猪的饲养技术上，先人们也有丰富的经验，已掌握了圈干食饱，少喂勤添的原则。如《齐民要术》载："圈不厌小，圈小则肥疾，处不厌秽，泥秽得避暑。亦须小厂以避雨雪。春夏草生，随时放牧；糟糠之，当日则与。八、九、十月，放而不饲，所有糟糠，则畜待穷冬春初。"明徐光启的《农政全书》载："猪多，总设一大圈，细分为小圈，每小圈只容一猪，使不得闹转，则易长也。"还载有肥猪法："用贯众三两、苍术四两、黄豆一斗、芝麻一升，各炒熟共为末，饵之，十二日则肥。"此外，我国古代人民创造发明的阉割技术，是我国甚至世界畜牧业历史上的大事。早在公元前16世纪至公元前11世纪的殷商时代，先人们发明和推广了阉割技术。《易经》记载："豕之牙吉"，意即阉割了的猪，性情就会变得温顺，虽有犀利的牙，也不足为害。唐《四时纂要》提出："犍者骨细易养。"《豳风广义》还认为阉割后"易长易肥"。古人明显地告诉：阉割不仅可使猪易于饲养和加速育肥，且可改变肉的品质。上述可见，我国古代劳动人民在长期的生产实践中积累了宝贵的养猪经验与技术，这对现代养猪生产具有重要指导意义。

自古以来我国的养猪业一直采用生态养猪的方式。从人类创立了家养猪的方式开始，猪生活在人类创造的条件下，人类按照自身的需要养猪，经过几千年的培育，形成了我国特有的小农经济的原始生态养猪方式。据历史记载，我国的生态养猪已有2000多年的时间，而且几千年来一直保持着良好的农村养猪的生态环境。随着生态学和生物学以及养猪业的发展，我国生态养猪取得了可喜的进展，创建了多种模式，如"猪—沼—农（菜）"或"猪—沼—果（林）"的生态养猪循环模式。由此可见，生态养猪循环模式，按照生态学、养猪学、生物学和经济学的原理构成了一个具有良好物能转化能力的养猪生态循环圈，同时还具有良好生态、高生产能力和经济效益、可持续发展等特点。但是，随着我国养猪业的快速发展，养猪数量快速增长，养猪的方式也发生一些变化。20世纪80年代，规模养猪在农村兴起，特别是我国实施规模养猪的集约化生产方式后，专业化工厂化的规模养猪模式有了较大的发展。

然而，现代的规模化养猪模式，并不一定能符合猪的生理和生长要求，如猪群的密度过大、猪舍的设计不能很好地考虑猪的生存和活动空间的需要、猪群周期性转圈流动、农牧分离、养猪场形成的污水和粪尿不能很好地处理等，使环境受到污染，猪的疾病增多，养猪生产不能稳定，影响养猪生产的可持续发展。从而也造成了目前的规模化养猪"三难"。一难是猪容易生病，虽然有疫苗预防加药物保健，但发病率和死亡率仍较高。二难是在受不明因素的影响时，难找到相应对策。比如看起来很正常的母猪流产、产死胎、受胎率低、产仔猪少等；没有任何疾病表现的生长肥育猪采食量就是上不去，或料重比低；长得又肥又壮的仔猪没有任何疾病症状的突然死亡。规模猪场的业主或投资者们面对这种严重降低规模养猪生产效率和生产利益的不利局面，总希望有"病树前头万木春"的未来。三难是在解决环保对粪污处理的标准与要求，技术、资金投入力不从心。由此看来，目前现代养猪生产中存在的问题已把规模化及集约化养猪推到了何去何从的十字路口。面对现代养猪生产的严峻现实，规模养猪生产者及一些学者和专家们也在认真思考，寻找出路及有效的解决方法。为此，作者根据从事畜牧业40余年，尤其是对养猪生产的变化亲历目睹，并在畜牧场任职场长的数年的经历，以及多年从事畜牧技术推广研究与饲料管理工作所积累的实践经验，通过调研并分析总结现代规模化养猪生产现状，认为目前规模化养猪生产中存在的问题，一定程度上是传统观念以及落后养猪生产技术不适应现代养猪生产的结果。不同于传统养猪生产，规模化养猪生产不是简单的猪养多养少的不同，解决养猪生产中遇到问题的思维方式也不同。现代养猪生产应该是发展现代生态养猪可持续发展的模式。从20世纪90年代开始，国内一些规模化猪场就开始探索规模养猪的现代生态化道路，有的已取得了可喜的成果。由此可见，现代养猪生产应该是利用现代生态养猪可持续发展的模式。新模式应该有新观念、新理论、新技术、新方法，而传统养猪生产主要以感性和经验指导养猪，这在一些养猪书籍中已有大量的表述。然而，在这样的环境和发展中许多规模化猪场还用传统的经验甚至理论来指导现代的养猪生产，规模化猪场业主或投资者的感性认识和经验极其有限，较难适应现代养猪生产的发展。因此，怎样破除传统养猪观念，树立新的养猪理念和总结出有关现代养猪生产可应用的模式与技术，为规模化猪场生产者提供现代养猪生产新理念、新技术，应是当今养猪科技推广急需之事。为此，作者根据自己从事此行业40余年的经历和积累，在参阅和研究国内外学者、专家及广大养猪科技工作者大量研究成果的基础上，潜心钻研，用时两年，以现代养猪生产的理念，根据现代养猪生产面临的主要问题及发展方向和趋势，从生态养猪模式、工厂化养猪及自动化和智能化的先进养猪方式、各种类型猪的现代饲养管理技术、现代猪的营养需要及饲料的配制技术、猪病诊断与防治技术以及规模猪场的经营管理等方面，编著了这本《现代养猪技术与模式》。此书内容丰富，涉及专业知识面广，为广大畜牧科技人员和现代养猪生产者提供了一本可读、可学、可用的现代养猪技术专著。但因时间仓促，加上作者才疏学浅，其中不妥之处，敬请专家、学者指正。此书引用了国内外一些学者、专家及养猪科技工作者的成果，在此表示感谢！华中农业大学博士生导师齐德生教授审阅了此书，并为本书作序，在此表示衷心感谢！最后，愿此书能对现代养猪生产者及广大畜牧技术推广者有所帮助。

作者　李观题

2015 年 4 月 25 日夜

目　录

第一章
现代养猪生产饲养模式及规模的选择

我国的养猪业正处在快速转型时期，传统的养殖方式正在迅速减少，适度规模养猪得到快速发展。适度规模养猪虽然能够取得规模效益，但其对养殖技术、经营管理要求也较高。所以想进入规模养猪行业的新人及投资者必须先对规模养猪有个基本了解，做好心理、技术、资金等方面的准备，选择好适合自己的养殖模式与规模，并实行标准化生产，尽量规避风险，才能实现盈利。

第一节　现代养猪的标准化生产条件及关键技术

一、现代养猪标准化生产的概念与内涵

（一）现代养猪标准化生产概念

所谓标准化就是做事的水准，进一步说标准化就是生猪生产中各项工作的标杆。生猪标准化是通过生猪生产的产前、前中、产后各个环节的建立和实施，把先进的科学技术和成熟的经验推广到养猪企业和养猪场（户）中，转变为现实生产力，从而获得经济、社会和生态的最佳效益，达到高产、优质、安全、高效的目的。

（二）现代养猪标准化生产的内涵

现代养猪标准化生产的内涵就是在猪场布局、栏圈建设、生产设施配套、良种及杂交模式的选择、投入品使用、生物安全、粪污处理等方面严格执行相关法律规定和行业规程，并按一定工艺流程组织生产的过程。也就是说，生猪标准化生产以养猪业科技成果和实践经验为基础，具有统一性、先进性、协调性、法规性和经济性的特点，主要包括以下几个方面。

1.圈舍标准化

圈舍标准化包括场址选择、场区规划布局、猪场建造（圈舍、仓库、办公用房等）、设施设备（定位栏、食槽、高床、饮水器等）符合有关标准要求。

2. 生产环境标准化

猪舍内的温度、湿度、光照、空气质量、通风、气流、噪声、水质、微生物种类和数量等符合有关规定和要求。

3. 品种良种化与肉猪经济杂交

要求种公猪、种母猪等引入品种、配套杂交品种、地方品种具有本品种明显特征，有良好的生产性能表现，有良好的适应性和抗病力，并符合市场和消费者的需要。商品猪实行二元、三元杂交等，最大限度提高商品猪生产性能、适应性、抗病力。因此，标准化养猪必须实行优良品种和肉猪经济杂交化。在现代养猪生产中，品种良种化是提高生猪生产性能的基础，只有优良的品种和适宜的经济杂交模式相结合，才能使猪场的产量和效益最大化。

4. 技术配套化

在现代养猪生产中必须树立生态养殖新理念，猪场要实行封闭式生产，对肉猪实行全进全出，猪场要达到生物安全的规定要求，程序化疫病防控，要综合运用各种先进养猪技术，并对各种技术进行配套化，才有可能实现标准化养猪。而且，养猪技术的配套化，使规模养猪场更加易于掌握和操作，更加适宜于家庭式规模养猪场在具体的生产过程中应用。

5. 饲料标准化

饲料标准化包括按饲养标准、常用饲料原料营养成分标准、饲料添加剂和兽药使用规范、饲料加工工艺与质量标准等，并按种猪、品种、生理阶段营养需求的不同配制配合饲料，实行配方化生产。

6. 饲养管理程序化和规范化

饲养管理包括生产管理日程，饲养管理制度，饲料饲喂次数、数量、时间、类型和方法，饮水供应的方式和质量，环境条件控制措施，兽医卫生措施及落实，生产设备设施的运行和维修，种猪的选留与配种，仔猪的断奶日龄及肉猪的适时出栏；要求生产管理者根据生产目的、生理阶段、生产环境和季节等具体情况，选择恰当的配合饲料，采取合理的饲喂方法，调整适宜的环境条件，采取综合性技术措施，尽量满足猪的生长发育及福利需求，创造达到最佳生产性能的条件。饲养管理的程序化和规范化是标准化生产的重要环节。

7. 粪污处理无害化和资源化

现代养猪生产必须是种养结合的模式，实现规模养猪粪污处理无害化、资源化，这是规模养猪实现标准化的最基本要求，也是今后很长时期内现代养猪的重要内容。

二、现代养猪的生产条件

（一）猪场的基础条件

1. 场址的选择要求

应选择地势高燥，远离村镇居民点、其他牧场、动物屠宰场、污水处理厂、水源取水口等500米以上的地方，并远离主要交通要道。

2. 土地和建筑物的面积要求

以100头母猪的猪场为例，以1:20生产繁殖，年上市商品猪2 000头计算，以每头猪1米²算，需要猪舍2 000米²，加上配套设施面积25%（饲料仓库、办公室、兽医室等），需土地2 500米²。以土地利用率1:2计算，需土地5 000米²，加上配套土地（以1:1计算），共需土地10 000米²。

3.猪舍布局要求

猪场应设置以下 4 个基本区域。

（1）生产区　种猪繁殖区（公、母猪）、分娩区（产房）、保育猪区、育肥猪区。

（2）配套附属区　引种（病猪）隔离舍、兽医及兽药室、人工授精室、饲料加工车间、饲料仓库、门卫消毒更衣室、出猪通道码头等。

（3）粪尿污水处理区　干粪堆放场、尿液处理、污水污物处理、沼气池等。

（4）生活和管理区　办公室、食堂、饲养人员和管理人员住房、职工活动室等。

4.设备设施

（1）基础设施　充足的水源（自来水或深井水）、电源和通信等。

（2）生产设施　分娩母猪栏、保育猪高床漏缝地板、围栏等。

（二）猪场主要的生产条件

1.种猪

（1）母猪品种　引进外来优良品种有大约克、长白、杜洛克、配套系（斯格、迪卡、PIC 等）；地方优良品种有太湖猪、东北民猪、监利猪、宁乡猪、荣昌猪、北京黑猪等。规模猪场根据当地气候、生产条件、市场需求、饲料供应等情况选择适宜的品种饲养。

（2）公猪　以引进品种如杜洛克、大约克、长白、汉普夏为主。

（3）饲养种猪数量　以一个生产母猪 100 头的猪场为例，配套公猪 4~5 头，母猪年更新率 25%~30%，公猪年淘汰率 40%~50%；后备猪使用前淘汰率母猪为 10%，公猪为 20%；每年应更新母猪 30 头左右（公猪 4~6 头），分 2~3 次更新，每次更新 10~15 头（公猪 2 头）。

（4）种猪利用年限　母猪使用期平均 4 年（8 胎龄左右），公猪使用期 2~3 年。

（5）公母比　自然交配公母比为 1：25，即 1 头公猪配 25 头母猪；人工授精公母比为 1：（300~500），即 1 头公猪可配 300~500 头母猪。规模猪场可同时应用自然交配和人工授精。

2.青饲料地

100 头母猪的生态养猪场，有条件的要有青饲料地 5~10 亩（1 亩 ≈ 667 米²。全书同），并配套农田 100~300 亩或果菜地 300~500 亩为宜。

（三）资金投入

资金投入规模由饲养规模决定，大、中型规模猪场的投入资金额大致是多少，将在下面有关章节中详细介绍，以供参考。

三、现代养猪的关键技术

现代养猪是一个具有较高经济、社会和生态的综合效益的新型养殖模式，通过此模式推广与应用生态养猪技术，使养猪生产实现"场舍现代化、品种良种化、营养标准化、管理科学化、猪群健康化、粪污无害化、环境生态化"，从而达到"健康、生态、高效"的养猪目的，最终为社会提供"安全、优质、新鲜"的猪肉产品。为此，现代养猪模式必须实行以下几项关键技术。

（一）猪场布局合理化

猪场布局要按照利于生产、便于生活、精于管理、严于防疫的原则，建设一个选址科学、布局合理和环境控制得当的生态养猪场；并按照其规划布局要求，将猪场建设划分为生产区、管理区、生活区和废弃物与病死猪处理区四大功能区域。猪场内各区之间有严格的隔

3

离消毒设施，在生产区内各栏舍间保持 10 米以上的间隔距离，并在母猪舍、保育舍、育肥舍内分别安装待配栏、产床和保育栏等。同时，猪场建造时必须要有围墙，使猪场与周边环境隔离。此外，还要对猪场内外配套种植树木绿化，建成花园生态式养猪场。

（二）种猪良种化及肉猪杂交化

猪场引进的种猪须实行良种化饲养，外来种猪的引进品种以大约克、长白、杜洛克等为主，用长大或大长二元母猪与杜洛克公猪配种，商品猪实行三元杂交模式。有条件的猪场，也可实行外来种猪与本地良种母猪杂交配种，生产含有本地血统的二元或三元杂交的商品猪。

（三）饲养管理科学化

规模猪场的饲养管理重点是新品种、新技术、新设施的应用，并强化养猪先进适用技术的综合集成。采用自繁自养措施，按肉猪生产规模配比一定比例的公母猪，原则上按公母猪 1∶（25~30），母猪与肉猪 1∶1.5 的比例饲养。还要采用全进全出的饲养方式，可使每栋猪舍饲养的育肥猪同时进栏、同时出栏。大中型猪场要配备相应的技术人员，可保证专人从事猪场的饲养管理、育种繁育和疫病防治技术工作，并建立监管责任制，落实饲养、防疫和质量监管责任人，做到专人负责。

（四）疫病防治规范化

1. 建立科学的免疫程序

生态养猪无论规模大小，都要建立科学的免疫程序，严格按照规定的免疫程序和要求组织实施。还要做到免疫档案记录完整、规范、齐全、可追溯。对猪瘟、口蹄疫、猪蓝耳病等规定的传染性疫病必须强制免疫，免疫密度达到 100%，免疫抗体合格率也要保持在 70% 以上。

2. 实行严格的消毒制度

猪场无论规模大小，均应执行严格的消毒制度，并建立完善的隔离措施。

3. 合理使用兽药及饲料添加剂

猪场在制订合理的药物保健方案时，要合理合法使用兽药及饲料添加剂，坚决杜绝使用违禁药品，并严格按国家有关规定执行休药期。

4. 对病死猪执行无害化处理

任何规模的猪场都要执行无害化处理技术规范，对病死猪一律采用深埋等无害化处理，严防病源扩散传染。

（五）粪污处理资源化

猪场必须实行雨污分离、干湿分离，猪粪堆积发酵处理。建立粪污沼气处理系统设施工程，利用沉淀池、厌氧发酵池、氧化塘进行生物处理，实行猪粪尿液或沼液灌溉应用，达到减量化处理，无害化排放，资源化利用的循环经济的生态养猪模式。

第二节　现代养猪饲养模式的选择

一、专业饲养母猪生产模式

这种模式主要是饲养适应性强的繁殖母猪，以出售仔猪为主。母猪主要从附近的大型规模猪场或种猪场购买，或者从自家母猪所繁殖的母猪中挑选，其所产的仔猪主要卖给专业育肥猪养殖场。生产的核心目标是用最小的成本取得最大的断奶窝重。此种模式的生产任务是配种、妊娠、分娩、哺乳、仔猪补料、断奶、免疫等，这一系列工作需要一定的饲养管理和技术水平。这种模式经济效益不太高，受市场对仔猪的需求、仔猪的价格、饲料价格、母猪饲养成本等因素的影响，经济效益不稳定。因所产的仔猪主要是提供给周围的专业育肥猪场，因此对专业育肥猪场的依赖性较强，应对市场变化的能力较弱。猪价高时，虽然仔猪也能卖个好价钱，但价格上扬的时间一般会滞后于商品肉猪。一旦猪价跌落，仔猪首当其冲。所以历次猪价低谷，母猪饲养场受到的打击均是最大的。因此，在猪价低谷期，母猪饲养户会普遍淘汰母猪，整个养猪业至少1年以上才可恢复。

这种模式的主要优点在于投资较少、回报快，而且饲料投资相对小，对青粗饲料利用优势明显。有一定技术但资金有限的投资者可考虑选择此种模式。

二、专业饲养育肥猪生产模式

专业饲养育肥猪就是购买仔猪，育肥后再出售。这种专业育肥猪的养殖周期短，其育肥猪只需4个月就能出栏。核心目标是最快的生长速度和最低的料肉比。购仔猪育肥，只需把好进猪关，对技术的要求比母猪低，而且只承担4个月的育肥期的养殖风险，所以市场风险较小。但这种生产模式饲料资金成本高，如果所购仔猪来自不同的猪场，病源复杂，再加上防疫不规范，疫病风险不可避免，历次疫病大流行损失最大的往往是这类猪场。采用这种养猪生产模式，赚钱的往往是那些有市场经验的生产经营者，其可以根据自己的实际情况以及对市场的判断，自主控制每次购进仔猪的数量，固定资产投入较少，成本较低，周期较短，因此市场风险较小。因专业育肥对市场价格最敏感，对市场行情把握好的生产经营者在低谷时低价购进仔猪，再育成肥猪，市场行情较好，就可大赚一笔。而有些经验不足的人，往往猪价高峰时跟风而进，高价购进仔猪，如猪价跌了，就会亏损。

三、自繁自养生产模式

就中国养猪生产情况来讲，自繁自养是一种比较好的养猪模式。首先这种生产模式的病源相对简单，对本场已有的病源猪群大多产生了自然抗体，只要防止带进外来病源，疫病的威胁要小得多。其次，这种生产模式自己能制订合理的防疫和免疫程序，使猪群抗体水平保持一致。再者，避免了运输等许多应激因素，特别对生长育肥猪的猪群，能迅速适应环境，生长发育不会受到影响。从整体效益来讲，这种生产模式更稳定，低价时可以稳住阵脚，高价时也不因买不到仔猪而发愁，但这种生产模式相对来说资金和技术的投入较大。从经济学的角度讲，从种猪到商品肉猪生产，减少中间环节，本身就可带来增值，提高盈利水平，降低风险。但因为这种养殖生产模式需要从种猪到商品猪，整个生产链条较长，投入较大。因此，受资金实力、环境等因素制约，自繁自养的生产模式一般分大、中、小3种模式。

（一）小规模自繁自养生产模式

小规模自繁自养的养猪场，一般饲养母猪在10头左右，年出栏商品肉猪200头左右。小规模的自繁自养场部分是由专业母猪养殖场转变而来，如生猪行情差时，仔猪价低，便自己养直到出栏，但当仔猪育肥出栏时行情已经好转，盈利较好，于是便从养母猪卖仔猪逐渐变为自繁自养。由于资金充足，规模逐渐扩大，但扩栏的规模一般不超过100头母猪。在我国这部分养殖户数量庞大，是我国生猪生产的中坚力量。

（二）中大规模自繁自养生产模式

中大规模养猪场的存栏母猪100~500头，年出栏肉猪1 000~10 000头。大中型的自繁自养规模养猪场需要雄厚的资金实力，占用大量的土地，产生大量的粪尿污水，给周围生态环境带来的压力较大。大中型规模养猪场在资金、技术方面具有明显的优势，代表着较高的养殖水平，不是一般农村的养殖户可以达到的。

投资者须根据自身条件来选择适合自己的模式，如果猪舍使用期较短，或养猪是临时的，或能较好把握市场行情，可选择专业饲养育肥猪生产模式。如果饲养者的专业知识和技术优势倾向于饲养母猪和仔猪，但生产流动资金不足时，可选择专业饲养母猪生产模式。如果具有准备长期从事养猪业，也有一定的经济实力和养猪技术，自繁自养是最适合获利最丰厚的一种饲养模式，可从小规模发展到中等规模。

第三节　现代养猪的规模标准与规模选择

一、我国养猪规模的标准

我国农业统计按年出栏数（Q）分级，将生猪规模化养殖分为5类：养殖专业户50头≤Q≤499头，小型养殖场500头≤Q≤2 999头，中型养殖场3 000头≤Q≤9 999头，大型养殖场10 000头≤Q≤49 999头，超大型养殖场Q≥50 000头。规模猪场的常年存栏量与年出栏数之比，大约为1∶2。

二、现代养猪的规模选择和确定方法

（一）养猪规模以适度为宜

投资者兴办养猪场首先应根据自己的资金规模来定，但对于从未涉足过这个行业的投资者，即便是资金充足，开始时也不应规模过大。随着管理经验的积累，可逐步扩大规模。而养猪要扩大规模，其限制因素有：资金、疫病、环境和政策，以及技术保障。生产实践已证实，不管是有多大的资金和多强的技术保障，都必须以适度规模为宜。适度规模不仅易于管理，而且能让生产经营者积累一定经验，同时更可回避一定的市场风险。所谓养猪生产的适度规模，是指在一定的社会和环境条件下，养猪投资者或生产者结合自己的经济实力、技术水平和生产条件，充分利用自身的优势和生态环境条件，把各种生产潜能充分发挥出来，以取得经济、生态和社会效益的规模。对一个规模猪场来讲，适度规模只是一个相对概念，并非固定不变。投资者和生产经营者在市场需求量大和生态环境良好条件的前提下，会随着资金规模、生产经营模式、技术水平、经营管理水平等方面的提高，由小规模向中型规模发展或由中型规模向大型规模发展。但无论怎样扩大规模，适度规模是原则，否则会适得其反。

（二）适度规模的确定方法

1. 规模经营与经济效益的关系分析

规模养猪实质也就是规模经营，规模经营是用产量、产值和利润等指标来反映一个规模猪场生产能力的数量表现。对于一个规模猪场，衡量其规模经营大小的主要标准是种猪的饲养数量、肉猪的出栏量、栏圈面积及经营收入等方面。由此可见，规模经营的大小也决定了经济效益的高低，两者的关系极为密切。如果用产量来反映规模经营，单位产品（猪）成本来反映经济效益的话，那么，规模经营与经济效益的关系可用图1-1来表示。

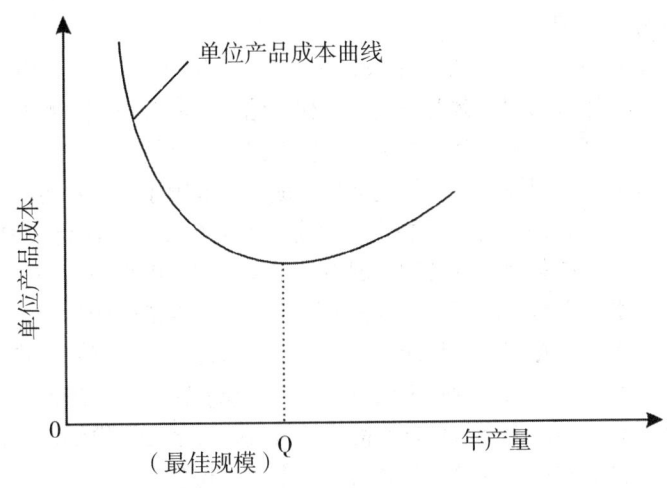

图1-1 规模经营与经济效益关系

从图1-1可见单位产品成本曲线呈马鞍形，原因有以下两点。

其一，规模经营同种猪饲养数量、圈舍面积、生产设备配套及先进养猪技术的应用等有密切关系。规模经营过小，不能饲养一定数量的良种猪，不能采用先进技术和配套生产设备，劳动生产率低，其经济效益也较低。扩大规模经营则可饲养一定数量的良种猪，再采用先进和配套的栏圈生产设施，提高了劳动生产率，单位成本也随之下降，其经济效益也提高了。但当规模经营超过一定限度时，就会给经营管理造成困难，不能有效地利用生产要素来组织生产经营过程，于是单位产品成本也随之上升，其经营收入会降低或亏损。

其二，规模经营同单位产品（猪）所分摊的固定成本有密切关系。在猪场既定生产能力的条件下，固定成本总额，如固定资产折旧费、饲养人员的固定工资等，一般不会随着产量的增减而增减。当饲养量少时，单位产品（猪）所分摊的固定成本就大，随着饲养量的增加，则单位产品（猪）所分摊的固定成本就会减少。但当饲养量增加到一定限度时，规模猪场原有的生产能力难以承受，就需要增加栏圈、人员、设施等，使固定成本总额增加，于是单位产品（猪）所分摊的固定成本上升。

由以上分析可看出，当猪场规模变化时，生产成本也会发生变化，经济效益低甚至亏损。只有规模适宜，才有利于合理组织养猪生产经营过程，有效利用人、财、物，提高劳动生产率，节约管理费用，降低生产成本，增加盈利。因此，规模效益就是采用适宜的经营规模所获得的超额收益。

2. 影响规模的主要因素

规模养猪不同于其他项目的规模生产，因为猪是有生命的动物，且是以食粮食为主，在饲养过程中有一定的局限性。因此，猪场规模易受到内外各种主客观条件的影响，主要有以下几个因素。

（1）规模养猪易受市场价格牵制　市场的活猪价格、鲜肉价格、饲料价格以及猪粮比价等都是影响猪场饲养规模的因素。一般来讲，市场对猪肉需求量、猪的销售渠道和市场占有量直接关系到猪场的生产效益。在市场对猪肉产品需求量大，价格稳定，销售渠道又稳定畅通的情况下，饲养规模可以适度扩大，反之则宜小。规模养猪只有根据市场需要才可进行生产，不能搞盲目性规模饲养。

（2）规模养猪受资金限制　在一定程度上讲资金规模决定饲养规模。规模养猪需要场地，场地无论是征用还是租用，都要有资金。建筑猪舍、配备设施、购买种猪（仔猪）和饲料，以及修建粪污处理工程等，都需要大量的资金投入和周转。因此，不根据自身的资金数量多少而盲目建场或扩大规模，其结果是猪场建成后可能由于资金不足或资金周转困难而影响正常生产。由此可见，规模养猪的投资者确定生产规模要量力而行。如果资金拥有量大，资金周转顺畅，其他生产条件又具备的情况下，规模饲养可以适当大一些。

（3）规模养猪受技术水平的影响　规模养猪与传统的养猪生产有很大不同，对技术的要求很高。饲养人员和经营管理者必须懂得养猪技术和管理方式，特别是猪场业主须是专业人员。否则，缺乏技术，又不懂经营管理而盲目从事规模养猪或扩大规模，其结果是饲养管理不良、疾病发生率高，不仅不能取得良好的规模效益，甚至会亏损倒闭。科学技术也是生产力，这是任何一个投资和从事规模养猪者必须牢记的一句名言。

（4）经营管理水平程度　经营管理是构成生产力的一项运筹性因素，规模养猪借助它才能实现经营要素的结合和经营过程的运转，故经营管理水平较高的投资者和生产经营者，经营规模可以大些，反之则应小些。

（5）规模养猪受生态和环境的影响　规模养猪每年产生的粪尿要及时处理，如果不进行综合处理，势必对周围生态环境造成污染。如今，猪场的污染已引起政府及有关部门的高度重视，并已将规模化养殖场纳入废水限制达标排放的范围。如果猪场的粪污处理系统工程完善，又能做到干湿分离和雨污分离，实行种养结合的生态养猪生产模式，规模养猪可以大些，否则只能搞小型规模。

从以上因素可看到，猪场规模的大小受到资金、技术、市场需求、市场价格以及环境的影响，因此，确定饲养规模要充分考虑这些影响因素。一般来讲，资金、技术和环境是制约规模大小的主要因素。规模饲养数量多，但如果资金、技术和管理有一个方面滞后，加上环境条件差，疾病频繁发生，是不可能取得一定经济效益的。因此，适度规模养猪一定要在一定的自然、经济、技术、社会等条件下，生产者所经营的猪群规模不仅与劳动力规模、栏圈规模等相匹配，而且还要与社会生产发展水平、市场供需状况相一致，才有可能充分提高劳动生产率、猪群生产率、饲料利用率和资金使用率，实现一定经济效益目标的可行性规模水平，即适度规模的规模经济水平。

3. 应用盈亏平衡原理分析适度规模的界限

（1）本、量、利分析法　成本、产量、利润之间的相互关系分析，称保本点分析，或叫盈亏平衡分析法，是通过分析产品的产销量、成本、盈利之间的关系来评价和选择决策方案的一种方法。进一步说，它以数量化会计模型与图形来揭示固定成本、变动成本、产销量、销售单价、销售收入和利润之间的内在规律性联系，为预测、决策和规划提供必要财务信息的一种技术方法。其基本原理就是当生产或销售产品的总收入正好等于总成本的产量（或销量）的点，就是一个盈亏平衡点，即不盈不亏点，或叫保本点。计算出保本点，规模养猪投资者和经营者就能根据预计的生产经营活动水平（产量或销量）来预测盈利或亏损。因此，计算保本点是本、量、利分析法的重点。这种方法同样适用于养猪规模的确定，在编制可行性项目报告中常用。

（2）盈亏平衡分析法　规模养猪投资者都希望在一个生产经营阶段（一般为一年），其销售的肉猪收入能够补偿固定费用和可变费用，并且还能盈利。如果肉猪收入只够补偿各种费用，该投资者此阶段的经营处于盈亏平衡点上，也就是总收入与总成本相等的那个经营水平。

4. 应用盈亏平衡法找出规模经营经济决策的界限

生产实践中借助于盈亏平衡分析法，求出的保本产量（或保本销售收入），就是规模经营经济与不经济的界限。下面用两个案例说明规模养猪怎样求保本产量，怎样实现一定利润的产量，从而确定适度饲养规模。

例1：某投资者或农户准备养猪200头，预测肉猪价格为16元/千克，可变成本为11元/千克，该猪场每年固定费用总额为30 000元，则：

每头肉猪平均体重为100千克，6 000千克除以100千克，为60头肉猪。也就是说只有销售60头肉猪，平均每头体重100千克，才可达到不亏不盈，处于保本经营。

例2：某投资者或农户搞规模养猪的目的在于盈利，上面的举例再加年计划盈利50 000元，其年销售量是多少才可保证盈利。

每头肉猪平均体重为100千克，16 000千克除以100千克，为160头肉猪。也就是说只有销售160头肉猪，平均每头体重100千克，才有50 000元盈利。年计划盈利50 000元，50 000元除以160头肉猪，平均每头肉猪盈利312.5元。这样的盈利水平基本符合一个小型养猪场和正常猪价的年景，理论算账基本上也与实际相符。也就是说这个规模平均年销售160头肉猪后才可达到50 000元的盈利目标。一般来说，这样的小型养猪场适合一般农户，只饲养10头能繁母猪，自繁自养，年销售160头肉猪，只需1~2个劳动力即可，而且对种植业生产也不影响，能做到养猪与种植业相结合的生态养猪模式。

（三）适度规模的标准分析

生产实践证实，要想在养猪生产中取得一定利润，养猪规模不宜太小，但也不是规模越大越好，以适度为宜。规模过大，资金投入多，饲料供应、猪粪尿处理的难度增大，市场风险也增大。对于一般的小型养猪场，自繁自养，10~15头母猪，年出栏200~300头商品猪比较适合。随着管理经验增加，技术水平的提高，可发展至100~200头母猪的规模，有资金条件的一般以300头母猪规模比较适合。出栏肉猪1 000~6 000头，自繁自养。这样的规模养殖，易于管理，猪粪易于就地还田消化，同时可回避一定的市场风险。而且，这样的养猪规模，在劳动力方面，生产经营者可以利用自家的劳动力，不会因为增加劳动力而提高养猪成本；在饲料方面，可以自己种植青饲料，自配饲料；在饲养管理方面，生产经营者可以通过短期培训或自学养猪知识，方便、灵活地采用科学化的饲养管理模式，从而提高养猪技术水平，确保养猪总体效益。

（四）中小规模猪场的模式适合中国养猪业的发展模式

今后的中国养猪业发展模式，将是大型（年出栏万头商品猪为生产单位的大型全产业链企业）猪场与中小型（年出栏 200~5 000 头商品猪规模）猪场（家庭农场）联合并存，而且是中小猪场联合体占较大比例。相对于万头规模的大型猪场来说，中小型猪场对土地的占用、粪污的处理等都有较大灵活性和方便性。生产实践证实，中小型猪场的模式具有以下优势。

1. 规模适中

中小型规模猪场也是规模化生产模式，在猪场建设、养猪生产工艺设计和种猪繁育体系规划等方面，要在猪场建设之前都需要经过认真的规划和设计，也是一个比较完整的生态系统工程。中小型规模猪场实行"全进全出"生产工艺，在保育、育肥阶段合理使用发酵床养猪技术，全场结合沼气工程和农牧结合的生态养殖模式，能做到零污染、零排放，很适合我国目前的国情。

中小型规模猪场需要投入资金在 30 万 ~500 万元，已经不再是依附于种植业和副业的养猪生产了。由于投资者或者生产经营者的全部资金和家当可能都在猪场上，对猪场的生产和管理十分重视，而作为一个具有规模的生产企业，地方政府和主管部门也便于规范和管理。

2. 用工较少

中小型猪场生产一般使用饲养人员 2~8 人，可以由场主家人操作主要生产岗位，不需要过多的人事管理。在我国目前猪场生产条件较差、养猪技术人才短缺的情况下，是一个符合中国国情的养猪生产模式。

3. 机械化程度要求不高，容易解决环境污染问题

一般来说中小型猪场的机械化程度要求不高，可以采用人工清粪与当地农田的处理粪尿方式。而且中小规模猪场若能结合"土地流转"，转租的农田配套种植业，发展种养结合的家庭农场，其发展前景更符合我国农村和农业发展规划。因此，中小型猪场走农牧结合的生态养殖模式，除多使用有机肥对种植业有长远利益外，还可避免大型规模猪场产生大量粪尿不易很好处理消纳，造成环境污染的问题。而且中小规模猪场耗能较少，实用性强，建设投资和生产运行费用低，能获取一定的经济效益。

第二章
现代猪场的规划设计与生产工艺流程的确定

随着现代规模化猪场的迅速发展，猪场投资者和生产经营者对猪场建设选址规划、生产工艺、猪舍布局设计、环境控制、设施配套、生物安全等方面提出了更高的要求。因此，综合应用先进的设计理念和科学技术建设生态型现代化的猪场已成为发展趋势。因地制宜、合理设计与分配投资，获得较好的经济、生态、社会效益，这是生态养猪场规划设计的最终目的。

第一节　现代猪场设计要求

一、遵守国家相关标准与规定

国家标准《规模猪场建设》（GB/T 17824.1—2008）、《规模猪场生产技术规范》（GB/T 17824.2—2008）和《规模猪场环境参数及环境管理》（GB/T 17824.3—2008），已于2008年11月1日由国家质量监督检验检疫总局和国家标准化管理委员会发布实施。其中《规模猪场建设》，规定了规模猪场的饲养工艺、建设面积、场址选择、猪场布局、建设要求、水电供应及设施设备等技术要求，该标准适用于规模猪场的新建、改建和扩建，其他类型猪场建设也可参照执行。《规模猪场环境参数及环境管理》，规定了规模猪场的场区环境和猪舍环境的相关参数及管理要求，该标准适用于规模猪场的环境卫生管理，其他类型猪场也可参照执行。此外，为贯彻《环境保护法》《水污染防治法》《大气污染防治法》，控制畜禽养殖业生产的废水、废渣和恶臭对环境的污染，促进养殖业生产工艺和技术进步，国家又颁布了《畜禽养殖污染物排放标准》（GB 18596—2001），该标准适用于集约化、规模化的畜禽养殖场和养殖小区，不适用于畜禽散养户。根据畜禽养殖业污染物排放的特点，本标准规定的污染物控制项目包括生化指标、卫生学指标和感观指标等。为推动畜禽养殖业污染物的减量化、无害化和资源化，该标准还规定了废水、恶臭排放标准和废渣无害化环境标准，以及这些建设项目环境影响评价、环境保护设施设计、竣工验收及其投产后的排放管理。为了防治畜禽养殖污染，推进畜禽养殖废弃物的综合利用和无害化处理，保护和改善环境，保障公众身体健康，促进畜牧业持续健康发展，国务院于 2013 年 11 月 11 日颁布了《畜禽规模养殖防治条例》（国务院令第 643 号），自 2014 年 1 月 1 日起施行。该条例适用于畜禽养殖场、养殖小区的养殖污染防治。该条例对畜禽污染防治和废弃物综合利用进行了全面规范，要求新建、改建、扩建畜禽养殖场的，应当符合畜禽养殖污染防治规划，依法进行环境影响评价；要求畜禽养殖应当建设相应的综合利用和无害化处理设施，并确保防治配套正常运转；要求畜禽养殖场业主不得向外排放未经处理或虽经处理但不符合规定标准的废弃物。可以说《畜禽规模养殖污染防治条例》是一个处罚相当严厉的法规，而且处罚标准高，法律责任大。

二、满足现代养猪福利

（一）我国猪场动物福利存在的主要问题

1. 饲养方式不符合动物福利要求

20 世纪 80 年代以来，我国兴起了机械化、规模化猪场的热潮。集约化的规模养猪在节约土地资源、提高劳动生产效率、提高科学技术水平上起到了一定的作用。但因母猪普遍采用单体限位栏饲养，有的猪场甚至把正在生长发育的后备种猪也关在单体限位栏内饲养，这就违背了让动物享有正常表达行为的最基本原则，造成母猪体质下降，使用年限缩短，肢蹄病严重，以致有的猪场种母猪在生产 3~4 胎后就因站不起来，配不上种或因难产、死胎增多而不得不提前淘汰，也造成了一些猪场种猪饲养生产力低，经济效益不佳。

2. 饲养密度过大

有的地方在土地狭小的空间建万头猪场，猪舍间隔不足 10 米，一间不足 20 米² 的猪栏内养 20 多头育肥猪。有的猪场实行楼层立体养猪。这种高密度饲养，不仅造成大量粪尿、臭气、噪声污染，也使猪产生打斗、咬尾、咬耳等行为怪癖，最终导致生长速度缓慢、肉质下降、疫病频繁发生。

3. 过早断奶

母猪哺育仔猪，而仔猪在母猪身边自由自在地生活，这是动物的天性，也是动物的一种康乐。然而，在有些集约化猪场，为了片面追求高产，将仔猪断奶日龄从 28 天提早到 21 天，甚至提早到 14 天，这种不顾动物天性和条件的盲目追求，不仅增加了生产成本，而且因过早断奶引起的心理、环境、营养应激造成的损失也非小数。

4. 饲养人员的"物种歧视"

猪由人饲养，饲养人员与猪的接触最密切，有学者研究证实，得到饲养人员不断的、富有同情心地对待的猪，比没有得到或得不到合理对待的猪血液中皮质类固醇激素明显降低，而生长速度和繁殖率则比后者高。猪场中饲养人员有时会粗暴地对待饲养的猪，这也不能简单地归结于饲养人员的素质不高，因为这是源于人类几千年来形成的对动物的错误认识，即"物种歧视"。人们常不顾及动物的心理与行为，认为人类是至尊，可以对动物为所欲为。为了转变这种观念，必须大力提倡福利化养猪新技术，让饲养人员有福利化和健康养殖新观念，明确动物福利标准，推行标准化养猪生产模式。

（二）现代养猪要基于动物福利理念，有利于猪的生物学特性和行为习性

1. 猪的生物学特性

同其他生物一样，猪在长期的历史演化和适应自然环境过程中，形成了自己与外界环境

相适应、有利于自身生长繁衍所持有的生物学特征。猪场设计时必须要了解猪的生物学特征，给猪一个相适应的外界环境，才有利于其生长发育和繁殖后代从而获取经济效益。

（1）性成熟早、世代间隔短、繁殖力强　猪是多胎高产的家畜，性成熟早、世代间隔短。母猪出生后 4~5 个月就达到性成熟，6~8 月龄便可初次配种。母猪的妊娠期 114 天，加上仔猪哺乳期 28~35 天，断奶后母猪 7~10 天内配种，整个繁殖周期约 149 天。由此推算，一头母猪一年至少可产 2.2 胎。母猪的繁殖力极强，一般不受季节的影响，母猪在性成熟后按既定的时间出现性周期，在正常的饲养管理条件下，母猪都能按期发情配种，一次发情可排卵 12~20 个，产仔数 10 头左右。我国许多地方优良种猪比外来品种母猪的繁殖力强，产仔多，性成熟早，母性好，在粗放的饲养条件下两年可产仔 5 窝。

（2）食性广、饲料转化率高　猪是杂食动物，可食的饲料范围广，特别是能够很好地利用各种植物性饲料和加工副产品。由于猪是单胃动物，胃内没有分解粗纤维的微生物，因此在猪的日粮配制中应严格控制粗纤维的含量。

（3）适应性强、分布广　猪对各种环境条件均有较强的适应能力，这与其丰富多样的品种和种群资源有着密切的关系。对于不同的气候、饲料和饲养管理条件，人类几乎都能找到与之相适应的品种，特别是中国大多数的地方品种，耐粗饲极强。

（4）生长迅速、沉积脂肪能力强　由于猪胚胎生长期短，同胎中仔猪数又多，出生时发育不充分，头的比例大，初生体重小，各系统器官发育不完善，对外界环境的抵抗力较低。但仔猪出生后生长发育很快，特别是生后的前 2 个月。在良好的饲养条件下，1 月龄体重为初生重的 5~6 倍，2 月龄体重为 1 月龄的 2~3 倍；较好的品种或杂交育肥猪，6 月龄体重可达 95~110 千克，即可出栏。猪的生长发育规律为生长初期骨骼生长强度大，中期生长重点转移到肌肉，后期大量地沉积脂肪，消耗饲料多。

（5）嗅觉和听觉灵敏、视觉不发达　猪的嗅觉发达，母猪能用嗅觉识别自己产下的仔猪，排斥别的母猪所产的仔猪，而仔猪在出生几小时后便能鉴别气味。猪还能用嗅觉区别排粪尿处和睡卧处，在饲养管理中利用猪的嗅觉灵敏，可使猪能养成"三点定位"，即吃食、排粪尿、睡卧分开的习惯，有利于饲养管理。

猪的听觉也很灵敏，能细致鉴别声音强度和节律，容易对口令和声音刺激的调教养成习惯，形成条件反射，利用这一特点，可对猪进行调教。但由于猪的听觉灵敏，对噪声反应会产生应激，猪场的建设要远离公路、铁路、工厂和村镇，可避免不良因素的干扰。因此，养猪场的安静环境才可保证猪良好的生长发育。

猪的视觉很弱，对光线强弱和物体形象的分析能力不强，分辨颜色的能力差，可称为"色盲"。

（6）大猪怕热、小猪怕冷　猪最适宜的环境温度依日龄不同而异。新生仔猪由于体温调节功能尚不健全，皮下脂肪少，体内贮能少、体格小、体表面积较大，其临界温度较高。生后 5~6 天的仔猪，临界温度为 34~35℃。随日龄增长，体重增加，体温调节功能逐渐增强，体内贮能不断增加，其临界温度降低。由于猪的被毛稀少，汗腺发达，易积累皮下脂肪，体内热量不易散发，这些生理特点使猪极不耐热，肥育猪的适宜温度为 20~23℃。

2. 猪的行为习性

随着规模养猪的日趋集约化和智能化，猪的行为学已越来越引起科技人员的重视。研究猪的行为学特点、发生机理及调教方法和技术，已经成为提高规模养猪效益的有效途径。猪的行为习性主要有以下几个方面。

（1）采食行为　现在饲养的猪通过几千年的人为驯化已成为家猪，但仍有野猪的行为，即拱土觅食的特点。在自然放牧的情况下，猪嗅觉灵敏，靠鼻子拱土掘食；舍饲条件下，猪采食时力图占据有利位置，有时前肢踏入食槽，将饲料拌撒一地，仍有拱土觅食的习惯。猪的采食具有竞争性，爱抢食，特别是群饲的猪比单饲的猪吃得多、吃得快、长得快。在自由采食条件下，猪白天采食 6~8 次，夜间采食 3~5 次，每次采食持续 10~20 分钟。哺乳仔猪昼夜吮奶次数因日龄不同而异，一般在 15~25 次；大猪采食量和摄食频率随体重增加而增大，这也是育肥猪饲养到 110 千克要出栏的原因。否则体重越大，吃料越多，则饲料报酬低，料肉比下降。猪饮水一般与采食同时进行，且饮水量大，吃干料时饮水量是干料的 2 倍。猪喜吃甜食，爱吃颗粒料和湿拌料。对料槽的设计、饮水器的位置都要根据不同阶段猪的特点合理设计，满足猪的采食行为和特点。

（2）"三角定位"的生活行为　"三角定位"指圈养猪的采食、睡觉、排泄粪尿各在一个地方，一旦固定下来会基本不变。有经验的饲养人员在猪初进圈舍或合栏并群时，就对猪进行调教，猪很快就会养成"三角定位"的生活方式，有利饲养人员管理。

（3）母性行为　母性行为指分娩前后的母猪，有一系列的行为表现，主要有搂草做窝，准备产仔，分娩前 24 小时表现精神不安、拱地，时起时卧；产仔后一般侧卧，充分暴露乳房引诱仔猪哺乳行为；分娩后母仔之间通过嗅觉、听觉和视觉相互联系，同时母猪还表现出强烈的护仔行为。

（4）争斗行为　争斗是猪的一种本性表现行为，争斗行为主要有：进攻、防御、守势和躲避。仔猪出生后几小时内，为争夺前端的奶头会出现争斗行为，常常是先出生或体重较大的仔猪抢到较好的乳头位置，能吃饱，生长发育快；而弱小的仔猪则只能吸吮后边的乳头，奶量小，影响其生长发育。因此，对体质弱、体重较轻的仔猪在护理时，可人为地放到前端的奶头吃奶，这对提高仔猪成活率及窝重具有一定意义。生产实践中，猪的争食、争地行为多受饲养密度的影响。当猪群饲养密度过大时，采食和戏玩过程的争斗行为会明显增加，争斗时咬头、咬耳、咬尾，还会造成增重下降，浪费饲料。特别是把猪合并成群时，一般都会发生争斗与撕咬，强者咬弱者，大约需要 1 周的时间才能建立起比较安定的新群居秩序，在最初的 2~3 天往往会发生频繁的个体间争斗。生产实践也证实，猪群每重组一次，猪只一周内很少增重。因此，在猪并群时，要考虑到按个体大小和强弱，以免造成强者更强，弱者更弱。生产中确实需要调群和并群时，要按照"留弱不留强"（即把处于不利争斗地位或较弱小的猪留在原圈，把较强的调出来），"拆多不拆少"（即把较少的猪留在原圈，把较多的猪并进去），"夜并昼不并"（即合并群时，选择夜间）的原则进行，并加强调群后 2~3 天内的管理，尽量减少争斗发生。由此可见，同群或不同群猪之间为争奶头、争食、争地，以及同群猪内的位次结构调整都会发生争斗，这在饲养管理中要引起足够的重视，以免造成不必要的损失。

（5）探究行为　探究行为是猪的一个自我保护行为。猪的探究行为多是朝向地面，通过看、听、尝、闻、啃、拱等感官进行探究。特别是在猪觅食时，通过闻、拱或啃，觉得符合口味，并认为环境安全后才会采食。

（6）贪睡行为　贪睡也是猪的一种本性表现行为，仔猪在出生后 3 天，除吮乳和排泄外，几乎一直是酣睡不动，生长育肥猪和种猪的平均休息时间分别占 70%~85% 和 70%。在猪场设计时就要充分地考虑到猪的这一行为，有利于猪的生长发育和繁殖。

（7）性行为　性行为也是猪的一种本性表现行为。猪的性行为包括发情、求偶和交配行为。母猪发情外观表征有：阴户肿胀发红、流出带丝状的黏液水，卧立不安，食欲不稳，并有节律和柔和的哼哼声，爬跨其他母猪或主动接近公猪，也愿意接受公猪的爬跨。对公猪而言主要表现为主动接触母猪，用鼻嗅外侧、外阴，并发出连续的、有节律的、柔和的哼哼声。

（8）恶癖行为　猪的恶癖是一种恶习。猪常见的恶习有争斗、翻圈、咬头、咬尾、咬耳等，但这些行为与环境中有害刺激有关，特别是规模化养猪饲养密度的增加，猪的活动范围受到限制，猪的恶癖行为表现得更为明显。如长期圈禁的母猪在单调、无聊、狭小的空间下，会顽固性地咬嚼自动饮水器的铁质乳头和不停地咬栏柱、拱圈门，有些神经质的母猪产后会出现食仔现象。仔猪和肉猪在营养缺乏和环境拥挤状况下，会出现咬尾和咬耳行为。这些恶癖行为会给养猪生产带来严重的危害。因此，在猪场设计时，也要针对猪的恶癖行为，提出改进措施。

三、有利于猪对环境条件的要求

规模养猪的环境控制措施从广义上讲是猪场的科学规划设计和布局、绿化、场区的卫生消毒等；狭义上讲是指猪舍小环境的控制，包括猪舍的建筑设计、设施设备的合理利用等。在一定程度上讲，猪场适宜的环境条件，是预防疾病、保持猪群健康、便于饲养管理、提高饲料利用率、降低生产成本、最大限度地发挥生产能力和提高猪场经济效益的重要措施。

（一）猪的生长环境条件

1.适宜的温度

猪是恒温动物，在一定的环境温度下，也就是说无论是酷热的夏季、还是严寒的冬季，猪都能通过自身的调节作用保持体温的恒定。低温条件下，猪通过代谢作用的加强，靠从饲料中获得能量和减少散热量来维持体温，这也是冬季养猪耗料多的原因；而高温条件下，猪通过加速外调血液循环，提高皮肤和呼吸道的蒸发散热以及减少产热量来维持体温平衡，这也是夏季猪出现采食量减少而生产力下降的原因。因此，生产实践中要了解各类猪对环境温度变化的影响，这对提高养猪生产效益具有一定意义。

（1）温度变化对猪的影响

① 出生至断奶阶段受温度变化的影响。此阶段以出生后 7 天内的温度影响最为关键。新生仔猪出生后的适宜温度为 30~32℃，母猪的最适宜温度为 20℃左右，新生仔猪第 1 周的临界温度为 31~37℃，与母猪所需温度发生矛盾。但如果分娩舍内环境温度太低，容易造成仔猪活力下降，逐渐失去吮吸乳汁的能力，很容易被压死或下痢死亡。此时应采取措施，仔猪的卧息地铺设电热板或用红外线灯照射，并设置保温箱，给母仔创造各自适宜的小环境。

② 断奶至保育阶段受温度变化的影响。仔猪断奶后舍内温度还应保持在 30℃左右，转入保育舍 1 周后可将温度逐渐降到 27℃，生产中将断奶仔猪阶段环境温度控制在 25℃以上，否则仔猪出现扎堆现象，而且仔猪在温度不正常下很容易出现下痢。

③ 温度对种猪繁殖性能的影响。种猪最适宜的温度为 18℃。环境温度过高会影响公猪精液品质和性欲。有学者通过研究发现，妊娠母猪早期受高温的影响，30 日龄胚胎存活率较适宜的环境温度下降 20%。母猪分娩前、后期如受高温影响，产活仔数减少。高温还影响哺乳期母猪的采食量，造成哺乳母猪因营养摄取不足而出现少乳或无乳；此外，高温还会延长母猪的发情时间，严重者可造成繁殖障碍。

④ 温度变化对生长育肥猪的影响。生长育肥猪最适宜的温度为20℃左右。当气温高于28℃时，体重75千克以上的肉猪会出现气喘，若超过30℃，猪的采食量明显下降，饲料报酬率降低，生长缓慢。气温高于35℃后而又不采取任何防暑降温措施，有的肉猪可能发生中暑，妊娠母猪可能出现流产，公猪会出现精液品质不良而且在2~3个月内都难以恢复。

（2）各类猪的适宜温度　养猪生产中，必须要了解和掌握各类猪群最适宜的环境温度（表2-1），这对提高养猪效益有着重要意义。而在猪场建设中，更要针对各类猪群对环境温度的不同，设计出不同类群的猪舍及应用相适应的配套设施，给各类猪群创造出适宜的环境条件。

表2-1　各类猪群最适宜的生长环境温度　　（℃）

类别	适宜温度	类别	适宜温度
新生仔猪（0~7日龄）	30~32	育肥猪	18~20
哺乳仔猪	28~30	妊娠母猪和公种	18~21
断奶仔猪（30~40日龄）	21~22	哺乳母猪（分娩后1~7天）	24~25
保育仔猪（40~90日龄）	20~21	哺乳母猪（分娩后7~30天）	20~22

从表2-1可见，猪随着日龄和体重的增长，所需要的环境温度逐渐降低。此外，也要掌握猪所需要的适宜温度因其品种、年龄和类型而有所不同，适宜的环境温度是保证各类猪正常生长发育的前提条件。

2. 适宜的湿度

猪舍的湿度常用相对湿度表示，相对湿度指空气绝对湿度与同温度下饱和湿度之比，用于说明水气在空气中的饱和程度。湿度对猪的体感温和体热散发及增重影响极大。在适宜的气温范围内，只要湿度稳定，一般情况下对猪的影响不大。但在高温或低温环境下，高湿与低湿对猪的生长发育和健康都有影响。猪舍内空气的湿度主要受天气变化的影响，其次受猪舍内粪尿处理方式、饮水系统、饲喂方式、地面坡度、排水性能、通风效果以及饲养管理条件等的影响。

（1）高湿与低湿对猪的影响

① 高湿环境影响种猪的繁殖。高湿度极易影响种猪的繁殖力，母猪产仔数减少，仔猪断奶窝重降低。

② 高湿影响猪的生长发育和健康。冬季猪舍内湿度越大，猪体散失的热量越多，猪会感到寒冷，长期低温高湿会严重影响猪的生长发育和日增重。据研究，在高湿环境中猪血液中的血红素减少，饲料利用率和氮沉积力下降，增重减慢。而且高湿环境能降低机体的抵抗力，有利于真菌的大量繁殖，容易导致饲料发生霉变，一旦猪摄入霉变饲料，霉菌毒素在机体内不断累积，诱导机体出现免疫抑制，极易使猪发病或死亡。

③ 高温低湿，空气干燥，易使猪的皮肤或蹄部发生干裂，也易诱发呼吸道疾病。

（2）猪的适宜湿度

各类猪群适宜的空气相对湿度为50%~75%，湿度最高不超过80%，最低不低于45%，有采暖设备的猪舍其适宜的相对湿度比没有采暖设备的低5%~8%。严格地讲，无采暖设备的猪舍相对湿度：公猪舍、母猪舍、仔猪舍均为65%~75%，肥猪舍为75%~80%；有采暖设备的猪舍相对湿度：公猪舍、母猪舍、仔猪舍均为 61%~71%，肥猪舍为 70%~80%。

3. 适宜的光照

（1）光照的作用　适当的光照强度和时间，可以对猪体的生理和行为起到一定调节作用，能增强机体的代谢和氧化过程，还能加速蛋白质和矿物质沉积，促进生长发育，并可提高繁殖力和抗病力，因此，适当的光照对猪是有益的。

① 光照能增强机体的免疫力和抗病力。太阳光中红外线和可见光具有光热效应，紫外线具有杀死细菌、病毒作用；而且还具有预防佝偻病的作用，波长 272~295 纳米的紫外线具有较强的将麦角固醇和 7- 脱氢胆固醇转化成维生素 D_2 和维生素 D_3 的作用。维生素 D 可以促进猪肠道对钙、磷的吸收，保证骨骼的正常发育，还能增强机体的免疫力和抗病力。

② 光照对种猪繁殖性能的影响。适宜的光照可提高种猪性激素分泌量，加强母猪卵巢和公猪睾丸功能，提高种猪的繁殖力。而且光照时间适当延长可促进猪的性成熟，还可促进母猪发情，提高母猪受胎率。对公猪而言，每天 14~18 小时的自然或人工光照，能改善公猪精液品质、增强性欲。有试验证实，公猪在 100~150 勒克斯的光照下，精液品质有明显改善。

③ 光照对生长肥育猪的影响。光照对生长肥育猪的影响不太明显，猪舍内有一定光照便于管理和饲喂即可。也有人试验，暗室条件下饲养肥育猪，能有效提高其生产性能，而过强的光照会引起猪精神兴奋，影响增重并降低饲料利用率。

（2）猪舍对光照的要求

① 各类猪的窗地比与采光参数标准。国家标准《养猪场环境参数及环境管理》（GB/T 17824.3—2008）规定了猪舍自然光照或人工照明设计的要求（表 2-2）。

表 2-2　猪舍窗地比与采光参数

猪群类别	自然光照		人工光照	
	窗地比	辅助照明（靳克斯）	光照强度（勒克斯）	光照时间（小时）
种公猪	1：（10~12）	50~75	50~100	14~18
成年母猪	1：（12~15）	50~75	50~100	14~18
哺乳母猪	1：（10~12）	50~75	50~100	14~18
哺乳仔猪	1：（10~12）	50~75	50~100	14~18
培育猪	1~10	50~75	50~100	14~18
生长肥育猪	1：（12~15）	50~75	3~50	8~12

表 2-2 中，自然光照常用窗地比（门窗等透光构件和有效透光面积与舍内地面面积之比亦称为采光系数）来衡量；辅助照明是指自然光照猪舍设置人工照明以备夜间工作照明用；人工光照一般用于无窗猪舍。在猪舍设计中，一般根据各类猪的窗地比参数确定猪舍窗户面积。但在具体设计中要注意，猪舍光照须保持均匀，自然光照设计须保证入射角（指窗上缘至猪舍跨度中央一点的连线与地面水平线形成的夹角）≥25°，开角（即采光角，指窗上下缘分别至猪舍跨度中央一点的连线之间的夹角）≥5°。而人工照明灯具设计宜按灯距 3 米左右布置。

② 猪舍窗户设计要求。猪舍窗户除采光外，还可兼作排风口，为了便于通风换气，猪舍南、北墙均应设置窗户，同时为了冬季保温防寒，常使南窗面积大，北窗面积小。在炎热

地区南、北窗面积比为（1~2）：1，而夏季炎热和冬季寒冷地区其面积比为（2~4）：1。窗的形状对采光也有明显的影响。"立式窗"（竖长方形）在进深方面光照均匀，在舍内纵向较差，而方形窗居中。设计时可根据猪舍跨度大小酌情确定。在窗户总面积一定时，应酌情考虑沿纵墙均匀地多设置窗户，可使猪舍内光照分布比较均匀。同时，还应合理确定窗户上、下缘的位置，这关系到阳光照进猪舍内的深度和照射的面积，这就应考虑当地地理和气象因素，通过计算来确定窗户上、下缘高度，一般寒冷地区的猪舍，要求冬季最冷时期的阳光能在中午前后照到猪床上；炎热地区的猪舍，要求猪舍屋檐夏季遮阳。实践中可观测到，当窗户上缘外侧（或屋檐）与窗台内侧所引起的直线，同地面水平线之间的夹角小于当地夏至日的太阳高度角时，就可以防止夏季的直射阳光进入猪舍内；当猪床后缘与窗户上缘（或屋檐）所引起的直线同地面水平线之间的夹角等于当地冬至日的太阳高度时，就可以使太阳光在冬至前后直射在猪床上，如图2-1所示。

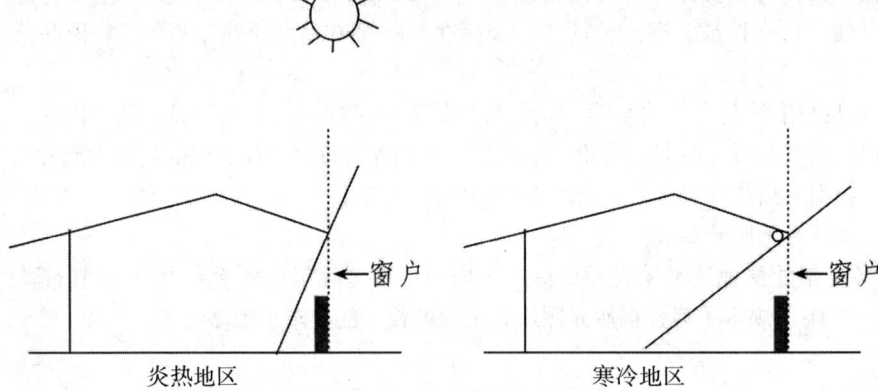

图2-1　根据太阳高度角设计猪舍窗户上缘的高度

4. 适宜的气流

猪舍内外存在热压或风压时，空气从高气压处流向低气压处而形成气流。气流的状况通常用风向和风速来表示。猪舍内只有保持适当的气流速度，才能使猪舍内温度、湿度均匀，也能促进有害气体排出舍外。冬季猪舍内气流速度以0.12米/秒为宜；夏季应大于0.4米/秒。在炎热的夏季，只要外界气温低于猪的体温，气流就有助于猪体散热，对猪的健康和生产力有良好的作用，这也是在猪舍山墙设计水帘的目的；而在低温条件下，气流增强了猪体的散热，从而加重了寒冷对机体的刺激，对猪有不良作用，这也是冬季猪舍窗户要密闭的目的。

5. 猪舍空气要新鲜

规模养猪生产会产生有害气体，对猪的健康和生产或对人的健康有不良影响的气体统称为有害气体，包括氨、硫化氢、二氧化碳、甲烷、一氧化碳等，主要是由猪群呼吸、粪尿、饲料、垫草腐败分解产生。猪舍内除了有害气体，还有空气中的尘埃和微生物。一般来说，以上有害气体、空气中的尘埃和有害微生物在浓度较低时，不会对猪群引起明显的不良症状。但猪群若长期处于含有低浓度的有害气体环境中，体质和抵抗力降低，发病率升高。

在通风良好的猪舍中，一般上部空气有害气体含量不高，下部较高，因此在管理上要及时清除栏内粪尿，保持干燥卫生。猪场在冬季不能单纯追求保温而关严门窗，必须保证适当的通风换气，使有害气体及时排出。做好猪舍内防潮保暖工作是适当减少舍内有害气体含量的有效办法。但对一个生态猪场来讲，减少猪舍空气的尘埃和微生物，必须正确选择猪场场址，合理设计猪舍，进行猪场绿化，改善饲养管理，加强生物安全措施，及时清除和处理粪污，可使猪场空气质量自然新鲜。

（二）猪舍的生态环境调控措施

我国属大陆性季风气候，大部分地区冬冷夏热，不能满足猪对环境的要求。但在猪舍内，可以凭借现代科学技术和工程措施，控制猪舍内的小气候，使猪舍形成一个良好的生态环境，为各类猪提供适宜的生活和生长环境。

1. 降低舍内温度的措施

在夏季，我国大多数地区猪舍内温度偏高，须考虑防暑降温。南方地区，猪舍通常采用开敞式或有窗式建筑结构，室内气温基本受舍外气候状态控制。但在具体实践中，各地可根据具体情况，采用不同的降温方法。

（1）隔热降温　猪舍建筑的隔热设计至关重要。南方地区的猪舍，应通过改变猪舍的屋顶设计，采用隔热材料，如木板、聚苯板等，降低舍内温度。但猪舍的隔热保温能力，取决于所用建筑材料的导热性和厚度。因此，在选材时，材料必须有一定厚度，一般可在屋面的最下层用导热系数小的材料，中间蓄热系数大的材料，上层用导热系数大的材料，以缓和热量向舍内的传递。

（2）机械通风降温　在环境温度不高，自然通风不能满足猪环境要求时，可以采用机械通风方法。猪舍机械通风常见的有负压通风、常压通风和管道式压力通风等形式。通风设备是轴流通风机，把风机设在猪舍一端的山墙上或靠近山墙的两纵墙上，进风口则设在另一端山墙上或远离风机的纵墙上。用1台或数台通风机，通过墙壁、屋顶或地板下的管道，将猪舍的空气抽出，同时通过墙上或屋顶的进气口向猪舍内输送新鲜空气，并且通过调节进风口与出风口的开启程度来改变通风换气的速度。机械通风适用于规模较大的集约化养猪场，其中负压通风是指用排气扇向猪舍外排出舍内空气，中小型养猪场中常用。

（3）湿帘风机降温　湿帘风机降温系统具有设备简单、成本低廉、能耗低、产冷量大、运行可靠方便、自动控制等优点，是近些年来兴起的效果比较理想的一种降温方式，适用于猪场配种舍、种公猪舍、妊娠舍和肥育猪使用。当舍外温度达到35~37℃时，湿帘风机系统可将舍内温度降低至30℃以下，而仅用风机降温的猪舍温度则高达33℃。此外，使用湿帘风机降温系统的猪舍内蚊、蝇明显减少，能改善卫生环境，可大大提高夏季高温季节猪的福利状况。

湿帘风机降温系统原理是在猪舍的一端墙壁安装水帘，用风扇对水帘吹风，由于水蒸发需要热量，吹出的空气温度比舍温低，冷空气进入舍内降低舍温。经实际使用测试表明，湿帘厚度为12厘米，过帘风速为1~1.2米/秒时，可使舍温降低5~7℃，而且空气越干燥，温度越高，经过湿席的空气降温幅度越大，效果越显著。在使用过程中应注意对湿帘的维护，防止结垢和鼠类的破坏。

（4）空调降温　在猪舍内安装空调，不仅可以降低温度，还可以控制湿度，是一种最好的降温措施，特别适用于种猪场和使用人工授精技术的生产场或授精站。

（5）喷淋降温　根据喷淋器安装位置不同可分为猪舍内喷淋降温和屋顶面喷淋降温。猪舍内喷淋降温是指在猪舍内猪群活动区域上方安装喷头，一般采取间歇运行的方式，根据实际的气温、湿度和通风条件确定间隔时间和喷淋时间。通常间隔45~60分钟直接向猪体喷淋一次，水在猪身体表面蒸发将热量带走。这种降温办法装置简单，设备投资和运行费用均较低，但易造成舍内地面积水，还会增加舍内湿度，在使用这种降温方法时应特别注意。屋顶面喷淋是指在屋顶上安装喷淋装置，利用喷淋器喷出水形成的水膜和水的气化蒸发达到降温目的，其缺点是用水量大。用喷淋降温最好用深井水，温度低，效果好，但对仔猪和妊娠后期的母猪及哺乳母猪不可用此种方法降温。

（6）喷雾降温 采用高压喷头将滴雾化成直径在 50~80 微米的雾滴，使水滴在落到猪体或地表面以前就完全气化，从而吸收客观存在内热量，达到降温目的。此种降温方法在肥育猪舍和断奶母猪舍夏季降温使用较好，降温幅度达 5℃，同时还可以减少猪舍内的粉尘。

2. 降低湿度的措施

有试验表明，猪舍的温度在 14~23℃、相对湿度在 50%~80% 的环境下最适合猪的生长。湿度过高的猪舍会影响猪的新陈代谢，也是引起猪肠炎腹泻、关节疾病、寄生虫病的主要原因之一。为防止猪舍湿度过高，可设置通风设备，经常开启门窗，可降低舍内湿度。通风换气是猪舍内环境控制的一个重要手段，其目的是排除过多的水汽，使舍内空气的相对湿度保持适宜，维持适中的舍内气温，使气流稳定、均匀，并消除舍内有害气体，防止水汽在墙壁、大棚内表面凝结。通风换气的方式可分为自然通风换气和机械通风换气，前者适于高湿、高温季节的全面通风及寒冷季节的开窗换气；对于夏季蒸发降温或因开窗受到限制，使高温季节性通风不良的，则要采取后者。

3. 控制猪群饲养密度

猪的饲养密度直接影响猪舍温度、湿度、通风、有害气体浓度、微生物和尘埃数量，也影响猪的采食、饮水、排泄、活动、休息和咬斗行为。饲养密度不仅影响猪的群居行为和舍内的小气候，也影响猪的生产力。密度过大，可使舍内温度增高，卫生状况变差，猪群采食量下降，日增重减少，饲料利用率降低；密度太小，则猪的体热散失增加，也影响增重。

国家标准《规模猪场建设》GB/T 17824.1—2008 规定了每个猪栏的饲养密度（表 2-3）。

表 2-3 各类猪适宜的饲养密度

猪群类别	每栏饲养猪头数	每头占床面积（米²/头）
种公猪	1	9.0~12.0
后备公猪	1~2	4.0~5.0
后备母猪	5~6	1.0~1.5
空怀及妊娠母猪	4~5	2.5~3.0
哺乳母猪	1	4.2~5.0
保育仔猪	9~11	0.3~0.5
生长育肥猪	9~10	0.8~1.2

4. 环境绿化

（1）绿化环境是净化空气的有效措施 在猪场周围和场区空闲地植树种草绿化环境，对改善小气候有重要作用。据研究，植物的光合作用吸收二氧化碳，释放氧气，可使炎热夏季气温降低 10%~20%，减轻热辐射 80%。此外，绿化还可减少空气细菌含量 20%~79%、尘埃 35%~67%、恶臭 50%、有毒有害气体 25%。而且绿化还有防风、防噪声的作用。由此可见，猪场的环境绿化对于防暑降温、防疫和调节及改善场区小气候状况具有明显的作用。猪场要从规划设计、建造猪舍时开始，就应当有计划在猪场内外植树种草。

（2）猪场绿化的方式

① 场界周边植树。种植场界林带，即在场界周边植树，形成防风林和隔离林带。防风林设在冬季上风向，用乔木和灌木树搭配密植3~5行，宽5~8米；其他方向种植隔离林带2~3行，宽3~5米，起分隔和防火用。在夏季上风向种植高大稀植的乔木，避免影响通风。

② 场内外的道路绿化。在猪场内外的道路两边，种植树冠整齐的乔木或亚乔木1~2行，但在靠近猪舍地段应考虑不妨碍通风和采光。

③ 遮阴绿化。在猪舍地段之间种植1~2行乔木或亚乔木，树种应根据猪舍间距和通风要求选择。也可在道路上空种植藤蔓植物，如葡萄、丝瓜、南瓜和豆类等，形成水平绿化，遮阴效果较好。

④ 种草种花绿化。种花种草可美化和改善环境。在裸露的地面栽种花草，既美化环境，也能使人心情舒畅，提高工作效率。也可在空闲地种植优质牧草，既可绿化又可作青饲料喂猪。

第二节　现代猪场的规划

一、规划设计目的与程序

（一）规划设计的目的

1. 打好基础

猪场的场地、总体布局、猪舍、设施和种猪5个因素是猪场的主要基础，必须通过合理的规划设计，才能为猪场的生存和持续发展奠定坚实的基础。

2. 提高投资效益

投资规模养猪生产的目的是取得效益，这就必须在规划设计上做到以下两点。

（1）依靠科学和因地制宜的规划设计　对规模化养猪生产来说，依靠科学是指最大限度地采用先进技术和装备，如先进的饲养工艺、设备和经营管理经验等。因地制宜主要是指不要全部生搬硬套异地或他人的做法，要根据当地和生产经营者的实际情况，做出合理的规划设计，把有限的资金用在刀刃上，才能使投资发挥出最大的效益。

（2）从兽医防疫向工程防疫转变　近十几年来，我国各地猪病频发，严重地影响了猪场经济效益，从一些案例中已证实，许多疫病的发生和传播与猪场的规划设计没有做好有一定的关系。搞好猪场规划设计可以大大减少猪场疫病的发生和传播，由兽医防疫向工程防疫转变，这是疫病防治的一个新理念，也是提高猪场投资效益的关键措施之一。

（二）规划设计的程序

猪场建设一般须经过立项→论证→报批→选址→规划设计→施工→验收→投产等步骤。其中规划设计包括对确定了性质、规模的拟建猪场进行工艺设计，对选定的场址进行规划，对须设置的各类猪舍进行建筑设计和技术设计，最后提交全套施工图。规模猪场设计的主要程序有：猪场产品的设计→饲养规模的设计→饲养工艺流程设计→猪舍建筑规划设计→环境保护规划设计→设备配套设计→场址选择和总体平面布局设计等。在此先论述前两项，其他在有关章节中论述介绍。

（三）猪场产品的设计

猪场产品可按性质和品质来分类。按性质可分为种猪和商品猪，按品质可分为瘦肉型猪、本地猪、外来与本地杂交猪等。猪场产品不同就有不同的规划设计，它是规划设计中首先要确定的因素。投资者一定要清楚生产种猪比生产肉猪对人力和财力及专业技术都有更高的要求，投资者一定要量力而行。但就猪产品来讲，瘦肉型猪因瘦肉率高（＞63%）、饲料报酬高（料重比＜3）和生长速度快（平均日增重＞625克），应该是投资办猪场的主要产品，而且瘦肉型猪在市场上受欢迎，饲养者的经济效益也最好。其他猪产品如纯种土猪、野猪等，市场容量小，生产效益较低，一般不宜作为规模化猪场的主要产品；但随着猪种育种和改良技术的不断提高，以及消费者对猪肉风味的追求，本地良种猪与外来良种猪的杂交新品种、有机猪等也将会逐步发展，在品牌优势下会成为某地的主要猪产品。

（四）饲养规模的设计

饲养规模的设计主要取决于两个因素。

1. 投资能力

投资能力也就是资金的规模，首先就要对预计的饲养规模做投资概算，然后再根据投资能力来确定饲养规模。投资者要充分认识到，建设规模养猪场是一个投资较大、投资回报期较长的产业，在确定饲养规模时一定要量力而行，特别是刚步入养猪行业的新手，不要一下子把规模搞得太大（如1万至几万头），先做好再做大非常重要，要有一个循环渐进的过程。

2. 疫病风险和环境承载能力

疫病是规模养猪的最大风险，为减少疫病风险，同一场地的饲养规模不宜太大，一般认为二点饲养1万~2万头，三点饲养2万~3万头比较合适；对于生态养猪的生产模式，同一场地饲养规模在5 000~10 000头为宜。因规模养猪每天都产生大量的粪污，必须经过处理后就近利用，否则运输成本过高，会加大生产成本而降低经济效益。因此，确定饲养规模时要认真评估当地土地和环境的承载能力，保证有足够的土地和环境空间来容纳猪场排放后处理的粪尿、污水，否则在环境保护日益被重视的趋势下，生态环境被破坏，当地政府及环境部门会采取一定的行政和法律手段进行干预和处罚。

二、场址的选择原则与条件

（一）选址原则

猪场选址要严格按照《规模猪场建设》（GB/T 17824.1—2008）执行。该标准要求猪场场址应位于法规明确规定的禁养区外，地势高燥，通风良好，交通便利，水电供应稳定，有一定的隔离条件，有利于防疫；而且猪场周围千米范围内无工厂、矿区、屠宰场或养殖场，距离干线公路、铁路、居民区1千米以上；禁止在自然保护区、水源保护区、旅游区和环境公害污染严重的地区建场；猪场场址必须位于居民区常年主导风向的下风向或侧风向。

（二）选址条件

1. 符合环保要求和生物安全

符合环保要求和生物安全是新建猪场场址的前置条件。符合环保要求，就是要考虑猪场对周边生态环境的影响。《中华人民共和国畜牧法》、《畜禽规模养殖污染防治条例》、《中华人民共和国环境保护法》、《畜牧养殖污染防治管理办法》和《畜禽养殖业污染物排放标准》等法律、法规都对养殖场的建设和生产作出了一定的规定和限制。因此考虑环保要求时，既要考虑新建猪场对周边村镇、农田、河流、大气等的影响，还要考虑当地环境的承载能力和猪场自身的处理能力，以及周边工农业的发展可能会对猪场造成的影响。符合环保要求最有效的途径是实行生态养猪模式，就是在选定猪场地址的周围配套相应面积的农田、果园和菜园进行就地消纳猪场粪污，否则就必须按环保要求，将猪粪和污水、污液在一定范围内通过运输或管道系统到达可被利用的农田或果园中，而不能随便排污破坏生态环境。

猪场选址的生物安全就是要求周围环境，对猪场不能有生物安全不利的影响。猪场周围3千米范围无大型工厂、屠宰场、肉品加工厂或其他养殖场等污染源，距离干线道路、村落也在1千米以上，有良好的隔离条件。

2. 地势地形

地势较高，有一定的坡度，背风向阳，地势开阔。但坡度不能过大，以免造成场内运输不便，坡度应不大于25°。在坡地建场宜选背风向阳坡，以利于防寒和保证场区较好的小气候环境。最好用非耕地，选在小南坡，严禁在地势低洼处建场。也切忌把猪场建在山窝里，否则污浊空气排不走，整个场区常年空气环境不良。

3. 建设面积

建设面积要依据猪场规模和所选场地及生产情况综合而定。一般要求猪场地形开阔整齐，有足够的面积。猪场若是自繁自养场，生产区面积按每头繁殖母猪50米²来征地（总面积按62.5米²/头能繁母猪）。生活区、行政区可另行考虑，并留有发展余地。

根据《规模猪场建设》（GB/T 17824.1—2008）的规定，猪场建设面积可按以下规定来规划设计。

（1）总占地面积　不同猪场的建设用地面积不宜低于表2-4的数据。

表2-4　猪场建设占地面积　　　　　　　　　　　　　　　米²（亩）

占地面积	100头基础母猪规模	300头基础母猪规模	600头基础母猪规模
建设用地面积	5 333（8）	13 333（20）	26 667（40）

（2）猪舍建筑面积　种公猪舍、后备公猪舍、后备母猪舍、空怀妊娠母猪舍、哺乳母猪舍、保育猪舍和生长育肥猪舍的建筑面积宜按表2-5执行。

表2-5　各猪舍的建筑面积　　　　　　　　　　　　　　　　米²

猪群类别	100头基础母猪规模	300头基础母猪规模	600头基础母猪规模
种公猪舍	64	192	384
后备公猪舍	12	24	48
后备母猪舍	24	72	144
空怀妊娠母猪舍	420	1 260	2 520
哺乳母猪舍	226	679	1 358
保育猪舍	160	480	960
生长育肥猪舍	768	2 304	4 608
合计	1 674	5 011	10 022

注：该数据以猪舍建筑跨度为8.0米为例。

（3）猪场辅助建筑面积　饲料加工车间、人工授精室、兽医诊疗室、水塔、水泵房、锅炉房、维修间、消毒室、更衣间、办公室、食堂和宿舍等辅助建筑面积不宜低于表2-6的数据。

表2-6　猪场的辅助建筑面积　　　　　　　　　　　　　　　　米²

猪场辅助建筑	100头基础母猪规模	300头基础母猪规模	600头基础母猪规模
更衣、淋浴、消毒室	40	80	120
兽医诊疗、化验室	30	60	100
饲料加工、检验与贮存	200	400	600
人工授精室	30	70	100
变配电室	20	30	45
办公室	30	60	90
其他建筑	100	300	500
合计	450	1 000	1 555

注：其他建筑包括值班室、食堂、宿舍、水泵房、维修间和锅炉房等。

4. 水电通讯

水源充足，水质良好，符合人用饮水标准。规划猪场前应先进行水源水质勘探，水源水质是选场址的先决条件，水源水量应能满足场内生活用水、猪只用水及饲养管理用水的要求。猪场需水量见表2-7。

表2-7　猪场需水量　　　　　　　　　　　　　　　　升/（头·天）

类别	总需水量	饮用量
种公猪	40	10
空怀及妊娠母猪	40	12
带仔母猪	75	20
断奶仔猪	5	2
育成猪	15	6
育肥猪	25	6

猪场用电须方便，电力充足，保证常年供应。一般规模化猪场应自设变压器，并配置发电设备。此外，还要保证通讯畅通，对外联系方便，信息不断。

5. 交通及社会条件

规模养猪饲料、产品、粪污等运输量很大，选址时除考虑能尽可能有利于饲料就近供应、产品就近销售及粪污和废弃物就近处理利用的条件外，还必须考虑交通运输，要力求方便，但应避开交通主干道。根据防疫和生产的要求，猪场离交通主干道1 000米，一般公路500米以上的距离比较合理。当然，如果利用防疫沟、隔离带或围墙，将猪场与周围环境分隔开，也可适当减少距离。

三、总体规划与布局

标准化生态猪场总体规划与布局包括场地规划和建筑物布局，可参照《中华人民共和国国家标准规模猪场建设》（GB/T 17824.1—2008）标准。此标准规定了规模猪场的饲养工艺、建设面积、场址选择、猪场布局、建设要求、水电供应以及设施设备等技术要求。猪场的总体布局应以生态环保为核心，结合猪场的近期和远景规划，以及场内的主要地形、地貌、水源、风向等自然条件，以有利生产，方便生活，节约土地，建筑物间联系方便，布局整齐紧凑，人流、物流自成系统，尽量缩短饲料供应距离等原则；并根据猪场所选择的饲养模式、饲养工艺、设备、经营模式、管理者的水平等进行综合考虑。

（一）场区规划

1. 场地分区

猪场一般分为 4 个功能区，即生活区、生产管理区、生活区、隔离区。为了便于生产和防疫，应根据当地全年主风向和场址地势、顺序安排以上各区，见图 2-2。

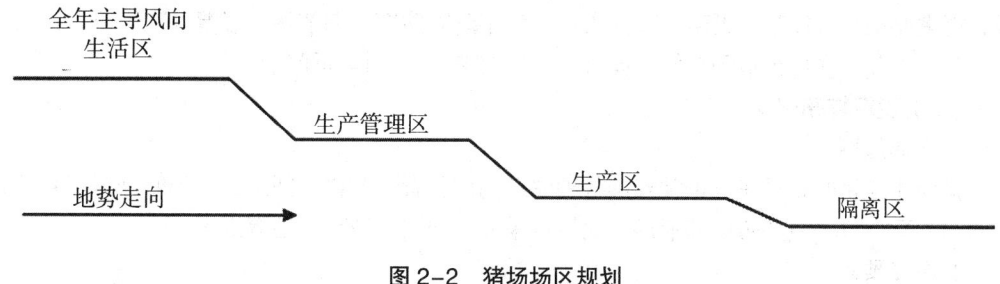

图 2-2　猪场场区规划

（1）生活区　生活区包括职工宿舍、食堂、文化娱乐室等。生活区应单独设立，一般设在生产区的上风向，或与风向平行的一侧，有条件的猪场应把生活区设在猪场大门对面，其位置应便于与外界联系。

（2）生产管理区　生产管理区包括行政和技术办公室、接待室、饲料加工车间、饲料库房、水井房、水塔、消毒室、杂库房等猪场生产管理必需的附属建筑物。它们和日常的饲养工作有密切的联系，所以这个区应该与生产区比邻建立。

（3）生产区　生产区也称为饲养区，包括各类猪和生产设施，这是猪场中的主要建筑区，一般建筑面积占全场总建筑面积的 70%~80%。生产区由种猪舍、分娩舍、培育猪舍、育肥猪舍组成。种猪舍要求与其他猪舍隔开，形成种猪区。种猪区应设在猪场的上风向和人流较少的地段，特别是种公猪舍要在种母猪区的上风向，防止母猪的气味对公猪造成不良刺激，但可同时利用公猪的气味刺激母猪发情。分娩舍要靠近妊娠舍，又要接近培育猪舍。育肥猪舍应设在下风向，且离出猪台要近。在设计时，一定要使猪舍方向与当地夏季主导风向成 30°~60° 角，使每排猪舍在夏季得到最佳通风条件。此外，在生产区的入口处，应设专门的消毒间或消毒池，以便进入生产区的人员和车辆进行严格的消毒。兽医室要设在生产区内，只对区内开门，为便于病猪处理，通常设在下风向。总之，应根据当地的自然条件，充分利用有利因素，从而在布局上做到对生产最为有利。

（4）隔离区　隔离区主要用来治疗、隔离和处理病猪的场所。隔离区包括兽医室、隔离舍、病死猪处理室、粪便处理区等。这些建筑物和设施应远离生产区，设在下风向、地势较低地方，与生产区应保持 50 米以上的距离，以免影响生产猪群。

2. 场内道路和场区设施

（1）场内道路　道路路面标准必须结实，排水良好，不能太光滑，向两侧有 10% 的坡度。主干道宽度为 5.5~6.5 米，一般支道为 2~3.5 米。场内道路对生产活动正常进行、对兽医卫生及提高工作效率起着重要作用，也是猪场总体布局的一个重要组成部分。场内道路应分设净道、污道，互不交叉。净道用于运送饲料、产品等，污道则专运粪污及病死猪等。一般要求生产区不宜设直通场外的道路，生产管理区和隔离区应分别设置通向场外的道路，以利于兽医卫生与防疫等。

（2）水塔　猪场设水塔是清洁饮水正常供应的保证，位置选择要与水源条件相适应，且安排在猪场最高处。

（3）场区排水设施　场区排水设施主要是排除雨水和雪水，一般可在场内道路的一侧或两侧设明沟或暗沟排水。但场区的排水管道不宜与舍内排水系统的管道通用，两个排水系统必须分开，以免影响舍内排污并防止雨季污水池满溢后污染周围环境。

（4）场区绿化　在猪场内外植树、种植花草，不仅美化环境，净化空气，改善场区小气候，更重要的是可以吸尘灭菌，降低噪声，利于防暑防寒，调节场内温湿度和气流，提高生产效益。因此，在进行猪场总体布局时，一定要考虑和安排好绿化。

（二）建筑物布局

1. 布局原则

猪场建筑物的布局在于正常安排各种建筑物的位置、朝向、间距。布局时需考虑各建筑物间的关系、兽医卫生防疫和消毒、通风、采光、防火、节约土地等因素。

2. 布局要求

根据猪场功能区规划，生活区和生产管理区宜设在猪场大门附近，门口分别设行人、车辆消毒池，两侧设值班室和更衣室。生产区各猪舍的位置布局应充分考虑配种、转群等联系方便，以及卫生防疫工作，种猪舍、仔猪舍应置于上风向和地势较高处。分娩母猪舍既要靠近妊娠母猪舍，又要接近仔猪培育舍；育成猪舍必须靠近育肥猪舍，育肥猪舍设在下风向。商品猪出栏时置于离场门或围墙近处，围墙内侧设出猪台，运输车辆停在墙外装猪。商品猪场一般可按种公猪舍、空怀母猪舍、妊娠母猪舍、分娩母猪舍、保育猪舍、育肥猪舍、出猪台等建筑物顺序靠近排列。病猪隔离室、兽医室和粪污处理设施，一定要置于全场最下风向和地势最低处，距生产区保持至少 50 米距离。猪舍之间的间距，需考虑走车、通风、采光与防火的需要，结合具体场地确定，一般要求间距在 8~10 米为宜。

第三节　现代猪场生产工艺设计的确定与猪群结构的组成和计算

一、生产工艺的确定方法

（一）生产工艺设计的依据与作用

猪场生产工艺是指规模养猪生产中采用的生产方式（猪群组成、周转、饲喂与饮水、清粪方式等）和技术措施（饲养管理措施、卫生防疫制度、废物处理方法等）。而规模养猪生产无论采用哪一种生产模式，其生产过程均一样，即都需要母猪配种、妊娠、分娩、哺乳和仔猪保育、育成及生长育肥等生产环节。现代养猪生产（工厂化养猪生产）就是将上述生产环节划分成一定时段，按照"全进全出"、"流水式作业"的生产方式，对猪群实行分段饲养，进行合理周转。"全进全出"就是指在同一时间内，将同一生长发育或繁殖阶段的猪群，全部从一类猪舍转到另一类猪舍。"流水式作业"就是按配种—怀孕—分娩—保育—生长—育成，形成一条连续运转的生产线，实行流水式作业，各个环节形成有机联系，整体按照固定的周期，稳定的节奏，连续均衡地进行规模化生产，是均衡批量生产商品肉猪，有计划地利用猪舍和合理组织劳动力的基础。由此可见，规模化养猪与传统养猪的根本区别就是采用了规模化饲养的流水式作业程序，一环扣一环，有条不紊地进行系统生产，而且从实际情况出发，把猪群分成若干阶段，再按照猪不同生理阶段对营养、防疫、管理、环境的不同要求，制订出日常管理程序。规模化养猪在任何一个生产环节，同一批猪，无论是种猪、仔猪或生长育肥猪，都是"全进全出"阶段饲养，"流水式作业"能达到增加科学技术含量，提高养猪规模经济效益的目的。

在现代养猪生产中，由于建筑设施的配套、饲料的供应、饲养人员的安排、技术的应用等均按生产工艺流程预先设计，因此，生产工艺设计合理与否，将直接影响规模养猪生产效率。规模化猪场的生产工艺要依赖于猪的品种、饲料饲养、机械化程度和经营管理水平等实际情况来设计和制订。虽然工艺设计是科学建场的基础，也是建场后进行规模养猪生产的依据和纲领性文件，但生产工艺的设计需要运用畜牧兽医及相关专业知识，从当地实际情况和国情出发，并考虑生产和科学技术的发展，使设计方案科学、先进，又能结合实际并付诸实践，不能生搬硬套，盲目追求先进。所以，因地制宜地设计和制订生产工艺是规模化猪场首先要解决的问题。

（二）规模养猪生产工艺的种类

目前，世界规模化养猪生产工艺可划分为两种，即一点一线的生产工艺和多点式的生产工艺。多点式的生产工艺主要是两点式或三点式的生产工艺，也称为隔离（多点）饲养工艺。图2-3至图2-5是一、二、三点式饲养工艺的方框示意图。

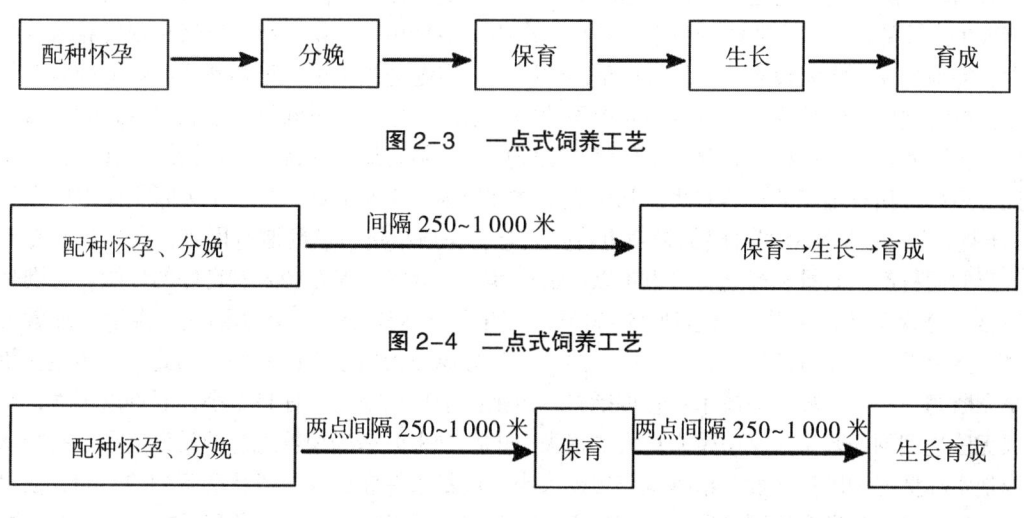

图2-3　一点式饲养工艺

图2-4　二点式饲养工艺

图2-5　三点式饲养工艺

一点一线的生产工艺（图2-3）是指在同一个地方、一个生产场按配种、妊娠、分娩、哺乳、保育、育肥等生产流程组成一条生产线，其最大优点是地点集中、转群、管理方便，主要问题是由于仔猪和种猪、大猪在同一生产线上，容易受到垂直和水平的疫病传染，给猪群尤其是仔猪的健康带来威胁和影响。两点式或三点式的生产工艺是将繁殖猪群和不同阶段的仔猪，饲养在距离较远的不同猪场内。按不同阶段饲养在两个猪场的，可称为两点式生产工艺（图2-4）；按不同阶段饲养在3个猪场的，可称为三点式生产工艺（图2-5）。20世纪80年代初北美由于猪蓝耳病传染很严重，开始实行多点饲养工艺，1993年以后美国养猪界也开始采用这一新工艺。具体做法是：仔猪早期断奶（10~21日龄），然后转到较远的另一个猪场中饲养。从发达国家采用两点式或三点式生产工艺的实践看，主要优点是：第一，在仔猪出生后21天以前，在其体内来自母乳的特殊病原抗体还没消失前就断奶，然后转移到远离原生产区的清洁干净的保育舍饲养。因仔猪健康无病，又不受病原干扰，不仅成活率高，而且生长快，10周龄时体重一般达30~35千克，比一点一线的生产工艺高出近10千克。第二，能有效防止病原的积累和传播，提高了各类猪群的健康水平。第三，由于仔猪早期断奶，增加了母猪年产仔猪窝数和仔猪数，提高了种猪繁殖效率。总之，隔离饲养对阻隔猪疾病传播，降低各阶段死亡率和提高生长速度都有明显的效果，因此各项经济指标也得到明显的提高。美国堪萨斯州州立大学的研究结果显示，在77日龄时，早期隔离断奶的仔猪（5~10日龄断奶后被转运到保育场）比传统方法饲养的仔猪多增重16.8千克；普渡大学研究的结果显示，来自单一种群的400头早期隔离断奶的仔猪在136日龄时体重达105千克，而200头来自同样种群的非早期隔离断奶的仔猪达到同样的出栏上市体重需要179天，即前者上市时间缩短43天。

（三）适合中国国情的中小型规模化养猪的工艺流程

目前在世界规模化养猪生产工艺中的一点一线生产工艺和多点式的生产工艺中，前者特点是各个阶段的猪群饲养在同一个地点，优点是管理方便，转群简单，猪群应激小，适合规模小，资金少的猪场，也是我国目前多数规模猪场采用的方式。后者是20世纪90年代发展起来的一种新工艺，它通过猪群的远距离隔离，达到了控制各种特异性疾病，提高各个阶段猪群生产性能，但因需要两处以上的场地，在中小型猪场中不易实现。虽然在现代养猪生产中，特别是在猪疾病较多、传染较严重的情况下，实施全进全出、早期断奶和隔离饲养工艺显得更为重要，而且缺一不可，但对中国的国情来说，仔猪过早断奶技术和多点式的隔离饲养工艺还需要一个过程。如要实施仔猪早期断奶，必须有配套的技术管理措施。其一，要保证母猪和乳猪有足够的营养水平。初生乳猪体重应大于1.5千克/头，21天断奶体重应大于6千克/头，且早期断奶乳猪的饲料有特殊要求，一般猪场自己配制有困难，就是有些专业厂家的饲料产品质量和标准有时也难以保证。其二，分娩、保育舍要有良好的环境。特别是温度，分娩舍乳猪保温区应达到25~30℃，保育舍应达到25℃。要达到这个温度标准就要做好猪舍设计和设备的配套，这在中国的一大部分规模猪场也难以做到。因此，要实施仔猪早期断奶，必须有配套的技术和管理措施，否则由于早期断奶，仔猪个小体弱难以饲养，不仅无法达到预期效果，反而带来更大的损失。由此看来，猪场饲养工艺的设计选择，必须从当地实际情况和国情出发，依据饲养规模大小、设备条件和饲养阶段猪群多少的不同，还要根据商品猪生长发育不同阶段饲养管理方式的差异。对于中小型生态养猪场的生产工艺，可选择以下两个饲养工艺流程。

1. 两段式

两段式（图2-6）适用于中小型猪场，尤其适用于年出栏3 000头以下的商品猪场。仔猪断奶后直接进入生长肥育舍一直养到上市，饲养过程中只需转群一次，能减少应激。但由于较小的生长猪和较大的肥育猪要养在同一类猪舍内，增加了疫病控制的难度，也不利于机械化操作，而且母猪分娩日期比较分散，不易批量生产和外调。

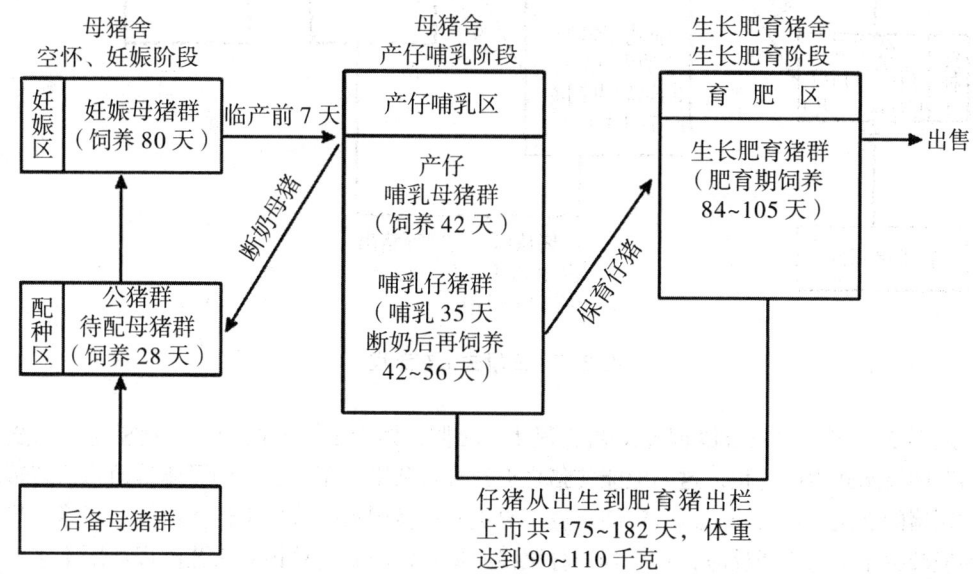

图2-6 两段式工艺流程

从图2-6可见，两段式工艺流程将繁殖母猪分为空怀、妊娠和哺乳阶段，在整个生产过程中，繁殖母猪只经过1次转群，即从妊娠舍转到分娩猪舍再返回；仔猪也经过1次转群。进行两阶段育肥饲养，即仔猪在35日龄断奶后，仍留在分娩舍进行原圈培育，时间为42~56天，当体重达到30~35千克，再转到育肥猪舍，当体重达到90~110千克时出栏销售。一般用外三元杂交商品仔猪育肥，出栏时间在160~180日龄。两阶段饲养工艺流程，只需建造公猪舍（栏）、母猪舍、分娩母猪舍和育肥猪舍，猪场建设规模不大，特别适合家庭式农牧结合养猪场或年出栏3 000头以下的商品猪场。

2. 三段式

仔猪断奶后转入保育舍，然后再转入育肥猪舍，两次转群，三个饲养阶段，此饲养工艺流程可以根据仔猪的不同阶段的生理需求采取相应的饲养管理措施，猪舍和设备的利用效率也高（图2-7）。

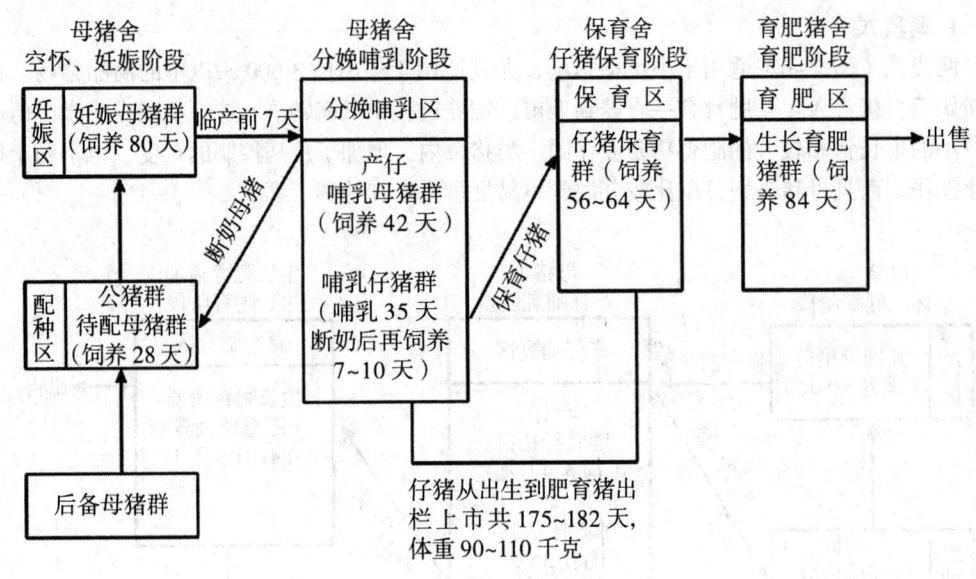

图 2-7 三段式工艺流程

从图 2-7 可见，三阶段饲养工艺流程 2 次转群，体现了"分段饲养、规模生产、全进全出"的流水式生产过程，这不但能使猪栏得到有效利用，而且还节约了建筑面积，同时还能利用猪的 2 次转群时间，进行定期防疫、驱虫和更换饲料等管理工作。这样的饲养工艺流程不但减少了猪的应激反应，也有利于育肥猪的生长，因此这种饲养工艺流程适用于年出栏5 000~10 000 头的规模化猪场。三段式工艺流程的具体操作方法是：哺乳仔猪 35 日龄断奶后，空怀母猪离开产房返回配种舍；断奶仔猪在原圈再停留 7 天后转入保育舍，再保育 50天，实行高床网上或地面平养，当仔猪体重达到 35 千克左右再转入育肥猪舍饲养，饲养 84天后出栏。如果是用外三元杂交商品仔猪育肥，从出生到育肥出栏时间在 175~182 天，体重达到 90~110 千克。

（四）流水式生产工艺的组织方法

现代的规模养猪生产是一条流水式生产线，在生产工艺确定之后，如果没有周密的生产组织，生产流水线就会在某一个环节中断而出现问题，那么整个种猪繁殖环节和生产效率就会大大下降，这也是国内一些猪场生产效率和经济效益不高的主要原因。因此，进行周密的生产组织，是提高规模养猪生产效率和经济效益的可靠保证。但在进行生产组织之前，必须明确以下几个方面的内容。

1. 确定饲养模式

规模养猪的饲养模式要根据经济、气候、交通等综合条件来确定，还要参考猪场的性质、规模、养猪技术水平。首先应根据猪产品销路、建场资金、技术力量、饲料供应、粪尿处理及应用机械化的程度等来确定规模，并把各生产要素的潜力充分发挥出来，以取得最佳的经济效益为衡量指标。如果饲养规模太小，采用定位饲养，投资过高，栏位利用率低，每头出栏猪成本高，就难以取得经济效益。而且规模过小，不便实现全进全出的流水作业，生产效率也低。又如同样是集约化饲养，有的猪场采用公猪与待配母猪同舍饲养，有的分舍饲养；母猪有的采用定位饲养，有的采用小群饲养；配种方式有的采用自然交配，有采用人工授精。各类猪群的饲养方式、饲喂方式、饮水方式、清粪方式等都需要根据饲养模式来确定。在我国现阶段养猪生产水平下，饲养模式一定要符合当地及投资者的条件，不能照抄照搬别人或异地不符合实际情况的饲养模式。在选择与其相配套的设施时，需要把握的原则是：供料、供水要考虑机械化，粪尿处理必须考虑排污系统；凡能够提高生产水平的技术和设施应尽量采用，可用人工代替的机械设施可以暂缓采用，以降低生产和投资成本。

2. 确定繁殖节律

繁殖节律也称为生产节拍或工作节拍，指相临两群哺乳母猪转群的时间间隔（天数）。合理的繁殖节律是全进全出工艺的前提，是有计划利用猪舍和合理组织劳动管理、均衡生产商品肉猪的基础。生产节拍一般采用 1、2、3、4、7 或 10 天制。实践经验表明，年产 5 万~10 万头商品肉猪的大型企业多实行 1 或 2 日制，即每日有一批母猪配种、产仔、断奶、仔猪育成和肉猪出栏，年产 1 万~3 万头商品肉猪的企业多实行 7 日制；而中小型规模的猪场一般采用 10、12、28 或 56 日制。在实际生产中，生产节拍应根据生产规模的大小、组织管理的特点以及生产水平的高低来确定。一般来说，同等规模的猪场，生产管理水平越高，一个生产节拍内参配的能繁母猪越多，则繁殖节律也就越短。因此，规模较小而生产水平较低的猪场，采取较长的繁殖节律，可降低劳动力强度，也减少过剩的劳动力，达到节约开支；而规模过大生产水平较高的猪场，适当缩短繁殖节律，则有利于劳动效率的提高。但从实践中已证实，与其他节律相比，7 天繁殖节律有一定的优点。第一，便于组织生产，可减少待配母猪和后备母猪的头数，因为猪的发情期是 21 天，是 7 的倍数。第二，可将繁殖的技术工作和劳动任务安排在 1 周的 5 天内完成，避开星期六或星期日，因为多数母猪在断奶后 4~6 天发情，配种工作可安排在 3 天内完成。如从星期一到星期四安排配种，不足之数可按规定要求由后备母猪补充，这样可使配种和转群工作全部在星期四之前完成。第三，有利于按周、月和按年制订工作计划，建立有序的工作和休假制度，减少工作的混乱性和盲目性。下面用 1 周内工作安排与监督为例来说明。

星期一：对待配断奶后的成年空怀母猪、妊娠前期返情母猪和后备母猪进行发情鉴定和配种；从妊娠母猪舍内将临产母猪转群至分娩哺乳舍，妊娠前期母猪由群养转至妊娠后期单栏饲养。对准备接纳新猪群的猪舍进行清洗、消毒和维修工作。技术人员或分管场长搜集审查分析上周生产记录、报表，提出本周改进建议；制订本周饲料、兽药和其他物资采购与供应计划，更换消毒药物。

星期二：待配空怀母猪发情鉴定和配种、哺乳小公猪去势、肉猪出栏、清洁通风设施、机电设备维修检查保养等。

星期三：母猪发情鉴定和配种、仔猪断奶、断奶母猪转群至空怀母猪舍待配，肉猪出栏，肥猪舍清洗、消毒和维修，机电设备检查等。

星期四：母猪发情鉴定、分娩舍的清洗与消毒和维修、小公猪去势、兽医防疫注射、供水与排水和冲洗设备的检查等。

星期五：母猪发情鉴定和配种、对断奶一周后的未发情的母猪采取促发情措施、断奶仔猪的转群、兽医防疫注射等。

星期六：技术人员和分管场长填写本周各项生产记录和报表、进行一些临时性的突击性工作、检查饲料储备数量、检查排污和粪尿处理设备、兽医对病猪隔离和死猪处理记录、尽量安排需要细致处理的工作。

3. 确定工艺参数（主要生产指标）

工艺参数也称为生产指标，猪场设计者，只有了解规模养猪生产工艺参数，才能准确地计算出场内各期、各生产猪群的头数和存栏头数，才能推算出各类猪群所需要猪舍的栏位数、饲料需要量和产品数量。生产工艺参数必须根据猪场的品种、生产力水平、经营管理水平和环境设施等来确定。而且确定的生产指标要先进可靠，高低适中，确保能达到为目的，并在实际应用时，可根据具体情况略加调整。

（1）猪场的主要生产指标　目前猪场的主要生产指标见表2-8。

表2-8　猪场的主要生产指标

项目	参数	项目	参数
母猪妊娠期（天）	114	每头母猪年产71~180日龄肥猪头数（天）	18.8
母猪哺乳期（天）	28~35	每头母猪年产肉量（活重，千克）	1 575.0
母猪断奶至受胎（天）	7~10	出生至35日龄平均日增重（克）	188
母猪繁殖周期（天）	156~163	36~70日龄平均日增重（克）	443
母猪年产胎（次）	2.24	71~180日龄平均日增重（克）	722
母猪窝产仔数（头）	10	种公母猪利用年限（年）	3~4
		公母猪年更新率（%）	25~33
母猪窝产活仔数（头）	9	公母猪比例（本交）	1:25
		公母猪比例（人工授精）	1:（50~100）
哺乳仔猪成活率（%）	90	母猪情期受胎率（%）	80~85
断奶仔猪成活率（%）	95	生产节律计算天数（天）	7
生长育肥猪成活率（%）	98	母猪临产前进产房时间（天）	7
仔猪初生重（千克）	1.2~1.3	母猪配种后原圈观察时间（天）	21
35日龄体重（千克）	7.5	圈舍冲洗消毒时间（天）	7
70日龄体重（千克）	23	每头空怀和妊娠母猪273天耗料（千克）	800~850
180日龄体重（千克）	90~110	每头哺乳母猪92天耗料（千克）	450~500
每头母猪年出生活仔数（头）	19.8	每头种公猪一年耗料（千克）	1 100
每头母猪年产35日龄活仔数（头）	17.8	每头后备公猪180~240天耗料（千克）	210
每头母猪年产36~70日龄活仔数（头）	16.9	每头后备母猪180~240天耗料（千克）	150
母猪年产窝数	2.1~2.4	每头生长育肥猪180日龄耗料（千克）	300
母猪分娩率（%）	85~95		

（2）母猪繁殖周期计算方法　母猪的繁殖周期决定了母猪的年产窝数，也关系到猪场生产水平的高低。生产中母猪的繁殖周期指母猪相邻两胎次之间的时间间隔，由3个部分组成，即断奶到配种的时间间隔、妊娠期和哺乳期，其计算公式如下：

繁殖周期 = 母猪妊娠期（114天）+ 仔猪哺乳期 + 母猪断奶至受胎时间

其中仔猪哺乳期国内猪场一般为35天，有的猪场实行早期断奶的为21天或28天，母猪断奶至配种再妊娠的时间间隔平均为7天，则繁殖周期：

114天 +35天 +7天 =156天

猪场如果在饲养管理技术有保证的情况下，尽可能缩短仔猪哺乳期，并缩短断奶至配种再妊娠的时间间隔，也就会缩短繁殖周期，从而能增加母猪的年产窝数，提高了母猪的年生产力，也提高了猪场的生产效率。

（3）母猪年产窝数的计算方法

$$母猪年产窝数 = \frac{365 \times 分娩率}{繁殖周期}$$

从此公式可以看到，母猪生产窝数受分娩率、情期受胎率、仔猪哺乳期的影响，它们之间的关系如表2-9所示。

表2-9　母猪年产窝数与情期受胎率和仔猪哺乳期关系　　　　（窝/年）

情期受胎率（%）		70	75	80	85	90	95	100
母猪年产窝数	21天断奶	2.29	2.31	2.32	2.34	2.36	2.37	2.39
	28天断奶	2.19	2.21	2.22	2.24	2.25	2.27	2.28
	35天断奶	2.10	2.11	2.13	2.14	2.15	2.17	2.18

由表2-9可知，情期受胎率每增加5%，母猪年产窝数增加0.01~0.02窝/年。仔猪哺乳期每缩短7天，母猪年生产窝数增加0.1窝/年，如果仔猪哺乳期为35天，母猪年产窝数很难达到2.2窝/年；而仔猪28天断奶，母猪年产窝数一般都超过2.2窝/年。可见，仔猪早期断奶，妊娠母猪的精细化饲养是提高母猪生产力水平的关键技术环节，也由此说明母猪年产窝数决定了猪场的生产力水平。

二、猪群结构的组成与计算

（一）猪群结构的计算

在生产工艺流程中，饲养阶段的划分决定了猪群的组成类别，计算出每类群猪的存栏数量就形成了猪群的结构。规模养猪生产中，饲养阶段划分目的是为了最大限度地利用猪群、猪舍和设备，从而才能提高生产效率。下面以年产10 000头商品肉猪的猪场为例，根据工艺参数计算该场各类猪群结构。

1. 年产总窝数计算

$$年产总窝数 = \frac{年计划出栏商品肉猪头数}{窝产仔数 \times 从出生至出栏各阶段的成活率}$$

从出生至出栏各阶段的成活率有哺乳育成率、保育育成率、生长肥育育成率，则年出栏万头的猪场年产总窝数 $= \frac{10\,000}{10 \times 0.9 \times 0.95 \times 0.98} = 1\,193$（窝/年）

2. 各类猪群的计算方法

（1）年平均需要母猪总头数

$$年平均需要母猪总头数 = \frac{计划年出栏商品肉猪数 \times 繁殖周期}{365天 \times 窝产仔数 \times 从出生至出栏各阶段成活率}$$

$$= \frac{10\,000 \times 163}{365 \times 10 \times 0.9 \times 0.95 \times 0.98} = \frac{1\,630\,000}{3058.3} = 533（头）$$

（2）种公猪和后备公猪头数

种公猪头数 = 母猪总头数 × 公母比例 $= 533 \times \frac{1}{25} = 22$（头）

33

后备公猪头数 = 公猪头数 × 年更新率 =22 × 30%=7（头）

（3）后备母猪头数

后备母猪头数 = 年总母猪头数 × 年更新率 =533 × 30%=160（头）

（4）空怀母猪头数

$$空怀母猪头数 = \frac{总母猪头数 × 年产胎次 × 饲养天数}{365}$$

$$= \frac{533 × 2.24 × （14 × 21）}{365} =114（头）$$

（5）妊娠母猪头数

$$妊娠母猪头数 = \frac{总母猪头数 × 年产胎次 × 饲养天数}{365}$$

$$= \frac{533 × 2.24 × （114 × 21 × 7）}{365} =281（头）$$

（6）分娩哺乳母猪头数

$$哺乳母猪头数 = \frac{总母猪头数 × 年产胎次 × 饲养天数}{365} = \frac{533 × 2.24 × （7 × 35）}{365}$$

$$= \frac{533 × 2.24 × （7 × 35）}{365} =137（头）$$

（7）哺乳仔猪头数

$$哺乳仔猪头数 = \frac{总母猪头数 × 年产胎次 × 每胎产仔数 × 成活率 × 饲养天数}{365}$$

$$= \frac{533 × 2.24 × 10 × 0.90 × 35}{365} =1\,031（头）$$

（8）35~70 日龄断奶仔猪头数

$$断奶仔猪头数 = \frac{总母猪头数 × 年产胎次 × 窝产仔头数 × 哺乳成活 × 成活率 × 饲养天数}{365}$$

$$= \frac{533 × 2.24 × 10 × 0.90 × 0.95 × 35}{365} =979（头）$$

（9）71~180 日龄育肥猪头数

$$生长育肥猪头数 = \frac{总母猪头数 × 年产胎次 × 窝产仔数 × 成活率 × 饲养天数}{365}$$

$$= \frac{533 × 2.24 × 10 × 0.90 × 0.95 × 0.98 × 110}{365} =3\,015（头）$$

3. 每个繁殖节律转群头数的计算方法

为准确使猪群正常地从一个工序转至另一个工序，每周（以 7 天为一个节律）按一定规模组成一个猪群，它们在指定的圈舍单元内饲养一定时间，然后转出或出栏，空出的圈舍单元接纳本周组成的新猪群，这就要计算各工艺猪群的群数和每群的头数。生产中以 7 天为 1 个繁殖节律，每群的繁殖周期从群中第 1 头母猪配种之日算起为 163 天（其中妊娠 114 天，哺乳 35 天，断奶至受胎 14 天），故全部母猪分成 23 群（167/7=23.3），可以保证全场的流水式生产。生产实践中每个繁殖节律（7 天）转群头数的计算方法如下。

（1）分娩泌乳母猪数　产仔窝数 =1 193÷52=23 头，1 年 52 周，即每周分娩泌乳母猪数为 23 头

（2）妊娠母猪数　妊娠母猪数 =23÷0.95=24 头，分娩率按 95％ 算。

（3）配种母猪数　配种母猪数 =24÷0.80=30 头，情期受胎率按 80％ 算。

（4）哺乳仔猪数　哺乳仔猪数 =23×10×0.9=207 头，窝产活仔数按 10 头，成活率按 90％ 算。

（5）保育仔猪数　保育仔猪数 =207×0.95=196 头，保育仔猪按成活率 95％ 算。

（6）生长育肥猪数　生长育肥猪数 =196×0.98=192 头，生长育肥猪按成活率 98％ 算。

4. 猪群结构组成

以 7 天为 1 个繁殖节律，猪群组数等于饲养的周数，则各猪群存栏数 = 每组猪群头数 × 猪群组数，由此可计算出一个 10 000 头规模猪场的猪群结构组成，见表 2-10。

表 2-10　一个万头规模猪场猪群结构组成

猪群种类	饲养期（周）	组 数（组）	每组头数（头）	存栏数（头）	注明
空怀配种母猪群	5	5	30	150	配种后原圈观察 21 天
妊娠母猪群	12	12	24	288	妊娠期平均 114 天
哺乳母猪群	6	6	23	138	哺乳期 28~35 天
哺乳仔猪群	5	5	230	1 150	按出生头数计算
保育仔猪群	5	5	207	1 035	按转入的头数计算
生长育肥猪群	13	13	196	2 548	按转入的头数计算
种公猪群	52	—		23	原圈饲养不转群
后备公猪群	12	—		8	270 日龄使用
后备母猪群	8	8	8	64	240 日龄配种
总存栏合计	—	—		5 405	最大存栏头数

表 2-10 中，生产母猪的头数为 576 头，其中种公猪、后备公母猪的计算方法如下。

种公猪头数 = 生产母猪头数 ÷ 公母比例 =576÷25=23 头

后备公猪数 = 种公猪头数 ÷3 年使用期 =23÷3=8 头。若半年一更新，实际养 4 头即可。

后备母猪数 = 生产母猪头数 ÷3 年使用期 ÷52 周 ÷50％ 选种率 =576÷3÷52÷0.5=8 头 / 周

（二）不同规模猪场的猪群结构与猪群组成

1. 不同规模猪场猪群构成参数

不同规模猪场猪群结构，按存栏生产母猪头数，根据工艺参数来计算，见表2-11。

表2-11　不同规模猪场猪群结构参数　　　　　　　　　　　（头）

猪群类别	生产母猪						
	50	100	200	300	400	500	600
空怀配种母猪	11	21	42	63	84	105	126
妊娠母猪	26	53	106	159	212	265	318
分娩母猪	13	26	52	78	104	130	156
后备母猪	15	33	66	99	132	165	198
公猪（后备公猪）	4	6	11	16	21	27	32
哺乳仔猪	97	194	387	580	773	967	1160
断奶仔猪	92	184	367	551	735	919	1102
育肥猪	283	566	1 131	1 697	2 263	2 828	3 394
合计存栏	541	1 083	2 162	3 243	4 324	5 406	6 486
全年出栏商品肉猪	860	1 720	3 440	5 160	6 880	8 600	10 320

从表2-11可见，生产母猪规模决定了全年出栏商品肉猪的头数，这是猪场投资者和设计者要把握的环节。

2. 猪场的猪群组成

猪场的生产类型不同，猪群的组成不同。猪场的生产类型分为母猪专业场、商品肉猪专业场和自繁自养场。母猪专业场的猪群主要由种母猪也称为基础母猪（空怀母猪、妊娠母猪、哺乳母猪）、种公猪、后备公母猪、哺乳仔猪、断奶仔猪和淘汰种猪（淘汰育肥猪）组成；商品肉猪场主要以出售商品肉猪为主，由生长育肥猪组成；自繁自养场的猪群由三大类组成：一是有基础母猪（空怀母猪、妊娠母猪、哺乳母猪）和种公猪、后备公母猪；二是有哺乳仔猪和断奶仔猪（保育猪）；三是有生长育肥猪和淘汰公母猪。猪群组成不同，对饲养工艺的确定和猪场的设计及布局也不同，这也是投资者和设计者应注意的一个环节。

第三章
现代猪场猪舍建筑设计及投资概算

猪舍是猪生存的场所和生产的条件，也是猪生活的环境，其建筑必须满足各类猪对生产条件和环境的要求。合理的猪舍应符合猪的生物学特性，具有良好的小气候环境，适应当地的气候和地理条件；符合现代标准化养猪工艺要求，具有牢固的结构和经济适用，便于实行科学的饲养和生产管理要求。更重要的是在猪舍设计和建造中，要针对规模化猪场存在的卫生防疫、环境控制及粪污处理问题，从生产工艺及猪舍设计的角度在根本上拿出解决办法。因此，从一定程度上说，猪舍设计和建筑决定了一个猪场的生存和效益。

第一节　现代猪舍建筑设计的基本原则和要求

一、猪舍的设计与建造的基本原则

（一）符合猪的生物学特性和福利条件

猪在进化过程中形成了许多生物学特性，不同的猪种或不同类型，既有其种属的共性，又有其各自的特性，但对任何一个猪种而言，应首先根据猪对温度、湿度等环境条件的要求设计猪舍。一般猪舍温度最好保持在15~25℃，相对湿度在45%~75%为宜；并保证猪舍内空气新鲜、光照充足，能满足猪的基本福利条件。

（二）适应当地的气候及地理条件

我国地域广阔，各地的自然气候及地区条件不同，对猪舍的建造要求也各有差异。一般对夏季气候炎热的地区，主要是考虑防暑降温；而对干燥寒冷的地区，应考虑防寒冷，为求做到冬暖夏凉。

（三）经济适用成本要低

猪舍的设计和建造要把握两个关键环节：一是要综合考虑各项成本，包括土地、人力、水电、饲料、建筑、污染治理等成本因素以及投资者自身经济实力后，确定最适宜的生产工艺和饲养模式。只有在此基础上，才能确定猪舍设计的最佳方案，使猪舍的造价在投资者自身能够承受的范围之内，否则超过自身的投资规模，借债建造是不良之策。二是猪舍的设计和建造要与现代规模猪场所采用的新材料、新工艺、新技术、新设备相配套，而且运转成本要低，所建的猪舍要有现代化的模式。

（四）便于科学的饲养和管理

现代的生态规模化猪场在生产管理上实行的是"全进全出"的流水式生产流程，因此在建造猪舍时首先应根据生产管理工艺流程，精确计算各类猪栏数量，然后计算各类猪舍栋数，最后完成各类猪舍的布局设计。其目的是方便生产操作，降低生产劳动强度，能达到科学的饲养和管理。

二、猪舍建筑与设计的基本要求

（一）猪舍的选址条件要求

猪舍选址应在高燥、通风良好之处。由于我国冬季多西北风，故猪舍设计应坐北朝南或南偏东、西45°以内为宜，可使猪舍冬季多接受阳光照射，夏季少接受太阳辐射，达到冬暖夏凉的目的。

（二）猪舍小气候基本要求

猪舍建造的基本目的是创造适合猪生存、生长、繁殖的环境条件，舍内环境主要指温度、湿度、气流、热辐射、光照、有害气体、噪声、微生物等小气候因素，猪舍设计是否合理对这些小气候因素影响极大。在猪舍设计时，保证合适的檐高以及窗地比，可达到猪舍通风透气和光照，必要时还要安装通风设备。为了降低舍内湿度，在建造猪舍时要保持地面平整，还要带有一定斜度，便于排水，达到降低湿度的目的。猪舍内的温度对猪的生长、生存及繁殖影响极大，因此人为地控制温度也必须从猪舍设计上入手。猪舍内的温度控制包括冬季的保温和夏季的降温，在寒冷季节对哺乳仔猪舍和保育猪舍应设计加热和保温设施。猪舍的墙壁设计要求坚固耐用，在冬季温度较低的地方还应具有良好的保温隔热性能。在炎热的夏季，除做好防暑降温工作外，还要加大通风，有条件的猪场还要设计安装湿帘降温系统，这些设施对妊娠和分娩母猪以及种公猪的饲养尤为重要。从以上几个方面可见，猪舍的设计是否合理对猪舍小气候的改善关系极大。

（三）猪舍建筑的要求

1. 猪舍建筑结构要求

（1）猪舍内设计通道要求 猪舍建筑一般采用单层矩形平面，在舍内猪栏与猪舍长轴平行排列，种猪舍多为两列，中间设计一条饲喂走道隔开，两侧靠纵墙各留一条饲喂走道隔开，两侧靠纵墙各留一条供猪进出猪栏的通道；对生长育肥猪舍则只设中间一条通道，供饲喂与赶猪共用；就是单列式猪舍也要在北侧方向设置通道。任何猪舍设计通道目的是方便饲养管理。

（2）猪舍的空间要求 一般砖混结构猪舍开间多控制在3~4.5米，纵长可因地制宜控制在45~75米，跨度通常为9~15米，过小会增加单位面积投资成本，过大会影响采光和自然通风。由于南方夏季炎热，舍内净高（地面至天棚或梁底高度）以2.6~2.8米为宜。屋面采用人字形坡式，有利于自然通风，要求结构简单、轻便、防水、耐火、保暖及隔热性能好。

（3）墙体、窗户和地面需求 猪舍墙体要求结构简单、坚固、防火、防潮、耐水。公猪舍、母猪舍、产仔舍、保育舍宜采用有窗式猪舍，育成舍、肥猪舍可采用开敞式猪舍。有窗式猪舍在猪舍侧墙可安装活动窗，温暖季节开窗调节舍温，寒冷季节关闭大部分窗户，形成半封闭状态，以利猪舍保暖。对开敞式猪舍两边侧墙做 1 米高水泥墙裙，开敞部分用各种可升降的保温卷帘，以改变敞开部分大小，调节舍内环境。卷窗以特制布料为好，更换也方便，比较耐用。北方地区对开敞部分可使用塑料和竹竿等材料做成暖棚。猪舍地面要求坚实、平整、毛面不滑、耐腐蚀、便于清扫，仍以水泥地面为好。地面要有一定坡度，从走道中央到排水沟的坡度为 2%~3%。

2. 猪舍建筑的通风与温度调控设计要求

（1）夏季的通风降温措施 猪舍间应有足够的间距，间距尽可能达到檐高的 5 倍。猪舍之间地面要种树和牧草等绿色植物，既可减少地面热辐射，又可为猪提供部分青绿饲料。在土地相对充足地区，猪场规划中设计种猪舍，尽可能不用限位栏饲养，而采用小运动场的单栏饲养，以降低饲养密度，有利于舍内降温。栋与栋之间可设置水泥水池，热天轮流放出种猪活动，并在水池内洗澡，利用猪体散热，改善猪的福利。夏季由于太阳直射特别火热，南北向猪舍的南侧宜搭遮阳棚，棚顶覆盖黑色塑料网膜，减轻阳光照射，达到降温目的。此外，还可实行水帘降温，这是近几年发展起来的一种猪舍蒸发散热方法。在猪舍的一端安装 2~3 个抽风机，另一端安装水帘，整个猪舍要求能密闭，屋顶装天花板，门窗能紧闭，通过抽风机的作用，舍外空气先经过冷水湿帘降温后再进入猪舍，可使舍温降低 5~8℃，在夏季室外温度 35~36℃时，可使舍内温度保持在 28℃以下，但此猪舍建筑投资较大。

（2）猪舍的隔热保暖要求 猪舍在夏季过热的主要原因是猪舍屋面和墙体等外围护结构的隔热性能差，导致室内高温，阳光辐射及猪群自身散发的热量在舍内积聚。屋面及墙体的隔热性能强弱主要取决于所用建材的热阻值和贮热性能，与猪舍结构有关系。猪舍如用石棉瓦盖顶，最好配以加密泡沫板吊顶，使瓦面与舍内有一个空气间隔层，以减缓热传递，保持舍内夏季凉冬季暖。生产实践已证实，猪舍的建筑保暖重点在仔猪。哺乳仔猪适宜温度是 30~32℃，冬季降温条件下为保证仔猪成活和正常生长发育，必须在哺育栏内设置保温箱，箱内设红外线灯或电热垫板。断奶仔猪转入保育舍后，舍内温度要达到 20~24℃，也必须要求保育舍建造注意保暖，如窗户能密闭，猪床高出地面 50 厘米左右，采用条状或网状漏缝地板，保持栏内干燥，这是保育猪舍建造的前提。仍达不到温度要求时，可使用热风炉、烟道、热水管道等加温。

第二节　猪舍的建筑与圈舍设计

一、猪舍的类型

我国的猪舍种类和建筑形式多种多样，但从实用上一般把猪舍分为以下几种类型。

（一）按猪舍屋顶形式划分

按屋顶形式分，猪舍有单坡式、双坡式、平顶式、拱顶式、钟楼式、联合式等，但最常见的是前 3 种。

1. 单坡式猪舍

单坡式猪舍一般跨度较小，屋顶由一面坡构成，结构简单，省料，造价低，投资少，便于施工，通风采光较好，但冬季保温性能较差，适合于小型规模猪场。

2. 双坡式猪舍

我国大部分猪场建筑采用双坡式。双坡式即有屋脊，屋顶有两斜坡面。优点与单坡式基本相同，保温性能好。但造价较高，投资相对较大，而且对建筑材料要求较高，适合于各种规模、各种投资额的猪场。

3. 平顶式猪舍

平顶式猪舍的屋顶为平面，一般采用预制板或现浇钢筋混凝土屋面，造价一般较高，适合于各种规模、各种投资额的猪场。

（二）按猪栏排列式分类

1. 单列式猪舍

单列式猪舍中猪栏排成1列（一般在舍内南侧），靠北墙一般设饲喂通道，在舍外南侧可设或不设运动场。该猪舍建筑跨度较小，构成简单，猪舍通风和采光良好，建筑材料要求较低，省工、省料、造价低。缺点是建筑利用率低，送料、供水、清粪采用机械化很不经济。一般中小型猪场建筑和种猪舍建筑多采用单列式猪舍（图3-1）。

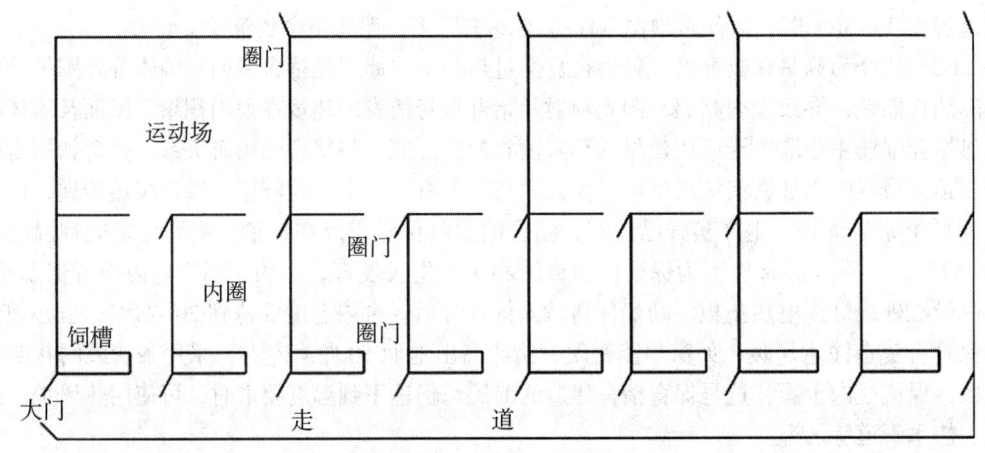

图3-1 单列式猪舍模式平面

2. 双列式猪舍

双列式猪舍中将猪栏排成两列，中间设一个饲喂通道，一般没有室外运动场。这种猪舍建筑面积利用率高，便于实现机械化饲养，管理方便，保温性能好。缺点是采光、防潮不如单列式猪舍，若管理不善，舍内易潮湿。育成、育肥猪舍一般采用此种建筑模式（图3-2）。

3. 多列式猪舍

多列式猪舍中猪栏排成三列或四列，一般以四排居多，舍中间设两条或三条饲喂通道。多列式猪舍的栏位集中，容纳猪多，运输线路短，生产工效高，管理方便。这种猪舍跨度较大，一般多在12米以上，建筑构造复杂，但建筑面积利用率高，冬季保温性能好。缺点是自然采光不足，自然通风效果较差，舍内阴暗潮湿，须辅以机械、人工控制其通风、光照及温湿度。此猪舍适合寒冷地区的大群育成、育肥猪饲养（图3-3）。

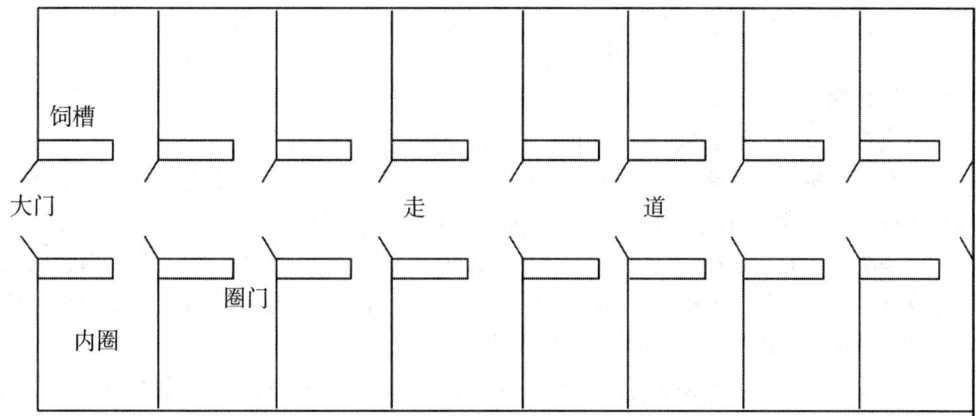

图 3-2 双列式猪舍模式平面

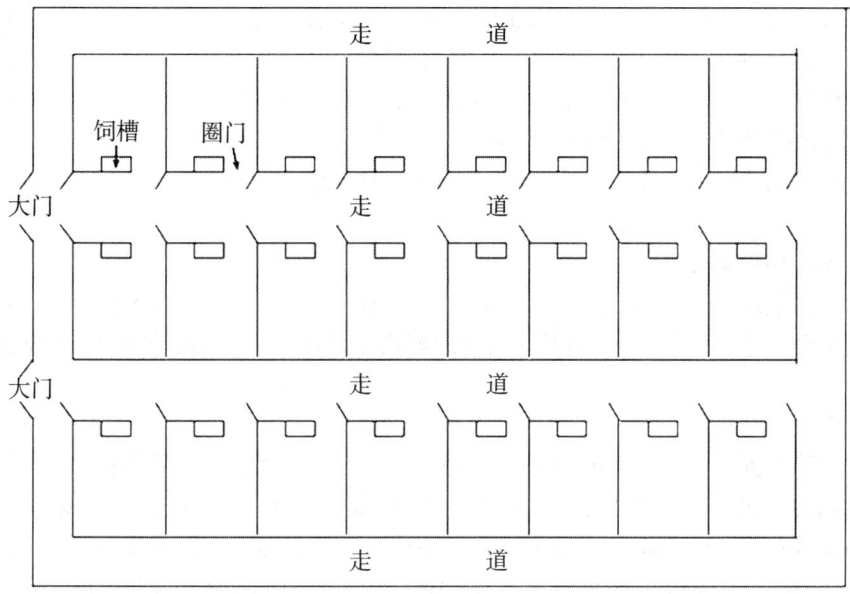

图 3-3 多列式猪舍模式平面

（三）按猪舍墙壁结构特点和有无窗户形式划分

猪舍按墙壁结构特点可分为开放式猪舍、半开放式猪舍和密闭式猪舍，其中密闭式猪舍按有无窗户又分为有窗式猪舍和无窗式猪舍。

1. 开放式猪舍

开放式猪舍有两种结构形式，一种为猪舍三面设墙，南面无墙而完全敞开，用运动场的围墙或围栏圈养猪群；另一种为猪舍无任何围墙，只有屋顶和地面，外加围墙或栅栏围住。这种猪舍通风采光良好，其结构简单，造价低，猪群能自由地在运动场活动。但受外界影响大，舍内昼夜温差较大，保温防暑性能较差，较难解决冬季防寒问题，适合夏季气温较高的地区建造。

2. 半开放式猪舍

半开放式猪舍上有屋顶，猪舍三面有墙，南面设半截墙，冬季如在半截墙上挂草帘、布帘或钉上塑料布，能明显提高其保温性能。半开放式猪舍设或不设运动场，此猪舍由于介于封闭式和开放式猪舍之间，因克服了两者的短处，目前在许多小型猪场被广泛采用。

3. 密闭式猪舍

密闭式猪舍又分为有窗式封闭舍和无窗式封闭舍。

（1）**有窗式猪舍**　此猪舍四面设墙，窗设在纵墙上，窗的大小、结构和数量可根据当地气候条件而定。一般要求寒冷地区猪舍南窗大、北窗小，以利于保温。而对夏季炎热的地区，为了解决夏季有效通风，还在两纵墙上设地窗，或在屋顶设风管等。有窗式猪舍保温隔热性能较好，又能根据不同季节启闭窗扇来调节通风和温度，受舍外气候变化影响小，特别是冬季保温性能好，因此被我国目前大中小型猪场广泛应用。

（2）**无窗式猪舍**　此种猪舍只是在墙上设应急窗，仅供停电应急时使用，不作采光和通风用。因此此猪舍与外界自然环境隔绝程度较高，但猪舍内设有机械通风系统和供暖、降温设施，舍内的通风、采光、舍温均可以通过人工设备调控，可以自动控制舍内小气候，能为猪群提供较好的环境条件，有利于猪的生长发育，并能提高劳动生产率。但此猪舍建筑、装备、维修、运行和投资的费用较大，对于电的依赖性大，耗能高。一般对环境条件需求较高的猪舍，如分娩母猪舍、仔猪保育舍可采用这种模式的猪舍。

（四）按建筑结构及材料的不同来划分

猪舍按建筑结构和材料的不同，又分为砖木、砖混结构和复合板轻型钢组合式猪舍（装配式猪舍）。

1. 砖木、砖混结构猪舍

此猪舍是指猪舍的主体结构，采用砖混结构，屋面可采用人字屋木架，上盖小青瓦、水泥瓦或化学合成瓦的猪舍。由于此猪舍可就地利用建筑材料，结构设计简单，通常被全国各地广泛采用。

2. 装配式猪舍

装配式猪舍也叫复合板轻型钢装配式猪舍，是一种新型的猪舍建筑结构，近些年在南方地区新建出现。此猪舍结构是以预制的轻型钢做屋架，跨度在 12~15 米，多设四列五通道，长度为 100 米左右。用彩钢板加复合保温材料板做屋面及侧墙，在现场组装而成为猪舍。猪舍侧墙上装有轴流式风机，两边为卷窗幕，用湿帘降温。此猪舍集约化程度高，一栋猪舍可饲养 3 000~5 000 头猪，配套设施先进，可采用机械刮粪、自动饲喂等，机械化和自动化程度高。装配式猪舍与传统的砖瓦猪舍相比，具有节省土地资源，现场组装，施工简单、速度快、周期短，保温隔热性能好，不受气候变化影响，地区适应性广等诸多优点，适合于投资额较大的大、中型猪场。

二、猪舍的基本结构和建筑材料的选择

猪舍的基本结构包括基础、墙体、地面、门窗、屋顶等，统称为猪舍的外围护结构。猪舍的小气候状况如何在很大程度上取决于猪舍的外围护结构的性能，其中建筑材料的选择与外围护结构的性能，有很大的关系。

（一）猪舍的基础

猪舍的基础指猪舍的地下部分，主要作用是承载猪舍的自身重量、屋顶积雪重量和墙及屋顶承受的风力。基础材料多用石料、混凝土预制或砖。由于基础承受很大的负荷，要求有足够的强度和稳定性，以防止因沉降过大或产生不均沉降而引起猪舍裂缝和倾斜。猪舍基础

的埋置深度，要根据猪舍的总荷载、地基承载力、土层的冻胀程度、地下水位及气候条件等情况来确定。基础受潮会引起墙壁及舍内潮湿，因此，修筑基础要注意防潮防水。为防止地下水通过毛细管作用浸湿墙体，在基础墙的底部应设防潮层。基础一般要比墙宽10~15厘米。

（二）猪舍的地面

猪舍的地面是猪采食、躺卧、活动和排泄粪尿的地方，因此猪舍地面要求坚实、平整、不透水，易于清扫消毒。地面一般应保持2%~3%的坡度，以利于保持地面干燥。由于地面对猪舍的保温及猪的生产有很大影响，一般要求地面具有一定的保温性能。石板地面、砖地面和三合土地面保温性能好，但不坚固、易渗水，也不利于清洁和消毒。水泥地面坚固、平整、易于清扫、消毒，但保温性能差。有的猪场部分或全部采用漏缝地板。漏缝地板种类较多，有块状、条状和网格状等，常用的漏缝地板材料有水泥、金属、塑料等，一般是预制成块，然后拼装。目前猪舍的地面多采用水泥地面和漏缝地板。

（三）猪舍的墙壁

猪舍的墙壁是猪舍的主要结构，也是猪舍建筑结构的重要部分。墙具有承重、隔离和保温隔热的作用。按墙所处的位置把墙分为内墙和外墙，内墙为舍内不与外界接触的墙，外墙是直接与外界接触的墙。又按墙的长短把墙又分为纵墙和山墙（端墙），沿猪舍长轴方向的墙称为纵墙，两端沿短轴方向的墙称为山墙，猪舍一般为纵墙承重，承重墙的承载力和稳定性必须满足结构设计要求。猪舍墙体的多少、有无、主要决定于猪舍的类型和当地的气候条件。猪舍的墙壁要求坚固、耐用、抗震、耐水、防火，结构简单，便于清扫消毒，并有良好的保温隔热性能和防潮能力。根据不同地区不同地理环境的要求，墙壁使用不同的材料，目前常用的是石料墙壁和砖墙。石料墙壁坚固耐用，但导热性强，保温性能差；砖墙保温性好，有利防潮，也较坚固耐久，但造价高。为了使墙内表面便于清洁消毒，地面以上1.2~1.5米高的墙面应设为水泥墙裙，以防冲洗消毒时溅湿墙面和防止猪损坏墙面。墙体的厚度应根据当地的气候条件和所选墙体材料来确定，既要满足墙的保温、坚固、防潮等要求，又要尽量降低成本。

（四）猪舍的门窗

1. 门的标准要求

门是供人和猪出入的地方。双列式猪舍中间过道为双扇门，要求宽度不小于1.5米，高度为2米。单列式猪舍走道门要求宽度不少于1米，高度为1.8~2.0米。猪舍门一律向外开，门外设坡道，便于手推车出入。对门的设置应避开冬季主导风向，必要时加设门斗。

2. 窗户的标准要求

窗户主要用于采光和通风换气。窗户面积大，采光多，换气好，但冬季散热和夏季向舍内传热也较多，不宜于冬季保温和夏季防暑，所以窗户面积的大小、数量、形状、位置应根据当地气候条件合理设计。一般要求窗户的大小以采光面积与地面面积之比来计算，育肥猪舍为1:（15~20），种猪舍为1:（8~10）；窗户距地面高1.1~1.3米，窗顶距屋檐0.4米；两窗间隔距离为其宽度的2倍，猪舍的后窗大小无一定标准。为增加通风效果，猪舍可再设地窗，长50厘米，高20厘米。对半开放式猪舍的半开放式部分，可采用半敞式卷帘系统。加上防鸟网有着良好的通风、换气、采光功能，就是在冬季遮盖上塑料也有较好的保温隔热效果，其优点：一是可以减少猪舍工程造价；二是可以通过控制通风口大小，随意调节舍内温度和通风量；三是操作方便，一幢猪舍只需1~2个减速器就可以控制整幢猪舍的卷帘，可以是手动也可以是电动。由于半敞式卷帘系统加上防鸟网具有上述几个优点，会成为今后猪舍设计的一个方向，而且特别适合南方气候炎热地区使用，目前南方一些新建规模猪场大都采用这一模式。

（五）猪舍的屋顶

屋顶是猪舍最上层的屋盖，起遮挡风雨和保温隔热的作用。猪舍的屋顶要求坚固，有一定的承载能力，不漏雨、不透风、保温、耐久、耐火，而且结构简便，造价便宜。屋顶的形式主要有平屋顶、坡屋顶、拱形屋顶，炎热地区用气楼式和半气楼式屋顶。屋顶的材料也多种多样，有瓦屋顶、水泥预制屋顶、石棉瓦和钢板瓦屋顶等。屋顶材料的选择，可根据猪舍的类型来确定，我国多数猪舍选用的是瓦屋顶、石棉瓦屋顶和水泥预制屋顶。但近些年选用彩色钢板瓦屋顶已成为趋势，由于此屋顶材料经久耐用，维修成本低，又美观大方，已成为今后猪舍设计中首选的屋顶材料。选用此屋顶材料，最好内面铺设隔热层，提高保温隔热性能。

三、各类猪舍的建筑设计特点与标准要求

（一）猪舍建筑的通用设计标准要求

猪舍建筑的通用设计是指对带有共性的猪舍平面、猪舍开间、猪舍跨度、猪舍内净高、猪舍门窗、雨水沟和排水沟、运动场及消毒池的设计。

1. 猪舍的平面设计

我国猪舍建筑一般选用单层矩形平面，猪栏在舍内与猪舍长轴平行排列，种猪舍猪栏多为两列，中间是一条饲喂走道，两侧靠纵墙各留一条通道供猪进出猪栏；生长育肥猪舍则只设中间一条通道，饲喂和赶猪共用，这样可最大限度利用猪舍面积。除中间设计一条通道外，还要在两端及中间分别留有横向通道，便于管理与操作。也可根据猪舍跨度，将猪栏沿猪舍长轴单列或多列排布，但对分娩或保育舍一般采用多个单间，实行全进全出，猪栏也是沿多个单间猪舍的长轴排列。此平面设计适用于工厂化猪舍。

2. 猪舍跨度

猪舍跨度一般根据猪舍类型来确定，通常按建筑模式选用9~15米跨度。跨度过小会相对增加单位面积投资成本，而跨度过大又降低自然通风和采光效果，但对机械通风的猪舍，跨度可加大到18米以上。

3. 猪舍开间

猪舍开间一般控制在3~4米。猪圈面积因猪群的大小而异，一般砖混结构的猪圈面积，每间15~20米²。猪舍开间与纵向总长度也有一定关系。猪舍纵向总长度应根据生产工艺和场区总平面布置要求，按开间的整数倍数确定，一般猪舍控制在45~55米较合适。工厂化猪舍采用机械设备时，猪舍长度还要考虑与设备配套，猪舍过短利用率低，而猪舍过长则不便于饲养管理，这是设计猪舍时要注意的问题。

4. 猪舍内净高

猪舍内净高对人和猪都有一定的关系，也能影响猪舍内小气候环境。猪在舍内的活动空间是舍内地面以上1米高的范围内，这一区域的温湿度和空气质量对猪群的影响最大，而人在猪舍内的活动空间是舍内地面以上2米高范围内。由于我国南北气候差异较大，再加上有的猪舍采用的通风降温设施不同，因此猪舍的净高度要求不同。一般北方猪舍的舍内净高以2.5~2.8米，南方猪舍的舍内净高以3~3.5米为宜，空间过大不利冬季采暖保温，过小不利

于夏季防暑降温。猪舍采用湿帘负压抽风控温，为保证通风降温效果，猪舍内还要有吊顶结构，吊顶高度可在2.7米为宜。

5. 猪舍排污与排水沟

排水指雨水沟，是承接屋檐下雨水的专用沟，它与排污沟是两个完全不同的管网系统，两者不能交叉，更不能通用。任何猪场都要做到雨污分流。一般要求雨水沟宽20~25厘米，倾斜度1%，下雨天可将雨水排出场外。

排污管网系统的设计必须在建筑物建造以前规划完成，不能先建猪舍后设计排污管网。排污管网系统一般按其地形、坡度、污染治理模式，各类猪舍的功能等不同情况，采用不同的管网设计和布置。在排污管网系统的设计时，应切实做到三分离：即雨污分离、干湿分离、人猪分离；减轻劳动强度，操作方便，运行畅通，不易阻塞，并与粪污治理模式相配套。

6. 运动场

传统养猪场多在猪舍的南北设运动场，现代养猪场一般不设运动场，但断奶空怀母猪舍最好设运动场，其优点是能让母猪适当运动，有利于断奶母猪相互追逐爬跨，促使母猪发情。有条件的猪场应建公猪专用运动场，每天让公猪适当运动，有利于提高公猪的繁殖性能和使用年限。

7. 消毒池

任何猪场都要在大门口设有宽度与门相等，有挡雨屋顶，长度不少于3米，深度不少于0.15米的消毒池，池内放入不少于0.10米的有效消毒液。此外，还要在每栋猪舍门口设消毒池，并放入有足够浓度的高效低毒消毒液。消毒池内的消毒液每3~5天更换一次。进出车辆必须经过消毒池，进出人员必须更衣换鞋，踏入消毒池内的消毒液后方可进入猪舍。

（二）不同猪舍的建筑要求及内部布置

小型猪场可建单坡式的猪舍供各类猪群使用，大、中型养猪场要按性别、年龄、生产用途建筑各种专用猪舍。猪场不管规模大小，均应依据不同性别、饲养和生理阶段的猪对环境、设备的要求不同，设计猪舍内部结构，并根据猪的生理特点和生物学特性，合理布置猪栏、走道等。总之，猪舍的设计，首先要符合养猪生产工艺流程，其次要考虑各自的实际情况，对黄河以南地区以防潮隔热和防暑降温为主，黄河以北则以防寒保温和防潮防湿为重点。

1. 公猪舍

公猪舍一般为单列半开放式建筑，内设饲喂通道，外有小运动场，一圈一头。公猪舍要置于上风向，较僻静处。人工授精室、精液检查室，应设在公猪舍的一端。也可采用双列建筑模式，把空怀待配母猪舍与公猪舍在一起使用（图3-4）。公猪栏面积一般为7~9米^2（不含运动场），隔栏高度为1.2~1.4米，猪栏可用热浸镀锌管，也可用砖垒成建造。舍内地面不能光滑，坡度为2%。舍内装饲槽和自动饮水器，必须满足每头公猪每天有10~13升的饮水量。公猪舍温度要求在16~21℃，风速为0.2米/秒。

2. 空怀母猪舍

空怀母猪舍可为单列式（可设运动场）、双列式（可设或不设运动场）和多列式等。空怀母猪舍为单列式，应靠近种公猪舍，设在种公猪舍的下风向，使母猪气味不干扰公猪，公猪的气味可以刺激母猪发情。一般小型养猪场，对空怀母猪实行群养，每栏饲养空怀母猪4~8头，使其相互刺激促进发情。圈舍面积一般为7~9米^2，一头母猪约占面积3米^2。有条件的猪场也可将种公猪舍和空怀母猪舍合为一栋，中间设置配种间隔开。目前许多猪场把空怀母猪舍、后备公母猪和种公猪舍合为一栋建筑设计（图 3-4）。

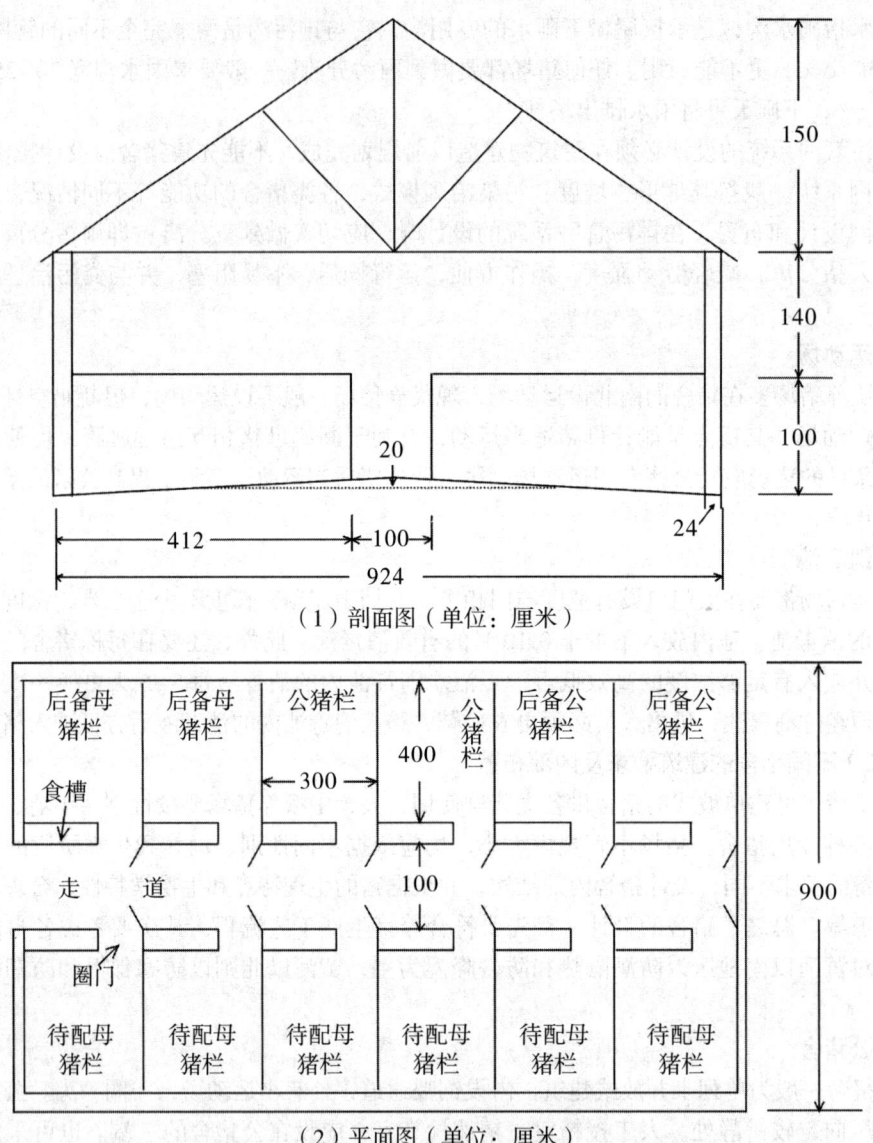

（1）剖面图（单位：厘米）

（2）平面图（单位：厘米）

图 3-4　空怀母猪、后备公母猪和种公猪猪舍

3. 妊娠母猪舍

猪场建筑妊娠母猪舍可为单列式（设运动场）、双列式（可设或不设运动场）和多列式等。妊娠母猪可群养（4~6 头），也可单养（隔栏限位饲养），各有利弊。在现代集约化猪场，妊娠母猪一般采用单体限位栏饲养，即一个母猪栏饲养一头妊娠母猪。妊娠母猪单体限位栏一般采用金属结构，长 2~2.2 米，宽 0.55~0.65 米，高 0.9~1.1 米。群养妊娠母猪，饲喂时亦可采用隔栏定位采食，采食时猪进入小隔栏，平时在大栏内自由活动，可减少肢蹄病和难产的发生，延长使用年限，而且猪栏占地面积少，利用率高。但大栏群养猪之间咬斗的

机会较多，易导致死胎和流产。单体栏饲养可使妊娠母猪的膘情适度，但活动量小，肢蹄不健壮，难产的比例较高。为了解决此问题，可采用妊娠母猪前期分组大栏群饲，妊娠后期则采用限位栏的饲养方式。为了防止配种后的前4周内易流产的问题，可采用单体栏饲养。妊娠母猪舍的圈栏结构有实体式、栏棚式、综合式3种，一般猪圈布置多为双列式。大栏面积为7~9米²，限位栏为1.2米²左右。地面坡度不大于2%，地表不能太光滑，以防母猪跌倒造成流产。舍温要求18~22℃，风速以0.2米/秒为宜。妊娠母猪舍多采用单体栏饲养模式（图3-5）。

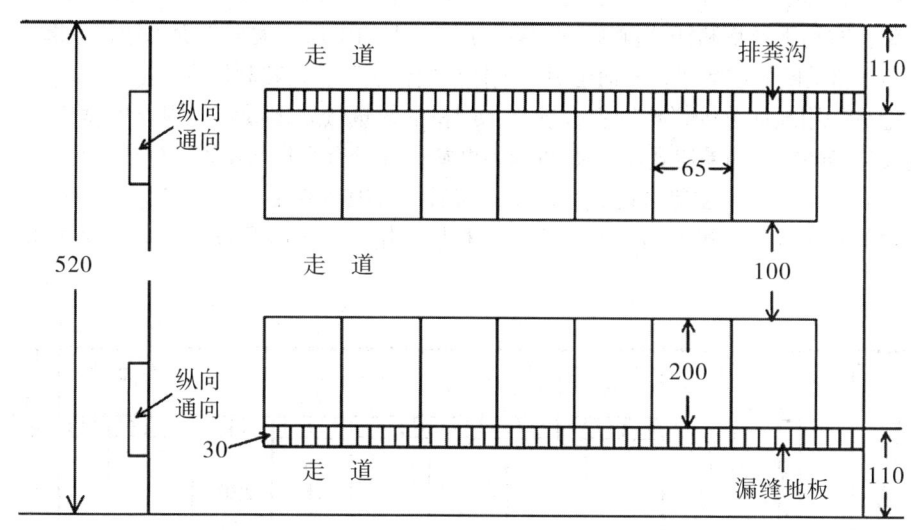

图3-5 妊娠母猪单体栏饲养舍平面（单位：厘米）

4. 分娩哺乳母猪舍

分娩哺乳母猪舍是猪场建筑的核心部分，应具备良好的隔热、保温、通风、防暑等性能，还要设置必要的生产设备。分娩哺乳母猪舍可选用有窗封闭式建筑，通常每个单元一间房舍，采用全进全出的饲养方式，产房内设有分娩栏，布置多为单列式或双列式，大型猪场也有三列式，但通常为三走道双列式，设计原则要"母仔兼顾"，既要满足母猪的需要，同时兼顾仔猪的要求。因分娩猪适宜温度为16~20℃，而初生仔猪的适宜温度为29~32℃。当舍温接近30℃时，母猪会出现热应激，如气喘、厌食、泌乳量下降等；而当舍温偏低时，初生仔猪通常挤靠母猪或相互挤推来取暖，常被母猪踩死、压死。而且当舍温偏低时，不但不利于母猪产后生理功能的恢复，还严重影响仔猪的存活和发育。为了解决"母仔兼顾"问题，分娩哺乳母猪舍的分娩栏应设母猪限位区和仔猪活动栏两部分，中间为母猪限位区，两侧为仔猪活动栏，仔猪活动栏内一般设置仔猪保温箱和仔猪补料槽。保温箱采用加热地板、红外线灯或热风器等，给仔猪局部取暖。分娩哺乳母猪舍的分娩栏位结构也因条件而异，目前常采用以下两种。

（1）地面分娩栏　地面分娩栏采用单体栏，中间部分是母猪限位架，限位架通常用钢管制成，一般长2.2米，宽0.6米，高0.9米。限位架可限制母猪活动，并使母猪不会很快地卧地倒下，而是以腹部缓慢着地，伸出四肢再躺下，可有效地防止仔猪被压死、踩死。限位架两侧是哺乳仔猪采食、饮水和取暖活动的空间。一侧的仔猪活动区宽0.8米，有仔猪饲槽和保温箱，箱底铺设电热板；另一侧的仔猪活动区宽0.5米，设有仔猪饮水器。母猪限位架的前方是前门，前门上设置料槽和饮水器，供母猪采食和饮水。限位架后部有后门，供母猪进入人工助产及清粪操作等使用。还可在栏位后部设置漏缝地板，以排除栏内的粪便和污物等。分娩栏间隔用0.7米高栏隔开。

（2）高床分娩哺乳栏　高床分娩哺乳栏主要由分娩栏、仔猪围栏、钢筋编织的漏缝地板网、保温箱、支架腿等组成，也分母猪限位区和仔猪活动区，其设置同地面分娩栏。钢筋编织的漏缝地板网通过支架架在粪沟上面，地板网要架离地面0.3米，母猪分娩栏再安装到漏缝地板网上，可使粪便通过漏缝地板网掉入粪沟，这样可使母猪和仔猪能脱离地面潮湿和粪尿的污染，有利于母猪和仔猪健康，也保持了网面上的干燥，大大减少了仔猪下痢等疾病，明显提高仔猪的断奶成活率，从而也提高了仔猪生长速度和饲料利用率。

不论是采用地面分娩栏或网上分娩栏，产栏的数量按繁殖母猪的饲养规模和繁殖计划来确定设计和购置，如果哺乳仔猪在35日龄断奶，并进行全年均衡繁殖生产，每20头繁殖母猪应设置5个产栏。在猪舍内每个产栏的前后，必须留有足够宽的走道，供母猪上、下产栏，也供饲养人员分娩时接产和行走及饲料推车用。分娩哺乳母猪舍平面模式如图3-6所示。

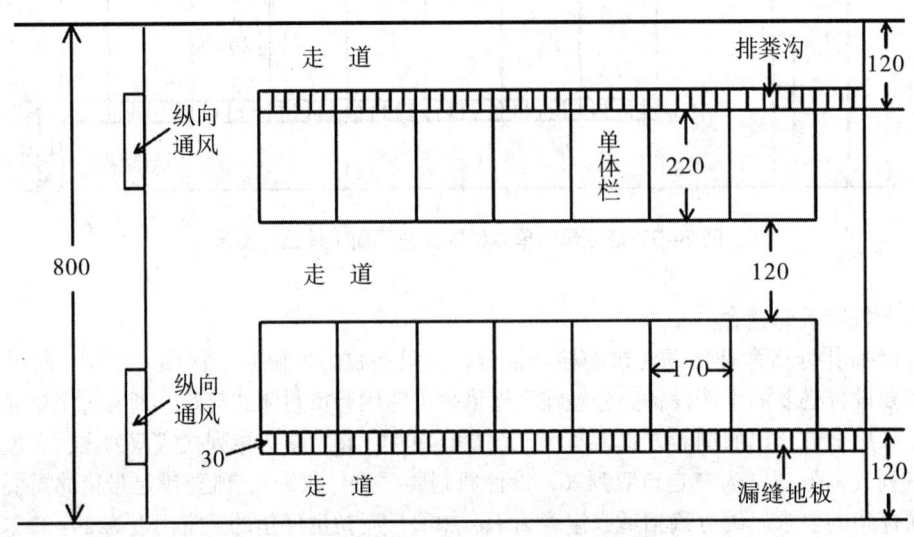

图3-6　分娩哺乳母猪舍平面（单位：厘米）

5.仔猪保育舍

大、中型养猪场由于断奶仔猪较多，可单独建造仔猪保育舍。由于断奶仔猪身体各项机能发育完全，体温调节能力差，特别怕冷，加上机体抵抗力、免疫力比较低，易感染疾病。因此，在建筑仔猪保育舍时，应首先考虑取暖保温，可选用有窗封闭式建筑，在冬季一般应配备供暖设备，才能保证仔猪生活的环境温度较为适宜，这是影响断奶仔猪成活率的极重要的因素。仔猪保育舍舍内温度要求26~30℃，风速0.2米/秒。仔猪保育舍采用地面或网上圈养，每圈8~12头，最好原窝饲养，每窝一圈，这样可减少因陌生而重新建立群内秩序造成的应激。一般中小型养猪场，常把仔猪保育舍与母猪分娩哺乳舍建在一栋，把断奶仔猪培育网床安装在母猪分娩哺乳舍的一端。采用仔猪保育栏，网上培育断奶仔猪，可减少仔猪疾病的发生，有利于仔猪健康，提高仔猪成活率。

仔猪保育栏主要由钢筋编织的漏缝地板网、围栏、自动落料食槽、自动饮水器、连接卡等组成。网床用直径 5.5~6.5 毫米的圆钢筋或钢丝焊接而成，网床的钢筋或钢丝之间的距离为 10~12 毫米，网床面长 240 厘米，宽 165 厘米，围栏高 60 厘米，网床内设 1 个自动采食箱和 1 个自动饮水器水嘴，用自动落料食槽，自由采食饮水。网床距地面 30~40 厘米，由支架腿架设在粪沟上面，网底有全漏缝和半漏缝两种，网床的布置多为双列或多列式。保育栏个数等于分娩栏总个数的 1/2。仔猪保育舍平面模式如图 3-7 所示。

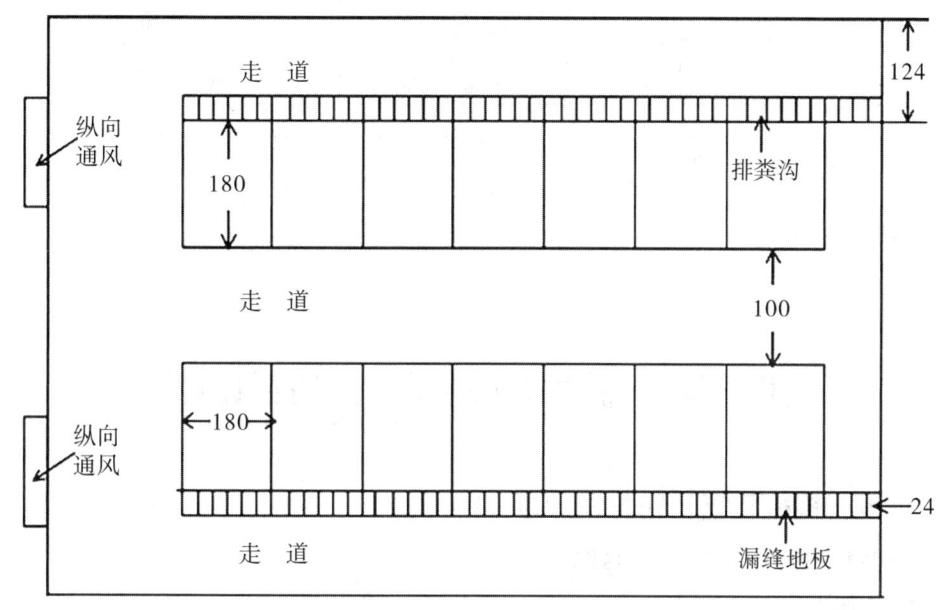

图 3-7　仔猪保育舍平面（单位：厘米）

6. 生长育肥猪舍和后备母猪舍

生长育肥猪舍和后备母猪舍均采用大栏地面群养方式，其结构形式基本相同，只是在外形式尺寸上因饲养头数和猪体大小的不同而有所变化。生长栏和育肥栏一般原窝饲养，每栏 8~12 头，每头占栏面积 1~1.2 米²，内配食槽和自动饮水器；后备母猪栏一般每栏饲养 4~5 头，内配食槽和自动饮水器，有条件的猪场对后备母猪舍可加修运动场，对后备母猪培育有一定好处。为减少猪群周转次数，一般把育成和育肥两个阶段合并成一个阶段饲养。在建筑设计生长育肥猪舍时，要充分考虑到冬季防寒、夏季防暑的要求。夏季舍内通风良好，没有阳光直射，舍内温度控制在 28℃以下，必要时设置降温设施；冬季舍内温度要在 12℃以上。生长育肥猪舍多采用单走道双列式猪舍，也可采用多列式猪舍。建筑选材要具有坚固耐用、防寒、隔热性能好的特性。猪栏一般采用砖、沙、水泥建造，也可用热浸镀锌管建造。但在建造生长育肥猪舍时要清楚，商品猪场是投资较多，风险较大的微利行业，一般总资金盈利率不超过 15%。对于中小型养猪场，在能够达到生长育肥猪场饲养基本要求的前提下，在圈舍设计上应避免贪大求洋，尽可能地减少固定资金的投入，可减少经营风险，获得一定的经济效益。生长育肥猪舍平面模式如图 3-8 所示。

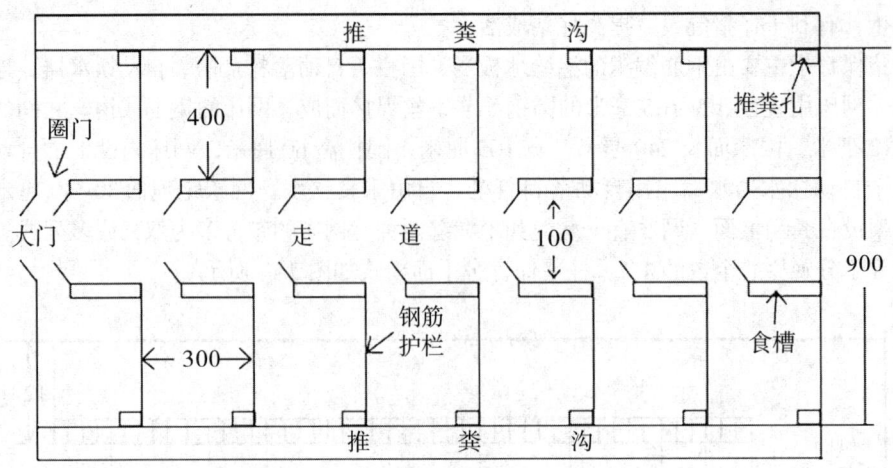

图3-8 生长育肥猪舍平面（单位：厘米）

第三节 现代猪场的新工艺与新设计

一、现代规模猪场及猪舍设计存在的问题

（一）猪场的选址不科学与不合理

1.交通不便

有的猪场选址太偏僻，信息闭塞，员工休假无交通工具，增加管理难度，而且投入品（饲料、药品等）采购成本高。建猪场时选址偏僻有利于猪场生物安全，但必须交通要通畅，猪场也要配备必需的交通工具。

2.坡度过大

坡度过大增加了饲养人员的劳动强度，同时在转猪群时易造成猪肢蹄损伤。猪场地势要求有一定缓坡，但坡度不要超过20°，便于排水排污。

3.过于靠近居民区

有些猪场距交通要道或居民区太近，不足500米，造成防疫威胁。猪场选址距交通要道或居民区应至少1 000米。

4.面积不足

有些猪场由于面积不足，猪舍之间距离过于密集，小于猪舍高度1~1.5倍。由于饲养密度过大，疾病风险压力加大。因此，猪场建设的面积要充足，一般猪场的生产区面积按每头能繁母猪40~50米²计划，建筑面积按每头能繁母猪16~20米²计划。

5.水源水质较差

很多猪场使用地表水，由于居民生活和厂矿企业的影响，水质无法保证。猪场的饮水应按人用饮水标准执行。

6. 供电不足

有的猪场处于偏远农村，电压电流不足，或是猪场用电功率计划不足，影响了生产。新建猪场一般按能繁母猪 100~150 瓦 / 头计划，如果还要自己加工饲料，还应考虑饲料加工设备的功率。

（二）猪场建筑规划设计不合理

1. 各功能区的排列布局不合理

猪场办公区、生活区、生产区及排污区应按风向和地势依次排列，但很多中小型猪场对各功能区的布局很随意，造成生产管理及防疫风险加大。

2. 生产工艺设计理念落后

还有一些新建猪场没有按"全进全出"、"小单元"的生产工艺流程设计，还是实行一条龙式的工艺流程，一栋猪舍内饲养几个阶段的猪群，舍内常年饲养猪群，无法彻底清洗消毒，增加了防疫难度。

3. 猪舍内部设计不合理

最突出的问题是舍内坡度大于 5%，或过于干燥，猪群行走不便或粪尿排不出去。有的猪舍地面处理过于光滑，母猪行走易摔倒，引起流产。而有的猪舍地面过于粗糙，地面清扫不干净，卫生差，舍内地面病菌不利于清除，成为猪群发病潜在的危险，猪易生病。由此可见，圈舍地面坡度不合理，坡度过大，猪只站立不稳，易摔倒，损伤肢蹄，对妊娠母猪会造成流产；坡度过小，地面易积尿水，圈舍潮湿卫生差。一般圈舍地面坡度为 2%~3% 为宜。而圈舍地面过于光滑或粗糙都对猪的生活不利。

4. 排粪口设计不合理

有的猪场把排粪口设计在圈内南墙或北墙中间，没有设计在圈舍一个角落，猪只排粪不能够固定在一个角落，到处排粪，无论饲养人员如何努力，难于使吃料、排粪、休息三点相互分开。夏季更是困难，粪便粘在地板或地面及猪的身体，清粪难度大；冬季排粪口没有盖子，导致冷风吹进舍内，形成贼风，降低舍内温度，猪靠消耗自身能量抵抗外界寒冷，饲料消耗量大，而且也使猪抵抗疾病的能力降低。

5. 病猪隔离舍修建过于简陋

有的猪场把病猪隔离舍修建为猪的淘汰舍。病猪舍修建应充分考虑到保温、通风、饮水、密度、湿度等环境条件，为病猪创造良好的康复环境。

（三）产仔房设计问题

1. 产仔房问题分析

产仔房问题多与猪舍建筑有关。在一些规模化猪场，仔猪已断奶，但状况较差，仔猪大小不均，漏缝板上水淋淋的，舍内的潮气过大，特别是冬季，这样的产房内仔猪发病率与死亡率比其他季节高得多。出现这样的问题主要原因是舍内湿度太大。造成湿度大的原因除水嘴漏水外，最主要原因是舍内封闭太严。在冬季有的产仔房墙壁上有排风扇，但由于担心降温，平时不敢打开通风。在采取暖气取暖的产仔房，好的猪舍设计是把水管与暖气放在同侧，而差的猪舍是水管与暖气管按对侧两边设计。把暖气管与气管同侧设计的产房，水管如有水滴下，水落在暖气管上很快蒸发，地面是干燥的；而分开设计的水滴在地下，地面却是潮湿的。不同阶段的猪对环境要求不同，对于产房内的哺乳仔猪来说，干燥的重要性要强于其他因素，因为温度已是人尽皆知的事情，而湿度却是饲养者最容易忽视的问题，也是导致问题最多的因素。在很多猪场的产仔房内，湿度小，温度适宜，仔猪成活率就高，这也是个不争的事实。

2. 产房设计建议

产房的设计是整个猪舍设计的关键环节，也是决定一个规模化猪场生产效益的基础和条件。产仔房的设计也要与设备相配套，在产仔房设计中要注意以下几点。

（1）注意通风　产房必须要有良好的通风性能，夏季炎热地区对产仔房设计最好要留地窗。

（2）使用高床分娩　为了保证良好的舍内通风，有条件的规模化猪场一定使用高床，床下通风良好，可保证地面干燥，能大大提高仔猪成活率。

（3）采用合适的采暖方式　不论是产仔房或保育舍，冬季取暖方式必须与通风结合起来考虑。地暖、炉火、热风炉都是发干的取暖设施，不容易使舍内出现太过潮湿的情况，而普通水暖往往会造成舍内潮湿。在冬季取暖时，也要考虑机械通风设施，以保持舍内干燥。

（4）使用水帘等设施降温也要防止湿度过大　夏季降温在使用水帘等设施降温时，不能以增加舍内湿度为代价，采用何种降温方式必须结合通风，防止舍内湿度过大。

（5）产床中母猪头部最好与排水沟同向　产房中的湿度过大，与母猪喝水有一定关系。因为造成产仔舍内湿度大的一大因素是母猪玩水造成的，如果母猪喝水时溅出的水直接流走，地面不会水淋淋的，而母猪排尿时站在高处，尿流到低处只能是一条线，不容易造成地面湿度过大。因此，在对产房设计时，把母猪头部方向与污水沟同向，喝水时溅出的水可及时流入污水沟内，尾部朝向中间过道，而产床下有一定坡度，尿液可随坡度一条线流入污水沟，这样产房内湿度会大大减少。

（四）保育舍设计问题

1. 保育舍问题与分析

规模化猪场保育舍是冬季问题最多的阶段。保育舍冬季问题多，是因为冬季气候不同于其他季度，主要是冬季低温引起的综合因素，但不同于产仔房，保育舍问题的根源不是舍内潮湿，而往往是舍内温度不均，空气质量差，以及干燥的空气和过多的灰尘，造成保育舍内仔猪患呼吸道疾病频繁。在有些猪场的保育舍内，暖气片设计远高于猪床，使保育舍的温度难以保持。为保持温度稳定和解决温度不均匀（白天高、夜间低）的问题，有的猪场在仔猪刚入保育舍的几天，在舍内采用蜂窝煤炉加温，由于蜂窝煤炉没有烟筒，舍内空气质量差。而有的猪场把暖气片、烤灯、加饲料槽集中于仔猪躺卧区，使得躺卧区空气干燥，灰尘量非常大。干燥的空气而质量又差，加上过多的灰尘，使仔猪呼吸道免疫功能大大下降，灰尘频繁刺激呼吸道黏膜，使仔猪咳嗽频繁，部分仔猪还发展到喘气。

2. 保育舍设计建议

保育舍设计时要考虑到空气干燥、灰尘多及温度不均匀等问题，从而在生产中减少许多不必要的麻烦，因此在保育舍设计时和在生产中可采用以下技术对策。

（1）采用合适的取暖方式　一般要求猪舍取暖要考虑到白天和夜间不要有温差，因用炉火取暖涉及夜间添煤，很难做到舍内温度恒定，但热风炉或地暖可解决温度不均的问题。

（2）取暖方式与通风换气结合　选择取暖方式时，还必须考虑到通风换气，内部循环的热风炉与从外进风的热风炉效果是完全不同的。

（3）消除灰尘　保育舍仔猪不同于产房仔猪，保育仔猪最怕干燥时过多的灰尘，因自由采食干粉料很容易出现过多粉尘，必须考虑消除灰尘的办法。生产中采取的应急措施是提高舍内湿度，具体做法是对地面和栅栏杆上的灰尘不用普通扫帚扫，而是用蘸水的拖布拖把拖，这样既把灰尘清理干净，也不会造成灰尘飞扬的现象，又使舍内有一定湿度。当然减少灰尘的办法还有很多，如在饲料中添加植物油，将垫板远离采食槽等。

（五）育肥猪舍问题

1. 育肥猪舍问题分析

规模化猪场育肥猪舍最常见的问题是脏，以及冬季忽视取暖，看似是饲养员工作不到位，但往往是由于设计不合理造成的。

2. 生长育肥猪"三点定位"布局不合理的技术对策

一般来讲，生长育肥猪从保育舍转入育肥猪舍后，在猪圈内是可以自己做到"三角定位"的，如喝水的地方是排粪尿的地方，料槽处是吃料的地方，这两个地方猪一般不会躺卧。但有的猪场在设计育肥猪舍时，没有把料槽和采食区设计在门口，使料槽和饮水区在对角的地方，由于门口又是风口又没有遮拦物，猪不会在门口休息躺卧，只能把门口当做排粪尿区，躺卧区只有一个墙角（图3-9）。

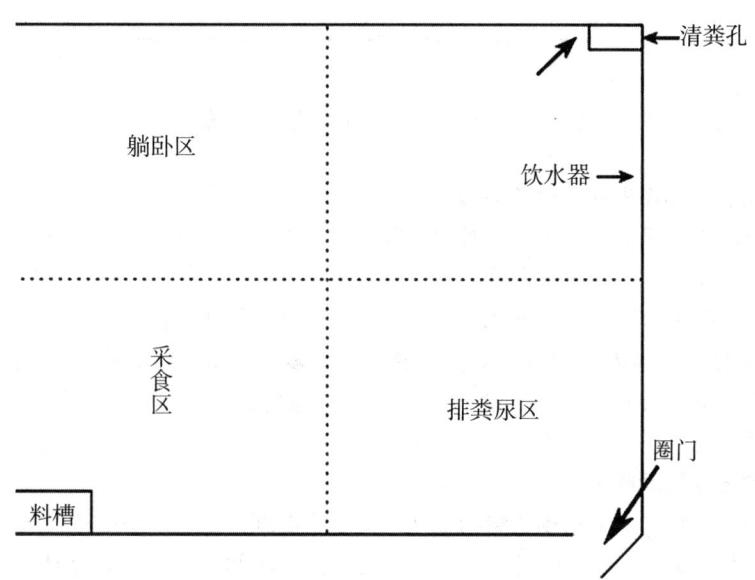

图3-9 不合理的"三角定位"设计布局

由图3-9可见，因圈舍面积小，一个墙角并不能让所有的猪躺卧休息，饮水器地方地面潮湿，一般猪不会在此墙角躺卧，造成整个猪群在圈舍内没有了规律和秩序，所以饲养人员不管怎样用心清扫猪圈，很难使猪舍干净，这就是有些育肥猪舍脏的原因。但如果把料槽设计在门口，使采食区与饮水器在同一个侧面的对角，猪一般采食后会转过头到饮水器地方饮水，并把饮水器墙角作为排粪尿区，整个猪圈的躺卧区为半边，而排粪尿区又是清粪孔口，这样猪的躺卧地方就容易固定，卫生状况也会随之改善，猪舍干净而方便了饲养与清粪（图3-10）。

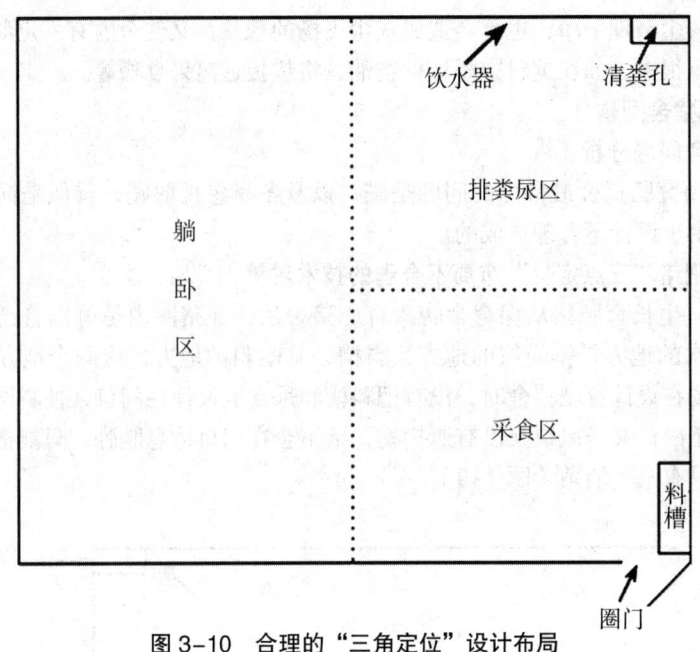

图 3-10　合理的"三角定位"设计布局

3.育肥猪舍的小圈设计造成的问题

把育肥猪圈设计成大圈或小圈，对饲养数量和卫生保持有较大关系。也有专家认为，把育肥猪圈设计成 15~25 米² 比较合理，这样既便于猪群管理，也容易保持好的卫生状况。生产中，小于 10 米² 的猪圈，饲养密度过大，经常是卫生不好原因。因为不论是 10 头猪还是 20 头猪，猪的排粪区域差不多少，采食区域也差不多少，那么大圈饲养时，猪的躺卧区域就会相对大些，饲养密度降低，卫生就容易清理并保持，所以对育肥猪圈不要设计为小于 10 米² 的小圈，有条件的设计为 15~25 米²。

4.育肥猪冬季取暖问题

育肥猪冬季取暖是不少猪场忽略的事情，但冬季温度低，特别是夜晚，过低的温度会使育肥猪饲料消耗量大，饲料报酬低，会延长育肥猪出栏时间，也有损猪的健康。因此，为了提高饲料报酬和提早出栏，规模化猪场在设计育肥猪舍时，必须考虑到设计育肥猪舍的冬季取暖方式。在育肥猪舍的取暖方式上有多种，如热风炉、水暖、煤炉、地暖、火墙等，从应用效果看，最适合的是地暖，既节省资源效果又好，热是由下向上的，只要把地面温度升到合适就可以了，空气温度低些也没有问题，这样既满足了猪的需要，又节省了大量燃煤成本；水暖、煤炉和火墙产生的热量很难直接到达猪躺卧的底部区域，而热风炉只是把热量吹到底部的猪身上，而且需要空气温度高。

（六）猪场硬件设施不合理

1.母猪限位栏过于狭小

有的猪场对母猪实行限位栏饲养，可母猪限位栏过于狭小，栏的宽度小于 60 厘米，造成 3 胎以上体重大母猪躺下空间不够，当猪躺下时四肢没有地方放。特别冬季，由于饮水器安装不科学，当母猪饮水时总有少量水流到母猪躺卧的地面上，导致母猪常年躺在潮湿的地面上，加上母猪进产房腹部清洗不干净，仔猪腹泻机会增加。母猪限位栏过于狭小，加上地面潮湿，长期如此，母猪会感到不舒服，生理、心理处于非健康状态，容易产生各种繁殖障

54

碍性疾病。

2.保温和降温设施不健全

有些猪场的猪舍修建没有考虑当地的气候条件，如气温在零度以下的地区，还修建全开放式猪舍。修建猪舍时必须把当地夏冬两季气温，作为猪舍建造模式的重要依据。有些猪场修建后无保温设施，还有的猪场在夏季高温季节无降温设施，缺少保温和降温设施对猪的生长和生活环境非常不利。

二、现代猪舍建筑设计的主要关键技术

（一）圈舍设施建筑设计关键技术

1.屋顶

屋顶形式有坡式、微坡式和平顶式 3 种，选用双坡式形式为好，用人字木架或钢木架也行，人字木架长度一般 7.5 米，正中高 1.5 米，冬季应安装顶棚。屋顶可采用彩钢瓦、水泥预制板、水泥瓦、机制瓦、青瓦、PVC 塑钢瓦等材料。有经济实力的业主可选用彩钢瓦比较实用，又美观，维修费用低，但在彩钢瓦下必须内衬保温隔热泡沫板。双坡式猪舍从人字木横梁至地面为 240~300 厘米，北方地区可为 240 厘米高度，南方地区可达 300 厘米。过道为 100~150 厘米。

2.墙体和窗户

墙体是猪舍的重要建筑，墙体厚度非承重墙为 12~18 厘米，承重墙为 18~24 厘米。前后墙体净高 2.4~3.0 米，1 米以下必须用水泥砂浆抹光，墙体砖支撑柱要建在舍外。窗户面积 1.5~2.5 米², 即宽 1.5~1.6 米，高 1.0~1.6 米，窗户离地面 1.0~1.4 米。窗户要起到冬暖夏凉、防蚊防虫作用，要有窗纱更好。

3.出粪口和饮水器

出粪口也是猪舍建筑的关键，要设计在圈舍一个角落，便于清扫，也能固定猪在出粪口排粪尿。出粪口宽 50 厘米，高 40 厘米，离地 6 厘米，或宽 40 厘米，高 50 厘米，离地 50 厘米，或根据实际需要宽在 25~30 厘米，高 10~20 厘米，离地 6 厘米。并根据实际需要可将出粪口防护栏安装在舍内或舍外，做到冬季保暖，夏季透风、防蚊，防猪逃跑，方便出粪，防止二次污染，减轻劳动强度为目的。

为了保证能充分饮到水，对猪的饮水器的设计也重要。产仔舍和生长育肥舍应各安装 2 个，产仔舍内的饮水器一个离地 10 厘米，另一个离地 60~65 厘米；生长育肥猪舍内的饮水器一个离地 25~35 厘米，另一个离地 55~65 厘米。其他猪舍分别安装 1 个，离地 60~65 厘米。

4.猪舍地面和消毒池

猪舍地面要做到坚实、平整，防滑、不渗漏、不积水。猪舍内地面要高出舍外地面 20~30 厘米，最高不超过 90 厘米。地面坡度沿圈舍横向为 1%~2%，纵向为 2%~3%。在地面最低处可安装地漏，地漏下埋设 PVC 排污管道，坡度为 3%~5%，保证污水畅通。

消毒池建于舍内门口，如果建在舍外门口必须采取措施，加盖防雨棚，做到防雨防晒，确保防疫有效，减少消毒药物浪费。消毒池宽度与门宽一致，一般深度为 6~10 厘米，长度为 70~100 厘米。消毒池的进出口建成斜坡，方便进出。有条件的猪场可增建紫外线杀菌间。

5.猪舍隔栏

隔栏由立砖砌成或用金属做成。隔栏用立砖砌成，两面用水泥砂浆抹光，厚 8 厘米（即立砖厚 6 厘米，两面水泥砂浆各 1 厘米，水泥标号要高，砖用水浸足）。隔栏与隔栏相交处

和圈门处必须加厚加固 6~12 厘米，与墙体相交处的隔栏应嵌入墙体，增强其稳定性。采用金属隔栏也要保证固定、稳定、焊接牢固。各类猪舍的隔栏标准要求如下。

（1）配种舍和妊娠舍隔栏　公猪舍的隔栏长（即开间，下同）为 2.3~3 米，宽（即进深，下同）为 3 米；待配舍、妊娠舍栏长 3~4 米，宽 3 米，此种妊娠栏设计方法，每头母猪所占圈舍建筑面积虽比妊娠限位栏所占建筑面多 1.3~2.6 米²，但能降低固定资产投入，符合人性化管理，能增强种母猪体质和繁育能力，提高利用年限。

（2）母猪产仔舍隔栏　母猪产仔舍隔栏要符合哺乳期间"母猪要囚，仔猪要游"的要求。产仔舍的隔栏长 2.2~2.4 米，宽 2.2~2.4 米或 3 米。保温补饲栏设在产仔舍内或两个产仔舍之间，供 1 头或 2 头母猪所产仔猪保温补饲需要，并预留相应设施安装保温隔热板和加热设施。保温补饲栏长 1.1~1.2 米或 1.6~1.8 米，宽 0.8~1 米，仔猪进出口高 30 厘米，宽 20 厘米，呈拱形门。在保温补饲栏内最低处预留清洁孔。保温补饲栏也可建成活动栏，便于清洗消毒。

（3）生长育肥猪隔栏　生长育肥猪栏长 3~4.5 米，宽为 3~3.2 米。

6. 运动场

为了提高种猪的繁殖力和种用价值，公猪、待配母猪和妊娠母猪应设运动场。运动场栏高 1.2~1.4 米，长度与圈舍隔栏长度一致，宽为隔栏宽度的 1.5~2.5 倍，并有出粪口。圈舍与运动场之间应设圈门，圈门宽 60 厘米，高 90 厘米，以拱形门为宜，并采用弱弹力自动关闭门或透明塑料软帘，做到方便进出，保温透风防虫。运动场地面设计与舍内设计一致，运动场与圈舍共享雨水沟，也可另建雨水沟。

7. 过道

单列式猪舍过道应设在靠墙一边，宽 1.2 米为宜；双列式猪舍过道应设在两排猪栏之间，宽以 1~1.5 米为宜。

8. 圈门

猪舍内圈门以猪舍的类型而定，可设在过道上，也可设在前后墙体上。圈门宽 60 厘米，高 90 厘米。若设在过道上，产仔舍饲槽应为活动饲槽，方便母猪进出；生长育肥舍可在圈门下面增设饲槽，以增加饲槽长度，提高存栏量和圈舍利用率；圈门如设在前后墙体上，可取消出粪口，圈门既是进出口，又是出粪口。

9. 料槽

料槽的建造呈"凵"或"⌒"形，上口宽 40 厘米，底宽 20 厘米，深 10~20 厘米，呈梯形。进料口宽 12~18 厘米，高 50~60 厘米，饲槽隔栏离地 40~50 厘米，饲槽和落料板用水泥砂浆抹光。料槽不能建成"凵"形，料槽内存在直角，由于料在直角处，猪吃不到，会顺着料槽的方向站在槽内采食，使料槽内饲料遭到污染，料槽的卫生也差。为了防止猪站在料槽内吃料，可在料槽口面安装 15~30 厘米的金属栏以防猪进入料槽，污染饲料。也可采用金属隔栏饲槽或自动落料饲槽，金属隔栏饲槽的金属隔栏离地 10~20 厘米。饲槽一般要预留一个清洁孔，便于清洗消毒。

（二）饮水系统和排污系统设计路径要求

1. 饮水系统设计要求

有自来水的猪场可建或不建水塔，但最好有一口深井水备用，特别是夏季用深井水对猪舍降温效果很好。无自来水的猪场要修建一口深井和水塔，水塔可紧邻猪场，高度要超过猪舍。舍外输水管一定要埋于地下，舍内的饮水管 1 米以下为金属水管，防止猪咬。也可在猪舍内安装附有水位标示的饮水桶，便于添加一些水溶性药物和添加剂。

2. 排污系统设计要求

排污系统包括粪污处理设施、液体污物排出处理路径、固体污物处理路径及各类猪舍排污沟网系统的设计，这些内容将在其他章节中介绍。

三、现代猪场新设计和新工艺在规模化猪场的应用

（一）现代养猪生产工艺及仔猪早期断奶隔离饲养技术在养猪生产中的应用

1. 现代养猪工艺的种类与优缺点

现代养猪主要分"一点式"、"两点式"和"三点式"的生产工艺。生产工艺是否科学是养猪实现工厂化的前提和保证，只有科学的生产工艺作为保证才能建设出符合生产流程的猪舍，多点式即二点式或三点式建筑布局设计的应用，是目前比较科学的猪舍生产区布局，也是大中型猪场今后的一个趋势。下面对现代养猪生产工艺的优缺点进行分析对比，投资者在新建猪场前，可以结合自身条件与实地状况灵活规划设计，选择适合自己的"生产工艺模式"。

（1）"一点式"生产工艺的优缺点 "一点式"也称为一点一线生产工艺，就是各阶段的猪群被饲养在同一地点，转群次数少，管理方便，适合规模小的猪场，这也是我国养猪业采取的最多的一种方式。一点一线的生产工艺最大的优势在于生产地点集中，转群和管理较方便。但因母仔猪和公母猪、大猪在同一生产线，极易受到垂直和水平传染疾病的交叉感染，防治难度大，给养猪场带来威胁。

（2）"两点式"和"三点式"生产工艺的优缺点 "两点式"和"三点式"生产工艺（图3-11）是20世纪90年代发展起来的一种全新的生产工艺，主要优点是将猪群分阶段进行远距离隔离饲养，可有效地截断疫病的传播途径，能提高各个阶段猪群的生产性能。这两个生产工艺要求有足够大的土地面积，一般在小型猪场难以实现，国内目前一大部分猪场采用"两点式"生产工艺。有条件的猪场也有实行了三点式隔离饲养。"两点式"和"三点式"生产工艺见图3-11。

两点式饲养工艺模式图：

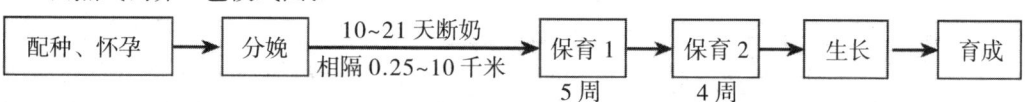

三点式饲养工艺模式图：

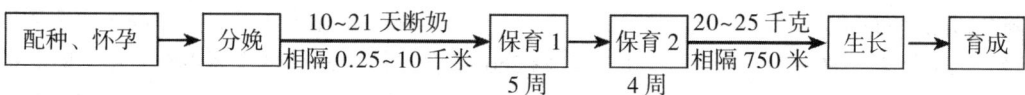

图3-11 "两点式"与"三点式"生产工艺

"两点式"与"三点式"生产工艺均采取的是仔猪早期断奶隔离饲养，国内一些有技术条件猪场采取在仔猪出生后21天左右，其体内的母源抗体还未完全消失前，将其断奶，然后转移到远离生产区的清洁干净的保育舍饲养。由于仔猪健康无病，不受病原体的干扰，不仅成活率高，而且生长速度较快。"两点式"与"三点式"主要区别是后者将保育和肥育猪

也进行远距离隔离饲养，这样不仅能最大限度地满足不同阶段猪生长发育的营养、环境的不同需求，而且能更有效地控制疫病的传播。

（3）"多点式"生产工艺的优缺点 "多点式"隔离猪场的设计方式是将猪场分4个区，分别是：种猪繁殖区、育仔区、育肥区和办公生活区，每区相隔1 000米以上，充分考虑各区之间的防疫隔离，各区之间相互独立，人员相互不流动，人员设备和用具分开，减少各区之间疾病的传播，最大限度地避免了交叉感染。"多点式"早期断奶隔离饲养模式是产生于国外的一种生产工艺，其先进性和优势性已逐渐得到养猪界的认同，我国的养猪企业也积极地探索这种生产工艺在养猪中的使用。早在2000年初，一大批国内外专家齐聚北京，共同就中国多个"多点式"猪场项目进行评审和研讨。经过反复论证和评审后，2003年动工修建，2004年完成土建及设备安装，2005年正式从法国引种成功，中国第一个真正意义上"多点式"猪场终于在首都北京应运而生，它就是北京长城丹玉畜产有限公司，如今，这个猪场经过几年不断地努力和实践，已逐渐成熟发展，堪称中国规模养猪的"多点式"生产工艺的典范。

长城丹玉畜产有限公司位于北京市延庆县八达岭镇康庄林场，占地53.33公顷。生产场分3个区，即种猪生产区、育仔区和育肥区，各区相距约800米，以天然林带相隔。采用国际先进的SEW（隔离式早期断奶）生产模式（生产工艺），分4个饲养阶段，即哺乳仔猪（0~3周）、保育猪（4~9周）、生长猪（10~17周）、肥育猪（18~23周）。经过几年的生产实践，该公司总结出了一套行之有效的"多点式"管理要点：一日操作程序，给不同工作岗位的职工制订了相应的标准化流程；二天操作、二次洗澡、二次更衣，严格管理员工的出入厂制度；三点式工艺设计、严格分区、独立管理，每个生产区成为独立的防疫体系与生活、生产体系；制订免疫、消毒、保健、治疗四项日常管理制度，实行有条不紊的程序化疾病防控步骤；抓住五个一星期过渡管理，有效地抓住了生产中的难点；抓住六项关键点的控制，即人流与物流、通风与保温、母猪与乳猪；实行了七项管理方案，即季节性保健、育种、病死猪处理、数据填报、档案系谱管理、药物与器械使用；实行八项程序，即免疫、消毒、保健、驱虫、仔猪接产与护理、人员出入、种猪分群、物品出入库；严格落实九项制度，即饲养管理、品控、采购、舍内外消毒、人员请休假、安全生产、防疫管理、销售与服务、成本管理；有十项操作规程的掌握，即消毒机、喷雾消毒、机动车、饲料机、灭火器、空调、热风炉、圈舍冲洗、器械消毒、种猪上下床洗澡。这十项管理要点系统而简单的涵盖了丹玉畜产有限公司的日常生产管理，使得该公司的养猪生产一直处于较好的生产水平，其中，母猪窝均活仔数达到11.3头，产房仔猪成活率在92%以上，仔猪育成率在95%以上，中大猪成活率在99%左右，560头基础母猪生产群的总存栏一直保持在5 300头左右。丹玉畜产有限公司能有如此的成效得益于这几个方面：一是"三点式"的生产工艺；二是高产的法系母猪；三是科学有效的生产管理，再加上有着266.66公顷的天然林带作为生态防疫屏障。在一定程度上讲，丹玉畜产有限公司的"多点式"生产工艺与行之有效地十项管理系统，在推动我国养猪业的产业升级，引领国内现代养猪生产技术与经营管理的新潮流上，已成为一个典范。

"多点式"生产工艺的好处是毋庸置疑，但也要承认它的缺点也非常突出。其一，需要的土地面积过大。由于猪场建设布局属于"多点式"，相距较小的距离满足不了隔离病源的需要，在土地越来越紧张的中国，"多点式"生产工艺很难得到广泛的推广。北京丹玉畜产有限公司采用分区征地的方法，只征用猪场所占用的四个区的用地，让土地所有者以土地参股，这样征地的方法与以前的集约化猪场基本持平，减少征地成本，也为公司以后的发展打下基础。在许多地方的猪场根据"多点式"饲养工艺的优缺点，采取把"多点式"工艺进行因地制宜创新，变成大的"三点或两点"，就是在一个地点专门饲养母猪与哺乳仔猪，在另一个地点饲养保育猪与中大猪，两点相聚几千米到几十千米。这样既在规模上可以做大，又可以充分利用土地，而且还能有效地控制疾病的发生，便于管理等，其优势远远大于"一点式"管理。其二，"多点式"饲养工艺，猪场建筑面积大，总体投资也大。由于分区建设，各区之间的饲养和生产用具相互独立，各区要分别兴建消毒池、宿舍、淋浴间和办公室，以及各猪场的独立围墙，建筑成本加大到10%~15%，也使总体投资加大，所以猪场在建设前要有充足的资金准备。其三，污水处理难度大。由于猪场分散，各区之间不能沟通，粪污只能单独处理，如果在每个区场建污水处理设施，势必加大建筑成本和以后的运行费用。为了解决污水处理难度大问题，北京长城丹玉畜产有限公司采用的是刮粪板和干清粪相结合的方式，猪舍为部分漏缝地板，首先对粪便进行人工清理，再用刮粪板将漏缝地板以下的粪刮出，余下的粪水先排到各区的化粪池，然后用抽粪车拉到污水处理场统一处理。其三，"多点式"猪场在以后正常生产后运行的成本会有所增加。由于各区之间相距较远，各区之间的消毒设施及消毒面积增大，消毒成本增加；再加上各区之间的饲料运送和猪群的周转全部用车辆来完成，也增加了运输成本和人员管理成本。但从北京长城丹玉畜产有限公司的运行成本上看，运行成本的增加与集约化饲养疾病造成的损失相比，简直是微乎其微的，这也是"多点式"生产工艺的一个最大成果。

2.采用"多点式"生产工艺的方案

未来我国的养猪业越来越向规模化发展，而且规模化和产业化会越来越大，作为投资者在考虑如何把猪场规模做大的同时，一定要提前设计与规划好一套科学的规模化养猪生产工艺，像北京长城丹玉畜产有限公司及国内一些猪场采用的"多点式"生产工艺是值得借鉴学习的，但同时必须结合自身的条件与实地状况进行灵活的规划与设计，选择适合自己的"生产工艺模式"。根据国内一些猪场的成功案例，采用现代化养猪工艺建场方案有以下几点。

（1）建场规模不宜过大　我国地少人多，发达地区人口稠密，规模化猪场不宜过大，一条生产线以600头母猪为宜，便于管理及污水处理。

（2）采用"SEW"的建场模式　"SEW"的英文全称是Segregated Early Weaning，即隔离式早期断奶，俗称"多点式"隔离饲养技术，它包括早期断奶和断奶仔猪隔离饲养两部分。所谓SEW就是根据猪群本身需解除的疾病，10~21日龄进行断奶，然后将仔猪送到远离分娩舍0.25~10千米的无病源保育舍隔离饲养，这就是早期断奶两点式隔离饲养，为了更加安全，有条件的猪场还可采用三点式隔离饲养。"SEW"生产模式，其主要包含以下两个方面。

其一，仔猪在母源抗体还起作用时断奶，并在断奶后将仔猪转移到远离母猪的保育场。研究表明，SEW的主要功能是，切断仔猪被母猪和其他大猪水平传染的途径，提高仔猪健康水平。由于绝大多数成年母猪和许多进入配种年龄的后备母猪对一些传染病的血清学检验是阳性的，专家认为，对许多疾病，母猪本身是安全的，有免疫力的，但它们却可以使这些疾病在无症状的情况下，当初乳的免疫力在仔猪出生后1~12天逐渐消失时传播给仔猪，因此，更早断奶会使仔猪受到疾病感染的机会大大降低。表3-1是避免各种主要疾病发生的最大断奶日龄。

表 3-1　改良早期隔离断奶消除的传染性质原断奶最大日龄　　　　（天）

病原	断奶最大日龄
副猪嗜血杆菌	10
支气管败血性波氏杆菌	10
多杀性巴氏杆菌	8~10
胸膜肺炎放线杆菌	21
猪肺炎支原体	20
沙门氏菌	14~16
螺旋体	14~16
伪狂犬病毒	20
猪流感病毒	20
猪繁殖-呼吸综合征病毒	14~16
传染性胃肠炎病毒	20

资料来源：B.E.斯特劳等主编的《猪病学》（第九版），2008 年。

　　表 3-1 数据说明在 10~21 天内断奶仔猪的抗体较强，此期断奶可以避免许多疾病的水平传染。把健康的仔猪断奶后转移到远离种猪生产区的无病源保育区，可以切断因仔猪与有病源的大猪在同一场地而发生水平传染的途径。

　　其二，"多点式"隔离饲养技术，即猪场设立种猪繁殖区、断奶仔猪培育区、中猪育成区和办公生活区。各区之间相隔一定的距离，各区之间相互独立，这样减少各区之间疾病的传播，最大限度地避免交叉感染。

　　从 1993 年开始，美国试用"早期断奶（10~21 天）"、"隔离饲养"的养猪新工艺，自 1995 年以来，美国、加拿大、日本等国家广泛采用 SEW 工艺，效果良好。实践证明，采用 SEW 后，母猪的年产仔数有较大的提高，与 28 天断奶相比，14 天断奶母猪产仔数可提高 10% 左右，即一头母猪一年可多产仔 2 头，一个万头猪场按饲养 600 头母猪计算，可多产仔猪 1 200 头左右。更重要的是仔猪的患病率大大减少，保证了健康，同时由于仔猪的免疫系统没有被强启动，减少了抵抗疾病的消耗，使仔猪的日增重大大提高。表 3-2 是日本和加拿大采用常规工艺与 SEW 的猪试验对比的综合数据。

表 3-2　采用常规工艺与 SEW 工艺猪只的生长表现对比

生长期		阉 猪		幼母猪	
		常规	SEW	常规	SEW
保育期	初生重（千克）	1.56	1.50	1.54	1.52
	10 日龄重（千克）	3.19	2.89	3.17	3.10
	4 周重（千克）	7.24	7.67	7.45	8.08
	5 周重（千克）	8.88	10.53	8.89	10.90
	6 周重（千克）	11.67	13.38	11.67	13.50
	7 周重（千克）	14.69	17.60	14.76	17.79
	平均日增重（克）	277	331	272	336
育成期	达 105 千克日龄	152.6	148.55	160.35	155.1
	料重比	2.96	2.92	2.87	2.96
	背膘厚（毫米）	22.86	25.65	20.83	22.61

资料来源：赵书广主编《中国养猪大成》（第二版），2013 年。

从表 3-2 可以看出，采用 SEW 生产模式方法饲养，保育期阉猪、幼母猪日增重分别提高了 45.8% 和 23.5%，背膘厚略有增加。养猪界也公认，SEW 的实施是现代化养猪的又一次革命，我国近几年来一些猪场也开始采用 SEW，效果较好，特别是近几年来在猪病传染较严重的情况下，SEW 的优越性更加明显，可以预见在猪病较复杂的我国，SEW 具有广阔的应用前景。根据中国国情，为实现 SEW，猪场总体设计应有较大的改变，在人多地少的我国，SEW "两点式" 总体布局应作为主要的推广应用的生产模式，而且在总体设计上应重视立体防疫体系，特别是要充分利用天然林作为生态防疫屏障具有一定的作用和效果。

（3）实施 SEW 的配套技术措施　实行 SEW 生产模式，要保证幼小的乳猪断奶后能健康成活与生长发育，需要有一系列的配套技术措施，其主要的技术措施有 3 点：一是必须保证母猪和乳猪有足够的营养水平。首先要保证母猪有较好的营养水平，使初生乳猪重每头在 1.4 千克以上，更重要的是保证断奶后仔猪的饲料营养水平，而且适口性要好。二是保育舍要有良好的饲养环境，特别是舍内温度要根据断奶仔猪日龄进行调控。10~20 天断奶后的仔猪转入保育舍，第 1 周猪舍温度应保持在 30℃ 左右，以后 5 周每周降低 2℃；同时还要保持猪舍的通风、干燥。对早期断奶的乳猪（12~14 天），保育期要延长。为了使断奶仔猪生长发育得更好，节约猪场投资，近年来有些猪场对 SEW 饲养工艺进行了改革，把保育分为保育 1（5 周时间）和保育 2（4 周时间）2 个阶段。保育 1 和保育 2 都采用高床饲养，但保育 1 阶段提供更加良好的环境，主要是温度、湿度和空气质量。由于保育 1 阶段乳猪较小，栏舍面积也比较小，这样投资也比较少。三是要做好母猪正常的生物疫苗免疫工作，才能确保母猪的健康。

（二）小单元猪舍设计工艺在分娩保育舍的应用

1. 小单元猪舍设计工艺的目的和作用

生产实践证实，虽然流水式养猪生产工艺大大提高了养猪效益，但这种 "前未出空，后已进栏" 的管理方式存在整栋猪舍不能彻底空栏消毒的弊病。前一批猪群的疾病遗留给后一批猪群，并很容易在整栋猪舍蔓延传播，绵绵不断。诸如下痢等仔猪消化道疾病及萎缩性鼻炎等呼吸道疾病无法控制，甚至多种疾病交叉感染。在实际养猪生产过程中，按照传统设计方法修建的猪舍最大的问题是难做到 "全进全出"。"全进全出" 就是指在同一时间内将同一生长发育或繁殖阶段的猪群，全部从一栋猪舍移入，经过一段时间饲养后，再在同一时间转至另一猪舍。这样可避免不同猪舍间猪混群时的疾病传播，还可以防止其他猪舍的病传进来。"全进全出" 饲养工艺虽然提出几十年了，但是真正能够做到的猪场不多，事实上，并非猪场不愿意采用 "全进全出" 饲养工艺，其根本原因在于修建猪场时没有设计好，导致无法做到 "全进全出"。为解决这一问题，国内养猪专家们在 20 世纪 90 年代末期，借鉴国外技术成果，推出了 "单元式" 猪舍设计，将建筑设施的投资重点放在产仔舍和保育舍，将产仔舍、保育舍分成若干单元，各单元相对独立，互不交叉，以独立单元式车间为单位轮流使用，同一单元 "全进全出"，彻底空栏消毒，有效地控制了疾病的传播。可见，"小单元" 猪舍设计的目的，是使一个单元猪舍的猪在转群时尽可能做到 "全进全出"，并空舍封闭 7 天彻底消毒。根据目前多数猪场的规模及职工作息习惯，一般按 7 天的繁殖节律，以计算出的每周各类猪群的头数作为该猪群的一个单元；再按该类猪群的饲养日数加空圈消毒时间计算出该猪群所需的单元数和猪舍栋数。一栋猪舍可以酌情安排数个独立单元，各单元内的猪栏可双列或多列，并南北向布置，舍内各单元北面设一条走廊，类似火车的软卧车厢，每个单元相当于一个包厢。这样设计的好处是，任何一个单元封闭消毒时，都不影响其余单元的正常管理，能真正做到"全进全出"以及防止分娩舍猪病的大面积传播。值班室和饲料间一般设置于猪舍的一端。举例来说，如一个 5 000 头规模的猪场，约需基础母猪 300 头。平均每头母猪按年产 2.1 窝，平均每周产 12 窝计算，每一个产房需要产床 12 个。因母猪产前七天进产房哺乳 28 天，保育 30 天，空圈消毒 7 天，共占圈 72 天，一个单元一年能重复使用 5 次，故需设产房小单元 10 间。也有的猪场采用哺乳与保育分开设计。

2. 小单元猪舍设计工艺流程方案

如一个年产万头的猪场，约需基础母猪 600 头，平均每头母猪年产 2.1~2.2 窝，平均每周产 24~26 窝，则一个产房单元按 24~26 窝设计。因母猪产前 7 天进产房，哺乳 28 天，空圈消毒 7 天，共占圈 35 天，故需设产房单元 7 个；断奶仔猪原窝转入培育舍一窝一栏，则每个培育仔猪单元也需安排 24~26 个栏，因仔猪培育 24 天，空圈消圈 7 天，共占圈 42 天，故需设培育仔猪单元 6 个。其余的各类猪群均按 7 天的节律。这样根据其饲养、空圈数及每圈饲养头数，可算出每单元的圈数和所需单元数。确定了猪群所需单元数后，再根据本场场地的实际情况，设计出每栋分娩保育舍的适宜长度（为了布局整齐，各猪舍应长度一致）。这种小单元包厢式猪舍设计工艺，可以真正实现猪群的"全进全出"，在发生疫情时，可以立即封锁、消毒、处理出现病猪的单元。由于封锁的范围小，隔离的猪数量少，影响面也小，所以防疫效果好，猪场损失也相对小。

举一个实例，在猪场设计时做到"全进全出"的具体做法是，可以将一栋长 56 米，宽 12 米的产仔舍设计成 7 个小单元产仔猪舍，每个小单元猪舍宽 8 米，长 12 米，双列布局分娩栏，每列 6 个分娩栏，每个小单元猪舍有 12 个产床，一个万头猪场每周有 24 头母猪产仔，2 个小单元就可以满足 1 周的产仔需要。具体说就是将一栋猪舍用隔墙分隔为若干个独立的小单元，从猪舍的侧面开若干个门，图 3-12 小单元猪舍平面图和图 3-13 小单元猪舍侧面图所示。

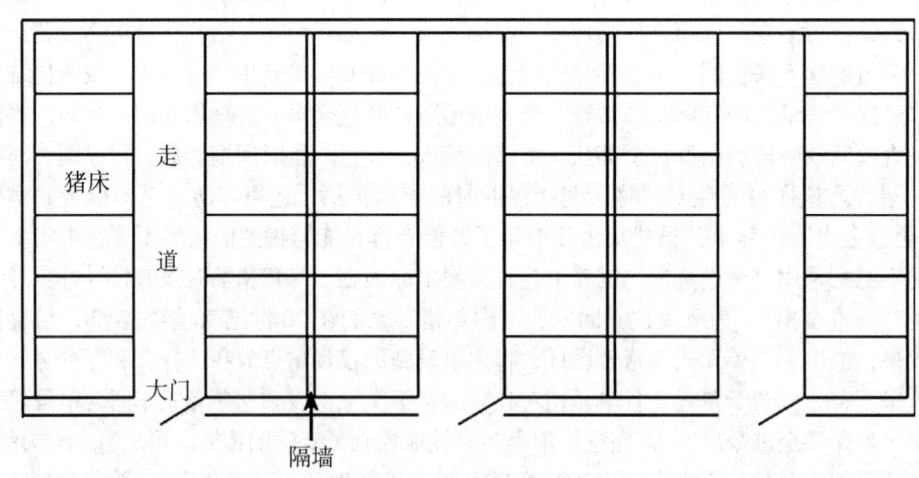

图 3-12　小单元猪舍平面

从图 3-12 和图 3-13 可见，这种猪舍每个小单元为一个小车间，舍内养的猪数量较少，同一个小单元内猪的生长阶段相同，大小一致，同一天进出同一单元，比如同一天配种怀孕的母猪同一天进入同一个小单元内产仔，然后同一天断奶，再同一天离开这个小单元。在小

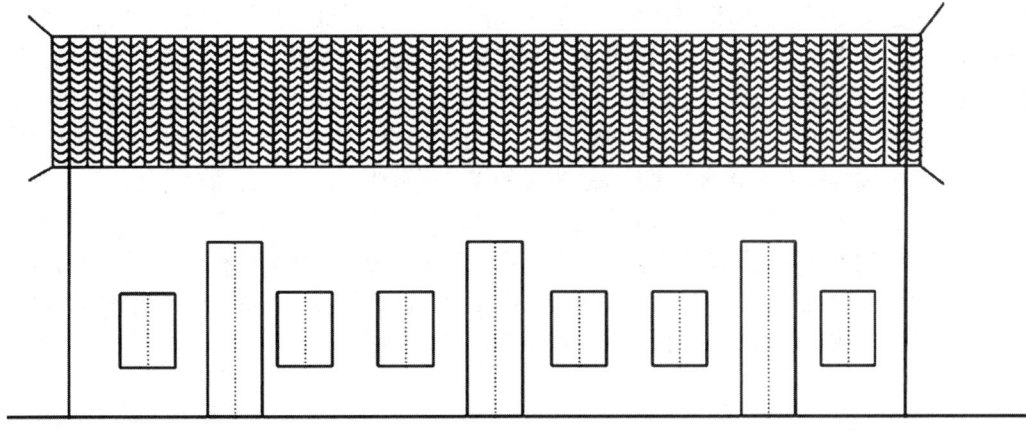

图 3-13　小单元猪舍侧面

单元猪舍的管理上，严格禁止猪群、饲料、用具在各单元之间的交叉，饲养和管理人员进出不同单元时先进行消毒。每个单元猪群全部转出之后，立即进行清洗与消毒猪栏、地面、墙壁、用具等，再封闭门窗熏蒸消毒，这就是小单元猪舍的优点所在。

3. 小单元猪舍设计要注意的问题

当然，小单元猪舍设计也有利有弊，生产实践中已证实利大于弊，也要根据具体情况，具体应用。从国内目前一些猪场实行"单元式"猪舍设计效果上分析总结，产仔舍、生长舍可采用"小栋（猪舍）大单元"或者"大栋（猪舍）小单元"设计概念。"小栋大单元"模式具有投资小、通风好、采光好、运行成本低，对环境控制设备依赖程度低等优点，该方案为场址面积宽、地方偏、防疫条件好时的首选方案。而"大栋小单元"模式具有占地面积小，密闭性好的优点，为场地面积小、防疫条件相对较差时的选择方案。不管选择其中任何一个方案，必须严格按猪的繁育节律设计，符合全进全出生产工艺，同时采用正压通风的局部环境调控及"干清粪"工艺相配套，才可达到预期生产效果。

（三）分娩保育一体化工艺的应用

分娩保育一体化工艺已在一些猪场推广，该工艺实质上是分娩保育一体化床的应用。该床采取分娩、保育为同一栏位的设计，把分娩和保育床合二为一，使分娩、哺乳、保育在同一单元完成，做到一栏两用，达到节约猪场投资，方便管理的目的。由于产床上方的限位架（扣栏）可以拆卸，仔猪 28 天断奶后，去母留仔，将限位架拆卸后，分娩床就变成了保育床。该工艺有两大优点：一是大批量的仔猪断奶时，不需要进行从分娩舍到保育舍的转群，避免了仔猪转群应激，也减轻了饲养人员的劳动强度；二是由于仔猪是原窝原圈，可防止仔猪混群后的打斗、咬伤等造成的应激反应结果。此两大优点对提高仔猪成活率和日增重都具有一定的作用。

（四）人工干清粪工艺的应用

我国发展规模化猪场从 20 世纪 70 年代开始，其清粪方式经历了水冲粪到水泡粪再到如今的干清粪。干清粪的目的在于尽量防止固体粪便与尿及污水混合，以简化粪污处理工艺，且便于粪便的利用。干清粪方法有 2 种，一是利用机械干清粪机，但机械干清粪机在使用可靠性存在故障发生率较高、维修困难、噪声较大等缺点；另一种是应有设备简单，不用电力，一次性投资少，还可以做到粪尿分离的人工干清粪工艺，已成为一些猪舍设计清理粪污的一个新工艺。该工艺只需饲养员用一些简单的清扫工具将清粪道里的粪便推出粪孔，使粪便滑落到舍外小粪池即可，猪尿则由排尿沟直接排走到污水池。推出出粪孔的粪便在小粪池内，由舍外专门清粪工用清粪车由场内出粪口倒出场外，场外运粪车再将粪便送到有机肥加工车间。此种运粪方式保证了整个清粪过程饲养员不出圈，清粪工不出场，运粪车不进场，有效避免了各圈舍饲养人员倒粪便时在积粪场的接触而造成疾病交叉传播。此外，该工艺还避免了水冲粪工艺方式造成水资源的严重浪费和水泡粪工艺方式产生的有害气体对猪和饲养人员的健康的危害。可见干清粪工艺的显著特点，就是猪粪可以加工成有机肥料，而猪尿污水的处理也因粪便与尿和污水分离，而减轻了净化处理的有机负荷，可采用厌氧发酵后浇灌猪场周围的田地或果茶地，真正做到了农牧结合，生态养猪。

第四节　工厂化猪场的布局设计与投资概算和改革途径

一、工厂化养猪的先进性与实用性

工厂化养猪是一种先进的科学养猪法，并具有较好的实用价值。

（一）引入良种猪并对我国种猪改良起到了一定作用

工厂化养猪必须用良种猪，我国在引进工厂化养猪后，也大量引入良种猪，如杜洛克、长白、大白猪等，这些良种的引入，对我国养猪业的提高与发展起到了较大作用，用这些猪种进行经济杂交，也取得了显著的改良效果，而且还育成了繁殖力高、肉质好、增重快的几个新品种和配套系猪，如湖北白猪、苏太猪、杜斯配套系等。

（二）工厂化养猪技术先进

1.全进全出的流水式生产工艺

全进全出的流水式生产工艺具有下列优点：改母猪季节分娩为常年流水式生产并执行按周安排工作日程；有计划地组织生猪生产，能实行均衡的商品猪出栏上市；全进全出，能减少疫病的传播机会；按阶段对猪进行科学管理，有利于猪的生长发育。

2.实行标准化饲养

工厂化养猪实行的是标准化饲养，主要体现在配合饲料的应用，规范化的管理，程序化的操作，计算机管理系统的使用等方面。

3.应用先进的繁殖技术

工厂化养猪在种猪繁殖技术上，采用了当今先进的繁殖技术，如同期发情、建立公猪配种站、开展人工授精、对仔猪实行早期断奶、培育无特定病原猪等。

（三）推广应用了养猪先进设备

工厂化养猪本质是以工业化的方式养猪，推广应用了养猪先进设备，提高了养猪生产效益，这也是与传统养猪的最大区别。如分娩舍产栏采用高床漏缝地板饲养，可减少仔猪下痢的发生，提高仔猪成活率；分娩舍和保育舍的供热及机械通风设备的应用，对舍内环境条件调控起到一定作用；在亚热带地区，推广水帘降温，对猪的环境条件改善起到了显著效果，特别是公猪舍的水帘降温可以提高公猪的配种性能。目前工厂化养猪设备基本上已实现了国产化，推动了我国畜牧机械工业的发展。虽然有一些引进的设备，未能实现国产化，但也树立了样板，如广东横沥等猪场从国外引进的由电子计算机控制的万头猪场的液态喂猪设备，大大提高了劳动生产率和饲料利用率；荷兰 Velos 智能母猪饲养管理系统目前已在国内一百多家猪场应用。这些先进的养猪设备和管理模式在国内猪场陆陆续续地运用，定会给中国养猪业注入新鲜血液。

（四）粪污处理技术与模式的应用

保护生态环境已成为工厂化养猪者的共识，现在很多猪场建有沼气池，利用沼气发电和烧饭及供应热水，已成为新能源产生的一条有效途径；粪尿分离机、刮粪机、焚化炉和生物热炕已在一些工厂化养猪场普及使用，对减少粪尿污染及传染病传播起到了一定作用。此外，提高蛋白质的消化利用，减少氮的排泄，采用肥育期限制营养摄入量以减少营养排出而造成的污染等研究成果的应用，对生态环境的保护也有一定效果。

（五）现代化养猪防疫体系的建立

我国的工厂化猪场都制订了适合本场的防疫制度，诸如按照《中华人民共和国动物防疫法》和《兽药管理条例》等法规，并按国家及行业管理部门的规定，制订适合本场的免疫程序；建立疾病监测实验室；实行在饲料中全群覆盖式的预防疾病用药措施；消毒、驱虫、灭蚊及灭鼠已成为日常工作；进入生产区更衣换鞋、淋浴、消毒已成为习惯；禁止狗、家禽、鸟进入生产区、生活区以防传染病传播；禁止在外采购肉食品，避免疫病传入等等。工厂化养猪现代化防疫体系的建立及推广，对我国防制猪的传染病传播及人畜共患传染病的发生，在一定程度上讲还是起到了一定作用。

二、工厂化养猪的可行性与改革之路

（一）我国工厂化养猪面临的问题

1. 工厂化养猪问题的原因与分析

工厂化养猪于 20 世纪 60 年代在西方国家首创，迄今已有几十年。我国于 20 世纪 70 年代引进，迄今也有 40 多年了。工厂化养猪的先进性和对我国现代化养猪的震撼性和积极性毋庸置疑的。但因历史的局限，引进初期，由于缺少经验，仍然不可避免地出现一些引进方法上的差错。工厂化养猪存在的主要问题是生产模式的应用、猪舍的设计及生产工艺、卫生防疫、环境控制及粪污处理等。由于我国现有的工厂化猪场一般采用双列或多列式猪舍，建筑材料、立面样式、舍内环境调控设备、生产工艺（特别是清粪工艺和设备）等因各地气候、建筑习惯和投资能力不同而异。环境调控多为自然通风与纵向负压机械通风、散热器集中供暖和保温箱局部供暖、喷雾或湿帘降温；清粪多用漏缝地板水冲或水泡自流清粪。结果表明，猪舍内热环境指标、空气卫生状况大多不理想，采用水力自流清粪使粪污处理、利用难度加大。工厂化养猪的目的是为了最大限度地获取经济效益，把猪当成赚钱的机器，为减少土建设备投资、减轻劳动强度提高劳动效率，尽可能发挥猪的生产潜力，采用高密度饲养、水冲水泡清粪方式、频繁转群、单体限位栏饲养、去牙断尾打耳号、早期断奶等生产工艺，加之引进洋种带进新病或引种—维持—退化—再引进种猪的方式，一方面导致环境恶化，猪舍湿度大，有毒有害气体及尘埃微生物浓度高，舍内环境恶化，大量而集中的粪污难以净化和就地消纳，污染场区和周围环境，从而为病原微生物滋生和传播提供了外部环境条件；另一方面，工厂化生产工艺也使猪的一生都不断遭受各种应激，处于抵抗力和免疫力低下的亚健康状态，为疫病的发生和传播提供了宿主内因的条件；此外，舍内、外环境污染恶化，也会直接造成肉食品的药物、重金属、微生物的污染。特别是近些年，疫病、环境和食品安全已成为困扰我国养猪业的三大棘手问题，它们相互关联、制约，形成了一个恶性循环的怪圈。其原因是，以多病原混合感染、继发感染为特点的非典型疫病传播面之广，传播速度之快，使养猪业损失巨大；难诊断、难治疗、防不胜防，令养猪生产者谈病色变。为此而大剂量预防、治疗用药，高浓度、频繁消毒，又导致了猪群免疫抑制、微生物产生耐药性而出现新菌株和新毒株，在疫病防治上形成了一个恶性循环的怪圈。与此同时，疫病的防治又导致了猪肉产品的药物残留，治疗和消毒用药、病原微生物也对生态环境造成了污染，环境污染又促进了疫病的发生和发展，直接影响猪肉食品安全，从而形成了我国养猪业特别是规模化养猪面临的这三大问题的恶性循环的怪圈。然而，上述三大问题不能归罪于工厂化养猪，毋庸置疑，工厂化养猪技术的引进大大提高了我国养猪生产水平，其中标准化饲养、配合饲料的普及推广、现代化防疫体系的建立、养猪机械设备的应用等，对我国规模化养猪发展起到巨大的推动作用，使我国养猪生产水平、全国平均出栏率由1975年的57%提高到了目前的130%以上。但工厂化养猪30多年的实践显现出的一些问题，与集约化饲养也不无关系，包括技术发明者也开始反思，国外福利化养猪技术的兴起就是证明。需要特别指出的是，一些问题的产生，不在于工厂化养猪技术本身，而在于引进和运用的方法是否恰当，譬如引进到内陆农村不具备引进条件的地方，当然导致失败。此外，在具体的技术和设备环节上，也须过细梳理。工厂化养猪采用人工控制环境，单体限位饲养母猪，加上猪舍众多机械产生的噪声以及封闭式猪舍内有害气体、灰尘、微生物大幅度增多等，对猪的正常生理和健康也造成严重干扰和损害，应激反应影响了猪的正常生长发育。国外养猪行业从实践中也发现了工厂化养猪在工艺、技术和设备上存在着种种问题，也在不断改进。我国养猪业专家也对引进的工厂化养猪出现的某些偏差也早有所察觉，还有一些工厂化养猪的先觉者就已清醒地强调国情的必要性和重要性。然而，对工厂化养猪的先进性和在我国的可行性进行质疑，以及持否定态度也是不可取的。对我国引进工厂化养猪工艺的经验教训进行研究分析，对谬误加以梳理认识，对工厂化养猪采取改革措施，同时提出进一步的技术改革对策，求取工厂化养猪在我国更健康和完善发展，这才是最根本的途径。

2. 工厂化养猪的主要问题

（1）生产模式不能普遍采用 工厂化养猪的先进性与实用性已经验证，但它的可行性在一定程度上讲还要斟酌推敲。这种生产模式由人工自动控制环境，设备造价高昂。在美国一套设备耗资达100多万美元，每天耗水150~200米^3，每头商品猪耗电29千瓦，而且要求严格的水电保证率。这种生产模式在欧美国家也不是普遍采用。我国人口众多，资源匮乏，劳动力价低，能源不足，缺水严重，普遍采用这种生产模式是不符合中国国情的，也是不可行的。但是如果将它作为提倡模式多元化中的一种模式，在特定的环境和条件下，能满足它的高成本的要求，而又有取得高回报的保证，如以其高产、高质量、高效以及较高的出口利润和加工取得高回报以及实行农牧结合生态养殖模式等，那么，工厂化养猪是可行的。也就是说，根据我国的实际情况，一般不应推行单一的所谓工厂化养猪。

（2）生产工艺及猪舍设计也不能普遍采用

①"全进全出"在一些猪场难以推行。先进的工厂化养猪生产工艺实行的是常年均衡产仔、流水作业，而现有的猪场设计方案转群时不能做到整栋猪舍的猪同时转进，同时转出，在很多猪场只能带猪消毒或对猪转出后的部分栏圈、设备消毒，不能做到空舍彻底消毒，限制了严格的防疫措施的实施。新猪群进圈后就不能避免交叉感染，一旦发生群发性疾病，便

对猪场发展产生威胁，严重时造成猪场关闭。此外，流水式的"全进全出"生产工艺虽有一定的优点，但在我国实行的情况表明，与我国劳动力低廉，水资源缺乏和电力价格高等有一定矛盾，在有的地区是难以解决这些矛盾和问题。

②猪舍通风不良。采用自然通风的猪舍，因往往不能满足夏季通风要求，常导致高温影响猪的生产力和健康；而采用纵向机械通风的猪舍，在冬季常因造成进风端温度过低而控制通风，导致舍内空气卫生状况恶化，湿度过大，形成通风与保温、排污、排湿的矛盾。夏季，为保证猪体周围有较高的风速，必须使整个过风面积（猪舍横断面）上都有较高的风速，这势必要大大增加通风量，而猪处于低处，高处的风速并无意义，从而造成设备和能源的浪费。同时，在夏季的夜间或阴雨天以及春秋季节气候较适宜时，即使跨度较小的有窗猪舍也难以做到机械与自然通风结合来节约能源，因为不可能在外界环境较适宜时开窗而需要机械通风时又关窗。有的猪场采用纵向通风湿帘降温或喷雾降温，虽可起到降低舍内温度的作用，但其降温效果受空气相对湿度的制约。特别是空气湿度越大的闷热天气，其降温效果越差；在空气湿度较小的情况下，降温效果虽好，但在其降温的同时也增加了舍内湿度，会影响猪在高温下的蒸发散热。

（3）粪污染物处理难度大　工厂化养猪最主要污染物是粪尿和臭气（有害气体）。一般一个万头规模的猪场，年排污量在 3 万吨以上。如果不作适当处理，势必对环境造成严重污染。而工厂化养猪水冲粪水泡粪的清粪方式可以提高劳动效率，减轻劳动强度，但粪便与大量的水混合后，也给处理造成了极大困难，即使可以通过固液分离后再分别处理固形物和污水，这也必将增加固液分离的设备投资和能耗。同时，由于粪便中的大量营养物质溶于水中，使分离后的固体物料肥效大大降低，而污水处理的有机负荷却因此大大增加，粪污处理投入也相应提高，使一些猪场难以承受，造成粪污任意流失，导致环境污染。

（二）工厂化养猪的工艺改革技术与途径

客观地说，造成工厂化养猪工艺错误的原因有 2 点：一是设计思想的历史局限，工厂化养猪始创时世界环保意识淡薄；二是当时科技水平还不高。通过几十年的实践，一些养猪专家和业主已认识到工厂化养猪要进行工艺改革，一种是对工艺错误已有所认识和已做了一些改革，还在进一步改革以致完善；一种是对工艺错误有新发现而立即着手整改；一种是对处于低水平的工艺引进适用新科技加以提升。综合这 3 种类型，具体来讲，我国对工厂化养猪的工艺改革技术和途径主要在以下几个方面，有些方面的技术改革已经取得了一定的成效。

1. 场址选择首先要考虑环境保护

工厂化养猪创立初期，世界生态文明意识淡薄，猪场建设对此考虑欠周；更由于工厂化猪场的饲养规模过大，很快便成为所在地的较大污染源头。我国工厂化养猪比较密集的地区，首先从广东深圳开始。随即扩大到珠江三角洲。建场时虽然一般选在离开城镇 3~5 千米甚至 10 千米的地方，但由于城市化的发展，建场 6~8 年，猪场已被附近的工厂、居民区包围，造成严重的环境污染，只有被迫拆迁，另地重建。深圳还实行全市境内禁设猪场，东莞等地还规定东江两岸各 5 千米范围一律禁止养猪。其后全国各地也逐渐认识到工厂化养猪对环境的污染性，都有所改正，要求猪场场址要离开城镇边缘 30 千米以上。随后国家也相继颁布了有关法规，对规模化猪场的场址选择及污染物排放和处理都有严格的规定和标准。现代社会讲究生态文明，也很重视环境管理，因此，工厂化猪场的场址选择要考虑多方面的因素，而环境保护是首先要考虑的问题之一。场址既要考虑猪场建设本身的利弊，也要考虑对所在地生态环境的影响。

2. 走农牧结合良性生态循环养猪之路

工厂化养猪原有模式是单一经营猪场，当猪场规模越来越大，养猪生产越来越集中，环境污染问题就越来越突出。解决办法之一是工厂化猪场到农村建场，实行农牧结合，让猪场粪尿被附近农田、果园和鱼塘充分利用，走良性生态循环养猪之路。

从实践中看，工厂化养猪首先必须做好规划，而规划必须从可持续发展战略角度上考虑，将养猪、粪污处理、种植业、水产业统一起来安排，结合起来发展，但规划一定要因地而宜。一个万头工厂化猪场用地最少在50亩，一般要求在80~100亩，用厌氧设施处理粪污物，还要对鱼塘及农田或果树面积因地制宜规划。如果农田较少，则20亩土地沉淀池及生物氧化塘必不可少；如果农田地大于1 000亩，鱼塘大于200亩，则沉淀池及生物氧化塘不少于20亩。这样的规划，就可形成一个理想的可持续发展的农业良性生态循环。但在我国农田较多的地区，如东北、西北及海南等省，则可参照美国，按农田面积确定饲养猪头数的限额。在猪舍设计上，地下可设粪池，就地发酵后定期流入农田，可省掉污水处理费用，但猪舍投资要稍高一些。从目前的成功案例上看，工厂化猪场可因地制宜地采用粪便污水制沼气，开发再生能源，沼液沼渣作肥料还田，这是猪场粪污处理利用的一个较好生态循环形式。

3. "全进全出"流水式生产工艺的技术改革措施

"全进全出"流水式生产工艺具有一定优点，通过多种措施虽可控制在一定时间（如7天）内同时配种繁殖，实现按周转群，但除年产几万头的大型猪场外，难以做到1周内某猪群的存栏猪数能装满一栋猪舍，实现不了整栋全进全出。我国养猪专家从20世纪80年代就对这个焦点问题进行探讨研究，最后探讨出了"单元式"产房猪舍。"单元式"猪舍为东西排列的双列式，猪舍跨度一般9~10米，每单元床位多少只影响单位的东西长度。"单元式"猪舍不仅可用于产房、保育舍，对万头以上规模的工厂化猪场可用于各种猪舍，各猪群均可实现全进全出，更大规模猪场可整栋实现全进全出。此外，工厂化养猪采用的流水式生产工艺由于耗电耗水量大，在我国不同的地区，不同的气候条件和能源情况，不必强求采用流水式的生产工艺。

4. 建筑生态型猪场

工厂化猪场在我国实行已有几十年的时间，有些问题的存在主要在猪场建设本身上，为此，我国一些养猪专家提出了新建猪场要有生态养殖的理念。

生态养殖理念主要针对工厂化猪场存在的主要问题提出，其标准为：猪舍内能有新鲜空气，能排除有害气体，能达到冬暖夏凉，饲养密度适中，能除去灰尘；通风透光，减少舍内的病原体，猪粪尿不污染环境，无臭气影响生态环境。

新建工厂化猪场应走农牧结合的道路，污水灌溉农田和果园以及养鱼，不要盲目在城市郊区兴建万头工厂化猪场。猪场距城镇应在30千米以上，猪舍之间的距离不少于20米，中间可种牧草或作猪的运动场。工厂化养猪规模不宜超过年产1万头商品猪，规模过大粪污处理难度大，在一定程度上，工厂化养猪是生态环境的一大污染源。生猪排泄量是人的5倍，一头中猪平均日排泄量6千克，一个存栏6 000头猪的万头猪场平均日排泄量29吨，年约10 585吨，如果不重视环境问题，或没有完善的防污设施和制度，或者再采取"先污染，后治理"的态度，会耗资巨大。

5. 设计种猪舍运动场

引进工厂化养猪生产线的猪舍均不设运动场，理由是减少猪病传染机会，特别是寄生虫病。生产实践已证实，限位饲养的种猪因运动量减少，不见阳光，可致繁殖力降低，产仔数减少。也有试验证实，由封闭式猪舍的瘦肉型种猪转到开放式带运动场的猪舍饲养并添喂青饲料，胎产仔猪数可提高1~3头。生产实践还证实，缺乏运动的种猪利用年限缩短，母猪一般只能利用6胎，公猪在本交条件下从开始配种后只能利用1~2年。没有运动的猪体质下降，同样受体内外寄生虫感染。因此，新建的工厂化猪场宜拉大猪舍之间的距离，设计出运动场，给空怀和妊娠母猪特别是种公猪有一个活动场地，不但使猪舍通风透光，还可增强种猪的体质，降低发病率，提高利用年限和种用价值。有条件的地区还可采用放牧与舍饲相结合，让种猪在运动场拱泥土，晒太阳，给种猪创造本性活动的条件，这样能提高猪的免疫力和生产力，降低生产成本，还能从根本上改善舍内的空气环境质量。

6. 改造封闭式猪舍

封闭式猪舍不设窗户，门平时也紧闭，但附有一套自动控制舍内小气候条件的机械，通风系统和供暖降温设施能够为猪舍提供良好的环境，保证终年均衡生产的实施和提高生产效率。但在我国工厂化养猪的实践证明，全封闭、高密度、省劳动力的工业化的养猪生产方式，不仅投资大，成本高，疏于人对猪的管理。最主要的问题是猪在封闭式猪舍中监禁般生活，过分拥挤，活动受到限制，不仅生产力、繁殖力受到影响，而且免疫力和疾病抵抗力也会下降。封闭式猪舍在亚热带地区使用，表现是保温性能好，而降温效果差，同时耗电量大。夏季舍内外温差只能降低3~4℃，在气温30~35℃的情况下，舍内闷热。近几年还发现，由于饲养密度大，通风不良，猪的呼吸道疾病发生机会有增多趋势，种猪的繁殖障碍性疾病类也增多。根据我国的气候和条件，封闭式猪舍以改为南北带窗户的半开放式猪舍为宜，在热带和亚热带地区，甚至可以采用全开放式。为了降低投资，猪舍以自然通风为主，降温采用电风扇、排风扇、滴水降温和喷雾相结合方式。公猪舍可采用湿帘降温设施。分娩舍的保温箱则用恒温电热板及红外线灯泡。对需要保温的猪舍，采用热风炉，有投资少、操作简单和除湿效果好的优点，但保温设施要因场而宜。

7. 采用干湿喂料器（即带饮水器的食料箱）

我国工厂化养猪场为了节省劳动力，采用不限量干喂饲养法，仔猪用颗粒料，中小猪多用于粉料，这与传统养猪采用料加水湿喂不同。试验表明，44次湿喂与干喂的对比中，湿喂对增重有益的2次，对饲料利用率有益的25次，可见湿喂优于干喂；此外，干喂时由于猪的采食与饮水设在栏内不同的地方，容易引致粉尘增加。我国养猪专家针对这一问题，提出了万头工厂化猪场中采用干湿喂料器（即带饮水器的食料箱），把饲料和饮水器放在一起，猪一边吃料一边饮水，能增加采食量，节约饲料，效果良好。也有一些猪场采用小型的土建用搅拌机将饲料加水（比例1：1）搅拌后喂饲，食槽内不残留饲料，饲料浪费几乎减少到零。还有的猪场采用链板输送，能满足饲料配一定青料的混合料喂饲。当然，这也是中国特色的饲喂法，在生产中也有一定的效果。但在国外一些工厂化猪场中，大都采用自动湿喂系统，节省人工，没有粉尘，而且猪增重快，猪的吸收利用好，饲料利用率高。但引进这一喂料系统造价高，由计算机控制的液态料喂猪系统，目前国内几个别工厂化猪场已引进应用。从中国工厂化养猪的实际情况看，在设施设备的选择使用上要科学合理，经济实用。一般凡500头基础母猪以上的工厂化猪场，都要采用自动供料系统，既节约劳动力，又能根据猪况调整喂量，也不浪费饲料。但在料槽选择上要因猪而异，母猪尤其是哺乳母猪选择干湿料槽或料水同槽比较适宜。

8. 仔猪提早断奶需因地因场而宜

工厂化养猪引进的瘦肉型种猪，这些猪种与中国一些优良地方猪种相比繁殖力低，加上限位饲养，又缺乏运动和不使用青饲料，因此平均每胎产活仔数都在10头左右。为了提高母猪产仔数，只能采取提高母猪年产胎数的办法，把母猪从60天断奶年产1.8胎（窝），缩短到28~35天断奶，甚至14~21天断奶，使年产胎数增加到2.3~2.4胎（窝）。如今发展到哺乳7天的超早期断奶，这在国外认为是集约化猪场提高母猪繁殖力的好办法。实际上仔猪提早断奶是有条件的，即营养与环境缺一不可。提早断奶的仔猪饲料一般要添加乳清粉、代乳粉、优质鱼粉、血浆蛋白粉和多种维生素、氨基酸及帮助消化的复合酸等，必须有专业的饲料营养技术人员才可配制，还要有先进的饲料加工设备。有些工厂化猪场因缺乏饲料营养专业技术人员，再加上饲料加工设备不能生产乳猪料，提早断奶的乳猪营养需要满足不了，采取什么时间断奶都会造成仔猪生长发育不良甚至死亡。此外，还要保证产房和保育温度不低于20℃（3~5周龄），相对湿度在50%~80%，否则仔猪增重减慢，下痢发病率增加，死亡率升高。由此可见，如果提早断奶的仔猪营养不全面，产房和保育舍的保温和卫生条件不符合标准，就会降低仔猪的免疫力，发病下痢增多，成活率反而降低。因此，根据我国不同地区的气候条件和饲养条件，从南到北，仔猪断奶日龄应有所不同，一般来说以28~35天为宜，有条件的猪场可实行14~21天断奶。但在东北地区，如果为了使分娩舍的保温箱温度达到28~32℃、保育舍温度达到20℃而使消耗的电能成本超过每头仔猪成本的8%，就不如采用季节分娩合算，工厂化养猪的目的是高投入高回报。

9. 母猪限位栏加活动栏或运动场模式

母猪限位栏是20世纪80年代的工厂化养猪的产物。发明设计者对母猪设置限位栏的初衷，是为了在工厂化养猪生产过程中，便于对繁殖母猪进行标准化的质量管理与流水式作业管理，以期获得更大的生产和经济效益。限位栏在方便流水式作业管理的同时，对母猪健康状态带来了较大的伤害，进而使母猪生产性能下降，利用年限缩短，死淘率升高，对猪场生产也产生了整体的负面效应。因此，国内一些养猪专家也在不断探索和研究，提出了母猪限位栏加活动栏或运动场模式，在有些猪场的生产应用中取得了一定的成效。

（1）限位栏饲养母猪的好处

① 有利于母猪的配种输精的操作和孕检，以及母猪的返情观察。

② 母猪配种至妊娠35天内适合在限位栏饲养，可防止胚胎附植前隐性流产，还可防止配种后同栏母猪因斗造成流产。

③ 可有效控制母猪配种后妊娠前、中、后期饲料喂量，能达到标准饲养。

④ 有利于对母猪的疾病检查和观察（如口腔、眼结膜、直肠温度测试等），能方便疫苗接种和常见病的治疗操作，如灌药、肌内注射和静脉注射等。

⑤ 方便识别母猪耳牌号（耳缺号）和生产跟踪卡的登记和检查。

⑥ 节省栏圈土地面积。

（2）限位栏饲养母猪的弊端

① 缺乏运动易使母猪发生疾病。由于母猪在限位栏饲养，使母猪不能自由活动，造成活动不足，体质不佳，导致免疫力下降，易发生疾病。

② 母猪泌尿生殖系统发病率较高。由于对母猪实行限位，使母猪犬坐次数增加，加上不少限位栏不能保持环境的清洁，母猪后躯被粪尿污染情况严重，加之饮水器水流量少，母猪饮水量小，又缺乏运动，从而减少了尿液对尿路的机械冲洗作用。易引起泌尿系统的上部感染、膀胱炎和阴道炎发病率增加。也由于母猪限位饲养后运动不足，子宫收缩无力，易使母猪产仔时产程延长，难产增加，人工助产增多，如果该母猪本来就有泌尿系统感染，其产

后感染几率大增，特别是最易导致化脓性子宫内膜炎的发病率，在斯特劳等编著的《猪病学》中就指出，死于子宫内膜炎的母猪约9%，死于子宫脱垂的母猪约7%。

③易造成母猪乏情及繁殖性能下降。限位栏饲养后使母猪产生长期、慢性、不间断的应激反应也使部分母猪体内激素分泌发生紊乱，造成乏情及繁殖性能下降。也由于母猪缺乏运动，造成肠道平滑肌无力，肠蠕动缓慢，易导致便秘和采食下降，影响胎儿的正常发育，产弱仔、死胎增多。

④母猪肢蹄病增多。限位栏饲养同样因缺乏运动和限位栏的后部漏缝地板过细（＜1厘米）或漏缝过大（＞2厘米）等原因，使母猪肢蹄病增多，多发生蹄裂、蹄部关节肿胀、蹄肿感染、蹄垫增生、蹄部搓伤、腿部肌肉风湿、后躯瘫痪等，使母猪起卧、行走困难，因腿蹄部疾病治愈率较低，母猪淘汰率增加。而且多数限位栏长2米，4胎以上的经产母猪使用有些短，为了吃料、饮水常将四肢集于腹下，长期如此会形成后肢卧系，使配种时后肢承重能力减弱；有的限位栏地板为全实心，母猪后躯尿粪污染严重，常造成后肢蹄部感染化脓，形成各种变形蹄，乃至丧失繁殖生产力。据报导，因肢蹄病淘汰的母猪占淘汰母猪总数的20%~45%。

⑤影响心肺功能。现代良种母猪因采取强烈的单项选育，在生产性能提高的同时，采食量下降而体质也下降。一般体重130千克左右的后备母猪配种后就进入限位栏，但母猪个体增重要到第5个生产周期才停止，此期间母猪体重增加170千克左右。然而，由于母猪进入限位栏后，完全丧失了运动，在体重增加的情况下，心肺功能得不到锻炼。研究表明，全程限位栏饲养的生产母猪，因长期运动不足直接影响心肺功能，解剖活体后可见全心扩张，尤其右心室和后心房，心肌变软；若对原种猪在驱赶50~100米就100%出现蓝眼眶，长大杂交种猪在驱赶100米左右有50%出现蓝眼眶，且都出现不同程度的呼吸加快，这无不证明限位栏对母猪心肺实质组织和功能的伤害。

⑥怪癖行为增多。猪的行为以及心理活动多交织在一起，互为因果并受环境的制约，不良的环境条件伤害猪的心理，使猪表现出异常行为。由于限位栏环境单调，缺乏有效的环境刺激，加上因限料而饥饿，继而出现不安与烦躁，当欲望得不到满足而自由又受到限制的情况下，导致母猪反复舔舐、咀嚼饮水器、摩擦、啃咬护栏，空嚼及前蹄刨地等怪癖行为增多。有这些怪癖行为的母猪一般生产性能低下。

（3）母猪限位栏加活动栏饲养模式　为了解决母猪全程限位栏饲养带来的问题，有关养猪专家对猪场生产工艺流程中栏位结构的设计进行了研究，提出了改进或调整方案，能充分利用限位栏的长处，解决其不利因素，把限位栏饲养和活动栏饲养相结合的设计思路。以一个500头生产母猪场为例，平均每周配种约24头母猪，配种产仔率按85%计算，每周约20头母猪产仔，每月4批，因此可以设计怀孕后期母猪活动栏的数量为：4批×22个栏，即88个活动栏，每个栏面积为2米×（3.5~4）米，每批多1~2个栏作为备用。在母猪配种后23~25天孕检，确定怀孕后在限位栏饲养至妊娠75天（同时在这期间可以观察母猪第2情期是否又发情），再将母猪从限位栏调至活动栏。怀孕母猪在活动栏内为1猪1栏，有利于活动自由和运动，饲养到107~109天再调至产房。

在设计活动栏时，可以把限位栏舍与活动栏舍结合起来，比如整个一栋妊娠舍，设计方案是组合式栏位结构模式，把妊娠舍分成3部分，中间留二房间，可以做饲料和饲养用具存放间和饲养人员休息间，两侧和限位栏区、活动栏区相通，中间走道至两端山墙并各有一门，有利于夏季通风降温，妊娠舍的其他两部分，分别是限位栏和活动栏，见图3-14。

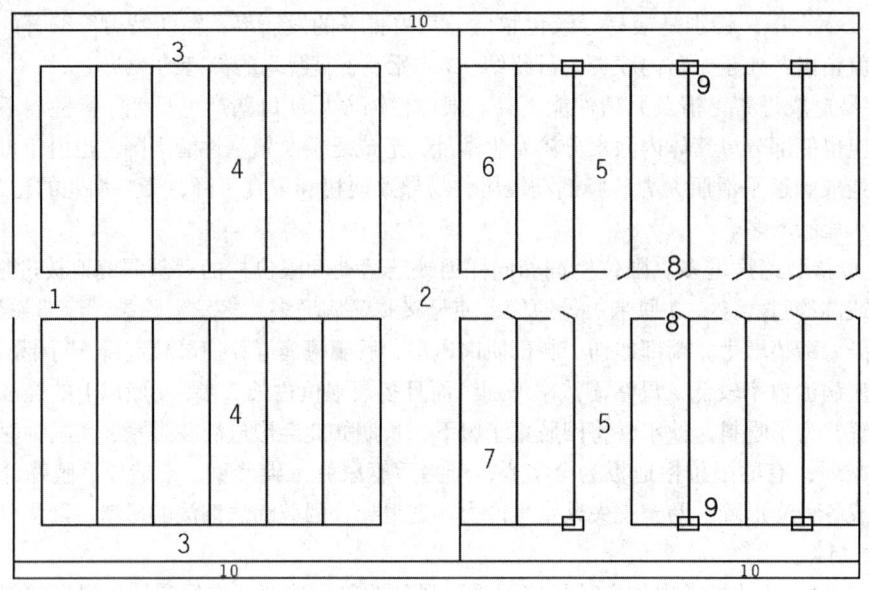

图3-14　妊娠母猪舍组合式栏位结构模式平面
1.大门；2.通道（净道）；3.污道；4.限位栏；5.活动栏；6.饲养人员休息室；7.储料间；
8.圈门；9.清粪孔；10.粪污沟

　　从图3-14可见，对妊娠母猪舍采用限位栏、活动栏相结合的饲养模式设计，也是对限位栏饲养母猪的一种改进与完善，趋利避害，取长补短，达到优势互补，在很大程度上缓解了因全程限位饲养母猪引发的多种问题，为提高母猪生产力提供了较为可靠的保证，这种饲养模式适合于猪场土地面积小，无法建运动场的规模化猪场应用。

　　（4）母猪限位栏加运动场饲养模式　养猪生产者和业内专家发现，限位栏直接和间接对生产母猪所造成的应激危害及有些不利因素，对猪场生产效益有一定程度的影响。对如何减少限位栏饲养母猪的负面影响，有些规模化猪场也做了不少的改进和尝试，比如有些规模化猪场把生产母猪全程限位栏饲养改为"限位栏＋运动场"饲养模式，其饲养模式为以限位栏饲养的10~20头母猪为一组，后门敞开，在限位栏后面设运动场，每组的运动场之间有隔栏隔开，形成相互独立，母猪可以自己从限位栏内后退到运动场自由活动，喂料时母猪分别进到限位栏采食。为防止强势猪夺体弱猪的饲料，喂料时把体弱猪限位栏后门关闭。采取这种模式饲养母猪，虽然母猪能够自由活动，但仍存在个别怀孕母猪发生咬架现象以及开关限位栏后门的繁琐操作；同时占地面积大，也缺乏简单性和实用性。这种饲养模式适合中小型规模化猪场，但对饲养人员工资较低的工厂化猪场也可采用。当然采取此饲养模式对提高母猪生产力有一定作用，各有所得，各有利弊，但利还是大于弊。

10.肥育猪舍为小栋小栏小群饲养模式
　　工厂化养猪的全进全出饲养工艺最终落脚点在育肥猪的饲养至出栏，而在生产实践中是将保育阶段结束后的中猪，直接转入肥育阶段的大栋大栏大群饲养。如果在一大栋肥育舍存栏2~3批或更多批猪，当其中一批出栏后，很难对整栋猪舍进行彻底清洗消毒；同时，在清洗消毒时，对其他批次存栏猪将产生较大的影响，尤其是寒冷季节在清洗猪舍时会使舍内环境温度突然降低，可能会引起其他猪群发生异常而带来不良后果。如果把大栋大栏大群饲养改为小栋小栏小群饲养独立猪舍的饲养模式，不仅可以避免清洗消毒工作对不同批次猪的影响，还可以完全避免不同批次即不同日龄猪之间某些疫病的交叉感染，做到全进全出。以存栏 500 头生产母猪饲养场为例，每周约有 20 头母猪产仔，产房的每个单元产床的数量应该为 20~22 张（一般多出 1~2 张作为备用）；按节律制的均衡生产、均衡转群、均衡出栏的总体安排，每周应有 20 头断奶母猪，即有 200~240 头断奶仔猪转入保育舍，保育舍每个单元也应该有 20 或 22 个栏位，每个栏位应饲养 10~12 头仔猪（一窝仔猪数）；同样，仔猪保育结束后转入育肥舍，育肥舍每一个单元应有 20~22 个栏位，每个栏位饲养 10~12 头育肥猪（原窝保育猪）。如果把育肥舍设计成一栋独立的育肥舍，每个 20~22 个栏位，存栏 200~240 头育肥猪，即每栋育肥舍存栏 200~240 头育肥猪，就可以做到全进全出。这样一批育肥猪一栋猪舍，虽然会增加猪舍建设方面的一些投资，占地面积相应增加以及稍微增加了饲养人员的劳动强度，但这样能从根本上改变了大栋大栏大群饲养所带来的问题，特别是对疫病防控能起到很大作用。因此，规模化万头猪场从长远和大局考虑，育肥猪舍采用小栋小栏小群饲养模式是非常有益的。

三、万头工厂化猪场规划设计方案与投资概算

工厂化养猪是一个集畜牧兽医、饲料营养、机械电子、经营管理和生态环境工程等多学科的系统工程。工厂化猪场的规划设计内容丰富，包括猪场产品、饲养规模、饲养模式、饲养工艺、猪舍、设备、环境、场址选择和总体布局等，此外还有品种繁育，饲养管理和产品营销等软件设计。在国内许多万头工厂化猪场由于设计不合理，导致投产后生产难以正常运转、生产水平低、猪病不断发生，有规模无效益。因此，做好万头猪场（或生产线）的设计方案与投资预算方案，是一个投资者首先要考虑的事。在国内，以年出栏量在万头左右的猪场或生产线占多数，即使是 2 万~10 万头的大型猪场，在规划设计上也多数划分为若干个独立的万头生产线。根据我国几十年猪场设计与建设、生产管理的经验，并结合中国规模化养猪的实际情况，提出一套万头工厂化猪场规划设计方案与投资预算，供投资者参考。

（一）工厂化养猪的工艺技术特点

1. 分段作业，均衡生产商品肉猪

分段作业流水线，是工厂化养猪管理的核心。工厂化养猪工艺采取分阶段饲养，有四阶段、五阶段和六阶段等，其共同特点是把配种—怀孕—分娩—保育—育肥—出栏上市，形成一条龙连续流水作业生产，将同批猪实行"全进全出"。我国工厂化养猪都采用以周（7 天）为单位，每周有一群母猪配种、分娩、仔猪断奶转群、生产育肥、出栏上市，连续不断地生产，其生产工艺流程为：配种舍（3~5 周）→妊娠舍（12 周）→分娩哺乳舍（4~5 周）→保育舍（5~6 周）→生长舍（7~8 周）→育肥舍（7~8 周）→后备母猪舍（7~8 周）或上市。

上述工艺流程具体操作程序为：配种舍中包括饲养的种公猪和待配的母猪，凡经配种后的母猪在配种舍停留 3 周；若确认母猪不再返情，就转群到妊娠母猪舍，个别已配母猪出现返情时，再配种。当妊娠母猪到预产期（114 天）前 7 天，赶到流水线房经过清洗消毒后就提前进入分娩舍，等待分娩和哺育仔猪。仔猪经过 4 周或 5 周哺乳，断奶仔猪进入保育舍，空怀母猪又返回配种舍，观察等待发情配种。断奶仔猪在保育舍饲养 5~6 周就可转入生长舍饲养 7~8 周，符合种用标准的猪选入后备母猪舍，饲养 7~8 周转入配种舍，经 2 周左右配种，其余生长舍的育成猪转入育肥舍，饲养 7~8 周体重达 90~110 千克后出栏上市。

2. 合理安排母猪配种繁殖，做到常年产仔

工厂化猪场根据工艺要求，以周为单位安排母猪配种、繁殖，定期做到猪群周期，这是工厂化养猪的重点工作，具体操作如下。

（1）确定母猪繁殖周期　母猪繁殖周期包括配种、妊娠和哺乳期，妊娠期是客观固定的平均天数114天，即16.3周，而配种期和哺乳期是可以变化的。不同的生产工艺有不同要求，一般配种期为5~7天，哺乳期28天（4周）或35（5周）不等，这样母猪由配种到仔猪断奶，整个繁殖期为150~158天（21.5~22.5周）。

（2）明确每头母猪平均年分娩窝数　已知母猪的一个繁殖周期为22.5周，一年52周，则一头母猪可分娩52÷22.5=2.3（窝），如按21.5周，为2.4（窝），当然实际生产不会恰好是这两个数，一般取2.3窝比较适宜。

（3）确定每周应分娩的母猪头数　按生产工艺要求，已明确每头母猪年分娩2.3窝，根据工厂化猪场饲养母猪的总头数，可算出一年全场应分娩的总窝数。因一年有52周，则可算出每周产仔的母猪头数，其计算公式为：

$$每周应分娩的母猪头数 = \frac{母猪总头数 \times 2.3（窝）}{52 周}$$

如一个500头母猪的工厂化猪场，每周应有母猪分娩为：

$$\frac{500 \times 2.3}{52} = 22（头），$$为便于生产上的安排和管理，每周可按22头母猪分娩安排。

（4）安排每周应配种的母猪头数　按已定的生产工艺要求，根据每周母猪分娩头数和母猪配种受胎率（按80%）来安排每周应配母猪头数，其计算公式为：

$$每周应配种母猪头数 = \frac{每周母猪分娩数}{80\%}$$

如一个500头母猪的工厂化猪场，每周应配母猪头数为：

$$\frac{22（窝）}{80\%} = 22 \times \frac{100}{80} = 28（头）$$

如果提高母猪配种受胎率，就可以减少每周应配母猪头数，反之还会增加。

3. 早期断奶，增加母猪繁殖胎次

工厂化养猪实际是把母猪当做一台机器在运转，从配种→怀孕→分娩哺乳→断奶再配种，在这运转过程中，提早断奶，才能增加母猪繁殖胎次。我国工厂化养猪仔猪一般为4周或5周龄断奶，也有21天断奶的猪场，但大多采用的是28天断奶。仔猪断奶转群到保育舍，母猪返转回配种舍，这样一头母猪年可分娩2.3胎或2.4胎仔猪，母猪的繁殖周期为：配种期8天+妊娠期114天+哺乳期28天（或35天）共150天（或157天），一年365天÷150天（或157天）=2.4胎（或2.3胎）。由此可见，仔猪提早断奶是增加母猪年产胎次或年产仔猪数的关键，这也是工厂化养猪的主要技术措施之一。

4. 同期发情配种，保证全进全出

工厂化养猪如何保证每周有一定头数的母猪发情配种，是一个关键技术环节。若母猪配种头数不足，就会打乱整个生产流程，做不到全进全出，造成全场生产紊乱。所以必须做到每周按确定的母猪头数同期发情、同期配种。为了达到此目的，一般对母猪的繁殖要实施有效控制技术措施。

（1）用促性腺激素处理　要求在母猪预期发情前的13~17天，用孕马血清激素400单位

加入绒毛膜激素 200 单位同时注射，可诱发母猪同期发情。

（2）仔猪同期断奶，诱发母猪同期发情　一般来讲，仔猪同期断奶后，母猪在 5~7 天内就会发情，这是自发性周期发情，但由于工厂化养猪母猪分娩哺乳采取的是限位栏饲养，活动量小，加上又难以接受到太阳光照射，青饲料缺乏，其同期化程度不高，时间也不够准确。因此，最好采取在同期断奶的情况下，再注射促性腺激素，能明显提高同期发情率、排卵的一致性和受胎率。做法是断奶当天肌内注射孕马血清激素 1 000~2 000 单位，或 3~4 天后再肌内注入绒毛膜激素 500 单位。

（3）对空怀母猪半舍饲半运动　目前也有一些工厂化养猪场在建造猪舍时，对空怀母猪实行半舍饲半运动的饲养，即空怀母猪舍建有运动场，并实行小群饲养，这种传统的生产模式，对提高母猪的发情率有一定的效果，已被一些工厂化猪场认可。

（4）实施人工授精配种　工厂化猪场一般都建有公猪配种站，对所有发情母猪相应地开展人工授精，这是工厂化猪场最关键的技术措施。只有做到了周期发情，及时配种，才能确保全进全出工艺的实施。

5. 集约化饲养，占地面积小

工厂化养猪采用金属限位栏饲养方式，公猪采取单圈（或单栏）饲养，母猪饲养方式不同，有的采用个体单笼（限位栏）饲养，有的采用小群养单饲方式，每栏饲养 4 头，也有大群饲养不等，一般实行群养单饲的较多。保育猪与生长育猪肥多采用群饲，每栏 20 头。工厂化养猪每头猪占地面积很小，一般参数是：妊娠母猪个体限位饲养，每头占地面积 1.2 米²（2.1×0.6），小群每栏 4 头为 9.6 米²（4×2.4）；分娩母猪每栏饲养一头母猪及一窝仔猪占地面积 3.74 米²（2.2×1.7）；保育猪每头占地面积 0.3 米²（每栏 20 头，2×3）；生长猪每头占地面积 0.7~0.918 米²；肥育猪每头占地面积 0.918~1 米²；后备母猪每头占地面积 0.7~0.9 米²；公猪舍每头占地面积 4~6 米²。上述参数只对猪占地面积而言，不包括配套建筑设施用地面积、饲喂走道及每栋猪舍饲养员工作间和墙壁等。与传统规模猪场相比，工厂化猪场占地面积小，实行集约化饲养，节约投资。

（二）工厂化养猪的配套技术与必要的几项技术措施

工厂化养猪实行现代化的生产工艺流程，即"全进全出"，以及合理的猪舍建筑，但必须有以下缺一不可的几项技术措施相配套，才可保证生产正常运转，并取得一定的规模效益。

1. 优良品种选择和最优杂交组合

工厂化养猪工艺流程是全进全出，因此要求猪繁殖性能和肥育性标准化，才能使产品规格化。国内工厂化养猪选用的主要优良品种是杜洛克、长白和大约克，其中杜洛克主要作为种公猪，此外还有 PIC、皮特兰和皮杜的杂交组合种猪也作为种公猪使用。现在国内工厂化猪场都是采用长白公猪与大约克母猪杂交后，用长大二元母猪与其他良种公猪杂交，生产商品肉猪。工厂化养猪的核心技术除了饲料配合技术，主要还是猪优良品种的选择和最优杂交组合，其目的是充分利用杂种优势，使商品肉猪达到生长速度快、饲料报酬高、屠宰率高、经济效益好。工厂化养猪的优良品种选择和杂交优势见图 3-15。

```
杜 × 长大     饲料报酬高
PIC × 长大    生长速度快
皮特兰 × 长大  屠宰率高
皮杜 × 长大    经济效益好
```

图 3-15　工厂化养猪优良品种选择和杂交优势

2. 饲养标准化和配合饲料的使用

工厂化养猪因饲养的是优良品种猪和杂交商品肉猪，饲养密度大，不喂青饲料，不运动，要求种母猪产仔多，分娩频率高，杂交商品猪日增重快，因此必须采用标准化饲养和使用配合饲料，以满足各类猪的营养需要，保证工厂化养猪能获取一定规模效益。

3. 创造适宜的环境条件

工厂化养猪采用人工调控猪舍环境条件，给各类猪群创造适宜的生活和生长环境，主要涉及猪舍的结构和布局、建筑材料的选择和猪舍内环境调控设施的配置等，其目的是保证猪舍冬暖夏凉，为各类猪群提供适宜温度和湿度，特别对哺乳仔猪的生长环境的控制，是工厂化养猪猪舍建筑的关键。

4. 分娩与哺乳阶段管理技术

母猪分娩与仔猪哺乳阶段是工厂化养猪的关键环节，要求分娩舍24小时有人值班，在这个阶段有四项关键工作要做到位。一是母猪分娩后，初生仔猪要早吃初乳，每头初生仔猪必须在1小时内吃到初乳，才能获得免疫力；二是仔猪生后的2~3天内注射铁钴针注射液，每头肌注1毫升，体弱者15天左右再注射1毫升；三是在2~4天后，给初生仔猪剪尾，去虎牙（犬牙），公仔猪去势；四是仔猪生后7天开始补料，早期补料才能做到早期断奶。

5. 严格的兽医防疫卫生制度

工厂化养猪是集约化饲养，饲养密度大，一旦发生疫情，损失很大。因此，工厂化养猪对猪病的防治重点在防疫卫生工作上，必须建立严格而规范的兽医防疫卫生制度。工厂化养猪兽医防疫卫生制度有4个标准要求，即卫生防疫工作规范化，消毒设施先进化，对传染病免疫程序化，对主要传染病要有疫情监测和免疫监测设施化。

（三）万头工厂化猪场的规划设计方案

1. 猪场定位要思路明确

猪场的种类有两类：一是原种场、原种扩繁殖场、扩繁场等种猪场；二是自繁二元与商品猪的商品猪场、引进二元杂种母猪繁殖商品小猪的商品肉猪场、全靠引进商品小猪的商品肉猪场。全靠引进商品仔猪的商品肉猪场只适用于小型猪场，不适于中大型猪场。但靠补进二元杂种母猪繁殖商品小猪，这种模式仍存在经常引进二元杂种母猪，会带来疾病的风险，在疫病复杂的趋势下也不可取。因此，一个工厂化猪场从长远的角度考虑，必须采取自繁二元杂种母猪与商品小猪的这种模式，这种生产模式也较为适合防止疫病复杂的养猪环境，可从引种繁殖环节控制猪场的疾病风险。

2. 猪场的规模要确定

生产模式确定以后，基础母猪的规模确定也至为关键。从疾病的防治、人员的使用与成本控制等方面上分析，工厂化养猪把规模定为基础母猪500头或650头，年出栏商品猪一万头较为合适。

3. 猪场总体平面布局设计要点

工厂化养猪场只有在猪场产品、饲养规模、饲养模式、饲养工艺、猪舍、环境保护、设备配套等设计基本确定后才能进行总体平面规划。在总体平面规划设计中要把握以下几个要点。

（1）全面规划，一步到位　工厂化万头猪场用地80~100亩，投资较大、投资回报期较长存在一定投资风险，投资者要有充分认识和准备。在确定饲养规模时要量力而行，先做好再做大非常重要，特别是刚步入工厂化养猪的新企业，不要一下子把规模搞得太大（如几万头）。对一个场地，特别是大型养猪场，生产规模建设可分期进行，但总体平面设计要一次完成，不能边建设边设计边投产，导致猪场布局零乱，公共设施资源各生产区不能共享，不仅造成浪费，还给生产管理带来很多问题。

（2）要依靠猪场规划设计专家科学设计　工厂化养猪场的规划设计也是一个很专业的行业。工厂化猪场规划设计的许多内容最后都落实到总体平面布局中，没有足够全面的专业知识和实践经验的人，很难做好这项工作。因此，要做好总体设计必须找此行业的专家，可以少走许多弯路。

（3）要相互兼容，因地制宜的合理设计　工厂化养猪场规划设计的各个因素是一个有机的整体，设计中不能过分强调某个方面，要相互兼容、相互照顾、因地制宜、合理设计、合理分配投资，设计的目的是求得较好的经济、生态和社会效益。

（4）合理布局有关设施　合理布局有关设施，其目的是保证生产流程畅通，保证人员、车辆和物资的严格消毒与隔离。如必须做到完全分隔生产区、生活区和办公区，生产区要用围墙隔离，入口处设置车辆消毒间和人员消毒间，确保入场人员彻底消毒。除消防车外任何车辆不许进入生产区。实践已证实，合理的总体规划设计可大大降低猪场接触性传染病和呼吸道传染病的传播和发生。这也是工厂化猪场总体规划布局与设计的最终目的。

4. 场址选择与布局

（1）场址选择要求　猪场的选址要保证水、电、路三通，远离村镇、交通要道、屠宰场、化工厂及其他污染源和其他养殖场在 3 千米以上；考虑到环境保护和生物卫生安全需要，地势要高，通风向阳避风，最好是坐北靠山，有一定坡度，兼有湿地更为理想。尽量避免选择地势低、狭长、边角多等奇形怪状的土地。猪场最好配套有耕地、果林或鱼塘。

（2）猪场布局　猪场布局是工厂化养猪规划设计的关键环节，有以下 3 点要求。

① 猪场生产区为三点式布局。工厂化养猪从几十年的实践得出经验和教训，是为了防止疫病传播和感染，必须从猪场布局上采取隔离饲养工艺。过去采用一点式饲养工艺，即配种怀孕→分娩→保育→生长→育成→出栏，整个繁育过程都在同一场地，难以对疫病的传播和感染进行有效的控制。猪场生产区以三点式布局，即配种妊娠及分娩哺乳区、断奶仔猪保育区、肉猪育肥区，各点相距 500 米以上，能有效地控制疫病传播。

② 整个猪场按三区式布局。三区即生产区、辅助生产区（饲料加工厂、仓库、兽医室、消毒与更衣室等）、生活区。

③ 各类猪舍按上风向到下风方向排列。即按配种舍、妊娠舍、分娩舍、保育舍、生长育肥（或育成）舍、装猪台顺序排列设计，配种舍要设置运动场。

5. 设计原则与标准参数和计划指标

（1）设计原则　分基本原则和重要原则。

① 基本原则。先设计好生产指标、工艺流程、满负荷生产计划与存栏计划等参数，再进行猪舍、猪栏、生活区及配套的粪污处理设施等设计。

② 重要原则。工厂化养猪的重点是产房和保育舍，产房、保育舍必须按生产节律分单元全进全出流水式工艺设计。

（2）设计的生产性能参数和生产技术指标

① 生产性能参数。根据我国规范化工厂化猪场先进水平，对年产 1 万头肉猪生产线实行工厂化生产管理方式，其设计的生产性能参数为：平均每头能繁母猪年生产 2.2 窝，提供 20 头以上商品肉猪出栏；能繁母猪（如长 × 大二元母猪）平均利用期为 3 年（7 胎）；商

品肉猪饲养 161 天（23 周）左右，体重达 90~110 千克出栏。

② 生产技术指标。生产技术指标是衡量一个工厂化养猪生产水平和经济效益的标准。以一个饲养 500 头基础母猪、年出栏约 1 万头商品肉猪的工厂化养猪生产线为例：按每头母猪平均年产 2.2 窝计算，则每年可繁殖 1 100 窝；如果按配种率 85% 计算，每周平均分娩 20~21 窝，即每周应配种 24~25 头能繁母猪；如果实行早期断奶，哺乳期按 3 周，仔猪断奶后原栏饲养 1 周、临产母猪 1 周、空栏 1 周计算，需产房 6 个单元，每个单元 20~22 个产床；如果断奶仔猪保育期 4 周，空栏 1 周，保育舍为 5 个单元，每个单元为 10~12 个保育床；如果生长育肥期为 15 周（机动 1 周），生长育肥舍为 16 个单元，每个单元为 10~12 个育肥栏；考虑到实际生产中一般万头猪场生长育肥舍定饲养员 6 人，每人饲养 500 头左右生长育肥猪，一般设计成 6 个单元或 6 栋猪舍（非全进全出）。综合以上生产性能参数和生产线的设计，万头猪场的生产技术指标见表 3-3。

表 3-3　万头猪场生产技术指标

项目	指标	项目	指标
配种分娩率（%）	85	161 天个体重（千克）	90~110
胎均产活仔数（头）	10	哺乳期仔猪成活率（%）	95
初生仔猪个体重（千克）	1.2~1.4	保育期仔猪成活率（%）	97
胎均断奶活仔数（头）	9.5	育成期仔猪成活率（%）	99
21 日龄个体重（千克）	6.0	生长育肥猪全期成活率（%）	91
56 日龄个体重（千克）	18.0	全场全期料重比	3.1

（3）万头猪场存栏猪结构标准与生产计划

① 存栏猪结构标准。按基础母猪 500 头计算，妊娠母猪数 =375 头（妊娠母猪数 = 周配母猪数 ×15 周）；临产母猪 =21 头（临产母猪数 = 周分娩母猪数 = 单元产栏数）；哺乳母猪数 =63 头（哺乳母猪数 = 周分娩母猪数 ×3 周）；空怀断奶母猪数 =32 头（空怀断奶母猪数 = 周断奶母猪数 + 超期未配及妊娠检查空怀母猪（按周断奶母猪数的 1/2）；后备母猪数 =50 头 [后备母猪数 =（成年母猪数 ×30%÷12 个月）×4 个月]；成年公猪数 =4 头 [成年公猪数（以全人工授精方式配种）= 周配母猪数 ×3÷2.5×8+1]；后备公猪数 =4 头；仔猪数 =840 头（仔猪数 = 周分娩胎数 ×4 周 ×10 头 / 胎）；保育猪数 =800 头（保育猪数 = 周断奶数 ×4 周）；中大猪数 =2 900 头（中大猪数 = 周保育成活数 ×15 周）；以上合计存栏猪结构约 5 100 头。

② 万头猪场全年生产计划。根据存栏猪结构，可计算出一个万头猪场全年满负荷生产计划，如表 3-4 所示。

表 3-4　万头猪场全年满负荷生产计划

项目	时间	猪数（头）
基础母猪		500
	周	25
配种母猪	月	108

项目	时间	猪数（头）
配种母猪	年	1 300
	周	21
分娩母猪	月	91
	年	1 092
	周	210
产活仔猪	月	910
	年	10 920
	周	200
断奶仔猪	月	867
	年	10 400
	周	194
保育仔猪	月	841
	年	10 088
	周	192
出栏肉猪	月	832
	年	9 987

6.饲养工艺流程设计

与工业生产一样，工厂化养猪实行的是流水线式工艺，饲养工艺是工厂化养猪的纲。所谓饲养工艺就是饲养的方式和技术，其目的是减少疫病传播，提高猪群健康水平和生产水平，这也是工厂化养猪工艺流程设计的核心。工厂化养猪的生产流程以"周（7天）"为生产节律，其流水式生产方式全过程分为4个生产环节，即4个生产阶段。

（1）待产母猪阶段　待产母猪指空怀、断奶母猪和后备母猪，这些母猪在配种舍内与公猪进行配种后怀孕，也称为怀孕母猪或妊娠母猪。按饲养工艺流程每周参加配种的母猪为24~25头，保证每周能有20~21头母猪分娩。妊娠母猪在临产前1周转入产房，在产床上饲养。

（2）产仔阶段　妊娠母猪按预产期进入产仔舍产仔后，哺乳期为21~28天。仔猪断奶后母猪又转回配种舍等待配种，而仔猪断奶后原栏饲养1周后再转入保育舍。

（3）仔猪保育阶段　4周龄断奶仔猪转入保育舍饲养4周，培育至8周龄转群。

（4）中大猪饲养阶段　8周龄仔猪由保育舍转到中大猪育肥舍饲养15周，这样一头仔猪从出生至出栏全期饲养23周，预计体重在90~110千克出栏。

以上4个阶段的全过程，可用图3-16工厂化养猪生产工艺流程图来表示。

7.各类猪舍设计与面积

（1）配种舍1栋　配种舍用于母猪配种，包含人工授精实验室和公猪舍，按存栏空怀母猪30~32头（包括每周断奶母猪20~21头）、后备母猪50头，合计母猪存栏约80头，每栏饲养5头，则需16个母猪大栏。配种公猪存栏4头，后备公猪存栏4头，则需8个公猪栏（每头单栏饲养）。母猪大栏和公猪栏相加共需24个大栏。配种舍为双列式1栋，猪舍内长为12×2.4+2.4=31.2米，宽为3×2+1.8+1.2=9米，猪舍内面积为31.2×9=280.8米^2。

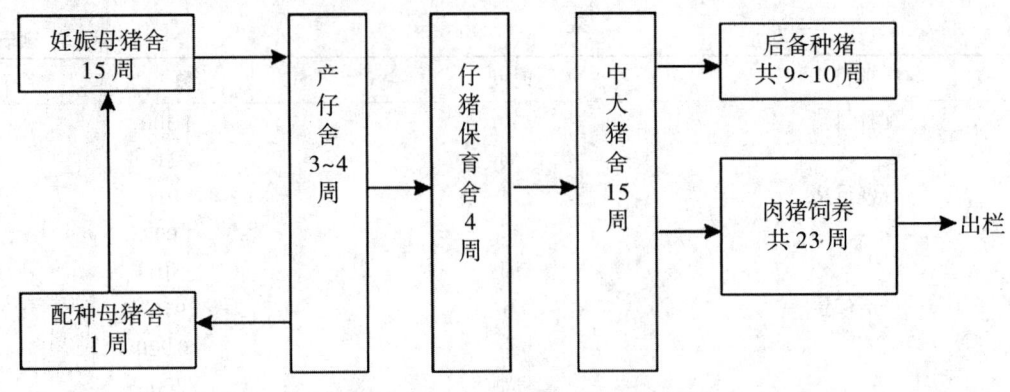

图 3-16　工厂化养猪生产工艺流程

（2）妊娠母猪舍 1 栋　妊娠母猪舍为三列式，每周配种 24 头，妊娠定位栏为 24×16=384 个；猪舍内长为 128×0.6+3.6+4.8=85.2 米，猪舍内宽为 2.2×3+1.8+2.4=16.8 米，面积为 85.2×10.8=920.16 米²。

（3）母猪产仔舍 1 栋　产仔舍为全进全出 6 个单元，每个单元 20 个产床，按双列式，若为 1 栋产房设计，则产仔猪舍内长为（30×1.8）+（2.4×6）+2.4=70.8 米，宽为（2.2+1）×2+1.2=7.6 米，面积为 70.8×7.6=538.08 米²。

（4）保育舍 1 栋　全进全出 5 个单元设计，每个单元 10 个高床栏，按双列式排列；若设计为 1 栋保育舍，猪舍内长为（5×1.8+2.4）×6+2.4=70.8 米，宽为 3×2+（1.2+1.8）=9 米，面积为 70.8×9=637.2 米²。

（5）中大猪舍 6 栋（或 3 栋 6 单元设计）中大猪是保育猪 8 周龄时转入中大猪舍饲养 15 周共 23 周，体重在 90~110 千克时出栏。中大猪舍共 6 栋，每栋 25 个栏，每栋饲养 500 头生长肥猪，一个饲养员。生长育肥猪存栏 6×500=3 000 头，每栏 18~22 头，共需 150 个栏，每栏内面积为 4×5=20 米²，6 栋（或 6 个单元）中大猪舍，按双列式排列，则每栋猪舍内长为 13×5+2.4=67.4 米，宽为 4×2+1.2=9.2 米，面积为 67.4×9.2=620.08 米²。

（6）建隔离舍 2 个，一内一外　外隔离舍离猪场至少 300 米，用于引种隔离；内隔离舍离猪场 200 米以上，用于猪场病猪的零时间隔离。每个隔离舍含 2 个栏共 25 米²，2 个隔离舍共 50 米²。

（7）猪舍建筑栋数和面积　配种舍双列式 1 栋 280.08 米²；妊娠舍三列式 1 栋 920.06 米²；产仔舍双列式 6 个单元 1 栋 538.08 米²；保育舍双列式 5 个单元 1 栋 637.2 米²；中大猪舍双列式 6 栋共 3 720.48 米²；整个猪舍实用总面积为 6 096 米²；共 10 栋猪舍，另加 2 个隔离舍后共 6 146 米²，12 栋猪舍。

8. 设备配套设计

（1）猪舍建筑设计要与设备配套　工厂化养猪设备繁杂，且各类猪舍的设备差距也比较大。工厂化养猪设备的安装与猪舍建筑关系密切，不了解设备，随意设计猪舍而造成极大浪费的案例在我国为数不少。因此，在猪舍建筑设计中首先要根据饲养工艺、设备规格及数量，做出猪舍的平面设计，并在充分了解每栋猪舍各种设备如围栏、供水、供电、通风、保温、清洁、消毒和饲料输运等设备的安装要求后，再认真做好设备安装的预埋件、预留孔和支撑平台等设计。

（2）猪舍设备配套易出现的问题　在工厂化猪场的规划设计中把设备配套放在足够的位置是非常必要的，它的许多功能非人力资源所能代替。然而，虽然现代养猪设备在我国推广运用有20多年的历史，专业研究、生产单位也不断推出许多先进的设备，但还是有不少工厂化猪场对养猪设备的认识存在误区，结果出现了一些问题。

① 重猪舍建筑轻养猪设备。有些工厂化猪场花大量投资把猪舍建筑得很好，而对设备投资不重视，还没认识到要想养好猪，猪舍的饲养环境如温度、湿度、空气质量、床面卫生与舒适性等是关键性因素。而对饲养环境的保证，虽然猪舍建筑起一定作用，但对工厂化养猪来讲，更重要还是依靠机械设备，如猪舍温度，各类猪群因对环境温度的要求差距很大，要达到和维持各类猪群对温度的要求，主要靠通风、降温和保温设备，只有合理地配置温控设备后，才能分别满足它们的要求。

② 自己设计自己制造一些设备而出现一些质量问题。我国的养猪设备大部分都是参照国外机型，结合我国实际改进而成；国内设备专业研制单位推出的一些养猪设备新产品都是经过多年研究试验的科研成果，是成熟的技术和设备，其设计、制造工艺由专业人员完成。而有的工厂化猪场在建场时为了节约投资，自己设计、制造各种猪栏、漏缝地板、食料箱等设备。养猪设备看似简单，其实不然，由于一些猪场选材不合理，制造质量差，结果发生刮伤、擦伤猪身、母猪乳头、大小猪肢蹄等问题。如分娩栏漏缝地板间隙设计为9毫米，小了漏粪效果不好，床面清洁有问题，大了容易损伤母猪乳头、乳猪肢蹄，严重的甚至完全不能用于养猪，不仅造成了损失，还耽误了生产。

③ 把落后的设备当做先进的设备引进使用。现实中仍有一些投资者为了省钱，找1~2个不完全专业的内行人，或参观一些年久的工厂化猪场，或根据一些经验，照搬照抄别人的做法，如"一点饲养法"、"全自动冲洗"、"半漏缝分娩栏"、"半漏缝保育栏"、"竹条地板"、"铁皮食料箱"等都是20年前落后的工艺和设备，仍有人把它们视为"省钱"的设备引入使用，结果是由于工艺落后，设备不耐用，2~3年就要维修更换，甚至边改边建，不仅没有省钱，还给生产带来了一些不必要的麻烦。

9.生态环境保护规划设计

20世纪90年代末期，我国规模化养猪场发展迅速，猪场污染问题已引起社会的普遍重视，但由于认识和投资不足，至今一些规模化猪场还没有完全解决猪场的生态环境保护问题。规模化猪场环保压力越来越大，特别是万头以上的规模化猪场，废弃物（粪、尿、污水等）的量大，不处理或处理不好必然对周围生态环境造成污染。工厂化猪场排污问题一直是个令人头痛和难以解决的问题。但随着社会对生态环境的重视和各级政府管理的加强，任何想回避或侥幸过关的做法都是行不通的。因此，在工厂化猪场的建场前，在选址、设计上就要考虑排污、环保问题。而且对猪场废弃物的处理和利用工程必须与猪场规划设计建设和投产同步，任何滞后或忽视猪场生态环境保护的行为都将带来严重后果。保护生态环境是关系到猪场生存和发展的大事，不能存在任何幻想，这是每个投资者和设计者要清醒认识的问题。

10.工厂化猪场设计与其他要重视的建筑和设备上的细节问题

现实中一些工厂化猪场因设计不合理，导致投产后生产管理难以正常运转，特别是在猪场设计与建设上的一些细节问题，也导致了一些猪场改建与维修费用加大。对万头工厂化猪场的设计与建设在其他细节上要重视以下问题。

（1）水龙头的安装　每栋猪舍需另外安装2~3个水龙头，消毒冲洗机接水用；在猪舍内每个排污道的源头处安装一个水龙头，冲洗排污道用；在每栋猪舍外，必须有防火用的消防龙头。

（2）猪场的大门与消毒池同宽　大门的宽度应根据进出车辆的宽度确定，一般为4米宽，6米长，要使车辆轮子在消毒池内药液中滚过一周，池深0.2米。猪场门卫室要设在大门一侧，室内走廊为6米长，需安装感应式喷雾消毒设备，消毒室的墙要防水。

（3）猪舍内饮水器数量与安装　要保证10头猪1个饮水器，其中保育舍每栏2个，高度分别为25和35厘米；生长育肥猪舍每栏2个，高度分别为45和60厘米；成年母猪舍高度为70厘米，成年公猪舍高度为75厘米。饮水器的安装斜度为45度。

（4）自动饮水加药器的安装　除妊娠母猪舍外，每栋猪舍最好安装自动饮水加药器，特别是保育猪舍必须安装。安装方法为加药桶加三通即可。

（5）猪栏高度要求　母猪限位栏，长2.1米，宽0.65米，高1米；仔猪活动围栏每侧的宽度为0.6~0.7米，高0.5米左右，栏栅间距5厘米；公猪栏高1.2米，母猪栏高1米，后备母猪及生长育肥猪栏高0.8~1米。

（6）三相电源插座　每栋猪舍要有2~3个三相电源插座，高压消毒清洗机专用。

（7）防暑降温设施　根据各类猪的生理不同来配置防暑降温设施，公猪舍与配种舍用水帘；妊娠母猪舍用水帘或风机；产仔房最好也安装水帘，或采取母猪滴水降温＋换气扇；保育猪舍采用换气扇；其他猪舍可采用风机。

（8）配置发电机房　发电机房为5米×6米，万头猪场配置一台功率为50千瓦的柴油发电机，停电时使用。

（9）猪舍地面的坡度　猪舍内走道、妊娠定位栏地面3%坡度，产房、保育栏下大坡度全坡度设计，其他猪舍两侧要有粪沟。

（10）运动场设置　在配种舍与产房之间要有运动场，两舍之间两侧用水泥砖墙封闭。运动场内设饲槽与饮水器、浴池及旋转喷头，南方地区还要设置遮阳凉棚为好。

（11）猪场内道路要求　猪场内道路有净道、污道和赶猪道，均做成水泥道路面。净道和污道在猪舍两侧，但各舍要联通。净道及污道一般4米宽，净道及污道要严格分开，不能有交叉。赶猪道宽0.8米，两侧水泥墙高1.1米，最好在猪舍中间贯通，或猪舍一侧贯通，经猪门时要对开门。

（12）出猪台　出猪台要一高一低，大车小车两用，宽度对应，无顶，铁门拉上向上为宜。出猪台应设置在围墙外，最好远离围墙50米以上，同时还要附设待售栏，保证暂时未售出猪不必回到生产区。还要设置消毒池和运猪车消毒间，确保运猪车先消毒后装猪。

（13）猪场用水标准　一个万头工厂化猪场的用水量约150吨/天，夏季每天需水200吨左右。猪场用水分地表水、自来水和深井水。地表水指池塘水、河水等，只能用于冲洗猪栏和道路；猪饮水必须用自来水或深井水，如用深井水，对于一个万头猪场，水井的出水量最好在每小时10吨以上。万头猪场设计时，必须要设置蓄水池或水塔，蓄水池或水塔一般需要蓄水够2天量即300吨水。如修建蓄水池要修建在高处，便于水的畅通。

（14）饲料间　饲料间应设置在围墙边，确保外来饲料运输车不进入生产区。

（15）药品、工具、用品隔离消毒室　设置在围墙边，所有药品、工具和用品都不能由饲养人员直接带入生产区，必须经过隔离消毒室后才能进入生产区使用。

（16）种猪销售观察室　有的万头工厂化猪场除了饲养商品肉猪，也生产二元长大母猪或种猪销售，这就要设置种猪销售观察室。种猪销售观察室设置在围墙边，与生产区既有透明玻璃墙便于观察，又采用全封闭，确保客户既能亲自挑选种猪，又与生产区完全隔离。为了便于出猪，种猪销售观察还要靠近出猪台。

（17）病猪隔离舍（栏）　工厂化猪场都要在场区下风区设置病猪隔离舍（栏）。被隔离的猪看似比较严重或疑似有传染性疾病的猪，包括皮肤寄生虫病（疥螨等）或喘气病等。一般要求隔离舍中栏位不易多，6~8 个即可，但要求舍内环境温度适宜，通风良好。无条件单独配置隔离舍的，对保育猪可以把隔离舍（栏）的位置安排在每栋保育舍的末端，前后窗相对，单独开门，内有隔墙和相邻单元隔离；对育肥猪隔离舍（栏）可以针对整个育肥区而设置一栋，一般为单列走道即可，栏位数量一般 10~12 个，每个栏位可容 5~6 头育肥猪。同样要求育肥猪隔离舍干净卫生，环境温度相对适中，空气新鲜，管理更精细。

生产中一定要注意，无论是保育舍还是育肥舍被隔离出来的猪，即经过治疗确定已康复，也不能再回原栋原单元栏位饲养。但对于保育舍隔离的猪，要在保育隔离舍栏内饲养，待生长到转群体重后，可以随同批或下一批猪转入育肥舍；同样，对于育肥舍隔离栏的康复猪，要在育肥隔离栋（舍）栏内饲养，达到出栏体重后，随同批或下一批猪出栏。

（18）死猪处理间　规模化猪场要在围墙外设置死猪处理间，可靠近出粪台。死猪一定要采用高温蒸煮或火化等方式进行无害化处理。

（19）出粪台　出粪台设置在围墙外，最好设置成楼层式，避免场内运粪车和场外拉粪车交叉接触。

（20）集粪间　一个万头猪场日产粪 18~20 吨，污水日产量因清粪方式不同而有所不同，一般在 70~200 吨，因此各猪舍尽量采用干清粪工艺，减少冲水排污。集粪间设置在围墙外，水泥地面 3 米 × 10 米，设遮雨棚。猪舍至集粪间要修建成水泥路面。

（四）工厂化猪场的投资概算

以一个普遍万头商品猪场为例，投资概算在 1 300 万 ~1 500 万元，主要有以下项目。

1. 土地租金

一个万头工厂化猪场需用地 100 亩，各地方用地年限不等，但一般按 20 年期限来计算，每亩租金约 500 元，100 亩 × 500 元 × 20 年 =100 万元，为了降低投资规模，最好分年段付租金。

2. 猪舍设备

猪舍设备有 3 个层次：基本型（简易型），它是规模养猪场最基本的设备，一个万头猪场基本型的设备投资约 70 万元；普及型，是大量推广使用的设备，一个万头猪场普及型的设备投资约 110 万元；先进型，适用于投资能力较强，特别是种猪场的业主，一个万头猪场先进型设备的投资为 300 万元左右，最低在 160 万元。

3. 猪舍基建加配套设施

猪舍基建加水电配套约 400 万元。

4. 附属房屋及用品

附属房屋有饲料车间、办公室、宿舍等，加生活用品等共需资金投入 180 万元。

5. 种猪

购入 500 头左右母猪，10 头左右公猪共需 100 万元资金。

6. 沼气工程与废弃物处理利用

一般的万头猪场一套沼气设备投资在 200 万 ~300 万元，立项成功的国家补贴 100 万元左右。由于猪场废弃物处理和利用将来会是国家一个强制性要求，猪场废弃物的处理利用要有一定资金投入，发达国家其投资占猪场总投资的 20%，我国约需 15%，一个万头猪场最低应有 100 万元左右的投资。

7. 生产流动资金

从引入后备种猪至第 1 批商品肉猪出栏的需 1 年时间，需要生产流动资金最低在 300 万元，主要含饲料费用、兽药费用、人工工资、水电费等。

（五）万头工厂化猪场饲料用量及耗料标准

1. 万头工厂化猪场年饲料用量

工厂化养猪饲料成本一般占猪场总成本的 70%~80%，国内一大部分工厂化猪场为了减少饲料加工投入，除哺乳仔猪、保育仔猪、公猪采购成品配合饲料外，母猪、肥育猪和后备猪均采购 4% 左右的预混料及原料玉米、豆粕、麦麸等，按各类猪的营养需要，根据饲料配方自己加工成配合饲料，这样可降低饲料成本。但对一个万头猪场来讲，保证饲料安全、合理库存是一个关键环节，一般夏季 1~2 周采购一次饲料原料和成品全价料，其他季节半个月至一个月采购一次，即夏季库存 1 周、春和秋季库存 2 周，冬季库存 1 个月，根据季节的温度和湿度的不同，合理安全库存饲料。若需具体统计 1 周和 1 个月的各种饲料需求量，就要根据所饲养各阶段猪的饲料配方及耗料量标准来计算，一个 500 头母猪的工厂化猪场年饲料用量参见表 3-5。

表 3-5　500 头母猪规模猪场年饲料用量

阶段	每头耗料量（千克）	猪头数	耗料量（千克）	所占比例（%）
哺乳母猪	250	500	12 500	4.3
空怀母猪	80	500	40 000	1.4
妊娠母猪	620	500	310 000	10.6
哺乳仔猪	2	10 700	21 400	0.7
保育仔猪	12	10 300	123 600	4.2
小猪	33	10 100	333 300	11.4
中猪	80	10 100	808 000	27.5
大猪	115	10 000	1 150 000	39.2
公猪	900	20	18 000	0.6
后备种猪	240	160	4 800	0.2
合计			2 934 000	100

2. 工厂化猪场各类猪的喂料标准

工厂化养猪实行的是标准化饲养，其中一项是饲喂按一定标准配制而成的配合饲料，而且所饲喂的配合饲料都有喂料标准和日采食量，对肉猪还要达到各阶段最佳日增重所要得到的肉重比，也就是饲料报酬。国内一些工厂化养猪场经过十几年的实践，大致上对各类猪喂料标准、肉猪各阶段最佳日增重、日采食量、料重比及肉猪耗料量有接近一致的标准，参见表 3-6、表 3-7、表 3-8。

表 3-6　各类猪喂料标准

阶段	饲喂时间	头均日喂料量（千克）
后备	90 千克至配种	2.3~2.5
妊娠前期	0~28 天	1.8~2.2
妊娠中期	29~85 天	2.0~2.5
妊娠后期	86~107 天	2.8~3.5
产前 7 天	108~114 天	3.0
哺乳期	0~21 天	4.5 以上
空怀期	断奶至配种	2.5~3.0
种公猪	配种期	2.5~3.0
乳猪	出生至 28 天	0.18
小猪	29~60 天	0.50
小猪	61~77 天	1.10
中猪	78~119 天	1.90
大猪	120~168 天	2.25

表 3-7　肉猪各阶段最佳日增重、日采食量、料重比

日龄	体重	日增重（克）	日采食量（克）	料重比
24~36 日龄	6.5~10 千克	267	334	1.25
37~56 日龄	10~20 千克	468	766	1.64
57~88 日龄	20~40 千克	655	1 386	2.11
89~124 日龄	40~70 千克	741	1 911	2.58
125~158 日龄	70~90 千克	765	2 555	2.53
24~158 日龄	6.5~90 千克	653		2.39

表 3-8　肉猪耗料

阶段	日龄	饲养天数	体重（千克）	料型	每天耗料量（千克）	阶段耗料量（千克）	所占比例（%）
哺乳期	1~28	28	7	乳猪料	0.1	2	1
保育期	29~49	21	14	仔猪料	0.6	12	5
小猪期	50~79	30	30	小猪料	1.1	33	14
中猪期	80~119	40	60	中猪料	2.0	80	33
大猪期	120~160	41	90	大猪料	2.8	115	47
合计		160				242	100

第五节 中小型猪场的建造布局设计与投资概算

一、中小型猪场的优势与存在的问题及技术改进措施

（一）中小型猪场的优势

在国家大力扶持和引导下，我国的养猪业正在向现代化、标准化、规模化上快速发展，猪场规模化已是发展趋势，一家一户副业养猪的模式已经不适应时代的发展需要，散户养猪正在不同程度退出。由于大型规模化猪场在发展过程中越来越受到来自疾病、市场等风险因素的制约，发展步伐有所减缓。从生态养殖以及增加"三农"利益出发，中小型猪场将作为我国生猪生产主力长期存在和发展。而且国内养猪业发展趋势已证实，今后的中国养猪业发展模式，将是大型猪场为产业龙头，以年出栏 500~5 000 头商品猪规模的中小型猪场为主体。而且由于中小型猪场有以下优势，将是我国养猪业的发展趋势和方向，并在一定时期是我国养猪业的中坚力量。

1. 适合我国国情

在今后"土地流转"政策引导下，中小型猪场一些业主，会转租一定的农田、果林地发展种养结合的"家庭农场"，其发展前景更符合我国农村农业发展规划和长远利益。

2. 规模适中

中小型猪场指年出栏 500~5 000 头商品肉猪场或规模以自繁自养 50~200 头母猪的猪场。中小型规模猪场大体上需要投入资金 100 万~500 万元，对有些农户来讲，可以从小规模发展到中等规模养猪，做到量力而行，循序渐进的过程，能避免规模养猪的投资风险和资金周转难以及融资难等问题。

3. 用工较少

中小型规模猪场一般需要 3~10 人，可以由业主自家人或其亲戚操作主要生产岗位，不需要过多的人事管理。在目前猪场工作环境条件差、养猪技术人才短缺的情况下，是一个符合国情的优势。

4. 能及时地吸收和接纳新技术

中小型规模猪场，场主的全部家当可能都在猪场上，肯定对其十分重视，为此，场主与外界接触的渠道也广，可以及时地吸收、接纳新技术和更多的信息，能提高我国养猪业整体的生产技术水平。

5. 群体规模巨大

建设中小型规模的猪场门槛不算太高，且生产经营方式灵活，而且中小型规模猪场、可通过龙头企业带动以及合作社、协会等模式联合起来，其整体规模也是十分巨大的。可以推论，今后的中国养猪业发展模式，将是大型猪场或大型生猪屠宰加工厂联合中小型猪场的整体联合体，在这个联合体和产业链中，中小型猪场占较大比例。

6. 机械化程度要求不高

中小规模猪场的机械化程度要求不高，不需设置全自动喂料设备，甚至可以采用人工清

粪及当地农田消纳的方式处理粪尿。由于中小型规模不需要过多的机械和设备，耗能较少，实用性强，建设投资和运行费用低，效益必然可观。

7. 容易解决环境污染问题

相对于万头以上的大型规模猪场来说，中小型规模猪场对土地的占用、污染物的处理等都有较大的灵活性和方便性，中小型猪场容易做到种养结合的生态养猪模式，可避免单一种植业过度依赖和使用化肥导致土壤肥力下降，土质恶化的问题；还可避免大型规模猪场产生大量粪尿不易处理消纳，造成环境污染的问题。在土地资源紧张，环保压力巨大的我国，今后一段时期我国养猪业的发展模式会借鉴丹麦养猪的发展模式。丹麦人均年养猪3头，但单个农场的最大承载量不超过500畜牧单位（约1 500头基础母猪），且猪场污物处理采取蓄污池工艺也比较合理。中国的中小型猪场将会结合"土地流转"政策，发展种养结合的"家庭农场"，也将会按照每亩土地可以消纳3头猪粪尿污染的生物处理方式要求，这很匹配我国目前的自然村、行政村的土地状况和中国国情。

8. 生产模式也能达到先进

中小型规模猪场也是规模化生产模式，猪场建设设计、养猪生产工艺设计和繁育体系规划，都要在建设之前经过认真的规划和设计，也是一种比较完整的系统工程。中小型猪场也能达到相对独立和封闭，实行"全进全出"生产工艺，特别是在保育、育肥阶段可合理使用"发酵床"技术，同时也容易修建沼气工程，使猪场做到零污染、零排放。而且"发酵床"技术适合中小型规模猪场采用，还比丹麦的污水蓄积池成本低，很适合中国的国情。

（二）中小型规模猪场存在的问题及技术改进措施

1. 猪场的规划设计问题及技术改进措施

客观地说，中小型规模猪场业主最看重的莫过于经济效益，影响养猪效益直接或间接的原因很多，但是一些中小型规模猪场业主最关心的是市场价格与疾病的防控。因此，中小型规模猪场一般会把心思主要用在这两项中，而忽略了影响到养猪效益的决定性因素猪场的规划设计。

（1）中小型猪场规划设计易出现的问题

① 规划不科学。主要表现在猪场选址不科学，没有综合考虑选址（交通、防疫、水、电）、粪污处理等条件，不请专家指导，盲目投资建场，造成投资后不能正常高效生产。如有的业主把猪场建在河道、池塘边上或低洼池，导致圈舍长年潮湿，引起皮肤、蹄部等疾病，特别是遇到大雨洪水，威胁到猪场安全；还有些猪场在建设时不顾及周边是否有污染源，也不考虑土壤、水质是否被有害物质污染，更有的把猪场建在公路边，噪声太大，不利猪的生长，更不利防疫，给养猪生产带来无穷隐患。多数猪场没有考虑要有足够的配套青饲料用地，种猪因缺少青饲料影响繁殖性能，而导致猪场生产水平低。

② 工艺布局不合理。中小型猪场多为"一点式"生产工艺，即在一个地方，一个生产场按配种、分娩、保育、生长肥育生产流程组成一条生产线。没有按照单元设计，导致产房或仔猪培育舍多采用贯通式，无法做到全进全出，造成疾病不断。在一定程度上说，中小型猪场如果不能做到全进全出，猪舍不按单元设计，就不要搞规模化养猪。因为带猪消毒和转出部分栏圈消毒，粪污沟又整栋相通，不能做到猪舍的彻底消毒，限制了严格消毒制度的实施，从而不可避免地造成交叉感染，这是现有中小型规模猪场疫病难以控制的问题所在。

③ 猪舍建造不规范。有的中小型规模猪场只有生产区，没有管理区等其他辅助设施；还有的猪场没有围墙，也不设新引进猪的观察舍和病猪隔离舍；新购进的猪不论健康与否直

接放入生产区，病猪也不进行隔离治疗；有的猪舍以坐东朝西式走向建造，冬天受西北风的侵袭；有的猪舍建设紧密相连，栋与栋之间没有适当的空间隔离，影响了光照，也不利于防疫；还有的猪场无净道和污道之分，场区污染严重。中小型猪场的猪舍建造最突出的问题是，一些业主在猪场建设上关注的是成本投入，精打细算，就地取材，能省则省，很少将投资成本的高低与生产性能、生产经营的效益高低挂钩，选择建材往往是便宜而质次，猪舍建的简陋矮小。

④ 粪污处理工艺不合理。现行的水冲水泡粪式工艺是沿用国外的处理方式，造成水资源浪费，同时给粪污处理带来一定难度，一些中型猪场也采用这样的粪污处理工艺，造成大量污水随意排放，给生态环境带来严重后果。

⑤ 设备、种猪、饲料、人员、资金不配套。多数中小型猪场定位不明确，乱引种，饲料营养无标准，设备不齐全，甚至流动资金不充分，造成投产后不能正常运转，为以后正常生产带来困难。

⑥ 防疫设施设计不健全。防疫设施设计不完善是大部分中小型猪场最突出的问题。例如：没有无害化处理设施来处理死猪尸体及污染物；不设粪污贮存处理设施，粪污到处堆放，污染严重，疫病流行不断；不设消毒池和消毒室，车辆和人员随意出入。多数猪场消毒池属露天，池内消毒液夏季污染、挥发，下雨冲淡药液等，无法保证消毒质量，甚至是走形式，起不到消毒防疫的作用。

（2）规划设计不合理之对策

① 中小型猪场的规划设计要遵循人类生存和养猪生态环境的和谐共处原则。

② 规划设计要遵循程序和步骤。程序和步骤为：确定性质和规模→场址选择→饲养工艺设计→猪舍建筑→设备选型配套→粪污处理工艺→总体平面规划设计。

③ 饲养工艺要采取"全进全出"。有条件的中型规模猪场最好采用"小三点式"生产工艺，因采用"大三点式"生产工艺，即母猪、保育、肥育三区相距1 000~2 000米分区生产，一般中型猪场做不到，也确实有困难，而"小三点式"饲养是可行的，也较实用，易操作。"小三点式"就是说各区间的标准相对于标准的"三点式"布局要小一些，根据实际情况可控制在100米以上，最低也在60米以上，如果做不到"大、小三点式"布局，"两点式"布局也优于"一点式"布局，即母猪为一区，保育肥育为另一区，两区间隔距离可参照"三点式"布局。"全进全出"是设计猪舍、安排栏位摆放时，必须予以考虑和无条件满足的基础和前提，对中小型规模猪场来讲，用隔墙将猪舍分成若干个单元，每一单元全进全出，如果做不到这点，就不能搞规模养猪。

2.配套设施设计弊端与改进

中小型猪场的配套设施设计建设大多照搬书本上猪场的模式，侧重概念性而忽视实用性。最突出的问题在漏缝保育舍，主要表现在单元设计过大，与本场生产规模、节律不配套；不能做到全进全出；漏缝面积比例过大，地面易污染潮湿，仔猪没有干净干燥睡卧处，而漏缝下污物难以清理干净，使冬季舍内空气污浊；保温难度大，耗能高，猪群发病频繁不断，死亡率较高。中小型猪场建设一定要考虑到地处气候的特殊性，如地处亚热带的南方地区，夏季气候炎热而冬季寒冷，保育设施与设备必须同时兼顾降温与保暖，需合理设计单元大小匹配本场生产能力，建议采用小单元生产模式。同时必须在猪舍设计建设上解决通风、除湿问题，舍内高温高湿，寒冷潮湿或高氨高湿都是猪疾病不断发生的主要根源，不利于健康饲养。此外，限位栏和产床安装存在的主要问题是，猪上下、进出栏位时因高度落差较大或粪沟跨度较大，极易伤害猪肢蹄，并且往往高产、重胎母猪容易被致伤残，造成较大的损伤。因此，对已经建成使用的产床需要设计制作一个斜坡式的钢板或木板设施，辅助妊娠母猪平稳进出、上下，有必要在新建和扩建猪舍时即考虑消除此类障碍，避免重复改造。

二、中小型猪场的设计方案与投资概算

（一）中小型猪场的设计方案

1. 中小型猪场规划设计原则

（1）打好基础，长远规划 从长远规划考虑，选好猪场场地，建标准化猪舍，选择适宜的与猪舍配套的设备，饲养适合本地本场易饲养的种猪。

（2）确定性质和规模 中小型猪场的性质指办什么样的猪场，有父母代猪场和商品肉猪场，要根据投资者的资金规模、生态环境条件、技术能力、市场需求等来确定。规模要量力而行，分期实施，先做好，后做大为宜。考虑到防疫和生产等条件要求，一般以年出栏500~3 000头商品肉猪，饲养50~100头基础母猪的规模，比较适合农村。

（3）严格按工艺流程设计猪舍 设计的猪舍能满足工艺流程要求，保证全进全出，有节律的均衡生产，实行隔离饲养，猪舍建筑要与设备配套，规划设计出合理的总体平面布局。

2. 猪舍建设基本原则及影响猪舍建造设计的主要因素

（1）猪舍建造设计的基本原则 猪舍建造设计是养猪生产的基础，也是猪赖以生存和生产的场所。猪舍的合理布局和建设不仅关系到猪的健康生长和生产性能的充分发挥，也是节约人力物力，方便饲养管理，推广配套技术，提高效益的有效方法。因此，猪舍建造设计时应遵循的基础原则是圈舍环境条件要适合当地气候特点、地理环境以及猪的生物学特性、总体设计（猪舍内外布局与工艺设计）要方便生产中实行科学饲养管理，应采用利于流水式作业的通畅式厂房整体框架设计，且建筑要简单实用，坚固耐久，使用年限长。

（2）影响猪舍建造设计的主要因素 建场标准与目标、当地气候与地理环境条件、猪的品种、业主的经济条件等，都影响猪舍建造设计。实际设计猪舍时还应综合考虑影响猪舍建造设计的各种因素，在遵循猪舍建造设计的基本原则下，根据业主或投资者自己的实际情况，权衡利弊，设计出适合自己条件的猪舍建筑模式。

3. 猪舍建筑模式

猪舍的建筑模式较多，对中小型规模猪场，根据经济实用性可采用以下两个猪舍建筑模式。

（1）单列式猪舍 猪栏为单列布局，坐北朝南，跨度小，结构简单，走道和食槽位于猪舍的北侧。适合养种公猪、后备母猪及待配母猪等。可建成开放式或半开放式，还可建成有窗封闭式，可在山墙上安装湿帘和负压风机解决降温、通风。此种类型猪舍建造结构经济适用，投资小，采光、通风、保温效果好，可就地取材，施工简单易行，是现阶段适度规模的中小型养猪场采用的主要猪舍。

（2）双列式猪舍 猪栏双列对称布局，南北走向，中间喂猪，两侧排污，南北山墙是人字形，跨度较小易保温，适合规模化猪场的产房、保育和妊娠母猪的饲养。根据饲养猪的类型，可设计为开放式或封闭式（要安装降温通风设施）。这种猪舍集约化程度较高，生产规模较大，适合中型养猪场。

4. 中小型猪场建筑中要注意的问题

（1）采光 采光不合理是中小型猪场最为突出的问题。一个合理的猪舍首先是有窗户，

特别是母猪舍，理论上窗户的面积要占地面面积的30%，采光足够才能够促使母猪发情。育肥期内，过强的光照会引起猪精神兴奋，减少休息，增加甲状腺分泌，提高代谢率，从而影响增重和饲料利用率，因此应减弱光照强度。根据试验测定，在标准化育肥舍中，猪舍内的光照强度应以看清舍内全貌为宜。

（2）粪便与污水处理　粪便及污水处理设施不到位也是一些中小型猪场突出的问题，很多中小型养猪场疾病不断，最主要的原因是猪舍建筑不合理加上污染严重而引发。最省钱的防病方法是环境卫生、消毒，其次是免疫、保健、治疗。而往往一些中小型养猪场业主把这个顺序倒过来，得到的结果是投入大量的钱，效果却始终不如意，污染严重的猪场单从投药保健、免疫、消毒等措施来看效果很差。

（3）通风降温　通风主要指冬天在保温的同时，猪舍如果氨气味比较大就要适当通风。通风比保温更重要，很多养猪业主没有意识到这个问题，因此在有些通风不良的猪舍，冬天的猪总是咳嗽不断，料肉比降低，增加了发病率。一般要求冬天养猪密度小的可以少通风，如果一个舍内存栏猪多，不通风的危害非常大。解决方法是在舍的一端安装畜牧专用排风扇，或定时打开窗户。冬天养猪温度不是关键，温差才是关键，1天内温差在1~2℃属正常，降温太快对猪的应激很大。过热导致猪采食量下降，公猪精液品质下降。南方养猪场夏季重点解决猪舍通风问题，有条件的猪场可采用水帘降温。

（4）保温　保温设施对猪舍也很重要，采用不同的保温方式，则有不同的效果。但对中小型猪场来讲，主要以节约投资，使用有效的保温设施和方式为主。保温在北方很重要，东北地区可采用大群铺满圈的方式饲养妊娠母猪和育肥猪。对产仔舍和保育舍可用热风炉、暖气等方式，仔猪用电热板、红外线灯来控制小环境温度。需要注意的是母猪舍的温度不能太高，以控制在20℃左右为标准，这是一些猪场容易忽视的问题。

（5）饮水设施　饮水设施主要指饮水器和水塔。一些中小型猪场饮水器安装的高低不合理，把饮水器安装在一个高度，很多业主认为这样大猪低头也能喝到，小猪仰脖也能喝到。喝水困难会导致采食下降，而且饮水器安装过高过低都会造成饮水不足。解决的方法是不同的猪舍饲养的猪，根据猪的大小，安装相对称高度的饮水器，高度大约与猪肩胛骨平行为标准。此外，水压不够也会导致饮水不足。水压主要靠水塔的高度决定，特别是产仔房母猪水压一定要够，否则母仔饮水不足，会产生不良后果。

5. 中小型猪场猪舍建造中的先进理念与关键技术

（1）实行猪场低碳化设计的理念，达到节能减排和生态养猪环境　猪场低碳化设计理念主要指通过建筑节能减排技术降低猪舍建筑自身的能量损失，提高猪舍内热环境舒适度。要求猪舍建筑在冬季采暖期自身的热损失要低，在夏季降温期自身的冷损失要低，在春秋季节不使用环境控制设备。为此，需要在设计上保证猪舍建筑具有良好的节能、降温、隔热效果，可采取以下技术措施。

① 采用合理的猪舍建筑朝向。猪舍建筑的规划设计应结合当地气候及地形条件，平面布局宜紧凑，宜利用冬季日照并避开主导风向，有利于夏季自然通风来降温。猪舍建筑物朝向一般由猪舍建筑与周边环境、道路之间的关系来确定，宜采用南北或接近南北朝向。因南北向比东西向的冷负荷小，其耗热量指标约减少5%。因此，南北向猪舍在冬季适宜，特别是北方寒冷地区，南北向猪舍的耗煤量指标较东西向猪舍耗煤量少，能达到节能减排的目的。

② 合理控制猪舍的窗墙面积比例。一般来讲，猪舍窗户的传热系数较墙体大数倍，若

窗户面积所占比例过大则猪舍能耗较高。因此，减少窗面积比可达到节能减排的目的。各地区猪舍的各个朝向的窗墙比例限值可以参考当地人类建筑节能设计标准中的相应规定，并且确定窗墙面积比例时，应综合考虑猪舍内采光、通风等环境，节能减排效果及造价因素等。

③ 采用合理的猪舍外围护结构设计。各地猪舍外围护结构设计有所侧重，在北方采暖地区猪场建筑能耗中，供热采暖用能是建筑节能减排的重点。在进行猪舍设计时，猪舍外墙、屋顶、窗户选用节能、保温性能的材料，可减少提高整栋猪舍外围护结构的传热系数，进而可减少猪舍耗煤量和采暖期二氧化碳排放量。零能耗是节能减排猪舍的终极目标。国家为了控制大气污染严重状况，将来会采取较为严格的建筑节能标准或能源法规，通过控制新建建筑物的节能设计和对既有非节能建筑物节能改造，使建筑物达到低能耗或零能耗，从而减少二氧化碳排放。

④ 要在保证猪舍结构安全前提下使用节能材料。建筑工程中建筑成本的2/3属于材料费，主要用于承重及围护结构用材。猪舍结构若不经过正规计算，可能会出现建筑材料浪费现象，也可能结构安全度不足而在遇到大雪、地震等自然灾害时发生坍塌等结构安全事故。因此，规模猪场在进行猪场设计时最好经正规设计单位进行结构计算确保一定的安全等级，就是小型猪场的建造也要请有专业资质或有建筑经验的人员设计和建造，不能图节省材料而忽视猪舍结构安全。因此，中小型猪场在进行猪场设计时，应充分考虑各种结构因素，使结构设计最优化，合理控制各种建筑材料用量，真正达到安全、经济、适用、低碳减排的目的。

（2）建筑的关键技术要点　猪舍要达到保温、隔热性能好，坚固耐用，便于饲养管理和环境卫生的目的，重点在以下方面。

① 猪舍总体建造设计要点。如设计一栋跨度为8米，长21米的砖混结构双例式猪舍，可采用木质三脚架构造双坡式屋面，实心水泥砖建造立柱作为三脚架支撑柱，三脚架上通过架设木檩条和椽木组成屋面，屋面上覆盖优质石棉瓦或彩钢瓦（板）。

② 外部框架墙体。采用水泥空心砖作为墙体材料。水泥空心砖隔热好，并且体积大，可以节约砖材和人工费用，从而降低猪舍建造成本。

③ 立柱。实心水泥砖结实，作为屋面三脚架受力支柱，能保证整体猪舍的结构稳定牢固，因此必须利用实心水泥砖或黏土红砖建造猪舍立柱，不能不要立柱或把屋面三脚架直接放在空心砖上，空心水泥砖不结实，易倒塌。

④ 猪栏。产房、保育、妊娠舍的猪栏可专门定做，其他猪舍一般建隔栏。隔栏有两种，一种是栏与栏之间使用实心水泥砖做成围栏墙，墙体高1.1米，再把12厘米厚的墙体水泥抹平，便于消毒，有利于卫生；另一种是通道两边用钢栅栏，用12或14号钢筋和6号镀锌钢管焊接，便于通风和观察猪群。

⑤ 屋面。屋面包括木制三脚架、木檩条、椽木和水泥石棉瓦。三脚架上架檩条，与檩条垂直的方向架椽木，椽木上再盖石棉瓦。经济角度上考虑，使用木制三脚架比钢构材料三脚架便宜，如业主经济条件好，也可使用钢构材料的三脚架。竹制三脚架成本虽低，但使用年限短，一般不建议采用。屋顶覆盖材料农村最好使用质量较好的石棉瓦，不仅隔热性能较好，而且每块的面积大，与小瓦相比，可节省安装时间，节省人工费。如业主经济条件好也可用黏土瓦，其隔热性能更好，使用年限更长，但这种瓦片面积小，施工效率低，且铺设时需要大量木材，建筑成本远高于石棉瓦。其他屋顶材料如夹心彩钢瓦（板），虽隔热性能好，使用年限长，但造价也比较高，小型养猪场不建议使用。

⑥ 舍内地面。舍内地面采用石子水泥混合物填铺地面，地面铺设厚度为 6~8 厘米。地面使用水泥量约为 0.3 包 / 米^2。地面坡度 3%。

⑦ 粪尿沟。猪舍清理卫生时要采取粪尿分离法，开放式猪舍粪尿沟要求设在前墙外面，全封闭、半封闭（冬天扣塑棚）猪舍的粪尿沟设在距离南墙 40 厘米处，设宽度大于 30 厘米的污水沟，并加盖水泥漏缝板，漏缝地板的缝隙宽度不大于 1.5 厘米，粪尿沟坡度在 1% 以上。双列式育肥猪舍中间为饲喂走道，两边走道为清粪走道，但两边走道可以设置在舍内，也可以设置在舍外。大型规模猪场一般将清粪走道设置在舍内以实现雨污分离，保护生态环境。但将清粪走道设置在舍内，降低了舍内的实际利用面积，增加了养殖成本。从经济实用上考虑设计，一般中小型规模猪场建育肥猪舍时，设置清粪孔，可将清粪走道设置在舍外，以提高猪舍的实际利用面积，降低猪舍建造成本，然后通过清粪孔、粪污沟和清粪走道的合理设计处理，使在舍外建清粪走道的育肥猪舍也能实现雨污分离，达到环境卫生干净，废弃物能合理处理的生态养猪目的。

（3）选择合适的猪舍建筑材料，提高猪舍的使用年限　砖混结构的猪舍为固定式猪舍，只要各种建筑材料符合标准，则基本上可视为永久建筑。但建筑普通砖混结构的猪舍，其使用年限主要由屋面覆盖材料决定。优质的屋面覆盖材料使用年限长，劣质的屋面覆盖材料则使用年限短。如屋顶覆盖材料选择经济实用的优质石棉瓦，使用年限可在 20 年以上；而选择廉价的石棉瓦，则使用年限在 10~15 年或更短；选用其他的屋顶覆盖材料，如夹心彩钢瓦（板）、陶瓷瓦、黏土瓦，使用年限在 25 年以上，但建造成本较高。因此中小型养猪场业主在考虑猪舍的使用年限与建筑成本时，应根据自己实际情况综合，选择适合自己猪舍的建筑材料。

（二）中小型猪场的建造模式与投资概算

1. 小型猪场建筑模式与投资概算

（1）猪舍总体建造设计模式　1 栋小型猪场为砖混结构双列式猪舍，跨度为 8 米，长 21 米，采用木质三脚架构造双坡式屋面，用实心水泥砖或红砖建造立柱作为三脚架的支撑柱，在木质三脚架上架设木檩条和椽木组成屋面，屋面上覆盖优质石棉瓦。猪舍总体建造设计模式见图 3-17、图 3-18 和图 3-19。

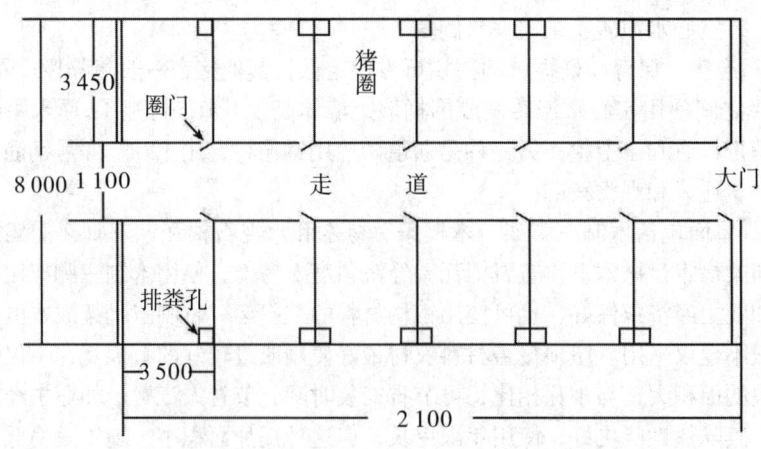

图 3-17　猪舍平面布局设计模式（单位：毫米）

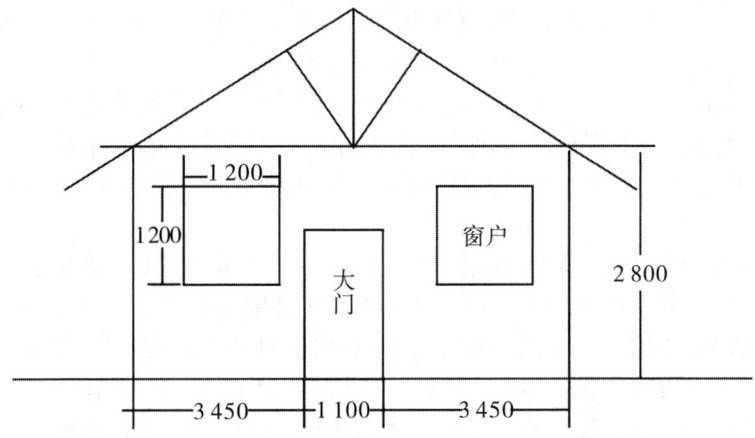

图 3-18 猪舍东、西立面设计模式（单位：毫米）

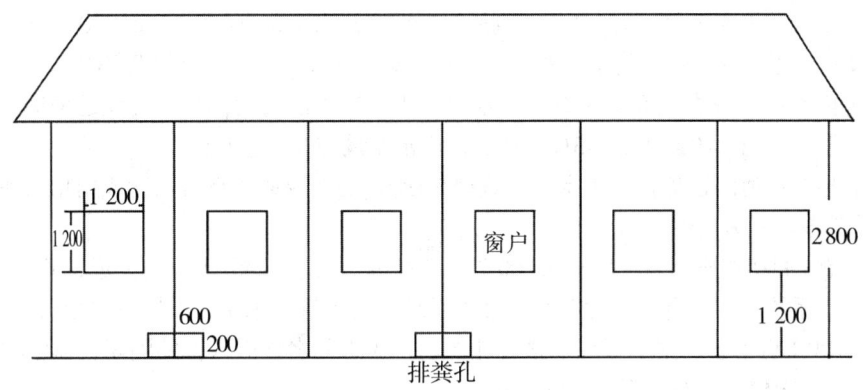

图 3-19 猪舍南、北向立面模式设计（单位：毫米）

（2）猪舍具体建造设计项目

① 地基。地基必须控制到冻土层下的硬地面，用毛石铺设一层，深度和宽度要根据地形确定。地基牢固的地形，也可利用空心水泥砖纵置打建地基。

② 猪舍外部框架墙体。采用水泥空心砖作为外部框架墙体材料。水泥空心砖规格为 38 厘米 ×17 厘米 ×17 厘米（长 × 宽 × 高）。猪舍墙体总面积为猪舍南、北两面墙 + 东、西两面山墙，总面积为：2 ×（21 × 2.8）+2 ×（8 × 2.8）+2 ×（8 × 1.2）/2=117.6+44.8+9.6=172 米²。

猪舍东、西两面各有门一扇，门高 2.2 米，宽 1.1 米，门总面积为：2 ×（2.2 × 1.1）=4.84 米²；猪舍每个猪圈有一个 1.2 米 ×1.2 米窗户，加上两面山墙的窗户，共有 16 个，窗户总面积为：16 ×（1.2 × 1.2）=23.04 米²；猪舍排粪口 0.6 米 ×0.2 米共 12 个，面积为：12 ×（0.6 × 0.2）=1.44 米²。

猪舍实际墙面积为：总面积 – 门面积 – 窗户面积 – 排污口面积，即 172-4.84-23.04-1.44=142.68 米²。

猪舍墙体所需的水泥空心砖的数量：142.68/（0.38 × 0.17）≈ 2 210 块。

③ 立柱。猪舍墙体必须用实心水泥砖垒成立柱。立柱总高度为 2.8 米，共需要 10 个

立柱，立柱每层 3 块砖，实心水泥砖规格为：24 厘米 × 12 厘米 × 6 厘米（长 × 宽 × 高），则猪舍立柱所需实心水泥砖数为：10 × 3 × 280/6=1 400 块。

④ 猪舍内部栏圈墙体。此育肥猪舍走道采用钢管栏结构，其他内部隔栏采用墙体结构，墙体高 1.1 米。内部圈栏墙体用实心水泥砖，把砖立体垒成，可减少圈栏墙体的厚度，同时在墙体上抹水泥砂浆层，使墙体结实牢固。隔栏墙体所需的实心水泥砖数为：10 × （3.45 × 1.1）/（0.24 × 0.12）=1 318 块。

⑤ 猪舍屋面。屋面包括木制三脚架、木檩条、椽木、水泥石棉瓦。猪舍总长 21 米，每隔 3.5 米设一个立柱，共需木制三脚架 5 个，材料规格为 8 米 × 12 米，屋面一边坡长为 4.5 米，两面坡总长为 9 米，需要在两个三脚架间垂直架设檩条 11 根，长度 4 米，其中 1 根为屋顶檩条，则猪舍屋面一共需檩条数：6 × 11=66 根；椽木间隔 25 厘米，每个坡面 5 纵列，两个坡面 10 纵列，椽木长 70 厘米，共需椽木：10 × （21.6 × 0.25）=864 根。猪舍屋面为双坡式，每个坡面长 21.6 米（包括屋檐），宽 4.5 米，水泥瓦接头处重叠 15 厘米，优质石棉瓦规格为 180 厘米 × 80 厘米（长 × 宽），则一个坡面需要盖 3 纵行水泥瓦，屋面的 2 个坡面共为 6 纵行，每行瓦数：21.6/（0.8-0.15）=33.2 块，则屋面所需石棉瓦总数为：33.2 × 6=200 块。

⑥ 窗户。每个窗户规格为 1.2 米 × 1.2 米，窗户总数为 16 个，可用塑钢做窗户。

⑦ 舍内地面。舍内地面采用石子、水泥均用搅拌机混合均匀后，铺设地面厚度为 6~8 厘米，往排粪孔方向坡度为 2%~3%。地面使用水泥量为 0.3 包 / 米²。

⑧ 围栏。走道两边隔栏高 1 米，用直径 20 毫米的普通镀锌空心圆管或用角铁加钢筋焊接建造，其他隔栏为实体墙。

⑨ 料槽。料槽规格为 800 毫米 × 700 毫米（高 × 宽），可选用水泥砖垒成，共 12 个。

⑩ 饮水系统。主要有一口深井水加抽水系统（吸水管、水泵、水塔或水箱），采用直径 20 毫米的 PPR 给水管，主水管埋于猪舍地面下，次给分水管嵌入猪圈隔墙，饮水器安装在隔墙上，每个圈栏内安装上下两个饮水器。

⑪ 粪污处理设施。主要有猪舍外排污沟、集污池、沼气池等。

（3）猪舍建造成本概算

① 建筑材料总费用 5 万 ~8 万元。

② 建筑人工费约 3 万元。

考虑到建造过程中材料损耗等情况，加上近几年人工费用较高及不可预算的开支，建造总成本在 8 万 ~11 万元，建造价格为 476~654 元 / 米²，平均在 550 元 / 米²。再加上粪污处理设施、饲料加工机械、工具等，建一个小型标准化猪舍总共需投资 15 万元左右。如再加上引种或购买仔猪、饲料费用等生产流动资金约 10 万元。一个小型标准化猪场从建场到投产运转共需资金 25 万 ~30 万元。12 个栏圈，每个栏圈养 10~13 头商品肉猪，养一批肉猪共 120~145 头，平均 130 头，一年周转 2.5 批，全年可饲养 320 头左右，为一个劳动力，每头肉猪平均盈利 300~400 元，全年平均盈利 10 万元左右。一般一个小型猪场达到此经营生产水平在 3 年左右可收回投资，如超过 4~5 年，则该场效益不佳。

2. 100 头基本母猪自繁自养场的建设与投资概算

（1）性质和规模　100 头基本母猪规模，年出栏 2 000 头商品肉猪的中型自繁自养场。

（2）猪场具体布局　饲养 100 头母猪的规模猪场，其猪舍可分为妊娠母猪舍、产仔母猪舍、保育舍、种公猪和空怀母猪舍、育肥猪舍。其中不单独建造公猪舍，其和空怀母猪舍修建在一起，有利于保持公猪旺盛的性欲，对母猪进行诱情。猪场布局如图 3-20 所示。

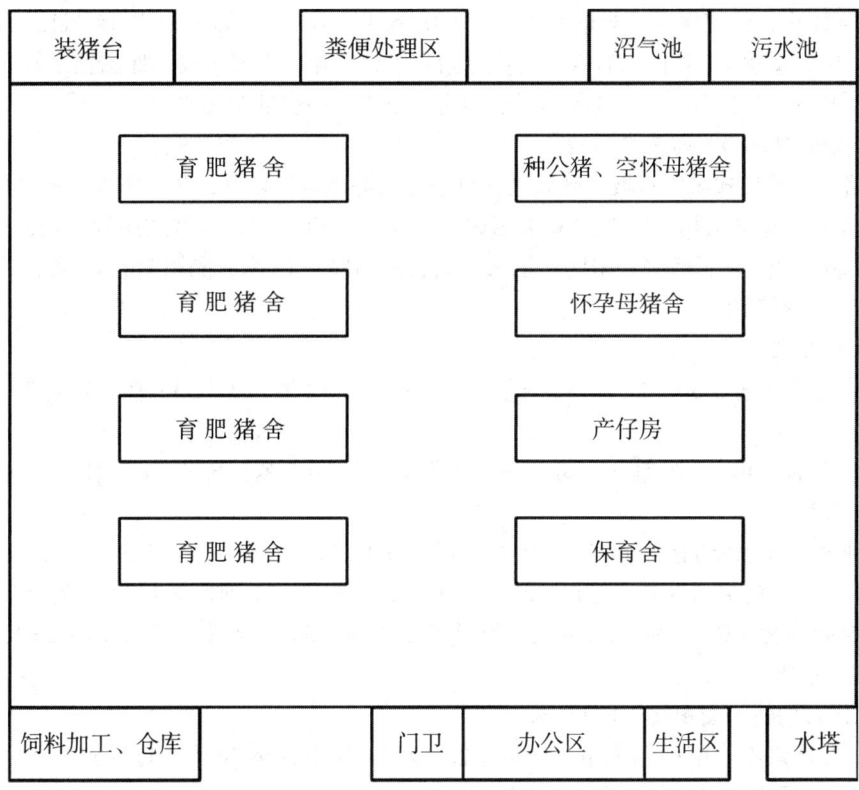

图 3-20　100 头母猪规模猪场布局模式

由于中小型猪场因受资金、技术、管理条件的制约，也可将分娩、保育舍合二为一，分娩、保育期在同一栏中完成。这种设计能最大限度地减少哺乳仔猪因断奶、转栏引发的应激反应，当然也可满足中小型猪场空怀、妊娠、分娩、哺乳甚至培育的全过程。如一个年出栏 3 000 头肉猪的猪场，可设计一栋长 50 米，宽 7.5 米，内设 40 个分娩保育栏的猪舍，如图 3-21 所示。

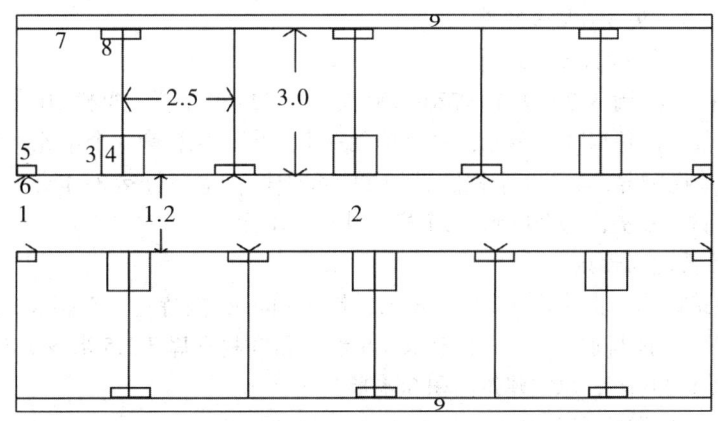

图 3-21　中小型猪场分娩保育舍设计（单位：米）
1. 大门；2. 走道（净道）；3. 躺卧区；4. 保温箱；5. 食槽；6. 圈门；
7. 排泄与饮水区；8. 清粪孔；9. 粪污沟

图 3-21 中，仔猪保温箱规格为 1.3 米 × 0.75 米（长 × 宽），采用长形设计，高度以高出分娩栏 0.2 米为宜，这样可有效地避免母猪爬跨保温箱，引发事故。保温箱最好设计成可移动式，用厚木板制作，方便哺乳期过后搬走，以增大栏舍的利用空间。

（3）猪舍建筑形式与基本结构

①猪舍建筑形式采用双坡半开放式，夏季能较好地通风换气，冬季用挡风帘遮挡保温。

②猪舍的基本结构。整个猪舍采用砖木结构，三脚木架，双坡式屋顶，混凝土地面，整个圈面坡度为 3%；墙壁要坚固、永久，猪舍主墙厚 0.18 米，隔墙厚 0.12 米；屋顶采用优质石棉瓦或彩钢瓦。

（4）猪舍设计

①产仔房 1 栋，3 个单元，每个单元 1.8 × 5+3=12 米，栋长 36 米，舍宽 7.8 米，共 280.8 米^2。

②保育舍 1 栋，3 个单元，每个单元 1.5 × 5+3=10.5 米，栋长 31.5 米，舍宽 6.6 米，共 207.9 米^2。

③种公猪与待配母猪舍 1 栋，8 个栏，栋长 3 × 8=24 米，单列舍宽 5.5 米，共 132 米^2。

④怀孕单体栏 66 个 1 栋，栋长 0.65 米 × 33+2.5=24 米，双列舍宽 7.8 米，共 187.2 米^2。

⑤育肥猪舍 4 栋，每栋 2 个单元，每个单元长 3 × 5+1=16 米，栋长 16 × 2=32 米，栋宽 11 米，共 352 米^2。

8 栋猪舍的建筑面积共 1 159.9 米^2。

（5）生产周期　配种到上市 =41 周（289 天），其中怀孕 16 周（112~114 天），哺乳 4 周（28 天），保育 5 周（35 天），育肥 16 周（112 天）。

（6）猪群构成及设备数量计算

①怀孕定位栏。100 头母猪，每 2 周产仔 9 窝，从配种到分娩前一周的妊娠母猪 66 头，需 66 个定位栏。

②空怀母猪栏。每 3 头母猪 1 个栏，需 3 个栏，按分娩 80% 计算，断奶到配种 1.5 周 /80% × 4.4 头 / 周 +1（后备）=9 头。

③种公猪栏。每头公猪单栏饲养需 4 个栏和 1 个配种间。

④分娩栏。4.4 头 × 6 周 =27 个。

⑤保育床。6 周 × 4.4 头 =27 个。

⑥育肥猪栏。16 周 × 2 × 9-10=720~800 头，即 72~80 个栏。每栏 10 头猪。

⑦单元房数。产仔房 3 个单元，每个单元 9 个产床；保育舍 3 个单元，每个单元 9 个保育床；公猪单栏饲养，4 头 4 个栏圈，加 1 个配种间；空怀母猪 3~4 头 1 个栏，设 3 个栏；育肥猪舍每栏 10 头，每个单元 10 个栏，共 8 个单元。

（7）其他主要辅助设施

①辅助建筑设施。值班室（3.5 米 × 6.5 米 × 4 间）、接待室 3.5 米 × 6.5 米、兽医室（3.5 米 × 6.5 米）、饲料加工房（3.5 米 × 6.5 米）和饲料仓库（3.5 米 × 6.5 米）、办公与生活区（6.5 米 × 28 米），总共建筑面积 364 米^2。

②消毒池。猪场大门外设消毒池，长 3 米 × 宽 2.5 米。

③沼气池和污水处理池。建一个 100 米^3 的沼气池和 200 米^3 污水处理池，对粪便进行无害化处理，达标排放。

④机井和水塔。打一口机井，水质要达到 GB 5749—2006《生活饮用水标准》，并建一

个水塔。

⑤装猪台与赶猪道。装猪台两个，一高一低，赶猪通道30~50米长。

（8）基建投资概算

① 猪舍建筑面积，8栋猪舍总共1 159.9米²，按现行材料与人工费用概算，1 159.9米² × 450元/米²=63.8万元。

② 其他主要辅助设施概算共30万元。基建投资概算共100万元左右。

（9）生产费用

① 购种费。按50千克的二元母猪价格1 600元/头，公猪3 000元/头，购种费需要：1 600元/头 × 100头 +3 000元/头 × 4头 =17.2万元。

② 饲料费。饲料消耗指后备母猪从50千克体重饲养到第一胎产仔所消耗的饲料费约25万元，育肥猪2 000头的饲料费约100万元，共125万元。

③ 其他开支。包括医药及疫苗费、水电及易耗品费用、人员工资等约20万元，生产费用合计约162.2万元。

（10）投产所需的资金总数　投产所需的资金 = 基建投资 + 生产费用 =100万 +162.2万元 =262.2万元。

以上未计算猪场的场地平整、征地或租地、道路、供水供电的管线安装等费用。业主或投资者可根据自己实际情况参考以上设计方案确定建筑模式和施工费用。一般来讲，一个饲养100头基础母猪，按年出栏2 000头商品肉猪的自繁自养场算，每头肉猪盈利在300~400元，全年出栏肉猪2 000头，可盈利60万~80万元。按投资回报期算，这样的生产经营效果，一般3.5~4年可收回投资，如投资回收期超过5年，说明该场亏损。

第四章
现代养猪机械设备与自动化和智能化养猪模式的应用

随着规模化猪场的进一步兴起，猪场机械设备的应用也越来越普遍，养猪机械设备的应用是现代养猪生产提升生产效率的重要手段之一，已被一大批规模养猪业主所认可。特别是近几年，机械化、自动化和智能化的现代养猪设备在规模化猪场中迅速推广应用，对提升和推动我国规模化养猪科技水平起到了不可估量的作用。

第一节　养猪机械设备的种类及选择应用要注意的事项

一、养猪机械设备的种类

（一）围栏及漏缝地板

1.围栏的种类和规格

猪场常用的围栏种类较多（表4-1），规格和围栏名称根据猪场猪舍性质可选择使用。

表4-1　猪场常用围栏

围栏名称	规格（毫米）	饲养头数	每头占栏面积（米²）
全金属公猪栏	3 300 × 3 000 × 1 200	1	10
金属栏门公猪栏（砖隔墙）	3 300 × 3 000 × 1 200	1	10
配种栏	2 200 × 700 × 1 200	1	1.5
全金属单体母猪栏	2 200 × 650 × 1 000	1	1.4
全金属怀孕母猪小群栏（带间隔栏）	3 300 × 3 250 × 1 100	4	2.5
怀孕母猪小群栏（砖隔墙、带间隔栏）	3 300 × 3 250 × 1 100	4	2.5
分娩栏（高床）	2 200 × 1 850 × 1 300	1	4

围栏名称	规格（毫米）	饲养头数	每头占栏面积（米²）
保育栏（高床）	3 000×2 500×1 200	20	0.37
全金属生长栏	4 500×3 000×800	20	0.67
金属栏门生长栏（砖隔墙）	4 500×3 000×800	20	0.67
全金属育成栏	5 000×4 000×900	20	1.0
金属栏门育成栏（砖隔墙）	5 000×4 000×900	20	1.0
测定栏	5 000×4 000×900	20	1.0

2.猪场常用漏缝地板种类和主要优缺点

规模养猪场使用的漏缝地板种类和规格较多（表4-2），各有优缺点。

表4-2　猪场常用漏缝地板

地板名称	常用规格（毫米）	适用围栏	主要优缺点
仔猪塑料漏缝地板	525×500×70	分娩栏	轻便，易拆装，保温性好，漏缝率较高（40%~45%）；价格较低
	900×300×30		
母猪塑料漏缝地板	600×300×50	分娩栏	
母猪铸铁漏缝地板	1 300×700×30	配种栏、怀孕栏	可靠耐用，保温性差，漏缝率较高（35%~40%）；价格较高
	1 100×600×30	分娩栏	
	800×600×30	生长栏	
	1 000×800×30	育成栏	
喷塑编织网漏缝地板	1 500×1 250×40	保育栏	漏缝率高（40%~60%），消毒清洁容易，使用寿命较短
	2 200×1 500×40	分娩栏	
钢塑漏缝地板	1 050×490×30	分娩栏	兼备钢材塑料性能，可靠耐用，保温性好消毒清洁容易，不伤肢蹄、乳头，漏缝率较高（35%~40%）；价格较高
	800×590×40	保育栏	
水泥漏缝地板	800×650×80	公猪栏、怀孕栏	可靠耐用，价格较低；漏缝率低（15%~20%）、保温性能差
	1 100×600×80	分娩栏	
	800×600×80	生长栏	
	1 000×800×80	育成栏	

（二）供水、饮水、清洁及消毒机械设备

1.供水与饮水设备

规模猪场供水系统大部分采用自来水供水系统，也有采用水井、水塔等配套供水系统。目前规模猪场对猪的饮水一般采用在自来水管道上接上饮水器。饮水器的种类较多（表4-3），各类猪使用的饮水器名称和规格也不一样。

表4-3　猪场常用饮水器

饮水器名称	规格	适用猪只	主要优缺点
铜鸭嘴式（9SZY型）饮水器	1/2" ×68	公、母、中、大猪	密封性好，可靠耐用（不锈钢的更耐用）、价格较低；猪饮水时容易浅洒、影响栏面清洁干燥
	1/2" ×62	仔、小猪	
不锈钢鸭嘴式（9SZY型）饮水器	1/2" ×68	公、母、中、大猪	
	1/2" ×62	仔、小猪	
铸铁杯式饮水器		公、母、中、大猪	可靠耐用、饮水时不易浅洒，有利于保持猪舍干燥；价格较高，要定期清洗
		仔猪	
不锈钢盆式饮水器		公、母、中、大猪	
		仔猪	

2.清洁机械设备

（1）地面冲洗机械设备　常用的猪舍地面冲洗机械有两种：一种是生产区设置高压冲洗系统，包括供水管、高压水泵、管道、冲洗枪等，在每栋猪舍内各出口接上冲洗枪即可使用，操作简单，使用方便，但投资也较大；另一种是高压冲洗机，压力400~600千帕，试验表明压力达500千帕的冲洗机与200千帕的比较，可节水50%以上，且冲洗得更加干净，每栋猪舍配一台，投资较小。一般来说，这两种地面冲洗设备都具有节水、高效的性能。

（2）粪沟冲洗设备　规模猪场粪沟冲洗设备（表4-4）根据猪舍的设计而不同，其优缺点也各异。

表4-4　猪场常用的粪沟冲洗设备

设备名称	每次冲水量（米³）	主要优缺点
盘管式虹吸自动冲水器	0.7~1.2	工作可靠，投资较小
U型管冲水器	0.8~1.2	无运动部件，可靠耐用，投资较小，维修较困难
自动翻水平式冲水器	0.5~1	结构简单，冲力大，投资较小，但噪声较大
水阀式冲水器	0.5~1	结构简单，投资小；可靠性差些

3.消毒设备

猪场的消毒设备种类较多，有火焰消毒机、电动或机动喷雾机（车）、自动喷雾消毒系统等，根据猪场规模大小和消毒的目的，可选择使用不同种类的消毒设备。

（1）火焰消毒器　是一种利用燃料燃烧产生的高温火焰对猪舍及设备进行扫烧，杀灭各种细菌、病毒的消毒设备。此设备消毒比较彻底，投资小，但效率较低，劳动强度较大。

（2）喷雾器　属传统的消毒设备，有手提式和背负式，投资小，使用方便，但效率较低，劳动强度较高。

（3）电动喷雾机　电动喷雾机采用电力驱动电动部件给药液施压，使其雾化，常用的电动喷雾机有3WD-4型和手推式电动喷雾机。

（4）臭氧水喷雾消毒机　消毒彻底，还可带猪消毒，无任何残留，使用成本低，但投资较大，劳动强度较高。

（5）喷雾消毒系统　喷雾消毒系统包括消毒液池（箱）、高压水泵、管道和喷头等，主要用于猪舍内的常规消毒，使用方便，快速高速，但投资也较大。为了节省投资，猪场猪舍设计时高压水泵、管道与高压冲洗系统可共用。

（6）电热干燥箱 是一种利用干热空气进行灭菌的消毒设备，主要由箱体、电热丝和温度调节器等组成。在大中型猪场中，诊疗、化验器械很多，为了提高工作效率，通常使用电热干燥箱对其灭菌消毒。电热干燥箱通常用于各种耐热玻璃器皿，如试管、烧瓶及培养皿等试验器材的消毒灭菌。

（7）高压蒸汽灭菌器 是猪场常用的一种利用高压蒸汽进行灭菌消毒的设备，一般用于诊疗器械的灭菌消毒。

（8）猪舍空气电净化自动防疫系统 主要由定时器、直流高压发生器、绝缘子、电极线组成。电极线通过若干绝缘子固定在屋顶天花板或粪道横梁上，将直流高压送入电极网即可形成空间电场。猪舍空气电净化自动防疫系统可以除去猪舍中的粉尘、有害气体产生的恶臭，并能灭菌。

除了以上几种消毒设备外，还有紫外线灯、臭氧发生器等消毒设备。

（三）通风、降温及保温设备

通风、降温与保温设备属于猪舍环境控制设备，主要有以下几种。

1. 通风设备

猪场通风系统类型有全机械负压、通风系统、卷帘式（自然通风）、机械与自然相结合的通风系统（自然通风为主、辅以机械通风）。猪场使用最多的通风设备是轴流通风机、排风扇、手动或机动升降卷帘等。

2. 降温设备

猪场使用的降温设备主要有湿帘降温、喷雾降温和滴水降温等（表4-5）。

表4-5 猪场常用降温设备

名称	规格	适用猪群	主要优缺点
湿帘降温系统		公母猪、中大猪	较省电、猪舍湿度较大
湿帘冷风机	13 000 米³/小时	公母猪、中大猪	
喷雾降温系统		怀孕母猪、中大猪	可与高压冲洗、喷雾消毒系统共用，使用方便、快速高效；降温效果差些，猪舍湿度较大
滴水降温系统		限位怀孕、分娩母猪	投资较小，使用有局限性；使用时必须配置定时器，才能达到理想的效果

3. 保温设备

保温设备也称为采暖设备，可分为集中采暖和局部采暖设备。猪场所用保温设备，随地区和季节的不同，而选用的采暖设备差距很大。

（1）集中采暖设备 就是由一个集中的采暖设备对整个猪舍进行全面供暖。猪场中常用的集中采暖设备有热水散水器（也就是暖气）、热水管地面采暖系统、电热线地面系统、热风炉和太阳能系统。

（2）局部采暖设备 是利用采暖设备对猪舍的局部进行加热而使该局部区域达到较高的温度。局部采暖一般主要用于分娩猪舍的哺乳仔猪，通常情况下，局部采暖设备都使用电加热器提供热量，常用的局部采暖设备有：红外线辐射板加热器、红外线灯、橡胶电热保温板、橡胶—碳纤维复合导电面伏发热板。

目前国内猪场常用的保温设备如表4-6所示。

表4-6　猪场常用的保温设备

设备名称	规格	适用猪群	主要优缺点
热风炉	20万千卡/小时 15万千卡/小时	各种猪舍 各种猪舍	投资较小，猪舍湿度较小
玻璃钢电热板	220伏、150瓦 220伏、300瓦	分娩乳猪 保育仔猪	拆装方便；使用寿命较短
水泥电热板	220伏、150瓦 220伏、300瓦	分娩乳猪 保育仔猪	投资小，比较省电；制造安装较麻烦
玻璃钢保温箱	1 050毫米×500毫米×600毫米 1 350毫米×1 350毫米×800毫米	分娩乳猪 保育仔猪	可靠耐用，拆装方便
远红外线保温灯	220伏、200瓦	分娩乳猪 保育仔猪	投资小，使用寿命较短
锅炉热水供暖系统		北方冬季各猪舍	投资较大，便于管理
电热风机		各种猪舍	投资小，猪舍湿度较小，用电量较大

（四）送料与喂料机械设备

1.送料机械

（1）人工送料机械　我国大部分猪场使用人力手推饲料车，靠人力将饲料加入食箱。手推饲料车价格较低，但劳动强度大。

（2）干料输送机械　按输送结构分塞管式和搅龙式两种。干料输运是一个封闭系统，主要包括饲料塔、驱动装置、输送盘（搅龙）、输送管道、分配器（落料器）等。干料输送系统可将饲料由饲料塔直接送到各猪群的食箱，实现各猪群的定时定量或自由采食。

（3）液态料输送机械　主要结构有液态料罐、干料塔、干料输送装置、酸碱清洗水罐、电子称重系统、饲料拌和罐、送料泵、输送管道，电子下料阀和计算机控制系统等。

2.食箱

规模猪场的食箱也称为食槽，大部分选用铸铁、不锈钢、塑料和钢板整体热镀材料，都具有可靠耐用的特点。生产中一般把食箱分为干料箱和干湿料箱，干湿料箱即带饮水器的食箱，猪可以先吃料后饮水，也可以碰饮水器将饲料掺湿后再吃，食箱里不会残留饲料，饲料浪费减少；与干料箱相比，猪的采食量增加，生长速度快，料重比降低，节约了饲料，适合生长育肥猪使用。有的猪场还采用水泥与砖垒成的料槽。根据饲喂方式的不同（自由采食和限量采食），食槽可分为自动食槽和限量食槽两种。

（1）自动食槽　自动食槽在食槽的顶部装有饲料贮存箱子，能贮存一定量的饲料。随着猪的吃料，饲料在重力的作用下不断落入食槽内，因此，大大减少了饲喂工作量。提高了劳动生产率。由于自动食槽较长时间加一次饲料，同时，也实现了自动化饲喂。自动食槽有长方形、圆形等多种形状，可以用钢板制造，也可以用水泥预制板拼装，在国外还用聚乙烯塑料制造。

（2）限量食槽　一般用于公猪、母猪等需要限量饲喂的猪群。对公猪和母猪用的限量食槽一般用水泥和砖制成，坚固耐用，造价低廉，长度根据其所饲养的猪种类和数量决定，一般每头公猪在50~80厘米，每头母猪在33~50厘米。食槽长度不够会造成猪争食咬斗，而过长不仅造费饲料，还会使猪站在食槽内吃料而污染饲料。采用高床网上和单体母猪栏用的限量食槽一般用金属材料制成，由于单体饲喂，因此食槽的长度能使猪嘴进去和满足装够猪吃一次的饲料量就行。

（五）粪便污水处理机械

规模猪场对粪便污水处理的方式很多，所采用的机械设备，除通用的各种污水泵、泥浆泵、曝气机等外，专用的机械设备主要有粪便固液分离机和沼气发电机等。

二、养猪机械设备选择与应用要注意的事项

（一）养猪机械化的目的

规模猪场使用机械化的目的主要有两点：一是改善饲养环境和猪的福利条件，以便提高猪群健康水平和生产水平；二是用机械代替手工劳动，以便提高劳动生产水平和效率，减少劳动，减少物料的损耗，降低生产成本。核心目标是达到健康、生态、高效养猪生产，获取较高的经济、生态和社会效益。

（二）养猪机械设备选择中的几个误区

1. 轻视养猪机械的应用作用和效果

在国内有些猪场花大量的投资把猪舍建筑搞得过高级、气派，而对养猪机械设备的配套却有一定认识误区，误以为养猪只要有好猪舍就行，要不要机械无关紧要，说到底这还是传统的养猪观念。要养好猪，饲养环境如温度、湿度、空气质量、床面的干净卫生等是关键因素，而饲养环境的保证在一定程度上讲还是要依靠机械设备。如各猪群对环境温度有一定的要求，且差距很大，要想使各猪舍一年四季都达到适宜的温度，没有机械设备很难实现。与发达国家的猪场相比，我国规模猪场生产水平有很大的差距，其主要原因之一就是饲养环境差。就温度而言，发达国家猪场在冬天各栋猪舍温度都能保持在20℃以上，而我国的猪场一般在5~10℃。饲养环境对猪的生长速度、料重比和健康有较大影响，如45~90千克的猪在4.4和32.2℃的不适宜温度下，日增重降低30%~60%；而35千克的猪在同样条件下，料重比将增加84%~109%。由此可见，温度不适宜，猪的生长速度大大降低同时由于料重比上升，导致饲料成本增加。此外，温度太低，易容易引起仔猪感冒、拉稀等疾病发生；而温度过高或过低都容易引起猪应激，降低猪的免疫力。

轻视养猪机械的应用与作用，其另一个主要原因是一些猪场业主没有认真算经济账，对养猪机械的经济效果认识不足。如买一台20万千卡/小时的热风炉约3万元，每天要烧煤500千克，如果不算经济账，可能有不少猪场都舍不得购买，一是认为设备太贵，二是每天烧煤500千克，消耗太大。但通过生产实践证实，要达到同样增重，不使用热风炉猪舍，肉猪饲养时间要延长25天，饲料成本增加约20万元，而节省煤成本仅2万多元，可见冬天使用热风炉的经济效益非常可观。再如干料输送机械的使用，若一个规模猪场有10栋生长育成舍，每栋1 200米²，饲养生长育成猪在1 000~1 300头，需设备投资约40万元，每年运行费用约5万元，按15年设备折旧费每年3万元，运行费加折旧费共8万元。但由于干料输送可减少饲料装卸损失浪费，按每吨0.3%计算，每年可节约饲料约33吨，价值7万多元；少用饲养人员8人，减少开支约12万元（人均每月工资按1 500元算），此两项合计每

年可节约 20 万元左右。由此可见，在劳动力成本较高下，大中型猪场投资干料输送机械，经济上也很合算，一般投资 3 年即可收回成本。而且使用干料输运设备后，减少了饲养人员和控制了饲料污染，对猪场的管理和防疫都很有利。

2. 自己制作误认为省钱

养猪机械看似简单，其实不然，只有专业制作才能保证质量要求。如有些猪场自己设计、制造各种猪栏、漏缝地板、食箱等设备，由于设计参数不合理，制造质量差，结果发生刮伤、擦伤猪身、母猪乳头等问题，出现严重的质量问题甚至完全不能使用，不仅不能省钱，还耽误了生产。一般来说，大部分复杂的机械设备，猪场自己很难制造，如分娩栏漏缝地板间隙，设计标准要求为 9 毫米，间隙要均匀，漏缝表面要圆滑，间隙小了漏粪效果不好，床面不干净卫生，间隙大了容易损伤母猪乳头和乳猪肢蹄，只有专业制作的厂家才能保证质量要求。

3. 误把落后当做先进

有些猪场业主为了省钱，找 1~2 个非专业人，或参观一些老猪场，或根据老经验，把一些落后的工艺和设备误当先进，照搬照抄，结果给猪场造成经济损失。如"一点式饲养法"、"全自动冲洗"、"半漏缝分娩栏"、"半漏缝保育栏"、"铁皮食箱"等，都是较落后的工艺和设备，但仍有些猪场业主把它们视为省钱的宝贝使用，结果工艺落后，设备不可靠，又不耐用，用不了多久就要维修更换，想省钱，结果更费钱，而且给猪场生产带来了很多麻烦，得不偿失。

（三）养猪机械设备选择与使用要掌握的原则

1. 全面考虑、综合平衡

养猪机械设备的选择使用，一定要充分考虑猪场类别（种猪场、商品猪场）、规模大小、饲养工艺、投资能力、气候环境等诸多因素，综合平衡。

2. 咨询专家建议

现代化养猪是一个集畜牧与兽医、饲料与营养、机械与电子、建筑科学和生物工程等多学科的系统工程，各个专业和环节紧密相连，其中养猪机械是重要的一个环节。规模猪场业主只能说在某一个专业有特长，但对养猪机械的使用者或选择者来说应有较全面的综合专业知识才行，但一般猪场业主难以胜任。所以在选择养猪机械设备前，应咨询专家或有生产实践者的意见，以达到事半功倍的目的，不要盲目选择和自以为是使用。

3. 养猪机械设备的选择要与猪场饲养工艺和猪舍建筑相配套

养猪机械设备要为饲养工艺配套和服务，也与猪舍建筑密切联系，因此养猪机械设备的选择一定要与饲养工艺和猪舍建筑配套，当然在制订饲养工艺和设计猪舍结构的同时就要选择养猪机械设备。如一个工厂化猪场采用仔猪 21 天断奶工艺，在分娩舍和保育舍设计时，就要配套较好的养猪设备，保证分娩栏乳猪区温度常年达到 25~35℃，分娩舍 20℃，保育舍 25℃，选择高床分娩栏、保育栏，以及良好的保温、通风、降温设备等，这样才可保证 21 天断奶的乳猪在良好的饲养环境和标准的营养水平下，使个体体重达到 6 千克以上。如果分娩舍饲养环境达不到要求，乳猪 21 天断奶时，个小体弱，在保育舍就很难养。此外，养猪机械的选择与猪舍建筑配套也很重要，国内因养猪机械的选择没有很好地与饲养工艺和猪舍建筑配套结合，而造成资金损失的猪场并不是个别。有的猪场先把猪舍建好后，再来考虑饲养工艺和选择养猪机械，由于养猪机械的安装有些需要土建时预埋钢板、预留孔和沟坑等，导致刚建好的猪舍又要开挖地面，拆墙打洞，费时、费事、费钱，由此可见养猪机械的选择应与猪舍建筑配套。

4. 养猪机械的选择使用要因地制宜、合理配套

我国地域广阔，各地气候环境差距很大，因此在选择使用养猪机械设备时要因地制宜，合理配套。如在选择养猪机械特别是保温、通风降温机械时，要根据当地的气候，环境条件，以满足饲养环境需要为前提。此外，在养猪机械选择中合理配套上要注意两点：一是要数量合理。如万头猪场分娩栏理论计算是每周只要 24 个栏，但有时会超过 24 胎，所以选购时要有机动栏位，可多购 2~3 个栏位；再如通风、保温、降温机械设备，要通过计算，确定合理的数量，多购了是浪费，少了又达不到环境要求。二是要充分考虑均衡。如分娩舍和保育舍的保温设备，就要保持均衡状态，使断奶仔猪转入保育舍后不至于因环境温度的过大变化而产生很大的应激反应，而导致疾病发生。

5. 根据猪场规模和投资能力，量力而行的选择使用不同档次的养猪机械设备

养猪机械设备的品种、规格和型号多，质量差距大，因此，在规模猪场规划设计中，要根据猪场规模，投资规模、投资能力或计划，量力而行的选择使用配套的养猪机械设备，以确保投入产出终成正比、确保投入与产出最佳效益。目前养猪机械设备可分 3 个层次或组别，投资者可依据此 3 个层次或组别参考选择。

（1）基本型　是规模养猪场最基本的设备，其主要特点是能保证基本饲养条件，投资不大，效果也好，主要有：自动饮水器、高床分娩栏、高床保育栏、仔猪电热板、保温电热板、远红外保温灯、玻璃钢仔猪保温箱、轴流风机、火焰消毒机、粪便固液分离机等较简单价廉机械。这类机械性价比和投资效益好，适合饲养 100 头母猪或 500 头肉猪规模的小型猪场。

（2）普及型　在基本型机械设备基础上配齐各种金属围栏和食箱、保温（热风炉等）、通风降温（湿帘降温等）、清洁和消毒等机械，普及型属于应该大量推广使用的设备。这类机械设备，适合有一定投资能力，饲养母猪 300 头或肉猪 3 000 头以上的中型规模猪场。

（3）先进型　在普及型的基础上再增加干料输运机械等现代化养猪设备。先进型组适合投资能力较强，饲养母猪 600 头或肉猪 5 000 头以上的工厂化猪场。

第二节　现代化养猪设备在猪场中的应用

现代化的养猪设备一般包括工厂化猪场计算机管理软件、干料自动输送喂给系统、液态饲料输送系统、智能型母猪群养管理系统、种猪生产性能自动测定系统、育成猪自动分栏系统、现代化的环境控制系统以及相关配套使用的个体称、料槽、保温板等。这些现代化的养猪设备，有些已在我国部分工厂化猪场应用，取得了一定的效果。而且这些机械化、自动化和智能化的现代化养猪设备，经过多年的消化吸收，部分已逐步达到国产化，成本也在降低，性能已接近进口水平，这为在国内迅速推广已打下了良好基础。

一、干料自动输送饲喂系统

（一）干料自动输送饲喂系统

1. 干料自动输送饲喂系统工艺流程

饲料厂→散装饲料车→饲料塔→管道输送机构→定量筒、下料管→食箱、干湿料箱。

2. 干料自动输送饲喂系统组成

干料自动输送饲喂系统主要由散装饲料车、饲料塔、管道输送机构、定量筒或下料管、食箱或干湿箱组成。

干料自动输送饲喂系统是一个全封闭的输送过程，饲料厂加工好的饲料装入散装饲料车，若饲料厂为猪场自办，散装饲料车可以将饲料厂加工好的饲料（粉料或颗粒料）直接加进各栋猪舍的饲料塔中。饲料塔主要用于贮存饲料，按制造材料来分，主要有玻璃钢、塑料和镀锌板饲料塔。其中玻璃钢饲料塔耐风雨、耐腐蚀、隔热性能好，塔内不会因日夜温差而结露水，饲料不易变质，结构简单，组装方便，经久耐用。由于性能较好，所以玻璃钢饲料塔目前在猪场中应用较多。饲料塔的容量一般按贮存 2~3 天的饲料来设计，时间太短，增加加料工作；时间太长，饲料不够新鲜。根据猪舍每天供料量的大小来选择饲料塔容积，常用饲料塔容积有 2.5、4、5.5、7.5 吨。因为饲料塔一般在猪舍外露天环境，所以必须耐风吹雨淋，耐腐蚀，密封性能要好，同时要有较好的隔热性能，以免影响饲料质量。散装车仅在场内运行，此时饲料塔一般设置在猪场主干道两边，以便散装饲料车集中加料。场内运行加料是一个很好的工艺设计，避免外来饲料车进场给猪场防疫带来隐患。若饲料厂在场外，离猪场又较远，这时散装饲料车可在场外运行加料。为了实现这个要求，应将猪舍的饲料塔设计在猪场靠围墙一侧，散装饲料车在猪场外运料道上，可以隔着围墙向场内饲料塔加料。近年来我国许多新建大型猪场，也有许多采用这种设计，安全、方便、可靠，效果良好。饲料塔的饲料通过管道输运机构输送到定量筒、下料管，落入食箱或干湿料箱，可见干料自动输运饲喂系统是一个全封闭的输送过程。

（二）干料自动喂料系统的工作原理

干料自动喂料系统一般包括储存装置、输送装置、释放装置、控制装置等几大部分。其中饲料的临时储存采用的是饲料塔。输送装置包括驱动主机、下料和接料装置、输送料管、输送链条、90° 转角轮等部件，其中输送链条最为重要，目前主流产品以进口为主。管道输送机构按结构性能分主要有两种，一种索盘式输送机构，包括接料器、驱动装置、输送管道、索盘、转角器和定量筒等。索盘式输送机构最大优点是可以迂回输送，输送距离可达 200~300 米，但结构较复杂；另一种螺旋搅龙输送机构，主要由接料器、驱动器、螺旋搅龙及管道等组成，此输送机构结构简单，造价低，但只能直线输送，并且只能输送给单列和双列式猪舍，输送距离较短，一般不超过 100 米，而且噪声大，对颗粒料输送有一定破损作用。其他的还有传感器、手动或自动释放机构、带开关的下料管、配量器、电子控制箱等，都是整个系统不可缺少的零部件，其中传感器是控制饲料到达预定位置后自动断电使电机自动停止，90 度转角轮可以任意改变饲料传输的方向，配量器表面带有刻度，可以根据每头猪的自身情况调整饲喂重量。这样的一系列零部件组合起来，就构成了一套完整的封闭系统，运行起来后也就实现了饲料从料塔到每头猪的定时定量的供应。

（三）干料自动输送喂料系统的技术性能及主要优点

1. 节省劳力与人工费

在猪场中运料、喂料很费人工，一般占劳动总量的30%~40%。干料自动输送喂料机械化程度高，节省劳力，一个万头猪场采用干料自动输送喂料系统后，可减少4~5位饲养员，每年可节省工资福利15万~20万元，而且最大限度地将饲养员从喂料的高强度劳动中解放出来，实现了给猪的自动喂料。

2. 节省包装成本及减少饲料浪费

如果利用传统的送料喂料方法，饲料先打包、送到猪舍后再拆包放料，不仅花费劳力，饲料包装袋的费用也很大。按照万头猪场年消耗饲料约400吨，若40千克1袋，每年要用10万个，每个折旧费0.8元，一年要8万元；饲料在运输、添加、猪拱、鼠害等环节浪费的饲料按2%计算，可节约80吨，每吨饲料按照3 000元计，这部分大约价值24万元。这两项相加共节省费用和浪费共32万元。由此可见，采用自动喂料系统后，可以实现远程供料，由于饲料不用打包、拆包，又是在封闭状态下输送，可大幅减少散漏损失，从而节省运输和包装成本；同时，由于是密闭的循环系统，可以最大限度地减少鼠害，从而节约饲料，减少疾病交叉传播。

3. 减少应激反应

自动喂料系统的自动释放装置可以实现多头母猪同时饲喂，避免母猪因采用限量饲喂在饥饿状态饲喂时烦躁情况，最大限度减少了母猪因等食而急躁嚎叫的应激反应。

4. 实现科学饲喂

针对妊娠母猪、哺乳母猪等需要精确饲喂或定量饲喂的要求，可避免人工添料的随意料，不同阶段调整刻度就能实现科学饲喂，从而满足了母猪的不同生理需要。对于保育猪以及生长、育肥猪等自由采食的猪群，可以调节下料管的高度来确定饲料的供给量，做到既能满足此阶段猪的随意吃料，又不会造成饲料的浪费。

5. 可实现群体采食的定时习性

自动喂料系统的时钟控制器可以预先设定时间进行饲喂，实现群体采食的定时习性，利于个体的一致性和健康生长。

（四）自动喂料系统的经济效益分析

1. 采用自动饲喂设备的投资

按照500头生产母猪，每头800元投资计算，需要投资40万元；存栏生长猪4 000头，按每头100元投资计算，需要投资40万元，总共投资大约80万元。

2. 生产运行费用

一般安装15套系统，每套系统功率1.5千瓦，平均每套系统每天工作2小时，每年运行消耗电力1.7万度，1元1度电，电耗费用大约1.7万元。设备使用寿命15年，每年维修保养费1万元。80万元的设备按15年折旧，每年约合5.3万元。这3项相加共8万元。

3. 投入与产出效益分析

根据以上投资运行测算，采用自动饲喂设备以后，每年基本可以节约4~5位饲养人员工资福利费用共15万~20万元，节省包装袋费用8万元，减少饲料费用24万元，减少饲养人员工资福利15万元（按最低算），这3项相加共47万元，减去生产运行费用8万元后，为39万元，在15年使用周期内，一共能节省585万元。以上单纯从投入产出来计算，实际上这其中还包含了很多潜在的投资价值，比如提高了猪场科技含量，改善了饲养员的工作环境，最重要的是杜绝了很多因为人为不确定因素所造成的随意性和情绪性，有利于猪场的健康与稳定生产。从国内猪场看，使用自动饲喂系统后可实现精确饲喂，既可以节约饲料，又可以提高生产效率，减少应激，间接提高母猪的生产效率。

（五）干料自动饲喂系统的适用范围条件和前景

干料自动饲喂系统在实践中体现出很多不可替代的优势，比如和液态饲喂系统对比，很好地解决了在寒冷地区的冰冻问题，在夏季和炎热地区的饲料酸败霉变问题，不受环境和气候限制，能广泛适合所有地区的规模猪场。目前，干料自动饲喂系统已经得到一些规模化猪场业主的认可，在劳动力成本提高、猪场饲养人员难招难留、猪场工作环境条件相对较差的情况下，加上国家对干料饲喂系统设备纳入农机具补贴范围，干料自动饲喂系统会逐步被一些规模化猪场接受使用，这是必然的趋势。

二、液态饲料自动输送系统

（一）液态饲料自动输送系统的主要结构

液态饲料自动输送系统其主要结构有干料塔、干料输送带、混合塔、电子称重系统、送料泵、输送管道和电子下料阀门等。该系统暂时还没有国产化设备。

（二）液态饲料喂猪的主要优点

国外采用液态饲料喂猪已有 10 多年的历史，特别是对生长、育肥猪效果较好，主要优点：一是适口性好，饲料转化率可提高 5%~10%，能降低饲料成本。饲料转化率按提高 6% 计算，一个万头猪场每年可节约饲料费用 20 万元以上，而且日增重、头均耗料量、料重比都比喂干料效果好（表 4-7）。二是无粉尘污染，减少了猪的呼吸道疾病。三是能充分利用食品加工厂下脚料、酒厂湿酒糟等各种湿料和液态饲料。由于饲料成本在我国养猪成本中占 70% 以上，对于一些有条件的规模化猪场，能被可节约饲料的液态饲料自动喂养设备逐渐采用，1999 年广东东莞市特威畜牧公司从德国大荷人公司引进了液态饲料自动输送系统，开创了国内首家使用该设备的先例。

表 4-7　饲喂干料和液态料的对比情况

项目	A 场		B 场		C 场	
	干料	湿料	干料	湿料	干料	湿料
饲养猪数（头）	2 700	580	3 800	1 050	855	165
开始体重（千克）	31	31	32	31	35	34
结束体重（千克）	89	90	91	90	105	104
日增重（克）	621	687	580	650	711	760
头均耗料量（千克）	167.6	154.0	180.0	160.5	196.7	188.3
料重比	2.89	2.61	3.05	2.72	2.81	2.69
料重比降低率（%）		10.73		12.13		4.46

三、智能型种猪测定系统

（一）种猪标准选择的方法

1.外形鉴定

外形鉴定主要指外貌体型和毛色应符合本品种要求，外生殖器官应正常。对公猪而言，躯体要长，腹部平直，后躯和臀部发达，肌肉丰满，骨骼粗壮，四肢有力，体质强壮，睾丸大小均匀且对称，无隐性睾丸等；母猪主要是乳头数要足够，纯瘦肉型种母猪要 6 对以上，其他种母猪要 7 对以上，乳头质量好，分布均匀对称，没有瞎、瘪乳头，特别是阴户要大。

2.生长性能测定

生长性能测定主要是测定生长速度（即平均日增重）和饲料报酬（即料重比），测量精度越高，就越能表现种猪的本质性能。

（二）传统的种猪测定技术

经过外形鉴定筛选后，就要对种猪的生长性能进行测定，国内种猪场对种猪生长性能的测定分两种形式。

1.小群栏测定

小群栏测定是把外形筛选后的小群种猪关在一个圈内饲养，只能在测定结束后，根据饲料平均消耗量、个体的总增重计算出个体的平均日增重和料重比。很明显，这种传统的测定方法很难真实反映出每头种猪的性能指标，检测精确度和效率都比较低，实际也只是一个大概数值，同时对本来应该提前淘汰的个体也无法从中挑出淘汰，人为的经验判断也占部分。

2.单体测定栏

单体测定栏是把通过外型鉴定筛选后的单头种猪关在一个圈内饲养，也只能在测定结束后，根据饲料消耗总量和总增重计算出日增重和料重比，较小群测定其精确度有所提高。但同样要了解记录每天的料重、增重、采食量和料重比，而且全程都是依靠人工操作，磅秤计量，效率和精确度低，同样人为的经验判断也占部分。

（三）智能型种猪测定系统的功能及目的和应用范围

1.智能型种猪性能测定系统的功能

智能型种猪性能测定系统的测定指标是在群体饲喂的状况下，测定每头猪的日采食量、单次采食量、每天采食次数、每次采食时的体重，以此得到真实的日增重、日饲料报酬及料肉比曲线。智能型种猪性能测定系统要求测试环境与实体的群体饲养环境相同，且测定猪自由采食时要不受干扰。此系统常用于公猪的测定，也有种猪场用于测定母猪的生产性能。

2.智能型种猪性能测定系统的目的与应用范围

传统的种猪测定技术要记录猪的采食量，采用人工记录会很难，而采用智能型种猪性能测定系统，测定猪的采食量，测定系统可以对它的体重进行监测和记录，这个记录过程是自动的，不会给猪造成应激，实验人员记录猪每天的体重数据，就可以画出它的生长曲线。猪在生长育成阶段，料肉比随着猪的日龄和环境而变化，通常来说，料肉比并不是简单的线性变化，而是曲线变化的。由此可见，智能型种猪性能测定系统的目的是取代人工测定工作。一般人工测定工作只称量猪从开始及结束时的体重，同时记录采食量。其缺陷是人工测定假定了猪是线性生长的，易产生人为的料重和记录上的误差，而且也没有测量实际群数量，加之需要很多劳动力，因此现在大规模的测定已基本上不再采用传统的种猪测定技术。由于智能性种猪性能测定系统的科学性、实用性以及检测准确度程度高等方面有着人为无法替代的功能和技术，现在智能性种猪性能测定系统的应用范围比较广泛，包括遗传育种公司、大学、研究所的实验室、政府部门的测定中心、饲料生产企业、兽药生产企业、纯种猪场等。

（四）智能型种猪测定系统的主要结构性能组成

智能型种猪测定系统主要由3部分组成：电子耳号牌、测定站和主电脑控制系统。

1.电子耳号牌

电子耳号牌是每头种猪在测定系统中的唯一标识，它与测定站的读卡器配合使用，精确度在99%以上。电子耳号牌一般固定在猪耳朵上，要求安装容易，不易脱落，经久耐用，还可重复使用。

2.测定站

测定站由测定护栏、读卡器、自动给料计量装置和自动称重装置等组成。如当种猪001号进入测定围栏后，电子耳号牌向读卡器发出信号，读卡器迅速识别后就实现了猪机连接，测定站和主电脑控制系统就开始对种猪001号进行监控测定，建立全部测定记录。当种猪进入测定站的采食箱时，自动给料装置开始给料，给料量范围在100~800克，采食完毕后停止给料。此时系统会自动记录测定种猪进入和退出测定站的时间、采食量。每次测定种猪每天按等级排序进入测定站采食12~15次，系统将每头种猪的采食量自动累加成为当天的总采食量。采食量每次计量精度 ±10克。此外，测定站还有自动称重装置，当种猪在采食时，测定站在自动称重装置上，称重范围较宽广，从25~170千克，精确度达 ±100克，系统将自动记录该测定种猪此次采食时的体重，同时系统将该种猪每天要进入测定站12~15次的称重值自动计算出1个平均值，作为当日的体重值。由此可见，智能种猪性能测定设备的科学性和准确性。

3.主电脑控制系统

智能型种猪性能测定系统能连续准确地记录种猪在群养下，每头种猪每天的采食开始时间和结束时间、采食次数和总采食量、每天的体重。主电脑控制系统根据测定统计数据，将自动生成每头种猪每天的日增重和料重比等测定报告，同时还可以对系统内测定种猪的性能进行自动排序。在测定站中，采食量每次的计量精度为 ±10克，电子称重精度为 ±100克，由此可见测定计量精度是很高的，这是传统的种猪测定技术无法比拟的。

（五）智能型种猪测定系统的主要优点和应用前景

1.测定数据准确且精度高，而且数据不可更改、不可取消

通过种猪性能测定系统，建立采食数据库。数据库内容包括测定栏号、测定猪电子耳牌号码、场内编号、采食开始及结束时间、采食开始及结束时的料槽重量、采食量、猪的体重。采食事件数据库是所有测定数据的计算基础，数据不可更改，不可取消。由采食事件数据库得到猪的性能报告的日数据，它包括测定栏号、电子耳牌号码、场内编号、测定开始日期、测定天数、总采食量、总采食次数、总采食时间，以及该猪在测定期内每天的采食量、采食次数、采食时间和每天的体重。由此可见，测定数据准确且精度高。

2.能对测定系统中的种猪性能进行自动排序，给种猪选育带来便利

由测定猪性能报告的日数据得到测定猪生产性能综合报告，它包括测定站号码和范围、测定猪号码、采食总量、开始体重、总增重、平均日采食量、平均日增重、饲料报酬以及对各项指标进行自动排序，给种猪选育带来很大的便利。

3.劳动效率高

一般每个测定站可饲养12~15头种猪，每台主电脑控制系统可管理128个测定站。可见，智能化种猪测定系统不仅测定准确而且自动化程度和生产效率均高，1个人可以管理

300~400头种猪测定工作。

4. 可大幅度提高我国种猪的选育水平

过去我国种猪选育水平较低，从而导致了从国外引种－退化－再引种，至今每年还不断从国外大批引种，不仅成本高，同时引种也带来许多疾病。造成不断引种的重要原因之一是我国的种猪选育技术和装备落后，而智能型种猪测定系统的大量推广应用，将大幅度提高我国种猪的选育水平，同时减少引进种猪带来的疾病，对提升我国的现代养猪生产水平有一定促进作用。

四、智能型母猪群养管理系统

智能型母猪群养管理系统又称母猪电子饲喂管理系统，是母猪群体管理的最佳管理模式，研发此系统的目的就是取消限位栏饲养，在群体环境下的大栏中饲喂妊娠母猪。在大栏里，母猪可以站起来走动，可以躺下，自由活动，如果饿了可以走到饲喂站采食，当母猪身体不适，食欲下降时，饲喂站会打开另一出口让母猪进入观察室，并由计算机通知工作人员前往检查。由此可见，智能型母猪管理系统很符合现代福利养猪的理念，也是目前国际先进的饲养技术和模式。关于智能型母猪群养管理系统将在本章下一节介绍。

五、生长育成猪自动分栏系统

（一）生长育成猪自动分栏系统的目的

自动分栏系统适用于规模猪场育肥猪的管理。猪在保育阶段结束之后，即进入生长育成和育肥阶段，同期出生的猪在这一阶段体重进一步分化，并呈标准的二项式分布。自动分栏系统就是在大栏中自动将同期出生的猪按体重分成不同的群体，并饲喂不同营养的标准饲料，以保证这些生长育肥猪在出栏时体重均匀，节省饲料成本，提高设备及设施的使用效率。可见，生长育成猪自动分娩栏系统的目的是对生长育成猪实行标准化饲养，降低饲料消耗，提高饲料报酬，以取得更高的经济效益。

（二）生长育成猪自动分娩栏系统的构成和功能

生长育成猪自动分娩栏系统由自动分栏秤、自由采食槽、应急门、单向门及管理软件构成。其软件报告包括活动监控、生长曲线、阶段饲喂、体重分布和上市预测等。生长育成猪自动分栏系统将育成栏分成饲喂区（占80%猪舍面积）和饮水区（占20%猪舍面积），每个分栏系统管理500头生长育成猪。生长育成猪自动分栏系统可以监控猪群活动和环境状况、监控个体猪的生长速度，是规模化猪场育成猪最佳的管理模式。其系统使规模化猪场可以在大栏中管理育成猪生长，便于实行猪的阶段饲喂，减少挑选上市出栏猪的人力，减少上市出栏挑选的损失，最终使送到市场的肉猪重量一致，产品规格标准。

六、工厂化猪场计算机管理软件

工厂化猪场计算机管理软件包括育种、饲料配方、饲养生长管理、疫病防治、市场信息、财务人事物资管理和场长查询等项目。计算机的使用不仅可以大大提高劳动效率，还可随时对生产和市场进行监控，这是现代猪场管理不可缺少的手段。我国现有规模化猪场其体制、经营模式和管理方式与国外相比差距很大，其中国内市场的一些猪场管理软件实用性还不够理想，所以在一些规模化猪场使用的还不多。随着规模化猪场计算机应用的普及，以及现代化设备在猪场生产中的应用，猪场管理软件的需求量将不断提高。

第三节　自动化与智能化养猪模式

从 20 世纪 80 年代开始，随着自动化控制及微电脑技术的发展，特别是非接触式射频电子耳牌的应用导致自动化饲喂、自动化生产性能测定以及智能型母猪群养管理系统等现代化养猪设备的开发和使用，有力地推动了世界养猪行业的产业化升级。欧美一些发达国家从 50 多年前的自然生产养猪模式发展到现在的集约化生产，其主要原因是实行了自动化与智能化养猪模式。近几年，现代化的养猪设备正越来越多地应用到我国的养猪行业，许多规模猪场开始考虑采用自动化与智能化养猪模式来提高猪场生产效益和市场竞争力。也可以这样说，过去的 30 年，是中国养猪业飞速发展的 30 年，也是机械化养猪的理念潜移默化养猪人的 30 年。从此，国人始知养猪也可以工厂化。那么，以后的 30 年将是生态化 + 自动化与智能化养猪模式逐渐实现的 30 年，最终也能达到数字化养猪新技术。

一、自动化与智能化养猪模式在欧美国家的应用

（一）美国的现代化养猪生产

1. 美国的养猪状况

美国是世界养猪生产大国，生猪存栏数和猪产量仅次于中国，居世界第二位，但年销往其他国家的猪肉和种猪都居世界领先水平。美国年出栏的商品猪 1.2 亿头左右，生猪存栏 6 050 万头。美国由 20 世纪 90 年代初的近 30 万个家庭农场，减至目前仅剩 7 万家，从 20 世纪 90 年代初的单场不到 200 头商品猪发展到目前单场 1 200~2 400 头；全美母猪存栏由 20 世纪 90 年代初的 1 000 万头减至目前的 580 万头，商品猪年出栏量却从 9 000 万头增至 1.2 亿头。全美平均 1 头存栏母猪供上市肉猪 20 头以上。

2. 美国的集约化养猪生产模式

美国的养猪业经过不断的并购，规模越来越大，生产经营更加集中。目前美国养猪生产主要有 3 种模式：大公司为主导，中小猪场成立合作社，个别小猪场针对特定小市场生产特种猪肉，如肌间脂肪高的、风味好的特定出口猪肉。

美国从 50 多年前的自然生产养猪模式到现在的集约化生产模式，养猪业发生了很大的变化。养猪户数在逐渐地减少，1984 年全美有 43 万个猪场，到 1996 年已下降到不足 20 万个。1 000 头以上的规模猪场生产的生猪从 20 世纪 80 年代占美国市场的 34% 上升到 20 世纪 90 年代的 65%。最近 5 年，大的公司和生产合作社成为养猪的主体，出栏猪占到出栏量的 60% 以上。据美国农业部经济研究所（ERS）报道，1992 年至 2004 年期间，猪场数量减少 70% 以上，而生猪存栏保持稳定增长，平均每个猪场存栏从 1992 年的 945 头上升至 2004 年的 4 646 头。生猪存栏 2 000 头以上的猪场数量在过去的 12 年中从不到 35% 上升至接近 80%。2004 年，大型猪场的存栏 5 000 头百分比达到 50%，目前达到 60% 以上。同时，分娩至肥育场存栏所占比例从 65% 下降到 18%，而专业化猪场存栏所占比例从 22% 上升至 77%。目前，在美国 1 000 头以下的猪场有 5 万家，万头以上的猪场只有 27 家，而这 27 家猪场的猪肉产量占 43% 的市场份额。

3.美国现代化养猪生产的核心环节

（1）猪舍小气候控制　猪舍的小气候控制即舍内环境控制，利用设施提供给猪良好的生长环境，主要采用通风系统。通风系统包括三大组分：中央控制器、风扇和进风口。通过中央控制器设定预期温度，系统以设定温度为目标，以舍内温度为参照，依次开启不同规格的风扇、水帘及进风口等，以使舍内不断靠近直至达到预设温度及通风换气等目的。美国的大学等研究机构细致地研究了猪舒适生长的需要，提出有效环境温度的概念，即猪真正感觉到的温度，是气温结合风速、湿度、群体大小和建筑材料隔热性等多种因素共同作用的结果。他们在反复研究后，通过数字模型确定了不同阶段猪所需要的温度、通风量等技术参数，帮助猪场应用通风、降温、加热和智能控制等设施设备形成猪舍自动调控系统，全面考虑了通风换气和保温或降温要求，为猪只营造一种最佳且恒定的良好环境。如保育—肥育一体的猪舍均采用全机械负压通风系统并辅以取暖和降温设施。全机械负压通风系统由一整套设施设备组成，包括控制器、进气口、安装在猪舍地沟中的排风扇（地沟风机）和安装在猪舍山墙上的一组可调节风速的风机等。根据外部环境变化和不同猪群的生长需要利用控制器对通风和排风扇启动个数，风速和是否使用加热或降温设备进行控制，以达到最适宜的舍内小气候。

（2）粪污管理系统　美国养猪采用粪便还田的办法。猪场粪污主要由粪便、尿和浪费的水组成，其猪粪污管理系统主要包括收集、储存—处理和应用系统。绝大部分猪场为全漏缝地板，之下有1~3米深的粪池。如妊娠母猪、生长—育肥和断奶—育肥一体化舍基本采用深池—泵系统（约3米深），兼有收集和存储功能，一般一年排空—就近农田施肥1次；而对于哺乳母猪和保育仔猪舍，多采用浅池—拔塞（亦有单侧或双侧拔塞）方式，一般为1个生产周期排空一次，多配有厌氧化粪池存储以备施肥用。

4.美国现代化养猪的主要特点

（1）机械化、自动化和智能化的养猪模式　美国的猪场包括自繁自养猪场和生长育肥场，均采用了高床、限位的饲养方式和机械化、自动化的设施饲养，规模猪场妊娠母猪采取电子饲喂管理系统。饲养一头商品猪只需 0.6 米^2 左右的猪舍面积，单位面积饲养数量多；猪舍一般配有可升降的装猪台、全自动料槽、全漏缝地板、隧道式通风降温系统、热风炉、饮水加药系统等，人工操作环节减少，每位饲养工人可管理几百至几千头猪，提高了劳动效率。

（2）批次生产，全进全出　所有的猪场都按批次生产，不同阶段猪舍根据设计饲养量规划做到全进全出，减少了不必要的栏位和圈舍浪费。

（3）"多点式"养猪生产方式　在当前的美国养猪业，已经有90%以上的猪场实现了断奶仔猪和母猪群的隔离饲养，即所谓的"二点式"和"多点式"生产方式。几乎全部母猪场和生长育肥猪区域都是分开的，且间距2千米以上，一批次1 200头或2 400头仔猪断奶后送到保育—肥育一体化生长育肥场，减少了疾病在母猪和肉猪间传播的几率。这一生产方式的重大变革从20世纪90年代开始，之所以能在短期内迅速完成，最直接的原因是为控制蓝耳病，同时满足了合同生产经营模式和其他疾病控制的需要。母猪场的饲养需要好的技术，而小猪的育肥需要较多的土地、猪舍设备等固定投资和饲料、人工等流动投资，农户在取得合同后较容易取得银行的贷款，这样，公司和农户在合同生产经营模式下各取所需，公司扩大了饲养规模，农户有了固定收入，何况这一模式也提高了系统的生产效率。后来随着一些重大疾病尤其是蓝耳病的出现使养猪生产者被迫寻求出路，早期隔离断奶等系列概念的提出和应用，起到很大的作用，对于疾病控制有着重大意义。猪场合同生产经营模式和疾病控制两大需要正好不谋而合，成为推动"一条龙"向"分点式"生产方式变革的最强大动力。现在，美国新建母猪场一般以 2 500 头为单元（每周提供约 1 000 头断奶仔猪）。新建的保育舍一般每栋饲养规模在 2 000~2 400 头，分两个区，每区饲养一批 1 100 多头保育猪，即 2 400 头母猪 1 周提供的断奶仔猪数。在保育舍约 6.5 周后（60 日龄左右）转到生长育肥舍，然后彻底清洗消毒，空栏一段时间，再按计划执行下一单合同。生长肥育舍也是配套的，每一点 1~2 栋，饲养 2 000 头左右。这样就形成了一个完整配套的多点生产体系。值得注重的环节是每一个点一般 1~2 批猪，日龄相差在 10 天以内，1~2 栋猪舍，这样就可以实现完全意义上而且是整场的全进全出。

（4）猪舍的建设和设施设备配套　现代化的养猪舍采用钢板结构的全封闭的猪舍，大跨度小单元，漏缝水泥地板，全进全出的饲养方式。空怀舍和妊娠母猪舍多数是单体限位栏，也有采用电子饲喂站，种猪场也有采用小单元饲养的方式。分娩舍采用的是分娩床，育仔舍采用的是高床饲养。全自动给料，采用多个饮水器或移动饮水器饮水。通过降温采用自动化机械通风降温设施，猪舍的采暖用液化气。为节省建筑面积和材料，猪舍都建有一栋单排、双排或多排式，每排饲养 1 200 头猪，配有独立料塔，自动饲喂和环境控制系统。

（5）按照 NRC 的标准，对各类猪饲喂全价均衡的日粮　通常饲料成本占养猪总成本的 70%~75%，而美国养猪的饲料成本仅为中国的 70% 左右，其原因是美国在猪的营养方面按照 NRC 的标准喂给各类猪群全价均衡的日粮。如何通过各种途径降低养猪成本也是美国大学和农牧公司科研的重要课题。比如作为制造玉米酒精的副产品 DDGS，DDGS 在饲料中的应用具有非常明显的成本优势，同时还有着供应充足、质量稳定、适口性好、蛋白质含量高、消化率好等优势，美国几乎所有的猪场都在饲料中添加了 DDGS，各个阶段的猪用量从 20%~50% 不等。此外，无药配方和有机猪生产广泛的推广，使提高母猪生产性能成为研究的重点，而且大量的研究主要集中在各种饲料添加剂的使用，如血浆蛋白、甘露寡糖、能量源、L- 肉毒碱、铬等，试图缓解母猪在其繁殖阶段所面临的各种挑战和应激。

（6）母猪的阶段饲养法　美国 1996 年母猪产仔数的平均水平为 8.49 头，2006 年为 9.03 头，目前平均每头经产母猪年供断奶仔猪 25.56 头。而规模猪场妊娠母猪采取电子饲喂系统，每头母猪每年提供 26~28 头断奶仔猪。美国只用了 10% 的生产者，并减少了 20.2% 的母猪数量，却做到增加 21.2% 的上市肥猪，同时，还增加了 40% 的猪肉产量，这些成绩的取得除接受新的科技应用和严格的管理手段外，主要还是对母猪采取了阶段饲养法，即对母猪的妊娠阶段、泌乳阶段、返情配种阶段采取不同的营养标准。在妊娠阶段对妊娠母猪分三个时期，即妊娠前、中、后给予不同的日粮水平，并给予不同的日粮饲喂量；而在泌乳阶段，让母猪自由采食，为此，在提高泌乳母猪的采食量上，一种新式"泌乳母猪自主式食槽"被发明并被迅速推广应用，可以提高泌乳母猪采食量 8%~10%，断奶仔猪的体重也提高了 80% 左右，而增加的成本也不高，且减少了人工饲喂次数，并饲喂高能、高脂泌乳母猪日粮，使其乳脂率提高 9%，仔猪断奶重提高 6%，并使母猪减少 67% 体重。在母猪整个泌乳期饲喂 4%~5% 脂肪的高能日粮除能维持母猪膘情，并使其断奶后第 4~6 天发情外，还可保证母猪在断奶后第一个情期配种。

5、美国现代化养猪生产对中国的启示

美国作为世界上养猪业发达国家，养猪生产技术的各个环节均有先进性和超前性，美国养猪业的主要变化是技术、工艺的变化，对中国养猪业生产也有一定的启示和借鉴作用。

（1）生产工艺的标准化带来设施的标准化　美国养猪业根据猪的生理、行为、环境等生物学特点以及土地宽广的特点，实施了一些新的养猪饲养工艺，如美国养猪规模化场则以

500~5 000头母猪为一养殖单位，每个生产环节分布于不同的职能场，即"多次式"饲养工艺，使猪恢复到原来的活动状态和生态环境，又大大减少了母猪的繁殖障碍，提高了母猪的生产力，而且对不同类的猪采取不同的建筑模式，提供相对适应的环境条件，使生产工艺的标准化带来了设施的标准化，使养猪成为现代化的产业。而我国猪场建设的猪舍多以砖混结构为主，缺少对猪场建筑设施的标准化和规范化研究，结构设计仍沿用工业与民用建筑设计规范，没有考虑养猪生产规模、饲养阶段和环境因素，未能形成一系列与特定生产工艺相配套的猪舍设计，这也是我国养猪生产的不足之处。如果在特定的体系或地区能够做到猪场饲养规模的统一和工艺模式的定型，就有利于生产设施设备的成套化、标准化，这样猪场建设时购买标准化的设施设备成品，通过组装即可完成，就是维修也有配套组件，可降低建场成本，实现猪场建筑的标准化、工业化。同时，猪舍设施设备的工业化生产也将推动畜牧机械逐步走向专业化生产方式，会更快地推动和促进我国养猪生产更快迈入现代化。

（2）建设设施现代化的猪场实行现代化的工艺设施　我国的传统养猪场规划和房屋结构决定了很少和难于使用现代化养猪设备设施，不利于猪的生长发育，也浪费了饲料和劳动力，造成生产效率低下，这也是我国与发达国家养猪相比差距较大的一个原因。养猪界科学家、专家及一些有识的猪场业主已公认，现代化猪场集约饲养，猪舍栋数少，土建投资少，建筑土地节约后增加了防疫隔离带的广度和深度，而且现代化的猪舍与配套先进的舍内小气候调控设备，自动喂料设备及高效猪栏一起构成了符合猪生长繁殖的现代化工艺设施。虽然建设现代化猪场投资大，但依靠先进设施实现精细化饲养和管理，可大大提高养猪生产水平和经济效益。

（3）加强对实用技术的应用和研究，解决生产中和产业发展中存在的问题　美国养猪业近些年主要是技术、工艺的变化，重点是加强养猪实用技术研究，解决养猪生产中和产业发展中存在的实际问题。如在猪的营养方面，注重新型蛋白饲料资源的开发，注重环保、非抗、多功能添加剂的研发和应用。美国2006年下半年开始，新建了许多玉米酒精厂，20%左右的玉米被用来做工业酒精，因此玉米价格飞涨，养猪的饲料成本也因此大幅增加。但作为制造玉米酒精的副产品，DDGS在饲料中的应用具有非常明显的成本优势，因此美国几乎所有的猪场都在饲料里添加了5%~20%的DDGS。面对玉米的日趋短缺，目前美国开始选用高粱、豆粕、青绿饲料等来代替玉米，这对长久以来用玉米加豆粕的饲料组合进行了变革。美国还把提高母猪生产性能作为研究的重点，大量研究主要集中在各种饲料添加剂的使用，以及在泌乳阶段饲喂高能、高脂泌乳日粮，从而使母猪年产断奶仔猪达到25.56头。此外，还重点加强对养猪设备和工艺的研究，及猪场管理软件的应用。如在提高泌乳母猪的采食量方面，一种新式"泌乳母猪自主式食槽"被发明被迅速推广应用。实际生产应用的情况表明，可以提高泌乳母猪采食量8%~10%，断奶仔猪的体重也提高38%左右，而增加的成本也不高，且减少了人工饲喂次数。这对国内食槽十几年陈旧不变的模式有一定借鉴。在美国猪场管理软件也有相当大的改进。最突出的是手持记录器的开发，这种手持记录器内置存储卡，猪场管理人员可以在生产现场随时随地记录生产数据，通过场内无线局域网直接导入办公室电脑，更新猪场管理软件的数据，把手工记录原始数据和录入电脑等几道程序合成一道，既提高了效率，又减少了出错的几率。多数新版猪场管理软件都基于互联网，猪场用户可以选择不在场内安装软件，而是直接利用互联网上的程序。而且美国90%以上的猪场已采用电脑化的记录方法，生产者并把生产记录和财务记录结合起来。对国内养猪而言，猪场管理软件的使用率较低。美国新建猪场都使用标准设备，如对新建的三点饲养的全封闭式保育舍，一批1 000头仔猪通常来自一家母猪场，断奶日龄相同，使用干湿自动饲槽、温控自动通风、可调式顶部进风、加强塑料漏缝地板、热风炉保温系统的标准设备。虽然对国内规模化猪场来讲，大部分猪场难以做到，但对现有设施设备加以完善也是当务之急。国内很多猪场近期无法将猪舍全部推倒重建，也没有大笔资金添置全套自动化设备，但是美国养猪场的做法提醒国内猪场业主，对猪场设备进行改进，更新不合理的设施设备，现有条件下的养猪生产水平应该还有提升的空间，如改用水碗式饮水，在更新猪栏时选择更为合理的产品，把某个挡位的定速风机换成调速风机，把保温灯换成电热板等。因此，依靠先进的设施设备，提升养猪生产的装备化水平，转变落后的养猪生产方式，给猪提供良好的生产环境，让猪回报最优的经济效益，通过设施化生产实现规模化效益，这将是国内养猪界今后的研究方向。

（4）通过工程防疫提高疫病防控能力　我国要把疫病控制的重点放在防病，要研究如何根除疫病和防止猪得病，把给猪治病的钱用来改善猪场和猪舍的条件，使猪能够有一个满足自身生物学特性的生存和生长环境。在这一方面应该借鉴美国养猪场，通过工程防疫来提高疫病防控能力。国内养猪场控制疫病，首先应从猪场的总体规划和工程措施预先防治。在今后猪场建设以及旧猪场改造过程中，最低应实行"两点式"生产模式，将母猪场和商品肉猪场分开并间隔有效距离，同时科学地进行猪场设计规划，建立适当的防疫隔离带，完善猪场的进出消毒设施，防止外来疫病的侵入。种公猪站、原种猪场母猪舍要率先应用空气过滤系统，从工程学上杜绝病毒的空气传播，做到核心种猪特定疫病的净化，以期提供健康的种猪及精液产品。

（5）废弃物处理与臭气控制　养猪业的废弃物主要是粪尿、污水、猪尸、臭气。在美国，发达的种植业需要大量的肥料，针对这种利用，猪舍都是漏缝设计，猪舍下面就是一个很大的底部封闭的窖器，用来收集全部的粪尿。收集的粪尿从底部通过一个提升系统转移到猪舍旁边的兼气塘。经过兼气塘的厌氧和好氧处理后，细菌等病原微生物基本上被杀死，再通过施肥机组耕到地里。这个工艺在美国已经成熟并被广泛应用。美国对猪尸的处理一般是被专门的复合肥制造厂拖走，经过类似于发酵罐的灭菌处理后，制成了复合有机肥料，一般大型养猪公司自己都有集中处理设备。美国对粪污及猪尸的处理很值得我国借鉴应用。养猪业造成的环境问题主要是臭气，在美国，养猪场臭气的控制是一项重大而热门课题，"生物窗帘法"和"生物滤器法"是控制猪舍臭气的两种有效方法。"生物窗帘法"具体做法是猪舍里抽气不直接排放到空气中，而是先抽到一个特制的生物帘，生物帘带有的静电把粉尘颗粒、气溶胶吸附下来，这些粉尘颗粒、气溶胶是臭气的主要承载体。"生物滤器法"的具体做法是在猪舍旁边的一个区域堆放一定厚度的秸秆、木屑、碎木片等介质，猪舍底部设置的抽风机并不把粪沟里臭气直接抽到空气中，而是抽到这些介质下面，这些介质一般可以使用5~10年。这种控制臭气的方法是迄今最为有效的方法，但对介质需要保持一定的水分以保持生物活性以及做好防鼠工作。另外，美国猪场对臭气的处理还采用粪水塘控制方法。粪水塘臭气的控制方法主要有两种：一种是厌氧发酵法，这与我国的厌氧工艺大同小异，主要利用活性淤泥中微生物的作用，但如果饲料中添加高铜高锌会抑制细菌和繁殖，影响对臭气的处理；另一种方法就是在塘面上铺一层打碎的麦秸秆，洒到塘里10~20厘米厚，可减少、控制50%~80%的臭气，且成本低。这种处理臭气的方法也值得国内规模化猪场借鉴应用。此外，美国猪场控制臭气办法还有装置昂贵的污水处理设施、改变饲料中的蛋白质和矿物质含量、饲料中加入丝兰属植物提取物或添加剂等，很多猪场采取在法律和道义上对环境保护负责的态度。这些均应是我国规模化猪场业主及养猪界学者、专家们可学习和引用应用的技术和理念。

（二）丹麦养猪业模式对中国养猪业发展的启示

1. 丹麦的养猪概况

丹麦地处欧洲北部，人口530万，畜牧业在丹麦农业中占主导地位，产值约占农业总产值的3/4，其中，养猪业又占畜牧业总产值的43.7%。丹麦人均肉类占有量世界第一，2009年人均肉类占有量达到3 417千克，猪肉出口量世界第一，养猪生产总量（活猪及猪肉）的85%用于出口。在20世纪80年代后期，丹麦猪肉出口值开始超过荷兰；1997年猪肉产量只占世界总量的2%，但出口量却占世界出口总量的23%，猪肉出口额达到24.06亿美元，相当于整个亚洲猪肉出口额的3.4倍多，号称"猪肉王国"。丹麦长期以来是世界上最重要的猪肉和种猪输出国之一。

（1）丹麦猪产业发展演变过程　丹麦从19世纪末起，通过120多年养猪业的发展与演变，形成了猪产业的高度集中与合作。丹麦目前有110万头母猪，年出栏猪2 500万~3 000万头。以家庭农场养殖方式为主，养猪农场5 000~5 500个，平均每个农场有母猪290头，年出栏猪5 000~6 000头。出栏猪的屠宰销售集中于科王和比卡两大集团公司。导致猪产业如此高度集中与合作的主要原因有6条：一是农业的高度发达，大农业机械化种植业的发展，粮食作物富裕；二是独特的土地政策，大规模农业土地集中；三是猪产业组织发挥了巨大作用，国际化程度极高，猪肉出口的各个环节有极为严格的兽医卫生标准；四是产业发展模式和商业经营模式全球领先，产业效率高，盈利水平也高；五是产业规划和政府政策导向发挥了巨大的作用；六是猪的诸多疫病得到净化和猪种质资源开发利用好，生产水平极高。

（2）丹麦种猪产业与生产性能　丹麦是全球猪种质资源开发利用最前沿的国家，全国联合育种和国际化经营已有100多年的历史。早在1886年就开始对长白猪进行培育，经过100多年的培育和改良，瘦肉型良种猪长白猪（兰德瑞斯）成为世界著名的瘦肉型猪种。丹麦主要的猪品种为长白猪、大白猪、杜洛克、汉普夏猪。丹麦的猪生产性能达到了极高的水平，全国平均生产水平：每头母猪年提供断奶仔猪27.5头，母猪窝均产仔猪数高达12.87头，母猪年产胎次2.35胎以上，其中有10%的猪场每头母猪年提供断奶仔猪在32~34头，母猪窝均产活仔猪数在14.5~15头，母猪年产胎次在2.41胎。甚至有的猪场生产水平高得不可想象，1 200头母猪年出栏猪可达到4万头（是我国平均水平的2倍多），25~28日龄断奶体重6~8千克，上市体重120~130千克，瘦肉率58%~59%。丹麦养猪业整体能创造这么高的生产水平的原因主要是：有极好的品种及极佳的优质基因传递、猪舍全自动化环境控制、动物福利立法与实施、猪疫病得到控制与部分疫病净化、饲料营养技术发挥极致、对猪场有极高的管理水平、猪人工授精技术的集成与高度专业化生产精液、猪产业分工合作专业化程度高、猪场电脑化生产记录管理与不断地改善生产水平。

（3）丹麦猪产业养殖模式与生产流程的变革　丹麦长期以来都是以200~400头母猪群和配套年出栏肥育猪5 000~10 000头为生产场，采取"一条龙"的养殖模式（母猪、保育猪和肥育猪在同一个场生产），但最近几年有少部分猪场同美国一样转换到两场式。一般单个场父母代母猪500~1 200头，单个场肥育猪年出栏1 000~40 000头。种猪还是采用"一条龙"高度专业化的饲养模式，分核心场和扩繁场。目前，生产水平在前列的10%猪场都在向两场式或多场式的生产方式转变。而且新建猪场已经不再采用"一条龙"养殖方式了，且原来的"一条龙"养殖方式猪场大部分改造成了单纯的繁殖场或育肥场。丹麦这一养猪生产流程和养殖方式变革，也是近几年来养猪水平得到极大提高的重要举措。

（4）丹麦猪场的自动化控制系统水平极高　丹麦是欧洲较早实施动物保护法的国家，猪舍建筑首先要符合动物保护法，对猪舍内的环境控制要求更严格。不能对猪群实施限位栏饲养，要保证规定的活动空间，在地面要有垫料，同时要满足猪的生长环境。因此，丹麦养猪都是实施自动化控制舍内环境，采用水帘降温和煤气加热器升温，自动控制温度、湿度和通风量，保证猪舍内空气新鲜、环境舒适。由于猪舍环境舒适，对猪的健康有了保障，这也是丹麦养猪能达到极高生产水平的重要因素。丹麦的人工成本在世界上是最高的，为了控制人工费用，农场的工作人员包括管理人员的数量都很少，一般是家庭式饲养人员管理，很少请人养猪和管理猪场，都是世代养猪，管理精耕细作。在目前采用两场式的猪场，每个家庭成员要管理400~600头母猪。丹麦的猪场全部采用电脑自动化控制喂料系统，饲料一般是通过料塔直接输送到各个车间，然后自动饲喂给各阶段的猪只。在保育舍广泛使用干湿料槽自动喂料，大大减少了饲料的浪费和污染，增加了仔猪的食欲。

丹麦养猪业发展还带动了饲养设备和肉制品生产设备的发展和现代化。在丹麦，生产各种饲养设备的企业十几家，其饲养和加工的自动化设备不但能够满足国内需求，还销往世界各地。其中，丹麦开发一种电脑控制的饲养设备，也在全球领先，其原理是在猪的耳朵上装一芯片，控制其每天定量、定时进食，猪的食槽栏上装有扫描仪，前后有活动档，每次只能有一头猪进食，电脑控制流入食量，进食后自动记录。如果在下次进食时间未到之前进入食槽觅食，电脑开关就不会启动放食。丹麦养猪生产自动化程度极高，在丹麦1万头猪平均仅需3个劳动力。

2. 中国养猪业发展可以借鉴丹麦的养猪发展模式

（1）中国养猪业与丹麦养猪业的差距　丹麦是世界上养猪技术先进的国家，被誉为"养猪王国"。中国是世界上养猪规模最大的国家，生猪的存栏数、出栏数和猪肉产量接近世界的1/2，被称为"养猪大国"。然而，有数据显示，2010年中国肉类产量7 925.8吨，其中猪肉产量5 071.2吨，2010年中国出栏肉猪66 686.4万头。无论是存栏量还是出栏量，中国均居世界首位。中国的猪肉消费大国地位同样无可匹敌。但是中国猪肉出口量少，生产效率低，平均每头母猪每年可提供育肥猪数16~17头；饲料转化率（3.6~3.8）：1，出栏率142%。这些偏低指标，已成为中国养猪的软肋。然而，作为北欧小国的丹麦，猪肉产量虽不如中国，但却是当之无愧的养猪强国。丹麦以专业化、机械化、自动化、规模化和高效率著称，特别是劳动生产率居世界前列。丹麦2009年猪肉产量约160万吨，其中90%用于出口（欧盟和日本、美国、中国等），是全世界最大的猪肉出口国。在养猪方面，丹麦人确实有很多过人之处。丹麦养猪业是世界公认的"高科技产业"，基因生物技术、电脑自动控制系统等在生猪产业中得到广泛应用；猪群疾病控制、饲养管理、遗传育种等养猪管理技术世界领先。同时，丹麦也是全世界禁止使用抗生素饲料添加剂做得最好的国家。目前，丹麦平均每头母猪每年可提供育肥猪数26~33头，饲料转化率（2.4~2.8）：1，出栏率168%。近年来，丹麦每年出栏生猪维持在2 000多万头，平均每人出栏4~5头，且饲养、屠宰、猪肉产品加工都有严格遵循的相关规定，丹麦的猪肉及肉制品达到了世界最高的卫生尺度，各个环节都有极为严格的兽医卫生标准。而且丹麦养猪业收益相对稳定。相比之下，中国猪肉价格忽上忽下，市场波动大。以上多种因素的差异直接导致中国与丹麦在养猪方面乃至下游产业领域形成不小的差距。当前，就中国的养猪情况来讲，如何通过改善养殖模式，优化饲养环境，提高管理技术水平，实现专业化、标准化，减少生猪疾病发生率，提高种猪生产性能，严格保障肉食品安全是业内乃至社会关注的焦点。

（2）中国的养猪业发展可借鉴丹麦的一些模式　当前，中国的养猪业正在向现代化、标准化、规模化快速发展，一家一户副业养猪的模式已经不适应时代的发展需要，虽然在国家大力扶持和引导下，各地的大型养猪企业都在蓬勃发展，已经有几万头、十几万头规模的大型养猪场建成或正在建设中，但是这种仿照美国、加拿大养猪托拉斯的模式，在土地资源紧张，环保压力巨大的我国实在不宜再进一步的推广发展。今后的中国养猪业发展模式，将是大型猪场（年出栏万头商品猪为生产单位的大型全产业链企业）和中小型猪场（年出栏1 000~5 000头商品猪场）与家庭农场以及联合体多元化并存，而且中小型猪场联合体要占较大比例。为此，我国养猪业的发展重点应该更多地向丹麦养猪业学习，借鉴丹麦养猪的发展模式。

①养猪规模适中与配套生产。丹麦人均年养猪3头，猪场规模不大，大部分种猪场规模为200~500头基础母猪不等，按我国的企业标准属于规模并不大的猪场。丹麦长期以来都是200~400头母猪群和年出栏肥育猪5 000~10 000头为生产场。种猪采用"一条龙"高度专业化的饲养方式，分核心场和扩繁场。核心场为曾祖代种猪（GGP），生产祖代种猪（GP）；扩繁场为祖代种猪（GP），生产父母代种猪。单个GGP场中种猪规模200~300头，单个GP场中种猪规模300~500头，并且GGP场和GP场都能做到无特定病原。丹麦的种猪场规模与肉猪场规模相配套，这对我国的养猪生产模式很有借鉴作用。中国的种猪场大都与肉猪场无紧密合作关系，核心猪场和扩繁场一般也是各自为阵，这也是我国种猪良种化程度不高，不断地从国外引种的一个原因。

②实行"生态税收"，重视养猪产业与农业环保，推行养猪规模与土地规模相配套。丹麦每个猪场都是农场主家庭式经营，每个农场主有200~333公顷土地。丹麦政府非常重视环保工作，用法律确保"清洁农业"的发展，且是一个"生态税收"改革的国家，1977年丹麦就开始征收能源税。政府和猪产业组织非常重视对猪粪污水有机质的综合利用，很早就同步实施机械化大农业种植消耗规模养猪产生的有机粪污水，这样不仅省去猪粪污水处理成本，而且将优质的有机质猪粪污水100%资源化综合利用，既肥了作为猪饲料原料的作物，又改善了土壤。在丹麦，不是谁想养猪就可以马上养的，要通过行业组织长达两年的审核期批准后才能上马。根据养猪规模与机械化种植配套的要求，经丹麦农业食品委员会批准母猪饲养规模，同时审定每头母猪要配套15亩可耕土地消耗猪粪污水后，养猪者仅限于启动所批准的养殖规模，绝对不允许超规模。对于未经批准或超规模养殖的，都属于非法养殖，坚决予以取缔。我国虽然难以做到丹麦对养猪发展的规定，但今后对大中型养猪场的项目审批上，也可采纳丹麦的规定，大中型猪场不能单纯以养猪为主，其中粪污的消纳处理要与土地耕田及果林等作物生产相配套才行。我国中小型规模猪场若能结合"土地流转"，转租一定的农田配套种植业，发展种养结合的"家庭农场"，其发展前景更符合我国农村农业发展规划和长远利益。

③粪污处理方式简单。目前中国对猪场提倡建污气池处理粪污，大型猪场用污气发电，投资污气处理工程费用也大。但在丹麦猪场都没有搞沼气工程和用沼气发电。丹麦的猪场由于注重节约用水，相对来说排污的压力较小，而且各阶段猪的粪尿主要是通过漏缝地板直接进入猪舍下面的储粪池，生产的污水也直接排放于大的储污池。储粪池底部有30度的斜坡便于干稀分流，污水直接有粪车喷洒于农田，而干粪则在池中贮存一年，待来年耕地时施肥。也有的猪场每出一批猪清理一次粪池。这种种养结合和粪污处理的模式对我国可借鉴

应用。

④ 丹麦的合作社和产业组织与管理对养猪产业发展起到了很大的作用。在丹麦，家庭农场是农业生产的主要组织形式，农场土地归家庭农场所有，自主经营，通过合作社将分散的家庭农场联系起来，作为整体参与市场活动。合作社也是丹麦猪肉产业经营的基本单位，它利用各种形式的股份制合作社将分散的农场联系起来，负责农民从市场信息、种猪育种、生猪饲养、检疫防疫、猪舍建设到屠宰、市场营销等方面的服务工作。此外，丹麦还实行纵向整合，利用产业联合的优势，提高产业专业性。如丹麦养猪和屠宰联合会，作为国家性的行业组织管理机构，是一个合作社性质的农民自助组织，所有的养猪农民、屠宰场及所属企业都是这个组织的成员，它一方面负责制订产业发展战略，研究开发新产品，推动养猪产业一体化中各个环节的协调与合作，另一方面还负责收集国际相关产业信息，向国家和政府有关部门提出建议，提高本国猪肉产品的国际竞争力，并通过遍布全国的技术咨询站为农场主提供具体技术咨询和指导治病防疫等一系列服务。相比之下，中国的养猪合作社并未起到应有的作用。中国的养猪业发展必须向丹麦学习，通过合作社可以弥补农村猪场规模小，竞争力差的缺陷，形成大规模的牧工商一体化的经营体系，并通过产业的分工与联合，提高不同环节的专业性与整体的协作，从而为整个产业参与国际竞争带来整体优势，实现产业的小生产、大经营。而且丹麦高效的协调管理也是整个养猪产业链有效运行的关键。这也许是中国养猪产业发展的趋势和方向。

（三）荷兰母猪自动饲养管理系统的应用和对中国养猪业的启示

1. 荷兰养猪业概况

荷兰是西欧北部的一个小国，国土面积仅 4.15 万平方千米，人口 1635.7 万，其土地的 58% 用于农业。荷兰是个农业"大国"，十几年来，在世界农产品净出口额和总出口额的排行榜上一直名列前茅，可与美国相媲美。荷兰农业高度集约化，农业的构成中，畜牧业占 50%，园艺业占 38%，种植业只占 12%。荷兰以荷兰黑白花奶牛与花卉著称，养猪业也很发达，均以数字化管理技术闻名全球。

在荷兰畜牧业中，养殖业占据着重要地位。荷兰存栏母猪约 120 万头，年出栏商品猪 1 000 万头，其中 500 万头内销，500 万头出口，还出售 1 500 万头仔猪，基本卖给周边国家。荷兰的猪场以中小型为主，存栏母猪规模在 200~300 头的猪场约占 25%；存栏母猪 100~200 头的母猪场约占 23%；存栏母猪 300~500 头的母猪场占 20% 左右；存栏母猪低于 50 头的猪场约占 5%，高于 800 头的不足 5%。

荷兰 80% 猪场使用拖佩克（TOPIGS）公司种猪，自己不育种；其他猪使用长大或大长种猪。种猪来源单纯，健康状况良好，不携带猪瘟病毒（HCV）和伪狂犬病病毒（PRV）。

猪场多使用饲料公司的全价配合饲料，少数猪场自配饲料。主要能量饲料玉米来自南美。

荷兰猪场猪舍建筑结构均为全封闭式，采用优质轻钢内夹保温泡沫做房顶与墙体材料，舍内栏与栏之间隔断部分亦采用轻钢泡沫板，安装拆卸极为方便。舍内多采用房顶式排气，亦有少数猪场为山墙式排气。下水道均为舍内封闭式粪道，外通到封闭式贮便池。猪舍供暖设备完好，有燃气式和焚烧锯末式。供暖管道为高强度 VP 管，都埋在猪栏的躺卧区。许多猪场，特别是采用 Velos 智能化母猪饲养管理系统的猪场都安装了自动监控温度、排气设备。

猪场日常清扫工作也因场而异。在自动化程度高的猪场，粪道每周清扫 1 次，自动化程度低的猪场或小型猪场仍然每天以人工清扫为主。预防消毒工作每周 1~2 次，进猪场没有紫外线照射消毒，一般只需换鞋、更衣即可，个别猪场要淋浴更衣。

猪场未用药物保健，而且荷兰养猪人对"药物保健"一词极为陌生。荷兰没有猪瘟（HC）、伪狂犬病（PR）、口蹄疫（FMD），因此种猪不接种这些疫苗，也不接种细小病毒疫苗，只接种猪流感、大肠杆菌病疫苗。前几年种猪还接种蓝耳病疫苗，近几年部分猪场认识到该疫苗的不安全性和免疫抑制作用，已停止使用。

2. 荷兰养猪业的主要特点

（1）良好的品种　荷兰养猪场猪的品种 80% 是托佩克（TOPIGS）生产的猪种，丹麦杜洛克、PIC 及其他猪种大约占 12%。托佩克目前是欧洲最大的猪育种公司，该育种公司根据不同的气候环境、市场制订最佳的育种方案，在众多的纯公猪系和母猪系中选育出了高生产性能的种猪。托佩克遵循平衡育种的理念，也就是"一种特性的改良不会因牺牲其他特性而导致出现问题"，这个理念对中国猪种改良有很大的启示。经过平衡育种，在注重增强仔猪活力的同时，保证仔猪死亡率不上升。因此，窝产活仔数在最近几年得到稳步上升。此外，托佩克根据母猪母性强弱和仔猪活力等特性，进行公猪基因筛选的方法，是提高仔猪成活率的重要措施。

（2）高效的母猪自动化饲养管理系统　荷兰在母猪的饲养管理方面取得了举世公认的成绩，母猪的整体生产性能得到大幅度提高。由于繁殖性状遗传力极低，繁殖性能的提高主要依靠饲养管理水平的提高。荷兰母猪繁殖性能提高的成功主要受益于母猪自动饲养管理系统的广泛使用以及相关饲养管理体系的完善，以及对母猪饲养的基本理念。

① 对母猪饲养的基本理念。一是完全根据母猪的生物学行为特点设计栏舍，给母猪提供福利条件；二是全面实现母猪单独、精确、安全、无应激饲喂；三是注重保持母猪体况，根据个体的体形、胎次、背膘厚来确定饲喂量，实现大群条件下的个体精确饲养。

② 通过强化母猪饲养管理提高繁殖性能。主要采取以下 3 个措施：一是在繁殖方面的饲养管理上，主要依靠电脑控制下的自动饲养管理设备，实现大群饲养条件下对个体的精确管理，包括对母猪的自动供料和发情鉴定等，以确保繁殖效率的提高；二是自身不搞育种，确保了母猪遗传性能的稳定；三是实行考核指标，重点考核母猪初产活仔数和仔猪初生重两个繁殖性状指标。其中母猪初产活仔数在没使用母猪自动饲养管理系统前，一直维持在 10.9 头，没有任何进展；使用母猪自动饲养管理系统后，母猪初产活仔数迅速提高，由最初的 10.9 头迅速增加到 11.9 头，应用 Velos 智能化母猪饲养管理系统的猪场，母猪年提供断奶仔猪 26 头以上，其中 Harry 猪场的母猪年提供断奶仔猪达 30 头，母猪年产胎次在 2.4以上。

③ 实现了母猪饲养整个生产过程的高度自动化控制。主要有以下几点：一是自动供料，整个系统采用储料塔 + 自动下料 + 自动识别的自动饲喂装置，实现完全的自动供料；二是自动管理，通过中心控制计算机系统的设定，实现发情鉴定、舍内温度、湿度、通风、采光、卷帘等的自动管理；三是数据自动输入，所有生产数据都可以实时传输显示在农场主的个人手机上；四是自动报警，场内配备由电脑控制的自动报警系统，出现任何问题电脑都会自动报警。

④ 生产效率高。主要体现在以下 4 个方面：一是管理人员的工作效率高。一个 750 头种母猪场，只需要 2 个人就可以实现对猪场的管理；二是管理人员的工作轻松。管理人员平均每天进猪场时间不超过 1 小时，进场后的主要工作是配种、转群、观察、处理等必须由人

来完成的操作。三是母猪的生产效率高。通过运用母猪自动饲养管理系统，可以使群体获得优秀的生产成绩，母猪在采用 26~28 日龄断奶的生产模式下，使用该系统的母猪场内平均年产胎次可以增加到 2.4 胎，平均胎产活仔数可以达到 12.32 头，母猪的平均年产断奶仔猪数（母猪年生产力）可以达到 26.83 头，全群平均返情率仅为 7.4%，可见，对母猪实施自动管理系统可以大幅度提高母猪群体的生产效率。四是养猪的整体经济效率高。通过高度的自动化管理，实现了对群养母猪的个体化管理，避免人为因素对养猪生产造成的影响，使得养猪的整体经济效益大幅度提高。根据欧洲的平均生产水平计算，使用母猪自动饲养管理系统的猪场，平均每头商品猪盈利 50~120 欧元。

⑤ 实现生产数据管理的高度智能化。一是系统可以自动完成对每头母猪体重的监控并通过制图的形式加以反映，为管理者提供精确数据；二是对于群体每个阶段的生产数据，系统还可以通过中心控制电脑进行辅助分析并制订各种生产报表，为管理者提供群体的数据；三是对于和市场相关的各种供销信息，由养猪协会统一协调管理。

⑥ 饲养过程充分考虑了动物福利。一是按照动物福利的要求，全面放弃定位栏，采用大群养殖的模式，让母猪随意运动、自由活动，每头母猪的活动面积在 2.5 米²。二是在自动饲养管理系统中，通过对特定行为学特征的自动监控，配合特殊的个体识别系统，可以实现对特殊个体如发情母猪、返情母猪等的自动隔离，从而减少了人为观察的工作量和主观性误差的产生。三是通过使用自动饲喂系统，实现了在大群饲养条件下的个体精确控制，而且群体内的母猪可以自由分群，随意组合，自由选择采食时间。四是在减少应激措施的基础上，还通过播放轻松音乐等方式给猪提供宽松的生活环境，从而提高母猪生产效率。

（3）自动化养猪程度高　荷兰猪场管理基本上实现了电脑化，用电脑来管理生产和财务数据，除 30% 的猪场应用 Velos 母猪自动饲养管理系统外，多数猪场都有自动供暖、自动通风、自动饲喂设备。

① 先进的自动通风保温设施。荷兰猪场都是封闭式猪舍，其考虑最多的因素是通风。猪舍通风的方式有门通风、屋顶顶风、地道通风等几种方式。出风口均设在屋顶中央位置，装有可调节速度的排风扇。通风和保温是猪舍环境控制中的一对矛盾，而荷兰的猪舍均装备有恒温自动控制系统，可以在保证正常通风的状态下，自动保持猪舍恒定的温度。猪舍加温一般用水暖管道系统。

② 先进的自动饲喂系统。荷兰猪场一般都采用自动饲喂方式，人工饲喂的方式极少。猪舍外有大的饲料筒仓，饲料公司的料车将饲料装入筒仓后，经过管道输送系统，饲料可以到达猪舍内的每一个食槽中。虽然个别猪场妊娠母猪舍仍在使用单体限位栏，也采用拉线式的同时给料自动饲喂系统。荷兰出于动物福利的考虑，将于 2013 年废除妊娠母猪单体饲喂栏的饲养方式，已有越来越多的猪场妊娠母猪舍在用群养电子自动饲喂系统。

（4）营养全面饲料　荷兰猪场多使用饲料公司的全价配合饲料，全价配合饲料往往做成颗粒料，便于管道中运输和提高猪的采食量。而且饲料制粒后喷涂技术也开始在荷兰流行。饲料通过喷涂可以提高油脂的添加量，也可以将一些容易受热破坏的原料如酶制剂、维生素及药物等成分进行制粒后喷涂，可保证饲料良好的品质。而且荷兰猪场很注重仔猪教槽料的使用，尽管教槽料很贵，但猪场使用非常普遍，一般仔猪出生后 5~7 天开始使用。有的猪场还采用产后 3 天开始饲喂仔猪人工乳直至断奶，尽管人工乳很贵，但能很好地提高仔猪断奶重，在一些猪场还可以接受。这也是荷兰猪场在采用 26~28 日龄断奶的生产模式下，平均胎产活仔数可以达到 12.32 头，母猪的平均年产断奶仔猪数（母猪年生产力）可以达到

26.83 头的另一个主要因素。

（5）高效和精确的饲养管理技术 荷兰养猪业为高投入、高产出，而且劳动力贵，猪场雇用的工人很少，猪场管理必须高效。在荷兰一般 400~500 头母猪的猪场只需 1~2 名工人。荷兰猪场采取"全进全出式"的生产工艺，因此在猪场平日生产中的工作节奏要求十分精准，每个猪场都有自己固定的工作日程，如定在周四母猪断奶，一定是早晨 8:00 准时给所有的母猪都断奶，这样母猪 80%~90% 会在下周一发情，周二统一进行人工授精。猪场为了保证母猪周期发情、周期分娩，保证生产节律恒定不变，荷兰猪场采用的与一般的促进周期发情做法不同，是采用控制周期分娩的技术，为了使母猪同期分娩（提前或推后 1~3 天），猪场采取给还未到分娩日龄的母猪阴道注射药物，促使母猪分娩，这样保证了整个猪群分娩的节律一致，同时也就保证了母猪周期发情的节律也一致。

（6）严格的防疫措施 由于欧盟有禁止在饲料中用药的规定，猪场未用药物保健，而且荷兰猪场没有兽医，主要通过良好的饲养管理和环境来减少疾病的发生。荷兰猪场一般不会给予猪药物治疗，猪场在处理病猪时采用更多的措施是淘汰，但每一个猪场都十分重视疫病的防控。如对任何人包括猪场工作人员，进入猪舍前一定要洗澡，之后换上猪场准备的工作服和长筒靴才允许进入猪舍，而且猪场工作人员进入不同的猪舍必须穿不同颜色的靴子。从猪舍出来时有可冲洗长筒靴的机器，将靴子清洗干净，以免下次进入时导致猪舍的污染。荷兰猪场只接种猪流感、大肠杆菌病疫苗，个别猪场进行猪丹毒的防疫。

（7）良好的养猪节约理念 荷兰人养猪处处讲节约，为了减少人工成本，采用自动化程度高的养猪模式，从一定程度上讲，这也是荷兰养猪业自动化水平高的原因之一。因采用高品质的先进设施设备可以延长利用年限，减少保养维护费用，这其实也是一种节约。再如一些猪场在工作人员不够时会雇用一些类似于"钟点工"的技术人员，由于实现了节律化的生产，每周固定的某一时间，这些人会到猪场来做固定的工作，比如仔猪打耳标、剪牙、断尾、去势等工作同时进行，这样既保证了生产的正常运转还节约了人工。此外，在保暖上，只加热奶猪与保育猪躺卧区地板，不主张提升全舍空气温度，从而大大节约了能源。荷兰人对猪场的粪尿从不排放到露天处，而是排放到猪舍地下封闭式水池中，再用特型粪车抽走，马上回田，每个环节基本都处于密闭状态，大大减少氨氮挥发带来的氮源丢损，这种节约理念在全球唯独此国。也有一些猪场将猪粪发酵生产沼气，或者用来发电。荷兰是一个多风的国家，不少猪场利用风力发电来供应猪场的部分电能，在其他国家难以做到。

（8）重视环境保护着眼持续发展 高度集约化的养猪业也给荷兰的环境带来了严重的问题，但荷兰为了保护生态环境，政府采取措施是限制和减少养猪场猪的数量，农户新建养猪场的审批难度很大，现存的猪场都有较长的历史，运营最短的猪场一般也在 10 年以上。荷兰猪场的粪尿不允许随意排放，猪舍中均采用漏缝地板，粪会随着猪的踩踏漏到漏缝地板下面的粪尿池，然后通过水泵被泵到粪罐车后送到周围的农田中。除了粪尿回田外，荷兰严禁使用化学杀虫剂，但为了控制猪舍蝇患，猪场采用寄生蜂（由专门公司生产）灭蝇。寄生蜂将蜂卵产在蝇卵上，消耗蝇卵的营养，使之不能孵化成蛆，从而达到灭蝇目的。从一些猪场使用情况来看，此方法可减少 80% 蝇密度，效果得到猪场业主的认可。

3. 荷兰现代化养猪对中国养猪业的启示

（1）宏观调控有方 在荷兰并非谁要养猪就可以养猪，全国控制母猪数在 120 万头，新从事养猪行业必须具备以下条件：一要有订单；二要有排污接受者证明，即养殖场排污必须回田，一般由作物与牧草种植户用专用车将粪水抽走，直接灌压到作物或牧草行株 30 厘米以下的土壤中或发酵处理回田；三要购买生产许可证，如指标已满，就必须从现有养殖户中获得转让证明；四要服从到指定区域建猪场。而且荷兰养猪几乎没有大起大落，一般荷兰养猪业的利润周期为3年，就是在低谷时也可盈利，不像我国盈亏幅度那么大。可见中国养猪业也应该有宏观控制，荷兰王国控制种猪数量与设定猪场门槛的经验值得借鉴。在一定程度上讲，中国对生猪的承载量应该有个确定范围，进而确定母猪的数量，通过控制母猪数量，达到宏观控制全国养猪业的目的。人们不能以市场经济或市场调控为挡箭牌来掩盖中国养猪业缺乏顶层设计的事实，以此也不能来掩盖相关职能部门如畜牧、商贸等部门缺乏宏观领导的作为与战略眼光的事实。

（2）培育健康的国家种猪群　荷兰的托佩克公司虽然不是政府机构，但该公司供应全国80%以上种猪的事实，说明种猪业的垄断化对种猪的育种水平提高及种猪产业化发展以及推广良种和养猪科技水平有很大作用，荷兰养猪业的整体生产水平也是一个印证。托佩克公司种猪良好的健康状况表明其具有极好的社会责任感，由健康种猪惠及荷兰养猪业的利益与消费安全感所形成的价值远远超出健康种猪本身的价值。相比之下，我国种猪生产遍地开发，无序引种，多病附身，良莠不齐，一些种猪场对客户隐瞒病情，种猪健康状况低下均说明中国种猪业的无序与缺乏社会责任感。从近50年来猪病仍在中国流行的事实以及出售种猪无需进行猪瘟带毒检查，可见中国种猪健康状况之一斑。伪狂犬病、细小病毒、乙型脑炎、口蹄疫、蓝耳病等在猪群中不同程度流行，已不是什么新鲜之事。一个不健康的种猪群已成为中国猪群的储毒储菌库，种猪带毒、带菌、体质低下是我国猪病肆虐，难以消灭的根本原因。现在要认识到中国养猪业要想走出疫病肆虐的怪圈，首先要有具有社会责任感的种猪业，要有健康的国家种猪群；中国的养猪业要想达到发达国家的水平，首先要有一个整体种猪产业集团，这个产业集团包括大学、科研机构及有实力的种猪场等组成，一些发达国家的生猪产业水平之高，其原因之一也在这里。

（3）学习荷兰人敢于创新高新技术及不满足现状、不断进取的精神　荷兰养猪业属于典型的"高投入、高产出"生产类型，其中猪场建设投资占养猪投资有较大比例，收回投资需要多年的积累和运转。荷兰猪场建设的高投入是提高养猪效益的需要，也是荷兰环保、动物福利、动物性食品安全等相关政策的需要。事实上，尽管荷兰猪场生产水平很高，但是养猪场的利润并不高，由于在猪舍建筑和设施配置上需较高的资金投入，对于荷兰养猪业唯一的途径就是提高母猪生产能力。只有多产仔猪，提高设备利用率，才有利于投入资金的回收。1999年以前，荷兰养猪水平已达到母猪年提供商品猪22头的佳绩，但荷兰养猪人并不满足，将奶牛的Porcode自动饲喂管理系统改进移植到养猪业，在世界养猪业史上首创数字化饲养管理的先河。在不到10年的时间里，30%以上的猪场采用了这种新技术，这也是荷兰养猪业能创造年提供断奶仔猪27头好成绩的动力。含有高科技内涵的高投入，使得荷兰养猪业取得了高回报，在一个没有饲料资源的国度里，在只有332平方千米的农业用地上，创造出口2 000万头生猪（其中出口500万头商品肉猪、1 500万头仔猪）、内销500万头猪的奇迹就是最好的证明。由于设计先进，科学管理，并不断采用新技术，荷兰90%以上的猪场都能获得良好的经济效益，即使是在全世界猪价最低的时期，也能保证一定的经济效益，这些都是值得中国广大养猪场借鉴的经验。虽然荷兰这种高投入、高产出的生产模式可能在我国绝大多数猪场不能立即实现，原因在于我国农户所办的中小型猪场养猪资金不很雄厚，需要把更多的资金用于饲料周转及引进和更新种猪上，但我国养猪人应该要学习荷兰人敢于创新，敢于采用高新技术，不满足现状，不断进取的精神。荷兰人不仅相信高新技术，敢于重金投入应用高新技术，还对新技术带来的先进文化内涵有深刻的认识，那就是以符合生猪的生物学特性来养猪，为猪只创造良好的福利小环境是获得较高生产水平的关键。除此之外，在荷兰猪场处处还可见到这种文化理念表现：为母猪播放轻松愉快的音乐，为猪群设置可以自由刷皮毛的毛刷机，为仔猪群设置可以玩耍啃咬的铁链、木球等，对参观猪场的人进入猪群后不可踢打生猪等，而这些正是我国养猪人所缺乏的理念。

（4）应用母猪自动饲喂管理系统来提高生产效率　现在规模化猪场一些业主已认识到限位栏对母猪的伤害，也限制了母猪生产潜能的发挥，而人工饲喂妊娠母猪与后备母猪又不能精确控制料量与膘情造成母猪生产性能的下降。欧盟在 2010 年取消限位栏等因素促使荷兰母猪自动饲喂管理系统即 Velos 的诞生、应用与普及。Velos 智能化母猪饲养管理系统使后备母猪与妊娠母猪的饲养管理做到了真正的精细化。但是也要承认，由于产房自动化应用的难度大与高成本，加上荷兰人工费用高，雇员工资为每小时达 30 欧元，使荷兰养猪采取精细管理与粗放管理结合，荷兰目前产房管理极其粗放，无人接产，母猪分娩任其自然，产房仔猪死亡率达 15%~20%，奶猪死亡成本与雇员精心照料产房的成正比，荷兰养猪人选择了低成本无人照料的粗放管理。但由于 Velos 智能化母猪饲养管理系统将母猪从限位栏中解放出来，又做到精细的饲养管理，母猪繁殖水平大幅度提高，尽管产房仔猪死亡率高达 15%~20%，仍然取得了母猪年提供断奶仔猪 26 头以上的成绩，其中 Harry 猪场更是取得了母猪年提供断奶仔猪达 30 头，母猪年产胎次在 2.4 以上，返情率为 7% 的令人瞩目的成效。走向自动化一直是荷兰养猪人追求的目标，并对产房自动化研发，解决产房仔猪死亡高的问题也令我国养猪人难以想象。荷兰有的猪场采用可升降的产床，该产床仔猪活动的漏缝地板可升降，当母猪站立起来时，该地板会自动下降，仔猪便不能爬上母猪的躺卧区，从而避免母猪躺卧下时压死仔猪；当母猪卧下后，该地板自动上升到与母猪躺卧地板同一水平，让仔猪可以到母猪身边吃奶。虽然此产床价值相当于 1 万元人民币，但在有的猪场已应用。对中国养猪业而言，应该学习与应用 Veols 系统来提高母猪生产水平，这也是解放中国养猪业生产力的自由之路。中国养猪生产的生产潜力到底在哪里？养猪界科学家、专家及科技人员都认可挖掘生长速度与料重比的潜力极其有限，唯独母猪的繁殖潜力巨大，何况中国的一些地方优良母猪品种，繁殖率之高正为世界养猪业公认。然而，中国的规模化猪场母猪的生产水平为什么达不到发达国家的生产水平，虽然许多猪场请精英人才来管理或请有经验有技术的饲养人员来饲养母猪，尽管中国是一个人力资源大国，但是，许多规模化猪场仍然陷于优秀精英及母猪饲养人员频频流失的茫然之中。其原因有，目前中国的一些规模化猪场工作条件与环境差，机械化与自动化水平不高，劳动强度大，工资福利不高。中国的一些规模化猪场，实现 Velos 系统管理后，几百头至一千头母猪只需 1~2 人管理，减轻了劳动强度，员工操作先进的自动化管理系统有成就感，也由于猪场减员，场方有了给予高薪的空间，也不会再担心人才流失。中国目前一些规模化猪场的业主和有识之士已经意识到只有改变生产方式，才能提高经济效益，已有很多猪场纷纷投入机械化、自动化猪场的建设。

（5）荷兰对环境保护和动物福利的做法值得借鉴　荷兰养猪业自动化程度高，但重视环境保护，着眼持续发展以及根据猪的习性养猪，为猪创造良好的福利小环境的做法值得我国养猪业借鉴。我国养猪业正处在发展中阶段，在一定程度上也承认很多养猪企业的盈利是以环境破坏为代价的。随着我国社会发展程度不断提高，生态环境保护和可持续发展呼声不断增强，中国规模化养猪面对环保的压力也很大。此外，我国以往一直关注养猪集约化生产，但忽视了猪的生存环境。如今，业内人士已充分认识到动物是人类生存生态链中的关键环节，其生存环境与人类息息相关。对养猪生产而言，关注猪的福利，力图给猪只提供舒适良好的生存和生活环境，这对提高饲料利用效率和生长速度以及种猪的繁殖力，减少猪的疾病发生，最终提高肉产品品质十分必要。

（四）加拿大现代化养猪业对中国的启示

1. 加拿大养猪概况

加拿大是世界第二大肉猪出口国，55% 的生猪供出口，其中 75% 销往美国，其次是日本、中国香港、俄罗斯、韩国。猪、牛肉年出口创汇达 30 亿加元。目前，加拿大养猪业主要向现代化、规模化、集约化方向发展，生产水平高，进入养猪业发达国家行列。

2. 加拿大现代化养猪业的主要特点

（1）开展种猪性能测定和遗传评估　加拿大有种猪场 630 个，其中原种猪场 250 个，经登记的纯种猪约 10 万头，原种猪场核心群母猪 3.5 万头。纯种猪结构为大白猪 44%，长白猪 37%，杜洛克 15%，汉普夏 3%，拉康比 1%，年出口种猪 8 万头以上。全国有商品猪场 2.1 万个，主要饲养长大或大长母猪近 100 万头，终端杂交父本品种为杜洛克或汉杜公猪。加拿大十分重视种猪性能测定及遗传评估工作，其中种猪性能测定经历了育种场场内测定，到种公猪测定站集中测定，母猪场内测定，最后实现在统一测定方法下实行公、母猪完全场内测定的过程。随着计算机技术的快速发展及现代遗传育种技术的应用，选种方法已由表型选择过渡到采用动物模型最佳线型无偏预测法（Blap），而采用 Blap 法可以扩大测定群体，增加选择强度，使更多的纯种猪参与到育种中来，每年测定 10 万头纯种猪，测定的性状主要有生长率、背膘厚、瘦肉量、眼肌面积、窝产仔猪数、饲料转化率等。所测数据采用 Blap 法算出个体育种值和选择指数，依据指数高低进行选种。据加拿大种猪改良公司分析，从 1995 年开始应用 Blap 法以来，种猪生产性能不断提高，如大白猪 100 千克体重日龄缩短 23 天。近些年来加拿大正在应用分子遗传育种技术来加快猪种改良步伐。

（2）重视疾病防控和肉产品质量安全　加拿大能成为世界第二大猪肉出口国，与其重视疾病防控与肉产品品质分不开。控制疾病的主要措施有 4 条：一是推广人工授精技术，全国推广面达到 85%；二是实行仔猪早期隔离断奶；三是"三点式"生产，即母猪、仔猪、商品猪分场饲养，三场相距 3 000 米以上；四是兽医监护和管理，兽医定期到猪场抽检监测，根据监测结果，指导猪场制订免疫程序，若检出传染病马上对猪场进行封锁和监护。加拿大政府对生猪养殖制订严格的兽医卫生和检疫标准，养猪首先要得到饲养许可证，卫生消毒很严格，非养猪人员不准接近猪场。通过防疫和净化措施，加拿大消灭了猪瘟、布氏杆菌病、猪霍乱、口蹄疫和伪狂犬病等主要疾病。

（3）采用现代化养猪生产技术　加拿大养猪自动化程度很高，虽然养猪场逐年减少，但养殖规模不断增大，而且规模化养猪带动了养猪场建筑设计及设备制造业的发展。养猪生产实行配种、妊娠、产仔、保育、育肥五阶段饲养，产仔、保育、育肥实行单元式全进全出；各阶段猪采用计算机控制机械喂料、饮水，清粪自动化；全封闭式饲养，猪舍内温度、湿度、通风通过计算机控制，实现了舍内空调恒温。为阻止疾病传播，广泛采用早期隔离断奶技术（17~21 日龄），母猪、保育猪、肉猪"三点式"饲养模式。这一技术的应用，提高了生猪的生长速度，降低了发病率和死亡率，也大大减少了防疫医疗费用。加拿大养猪业为增强市场竞争力，许多猪场还联合起来，形成了生产、加工、销售一体化的养猪生产联合体，实现了专业化生产体系。

（4）培育"环保猪"，保护生态环境　磷是猪生长发育所必需的重要营养成分，磷污染对生态环境的影响，目前已成为全球关注的焦点。加拿大圭尔大学基因工程研究人员通过基因重组方法培育出"环保猪"，能有效利用植物饲料中的植酸盐（肌醇六磷酸盐）所含的磷元素，不需要另外添加植酸酶就可以消化食物中与植酸结合磷。这一技术的运用能降低猪饲料中磷的含量，降低了饲料成本，并且降低了猪粪便磷含量60%，从而达到保护了生态环境。加拿大养猪场的规模越来越大，每天排出的粪便和污水量也十分庞大。目前加拿大粪污处理的主要方式有两种。一是堆肥处理，也是一种生物处理法。堆肥发酵过程中，大量的微生物将粪便转变为符合卫生标准的、湿润的具有生物成分的稳定产品。该技术可用来生产复合肥或专门用于处理动物粪便。堆肥可直接用于作物，按规格定量打包的堆肥可作为家庭、办公室等室内花卉种植用肥。二是污水循环利用。猪场粪污水一般通过管道输送到污水处理池，经过厌氧和有氧发酵后，用于农作物施肥或作为灌溉用水，实现了养猪生产和种植业生产的生态良性循环模式。

3. 加拿大现代化养猪生产对中国的启示

（1）良种是发展养猪业的基础　加拿大现代化的养猪业与其高度重视生猪育种工作密切相关。加拿大通过建立健全良种繁育体系，实施良种登记，性能测定，选种选配，并利用先进的育种方法（如 Blap 法、分子遗传育种技术），加快了猪种的遗传进展，保持了高产性能。我国今后应通过引智引技等方式，加强国际间育种技术合作，必须引进国外先进的育种技术，充分利用地方猪种资源和引进品种资源，扩大育种核心群种群数，通过扩大生猪人工授精技术，扩大优良基因的遗传辐射面。并采用开放和闭锁相结合的育种方式，培育具有中国特色的高产猪和优良猪品牌。

（2）推广标准化生态养猪技术　加拿大养猪场的规模很大，每天排出的粪便和污水量十分庞大，但加拿大采取堆肥和污水处理方式，把粪尿经厌氧和有氧发酵后作为有机肥施到土地里，很重视保护生态环境，这对中国一些规模化猪场而言，并不难以做到。保护生态环境、防控疾病、确保生猪产品质量安全是今后我国养猪业健康持续发展的重要措施。因此，我国要从猪场选址、设施设备、品种组合、卫生消毒、防疫治疗、饲料配方、饲养管理、粪污无害化处理等环节全面推行标准化生态养殖技术。特别是要通过推广人工授精、早期隔离断奶、全进全出、多点式饲养、整体防疫保健等先进实用技术，控制净化疫病，提高猪群的健康水平，降低发病率和死亡率。此外，要加大规模化猪场粪污资源利用和无害化处理力度，大力推广应用"猪—粮"、"猪—沼—鱼"、"猪—沼—稻"、"猪—沼—菜及猪—沼—果"等生态养猪模式，保护生态环境。在猪饲料配方中，要推广应用酶制剂、益生素、中草药饲料添加剂、酸化剂等无公害绿色添加剂，减少抗生素的使用量，杜绝违禁药物使用，从源头上确保肉产品的质量安全。

（3）加快发展规模养猪，推进养猪生产方式转变　美国、丹麦、荷兰、加拿大等养猪业发达国家，规模化、集约化、机械化、自动化、智能化及良种化程度高，设施设备先进，技术管理到位，猪场生产水平高，效益好。我国无论是当前和今后必须借鉴国外发展规模化养猪的经验，在一些条件较好、经济发达的地区，引导一些有实力的投资者，高起点、高规格建设一批具有一定规模并具有现代化设施设备的猪场，带动和促进规模养猪发展，推进养猪生产方式转变。

二、智能化母猪群养模式在中国的应用

（一）智能化母猪饲养管理系统的概念及生产模式

1. 电子母猪群养概念

智能化群养管理系统称为电子母猪群养饲喂管理系统，是指猪场 RFID（无线电射频识别）技术在母猪大群饲养的前提下准确识别个体怀孕母猪，并通过相应管理软件准确执行怀孕母猪的饲喂方案，使母猪在大群饲养的同时，个体能够精确喂料，保持怀孕母猪良好的体况和生产性能。因此，每头母猪必须配备 RFID 电子耳牌，使系统能够准确识别，同时饲喂管理软件必须稳定而准确地执行母猪饲喂方案。

2. 电子母猪群养生产模式

电子母猪群养自动饲喂系统有两种生产模式，也称为两种类型。一种是静态饲喂系统，每个饲喂站可饲养 50~70 头母猪。母猪统一配种后进入饲喂系统，中间如果有母猪返情了，将被分离出返回配种舍，但也不再有新的母猪补充到该饲喂站。这种模式的优点是猪群相对稳定，打斗少，好管理，缺点是设备利用率低。另一种模式是动态饲喂系统，该系统设有自动分离通道，可将需要分离的猪，如返情母猪、待产母猪、生病母猪、需要注射疫苗的母猪等分到分离区，进行喷墨标记，之后由猪场工作人员做相应的处理。这种饲喂模式要求母猪群体相对要大，一般在 200 头以上，圈舍面积也大。具体需要的数量由工作站根据母猪的喂料量、采食次数以及保证每头母猪足够的采食时间来确定。群体中有返情的和临产的母猪可以被分离出去，同时补充进去新的妊娠母猪，但母猪群体数量保持不变。这种模式的优点是设备利用率高，缺点是操作比静态系统复杂，另外群体中母猪的变化也可能会有一定的打斗。

3. 电子母猪饲喂管理系统的功能

（1）自动化精确饲喂　自动化精确饲喂站在 24 小时为母猪提供精确的定量饲喂，任何一头母猪都可以随时在需要采食的时候进入饲喂站采食，当这头母猪进入饲喂站之后，饲喂站的后门即关闭，投料系统即按这头母猪所需要的饲料量投料；当设备给母猪投料时，它不是把母猪当天所需的饲料一次性地投到采食区，而是一点一点地去投料，投料过程非常精确。而且电子母猪饲喂管理系统的软件可根据妊娠母猪的不同胎次设定不同的饲喂曲线，同时根据母猪的配种日龄、膘情体况等为每头母猪计算出当天精确的饲喂量，进行精确投料。其目的是既能保证为母猪提供充足的营养，同时又不会因为营养过剩导致母猪膘情过高。系统通过精确化的母猪饲喂和管理，可明显节约饲料，西方学者的研究结果是每头母猪平均可节约饲料 0.5 千克 / 天，在饲料浪费的猪场这个数字会更高。可见，电子母猪饲喂管理系统在节省饲料方面也给猪场带来了一定收益。

（2）自动化发情鉴定　母猪发情探测站，具有自动化的发情鉴定功能，可以自动地检测出发情的母猪。为了检测母猪是不是在发情期，在一个小封闭的环境中，放上一头公猪，然后有一个圆孔，允许母猪和公猪进行鼻对鼻的接触，因为每头母猪都有自己的身份识别即电子耳牌，所以任何一头母猪在 24 小时之内与公猪进行鼻对鼻接触数次，每头接触的持续以及 24 小时鼻对鼻接触的总时间都被检测和记录下来，这些数据被记录换算成每头母猪当天的发情指数，当一头母猪的发情指数曲线出现波峰时，进行人工检查确定，以判断这头母猪是不是已经发情并需要配种，其准确率比单纯人工鉴定高 8%。

（3）自动分离待处理母猪　在母猪群体饲养状况下，有些母猪需要处理，母猪电子饲喂

管理系统在处理方式上提供了几种选择，其中包括自动分离站，其目的是把需要处理的母猪从群体中分离至一个小的空间以便于处理。如在一个大栏里管理了有 350 头母猪，有不同阶段的妊娠母猪，有妊娠早期的，也有接近分娩的母猪。当母猪需要采食时，它们就会通过饲喂站的入口进入饲喂站采食。当任何一头母猪采食结束时，它会通过公共通道进入分离站，分离站会自动识别这头母猪是否需要进行处理，如果这头母猪不需要处理，那么就可通过出口回到饲喂大栏里面；如果这头母猪需要到产房进行分娩，那么它就会通过另一出口进入隔离栏，然后经操作人员检查确认后推进分娩产房。

4. 智能化母猪自动饲养管理系统的优点和效能

（1）能满足动物福利的要求 智能化母猪饲养管理系统的猪场，对母猪采用群养的模式，根据母猪的生物学特性，将猪舍划分出了功能区域，包括采食区、饮水区、躺卧区和排泄区（图 4-1）。

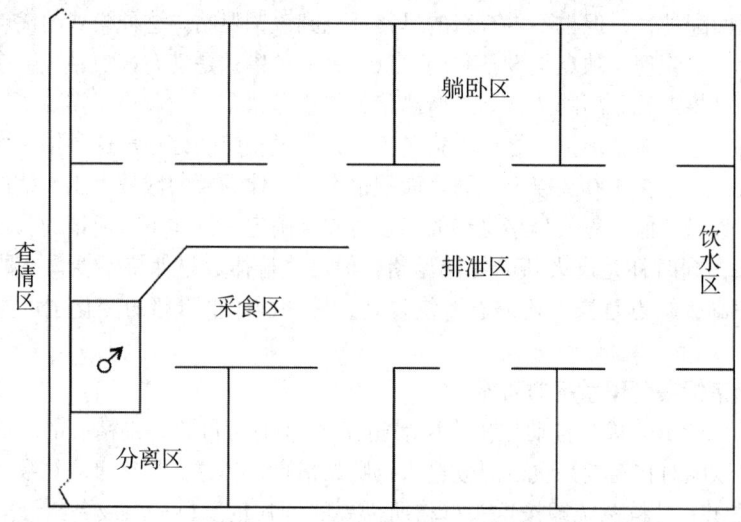

图 4-1 母猪舍各功能区域平面

由于采用群养模式，每头母猪占舍内面积 2~2.5 米 ^{2}，母猪可利用空间增大，并且可以在猪舍内自由活动，故不需要专门修建运动场。根据荷兰 Velos 智能化母猪饲养管理系统的特点，母猪舍还专门设置了发情监测区和分离区。从此，母猪不再生活在狭小的限位栏里，生活环境得到了很好的改善，生物学特性也得到了充分的尊重，母猪的生产成绩、利用年限较生活在限位栏时都有很大的提高。目前，荷兰大约有 30% 以上的猪场使用智能化母猪自动饲养管理系统后，每头母猪年提供断奶仔猪 24 头以上，母猪利用年限平均提高 1~1.5年。在定位栏饲养条件下，母猪没有得到运动，增加了疾病的风险，生产中对母猪的应激大，容易导致妊娠前期的胚胎死亡；加上个体饲喂不容易控制，导致群体内各母猪之间肥瘦不均，群体的一致性差。而智能化母猪饲养管理系统是能充分照顾母猪生物学特性的养殖模式，也符合国际上动物福利的要求。欧盟从 2006 年 1 月 1 日起正式生效的新食品卫生法中，强化了对动物福利的规定，到 2013 年欧盟将全面禁止使用限位栏，而智能化母猪饲养管理系统或母猪电子群养模式已成为现代规模化猪场管理的最佳选择，这些都是值得我国养猪生产关注的，也是我国一些猪场将来广泛地接收和采用的。

（2）使用智能化母猪饲养管理系统可解决猪场饲养母猪的最关键的几个问题　规模化猪场群养母猪，给母猪精确喂料、监测发情母猪以及分离需要处理的母猪，如发情、临产、生病以及打疫苗等就成了猪场生产管理者最头疼的问题。而荷兰 Velos 智能化母猪饲养管理系统，正好能解决群养母猪的这些问题。为了方便生产管理者利用设备对母猪进行管理，Velos 系统给母猪配上电子耳标，即母猪自己的身份证，这样每头母猪的详细情况通过身份证查到，也方便了猪场生产管理者掌握每头猪的第一手信息，该系统主要为生产管理者解决了以下问题。

① Velos 系统配置的单体精确饲喂器解决了给母猪精确喂料的问题。通过扫描电子耳标，系统自动识别该母猪的采食量，并且单体饲喂，确保母猪在完全无应激的状态下采食，而且达到精确饲喂，有效地控制了母猪体况，也减少了饲料的浪费，也为提高母猪利用年限和生产繁殖力奠定了一定基础。

② Velos 系统配置的发情监测器解决了监测母猪发情的难题。配置的发情监测器通过和种公猪的联合使用，24 小时不间断监测母猪的发情状况。当母猪发情并和种公猪的交流频繁，发情监测器把这种交流的过程精确记录下来，当达到系统设置的发情指标以后，Velos 系统自动将该头母猪喷墨标记。

③ 自动分离要处理的母猪。当发情监测器喷墨标记下发情母猪时，用人工把这被标记的发情母猪从大圈分离出来耗时也耗力，而且对大圈的其他母猪也有一定的应激，就是分离临产、有病猪和需要打疫苗的母猪也一样。而 Velos 系统配置的分离器可以让母猪在不知不觉中被分离到待处理区域，而不需要分离的母猪则回到大栏圈，这样既节省了人力，又避免了母猪的应激反应。

从以上可见母猪自动饲养管理系统在猪场生产中有很大的优势。一是实现了群养母猪内的单体准确饲喂，使高水平的饲养管理技术成为可能；二是每头母猪都可以按照自己的习性灵活选择采食模式；三是隔离的饲喂模式最大化地减少了个体间的打斗，大大减少了为采食而抢食产生的应激；四是对母猪实现了个体精确饲喂，确保每头猪不至于超量采食；五是为母猪提供了良好的福利条件，使母猪的生物学特性得到了充分的体现；六是可以精确喂料，监测发情以及分离待处理母猪，将母猪舍所有想了解的信息能全部传输到猪场生产管理者或业主的电脑里，形成详细的生产情况报告，就是生产管理者或业主不在猪场，只要在有网络的地方输入相关信息，就可以进入系统操作界面，方便生产管理者或业主随时了解猪场信息，而且目前还已通过网络可在手机上也随时上网了解猪场信息，真正实现了猪场管理智能化。

（二）智能化母猪群养管理系统在中国猪场应用存在的主要问题

荷兰 Nedap 公司 Velos 智能化母猪群养管理（即电子母猪群养）系统，已在全世界拥有 70% 以上的市场份额，2007 年，荷兰 Nedap 公司 Velos 智能化母猪群管理系统在中国猪场推广和应用，也达到了每头母猪年提供 25 头以上断奶仔猪的成绩，随后，全行业出现了从美国、德国、意大利、奥地利等国家进口和国内十余家设备公司开发的和销售同类或类似设备，使智能化母猪群养管理模式得到快速的推广和应用，全国已有 100 多家猪场采用了电子母猪群养模式，都期望能够以此获得良好的生产成绩，进而提高猪场效益。然而，许多猪场并未达到预期效果，甚至有人否定电子母猪群养模式。养猪界专家及业内人士也十分关注智能化母猪群养管理系统在中国的应用方法和使用状况，根据有关专家分析全国部分猪场的经验教训，发现主要问题有以下几个。

1. 缺乏技术人才

随着中国改革开放的力度加快和中国养猪观念的改变，由于市场商机的吸引，国外设备公司利用"智能化养猪"理念积极推广电子母猪群养系统设备，而国内也出现了十余家公司开发和销售类似设备。由于一些设备公司在推广过程中大肆宣传和夸大其作用和效果，而没有分析和重视中国猪场应用技术问题的解决，加上有些设备公司缺乏在猪场应用电子母猪群养模式经验的技术人才，自然无法提供良好的应用技术服务，使猪场管理和母猪生产性能却达不到预期效果。

2. 管理难度大

动态群养生产模式指母猪发情配种后 4 天内转入母猪群养大栏采用电子群养饲喂。其生产工艺流程见图 4-2。

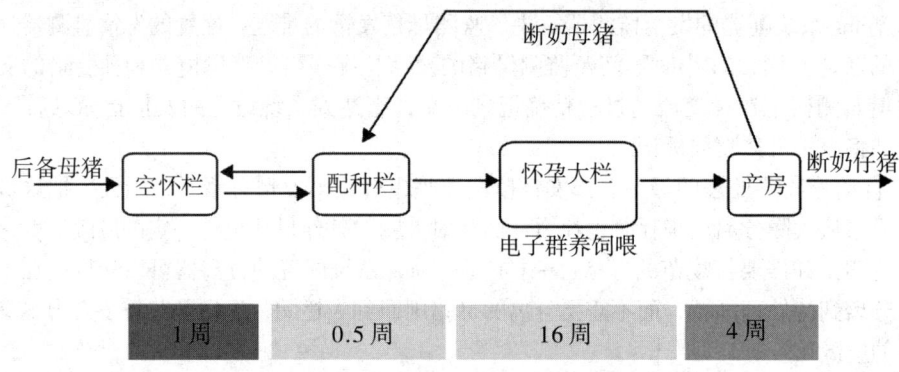

图 4-2　动态群养生产模式生产工艺流程

动态群养生产模式适应小规模猪场（200~800 头基础母猪）电子母猪群养要求，规模扩大可以通过动态群数量满足，一个动态群的最大容量为 400 头基础母猪，基础母猪在 800 头以上，猪场若采用此模式，就会有 3 个以上基至几十个的动态群，由此管理难度加大。

静态群养生产模式指母猪发情配种后限位饲养 28 天后转入母猪群大栏，而且必须是经过 B 超检测的妊娠母猪，采用大栏电子群养饲喂，因此适用于大于 800 头基础母猪的猪场，其生产工艺流程见图 4-3 所示。

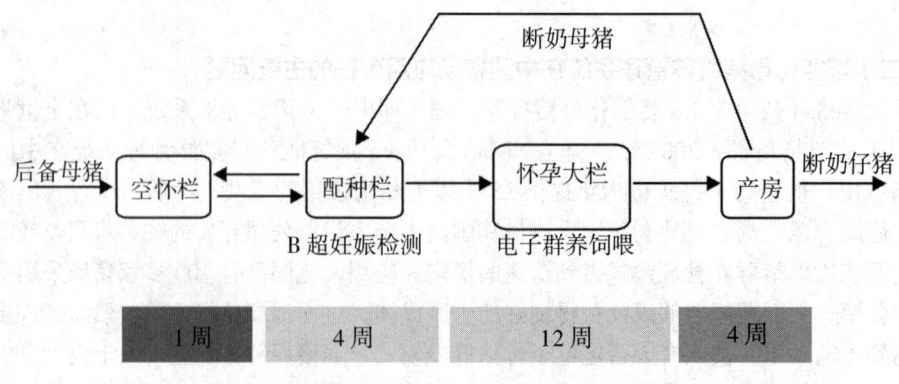

图 4-3　静态群养生产模式生产工艺流程

132

静态群养生产模式能适应 800 头以上基础母猪大规模猪场电子母猪群养要求，猪场生产管理效率能有效发挥，其关键环节是妊娠母猪在独立的饲喂站饲养，每个饲喂站为 50~60 头母猪，每个独立的饲喂站在空栏后，均有可以进行后备母猪集中训练的大栏，这样有利于整个猪场的生产稳定，而且妊娠前期母猪（一般占妊娠母猪的 25%）在限位栏饲喂，不需要采用饲喂站饲养，这样减少了猪场电子饲喂设备成本投入。静态饲养母猪生产模式中，每个饲喂站可以做到有效管理，即可以十分清楚地知道每个饲喂站母猪的妊娠阶段，也方便生产操作，不需要过多标记和分离母猪。静态群养生产模式可使整个猪场按照节律生产，生产管理可以做到每个饲喂站全进全出，即母猪同时进饲喂站，同时离开饲喂站进产仔房，方便圈舍的清洗消毒和管理。配种后的母猪在限位栏饲养 28~30 天，一方面可以方便利用公猪观察母猪是否返情和进行 B 超妊娠检查，另一方面配种母猪在胚胎着床，B 超确定妊娠后转入电子饲喂站群养，不容易引起打架而发生流产，也不会发生空怀母猪返情爬跨其他妊娠母猪的情况。

从以上两种电子母猪群养生产模式的对比上看，动态群养模式的管理难度远远大于静态群养模式，而且动态群养模式影响猪场生产的问题多于静态群养模式。动态生产模式可以在中国猪场成功应用，但由于管理难度大，必须要求猪场生产管理者及技术人员的专业技术水平和素质要高。目前，国内的绝大多数猪场生产管理者和技术人员的能力和素质远达不到要求，中国已经有几十个小规模猪场采用动态群养生产模式，实际应用情况并不理想，这也是其中的一个主要原因。由于动态群养生产模式饲养管理要求高，欧美国家采用动态群生产模式猪场的业主就是饲养员，不论是养猪技术水平还是责任心都不是普通技术人员能够做到的。再由于动态群养母猪经常有各种状况的母猪进入和离开动态群，母猪混群时容易造成较大的应激，目前国内很多采用动态群设计的猪场又没有设计独立的后备母猪训练站，只利用动态群中的一个站来训练，会增加生产操作上的难度，这也是动态群养管理难度大的另一个原因。

3. 猪场栏舍设计思路和建设及操作流程不合理

从现有应用电子母猪群养模式的猪场上看，电子母猪群养模式的规划设计没有充分考虑到中国各地的自然因素和生产操作特点，盲目照搬国外的设计图纸，导致出现一系列问题，其中猪场栏舍设计思路和操作流程不合理是主要问题。猪场设计不仅要考虑设备的性能，而且要结合猪场生产管理技术流程和操作规程，才能形成系统的猪场设计方案，这也是国内猪场引进应用电子母猪群养生产模式所欠缺的地方。由于电子母猪群养需要母猪活动，还要减少应激，而国内一些猪场在设计时群养栏地面实地过多，分配不合理，加上施工质量差，地面积水积尿、潮湿又导致母猪肢蹄病较多，打扫清理又会带来严重应激反应，引起母猪生产性能下降，造成猪舍建设和施工观念与电子母猪群养观念相违背。电子母猪群养生产模式的选择和栏舍设计是智能化养猪成功的第一步，在选择猪场生产流程时，一定要根据猪场的实际情况选择设计方案。

4. 缺乏训练母猪经验和母猪群养的行为问题易发生

一些使用电子母猪群养模式的猪场，缺乏后备母猪和经产母猪的训练经验和方法，造成母猪不会进站采食，这个问题是猪场应用电子饲喂不成功的最重要的原因。电子母猪群养必须保证母猪能够进站采食，饲喂系统才能识别母猪并精确喂料；如果母猪不进饲喂站，精确喂料成为假想，甚至还会导致母猪体况下降。因此，专业的设备公司必须为猪场提供成套的母猪训练操作规程和应用经验支持，才能确保电子母猪群养生产模式的效果。此外，母猪群养的行为问题也在一些猪场表现严重，如一些猪场过分依赖发情检测设备，发情或返情母猪分离不及时或不能分离出来，爬跨和拱其他母猪腹部行为严重影响妊娠母猪的分娩率，甚至直接造成部分妊娠母猪流产，尤其是动态生产模式的此类问题在一些猪场更为严重，影响了母猪的生产指标。还有的猪场母猪大群饲养时打架应激较大，电子母猪群养在不同猪场的打架应激程度不一样，而对母猪混群的时间和混群前后的正确处理是解决或减少母猪打架的重要方法，然而一些猪场并未采取减少打架措施。

5、不重视对数据的统计和研究处理

种母猪群养是一个系统，事件的发生离不开信息的处理。一是查询处理，通过电子耳标获取猪只的唯一编码查询后台数据库以获取基本信息；二是决策处理，根据已有的方案和现场采集的信息自动确定需要采取的措施，如饲喂控制、分离处理；三是统计处理，通过对存储信息的统计，分析猪只的状况和发展趋势，为人为决策提供依据。欧美猪场普遍采用猪场管理软件，不仅重视数据的采集，更注意对猪场数据的统计分析和研究，进而持续改进猪场的生产成绩，提高猪场生产效率。另外，猪场之间的数据可以相互比较，找出猪场成绩差异的主要原因，及时采取有效措施。而在国内已应用电子母猪群养生产模式的猪场，过分依赖设备，没有重视数据统计和研究。电子母猪群养要做到持续提高母猪生产性能，必须不断分析研究生产数据，如通过电脑控制系统有目标地改善母猪膘情等。很多使用电子母猪群养系统的猪场认为，只要用智能化母猪饲养设备就可以提高生产成绩，其实在整个使用过程中都必须不断研究和分析，才能做到精细化管理，电子母猪群养设备才能成为让管理者更轻松的有效工具。

6. 电子群养设备公司技术支持和服务不到位及忽略了防雷设施的配置

一些电子群养母猪设备公司无法提供有效的技术支持和服务。在一定程度上讲，电子母猪群养模式成功应用的基本保障是设备工程技术服务和养猪应用技术支持，电子饲喂公司不能只销售设备，必须由经验丰富的智能化养猪技术人员指导猪场解决养猪技术问题，才能不断提高生产成绩。此外，一些猪场忽略了防雷设备设施的配置，导致设备被雷击，维护成本增加。尤其是南方地区，应用电子母猪群养生产模式的猪场，须采取有效防雷措施，才能降低自动化设备和电子设备被雷击的概率。

7. 忽略了猪场其他管理工作

智能化母猪群养系统的应用解放了母猪的生产力，将养猪业生产水平提升到崭新的高度都是无可争议的事实，但智能化母猪群养系统作用的只是养猪生产中的初始环节，即配种、妊娠、后备母猪的环节，为养猪生产提供了其他生产模式所不能提供的更多更健壮的活仔，要将这些活仔变成商品就必须要有其他生产环节的良好运作。从这一视角看，当一个稳定运行的电子母猪群养系统摆在面前时，更应该将焦点或注意力集中到电子母猪群养系统以外的环节，在一定程度上可以说，切不可重蹈引入机械化养猪工艺的覆辙。而有些使用电子母猪群养生产模式的猪场，没有认识到猪场生产成绩的提高是个系统工程，忽略了猪场其他管理工作。母猪的饲养管理包括许多方面，如育种、营养、防疫等，各个环节都很重要，而且猪场环境及其他生产管理技术，因此，认为只要采用电子母猪群养系统就可以提高母猪生产指标是错误的。

8、猪场选择的电子饲喂设备不稳定

电子饲喂设备不稳定也是困扰猪场使用电子母猪群养系统出现生产管理不到位的主要原因。由于母猪电子饲喂系统的核心技术是 RFID 个体识别和系统准确喂料，而饲喂系统的稳

定性必须要用 5~10 年的时间来验证，如果设备不稳定，几十头甚至几百头妊娠母猪在一个大栏，将会面临无法喂料和喂料时发生打架的情况。而国外母猪电子群养饲喂的关键技术是 RFID 无线射频识别技术，系统能够准确识别个体母猪信息。

（三）智能化母猪群养生产模式在中国猪场应用的前景

1. 我国养猪水平与欧美国家相比在技术上的差异

我国母猪年平均提供商品猪约 16 头，其中规模化猪场年平均提供商品猪 18 头左右。但是欧美国家的母猪年平均提供商品猪生产能力在 22~25 头，有的猪场可以达到 27~28 头，还有猪场甚至达到 30 头，母猪年产胎次在 2.4 以上。由此可见，我国的养猪水平与国外相比有一定的差距，这个差距主要体现在养猪观念与技术条件上。

（1）国外猪场自动送料设备及饲料散装技术的应用，提高了猪群生产效率　在欧美国家的劳动力成本高，基本没有猪场采用人工喂料，猪场使用自动送料设备及饲料散装技术，猪采食自由，这样不仅将人从体力劳动中解放出来，也最大限度减少了猪群采食应激，提高了猪群生产效率。而我国所有的散户及 99% 以上的规模猪场采用人工喂料，浪费了大量的劳动力，且生产效率低，人工定时喂料，导致猪群争抢饲料，给猪群带来采食应激，导致猪只因营养和疾病等问题而无法按时出栏，严重影响猪群的出栏时间和出栏整齐度。

（2）国外母猪电子群养饲喂生产模式已获得了良好的饲养效果　电子母猪群养生产模式作为世界养猪业的一种新模式，其产生和发展的历史背景不同。虽然有些猪场采用自动化限位栏饲养妊娠母猪也可以达到每头母猪每年提供 25 头以上断奶仔猪的好成绩，但电子母猪群养模式已成为现代化规模猪场的最佳选择。电子母猪群养模式在欧美普遍应用已达 10 多年，不仅猪场管理更轻松，生产成绩不断提高，而且满足了动物福利的要求，已被欧美国家的猪场广泛地接受和采用。中国养猪生产在改变传统小栏群养母猪而采用限位栏饲养妊娠母猪的过程中也总结了一定的成功经验，形成了以妊娠母猪限位栏饲养和控料为主的适合中国规模化养猪发展的一套模式。然而，在中国采用限位栏饲养却不配套自动输送饲料设备，猪场终究无法有效解决妊娠母猪的精确喂料和劳动强度大的问题。在一定程度可以说，中国猪场的饲养人员的素质和技术水平不高对提高猪场的生产效率起着负面作用，就是猪场配套自动化输料设备，也只是减轻了饲养人员的劳动强度，也很难把限位栏的怀孕母猪管理好，在国内一些猪场母猪生产水平不高就是例证。目前，国内也有一些猪场应用电子母猪群养生产模式，如新湘农生态科技有限公司是国内第一家应用电子母猪群养饲喂的猪场，运行两年来的生产 3 个工人可饲养管理 400~600 头母猪，出栏 1 万头以上保育仔猪，母猪年平均提供保育仔猪 23~25 头。由此可见，我国与欧美在养猪观念和猪场生产技术方面存在的差异巨大，可以通过改变观念和技术是可以发挥外来猪种的生产潜力的，而且生产水平可以接近国外发达国家生产水平。

（3）国外猪场整体机械化与自动化管理程度高　欧美国家的养猪场绝大部分采用集约化管理，机械化、自动化、现代化程度高，就是猪场小环境如机械通风、电热供暖、自动水幕降温等由电脑控制，饲喂系统全自动控制，定时将饲料由舍外储料塔输送至食槽，自动饮水系统不仅保证猪只随时可以喝到清洁饮水，而且在必要时可向水内自动添加药物。我国大多数猪场除自动饮水外，饲喂、清扫以人工为主，通风、供暖、降温等自动化程度低。当然，国内养猪机械化、自动化程度低，除与国家的经济发展水平密切相关外，过去廉价的劳动力是其中的一个原因，但主要原因还是在机械化、自动化养猪的观念上，经济发达地区养猪的机械化、自动化程度高就是例证。但在近几年，许多规模猪场开始考虑采用自动化设备提高猪场生产效率，提高猪场的市场竞争力，其中一个原因是劳动力成本上升，而且"80后"的年轻人基本上都不愿意去猪场工作，因为既然在猪场工作，就得接受因防疫因素而带来的严格的管理制度，加上工作环境条件差，劳动强度大，年轻人很难接受，造成猪场劳动力短缺。因此，要想降低猪场的运营成本，首先要普及全自动化设备，这样可以节省许多隐性的成本。目前，国内养猪业已向规模化、集约化、专业化上发展，随着饲养技术水平的不断提高和防疫难度的加大，必须采用先进的自动化机械设备才能适应和达到上述需要。此外，补充规模化猪场劳动力的不足，提高养殖效率及有效防疫的需要等都是发展机械化与自动化饲养的重要因素。

（4）国外在养猪科学研究和新技术的应用上领先　国内外养猪业发展所追求的目标是一致的，即提高母猪年生产力、肉猪生长速度、饲料转化率、瘦肉率和肉质等，技术手段是采用营养、育种、繁殖、疫病防治和环境卫生方面的理论和技术。

在育种上英美等国家通过育种值估计方法的改进、分子遗传标记的应用、转基因工程技术的发展、超数排卵和核移植的应用，提高了选种的准确性、生长速度、肉质和母猪的繁殖力。而国内应用 BLUP 方法育种，氟烷敏感基因（Hal）PCR 检测已取得成功，在 1990 年获得了第一批转基因猪，并进行了转基因猪的传代培育。与国外发达国家育种技术相比，我国还是显得产业化与技术水平不高。以美国为例，美国有专业提供种猪的公司，目前只剩下 PIC、Newsham、丹育、加拿大等不到 10 家公司，但它们却占有了美国全国父母代母猪90% 以上的市场。这些大型育种公司的核心群种猪都在偏远山区，有的将扩繁群寄养在农民家里。美国种猪饲养的品种主要有长白、大白、杜洛克、汉普夏、巴克夏、波中猪、切斯特白。商品猪 50% 是 PIC 猪，其他品种的杂交猪有杜长大，杜汉 × 长大和其他配套系，商品猪场很少使用自繁自育的三元杂交，大都是多元配套系。目前配套系育种在英法两国也是主流，在此两国的一些农场，几乎都开展配套系育种，进行专门化品系的培育。美国 Waldo 杜洛克原种场是家庭式独立经营模式的种猪场，从 1895 年开始养猪，主要品种是杜洛克，100 多年以来一直从事猪的育种工作，也是美国最大的杜洛克供种场。这个种猪场最初于 20 世纪 30 年代进行猪的育种测定工作，至今未间断，目前已经实现了全群测定经济重要性状，包括利用仪器活体选育肌内脂肪状况，测瘦肉率等。与美国类似，英法以家庭农场为主，育种工作大多由农场主亲自操作，多少年来，持之以恒，亲力亲为，遗传进展得以不断积累，即便单个农场的育种群规模不大，但多年的积累，使得其种猪的性能仍位于世界前列。我国的种猪育种难有进展，与我国的国情有关。有能力开展育种工作的猪场，规模多数较大，而猪场负责人或老板很少参与育种，招募的育种技术人员表现优秀的提升做场长或更高的管理职位，或不安于在猪场吃苦而跳槽，表现较差的又不得不淘汰，因此，育种的持续性很成问题。而且国外育种很有创新，美国已培育了白杜洛克，英国目前已培育出白皮特兰。培育白皮特兰，除了与剔除氟烷基因有关外，与英国户外饲养容易发现猪只也有关系。此外，英国已利用中国梅山猪提高产仔数，在高产母系的培育过程中，导入中国梅山猪血缘，其高产活仔达 13.6 头，母猪乳头为 8 对，配种受胎率达 92.1%。美国在特色猪育种方面，更加注重猪肉品质提高肌内脂肪的选育，巴克夏是肉质最好的品种，在 OHIO 州立大学正在进行用巴克夏同英国引入的黑猪进行杂交培育特色肉猪品种。国外猪的性能和养猪的技术先进，也与人工授精技术得到普及，冷冻精液在生产中得到应用有很大关系。通过优良种猪精液的推广，使种猪的性能得到提高，这也是我国需要坚持的一项技术工作。

国外在猪的饲养过程中逐渐减少乃至停用抗生素添加剂，代之以寡聚糖、酶制剂、益生素、螯合物等绿色饲料添加剂。虽然我国对无公害食品和绿色食品生产也有明确的规定要求，但滥用抗生素、类激素等违禁兽药和添加剂，以及超量使用兽药导致药物残留、重金属超标等问题没有得到有效解决。

我国养猪主要通过疫苗注射，全群药物控制，淘汰患病猪只等办法控制疫病，而国外养猪发达的国家多采用隔离早期断奶技术和"多点式"生产模式，既控制了疫病传播，又提高了猪群生产力和养猪生产的经济效益。

2. 智能化母猪群养模式是提高我国养猪业生产力的新技术

荷兰的科研人员 10 多年前，在奶牛自动饲养管理系统 Porcod 系统的基础上研发成功智能化母猪自动饲养管理系统，即 Velos 系统。从运行 10 多年的实践看，母猪年产仔猪数可达 26.83 头，较原来 22 头有大幅提高，而且平均返情率仅为 7.4%。该系统以 50 头母猪为一个自动饲养管理单位，因此，大中小型猪场均可采用。智能化母猪饲养管理系统，可以管理成千上万头母猪的饲喂和数据，把人为因素降到最低，为猪场节约了大量的劳动力，也让管理更有效。智能化养猪模式在中国的应用是中国养猪业的一场观念与技术革命，具有重要意义，智能化母猪群养模式是提高我国养猪业生产力的新技术，可从以下方面看到，如果我国猪场也使用智能化母猪群养模式，这对我国猪场生产水平提高有很大作用。

（1）可为母猪生产力提高创造良好的环境条件　荷兰的 Veols 系统在所有母猪的耳牌中安装了芯片，芯片中存有该母猪所有的个体生物档案信息。当母猪要采食先进自动饲喂器时，该设备会自动识别该母猪，根据识别信息（耳牌号、背膘、妊娠期等）决定一天投料量。母猪吃完料后，进入分离器，根据识别的体温指标、一天吃的料量以及探望公猪的次数，将病猪与发情母猪分离出来，以便人工及时处置。该系统为母猪创造了自由活动的环境，不仅避免了用限位栏饲养对母猪心肺功能、肢蹄、泌尿生殖系统的伤害，还使母猪从自由活动中提高了健康水平，消除了限位栏带来的一些应激，而且为母猪提供了群居环境，母猪可按自己的特性选择生活空间，组建和谐的小群体，从而也在心理上健全了母猪的体质，这为提高母猪繁殖力奠定了良好的基础。国外的使用经验证明，该系统在提高母猪健康水平的同时，也惠及后代，保育猪及商品肉猪的健康水平也得到保证，这对于保育猪或中猪死亡率高的国内一些猪场有重大的意义。

（2）降低生产成本，提高经济效益　由于该系统的智能化功能可真正做到个性饲喂，一颗饲料不浪费，避免了人工饲喂造成过肥或过瘦带来的生产性能下降导致的生产成本上升；还可做到 24 小时不间断的精确管理，及时鉴别发情母猪，避免人工察情的漏判与误判带来的失误而使饲养成本上升。如果一个 500 头基础母猪的猪场使用了 Velos 系统，母猪年提供商品肉猪由 18 头提高到 22 头，那么一年可多出栏商品肉猪约 1 800 头，以每头盈利 300~400 元算，可增收 54 万 ~72 万元。我国母猪生产力若从现在的年产仔成活 16 头提高到 26 头，那么只需要 239 头母猪就能达到原来养 388 头母猪的生产指标。全国若 50% 的猪场达到此生产目标，全国少养母猪数量节约下来的饲料、人力等不可估量。而且生态系统的理论证实了猪多病多的道理，当母猪存栏减少 38%，无疑大大降低了全群感染疫病的风险，当然也带来了少养 149 头母猪的生产成本。而且智能化母猪群养模式可大大减少人工饲养，加上中国人多地少，人均可利用资源甚少，劳动力成本和饲料原料、水电和相关设备不断增加，养猪企业要生存，必须走规模化养殖，使用现代化养猪设备。现在一些有先进理念的猪场业主已认识到：能用电脑的不用人脑，能用机械的不用人工，人工需做的应该是那些机械完成不了的事情。在国内已有猪场成功应用智能化母猪群养模式，3 个员工饲养管理

400头母猪，年出栏1万头保育猪；此外，10个员工饲养管理1 200头母猪，年出栏3万头商品肉猪的猪场已经在中国出现并获得良好的经济效益。而且员工操作先进的管理系统有成就感，由于减员，场方有了给予高薪的空间，也不再担心人才流失，这对猪场科技水平和后续生产力的提高有很大作用。此外，母猪群养后，预防接种疫（菌）苗成为难题，但应运而生的无针注射系统不仅解决了该难题，还使猪群避免了注射应激、交叉感染等问题的产生，而且疫（菌）苗接种可靠，节省人力，减轻劳动强度等。所谓用无针头注射器接种疫苗，就是注射器不带针头，借助高压射流穿过皮层将疫苗注入皮肤内或皮下，每次注入的时间只需要0.03~0.3秒（取决于量），但全过程却是一个复杂的动力学过程，概括地说可分为3个阶段：疫苗在高压作用下形成射流穿过皮层；疫苗通过形成的喷孔进入皮肤内或皮下等局部组织；在孔道下部形成疫苗等储库，然后从这里以弥散浸润的方式进入血液，并且它们在血液中的浓度增长增快，还能延长其循环期限。用微量剂量无针头注射器，一般每小时能注射完成300头猪，不仅效率高，且无应激反应。

3.智能化母猪群养模式应用的中国化问题及改进措施思路

到目前为止，全国近100家智能化猪场普遍存在严重的设备和技术问题，即电子母猪群养在中国猪场的应用存在很大的盲目性和诸多错误认识，许多猪场认为只要采用电子母猪群养就可以达到每头母猪年产仔猪25头以上，母猪使用年限可以延长1~2年，且还能大大提高猪场生产效率和经济效益。然而，猪场生产效率和经济效益的提高受多方面因素的影响，这也是一些猪场引用智能化母猪群养模式所忽略的。中国电子母猪群养模式的猪场不会在短期内让所有猪场都有预期的良好效果，虽然少数猪场能够总结一些教训并采取改进措施，但在中国养猪业发展过程中，新事物、新观念的产生都要经历许多挫折才能总结适合一定阶段的经验。一种新设备或新模式只是解决猪场部分问题的一种工具，并非万能，为此，对智能化母猪群养模式的应用问题，根据国内有关专家的建议，总结几条措施思路供业内人士参考。

（1）智能化母猪群养模式在国外猪场应用取得高产水平的原因分析

①有健康的种猪生产群。国外应用智能化母猪群养生产模式能取得高生产水平的原因之一是猪场有健康的种猪生产群，而且种猪都是专业提供种猪的公司生产，已形成专业化生产体系。在荷兰作为欧洲最大的国际性猪育种公司Topigs供应了荷兰全国80%的种猪，这些种猪除了生产性能优秀外，健康状况良好，不携带猪瘟、伪狂犬病病毒。而在美国专业提供种猪的公司约10家，它们占有了全国父母代猪90%以上的市场。美国猪的性能和养猪的技术水平先进，就是出口国外的种猪必须是没有任何疫病，不注射蓝耳病疫苗，必须在种猪登录协会登录的种猪，而且猪场必须是各国检验部门认可的猪场。丹麦是全球猪种质资源开发利用最前沿的国家，全国联合育种和国际化经营已有100多年的历史，拥有世界著名的瘦肉型猪种，而且丹麦猪的生产性能达到极高的水平，这都与拥有健康的种猪群有很大关系。相比之下，中国的种猪群健康状况普遍不佳，必然影响其生产性能的发挥，就是应用最先进的智能化母猪群养系统，也难以达到较高的生产水平，这也是国内一些猪场应用电子母猪群养模式没能达到预期目标的一个原因。

②国外种猪一般不受繁殖性障碍病大的影响。细小病毒病（HC）、乙脑（JE）、口蹄病（FMD）、猪瘟（HC）、伪狂犬病（PR）和蓝耳病（PRRS）均是影响种猪繁殖性能的病毒病。而在荷兰全国没有细小病毒病、乙脑、口蹄疫，唯有蓝耳病仍在荷兰游弋，但也趋于平稳，而且一些猪场已意识到蓝耳病疫苗的巨大副作用，并取决于停止停用该疫苗又未影响母猪生

产成绩这一事实看，可以这样说，这六种影响母猪繁殖水平的病毒性疾病，在荷兰也可能已不存在或已被控制。美国养猪业没有口蹄疫、猪瘟等烈性传染病，伪狂犬病也已经净化，蓝耳病在少数母猪场是阳性，大部分猪场已经控制并逐渐转化为阴性。在美国几乎全部的种公猪站和越来越多的母猪场开始使用空气过滤系统防止蓝耳病等空气传播疫病的传入，大量的试验结果表明，中效以上的过滤器对蓝耳病毒、肺炎支原体有明显的效果。美国从工程学上杜绝病毒的空气传播，做到核心种猪特定疫病的净化，以提供健康的种猪和精液产品。在丹麦已经根除的疾病有：结核病（1930年）、猪瘟（1933年）、口蹄疫（1982年）、伪狂犬病（1986年）、布鲁氏杆菌病（1998年）。丹麦已在10年前停止了蓝耳病疫苗的免疫，目前对于蓝耳病的控制主要通过提高管理水平和控制其他疾病来减少蓝耳病的影响，但目前蓝耳病并没给丹麦普通猪场造成什么影响。相比之下，中国的猪场受繁殖性疾病的影响较大，在一定程度上讲，应用智能化母猪群养模式，同样会受到高疾病风险的影响，同样影响母猪生产成绩。一个不健康的种猪群已成为中国猪群的储毒储菌库，也是中国猪病流行难以控制的主要原因。

③ 种猪群受霉菌毒素影响小。在美国现代大型养猪体系都是自建饲料厂，较少外购饲料并按照NRC的标准，对各类猪喂给全价均衡的日粮，确保了各类猪对营养的需要。而在荷兰的猪场后备小母猪阴唇无红肿现象，发情配种率在90%以上，说明影响母猪繁殖性能的玉米赤霉烯酮对母猪影响小。相比之下，国产玉米霉变严重，其中以镰刀菌毒素危害为最，玉米赤霉烯酮的广泛存在同样严重威胁母猪的生产性能，由此造成的繁殖障碍不同程度地存在于各猪场中。

④ 母猪淘汰率高。荷兰猪场的母猪年淘汰率为40%，淘汰的主要对象是第三胎产活仔数11头以下的母猪。从使用智能化母猪群养模式的国家看，低疾病风险可以做到种猪连续生产和高淘汰率，从而保证种猪的高生产水平。特别在荷兰、丹麦、美国，低疾病风险，较单一的引种渠道，使之可以不断引入健康后备母猪，因此种猪的繁殖性能可以保持在高水平。相比之下，国内猪场由于种猪群带毒带菌，体质差，引种渠道太多，致使后备种猪引进风险大。虽然也有许多猪场采取同化措施，但引进后备母猪后，不是带来新的疾病流行，就是后备母猪发病的事例非常普遍；而不引进后备母猪，种猪群的生产难以长久维系；淘汰低水平母猪可以维持高水生产，又使猪场生产成本增加，而且使用设备利用率日趋降低。可见中国的猪场种母猪循环生产风险极大。

⑤ 利用设施供给猪只良好的生长环境，猪群产生的应激小。在美国、丹麦、荷兰等养猪发达国家，都是采取全封闭猪舍，而且利用智能控制设施设备形成猪舍气候自动调控系统，全面考虑了通风换气和保温或降温要求，为猪只营造一种最佳且恒定的良好生活和生长环境，有利于种猪生产潜力的发挥。特别在荷兰，因为海洋性气候，夏季最高温度在30℃左右，且短暂，故荷兰不存在对母猪繁殖性能有巨大影响的热应激。而在中国大部分地区存在不同程度的热应激，中原地区以及南方都有酷热的夏季，特别是长江流域及其以南地区，高湿度、30℃以上的天气可达两个月乃至更长时间，这极大地影响了种猪的繁殖性能。由于国内猪场难以达到用智能化设施设备控制猪舍小环境，尽管目前有的猪舍采用全封闭水帘降温有一定效果，但高湿度及高氨气的污秽小环境，使用湿帘降温也并非是解决热应激的好办法。

（2）智能化母猪群养模式的中国化问题改进措施与思路

智能化母猪群养模式能够提高母猪生产，改善母猪体质的作用已得到世界公认。特别是荷兰在母猪的饲养管理方面取得了举世公认的成绩，母猪的整体生产性能得到大幅度提高，荷兰的成功主要受益于母猪自动化饲养管理系统，既 Velos 系统的广泛使用，以及相关饲养管理体系的完善。此外，健康的种猪群、母猪繁殖障碍疾病和热应激极低、猪舍良好的小气候环境条件等，都是智能化母猪群养系统外的深刻的生产背景因素。然而在中国的养猪生产缺乏这种生产要素和背景，因此，规模化猪场不要认为采用智能化母猪群养模式也可达到每头母猪年产断奶仔猪 25 头以上或应用 Velos 系统就万事大吉，更不能 100% 照搬国外发达国家生猪生产模式。因此，智能化母猪群养模式或 Velos 系统要在中国取得成功就必须走中国化道路，Velos 系统在中国的应用应有一个中国化版本。因为设施引进一般需要高昂费用并且技术控制在发达国家的手中，因此，十分必要进行我国自主知识产权的种母猪群养设施的研究与开发。目前，种母猪群养模式在我国还处于尝试、探索的初级阶段，即从国外成套引进设备、消化吸收和本国化、本地化的阶段。尽管种母猪群养模式在养猪发达国家的育种专业化公司取得了较好的效益，但我国目前的种猪场还难以依赖专业化育种技术获得生存。因此，探索符合中国养猪业实际的智能化母猪群养模式十分有必要。一方面加强种母猪群养设施的研究，使高昂的设施费用降下来，能使一大部分中小型猪场也买得起，用得起；另一方面提高信息化、智能化水平，实现物联网环境下的养猪自动化、可视化和管理远程化。这也许是中国智能化母猪群养模式的研究方向和要达到的目的。此外，根据国内有关专家对荷兰 Velos 系统的深入研究，提出了 Velos 系统应用中国化问题。一是 Velos 系统内应用的中国化。国内猪场在应用 Veols 系统时，要突破荷兰静态与动态两种模式的束缚，由用户自由选择。静态饲养模式用于 1 000 头母猪以上的大猪场，可以将一周内受孕的 50 头母猪集中在一个大栏内，共用一个自动饲喂器；而动态饲养模式用于中小型猪场，断奶后的母猪进入大群母猪舍，内有怀孕母猪、后备母猪，每天分离器会将发情母猪分离出来，适时配种，确认怀孕后又放回到大群母猪舍，自动饲喂器会依据耳牌芯片的信息分别投入不同的饲料。也可依据中国的国情，将动态和静态两种模式结合更为实用。将断奶母猪赶到后备猪群中或配种舍中，舍中有发情鉴定器、分离器与自动饲喂站，发情母猪被分离到配种栏后适时配种，确认怀孕后放回大群妊娠舍，妊娠舍不再设置发情鉴定器与分离器，只设自动饲喂器。这样的模式比较适合国内猪场当前习惯性的生产程序，缺点是分离器不能满额运行。但在一些人工鉴定发情技术掌握得熟练的猪场，由于妊娠母猪投料不精细化，可以只设置自动饲喂器。二是 Velos 系统外的中国化。由于中国大部分地区的猪舍不适合采用全封闭模式，全自动控制的猪舍不仅造价昂贵，而且能源消耗大，如采用 Velos 系统大群饲养加开放式猪舍加室外运动场也许更适合中国国情。此外，中国人工费较国外便宜，产房等一些环节可做到相对人工精细化。目前的规模猪场产房有人日夜值班，有人接产、助产，及时处理新生仔猪，精心照料弱仔，一般的猪场产房中仔猪死亡率在 10% 以下，优秀的饲养员可将死亡率控制在 3% 以下；保育猪在人工精心照料下，死亡率控制在 1%~2%，而荷兰的产房奶猪死亡率在 10%~20%，中国产房精心照料的优势可在很大程度上弥补其他不足。而且荷兰猪场对第三胎产活仔猪少于 11 头的母猪一律淘汰的做法，我国猪场不可照搬，因为荷兰猪场产奶房奶猪死亡率高，其原因是采取的是自然分娩法。中国种猪病多，在短期内无法改变这种状况，猪场不断补充后备母猪风险大，为了充分发挥 Velos 系统提升种母猪生产力的作用，可采用将断奶母猪直接赶到配种舍中，不要和后备母猪混群。总的来讲，中国猪场在应用荷兰 Velos 系统时，不要忘记影响母猪生产力的 Velos 系统外的因素，要扬其长，避其短，中国的猪业生产模式应走健康种猪 + 舍内良好小环境 +Velos 系统 + 产房与保育舍的精细化人工管理，这也许是中国猪场走向成熟而生产效益较好的一个特色的智能化母猪群养生产模式。

第五章
现代养猪环境污染控制技术及模式

国务院已于 2013 年 11 月 11 日颁布了《畜禽规模养殖污染防治条例》，对规模养殖场和养殖小区的污染防治作了严格的规定。加大规模化养殖污染治理，保护和改善农业生态环境，促进规模化养猪可持续发展，大力推广生态养殖技术，实现猪场废弃物的无害化、资源化处理与合理利用的能源生态型综合利用模式，以及"种养结合"的生态养殖模式，则是当前也许是今后一个时期治理规模化养猪污染，优化农村能源结构，改善农业环境，发展循环效益农业的最有效和主要治理模式。

第一节　猪场环境污染的原因及控制措施

一、猪场环境污染的现状及原因和危害

（一）猪场环境污染的现状

1. 建场选址不科学

我国的养猪场大多数场址选择不科学，大都分布在城郊结合部，这些地方没有足够的耕地、果园、鱼塘消纳猪粪便。千百年来，以"猪—肥—粮"循环为主要形式的农业生产模式，在我国农业生产上形成了很好的生态平衡体系。随着规模化养猪业的迅速发展，以及养猪业向城镇周边的转移，造成了严重的农牧脱节，猪场粪尿没有土地消纳，造成了严重的环境污染问题。而且国内近 80% 的养猪场没有进行环境影响评价，没有设计与养殖规模相配套的粪污处理、污水排放的设施；没有注意避开人口聚居区、生态功能区，造成粪便还田比例低，以此造成了污源点多面广，治理难度大。

2. 养猪场大都没有粪污无害化处理设施

规模化猪场环境污染治理工程需要大量资金，如一个万头猪场的污水处理工程需要 80 万~100 万元，运行费用 3.5 万元/年。由于我国规模化养猪发展速度较快，资金投入不足，

设备和技术落后等原因，80%的养猪场没有粪污处理设施，固体废弃物大都未经处理直接农用或露天堆放，给周围环境带来了不同程度的危害。

3.猪场业主环保意识淡漠

很多猪场业主环保意识淡漠，对猪的排泄物特别是死猪处理不当造成了一定程度的环境污染，也导致猪场自身污染严重，致使疫情多发且越来越复杂。加上有的部门和领导错误地认为猪场环境污染治理是养猪场的事，在制订生猪产业发展规划及资金投入等方面力度不大，行业指导政策扶持也存在一些问题。

（二）猪场产生环境污染的原因及危害

1.猪粪尿及污水

猪场的粪尿及污水是主要的污染源。据测算，一头猪每天大约生产5.5升排泄物，每年排泄9.5千克的氮。一个万头猪场每年至少向猪场周围排放1.26万吨的粪便，平均每日排粪尿约60吨和污水210吨，就是一个饲养100头猪的小型猪场，年生产猪粪也达200吨以上。如此大量的粪尿及冲洗圈舍的污水，如不能集中加工处理和合理利用，会造成猪场周围蚊蝇滋生，恶臭远溢。而且这些污染物中含有大量的氨、磷、砷及重金属如铜、锰、锌等物质，会对大气、土壤和水质造成污染。特别是粪尿中所含有的大量病原微生物、寄生虫卵以及滋生的蚊蝇，会使环境中病原种类增多，菌量增大，出现病原菌和寄生虫的大量繁殖，造成人、猪传染病的蔓延。目前人畜共患传染病至少有90多种，其中由猪传染的达25种之多。其载体主要是粪便、污水、病尸等，它们通过空气、土壤、水体进行传播和蔓延，如不作适当处理，将对猪场周围生态环境造成不良影响，而且还将污染土壤和地下水。根据国家环保总局对我国规模化生猪产业污染情况的调查，从生猪粪便的土地负荷来看，我国总体的土地负荷警戒值已经呈现出一定的环境压力水平，而且经过环境影响评价的养猪场不到其总数的15%，规模化猪场排泄物对周围的空气、水质、土壤、动植物和人类本身造成的污染，已成为一个公害，也严重影响了生猪产业的可持续发展。

2.恶臭气体

养猪场的恶臭主要来自于粪便、尿、污水、饲料残渣、垫料、病死尸体的腐败分解产物、消化道排出的气体、皮脂腺和汗腺等的分泌物，主要由碳水化合物和含氮化合物组成。碳水化合物在无氧的条件下，可分解成甲烷、有机酸和醇类；含氮化合物在无氧的条件下，可分解成氨、硫化氢、乙烯醇、甲胺、三甲胺等恶臭气体。这些恶臭气体会污染周围的空气。

3.不合理使用兽药和饲料添加剂

虽然使用兽药和饲料添加剂可以防病治病，促进动物的生长发育和提高饲料转化率，但未被动物吸收的过量兽药成分和饲料添加剂又将从动物粪便中排出体外，从而污染环境，尤其是一些难降解的有毒有害的有机污染物质将会残留在土壤中，造成长久的危害。

（1）过量添加高铜和高锌　高铜添加剂主要用于乳猪和仔猪阶段的日粮中，可防止猪的下痢和促进仔猪的生长发育。过量添加铜（125~250毫克/千克饲料）使过多的铜排放于土壤和水源中，其主要危害是使减少土壤中的微生物，造成土壤结板，肥力下降。有资料表明，高水平的铜会减少微生物的数量，微生物的作用降低，会使粪便的臭味增加。如71千克的阉公猪饲喂含铜量218毫克/千克的日粮与32毫克/千克的日粮，前者铜的排出量比后者高6.7倍。此外，长期使用高锌添加剂也是有害的，断奶仔猪饲喂含锌2 500~3 000毫克/千克的日粮，其中90%~95%的锌被排出。由此可见，长期使用高铜、锌日粮，会导致多余的铜和锌随着粪便排出体外，污染环境含高剂量铜、锌的粪便一旦污染水源，将产生巨大危害，会降低水体自净能力，使水质恶化，水生物死亡。饲料中铜、锌等矿物质过多，还将对维生素的稳定性产生负面影响，导致维生素的生物学效价下降；同时，高铜还造成动物肝肾脏蓄积，最终会危及动物的生命，人食后对人的健康也造成危害。据报道，铜中毒的猪肝中铜含量高达 750~6 000 毫克 / 千克（以干物质计），其产品严重超过卫生标准。一个人一天之内食入这种猪肝 250 克，将摄入铜 56.7~454.5 毫克，已经达到人铜中毒量（250~500 毫克 / 日）。一条体重 30 千克的犬食入这种猪肝 0.5 千克，可引起犬的中毒死亡（犬的中毒剂量为 27 毫升 / 千克体重）。

（2）砷制剂的使用　砷制剂可分两类：一类是无机砷（如砒霜），动物食入后在体内积累作用而导致中毒，常用作杀虫剂和除草剂；另一类是动物饲料中使用的有机砷，作为饲料添加剂用于抑制病原微生物以促进生长、提高增重、改进饲料利用率和动物外观与畜产品颜色。饲料中添加的主要有阿散酸和洛克沙胂，它们都具有广谱杀菌作用，对肠道寄生虫也有抑制和杀灭作用，对治疗和防治猪的下痢、腹泻有疗效；还能增强毛细血管通透性，猪采食后就表现为皮肤发红，因而比较受养猪生产者的喜爱，加上一些饲料添加剂厂及推销员的夸大宣传也助长了砷制剂的大量使用。有机砷虽然不像无机砷的毒性那么大，但由于砷制剂在动物体内不易吸收，排出体外变成毒性更大的无机砷，猪场长期使用会向环境中大量排放，对生态环境构成严重威胁。据张子仪院士测算，一个万头猪场即使按美国 FAD 允许使用的砷制剂推荐量连续使用含砷的饲料，5~8 年之后，将可能向猪场周边排放近 1 吨砷。这 1 吨"毒土"将长期影响周围的土壤和地下水达 16 年之久，而且 16 年之后土壤中含砷量可增加 1 倍。另据刘更加院士（1994）报道，土壤中含砷量每升高 1 毫克 / 千克，则甘薯块中砷含量即上升 0.28 毫克 / 千克。依此计算，不出 10 年该地所产甘薯砷含量会全部超过国家食品卫生标准。

4. 滥用药物

有些猪场由于没有合理制订免疫程序，导致生猪疾病不断发生，加上一些厂家推销员的不正当的推广兽药防病的方法，投药就变成控制生猪疾病的主要手段。而频繁用药、长期大剂量、多品种地给猪服用兽药，甚至使用违禁药物（如人用头孢霉素、先锋霉素、螺旋霉素等），造成药物在猪体内大量残留，而且药物随猪的粪尿排出，污染土壤和水源，使病原产生耐药性。

5. 病死猪处理不当

任何猪场都会遇到病死猪，病死猪常是疫病传播和扩散的重要传染源，不仅会对养猪带来大量的经济损失，还会严重威胁人类健康。然而，在有些猪场特别是一部分中小规模猪场对病死猪的处理不当。因为病死猪的尸体很容易滋生蚊蝇，繁殖细菌，是传染病的传染源。有的把死猪乱扔，对环境造成污染，或有养狗的就扔给狗吃，也造成生活源性污染。

二、猪场环境污染的综合治理技术措施

（一）布局合理，适度规模

1. 布局要合理

规模化猪场不论规模大小，必须要与居民居住区相距 500 米以上，大、中型养猪场要实行"二点式"或"三点式"饲养模式。猪场要建在居民区的下风头，必须做到不污染饮用水源。猪场要对所有的设施设备配套，特别是粪污处理设施要在猪场设计中首先要考虑。

2. 规模要适度

规模化猪场的生产与发展，要从资源、环境、人力、资金等方面考虑饲养规模，一般小型猪场饲养规模以 500~1 000 头为宜，大中型猪场以 5 000~10 000 头为宜。

（二）种植花木，净化环境

在猪场周围种上树，可净化猪场的环境，而且还可减少污染，有利于防疫。如在猪场周边大量植树和种植植物，可净化 25%~40% 的二氧化碳、硫化氢、氨气等有害气体，能吸附 50% 的粉尘，可调节场区的温度、湿度、气流等状态，大大减少灰尘，从而净化空气，还可减少噪音。植树要考虑种类、密度等，一般在猪舍的北面应栽种高大的乔木树种，如杨树、柳树、落叶松等，可以挡住北风和西北风；在猪场内空地也种植牧草或花草覆盖，可优化猪场本身的生态条件。

（三）建立生态养殖模式

规模猪场不论规模大小都要遵循生态原理，通过食物链建立生态工程，以农牧、渔牧结合等多种形式，有选择性地建立适合本场本地的生态养殖模式，实现粪污的无害化、资源化处理和合理利用，可有效降低粪污对环境的污染。

1. 猪-沼-果（林）生态养殖模式

此种生态养殖模式适合有果园地区的猪场。由于果园面积大，猪粪、沼液利用率高，基本上不会污染环境。而且在果园（林）内套种鲁梅克斯和黑麦草等高产牧草，用牧草养猪，再将粪尿、沼渣、沼液施入牧草地，形成猪-沼-果（林）生态养殖模式。

2. 猪-沼-粮（菜）生态养殖模式

此种生态养殖模式适合有耕地地区的猪场。由于耕地种粮、种菜需要大量粪尿和沼液，可有效消纳利用，是目前比较广泛应用的一种生态养殖模式。

3. 猪-沼-渔生态养殖模式

猪场直接与鱼塘配套，一般 100 头猪规模场配套 1.5 公顷鱼塘，猪粪直接或经粪池发酵后进入鱼塘喂鱼。粪肥养鱼，每 0.01 公顷可增产鱼 100 千克，每头猪增产鱼 20 千克，饲养成本下降 50% 以上。但这种养殖模式在推广中现在看来存在一定的卫生安全问题。粪便经沼气发酵后，可消灭寄生虫虫卵达 90.6%，消灭细菌达 99.6%，消灭大肠杆菌达 99.6%，虽然这为水产养殖提供了饵料，变废为宝，看似形成科学的生态良性循环，降低了养殖成本，为猪场粪便废水处理提供了出路。然而，随着水产养殖业向规范、安全卫生方向发展，"猪-沼-渔"或"猪-鱼"生态养殖模式在卫生安全方面受到了严重的挑战。特别是"猪-鱼"结合是我国特别是南方地区普遍采用的生态养殖模式，即将猪粪尿液水直接或间接地排入鱼塘养鱼，该模式为农村经济发展和农民增收起了重要作用，受益地区广，包括沿海、平原和山区。但"猪-鱼"生态养殖模式中卫生安全问题主要表现在 3 个方面：猪病原体通过排泄物带入水体；猪饲料添加剂中用砷制剂；猪饲料添加兽药，特别是抗菌药对水产养殖水体环境和生物及鱼的影响，如用抗菌促生长剂喹乙醇、土霉素、泰乐菌素等对水环境有潜在的不良效应。在上述 3 个方面中，关于病原体传播问题，可以通过粪便废水无害化预处理后或采取"猪-沼-渔"这样的生态养殖模式后得以控制，避免用带病原体的废弃物开展水产养殖；但跟随猪排泄物进入鱼塘或其他环境的重金属来看，最突出的问题是铜、锌和砷的污染和残留，就是猪用抗菌药物及其代谢产物，随粪和尿进入鱼塘前也很难进行有效的预处理，因此，它们已成为"猪-鱼"模式中卫生安全问题的焦点。从目前的生产实践表明，就是"猪-沼-渔"生态养殖模式的后果，也直接污染了水源。其原因：一方面，由于规模化养猪猪病明显增多，而且复杂化，导致猪场用药增多，又不规范，猪粪尿中残留也较大，对水质和鱼类也在一定程度上有一定危害；另一方面，随着水产养殖业向高密度发展，水质下降，渔业生态环境退化，水源不足，换水成本增加，影响了下游生态环境。在一定程度上造成了水产品的卫生安全问题。因此，在水源不足，换水成本较高，又对下游水资源造成影响的情况下，可不再提倡"猪－沼－鱼"养殖模式为宜。特别是"猪－鱼"结合模式的卫生安全问题突出，可不再提倡推广为好。

4."猪－沼－草－猪"生态良性循环模式

此种模式适合有一定田地的猪场，利用沼渣、沼液和污水种草，再用牧草喂猪，实现了资源的良性循环利用，节约了饲料，而且提高了养殖效益，特别是用牧草适量添加到饲料中喂母猪，可提高母猪的繁殖力。因此，这种模式是今后大力推广的，但这种模式前提是要有足够的土地。广东省惠州市一个养猪场业主叶柱海，存栏能繁母猪400余头，年出栏仔猪和肉猪800多头，投资10余万，在猪场背后山上承包50亩山坡地，开荒种植牧草。猪场排放出来的粪污前期通过固液分离，猪粪当做肥料用于肥育贫瘠的山坡地，污水经沼气发酵后抽送到山坡上，自上而下灌溉牧草地。这样不仅有效解决了污水难处理的问题，同时利用牧草养猪降低了饲养成本。此猪场种养结合系统每天能处理污水30吨，利用牧草养猪，每头母猪每天大约节省1元饲料成本，肉猪添加量即使少点也能节省0.5元饲料成本。用牧草饲喂母猪之后，猪群健康程度明显提高，而且猪场每个月的保健费降低30%。此案例说明，只要是有土地的山坡地，此种模式也可推广应用。据测算，常年存栏100头母猪的自繁自养的猪场，大约需要10亩地来种植牧草就能有效处理猪场污水和沼液。

（四）科学配制日粮

1.采用低蛋白质－氨基酸平衡的"理想蛋白质"模式

在配制日粮时可适当降低日粮的蛋白质浓度。如将日粮蛋白质含量从18%降到16%，能将育肥猪的氮排泄量减少15%，而如果将日粮蛋白质含量增加至24%，则会使氮排出量提高47%。在生产实践中通过氨基酸平衡（一般是通过使用多种氨基酸添加）使蛋白质得到充分利用。日粮蛋白质中的氨基酸模式与动物对氨基酸的需要相匹配，这一概念称之为"理想蛋白质"。日粮中氨基酸应能够满足最大瘦肉增重时的最小需要量，而过剩部分很少，这是提高蛋白质利用效率，减少氮排出造成环境污染的途径之一，特别是在氨基酸不平衡的日粮中使用赖氨酸、苏氨酸、蛋氨酸和色氨酸，这样可大大改善氮的利用。

养猪生产中为了保证猪的生长性能，在降低蛋白质的同时，必须考虑日粮氨基酸的水平和氨基酸平衡，特别是注意补充重要的限制性氨基酸，一般必须补充赖氨酸和蛋氨酸，在大多数情况下，还必须考虑补充苏氨酸和色氨酸。日粮蛋白质水平降低越多，补充的限制性氨基酸种类和数量也就越多。在低蛋白质日粮中补充氨基酸，可降低氮的排出量。因为在降低日粮蛋白质时，通常减少了豆粕的用量，而豆粕中含有2%~3%的钾，豆粕用量的降低使得日粮中钾的水平也降低，日粮蛋白质和钾水平的降低将使猪的饮水量下降，排尿量减少。

2.选用无公害饲料添加剂

选用无公害饲料添加剂如微生态制剂、酶制剂、生物活性肽等，能有效替代抗生素、高铜等生长促进剂，可消除饲料中抗营养因子，补充生猪体内的内源酶，提高饲料的利用率，还可使粪便和氮的排出量减少20%左右。因此，又把此类饲料添加剂又称为环保型饲料添加剂。生产实践已证实，植酸酶可提高饲料中植酸的利用率，既可减少饲料中无机磷酸盐的添加量，又可降低粪尿中磷的排泄量。益生素可抑制肠内有害微生物菌群，改善生猪消化道菌群平衡，增强非特异性免疫功能等，降低生猪的患病率，促进猪的生长。环保型饲料添加剂的应用，可大大减少抗生素等药物的使用，减少药物残留，提高猪肉产品的质量安全水平。

3. 使用有机微量元素

研究表明，有机微量元素可提高微量元素的生物利用率，促进猪生长，增强免疫功能，改善胴体品质。目前，在生产中推广应用的有机微量元素添加剂有有机锌、有机硒、有机铁、有机锰等，此外还包括蛋氨酸锌、蛋氨酸铜、赖氨酸螯合物等，这类添加剂在养猪生产中应用，能取得较好的效果，对促进生猪健康生长，减少环境污染均有一定的作用。

（五）控制猪舍有害气体

1. 猪舍内有害气体产生的来源

猪舍内对猪的健康和生产或对人的健康和工作效率有不良影响的气体统称有害气体或称为恶臭味，通常包括氨气、硫化氢、二氧化碳、甲烷、一氧化碳、粪臭素等，主要是由猪呼吸、粪尿、污水、饲料腐败分解，垫草等产生；此外，还有尘埃和微生物。它们对猪的生长和生存以及饲养人员的健康都会造成一定影响和危害。

猪场的恶臭物质能影响人与猪的生理机理，刺激嗅觉神经与三叉神经，对呼吸中枢发生作用，影响人与猪呼吸功能的氨、硫化氢等还具有强烈的毒性。

（1）氨气（NH_3）

① 氨气的来源。猪舍内氨气主要有两种来源：一种来自于猪的胃肠道。饲料中的氨基酸在猪体内降解后，在肝脏内转变成尿素，并排到胃肠道，在微生物脲酶的作用下，水解生成氨和二氧化碳；另一种是来自于猪舍内环境，由堆积的粪尿、饲料残渣和垫草等有机物腐败分解产生，此类氨的浓度取决于舍内温度、饲养密度、通风情况、饲养管理水平、粪污清除等因素。在潮湿、酸碱度适宜和温度高、通风不良、粪便多的情况下，氨产生更快，浓度更高。据报道，50~80千克猪每天排粪尿6千克，其中含氮16~37克，约60%是以尿素或铵盐等形成转化为氨气。

② 氨气的危害。氨气为无色，易挥发，具有刺激性气味的气体，比空气轻，易溶于水。氨气是公认的应激源，是猪舍内最有害的气体之一，可刺激黏膜并引发各种炎症，并产生以下几点危害：一是降低机体抵抗力，诱发呼吸道疾病。氨气可经肺泡进入血液与血红蛋白结合，使血红素变成铁血红素，降低血红蛋白的携氧能力，使机体抵抗力下降。氨进入呼吸道可引起咳嗽、气管炎和支气管炎、肺水肿出血、呼吸困难、窒息等症状，造成呼吸机能紊乱；同时，氨气还可诱发其他疾病。二是对猪的生长性能有影响。研究证实，猪的日增重随着猪舍内氨气浓度的升高而下降，料重比则随着猪舍内氨气浓度的升高而升高。也有试验表明，20千克的小猪在25微升/升氨气浓度中，生长效率减少12%，100~150微升/升氨气浓度中，生长效率减少30%。三是影响疫苗的免疫效果。许多经滴鼻、点眼和喷雾等途径进行免疫接种的疫苗都是首先侵入呼吸道上细胞，刺激机体产生免疫应答。当氨气浓度过高时能够损坏上皮黏膜，降低其免疫应答能力。四是对自然环境及人体的危害。氨是氮氢化合物，在大气中与酸性物质反应可形成硫酸铵、硝酸铵、氯化铵等，这些盐类物质的沉积已经被确认为导致土壤酸化的主要原因。而且过量流失的氨会进一步造成地表水和土壤的超营养化，影响生态系统多样性，其中最敏感的水生生态系统，直接的表现是水生生物物种减少。同样，一些敏感的植物如针叶树、果树、西红柿、黄瓜等，会因过度和氨沉积的肥料而遭到破坏。饲养人员由于长期工作于有氨气的环境里，会出现咳嗽、痰多、哮喘、鼻炎、胸闷、

眼睛发痒、疲劳、头疼和发热等症状，健康会受到不良影响。通常，人在 4 微升 / 升的氨气浓度中会感觉到氨气的存在，25 微升 / 升的氨气浓度会刺激眼睛、鼻等软组织，在此氨浓度环境下，工作不能超过 8 小时。据研究测试，人处于 300 微升 / 升的氨气浓度中就会有生命危险，超过 2 500 微升 / 升则可能致死。猪舍的氨气浓度一般带仔母猪舍要求不超过 15 毫克 / 米^3，其余猪舍要求不超过 20 毫克 / 米^3。

（2）硫化氢（H_2S）

① 硫化氢的来源。硫化氢主要是由新鲜粪便中含硫有机物的厌氧降解所产生，特别是在动物采食了高蛋白日粮而消化利用率又低时，硫化氢的量就更多。硫化氢是无色易挥发、易溶于水、比空气重，靠近猪舍地面浓度更高。且具有特殊腐蛋臭味的可燃气体，并具有刺激性和窒息性。

② 硫化氢的危害。硫化氢易溶附于呼吸道黏膜和眼结膜上，并与钠离子结合成硫化钠，对黏膜产生强烈刺激，引起眼炎和呼吸道炎症。长期处于低浓度硫化氢环境中，猪的体质变弱，抵抗力下降，增重缓慢；猪处于高浓度硫化氢的猪舍中，猪畏光，流眼泪，发生结膜炎、角膜溃疡、咽部灼烧、咳嗽、支气管炎、气管炎发病率很高，严重时可引起中毒性肺炎、肺水肿等。在 50~200 毫克 / 米^3 的硫化氢浓度下的猪舍，猪会突然呕吐，失去知觉，接着因呼吸中枢麻痹而死亡。猪舍中硫化氢浓度要求不得超过 10 毫克 / 米^3。

（3）二氧化碳（CO_2）　二氧化碳是无色、无臭、没有毒性、略带酸味的气味。猪舍内二氧化碳浓度过高，意味着氧气含量不足，就会使猪出现慢性缺氧，临床表现为精神萎靡、食欲下降、生产力下降、体质衰弱、易感染慢性传染病。据试验，猪在含 4% 二氧化碳的空气中呼吸紧迫，10% 时出现昏迷。猪舍空气中的二氧化碳浓度达到有害程度，说明舍内空气流通较差，其他有害气体浓度也可能较高。因此，猪舍内空气中二氧化碳的浓度可看作是有害气体浓度的指标。猪舍内二氧化碳浓度要求低于 0.15%。

（4）一氧化碳（CO）　一氧化碳是无色、无味气体，难溶于水，一些猪舍往往用火炉采暖，常因煤炭燃烧不充分而产生，如果门窗紧闭，通风不畅，常易发生中毒。一氧化碳极易与血液中运输氧气的血红蛋白结合，它与血红蛋白的结合力比氧气和血红蛋白的结合力高 200~300 倍。一氧化碳较多地吸入动物体后，可使机体缺氧，引起呼吸、循环和神经系统病变，导致中毒。养猪生产中妊娠后期母猪、带仔母猪、哺乳母猪和断奶仔猪舍一氧化碳不得超过 5 毫克 / 米^3，种公猪、空怀和妊娠前期母猪、育成猪舍不得超过 20 毫克 / 米^3。以上值均为一次允许最高浓度。

（5）尘埃和微生物　猪舍内的尘埃和微生物少部分由舍外空气带入，但大部分来自饲养管理过程，如猪的采食、活动、排泄、清扫地面、换垫草、分发饲料、清粪、猪咳嗽和鸣叫等。

① 尘埃的危害。猪舍中尘埃主要包括尘土、皮屑、饲料和垫草粉粒等。尘埃本身对猪有刺激性和毒性，同时，还因其上面吸附有细菌等，加上有毒、有害气体等而加剧了对猪的危害程度。尘埃降落在猪体表，可与皮脂腺分泌物、皮屑、微生物等混合，刺激皮肤发痒，继而发炎。尘埃还堵塞皮脂腺，使皮肤干燥，易破损，抵抗力下降；尘埃落入眼睛可引起结膜炎和其他眼病；尘埃被吸入呼吸道，则对鼻腔黏膜、气管、支气管产生刺激作用，导致呼吸道炎症，小粒尘埃还可进入肺部，引起肺炎。猪舍尘埃含量带仔母猪和哺乳仔猪昼夜平均不得大于 1.0 毫克 / 米^3，育肥猪舍不得大于 3.0 毫克 / 米^3，其他猪舍不得高于 1.5 毫克 / 米^3。

② 微生物的危害。由于猪舍内空气中尘埃多，太阳辐射线的紫外线弱，微生物来源和

含量远比大气多。但不同猪舍微生物含量因其通风换气状况、舍内猪的种类、密度等的不同而变异较大。空气中微生物类群不固定，大多为腐生菌、还有球菌霉菌、放线菌、酵母菌等，在有疫病流行的地区，空气中还有病原微生物。空气中病原微生物可附着在灰尘上传播，称为灰尘传播；也可附着在猪喷出的飞沫上传播，称为飞沫传播。此两种传播方式多种病菌可存在其中，引起病原菌传播。通过尘埃传播的病原体，一般对外界环境条件抵抗力较强，如结核菌、链球菌、丹毒和破伤风杆菌、炭疽芽孢、气肿疽梭菌等，猪炭疽病就是通过尘埃传播的。通过飞沫传播的主要是猪呼吸道传染病，如猪流行性感冒、猪气喘病等。

2.减少和控制猪舍有害气体的措施

我国猪舍的环境控制技术总体还相当落后，这也成为制约现代养猪水平进一步提高的重要因素。特别是近几年来，伴随着"猪呼吸道综合征"的发生和流行，业内人士对猪舍空气质量越来越重视，但至今仍没有一个统一的标准和系统控制方案。猪舍空气质量应包括：空气温度、湿度以及空气中悬浮颗粒物（浮尘）和氨气、硫化氢等有害气体含量，其中温度和湿度的标准和控制技术在国内也已相当成熟，而对猪舍空气中的浮尘和有害气体的控制，一些猪场却不重视或不采取措施，从而也导致了一些猪场疾病经常发生，导致生产效益不佳。

（1）"以人感觉适宜为标准"来判断有害气体的含量 "以人感觉适宜为标准"来判断有害气体的含量，已在生产实践中取得了较好的应用效果。这个标准指的是人员从猪舍外进入猪舍时的第一感觉，通过嗅觉和观察空气是否混浊来判断，而不是去询问饲养员，因为他们长时间待在猪舍里，即使空气不好，可能也麻痹了。猪舍内如不刺鼻、刺眼的臭味，说明空气质量适宜，如人感到刺鼻的臭味，流眼泪，甚至有咳嗽等症状表现，说明舍内空气质量较差。此外，还要观察猪群的健康状况，猪群如果精神不佳、流眼泪、咳嗽等症状表现，一般为舍内空气质量不良造成的。出现这样的状况后就必须尽快采取措施，以免出现不良后果。

（2）猪场恶臭的营养控制技术措施 猪场恶臭主要是由粪尿中未完全消化的营养物质在堆放过程中被无氧降解所产生的臭气所引起。所以控制猪场恶臭的有效途径就是要提高猪对营养物质的利用率及改变日粮本身的理化性质，从而减少粪便的排出量，降低排泄物中蛋白质、脂肪等的残留，减少腐败分解产生的恶臭。生产实践中减少猪场恶臭物质产生的营养控制措施主要有以下几点。

① 选择优质的饲料原料。优质的饲料原料是生产高效饲料和提高猪对饲料养分利用率的先决条件。高质量的原料具有适口性好、消化率高的特点，能提高猪对其的利用，减少粪便的排出量、降低粪尿中的恶臭物质及其前体物，减少恶臭气体的产生。据有关人员试验，选用高消化率的饲料可以使粪尿中的氮减少5%以上。饲料中硫的含量直接影响粪尿中硫的排泄量，故选择含硫量低的饲料可降低硫的排泄量，减少硫化氢的产生。

② 改进饲料加工工艺。合理的饲料加工有助于提高猪对饲料中营养物质的利用率，减少饲料的浪费和对环境的污染。有研究表明，降低玉米的粉碎粒度，可提高猪对饲料的利用率，减少干物质和氮的排出量。目前，我国猪日粮多以玉米—豆粕型为主，这些植物性饲料中含有大量抗营养因子，如蛋白酶抑制因子、凝集素等，这些抗营养因子可影响日粮蛋白质的消化吸收，但经加热、膨化、制粒等处理可以消除日粮中的抗营养因子对日粮中营养物质消化、吸收的影响。生产实践已证明，大豆经加热处理，氨基酸的消化率可提高30%以上。饲料中蛋白质消化吸收率提高，粪尿中氮的排出量就相应减少了，恶臭的产生量也相应降低了。

③ 降低日粮蛋白质水平，添加合成氨基酸。猪排泄物所散发的氨气主要来自尿中的尿

素及粪中未消化的饲料氮与内源氮，因此，减少氨气释放，经济有效的手段是通过日粮调控技术来减少粪尿中氮的含量。通过降低日粮中蛋白质水平，添加合成氨基酸调节氨基酸的平衡，可以提高氮的利用率，减少氮的排出。欧洲饲料联合会指出，日粮中粗蛋白质水平每降低一个百分点，氮排出量可减少 8%，添加必需氨基酸，平衡氨基酸营养，氮排出量的减少潜力可达 24%，粪尿中氮散发量减少 10%~12.5%。但是蛋白质的降低应该控制在一定范围，过低的蛋白质水平，虽然可以显著降低排泄物中氮的含量及猪舍中的恶臭，但同时也是以生产性能降低为代价，因此，必须采用低蛋白质－氨基酸平衡的"理想蛋白质"模式来配制日粮。

④ 酶制剂的合理使用。构成猪日粮很大比例的植物饲料原料中约占总磷 2/3 的磷是以植酸磷的形式存在的，在正常条件下，植酸磷不能或很少能被猪利用，所有未被消化的植酸磷随粪便排出进入环境，从而导致磷污染，尤其是集约化养猪生产。畜牧业发达国家已开始立法，禁止养殖中磷的超标排放。植酸酶的使用是一种有效解决这一问题的途径。植酸磷只有在被植酸酶分解后才能被肠道吸收，在不添加植酸酶的情况下，猪对玉米中的磷的消化率仅为 16%，对豆粕中磷的消化率为 38%。据研究证实，饲粮中添加植酸酶后，磷的消化率可提高 27%~30%。酶制剂不但能补充动物内源酶的不足，促进动物对营养物质的消化吸收，而且能有效降低饲料中抗营养因子，从而提高饲料营养价值。正常合理地使用酶制剂，可有效地提高猪的消化率，当猪的日粮干物质消化率由 85% 提高到 90%，则随粪便排出的干物质可减少 33%，氮的排泄量可以减少 10%~15%。由此可见，在猪饲料中添加酶制剂，可有效提高猪对氮、硫等营养物的利用率，减少粪便的排泄量及恶臭气体的产生，减轻恶臭对环境的污染。

⑤ 酸化剂的添加。动物氨气的释放与胃肠道、粪便的 pH 值有关。pH 值越高，氨的释放就越快，但加酸可降低 pH 值，并抑制氨的释放。且酸化剂除降低消化道的 pH 值外，还为动物消化道内酶和微生物提供适宜的环境，促进胃蛋酶的合成，提高蛋白质的消化率，减少肠道和排泄物的恶臭发生。特别是幼龄动物消化道内胃酸分泌不足，必须依赖外源饲料来改善消化道中酸碱环境。研究表明，日粮中添加有机酸可提高仔猪对日粮矿物质、能量和蛋白的消化和吸收，提高氮在机体内的存留。据李德发等研究，在仔猪饲料中添加 1% 的柠檬酸，干物质和粗蛋白质消化率提高 2.28% 和 6.1%。虽然大量研究表明，在断奶仔猪日粮中添加柠檬酸等酸化剂可显著提高日粮有机物和蛋白质的表观消化率，但如何控制好酸化剂的使用量，既能提高猪对蛋白质的利用率，又可以减少硫的排泄，这将是一个值得研究探讨的课题。

⑥ 丝兰属植物提取物的使用。丝兰是龙舌兰科，原产于北美洲，其提取物中的有效成分可以限制粪便中氨的生成，提高有机物的分解率，从而降低猪舍空气中氨气的浓度，达到除臭的效果。研究表明，丝兰属植物提取物不仅能除臭，还能提高肥育猪的增重速度和饲料转化率。由于在日粮中的添加量较低（100~120 克/吨饲料），使用前景很有吸引力。目前的研究还证实，不仅在饲料中可以直接添加丝兰属植物提取物，而且还可以在贮粪池内、冲粪沟中和猪舍内等直接使用。

⑦ 添加矿石粉制剂。目前研究和使用较多的是沸石粉。沸石除臭是利用其强的吸附性，对氨气、硫化氢、二氧化碳及水分都有很强的吸附力，常用于猪舍的除臭。而且沸石中含有猪必需的金属元素，这些元素多以离子状态存在，饲料在消化过程中产生的氨、硫化氢、二氧化碳等分子，极易与沸石内的金属离子发生交换，离子析出后供机体吸收，沸石则吸附大

量的氨、硫化氢等恶臭气体，有效减轻粪便恶臭，从而达到除臭的目的。研究表明，猪日粮中添加5%的沸石，可使排泄物中氨的含量下降21%。生产中沸石粉在日粮中的添加量一般为3%。此外，过磷酸钙、膨润土、海泡石、蛭石和硅藻土等的结构与沸石相似，都有吸附除臭作用。

（3）猪舍臭气控制技术与方法　与国外相比，国内的猪舍对空气质量控制技术差距较大，国外的全封闭猪舍建筑与自动化系统控制猪舍的环境气候在中国的养猪生产中难以普遍接受和应用，为此，只有根据中国的国情和各地的具体情况，对猪舍的环境气候特别是臭气采取适宜的控制技术和方法，是当前和今后一个比较有效的途径。

① 猪场选址与猪舍设计的合理是有效控制猪舍空气质量的基础。从这个角度上考虑，猪场一定要按规划设计要求进行建设，特别是猪舍之间应有适当的间隔距离，一般以猪舍高度的3~5倍为宜，有利于猪场空气流通和猪舍的臭气排出。猪场周围绿化地带的植物栽种，对猪场空气质量和环境的改善能起到一定的作用，而且猪舍间隔带也要做好绿化，树种可选择以能够杀菌和吸有害气体的树木如冬青、松树、丁香树等，并搭配小灌木或草坪进行地面绿化。据报道，有害气体经过绿色植物，至少25%被阻留净化。有些植物能吸收氨作为自身生长所需要的氮源，其比例可达10%~20%，而且某些植物的花和叶还能分泌一种芳香物质，可将细菌和真菌杀死。因此，在猪场规划设计中必须要纳入猪场绿化。

② 通风换气是猪舍空气质量控制的核心。通风换气包括自然通风和机械通风，多数猪场采用自然通风，为此，设计猪舍时就要充分考虑到生产中通风换气的需要，比如对分娩舍、保育舍等封闭猪舍天花板上应设天窗，妊娠舍、育肥舍最好设计成钟楼式或留有排气管道。此外，猪舍应有足够的窗户，且不应开的过高，一般距地面1米为宜。机械通风是指在猪舍安装风机迫使空气流动来实现通风的要求，这是封闭式猪舍换气的主要方法，生产中最好采取"纵向通风"，这样有利于消除通风死角，减少风机数量。当然，如果条件许可，投资者资金雄厚，引入"全气候环境控制系统"更好。

③ 合理的饲养密度。饲养密度是指猪舍内猪的密集程度，用每头猪占用的面积来表示。饲养密度直接影响猪舍内的空气与卫生状况，饲养密度大，猪散发出来的热量多，舍内气温高，湿度大，灰尘、微生物和有害气体增多。饲养密度对猪的生长速度有较大影响，密度过大，猪过于拥挤，相互间的争斗增加，严重影响增重；密度过小，猪舍利用率降低。为了防寒和降暑，冬季可适当提高饲养密度，夏季可降低饲养密度。生产中，饲养密度一定要按各类猪的饲养要求，生长育肥猪每栏饲养以不超过20头为宜，每头猪0.8~1米²。密度过大对环境污染严重，也不利猪的生长和生活。猪只密度除了圈面密度，还有空间密度，也就是一头猪所占有的单位空间，这也是一些猪场设计者特别是小型猪场业主所忽视的地方。这就要求猪舍在设计时要有足够的高度，一般为2.5~3米，同时每栋猪舍不宜过长，应隔成小间，这样不但有利于空气控制，而且容易做到"全进全出"。

④ 适宜的湿度。适宜的湿度对减少猪舍中的粉尘有一定作用，特别是冬天采用火坑和地下烟道保温的猪舍，一般空气都比较干燥，可采取每天人工高压喷雾2~3次来解决。

⑤ 做好卫生和消毒。做好卫生工作，可以减少或基本消除舍内氨气、硫化氢和二氧化碳等有毒有害气体。这就要求对猪粪尿要及时清除干净，粪沟在舍内的猪场最好每天冲洗2~3次；还要及时消除产床、保温箱、猪圈围栏等处的灰尘，保持通道干净。此外，每天清理炉灰、饲料灰等粉尘，清扫卫生前先洒水，结合实际选用毛巾、拖把等工具，避免打扫卫生时扬起灰尘。消毒已成为所有猪场的一项必要工作，但对空气的消毒在一些猪场还没做

到。生产中可带猪消毒，对妊娠舍、保育舍、育肥舍最好用高压喷雾机，喷头向上带猪消毒。对产房也可用人工喷雾器，也要先把喷头向上对空气消毒，再有针对性消毒母猪体表、保温箱、地面等处。这样不仅完成了全方位的消毒工作，同时也净化了空气中的粉尘。

⑥ 使用 EM 菌除臭。在抑制恶臭气体方面，使用较多的是 EM 菌制剂。EM 菌制剂是由光合细菌、放线菌、酵母菌、乳酸菌及发酵系列的丝状菌等 80 余种微生物复合而成的多功能菌群。其中光合菌能分解粪臭素，抑制氨气排放，放线菌能阻断臭素生成，减轻粪尿恶臭。据试验表明，在猪日粮中添加一定比例的 EM 菌，不仅促进了猪的生长，提高了抗病能力，而且具有良好的生物除臭功能，减少了夏季蚊蝇的繁殖。此外，用 EM 菌净化圈舍空气，效果非常明显。按每米³圈舍空间投放 20 克 EM 菌，能使各种有害气体浓度降到卫生标准；用 EM 菌 1 千克，加水 30 千克，稀释后喷洒圈舍，能使氨气降低 10%、硫化氢降低 30% 以上。而且用 EM 菌处理粪便能去除氨气和硫化氢等恶臭物质，EM 菌与粪便的比例一般为 1 ：（200~300），混合均匀，堆放 5~7 天。

（六）对病死猪科学处理

1. 病死猪的处理规定方法

为了规范病死猪的处理，农业部依据《中华人民共和国动物防疫法》及有关法律法规制订了《病死动物无害化处理技术规范》（以下简称《规范》）。该《规范》规定了病死动物尸体及相关动物产品无害化处理方法的技术工艺和操作注意事项，以及在处理过程中包装、暂存、运输、人员防护无害化处理记录要求。

《规范》规定，病死动物无害化处理方法包括焚烧法（直接焚烧法、碳化焚烧法）、化制法（干化法、湿化法）、掩埋法（直接掩埋法、化尸窖）、发酵法，并列出了每种方法的技术工艺和操作注意事项。并强调因重大动物疫病及人畜共患病死亡的动物尸体和相关动物产品不得使用发酵法处理。

2. 病死猪规范无害化处理方法

病死猪规范无害化处理，是指用物理、化学等方法处理病死猪尸体及相关产品，消除其所携带的病原体，消除病死猪尸体危害的过程。

（1）焚烧法 焚烧法是指在焚烧容器内，使动物尸体及相关动物产品在高氧或无氧条件下进行氧化反应或热解反应的方法。

对确认患猪瘟、口蹄疫、传染性水泡病、猪密螺旋体痢疾、急性猪丹毒等烈性传染病的病死猪，常用此法。将病猪的尸体、内脏、病变部分投入焚化炉中烧毁炭化。搬运尸体的时候，用消毒药液浸湿的棉花或破布把死猪的肛门、鼻孔、嘴、耳朵堵塞，防止血水等流到地上。应用封闭车运到烧埋场地。

焚烧法有直接焚烧法和炭化焚烧法。直接焚烧法是将动物尸体及相关动物产品或破碎产物，投至焚烧炉本体燃烧室，经充分氧化、热解，产生的高温烟气进入二燃室继续燃烧，产生的炉渣经出渣机排出，燃烧室温度 ≥ 850℃。炭化焚烧法将动物尸体及相关动物产品投至热解炭化室，在无氧情况下经充分热解，产生的热解烟气进入燃烧（二燃）室继续燃烧，产生的固体炭化物残渣经热解炭化室排出。热解温度 ≥ 600℃，燃烧（二燃）至温度 ≥ 1 100℃，焚烧后烟气在 1 100℃以上停留时间 ≥ 2 秒。

（2）化制法 化制法是指在密闭的高压容器内，通过向窖器夹层或容器通入高温饱和蒸汽，在干热、压力或高温的作用下，处理动物尸体及相关动物产品的方法，适用对象炭疽、口蹄疫、猪瘟。化制法分干化法和湿化法。

① 干化法是将动物尸体及相关动物产品或破碎产物输送入高温高压容器，一般是使用卧式带搅拌器的夹层真空锅。处理物中心温度 ≥ 140℃，压力 ≥ 0.5 兆帕（绝对压力），时间 ≥ 4 小时（具体处理时间随需处理动物尸体及相关动物产品或破碎产物种类和体积而定），加热烘干产生的热蒸汽经废气处理系统后排出，加热烘干产生的动物尸体残渣传输至压榨系统处理，应使用合理的污水处理系统，有效去除有机物、氨氮，达到国家规定的排放要求。还应使用合理的废气处理系统，有效吸收处理过程中动物尸体腐败产生的恶臭气体，使废气排放符合国家相关标准。处理结束后，需对墙面、地面及其相关工具彻底清洗消毒。

② 湿化法是用湿压机或高压锅处理患病动物尸体和废弃物的炼制法。炼制时将高压蒸汽通过机内炼制，用这种方法可以处理烈性传染的肉尸。处理中心温度 ≥ 135℃，压力 ≥ 0.3 兆帕（绝对压力），处理时间 ≥ 30 分钟（具体处理时间随需动物尸体及相关动物产品或破碎产物种类和体积而定）。高温高压结束后，对处理物进行初次固液分离。固体物经破碎处理后，送入烘干系统；液体部分送入油水分离系统处理。处理结束后，需要对墙面、地面及其相关工具彻底清洗消毒。冷凝排放水应冷却后排放，产生的废水应经污水处理系统处理达标后排放；处理车间废气应通过安装自动喷淋消毒系统，排风系统和高效微粒空气过滤器（HEPA 过滤器）等进行处理，达标后排放。

（3）掩埋法　掩埋法是指按照相关规定，将动物尸体及相关动物产品投入化尸窖或掩埋坑中并覆盖、消毒、发酵或分解动物尸体及相关动物产品的方法。掩埋法适用对象为非烈性传染疫病死亡的猪。掩埋法分直接掩埋法和化尸窖。

① 直接掩埋法。此方法操作简便、方便，在实际中常用，但因消毒不严，病原体杀灭不够彻底，常会留下疫情隐患，如某些芽孢杆菌，几十年后仍有传染性。该方法的选址要求：一是应选择地势高燥，处于下风向的地点；二是应远离饲养场（饲养小区）、动物屠宰场、生活饮用水源地；三是应远离城镇居民区、主要河流及公路、铁路等主要交通干线。该方法的具体做法为：根据猪的大小和多少，挖 2 米以上的深坑，掩埋坑应高出地下水位 1.5 米以上，要防渗、防漏；在坑里铺上 2~5 厘米厚的生石灰或漂白粉等消毒药，将病死猪投入，使之侧卧，并将污染的土层，捆尸绳索一起埋入坑里，再铺上 2~5 厘米厚的消毒剂，最上层距离地表 1.5 米以上，厚度不少于 1~1.2 米的覆土。掩埋覆土不要太实，以免腐败产气造成气泡冒出来和液体渗漏。掩埋后，立即用氯制剂、漂白粉或生石灰等消毒药对掩埋场所进行 1 次彻底消毒。第 1 周应每日消毒 1 次，第 2 周起应每周消毒 1 次，连续消毒 3 周以上。掩埋后，在掩埋处设置警示标识，每周内应每日巡查 3 个月，掩埋坑塌陷处应及时加盖覆土。

② 化尸窖。即在封闭的养殖区域内选择偏僻的角落建造水泥池窖，病死猪置于其中发酵处理。化尸窖应为砖和混凝土，或者钢筋和混凝土密封结构，应防渗防漏。化尸窖的选址要求应结合本场地形特点，宜建在下风向；乡镇、村的化尸窖选址应选择地势较高，处于下风向的地点，并远离饲养场（饲养小区）、动物屠宰加工场所、生活饮用水源地；并远离居民区，以及主要河流、公路、铁路等主要交通干线。化尸窖的顶部要设置投置口，并加盖密封加双锁；还要设置异味吸附，过滤等除味装置。投放前，应在化尸窖底部铺洒一定量的生石灰或消毒液；投放后，投置口密封加盖加锁，并消毒投置口、化尸窖及周边环境。当化尸窖内动物尸体达到窖积的 3/4 时，应停止使用并密封。化尸窖周围应设置围栏，设立醒目警示标志，实行专人管理。当封闭化尸窖内的动物尸体完全分解后，应清理残留物，清理出的残留物焚烧或者掩埋。彻底消毒化尸窖池后，方可重新启用。

（4）发酵法　发酵法是指将动物尸体及相关动物产品与稻糠、木屑等辅料按要求摆放，利用动物尸体及相关动物产品产生的生物热或加入特定生物制剂，发酵或分解动物尸体及相关动物产品的方法。该方法是将病死猪尸体抛入尸体坑内，利用生物热的方法将尸体发酵分解，以达到消毒的目的。尸体坑应选在远离住宅、水源、草原及道路又僻静的地方。发酵堆体结构形式主要分为条垛式和发酵池式，尸坑也可为圆柱形，深 9~10 厘米，直径 3 米，坑壁及坑底用不透水的材料制作，坑高出地面约 30 厘米，坑上有盖，盖上有小的活动门，坑内有气管。如有条件，可在坑上修一小屋，坑内尸体可以堆到距坑口 1.5 米处。3~5 个月后，尸体完全腐败分解，此时可以挖出做肥料。需要注意的是处理前，在指定场地或发酵池底铺设 20 厘米厚辅料，辅料为稻糠、木屑、秸秆、玉米芯等混合物，或为稻糠，木屑等混合物中加入特定生物制剂预发酵后产物。辅料上平铺动物尸体或相关动物产品，厚度 ≤ 20 厘米，此后再覆盖 20 厘米辅料。堆体厚度随需处理动物尸体和相关动物产品数量而定，一般控制在 2~3 米。堆肥发酵堆内部温度 ≥ 54℃，应使用合理的废气处理系统，有效吸收处理过程中动物尸体和相关动物产品腐败产生的恶臭气体，使废气排放符合国家相关标准。因重大动物疫病及人畜共患死亡的动物尸体和相关动物产品不得使用此种方式处理。

第二节　猪场粪污处理技术与模式

一、猪场粪污清理技术与模式

（一）水冲清粪法

水冲粪法是 20 世纪 80 年代从国外引进规模化养猪技术和管理方法时采用的主要清粪模式，就是在猪舍粪沟的一端设置自动冲水器，定时向沟内放水，利用水流的冲力将落入粪沟中的粪尿冲至总排粪沟或排粪池内。常用的冲水器有自动翻水斗和虹吸自动冲水器等。也有的猪场采用高压水枪，将粪尿冲入粪污沟，排入集污池，然后将猪粪残渣与液体污水分开。水冲清粪法其目的是及时、有效地清除猪舍内的粪便、尿液，保持猪舍环境卫生，减少粪污清理过程中的劳动力投入，提高猪场自动化管理水平。但这种清粪方式优缺点也突出。

1. 自动翻水斗清粪法

自动翻水斗是一种利用水箱自动倾翻时形成的瞬间水流冲力带走粪沟内粪污的自动冲水器，相似于一个水渠上端建的一个闸门，把闸门打开，水流急冲入水渠中可冲走粪污。它主要由水箱也称为盛水翻头转轴、翻转架重心调节装置及支撑等部件组成，设置在猪舍粪沟始端上方。自动盛水翻斗是一个两端装有转轴、横截面为梯形的水箱，常用经过防腐处理的不锈钢板、玻璃钢等材料制作。转轴位置在横截面的中心以上，工作时，根据猪舍每天冲洗次数，调好水龙头流量，不断向盛水翻斗流水，随着水箱内水面上升，重心不断改变，当水量上升到一定高度时，盛水翻斗绕轴自动倾倒，在瞬时的几秒钟内将水箱内全部水冲入粪沟，而粪沟中的粪便、尿液在水的强大冲力下被冲至舍外的总排粪沟或集粪污池中。在翻水斗内水倒出后，由于重心发生变化，水箱在自身重力的作用下又自动复位，昼夜循环自动工作。从生产实践中应用情况看，自动翻水斗结构简单，工作可靠，水冲力大，效果较好，但噪声大，影响猪的休息。

2.虹吸自动冲水器

虹吸自动冲水器是一种利用虹吸作用使水箱中的水迅速地冲向粪沟的自动冲水器，常用的有U形管式和盘管式两种。

（1）U形管式虹吸自动冲水器 主要由虹吸帽、虹吸管等组成，水箱通常做成圆形的水池，其底部面积根据水箱容积和虹吸帽高度确定。工作时，根据每天冲水次数，调好进水管水龙头流量，随着水箱水面上升，虹吸帽内的水面也上升。在水面上升到一定高度时，虹吸帽上的排气孔被封闭，空气也被密闭，随着水面的继续上升，密封气室压力升高；当水箱水面超过虹吸帽顶150毫米左右时，在密封空气室的压力作用下，排气管的水和密封气体被首先压出，密封气室的压力声速下降，虹吸帽内的水面迅速上升，越过U形管顶，连同整个水箱的水迅速排出冲入粪沟，而粪沟中的粪便在强大水流冲力作用下被冲至猪舍外的总排粪沟或粪污池中。从生产实践应用中看，U形管式虹吸自动冲水器具有结构简单，没有运动部件，工作可靠耐用，排水迅速，排放1.5米^{3}水只需12秒，且冲力大，比自动翻水斗自动化程度高及管理方便等特点。

（2）盘管式虹吸自动冲水器 主要由虹吸管、膜片、虹吸盘等组成，水箱通常也做成圆形的水池，其底面积根据水箱容积及虹吸管高度确定。工作时，根据每天猪舍冲水次数，调好进水管水龙头流量，随着水箱水面上升，由于虹吸盘上有进水孔与水池相通，虹吸盘上腔和铜管中的水面也上升，当水面上升到铜管顶部后，虹吸盘上腔和铜管中的水靠虹吸作用迅速流出。由于铜管直径大于进水孔直径，使虹吸盘上腔形成真空，在腔内外压力差的作用下膜片被提起打开，水箱中的水通过虹吸盘底座上的排水管迅速排出冲入粪沟，其中的粪便在强大水流冲力作用下被冲至猪舍外的总排粪沟或粪池中。盘管式虹吸自动冲水器的特点是结构较为简单，运动部件不多，工作可靠，冲水量的大小由水池底面积及铜管高度决定，冲水速度取决于排水管的直径，据测试，直径200毫米的排水管，排放1米^{3}约需12秒；此外，其还具有自动化程度高与管理方便等特点。

从生产实践应用中看，水冲清粪及自流式清粪共同的优点是设备简单，投资较少，工作可靠，自动化程度也较高，机械故障少，易于保持猪舍内卫生，劳动强度小，劳动效率高，在劳动力缺乏的地区较为适用，按照国外模式建的养猪场广泛采用。但其耗水量大，猪场每天需消耗大量的水来冲洗猪舍的粪便，污染物浓度高，且流出的粪便为液态粪污，处理难度大。采用固液分离后，大部分可溶性有机质及微量元素等留在污水中，污水中的污染物浓度仍然很高；而分离出的固体物养分含水量低，肥料价值低。虽然该方法技术上不复杂，不受气候变化影响，但污水处理部分基建投资及动力消耗较高，在水源不足及没有足够的农田消纳污水的地方不宜采用。

（二）水泡粪法（自流式清粪）

水泡粪法也称为自流式清粪，是在水冲粪工艺的基础上改造而来的。自流式清粪要将粪沟底部做成0.5%~1.0%的坡度，粪便在冲洗猪舍的水的浸泡和稀释下成为粪污，在自身重力的作用下流向端部的横向粪沟，再流向舍外的总排粪沟或粪污中，此方法比水冲清粪式节水。根据所用设备的不同，自流式清粪可分为截流阀式、沉淀闸门式和连续自流式3种。

1.截流阀式清粪方式

截流阀式的清粪工作过程是：在猪舍内粪沟末端连接一个向猪舍外的排污管道，直径200~300毫米，在排污管道与粪沟之间有一个截流阀，平时截流阀将排污口封死。猪粪通过漏缝地板在猪的踩踏下漏入 U 形粪沟，在有冲洗水及饮水器漏水等条件下被稀释成粪污，在需要排出时，将截流阀提起，液态的粪便通过排污管道排至猪舍外的总排粪沟或粪污池中。对于较长的猪舍（≥ 60 米），为了降低猪舍内粪沟的深度，可将通向猪舍外的排污管道建在猪舍的中间，以使粪污从两端向中间流。采用此种清粪方式一般 1~2 周清粪两次，两次排污的时间间隔可根据粪沟的容积而定。时间间隔越短，粪污分解时所产生的有害气体就越少，越有利于改善猪舍内的空气质量。但每次排走粪污后，要向粪沟内注入 50~100 毫米深的水，以利于粪便的稀释。

2. 沉淀闸门式清粪方式

沉淀闸门式清粪方式的工作过程是：将在纵向粪沟的末端与横向粪沟相连接处设的闸门（闸门可用木板、塑料板、玻璃钢板或经过防腐处理的钢板等材料制造）关闭。此闸门应便于开启和关闭，关闭时密封。在舍内粪沟的始端靠近沟底位置装有冲洗水管出口，以便在扩开闸门时，放出的冲洗水能有效冲洗粪便。关闭闸门后，打开放水阀门粪沟内放水深度为 50~100 毫米。猪排出的粪便通过漏缝地板在猪的践踏和人工冲洗落入粪沟中，粪便在水的稀释作用下变成液态。每隔一定时间打开闸门，同时放水冲洗粪污，粪沟中的粪污便流向猪舍外的总排粪沟或粪污池中。粪污排放干净后，关闭闸门，继续循环，重复工作过程。

3. 连续自流式清粪方式

连续自流式清粪方式的工作过程是：向粪沟中灌水，直至挡板闸门中的缝隙有水流出为止。这种清粪方式与沉淀闸门式不同点仅在于猪舍粪沟末端以挡板闸门代替后者的闸门，平时，挡板闸门的挡板和闸门之间保持 50~100 毫米的缝隙，其作用是使粪沟中的粪污能够连续不断地流到横向粪沟中，从而延长冲洗周期，减少冲洗用水量，与截流阀式清粪一样，在采用沉淀闸门式和连续自流式清粪时，对于较长的猪舍可将通向猪舍外的横向粪沟建在猪舍的中间，使粪污从两端向中间流。随着猪粪尿及冲洗猪舍用水从漏缝地板缝隙中不断落入粪污沟，粪沟内的粪污也不断地通过挡板闸门中的缝隙流向横向粪沟。当粪便将要装满粪沟时，沟内污水相对减少。但为了能在打开挡板闸门时粪污实现自流，应适当关小闸门，保证粪污中的水分保持在合适的范围内。当舍内粪沟始端粪污表面距漏缝地板或地面大约 20 厘米时，可打开挡板闸门，粪污便以自流式状况流向猪舍外总排粪沟或粪污池中。在粪污流出时，也可放入少量水或用高压水枪冲洗粪沟内局部沉积的粪便。

水泡粪法的 3 种清粪方式，主要目的是定时、有效地清除猪舍粪沟内的粪污，减少粪污清理过程中的劳动力投入，减少冲洗用水，提高猪场清粪自动化水平，适于大中型养猪场采用。但这种清粪方式由于粪便长时间在猪舍粪沟中停留（一般为 1~2 个月，或 7~120 天），形成厌氧发酵，产生大量的有害气体，对舍内空气环境会产生一定的不良影响，加上猪舍内的湿度增加，环境控制的难度加大。水泡粪猪舍环境控制的主要措施是加大通风量，部分风机设在粪沟上部，以使产生的污染物质尽快排出，减少对猪群和饲养人员健康的影响。水泡粪法的另一个问题是粪水混合物的污染浓度高，后处理更加困难。但因该工艺技术不复杂，且不受气候变化影响，虽然污水处理部分基建投资及动力消耗较高，但还是被国内部分大型猪场广泛采用。

（三）干清粪法

干清粪就是直接把粪便从猪舍中清理出去，最大好处是有利于猪舍环境控制，粪便便于制作有机肥，且污水产量较少，降低处理难度和成本，在国内猪场中采用干清粪法的较多，相应的清粪方式有人工清粪和机械清粪两种。发酵床养猪的清粪方式也可为干清粪法，将在

第七章专门论述。

1. 人工清粪

人工清粪包括铲式清粪和刮板清粪，就是靠人力利用清扫工具将猪舍内的粪便清扫收集，运到集粪场地。人工清粪的做法是，猪栏地面（含床下地面）向饮水排粪区的缝隙地板 [板缝比宜（8~10）：1] 做 3% 的坡，猪栏外做 30 厘米宽的清粪沟，清粪沟与纵墙之间设宽 60~70 厘米的清粪道，猪在缝隙地板处饮水、排泄，水、尿直接流入板下污水沟，留在板上的粪每天数次清出栏外清粪沟（一般可清除 85%~95%），并立即用工具推入纵墙外带盖的集粪池，再由专职清粪工将集粪池的粪及时推至场围墙出粪口，倒入墙外的粪车拖斗。粪处理场每天定时用运粪车拉来空斗，拉走粪斗，做到清粪过程饲养员不出猪舍，清粪工不进猪舍，处理场粪车不进猪场生产区，分三段杜绝了由粪道造成的疾病传播。由此可见，人工清粪只需一些清扫工具、人工清粪车等，设备简单，不用电力，一次性投资少，节约用水，减少了污水排放，还可以做到粪尿分离，便于后面的粪污处理，有利于保护环境，其缺点是劳动量大，生产率低。

2. 机械清粪

机械清粪就是利用机械将粪便清出猪舍外，常用的清粪机械有往复式刮粪板清粪机和螺旋搅龙清粪机等。机械清粪的优点是可以减轻劳动强度，节约劳动力，提高工效。采用机械清粪能及时地清除舍内粪便，使其保持较为干净的卫生环境，从而减少疾病的发生；而且与人工清粪一样，容易做到粪尿分离，减少冲洗用水量，便于以后的粪便处理。但机械清粪的缺点是一次性投资较大，还要花费一定的运行维护费用。而且我国目前生产的清粪机在使用可靠性方面还存在欠缺，故障发生率较高，加上工作部件上沾满粪便，维修困难。此外，清粪机工作时噪声较大，对猪的休息有一定影响，不利于猪的生长，所以生产中较少采用。但机械清粪与人工清粪在方法技术上不复杂，不受气候变化影响，污水处理部分的基建投资比水冲粪和水泡粪法大大降低。

二、猪场粪污资源化处理利用工艺与生态模式

（一）猪场粪污处理设计原则和要求

1. 猪场排污管网系统的设计原则

排污管网系统在按其猪场地形、坡度、污染治理模式、各类猪舍的功能等不同情况统筹考虑，应遵循以下原则：一是切实做到"三分离"，即雨污分离、干湿分离、人猪分离。二是有利于人员操作，即有利饲养人员喂料和清粪，减轻体力劳动强度，操作方便。三是有利于猪场环境卫生和防疫，即有利于猪场防疫、清洁、干净、卫生，粪污不留积垢；有利于粪便减量化。四是排污管网要与粪污治理模式相配套，运行顺畅、不易阻塞、易于疏通，维修方便。

2. 各类猪舍排污沟网设计要求

（1）生长育肥猪舍的粪污网设计　生长育肥猪舍是猪场粪污的生产区或叫"重灾区"，一般要占猪场粪污的 60% 以上。由于猪场的饲养方式不同，生长育肥猪舍的粪污网设计也有多种方式。

①局部漏缝式。这种设计非常有利于干湿分离，也利于防疫和粪污的清理。就是在猪栏靠近墙脚设一漏缝地板，在墙脚处开一个出粪孔，干粪从此孔推出，尿液及污水也通过漏缝板流入墙外的粪污沟。也可不设漏缝地板，通过地面坡度，尿液从推粪孔直接流出。这种设计关键是推粪孔要有外盖，冬季有利于保温。

② 粪池式和管道式。这种设计不用水冲洗猪栏，让猪自己将粪通过漏缝地板踩入粪污沟。在漏缝地板下的粪污沟为1.5~2.5米的深度，粪尿在此贮存1~3个月，由于尿液浸泡猪粪，尿液可以在液体表面形成一层膜，减少了氨气的排放，加上设计有专门的粪沟通风排气系统，猪舍内也不会感到氨气味很浓。待粪污囤积到一定程度和时间后，拨出管塞，通过虹吸作用将粪尿排到舍外积粪池。

③ 粪池循环排放系统。这是一种最新的粪便处理系统，可在粪池式排粪系统的基础上改造。其工作过程为：定时将猪舍内粪池中的粪便排放至猪舍外的大集粪池中，而猪舍内粪池再泵入大粪池中的上层清液，这样又可以清除大部分会沉淀池底产生臭气的固体粪便，在下次排放时易于排除。这种粪池循环系统排粪法既解决了舍内臭气过多问题，又解决了大量污水处理的压力问题，是一种比较理想的循环经济型粪污处理模式。

④ 暗沟式。这种设计在早期采用比较多，就是在猪舍南北两侧靠近墙壁处各设一条宽60~120厘米的暗沟，上盖漏缝地板，其优点是节约建筑面积，粪尿基本可以分离（暗沟一端有排污口）；缺点是管道容易堵塞，需要人工定期清粪。另一种结构与上述基本相同，但沟较浅，尿液通过明沟流入总沟，但在猪栏之间的隔墙设计时一部分为实心，一部分用活动的金属栅栏门，到清粪时，用金属栅栏门关住猪群，靠近墙一边留出一条通道，便于清粪。这种设计有利于干湿分离，可大幅度减少污水的产生量。暗沟式设计建筑成本有所提高，而且人与猪要经常接触，适合小型猪场采用。

⑤ 粪尿自动分离刮粪式。也称为全漏缝式或半漏缝粪尿自动分离刮粪式，能大大降低人工清粪的劳动强度，节约大量冲洗用水，可实现人猪分离和粪尿的干湿分离。建造时漏缝地板下建一个90厘米高，230厘米宽的粪沟，粪沟由两边向中央倾斜，但要在沟中央下埋设一根专门的排尿管。粪尿通过漏缝地板下漏到粪沟后，粪尿能自动分离，粪便可通过人工或电动刮粪板刮出，尿液通过粪沟下设的排尿管反方向流到尿水收集池中。这种方式有利于猪舍的环境卫生，缺点是造价稍高，冬季要盖住地窗，目前可用摇式挡板挡住地窗。

（2）妊娠母猪舍的粪污沟网设计　妊娠母猪舍一般为双列式，也有三列式通间设计的。猪舍内3条走道，两条排污粪尿沟分布在南北两侧，但限位栏从后部60厘米处，以3%~5%的角度开始倾斜，在栏外设85厘米宽的捡粪道，再在道路一侧设一条25厘米宽的有盖排尿沟。这样设计的好处有两点：一是可以节约猪舍建筑面积，把捡粪道由110厘米减少到85厘米，加上还有一条25厘米宽的排尿沟，实际也为110厘米的宽度，不仅有利于操作，而且赶猪、清粪、查情等也比较方便；二是有利于干湿分离，60厘米的漏缝区可使尿液流入排尿沟中。如果是自动下饲料器的猪场，可把母猪朝向改为尾对尾，同时把排污沟设在中间走道，可使南北通道的宽度减少60~80厘米，更节约猪舍建筑面积。妊娠母猪舍的排粪尿的总沟一般设在一侧，如果猪舍过长（超过60米），排粪尿总沟可设在中间，排污沟从两端汇集到中间，使粪尿流入总排粪尿沟，再排到舍外集粪池中。

（3）母猪产仔舍的排污沟网设计　产仔舍一般为双列式，3条走道，两条排污沟在南北两侧。要求产房的沟网独立设计，互不干扰。目前一些猪场把产仔房设计为母猪朝向尾对尾式，地面全部为高床漏缝，中间过道为赶猪和捡粪通道，两边为喂料走道。地面下设计一条排尿沟，将尿或部分冲水直接排到猪舍外的排污总沟中。

（4）保育猪舍的排污沟网设计　保育猪舍一般多采用双列式，排污沟网有的两侧靠墙设计，先设中间一条走道，这种设计对排污清粪困难，不利于舍内环境卫生，而且湿度也高；有的把排污沟网不靠墙设计，设3条走道，两条明沟，这样设计能较好地解决排污与清粪，猪舍内也清洁、干燥，但增加了猪舍建筑面积和造价。

3.因地制宜的做到粪污资源的综合利用，避免污染环境

（1）改进猪场生产工艺，修建粪污处理设施 猪场的粪污处理首先要从猪场生产工艺上进行改造，选择适宜和适合本场的清粪工艺。对中小型猪场来讲，可采用水量少的清粪工艺，如干清粪工艺，使干粪与尿污水分流，以减少污水量和污水中污染物的浓度，并使固体粪污的肥效得以最大程度的保存和便于其后处理利用。此外，对粪污处理设施也要合理设计。一般固体污物发酵池，按存栏生猪每头 0.5~0.75 米³ 修建，沉淀池按存栏生猪每头0.01 米³ 修建，沼气池或化粪池按存栏生猪 0.3 米³ 修建，沼液贮存池按生猪常年存栏量每头 1.5 米³ 修建。

（2）合理设计和选择粪污处理模式，做到粪污资源的综合利用

① 猪场固体污物即粪便处理模式。利用干清粪法把固体污物经猪舍出粪口推到舍外集粪池中，再由清粪工铲入推粪车中运到场外发酵池堆集发酵后用于种植业；也可用猪粪生产蝇蛆、蚯蚓用于养鸡和水产生产，还可用于种植菌菇；也亦可经脱水干燥处理后作为有机肥用于花卉生产等。总之，猪粪处理后要变废为宝，实现农牧或果牧等生态良性循环综合利用。

② 污水处理路径。猪场污水也是种植业的资源，如处理得当，与粮、果、菜、鱼结合加以综合利用，可化害为利，变废为宝，而且净化后的污水经消毒后亦可用作冲洗猪舍用水等，可节约猪舍用水量。总之，猪场污水处理要充分利用当地的自然条件和地理优势，充分利用附近废弃的沟塘、滩涂，采用投资少，运行费用低的自然生物处理法，避免二次污染，并结合适宜的生态养殖模式，充分利用。

（二）猪场粪污处理工艺与模式

1.因地制宜制订完善可靠的粪尿污水处理工艺与模式

从目前国内一些猪场，特别是大中型猪场粪污处理实践中看，图 5-1 所示的生态型猪场粪尿污水处理工艺与模式值得推荐应用。

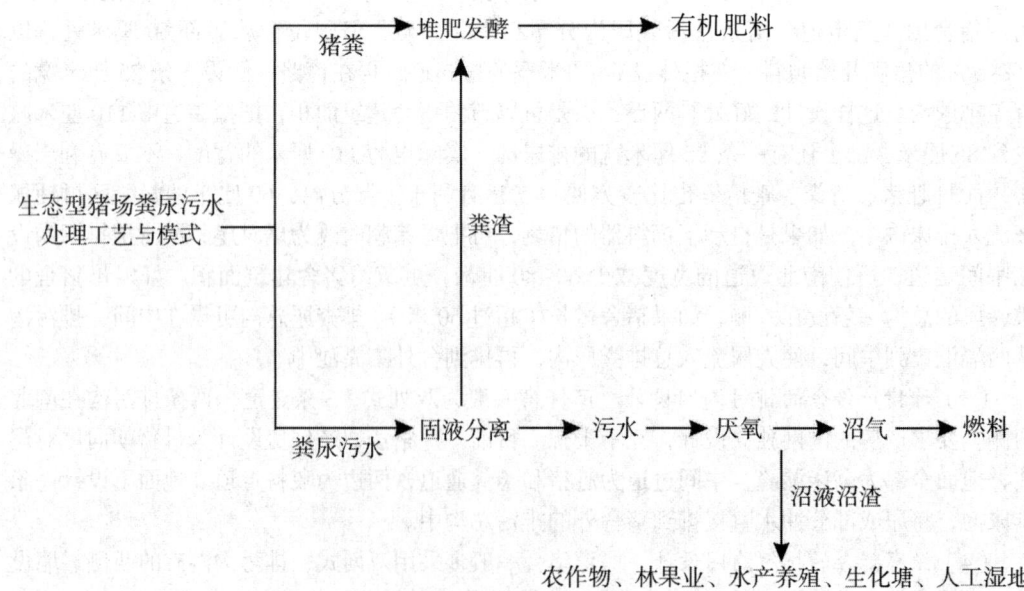

图 5-1 生态型猪场粪尿污水处理工艺与模式

2.生态型猪场粪污处理工艺与模式的优点

（1）可减少粪污处理土地配套面积 一般来说，如果一个万头猪场的粪尿、污水不做任何处理，直接用于种菜种粮或养鱼，在猪场附近约需8平方千米农田或5平方千米鱼塘。由于猪场粪尿、污水量大，不可能远距离运送到其他地方使用或处理，据测算，猪粪的经济运输距离为13.3千米，而要求猪场近距离有大面积的配套农田、果园或鱼塘，往往有一定困难，除非在地广人稀的地区。而运用生态型猪场粪尿、污水处理工艺与模式，粪尿、污水经处理后，用沼液、沼渣种菜，种粮或用于果园等，其利用土地配套面积可减少60%以上。据推算，猪场粪污厌氧处理后沼渣沼液的经济运输距离在2千米以内，而在丹麦的沼渣沼液运输距离为10千米以内。由此可见，粪污处理后的运输距离远近也对土地配套面积有一定的关系。

（2）可节水和污水减少排放量，实现循环经济模式 猪场污水量大，处理难度大。20世纪80~90年代我国兴建的大型养猪场，大部分采取全冲洗工艺。一个万头猪场每天排放污水按100米³算，每年可达3.65万米³，处理到达标排放，投资大，运行费用高。猪场生产中节约用水和污水处理是至关重要的问题。节水和减少污水排放的主要措施有以下3点。

① 采用干清粪或水泡粪工艺。采用干清粪或水泡粪工艺可减少冲洗猪舍地面和粪沟，其中干清粪工艺可节约用水50%以上（一个万头猪场每天用水量可从150米³以上减少到70米³以下）。就是采用新型水泡粪工艺也可大大减少用水量和污水排放量。新型水泡粪工艺是指在猪舍漏缝地板下面有1.2~1.5米的空间，贮存115周的猪粪尿，可供妊娠母猪或育肥猪的一个饲养周期使用，存储粪尿最大深度为0.6米。在猪的饲养期间，猪粪尿自动漏入粪池，不冲洗猪圈，仅在猪出栏上市后或妊娠母猪怀孕时间已到调到产仔房后冲洗消毒一次猪圈，节约用水。尿经固液分离后，猪粪制作有机肥，猪尿经沼气处理后，沼液还田。该工艺的基本条件是全漏缝地板猪舍，猪喝水用碗式饮水器取代传统的鸭嘴式饮水器，并配套有沼气处理设施和农田或林果地等浇灌沼液、废水。

② 采取雨污水分开排放。一个万头猪场若占地3平方千米，若当地年平均降雨量为1 500毫米，则全年雨水量为45 000米³，若大量雨水进入污水区，就会增加污水处理量。因此，大中型猪场必须采取雨污水分开排放，在猪场建设前就要充分考虑雨污分离网系统的设计。

③ 采用生态循环经济模式。走农牧结合，达到零排放。把猪场粪尿、污水充分利用起来，用作农作物或果园的肥料或养鱼的饲料，许多猪场因地制宜，实行物质循环利用，在农牧结合方面做了许多有益的探讨。如河南牧原食品股份有限公司，经过12年的养猪污水处理探索，实现了沼液浇灌农田和林地成为发展循环经济产业链的好资源。该公司的每个养猪分场都配有粪污综合治理项目，对养猪产生的粪尿、污水进行分离，固体物用于生产蔬菜、烟叶、花卉等农作物专用的有机肥，液体经厌氧发酵后，产生的沼气用于发电，沼液用管道输送到周边农田，供农民浇灌施肥使用。这一生态循环经济模式既解决猪场废弃物的环保处理问题，又解决了附近农田的抗旱和施肥问题，可谓一举两得。再如广西农垦永新畜牧集团有限公司良圻原种猪场，四周是良圻农场的甘蔗地，公司与农场、糖厂共同出资建设甘蔗污水自动喷灌系统。猪场污水经处理达标后用于喷淋甘蔗，形成了"猪—沼—蔗"生态循环利用模式。用猪场处理后的污水喷淋甘蔗后，每亩可提高甘蔗产量1~2吨，并节约甘蔗地肥料120元，每亩增收870元。目前建有污水自动喷灌系统的甘蔗地已达6 000多亩，每年可实现增收522万元。特别是每年9月份后的少雨季节，猪场污水既能促进甘蔗后期生长，又

能避免因干旱而造成的减产。

（3）对固液分理及厌氧处理效果良好　采用固液分离和厌氧处理工艺，有非常好的去污效果。固液分离机不仅投资小（1万~2万元/台），占地小，电耗低（装机容量仅1.5千米），生化需氧量、化学需氧量去除效果非常好，还可节约厌氧工程投资。如果不用固液分离机处理而直接进入厌氧池，污水在厌氧池停留时间约需10天（在南方），经固液分离机处理后停留时间只需3~4天，可节省约10%的厌氧池容积及投资，经济效益明显。且经过固液分离机和厌氧处理，可使污水的化学需氧量下降75%以上，这为后期的沼液利用或再处理达标排放创造了非常好的条件。

（4）除臭及除虫等效果较好　猪的粪尿和污水不仅臭味浓，其中还有病原菌、虫卵等。厌氧处理不仅能大幅度降低污水生化需氧量、化学需氧量和悬浮物等污染物的含量，还能回收沼气，杀灭污水中的病原菌和虫卵等。猪粪及固体废物堆肥发酵，通常可促进有机物稳定的腐殖质转化，提高肥效，还可以杀灭病原菌和虫卵。

（三）沼气处理粪污的能源生态模式与技术构筑

1. 规模化猪场沼气工程处理粪污技术模式

（1）沼气生态模式的含义　随着规模化生猪生产的发展，养猪科技工作者及环保专家们一直在寻找减少和解决规模猪场对环境污染问题的方法。如发明了猪粪干湿分离法和发酵床生猪饲养法。由于使用干湿分离机，对粪水脱水形成干粪制造有机肥时丝毫没有减少污水的排放量；而发酵床生猪饲养法虽暂时杜绝了生长育肥猪粪尿排放，但定期翻床厌烦，且发酵床使用后富集了生猪粪尿中重金属元素，进入周边环境中污染可能更为严重。由此可见，这两种办法还未从根本上解决猪场粪污污染环境的问题。如何科学、经济、有效地解决这一困扰猪场的难题呢？虽然猪场粪污资源化利用按清粪方式、资源化利用方法、工艺模式有不同种类，但目前在国内外公认的对猪场粪污最好的处理方法是采用厌氧发酵并产生沼气，即沼气生态模式。实践已证实，沼气生态模式可很好地解决规模猪场粪污污染环境这一难题，该模式依靠现代化的设备组成比较完善的处理系统，将猪场的粪尿及污水经过发酵处理，产生沼气，能最大限度地回收能源和资源，并以能源开发（燃烧，发电）为核心，以沼液、沼渣还田利用为纽带，以种植业、果茶业、渔业等利用为依托，可大幅度提高猪场废弃物综合利用效益，降低猪场废弃物产生的环境污染，实现了规模猪场可持续的稳定发展。

（2）沼气和沼渣液的利用

① 沼气的利用。沼气是通过猪粪尿厌氧发酵，以碳氧化合物分解所产生的甲烷为主及混有少量气体的混合物。沼气是一种优质的气体燃料，热值约37.84千焦/升，相当于0.7千克无烟煤提供的热量。沼气可用作生活燃料，供烧火做饭，取暖等，还可用猪场产房和保育床的加热等生产用能；沼气还可用于发电。在我国长江以南地区几乎全年可利用猪粪尿厌氧发酵，北纬30°左右地区一年也有将近9个月可进行猪粪尿的厌氧发酵。北方有的猪场在冬季通过对发酵池适当加温，可以保证厌氧发酵产气。大中型猪场利用沼气发电，可基本保证猪场本身的生产及生活用电需要。研究表明，把沼气通入种植蔬菜的大棚或温室内燃烧，利用沼气燃烧产生的二氧化碳进行气体施肥，不仅具有明显的增产效果，而且生产的蔬菜为无公害产品。

② 沼液、沼渣的利用。沼气发酵料液不能直接排放，否则会导致二次污染，须后处理加以资源化利用，因此，厌氧发酵残留物的综合利用是规模猪场粪污处理利用技术的重要环节和内容。沼渣中含有较全面的养分和丰富的有机物，是优质的有机肥料，可以做基肥，也

可做追肥，不仅可减少污染，还能降低用肥成本。生产实践已证实，用沼渣作基肥效果好，可减少作物和果树在整个生育期内病虫害的发生。沼渣中吸附着较多的有效成分，具有缓速储备的优点，是一种速效养分含量高且具有缓速储备肥效的优质有机肥料，施用后不仅当年作物增产效果明显，而且对后续作物也有显著的肥效。同时，沼渣还具有改良土壤的作用，施用沼渣肥可以培肥地力，改良土壤，减少土壤结板。沼液作为有机肥通常用于果树、花卉、蔬菜、大田作物等各类种植。而且猪场粪污水经沼气厌氧发酵后约95%的寄生虫和有害细菌被杀灭，长期作为肥料施用不会造成生态污染和病虫害的传播。

（3）规模化猪场沼气工程处理粪污的模式　规模猪场沼气工程建设，应根据厌氧处理工艺的特点以及对厌氧残留物处理利用方式和要求的不同，在实际工程设计中，根据猪场条件、沼气利用和排放等方面的要求，选择不同的模式。目前，规模化猪场沼气工程处理粪污模式划分为能源生态型和能源环保型两种模式。

① 能源生态模式。该模式以厌氧消化为主体，是资源综合利用模式。资源综合利用主要是指猪粪尿及污水经沼气池发酵后，所产生的沼气、沼液、沼渣按食物链关系作为下一级生产活动的原料、肥料和能源等进行再利用；同时该模式结合氧化塘或土地处理等自然处理系统，可以使处理的出水在非利用季节达到排放标准。采用能源生态模式的沼气工程不仅具有能源、环境、生态、社会效益，同时也具有一定的经济效益，可以实现规模猪场自身的良性循环发展。该模式主要适用于周边有适当规模的农田、鱼塘或水生植物塘的猪场。由此可见，能源生态模式以资源回收与综合利用为目的，对猪场清粪工艺无特殊要求，多采用全混式厌氧发酵装置，对出水水质无要求，但要求周边应有一定规模的农田消纳沼渣沼液，或有空闲地可建造鱼塘和水生植物塘等，适用于各类规模的沼气工程。

② 能源环保模式。该模式的关键是粪污水减量化处理，首先通过固液分离方法将固态粪分离出来，分离出的粪渣可生产有机复合肥，而分离后的液体进行厌氧消化处理，厌氧后的污水再通过好氧处理系统进一步净化处理，达到国家和地方规定的相关排放标准后，排入相应的水体。该模式是达标排放模式，主要应用于周边既无一定规模的农田，又无空闲地可供建造鱼塘和水生植物塘的规模化猪场。能源环保模式沼气工程通常规模较大，后续达标排放处理运行费用较高。由此也可见，能源环保型主要以处理粪污水为目的，对沼气、沼渣、沼液的利用为辅，对出水水质要求高，水处理后的最终产物必须符合国家或地方排放标准。因此，该模式要求进入沼气装置的粪污水的悬浮物和固体含量较低，以减轻后续处理的难度和运行费用，其优点是适应性广，不受地理位置限制，占地少；缺点是投资大，能耗高，运行费用高，机械设备多，维护管理量大，需要专门的技术人员进行运行管理。

以上两种沼气生态模式的共同之处在于均利用沼气技术处理猪场粪尿污水，利用沼气燃料作为能源，但两种模式追求的目的是不同的，而且在技术上投资运行成本上也有很大的差别，规模化猪场投资者在建造沼气工程时首先要分析、研究，结合本地条件选择适宜模式。

总之，不同规模、不同特点、不同生产工艺的规模猪场的粪尿污水处理工艺，都是厌氧生物技术、好氧生物技术、水肥耦合灌溉和喷施技术及有机肥料生产技术等单项技术的最优化组合，并通过工程手段将各技术有机地结合在一起，建立能源利用，达标排放，综合利用等生态模式，实现各种资源的最大利用度和最佳转换生态链，达到养猪业与种植业结合的一体化生态循环平衡系统，从根本上解决规模猪场环境污染与资源利用的问题。

2.猪场粪污制沼产能技术概述

国内外规模猪场对清粪后粪污资源利用的方法基本上有两种，即固液混合—沼气工程、固液分离—沼气工程。欧洲国家基本采用固液混合—沼气工程，我国大部分规模猪场采用固液分离—沼气工程。固液分离—沼气工程的万头猪场，其沼气产量大约为 200 米³/天，如果粪尿全部进入沼气工程，采用固液混合—沼气工程的沼气产量大约为 500 米³/天，欧洲国家沼气工程发酵原料主要是能源植物、畜禽粪便、有机废弃物。玉米秸和青草是最常用的能源植物，因为玉米秸的甲烷产量高，青草具有成本低的特点。能源植物与猪粪尿混合发酵能保证系统稳定，只采用能源植物或有机废弃物发酵，沼气工程的运行很困难，系统的缓冲能力低，产气反应被回流液中的盐或氨氮抑制，系统容易失去稳定性。这是猪场处理粪污采用沼气工程建设要了解的技术要点。目前对猪场污水进行厌氧发酵处理工程模式是国内外公认的最经济的技术手段。猪场污水进行厌氧发酵时，污水浓度可以根据不同发酵目的，而采取不同的手段。如果是产沼气作为主要目的，污水浓度可以适当提高，但发酵时间要长一些，发酵池内部结构也有所不同，发酵浓度也有差异。如果是以处理污水净化为目的，则发酵时间可以缩短，发酵池体积可以相应的减少，但是在发酵前处理时，污水应尽量降低浓度，以便获得更好的净化效果。由于厌氧发酵处理污水是一项专利技术，在此不作更详细的阐述。

3. 规模猪场制沼产能技术构筑

（1）确定建厌氧发酵池类型　猪场粪污制沼产能技术建池类型决定于猪场饲养规模和饲养方法。在采用水冲式或干湿分离清粪饲养方法下，猪场规模越大，粪水排放量越多，对粪水处理能力要求就越高。猪粪污制沼产能厌氧发酵池是规模猪场粪水处理能力的核心，厌氧发酵池池窖越大，对粪水处理能力越强。为使粪水处理能力与养猪规模形成匹配，可将厌氧发酵池划定为 5 种类型。其中，Ⅰ型厌氧发酵池池窖量为 50 米³，应用于年存栏 200~500 头生猪的规模猪场；Ⅱ型厌氧发酵池池窖量为 100~200 米³，应用于年存栏 500~2 000 头生猪的规模猪场；Ⅲ型厌氧发酵池池窖量为 300 米³，应用于年存栏 2 000~5 000 头生猪的规模猪场；Ⅳ型厌氧发酵池池窖量为 500 米³，应用于年存栏 5 000~10 000 头生猪的规模猪场；Ⅴ型厌氧发酵池池窖量为 1 200 米³，应用于年存栏 10 000 头以上生猪的规模猪场。

（2）明确建池池址与制沼产能站布局设计　规模猪场依据饲养规模，确定建池类型后，应在猪场建设平面总规划中设计布置制沼产能站（图5-2）。站址可选择在猪场内夏季主风向的下风向，并介于猪场净道与污道交汇处，以便使操作工由猪场净道进污道出，经消毒处

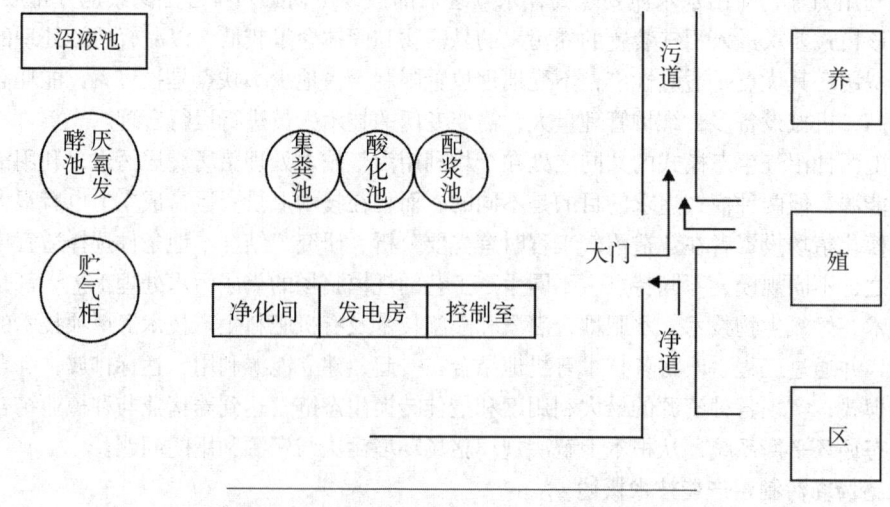

图 5-2　规模猪场粪水制沼产能站规划布局

理后可再返回猪场，有利于猪场生物安全。

在五种厌氧发酵池中，只有Ⅲ型、Ⅳ型制沼产能站内设有发电房、贮气柜、厌氧发酵池、配浆池、酸化池、粪水收集池，并顺着夏季风向从上风向往下风向依次排开。

（3）猪场粪水收集网设计要求　猪场粪水必须通过粪水暗道排放流至粪水收集池，通过栅栏、流槽进入酸化池、配浆池和厌氧发酵池，才能完成猪场制沼产能技术粪水内循环。为了保证猪场粪水能收集，必须要设计粪水暗道排放沟和粪水收集池。

① 粪尿及污水暗道排放沟。由于饲养生猪过程中排泄的粪尿具有恶臭气体，因此在设计猪舍时，还必须建设粪尿专门收集及处理设施既粪尿及污水暗道排放沟。为了保证猪舍内粪尿污水能顺利排出，猪圈水泥地面从猪圈前墙向后墙作5°坡度，在猪圈后墙墙脚处，贴近地面留出粪尿及污水排放槽，后墙外侧离墙脚60厘米处建地下粪尿及污水沟，猪舍内粪尿及污水排放槽直通地下粪尿及污水沟。猪舍外的地下粪尿及污水排放沟要用水泥盖板盖上，形成封闭式粪尿及污水暗道排放设施。

② 粪水收集。粪水收集主要是储存猪舍内排放出的粪尿及污水，在每栋猪舍粪尿及污水沟至粪尿及污水收集池之间，预埋直径300毫米的波纹管，每栋猪舍的粪尿及污水沟内的粪尿及污水可通过波纹管流至粪尿收集池，这样猪场内的粪尿及污水便可全部收集到粪尿及污水收集池内了。

（4）沼气产能设施的技术构筑　猪场沼气产能设施的技术构筑主要有粪水收集池、酸化池、配浆池、厌氧发酵池、贮气柜、发电房及沼液池等。现在猪场制沼产能设施的技术构筑，已有专业的公司设计和建造。在规模猪场建设之前，必须找具有资质的公司设计和建造，还要考察已建成的制沼产能的猪场。

4. 规模猪场制沼产能技术应用与效益分析

生产实践已证实，将规模猪场粪尿及污水的制沼产能应用纳入规模猪场的总体规划，对日后猪场的粪尿及污水处理、电能使用、沼液利用等方面具有良好的可持续发展性，其作用和效果主要体现在以下几个方面。

（1）可有效控制规模猪场对环境的生态污染　应用规模猪场粪尿及污水制沼产能技术，可基本实现规模猪场粪尿及污水零排放，彻底改变猪场粪尿及污水随意排放，污染水体、空气、土壤等生态环境，社会、生态效益显著。

（2）可实现规模猪场的粪尿及污水变废为宝　应用制沼产能技术，能将规模猪场的粪尿及污水转化为有利用价值的热能、电能、沼液和沼渣。据有关资料介绍，一个年存栏6 000头生猪的猪场，应用规模猪场粪尿及污水制沼产能技术，建设池窖为500米³Ⅳ型厌氧发酵塔，配制200米³贮气柜和50千瓦沼气发电机组，猪场一天排放的粪尿及污水能维持50千瓦沼气发电机组正常运转8小时，足以带动一个饲料粉碎机的工作。而沼渣、沼液可用于肥料、养鱼等，从真正意义上实现了变废为宝。

（四）猪场固体粪污的处理技术和利用模式

1. 猪场固体粪污处理技术

猪场固体粪污指猪粪和垫草等，其中猪粪中含有大量的有机质和氮、磷、钾等植物必需的营养元素，但也含有大量的微生物。可见，猪粪虽是一种很好的有机肥，但必须经过无害化处理，以消灭病原微生物和寄生虫对生态环境的污染和危害。目前，对猪场固体粪污的处理主要有以下几种方法。

（1）土地直接处理法　就是不经过任何处理直接把猪粪施用到农田和果园中，依靠土壤的自洁作用，分解粪尿中的有机物质，供作物吸收利用，达到净化的目的。这是一种传统而又经济简便的方法，但因未经无害化处理，很容易造成环境污染和疾病的传播。而且如果超过土壤的自洁限度，会对农作物和果树产生一定的毒害。因为过量的钠和钾通过反聚作用而造成某些土壤的微孔减少，使土壤的通透性降低，破坏土壤结构，使植物出现"烧苗"现象，并且对土壤也会产生一定的污染。

（2）堆肥处理法

① 堆肥的原理和作用。堆肥处理法也称为腐熟堆肥法。堆肥是一种好氧发酵处理粪便的方法。利用好氧微生物（主要有放线菌、细菌、霉菌及原生物等），将复杂的有机物分解为稳定的腐殖土。在堆肥过程中，微生物分解物料中的有机质，并产生 50~70℃的高温，可杀死病原微生物、寄生虫及其虫卵、草籽等。腐熟后物料无臭，复杂有机物被降解为易被植物吸收的简单化合物，并含有 25% 死的或活的生物体，同时还会慢慢分解，只是不再产生大量的热能、臭味和苍蝇，成为高效有机肥料。可见堆肥是处理有机废弃物的有效方法之一，是一种集处理和资源循环再生利用于一体生物方法。日本、欧美各国、韩国等都将堆肥技术作为处理畜禽粪便的一个主要方法。

② 影响堆肥的因素。堆肥处理也需要一定的条件，其中温度、水分、通风、碳氮比、酸碱度和微生物种群等对堆肥的整个反应过程和堆肥的质量均有影响。

a. 温度。温度是影响堆肥过程的重要因素，也是判定堆肥能否达到无害化要求的重要指标之一。研究表明，超过 5.8℃堆肥就可顺利升温。在堆肥过程中，堆体温度应控制在 45~65℃，以 55~60℃为佳，不宜超过 60℃，温度超过 60℃后微生物的生长活动开始受到抑制，不利于堆体中水分的去除和有机质的生物降解，影响堆肥产品的质量，而温度过低会减慢有机物的分解速度。我国国家标准（GB 7959—2012）规定在 50~55℃要维持 5~7 天，以达到杀灭病原菌和杂草种子的目的。但堆肥发酵是一个放热过程，若不加控制，温度可达 75~80℃，此温度虽然可充分杀死病原菌和寄生虫卵、蝇卵，但因为堆肥的外表温度低，所以必须依靠翻堆来使其接触内部高温，达到杀死病原菌的目的。

b. 水分。水分是微生物生存繁殖所必需的。在堆肥过程中，由于微生物只能摄取其生存必需的溶解性养料，因此含水率是好氧堆肥的一个关键因素。水分含量过低，不利于微生物生长繁殖；水分含量过高，则易堵塞料中的空隙，影响通风，导致厌氧发酵，温度也会急剧下降，其结果是形成发臭的中间产物（硫化氢、硫醇、氨等）和因硫化物而导致的腐败废料黑化。含水率的高低主要取决于堆料的成分，如果堆料中的灰分多，含水量小，就应加水调节。当堆料的有机物含量不超过 50% 时，堆肥的最佳含水率为 45%~50%；如果有机质含量达到 60%，则堆肥的最佳含水率也应提高到 60%。堆肥含水量低于 30%，分解过程进展缓慢，而当水分含量低于 12% 时，微生物的生长繁殖就会停止。但含水率超过 65% 时，水就会堵塞料堆中的颗粒间隙，使空气含量大大减少，堆肥将由好氧向厌氧转化，导致堆肥处理失败。大多研究者认为，堆料中含水量为 45%~50% 为佳，但也有研究者认为 55%~65% 也较为适宜。

c. 通风供氧。通风的主要作用是提供氧气。通风量的多少与微生物活动的强烈程度和有机物的分解速度及堆肥物的粒度密切相关，因此堆肥时必须保证充分供氧。堆体中氧含量低于 5% 会致厌氧发酵；高于 15% 则会使堆体冷却，导致病原菌的大量存活。研究表明，堆体中氧含量保持在 5%~15% 较为适宜。为了解决供氧问题，必须适时适量通风。目前采用的通风办法主要有：向肥堆内播入带孔的通风管、自然通风供氧、借助高压风机强制通风供氧、利用斗式装载机或其他特殊设备翻堆。

d.碳氮比（C/N）。碳和氮是微生物活动的重要营养条件。微生物在新陈代谢获得能量和合成细胞的过程中，对碳的需求有差异，大量的碳在微生物的新陈代谢过程中被氧化为二氧化碳，而少量的碳则转化为原生质和储存物。氮主要消耗在原生质合成过程中，由此可见所需的碳要比氮多，碳氮比为（30~35）:1。据报道，在堆肥过程中初始碳/氮比是决定分解速度的重要原因，初始碳/氮比在（30~35）:1间最理想，超过40:1时堆肥中就会缺氧，从而延长堆肥发酵周期；但初始碳/氮比低于25:1时，有可能造成氮的大量损失。虽然有机物被微生物分解的速度随碳/氮比而变化，但作为其营养物的有机物碳/氮比一定要在适当的范围内。碳/氮比低于20~25:1时，超过微生物所需要的氮，细菌就会将其转化为氨，甚至出现局部厌氧，散发难闻气味，同时大量的氮以氨气形式放出，降低了堆肥质量。而碳/氮比太高，会使微生物因缺乏足够的氮而无法快速生长繁殖，使堆肥进展缓慢，并且堆肥施入土壤后，将会发生夺取土壤中氮素的现象，产生"氮饥饿"状态，对作物生长产生不良的影响。

e.菌种。近几年随着生物技术的进展，相继研究出了一些高效发酵微生物，把这些高效发酵微生物均匀地添加到粪便中，能够产生很强的发酵力，可在较短的时间内使粪便达到无害化的处理效果，而且还能催化分解农作物秸秆、树叶及畜禽粪便中的杂草等有机物，形成腐殖质，生长出腐熟的优质高效有机肥。可见，堆肥过程中接种适宜水平的单一或复合菌制剂能加速堆肥的反应过程，提高堆肥产品质量。研究表明，细菌对于淀粉和蛋白质分解能力较好，但对纤维素和油脂的分解能力差，可由放线菌和霉菌的分解作用进行补充。高温期细菌和放线菌起着至关重要的作用，霉菌则主要在堆肥末期发挥作用。国内有关专家通过对猪粪发酵菌剂的筛选发现，在促进猪粪堆肥腐熟与提高猪粪堆肥产品品质方面，综合效益最好的是假单胞杆菌属组合，其次分别为青霉属、彩色云芝、细黄链霉菌和蜡样芽孢杆菌4种组合。

③ 堆肥法的种类与处理工艺和设备。一是自然堆腐。传统的堆肥为自然堆肥法，无需设备和耗能，但占地面积大，腐熟慢，效率低，适合于中小型猪场采用。其方法为：将猪场固体粪污堆成长为10~15米，宽为2~4米，高为1.5~2米的条垛，在气温20℃左右需腐肥15~20天，但其间必须翻堆1~2次，以保证供氧气、散热和使发酵均匀的目的，此后可静置堆放2~3个月即可成熟。为加快堆料发酵速度，可在垛内埋秸秆，一般在垛底层铺层秸秆，并在垛堆中间插几根由秸秆捆成的通风孔，或者在垛底铺设通风管，在堆垛前20天因经常通风，则不必翻垛，温度一般升至60℃，此后在自然温度下堆放2~4月即可完全腐熟。采取自然堆肥法，必须考虑防雨和防渗漏措施，以免造成环境污染。二是现代堆肥法。现代堆肥法是根据堆肥原理，利用发酵池、发酵塔或发酵罐等设备，为微生物活动提供必要的条件，可提高效率10倍以上。现代堆肥法的堆肥发酵设备包括发酵前调整物料水分和碳/氮比的预处理设备和腐熟后物料的干燥、粉碎等设备，可形成不同组合的成套设备。可见，现代堆肥法由于投资大，适合于大型猪场有机肥料加工厂采用，其处理加工后的有机肥能上市出售才有效益。现代堆肥法是一个发展趋势，猪场固体粪污处理必须走产业化道路。

（3）能源化技术　厌氧发酵技术即沼气技术已成为广大农村养猪场解决粪源污染，并提供清洁能源的双赢之举。在能源短缺地区的养猪场，可选择用厌氧的方法处理猪粪，这种处理方法虽然前期工程投资大，且运行费用高，但它有回报，长期的经济效益也是很可观的。

（4）干燥法　干燥法是一种发热而实用的方法，就是采用干湿分离技术，将猪粪便的固体部分运送到专用的场地上进行干燥，液体部分经过沉淀，过滤等处理后进行短暂的发酵，然后直接流入农田或专用的储存系统或排泄系统。这种方法处理粪便的效率较高，且不需要太多设备，投资小，见效快；缺点是除臭不彻底，即使添加一定量的专用粪便除臭剂，也达不到无污染的卫生标准。但由于该方法经济实用，在农村一些小型养猪场和农户中还经常采用。但随着沼气技术的普及与应用，往往两者应用一是缓解了大量粪尿与沼气池窖积之间的矛盾，二是提高了粪尿的处理效果。

（5）生物分解技术　这种方法是利用优良品种的蝇、蚯蚓和蜗牛等低等动物分解粪便，从而达到既提供动物蛋白质又能处理粪便的目的。这种方法比较经济，生态效益也较显著。蝇蛆和蚯蚓均是很好的动物性蛋白质饲料，品质较高，是养鸡和水产养殖的好饲料。但由于前期粪便灭菌、脱水处理和后期蝇蛆分离技术难度大，加之所需温度较苛刻，而难以全年生产，故尚未得到大范围的推广应用。

以上几种猪场固体粪污处理方法各有利弊，如果单独使用，都不会取得令人满意的效果，常常是几种方法配合应用。生产中常以沼气技术为主，腐熟堆肥法配合，其他方法参与的综合处理方法，这样可大大提高猪场粪便处理的效果和综合利用率，最终取得良好的环境、生态、经济和社会效益。

2.猪场固态粪污的利用

（1）作为肥料　猪场固态粪污经过处理后作为肥料，也是世界各国传统上最常用的办法。从古至今，国内绝大多数猪场粪便经处理后以还田为主。

（2）用作培养料　这是一种间接用作饲料的办法，与直接用作饲料相比，其饲用安全性较强，营养价值较高。目前主要作为食用菌营养料，培养蝇蛆、蚯蚓作为饲料，培养单细胞作为蛋白质饲料，或培植酵母噬菌体等。

第六章
发酵床养猪生态模式与技术

发酵床养猪生态模式与技术可实现猪舍粪污零排放，以其节水、环保、生态的特点，在水资源紧缺和环保压力大的城市郊区及有些地区凸显优势，而且在改善猪舍空气质量，提高猪只福利条件等方面有其不可替代的优势，目前，在我国许多地区推广使用。

第一节　发酵床养猪技术原理与工艺流程

一、发酵床养猪技术的概念和核心内容

（一）发酵床养猪技术的概念

发酵床养猪技术是一种以发酵床为基础的粪尿免清理的新兴环保生态养猪技术。该技术起源于日本民间，后经日本学者明上教雄先生等人的研究及日本自然农业协会、山岸协会、鹿儿岛大学等单位的推广，发酵床养猪技术在日本得到了广泛的应用。该技术传到韩国，经改进后成为"韩国自然养猪法"，经韩国自然协会推广，在韩国、朝鲜开始普及。目前，"韩国自然养猪法"和"日本发酵床养猪技术"进入我国，已在部分省、市推广应用。发酵床养猪技术在我国有不同的称呼，如"韩国自然养猪法"、"日本洛东酵素发酵床养猪法"、"后垫料养猪技术"、"自然养猪"、"生物环保养猪"、"零排放养猪"、"生态养猪法"等，其实质是一种以发酵床技术为核心，对自然生态环境不造成污染的前提下，尽量为猪只提供优良生活条件等福利措施，使猪能健康生长的养猪方法，现一般通称为发酵床养猪技术。

（二）发酵床养猪技术的核心内容

发酵床养猪技术的核心内容是指猪在发酵床垫料上生长，排泄的粪尿被发酵床中的微生物分解，猪舍中无臭味，粪尿免于清理，对猪场环境无污染。发酵床垫料主要由外源微生物、猪粪尿、秸秆渣、锯末、稻谷壳等组成，厚80~100厘米。猪在发酵床垫料上生长、活

动，并采食垫料中有益成分，补充肠道中有益微生物，能提高猪机体免疫力，而且发酵床垫料可使用几年，减少了传统养猪法冲洗圈舍、清粪和污染处理设施的投入和消耗，既省料又省工，可较大幅度地提高猪场养猪生产的经济效益。

二、发酵床养猪技术原理与工艺流程

（一）发酵床养猪技术原理

发酵床养猪技术是依据生态学原理，利用益生菌资源，将微生物技术、发酵技术、饲养技术和建筑工程技术用于现代规模猪场养猪生产的一种综合技术。该模式是基于控制猪粪尿污染的一种健康养殖方式，利用全新的自然农业理念和微生物处理技术，使猪在健康的生态系统中生活与生长。在自然环境中，存在着动物、植物和微生物（包括真菌、细菌、病毒等）三大生物体系，而且三者紧密相关，循环转化。生物发酵床就是遵循这条自然法则，将动物、植物、微生物三者有机结合，在发酵床圈舍内构成生物生态小环境。该技术"以猪为本"，以猪体内外生态环境的和谐、优化和健康为目的，在圈舍内利用一些高效有益微生物与作物秸秆、锯末、稻谷壳等原料建造发酵床，猪将粪尿直接排泄在发酵床上，利用猪的拱掘生活习性，加上人工定期辅助翻耙，使猪的粪尿和垫料混合；通过有益微生物菌分解猪粪尿，消除氨气等异味，从源头上解决了猪场养殖粪尿等污染物的排放问题；猪在饲养中同时在饲料中添加微生物饲料添加剂，可使猪肠道内有益菌占主导，抵御和颉颃了有害菌滋生；由于有益菌产生的代谢产物如抗菌肽、酶、益生素等，可提高猪的免疫力、抗病力和饲料转化率；而且猪粪中有益菌数的提高，可增加发酵床垫料中有益菌的来源和数量，又促进猪粪尿快速分解，使整个发酵床形成了一个可循环的生态生物圈，为生猪提供了一个良好的生活与生长的生态环境，从而也延长了发酵床使用期限。也由于微生物菌发酵产热，冬春季节可节省一部分热能，在寒冬及初春季节特别是在北方地区发酵床养猪优势更明显。由此可见，生物发酵床养猪技术，是在有益微生物菌种作用下的一种无污染，无臭气、零排放，生物良性循环的生态养猪模式，从源头上实现了猪场养殖污染的减量化、无害化、资源化，具有良好的生态效益和经济效益。

（二）发酵床养猪工艺流程

发酵床养猪技术工艺流程大体如图6-1所示。

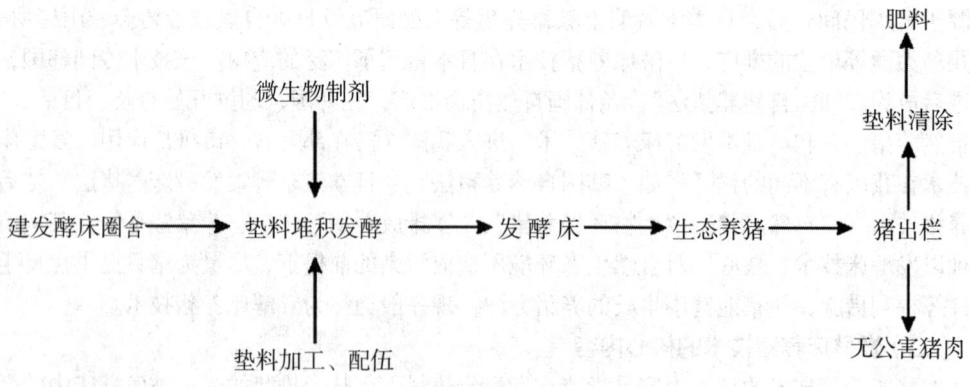

图6-1　生物发酵床养猪技术工艺流程

（三）发酵床养猪技术的主要内容

发酵床养猪技术主要有以下几部分内容，而且这几个部分紧密相连，相互影响。

（1）猪舍的设计与建造　包括猪舍的类型、屋顶、墙、窗以及猪舍内部结构及设施的设计与建造。

（2）发酵床的设计与建造　包括发酵床的类型、水泥硬化平台以及深度等。

（3）发酵床垫料的原料组合与发酵菌种的选择使用　发酵床垫料的原料组合与发酵菌种的选择使用，是发酵床养猪技术的一个重要环节，也是发酵床养猪成败的一个重要因素。

（4）饲养管理措施　发酵床养猪技术是一种全新的养猪技术，与传统的现代养猪技术相比有很大的不同。在生物发酵床养猪技术中，将原来重点对猪的饲养管理转移到对发酵床内的微生物菌群进行调控，只有创造出适应微生物菌群的良好生态环境，才能使微生物菌群充分发挥作用，快速分解粪便，从而达到降低环境污染，改善猪舍环境，节省人力物力，达到养好猪的目的。因此，对发酵床的管理是发酵床养猪技术的核心内容。

三、发酵床的设计与建造及垫料原料和发酵剂的选择要求

（一）发酵床的设计

1.发酵床的名称

发酵床是将猪舍中超过2/3的面积建造成80~100厘米的深槽，即垫料槽，也称为发酵坑，用于存放经过发酵的垫料。此垫料一方面为猪的生长提供舒适的生态环境，另一方面借助微生物的繁殖，降解转化猪的粪尿，消除氨气等臭味，因此把垫料槽或发酵坑形象地称为"发酵床"。

2.发酵床设计的原则

（1）发酵床的面积　发酵床的具体面积可根据猪场的生产规模和生产流程确定，为了便于对发酵床垫料的日常管理和养护，猪舍内栏与栏之间用铁栏杆间隔，每栏面积以25~60米²为宜。

（2）发酵床内的垫料面积　发酵床内的垫料面积为栏舍面积的70%左右，余下的栏舍面积应建成水泥硬地平台，作为夏季高温时猪的休息场所；对于有降温设施的猪舍，也可不设水泥硬地平台。

（3）发酵床内垫料的厚度　北方地区保育猪舍60~70厘米、育成猪舍80~100厘米；南方地区可在60~80厘米。发酵床内垫料厚度关系到发酵床的承载力、缓冲力及日常养护要求和使用年限。垫料厚度在60厘米左右的发酵床，承载力和缓冲力较差，使用年限偏短，而且日常养护要求较高。

（4）发酵床的深度　发酵床的深度决定了有机垫料的量，与猪的粪便产生量及饲养密度有关，根据猪饲养阶段的不同而异。一般要求保育猪发酵床的深度在60~80厘米，中大猪发酵床的深度在80~100厘米，在发酵池内部四周用砖和水泥砌起，砖墙厚度为24厘米，并用水泥抹面，发酵池床底部为自然土地面，不作硬化处理。

（5）发酵床要防止水渗入　发酵床无法排水，所以猪舍的防水是重点，要做到屋顶不能漏雨、饮水设施不能漏水，猪舍四周有排水沟，发酵床要防止水渗入。

（6）猪舍内要有通风设施　发酵床内的垫料必须有一定湿度才能保证微生物菌群繁殖，而发酵床的垫料在微生物繁殖与分解猪粪尿时，会产生一定的温度，加上猪舍为封闭式建筑，要求有通风设施，特别是夏季高温高湿季节要加强通风，冬季也要定时开启通风设施，

169

及时排除湿气，避免圈舍内湿度过大和通风不良。

（7）注意饲养密度　发酵床饲养生猪的密度不宜过高，特别是育成猪养殖密度较常规的水泥地面圈舍降低 10% 左右，以便于发酵床能及时充分地分解猪粪尿。

（二）发酵床的建造模式

发酵床按垫料位置划分，可分为以下几种。

1. 地上式发酵床

地上式发酵床的垫料层位于地平面以上，就是将垫料槽建在地面上，操作通道及圈内硬地平台必须建高，利用硬地平台的一侧及猪舍外墙构成一个与猪舍等长的垫料槽，并用铁栅栏分隔成若干个圈栏。此种发酵床模式适用于我国南方及地下水位较高的地区，优点是猪栏高出地面，雨水不容易溅到垫料上，地面水也不易流到发酵床内，而且通风效果也好；缺点是由于床面高于地面，过道有一定陡度，送运饲料上坡下坡不方便，同时，在北方地区建此发酵床在寒冷条件下，对发酵床的保温有一定的影响。

2. 地下式发酵床

地下式发酵床的垫料层位于地平面以下，将垫料槽构建在地表面下，床面与地面持平，新建猪场的猪舍可仿地上垫料槽模式，挖一地下长槽，用铁栅栏分隔成若干个栏圈；原猪舍改造可在原圈栏开挖垫料槽，最好将 2~3 个圈舍并成一个发酵床。此发酵床模式适合于北方干燥或地下水位较低的地区。优点是猪舍高度较低，造价也相对低，各猪舍的间距也相对较小，猪场土地利用率较高。由于发酵床床面于地面持平，猪转群和运送饲料方便。也由于发酵床的垫料槽位于地下，有利于发酵床的冬季保暖。但此种模式发酵床土方量较大，建筑成本较大。

3. 半地下式发酵床

半地下式发酵床也称为半地上式发酵床，就是将垫料槽一半建在地下，一半建在地上。半地上式发酵床地坑底不作硬化处理，坑的四周用砖和水泥砌成即可。此种发酵床模式可将地下部分取出的土作为猪舍走廊、过道、平台等需要填满垫起的地上部分用土，因而减少了运土的劳力，降低了建造成本。同时，由于发酵床面的提高，使得通风窗的底部也随之提高，避免了夏季雨大溅入发酵床的可能，同时也降低了进入猪舍过道的坡度，也便于运送饲料。此种模式发酵床适应北方大部分地区、南方坡地或高台地区。

第二节　发酵床垫料原料的选择及垫料的制作方法

一、发酵床垫料的种类及选用原理

（一）发酵床垫料的种类

发酵床的制作过程实际就是制备有益微生物培养基的过程，因此，发酵床原料组合及相关因子应适应有益微生物生长需要和养猪生产的要求。一般来说，发酵床原料由垫料原料（包括透气性原料与吸水性原料）、营养辅料、发酵剂菌及辅助调节剂组成。所有这些原料共同作用，形成了发酵床这一生态平衡体系。

在发酵床原料中，透气性原料也称为疏松性原料，主要有稻谷壳、农作秸秆、松针（切割成寸长），其主要成分是纤维素、半纤维素和木质素，优点是疏松性好、耐用、不易霉变、微生物降解慢。保水性原料也称为吸水性原料，主要有锯末、树枝及树根和树皮碎末，其主要成分是木质素，保水性好，耐用，不易霉变，也不易被微生物酶解。营养性原料主要有米糠、玉米粉、大米粉。此外，还有可替代原料，如用谷壳碎末可替代50%锯末，含有谷壳的酒糟，也可替代50%的谷壳。发酵床垫料的选择要因地制宜，原则上不得选用已经腐烂霉变的原料。

（二）发酵床垫料原料的选用原理

从发酵床原料实际使用效果上看，发酵床原料碳氮比是发酵床生态平衡体系中最重要的影响因子。生产实践已证实，发酵床垫料的选择，要用供碳强度大，供碳能力均衡持久且通透性、吸附性好的做主要原料，如锯末、稻谷壳、米糠、玉米芯、各种农作物秸秆、树枝、树皮、树叶、蘑菇渣等。另外，冬季为确保垫料发酵的进程及效果，也可根据需要，添加些猪粪、稻谷粉、麦麸、饼粕等，可提高发酵速度。原则上，只要碳氮比大于25：1的原料，如杂木屑491.8：1，玉米秆53.1：1，麦秸96.9：1，玉米芯88.1：1，稻草58.8：1，野草30.1：1，棉籽壳27.6：1等，均可作为发酵床垫料原料；而碳氮比小于25：1的一般作为新垫料制作过程中"启动剂"，也可以作为发酵床的发酵效果差时的"营养调节剂"（如猪粪7：1，麦麸20.3：1，米糠19.8：1，啤酒糟8：1，豆饼6.76：1，花生饼7.76：1，菜籽饼9.8：1等）。由于养猪中猪粪尿是持续产生，且猪粪尿本身碳氮比低，能持续提供氮素（即持续提供营养辅料），所以从原理上讲，发酵床垫料原料或原料组合总体碳氮比只要超过25：1即可。实际使用效果也证实，碳氮比越大的垫料原料，发酵床使用年限越长，碳氮比越小，发酵床使用年限越短。物理特性是根据发酵床微生物生活繁殖的需要而确定的，一般粪尿处理的微生物多是耗氧性微生物，发酵床垫料必须保证微生物能在一种"水膜"的状态下生活，过干、过湿都会影响发酵效果，所以发酵床垫料必须满足具有一定的吸水性和透气性。

（三）垫料的主要功能和作用

1. 支撑作用

这是发酵床垫料的最基本功能，由于垫料作为填充于发酵池中的基质，主要是为猪提供休息、玩耍、活动、排泄等场地，因此要求垫料松软舒适，但也要有一定的紧实度，不能过于疏松而妨碍猪在发酵床上的行走和活动。

2. 通透性

通透性是发酵床养猪对垫料的最基本要求。通透性指透气性，垫料的孔隙存在空气，可以供给微生物酵解粪便所需的氧气，氧气的供给是耗氧性微生物增殖不可缺少，依靠微生物的增殖，粪尿中有机物被分解为稳定的物质。由于垫料发酵微生物多为耗氧性微生物，只有垫料本身透气性好，才有利于发酵微生物活动和繁殖，利于对粪尿的分解。若垫料透气性差，使得厌气性微生物活动加强，不利于粪尿及垫料的分解，过早地生成大量垫料腐殖质。生产管理的翻堆、深耙、悬耕等都可调节透气状况，改善垫料原料的透气性（空隙率在30%以上）。垫料的孔隙除有通透性外，还是吸持水分的地方。因此，要求原料的孔隙度，既要有一定量的通气孔隙，又具有一定量的持水孔隙，要同时满足微生物对氧气和水分的双重需求，才有利于微生物生长与繁殖后，达到酵解粪便的作用。

3. 保水性和容纳性

由于发酵床养猪的目的是不清除粪尿，粪尿中所有水分都直接进入垫料中，因此垫料要有较好的吸水性和容纳性，不会使粪尿渗漏。而且发酵床垫料具有一定的保水性，可为微生物分解粪便提供必要的水分和平台条件。因为水分是影响微生物生命活动的重要因素，微生物在发酵料的"水膜"里进行着生命活动；同时，水分也影响垫料内部养分和微生物的移动，影响着发酵效率的高低，也影响着空气成分和垫料及舍内的温度。一般情况下，发酵垫料的持水量为55%~70%。含水率过高或过低都不利于发酵处理。当水分含量大于85%以上，由于垫料毛细结构被破坏，也会影响发酵效率，甚至导致死床。

4. 提供营养

垫料必须要为微生物的生存与繁殖提供必要的碳源及其他养分。由于微生物的生存和繁殖是需要一定的营养源的，其主要来源于垫料原料和猪粪尿中易分解的有机物。这些原料中的碳水化合物（碳）就是微生物的食物，而无机的氮素（氮）是微生物繁殖建造细胞的材料，所以，碳和氮含量就决定了微生物的生存和繁殖效率，是发酵微生物的营养源。一般来说，微生物的活动繁殖所需的最佳碳氮比为25：1，因为微生物每合成1份自身的物质，刚好需要25份碳素和1份氮素。制作发酵垫料就是通过相关措施控制碳氮比，使发酵菌种持续、均衡、高效地活动和繁殖。由于猪粪的碳氮比为7：1，是提供氮素的主要原料，所以发酵垫料原料必须选择碳氮比大于25：1的原料才能达到发酵的目的。由于发酵床养猪生产中粪尿持续产生，所以垫料原料碳氮比越高，垫料使用的时间越长，发酵床的寿命也长。

（四）垫料原料的选用原则

垫料选用要把握以下原则。

1. 适用性

发酵床其实质是为猪的生存提供福利条件和为有益微生物的生长繁殖提供良好生态环境条件。选用的原料需要碳素含量高、可利用时间长、吸水性好、透气性高、酸碱度接近中性、无毒性物质存在，软硬结合、不刺激或伤害猪的皮肤。腐烂、霉变或使用化学防腐物质的原料不能使用。

2. 经济性

发酵床养猪成本比传统水泥地面养猪模式高，主要在垫料上，因此垫料的选择要立足当地，就地取材。这样既可减少原料异地运输的成本，又可充分利用当地资源，降低生产成本。

（五）发酵床垫料原料的组成要求

发酵床原料碳氮比是发酵床生态平衡体系中最重要的影响因子。原则上讲，只要碳氮比大于25：1的原料都可作为垫料使用，但每种原料用于发酵床都有其自身的优缺点，故单一原料制作发酵床就会存在这样或那样的问题。因此，在发酵床原料的结合中，一般根据原料的特性，将两种以上的原料经过合理的搭配组合，制成混合垫料，使不同原料之间能够优势互补，而且还可降低发酵床的制作成本。生产实践已证明，不管是从碳氮比还是物理特性而言，"锯末＋稻壳"的组合都是比较好的（其碳氮比达到200：1以上）。我国农村拥有大量的秸秆资源，如玉米秸秆、小麦秸秆、玉米芯、稻草及野草等，其碳氮比分别是53：1、96.9：1、88.1：1、58.7：1和30.1：1，均可作为垫料原料，但单独使用这些某一种原料作垫料，不管是碳氮比和物理特性都不是太好。生产实践已证实，最好能与碳氮比高的原料（如锯末、刨花等，其碳氮比达到400：1）组合，才能保证垫料组合后的吸水性和透气性。

目前发酵床效果确实的垫料组合有"锯末+稻壳"、"锯末+玉米秸秆"、"锯末+花生壳"、"锯末+玉米芯"、"锯末+玉米秸+花生壳"、"锯末+树叶"、"锯末+稻壳+花生壳+玉米秸"、"树枝粉+玉米秸秆+花生壳+玉米芯"等。一般的组合配方要求是用透气性和吸水性特性的原料，加上营养辅料、辅助调节剂、菌种组合（表6-1）。

表6-1　垫料原料组成比例

原料		透气性原料	吸水性原料	营养辅料	菌种	辅助调节剂
垫料用量		40%~50%	30%~50%	0~20%（视原料而不同）	视菌种成品类型而不同	结合垫料要求添加
比例	冬季	60~70厘米厚	30~50厘米厚	30~50千克/米³	0.1~1千克/米³	0~3%
	夏季	40~60厘米厚	20~30厘米厚	20~30千克/米³	0.1~1千克/米³	0~3%

（六）发酵床垫料制作的基本要求

发酵床垫料制作是发酵床养猪的另一个重要技术环节，基本要求如下。

1.高效的发酵剂菌种

发酵床垫料发酵分解粪尿的过程是微生物作用的结果，就如同面团中有了酵母菌，鲜奶中有了乳酸菌后才能做成好吃的馒头和酸奶一样。也由此可见，发酵床垫料中发酵剂菌种的功能和活动，决定了用发酵床养猪的生产性能及粪尿分解的效率，是发酵床养猪法垫料制作的首要因素。

2.具备和满足微生物繁殖的营养源

发酵床垫料中微生物的生存和繁殖需要有一定的营养源，其主要来源于垫料原料和猪粪尿中易分解的有机物，而其中的碳和氮的含量就决定了微生物生存和繁殖效率，它们就是发酵微生物的营养源。因此，垫料原料的选择与组合，须具备和满足微生物生存和繁殖的需要。

3.适宜的酸碱度

发酵床垫料发酵微生物多是需要中性或微碱性环境，pH值在7.0~7.5最为适宜，过酸（pH值<5.0）或过碱（pH值>8.0）都不利于猪粪尿的发酵分解。猪粪分解过程产生有机酸，在区域内pH值会有所降低。正常情况下的发酵垫料不需要调节pH值，可通过对垫料的翻耙自动调节达到平衡。但如果管理不当，粪尿堆积区内pH值偏低，会影响微生物生长。可以通过翻耙垫料或其他措施调节酸碱度，以保证正常发酵，以使其适宜微生物的生长。

4.透气性和保水性

透气性和保水性已在前面有所阐述，两者对发酵床影响也极大。

5.垫料厚度

参与发酵的微生物通常在30℃以上时增殖变旺盛，因此，垫料的厚度是决定温度的重要因素，一般要求发酵床垫料厚度为80~100厘米，不得低于50厘米。如果垫料太薄则发酵产生的热量会迅速散失，发酵垫料温度难以达到适宜的温度，从而使发酵微生物增殖受限，导致垫料不发酵。但垫料太厚，则可能导致内部升温太高太快，而且一次性投入大，垫料深翻工作量大，也不利于管理。另外，垫料的不同层级其菌种数量和种类不同，如果垫料太薄，会导致中间层级该有的有益菌数和浓度达不到要求而降低发酵床处理粪尿的能力，也就是说垫料的容纳性不够，没有给微生物分解粪便提供充足的平台条件。

从上述发酵床垫料制作的要求可知，生产实践中，可以通过改善物质的性质（如垫料的选择）、添加辅助材料、调整垫料的水分和提高垫料的空隙率、配合搅拌、翻转使发酵垫料的空隙均匀，还要利用太阳热能促使水分蒸发等，通过这些方法，均可达到垫料发酵的效果。

二、发酵床垫料发酵剂菌种的选择

（一）发酵剂菌种的基本要求

生物发酵床养猪法的核心技术是微生物工程技术，而有益微生物的选择是该项技术实现猪场"零排放"的关键环节，微生物菌种的莨莠则决定了发酵床效率的高低。因此，对发酵剂菌种的选择尤为重要。由于我国目前对生物发酵床的菌种缺乏统一标准，对发酵专用菌种也尚无对口管理部门和单位审批，发酵剂处于"三无"状态，质量相差较大。但发酵床养猪技术在国内10余年的实践已证实，发酵剂菌种必须符合以下几点基本要求：一是菌种要明确、安全，在发酵过程中可控；二是能够快速地降解猪粪尿，去除臭气；三是菌及菌的代谢产物对猪的健康、生长有益；四是使用操作简单、方便。

（二）发酵剂菌种的来源及特点

发酵床养猪法的垫料中菌种大部分是本洛东菌种（酵母素），也有用EM液（有效微生物菌群，是20世纪80年代初日本琉球大学比嘉照夫研制出的一种新型复合微生物菌剂）和土著菌，其效果报道不一。但从总的使用情况上看，国内的发酵剂菌种来源主要分为3类：一是来自日本或韩国的自然农业养殖法为代表，利用从自然界采集的土著菌作为发酵剂；二是利用生产生物肥料的菌种生产的发酵剂；三是针对发酵床功能需求，利用生物工程生产的饲料级有益微生物复配的发酵剂产品。

1. 土著菌

日本自然学家和哲学家冈田茂吉于1935年创立了自然农业，并推广一种充分利用自然系统机制和过程，培育优质农畜产品的农业技术。后由韩国自然研究所经过40多年的研究，发明了利用发酵圈舍养殖猪、鸡、牛等畜禽的自然农业养殖法。自然农业养殖法的宗旨是"尊重自然，顺应自然"，它采用的5种核心秘方（天慧绿汁、汉方营养剂、乳酸菌、土著微生物、发酵素）和3种辅助材料（鲜鱼氨基酸、天然钙、糙米米醋），都是利用人们身边的自然资源制作的，其中作为发酵剂的土著菌是从山林或稻田中自然采集的。

自然农业养殖法是利用天然采集的土著菌模拟其生态环境，辅以营养物质加以培养，是重建生态环境的初级阶段，有明显的优点也存在不足。按其原理分析，其优点应该是存活能力强和分解能力强，很容易成为优势菌；但其缺点也是分解能力强，易造成夏天温度的可控性降低，同时也可能造成发酵床寿命的缩短。

2. 生产生物肥料的菌种

生产生物肥料的菌种多由复合的芽孢菌、放线菌、霉菌组成，主要用于生物肥料的生产与有机垃圾的处理。这类菌群可产生纤维素酶、半纤维素酶甚至木质素酶，除能快速地将植物不易分解利用的纤维、木质素分解成可利用的糖类物质，对粪尿的分解能力也较强。然而，这类菌群同时也存在几个问题：一是菌种的安全。由于生物肥料常用的菌种中的放线菌与霉菌不是猪肠道的原籍菌种，而且某些霉菌的代谢产物具有毒性，发酵床垫料中的这类菌，对猪的健康构成威胁，很不安全。二是垫料消耗快。由于生产生物肥料菌种产生的纤维素酶、半纤维素酶与木质素酶，对发酵床垫料降解能力强，使垫料消耗快，增加了发酵床养猪的成本，从投入与产出上讲很不经济。三是菌种的活力较弱。生产生物肥料的菌种多数活力较弱，需要在适宜条件下繁殖，猪场使用这类菌剂的发酵剂产品，需要将发酵床垫料堆积发酵处理后才可使用，费工费时，在经济上也不划算。

3. 饲料级有益微生物复配的发酵剂产品

（1）主要菌群特点　饲料级微生物发酵剂由复合菌群组成，菌种来源于猪肠道内的原籍菌和经过筛选的有较强处理粪污功能的有益菌（有机质转化），各菌群的特点如下。

① 乳酸菌（包括双歧杆菌）：是健康动物（包括人）肠道中极为重要的合理菌群之一，无毒、无害、无副作用，能促进免疫细胞、组织和器官的生长发育，提高免疫功能；同时乳酸杆菌发酵糖类产生大量乳酸，可以抑制病原菌繁殖。

② 芽孢杆菌：能产生蛋白酶、淀粉酶和脂肪分解酶等有活性的消化酶，可以帮助动物对营养物的消化吸收；具有降解植物饲料中某些复杂碳水化合物的能力；具有平衡或稳定乳酸杆菌的作用。

③ 酵母菌：能为动物提供蛋白质和维生素，帮助消化，对防治消化道系统疾病有重要意义；能刺激有益菌生长，抑制病原菌繁殖，可提高动物机体的免疫力和抗病力。

④ 放线菌：广泛分布于土壤中的优势微生物类群，能产生各种胞外水解菌，降解土壤中的各种溶性有机物质以获得细胞代谢所需的营养素，对有机物的矿化有着重要作用，是降解猪粪尿的主要菌群。

（2）饲料级有益微生物复配的发酵剂的优点　在发酵床垫料使用中饲料级有益微生物复配的发酵剂可提高分解猪粪尿的效率，同时还具有保健的作用，这是土著菌和生产生物肥料的菌群没有的功能。因此，此类型发酵剂产品相对于自然农业的土著菌和生产生物肥料的菌剂具有以下优点。

① 菌种组分明确。发酵剂中的菌种组分明确，符合国家规定的用菌标准，在安全性上有所保证。

② 适合养殖密度较高的养殖场。

③ 能提高猪的免疫力，减少疾病发生。在发酵剂菌种中包含可以在猪肠道定植的有益菌如乳酸菌等，在猪食用垫料中的菌体蛋白时，有益菌进入猪体内有利于提高猪的免疫力，减少疾病发生，这在发酵床养猪实践中已得到证实。

④ 发酵剂产品稳定性好，直接使用，操作简便。通过大生产的饲料级微生物发酵剂中的菌群，针对发酵床的功能需求，通过工业化的培养提纯，发酵剂产品活菌多，产品稳定性好；而且发酵剂产品直接使用，操作也简便，省去了自然农业养殖法中制作"天慧绿汁"、"汉方营养剂"、"鲜鱼氨基酸"等营养剂的繁杂工序。

⑤ 饲养效果和经济效益明显。使用发酵剂，配合微生物饲料添加剂发酵垫料饲养在提高日增重和降低料肉比方面效果明显。从经济效益分析，使用工业化的发酵剂配合饲料添加剂，虽然在发酵剂和添加剂方面有所投入，但操作方法简单，产品稳定，养殖效果有效提高，前期的投入能够得到回报。虽然使用土著菌的自然农业养殖法，节省了采购发酵剂和饲料添加剂成本，但在采集制作土著菌和其他营养剂的过程中要消耗不少人力物力，综合成本也不低。

⑥ 发酵剂菌群组合为复合菌种，更能承担发酵床复杂的功能。饲料级有益微生物复配的发酵剂，克服了生产生物肥的菌种生产的发酵剂及自然农业养殖法中土著菌发酵的缺点，此

发酵剂菌种组分明确，所有的菌株一般经过安全评价，使用过程可控，用标准化生产，配套使用的微生物饲料添加剂，在优化菌群结构，有效控制发菌群结构和发酵物的微生态环境，使有益微生物菌群始终处于优势方面，效果更加显著，可延长发酵床使用寿命。自然农业养殖法利用土著菌模拟生态环境，虽然有明显的优点，但也存在问题和不足。微生物的生存有特定的环境条件，圈养与野生自然环境不同，家畜的种类不同，饲料不同，发酵床垫料不同，各地区以及天南地北的生态环境不同，土著菌群也会有所不同。由于环境在不断变化，适合先前环境的菌群不一定仍适合现在的环境，原环境的菌在新环境中不一定是最好的菌群或最好的菌群组合等等问题，而这些问题并不是空想着"利用自然的力量"就能顺利解决。生物多样性是适应多变环境的自然方法，应该从相似的生态环境引进生存力更强的益生菌，按照不同菌的生理特点，优化组合，使菌与菌之间起到保护、协同的作用。国内近十年的发酵床应用实践也证明了复合菌种的优势，而单一的纯菌种很难理想地承担发酵床复杂的功能。之所以在此强调复合菌种其理论基础有以下几点：其一，发酵床垫料的成分复杂，单一菌种易受环境影响，可变因素太大，如木屑的原树种类不同，就有可能较强地抑制菌种的繁殖，从而使得环境中的杂菌有大量的可乘之机，垫料原料也不能得到理想的分解；其二，发酵床的真正发酵垫层是在表面以下 20~40 厘米，而底部的垫料是从表层沉积下去的（新制作的垫料除外），缓慢的厌氧发酵对延长发酵床寿命，并使垫料成为优质的有机肥更有好处。因此，好氧微生物和厌氧微生物同时使用具有优势性；其三，为发酵床制作的微生物如果能够同时考虑其益生功能，抗病功能等，将使得菌种更有实际价值，而这离不开不同菌种的复合。菌种的复合有自然复合与纯菌复合。这里所谓自然复合菌，是指主要菌群不明确，内含菌种繁多，功能也繁多，甚至种植、养殖皆宜的"万能"复合菌剂；纯菌复合的菌中是指比较明确由几类、几种微生物配制或复合培养而来的菌剂。自然复合与纯菌复合各有特色，但从长远的安全性的角度和行业管理的角度分析，则应更为偏向于后一类。因为发酵床养猪技术在我国应用的时间还很短，技术的可控性、产品的稳定性对这个行业不断总结自身、长久发展有重要意义。菌种成分不够明确，就会加大行业管理的难度，一旦出现没有预料的问题，则会使这个行业变得复杂。因此，选择使用通过大生产的饲料级微生物发酵剂，不论从何角度分析都是十分必要的。

（三）发酵剂菌种好与差的判断方法

1. 采用对比的方法

随着发酵床养猪技术的普及，市场上出现了大量的发酵剂产品，他们在产品介绍，功能宣传上都非常相似。那么如何能甄选出好的发酵剂产品呢？最简单的办法就是看垫料中的微生物菌对猪粪尿的降解速度，也就是用多少时间可以没臭味儿了。可以采取对比的方法，取同样体积的不同发酵床垫料放入编织袋，然后将 5% 猪粪装入袋中，比较哪一种发酵剂让猪粪尿的臭味儿最先消失。好的发酵剂在一个多小时就可以除臭味，这说明能够将猪粪尿中的物质快速降解。

2. 靠养猪的实践来检验

发酵剂产品是否能达到提高猪的免疫能力，预防疾病的作用，要靠养猪的实践来检验。好的发酵剂使用后猪只生病少，长得快，还省饲料。另外，配合使用微生物饲料添加剂也十分关键，它是促进猪只健康、快速生长的重要保障；同时猪粪中有益菌的繁殖也可以养护发酵床，延长发酵床使用寿命。

3.看产品生产许可证和批准文号

一般来讲，发酵剂和微生物饲料添加剂作为生物产品，应该由正规的、有生产许可证和批准文号的厂家生产。正规厂家的产品通过标准化生产，可以保证菌种功能明确，质量稳定，生物安全。此外，厂家的科研生产能力与市场上的口碑也非常重要，好的产品是要通过市场和养猪实践的检验才能被大家认可。此外，在选购发酵剂菌种时，不要以价钱作为衡量菌种好坏的标准，要科学计算性价比，最好的办法是向当地畜牧技术推广部门咨询，或是从正规企业选购菌种，选择能提供技术指导和售后服务的厂家。

三、发酵床垫料的制作与铺设方法

（一）发酵床垫料的制作和原料用量

发酵床具体的垫料组成可以根据当地的实际情况来定，可选用木屑、稻壳、秸秆粉、稻草粉、花生壳、玉米棒芯粉、树叶、树枝等，依据发酵床垫料原料的组成要求进行合理搭配，原料用量可参考表6-2。

表6-2　发酵床垫料的原料用量

季节	原料比例（%）			
	木屑、稻壳	稻草粉、秸秆粉	米糠（视情况而定）	发酵剂/（克/米³）
冬季	70~80	10~15	5~10	200
夏季	70~80	15~20	0~5	200

说明：冬季为加快垫料初起发酵速度，可使用少量生猪粪，5千克/米³。

（二）发酵床垫料的铺设方法

发酵床垫料的铺设方法主要依据发酵剂菌种的不同，分为混匀堆积发酵法和简易平铺法。

1.混匀堆积发酵法

此种方法适合于利用生物堆肥的菌种与自然土著菌种的发酵床垫料制作。按照发酵剂产品使用说明，直接把垫料在猪舍里发酵。即把发酵菌种与营养剂复配后与垫料原料均匀混合后堆积发酵，等到垫料堆中核心温度达到70℃左右再倒堆一次，待温度降下来之后，将腐熟的垫料再铺设到发酵床中，这个时间过程至少需要7天。通过此种方法使发酵菌种繁殖，在垫料中形成优势菌群。但此种方法制作周期较长，又耗费人力物力较多，而且垫料原料经过高温腐熟过程，易被发酵菌种分解，发酵床使用周期缩短。

（1）堆积发酵法的制作过程

①原料混合。将谷壳、锯末各取10%备用，将其余原料堆积到一个场地或猪舍内，在上面倒入生猪粪及米糠和发酵剂混合物，用铲车等机械或人工充分混合搅拌均匀。不同季节所需的原料比例见表6-2。

②物料堆积发酵。各原料经搅拌均匀混合后堆积成梯形，在堆积过程中喷水调节水分，使物料水分保持在45%~50%，现场实践是用手抓垫料来判断，即物料用手捏紧后松开，感觉蓬松且迎风有水气说明水分掌握较为适宜。堆积好后表面压实，用麻袋覆盖周围以保温。

③物料温度检测。第2天选择物料不同部位，约20厘米深，温度可达45℃以上，以后温度便逐渐上升到70℃左右。由于环境气温不同，到达70℃左右时间有所不同，夏季4~5

天即可，冬季通常要 7 天左右。

④ 物料的铺设。物料经发酵，温度达 70℃ 左右时，保持 3 天以上。当物料推开，气味清爽，没有臭味时即可铺设到发酵池内。高度根据季节、猪群而定。物料在发酵床摊开铺平后，用预留的 10% 未经发酵的锯末、谷壳覆盖，厚度约 10 厘米。间隔 1 天后等待进猪。

（2）堆积发酵法注意的事项

① 物料在调整水分时要特别注意，尽可能不要过量。

② 制作垫料原料的混合，以均匀为原则。

③ 堆积后表面应按压，特别在冬季，周围应使用通气性的东西如麻袋、草帘等覆盖，使堆积的垫料能够升温并保温。

④ 所堆积的物料散开的时间，中心部分水比较低；气味清爽，不应有恶臭气味。

⑤ 散开物料时，如果出现氨臭，在温度还很高、水分合适的条件下让物料继续发酵。

⑥ 一定注意第 2 天物料初始温度是否上升 45~50℃，否则的话要查找原因。一般从以下几个因素考虑：谷壳、锯末、米糠、生猪粪等原材料是否符合要求；比例是否配比恰当；物料是否充分混合均匀；物料水分是否合适；是否在 45~50℃；是否太干或太湿。

2. 简易平铺法

（1）具体做法　如选用工业化生产复配的高效发酵剂菌种，则可采用简易平铺法制做发酵床垫料。具体做法是：在发酵床最底层先铺设 30 厘米左右的填充料，如玉米棒芯、蘑菇渣、粉碎的秸秆等，然后铺一层 10 厘米垫料木屑，泼洒一层发酵剂，再铺一层 14 厘米稻谷壳；接着再铺一层 14 厘米木屑，木屑层上再泼洒一层发酵剂，再接着铺一层 10 厘米的稻谷壳；再铺一层 10 厘米木屑，再泼洒一层发酵剂，又接着铺一层 2 厘米的稻谷壳，最上层铺一层 10 厘米的干木屑（最好是颗粒最小的锯末）。垫料无需混匀，像盖被子一样一层一层铺上即可。

发酵床铺设好后，2 天后垫料 10 厘米以下发热，再过 1~2 天，即可放猪进圈饲养。

（2）注意事项

① 先将发酵剂用温水（40℃ 左右）稀释，放置 1 小时后，均匀泼洒在垫料中的锯末层中。因锯末有很好的吸水性，能将菌液吸附。菌液泼洒应尽量均匀，在靠近圈角、隔栏的区域是猪排泄的集中地带，应适当增加泼洒量。

② 垫料水分一定不要过大，保持在 30% 左右为宜，表现形态是锯末稻壳由干燥时的浅黄色变为深黄色。

③ 在铺设过程中可适当将垫料踩实，以免放猪饲养后垫料下降过快。

④ 在寒冷季节的北方地区制作发酵床，可在泼洒发酵菌液的同时，再添加一些米糠、麸皮等速放碳源营养原料，可促进有益菌快速增殖。

（三）垫料湿度判断与发酵程度鉴定标准

1. 湿度判断

不管是哪些类发酵床，其湿度调整以手握感官标准来判断，即抓一把调整好的发酵垫料，用拳使劲抓握，手心感觉有湿度，但指缝间无水滴出，手散开后，垫料稍呈团状（注意透性原料过多往往不成团），抖落垫料后，手掌上不挂水滴，但明显感觉有潮气，可判断为 40%~50% 的水分；如果感觉到手握成团，松开后抖动即散，指缝间有水但未流出，可以判断为 60%~65% 的水分；如果攥紧垫料有水从指缝滴下，则说明水分含量为 70%~80%。

2. 垫料发酵成熟鉴定

经过发酵成熟的垫料，用手抓取发酵堆内或发酵床内 30 厘米以内垫料，鼻闻无腐败味，无刺激性气味，醇熟优秀的垫料还具有一股淡淡的醇香味。

（四）土著菌发酵床的制作

土著菌发酵床的制作过程也可采取如下方法：以 100 米² 猪舍计算，需要锯末、玉米秸秆、稻壳、花生壳或玉米芯粉碎物等物质 15 吨，红土（黄土）1 500 千克，天然盐 48 千克，土著菌原种 200 千克，水 4 吨，天惠绿汁、乳酸菌、鲜鱼氨基酸原液各 8 千克（500 倍稀释液）。按如下顺序进行：先铺有机物质，然后铺上红土，均匀撒上天然盐，土著微生物原种，喷洒营养液 5 000 倍稀释液，调整水分至 65%，如此反复 3 次填满圈底即可。发酵床装填满后即可放入猪饲养，经 2~3 个月后，发酵床成为自然腐熟状态。

第三节　发酵床猪舍的设计与建造

一、发酵床猪舍的设计要求与原则

（一）发酵床猪舍设计的基本要求

1. 栏舍设计要考虑的问题

（1）光照和通风透气　按照发酵床养猪技术的要求，栏舍设计方面须考虑两个方面：一是应保证发酵床随太阳升起和降落都能接受到光照，只有接受到光照，垫料内的微生物才能适宜地生长繁殖；二是猪舍要通风透气，由于发酵床垫料内微生物发酵分解猪粪尿会产生一定量的热量和气体，只有通风透气，才能保持猪舍内空气新鲜，有利于垫料微生物的繁殖和猪的生长发育。因此，在栏舍设计时，既要必须考虑光照，应保证发酵床有 1/3 的面积能直射到阳光，又要考虑到通风透气，尤其是南方高温高湿地区。

（2）机械化问题　发酵床猪舍设计还应考虑机械化问题。目前我国发酵床猪舍垫料采用人工堆积发酵，垫料翻挖也采用人工。一般人工挖掘时只通翻挖垫料表层 20 厘米处，难以全面翻圈。发酵床采用好氧发酵，由于最底层垫料长期不翻挖，导致底层垫料微生物缺氧，发酵床易失败。日本发酵床养猪采用机械化操作，一个年出栏 1 万头的育肥猪场，采用发酵床养猪技术饲养只需 4 个人，非常现代化。机械化特征主要体现在采用挖掘机堆积垫料、翻垫料和清理垫料以及安装自动喂料系统。因此，发酵床养猪法的另一个特征是适用于工厂化饲养，即具有工厂化养猪的一切特征，如活动栅栏，大圈饲养，批进批出，自动给料给水，机械翻动垫料等。我国大部分发酵床猪舍设计时，没有考虑工厂化饲养与机械化操作，限制了发酵床养猪推广应用。

2. 栏舍环境的控制设计要求

我国南、北方的季节气候差异非常明显，为适应不同地域资源和生态环境特点，在发酵床猪舍的设计上应根据各地特点，南方地区要重视夏季炎热时期的通风降温，北方地区则要强调冬季的除湿保温。也就是说，由于发酵床本身产生物热，而且还蒸发水分产生水汽，所以发酵床猪舍的设计需满足"夏季防暑，冬季除湿，猪只感觉舒适，舍内布局合理，方便管理"的要求，在这样前提下，猪直接在发酵床上生活的猪舍应符合空气对流原理，通风换气方便，夏季具有扫地风。但无论是南方和北方，虽然发酵床养猪技术有其特殊性，猪舍的设计相对传统的水泥地面圈舍，有着共同的最基本要求：猪舍通风量要大，采光要充分，舍内空间要大，养殖密度要低（针对育肥猪舍）；在圈栏中超过 2/3 的面积建造成 50~100 米²的垫料槽，即发酵床或叫发酵池，用于堆积发酵床垫料。猪舍建造时，设计前后空气对流的大开窗，窗低的高度以接近或略高于发酵床面高度为宜，并设计通风设施，安装无动力风帽或排风扇，高温高湿情况下定时开启排风扇，做到及时降温和除湿。

3. 猪舍建筑模式与设施要求

发酵床养猪因区域不同，猪舍的设计也不同。目前，国内育肥猪发酵床猪舍主要有顶棚卷帘式、双面坡开窗式和塑料大棚式 3 种。顶棚卷帘式猪舍四面通风，较适合南方地区；双面坡开关窗式猪舍在我国应用最多，适应于南北方地区；塑料大棚式发酵床猪舍在北方地区应用较多。但无论南北方地区，采用发酵床养猪的圈舍，对猪舍结构的要求与传统猪舍基本一致，即猪栏可以是单列式，也可以是双列式，一般情况下猪舍建成东西走向，坐北朝南，舍内设计为单列式，走道设计在最北侧，宽度为 1~1.2 米，其次设计猪的采料台应为 ≤ 1.6米，安装自动给料槽，南侧建 0.3~0.4 米宽的饮水器，安装自动饮水器。除了通常必备的围栏、食槽、饮水器、加湿装置、通风设施、操作通道外，主要增加了猪舍内的发酵床，前后空气对流窗、1.5 米宽的水泥硬化床面及集水槽或地漏等。

（二）发酵床养猪方式对猪舍配套建筑和环境调控措施的要求

1. 发酵床猪舍的建筑配套措施

发酵床猪舍除设置一定比例的实体地面供猪夏季躺卧，在猪舍建筑上应根据发酵床工艺布置方案配套相应的建筑形式和环境调控措施。猪舍墙体和屋顶应采用隔热性能好的材料，窗户的设置除考虑采光外，还应侧重合理组织自然通风，确保发酵垫料产生的水汽、二氧化碳及夏季发酵床产生的热量散发到舍外。窗户可设计为上下两排，以扩大进排风口之间的垂直距离，增加自然通风速度，下层地窗确保夏季风能扫过猪体。寒冷地区发酵床猪舍必须做好猪舍外围护结构的保温设计，防止墙、屋顶内表面结露和增加舍内湿度。

2. 发酵床猪舍配套的环境控制措施

在夏季炎热和夏热冬冷地区采用有窗密闭式发酵床猪舍，最好配套机械通风和降温系统。在发酵床猪舍的防暑降温措施上，可采用猪舍遮阳、减少饲养密度、采用湿帘或风机降温系统或水空调降温设备，或在猪舍内安装喷淋水雾降温设施等措施。

因公、母猪繁殖性能受高温影响很大，发酵床繁殖猪舍必须根据配套的环境调控方式（尤其是夏季降温措施），要慎重选择发酵床养殖工艺。而寒冷地区发酵床猪舍冬季必须进行必要的通风，排除猪舍内水汽、二氧化碳等，而通风又会带走大量热量，因此，寒冷地区发酵床猪舍（尤其是仔猪培育舍）最好配套供暖措施。

3. 塑料大棚发酵床猪舍养猪需慎重

很多人认为塑料大棚养猪效果好，造价低，一次性投入少；同时塑料大棚易通风采光，便于调节小气候，冬季白天太阳光透过棚膜，能提高和保持舍内温度；夏季放下遮阳网，把四周棚膜遮起来，舍内通风良好。但是塑料大棚猪舍保温隔热效果很差，冬天白天有太阳可以保持舍内较高温度，到晚上塑料膜起不到保温作用，棚内温度迅速降低。因此，在日落前必须及早盖上保温草帘。若管理不到位，往往因昼夜温差太大而会引发猪的多种疾病。而且在极端低温时，即使管理到位，大棚内仍然存在昼夜温差太大和夜间温度过低等情况，因此在棚舍内还需采取一定的升温措施。由于夏季白天棚舍内温度太高，除棚顶上必须搭设遮阳网，棚舍内还需采取一定的降温措施。可见大棚猪舍冬季昼夜温差太大和夏季高温对公、母猪繁殖性能影响严重，一般不要在此环境下饲养繁殖母猪或公猪为宜。

如果大棚猪舍采用发酵床，夏季大棚不能隔热，加之发酵床产热，则会使棚舍内温度更高，而冬季由于保温效果差，尤其早晚温差大，棚膜又很容易结露，会使棚舍内湿度很大，温度低，会影响发酵床垫料微生物正常繁殖，分解水缓慢，产热少，也会无法发挥发酵床冬季提高棚舍温度的优势。由此可见，采用大棚发酵床猪舍养猪要慎重。

（三）发酵床猪舍建筑设计上遵循的原则和注意的事项

由于发酵床养猪法适应于多数以农村家庭为单位的中小型规模猪场，其本身很难做到全封闭管理，因此，针对这样的群体在设计发酵床猪舍时要遵循如下原则：一是尽可能使用当地免费的自然资源，少用耗能性和一次性资源；二是尽可能地多利用物理性、生物性转化，少用化学性转化；三是因地制宜，科学实用，不贪大求洋讲气派。除此还要在猪舍设计与建造上注意以下事项。

1.猪舍模式

采用钟楼、半钟楼式猪舍屋顶，设计一排南向通风立窗，一般采用自然通风。

2.充分考虑通风和采光

猪舍的南、北墙要设计前后空气对流的大开窗，窗底的高度以接近或略高于发酵床面高度为宜，能使阳光冬季可照射到发酵床面，猪舍的设计要强调通风和采光。

3.考虑地下水位和排水

采用地下或半地上发酵床应考虑地下水位，不论采用何种模式发酵床，在猪舍四周都要建造排水沟。

4.料槽和水槽分开设计

料槽和水槽应分开设在猪栏的南北两端，便于猪的运动健康和猪来回走动对发酵床表面垫料与粪尿混合，可减少人工翻垫料次数。此外，猪栏的南北向隔栏应向下深入 20~30 厘米，防止猪拱栏混圈。

5.猪舍空间要大

猪舍高度以发酵床面至屋檐高度 2.4~2.7 米，跨度不低于 8 米为佳，长度因地制宜。

6.圈面饲养密度

一般情况下，发酵床圈舍面饲养密度，按不同猪只占有发酵床面积为：保育猪 0.4~0.8 米²/头，30~70 千克的育成育肥猪 0.8~1.2 米²/头，70~100 千克的育肥猪 1.2~1.5 米²/头，妊娠母猪 2.0~2.5 米²/头，哺乳母猪 2.5~3.0 米²/头，种公猪 2.0~2.5 米²/头。在此密度下，配合垫料管理操作程序，发酵床能高效分解猪只产生的粪尿。当然，夏季最好能适当增加猪只占有发酵床面积。

二、发酵床猪舍的设计与建造

（一）猪舍的外围护结构

1.猪舍的高度与宽度

由于发酵床养猪技术的特殊性，垫料中来自粪尿的水分全部要通过发酵床垫料的蒸发作用排出，因此，要求猪舍有一定的跨度和有一定的举架高度，以便创造出较大的空间环境，以保证充分的气体交换，排风除湿，避免潮湿环境对猪的不利影响。

对于新建猪舍的跨度一般 8~10 米，通常设计成 9 米。猪舍墙高 3 米，屋脊高 4.5 米，猪舍的举架高度以发酵池面计不低于 2.5 米。猪舍长度因地制宜。一般要求猪舍建筑面积不低于 200 米²。

采用发酵床养猪除新建猪舍外，还可以在原建猪舍的基础上改造。在无法改动猪舍高度和跨度的情况下，将中间的隔墙打开，换成围栏，加大圈舍面积，修建成地下式发酵床。但要做到每个发酵池面积要超过 10 米² 以上，并采取猪舍南墙低开窗，北墙开地窗的措施来加大气体交换空间。

2. 屋顶

猪舍的屋顶采用半钟楼式屋顶设计，即在猪舍的顶端南向设计一排立式通风窗，这是一种较好的通风采光设计模式，尤其是在北方冬季，是通风除湿的上佳选择，既保证了一定的通风效果，又不会对舍内温度造成太大的影响，同时又能保证圈舍的采光充足，不仅有利于猪舍保温，而且一定的光线还有利于微生物的生长繁殖。此外，由于阳光的照射以及发酵的温度，使得猪舍内部空气受热膨胀，比重变小，上升，从屋顶部立式通风窗流出，猪舍底部南北两侧低开的通风口吹进凉爽的风上移。如此循环往复，形成了猪舍内良好的空气对流现象，猪舍内空气得以交换。而且良好的通风使得发酵床内的水分不断蒸发，也能使发酵床底层垫料保持疏松柔软状态。还由于发酵床面的上升气流带走了猪床表面的水分，使得猪体接触的床面湿度降低，给猪创造了适宜的生活环境。在冬季，虽然猪舍外的低温和寒风使得北墙底部的通风窗不能打开，但由于采取了屋顶通风立窗的设计和对发酵床湿度、菌种活性的有效调控等措施，有效降低舍内湿度，排除污浊气体，必要时可以打开北墙中层的通风窗，以确保通风换气质量。改造的猪舍无法开天窗，可以在屋顶安装无动力风帽，也可在墙体安装小的排风扇后定时开启，同样能达到较好的通风除湿效果。

发酵床养猪猪舍无论是采用哪一种屋顶设计，一定要在屋顶顶部设计安装一定数量的通风口，以便有效地通风除湿。一般采取 4~6 米安装一个天窗，天窗安装自动旋转式排风机或者建成钟楼式天窗，但要注意在天窗上钉上挡风板，既能保证冬季能排潮气又能阻挡冷空气进入猪舍。如果没有通风口或者通风口面积过小，夏季虽然由于南、北对开的窗户形成的扫地风也能达到猪舍内空气的有效交换，但如遇到闷热无风天气，尤其是冬季猪舍外气温过低，气流过大，北侧通风窗不能开启，只开启南侧窗户而通风效果一般欠佳，而且开启时间过长，会造成猪舍内湿度急剧下降，不利于猪的健康；如果开启时间过短，潮湿的空气滞留在猪舍的顶部，舍内空气不能得到有效地交换，势必造成湿度过大，也会严重影响猪的生长发育。由此可见，发酵床猪舍的屋顶通风设计的重要性。

从保温隔热方面考虑，发酵床养猪的猪舍屋顶的材料应选择导热系数低的材料。目前一般选择 10 厘米厚的聚苯乙烯彩钢板，美观又好维修。

目前也有将钟楼式屋顶设计改为塑料大棚式设计，即将南侧屋顶和南墙改为塑料大棚，用无滴塑料膜与防寒帘，可随时根据环境调节温度、光照以及通风换气的需要而进行调整。优点是初建投资较低，猪舍内空间开阔，采光充足，通风良好。如果南侧设计成塑料大棚式，可将下部的塑料卷起，则通风换气的效果更好。但在炎热的夏季，因阳光照射强烈，对南侧无滴塑料膜要进行遮光处理。对北方来说，冬季保暖较差。塑料大棚式发酵床猪舍后期养护成本较高，需要经常更换塑料膜等易耗材料，不能作为永久性猪舍使用。由于塑料大棚式发酵床猪舍有利于采光，适合于我国北方地区猪舍建设，但昼夜温差较大，冬不保温，夏不隔热。对于南方地区以棚舍加卷帘的发酵床猪舍，屋顶的隔热同样重要。卷帘于通风换气考量，冬季卷帘上部开缝隙排除水气和污浊气体，夏季卷帘下部敞开，营造贯通气流带走发酵热量，送风降温。而且南方地区的棚舍加卷帘的发酵床猪舍要注意加长屋檐，以遮阳防雨，而水泥地面要建在外周，且向外倾斜以防止发酵床被雨水灌注问题。

3. 墙与窗

（1）猪舍墙的厚度　可根据南北方气候差异进行考虑，北方地区北墙需要建到 37 厘米，南方地区 24 厘米即可，南墙 24 厘米。

（2）窗户要求　为了加大通风和采光，南北墙都要设计成低开窗。北方地区考虑到冬季保温，在开窗设计上要有特殊考虑。如北墙只开一个大窗，会极大影响到猪舍内保温。因此，一般采用品字形的开窗设计。北墙设计成低开与中开两屋通风窗，即每个间开两个长扁形的矩形地窗，中间开一个方形的或者竖长形的窗户。低开通风窗的下檐距过道地面的高度与食槽的高度一致，每栏 2 个，呈低而宽的矩形，中开窗为每栏一个，呈窄而高的矩形，这样既可以保证夏季的通风效果，又可以在冬季将地窗封堵，只用中窗通风，不影响猪舍保温。这种品字形北窗设计可较好地解决北方地区猪舍通风与保温的问题。

猪舍南侧墙上的窗户尽量设计成大窗户（2.2 米 × 2 米），以便通风与采光。窗户下檐高于发酵池 20~30 厘米，上檐尽量高举，以增大采光角度，以利于采光，可距离屋檐 20 厘米，分上下两个窗，均采用中悬窗设计，最大限度地保证通风和采光。南侧墙如设计成塑料大棚式，则通风、采光效果更佳，但应注意夏季的遮光和冬季的保温。

（二）猪舍的内部设施

1. 猪栏

猪栏可设计成单列式，也可设计成双列式，单列式猪舍跨度 7~9 米，双列式猪舍跨度 10~12 米。由于猪舍跨度过大，影响南北向的对流通风，因此最好采用单列式，跨度为以 8~9 米为宜。单列式猪舍每间猪栏东西宽约 4 米，南北两侧去除 2 米宽的过道后长 6~8 米，每间猪栏面积为 24~32 米^2，每栏饲养猪 16~20 头，猪栏高度在 80 厘米左右。但对位于发酵池中间的南北向隔栏应深入发酵床下一定深度（20~30 厘米），防止猪拱洞钻栏混圈。圈与圈之间的分隔用铁栏，有利于微生物菌群的繁殖。这种单列式猪栏设计基本上充分考虑到了发酵床养猪的特点，从福利养猪的理念出发，给猪设计出了一定的运动空间，也能满足猪的玩耍、躺卧、采食饮水、排泄等生理需要。单列式猪舍北侧通常设计成通长的过道，宽约 1.2 米，过道内侧与发酵池之间留出 1.5 米水泥硬化床面，为猪创造采食及在夏季炎热季节里可以躺卧散热的休息环境。

2. 食槽与饮水器

目前常用的方式有两种：一是把食槽和饮水器放在同一侧，在紧邻过道的硬化地面，这种方式适用于自动落料食槽的猪场；二是把食槽和饮水器分开放置于圈的两端。可根据具体情况来设计。无论哪种方式，都要注意饮水器下要设集水槽或地漏，将猪饮水或淋水滴漏的水引到舍外，防止水进入发酵床内，发酵池内垫料水分过大，会导致发酵失败。一般将水槽与食槽分设于猪栏的南、北两端，采食与饮水分开，利用环境设计营造出让猪在采食和饮水过程中不断往返于食槽与饮水器之间的环境条件，强化猪的运动，降低脂肪的沉积。这样的设计既提高了猪的健康和猪肉的品质，又使得猪在不断运动过程中，能将粪尿踩踏入发酵床内，有利猪粪的充分发酵，可减少人的劳动。

食槽的设计与建造要求是，在猪栏北侧沿着栏杆下面建成东西走向的食槽供猪采食，要保证每头猪有一定的食槽长度。栏杆建在食槽上方偏向外侧，使得少部分食槽在猪栏外侧便于投料，大部分食槽建在猪栏内侧便于采食。下部横栏高度以方便饲料的投放以及猪的采食为标准。食槽用砖和水泥垒成，并用水泥砂浆磨成光面，便于清洗。

在南侧猪栏两栏接合部安装自动饮水器，每栏 2 个，距床面高 30~40 厘米，下设集水槽，防止猪饮水时漏出的水流进发酵池内，将漏出的水向舍外引出，流入东西走向的水沟内，水沟应有一定陡度，使水流向舍外的集水池。

3. 过道及硬床面

过道宽度以便于饲养人员饲养、投料、操作等为原则，一般在 1.2 米为宜；采用垫料机械化管理的猪场，过道可在 1.5 米宽。圈门也要考虑到便于养护机械和垫料的进出，如用机械翻垫料，可在圈与圈间隔的铁栅栏上开门，以便于翻料机械在发酵床上移动。

在夏季，由于发酵床高温的负效应比较明显，尤其是南方地区，需在过道内侧与发酵床之间建造一定比例的硬化床面，在夏季高温环境为猪提供躺卧休息的地方。如整个猪栏的面积 24~30 米^2，水泥硬化床面和发酵床的面积比以 1：3 为宜，每圈养猪 12~20 头，可根据猪的大小调整，育肥后期的猪占地面积不小于每头 1.5 米^2，可根据每米^{2}载猪的体重不超过 50 千克/米^{2}计算。发酵床养猪方式要求发酵床的运行体积不低于 10 米^3，否则易出现死床现象。

4. 通风设施

发酵床中粪尿发酵所产生的水分及二氧化碳需要排除，特别是在夏季高温高湿季节，否则，影响猪的生长。因此，发酵床猪舍要特别加强通风，除利用窗户通风换气外，还可以安装排风扇或无动力风帽。

第四节　发酵床养猪技术的管理重点

一、猪群的管理

（一）做好免疫接种与消毒驱虫和生物安全工作

1. 免疫接种

与传统养猪一样，发酵床养猪要按免疫程序进行免疫接种，控制疾病的发生。

2. 消毒与驱虫

（1）发酵床猪舍在进猪前要彻底消毒　由于发酵床垫料内有大量的有益微生物，对垫料表面不可消毒，但对周围环境的消毒要按常规进行。

（2）对猪只进行驱虫　所有猪只在进入发酵床饲养之前，必须驱虫，防止将寄生虫带入发酵床。

3. 猪群健康监控

每天评估猪群健康状态，发现具有轻微流行症状或严重感染的，或具有典型疾病特征的猪只，要及时挑出栏圈，送至病猪隔离舍治疗，就是治愈后的猪，也不能再送回发酵床猪舍内饲养，防止隐性感染，要始终保证发酵床猪舍的猪群健康状况良好。

（二）控制饲养密度

进入发酵床猪舍的猪大小要较为均匀、健康，一般体重 7~30 千克的 0.4~1.2 米²/头；30~100 千克的 1.2~1.5 米²/头；母猪 2~3 米²/头。夏天，适当降低饲养密度。

（三）日粮设计与配制特点

1. 日粮设计要注意的问题

采用发酵床养猪日粮设计需注意以下几点：能杀灭纳豆菌、酵母菌、乳酸菌和双歧杆菌的抗生素不能使用，否则，粪便中残留的抗生素会对发酵床中的微生物菌群产生不利影响。仔猪日粮中的酶制剂、酸化剂可减量添加；日粮中不使用高铜、高锌等微量元素添加剂。

2. 日粮配制技术与特点

（1）饲料或饮水中添加微生物饲料添加剂　肠道是猪机体最重要的微生态系部位，是一个高效的生物反应器，也是发酵床生态系统的子系统。健康猪体内的微生物（95% 以上为厌氧菌，以双歧杆菌、乳酸菌为主）构成了猪体内正常微生态系统。在饲料或饮水中添加微生物添加剂，或采用微生物发酵饲料，使猪肠道内有益菌占主导，能抵御有害菌滋生，可提高猪机体免疫力和饲料转化率。而且猪粪中有益菌数量提高，从而间接提高了发酵料中有益菌数量，也促进猪粪尿快速分解，延长发酵床使用寿命。建设和维护好的发酵床，能保持着高度的活性和自我调节能力，对猪的生长发育和健康有利，对粪便的降解有利。其因素是在发酵床养猪这个生态系统中，猪体内因有的微生物菌群，微生物饲料添加剂和垫料中生长的微生物菌落，组成了猪内外的微生态系统。由于健康猪的粪便中含有大量的有益菌，能源源不断地补充到发酵床垫料上，保持发酵床中的有益菌始终占绝对优势，从而维护着猪舍健康的微生态环境。同时，发酵床垫料也能向猪提供有益菌、无机物和菌体蛋白，减少饲料中上述成分的添加量；加之有益微生物对猪粪尿的利用，粪便中大量的尿酸、尿素等非蛋白氮，在与垫料有机质的混合发酵中，转化为有机氮。

（2）日粮的设计与配制技术　实行发酵床养猪的配合饲料与一般配合饲料大致相同，必须有足够的营养。发酵床养猪可以利用微生物菌群将猪粪分解转化为无机物和菌体蛋白，而且垫料中的木质纤维和半纤维也可降解转化成易发酵的糖类，猪能通过翻拱食用，也给猪提供了一定的蛋白质等营养，从而可以减少精饲料的饲喂量，达到节省精饲料的目的；采用发酵床养猪，饲料喂量只需正常饲喂量的 80% 就行。但为了保证猪正常的生长发育，在饲料的配制过程中应考虑适当提高配合饲料营养水平。如生长育肥猪的日粮配方中一般应含 60% 玉米、18% 豆粕、15% 麸皮，再加上适量的鱼粉、预混料等，其营养水平每千克日粮约含 13 兆焦消化能，16% 粗蛋白，0.8% 以上赖氨酸。饲喂这样的日粮，在适宜的环境下，平均日增重可达 700 克，料重比在 3.1 左右，95 千克体重的育肥期在 90 天左右。但为了追求更高的利润，必须嫁接节粮高效养猪技术，充分利用加工后的鸡粪饲料、农副产品饲料和青绿饲料等，以期节约 30% 左右饲料，达到更高的产出效益。

为确保发酵床中微生物菌群的活性和发酵效果，饲料中不能添加抗生素，在饲料配制时应考虑添加一些抗生素替代品，如益生素、酸化剂、微生态制剂及中草药饲料添加剂。

（四）发酵床猪舍猪群夏季饲养管理综合措施

发酵床养猪的原理就是利用微生物发酵分解猪的粪尿，减少对环境的污染，达到"零排放"。然而，微生物发酵会释放出热量，虽然在春、秋末和冬季等低温季节既能为猪群提供舒适温暖的环境，又节约了大量的供暖费用，但在夏季天气炎热，加上发酵床上微生物产生的热量，又加上猪是恒温动物，皮下脂肪较厚，汗腺不发达，其体温调节能力相对较差，所以，夏季高温天气会严重影响猪的健康状况和生产性能。生产实践已证实，猪群的安全度夏是关系到发酵床养猪成败的一个重要问题，解决发酵床猪舍猪群安全度夏，在饲养管理上，必须采取以下措施。

1. 发酵床猪舍必须满足各类猪群对温湿度的要求

发酵床猪舍温、湿度难以控制，其原因是发酵床猪舍内垫料发酵会散热，尤其是我国南方地区，夏天高温高湿，发酵床养猪模式不利于猪只的健康生长。然而，不同生理阶段的猪只必须满足适宜的温湿度范围。除仔猪外，其他各类猪群的适宜温度均在30℃以下，大大低于我国大部分地区夏季气温（30~35℃）。因此，为了保障夏季猪场的正常生产，必须对发酵床猪舍进行降温，而且由于各类猪群所要求的温度不同，降温方法也须根据实际情况而定。由于猪舍内空气的相对湿度对猪的影响和环境温度有密切关系。无论是仔猪还是成年猪，当其所处的环境温度是在较佳范围之内时，猪舍内空气的相对湿度对猪的生产性能基本无影响。试验表明，若温度适宜，相对湿度从45%增加到95%，猪的增重无异常。如发酵床相对湿度过低时猪舍内容易飘浮灰尘，而且过低的相对湿度还对猪的黏膜和抗病力不利；而相对湿度过高会使病原体易于繁殖，也会降低猪舍建筑结构和设备寿命。因此，即使在较佳温度范围内，猪舍内空气相对湿度也不应过高或过低，适宜猪只生活的相对湿度为60%~80%。高温、高湿的环境会使猪增重变慢，且死亡率增高。但在夏季，猪舍内相对湿度偏高时，应采取措施降低舍内湿度及做好卫生防疫工作，以确保猪场的正常生产。

2. 完善猪舍设计与配套设施

设计建造良好防暑效果的发酵床猪舍是发酵床养猪的首先要进行的工作，而提高猪舍的防暑效果可通过提高猪舍的隔热性能、加强猪舍通风和安装湿帘等措施来完成。因此，在建造生态发酵床猪舍的同时，要同步安装防暑降温及通风设施，不但有利于猪舍内温度、湿度的控制，同时也能避免之后再改装防暑降温及通风设备而造成资金浪费和延误防暑降温的时机。生产实践已证实，对发酵床猪舍的防暑降温设计要求，主要根据当地气候特点合理布局猪舍的朝向和间距，还必须采取以下几个方面的措施。

（1）提高猪舍的隔热性能　隔热就是阻止猪舍外面的热量传到猪舍内，而热量的传入主要通过屋顶和墙壁。

夏季强烈的太阳光直射屋顶，很容易将热量传入猪舍内，可采取三方面的措施来提高屋顶的隔热性能。一是使用导热系数较小的材料，如加气混凝土板、泡沫混凝土板或泡沫塑料板等。二是将屋顶涂为浅色或涂反光材料，以增加对阳光的反射，减少热量的吸收。三是猪舍内吊天棚，在天棚和屋顶之间形成空气层，空气是热的不良导体，可以阻止热量由屋顶传入猪舍。

增加墙壁的隔热设计，用空心砖代替普通黏土砖作墙体材料，可使其热阻值提高41%，而加气混凝土块可提高6倍，采用双层墙体也会大大提高墙体的热阻高。在提高猪舍墙壁隔热措施上，一般是使用空心砖或增加墙壁厚度。

（2）完善猪舍的通风设计　通风可以加快发酵床猪舍内空气的流动，能及时带走猪体和发酵床所产的热量，同时也促进猪体的散热。发酵床猪舍建筑设计重点是猪舍应有利于夏季通风，可采取以下几点措施。

① 猪场选址要合理。选择场址时注意地势要开阔，夏季主风向上游不能有高大建筑群。山区建猪场应选山坡的阳面，既有利于夏季通风，又有利于冬季保暖。

② 发酵床猪舍的朝向以坐北朝南偏东15°为宜。这样可以随着夏季主风向，避开冬季

主风向。而且猪舍间距要适宜，一般以前排猪舍屋檐高度的 5 倍为宜，即两排猪舍间距不应少于 10 米。

③ 设计建设相对较大的窗户。尽量采用落地窗，保证夏季有良好的扫地风带走热量。北方地区可采取品字形的开窗设计。

④ 猪舍内不设隔墙，全部用铁栅栏间隔，有利于空气流通。

⑤ 加强通风量。猪舍内还可安装吊扇或排风扇来加强机械通风，也可将风机安装在猪舍的山墙上以加强纵向通风。

（3）使用猪舍降温系统　水分蒸发可以带走大量热量，起到很好的降温作用。发酵床猪舍除可以在走道经常洒水降温，或经常向猪舍屋顶上喷水降低温度，还可使用以下猪舍降温系统。

① 湿帘 - 风机降温系统。有条件的猪场可实行湿帘 - 风机降温系统对猪进行降温。湿帘—风机降温系统已是一种生产性降温设备，主要是靠蒸发降温，也辅以通风降温。其由湿帘（或叫湿垫）、风机、循环水路及控制装置组成。生产实践已证明，湿帘 - 风机降温系统在干热地区的降温效果十分明显。在较湿热地区，除了某些湿度较高的时期，湿帘 - 风机降温系统也是一种可行的降温设备。湿帘降温系统既可将湿帘安装在一侧纵墙，风机安装在另一侧纵墙，使空气流在猪舍内横向流，也可将湿帘、风机各安装在两侧山墙上，使空气流在猪舍内纵向流。夏季炎热天气，湿帘加水，空气经过湿帘时通过水分蒸发达到降温的目的（一般舍温可降低 5℃ 以上，效果理想）。

② 滴水降温系统。当用常规降温措施均不太理想时，如当天最低气温高于 25℃ 时可考虑向垫料滴水降温。由于滴水使滴水区域垫料水分过大而达到抑制该区域及周边区域发酵菌的发酵，同时受高温气候影响，使得该区域内形成较大的水分蒸发区，水分蒸发随着通风带走周边热量而达到降温效果。

③ 冷风机通风降温。冷风机又叫环保空调，是利用水蒸发制冷带走圈舍内热量的装置，本质上是密闭的湿帘，但比湿帘的通风降温效率高，排出的水汽较少。冷风机有以下优势：降温效率高，通风换气效果好，耗电少，运行费用低，运行过程中要求打开圈舍通风口，有利于发酵产生的废气和水气的排放。在夏季安装运行冷风机，能够完成解决高温天气的通风降温问题，适用于发酵床圈舍。

④ 喷雾降温系统。喷雾降温系统是将水喷成雾粒，使水迅速汽化吸收猪舍内的热量。这种降温系统设备简单，并具有一定降温效果，但会使猪舍内湿度增加，因而须间歇或定时工作。喷雾时辅以猪舍内空气一定流速可提高降温效果，空气的流动可使雾粒均匀分布，可加速猪体表、地面的水分及漂浮雾粒的汽化。而对体重大一些的猪的喷雾降温，实际上是喷头淋水湿润猪的表皮，直接蒸发冷却。

⑤ 设置水泥硬化平台。育肥猪舍应在发酵床北面设计宽度不低于 1.5 米的水泥硬化平台，猪在发酵床上感觉热时，便会到水泥硬化平台上躺卧。但须注意的是水泥硬化平台，靠发酵床一边高于另一边，坡度以 3% 为宜。这样可防止被猪损坏的水龙头流出来的水浸泡发酵床，便于排水。此外，这种设计也可便于水嘴下方的水槽清洗。

⑥ 遮阴降温。夏季阳光强烈，发酵床猪舍要采取一定措施遮挡太阳的照射，如窗外安装遮阳板、凉棚，种植藤蔓植物等。此外，发酵床猪舍周围要植树种草，不仅可以净化空气，也有助于降低猪舍周围环境温度。因为树叶面积是树木种植面积的 75 倍左右，草叶面积是草地面积 35 倍左右，这些比绿化面积大几十倍的叶面通过蒸腾和光合作用，大量吸收

太阳的辐射热，可显著降低空气温度。另外，植物的根部具有保持水分的作用，增加土壤的热容量，防止升温过快。据有关试验表明，绿化区比非绿化区平均温度低 2~5℃。

3. 控制发酵床垫料发酵

控制发酵床垫料发酵其目的是降低发酵床温度，可采取以下几条措施。

（1）降低发酵床垫料的厚度　夏季垫料厚度由 80 厘米，可降至 60 厘米，从而减少微生物的产热量，并能加快热量散失的速度。生产实践表明，60 厘米的垫料厚度既不会影响微生物对粪尿的发酵分解，还可避免发酵产热过多而影响猪只度夏。

（2）减少垫料水分或压实垫料　夏季要减少发酵床垫料的补水量，让垫料水分逐步控制到 38% 左右，这样既可以保证微生物的活性不受影响，又可以控制发酵强度，避免产热过多；同时还可以将垫料适当压实，减少垫料中的含氧量。在日常养护发酵床时也不要深翻垫料，疏粪时只需将表层垫料与粪尿混合均匀即可。

（3）营造区域性发酵　发酵床垫料本身有温度区域化分布的规律，一般四周温度低，中间和粪尿集中区温度高。冬、春、秋三季，尽量将粪便分散到发酵床的各个区域，使其均匀发酵。夏季对垫料的管理有所不同，要有意识地营造区域性发酵环境，一般不对垫料整体翻动，也不将猪粪均匀分开，让其自然形成粪尿区并就地挖坑深埋，使其他区域缺乏发酵营养源而减少发酵产热。

（4）制作发酵堆　夏季在猪群排泄区不断地堆积发酵垫料，形成以排泄区为中心的发酵堆，发酵堆的厚度可达 1~1.2 米，使原排泄区粪尿高效分解。因薄垫料区发酵效果较低，所以猪只就可以在垫料堆的中小部活动和躺卧；同时猪只又会在垫料堆适当位置形成新的排泄区，这样经过一段时间，可将垫料堆移到新形成的排泄区去，这样持续管理，猪只即可安全越夏。

4. 调整日粮配方和投喂方式

（1）适当提高日粮营养浓度和适口性　夏季猪的食欲降低，为保证猪在采食量下降的情况下获得充足的营养，就要提高日粮中营养成分的浓度。选择适口性好、新鲜优质的原料配合日粮，适当降低高纤维原料的配比，控制饲料中粗纤维水平，适当降低饲料中碳水化合物的含量。猪只散热需要消耗较多体能，因此夏季应适应提高日粮中的消化能水平。常用的方法是添加 2%~3% 的油脂，使能量提高到 13.86~14.28 兆焦 / 千克，同时油脂还可以提高日粮的适口性，从而提高猪的采食量。夏季饲料中粗蛋白质含量可以不变，但要提高必需氨基酸含量，特别是赖氨酸，可额外添加 0.1%。矿物质含量也要提高，尤其是饲料中锌、硒、镁、钾、钠要供应充足。维生素能增强猪的体质，维生素 A、维生素 E、维生素 C、叶酸和生物素还可增强猪的耐热能力，由于高温也使猪对维生素的需求增加，因此，夏季饲粮中可多添加一些。但要注意夏季购买预混料时，高温容易导致预混料中的维生素破坏加剧，因此夏季购买预混料不要久贮，生产日期越短越好。此外，为了改善饲粮适口性和提高猪的食欲，夏季饲料中可适当添加适量的甜味剂和香味剂。

（2）饲料中添加适量的抗热应激添加剂　电解质和维生素可减轻热应激的不良反应，有机酸具有维持猪群安静、减少机体产热的功能。因此，在夏季的饲粮中适量添加碳酸氢钠（小苏打）、氯化钾、柠檬酸钠、维生素 C、水杨酸钠、柠檬酸、延胡索酸等，可有效地预防热应激。生产中也可将这些热应激添加剂组成方剂在饮水中添加（1 升饮水加 1 克此添加剂方剂）供猪饮用，表 6-3 为抗热应激的添加剂配比，可参考应用。

表6-3　抗热应激的添加剂配比

添加剂名称	配比（%）
氯化钾	9
碳酸氢钠	6
氯化钠	2
水杨酸钠	1
维生素C	1
硫酸镁	1
葡萄糖酸钙	2
葡萄糖	78
总计	100

（3）改变饲料的饲喂形态并补充青绿多汁饲料　夏季可改干料为稀料，如用湿拌料、稀粥料。以清晨、晚上凉爽时饲喂为主，中午、下午尽可能多补充一些青绿多汁饲料，也有一定的防暑作用。

5.调整饲养管理程序

（1）适当降低饲养密度　饲养密度直接影响猪舍内的温度，因此在夏季应减少饲养密度。一般猪只夏季占有发酵床面积为：保育猪为0.6~1.0米²/头，育肥猪1~1.5米²/头，妊娠母猪2~2.5米²/头，哺乳母猪2.5~3米²/头，密度过大会造成热应激而影响猪的采食量，降低生长速度。此外，使用发酵床的猪场在夏季可以考虑把育肥猪提前出栏，以减少猪的存栏数，从而减少猪群密度，也能降低饲养成本。

（2）供给充足的清洁饮水　猪在夏季喝清凉的水可以降低自身温度。发酵床猪舍的水源最好直接来自深井水，冬暖夏凉。此外，要定期检查自动饮水器的出水量，每分钟的水流量不少于2升。

（3）在气温凉爽时饲喂　为提高猪群采食量，夏季应在气温较低时饲喂，可以在清晨5~6点，上午10点和傍晚7点进行，并在晚上10点加喂1次。增加饲喂次数之后，每次的饲喂量不必太多。

（4）其他管理措施　夏季要及时清理猪没有吃完的饲料，防止饲料发霉变质，并做好猪群的保健。

二、垫料的管理

（一）垫料养护的目的

发酵床垫料管理的目的是使猪的排泄物与垫料的处理能力达到平衡，而猪的生长增重、气候、环境的变化均影响垫料的运行。此外，发酵床的使用年限与垫料厚度和日常管理有关，日本发酵床使用年限可达10~20年，就是从这几个方面做到的。若日常管理不当使发酵床发酵停滞，将影响发酵床的使用寿命。因此，对发酵床垫料必须养护，以保证发酵床能起到分解猪粪尿的作用，延长使用年限。生产中对发酵床养护的目的主要有两个方面：一是保持发酵床正常微生态平衡，使有益微生物菌群始终处于优势地位，抑制有害微生物的繁殖和病害的发生，为猪只的生长发育提供良好的生态环境；二是确保垫料中有益微生物对猪粪尿的分解能力始终维持在较高水平，同时为猪的生活提供一个舒适的福利条件。

（二）垫料养护工作的主要内容

1.对垫料的通透性管理

（1）垫料的翻动深度　发酵床的发酵主要是耗氧反应。发酵过程不但要供应氧气，而且要及时排出生成的二氧化碳和蒸腾的水汽，这就要求垫料有良好的透气性。发酵床垫料要保证适当的通透性，即垫料中的含氧量始终维持在正常水平，是需氧菌能保持较高粪尿分解能力的关键因素之一，同时也是抑制霉菌及病原微生物繁殖，减少猪疾病发生的重要手段，通常比较简便的方式就是经常翻动垫料。垫料的翻动深度为：保育猪舍为 15~20 厘米，育成猪舍为 25~35 厘米。通常可以结合疏粪或补充垫料同时开展。

（2）垫料的翻动次数和方法　不同时期的垫料人工翻动次数不一样。1 年内垫料一般 3~4 天翻动 1 次；2 年以后的垫料隔天翻动 1 次。翻动方法是把猪粪尿集中地方的垫料分散到没有猪粪尿的垫料上，如果猪粪尿集中的地方特别热，水分特别高，可以把较为干的垫料铲一些到猪粪尿集中的地方；或者用新的锯末、谷壳填充，以调节垫料的合适水分。在翻动过程中，注意垫料的水分与结实度。如果水分过高，要添加新鲜干燥的垫料调节水分；如果水分太少，要往垫料中适当喷洒些水。特别是两年半以后的垫料，一般比较结实，透气性差，所以在翻动时要添加谷壳，这样可以使垫料保持较松散的结构，以利于有益微生物菌种发酵。

发酵床的垫料的管理还包括对垫料的定期发酵，在每批猪出栏或转群（一般 3~4 个月）后，要先将发酵床放置干燥 2~3 天，蒸发水分，有条件的猪场用小型挖掘机或小型装载机或用四齿的铁叉将垫料彻底翻动均匀 1~2 遍。人工翻料选用四齿的铁叉子或三齿钉耙是很好的工具，比铁铲等工具好用，也省力。翻料时看情况适当补充米糠、菌种添加剂和垫料，重新由四周向中心堆积发酵，表面覆盖麻袋等透气覆盖物使其发酵至成熟，杀死病原微生物。垫料的酵熟需要 7~14 天，此后将已发酵成熟的垫料平摊开来，再铺设 10 厘米厚的未经发酵处理、无霉菌污染、干净的垫料，即可再次进下批猪。在猪饲养结束的时候进行一次高温发酵并增加新垫料，这样可延长其使用年限。

2.疏粪管理

由于猪具有集中定点排泄粪尿的生活习性，往往在发酵床上会出现粪尿集中的局部区域。在粪尿集中的区域碳氮比不利于微生物繁殖，粪尿分解速度也慢，会造成局部死床。因此必须每天疏粪，用四齿的铁叉或三齿钉耙将粪尿分散撒布在其他垫料上，进行深翻与掩埋。

3.垫料的水分调节与判断

垫料的水分调节实质是对湿度的控制，应经常测量或判断垫料中的水分。发酵床的湿度一般控制在 40%~50%，即上层湿度在 40% 左右，中层在 45% 左右，深层在 50% 左右。如果垫料水分湿度过大容易引起死床，而湿度过低，粉尘飞扬易引起猪呼吸道疾病。因此，任何情况下不能让垫料表面起灰尘，除夏季炎热天外，垫料上层 5~7 厘米应保持水分含量在 40%~50%。有人提出发酵床比较适合的水分含量在 30%~40%，也有人认为发酵床垫料的水分含量以 38%~45% 为宜。发酵床垫料的水分含量因季节或空气湿度的不同是略有差异的，一般来讲，垫料表面用眼看有一种湿漉漉的感觉时为最好，视垫料湿度状况适时地补充水分，这是垫料微生物正常繁殖的保障，同时也能维持垫料粪尿分解能力。垫料补水方式可以采用加湿喷雾补水的方法。垫料水分过多时，可打开通风口或窗户，利用空气调节湿度。

4.做好垫料温、湿度监测

要经常监测垫料的温度，重点监测表层 5、20 和 40 厘米的温度。后两层是微生物菌群繁殖的活跃区，粪尿的分解主要是在这里完成的，应该有较高的温度。一般来说，20厘米处的温度应该在40℃以上，40厘米处应该达到50~60℃，而表层温度应控制在35℃以下。如果表层和中层温度过高，应该控制和调整该层垫料的湿度，降低湿度可以控制温度。一般不采用提高湿度降低温度的措施，因为过高的湿度使垫料水分含量过高，常常导致发酵床死床。实际发酵床垫料的湿度与温度之间具有一定关系。对于发酵床的管理重点应放在冬夏两季的温、湿度控制上，而且还要调查猪的饲养密度。生产实践中为了合理控制发酵床垫料温、湿度，除对猪的饲养密度进行合理有效的调整外，重点是对垫料的翻动，以达到控制温、湿度的目的。一般情况下，垫料中部温度稳定在40~50℃，如果垫料温、湿度发生明显变化，则需要对发酵床进行调控。生产实践中，当垫料湿度和温度均较低时（猪在发酵床运动时垫料会扬灰尘），应当喷洒水分和活性营养剂，加强垫料的翻动，提高有益微生物的活力；当垫料湿度较高（手紧握垫料出水不滴，松开后成团不散），温度较低时，应勤翻、深翻垫料，促其发酵产热，使水分蒸发；当湿度较低，温度较高时，少翻或不翻垫料，观察温度变化，密切观察猪群行动，可以为猪群进行间断性的喷淋；还可为猪提供凉爽的躺卧环境，如在走道上洒水，中午打开圈门让猪在湿润的走道上躺卧，以消除高温的影响；当湿度和温度均较高时，应加强通风，强制对流，排除湿气，尽快降低垫料的湿度，以消除高温高湿的不利影响。

5. 垫料的补充和更新

（1）垫料的补充　发酵床使用一段时间后，床面会自行下沉，应保持床面与池面的高度差不超过15~20厘米。如果超过这一高度，则需要往发酵床内补充垫料。而且发酵床在消化分解猪粪尿的同时，垫料也会逐渐消耗，因此，及时补充垫料是发酵床性能稳定的重要措施。通常发酵床垫料减少量达到10%以后就要及时补充，补充的新料必须与发酵床上的垫料混合均匀，并调节好适宜的水分含量。

（2）垫料的更新　发酵床的垫料在养护与管理中是否需要更新，可按以下方法进行判断。

① 高温段上移。通常发酵床的最高温度段：保育猪发酵床向下20~30厘米处，育肥猪发酵床向下30~40厘米处。如果日常按操作规程养护，高温段还是向发酵床表面移动，就说明需更新发酵床垫料了。因为发酵床表层温度应控制在35℃以下，表层和中层以上温度过高，虽然可以通过提高温湿度来降低温度，但往往会造成死床。

② 发酵床的持水能力减弱，垫料从上往下水分含量增加。发酵床的垫料由锯木屑、稻壳、秸秆等物料组成，从实际使用效果看，要用供碳强度大，供碳能力均衡持久且通透性、吸附性好的物料做主要原料。原则上，只要碳氮比大于25：1的原料，均可作为垫料原料。当垫料达到使用寿命，供碳能力减弱，粪尿分解速度减慢时，垫料中的水分不能通过发酵产生的高热挥发，水分会向下渗透，并且速度逐渐加快，此种情况也说明发酵床垫料已失去了功能，往往会导致死床。因此，当该批猪出栏后应及时更新垫料。

③ 猪舍出现臭味并逐渐加重。出现这种情况首先要检查垫料床上有没有分解完全的猪粪。正常的发酵床中的猪粪会在2~3天的时间里被有益微生物分解掉，如果在松翻垫料时发现垫料变黑、无热、粪便分解不完全，猪舍出现臭味并逐渐加重，说明发酵床有问题了，要及时查找原因；有可能是养殖密度过大，粪便量大，菌种分解不了，继续下去就会造成死床；也有可能发酵床管理不善，湿度过大或过小抑制了菌种的活力，发酵翻松不及时，造成局部厌氧，生活在表层的好氧菌活力下降，导致粪便分解不及时；另外，发酵床养猪时间过长，

垫料减量严重，补充菌种、垫料不及时，也会造成粪便分解能力下降。出现以上情况后，会使猪舍出现臭味并逐渐加重，解决的措施是更新垫料。

④ 发酵床垫料的使用寿命到一定期限。发酵床的运行寿命取决于4个因素：一是垫料的分解程度。这决定垫料是否有能力继续支持有益微生物降解粪尿。二是氮元素的积累程度。一般来说，过多的氮元素积累造成垫料中碳素营养相对缺乏，使发酵床功能衰败，而氮素的积累又取决于粪尿降解成气体的效率和垫料的更新速度。三是垫料中盐类积累的程度。过高的盐浓度会抑制有益微生物的活力，降低发酵效率，形成所谓的盐渍现象。四是菌种的活力。菌种的活力强，不但发酵效率高，而且可以抑制其他杂菌存活繁殖。当发酵床垫料达到一定使用期限后，这四个方面的因素影响了发酵床的使用寿命，垫料会失去应有的功能和作用，必须将其从发酵池中彻底清出，并重新铺入新的垫料。

三、环境的管理

（一）发酵床养猪环境管理的重点

猪舍的环境，主要是温度、湿度、空气、光照以及其他一些影响环境的卫生条件等。发酵床猪舍因常年不清圈，圈舍内常年潮湿，空气质量相对较差，为疾病的发生和传播创造了有利条件，因此，必须根据猪的生物学特性及发酵床养猪存在的问题，必须做好人为的环境调整工作。而针对发酵床养猪的特点增加了通风的要求，这是因为发酵床养猪不对粪尿清除，其中的水分完全靠发酵床自然挥发而散失，无论是冬季还是夏季，保证通风排湿良好是发酵床养猪成功的关键，这也是发酵床养猪环境管理的重点。

（二）发酵床养猪环境调控的主要措施

猪舍环境控制常用降温手段为纵向通风、降温湿帘、自然通风；常用的保温措施包括加热器、取暖器或垫草等。但对于发酵床养猪而言，主要还是以排湿、通风、降温为主，主要采取的措施有：合理设计猪舍，充分利用天窗排湿与通风，猪舍前后墙上窗户设计特点以及夏季降温的措施等。

第五节　发酵床养猪疾病的防治技术

一、发酵床养猪生物安全体系措施

（一）建立和完善消毒制度

一般认为发酵床养猪消毒次数要少，这种说法主要针对新建发酵床猪场而言。但因饲养人员的穿梭走动及空气传播，加上我国猪病流行比较严重，发酵床养猪同样面临疾病的危害。在疫病流行季节，发酵床猪舍内外也应加强消毒，并将消毒工作贯穿于养猪生产的各个环节，其中在日常卫生工作中，每日要清扫水泥硬化平台两次，并定期清洗消毒猪舍外场地和猪舍内走道及食槽和水泥硬化平台，但不要消毒发酵床。发酵床猪舍的消毒用药和常规猪舍消毒用药一致。

（二）制订合理的免疫程序

根据本场或本地区疫病流行情况，必须制订合理的免疫程序。有人认为发酵床养猪，猪舍环境改善，无臭味，猪的免疫力增强了，因此，一些猪场认为可以少注射疫苗。然而，目前尚无试验数据表明，发酵床养猪哪种疫苗不注射，哪种疫苗必须要注射。因此，不要轻易改变当地和本场成熟的免疫程序，按已制订的免疫程序，选择质量合格的疫苗，并且严格按照疫苗接种的使用说明，操作步骤，科学地接种疫苗。

（三）根据疫病流行规律使用药物合理预防

有条件的猪场应定期进行抗生素药敏试验，筛选出敏感药物对细菌感染进行预防治疗。对无条件进行抗生素药敏试验的猪场，根据本地区疫病流行规律，按照药物的预防剂量，可间断性地把允许适用的抗生素添加到饲料中或饮水中进行预防。过一段时间后，再在饲料中添加发酵床微生物添加剂，并翻挖垫料，以提高发酵床菌种的活性。

（四）加强饲养管理

发酵床养猪如管理不好，特别能导致呼吸道等疾病的发生。特别在冬季，为了提高发酵床猪舍的保暖效果，忽视猪舍通风，造成猪舍内空气混浊，湿度过大；北方冬季气候干燥，发酵床垫料表面水分挥发快，易起灰尘；发酵床翻挖不及时，导致发酵床温度低。这些问题的存在都能导致猪呼吸道等疾病发生。因此，做好发酵床猪舍冬季保温除湿与夏季降温通风的工作，严禁饲喂发霉饲料，严格执行全进全出的饲养方式和饲养管理，能在一定程度上预防发酵床养猪常见病的发生，特别是能降低呼吸道疾病发病几率。此外，使用良好的发酵床菌种，有效地维护和管理发酵床，也能减少猪疾病的发生。

二、发酵床养猪主要疾病的防治

（一）发酵床养猪主要寄生虫病

猪的寄生虫病有体内和体外，而在发酵床养猪中主要是猪体内寄生虫，常常发生的体内寄生虫病是猪蛔虫病和鞭虫病。

1. 猪蛔虫病

猪蛔虫病是由猪蛔虫寄生在猪小肠内而引起的一种线虫病。该病流行广，主要危害3~5月龄的猪。此种寄生虫病不仅影响仔猪生长发育，重者还引起死亡，是仔猪常见的重要疾病之一。无论是在发酵床上还是普通水泥地面上养殖，猪蛔虫病都有可能发生。

猪蛔虫病流行广泛，3~5月龄的猪最易感染。猪蛔虫病的临床症状随着猪年龄、体质感染的数量以及蛔虫发育阶段的不同而有别。仔猪轻度感染时，体温升高至40℃，并有轻微的湿咳，有并发症时，则易起肺炎。感染较重时，病猪会出现精神沉郁，被毛粗乱，呼吸和心跳加快。成年猪感染猪蛔虫后，如蛔虫数量不多，病猪的营养一般良好，常无明显的症状；但感染较严重时，常因胃肠机能遭到破坏，病猪则出现食欲不振、磨牙、轻度贫血和生长缓慢等症状。

① 预防措施。病猪和带虫猪是本病的主要传染病，消化道是本病的主要感染途径，发酵床管理不善（污染化）、饲养管理不良、卫生条件差、野鸟传播都可引起本病。因此病对猪危害不严重，病猪死亡率低，猪场兽医往往忽视驱虫，这也是造成本病广泛流行的原因之一。在猪进入发酵床之前不让猪有受感染的机会，是较好的策略，可采取以下两点措施。一是定期驱虫，制订合理的驱虫程序。发酵床养猪和传统水泥地面养猪管理一样，应实施合理的驱虫程序，做到预防性定期驱虫。同时，猪场内严禁饲养猫、狗等动物，以消灭寄生虫的

中间宿主。猪场可参考下面程序控制与预防：首先，所有猪在进入发酵床之前，必须进行驱虫，防止将寄生虫带入发酵床。种猪配种前要进行驱虫。在蛔虫病流行的猪场，每年春、秋两季对全群猪只驱虫 1 次，特别是对断奶后到 6 月龄的猪，应驱虫 1~3 次。新购进猪只驱虫 2 次（2 次间隔 10~14 天），并隔离饲养至少 30 天，才能进入大群。猪在发酵床上驱虫时，用药后应及时将粪便摊开或翻扣，以防猪再次接触虫卵，同时利用垫料深层高温以杀灭虫卵。其次，对垫料堆积发酵杀死虫卵。猪出栏后，应于发酵床上添加微生物菌种或补充玉米面等营养物后堆积发酵，确保发酵温度在 60℃以上，并维持 5~7 天。然后将堆积的垫料外翻，进行第二次堆积发酵，从而达到充分杀灭蛔虫卵的效果。对于没有感染蛔虫病的圈舍，只要堆积发酵 1 次，即可再次进猪饲养。对于确定蛔虫感染的猪舍，应淘汰旧垫料，利用新垫料制作发酵床或将旧垫料二次堆积发酵后再次利用。

② 治疗措施。猪感染蛔虫后可用左旋咪唑、丙硫咪唑、噻苯达唑或伊维菌素等药物治疗。常用的是伊维菌素注射剂，一般可在仔猪 40 日龄左右，后备猪配种前，妊娠猪产前 2 周按使用说明各注射 1 次；但在感染较重的猪场应在转入育肥猪舍时增加注射 1 次，以及繁殖母猪于配种时也加注 1 次，对种公猪每年注射 3~4 次。

2. 猪鞭虫病

猪鞭虫病又称猪毛首线虫病，是由猪鞭虫所致的一种肠道寄生虫病。

猪吞噬了含有虫卵的饲料或饮水后即被感染猪鞭虫病。本病主要寄生于猪的盲肠，以仔猪受害最重，严重时可引起死亡。消化道是主要感染途径，病猪是重要的传染来源。

鞭虫卵对化学药品抵抗力很强，但对高温敏感，45~50℃条件下 30 分钟死亡。垫料二次堆积发酵可杀死虫卵。猪鞭虫病的防治可参考蛔虫病。

（二）发酵床养猪呼吸道疾病的防治

1. 病因

发酵床养猪呼吸疾病很少由单一的传染性因素引起，往往是许多因素相互作用的结果。这些因素包括环境卫生、饲养管理、传染性病原等。生产实践已证明，发酵床管理不善、垫料霉变、猪舍湿度过大、免疫程序不合理等都会导致呼吸道疾病的发生。

2. 传染性病原

传染性病原主要指病毒、细菌、支原体和寄生虫等。

（1）病毒 主要包括猪流感病毒、猪瘟病毒、伪狂犬病毒、繁殖 - 呼吸综合征病毒、猪呼吸道冠状病毒、猪圆环病毒、猪腺病毒等，这些病毒都能引起猪呼吸道疾病。

（2）细菌 细菌主要包括多杀性巴氏杆菌、支气管败血波氏杆菌、胸膜肺炎放线杆菌、链球菌等，这些细菌感染猪后也可引起猪的呼吸道疾病。

（3）支原体与寄生虫 支原体主要包括猪肺炎支原体等；寄生虫有弓形体、蛔虫、肺丝虫等，都可引起猪的呼吸道疾病。

3. 非传染性因素

发酵床养猪呼吸道疾病的非传染性因素指管理和应激等。虽然发酵床养猪粪尿被发酵床中的微生物分解，对环境无污染，但对发酵床管理不善，圈舍内通风不良等，也能诱发或加剧猪呼吸道疾病。这些因素主要有：环境温度不适，冬季湿度过大，饲养密度大，空气污浊不新鲜，发酵床表面干燥而灰尘多等；应激因素主要是夏季温度过高，以及栏舍设计不当造成通风不良等。此外饲料或垫料霉变而霉菌毒素产生，导致猪机体免疫力下降，也能诱发或加剧猪呼吸道疾病的发生。

4. 防治

猪呼吸道疾病在兽医临床上是难以治愈的疾病。由于本病的病因与症状的复杂性以及继发感染的严重性，加之许多病原体尚无可靠的疫苗，使得本病难以取得良好的效果。兽医临床上要想有效预防和控制本病，必须采取综合性措施：一是对猪群加强管理；二是控制和净化原发病原，减少继发细菌的数量和种类，对病猪坚决淘汰；三是改善环境和减少应激，重点做好通风、排湿和夏季降温工作；四是在日粮中添加有效脱霉剂，对饲料要保管好，防潮防霉；五是使用优良的发酵床微生物菌种，保证发酵床功能正常；六是使用药物合理预防。猪肺炎支原体是引发呼吸道疾病的一种重要的致病原，支原体感染后，其他细菌会乘虚而入，有条件的猪场应定期进行抗生素药敏试验，筛选出敏感药物对细菌感染进行预防和治疗。

（三）抗酸菌病

1. 抗酸菌病的发现

猪的抗酸菌病是感染了抗酸菌引起的慢性淋巴结炎症，多数是隐性感染，当初在家畜检查中是当成肠间膜淋巴结炎症被发现的。此病能引起人们的重视，一个重要原因是该细菌有致人肺结核的可能，特别是最近从艾滋病的患者身上也分离出该细菌，作为重要病原体正引起人们的高度关注。对于抗酸菌病，我国尚未见报道，但必须引起高度重视。

2004 年日本一些猪场大面积发生猪的抗酸菌病，猪场感染率达到 68.8%。该病在猪身上几乎察觉不到任何的症状，有时有极为罕见的全身感染显现，猪发育不全，主要在下腭淋巴结和肠系膜淋巴结产生的病变。病菌是从淋巴结和粪便中分离出来的，分离约需要 3 周的时间。

2. 日本的防治经验

2004 年日本对一发病农场繁殖母猪、小猪、育肥猪的粪便、锯木屑和土著菌等环境材料以及判断感染本病的出栏猪的肠间淋巴结进行检查，通过抗酸菌感色、小川培养基培养、抗酸菌的基因检查、HE 染色等判定，最终判定该猪场猪病为抗酸菌病。该农场主和农业协会等相关机构通过实施 3 项措施控制了该猪场抗酸菌病的发生。一是回收使用发酵床材料并堆肥处理，停止使用土著菌；二是猪出栏后彻底对猪圈消毒，从另外的厂家购入锯木屑，重新制作发酵床；三是细致调查疾病的发生，对猪群采用鸟型结构菌抗体试验（PPD 检查），根据检查的结果，将阳性猪及早淘汰。经过一段时间再检查，抗酸菌病症已完全不再生。日本总结该病病因为：木屑是重要的感染源，使用木屑时，要选择未被抗酸菌污染的木材；感染母猪也是重要的污染源，因此用结核菌素反应查找感染的母猪，必须坚决淘汰；感染的猪在感染 4 周后开始从唾液中排泄，因此，猪圈要定期消毒，降低环境中的细菌含量。有效的消毒药是苯酚系列和碘系列以及生石灰。

第六节　发酵床养猪的利与弊及应用前景分析

一、发酵床养猪的应用和认识处于争议的局限中

规模化、集约化养猪是我国生猪产业发展的必然趋势，但现代化规模养猪在提高生产效

率的同时，也带来了大量的难以处理的粪污，由此造成了严重的环境污染，也迫切需要寻找一种更为理想、行之有效的猪场粪污处理技术。近十年来，我国从日本、韩国等国引进了发酵床养猪，此养猪技术近些年被社会诸多媒体竞相报道，尤其是在发酵床菌种厂家大量宣传下，已在国内一些省市广泛兴起。但因发酵床技术主要靠微生物降解粪尿，而目前所使用的菌种分解效率不高，使得单位面积猪的饲养数量受到限制；另外，由于猪舍大多是半开放式的，易受外界环境变化的影响，以及垫料来源及管理难度大等问题。一直以来，发酵床养猪技术都处在被技术推广机构和环保部门高度推崇和被一些专家学者全面质疑的境地之中，导致一些养猪单位和政府相关管理部门的观望和犹豫，一定程度上也限制了发酵床养猪技术的推广应用。但生产实践已表明，发酵床养猪确是一种无污染、零排放、无臭气的环保型生态养猪模式，在一定程度上改善了猪只福利，有效地节约了能源、劳动力和用水量。发酵床养猪作为一种极具前景的新型养猪生态模式，未来可能成为国内某些地区生猪生产的主流模式。

二、发酵床养猪技术的优点

（一）解决了猪场粪尿的污染问题

发酵床养猪由于粪尿被微生物降解，基本上实现了粪尿"零排放"、"零污染"；同时，垫料本身可以吸附有害气体，在垫料中添加的发酵菌剂，粪尿通过微生物好氧分解，抑制腐生微生物的厌氧分解，可以明显降低发酵床猪舍的恶臭、氨气和硫化氢等有害气体浓度，改善了猪的生存环境和饲养管理人员的工作环境。生产实践也表明，使用发酵床的猪舍恶臭浓度明显降低，减少了苍蝇、蚊子、蛆虫的繁殖，有利于环境卫生，这一点不管是在夏季通风良好的猪舍，还是冬季通风差的猪舍都很明显，这与许多学者的走访调查及实地监测和研究结果一致。由此也见，发酵床养猪大大减轻了生猪产业对环境的污染。

（二）节约冲洗圈舍用水

发酵床养猪无需人工清粪、冲洗圈舍和猪床及打扫圈舍，可以节约水资源。相对于水冲式圈舍养猪模式，发酵床节水量可达到80%~90%，实现了粪污水零排放，以其节水、环保的特点，在水资源紧缺和环保压力大的城镇凸显出较大的优势。就是相对于干清粪养猪模式，节水量也为5%~8%，而且圈舍内空气质量大为改善。

（三）能降低冬季采暖的能源消耗

发酵床中的垫料在微生物生长繁殖和降解粪尿过程中产生大量的热量，使发酵床表面温度达到15~20℃，20~50厘米处温度可达40~50℃。在北方地区保温措施做得比较好的发酵床猪舍，冬季一般不加取暖设施，猪舍内温度可保持在16~18℃，能够达到生长育肥猪圈舍的要求。就是对于仔猪舍，也能降低冬季取暖的能源消耗。由此可见，冬季可利用发酵床产生的热量，猪舍无须耗煤、耗电加温，节约了能源支出，因此，采用发酵床冬季养猪可降低生产成本。冬季由于猪只躺卧在发酵床上，肚皮温暖，能减少冷应激带来的热量消耗，提高了饲料利用率，还减少了发病率，这对保育仔猪的好处尤为突出。因此，在一定程度上可以认定发酵床最适合养保育猪。

（四）能提高猪群的免疫力和整体健康水平

人类生存的自然环境中存在着动物、植物和微生物三大生物体系，三者紧密相连，循环转化。微生物发酵床就是利用这条自然规律，将动物（猪）、植物（垫料）、微生物三者有机结合，在发酵床圈舍内构成了生物小环境。一个建设和维护完好的发酵床，实质上是一个高活性、旺盛代谢的生态系统。发酵床利用有益菌分解猪粪尿，一方面，猪粪尿作为微生物生长、繁殖所需要的营养物质，另一方面，利用有益菌分解猪粪尿，消除了氨气等异味气体，从源头上解决了猪粪尿的排放问题，创造了良好的生态养殖环境。同时，通过在饲料或饮水中微生物饲料添加剂的配套应用，为猪营造了一个有益微生物占主导的微生物肠道内环境和外环境，提高了猪群的免疫力和整体健康水平，减少了疾病和用药，在提高饲料利用率和养殖效益的同时，更显著改善了猪产品的安全性。

（五）是一种福利养猪模式

发酵床养猪圈舍空间较大，柔软的发酵床面充分满足猪只翻拱的生理特性，使猪群活动自由，满足了猪只表达天性的自由，有回归自然习性的感受，提高了猪只的福利条件。生产实践表明，发酵床垫料对改善猪只福利状况毋庸置疑，与采用水泥地面或漏缝地板的猪舍相比，垫料养猪可以明显减少猪的擦伤、跛行。冬春季节由于垫料有一定的温度，提高了猪躺卧区舒适度，有利于保暖和猪只健康。此外，粪便通过好氧分解，减少因厌氧分解产生的恶臭和刺激性气味，进一步改善了猪的福利条件。

三、发酵床养猪技术的缺点及应用失败的原因分析与对策

（一）发酵床养猪技术的缺点与存在的问题

1.猪舍建设和发酵床维护成本高

首先是猪舍建筑成本问题，与传统养猪模式比较，建筑成本每平方米要高 100~200元，而且发酵床养猪猪舍占地面积大，一般 100 米² 的发酵床猪舍只能养 50~70 头猪，即每头猪占地面积 1.4~2.0 米²，而集约化饲养可以达到 100 头猪，一般经济实力较差的猪场难以承受。发酵床养猪需要大量的锯末、稻谷壳、发酵菌剂等垫料原料，一般垫料成本在120 元/米² 左右，比建造水泥地猪舍高；垫料在发酵过程中不断损耗，这就需要不断的添加新垫料，还需定期翻耙垫料，补充菌种，加之发酵剂产品价格过高，又需要反复添加，加大了使用成本，造成了维护成本高于水泥地面养猪，而且日常维护复杂，在一定程度上可以说发酵床养猪成本高，费工费时，推广难度大。

2.垫料用量大，原料来源困难

发酵床一般深度在 60~100 厘米，存栏 100 头育肥猪需垫料 80 米³ 以上。垫料需求量大。目前推广的成熟技术是使用锯末做主要垫料，但是随着我国木材的限制采伐和该技术推广面的扩大，锯末资源供应不足，如果大量使用秸秆，发酵床的使用寿命就会缩短，而且易发霉。特别是规模化猪场，大部分垫料需要外购，由于收集、加工、运输等环节的限制，使规模化发展发酵床有一定困难。垫料成了限制发酵床养猪推广应用的瓶颈。由于粮食、木材加工厂大多集中在城市郊区、山区及交通运输较远的地区，因运输费用较高，不宜用锯末、谷壳作为主要垫料来源，且农村在外务工人员较多，秸秆、树枝树叶及野草收集困难，因此，农村存栏 200 头以上的养猪户不适合采用发酵床养猪。

3.菌种质量参差不齐，发酵床功能不稳定

发酵床猪舍多为半开放式，易受外界环境的影响，若单位面积饲养猪的头数过多，发酵床就不能迅速有效地降解粪尿，造成发酵床功能不稳定。此外，全国有几百家企业销售发酵床菌种，菌种质量参差不齐，造成使用效果存在差异，大多使一些养猪场垫料使用期只有一年左右，发酵床使用年限一般不理想。

4. 垫料的霉变问题

发酵床养猪的关键是维持有氧发酵，这需要对床面进行良好的日常维护和管理。如果管理不善或垫料的原料选择不好或发酵床的发酵效果不好，垫料会产生和存在一定量的霉菌和霉菌毒素。猪只采食入霉菌毒素后，会引起免疫抑制，抵抗力下降。大量应用秸秆作为发酵床，这个问题会更为严重，很有可能得不偿失。

5. 疫病的控制问题

虽然危害养猪业的主要细菌、病毒无法在 50℃ 的环境下长期存活，但发酵床养猪不得使用化学药品、抗生素类药物和不能带猪消毒始终是这一养猪模式的一个缺陷。虽然推广发酵剂的商业机构强调发酵床养猪较传统饲养发病率低，但不是不会发生疫病。当猪场发生蓝耳病、圆环病毒病等常见病毒性疾病，或者是口蹄病、猪瘟等烈性传染病时，连化学药品都不能使用，单纯靠隔离治疗是不可能控制疫病的，而用药物就会影响发酵床工作，且病毒将长期存在发酵床中，发酵床中的益生菌也不可能完全抑制病毒，一旦发病将损失严重。同时发酵床是靠木屑、米糠等粉状物吸收猪的排泄物，而猪有供食的习性，垫料中的粉状物会因为猪拱食进入呼吸道，有造成呼吸道疾病的潜在威胁。发酵床床面湿度必须控制在 60% 左右，湿度过低不利于微生物繁殖，并会使垫料粉尘飞扬导致猪只发生呼吸道疾病；而湿度过高时会使寄生虫病危害严重。再加上发酵床床面由于长期不清理打扫，使得猪只患皮肤病几率增加。总之，发酵床养猪也确实存在疾病控制问题，猪在发酵床垫料上生长，福利条件的改善，抗病力增强不等于患病几率为零。

6. 通风及温、湿度难以控制

解决好发酵床猪舍通风问题是解决好发酵床温、湿度的关键，如果圈舍设计不合理，在饲养管理上就会造成难度，影响应用效果。但夏季通风降温和冬季的保温除湿是相互对立的，这也是在发酵床猪舍设计上存在的困难。偏重于哪一方面，都会导致在饲养过程中的某些时段出现问题，特别是温、湿度难以控制。目前各地对发酵床猪舍的设计是五花八门，无一个统一标准，虽各有优势，但也各有不足，都无法同时解决夏季的通风降温和冬季的保温降湿的矛盾。只能根据南北各地方的不同特点，有所侧重，并通过圈舍通风设计，使这对矛盾达到相对平衡，但在夏季发酵床猪舍温、湿度难以控制。由于发酵床猪舍内的垫料发酵会散热，虽然表层温度并不高，但猪舍内环境会上升，环境温度过高会使猪只生长缓慢，饲料报酬下降。日本一般采用高层垫料养猪，很多猪舍内装有空调降温。但在我国南方地区，尤其是夏天高温湿热，发酵床养猪模式不利于猪只的健康生长。

（二）发酵床养猪应用失败的原因分析及对策

1. 发酵床正常运行的基本标志

发酵床正常运行的基本标志有两个：一是发酵床在使用中能持续稳定地降解粪尿，表现为垫料中没有大量的粪尿积存；垫料松散，没有臭气；垫料呈不同程度的褐色，不发黑；二是发酵床圈舍通风顺畅，空气质量好，没有憋闷、潮湿感，猪只躺卧活动自由，生长发育良好。

2. 发酵床应用失败的几种情况

发酵床应用失败主要是降解粪尿的功能失效，也包括用发酵床后不能正常养猪的情况，生产中主要有以下几种表现。

（1）死床 发酵床用一段时间后不再降解粪尿，粪尿堆积，垫料发黑、发臭、泥泞，即发谓的"死床"，这是最常见的一种失败情况。

（2）不启动发酵 发酵床应用初期就无明显发热，为未正常启动发酵。

（3）人为废弃 有的圈舍设计和修建不合理，圈舍通风不良而空气质量差等多种原因，造成猪群生病不断，导致人为废弃发酵床。

（4）管理问题 大多养猪户修建的发酵床圈舍为开放或半开放式猪舍，冬、春季节保暖效果差，昼夜温差大，而夏季猪舍内温度控制不良，热应激对猪群影响又大，加上对垫料维护不善，应用后猪群管理出现问题，主要见于母猪圈舍使用发酵床时。

（5）发酵床淹死 发酵床的建造方式主要有地下式和半地下式。如果遇到夏季连续降雨，猪场内排水系统不畅，就会导致雨水进入猪舍内，导致发酵床被淹。水龙头的接头有的猪场用塑料制品，但在实际使用中却带来了意想不到的麻烦。塑料接头管的强度不及金属制品，在金属水嘴与之相拧接时，如果拧得不紧，则易对塑头接头管造成损害，而拧得紧自认为适合，却又常常被猪在饮水时啃咬或玩水嘴时弄松动，结果使水管里水喷射出来，如果发现及时可以马上关闭水闸修复，反之就会使大量水进入发酵床内。因此，最好不要采用塑料制品的接头管与金属水嘴相拧接，就是采用也要在设计安装时，把金属水嘴与塑料水管接头螺母拧紧，并恰当地镶入墙体内一定深度，不要过于突出墙体外，以免给猪玩水嘴和啃咬水嘴提供条件。猪舍内的水泥平台靠发酵床一边应高于另一边，坡度以3%为宜，这样可防止被猪只毁坏的水龙头流出来的水浸泡发酵床。

3.发酵床应用失败原因分析

（1）发酵床养猪技术本身的问题 发酵床技术根据垫料含水量不同，有湿垫料和干撒垫料两种模式。干撒式发酵床是将干垫料原料与菌剂掺拌后不加水分，也不提前发酵，直接铺进猪圈，铺好后立即可以进猪饲养。除猪的粪尿外不再加入另外的水，除非干燥起尘时喷洒少量水。

湿垫料发酵床是将垫料原料与发酵菌剂搅拌均匀，加入适量水分，提前发酵一定时间，再摊开散热后铺进猪舍内发酵床内，然后进猪饲养。提前发酵垫料的目的，一是扩繁菌群，二是通过发酵产热和发酵菌群的扩充，抑制和杀灭有害菌，目前推广的发酵床技术大多属于这种，但从生产实践中主要有以下两个方面的问题。

① 湿垫料发酵床技术存在一定的局限性。其主要表现在发酵床运行过程中对垫料原料组成和含水量、发酵温度等技术指标要求严格，操作难度大，必须要有专业人员进行指导，如操作不当会严重影响以后的发酵效果。其中垫料中水分较多不利于发酵，但对垫料中的合适水分的标准较难把握，然而，发酵床不但要降解粪尿，还要及时蒸腾出粪尿中的水分，虽然较多的水分使垫料传热快，但不利于发酵床中层发酵层的热量积累，发酵层温度较低，又降低了蒸腾水分的效率。可水分过多不利于垫料的透气，影响发酵效率。虽然也有不少人认为，垫料中保持较多的水分是发酵的必需条件，生产实践证实这其实是错误的。即使垫料中水分少，只要粪尿进入，垫料局部的水分就能满足发酵需要。垫料在发酵过程中（当然是掺入粪尿后），含水量只要不低于30%就能满足发酵的水分需要，湿垫料发酵床要求垫料中水分保持在60%左右。对此，大多数发酵床发酵剂推广商家或有关科技人员提出两条应对措施：一是在垫料中滴水，二是需要在圈舍内建约1/3面积的硬化水泥平台，供猪热天躺卧。滴水的目的是降低垫料温度和发酵强度，但更湿的垫料有增加淹死发酵床的危险，而且湿度过大会使猪不适；使用有水泥台的发酵床圈舍，需要人工每日清理水泥台上的粪污，另外，水泥硬化平台也减少了发酵床面积，增加了单位面积降解粪尿的负担，如饲养密度过大或饲养生长肥猪群过密，使发酵床超负荷运行，增大了死床的危险。

② 垫料的发酵功能容易老化。其内在原因主要有 3 条：一是垫料中低分子糖类物质逐步消耗减少，不能为发酵菌群提供充足的能量物质；二是盐类物质逐步积累，提高了垫料水中的渗透压，抑制发酵菌群活力。三是粪尿中少部分没有彻底分解的有机质积存在垫料中，抑制发酵菌群的活力。

（2）发酵床用户操作不当产生的问题　发酵床养猪技术包括圈舍设计建造、垫料原料选择和发酵铺设以及发酵床的日常维护，这几个方面缺一不可。生产中往往会出现以下一些情况而致发酵床养猪失败。

① 发酵床猪舍建筑设施不配套。部分发酵床用户的发酵床猪舍建筑设施不配套，有的在修建时没有扩大门窗或没有天窗，不能顺畅排除湿热空气和垫料中的水分，特别是在夏季的闷热天气，不但造成热应激使猪抵抗力下降，也容易使猪发病。

② 雨水或饮水进入发酵床。干撒式发酵床要求垫料干燥，就是湿垫料发酵床也要求有合适的水分，但有的用户在建圈和日常维护中的疏忽使地下水或雨水渗漏进入垫料过多，而淹死发酵床，有的用户对圈舍水管或饮水器安装不当，或者饮水器质量差，都有可能造成严重漏水而淹死发酵床。因此，要防止粪尿以外的水分进入发酵床内，包括水管和饮水器漏水、雨水和地下水。要使用优质饮水器，最好用乳头式或碗式饮水器，尽量不用鸭舌式饮水器。定期检查和更换饮水器弹簧，雨季特别注意猪场内排水管道通畅。

③ 对粪尿翻盖不及时和饲养密度过高。有的用户开始用发酵床饲养小猪时感到很省力、省心，但到中大猪阶段却忽视了对发酵床的维护管理；或者受发酵床是"懒汉养猪"说法的误导，认为只要发酵床铺成就能顺利养猪，这样都造成了中大猪阶段发酵床维护管理不到位，粪尿累积在某一集中区域，也不及时翻盖，粪尿堆积过多，能导致死床。此外，有的用户对中大猪阶段饲养密度过高，粪尿排放量超过发酵床降解能力，最终也导致死床。生产实践表明，大猪阶段每头猪占用发酵床垫料面积，湿垫料发酵床不低于 1.5 米^2，干撒式发酵床不低于 1.2 米^2，而且夏季还要适当增大面积。若低于这个标准，发酵床就可能超负荷运行，容易失败。

④ 发酵床垫料厚度不够。发酵床只有足够的垫料厚度，才能保证中间发酵层温度，也能保证单位面积内足够的发酵容量。不及时补充消耗的垫料，垫料过薄发酵能力达不到要求，有益微生物降解粪尿功能下降，最终粪尿积存而导致死床。这种情况多见于干撒式发酵床，由于干撒式发酵床产生的菌体物质较丰富，猪吃掉的垫料较多，加上发酵过程垫料的消耗，每隔 3~4 个月垫料厚度会下降约 10 厘米，如不及时补充垫料就会导致死床。

⑤ 发酵床发酵功能不启动。有的用户使用发酵床初期操作就不当，粪尿积累过多，发酵床没有顺利启动，最终形成死床。其中湿垫料发酵床不启动的原因主要是提前发酵不充分，干撒式发酵床不启动的原因一般是垫料原料较湿。

（3）发酵菌剂商家与技术推广存在的问题与对策

① 发酵菌剂产品开发中的问题。由于发酵床养猪技术应用在国内时间短，国家有关部门还没有技术标准对发酵菌剂产品进行规范管理，国内约有几百家发酵菌剂生产厂家，使市场上发酵菌剂产品良莠不齐，还有的厂家将用于饲料发酵菌剂改换名称和包装就成了发酵菌剂。目前市场上发酵菌剂有干粉和液体，其中干粉菌剂的活力保持持久，而液体菌剂的活力衰减较快，长期存放质量没有保证，这是用户需要了解和注意的事项。

② 发酵床技术推广过程的问题。发酵床养猪技术是依据生态学原理，利用益生菌资源，将微生物生物技术、发酵技术、养殖技术和猪舍建筑工程技术用于现代养猪业的一种综合性

生态养猪模式，因此，发酵床养猪技术推广不只是简单的发酵菌剂销售和使用，而是把一整套新技术落实到位的过程。可在实际的技术推广过程中，主要是以发酵菌剂产品厂家为主，厂家以推广销售发酵菌剂产品为目的，对发酵床养猪综合性技术并不完全清楚或一知半解。为此，有的推广人员只追求销售业绩，忽视或不知技术细节的落实，导致部分发酵床用户使用失败，其中有的商家推荐的垫料水分标准明显偏高是失败的一个原因。发酵床猪舍天窗和地窗是排放发酵床废气和水汽的快速途径，且不耗电，在一定程度上讲比安装排气扇还有优势，应成为发酵床养猪的必要设施，这一点多数推广商家甚至有些畜牧技术人员并不明白。有的推广发酵剂产品的商家只吹嘘发酵床的优点，不谈缺点和要注意的关键问题，使用户不能全面掌握这项综合性技术，最终导致失败。还有畜牧推广部门和推广发酵菌剂商家把某一地方或某一猪场成功的发酵床操作模式照搬到其他自然条件差异较大的地区应用，导致效果不佳甚至失败。发酵床技术和猪舍建造或改造以及日常管理等方面，要根据不同地域的气候条件和猪场的现有情况灵活掌握，没有可以适合多种自然条件的技术和猪场情况的标准模式。此外，发酵菌剂推广商家要加大发酵床技术研究的人力和物力投入，并要加强发酵床推广商家和畜牧技术推广单位之间的联合和交流，尽快提升完善发酵床养猪技术，重点研究发酵工程，提高发酵菌活力，利用农作物秸秆做垫料和不同地域发酵床猪舍设计等技术问题。

（4）基础性研究工作滞后问题与对策　发酵床养猪技术在国内还远没有得到真正有效的推广应用，在认识上还存在极端化，争议性的问题也较多，要么否定，要么过多宣传。由于发酵床养猪技术的基础性研究工作大大滞后，在一定程度上讲没有准确的试验数据作依据，在推广应用工作中也缺乏科学理性的认识和正确的引导，特别是缺乏有科学依据、因地制宜的技术指导和对用户相关知识的培训，因而应用效果差异大。有相当一部分用户开始时效果较好，随着饲养时间的延长，由于缺乏一定的维护技术，最后以失败告终。还有一些用户是盲目上马，也造成了较大的经济损失。发酵床养猪相关的饲养管理技术还有待成熟完善和不断规范，特别是在开辟垫料原料新的途径、猪舍新式的消毒方法以及防治传染病和寄生虫发生等方面，还需要大量细致的基础性研究工作，而且有些科研成果还要在生产实践中进一步验证。因此，政府及有关管理部门也要大力支持和组织发酵床技术推广企业和科研机构对发酵床养猪技术进行深入系统的研究，在研究的基础上，尽快出台发酵床养猪技术标准，特别是发酵菌剂的技术标准，规范和提升负责任企业的推广活动，取缔不良推广行为。畜牧技术推广单位也要培育一批正常应用发酵床技术的示范场，为发酵床养猪技术推广提供参观学习的场地，使以后应用发酵床猪场的用户少走弯路，少受损失。

4. 解决发酵床应用失败的几个措施

（1）尽可能采用干撒式发酵床技术　干撒式发酵床养猪技术就是把目前通用的猪圈水泥地面，改换成具有生物发酵功能的地面。干撒式发酵床的猪舍建造、发酵床的铺设、运行维护等基本上与湿垫料发酵床一致，但与湿垫料发酵技术相比有以下优势。

① 操作简单。干撒式发酵床不需要提前发酵垫料，发酵菌剂只撒在垫料中，也不需要添加活性剂、营养剂以及食盐、泥土等，操作简单，省辅料。发酵床铺成后，因菌种休眠期短，可以立即投入使用，节省了人工和时间。

② 垫料薄与原料广。垫料厚度只要50~60厘米，而且对垫料原料种类要求不严，除了锯末和稻壳外，还有很多种原料如树叶、秸秆渣、野草粉等可替代使用。

③ 易维护。垫料中水分少，垫料干，不易传热，有利于发酵层的保温，所以发酵效率高，而且水分蒸发的负担小，不容易结板，减少了翻料的频率。还由于垫料水分少使垫料

饲料 25 千克左右。但也有试验表明，发酵床猪舍与水泥地面猪舍比较，温度较高，猪需要消耗更多的能量用于基础代谢，从而降低了饲料利用率，表现为料重比升高。此种情况主要出现在高温季节特别是南方地区。据韩艳云等（2011）试验结果表明，改进水泥地面模式与发酵床模式相比，保育猪日增重提高 14.6%，料重比降低 11.7%；生长猪日增重无显著差异，但料重比降低 9.8%。夏季保育猪和生长期猪在改进水泥地面模式下的饲养效果优于发酵床模式，建议南方地区发酵床只用于夏季以外季节的保育猪饲养。

养猪是个脏累活，更是一件必须用心才能做好的工作。然而，在国内不少猪场之所以没能把发酵床的猪养好，很重要的原因是从业人员受"惰性文化"与"懒汉思维"的支配，没有根据猪的行为特征和基本的科学原理用心去设身处地为猪群考虑，从客观布局到微观管理都存在诸多不合理之处。事实上，发酵床养猪绝非"一劳永逸"，更不是"懒汉养猪"。不同饲养阶段的猪，需要的工作量有很大差异。保育阶段的猪，由于排泄的粪尿量较少，的确能节省一定量的人工。然而，对于生长育肥猪而言，使用发酵床需每天疏粪，每周最低翻耙垫料 1~2 次。猪群的粪尿排泄是个相当严格的动力定型行为，严格的定点排泄是群体共同遵守的规则，以"懒汉养猪"的思维方式去推动"发酵床"养猪工艺之前，需先学习点动物行为常识。据北京市农林科学院畜牧所研究人员的测定结果表明：每床翻料（21.6 米^3）平均所消耗工时 20 分钟，每周 1 次；疏粪一次消耗工时 3 分钟，每周消耗 21 分钟。每周每个发酵床管理需消耗工时总计 41 分钟。水泥地面养猪每天 2 次清理粪便则消耗工时 8 分钟，每周 7 次，消耗总工时 56 分钟。单纯从管理上看发酵床每圈每周节省工时 15 分钟，节省率 26.8%。但值得注意的是，发酵床垫料的制作、运入和运出也是需要一定的人力和时间，而且随着发酵床使用时间的延长，垫料翻耙频率次数增加，不但不节省工时，而且在发酵床猪舍内作业温度较高，其人员劳动强度和福利均不可忽视。也有人认为，发酵床投入的劳力数量比传统冲水猪舍约多 1 倍。

2. 发酵床养猪的区域性问题

受气候条件和区域的限制，以及发酵床养猪自身存在的问题，有些人认为发酵床不适合南方，但也有些人认为也不适合北方。不适合南方的人认为在夏季热应激问题难以解决，不适合北方人认为冬季排风除湿与保温的问题难以解决。由于日本和韩国等国家地处亚寒带，应用发酵床养猪在实践过程中确实效果明显，而且日本很多猪场的发酵床猪舍内均装有空调，所以在应用发酵床养猪上限制较小。实际上，发酵床养猪作为一种健康环保的养殖生态模式，不存在地域局限性，只是南、北方的气候差异，对发酵床养猪的条件和要求有所不同。发酵床养猪南方夏季要做好通风降湿，北方冬季做好通风除湿，因地制宜，扬长避短，对发酵床存在的问题也能迎刃而解，而且在国内发酵床实际应用中，南北方都有做得很成功的例子。据韩艳云等（2011）试验，南方地区可根据全年气候特点，在春、秋、冬季节用发酵床饲养保育猪，而育肥猪在夏季采用水泥地面饲养，夏季空置的发酵床可进行垫料再堆积发酵和猪舍消毒处理，保证发酵床保育舍环境卫生，这对南方地区是个成功的模式。

3. 发酵床养猪的垫料来源和使用年限及陈化垫料后处理问题

（1）垫料资源的制约 目前发酵床成熟技术是使用锯末做主要垫料，但锯末无法稳定供应，在规模化猪场这个问题尤为突出。一些猪场只使用锯末、谷壳作主要原料还能接受，但是若去收集树枝等一些替代品，因人工加工费较高，会加大发酵床造价。而且垫料断货一段时间，整个养猪生产都会被打乱甚停止。由此一些业内人士对发酵床养猪的局限性提出了认定。但我国是农业大国，农作物秸秆丰富，近几年有关专家和业内人士通过试验已证实发酵床技术能通过开发秸秆型垫料来替代锯末，不仅解决了资源限制性问题，而且充分利用了农业废弃物资源，熟化垫料加工成有机肥，实现了资源化，可谓一举两得。

（2）垫料使用年限问题　发酵床养猪引入中国之初，有些推广发酵床技术的商家宣传过大，称发酵床可以使用 10 年甚至 20 年，目的是为了迎合养猪场降低发酵床制作成本的期望。但生产中，在正确使用和管理而且猪群健康的情况下，发酵床垫料能连续使用 3~5 年就很不错了。垫料在使用过程中，由于猪群的不断踩踏和微生物的降解，垫料的持水性和透气性越来越差。同时，由于粪尿在其长时间地累积，垫料中的盐分和重金属富集严重，会极大地影响发酵床的正常运行和猪的健康。也有业内人士担忧与质疑，对呼吸道、消化道敏感的病原是否可与猪群相处若干年？猪排泄物中的药物原型及代谢物、有害元素尤其是铜、锌、砷对垫料中的微生物有何影响？猪的排泄物累积到什么程度可能会对猪产生不良影响？此外，由于垫料无法彻底消毒，连续使用几年必然会增加病源微生物传播的风险。这些担忧和质疑在一定程度上讲并不是没有道理。从国内发酵床养猪实践经验看，发酵床使用一段时间后，需要更换新的垫料，具体使用年限要根据猪的饲养阶段、密度、养护情况以及垫料补充情况来定。但无论如何，发酵床垫料使用两年后，都应该对其安全性给予密切的关注，而且诸多疑虑也依然值得深思。

（3）陈化垫料的后处理问题　发酵床的垫料后处理，有人认定为是优质的肥料，但也要承认垫料中的盐分和重金属富集严重，能否作为肥料使用争议性也较大。虽然发酵床引入国内已有近 10 年时间，但初期应用的规模和数量均不是很多，真正规模化的推广应用也在近几年的时间。由于对垫料的使用年限至今没有一个固定的规定标准，一些猪场为了降低成本，都在尽量延长垫料使用年限，因此，对垫料后处理问题也已引起了业内人士广泛的重视。对陈化垫料的后处理有两个技术难点：一是目前所用的垫料，其主要原料是锯末和谷壳，这两种原料均难降解。其中锯末木质素含量高，稻壳中含有大量的硅酸盐，作为有机肥很难腐熟，对累积几年的垫料其肥效如何也无准确的试验数据；二是垫料在发酵床内 2~3 年后，盐分和重金属含量富集严重，如作为有机肥其安全性也让人担忧，会不会带来继发环境问题也不得而知。虽然有研究认为粪便中的铜经堆肥处理后可溶性铜减少，腐殖酸螯合铜含量增加，但过量铜污染的风险不会因为铜形态的不同而消失。这些都有可能成为发酵床推广应用的限制性因素和问题。

（二）发酵床养猪技术定位与应用前景分析

1. 从环境保护和环境效益方面对发酵床养猪的应用前景分析

发酵床养猪作为一种生态养殖模式，由于猪粪尿被微生物完全降解，解决了猪粪尿的污染问题，实现了零排放，同时，减少了猪舍苍蝇、蚊子、蛆虫的繁殖，有利于环境卫生，圈舍无恶臭，改善了猪只的生存环境，其优点恰恰弥补了水泥地面养殖的缺点和不足。从其主要作用上看，发酵床养猪技术更应该看作是一种粪污处理技术，也有业内人士称为干清粪的另一种工艺，这也是为什么早期环保部门比畜牧部门更热衷于此技术的原因。随着《畜禽规模养殖污染防治条例》的贯彻深入，发酵床养猪技术会进一步推广应用。但是大规模的推广和应用同样存在需要解决的技术难题。由于任何技术都会存在优缺点，也有一定的应用条件，发酵床养猪技术也不例外，关键是需要从各个方面综合考虑。虽然发酵床在推广过程中，对一些技术进行了改良和完善，但其固有的缺点无法解决。因此，作为养猪技术之一来看待，客观认识其优缺点，可能更有利于这一技术与模式的推广发展。目前公认的是发酵床在粪污处理、保育猪饲养、冬季保温上确有明显优势，在北方地区推广效果更为明显，特别在北方中小规模养猪场推广较为适宜。但不论是南北方地区，实行农牧结合的养猪场，不宜采用发酵床方式，因猪尿含有大量的有机物，蕴藏着丰富的营养和能量，是一种很好的资源。在发酵床养殖模式下，猪粪便被微生物完全酵解转化成热量、水和各种气体，不能不说是一种资源的浪费。因此，具有性能优良的沼气处理设备和完善技术管理的猪场不必要采用发酵床养猪模式。

2. 从节省饲料，降低成本，提高经济效益及生态环境方面对发酵床的应用前景分析

（1）发酵床养猪与传统养猪生产效益的对比试验　为了验证发酵床养猪实际效果，内蒙古民族大学动物科技学院于2009年开展了发酵床与传统养猪生产效益的对比试验，结果如下。

① 增重情况比较。对照组与试验组头均始重分别是9.86千克和9.72千克，差异不显著（$P > 0.05$）；对照组与试验组头均末重分别是79.11千克和86.18千克，试验组与对照组相比，日增重提高10.42%，差异显著（$P < 0.05$）。

② 饲料报酬及饲料消耗比较。试验组与对照组总耗料分别为70 878千克和68 973千克，每增重千克耗料分别为3.09千克和3.32千克，差异显著（$P < 0.05$）。试验组比对照组饲料利用率提高了7.44%。

③ 经济效益比较。对照组总增重20 775千克，按16元/千克计算，收入332 400元，头均收入约1 108元，头均支出825.5元，头均盈利282.5元。试验组总增重22 938千克，收入321 132元，头均收入约1 223.36元，头均支出843元，头均盈利380.36元。试验组比对照组头均多盈利97.86元。

从以上试验结果可得出结论：发酵床养猪使猪的增重和饲料利用率得到提高，同时也提高了养猪的经济效益。

（2）发酵床养猪技术效果的试验报告　华中农业大学动物科技学院为了探索发酵床养猪工艺的关键技术及其应用效果，在承担国家科技支撑计划"生态循环健康养猪关键技术研究与产业化示范"项目研究过程中，引进发酵床技术，并对其中的技术关键点展开研究攻关，同时开展了发酵床养猪技术与传统养猪技术的养猪效果对比试验，结果如下。

① 猪的生长性能测定结果及经济效益分析。采用发酵床养猪技术较传统养猪日增重可提高12.21%~14.54%，节省饲料8.60%~10.75%；育肥猪头均比传统养猪多获利40.33元。

② 猪舍环境卫生指标检测结果及营养物排放指标测定结果分析。发酵床猪舍的环境卫生条件符合猪生长要求，但检测指标的变化与管理操作（开窗、通风换气、垫料翻堆等）密切相关。发酵床养猪较传统养猪干物质及主要营养物排放量大幅减少。其中，氨态氮及钙、磷含量分别减少49.57%、46.15%和27.97%。这表明采用发酵床养猪技术能提高饲料营养物质利用率，减少营养物质排放造成的损失及对环境污染。而且猪粪中水含量增高表明在饲料中添加微生物菌制剂可以改善消化道功能，减少便秘发生。

③ 猪群行为及健康观察结果。在整个试验过程中，采用发酵床养猪技术的猪群健康状况及生理反应良好。猪只毛色红润，被毛光亮，性情温和，采食、排泄、活动及躺卧休息等行为舒适自然；无寒冷扎堆及狂躁兴奋等不良行为，无应激发生。感官评价显著优于传统养猪，且猪群生长发育好，整齐度高，未发生各类疾病。从此试验可以得出这样的结论：采用发酵床养猪技术，可提高猪对疾病的抵抗力和猪肉品质。由于环境条件符合福利养猪要求，使猪恢复了自然习性，无应激发生，又采食了有益菌和垫料中的菌体蛋白，抗病力明显增强，发病率低，特别是呼吸道和消化道疾病较传统饲养方式有大幅降低，用药量也明显减

少，也表明了生产的猪肉品质得到明显改善。但由于本次试验观测时间在冬春寒冷季，对于全年尤其是夏季高温时节生物发酵床养猪技术的应用效果，有待作进一步试验观测。

④经济效益，社会效益和生态环境效益分析与评估。

经济效益分析与评估：整个试验过程中两种不同饲养方式的成本投入及产出情况（表6-4）表明，采用发酵床养猪技术饲养育肥猪虽然比传统养猪前期增加了猪舍改造和垫料投入成本，但比传统养猪经济效益还是高，每头猪可多获纯利在40.33元/头。

表6-4　试验投入及产出情况分析　　　　　　　　　　（元/头）

项目	发酵床自然猪舍	传统猪舍
饲料	403.13	434.97
微生物菌制剂	13	0
兽药	8.52	6.73
水费	0.06	0.67
电费	0.13	0.55
人工费	0.80	1.55
污水处理费	0	8.5
垫料	5.0	0
仔猪成本	734.4	734.4
其他	50	50
成本合计	1 215.04	1 237.37
肥猪销售收入	1 361	1 343
利润	145.96	105.63

注：饲料价格按2.40元/千克计，肥猪价格按15.00元/千克计。

社会效益和生态环境效益分析与评估：规模化与集约化养猪生产已成为我国养猪业发展的必然趋势，但这种生产方式在提高养猪场的生产管理水平、劳动生产率和经济效益的同时，也使猪场粪污过度集中排放，给环境造成压力。而工厂化养猪粪污的处理难度大、成本高，还需要建设相应的配套设施以及需要消纳粪污的土地面积。而采用发酵床养猪技术，由于垫料中的微生物能够有效地吸纳并降解猪的粪尿，不需要对猪舍清扫粪尿，也不会形成大量的冲圈污水排放，大大减轻了养猪对环境的污染。同时，发酵床养猪既消纳了大量的木屑、谷壳、秸秆等农业废弃物，也促进了农业资源的循环利用，又可以从根本上解决粪便无害化处理问题，从而改善农村、农业生态环境，形成人与动物、自然和谐相处的生态环境系统，符合资源节约、节能减排的"两型社会"及生态文明建设目标要求。

3. 发酵床养猪技术应用前景评价

发酵床养猪技术融合了科学的理念和先进的技术，几年来，许多业界先行者进行了大量的尝试，取得了一些成果，也带动了发酵床养猪热潮。由于发酵床养猪技术有许多优点，也被众多的商业推广机构广泛宣传，有些不免有夸大之嫌，但由于发酵床养猪技术自身存在的问题难以解决，一些业界人士担忧和质疑也随之而来。实际上，任何一种养猪模式，都不可能十全十美，有优点也必然存在一些缺点。工厂化养猪养殖模式在最初引入我国的时候，也是遭到很多质疑，但生产实践证明，这种集约化养殖模式的确大大提高了养猪生产效率，在解决我国当时肉食品供应短缺和出口创外汇问题上功不可没。但随着工厂化养猪规模的不断扩大，其缺点也显得越来越突出：养猪场的养殖环境恶化，粪污排量大，猪的疾病频发且猪病复杂，肉产品安全隐患，猪的福利条件等问题，已成为制约其持续发展的难以逾越及解决的障碍。在这样的背景下，发酵床养猪技术的引入与应用可谓水到渠成，其优点恰恰弥补了工厂化养猪的缺点和不足，但是大规模的推广和应用发酵床养猪技术，同样存在需要解决的技术难题。因此，对发酵床养猪也应该辩证看待，不能盲目否定，也不能片面宣传。对一种新兴的生态养殖模式的应用采取谨慎的态度无可厚非，但绝不可在没有严谨的试验数据支撑的基础上，作出简单的结论性判断。水泥地面的集约化养猪对环境污染的严重性已得到公认，因此生态模式的发酵床养猪技术也是当今养猪生产的迫切需求。发酵床养猪技术作为一项新型环保养猪生态模式与技术，由于在中国实际推广应用的时间还不长，目前尽管有一些专家对发酵床养猪技术有所质疑，但就目前严峻的规模化养猪污染严重状态，以及大量的试验、实践、研究表明，发酵床养猪技术仍然是一个行之有效解决污染问题的饲养模式。相对于目前集约化、高污染、疾病频发的水泥地面养殖模式，发酵床养猪生态模式应该是根本解决这些问题的最佳手段之一。但是，要从各地的实际需求出发，解决发酵床养猪技术存在的问题，扬长避短，结合各地的具体情况，充分发挥其优势，因地制宜地开发有地方特色的发酵床养猪技术。对数量小和规模小的养殖户和能实现农牧结合的规模猪场，可暂不提倡发酵床养猪，还是提倡猪粪利用到种植业中，资源循环利用还是大力提倡的一种生态模式。对于城郊和缺水地区的规模化猪场，在有垫料原料来源（特别是锯末、谷壳）和技术支撑的条件下，根据自己的地理条件和资金能力，可充分利用和发挥好生态发酵床的优势，把发酵床养猪技术建成一个完善的生态养殖系统工程这才是最终目的。

第七章
现代的猪种特点及杂交利用技术

优良的猪种是猪场获取经济效益的基础和前提。为了有效提高猪群的总体质量和生产水平，达到优质、高产与高效的目的，猪场经营者首先应选择高生产性能和健康的优良猪种，为提高猪群的总体质量、猪场生产水平和经济效益打下坚实的基础。

第一节　引入国外主要优良猪种

一、引入国外主要优良猪种的状况及特点

（一）引入国外猪种的状况

引入国外猪种是指从国外引入的外来品种。现通称为引入猪种。中国从19世纪末起，从国外引入的猪种10多个，其中对中国猪种改良影响较大的有大约克夏猪、中约克夏猪、巴克夏猪、克米洛夫猪、长白猪等。20世纪80年代又引入了杜洛克猪，汉普夏猪和皮特兰猪。这些猪种有的在中国不同的生态环境下长期进行纯种繁育和驯化，已成为中国猪种资源的一部分；有的随着中国猪业的发展和市场的变化，不适应中国的生态环境、饲养方式及市场需求而被逐步淘汰或所剩无几。目前，在中国影响较大的猪种是大约克夏猪、长白猪、杜洛克猪和汉普夏猪，巴克夏猪近几年又重新受到重视而被一些科研单位和种猪场引入。

（二）引入猪种的特点

1. 生长速度快

引入的国外猪种一般体格大，体型匀称，背腰多微弓，四肢较高。在良好的生态环境和饲养条件下，后备猪生长发育迅速，而生长育肥猪日增重高。在标准化饲养条件下，生长育肥猪体重20~90千克的日增重在550~650克，高的可达700克以上。

2. 屠宰率和胴体瘦肉率高

引入的猪体重90千克左右屠宰率在70%~72%，而且背膘薄，眼肌面积大，胴体瘦肉

率高。在合理的饲养条件下，体重 90 千克左右时屠宰，胴体瘦肉率在 55%~62%，高的可达 65% 以上。

3. 肉质较差

引入猪种的肉质不及中国地方猪种，肌纤维较粗，肌肉内脂肪较少，出现 PSE 肉（指宰后一定时间内出现颜色灰白，质地松软和切面汁液外渗的现象，是应激敏感猪宰后易出现的一种劣质肉）或 DFD 肉（指宰后一定时间内肌肉出现颜色深暗、质地紧硬和切面干燥的现象，是应激敏感猪宰后易出现的另一种劣质肉）的比例较高，特别是皮特兰猪 PSE 肉的发生率较高；杜洛克猪、大白猪等猪种虽然 PSE 肉的发生率较低，但其肉色、肌内脂肪含量等均不及中国地方猪种，肉味均较差。

4. 抗逆性差

国外猪种对饲养管理条件的要求较高，特别是每天需精料较多，在较低的饲养条件下，生长发育缓慢，还不及中国地方猪种。

二、主要优良引入猪种简介

（一）大白猪

1. 育成历史

大白猪又称大约克夏猪，为世界著名瘦肉型猪种，原产于英格兰的约克夏郡及其邻近地区，当地原有猪种体大而粗糙，毛色白，其后用当地猪种为母本，引入中国广东猪种和含有中国猪种血液的莱塞斯特猪杂交育成，1852 年正式确定为新品种，以原产地为名称为约克夏猪。约克夏猪分为大、中、小三型，现在世界上分布最广的是大约克夏猪。为了适应对美、澳两洲的种猪出口，约克夏猪的育种系谱记录始于 1883 年，自 1884 年全国猪育种协会成立后把近 50 年叫惯的约克夏猪改称为大白猪。

2. 品种特征和特性

（1）体型外貌　体型大而匀称，耳立，鼻直，背腰多微弓，四肢较高，颜面微凹；全身被毛白色，少数额角皮上有小暗斑。平均乳头数 7 对左右，乳头较小。

（2）生长发育　在良好的饲养条件下，后备大白猪生长发育迅速，6 月龄体重公猪可达 104.89 千克，母猪 97.26 千克；成年公猪平均体重、体长、胸围、体高分别为 263 千克、169 厘米、154 厘米和 92 厘米，成年母猪分别为 224 千克、168 厘米、151 厘米和 87 厘米。

（3）育肥性能和胴体品质　大白猪具有增重快、饲料利用率高的优点。在国外大白猪生产水平较高，据丹麦国家测定中心 20 世纪 90 年代试验站测定公猪体重 30~100 千克阶段，平均日增重 982 克，料重比 2.28，瘦肉率 61.9%；农场大群测定公猪平均日增重 892 克，母猪平均日增重 855 克，瘦肉率 61%。据湖北省农业科学院畜牧研究所对大白猪大群猪肥育性能测定，在良好的饲养条件下（每千克配合料含消化能 13.4 兆焦，可消化粗蛋白质 132 克，自由采食），仔猪从断乳至体重 90 千克，平均日增重 689 克，料重比 3.09 千克；胴体瘦肉率占 61%，成年公猪体重 263 千克，母猪体重 224 千克。据湖北省畜牧良种场测定，100 千克时平均背膘厚 12.1 毫米，胴体瘦肉率 69%。

（4）繁殖性能　大白猪性成熟较晚，但繁殖性能较高。母猪初情期在 5 月龄左右，一般于 8 月龄，体重 125 千克以上时开始配种，但以 10 月龄左右初配为宜。经产母猪平均窝产仔猪 12.15 头。大白猪引入中国后随着对环境条件的逐渐适应，繁殖性能在有些地区有提高的趋势，天津市武清原种场经产母猪窝产仔猪数 12.5 头，窝产活仔猪数 10.0 头，2 月龄断乳窝重 133.24 千克，哺育率 87.33%。

3. 杂交利用及评价

国外三元杂交模式中常用大白猪作母本或第一父本，在中国大白猪多作父本。生产实践表明，大白猪作为父本分别与民猪、华中两头乌猪、大花白猪、荣昌猪、内江猪等母猪杂交，均获得较好的杂交效果，其一代杂种猪日增重分别较母本提高 26.8%、21.2%、24.5%、19.5%、24.1%。二元杂交后代胴体的眼肌面积增大，瘦肉率有所提高，据测定，宰前体重 97~100 千克的大约克夏猪 × 太湖猪、大约克猪 × 通城一代杂种猪，胴体瘦肉率比地方猪分别提高 3.6 和 2.7 个百分点。用大白猪作三元杂交中第一或第二父本，也能取得较高的日增重（优势率 24.22%）和瘦肉率（62.66%）。所以，大白猪在中国地方猪作为杂交亲本，有良好的利用价值。而且大白猪对中国养猪业的发展也起到了重大作用，其重要性主要表现在两个历史阶段。其一是在 1950—1980 年，在这一历史阶段，中国养猪处在以农家青粗饲料为主，饲料工业尚未发展，养猪模式的全密闭、集约化养殖还未开始的传统体系中，因此，猪的品种要适应农村农户散养或国有农场适度规模和能适应当时历史条件的杂交组合，经过养猪实践历史的考验和筛选，定格在约本二元（即俄系或英系大白公猪配中国地方母猪，其中最大量的是俄 × 本二元，即当时所谓的苏 × 土二元杂交）和巴约本（旧称巴苏本，即用巴克夏公猪做终端与上述第一种二元母猪配，生产三元杂交商品猪）。其二是 1980 年以后，国家在有关省市建立商品猪生产基地和供港出口外贸猪场及城市"菜篮子"工程，为此，中国逐年引进世界各国的大白猪名谱名流，促成了"杜长大"三元杂交瘦肉型商品猪集约化养殖的新格局。随着国内饲料工业的发展壮大，农村一大批养猪重点户和专业户也逐步向规模化、集约化发展，"杜长大"模式逐渐取代了其他品种组分而成为中国瘦肉型商品猪的第一号大众产品。在杜洛克猪、长白猪、大白猪三品种鼎立为世界品种之轴心的格局中，中国特色是"杜长大"模式的运用多于"杜大长"，这两种模式中大白猪是瘦肉型商品猪的妈妈猪和姥姥猪，因此大白猪的群体数量在中国排位第一，在世界也是首位，当今这种格局特点可能还要延续多年。由此也可见，大白猪的品种质量和作用对中国养猪业的重要意义不言而喻。

（二）长白猪

1. 育成和引入历史

长白猪原产于丹麦，原名兰德瑞斯猪。由于体躯特长，毛色全白，故在我国通称长白猪，是目前世界上分布最广的著名瘦肉型猪种。长白猪在 1887 年前主要是脂肪型猪种，从 1887 年后丹麦将土种猪与大约克夏猪杂交，并长期选育，1908 年建立丹麦兰德瑞斯猪改良中心，到 1952 年基本达到选育目标，1961 年正式定名，成为丹麦全国推广的唯一猪种。目前，全世界许多国家如美国、法国、瑞典、德国、荷兰、澳大利亚、新西兰、日本等都有兰德瑞斯猪，经各自选育后有的相应称为该国的兰德瑞斯猪（系）。我国 1964 年首次从瑞典引入公、母猪各 10 头，以后从英国、荷兰、法国、日本引入。自丹麦解除长白猪出口禁令后，1980 年 5 月我国从丹麦引入长白猪 300 余头。此后国内各地也有零星引入约千头，分布于湖北、湖南、广东、河南、浙江、河北等省。近 10 年来国内引进的长白猪多属品系群，体型外貌不完全相同，但生长速度、饲料利用效率、胴体瘦肉含量等性能有所提高。目前，我国引进的长白猪多为丹麦系、瑞典系、荷兰系、比利时系、法国系、德国系、挪威系、加拿大系和美国系，但以丹麦系或新丹麦系长白猪分布最广。

2. 品种特征和特性

（1）体型外貌　外貌清秀，全身白色，头狭长，颜面直，两耳向下平行直伸；体躯呈流线型，背腰特长，腰线平直而不松弛，体躯丰满，乳头数7~8对。20世纪60年代引入国内的长白猪经长期驯化，体质由纤细趋于强壮，蹄质也变得坚实，四肢病也减少。但从目前引入的长白猪中体躯前后宽呈流线型的品种特征已不多见，有的长白猪体躯前后一样宽，流线型已不明显；有的长白猪的耳型较大，虽也前倾平伸，但略有下耷；有的四肢很粗壮，不像以前长白猪四肢较纤细。

（2）生长发育　在营养和环境适合的条件下，长白猪生长发育较快。一般5~6月龄体重可达100千克，育肥期日增重可达800克左右，每千克增重消耗配合饲料2.5~3.0千克。据绥化县猪场等6个单位统计，在较好的饲养条件下，6月龄公猪（12头）和母猪（22头）平均体重分别为83千克和85千克；6月龄公猪的体长、胸围、体高分别为110.3厘米、81.5厘米和56.3厘米；6月龄母猪分别为112.4厘米、92.7厘米和57.5厘米。成年公猪、母猪体重分别为246.2千克和218.7千克，体长分别为175.4厘米和163.4厘米。

（3）育肥性能和胴体品质　据丹麦国家测定中心报道，20世纪90年代试验站测试公猪体重30~100千克阶段平均日增重可达950克，料重比3.38，瘦肉率61.2%；农场大群测试，公猪平均日增重850克、母猪840克、瘦肉率61.5%。由于国内各地引入长白猪的时间和来源不同，因此各地报道的长白猪育肥性能和胴体品质差异较大。总的来看，南方地区饲养的长白猪在胴体长、日增重等方面均超过北方地区，这与气候、饲养条件等有很大关系。据杭州市种猪场1979年试验，体重30.70~72.81千克阶段的长白猪育肥期84.2天，平均日增重731克，料重比3.38，屠宰率71.66%，瘦肉率54.8%。20世纪90年代广东中山食品进出口公司白石猪场饲养的长白猪日增重950克，胴体瘦肉率66%。另据候万史等（2006）报道，大连础明集团有限公司场内种猪测定站测定丹系长白公猪139日龄体重达到100千克，30~100千克阶段，平均日增重968克，高于丹育公司提供的数据947克，料重比（2.38）与丹育公司提供的数据（2.36）基本相同，均达到发达国家养猪水平。

（4）繁殖性能　由于长白猪产地来源不同及国内各地气候差异较大，其繁殖性能也有差异。在东北的气候条件下，公猪多在6月龄、体重80~85千克出现性行为，10月龄、体重130千克左右可以配种；母猪8月龄、体重120~130千克可以配种。但在江南的气候条件下，公猪8月龄、体重120~130千克，母猪8月龄、体重120千克左右即可配种。长白猪自1964年引入中国后，经驯化适应及饲养水平的提高。母猪产仔数有所增加。据黑龙江5个农场报道，初产母猪平均窝产仔猪数10.8头，经产母猪窝产仔猪数11.33头，初产母猪2月龄断乳窝重107.16千克，经产母猪2月龄断乳窝重146.77千克；而在江南地区，据杭州市种猪场1982年测定，大群平均窝产仔猪数达12.46头，窝产活仔猪数11.22头，60日龄窝重230.25千克，哺育率95.52%。

3. 杂交利用及评价

长白猪具有生长快、饲料利用率高、瘦肉率高等特点，而且母猪产仔较多、泌乳力好、断奶窝重较高。国内各地用长白猪作父本开展二元和三元杂交，在较好的饲养条件下，杂种猪生长速度快，且体长和瘦肉率有明显的杂交优势。据有关报道，以长白猪为父本，在较好的饲养条件下与我国地方猪杂交效果显著，与北京黑猪、荣昌猪、金华猪、民猪、上海白猪、伊犁白猪等为母本的杂交后代均能显著提高日增重、瘦肉率（48%~50%）和饲料报酬（3.5~3.7）；三元杂交如长×杜×监、长×大×太等日增重达628~695克，料重比

3.15~3.30，胴体瘦肉率57%~63%。因而在提高中国商品猪瘦肉率等方面，长白猪作为一个重要父本会发挥越来越大的作用。在国外三元杂交中长白猪常作第一父本或母本。

长白猪自从引入我国后经风土驯化，适应性有所提高，分布范围也日益扩大，但长白猪存在体质弱、抗逆性差、对饲养条件要求高等缺点。特别在较差饲养条件下，杂交组合不能取得一定的杂交优势。

（三）杜洛克猪

1. 育成和引入历史

杜洛克猪原产于美国东北部。杜洛克猪的祖先可追溯到1493年哥伦布远航美洲时带去的8头红毛几内亚种猪，在美国19世纪上半叶形成3个种群：一是产于新泽西的新泽西红毛猪，形成于1820—1850年；二是纽约州的红毛杜洛克猪，始于1823年；三是康涅狄格州的红毛巴克夏猪，始于1830年。1872年新泽西红毛猪和杜洛克猪都被美国养猪育种协会正式承认并逐渐合二为一，于1883年正式合并为杜洛克-泽西猪，后简称为杜洛克猪。但实际上杜洛克猪有金贵、樱桃红、棕红、深棕、深咖啡（成年几乎黑色）毛色，甚至还有毛色全白的杜洛克猪。在美国与杜洛克祖先有血缘关系的原始亲本按毛色可分为两类：其一，红毛亲本，有3个种群，即新泽西红，形成于1820年；纽约杜洛克，形成于1823年；红毛巴克夏，形成于1830年。其二，白毛亲本，有4个种群，即大中国猪（大白猪的前身）、爱尔兰牧猪、俄罗斯猪、拜费尔德猪。1883年，美国杜洛克猪正式成名之后，红毛杜洛克猪大受欢迎，逐步成为主要选育方向和品种标志，但仍有少数白色杜洛克猪个体存在，这些白色个体的白色基因主要源于其白色祖先，当然不排除白化突变。在20世纪30年代的美国育种教科书和科研论文中也多处提及白色杜洛克猪。早期杜洛克猪是一个皮厚、骨粗、体高、成熟迟的脂肪型品种，20世纪50年代开始杜洛克转向了肉用型。

目前，在美国培育白杜洛克猪已成为美国育种场家的热潮，其原因有二。20世纪下半叶，国际瘦肉型猪流行模式逐渐形成以杜长大（或杜大长）和杜汉长大（或皮杜长大）为主流的世界通式。在上述杂交模式中，最终商品肉猪的毛色受长大（或大长）母猪毛色显性基因控制，表现为整齐划一的白毛商品肉猪。杜洛克猪血缘虽然占到商品肉猪的25%~30%，但其红毛性状也不能表现出来。因此，20世纪下半叶，国际瘦肉型猪流行模式逐渐形成以杜长大（或杜大长）和杜汉长大（或皮杜长大）为主流的世界通式。在上述杂交模式中，最终商品肉猪的毛色受长大（或大长）母猪毛色显性基因控制，表现为整齐划一的白毛商品肉猪。杜洛克猪血缘虽然占到商品肉猪的25%~30%，但其红毛性状也不能表现出来。因此，20世纪下半叶，红毛杜洛克猪可以稳坐洋三元终端父本第一把交椅。然而，在近些来，随着猪肉产品多元化和肉质优化的杂交模式更新，杜长本（或杜大土）模式成为正在兴起的常用通式。其中本地猪往往是黑色原始母本。在形成长本（或大本）二元母猪时，表型是白毛而基因型却是杂合子，用红毛杜洛克猪作终端父本进行三元杂交，产生的后代商品肉猪会出现红、白、黑、花杂无章的毛色分离，直接影响到商品肉猪的产品一致性。因此，白毛杜洛克猪父本成为土三元终端父本不可多得的理想猪种，由此培育白杜洛克猪也就成为美国育种场家的商机。导致白杜洛克猪育种热的另一个原因是美国目前还有相当一部分猪场是农牧结合型的粗放养猪模式，其粗放程度介于北欧精细饲养模式和亚洲粗放模式之间，其目的是以节约成本为主。在美国与这种粗放饲养条件相适应的杂交组合就不是杜长大了，因为其中25%的长白猪基因使杂种猪的抗逆性有限，四肢不够健壮。为了加强杂交后代的抗逆性和强健性，必须在杂交亲本中加强杜洛克猪的权重，同时削减甚至剔除长白猪亲本。但在加强使用杜洛克猪亲本时可能会出现连续两次使用杜洛克猪亲本的情况，为了避免血源相重或近亲，要使红毛和白毛杜洛克猪分先后用作不同代的杂交亲本，这样白毛杜洛克猪就成为粗放养猪模式必备的杂交亲本种源。由于上述原因，原有的传统杜洛克种群中白色个体已远远不能满足现代的白毛杜洛克猪种群大规模生产的需要，因此，美国的育种场在20世90年代采用导入大白猪和长白猪血缘的育种手段，对其杂交后代进行逐代定向选育，使其白色基因逐步达到纯合。通过多代选育，对红毛隐性因子进行检测剔除，白色基因已基本纯合。在美国由于白杜洛克猪的育种方向和技术手段与红杜洛克完全一致，因此与红杜洛克猪在适应性、繁殖性能、生长性能、胴体性能方面无显著差异。白杜洛克猪属大体型品种，在美国原产地成年猪体重为350~500千克，体长为160~190厘米。白杜洛克生长迅速，初生重约1.7千克，28日龄重约8千克，70日龄重30~32千克，154日龄达114千克。后备母猪7月龄达到性成熟，经产母猪窝均产仔数10头左右。目前国内已有多家育种场引入白杜洛克猪。

中国早在1936年就由养猪专家许振英先生引入脂肪型杜洛克猪，1972年尼克松访华第一次带入肉用型杜洛克猪，1978年后中国又从英国、美国、日本、匈牙利等国引入数百头杜洛克猪，目前国内饲养的主要是美系和匈系杜洛克猪。

2. 品种特征和特性

（1）体型外貌　红杜洛克猪毛色呈红棕色，但颜色从金黄色到暗棕色深浅不一，樱桃红色最受饲养者欢迎。皮肤上可能出现黑色标点，但不允许有黑毛和白毛。体型大，体躯深广，颜面微凹，四肢粗壮，耳中等大，向前稍下垂。白杜洛克猪被毛全白，但身躯皮肤上有卵圆形青斑，青斑大小和密度随个体而异，有小到芝麻大小的点状青斑，有大到盖满大半个身躯的云状散斑。头中等长，额宽平饱满而不失清秀，面部丰满而无赘肉；嘴筒直，宽长适中；耳中等大，前倾下垂；眼大而有神，瞳孔深褐色。前肩宽度发达，背广胸深，肋骨开张良好，腰背结合构架成微弓曲线，此曲线随年龄增大、体重增加而逐渐趋于水平；中躯腰长而不吊肷，腹大而不下垂，呈流线型；后躯为卵圆大尻，结实饱满，股二头肌群发育适度而不下坠。整体骨架粗大，四肢粗壮，立系，运步灵活。公猪阴囊紧缩，睾丸中等或偏大，上提有力而富有弹性。母猪乳头7头，腹线修长，阴部大小适中。

（2）生长发育　据国内几个大的杜洛克种猪场的报道，公猪20~90千克阶段平均日增重750克左右，饲料转化率3千克以下。又据20世纪90年代丹麦国家测定站报道，杜洛克公猪30~100千克阶段平均日增重936克，饲料转化率2.37，瘦肉率59.8%；农场大群测试公猪平均日增重866克，母猪平均日增重816克。据湖北省三湖农场报道，6月龄后备猪体重101.7千克，成年公猪体重、体长、胸围、体高分别为254千克、158厘米、152.2厘米、89.3厘米；成年母猪相应为300千克、157.9厘米、158.4厘米、84.3厘米。

（3）育肥性能和胴体品质　据1994年北京杜洛克猪原种场报道，体重20~90千克阶段育肥猪，育肥期159天，平均日增重760克，料重比2.55；90千克猪屠宰率74.38%，胴体长85.1厘米，平均背膘厚1.86厘米，腿臀比31.8%，瘦肉率62.4%。刘康柱等（2006）对新老美系杜洛克猪生长性能进行了测定，结果表明，新美系杜洛克猪日增重770克，老美系杜洛克猪日增重728克，差异极显著；不同性别日增重为公猪813.4克，母猪698.1克，阉公猪813.7克，母猪与公猪、阉公猪日增重差异极显著。瘦肉率新美系杜洛克猪64.21%，老美系杜洛克猪61.17%，差异显著。据美国、丹麦等国报道，杜洛克猪体重30~100千克阶段日增重767~895克，料重比2.58，屠宰率73.04%，胴体瘦肉率62.2%。

（4）繁殖性能　杜洛克猪在国内一般初情期为218.4日龄，10月龄、体重达160千克以上初配为宜。根据国内几个大的杜洛克猪种猪场报道，大群种猪平均窝产仔猪 9.08~9.17 头。白杜洛克后备母猪 7 月龄达到性成熟，经产母猪窝均产仔数 10 头左右。

3. 杂交利用与评价

杜洛克猪对世界养猪业的最大贡献是作商品猪的主要杂交亲本。引入后的杜洛克猪能较好地适应我国条件，以杜洛克为父本与我国地方品种猪的杂交后代，比地方品种猪显著的提高生长速度、饲料转化率与瘦肉率。我国"八五"国家养猪课题筛选出的最优杂交组合中大部分都是以杜洛克为终端父本，生产商品猪的杂交中多用作三元杂交的终端父本，或二元杂交的父本。国内近 10 年的二元杂交父本中，杜洛克猪占 51%，三元杂交终端父本中杜洛克猪占 58%。杜洛克猪与国内地方猪种杂交，多数情况下能表现出最优的日增重和料重比，其胴体品质和适应性首屈一指，最值得称赞的是氟烷阳性率为零。国内近些年杜洛克猪杂交后代平均日增重 644 克，料重比 3.27，眼肌面积 32.2 厘米²，瘦肉率 56.7%，生产性能良好，有很高的经济潜力。但杜洛克猪产仔少，泌乳能力稍差，早期生长较差，适应性稍差，所以在二元杂交中一般都用作父本，在三元杂交中作终端父本。

（四）汉普夏猪

1. 育成和引入历史

汉普夏猪原产于美国肯塔基州的布奥地区，是由薄皮猪和从英国引入的白肩猪杂交选育而成，1904 年命名为汉普夏猪，1939 年美国成立汉普夏育种协会。早期汉普夏也是一种脂肪型猪种，20 世纪 50 年代才逐渐向瘦肉型方向发展。1936 年许振英先生引入汉普夏猪与中国本地猪（江北猪－淮猪）杂交，抗日战争时期中断。1983 年中国第一次从匈牙利引入一批汉普夏猪供杂交利用，以后又从美国引入数百头。

2. 品种特征和特性

（1）体型外貌　被毛黑色，在肩和前肢有一条白带（一般不超过 1/4）围绕，故又称为"银带猪"。嘴较长而直，耳中等大而直立，体躯较长，肌肉发达，性情活泼。

（2）生长发育　据广州市农业局 1982 年报道，6 月龄体重公猪 85.3 千克，母猪 71.7 千克。成年公猪体重 315~410 千克，母猪 250~340 千克。

（3）育肥性能和胴体品质　20 世纪 90 年代丹麦报道，试验站测定公猪平均日增重 845 克，料重比 2.53，瘦肉率 61.5%；农场大群测试，平均日增重公猪 781 克，母猪 731 克，瘦肉率 60.8%。1994 年河北省畜牧研究所测定，体重 24.78~89.18 千克期间，平均日增重 819 克，料重比 2.85，宰前活重 91.18 千克，屠宰率 74.42%，眼肌面积 43.03 厘米²，平均背膘厚 1.90 厘米，胴体瘦肉率 65.34%。

（4）繁殖性能　多数母猪在 6 月龄发情。据我国香港和美国介绍，汉普夏母猪平均产仔数 7.1~8.7 头。据 1994 年河北省畜牧研究所报道，初产母猪窝产仔数 7.63 头仔猪，初生个体重 1.33 千克，二胎产仔数为 9.74 头，初生个体重 1.43 千克。

3. 杂交利用与评价

汉普夏猪具有瘦肉多，背膘薄等优点。国外利用汉普夏猪作父本与杜洛克母猪杂交生产的后代公猪为父本，与长白 × 大白，杂交一代为母本获得的四元杂交生产效果最好，产品质量也最佳。

以汉普夏猪为父本与我国地方猪种杂交，能显著提高商品猪的瘦肉率。在三元杂交模式中，以汉普夏作第二父本也亦有很好杂交效果，如汉普夏 ×（长白 × 金华），汉普夏 ×（大约克 × 金华），汉普夏 ×（长白 × 桂墟）等。河北省就以汉普夏猪为终端父本，组建了河北省的翼合白猪杂优猪，达到了一定的杂交优势效果。

汉普夏猪虽然具有瘦肉率高、眼肌面积大、胴体品质好等优点，但与其他的瘦肉型猪相比，生长速度慢、饲料报酬稍差。

（五）皮特兰猪

1. 育成和引入历史

皮特兰猪原产于比利时的布拉特地区。1919—1920 年在比利时布拉特附近用黑白斑本地猪与法国的贝叶猪杂交，再与美国泰姆沃斯猪杂交选育而成，1955 年被欧洲各国公认，是近十几年来欧洲较为流行的猪种。我国 20 世纪 80 年代开始引进皮特兰猪作杂交改良之用。

2. 品种特征和特性

（1）体型外貌　体躯呈方形，体宽而短，四肢短而骨骼细，最大特点是眼肌面积大，后腿肌肉特别发达。被毛灰白，夹有黑色斑块，还杂有少量红毛。耳中等大小，微向前倾。

（2）生产性能　皮特兰猪背膘薄，胴体瘦肉率高，据报道，90 千克活重瘦肉率高达66.9%，但肉质差，PSE 肉发生率高。皮特兰猪平均窝产仔数 9.7 头。据广西壮族自治区西江农场观察，皮特兰母猪初情期为 6 月龄，体重 80~90 千克，发情周期平均为 21.94 天；公猪 7 月龄就可以采精。

3. 杂交利用和评价

该猪种 1994 年引进纯繁与扩群，由于胴体瘦肉率高，且在杂种组合中能显著提高商品猪的瘦肉率，因此可以作为杂交组合的终端父本猪。据广西壮族自治区西江农场 1994 年测定，杂交猪日增重 718.69 克，料肉比 3.03，瘦肉率 60.71%。但皮特兰猪肢蹄不够结实，尤其在 90 千克以后生长速度缓慢，耗料多，肌肉的纤维变粗，而且 50% 的猪含有强烷阳性基因，因此在杂交利用时，最好将其与杜洛克猪或汉普夏猪杂交，杂交一代公猪作为杂交系统的终端父本，这样既可以利用其瘦肉率高的优点，又可防止 PSE 猪肉的出现。

（六）巴克夏猪

1. 培育及演变过程和引入历史

巴克夏猪是英国古老的培育猪种之一，迄今已有 300 余年的历史和 200 年的纯繁记录。由于该猪育成于英国巴克夏郡，故以其郡名命令。巴克夏猪的祖先可追溯到东汉末年和两晋时代，曾有中国的远洋商业龙舟将中国华南猪运到古罗马帝国。在古罗马时代，中国的华南猪与罗马本地猪杂交形成了古罗马（现在的意大利）的著名猪种拿破利坦猪，而拿破利坦猪对诸多欧洲猪种包括巴克夏猪有过种源贡献。此外，英国于 300 年前直接从中国和泰国引进早熟肥美的华南猪和泰国猪，与巴克夏郡本地晚熟粗糙的红毛猪和花毛猪及其拿破利坦猪后裔杂交选育出了体大早熟肥美的巴克夏猪。1830—1860 年间巴克夏猪已形成稳定的遗传特点，以黑毛六白作为品种外貌标示之一，1862 年正式确定为一个脂肪型品种，并于 1884 年在原产地成立品种登记协会。19 世纪巴克夏猪开始风靡世界。由于巴克夏猪肉质优良，盛产雪花瘦肉，早在 1800 年就开始向日本出口，日本人称之黑豚。巴克夏猪从英国引入美国始于 1823 年，巴克夏猪在美国的登陆为以后杜洛克猪和波中猪的育种提供了一定的种源基础。在其后的一百年间巴克夏猪成为美洲的台柱品种之一。与此同时，巴克夏猪也向欧亚大陆扩展，深入俄罗斯和中国的广袤农区而成为世界品牌。20 世纪中叶，巴克夏猪在世界猪种格局中的主角地位逐渐被杜洛克猪、大白猪、长白猪、汉普夏猪取代。其主要原因是巴克夏猪肉太肥，不能适应猪肉趋向瘦肉的国际市场潮流。然而，巴克夏猪并未退出历史舞台，它以小规模群体生产着富有阶层餐桌上的雪花肉，即巴克夏猪的前肩雪花肉，其优势使其在世界养猪生产中依然占有一席之地。随着富有阶层对极品猪肉消费量的增加，巴克夏猪在低迷了半个世纪后大有东山再起之势。时下美国生产巴克夏猪的猪场已达500多家，与西班牙Iberica猪和中国的本地黑猪遥相呼应，极品黑猪肉的国际市场山雨欲来风满楼。巴克夏猪正在东山再起，美国已有专养巴克夏猪的原种场引领新潮。现代巴克夏猪以保持该猪种传统优质肉为基础，改进其生长速度、瘦肉率、繁殖性能，其成年体重在200~300千克，167日龄达112.5千克。目前，现代巴克夏猪在国际养猪业中被普遍用作终端父本生产精品杂种猪。

巴克夏猪再度兴起除了肉质因素外，另一个原因是该猪在生态农业中找准了自己的位置。美国在发展生态果园时为了避免使用农药，必须寻找到一种能迅速消灭果园甲壳虫的生物天敌，果农发现巴克猪可以担任此大任。现代流行的猪种被选育得身躯修长，颈细臀大，重心后移，虽然形象高大，却不能胜任在果园除虫觅食的农家劳作。而巴克夏猪前躯宽厚，前肢相对发达，颈粗大有力（臀大肌发达），四肢粗短有力，重心低沉而能前移，头宽面圆、鼻梁略呈弧形上翘，一对立耳下两只犀利的杏核眼能明察甲壳虫活动轨迹，并能寻找甲壳虫作为美食吞服，活脱一个天生的挖掘机和美食家，成为美洲果园中果农的帮手。

中国早在清光绪末年，就由德国侨民把巴克夏猪引入青岛一带，以后外侨陆续带入全国各地。1915—1934年国内各地农业院校及农事机关地相继从国外引入并进行杂交改良工作。1950年以后，中国先后从澳大利亚、英国、日本引进过巴克夏猪。中国早期引进的巴克夏猪是一种体躯肥胖的典型脂肪型猪种。20世纪50年代后，在国外近代的巴克夏猪逐渐向肉用型方向发展。近些年中国引进的巴克夏猪体躯稍长，胴体品质趋向于肉用型。

2. 品种特性和特征

（1）体型外貌　巴克夏猪体型较大，毛色有"六白"特征，性情温顺，体质结实；耳直立，稍向前倾，鼻筒短，颜面微凹；胸深广，背腹线平直。

（2）生长发育　巴克夏猪在国内数十几年的驯化，经选育其生长发育比刚开始引入时有所提高。据河南省正阳种猪场1978年测定，6月龄后备公猪、母猪体重分别为66.57千克和58.44千克；成年公猪体重、体长、体高和胸围分别为230千克、154厘米、82厘米和148厘米；成年母猪分别为198千克、149厘米、76厘米和142厘米。

（3）育肥性能和胴体品质　1990年世界养猪展览会测定，巴克夏猪日增重738克，背膘厚2.87厘米，眼肌面积34.90厘米^2，胴体长80.47厘米，腰肌内脂肪2.70%，屠宰率73.86%。据我国西北农业大学1976年和1982年两次育肥试验，在每千克混合饲料含消化能13.6~13.9兆焦，粗蛋白质12.7%~17.8%的营养水平下，育肥猪20~90千克阶段日增重487克，料重比3.79；育肥猪屠宰率为74.63%，胴体长73.63厘米，瘦肉率54.56%，眼肌面积26.16厘米^2，背膘厚3.86厘米。

（4）繁殖性能　国内在一般饲养管理条件下，公、母猪于210日龄、体重100千克左右开始配种，窝产仔猪数初产母猪和经产母猪分别为7.44头和8.97头。

3. 杂交利用与评价

巴克夏猪是中国养猪历史中屈指可数的优秀杂交父本之一。20世纪50~80年代巴克夏猪与中国地方猪种的杂交后代是大宗商品猪的主要物质基础。当时的杂交有两种最为普及的形式。其一是巴本模式（巴克夏公猪配本地母猪）生产巴本二元杂交商品猪。其二是巴大本模式（巴克夏公猪为第二父本，大白公猪为第一父本配本地母猪）生产巴约本三元商品猪，该商品猪含巴克夏猪血液50%，大白猪血液25%，本地猪血液25%，从而可推知该三元杂交的 75% 的遗传基础是定格在优质肉档次。巴克夏猪被普遍用作杂交父本，对促进猪种的改良起过一定作用，当时中国有众多的地方品种与巴克夏猪杂交形成了上百个杂交组合，对中国猪种的品种格局产生了重大影响。巴克夏猪、大白猪、民猪的杂交后代在黑龙江省形成了哈白猪；巴克夏猪、民猪的杂交后代在东北地区的吉林省形成了吉林黑猪，在辽宁省形成了新金猪，在内蒙古自治区形成了金宝屯猪和乌来哈达猪；巴克夏猪、克米洛夫猪、民猪的杂交后代在东北地区形成了东北花猪；巴克夏猪、定县猪、马身猪的杂交后代在内蒙古形成了内蒙黑猪；巴克夏猪、大白猪、中白猪和新疆本地猪的杂交后代在新疆形成了新疆黑猪；巴克夏猪、大白猪、中白猪、定县猪、高加索猪和北京本地猪的杂交后代在北京市形成了北京黑猪；巴克夏猪、涿县本地猪的杂交后代在河北省形成了涿县猪；巴克猪、昌黎县本地猪的杂交后代在河北省形成了昌黎猪；巴克夏猪、内江猪、天津本地猪的杂交后代在河北省形成了汉沽黑猪；巴克夏猪、大白猪、汉江黑猪的杂交后代在陕西省形成了汉中白猪；巴克夏猪、内江猪、马身猪的杂交后代在山西省形成了山西黑猪；巴克夏猪、大白猪、八眉猪的杂交后代在宁夏形成了宁夏黑猪，在甘肃省形成甘肃黑猪；巴克夏猪、大白猪、文昌猪的杂交后代在河南省形成了泛农花猪；巴克夏猪、长白猪、内江猪和淮猪的杂交后代在安徽省形成了皖北猪；巴克夏猪、新金猪、烟台本地猪的杂交后代在山东省形成了烟台黑猪；巴克夏猪、大白猪、沂蒙地区本地猪的杂交后代在山东省形成了沂蒙黑猪；巴克夏猪、日照地区本地猪的杂交后代在山东省形成了五莲黑猪；巴克夏猪、大白猪、福州本地猪的杂交后代在福建省形成了福州黑猪；巴克夏猪、波中猪、中白猪、宁乡猪、福建本地猪的杂交后代在福建省形成了平潭黑猪。上述猪种在 20 世纪特别是在 1949—1978 年间引领着农村养猪生产杂交改良的潮流，造就了一大批国产的近代培育品种，为中国的养猪业在提高养猪生产效率方面立下了汗马功劳。虽然巴克夏猪引入初期，夏季经常出现呼吸困难和热射病，经长期驯化，表现出良好的适应性，生产性能有一定程度的提高，但总的来讲，巴克夏猪与中国南方地区猪种杂交效果不够理想，杂产后代产仔数普遍比本地猪纯繁时低，且巴克夏猪及杂交后代还存在胴体瘦肉率低等缺点。

第二节　中国地方猪种类型及典型地方猪种

一、中国地方猪种的种质特征

为了广泛深入地了解中国地方猪种的种质特征，国家曾组成了多学科试验组，从 1979 年开始，对国内一些有代表性的地方猪种进行了种质测定，并以引入的国外猪种为对照和国内培育的猪种对比，总的来看，我国地方猪种的优良种质特征主要体现在以下几个方面。

（一）繁殖力强

1. 母猪

我国地方猪种普遍具有较高的繁殖力，主要表现在初情期与性成熟早，排卵率高和产仔数多等方面。

（1）初情期与性成熟　中国大多数猪种初情期早，平均为 97.18 日龄，其中以太湖猪和金华猪为最低，初情期的体重均不大，太湖猪平均为 24.30 千克，金华猪平均为 12.22 千克。而国外几个有名的猪种初情期远比中国猪种迟，如长白猪为 183 日龄、杜洛克猪为 204 日龄、大白猪为 218 日龄、波中猪为 201 日龄，这几个猪种平均在 209 日龄。此外，中国地方猪种的性成熟时间也较早，平均为 129.77 日龄，其中姜曲海猪最低，为 90 日龄，大围子猪最高，为 165 日龄。虽然影响初情期和性成熟时间的因素很多，其中以品种、温度最为显著，而营养水平的影响不很一致。用中国猪种做高、低营养饲养试验表明，高、低营养水平对性成熟无显著影响。中国猪种性成熟早的原因，可从性激素分泌早、浓度高找到部分解释，如嘉兴黑猪 120 日龄时，血清含雌二醇浓度为 59.5 毫克升，比同龄大约克夏猪高 50% 左右，而且中国猪种较外国猪种孕酮含量峰值高且峰值分散。故中国猪种第一次具有成熟卵泡（时间为 99.12 日龄）时就有受精妊娠能力。但无论从初情日龄、初情体重、性成熟日龄或卵泡成熟日龄，都可看到北方猪种和大型猪种（如民猪、内江猪、大围子猪）性成熟较迟，而小型猪种（如二花脸猪、姜曲海猪）性成熟较早。

（2）排卵数和发情周期　中国地方猪种的排卵数，初产母猪平均为 17.21 个，经产母猪平均为 21.56 个，其中排卵数最多的为二花脸猪，初产母猪平均为 26 个，经产母猪平均为 28 个，相对较少的为内江猪（初产母猪平均为 12.20 个，经产母猪平均为 15 个）和大围子猪（初产母猪平均为 12.17 个，经产母猪平均为 15.90 个）。而国外猪种初产母猪平均排卵数为 13.5 个，经产母猪平均为 21 个，其中大白猪为 16.7 个，杜洛克猪为 11.5 个，长白猪为 15.22 个。而且中国猪种在一定时期内，随着胎次而增加，如嘉兴黑猪三胎次的排卵数为 23.3 个，四胎次为 27 个，五胎次个别可达 43 个。而且中国不同地方猪种间杂交还有提高排卵数的趋势，如嘉兴黑猪与枫泾大白猪杂交后，杂种子代排卵数可达 20.6 个。

中国地方猪种母猪不但性成熟早，而且性行为明显，发情时阴部肿胀湿润，能流白色黏液，阴唇长度、宽度显著大于培育猪种，易于检查配种。中国猪种的发情持续期较长，一般为 3~6 天，国外猪种一般只有 2~3 天；中国猪种的发情周期平均为 20.93 天（21 天），受精率平均为 86.32%（初产猪），虽有个别猪种较高，如东北民猪初产受精率可达 96.77%，但平均仍低于国外猪种。

（3）产仔性能　中国地方猪种除部分猪种（华南型、西南型和高原型）外，产仔猪数普遍高于引进的国外猪种。中国猪种在粗放饲养管理条件下，初产母猪产仔数平均为 10.82 头，产活仔猪数平均为 9.72 头，产活仔率为 90.98%；经产母猪产仔数平均为 13.64 头，产活仔数为 12.41 头，产活仔率为 90.98%，特别是太湖猪经产母猪平均产仔数达 15.83 头，金华猪 14.22 头，广东大花白猪 13.81 头；而长白猪、大约克夏猪、杜洛克猪、皮特兰等国外主要猪种的经产母猪，平均产仔数不足 12 头（9~12.5 头），与中国猪种相比差异显著。

（4）奶头数、泌乳力和母性　与中国地方猪种高产仔数密切相关的首先是排卵数多，其次是奶头数多，泌乳力强，母性好。据统计，中国几个高产猪种平均有效乳头为 17.05 个，以二花脸猪最高达 18.13 个，经产母猪平均日泌乳力为 5.12 千克，以嘉兴黑猪最高可达 7.97 千克；而长白猪、大白猪和杜洛克平均乳头数在 15 个以下。

中国猪种最大的特点是性情温顺、母性好、护仔能力强，产后很少压死和踩死仔猪，产仔与哺育性好。母猪产前闹圈，起卧不安，排泄加强，开始作窝，临产前 1 小时静卧，鸣叫，摇尾，产仔后护仔性强，不须饲养人员额外照顾。躺卧前用嘴将仔猪拨开，很少压死踩伤仔猪。据有关人员调查，将 22 窝中国地方猪种和 20 窝国外猪种作产仔比较，结果国外猪种平均断奶成活率为 68.3%，每窝断奶仔猪数为 6.88 头；而中国地方猪种平均断奶成活率为 76.9%，每窝断奶仔猪数为 10.73 头。

（5）利用年限　中国地方母猪利用年限一般可达 8~10 年，而国外猪种的利用年限相对较短。

2. 公猪

中国地方猪种中的公猪与母猪同样性早熟，发育较早，出生后 15 天即出现非性感性的爬跨。中国地方猪种公猪的初情期和性成熟期以及配种年龄，比国外几个育成品种都早。中国猪种种公猪从 60 日龄起，公猪睾丸发育加快，睾丸发育与精子生成时间及睾酮分泌水平有直接关系。中国猪种精液中首先出现精子的时间为 73.27 日龄，其中大花白猪最早为 62 日龄，因此中国猪种往往会出现"窝里蹦"（哺乳期同胞间受胎）。从 60 到 90 日龄睾丸增长 1 倍多，240 日龄睾丸平均重量达到 81.47 克，其中二花脸猪 90 日龄时睾丸重 40.40 克，相当于长白猪 130 日龄的睾丸重。中国猪种睾丸的机能发育是迅速的，这是性成熟早的一个主要原因。但是中国猪种在初情期的精液品质较差，到配种适龄期，虽然射精量较低，但是精子活率和密度已和成年猪相似。因此，为了充分利用中国公猪优良的繁殖性能，合理利用种公猪很重要。生产实践中一般根据猪的品种、年龄和体重来确定配种。南方早熟种公猪应在 8~10 月龄、体重 60~70 千克时配种；北方种公猪应在 8~10 日龄、体重 80~90 千克时配种；培育品种一般在 9~10 日龄、体重 100 千克以上时配种。生产中一般种公猪初配体重应达成年体重的 50%~60%。过早初配或配种过晚都会影响公猪的正常发育。中国公猪的利用年限一般为 3~5 年。生产中一般应根据种公猪年龄和体质强弱合理安排配种，1~2 岁的青年公猪每周配种 2~3 次，2~5 岁的壮年公猪每天可配 1~2 次，但连配 4~6 天必须休息 1 天。

（二）抗逆性强

中国猪种具有较强的抗逆性，突出体现在抗寒力、耐热力、耐青粗饲料、对饥饿的耐受力、高海拔的适应力及抗病力等方面。特别是中国地方猪种大都耐青粗饲料，能大量利用青料、统糠等，能在较低的营养水平下获得增重。在一些饲养条件较差的地区，地方猪种对当地的恶劣环境和粗放的饲养管理适应性强。中国猪种这种抗逆性是一种非常独特的遗传性能，也是几千年来我国劳动人民根据中国猪种所处的自然生态环境和社会经济条件，在猪种选育上做出的贡献。

（三）肉质优良

中国猪种猪肉向以味香质嫩著称。1979—1983 年中国主要地方猪种种质特性课题组对民猪、河套大白猪、姜曲海猪、嘉兴黑猪、金华猪、大围子猪、内江猪和大花白猪共 8 个品种的肉质进行了初步研究，结果表明，中国猪种的猪肉在肉色、pH 值、系水力、大理石纹、肌肉嫩度、肌纤维直径和肌间脂肪含量等诸多肉质性能指标方面，都优于国外猪种或培育猪种。特别是中国地方猪种的猪肉肉色鲜红，无 PSE 肉，而且系水力强，失水率低，肌纤维密度大，直径小，肉质细嫩。上述特点综合反映人们的口感上，使人产生细嫩多汁和肉味香浓的感觉和肉质色、香、味俱佳的印象。

（四）早熟易肥，生长速度较慢，性情温顺

长期以来我国劳动人民对生长育肥猪习惯于采用阶段育肥法或叫吊架子育肥法。在育肥前期采用营养水平较低的饲料，育肥后期不断提高饲料营养水平，再加上中国猪种腹腔内脂肪沉积能力极强，形成了中国猪种易肥、胴体瘦肉率低的特性。中国猪种体重达 90 千克时，瘦肉率在 40%~42%，脂肪率不低于 40%，而国外引进的猪种胴体瘦肉率则高达 60%~70%。中国地方猪种普遍生长速度缓慢，育肥期平均日增重大多在 300~600 克，远低于国外引进

猪种（>800 克），其原因是中国猪种初生重小，平均只有 700 克左右，生长发育起点低，是导致生长缓慢的因素之一。中国猪种的另一个特点是性情温驯，易于调教，便于管理。

二、中国地方猪种类型及国家级猪种保护名录

（一）中国地方猪种类型

中国是世界上养猪历史最悠久、数量最多的国家之一，拥有丰富的猪种资源。但中国地方猪种数量众多，名称混乱，有许多同种异名猪种，为了更深入了解中国猪种的形成条件及其特征特性，必须对中国丰富的猪种资源分门别类研究。1950 年以来共发掘 126 个地方猪种，自 20 世纪 50 年代至 80 年代初，又进行多次普查，对原有的 100 个地方猪种整理归纳，仍有 76 个猪种之多，其中已列入《中国猪品种志》的有 48 个。中国农业科学院北京畜牧兽医研究所《中国养猪学》编写专家们，在一些学者研究的基础上按猪种起源、地理条件和社会经济条件区划的原则，进一步将中国猪种划分成华北、华南、华中和高原四大类型。目前，中国猪种分类大多采纳《中国猪种》（1976 年版）中的分类，对中国猪种按生产性能和体形外貌特征，结合来源、分布、饲养管理特点、地理气候因素和生态特性，将中国地方猪种按区域划分为华北型、华中型、华南型、江海型、西南型和高原型六大类型，每个类型中包括许多各具特色的地方品种，已列入省级以上"畜禽品种志"和正式出版物的地方猪种近100 个，列入国家级保护的品种 42 个，品种内还有许多地方类群或地方品系。

1. 华北型

（1）分布地区及生态环境条件　华北型猪种主要分布于秦岭、淮河以北的广大地区，包括华北、东北、新疆维吾尔自治区（全书简称新疆）、宁夏回族自治区（全书简称宁夏）以及陕西、湖北、江苏、安徽四省的北部地区和四川省广元市附近的部分地区。这些地区大多处于中温带，气候干燥寒冷，日照充分，农作物一般一年两熟，饲料种类多，但数量少，饲料中粗料比例大，故对猪的饲养多为放牧饲养或舍饲与放牧相结合的模式。

（2）猪种特点与特征　华北型猪种大多是被毛黑色，冬季周身密生棕色绒毛，毛粗长，体躯高大体长，背腰狭窄，臀斜；头长，嘴呈长筒状；四肢粗壮，肌肉发达；耳大下垂，额间多纵行皱纹。按体格又可分为大、中、小型。华北型猪种饲养方式一般采取"吊架子"，生长前期增重稍慢，后期增重快，育肥能力一般，屠宰率在 60%~70%。华北型猪种性成熟较晚，母性好，乳头 7~8 对，产仔数 12 头左右。

（3）主要品种和代表猪种　主要品种有民猪、八眉猪、黄淮海黑猪〔其中，以淮猪为主，约占 65%，包活江苏省的淮北猪、山猪和灶猪，安徽省的定远猪和皖北猪，河南省的淮南猪，河北省的深州猪，山西省的马身猪，山东省的莱芜猪，内蒙古自治区（全书简称内蒙古）的河套大耳猪〕、汉江黑猪（原称陕西黑河猪、安康猪）、新疆、内蒙古猪、酒泉猪（或武威猪）、陕西省的北山猪和南山猪、河南省的中牟猪和项城猪。代表猪种有东北民猪、西北的八眉猪、黄淮海黑猪、汉江黑猪和沂蒙黑猪等。

2. 华南型

（1）分布地区和生态环境条件　华南型猪种主要分布于我国南部的热带和亚热带地区，包括云南省的西南和南部边缘地区以及广东、广西壮族自治区（全书简称广西）、福建、海南和台湾等省区。华南地区气候湿润，雨量充沛，干湿季节分明，气温较高，阳光充足，植物可终年生长，农作物一般一年三熟，青饲料来源广，精料多含碳水化合物，因此，养猪数量较多。

（2）猪种特点和特征　华南型猪种被毛稀疏，毛色呈黑色或黑白花色（一般头臀为黑毛，腹部为白毛，也有棕红色毛的），鬃毛较短，头小皮薄，嘴筒较短，额部多横行皱纹，耳小竖立或向两侧平伸；个体较小，体躯矮短宽圆，但体型较丰满，胸深，背宽下陷，腹大下垂，骨细膘厚（平均4~6厘米），胴体中脂肪含量高，多为脂肪型猪，屠宰率一般在75%，肉质细嫩。由于受温湿性气候的影响，猪的新陈代谢率较高，前期生长速度较快，但当体重超过80千克时增重较慢。华南型猪种性成熟较早，3~4月龄就有配种能力，但繁殖力较低，产仔数6~10头，母猪乳头5~7对，母性较好。

（3）主要品种和代表猪种　主要品种有两广小耳猪（包括广西壮族自治区的陆川猪、临乡猪和公馆猪，广东省的黄塘猪、中垌猪、桂墟猪等小耳花猪）、粤东黑猪（包括惠阳黑猪、饶平黑猪）、海南猪、滇南小耳猪、蓝塘猪、五指山猪、香猪、隆林猪、槐猪。代表猪种有两广小花猪、香猪、滇南小耳猪、粤东黑猪、海南猪、五指山猪和槐猪等。

3. 华中型

（1）分布地区及生态环境条件　华中型猪种主要分布于长江南岸到北回归线之间的大巴山和武陵山以东广大地区，大致与自然区划的华中区一致，地处南亚热带，包括湖南、江西和浙江南部以及福建、广东和广西的北部、安徽和贵州的局部地区。华中地区气候温热湿润，沃野千里，农业发达，是我国粮棉主产区，农作物一年2~3季，饲料资源丰富多样，养猪数量多，以舍饲为主，饲养管理也比较精细。

（2）猪种特点与特征　华中型猪种被毛稀疏，毛色多为黑白花或两头乌，少数为全黑色，头不大，额部多为横行皱纹，耳中等大而下垂；体躯一般呈圆筒形，背腰较宽且下陷，腹大下垂；体质疏松，骨骼较细，性情较温顺，经济成熟早，生长速度快，肉质细腻，品质优良，屠宰率在67%~75%。华中型猪种生产性能介于华北型与华南型猪种之间，性成熟早，繁殖性能中等偏上，窝产仔在10~13头，母猪乳头多为6~8对。

（3）主要品种和代表猪种　主要品种有宁乡猪、华中两头乌（包括湖南的沙子岭猪、湖北的通城猪、监利猪等）、湘西黑猪（包括桃源黑猪、浦市黑猪、沅陵猪）、大围子猪、大花白猪（包括广东大花白猪、大花乌猪、金利猪、梅花猪等）、金华猪、龙游乌猪、乐平猪、杭猪、玉江猪、武黑猪、湖北的清平猪、福州黑猪、江西的萍乡猪、安徽的安庆六白猪、河南的南阳黑猪等。代表猪种有宁乡猪、金华猪、大白花猪、皖南黑猪、大围子猪以及分布于湖北、湖南、江西和广西的华中两头乌猪等。

4. 江海型

（1）分布地区及生态环境条件　江海型猪种处于华北型与华中型中间的狭长过渡地带，既有少量华北型和华中型猪，又存在大量介于两型之间的猪，原称为华北华中过渡型，主要分布于汉水和长江中下游沿岸以及东南沿海地区和台湾省西部的沿海平原，属北亚热带地区。该猪种分布地区自然条件较好，气候温和，具有大量的农副产品和充足的青绿饲料，对猪的饲养管理比较精细，故养猪业发展较好；加之当地居民对猪肉的量和质都有较高的要求，在猪种的选育上人为干涉较多，猪种间的血缘混杂也较多，因而猪种间的差异也较大。

（2）猪种特点与特征　江海型猪种是由华北型猪和华中型猪杂交选育形成，各猪种间差异较大，体型大小不同，自北向南毛色从全黑逐渐过渡到黑白花至全白，但仍以黑色居多。江海型猪额部皱纹较深，多呈菱形或寿字形，耳长大而下垂，皮肤较厚；背腰稍宽，腹大，骨骼粗壮，生长发育较快，但易沉积脂肪。江海型猪最突出的优点是繁殖力很高，乳头8~9对，性成熟也早，母猪发情明显，4~5月龄即有配种受胎的能力，而且受胎率高，平均产仔数在 13 头以上,个别母猪产仔数甚至超过 20 头,尤以太湖猪最为突出。

(3)主要品种和代表猪种 主要品种有太湖猪(农业部公告第 2061 号把太湖猪拆分成二花脸猪、梅山猪、米猪、沙乌头猪和嘉兴黑猪)、姜曲海猪、东串猪、虹桥猪、圩猪、阳新猪、台湾猪、江苏的山猪、皖南黑猪、湖南的桃园黑猪等。代表猪种有太湖猪、阳新猪、姜曲海猪、安徽圩猪及台湾猪等。

5. 西南型

(1)分布地区和生态环境条件 西南型猪种主要分布于四川盆地,云贵大部分地区和湘鄂的西部地区,地处南亚热带,属于亚热带山地气候类型,日照短,湿度大,区内地形复杂,以山地为主,农作物以水稻、大麦和薯类为主,兼种植一些经济类作物,加之区内民族众多,各民族历史发展不一致,因此区内猪种差异较大,但猪种大多由移民带入,来源比较一致。

(2)猪种特点和特征 西南型猪种可分为盆地、高原猪种,但无论在外形和生产性能上都有明显差异。盆地猪种由于饲料丰富,加之居民对猪肉品质的要求较高,因而形成了早熟、易肥的肉脂兼用型猪种。受气候影响,云贵高原猪种以放牧为主,形成了肌肉结实的腌肉型猪种。西南型猪种总的来看特点是被毛以黑色和六白居多,个体较大,腿粗短,头大,额部分旋毛和横行皱纹;背腰宽、陷、腹大略下垂,肥育能力强,背膘较厚,屠宰率不高;性成熟较早,有些母猪 90 日龄就能配种受孕,繁殖力中等,乳头数 6~7 对,产仔数 7~10 头,仔猪初生重较小。

(3)主要品种与代表猪种 主要品种有荣昌猪、内江猪、成华猪、雅南猪、湖川山地猪(包括鄂西黑猪、盆周山地猪)、乌金猪、关岭猪、贵州的白洗猪等。代表猪种有荣昌猪、内江猪、成华猪、乌金猪和湖川山地猪等。

6. 高原型

(1)分布地区和生态环境条件 高原型猪种主要分布在海拔 3000 米以上青藏高原,人口稀少,气候高寒干旱,日照时间长,植被稀疏,农作物品种少,饲料资源匮乏,饲养粗放,以放牧为主。

(2)猪种特点和特征 受特定的气候和生态条件的影响,高原型猪种与其他类型猪有着很大差别,其性情与外貌均与野猪相似。被毛多为黑色和黑褐色,毛长而密,生有绒毛,鬃毛长而刚粗;体躯较小,结构紧凑;头长嘴尖也长,耳小直立,背窄微弓,四肢强健,蹄坚实而小,擅长奔跑跳跃,行动敏捷,臀倾斜;心脏等脏器发达,抗寒力强,耐粗饲,适于放牧。高原型猪生长缓慢,一般需饲养到 1.5 岁才达到 50 千克屠宰体重,属晚熟类型,脂肪沉淀能力较强,屠宰率低,约 65%,肉味醇香。种猪繁殖力低,乳头 5~6 对,母猪通常4~5 月龄开始发情,妊娠期也较其他类型猪长约 7 天,产仔数平均为 5 头,哺育率也低。

(3)主要品种及代表猪种 主要品种有西藏的藏猪、四川的阿坝猪、云南的迪庆藏猪、甘肃的合作猪和青海的互助猪。代表猪种有青藏高原的藏猪、甘肃甘南藏族自治州夏河一带高寒地区的合作猪。

(二)国家猪种保护名录

农业部根据《中华人民共和国畜牧法》第十二条规定:国务院畜牧兽医行政主管部门根据畜禽遗传资源分布状况,制订并公布国家级畜禽遗传资源保护名录,于 2006 年公布了《国家级畜禽遗传资源保护名录》(农业部公告第 662 号,以下简称《名录》),将 34 个地方猪种列入保护名录中。《名录》实施 7 年来,对于保护我国地方猪种起到了积极作用。农业部于 2006—2010 年组织实施了第二次全国畜禽遗传资源调查，根据资源状况的变化，于 2014 年 2 月 14 日公布了新的《国家级畜禽遗传资源保护名录》（农业部公告第 2061 号），将 42 种地方猪种列入其中。保护的猪种名录如下：

八眉猪、大花白猪、马身猪、淮猪、莱芜猪、内江猪、乌江猪（大河猪）、五指山猪、二花脸猪、梅山猪、民猪、两广小花猪（陆川猪）、里岔黑猪、金华猪、荣昌猪、香猪、华中两头乌猪（沙子岭猪、通城猪、监利猪）、清平猪、滇南小耳猪、槐猪、蓝塘猪、藏猪、哺东白猪、撒坝猪、湘西黑猪、大浦莲猪、巴马香猪、玉江猪（玉山黑猪）、姜曲海猪、粤东黑猪、汉江黑猪、安庆六白猪、莆田黑猪、嵊县花猪、宁乡猪、米猪、皖南黑猪、沙乌头猪、乐平猪、海南猪（屯昌猪）、嘉兴黑猪、大围子猪。

三、中国主要优良地方猪种简介

（一）民猪

1. 起源与产地

民猪是起源于东北三省的一个古老地方猪种，是我国华北型地方猪种的主要代表。早期民猪分大（大民猪）、中（二民猪）、小（荷包猪）3 个类型，以中型民猪多见。分布于辽宁、吉林和黑龙江三省的东北民猪与分布在河北省和内蒙古自治区的民猪，在起源、外形和生产性能上相似，1982 年被统称为民猪。

2. 体型与外貌

民猪头中等大、面直长、耳大下垂；体躯扁平，背腰狭窄，臀部倾斜，四肢粗壮；全身被毛黑色，毛密而长，猪鬃较多，冬季密生绒毛。

3. 优良特性

民猪具有抗寒能力强，体质强健，产仔较多，脂肪沉积能力强和肉质好的特点，适用于放牧和较粗放的管理。

（1）耐粗饲　民猪具有耐粗饲的优良特性，民猪不是把粮食转化为肉脂，而是把粗饲料和青饲料转化为肉脂。民猪消化粗饲料的能力和猪体的消化器官与遗传有关。民猪在日粮粗纤维含量 8% 的情况下，对粗纤维消化率比瘦肉型猪高 2.7 个百分点。

（2）饲养简单　民猪对外界不良环境适应性极强，很少发病。在 -30℃ 和 -28℃ 的气温下仍能生长。在北方地区"一组篱笆墙，一块空地，一捆草垫圈"就可以养民猪了。尽管饲养条件这样差，民猪却能健康生长，这与民猪具有较强的抗逆性有关。

（3）繁殖能力与母性强　民猪性成熟早，初情期为 4~5 月龄，体重 70 千克左右即可发情配种，发情特征明显，而且有规律，情期受胎率均超过 90%。母猪乳头数 7~8 对。8~9 月龄母猪排卵数 14.86 个，10 月龄母猪排卵数达 20.6 个。初产母猪窝产仔数 12.2 头，窝产活仔数 10.56 头，仔猪初生个体重 1.07 千克；经产母猪窝产仔数 15.55 头，窝产活仔数 13.59 头，仔猪初生个体重 1.10 千克；母猪平均产仔数分别比其他猪种高 3 头和 1.85 头。民猪泌乳量高，产后 2 个月泌乳量高的可达到 330 千克。在 60 天的哺乳期中，初产母猪平均每天泌乳 4.45 千克，泌乳高峰期在哺乳期的第 25~30 天；经产母猪平均每天泌乳 5.65 千克，泌乳高峰期在哺乳期的第 20~35 天。民猪护仔能力也是其他猪种不能比的，民猪照顾仔猪的能力特别强，不挤、不压、不踩，趴的时期慢慢趴，走路的时候趄着走。民猪母猪可以在 -15℃ 条件下正常产仔和哺育仔猪，繁殖利用年限长达 5 年。

（4）抗病能力强　猪的抗病性能是一个复杂的数量性状，受遗传和环境因素的共同影响。民猪胸腔宽广，呼吸器官发达，发生气喘病的概率极低。民猪肢蹄强健有力，蹄匣坚实，发生腐蹄病和蹄裂病的概率非常低。民猪抗病力、适应性强，可减少用药开支，尤为重要的是可保护肉质的良好和猪肉的安全性。

（5）肉质好　民猪的肉质特别好，一是颜色鲜红；二是保鲜好，不易风干；三是有大理石花纹，吃着特别香。民猪无灰白肉和暗黑肉，肌肉含水量与干物质多，这种肉炒菜不粘锅。民猪肉脂肪含量适中，具有色、香、味俱佳的优点，肌间脂肪含量比其他猪种高4%~6%，大理石纹分布均匀，口感细腻多汁。民猪肉主要特征是肥瘦分布均匀，层次分明，肥膘晶莹剔透，切面光滑，口感肥而不腻，瘦肉呈樱桃红色，血红蛋白含量高，富含人体必需的18种氨基酸。

4. 杂交利用及评价

民猪体重20~90千克，生长期日增重458克。据有关试验报道，在以粗料为主的饲养条件下，民猪每增加1千克体重耗料4.0~4.1千克，达90千克体重需8个月左右，饲料利用率和生长速度都不及引进的国外猪种。民猪在杂交繁育中主要用作母本，与大白猪、长白猪、苏白猪、巴克夏猪杂交，日增重分别为560克、517克、499克和466克。民猪与其他猪正反交都表现较强的杂种优势。新中国成立以来，利用民猪作母本，分别与引进的约克夏猪、苏联大白猪、克米洛夫猪和长白猪进行杂交利用，培育成的哈白猪、新金猪、三江白猪、东北花猪和天津白猪等均能保留民猪的优点。

民猪具有抗寒力和耐粗饲料强，体质强健，产仔数多，脂肪沉积能力强和肉质好的特点，适用于生态放牧和粗放的管理，与其他猪种进行二元和三元杂交，所得杂种后代在繁殖和育肥等性能上均表现出显著的杂种优势。这种二、三元杂交猪特别适用于农村经济条件差的地区饲养。但杂交后代脂肪率高，皮肤厚，后腿肌肉不发达，增重较慢。民猪的繁殖性状、肉质、适应性是改良其他猪种的宝贵基因，民猪在国内养猪生产中的作用不可忽视。

（二）太湖猪

1. 起源与产地

太湖猪为江海型类型的主要代表，是世界上产仔数最多的一个猪种，享有"国宝"之誉，主要分布于我国长江下游的江苏、浙江、上海交界的太湖流域，其中包括二花脸猪、梅山猪、枫泾猪、横泾猪、米猪、沙乌头猪和嘉兴黑猪，1974年归并称为太湖猪。2014年4月，农业部公告第2061号公布的《国家级畜禽遗传资源保护名录》中，将"太湖猪"拆分成二花脸猪、梅山猪、米猪、沙乌头猪和嘉兴黑猪。

2. 体型与外貌

太湖猪体型中等，被毛稀疏，黑色或青灰色，腹部紫红色，梅山猪、枫泾猪和嘉兴黑猪具有"四白猪"，也有尾尖为白色。头大额宽，额部和后躯皱褶深密，耳大下垂，形如烤耳叶。四肢粗壮，腹大下垂，臀部稍高。

3. 优良特性

太湖猪是世界上产仔数最多的一个猪种，曾创造一窝产仔42头的记录。同时它还具有耐粗饲、性情温驯、肉质鲜美、杂种优势显著等特点，是提高世界猪种繁殖力和改善肉质的宝贵遗传资源，又是养猪业中用作经济杂交和合成配套系的优良母本，因而受到了国内外养猪界的高度重视。

4. 生长发育

太湖猪中各类型体型差异较大，但生长发育规律较为一致，体重0~90千克生长期日增重 370~400 克，生长速度较慢，6~9 月龄体重 65~90 千克，90 千克屠宰时屠宰率 70%~74%，瘦肉率 39.9%~45.1%，背膘厚 3.4~4.0 厘米。成年公猪体重 140 千克，成年母猪体重 114 千克。

5. 繁殖力

（1）公猪　公猪初情期 60~80 日龄精液中出现精子，平均为 79.26 月龄，其中二花脸猪较早（67.6 日龄），枫泾猪较迟（88 日龄）；性成熟期（出现正常精液时间）平均为 116 日龄，此时血液中睾丸酮的含量差别较大，二花脸猪仅为嘉兴黑猪的 40.07%，但不宜以此指标判断是否适宜初次配种。

（2）母猪　母猪 64 日龄初次发情，45 日龄已可排卵，120 日龄，体重 25.5 千克时表现明显的发情征兆。初情期平均为 98.65 日龄，但二花脸猪较早（64 日龄），枫泾猪较迟（133.6 日龄），初情期各类群平均排卵数相近为 11.16 枚。经产母猪平均排卵数量 25.7 枚，发情周期 18~19 天，乳头数 8~9 对。窝产仔数初产母猪 12 头，经产母猪 16 头以上，三胎以上，每胎可产仔 20 头，优秀母猪窝产仔数可达 26 头，最高纪录 42 头。在相近的饲养管理条件下，与我国其他地方猪种相比，太湖母猪初产母猪产仔数多 2.47 头，经产母猪多 3.5 头，产活仔数初产母猪多 2.44 头，经产母猪多 2.05 头，断乳仔猪亦多出 1.81 头，证实了太湖猪是地方猪种繁殖力最高的一个猪种。另据试验，在每天摄入消化能 43.89 兆焦，粗蛋白质 410~460 克时，60 天哺乳期平均每天泌乳 4.8~5.2 千克，泌乳力较高。太湖母猪护仔性强，为减少仔猪被压，起卧小心，仔猪哺育率及育成率较高。

6. 杂交利用及评价

太湖猪的高产性能蜚声世界，是我国乃至全世界猪种中繁殖力最强，产仔数最多的优良品种之一，尤以二花脸猪、梅山猪繁殖力最好。由于太湖猪具有高繁殖力，世界上许多国家都曾引入太湖猪与本国猪种杂交，以提高本国猪种的繁殖力。据法国的研究资料，梅山猪和嘉兴黑猪与长白猪、大白猪杂交所生的杂种一代母猪，初情期与梅山猪、嘉兴黑猪相近，初产日龄比纯种长白猪和太白猪至少提早 30 天以上，每年可节省饲料 120 千克。此外，杂种一代经产母猪平均窝产仔数 15 头，产活仔数 14 头，均比长白猪和大白猪多，接近纯种太湖猪。另据法国的试验结果，太湖猪与长白猪杂交，太湖猪的血统占 1/2 时，每胎比长白猪多产 6.4 头，如太湖猪血统占 1/4 时，每胎比长白猪多产 3.6 头，但是同时杂种猪的瘦肉率也会降低。我国试验结果表明，大 × 二和长 × 二杂种一代母猪，以胎平均窝产仔数，窝产活仔数和初生窝重均高于纯种二花脸头胎母猪，具有明显的杂种优势。众多试验表明，太湖猪杂种一代母猪产活仔数的杂种优势一般为 20% 左右，最高达 32.6%，初生窝重的杂种优势为 27%~40%。也由于太湖猪遗传性能稳定，与瘦肉型猪种杂交优势明显，最宜作为杂交母本。目前太湖猪常用作长 × 太母本（长白猪与太湖猪母猪杂交的第一代母猪）开展三元杂交。生产实践也证明，杂交过程中杜 × 长 × 太或大 × 长 × 太等三元杂交组合模式保持了亲本产仔数多、瘦肉率高、生长速度快等特点，已在国内某些省市推广应用。

（三）淮猪

1. 起源与分布

淮猪又称老淮猪、黄淮海黑猪，属古老的华北型猪种。公元 3—6 世纪魏晋南北朝时期和 12 世纪南宋时期，淮北平原经济遭受战争破坏，两次大规模移民南下，淮猪被移民引入南京、扬州、镇江丘陵山区，后经长期培育形成山猪。以后随着沿海地区的开发，淮猪东移后又逐渐形成适应沿海盐渍地带的灶猪。由于产地不同而有淮北猪、定远猪和寿霍黑猪等

类群。2000 年农业部发布 130 号公告，将淮猪列入《国家地方优良畜禽品种名录》。2014 年
4 月，农业部发布公告第 2061 号《国家级畜禽遗传资源保护名录》，将"黄淮海黑猪"拆分
成马身猪、淮猪、莱芜猪。淮猪主要分布于苏北、鲁南、豫北和皖东等地。江苏省东海种猪
场、干于种猪场、铜山种猪场和新沂踢球良种场均有淮猪的繁育群，其中东海种猪场就有淮
猪母猪繁育群 550 头，公猪 28 头。

2. 体型与外貌

淮猪全身被毛黑色，毛粗长，较密，冬季生褐色绒毛。头部面额部皱纹浅而少呈菱形，
嘴筒较长而直，耳稍大，下垂；体形中等，紧凑，背腰窄平，极少数微凹，腹部较紧，不抱
地，臀部斜削，四肢较高粗壮，稍卧系（趾骨与地面稍平行）。

3. 优良特性

淮猪具有性成熟早、产仔数多、对当地环境的适应性强、抗寒耐粗饲、母性好、杂交优
势明显、肉质鲜美等优点，是我国新淮猪、沂蒙黑猪等培育猪种的亲本，也是今后培育新品
种的良好育种素材。

4. 生长发育

初生仔猪平均体重在 0.8 千克以上，正常饲养条件下，肥育猪在 20~80 千克阶段的平
均日增重在 400 克以上，达 80 千克体重平均在 230 日龄；成年公猪体重在 110~150 千克，
成年母猪体重在 90~125 千克。

5. 肥育性能与肉质性状

淮猪 6 月龄屠宰，屠宰率达 67.8%，日增重 327 克，胴体瘦肉率 44.46%，料重比为
3.34；8 月龄屠宰体重可达 80 千克，屠宰率 70%~72%，日增重 387 克，胴体瘦肉率 42%，
料重比为 3.66，体重 90 千克时屠宰，屠宰率 71%，第 6~7 肋间皮厚 0.31 厘米，背膘厚
3.55 厘米，胴体瘦肉、脂肪、皮和骨分别占胴体的 49.64%、26.64%、14.18% 和 10.26%。
淮猪肉质好，肉色鲜红，肌纤维紧密，肌内脂肪高。淮猪在淮北地区过去饲养以饲喂青绿饲
料为主，舍饲与放牧相结合，肉猪运输多采用长途驱赶，不用车子。因此，形成淮猪瘦肉率
较高，肌内脂肪含量较高的特点。据报道，在宰前活重 78 千克时，胴体瘦肉率达 44.55%
（42 头样本均值）；在宰前活重 70 千克时，胴体瘦肉率达 49.07%（34 头样本均值）。对
8 头 210 日龄体重 78~82 千克的育肥淮猪进行肉质测定，肌内粗脂肪 11.71%，蛋白质
22.78%，水分 64.24%，肌内大理石纹明显，肌纤维较细，肉质细嫩，味鲜且芳香浓郁，口
感酥嫩，品质良好。

6. 繁殖力

母猪性成熟早，初情期平均为 77.3 日龄（51~107 日龄），体重 13~16 千克，性欲旺盛，
发情周期平均为 20.4 天（14~30 天），发情持续期 2~5 天，适宜初配期为 120~150 日龄，
妊娠期平均为 114 天（110~125 天），初产母猪窝产仔数 8~8.5 头，窝产活仔数 7.7~8.3 头，
经产母猪窝产仔数 13.5~14.5 头，窝产活仔数 12~12.5 头。母猪 3~7 胎产仔数稳定在 13 头
以上，一般 45 日龄断奶平均体重 8.32 千克，窝重 101.7 千克，仔猪初生个体重 0.8~0.9 千
克。公猪在 100 日龄（体重 24 千克）时开始有性行为。

7. 杂交利用与评价

淮猪虽然优点突出，但育肥生长速度较慢，育肥性能较差，杂交后优势明显。据有关
试验报道，淮猪与引入杜洛克猪、长白猪、大白猪和苏白猪杂交，体重 30~90 千克肥育猪
日增重分别为 540 克、650 克、460 克和 570 克，长淮杂交猪日增重为第一，每千克增重消

耗可消化能分别为 59.77 兆焦、50.58 兆焦、55.59 兆焦和 55.59 兆焦；可消化蛋白质分别为 384 克、332 克、366 克和 366 克；杂种猪的胴体瘦肉率分别为 56%、50.4%、52.5% 和 48.5%，杜淮杂种猪瘦肉率最高。另据李景忠（2006）报道，用大白猪与淮猪进行杂交，大淮二元商品猪 30~90 千克阶段平均日增重 611.15 克，料重比 3.2（69 头样本均值）；杜大淮三元杂种商品猪，170 日龄体重达 92 千克，活体背膘厚 1.9 厘米，胴体瘦肉率 59.43%，25~90 千克阶段料重比 2.99（62 头样本均值）。大淮、长淮、杜淮二元母猪具有发情早、产仔数多、母性好、耗料少、对饲养条件要求不高等优点，受到养殖场（户）的认可。

（四）宁乡猪

1. 起源与分布

宁乡猪俗称"造钟猪"，是我国较古老的优良地方品种之一，原产于湖南省宁乡县的流沙河、草冲一带，又称流沙河猪、草冲猪，是中国四大名猪种（金华猪、荣昌猪、太湖猪、宁乡猪）之一，已有上千年的繁衍历史。宁乡猪主要产地是湖南省宁乡县，除湖南省的益阳、娄底、邵阳、湘潭等地级市均有较多数量的分布外，湖北、广西、江西、贵州、重庆、四川等地也都有分布。《中国猪品种志》依据其地域及生态类型而归类于华中型地方品种。1981 年，国家标准总局正式确定宁乡猪为国家级优良地方猪种，并颁布了《宁乡猪》（GB/T 2773—1981）国家标准；1984 年和 1986 年宁乡猪分别被载入《湖南省家畜家禽品种志和品种图谱》和《中国猪品种志》；2006 年 7 月，宁乡猪被列入农业部确定的首批《国家级畜禽遗传资源保护名录》，2014 年 2 月，宁乡猪再次被列入农业部确定的《国家级畜禽遗传资源保护名录》。

2. 体型与外貌

宁乡猪体型中等，躯干较短，结构疏松，清秀细致，矮短圆肥，呈圆筒状。背腰平直、腹大、下垂，但不拖地，臀部斜尻。四肢粗短，大腿欠丰满，前肢挺直，后肢弯曲，多有卧系，撇蹄，群众称为"猴子脚板"。两耳较小下垂，呈八字形。颈粗短，有垂肉。被毛短而稀，成年公猪鬃毛粗长，毛色特征为黑白花，分为 3 种即乌云盖雪：体躯上部为黑色，下部为白色，有的在颈部有一道宽窄不等的白色环带，称为"银颈圈"；大黑花：头尾黑毛，四肢白毛，体躯中上部黑、白相间，形成两三块大黑花；小散花：在体躯中部散布数目不一的小黑花，又称"金钱花"、"烂布花"。尾根低大，尾尖扁平，俗称"泥鳅尾"。头中等大小，额部有形状和深浅不一的横行皱纹。按头型分为狮子头、福子头、阉鸡头 3 种类型，其中狮子头型已经较少。

3. 优良特性

宁乡猪具有生长快、早熟易肥、蓄脂力强、肉质细嫩、肉味鲜美香甜、肌肉中夹有脂肪、口味肥而不腻等优点而荣誉中外，而且宁乡猪具有体态漂亮、繁育能力强和性情温顺、适应强等特点，在华北、东北、西北、华南等地饲养，均具有较强的适应性，与外种猪杂交具有明显的杂种优势，最高优势率达 19.12%。宁乡猪是重要的遗传资源，明洪武年间就有"与他地产者更肥美"之称，清嘉庆年间也有"流沙河，造钟河苗猪，二地相连数十里，猪种极良，家家喂母猪产仔仔……贩客络绎"的记述，这也是宁乡猪俗称"造钟猪"的由来。20 世纪 60 年代以来，宁乡猪与长白猪、中约克夏猪的杂种猪始终是商品仔猪和中猪的重要来源，因此宁乡猪被称为国家重要的家畜基因库。

4. 繁殖力

宁乡猪性成熟较早，公猪生殖器官各部分的发育速度基本一致，一般在 90 日龄之前增长较快，30~45 日龄开始有性行为，3 月龄左右性成熟，5~6 月龄体重 30~35 千克开始配种，有较强的交配欲。在较好的饲养条件下，成年公猪一天可以交配 2~3 次。同公猪一样，母猪生殖器官各部分的生长和发育速度也基本一致，45 日龄母猪有初级卵母细胞，90 日龄时有成熟卵细胞，130 日龄初次发情，164~177 日龄可以配种；初配母猪平均排卵数为 10 枚（9~12 枚），成年母猪为 17.16 枚（9~23 枚），胚胎早期（30 天）成活率为 82.4%。母猪妊娠期 105~123 天，平均为 115 天，断奶后 5~7 天发情。经产母猪窝产仔数 10.12 头，仔猪初生个体重 0.85 千克，20 日龄时窝重 27.6 千克。母猪利用年限在 8 年以上。

5. 生长性能

据 1978—1981 年的调查，在农村饲养条件下，宁乡猪后备母猪 4 月龄体重 24.32 千克，6 月龄体重 34.19 千克，8 月龄体重 51.66 千克，10 月龄体重 71.4 千克。当时，宁乡县种猪场以平均饲粮为 1 千克稻谷、0.05 千克鱼粉、0.15 千克麦麸，青料自由采食的条件下，后备母猪 6 月龄体重 45.77 千克，比产区同龄母猪增长速度提高 33.87%；8 月龄体重 70.49 千克，比产区同龄母猪增重速度提高 36.45%。产区育肥猪体重 10.5~80.5 千克时，平均日增重 368 克，按照标准饲养、低于标准 20% 和 40% 进行试验，体重 22~96 千克阶段平均日增重分别为 587 克、503 克和 410 克。

6. 胴体品质

在流沙河、草冲等原产地，人们一般习惯于将宁乡猪养至 65~75 千克便屠宰上市。在 1978—1981 年不同营养水平宁乡猪肥育试验的结果也表明，宁乡猪适宜的屠宰体重为 75~85 千克。75 千克屠宰时，屠宰率为 70.19%，背膘厚 4.58 厘米，皮厚 0.43 厘米，胴体瘦肉率 37.6%；90 千克屠宰时，屠宰率为 74%，背膘厚 6.50 厘米，皮厚 0.54 厘米，胴体瘦肉率 34.7%。由此可见，超过 75 千克继续饲喂，不仅生长速度减慢，而且饲料转化率也下降，胴体品质有所下降，影响综合效益。宁乡猪肉色鲜红，肌纤维纤细，纹理间脂肪含量丰富，分布均匀，肉质细嫩，肉味鲜美。

7. 杂交利用与评价

宁乡猪历史悠久，性能独特，该猪种种质遗传性稳定，配合力强，杂种优势明显，据《宁乡县志》记载：明洪武年间就有"与他地产者肥美"之称，是仅有的几个早在 20 世纪 80 年代就制订了国家标准的品种之一。长期以来，以该猪种的为母本与中约克夏或大约克夏杂交的中宁或大宁商品杂种猪是港澳地区中乳猪市场的重要猪源。据朱吉等（2008）报道，汉 × 宁、大 × 宁、宁 × 宁生长肥育全期平均日增重和料重比分别为 734.21 克、721.02 克、692.36 克和 3.40、3.50、3.67；背膘厚、眼肌面积分别为 24.36 毫米、27.77 毫米、32.55 毫米和 25.20 厘米^2、24.11 厘米^2、19.25 厘米^2，后腿比率、瘦肉率分别为 29.95%、30.18%、25.54% 和 55.97%、52.73%、37.98%；肉色、大理石纹评分分别为 3.06、2.92、3.32 和 3.03、3.13、3.336。由此可见，宁乡猪杂交组合具有较高的生长速度和胴体品质，有望在未来利用地方猪种资源培育和开发，适应市场的品牌猪的进程中发挥重要作用。

（五）八眉猪

1. 起源与分布

八眉猪属华北型猪种，包括泽川猪、伙猪和互助猪，又称西猪。据史料记载，早在五、六千年以前，西安半坡村人就驯养了该猪种，可见这是西北地区一个古老的地方猪种。中心产区为陕西泾河流域、甘肃陇东和宁夏的固原地区，主要分布于陕西、甘肃、宁夏、青海等省、自治区。2014年2月八眉猪再次被列入国家级畜禽遗传资源保护名录中第1名。

2. 体型与外貌

八眉猪体格中等，头较长，耳大下垂，额有纵行倒"八"字纹，故名"八眉"猪。被毛黑色，背腰狭长，腹大下垂，四肢结实，后肢有不严重的卧系。乳头6~7对。按体型生产特点可分为大八眉、二八眉和小伙猪三大类型。大八眉体型较大，生长慢，成熟晚，已不适应生产需要，数量已逐渐减少；二八眉猪为大八眉与小伙猪的中间类型，生产性能较高，属中熟型；小伙猪体型较小，四肢较短，体质紧凑，皮薄骨细，早熟易肥，适合农村饲养，占八眉猪总数的80%左右。

3. 优良特性

八眉猪具有耐粗饲、耐寒、抗逆性好，能够适应贫瘠多变的饲养管理条件，早熟易肥，肉质好，繁殖性能优良，产仔数高，母性强等特点。

4. 繁殖力

八眉猪性成熟早，公猪30日龄即有性行为，10月龄体重40千克时开始配种，一般利用年限6~8年；母猪于3~4月龄开始发情，发情周期18~19天，发情持续期约3天，产后再发情时间一般在仔猪断奶后9天左右；8月龄，体重45千克时开始配种，头胎窝产仔数6.4头，三胎以上12头，仔猪初生重0.73千克，一般利用年限4年左右。胡德明（2004）对八眉猪的研究表明，不论是纯繁还是杂交，其繁殖性能均以第一胎较低，以后随胎次增加，其繁殖性逐渐提高，第5~9胎次达到高峰，以后逐渐下降，并建议八眉猪在完成7胎以后可考虑淘汰。

5. 生长发育

八眉猪生长较慢，育肥期较长。大八眉猪12月龄体重50千克左右，2~3岁体重达150~200千克时屠宰；二八眉猪育肥期较短，10~14月龄、体重75~85千克时可出栏；小伙猪10月龄、体重50~60千克时即可屠宰，育肥猪日增重458克。

6. 胴体品质

八眉猪的肉质好，肉色鲜红，肌肉呈大理石纹状，肉嫩，味香；胴体瘦肉率为43.2%，胴体瘦肉含蛋白质22.56%。

7. 杂交利用及评价

八眉猪是一个良好的杂交母本猪种，与国内外优良猪种杂交，具有较好的配合力，以八眉猪为母本，内江猪和巴克夏猪为父本，三元杂种日增重580克左右。

（六）荣昌猪

1. 起源与分布

荣昌猪为西南型主要猪种，也是我国著名的地方猪种之一，因原产重庆市荣昌县而得名。荣昌猪的品种来源是一个历史遗留问题，有"移民带入说"和"本地起源说"两种观点，近年来的生化遗传学和分子生物学研究证实荣昌猪与西南地区猪种的遗传距离更近，并支持荣昌猪的本地起源说，起源时间至少在1567年以前，主产于荣昌县和隆昌县，后扩大到永川、泸州、泸县、合江、大足、宜宾及重庆等10余县、市。据近年调查，在重庆市各区（县）及四川、云南、贵州等西南地区的省份都有分布。目前，在全国各地存栏的荣昌猪为800万头以上。1972年，荣昌猪正式纳入"全国育种科研协作计划"，成为全国选育的地方猪种之一，1987年国家颁发了《荣昌猪国家标准》，1985年荣昌猪被列为国家一级保护品种，2000年被列入第一批国家畜禽品种保护名录，2014年2月再次被列入国家级畜禽遗传资源保护名录。

2. 体型与外貌

荣昌猪体型较大，结构匀称，毛稀，鬃毛洁白、粗长、刚韧，誉载国内外，每头猪能产毛 250~300 克，净毛率在 90% 以上，头大小适中，面微凹，额面有皱纹，有漩毛，耳中等大小而下垂。体躯较长，发育匀称，背腰微凹，腹大而深，臀部稍倾斜，四肢细致而坚实，乳头 6~7 对。绝大部分全身被毛除两眼四周或头部有大小不等的黑斑外，其余均为白色，少数在尾根及体躯出现黑斑，按毛色特征分为"单边罩"（单眼周黑色，其余白色）、"金架眼"（仅限眼周黑色、其余白色）、"小黑眼"（窄于眼周至耳根中线范围黑色，其余白色）、"大黑眼"（宽于或等于眼周至耳根中线且不到耳根范围黑色，其余白色）、"小黑头"（眼周扩展至耳根黑色，其余白色）、"飞花"（眼周黑色，中躯独立黑斑，其余白色）、"头尾黑"（眼周、尾根部黑色，其余白色）、"铁嘴"（眼周、鼻端黑色、其余白色）、"洋眼"（全身白色）。

3. 优良特性与缺点

荣昌猪具有肉质好、适应性强、瘦肉率较高、配合力好、鬃质优良等特点，受到全国养猪业的青睐，尤其在经济条件较差的地区。荣昌猪耐粗饲、发情明显、配种容易、杂种仔猪生长发育快，深受养殖户喜爱，在生产上作为第一母本被广泛应用。但亦存在前胸狭窄、后腿欠丰满、卧系、个体间差异大、毛色遗传不够稳定等缺点。

4. 繁殖力

荣昌猪性成熟早，公猪 57 日龄时附睾中出现精子，4 月龄性成熟，5~6 月龄就可以用于配种，采用本交配种方式，使用年限为 1~2 年；采用人工授精的配种方式，使用年限为 2~5 年。母猪初情期为 86 日龄，4~5 月龄可以配种，繁殖利用时间一般 7~10 年，在保种选育场多采用 7~8 月龄初配，使用年限为 5~7 年。荣昌县畜牧局 2006 年对农村散养条件下的 122 头繁殖母猪及重庆市种猪场核心群的 79 头母猪的繁殖成绩统计结果：农村散养母猪第 1 胎窝产仔数 7.35 头，仔猪 60 日龄窝重 78.21 千克，3 胎及 3 胎以上窝产仔数 11.08 头，42 日龄断奶窝重 121.59 千克，60 日龄成活数 10.21 头；保种场母猪第 1 胎窝产仔数 8.56 头，初生个体重 0.77 千克，初生窝重 6.21 千克，42 日龄断奶个体重 10.03 千克，60 日龄成活数 7.64 头，3 胎及 3 胎以上窝产仔数 11.7 头，初生个体重 0.85 千克，断奶个体重 11.85 千克，60 日龄成活数 9.66 头。

5. 生长发育和肥育性能

后备公猪（7 头平均）6 月龄体重 41.60 千克，后备母猪（54 头平均）体重 43.84 千克。30 日龄公猪（30 头平均）体重 158 千克，成年母猪（30 头平均）体重 144.2 千克。在农村一般饲养条件下，生后一年的肥育猪体重为 75~80 千克，在较好的饲养条件下，体重可达 100~125 千克。据近年测定：荣昌猪体重 20~90 千克阶段，前期日粮含消化能 11.7~12.9 兆焦／千克，粗蛋白质 14%~15%；后期日粮消化能 11.9 兆焦／千克，粗蛋白质 11.8%~13.5%，日增重大于 370 克；高营养水平条件下，173~184 日龄体重可达 90 千克，日增重 620 克以上。

6. 胴体品质

育肥猪在 86 千克时屠宰，屠宰率为 71%，胴体瘦肉率 41%，背膘厚 3.7 厘米，脂肪率为 38.4%。

7. 杂交利用及评价

荣昌猪杂交利用时配合力较强，1936 年，原四川省家畜保育所引进巴克夏猪、约克夏猪、波中猪、切其特白猪与荣昌猪进行杂交试验，其杂交改良效果明显，在 1944 年就推广荣约的杂交猪 1 020 头。以荣昌猪为母本，与大白猪、巴克夏猪和长白猪杂交，以长白猪与荣昌猪的配合力较好，日增重的优势率在 14%~18%，饲料利用率的优势率在 8%~14%。用杜洛克猪和汉普夏猪分别与荣昌猪杂交，瘦肉率分别为 54% 和 57%。从 20 世纪 80 年代开始，重庆市畜牧科学院龙世发等科技工作者以荣昌猪为基本育种素材，适量导入外种猪血缘，开始了新品系的培育，1996 年成功育成了国内第一个低外血含量（25%）瘦肉型猪专门化母系——新荣昌猪 I 系，与原种荣昌猪相比，新荣昌 I 系猪的胴体瘦肉率提高了 6.3%，料肉比降低了 33.5%，背膘厚降低了 21.7%。1998 年重庆市畜牧科学院王金勇等以荣昌猪、大约克夏猪、长白猪、杜洛克猪为育种素材，经过 10 年的选育，育成了渝荣 1 号猪配套猪，与"洋三元"PIC 配套系猪相比，该配套系表现出较强的适应性和抗病性，以及优秀的肉质品质和繁殖性能。该配套系于 2007 年 6 月获国家畜禽新品种证书。

（七）金华猪

1. 起源与产地

金华猪属华中型猪种，中国四大猪种之一，产于浙江省金华地区的义乌、东阳和金华三县，产区农作物以水稻为主，产大麦、黑豆和玉米等杂粮作物，青绿饲料亦较丰富。当地劳动人民在历史上习惯以黑豆、大麦和胡萝卜等优质饲料喂猪，为金华猪的形成提供了良好的饲养条件。同时产区盛行腌制火腿，对猪种质量和肉脂品质十分重视，金华猪就是在这特定的地理、自然、生态、农业生产和社会条件及饮食文化的条件下，经过长期的选育和较好的饲养管理，而逐渐形成与发展的优良猪种。建国以后，金华猪已推广到浙江 20 多个县、市和省外部分地区。

2. 体型与外貌

金华猪体型中等偏小，耳中等大，颈粗短，背微凹，腹大，微下垂，臀部倾斜，四肢细短，蹄结实呈玉色，毛疏，皮薄，骨细，乳头 8 对左右。金华猪的毛色遗传性能比较稳定，以中间白、两头乌为特征，纯正的毛色在头顶部和臀部为黑皮黑毛，其余均为白皮白毛，在黑白交界之处，有黑皮白毛，呈带状的晕。按头型分为"寿字头"和"老鼠头"两种类型。"寿字头"型个体较大，生长较快，头短，额有粗深皱纹，背稍宽，四肢粗壮，分布于金华、义乌等地。"老鼠头"型个体较小，头长，额部皱纹较浅或无皱纹，耳较小，背较窄，四肢高而细，生长缓慢，分布于东阳等地。

3. 优良特性及缺点

金华猪早熟易肥，屠宰率高，皮薄骨细，膘不过厚，尤以肉脂品质较好，适于腌制火腿和腌肉，是我国猪种资源宝库中独有的肉质特色优良的佼佼者。但金华猪体格不大，初生重小，生长较慢，后腿不够丰满。

4. 繁殖力

金华猪性成熟早，公猪 70~75 日龄初次发情，6 月龄可达到初配年龄；母猪 75 日龄初次发情，3~4 月龄达到性成熟，3 月龄的排卵数相当于成年猪的 25.4%，6 月龄相当于成年猪的 62.2%，6 月龄为初配年龄，发情周期 20.81 天。金华猪母猪的优点是产仔多、母性好、仔猪育成率高、性情温顺。初产母猪窝产仔数 11.55 头，成活率 95.92%；经产母猪窝产仔数 14.22 头，成活率 94%；哺乳期平均每天放乳 27.1 次，产后 10 天达到高峰（33.4

次），平均每次安静放乳时间为 18.08 分钟。据赵青报道，金华母猪头胎窝产仔数最低，为 9.82 头，与二胎以后最高产仔数 13.21 头差距较大，从 2~9 胎次后的产活仔数较高，说明金华猪母猪的有效利用年限较长，但第 10 胎之后无论是总产仔数和产活仔数均出现急剧下滑的现象，建议金华猪在完成 10 胎后可考虑淘汰。从生产记录中分析证实，冬季配种的母猪繁殖性能优于其他季节，冬季配种的母猪在初生窝重、21 日龄窝重、断奶仔数、断奶重和断奶窝重与其他季节相比处于最高水平。

5. 生长发育与育肥性能

在农村饲养条件下，6 月龄母猪体重为 41.16 千克，6 月龄公猪为 34.01 千克，成年母猪为 97.13 千克，成年公猪为 111.87 千克；体重 20~70 千克，生长期平均日增重 410 克。育肥猪 70 千克屠宰时，屠宰率为 72.1%，瘦肉率 43.14%，皮骨率 19.21%，肌间脂肪 3.7%。据测定，10 月龄育肥猪胴体瘦肉率为 34.71%。

6. 杂交利用及评价

金华猪具有许多优良性状，尤以肉脂品质较好，以金华猪为母本与长白猪、大白猪、中约克夏猪、杜洛克猪等杂交，肌内脂肪表现较好的杂种优势，其中约 × 金杂种猪的肉质较为理想。用丹麦长白公猪与金华母猪杂交，一代杂种猪体重 13~76 千克阶段，日增重 362 克，胴体瘦肉率 51%；用大白公猪配长白猪和金华猪的杂种，其三品种杂种猪的平均日增重可达 600 克以上，胴体瘦肉率 58% 以上，表现出良好杂种优势。

（八）中国香猪

1. 起源与产地

香猪是小型猪，因其沉脂力强，边长边肥，早熟易肥，肉脂优异，双月断奶仔猪宰食乳腥味，肥猪开膛后腹腔内不臭，被誉为香猪。香猪也称"珍珠猪"，苗族称"别玉"，壮族叫"牡汗"。根据香猪产地及毛、皮颜色不同，已通过鉴定的香猪分为从江香猪、巫不香猪、环江香猪、剑白香猪、贵州白香猪、久仰香猪和巴马香猪等 7 种类型。香猪在我国地方猪种分类中，属华南型猪种。香猪产于我国黔、桂接壤的九万大山原始森林地带，这里主要居住着苗、侗、壮、瑶、水等 13 个少数民族，因高山低谷，沟岭纵横、森林密布，保持着无污染生态环境。香猪就是在这特定的生态环境条件下，经数百年的自然选择及人工养育形成的小型地方猪种。香猪生产区从江县所在地黔东南苗族侗族自治州和广西巴马自治州均被命令为"中国香猪之乡"。据传说，剑河两头乌猪是清朝战乱年间，随江西、湖南等难民迁移而来，经长期精心选育而成。该产区交通闭塞，思想保守，一直未引进外血杂交，使其纯种保存下来。香猪于 20 世纪 70 年代末被发现，1981—1984 年对其进行了较为全面的研究和测定，经鉴定，确定为香猪，从此揭开了香猪开发利用的序幕。2000 年 8 月，香猪（含白香猪）被列入国家重点保护地方猪种，2014 年 2 月香猪被再次列入国家级畜禽遗传资源保护名录。

2. 优良特性及评价

因香猪素有"一家煮肉香四邻，九里之遥闻其味"美誉，且猪体型小，早熟易肥，肉质香嫩。关于香猪的加工有数百年的历史，在 20 世纪 30 年代《宜北县志》中就有记载，据贵州《黎平府志》记载，自清朝始，香猪就加工为"腊仔猪"，"烤乳猪"，以"城河香猪"商标远销两广及港澳等地，扬名海外。再因香猪长期在封闭的林区生息繁衍，逐渐形成近交不退化，基因纯合的小型猪种，其母性好，护仔力强，易饲养。产区农民历来习惯饲养母猪，其因是这里的苗族同胞历来生活艰难，无力喂养肥猪，家家户户都只能喂养母猪，逢年过节或贵宾临门，他们就宰杀仔猪，进行烧灶或清水沾白沾，加上香茅草烤鱼、香禾糯米饭、糯米酒、滚郎香茶等待客。这种耐粗饲的小型猪，能适应山区环境，这也是香猪能够延续下来的原因，而且养香猪也成为这个地区的主要经济来源之一。历史上，从江县的宰便，环江县的东兴是较大的香猪集散地，邻县和省外的客商常到产区购买仔猪、腊肉、烤猪，销往贵阳、广州和港澳等地。从数百年至今，香猪均在牧草繁茂，野生饲草料丰富的生态条件下，以青料为主食，饲养方式以草坡、山地、林下放牧饲养为主，舍饲为辅。经从江县畜牧部门近十年统计分析，当地群众饲养香猪的饲料、饲草有150多种，而且青绿饲料中相当一部分是中草药，经香猪采食后，转化到猪身上，人食后有一定的保健作用。中国农业大学王连纯、解春亭和陈清明教授等1985年4月考察从江香猪时，总结香猪具有"一小（体型矮小）、二香（肉嫩味香）、三纯（基因纯合）、四清（纯净无污染）"四大特点。

3. 体型与外貌

香猪体躯矮小，被毛多全黑也有"六白"，头较直，耳小而薄，略向两侧平伸或稍下垂；背腰宽而微凹、腹大、丰圆、触地；后躯较丰满，四肢短细，后肢多卧系。

4. 繁殖力

白香猪性成熟早，小公猪18日龄时有嬉爬行为，30日龄有精液射出，120日龄开始配种利用；幼母猪初情期在93日龄左右，发情周期21天，发情持续期6.25天；后备母猪6月龄即可配种，窝产仔数7~10头，初生个体重0.81千克以下，初生窝重6~7千克；5~6对乳头，平均泌乳力21.06千克；60日龄是香猪的传统断奶日龄，断奶仔猪数为5~8头，断奶个体重7千克左右。

5. 生长发育与育肥性能

香猪在幼龄阶段生长缓慢，香猪6月龄体重22.75~29.68千克；成年母猪体重平均35.41千克（体长80.79厘米，胸围73.02厘米，体高43.72厘米），成年公猪（当地农民传统培育）体重平均11.74千克（体长49.81厘米，胸围41.83厘米，体高28.58厘米）；香猪3~8月龄平均日增重186.17克，6~7月龄屠宰较为适宜。6月龄猪的屠宰率为64.46%。皮厚0.36厘米，背膘厚2.02厘米，瘦肉率45.75%。

6. 开发利用

由于香猪产区生态环境好，猪肉安全、卫生、无污染，目前开发已基本形成产业链。从江县已组建贵州从江香猪开发公司，已打造开发生产出"月亮山"牌系列产品，年加工销售香猪3.2万多头。贵州剑河县建有年加工20万头仔猪的香猪加工厂1个，产品主要销往广州、深圳、北京、长沙、贵阳等地。此外，由于香猪长期在封闭的林区生息繁衍，逐渐形成近交不退化，基因纯合的小型猪种，可作为近交系实验动物，作为人类"替难者"，将会有力地推动生命科学尤其是人类医学异种器官移植应用研究的发展。我国实验用小型猪研究已开展了30余年，随着小型猪在人类比较医学、皮肤移植、心血管疾病、消化代谢实验的应用，以及国家一类新药的研制、生产和监测量的增加，对实验猪的需求量会越来越大，小型猪需求量将会稳步增长。因此，利用我国小型猪遗传资源创新实现近交系猪培育目标，有着重要的现实和历史意义。

第三节　我国培育的新猪种

一、培育猪种的历史背景

中国培育猪种的过程可分为 19 世纪 50 年代开始的引入杂交阶段和 20 世纪 50 年代以后的培育阶段。中国培育猪种或品系的育成，起始于国外品种猪的引入。鸦片战争以后，外国华侨带来若干外国猪种，有中约克夏猪、大约克夏猪、巴克夏猪、波中猪等，与中国地方猪种杂交产生杂种猪群，加之老一辈养猪专家的引种研究，为一些培育猪种的育成打下了一定的基础。1949 年至今 60 余年间，中国一些育种专家在政府及科研院所的支持下，在 23 个省（区、市）共育成猪的新品种、新品系达 60 余个，其育成的新品种（新品系）如下。

1972—1982 年，全国猪育种科研协作的 10 年中，经有关部门鉴定验收的有以下 15 个新品种猪：哈尔滨白猪、新淮猪、上海白猪、浙江中白猪、温州白猪、新金猪、伊犁白猪、新疆白猪、黑白猪（系）、沈花猪（系）、古花猪（系）、北京黑猪、汉中白猪、宁夏黑猪、赣州白猪、东北花猪（黑白猪、沈花猪、吉花猪 3 个系合并）。

1983—1990 年又相继育成 23 个品种（系）：湖北白猪、甘肃白猪、芦白猪、广西白猪、湘白 I 系猪、内蒙古白猪新品系、昌淮白猪 I 系、三江白猪、山西瘦肉型 SD–I 系、北京花猪 I 系、沂蒙黑猪新品系、泛农花猪、山西黑猪、乌兰哈达猪、定县猪新品系、汉沽黑猪、甘肃黑猪、关中黑猪、广花猪、内蒙古黑猪新品种群、吉林黑猪（系）、宁安黑猪（系）、福州黑猪、新金猪（吉林黑猪和宁安黑猪作为新金猪的两个品系）。

1997—2005 年又有南昌白猪等 10 个品种（系）通过国家畜禽遗传资源委员会的审定。

近几年来，我国一些省市已经或正在培育"一洋一土"、"二洋一土"甚至"三洋一土"一类新品系，如：荣昌猪瘦肉型品系（含地方猪种血缘比例 75%）、苏太猪（50%）、苏钟猪（50%）、嘉兴黑猪瘦肉型新品系（37.5%）、四川白猪 I 系（37.5%）、湘白 III 系（27%~75%）、中畜 I 系（25%）等，这些新猪种的生长速度和胴体瘦肉率等虽不及"洋三元"猪，但在繁殖性能与肉质上明显优于"洋三元"猪。

二、培育猪种的特性及利用

培育新品种、新品系的目的是保留我国地方猪种母性强、发情明显、繁殖力高、肉质好、适应本地生态自然环境、抗逆性强、能利用大量青粗饲料等特点，改进地方猪种增重慢、体型结构不良、屠宰率低、胴体中肥肉多瘦肉少等缺点。

培育猪个体较大，成年公猪活重平均为 224 千克，母猪 178 千克，体长，胸围，体高明显增大，背腰平直，大腿丰满，小腿粗壮有力，改变了地方猪种凹背、腰垂、后躯发育差、四肢结构不良、卧系等缺陷。培育猪不仅具有地方猪种适应性强，耐粗放管理、繁殖力高、肉质好等特点，同时在育肥性状和胴体瘦肉率方面也达到了相应的水平。培育猪皮肤薄，体质较细致紧凑，采食量大，并能适应当地饲养管理条件；繁殖力保持了多产性，平均窝产仔 9.13~11.4 头，仔猪初生重接近引入品种，平均 1 千克以上；性成熟较迟，一般 4~5 月龄开始发情，也有 7 月龄开始发情；种猪生长发育快，6 个月龄活重 75~90 千克，20~90 千克活重阶段平均日增重 601 克，屠宰胴体瘦肉率平均 52.78%。在低能量和低蛋白质饲养条件下能获得相应的增重，比引入品种猪在同样饲养条件下生长好得多。经有关方面测试，在肉的品质方面，培育猪种肌纤维较细，肌肉纹理好，系水力强，pH 值高，肌间脂肪含量高，无应激综合征和 PSE 猪肉。

培育品种作为生产高质量瘦肉型商品猪的当家母本品种，发挥着重大作用，占有不可取代的地位。培育猪种以二元杂交方式生产的杂种猪，其日增重和瘦肉率可达到以地方品种猪为母本的三元杂交方式的生产水平。可以肯定，培育猪种为瘦肉型猪生产向新的台阶迈进奠定了可靠的基础。但是，由于培育猪种在选育程度上尚不如国外猪种，其外形整齐度差，体躯结构尚不理想，腹围较大，后躯不够丰满，特别在生长速度、饲料转化率和胴体瘦肉率方面与著名的外国肉用型猪种比较还有较大差距，其中胴体瘦肉率平均低 9 个百分点。因此，采用先进的育种手段和方法，对培育猪种继续选育提高，提高品种和品系的一致化程度，向瘦肉型方向转化，培育出具有中国特色的生态型的高产、高效、优质的瘦肉型新品种或新品系，是养猪界科学家和科技工作者的目的。

三、培育猪种的类型

根据所利用的国外品种的异同和猪种的特征特性，以及所用地方品种存在类型差异、杂交方式和选育方法各具特点而表现出不同的类型，可把培育猪种按毛色和亲本来源分为 3 个类型，按经济用途分为 4 个类型。

（一）培育猪种的毛色亲本和类型

1. 白色品种（或叫大白型品种）

这类培育猪种是以原苏联大白猪、长白猪、大约夏猪、中约克夏猪等 4 个白色外来猪种为父本，本地猪种为母本进行复杂杂交选育而成，共有 17 个品种（系）。这类培育品种只有新淮猪为黑色，其他培育品种猪被毛全白，有的皮肤上有少量黑斑，头型、耳型、体躯结构、后躯发育和四肢特征方面，品种间大体相似。头较长直，颜面额部平直，少皱纹；耳大小适中，多数略向前外方倾斜；背腰较长而平直，腹部不下垂，后腿较丰满。白色品种比黑色或大白型培育品种繁育力高，平均窝产仔数 11~12 头，平均日增重 645 克，瘦肉率 53% 左右，生长速度与瘦肉率也优于黑色品种。成年公猪体重 226 千克，母猪 180 千克。

2. 黑色品种（或叫六白型品种）

这类猪除新淮猪（约克夏 × 淮猪）和定县猪（波中 × 本地猪）为两品种育成杂交外，其余都是以巴克夏猪为主要父本，掺有少量其他品种外血，以本地猪种为母本杂交选育而成。全国共有 18 个培育品种（系），除新金猪、乌兰哈达猪、定县猪、内蒙古黑猪、宁安黑猪等在鼻端、尾尖和四肢下部多为白色被毛，具有"六白"或不完全"六白"特征外，其他品种被毛均为黑色。黑色培育品种（或叫六白型品种）与白色培育品种比较而言，头较粗重，面部多皱纹，嘴较短，耳中等大略向前外倾斜；背腰宽广，胸较深，腹大且不下垂；繁殖力、肥育期日增重和胴体瘦肉率比白色品种（大白型品种）略低，而含巴克夏猪血统较多的繁殖力尤低；平均窝产仔数 9.5~11 头，瘦肉率 52% 左右。成年公猪体重 210 千克，母猪 182 千克。

3. 黑白花型品种

这类培育猪种包括 2 个品种和 5 个品系。在这类培育品种中一种是以克米洛夫猪为父本，另一种是以巴克夏猪和原苏联大白猪为父本，与当地猪种杂交选育而成，毛色为黑白花，其中黑花猪以黑色为主，有少量零星的小块白毛。黑白花型培育品种的体质外型与所用父本品种有关，个体中等大小，很多性状介于白色型和黑色型培育品种之间。

（二）培育品种的经济类型

在养猪业上按其适宜的用途，很早把猪分为脂肪、肉用、肉脂3种经济类型，但近40年来，世界各国猪种变化很大，划分猪种经济类型的方法各异，概念和标准尚乏定论，因此，关于中国培育猪种经济类型的划分，有关专家提出有必要确定一个较为适用于我国猪种的标准，并把类型的概念相统一。

1.中国培育猪种的经济类型划分标准

中国培育猪种的经济类型划分标准见表7-1。

表7-1　中国培育猪种的经济类型划分标准

划分标准	瘦肉型	肉脂兼用型	脂肉兼用型	脂肪型
瘦肉率（％）	＞56	50~55.9	45~49.9	＜45
背膘厚（厘米）	3.0	3.1~4.0	4.1~5.0	＜5.0
体长与胸围之差（厘米）	＞15	10~14.9	5~9.9	＜5
眼肌面积（厘米²）	＞28	25~27.9	19~24.9	＜19

2.中国各培育猪种所属的经济类型

根据中国培育猪种的经济类型划分标准，中国各培育猪种所属的经济类型见表7-2。

表7-2　中国各培育猪种所属的经济类型

瘦肉型品种（系）	肉脂兼用型品种（系）	脂肉兼用型品种（系）	脂肪型品种（系）
三江白猪、湖北白猪、广西白猪、湘白Ⅰ系猪、山西瘦肉型SD-Ⅰ系、浙江中白猪、新疆黑猪、沂蒙黑猪新品系	北京黑猪、新金猪、皖白猪、乌兰哈达猪、甘肃白猪、上海白猪、芦白猪、甘肃黑猪、内蒙古白猪新品系、汉中白猪、昌淮白猪（Ⅰ）系、北京花猪Ⅰ系、伊犁白猪、宁夏黑猪	吉林花猪（吉花系）、沈农花猪、温州白猪、哈尔滨白猪、内蒙古黑猪品种群、新淮猪、福州黑猪、新疆白猪	赣州白猪

四、主要培育猪种简介

（一）湖北白猪

1.培育过程

湖北白猪新品种及其新品系是由华中农业大学和湖北省农业科学院畜牧兽医研究所共同承担的湖北省科委重点研究项目，培育目标为瘦肉率高、肉质好、生长速度快、适应性和繁殖性能高的外来亲本杂交，育成的瘦肉型新品种，是由大约克夏猪、长白猪和本地通城猪、监利猪及荣昌猪杂交培育而成的瘦肉型猪种，它包括了6个既有品种共性，又各具特点，彼此间无亲缘关系的独立品系，其中Ⅰ、Ⅱ、Ⅲ系繁殖性能和适应性好，Ⅳ、Ⅴ系等生长发育快，瘦肉率高。1986年10月通过了由湖北省科委主持的鉴定，此后对湖北白猪继续进行了品系繁育，并健全了良种繁育体系。

2. 品种特征和特性

（1）体型外貌　湖北白猪具有典型的瘦肉型猪体型，体格较大，被毛全白（允许眼角和尾根有少许暗斑），头轻直长，额部无皱纹，两耳前倾或稍下垂；颈肩部结构良好，背腰平直，中躯较长，腿臀丰满，腹小，肢蹄结实；乳头平均 7 对且分布均匀。

（2）繁殖性能　小公猪 3 月龄，体重 40 千克时出现性行为；小母猪初情期为 3~3.5 月龄，性成熟在 4~4.5 月龄；7.5~8 月龄，体重 100 千克适宜配种；发情周期 21 天左右，发情持续期 3~5 天，平均排卵 17.33 枚；初产母猪窝产仔数 10 头以上，3 胎或 3 胎以上母猪窝产仔数 12.5 头，仔猪断乳育成率为 88%，平均初生个体重为 1.32 千克，2 月龄个体重 18.62 千克，高产母猪可繁殖利用到 14 胎。

（3）生长发育　湖北白猪具有典型的瘦肉型猪肌肉生长特征，生长发育快，2 月龄体重 18~22 千克，6 月龄体重 82~96 千克；成年公猪体重、体长分别为 251~256 千克和 145~148 厘米，母猪分别为 194~205 千克和 143~145 厘米。

（4）育肥性能　在良好的饲养条件下，Ⅰ、Ⅱ、Ⅲ系 20~90 千克活重肉猪日增重 56~620 克，饲料转化率 3.17~3.274 千克；Ⅳ、Ⅴ系平均日增重 622~690 克，饲料转化率 3.454 千克；据测定 22 头湖北白猪母猪年生产力，每头母猪年育成肉猪 23.55 头，仔猪断乳至出栏需 116.7 天，出栏活重 101 千克，饲养期平均日增重 695 克，每头母猪年出栏肉猪总量为 2378.17 千克，年产瘦肉总量为 1033 千克，每头肉猪平均消耗饲料总量（包括母猪、仔猪）347.3 千克，料重比 3.44 ∶ 1。

（5）胴体品质　湖北白猪适宜屠宰体重为 90 千克，宜采用母猪不去势，公猪延迟（4 月龄）去势育肥方法。据对湖北白猪Ⅲ系、Ⅳ系共 51 头测定结果，屠宰率为 71.95%~72.4%，背膘厚 2.49~2.89 厘米，瘦肉率 57.98%~62.37%，眼肌面积 30.4~34.62 厘米²，腿臀比例 32%；肉色鲜红，肉质良好，肌肉脂肪含量 31% 左右。

3. 优良特性

湖北白猪适应性好，能耐受长江中下游地区夏季高温和冬季湿冷的气候条件，能利用青粗饲料，具有地方品种猪种耐粗饲的性能，并且在繁殖与肉质性状等方面超过国外的母本品种。该猪种已分布于湖北近半数的县、市，且已推广到海南、广东、湖南、江西、安徽等省。

4. 杂交利用与评价

用杜洛克猪、汉普夏猪、大约克夏猪和长白猪作父本，分别与湖北白猪母猪进行二元杂交试验，其一代杂种猪 20~90 千克阶段日增重分别为 611 克、605 克、596 克和 546 克；每千克增重消耗配合饲料分别为 3.41 千克、3.45 千克、3.48 千克和 3.42 千克；胴体瘦肉率分别为 64%、63%、62% 和 61%。此试验结果表明，湖北白猪作为优良的商品瘦肉猪的杂交母本品种，与杜洛克猪等品种有很好的配合力，在日增重、饲料报酬、背膘厚等方面有显著的杂交优势，保持了中国猪种的主要优良特性，杂种效果以杜 × 湖一代杂种最好。

（二）三江白猪

1. 培育过程

三江白猪产于东北三江平原，从 1973 年开始由原东北农学院、红兴隆农场管理局等单位组成育种协作组，选用东北民猪和长白猪为杂交亲本，进行正反杂交，再用长白猪回交，经 6 个世代定向选育 10 余年，于 1983 年通过鉴定，正式命名为三江白猪，是我国培育而成的第一个瘦肉型猪种。

2. 优良特性

三江白猪继承了民猪的许多优良特性，对寒冷气候有较强的适应性，对高温、高湿的亚热带气候也有较强的适应能力。在良好的生产条件下饲养，表现出生长快、耗料少、瘦肉率高、肉质好、繁殖力较高等优点；而且与国外引入猪种和国内培育猪种及地方猪种都有很好的杂交配合力。1980 年以来已逐步推广到东北三省及河北、北京、山东、河南、广东、新疆等十几个省、市、自治区。

3. 品种特征与特性

（1）体型外貌　三江白猪全身被毛白色，毛丛稍密，头轻嘴直，两耳下垂或稍前倾，背腰平直，腿臀丰满；四肢粗壮，肢蹄结实，乳头 7 对，排列整齐。

（2）生长发育和育肥性能　6 月龄后备公、母猪体重分别为 85.55 千克和 81.23 千克，成年体重公猪 250~300 千克，母猪 200~250 千克；三江白猪具有生长快、饲料利用率高的特点，按三江白猪饲养标准饲养，生长育肥肉猪达 90 千克活重需 182 天，20~90 千克活重阶段日增重 600 克，饲料转化率在 3.5 千克以下。体重 90 千克时屠宰，胴体瘦肉率 58%，眼肌面积为 28~30 厘米^2，腿臀比例 29.51%，背膘厚 3.44 厘米；无 PSE 肉，大理石纹丰富且分布均匀，且肉质优良。

（3）繁殖性能　三江白猪继承了东北民猪繁殖性能高的优点，性成熟较早，发情特征明显，配种受胎率高，极少发生繁殖疾病，公猪 4 月龄即出现性行为，一般于 8~9 月龄、体重 100~110 千克即可配种。母猪初情期 137~160 日龄，发情周期 17~23 天，每头排卵在 15.8 枚左右，初配日龄为 8~9 月龄，窝产仔数初产母猪 10.17 头，经产母猪 12 头以上，仔猪初生个体重 1.21 千克，窝重 11.32 千克，35 日龄窝重 67.77 千克，个体重 7.8 千克，育成率 85%。利用年限公猪 3~4 年，母猪 4~5 年，受胎率 87.16% 以上。

4. 杂交利用与评价

三江白猪在育成时，多作为杂交利用的父本，与大白猪、苏白猪杂交效果明显，日增重、瘦肉率等方面均有显著杂交优势。目前，三江白猪多作为杂交母本，与杜洛克猪杂交，其杂种猪的日增重在 663 克，胴体瘦肉率 63.81%，肉质优良，效果理想。但三江白猪目前群体尚不够大，用于商品生产的杂交繁育体系还不够完善。

（三）上海白猪

1. 培育过程

1963 年前很长一个时期，由于历史的原因，上海市及近邻已形成相当数量的白色杂种猪群，这些杂种猪具有本地猪和中约克夏猪、苏白猪、德国白猪等血液。1965 年以后在 3 个国营猪场带动下，组成育种网，广泛开展群众性的育种工作。从 1972 年开始又以 3 个养猪场为核心，采取场间隔离、类群建系的改良方法，分 3 片开展品系闭锁繁育，定向选种，实行窝选，重复交配，选择生产性能较高，体型外貌符合要求的基础猪群，并适当近交，群体选群，到 1979 年已基本建成农系、上系、宝系 3 个品系，由上海农业局和上海市农业科学院组织鉴定，认为其 3 个品系各项生产性能已达到预定培育指标，而且 3 个品系生产性能各有特色，遗传性能稳定，被认定为一个新品种。

2. 优良特性

上海白猪属肉脂兼用型猪种，主要特点是生长较快，产仔较多，屠宰率和胴体瘦肉率较高，特别是猪皮质优，而且适应性强，从辽宁、新疆、广东等省、区的一些猪场引种饲养表明，上海白猪既耐寒又耐热，又能适应集约化饲养，在多用泔水、蔬菜茎叶，少用精料的饲养条件下，生长依然很好，是商品瘦肉猪和优质皮革原料猪的优良杂交亲本。

3.品种特征和特性

（1）体型外貌　上海白猪体型中等，全身被毛白色，体质结实，面部平直或微凹，耳中等大而略向前倾；背部平直，体躯较长，腿臀丰满；乳头数 7 对左右，排列较稀。根据头型和体型，3 个品系间略有差别，农系体型较高大，头和体躯狭长；上系体型较短小，头和体躯较宽短；宝系介于上述两者之间。

（2）生长发育　据上海市 3 个种猪场测定，6 月龄后备公猪体重 68.79 千克，体长111.72 厘米，后备母猪体重 65.92 千克，体长 111.29 厘米；成年公猪、母猪的体重与体长分别为 258 千克、167.10 厘米和 177.59 千克、149.18 厘米。

（3）育肥性能　上海白猪在每千克配合饲料含消化能 11.72 兆焦的营养水平下饲养，体重 20~90 千克阶段育肥期 109.6 天，平均日增重 615 克左右，每千克增重消耗配合饲料3.62 千克。据对上海白猪 3 个系的 286 头肥育猪进行屠宰测定，平均宰前体重 87.23 千克的肉猪，屠宰率 72.58%，胴体瘦肉率 52.78%，腿臀比例 27.12%，眼肌面积 25.63 厘米^2，皮厚 0.31 厘米，膘厚 3.69 厘米。据测定，肥育猪以体重 75~90 千克屠宰为宜。

（4）繁殖性能　公猪多在 8~9 月龄、体重 100 千克以上时开始配种，成年公猪射精量一次 250~300 毫升。母猪初情期为 6~7 月龄，发情周期 19~23 天，发情持续期 2~3 天，母猪多在 8~9 月龄、体重 90 千克左右初配。初产母猪产仔数 9 头左右，3 胎及 3 胎以上母猪产仔数 11~13 头。

4.杂交利用及评价

从 1971 年开始以上海白猪为母本，国内外优良猪种为父本的两品种和多品种的杂交利用试验，先后完成苏联大白猪 × 上海白猪、长白猪 × 上海白猪、杜洛克猪 × 上海白猪、杜洛克猪 ×（长白猪 × 上海白猪）等 39 个杂交组合研究，并筛选出一批优良杂交组合在生产中推广应用，其中以杜洛克猪或大约克夏猪 × 上海白猪杂交组合最为显著。用杜洛克猪或大约克夏猪作父本与上海白猪杂交，一代杂种猪在每千克配合饲料含消化能 12.56 兆焦，粗蛋白质 18% 左右和采用干粉料自由采食条件下，体重 20~90 千克阶段，日增重为700~750 克，每千克增重消耗配合饲料 3.1~3.5 千克。杂种猪体重 90 千克时屠宰，胴体瘦肉率在 60% 以上。上海白猪不同品系间杂交，也具有一定优势，而且上海白猪及其为基础的"长上"杂种母猪已广泛分布于上海市的南汇、奉贤、嘉定、青浦、川沙、金山、松江等县，并推广到云南、福建、辽宁、新疆等省、自治区。

（四）北京黑猪

1.培育过程

北京黑猪主要育成于北京市国营双桥农场和北郊农场，此两个场地处京郊，饲养有大量的华北型本地黑猪、河北定县黑猪，并先后引进巴克夏猪、中约克夏猪以及苏联大白猪、高加索猪等国外优良猪种进行广泛杂交，产生黑、白、黑白花 3 种外貌和生产性能颇不一致的杂种猪群。20 世纪 60 年代初，北京农业大学、中国农业科学院畜牧兽医研究所等单位在双桥和北郊农场挑选较优秀的黑猪组成基础猪群，经过外貌、生长发育和繁殖性能等表型值进行鉴定后，组成育种核心群，进行自群选育。1972 年又重新组织育种协作组，将两个农场的黑猪合并，按系组建系法建成 38 个系。1976 年以后北京黑猪改用群代选育法，并采用侧交法，淘汰花斑种猪，加强毛色遗传的稳定性，而后又对北京黑猪的 3 个系群采用群体继代选育法，避免全同胞交配。1982 年 12 月经北京市鉴定，北京黑猪达到预定选育目标，被定为母系原种。目前，北京黑猪只剩北郊系，又经多年纯种选育，生长与繁殖性能都有所提高。

2. 优良特性

北京黑猪 1982 年通过鉴定，确定为肉脂兼用型品种，1987 年北京黑猪列入北京市"瘦肉猪生产系列工程"项目，被定为母系原种，主要特点：体型较大，生长速度较快，母猪母性好，与长白猪、大约克夏猪和杜洛克猪杂交效果好，属优良瘦肉型的配套母系猪种。

3. 品种特征与特性

（1）体型外貌　北京黑猪体质结实，结构匀称，全身被毛黑色，头大小适中，两耳向前方直立，面微凹，额较宽，颈肩结合良好，背腰平直且宽；四肢健壮，腿臀较丰满，乳头 7 对以上。

（2）生长发育　据北郊农场 1989—1991 年测定，6 月龄公猪体重为 90.1 千克、母猪体重为 89.55 千克；成年公猪和母猪的体重、体长分别为 260 千克、168 厘米和 220 千克、158 厘米。

（3）育肥性能和胴体品质　北京黑猪经多年培育，生长性能及胴体瘦肉含量都有较大提高。据近年测定，其生长肥育期日增重可达 600~680 克，每千克增重消耗配合饲料 3.0~3.3 千克；体重 90 千克时屠宰，瘦肉率达 56%~59%，肉质优良，未发现 PSE 和 DFD 肉。

（4）繁殖性能　北京黑猪公、母猪 7 月龄，体重 100 千克可配种。据 1989 年测定结果，母猪初情期为 198~215 日龄，发情持续期 53~65 小时，排卵数 14 枚左右，经产母猪排卵数 16~18 枚。初产母猪窝产仔数 10.5 头，2 月龄每窝成活 9.22 头；二胎或三胎以上母猪窝产仔数 11.67 头，2 月龄成活仔猪数 10.08 头。母猪年产 2.2 胎，可提供 10 周龄小猪 22 头。

4. 杂交利用及评价

北京黑猪是北京市养猪业的当家品种，也是北京市规模化养猪企业杂交繁殖体系中配套母系品种，并已推广到河北、河南、山西等 25 个省、自治区、直辖市。北京黑猪在杂交中适宜作母本，与长白猪、大白猪和杜洛克猪等国外良种猪杂交，都表现出较好的配合力，在生长速度和瘦肉率方面都表现出较好的杂种优势。经反复试验筛选，发现以北京黑猪为母本，与长白猪、大约克夏猪杂交均有较好的配合力，在瘦肉率、产仔数等方面均有显著杂交优势。长白猪 × 北京黑猪平均窝产仔 13.03 头，大约克夏猪 ×（长白猪 × 北京黑猪）三元商品猪胴体瘦肉率达 58.16%，而且三元杂交商品猪肉质良好，瘦肉率高，从未发生 PSE 和 DFD 肉。目前，北京黑猪肉在北京市场受到消费者的青睐。

（五）苏太猪

1. 育成过程

20 世纪 80 年代开始，我国育种界接受并实践了世界最先进的"配套系"配种方法，着手培育一系列专门化品系，并进行初步的配套试验。"七五"、"八五"国家攻关项目"瘦肉型新品种的培育及其配套"在全国范围内培育了 7 个母系和 4 个父系。在这些专门化品系中，具有特色的是一些以我国地方品种为基础的专门化品系，如新太湖猪（后来发展成苏太猪）、荣昌 I 系、杜黑猪、新金华猪、新莱芜黑猪、冀合北猪系等。所谓"特色"就是既在一定程度上满足市场经济的需要，生长速度、瘦肉率、饲料报酬上要大大高于地方品种，同时还要在很大程度上保留地方品种的优点，如繁殖力高、肉质鲜美，对饲养管理（包括繁殖技术）要求降低。这些品系所以具备特色，是因为在育种方向和目标上明确要充分发挥中国地方猪种独特的优良遗传特性，因而引入外血一般不超过50%。只有这样，以这些品系为母本，再与国外瘦肉型良种猪杂交生产的商品猪（外血在75%以下），才能保持肉质鲜美的特性。这些具有中国特色的专门化品系中，苏太猪已在1999年3月通过国家畜禽品种委员会审定，由农业部正式批准为新品种。

苏太猪培育的母本为太湖猪中的小梅山猪、中梅山猪、二花脸猪、枫泾猪4个类群，共100头以上的母猪，入选母猪要求为产仔记录在18头以上的经产母猪；父本则由当时从美国和匈牙利引进的11个家系的12头杜洛克猪组成。1986年开始杂交，以纯种太湖猪和杜洛猪作为双亲的亲本群，杂交所生后代作为基础群，然后横交，所生后代作为零世代，采用群体继代选育法，以每年一个世代的速度进行。1996年以后，还实行继代选育与世代重叠相结合的选育方法，为了保留繁殖力和提高生长速度与瘦肉率，还采取了高强度的留种方法。在苏太猪的培育过程中，还慎重地应用了近交技术，以及系统地开展了产仔数选择方法、提高瘦肉率选择方法、生长发育性状遗传参数估测、种质特性研究、配套杂交组合筛选等配套技术近20个项目的研究，完善和丰富了苏太猪的育种工作。

2. 优良特性

经过14年的选育，苏太猪作为培育新品种于1999年3月通过国家猪品种审定专业委员会的审定，正式定名为苏太猪。审定委员会认为，苏太猪作为含有本地血液的培育新猪种，其繁殖性能以及反映种猪综合水平的窝产瘦肉量居世界领先地位，而且生长速度快，瘦肉率高，肉质鲜美，是目前中国生产商品猪的理想母本。特别是苏太猪能耐粗饲，可充分利用糠麸、糟渣、藤蔓等农副产品。母猪日粮粗纤维饲料可高达20%左右，是一个节粮型猪种。

3. 品种特征和特性

（1）体型外貌　苏太猪是全国审定猪品种或配套系中唯一一个含有50%中国猪血统的黑色瘦肉型猪种，全身被毛黑色，耳中等大前垂，嘴筒中等长、直，脸面有清晰皱纹；四肢结实，背腰平直，腹较小，后躯丰满，有效乳头7对以上。

（2）生长发育　苏太猪生长速度比地方猪种快，据王子林（2002）等测定，体重达到90千克时的平均日龄168.02天，生长最快的一窝为157天，最慢的为174天。试验期日增重655克，最快为749克，最慢为579克。试验期料重比平均为3.09，最好的为3.01，最差的为3.25。成年公猪体重198.56千克，成年母猪体重178.62千克。

（3）育肥性能　据2006年对60头育肥猪测定，育肥期公猪25~90千克、74.5~178日龄，平均日增重为628克；育肥母猪25~90千克、74.8~178.8日龄，平均日增重625克。

（4）胴体品质　据对30头育肥猪测定，宰前活重89.87千克，平均177.4日龄屠宰，屠宰率72.08%，瘦肉率56.18%。苏太猪肉肌内脂肪含量3%，大理石纹3.05，肉色鲜红、细嫩多汁、味道鲜美，是其他猪种无法媲美的。

（5）繁殖性能　苏太猪150日龄左右性成熟，母猪发情明显。初产母猪平均产仔11.68头，产活仔10.84头；经产母猪平均产活仔数14.45头，平均产活仔数13.26头，35日龄断奶，仔猪成活率90.35%。基本保持了太湖猪高繁殖力的特点。

4. 杂交利用及评价

以苏太猪为母本，与大约克猪或长白猪杂交生产的"苏太杂种猪"，164日龄体重达90千克，日增重720克，料重比2.98，胴体瘦肉率60%以上，苏太猪在日增重和饲料利用率方面呈现出较好的杂交优势，可见苏太猪是理想的杂交母本。因此，推广苏太猪为生产瘦肉型商品猪的杂交母本，可以避免普通二元母猪制作麻烦和配种困难的缺点，一次杂交可以达到或超过三元杂交的效果。而且苏太猪耐粗饲，根据江苏省苏北几个扩繁场反映，苏太母猪使用含 40% 的花生秧粉来代替部分玉米和豆粕的日粮，生产性能仍然良好，可见饲养苏太猪能降低饲养成本，这更切合我国国情。全国已有 30 个省、自治区、直辖市从苏州市苏太猪原种场引进过苏太猪，目前江苏存栏苏太母猪已超过 3 万头。从目前的推广证实，苏太猪是一个值得推广的优秀母本猪种，适合中小规模养猪场饲养与杂交利用。

第四节　配套系猪种

一、猪的遗传改良趋势

在养猪生产中，合理进行品种或品系间杂交，广泛利用杂种优势是提高养猪经济效益，降低饲养成本的重要措施。随着社会经济的发展和人民生活水平的提高，猪的遗传改良在其方向、目标和方法等方面已经发生了深刻变化。在育种方向上，猪的育种经历了高脂肉向瘦肉型猪培育的转变，且正在向优质肉猪培育的方向发展。在育种目标上，实现了由品种选育到简单的品种间杂交利用的转变，并且正在向专门化品系选育及配套杂交合成和联合育种的方向发展。其中配套杂交合成即配套系猪育种是实现猪种的高繁、快长、多肉和肉质优良的一条有效技术措施，也将是国内外养猪业发展的必然趋势。目前，配套系育种在英国和法国已是主流，几乎所有的农场中的猪场都开展配套系育种，进行专门化品系的培育。

二、配套系的含义及繁殖体系结构

（一）配套系的含义

配套系是为了使期望的性状取得稳定的杂种优势而利用各品种猪建立的繁育体系，或者说配套系就是一个繁育体系。这个体系基本由原种猪、祖代猪、父母代猪以及商品代猪组成，其中的原种猪又称为曾祖代猪。因此，配套系是指一些专门化品系经科学测定之后所组成的固定杂交繁殖、生产的体系，在这个体系中，由于各系种猪所起的作用不同，因此在体系中必须按照固定的杂交模式而不能改变，否则就会影响商品猪的生产性能。

（二）配套系的繁殖体系结构

配套系是一个特定的繁殖体系，这个体系中包括纯种（系、群）繁育和杂交繁育两个环节，而且配套系有严密的代次结构体系，以确保加性效应和非加性效应的表达，因此，在配套系育种的实践中，可以基于的模式有多种形式，或多于 4 个系，如 5 个系的 PIC 配套系猪、斯格配套系猪。配套系猪的繁殖体系基本结构如图 7-1 所示。

图 7-1 是一个典型的四系配套模式，在配套系猪育种中，通常由 3~5 个专门化品系组成，各专门化品系基本来源于几个品种即长白猪、大白猪、杜洛克猪、皮特兰猪等，在国外，各猪种改良公司分别把不同的专门化品系用英文字母或数字代表。但随着育种技术的进步，各专门化品系除了上述几个纯种猪之外，近年来还选育了合成类型的原种猪，这样的专门化品系选育过程基本经历了猪种改良公司的选育，分别按照父系和母系两个方向进行选育，其中，父系的选育性状以生产速度、饲料利用率和体系为主；而母系的选育以产仔数、

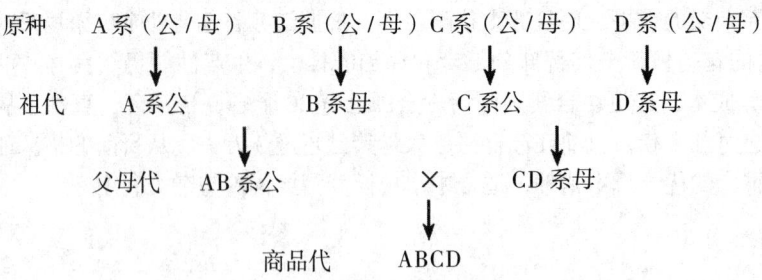

图 7-1　配套系猪的繁殖体系结构

母性好为主。这些理论在配套系猪育种的实践中为培育专门化品系指明了方向，在养猪业发展中也许品种概念逐渐被品系概念所替代。

三、配套系猪的形成及优势和应用要考虑的问题

（一）配套系猪的形成

配套系猪曾有"混交种"或"杂优猪"等称呼，配套系猪出现是基于生物种内不同品种（种群）生物杂交的后代，在许多经济性状上，有超过其父母平均值倾向的现象，即杂种优势现象。虽然猪也是这样，由于杂种优势的存在，人类力图通过最简单的办法获得并代代相传，以提高养猪生产效率。但遗传学理论和实践已证明，杂种优势是无法通过自群繁殖的方式代代相传，于是科学家们便想通过一定的体系获得和保持杂种优势，并根据市场的需求与变化，不断发展和提高杂种优势的水平，这个想法首先在农业中的粮食生产中得到实现，从此也大幅度提高了粮食产量。这种现象引起了养猪界科学家及养猪业生产者的关注和研究，国外的一些猪育种公司由于规模较大，经济实力强，猪种资源丰富，技术先进，市场目标明确，从 20 世纪 60~70 年代就研究配套系猪育种，并在 20 世纪 80~90 年代推出商业化配套系猪种。

（二）配套系猪种的优势

配套系育种目前在英法两国已是主流，业内一些专家也认为，配套系猪代表了猪业产业化发展中选育猪种的方向，当然也有一些专家持不同的意见，认为现行的三元杂交或二元杂交就很好，是我国商品瘦肉型猪的一个简便生产方式，这种生产方式将外来猪种与本地猪种杂交，简便易行，供种容易，生长迅速，饲料报酬高，又利用了我国地方猪种优良繁殖性能，在一定程度上不失为发展瘦肉型猪的一条捷径。但也要承认这种生产方式同时也存在一些问题，由于我国良种繁育体系不健全，作为母系的地方品种混杂程度大，未能充分利用杂种优势，影响了生产效益。为此，国内一些养猪专家和科技工作者也作了些研究试验与对比。据赵振华等（2007）报道，斯格配套系与杜长大杂交体系相比，斯格父母代的各性状的杂种优势率都大于长大母猪的杂种优势率。其中斯格父母代母猪在平均产活仔数指标上比长大杂交猪高 1.54 头，比祖代高 1.4 头，进一步说明斯格配套系母系具有优良的繁殖性能。斯格配套系杂交组合中繁殖性能的提高，显示了优秀的杂种优势，同时也说明斯格配套系的杂交组合在繁殖性能方面具有较好的特殊配合力。此外，斯格配套系与杜长大杂交组合比较，各品种组合的日增重，商品代杂种最高，其次为父母代。斯格配套系商品代生长速度快，早期平均日增重 375 克以上，后期平均日增重高达 998 克，全期平均日增重也达 892 克以上，相对应的杜长大商品猪早期平均日增重为 256 克，后期平均日

增重为 914 克，全期平均日增重仅 819 克，两者各时期的平均日增重差异均达到极显著水平。杂交组合用于生产最终产品是高杂优猪。斯格猪较杜长大猪在繁殖哺乳性状，早期生长性能，平均日增重和饲料报酬等方面都显示出较为优良的表现。主要原因是父母代优良的性状，一方面得益于良好的遗传基础，另一方面有目的地对纯系猪的系统选育选配对比也做出了巨大的贡献。斯格配套系在繁育生产体系中有着特定的杂交组合，杜长大三元杂交繁育体系仅利用了父本效应和个体效应，而斯格配套系杂交方式同时获取了父本效应、母本效应和个体效应三种杂种优势。可以这样定论，配套系猪与现行的三元杂交猪的差别在于期望性状（如产仔头数、生长速度、饲料转化率等）可以获得比通常的三元杂交（或多种杂交方式）更加稳定的杂种优势，其终端产品的商品肉猪具有通常的三元杂交猪无法相比的高加工品质，如整齐划一、屠宰率和分割率高等。这些优秀的品质通过配套的体系（从原种、祖代、父母代直到商品代）实现。配套系猪种从 20 世纪 80~90 年代推出，而且目前世界上的主要配套系猪种都已落户我国，并在生产中起到了积极作用。在种猪、猪肉及其制品市场的激烈竞争中，只有高生产能力同时又具有优异肉质的猪种才有可能在竞争中取胜，国内一些业内人士已认识到，只有培育杂交配套系，生产杂优猪才有可能达到高生产性能、高效益和提供优质产品的目的。

（三）应用配套系猪种要考虑的问题

近几年来，我国适时从国外引进配套系种猪，通过长期的饲养和研究，国内有关种猪公司也开展了配套系的选育，而且我国还自行培育了几个配套系猪种，并在养猪生产中起到了积极作用。由于配套系猪是在养猪业发展中的新事物，选择使用配套系种猪时，还必须要考虑一些问题。其一，需要了解配套系终端商品猪优秀的生产性能，是必须通过特定的繁育体系保障，不是简单地到有些猪场购买几个品种的种猪，模仿已有的配套模式（杂交）就能达到所谓的目标。其二，配套系猪种育种公司在推出某配套系猪种后，在原种猪层上不断淘汰选育和开展杂交试验，与时俱进地推出新的配套系猪种，以此适应市场的需求和变化，其技术、经济实力不是一般猪场能够办到的。其三，有条件的规模化猪场比较直接的办法是选择做某配套系猪种的祖代或父母代猪场，饲养祖代或父母代种猪，以确保配套系商品猪的正常生产（主要是确保父母代种猪更新的来源），当仅仅引进父母代种猪生产商品猪时，需要认真仔细考虑种猪更新是否便捷和来源稳定，必须权衡算账，更新种猪的费用与饲养配套系猪所得到的收益是否更有利润。

四、我国引入的配套系猪种

我国引入的配套系猪种有 PIC 配套系猪、迪卡配套系猪、斯格配套系猪、达兰配套系猪和伊比德配套系猪。

（一）PIC 配套系猪

PIC 公司由英国联合世界 24 个国家成立的世界第一个跨国猪改良公司，总部设在英国牛津。PIC 配套系猪是 PIC 种猪改良公司选育的世界著名配套系猪种之一，采用大约克、长白、杜洛克、皮特兰及一个合成系杂交配套育成，并以该公司命名的一个五系配套猪，PIC 中国公司在 1997 年从 PIC 英国公司遗传核心群直接进口了 5 个品系共 669 头种猪组成了核心群，开始了 PIC 种猪的生产和推广。国内长期的饲养实践证明，PIC 种猪和商品猪符合中国养猪生产的国情，已在湖北、四川等地区推广饲养成功。

1. PIC配套系猪配套模式与繁殖体系

PIC公司拥有足够的祖代品系，在五元杂交体系中，根据市场和客户对产品的不同需求，进行不同的组合用以生产祖代、父母代以及商品猪。PIC配套系猪配套模式与繁殖体系如图7-2所示。

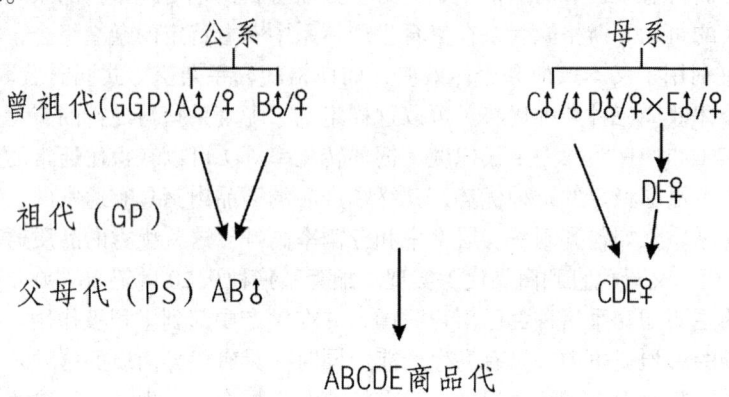

图7-2　PIC配套系猪配套模式与繁育体系

2. PIC配套系猪各品系猪的特点

（1）曾祖代原种各品系的特点　PIC曾祖代的品系都是合成系，但具备了父系和母系所需要的不同特性，共有5系，其中，A系瘦肉率高，不含应激基因，生长速度较快，饲料转化率高，是父系父本；B系背膘薄，瘦肉率高，生长快，无应激综合征，繁殖性能优良，是父系母本；C系生长速度快，饲料转化率高，无应激综合征，是母系中的祖代父本；D系瘦肉率较高，繁殖性能优良，无应激综合征，是母系父本或母本；E系瘦肉率较高，繁殖性能特别优异，无应激综合征，是母系母本或父本。

（2）祖代种猪　包括祖代公猪和母猪，祖代公猪为C系，祖代母猪为DE系，由D系和E系杂交而得，全身毛色全白，初产母猪平均产仔数10.5头以上，经产母猪平均产仔数11.5头以上。祖代种猪提供给扩繁场使用。

（3）父母代种猪　来自扩繁场，用于生产商品肉猪，包括父母代母猪和公猪。父母代母猪CDE系，商品名称康贝尔母猪，产品代码C22系，被毛白色；初产母猪平均产仔10.5头以上，经产母猪平均产仔11头以上。父母代公猪AB系，PIC的终端父本，产品代码为L402，被毛全白，四肢健壮，肌肉发达。目前，PIC中国公司的父母代公猪主要产品有L402公猪，陆续推出新产品有B280、B337、B365和B399等；父母代母猪除了PIC康贝尔C22以外，将陆续供应市场的还有康贝尔系列的C24、C44父母代母猪等。

（4）终端商品猪　PIC五元杂交的终端商品猪为ABCDE，155日龄体重可达100千克，育肥期饲料转化率1：（2.6~2.65），100千克体重背膘小于10毫米，胴体瘦肉率66%，屠宰率为73%，肉质优良。

（二）迪卡配套系猪

1. 迪卡配套系猪配套模式

北京养猪育种中心1991年从美国引入迪卡配套种猪DEK-ALB，由美国迪卡公司在20世纪70年代开始培育的。迪卡配套系种猪包括曾祖代（GGP）、祖代（GP）、父母代（PS）和商品杂优代（MK），我国从美国引进迪卡配套系曾祖代种猪，由五个系组成，均为纯种猪，这五个系分别为 A、B、C、E、F，可利用进行商品肉猪生产，能充分发挥专门化品系的遗传潜力，可获得最大杂种优势。

2. 迪卡配套系猪的特点

（1）外貌特征　迪卡配套系种公猪肩、前肢毛为白色，其他毛为黑色；母猪毛色为全白，四肢强健，耳竖立前倾，后躯丰满。

（2）生产与繁殖性能　任何代次的迪卡猪均具有典型方砖型体型，背腰平直，肌肉发达、腿臀丰满、结构匀称、四肢粗壮、体质结实、群体整齐的突出特性。而且该配套系还具有产仔数量多（初产母猪 11.7 头，经产母猪 12.5 头）、生产速度快（日增重 600~700 克，育肥猪体重达 90 千克小于 150 天）、采食抓膘能力强（料肉比 2.8：1）、胴体瘦肉率高（大于 60%）、屠宰率高（74%）、肉质好（无 PSE 肉）、适应性强、抗应激强等一系列优点。

（3）杂交效果　迪卡猪与我国北方母猪有良好的杂交优势。

（三）斯格配套系猪

1. 斯格配套系猪的繁育体系

斯格遗传技术公司是世界上大型的猪杂交育种公司之一。斯格配套系种猪简称斯格猪，原产于比利时，主要用比利时长白、英系长白、荷系长白、法系长白、德系长白、丹系长白，经杂交合成，即专门化品系杂交成的超级瘦肉型猪。斯格猪配套系育种工作开始于 20 世纪 60 年代初，已有 40 多年的历史。斯格遗传技术公司一开始从世界各地，主要是欧美等国，先后引进 20 多个猪的优良品种和品系，作为遗传材料，经过系统的测定、杂交、亲缘繁育和严格选择，分别育成了若干个专门化父系和母系。这些专门化品系作为核心群，进行继代选育和必要的血液引进更新等，不断地提高各品系的性能。目前育成的 4 个专门化父系和 3 个专门化母系可供世界上不同地区选用。作为母系的 12 系、15 系、36 系 3 个纯系繁殖力高，配合力强，杂交后代品质均一，它们作为专门化母系已经稳定了 20 年。作为父系的 21 系、23 系、33 系、43 系则改变较大，其中 21 系虽然产肉性能极佳，但因为含有纯合的氟烷基因利用受到一定限制；23 系的产肉性能极佳；33 系在保持了一定的产肉性能的同时，生长速度较快；43 系则是为对肉质有特殊要求的美洲市场选育的。我国从 20 世纪 80 年代开始从比利时引进祖代种猪，现在河北、湖北、黑龙江、北京、辽宁、福建等地皆有饲养，其中河北斯格种猪有限公司根据中国市场的需要选择引进 23、33 这两个父系和 12、15、36 这 3 个母系组成了五系配套的繁育体系，生产推广斯格瘦肉型配套系种猪和配套系杂交猪。

2. 斯格猪的特征与特点

（1）斯格配套系的母系和父系的一般特征与特点　母系的选育方向是繁殖性能好，主要表现在体长、性成熟早、发情症状明显、窝产仔数多、仔猪初生重大、均匀度好、健康、生命力强、泌乳力强。父系的选育方向是产肉性能好，主要表现在生长速度快，饲料转化率高，腰、臀、腿部肌肉发达丰满，背膘薄，屠宰率和瘦肉率高。

（2）杂优猪终端商品育肥猪　群体整齐，生长快，饲料转化率高，屠宰率与瘦肉率高，肉质好，无应激反应综合征，肉质细嫩多汁，肌内脂肪 2.7%~3.3%。

（3）外貌特征　斯格猪体型外貌与长白猪相似，四肢比长白猪短，嘴筒也比长白猪短一些，但后腿和臀部十分发达。

3. 生产与繁殖性能

斯格猪其商品代猪具有生长速度快、饲料利用率和胴体瘦肉率高、肉质好、抗应激等特性。斯格猪生长发育迅速，28日龄体重可达6.5千克，70日龄体重27千克，170~180日龄体重达90~100千克，平均日增重在650克以上，料重比在（2.85~3）：1；屠宰后胴体形状良好，平均膘厚2.3厘米，胴体瘦肉率在60%以上，后腿比例为33.22%。

4. 繁殖力

斯格猪繁殖性能好，初产母猪平均产活仔8.7头，经产母猪产活仔10.2头，仔猪成活率在90%以上。

5. 杂交利用

利用斯格猪父本开展杂交利用，在生长速度、饲料报酬和提高瘦肉率方面均能取得良好效果。

五、我国目前已形成的配套系猪种

我国目前已形成的配套系猪种有中育配套系、冀合白猪配套系、深农配套系、罗牛山瘦肉猪配套系I系、光明配套系和中国瘦肉猪新品系等。

（一）中育配套系猪

北京养猪育种中心运用现代育种理论和配套技术，经过十年的时间，培育出具有国际先进水平，适应中国市场需求的中育配套系。并在2001年开始推出中育配套系列中试产品，已经销售到全国28个省市和自治区，产生了良好的效益。

中育配套系母系和父系的特征：母系繁殖性能好，父系瘦肉猪体型，体质结实，肌肉发达，四肢粗壮，背膘不厚且均匀，瘦肉率高，氟烷敏感基因阴性。母系和父系生长速度快，饲料转化率高。

终端商品猪（也称杂优猪）的特点：出栏体重大，整齐，生长发育好，生长速度快，饲料转化率高，屠宰率与瘦肉率，肉质好无应激。中育1号配套模式确定为四系配套，商品猪命名为中育1号。CB01达100千克体重日龄147.40天，背膘厚13.32毫米，饲料转化率2.27，瘦肉率66.34%。

（二）冀合白猪配套系猪

冀合白猪配套系包括2个专门化母系和1个专门化父系。母系A由大白猪、定县猪、深县猪3个品系杂交而成，母系B由长白猪、汉沽黑猪和太湖猪中二花脸猪3个品系杂交而成。父系C则是由4个来源的美系汉普夏猪经继代单系选育而成。A、B两个母系产仔数分别为12.12头、13.02头，日增重分别为771克和702克，瘦肉率分别为58.26%和60.04%。父系C的日增重819克，料肉比2.88：1，瘦肉率65.34%。

冀合白猪配套系采取三系配成，两级杂交方式进行商品猪生产，选用A系与B系交配产生父母代AB，AB母猪再与C系公猪交配产生商品代CAB全部育肥。父母代AB与父系C杂交，产仔数达13.52头，商品猪CAB 154日龄达90千克，日增重816克，瘦肉率60.34%。其特点是商品猪全部为白色，母猪产仔多，商品猪一致性强，生长速度快，瘦肉率高。

第五节　猪种的选择与引种技术

一、根据猪场规模类型制订引种计划

（一）引种计划的确定

1. 引种计划内容

在引进种猪前首先要结合本场实际情况制订科学的引种计划，科学的引种计划包括引种场家背景、种猪市场形势、引种批次、品种（大白猪、长白猪、杜洛克猪等）、种猪级别（原种、祖代、父母代）、引种数量（关系到核心群的组建）、引种时间、资金和费用预算（种猪、运输、差旅、手续费等）、引入种猪的隔离场所、保健措施等，落实责任人和相关的工作衔接等事项。

2. 根据猪场类型确定引种数量

目前引种的猪场有3种类型，分别是新建猪场，改扩建猪场和正常生产的猪场。

（1）新建猪场　对于新建猪场，要根据生产规模确定引种计划，特别是引种数量和时间。如设计规模为万头猪场，按每头生产母猪出栏18头肉猪算，则需要生产母猪560（10 000÷18）头，按每头生产母猪年产2.2胎配种分娩率85%计算，每个月配种120（560×2.2÷12÷0.85）120头（胎）。但要考虑到新建猪场受配猪来源于后备母猪，且新建猪场一般是往往先建育肥猪舍（便于提前引种、提早生产、提早出栏），这样必须按批次引种，确定引种次数为5（560÷0.85÷120）次，每次引种130（560÷0.85÷5）头为宜。当然如果猪场有足够的栏舍和供种猪场内有足够数量、体重梯度合适的种猪供挑选，为降低引种成本，也可以减少引种次数而增加引种数量，以便根据体重大小和生产发展情况来调整配种计划。

（2）补栏的猪场　对于引种只为补栏的猪场，可按照淘汰更新情况确定引种的时间和数量。一般生产商品肉猪的猪场生产母猪的淘汰率在25%~30%，生产公猪淘汰率在30%~40%。以万头猪场为例，一年更新160头左右生产母猪，则引入后备母猪在190头左右，后备公猪12头，分3批（11月、7月和3月），每批68头。确定引种时间时要避开猪价高峰期，疫病高发期和高温季节，同时要考虑高温和寒冷对种猪生产性能的影响。

（3）扩建猪场　对于扩建猪场，可以结合新建和正常生产两个方面来确定引种头数和次数。

（二）供种场家的选择

1. 了解供种场家情况

制订引种计划之后，首先要明确引种地区和供种场情况，尽量从一家种猪场引种（最多不可超过两家），因为各个猪场的细菌、病毒存在的环境差异较大，而且某些疾病多呈隐情感染，不同种猪场的猪混群后暴发疫病的几率将大大提高。

选择场家应进行了解和咨询后，再到场家与销售和技术人员了解情况，切忌盲目考察。

2、对供种场家的要求

（1）供种场家的管理　选择适度规模，有《种畜禽生产经营许可证》且技术水平较高、售后服务性好、市场体系完善、信誉度较高的场家。

（2）供种场家的种猪健康 选择的供种场家符合科学养殖技术和疫病防控要求，选择的场家要把种猪的健康放在第一位，必要时在购种前进行采血化验，合格后再引种。为了安全可靠，引进种猪时也可进行检测，要求场家提供免疫记录、保健程序等，这样可少走弯路，保证正确引种。

（3）供种场家的品种 一般来说供种场家的品种或品系不应太多，品种太多则其来源复杂，许多疫病不好控制，最好3~4个品种；而且核心群来源清晰、简单，血缘丰富，有档案可查。种猪的系谱清楚，并符合所要引进品种的外貌特征。在引种的同时，对引进种猪进行编号。可以根据猪的耳号和产仔记录找出母亲和父亲，并进一步找出系谱亲缘关系，同时要保证耳号和种猪编号对应。

（4）供种场家的供种能力 一般来说新建的规模化猪场，并不是一次性全部购进所需的种猪数量，而是根据猪场规模和生产计划，多批次购进在标准上基本一致的种猪，这样有利于生产环节的安排，而且对资金流动也不会造成一定的压力。如果大批量从一个种猪场购进种猪，必须要求猪场能够保证在20周内全部进场，这样所选种猪要均衡分布在20周龄段内。比如一个中型200头生产母猪规模的猪场，算上后备母猪使用率90%，实际需要222头，每周段内必须有11~12头猪，如果从50~70千克开始引种，即一般在小种猪13~17周龄引入，这样就要求供种场家应该有更多的种猪以便引种业主进行挑选，而供种能力小的种猪场一般达不到这样的要求。

（三）引进猪种和数量要定位明确

1. 确定引进猪种及利用

规模化猪场本身定位要明确，所引猪种能为本场今后的发展带来最大预期经济效益，也能符合当地市场的需求。国内种猪市场主要猪种有：纯种猪、二元杂种猪及配套系猪等，引种时主要考虑本场的生产目的即生产种猪还是商品肉猪，是新建场还是更新血缘或补栏，不同的目的引进的猪种、数量各不相同。因此，在引进种猪前要根据当地的气候和本场的规模、饲养水平以及饲养目标确定引进的猪种和种猪级别。

（1）生产种猪 一般需引进纯种瘦肉型种猪，如大白猪、长白猪、杜洛克猪等，可生产销售优良纯种或生产二元杂种猪。

（2）生产商品肉猪 中小规模猪场可直接引进二元杂种母猪，配套杜洛克公猪或二元杂种公猪繁殖三元或四元商品肉猪；大规模猪场可同时引入纯种猪和二元杂种母猪，纯种猪用于杂交生产二元杂种母猪，可补充二元杂种母猪的更新需要，避免重复引种，二元杂种母猪直接用于生产商品肉猪；技术水平和管理水平较高的猪场，也可直接引入纯种猪进行二元杂交，二元猪群扩繁后再生产商品肉猪，这种模式的优点一是投资成本低，二是保证所有二元杂种母猪纯正，三是猪群整齐度高，缺点是大批量生产周期长，见效慢。但对饲养水平和管理水平较高的猪场，可以引进配套系种猪进行繁育与饲养，与传统的杂交猪相比配套系猪有更大的优势，相对而言对饲养管理水平要求也比较高，一般自繁自养的猪场直接引进配套系终端父本和母本就可以了。因为配套系种按代次分类，按饲养数量搭配推广，养猪场按程序生产，即可收到最佳效益。黑龙江黄冈县采用公司加农户的养猪方法，公司建立祖代猪场，生产父母代种猪，再按10头母猪（CD）、1头公猪（AB）搭配向农户推广，组织商品猪生产，效果很好。四川省也在一些县市推广这种模式，也已取得了一定效果。

2. 引种的时间、数量和体重

（1）引种时间　一般来说，引种应尽量避开养猪效益高峰年，这时引种，种猪挑选余地小，而且价位较高，往往引种后繁殖的后代很有可能又进入一个低谷期。就是引种数量较多时，也应该分批次进行，以增加选择强度和便于有计划配种，做到尽可能均衡生产。

（2）引种体重　对母猪而言，体重在45~60千克较为理想，不是体重越大越好，如果全年均衡产仔，还要把体重距离拉大，以便分批配种。种猪体重太小，生长发育未完全，难以确定性成熟时体形如何，也有些缺陷尚未表露出来。对公猪来讲，体重在70千克以上，但不能体重太大，体重太大，长途运输容易出问题。

（3）引种数量　一般来说如果是新建猪场也不要按生产规模全部购入，引种数量为本场总规模的1/5~1/4较适宜。但要求引种头数要比最大母猪容积量多15%，因为在种猪生产过程中，由于种种原因会造成淘汰，如不多引种15%，会造成产房、设施及人员等不能满负荷生产，降低使用率。一般猪场采用本交时，公、母猪的比例为1:（20~25），采用人工授精时，公、母比例为1:（100~500），但往往引进公猪时相对要多于此比例，以便个别公猪不能用，耽误母猪配种，增加母猪的无效饲养日。最好体重上要大、中、小搭配，各占一定比例。要更新血缘可引进少量公猪和母猪，达到增加或更新血缘的目的即可。

二、种猪的挑选技术

种猪选择的总体要求是：健康无病、生长发育良好、符合本品种特征和不同种用要求，有具体的档案材料。一般要求选择种猪既要突出重点性状，也要兼顾全面性状。主选性状的选择是根据该品种的主要性能作为挑选依据，但也不可一概而论。父系种猪主要看臀部大小、眼肌厚度、背沟深度等；母系种猪主要看生长速度、乳头数量及整齐度。全面性状考量重点注意四肢是否结实以及体形流畅性等。

（一）现场选择的相关性状

生产实践中，购买种猪一般是在现场选择，最好由多年实践经验的养猪专业人员进行选种，现场选择一般要把握以下几点。

1. 品种特征

品种都有各自的特征，如头型、耳型、躯干、四肢、毛色等，特别是挑选纯种猪时，应严格注意是否具有该品种特征如毛色、头型、耳型及体型结构等。但也要注意的是：在选种时不要过分听信场家的"忽悠"。

2. 体型结构

体型结构是整体观察种猪外貌体型的第一印象，对现场挑选种猪的人员而言，非常重要。整体观察先从各部位结构观看有无缺陷和损伤症，无凹凸背，肩部、胸腰部、臀部的结实性和匀称性。腿部、蹄部的强健性、蹄部弹性程度、体长、体高、体深及骨架的整体结构。挑的种猪整体结构要匀称，头与颈、颈与前躯、前躯与中躯、中躯与后躯，各部位结构反应良好。公猪四肢强健有力，步伐开阔，行走自如，无内外八字形，无卧系、蹄裂现象，尤其是要特别注意公猪的后肢。公猪的头、颈和前胸是公猪第二特征的表现部位，因此，要求发育到一定阶段的公猪要比母猪粗重，前胸开阔。母猪要求清秀，体格匀称。腹宽大而不下垂，骨骼结实。一般来说，公、母猪身体结实性（结构健全性，骨骼大小及强度）的遗传力高，杂交优势也显著。

3. 机能形态

母猪重点要看乳头数目和阴户，母猪有效乳头在6对以上，乳头间隔排列均匀整齐，没有无效乳头（瞎乳头、副乳头、翻乳头、凹陷乳头）；阴户较大且下垂，阴户过高过小而向上翘的母猪往往是生殖器官发育不良的个体，因此，阴户不发育或过小均与繁殖力有关，应作为母猪评定的条件。公猪要求睾丸发育良好，轮廓明显，左右对称，大小一致，不能有单睾、隐睾或赫尔尼亚，包皮不能有明显的积尿。因此，公猪睾丸的外显性，两侧睾丸大小及对称性、包皮结构（是否过大积尿）、有无短鞭、软鞭、隐睾或阴囊疝等缺陷，应作为公猪评定的条件。

4. 行为气质

首先观察挑选的种猪眼部神态应大而明亮，无鼠眼症及白眼症；公猪观其雄性特征，特别注意公猪的行走状态，行走行为的强悍性、无顾忌是公猪本能体现优秀品质的性状。一般眼光有神、活泼好动、口有白沫的公猪性欲都较旺盛。母猪要性情温驯、反应机敏、忌暴躁。

（二）生产性能选择

1. 系谱记录

挑选种猪时一定要弄清公、母猪的血缘关系，要分别从不同优秀家系中挑选，以拓宽猪群血统，减少近交。引种数量较大时，每个品种公猪血统不少于5个，且公母比例、血缘分布适中。公猪要从系谱记录上选择无隐睾、阴囊疝、脐疝等遗传缺陷的后代，出生体重在同一窝中较大的、生长速度较快的优秀个体。

2. 遗传育种值

目前，一般通过其本身的测定成绩和同胞半同胞测定成绩来评定一个后备猪的潜能，如果该猪生产性能优良，综合指数高，就可以选作后备猪。若种猪场有种猪性能测定成绩，要选择遗传育种值（EBV）大的，该猪综合性能较好。种公猪挑选最好能经过测定后，并附测定资料和种猪三代系谱。如果选择体重较大的公猪，一定要选择有性欲表现的，最好是花高价钱购买采过精液、检查过精液品质的公猪，这样可以做到万无一失。

3. 生产记录

通过查看种猪真实生产记录，可反映其真实的生产性能。如可以查看猪场的配种报表、分娩报表、饲料报酬表等；同时，还要查看猪场整齐的总产仔数、仔猪成活率、死胎、木乃伊胎、初生重、断奶重、首配月龄、发情率、流产率等。其标准为：平均总产仔10头以上，仔猪成活数8头以上，死胎、木乃伊胎、弱仔、畸形少于1.5头，初生重大于1.2千克，28日龄断奶重大于7千克，首配月龄大于9月龄，发情率大于90%。此外，还有公猪的精液量、活精率、密度、畸形率情况。

三、引种要注意的事项

（一）要注意猪种原产地的生态环境

在实践中大多数引种者往往只重视猪种自身的生产性能指标，而忽视猪种原产地的生态环境，因而引种后也常常会出现达不到预想的结果。因此，猪场业主引种时要综合考虑本猪场与供种猪场在区域大环境和猪场小环境的差别，尽可能做到本场与供种场生态环境的一致性，不宜舍近求远。

（二）引种前的准备

1.制订引种计划

根据自己猪场的建筑规模，猪场自身的定位及今后的发展方向制订出引种计划。计划包括品种、数量及种猪级别（原种、父母代或配套系等）。一定要考察能满足自身需求的大型种猪公司（场），确定一到两个品种好、信誉好，种猪繁殖性能、生长性能、体型优良，并且处于非疫区、猪只健康无病的大型种猪公司（场）。

2.引种前隔离舍的准备和消毒

引种前如果原来的猪舍有猪，就必须为引入的种猪准备一个隔离猪舍，以防新引入的种猪和猪舍原有种猪互相传染疾病。隔离舍应尽量远离有猪的猪舍，并经过全面彻底清洗、消毒。消毒液可选用1%~2%的火碱或0.1%~0.2%的过氧乙酸。消毒过的猪舍，搁置1个月方可进猪。此外，还要准备一个专用装猪台，以便在运猪车不用入场的情况下把猪赶入场内，既方便下猪，防止损伤，又可防止把病原带入猪舍。引进的种猪要有活动场所，最好是土地面，每天应进行适当的运动，保证肢蹄的健壮。

（三）引种运输中需注意的问题

1.车辆的选择

尽量选择没拉过商品猪的车，如果有条件的场尽量使用自己场内的运输车辆，而且车辆在出发前和到达拉猪场时都应充分清洗，彻底消毒。要根据运输的数量、体重来确定车辆的大小。车辆太大一方面增加了运输费用，另一方面种猪在车厢内活动面积大，互相之间没有依靠，车辆在启动和刹车时来回晃动会造成种猪四肢损伤；车辆过小，种猪密度大，会因为拥挤相互践踏或应激反应咬斗，造成压死、窒息死亡和咬伤情况出现。运猪车辆要有专门的隔栏，防止途中挤压，或者尽量选择带有猪框且有小隔栏的车辆，猪框的钢管光滑有弹性，每框可装5~6头猪的车辆最好。

2.物资和药物的准备

拉猪时在车底板装入一些垫料，夏季可用沙土，冬季可用锯末、麸皮等，可防止车厢内光滑，除防止肢蹄损伤外，还能起到保护种猪体表的作用。在车辆出发前必须准备好防雨帆布，以防种猪被雨水淋湿而感冒或引发其他疾病。此外，还可准备一些药物及饲料，药物以抗生素（如氟苯尼考、阿莫西林、支原净、痢菌净等）为主，预防由于运输应激引起的呼吸系统及消化系统疾病。运输超过半天时必须准备饲料和青绿多汁饲料，可在途中饲喂，并补充干净饮水，每5~6小时喂1次。

3.运输途中的事项

引种时要有运输经验的专业人员押车。运输前应准备好《动物运载工具消毒证明》、《出县境动物检疫合格证》、《五号病非疫区证明》、《猪免疫卡》、种猪的系谱、供种场的免疫程序、购种合同和发票、饲料配方、个别省市还需要引种方畜牧管理部门出具的"引种证明"。装猪前对每头猪最好注射一支长效抗生素（如长效土霉素），应激敏感种猪可注射镇静剂（如盐酸氯丙嗪）。装猪时应轻轰慢赶，防止损伤肢蹄。夏季可选择气温较低的时间装猪，最好选择晚上6~8点装猪，利用夜间运输。装猪完成后要尽快起程，防止停留时间过长，猪只打斗引起损伤。长途运输应尽量走高速公路，避免堵车、急刹车、急转弯，如中途发现异常，随时停车检查，驱使猪只站立，观察有无受压种猪。出现呼吸急、体温升高等异常情况时，要及时采取有效措施，可注射抗生素和镇痛退热针剂，并用温度较低的清水冲洗猪身降温，必要时可采用耳尖放血疗法。中途尽量少停车，即使停车，时间也不要太长，以免种猪起来活动互相拥挤造成打斗咬架而死亡。特别注意的是，在没有特殊情况时，尽量少用冷水冲猪降温。

（四）种猪到场后注意的问题

1. 注意饲料喂量和采取保健措施

种猪到场后切记不要饲喂大量的饲料，否则会引起便秘或者其他胃肠道病。先给种猪提供饮水，水中可添加口服补液盐或 0.05%~0.1% 高锰酸钾水，起到调节胃肠道功能，防治疾病的发生。到场后 1~1.5 天只喂少量饲料，以后逐渐增加，3~5 天后达到正常饲喂量。为了减少由于应激而引发的疾病，种猪到场后可在饲料中添加药物进行预防，方案是：5% 氟苯尼考 1 000 克 + 鼎秦 1 000 克 + 维多康 600 克，连续饲喂 2 周。

2. 隔离与观察

种猪到场后必须在隔离舍隔离饲养 30~45 天，严格检疫。应重视布氏杆菌、伪狂犬病（PR）等疫病，须采血经有关兽医检疫部门检测，确认没有细菌感染阳性和病毒野毒感染，并监测猪瘟、口蹄疫等抗体情况。种猪到场 1 周开始，应按本场的免疫程序接种猪瘟等各类疫苗，7 月龄的后备猪在此期间可做一些引起繁殖障碍疾病的防疫注射，如细小病毒、乙型脑炎等。种猪在隔离期内，接种完各种疫苗后，应进行 1 次全面驱虫，可使用广谱驱虫剂。隔离结束后，对该批种猪进行体表消毒，再转入生产区投入正常生产。

第八章
现代养猪后备猪饲养技术

后备猪包括后备公猪和后备母猪。后备猪是成年种猪的基础，后备猪的生长发育对成年种猪的生产性能、体形外貌都有直接影响。后备猪的选留与培育是猪场持续再生产的关键，培养后备猪的目的就是获得体格健壮、发育良好、具有品种特征和高度利用价值的种猪。

第一节　后备猪的选留标准与技术

一、后备猪的选留要求与技术

（一）符合本品种特征

后备猪的选择首先是品种的选择，主要选择经济性状。在品种选择时，必须考虑父本和母本品种对经济性状的不同要求。父本品种选择着重于生长肥育性状和胴体性状，重点要求增重快、瘦肉率高；而母本品种则着重要求繁殖力高、哺育性能好。无论父本还是母本品种都要求适合市场的需要，具有适应性强和容易饲养等优点。此外，无论是后备公猪还是后备母猪，都要符合本品种特征，即在毛色、体形、头形、身形、四肢粗细方面要一致。

（二）健康无病生长发育良好

生长发育是猪从量变到质变的过程。生长发育是指细胞不断增大、分裂，致使猪的骨髓、肌肉、脂肪和各组织器官不断增长成熟的现象。各组织器官和身体部分生长早晚的顺序大体是：神经组织—骨—肌肉—脂肪。出生后不断向大的形态发展，叫做生长；而发育是指组织、器官和机能不断成熟和完善，使组织器官发生质的变化，如小猪出生时不具备生殖的能力，出生后到一定时期，出现发情、排卵，并出现了性周期，即发育到了性成熟阶段。猪体各部分和各组织生长的速度及发育的程度，决定了猪的早熟型，而且体重是衡量后备猪各组织器官综合生长状况的指标，随年龄，也有一定规律。虽然猪的生长发育受品种和用途类型决定，但猪的体重增加和生长发育表现的情况，又受饲料营养、生活环境条件等多种因素的影响。饲养不良，营养物质供应不足，正常的生长发育受阻，猪只生长缓慢，体重就达不到正常标准。因此，作为种用的后备猪，一定要有一个正常的生长发育标准，否则也会影响种用价值。一般要求后备猪生长发育正常，精神状态良好，膘情适中，健康无病，不能有遗传疾患，如疝气、乳头排列不整齐、瞎乳头等。遗传疾患的存在，影响猪群生产性能的发挥，给生产效益也造成一定损失。

（三）挑选后备猪的标准

1.后备公猪

同窝猪产仔数 9 头以上，断奶仔猪数至少 8 头以上，乳头数 6 对以上，且排列均匀；四肢和蹄部良好，行走自然；体型长，臀部丰满，睾丸大小适中，左右对称。

2.后备母猪

要有健壮的体质和四肢，四肢有问题的母猪，会影响以后的配种、分娩和哺育功能；要具有正常的发情周期，发情征状明显；此外，生殖器官发育不良，阴门小的猪表明其生殖器官发育不良，不能选留；乳头至少 6 对以上，两排乳头左右对称，间隔距离适中；不要选留后躯太大，外阴较小的母猪，这样的母猪易发生难产。

二、后备猪的选留方法

（一）个体选择

个体选择是根据后备猪本身的外形和性状的表型值进行的选择。这种选择对中等以上遗传力的性状如体型外貌、生长发育、生长速度和饲料转化率等效果较好，且方法简单、有效、易掌握，实用性强。

1.种公猪的个体选择

种公猪对后代的遗传影响巨大，一头种公猪在本交的情况下每年要配种 100 余头母猪，产仔数千余头，若采用人工授精，每年配种更是在千余头。种公猪的选择应从以下两个方面要求：一是生产性能。背膘厚度，生长速度和饲料转化率都属于中等或高遗传力的性状，因此对后备种公猪的选择首先应测定该公猪在这方面的性能，选择具有较高性能指数的公猪。二是外貌评分。其一是身体结实度，特别是要有强壮的肢蹄；其二是乳房发育程度。虽然对种公猪腹底线的选择没有后备母猪重要，但种公猪可以遗传诸如翻转乳头等异常腹底线给所生的小母猪。因此，如果要选留后代小母猪，则种公猪应当具有正常的腹底线（指乳头突出，位置间距合理，每侧应具有 6 个以上发育良好的乳头）。后备种公猪外貌评分标准如表 8-1 所示。

表 8-1　后备种公猪外貌评分标准

部　位	评定说明	评定分数	
		满分	得分
基本特征	符合品种特征，雄性特征明显，身体结实匀称，骨骼强壮，被毛光泽而有色泽，膘情适中	40	
头颈	头部大小适中，颈部坚实无过多肉垂	5	
背腰	平直，结合良好	10	

续表

部 位	评定说明	评定分数	
		满分	得分
腹部	不下垂	5	
臀部	肌肉发达，腿臀围大	10	
四肢	肢蹄端正，无卧系。系短而强健，步伐开阔，行动灵活，无内外八字	20	
乳房	发育正常，至少有 6 对正常乳头，乳头排列均匀	5	
外生殖器	睾丸发育良好，左右对称	10	

　　四川省畜牧科学研究院对四川省内主要种猪场饲养的引入种猪进行了体尺等主要外貌性状的测定，并制订了引进外来猪种成年公猪的选留和淘汰指标，如表 8-2 所示。

表 8-2　成年公猪的选留于淘汰指标

评定项目	指标
基本特征	符合品种特征，无凸凹背，体质结实，四肢坚实
体长	长白猪 170~180 厘米，大约克夏猪 160~170 厘米，杜洛克猪 140~150 厘米
体高	长白猪 85~95 厘米，大约克夏猪 85~95 厘米，杜洛克猪 85~95 厘米
繁殖性能	性欲强，配种受胎率高；射精量 200 毫升，精子活力在 0.8 以上
遗传缺陷	所产后代中患有锁肛、疝气等的个体不超过 5%
疾病	患过细小病毒病、流行性乙型脑炎、伪狂犬病的个体应淘汰
四肢	结实，无病变

2.种母猪的个体选择

后备母猪的选择标准应包括以下 4 个方面的内容。

（1）母性能力　首先看母性能力，母性能力指高产仔数和断奶重，温驯、易管理，其次是背膘厚和生长速度。母性能力应具有以下条件：易受精、受胎、产仔数高；母性强、泌乳力强；在背膘厚和生长速度上具有良好的遗传潜力。

（2）乳房发育程度　乳房选择是选择种用后备母猪的一个重点。后备母猪沿腹底至少应均匀分布平排列 12 个正常的乳头，可在断奶前检查，当达到配种年龄时，必须重新检查这些乳头的发育情况，此时如发现有瞎乳头、翻转乳头或其他不良乳头时应予以淘汰，否则无效乳头在产仔后将明显降低对仔猪的哺乳能力，从而大大降低仔猪的成活数。

（3）身体结实度　身体结实对种母猪也非常重要，包括强壮的肢蹄。一般从遗传学和经受环境应激能力两方面来评价身体结实度。身体畸形的种母猪能将其缺陷传给下一代，由于母猪长时间站立在地面上，并且配种时要支撑公猪的体重，肢蹄结构尤为重要，这些性状直接影响母猪的生产性能。

（4）生产性能　包括胴体品质（背膘厚等）和生长速度等性状。四川省畜牧科学院制订的成年母猪选留和淘汰指标（表 8-3）可供参考。

表 8-3　成年母猪的选留与淘汰指标

评定项目	指标
基本特征	符合品种特征，无凸凹背，体质结实，四肢坚实
体长	长白猪 140~160 厘米，大约克夏猪 140~150 厘米，杜洛克猪 130~150 厘米，大长猪 140~155 厘米
体高	长白猪 75~85 厘米，大约克夏猪 75~85 厘米，杜洛克猪 75~85 厘米，大长猪 75~85 厘米
繁殖性能	窝产活仔数：长白猪、大约克夏猪 8~11 头，长大猪、大长猪 9~12 头，连续 3 窝产活仔 24 头或 3 窝断奶仔猪 20 头以上 低于上述性能，或断奶后 30 天不发情，或连续 3 次配种失败者应予淘汰
遗传缺陷	所生仔猪中患有锁肛、疝气等的个体不超过 5%
疾病	患过细小病毒病、流行性乙型脑炎、伪狂犬病等繁殖障碍疾病，患乳房炎、子宫炎、阴道炎、蹄病等经治疗无效的母猪，以及生产性能低的母猪，均应淘汰
四肢	结实，无病变
年龄	母猪连续使用超过 5 年应淘汰

（二）系谱选择

系谱是一个个体各代祖先的记录资料，系谱选择就是根据个体的双亲以及其他有亲缘关系的祖先的表型值进行的选择。在个体的祖先中，父、母对个体的影响较大，因此，在系谱选择中常常只利用父、母的成绩，祖代以上祖先的成绩没有很大的参考价值，也较少使用。系谱选择的资料来源早，一般用于个体本身性状尚未表现出来时，作为选择的参考，适用于中等遗传力性状如肥育性状、胴体性状、肉质性状等，或低遗传力性状如繁殖性状。因此，系谱选择准确度不高，一般只用于断奶时的选择参考。

（三）同胞选择

同胞选择是更具同胞或半同胞的性能来选择种猪的一种方法。由于所选种猪同胞、半同胞比其后代出现得早，因此利用同胞或半同胞的表型选择种猪，所用的时间比后裔测定短。如果测定种公猪后裔的产仔数，必须要等到该种公猪的女儿成年产仔后才能进行，这样会大大减少了优秀种猪的使用年限；若利用同胞、半同胞进行选择，在种公猪成年的同时，就可以确定种公猪的优劣，从而大大延长了优秀种公猪的使用年限。因此，此种选择方法相对来说简便也较可靠。

（四）后裔选择

根据被测种猪子女表型的平均值来选种的方法，称为后裔选择。后裔选择是通过子女的性能测定和比较来确定被测个体是否留作种用，此方法主要用于种公猪的选择。后裔选择是准确性较高的选种方法，但选种速度较慢，同一头公猪要等到后裔测定结果后才能大量使用，需要有 1.5~2 年的时间，延长了世代间隔，影响了选种效率。因此，目前的后裔测定仅在如下两种情况下采用：一是被测公猪所涉及的母猪数量非常大，如采用人工授精的公猪；二是被选性状的遗传力低或是一些限性性状。

三、后备猪的选留时期

（一）初生选

初生选主要从窝选和胎次选两个方面中选择。

1. 窝选

父母的生产成绩优良，同窝产仔数在7头以上；同窝仔猪中无遗传缺陷如锁肛等；对个别体重超轻，乳头在6对以下的仔猪不予选留；同窝仔猪中公猪所占比例过高不予选留。有学者研究来自不同性别组成的猪群作为后备母猪的繁殖性能，结果表明，对于来自公猪较多的仔猪群的后备母猪，其配种的成功率较低，对于窝产仔数达12头的猪群，如果公猪所占比例超过67%，那么这些猪群中的母猪不易作为后备母猪，而只能作为商品猪饲养。

2. 胎次选

后备猪一般不选头胎及6胎以上母猪所产仔猪，以3、4、5胎次为好。

凡符合上述条件的仔猪均应打上窝号及个体号，并记录出生日期、窝产仔数、品种、父母耳号，对个体应逐头记录其初生重、乳头数等。

（二）断奶时的选留

这一阶段仔猪的生产性能尚未显示，此时对预留种猪的选择，主要依据其父母的成绩，同窝仔猪的整齐度以及断奶仔猪自身的发育状况和体质外貌来决定。所选个体应生长发育良好、结构匀称、体躯长及毛光亮、背部宽广、四肢结实有力、稍高、肢距宽、眼大明亮有神、行动活泼、健康、乳头数最好在7对以上、排列均匀，并具有本品种的外貌特征，本身和同窝仔猪没有明显的遗传缺陷。生产实践中一般采用窝选或多留精选的办法，小母猪留2选1，小公猪留4选1。

（三）保育阶段结束选择

保育结束一般小猪达70日龄，经过保育阶段后，仔猪经过断奶、换环境、换料等几关的考验，有的适应力不强，生长发育受阻，有的遗传缺陷逐步表现。因此，在保育结束时进行第3次选择，可将基本合乎标准的初选仔猪转入下阶段测定。

（四）6月龄选择

6月龄时个体的重要生产性能除繁殖性能外都已基本表现出来，因此，在生产中这一阶段是选种的关键时期，应作为主选阶段。这时的选择要求综合考查，除了考察其生产速度，饲料转化率以及采食行为以外，还要观察其外形、有效乳头数以及外生殖器的发育情况并观察征候和规律等。对在上述方面不符合要求的后备猪应严格淘汰。

（五）初产阶段选择

这时后备种猪已经过几次选择，对其祖先、同胞、自身的生长发育和外形等方面已有了比较全面的评定，但对公、母猪同样要考察其生长发育、体型外貌等情况，只是重点在生产性能上。

1. 公猪选择

主要依据同胞姐妹的繁殖成绩、同胞测定的肥育性能和胴体品质以及自身性功能表现等情况确定选留或淘汰。生产中对性欲低、精液品质差、所配母猪产仔数少者要坚决淘汰。

2. 母猪选择

初产阶段母猪本身有繁殖能力和繁殖表现，对其选留或淘汰应以其本身的繁殖成绩为主要依据。生产中对总产仔数特别是产活仔数多、母性好、泌乳力强、仔猪断奶或成活率高、断奶窝重大、所产仔猪无遗传缺陷的母猪留作种用。但对出现下列情况的母猪要坚决淘汰：

7 月龄后毫无发情征兆者；在 1 个发情期内连续配种 3 次未受孕者；仔猪断奶后 30 天无发情征兆者；产仔数过少者；母性太差者。

第二节　后备公猪的饲养管理与采精调教技术

一、后备公猪培育期饲养管理的目标与要求

有一定经验的饲养者都能体会到在规模猪场中后备公猪的饲养与管理有一定难度。生产实践中，规范的猪场对后备公猪培育期的饲养管理都有目标与要求：一是维持后备公猪良好的体况，既保证体质和肢蹄强壮，又不要使体况过肥或过瘦；二是通过饲料营养调节控制，使其初配时性欲旺盛、精液品质良好；三是通过科学的调教，使其性情温顺，初配时能顺利配种，为其以后正常配种奠定基础，达到提高配种受胎率的目的。

二、后备公猪的饲养与管理

（一）后备公猪的营养标准与饲喂要求

1. 后备公猪饲料配比要求

后备公猪培育期的营养影响其进入青春的年龄及性成熟时间，必须饲喂营养平衡的公猪专用配合饲料。如果饲养的后备公猪少，又难以购入公猪专用配合料，在后备公猪 60 千克前可用生长育肥猪配合饲料饲喂，后期可用哺乳母猪配合饲料饲喂。如果自配后备公猪配合饲料，可参考有关饲养标准，要注意能量和蛋白质的比例，特别是矿物质、维生素和必需氨基酸等一定要满足需要。

2. 后备公猪的日粮营养

后备公猪的日粮营养水平前期可适当提高，后期应适当降低，其中蛋白质不低于 14%，消化能不低于 13 兆焦 / 千克，粗纤维 2.5%~5%。体重 20~50 千克，粗蛋白质 18%；体重 50 千克以后，粗蛋白质 16%~17%，赖氨酸水平 0.9%。饲喂低赖氨酸水平（0.65% 和 0.5%）的饲料，不仅对后备公猪的生长速度和料肉比有不利影响，而且会延迟性行为的发生，造成第一次射精延迟。此外，对于前期的小公猪可适当降低日粮的能量，不让其性成熟提前。在性成熟之前，过高的营养水平会使小公猪过肥，其性欲和性功能因此下降，精液品质也会变差。

3. 后备公猪的饲喂要求

后备公猪要采取限量饲喂，确保其体况不肥不瘦，但也要充分保证各器官系统的均衡生长发育。同时，还应控制饲粮体积，以防止形成垂腹而影响公猪的配种能力。生产中日喂量可根据实际情况（如体况、季节）灵活掌握，一般体重 20~50 千克，自由采食，或日喂量占体重 2.5%~3%；体重 50~100 千克，日喂量 2.5 千克，或日喂量占体重 2%~2.5%；体重 100 千克以上时应限制其采食量，喂给自由采食量的 70% 或日喂 2.5~2.7 千克的全价料直到参加配种。

（二）后备公猪的管理

1. 分群与单栏养

后备公猪从断奶选择后就要采取小群分栏饲养，对体重达 60 千克以上的要单栏饲养，

以防互相爬跨而损伤阴茎。

2.适量运动

适量运动对促进后备公猪骨骼和肌肉的正常生长发育，保持良好的种用体况和性行为非常重要。饲养后备公猪的猪舍最好配有舍外运动场，或提供足够大的活动场地。

3.定期称重记录

一般每周对后备公猪要进行体尺测量和称重一次，既能观察生长速度，又能根据体重的长势及时调整营养水平和喂量，保证后备公猪具有良好的种用体况。

4.调教

在日常饲喂中要对后备公猪进行有意识地调教，为以后的配种、采精、防疫等操作奠定基础。对后备公猪的配种调教和采精训练，一般在正式配种前的一个月进行，但具体时间也要根据猪种而定。因本地公猪性成熟和体成熟的时间早于国外种公猪，调教和初配年龄相应要早些。对引进的猪种如大白猪、长白猪、杜洛克猪等瘦肉型种公猪，初次调教日龄一般在8~9月龄，体重达到100千克，约占成年体重的50%时开始调教。对后备公猪调教训练一定要有耐心，要温和地对待调教受训的公猪。千万不要殴打公猪，使其对人产生信任，形成和睦的人猪关系。

（1）采精调教 采精调教必须采取一定的方式和方法。

（2）本交调教 对采取本交配种的公猪也要进行调教，本交调教一般在早晚时间和空腹进行，应尽量使用体重相近，性情温和，处于发情高峰的经产母猪。本交调教训练每周1~2次，每次10~15分钟，对刚调教好的公猪，开始本交配种时一般每周2~3次为宜。

5.免疫接种

后备公猪在使用前两个月根据本场免疫程序接种疫苗。

三、后备公猪的采精调教及采精技术

猪的人工授精技术因为具有可使优秀公猪基因利用最大化、减少公猪饲养数量、降低饲养成本和减少疾病传播几率等优点，而在规模化猪场中得到越来越广泛的应用。后备公猪的采精调教是整个人工授精工作的基础。后备公猪的采精调教主要是指让后备公猪利用采精台（假母台），顺利完成爬跨射精和采精的过程。

（一）适宜调教的后备公猪

后备公猪的调教必须达到体成熟时，即外来引入的瘦肉型猪种8~10月龄，体重90~120千克时进行。调教不要早于7月龄和晚于10月龄，从7~8月龄开始调教好于从6月龄就开始调教，可缩短调教时间，易于采精和延长使用时间；英国的一项研究表明，10月龄以下后备公猪的调教成功率为92%，而10~18月龄成年公猪的调教成功率仅为70%，故调教时间不能太晚。生产实践也证实，过早调教，后备公猪生理上未发育成熟，体型较小，爬跨假母台困难，会产生畏惧心理，对调教造成不良影响；过晚调教，种公猪体格过大、肥胖、性情暴躁，不易听从，调教难度增加。

（二）调教前的准备

1.调教场地

调教场地应固定，一般是在采精室或采精栏，面积9~15米²，且要紧邻精液检查室。采精室或采精栏一般建在公猪舍的一端，为独立的房间，可最大限度地减少公猪到达和离开调教场地的时间。采精室或采精栏是专门用来采精液的地方，场地应宽敞、平坦、安静、清洁、通风好、光线好、地面不滑，每次使用后对地面要清洗除异味。

2. 假母台及发情母猪的准备

假母台也称采精台，制作比较简单，一般是前高后低，长100~130厘米，宽25厘米，高50~60厘米，且高度可根据种公猪的大小进行调节，一般将高度调至与所调教的后备公猪的肩部持平。采精台要坚固、稳当、光滑，能承受种公猪压力和不损坏种公猪。采精台上部呈圆弧形，四周圆滑，没有光硬棱角和锐利的东西，为了防止碰伤阴茎，可在采精台的背上铺麻袋或其他富有弹性的垫物，也可包4毫米厚纯白食用橡胶，仿真母猪脊背，有一定的软度；或者将后部做成圆桶性状，留出空间。采精台头部两侧设辅助抚板，可根据需要装上去，作为成年体型较大公猪前脚的支撑板。采精台一般固定在采精室或采精栏的中央或一端靠墙，以一端靠墙较为方便，可以避免公猪围着假母台转圈而难于爬跨，安装位置应对着门口，地面的一端应略有坡度，便于排出公猪尿液或积水等。在假母台后下方放一块50厘米×80厘米橡胶防滑垫，防止公猪爬跨假母台打滑影响性欲。在调教前应准备一头体型和后备公猪相配的发情母猪，应有明显发情显像才行，用来刺激调教后备公猪性欲。对性欲强的后备公猪，也可以准备一些发情母猪尿洒在假母台上直接调教；或将别的公猪精液洒在假母台上刺激后备公猪爬跨假母台。

3. 采精器具准备

采精手套、集精杯、纱布等须清洁卫生，先用2%~3%碳酸氢钠或1.5%碳酸钠或肥皂、洗衣粉去污，放入温开水中，浸泡几分钟，再用干净卫生清水冲洗，晾干备用。玻璃器皿用纱布包好后按常规消毒。采精调教人员要剪短、磨光指甲、清洗消毒手和手臂。安装假阴道时要求内胎两端等长，内要平滑无皱褶，两端胶圈要上紧，从气门外灌40~42℃温水400~600毫升，使内胎温度与母猪阴道温度基本相似；调节压力时从假阴道气嘴打气，使内胎两端成三角形即成；在气门的近端外涂润滑剂，内胎里面涂至1/2。装个操作过程保持手干净、无污染。

4. 检查公猪包皮和前毛

在采精调教之前要注意检查公猪包皮和前毛，如果前毛较长用剪刀剪短，防止在采精过程中不小心揪住包皮和前毛，产生不良影响。

（三）调教方法

调教时间一般在每天早上进行。调教开始前少喂料或不喂饲料，如已喂过饲料则1~2小时后再进行。首先让待调公猪带入采精室，让其适应环境几分钟，然后赶入隔栏内或赶入观看采精公猪的爬跨和采精过程，使其对此过程有一个感观认识。在待调教前收集发情母猪尿液、公猪精液和尿液喷洒于假母台上，调教时把发情母猪赶入紧邻采精室的圈内，但不能让被调教公猪看见发情母猪，仅以发情母猪的气味、叫声来诱导被调教公猪，使其主动爬跨假母台。假母台一般安防在靠墙角的位置，与墙大概呈45°角，把被调教公猪赶到假母台与墙的夹角中，然后调教人员喊着"上"和"爬"等口语诱导公猪爬跨假母台。在整个过程中要温和耐心对待公猪，但指令要坚决，也要防止公猪进攻调教人员。如果公猪不爬跨，调教人员可用手晃动假母台头部，以吸引公猪的注意力，诱导其爬跨。如果采取上述措施后公猪还不爬跨，可找一头正在发情的母猪，身上覆盖一片麻片，公猪见到发情正旺的母猪，能急剧刺激其性欲，当公猪开始爬跨母猪时，用一只手挡住阴门，避免公猪阴茎插入母猪阴门，当公猪爬跨前冲动作越来越猛烈，阴茎伸出越来越长和有力时，挡住阴门的手应立即抓紧阴茎螺旋部并使大拇指刚好压住阴茎头部，此时，手要用力，不要让阴茎在手中滑动。随着手对阴茎的加压，阴茎越来越硬并往前伸，这时顺势将阴茎引出，但不要用力将阴茎拉出。当公猪阴茎完全伸出腹下体外后，应继续保持加压，拇指压紧阴茎头部，也可以采用一松一紧的加压方法，刺激公猪性欲并使其有快感。当公猪开始射精时，拇指与食指张开，尽量让精液直接射到集精杯中，此调教方法需要反复几次，才能使公猪习惯爬跨假母台。公猪初次调教成功后，每隔 1~2 天，按照初次调教的方法再次调教，以加深公猪对假母台的认识。经过一个星期左右的调教，公猪就会形成固定的条件反射，再遇到假母台时，一般都会做出舔、嗅、擦和咬假母台等动作，经过一段时间的亲密接触和感情酝酿后就会主动爬跨假母台，调教才算成功。

（四）采精操作

经过调教训练的公猪爬上假母台并做交配时，调教或采精人员在假母台左侧，紧靠假母台后端，面向前下方蹲下，首先按摩公猪阴茎龟头，排出包皮中的积尿后，采用拳握法握住阴茎，以右手的中指和无名指在阴茎前端螺旋体上适加压力，左手则持集精杯接阴茎射出的精液。采精人员动作一定要规范，用手握采精，动作要快而准，用力均匀适度，要 1 次采完，直到公猪主动爬下假母台。集精杯可用一次性无毒塑料杯或泡沫杯，也可用保温杯，上方覆盖 3~4 层纱布以滤去公猪射出精液中的胶状物。采精前，集精杯需置于 35~37℃恒温箱中保温，避免精子受到温差的影响。采精时还应避免阳光直接照射精液，采精完毕后要在集精杯外面贴上记录公猪号与采精时间的标签。

（五）采精调教应注意的事项和问题

1.调教人员的心态

在对公猪的调整过程中，调教人员要有细心、耐心和恒心，不能急于求成，并掌握一定的技巧，切忌鞭打和怒骂公猪，尽量给公猪创造一个和谐亲善的环境，减少对公猪的不良刺激，否则不但调教不成，反而会激怒公猪对人发起攻击。此外，调教人员心情不好、时间不充足或天气不好的情况下不要进行调教，因这时容易将自己的坏心情强加于公猪身上，使调教工作难以进行。对于不喜欢爬跨或第一次不爬跨的公猪，调教人员要有信心，并进行多次调教。

2.对性欲好坏的公猪采取不同的调教方法

公猪性欲的好坏，一般可通过其看见母猪时咀嚼唾液的多少来衡量，唾液越多，性欲越旺盛。调教时应先调教性欲旺盛的公猪，可在假母台上涂上其他公猪精液或一些发情母猪尿液、阴道黏液或利用发情母猪，用其气味诱使公猪产生性欲，爬跨假母台射精后采精；对性欲较弱的公猪，用上述方法不易调教成功，可以让其在调教性欲较强公猪时或其他公猪配种时在旁边观望，刺激公猪性欲旺盛后把发情母猪赶走，再引诱其爬跨假母台，或直接将公猪由母猪身上搬到假母台上诱使其爬跨。如不成功，反复调教几次使公猪性欲冲动达到高峰时，诱使其爬跨假母台即可采精调教成功。

3.培养公猪与调教人员的感情

调教人员要经常给公猪刷毛、按摩睾丸等，这样既可减少公猪体表寄生虫，又可增进公猪和采精调教人员的感情。一般情况下调教人员不给公猪打针和注射疫苗，防止公猪对调教人员产生怀恨心理。

4.调教时间和采精频率

对于后备公猪调教的时间一般不超过 20 分钟，每天可训练 1 次，但一周内最好不要少于 3 次，直至爬跨成功。调教时间太长，容易引起公猪厌烦，达不到调教效果。一旦爬跨成功，头一周每隔 1 天就要采精 1 次，以巩固刚建立起的条件反射，以后每周可采精 1 次，至

12 月龄后每周采 2 次，一般不超过 3 次。研究证明，1 头成年公猪 1 周采精 1 次的精液量比采 3 次的低很多，但精子密度和活力却好很多。因精子的生成大约需要 42 天，采精过于频繁，公猪的精液质量差，精子活力低、密度小，母猪配种受精率低、产仔数少，公猪的可利用年限短。但经常不采精的公猪，精子在附睾中贮存时间过长会死亡，采集的精液活精子少、活力差，不适合配种。应根据公猪年龄按不同的频率采精，不能因人而异随意采精。无论采精多少次，一旦根据母猪的数量定下采精频率之后，那么采精的时间应有规律。比如一头公猪按规定一周只在周一采精 1 次，那么下一周一定要在周一采精，不能随意更改时间，因精子的生长和成熟有一定的规律，一旦更改则会影响精液质量。还应注意的是应用于人工授精的公猪，一般不要用于自然交配，以免影响采精时性欲和情绪。

四、提高后备公猪利用率的综合技术措施

在一些猪场中，往往会出现后备公猪的利用率不理想，要么体况过肥，要么体况过瘦，要么体质和肢蹄不健壮，不是所要达到的种用和经济价值，尤其是人工采精调教训练仍然是有些猪场甚至是一些大中型猪场的难题。后备公猪利用率下降，直接增加公猪的饲养成本，间接地降低了猪场生产效益，这是让许多养猪业主都感到的一个问题。要想提高后备公猪的利用率，必须采取以下综合技术措施。

（一）后备公猪饲养与调教人员的选择

在选择饲养和调教训练后备公猪的人员时，要选择责任心强的员工。饲养和调教人员责任心不强，是造成后备公猪失去种用价值或造成后备公猪利用率低的一个原因。

（二）后备公猪的日粮选择

后备公猪体重 50~70 千克之前一般是大群饲养，没有采用后备公猪专用饲料，但在 70 千克以后就必须饲喂后备公猪饲料，125 千克以后饲喂成年公猪饲料，如果没有成年公猪饲料可用哺乳母猪饲料代替。只有营养全面的配合饲料，才能保证后备公猪正常的生长发育，但在实际生产中，一些业主观念不改变，知识不更新，还是使用混合饲料，坚持每天早晚，每头公猪喂 1~2 个鸡蛋另外补充营养，这种做法现在已经不可取了。因为现在饲养的是瘦肉型良种公猪，必须饲喂全价日粮才能满足营养需要，使用公猪专用饲料或哺乳母猪料饲喂时，营养搭配非常合理，没有必要另外补鸡蛋。但是也要注意的是，目前多数猪场没有专用的后备公猪饲料，直接饲喂哺乳母猪饲料，如果不加以限饲，会导致其生长速度过快，体重严重超标，不得不提前淘汰而失去种用价值。

（三）后备公猪的分栏饲养

后备公猪在 140 日龄后会出现爬跨等性行为，在大群中互相爬跨会导致阴茎或多或少的损伤，还可能引起公猪自淫，引起其他公猪效仿，因此后备公猪 140 日龄之后一定要分栏饲养。

（四）后备公猪的隔离适应

隔离适应是引种的关键，一般外购后备公猪的猪场对此比较重视，一般不会出现问题，而能自己生产后备公猪的猪场往往忽视隔离适应。猪隔离适应是后备公猪进入生产猪群的必经之路，是必须要做的。有些猪场由于不重视后备公猪的隔离适应，使精液品质出现问题，造成后备公猪被淘汰，生产中判断后备公猪隔离适应成功是否的标准是检测调教后备公猪开始时的精液活力。如果精液都是死精，在找不出其他原因的情况下，那么很有可能是隔离适应没做到位。

（五）后备公猪的采精调教要求与技巧

1. 采精调教要求

达到 180 日龄、体重在 110 千克后，健康状况良好时可开始采精。采精栏要大小适中，一般为 2.5 米 ×2.5 米。现卖的成品假母台高度可调，很科学，一般将高度调至与所调教的后备公猪的肩部持平。调教时应尽量保持安静，不可高声喧哗，大吼大叫，更不能因为后备公猪一时不爬假母台而发怒或殴打，在调教后备公猪时，除调教人员外，不允许其他人围观。

2. 调教技巧

（1）调教顺序　一般先放调教成功的后备公猪或者老公猪，把所采集到的精液洒在采精栏内，再把需要调教的后备公猪赶出来调教，这样做成功率会高一点。

（2）调教频率　对后备公猪采精调教一次调教成功最好。对于还没有调教成功的后备公猪最好每天上、下午各调教两次，次数太多会让后备公猪烦躁。每次调教不要超过 15 分钟，如果没有成功，马上赶出采精栏；调教频率过多或时间太长，都会适得其反。

（3）调教动作　采精栏内除假母台外不允许放置其他物体，让被调教后备公猪专心研究假母台。后备公猪进采精栏后，调教人员迅速挤掉其包皮积尿，用毛巾擦拭外阴部，然后迅速离开采精栏，让后备公猪自己观察研究假母台，当后备公猪在试爬假母台的时候调教人员再进入，待其爬上假母台后再纠正姿势，动作要轻缓。

（4）采精动作　调教人员手握成实拳状，导入阴茎，抽动 2~3 次，迅速握紧螺旋部，露出龟头，适当按摩，使后备公猪有一定快感。但对于初学采精人员来说不要按摩，只要紧紧握住就行。在采精时并要观察公猪阴茎有无生理异常，采精结束后，待公猪阴茎缓缓收回至包皮后方可松手，然后用手抚摸后备公猪的头部，表示鼓励和赞赏，建立人猪和谐关系。

（5）采精频率　对调教成功的后备公猪要巩固，否则容易失败。具体方法：每天采精 1 次，连采 3 天隔 1 天采 1 次，连采 3 次；以后每周采 1 次精。为了有效巩固调教成功的后备公猪，在调教期间还应建立良好的条件反射，具体做法是在采精完成后赶回饲养栏内，喂给一小把饲料表示奖励。

3. 后备公猪调教的常见问题及处理方法

（1）屡调屡败的后备公猪　有这类问题的后备公猪一般是不专心造成的。对这类问题可用麻袋或者竹帘遮挡采精栏，让被调教公猪在采精栏内看不到外面，使其专心观察研究假母台，最好是在修建采精栏时，在采精栏的外面修建一圈 24 厘米厚的实心墙体，高 1 米，距离采精栏 60 厘米，这样可使被调教的后备公猪能专心观察研究假母台并爬跨上假母台。

（2）爬上假母台按摩阴茎不硬的后备公猪　这样的公猪虽然很喜欢爬跨假母台，可无论如何按摩就是阴茎不硬。这样的公猪可以让其先查发情母猪，再采精就容易了，但必须重复几次。但是查情时间不能太长，应该控制在 20~30 分钟，以防疲劳。

（3）性欲好就是不爬跨假母台的后备公猪　对这类公猪可把它自己的尿液洒在假母台上刺激它，这样就很容易调教成功；或者在采精时将其关在离采精栏较近的栏内，让其观摩已经调教成功的公猪，激发爬跨假母台的欲望。

（4）性欲旺盛的后备公猪　有的后备公猪一进入采精栏就直接爬跨假母台射精，使采精人员来不及擦拭外阴，导致精液污染。这类公猪是性欲非常强，只要建立起良好的条件反射就能有效地避免此问题的出现。具体做法是在调教的时候就养成习惯，当后备公猪刚进入采精栏内时，立即对其擦拭外阴，尽管当时所采集的精液不用，但只要坚持不懈，就会有效保证精液卫生，使后备公猪建立起良好的条件反射。

（5）性欲起来慢的后备公猪 这类后备公猪进入采精栏后短时间内对假母台没有反应，也不爬跨假母台，对这类性欲起来慢的后备公猪，需延长调教时间，让公猪在采精栏内任意的嗅、咬、撕假母台，人工按摩包皮，刺激公猪的性欲。这样的后备公猪一般经过1个多小时的调教性欲才可达到高潮，开始爬跨假母台，顺利采出精液，至此调教成功。

（6）害羞的后备公猪 这类后备公猪赶入采精栏后，任调教人员怎么调教、引诱，就是不爬跨假母台；把发情母猪赶到后备公猪栏内，公猪也有性欲，满嘴泡沫，也拱母猪，母猪呆立反射也很好，但公猪就是不爬跨母猪。对这类后备公猪可把2~3头长期不发情的母猪放在同一栏内，让公猪与母猪同吃同住，一般2~3天后备公猪就会爬跨母猪，然后把后备公猪赶入采精栏内调教，公猪很快就会爬跨假母台。

（7）害怕进入采精栏的后备公猪 有的后备公猪进入采精栏后非常胆小害怕，发出低沉的警告声，也使调教人员不敢靠近，更不敢抚摸公猪。一般来说，这样的后备公猪往往是在采精栏内受到某种打击，以至于害怕进入采精栏，最常见的就是因调教或饲养人员的殴打所致。因此，调教和饲养人员的选择尤为关键，人为因素造成的问题，对后备公猪的调教会造成一定的影响。出现这样的问题，调教人员一定要耐心，要和后备公猪建立起和谐的关系。

（8）后备公猪调教成功后在采精时经常出现不爬跨假母台 在采精频率正常的情况下，公猪爬假母台时间越来越短，最后不爬。这类问题主要是因为调教人员在采精时将握住阴茎的手交替休息，甚至以为自己工作时间较长，很熟练，偶尔换手，或者手困了就提前松手，这样时间长了公猪不尽兴，也无快感，对爬跨假母台产生厌恶感，再次调教就很困难了。因此，对后备公猪第一次采精调教一定要认真操作。也有调教人员不剪指甲，造成公猪阴茎的损伤，或者是由于绑假母台麻袋的铁丝头伤害公猪龟头，产生外伤，阴茎疼痛，使后备公猪不愿爬跨。市售的假母台一般都是铁皮制成，外包海绵、帆布等。对于海绵和帆布磨损了的假母台要及时用麻袋包裹一下，最好是用地毯，以防假母台铁皮外漏刺伤阴茎或龟头。包裹假母台的麻袋或地毯应该定期更换，在绑麻袋的时候一定要避免铁丝头外漏，以防损伤公猪阴茎，也可以用麻绳代替铁丝。此外，假母台要干燥一点，在冲洗采精栏的时候尽量避免淋湿，还要定期对假母台和采精台消毒。

（9）后备公猪进入采精栏后就排粪排尿 对于这种情况可以通过调整工作顺序来改善。可采取上班后先采精，后饲喂。对于在采精栏内排粪排尿的后备公猪，首先不能殴打或训骂，其次就是立即打扫卫生，尽量不要有粪尿气味，以防别的公猪效仿排粪排尿。此外，在采精调教结束后，立即将公猪赶回饲养栏圈，不要让其在采精栏停留过久。

第三节　后备母猪的培育与饲养管理技术

一、后备母猪培育的重要性

后备母猪指生长期至初配前通过选择作种用的小母猪。后备母猪的质量直接影响猪群的生产水平和猪场的经济效益，在规模化猪场的生产中基础母猪的年淘汰率30%，因此后备母猪是构成繁殖猪群的一个重要组成部分。成功培育后备母猪，更新繁殖母猪群，提高繁殖母猪效率，以提高和改善整个猪场母猪群的生产力，是猪场持续生产经营的保证。但在一些猪场由于培育后备母猪方面的工作不被重视，经常会发生后备母猪同生长肥育猪方法饲养，未能形成种用体况，导致发情延长或不发情，配种率低等问题，从而也导致了猪场母猪繁殖率不高。生产实践已证实，成功培育后备母猪对提高母猪一生的生产性能影响极大，后备母猪饲养管理的好坏，不仅影响母猪第一胎的产仔数和初生重，而且还会影响以后多胎生产成绩。因此，后备母猪的培育与饲养管理也是猪场养猪生产中的重要环节。

二、后备母猪培育的主要目标

后备母猪培育的主要目标：一是具有良好的种用体况，即保证生长发育良好，又不过肥偏瘦，体格健壮，骨骼结实，体内各器官特别是生殖器官发育良好，具有适度的肌肉组织和脂肪组织，而过度发达的肌肉和大量的脂肪会影响繁殖性能；二是使后备母猪充分性成熟，促进生殖系统的正常发育和体成熟，保证初情期适时出现，并达到初配体重；三是根据种源和疾病情况，采取合理的药物保健方案，最大限度地减少疾病传入基础母猪群，确保健康、合格的后备母猪转入繁殖群，提高母猪的使用率。

三、后备母猪的饲养

现代的养猪生产一般把后备母猪的饲养分为四个阶段，即生长期、培育期、诱情期和适配期。要想获得优良的后备母猪，必须根据这四个不同阶段科学地制订培育方案，以期达到培育目标。

（一）生长期（断奶至 70 千克）

这一阶段要求留作种用的小母猪能充分生长发育，以自由采食的方式饲养，每千克日粮的营养浓度为：消化能 13.38~14.21 兆焦，粗蛋白质 18%~15%、钙 0.6%~0.5%，磷 0.45%~0.5%、赖氨酸 0.7%，采食量 1.5~2.5 千克 / 天。要求加大运动量，有一定的活动场地。

（二）培育期（70~100 千克）

这一阶段是后备母猪的关键阶段，主要是适当控制小母猪的种用体况，此期实行限饲，但要给予足够水平的氨基酸、钙、有效磷和维生素，尤其是维生素 A、维生素 C、维生素 E、叶酸与生物素等，最好采用专业设计的后备母猪料饲养，同时可添加含纤维素较高的饲料，如青饲料、麸皮等，使胃肠得以充分锻炼和促进胃肠发育。但这时禁喂肥育猪饲料，对肥胖小母猪还要限量饲养，可减少因母猪过肥引发的肢蹄病和失去种用价值。每千克日粮的营养浓度为：消化能 13.38~14.21 兆焦、粗蛋白质 14%~15%、钙 0.5%、磷 0.4%、赖氨酸 0.7%、采食量 2.5~2.8 千克 / 天。

（三）诱情期（100 千克至第一次发情）

这一阶段的小母猪应饲养在催情栏中，使用适量的公猪为小母猪诱情。一般采用性欲高的壮年公猪至后备母猪栏中调情，每天两次，每次 15 分钟，以诱发后备母猪的初情，为配种期打下基础。

（四）适配期（配种前 2~3 周）

这一阶段实行催情饲养，可增加排卵数，提高配种受配率。在后备母猪前 1~2 次发情期后，将其饲养在催情栏，配种前两周每日采食量增加到 3~4 千克，但在配种当天把饲料量减至 1.8~2.0 千克 / 天，此后恢复原来饲喂量。

四、后备母猪的管理

（一）合理分群

通过挑选留作种用的后备母猪，必须实行小圈分群饲养，按日龄、体重、大小分批次饲养，每圈6~8头，每头面积不低于2米²，以保证后备母猪生长发育的整齐度和均匀度，也可避免因密度过大而出现咬尾、咬耳等恶癖。

（二）充分的运动

后备母猪作为种猪培育，必须有健壮的体质，良好的体型，才能具备种猪体况的要求，而充分的运动对后备母猪的骨骼和肌肉的正常发育，结实的种用体况和性行为的产生起着不可替代的作用。生产中对后备母猪可定时驱赶运动或室外运动场运动。驱赶运动最好保证每周两次或两次以上，每次1~2小时。夏季选择清晨或傍晚凉爽的时间运动，冬季选择中午温暖的时间运动。

（三）调教与驯化

1.调教

调整后备母猪作为种猪培育，在以后的生产中，就要经历配种、防疫、产仔、哺乳、断奶转群等环节，因此在后备母猪培育时就要进行调教并注意两个问题。一是严禁对猪粗暴，在日常的饲养管理中要建立人与猪的和谐关系，从而有利于以后的配种、接产、产后护理等管理工作；二是训练猪养成良好的生活规律，如定点排粪便等。

2.驯化

驯化的目的是让后备猪逐渐接触本场已有的病原微生物，使其适应并被动地产生抗体。驯化期间，猪场不能对后备猪使用抗生素和抗病毒药物，也不消毒。实施操作具体内容为：安排舍外运动1次，每次1~3小时；光照每天14~16小时；3~5天调换一次栏圈；让后备猪与老龄、壮龄公母猪接触；连续数天将经产母猪和成年公猪粪便投入到后备猪栏内，让后备猪接触感染本场已有的病原；将经产母猪的胎衣切碎泡水拌入料中饲喂后备母猪。

（四）定期称重

定期称重个体即可作为后备猪选择的依据，又可根据称重适时调整饲粮营养水平和采食量，从而达到控制后备母猪生长发育和良好的种用体况的目的，但在实际生产中真正做到的并不多。称重的范围并不是每头都称，而是根据后备母猪的数量及生长状况有选择性的称重，一般占总数的10%~30%即可。

（五）诱情

在后备母猪生长到80千克（5.5月龄）左右时，就要人为有意识地对后备母猪诱情。其诱情方法有以下几个。

1.用性欲旺盛的公猪诱情

把性欲旺盛、分泌唾液多的种公猪赶入后备母猪圈内诱情，每天上、下午各1次，接触时间为15分钟，间隔8~10小时再接触。通过与公猪零距离的接触，使公猪的唾液、气味等来刺激后备母猪，促使后备母猪生殖系统的发育，提前进入发情期。此时虽然不能配种，但通过人为有意识地赶入公猪与后备母猪接触，可以刺激后备母猪的内分泌，促使批次集中发情，并可记录批次后备母猪的首次发情时间，如其在第二或第三情期配种及配种前的短期优饲做准备工作。

2. 混圈与移动

将后备母猪赶到发情的母猪圈内进行混圈，接受发情母猪的爬跨，或者与其他后备母猪混圈，或将后备母猪赶出圈到场地活动后再赶回原来圈室。

3. 增加日照时间

保证后备母猪每天日照时间达 8~10 小时，不超过 12 小时，也有生产者提出在后备母猪转到后备专用饲养区的当天起，应延长并保证每天不低于 16 小时的光照，夜间补充一般灯泡的照明即可（不宜用节能灯），以促进后备母猪提前进入初情期。

（六）环境控制

后备母猪舍要保持栏圈清洁干燥、温度适宜、空气新鲜，并能提供足够的光照强度和光照时间。对刚入圈室的小母猪，室温要求 20℃以上，冬季保持在 18~20℃为宜，夏季控制在 26℃以下，相对湿度 60%~75%。切忌潮湿和拥挤、通风不良和气温过高，这都对后备母猪的发情影响较大，会造成延长发情或不发情。

（七）疫病控制与保健

后备母猪在配种前 20 天要将所需接种的疫苗全部做完，确保后备母猪顺利投入生产。后备母猪所要接种疫苗为国家强制免疫的猪蓝耳病疫苗、猪瘟疫苗、口蹄疫疫苗，另外要接种影响母猪繁殖性能的猪细小病毒病、乙型脑炎、伪狂犬病等疫苗，其他视当地疫情情况有针对性接种疫苗。此外、后备母猪配种前应分别进行一次体内、外驱虫，体内驱虫可选用伊维菌素、阿维菌素和左旋咪唑等药物，体外驱虫可选用 2% 敌百虫、石硫合剂喷洒外表。其次，在饲料或饮水中可适当添加保健药物，预防疾病，除药物外，还应经常观察猪的采食、精神状况、粪便色泽等，对有病的应及时隔离治疗，无治疗价值的尽早淘汰。

五、后备母猪的配种管理

（一）配种前病原检测及防疫

具体来说后备母猪在 6 月龄体重 80~90 千克时，按照免疫程序的要求做好繁殖障碍病和其他常见传染病的免疫注射，到 7 月龄时免疫完毕。7.5 月龄逐头母猪采血检测免疫抗体，对免疫不合格的后备母猪重新免疫，直到合格方可配种，对多次免疫仍不合格的后备母猪要作淘汰处理，保证繁殖母猪群的安全。

（二）情期管理

情期管理对后备母猪的配种非常重要，实际生产中主要做好以下工作。

1. 促使后备母猪发情

将 6 月龄后备母猪与性欲旺盛的成年公猪同时放在运动场，利用公猪的追逐、拱咬等刺激后备母猪早发情。后备母猪 7 月龄时从后备猪舍迁往配种舍，也可刺激后备母猪发情，另外，与经产母猪接触 15~30 天再配种，可使新后备母猪对本场已存在的病原产生免疫力。

2. 建立发情记录

饲养管理中饲养人员必须具备"细心、耐心、精心"的工作态度，要切实注意观察后备母猪初次发情时间，5 月龄之后要建立发情记录，6 月龄之后划分发情区和非发情区，以便于达 7 月龄时对非发情区的后备母猪采取措施。发情母猪以周为单位按发情日期进行分批归类管理，并根据膘情做好限饲、优饲和开配计划。

3. 发情观察与鉴定

（1）发情观察　饲养人员或配种人员每天坚持两次发情状况检查（7:00~8:00、

16:00~17:00），并做好详细的发情检查记录，主要包括：发情时间、发情母猪的耳号和其所在圈舍的圈舍号以及预计配种时间。

（2）发情鉴定　母猪发情分3个时期，即初期、中期、后期。

① 初期。精神兴奋、食欲降低，阴户出现红肿，并有少量透明黏液流出。

② 发情中期。精神亢奋，主动接近饲养人员，拱爬其他母猪或者让其他母猪爬跨，更有甚者（特别是地方猪种）出现翻栏现象并主动去寻找公猪。此时用手压其腰荐部会出现静立不动、立耳、举尾、接受爬跨的"静立反射现象"。当阴户红肿有所消退并在阴户表面出现轻微皱折，从阴道中流出浑浊的黏液，用拇指与食指轻轻牵拉有连丝现象，为最佳时期。

③ 发情后期。精神兴奋降低，食欲增加，"静立反射"逐渐消失，警惕性增强，不愿意接近人，也不愿接受公猪爬跨，阴户颜色变淡、萎缩，阴道变得干涩。

4.适时配种条件

后备母猪配种需要控制3个条件，方可取得良好的效果，一是后备母猪240日龄左右，体重达110千克以上；二是背膘厚18~20毫米；三是在第2或第3个情期配种。在实际配种工作中，对后备母猪第一次发情一般不配种，安排10~14天短期优饲，在第2或第3次发情时及时配种为宜。初配月龄可根据背膘厚和体重来确定，若配种过早，其本身发育不健全，生理机能尚不完善，会导致其产仔数过少及影响自身发育和以后的使用年限而降低种用价值。但后备母猪也不宜配种太晚，体重过大或出现肥胖，同样会影响使用年限甚至难以配种等问题，同时还会增加培育费用。一般要求，早熟的地方猪种的后备母猪生后6~7月龄，体重达60千克以上即可配种，晚熟的培育品种和引入的纯种猪种及二元杂交母猪应在8~10月龄，体重达120千克左右开始配种。但后备母猪如果饲养管理条件较差（特别是农村中小型猪场），虽然月龄达到配种时期而体重较小，可适当推迟配种开始时期。如果饲养管理条件较好，虽然体重接近配种开始体重，而月龄未到，可提前通过调整营养水平和喂量来控制增重，使各器官得到充分发育，最好是繁殖年龄和体重同时达到适合的要求标准。

5.采用自然配种和人工授精相结合

后备母猪的配种常采用自然配种和人工授精相结合。第一次配种可采用自然配种，第二、第三次用人工授精。配种时间一般上、下午各一次，隔天再复配一次。一般猪场配种时间定在每天上午9:00前，下午3:30后各配一次。用人工授精，配种时让母猪自由站立，摩擦外阴，输精管插入的速度不宜太快，以旋转插入母猪阴道内20~25厘米，输精的速度要慢，一般要3~5分钟完成一头母猪输精。一头母猪输精2~3次，间隔时间6~18小时。由于长大二元后备母猪发情征状较"一洋一土"或地方品种表现的不明显，发情时外阴稍有肿胀，但不松弛，无皱褶，精神状态变化不明显，给适时配种带来难度，但通过加强观察和公猪试情来发现长大二元母猪发情，从而可做到适时配种。生产实践中，对长大二元后备母猪在配种时，发情时1~2天，阴户由红、湿润转为淡紫色稍干时配准率高。

六、提高后备母猪繁殖性能的综合技术和措施

后备母猪的饲养管理较难，猪场生产上由于后备母猪的饲养与管理措施不明确，不具体且无针对性，常致后备母猪投产利用率低，淘汰率高，造成种源浪费。在一定程度上讲，后备母猪的饲养管理没有得到有些养殖生产者的应有重视。从一些猪场对后备母猪培育存在的主要问题上分析，主要是按生长肥育猪饲养后备母猪，往往因过肥或过瘦，未能形成种用体况，或出现肢蹄病、繁殖障碍等。导致发情延长或不发情，配种妊娠率低，哺乳期泌乳不

足，断奶后母猪发情障碍，繁殖力低，使用寿命缩短，这就给猪场带来很大的经济损失，这在一些中小型猪场中表现尤为突出。可见，做好后备母猪的培育和饲养管理在一定程度上讲是一个系统工程，不能从单一方面进行，必须采取综合配套技术措施，从引种与培育、饲养与管理、疫病防治与保健、发情观察与配种等方面进行。

（一）建立坚实的后备母猪遗传基础

养猪业生产效率表现最为突出的是母猪生产指数，其中每头母猪年产仔猪数是目前最普遍采用的生产效率表示方法。10年前，母猪饲养场（户）力求每头母猪年产2.0窝，18头仔猪，现在该数字增至2.3窝，25头以上。要想达到此生产目标，很多猪场选择购买有较高遗传潜力的后备猪源，也有的猪场尝试自己建立扩繁体系，具体的选择取决于所获利益。生产实践表明，猪场的优秀母猪群主要从好的后备母猪生长发育方案开始，这个方案有3个重要基础：遗传基础、生理基础和营养基础。这3个基础是现代能繁母猪群，通过遗传改进所获得的遗传优势能提高母猪群繁殖生产效率的重要条件。然而，改进繁殖性能并没有快速而又简单的方法，唯有通过合理遗传育种方案及良好的配套管理技术措施，对繁殖力和窝产仔数采用缜密的选育计划，为种用猪提供良好的繁殖生理和营养水平，表现它们的繁殖力，才能得到更加高产的母系。对规模化猪场而言，特别是一些中小型猪场，在后备母猪的培育和选择上要有以下新的理念。

1. 后备母猪的选育原则

从繁殖效率理念上看，优秀的母猪繁殖性能都是以好的后备母猪生长发育计划开始的，因此，对较高瘦肉率、快速生长率、较大窝产仔数、较长母猪繁殖利用年限和较高饲料利用率以及较安全的生物保护体系的遗传选育，应是后备母猪选育的原则，以此才能保证猪场生产体系有良好的遗传基础和稳定的健康猪群，这也是提高后备母猪繁殖性能的基本条件。

2. 后备母猪的选留标准和条件

任何猪场饲养能繁殖母猪群的一个主要问题是，要不断地选择和购进足够的后备母猪，它们能在一定时间内循环繁殖填补育种群，保持猪场持续再生产的能力。因此，必须选择具有瘦肉率高、生长快、窝产仔数多的遗传潜力的后备母猪。可见，重视后备母猪的合理选留及引种，将有利于提高整个繁殖母猪群的生产性能和产值。

猪场要想获得高繁殖率母猪群，必须按一定标准选留后备母猪。后备母猪的选留要达到以下标准和条件：一是符合该品种特性，要从高产母猪的后代中选择，同胞至少12头以上，而且所产仔猪中母猪所占比例大于公猪，仔猪初生重每头1.3~1.5千克。由于初生重与大部分器官大小间的关系是后备母猪繁殖性能的早期反映，初生重较大的仔猪，器官较发达。初生重与终身生产力的关系显示的也是与母猪繁殖潜力的关系，一般来讲，初生重较大的仔母猪有望每窝产仔数达到12头，而且这样的青年母猪也确实具备年产30头仔猪以上的繁殖能力。因此，后备母猪应在窝产12头的窝中选留，平均初生重1.26千克左右为宜。二是身体健康体型良好，体格健壮，匀称整齐，背线平直，四肢强壮有力。三是具有足够的7对有效的乳头数，乳头发育良好，分布均匀，其中有3对应在脐部以前。四是外生殖器发育良好，外阴大小适中，无上翘，自身及同胞无遗传缺陷（如疝、锁肛等）。五是6月龄左右能准时第一次发情，母性好，性情温顺，适应能力与抗应激能力强。六是外观判断健康状况的标志是双眼明亮，无红眼、泪斑、眼屎等现象，尾巴摇摆灵活，无腹泻等病症出现过。七是实验室病原检测无萎缩性鼻炎、气喘病、猪瘟野毒感染等。

3.后备母猪的引种要求

后备母猪的引种，必须到管理规范及健康状况良好的种猪场选购。引种中首先要按后备母猪的选留标准进行挑选，重点是要做好隔离室的准备和进猪后的保健工作。

（1）引种要建立隔离检疫制度 为防止引种不慎而引入病源，对引进的后备母猪要隔离饲养 8~10 周，在这个时间内完成免疫接种、药物净化（细菌及寄生虫净化），同时与原场猪群同化（将本场淘汰的健康母猪和引进的后备母猪混群饲养 1 周），最后检疫无病才能进入后备猪群配种。

（2）引种到场后的保健 引种后的保健至关重要，生产中为了减少后备母猪的应激反应，主要采取以下几条技术措施：一是引进的后备母猪到场下车后，不驱赶、不惊吓，任期自由活动、休息和熟悉新环境。先让猪休息 1 小时后再采用少量多次的方法供给饮水，防止暴饮。水中可加入一些抗应激药，如 5% 葡萄糖、0.3% 食盐、电解多维。二是前几天投喂少量青饲料，控制商品饲料饲喂量，否则易造成猪的腹泻或便秘，进猪后当餐不喂食，第 2 餐喂正常料量的 1/3，第 3 餐喂正常料量的 2/3，第 4 餐可自由采食，5~7 天后逐渐过渡到正常饲喂量。三是冬季引种做好防寒保温，夏季引种要做防暑降温工作，以防应激状态下各种疾病的发生。引种后 3 天内不允许用水冲栏与冲猪身。四是引种后猪只到场出现腹泻、便秘、咳嗽、发热、皮肤有斑等症状时，一般都属于正常的应激反应，可在饲料或饮水中添加一些抗应激药物，如多种维生素、食盐等，同时根据健康状况进行西药和中药保健以提高猪体的抗病力和免疫力。实践中视引入猪的生长情况有针对性地进行营养调控，对生长缓慢、皮毛粗乱的可在饲料中加入适当的营养性添加剂，以提高猪只的适应性和生长发育速度，从而达到种用价值的目的。

（3）净化体内细菌性病源与驱虫 引种猪可在饲料中添加 80% 泰妙菌素 125 克 / 吨或 15% 金毒素 2 000 克 / 吨，每月连续饲喂 1 周直到配种；此外，引种猪进猪场后驱虫 1 次，配种前一个月再驱虫 1 次。

（二）后备母猪的繁殖生理条件是繁殖性能和效率的基础

出生以后，后备母猪的繁殖性能就由饲养管理水平和繁殖生理条件来决定，其中，后备母猪的情期管理措施对提高其繁殖性能具有一定的作用，生产实践中主要采取以下技术措施。

1.初情期启动

初情期启动是高效后备母猪发育过程的关键部分，是母猪性成熟和开始繁殖使命的重要标志。初情期指母猪具有第一次可观察发情表现、排卵并随后持续和规律性发情循环间隔的时间，后备母猪一般在 6~7 月龄，100~110 千克体重和 11~14 毫米背膘时启动初情期。初情期启动作为后备母猪饲养和管理方案的重要参数，不仅在操作上具有直观性，既不需要复杂的仪器或手段进行判定，在生产和经济上也具有可比性和预后性。因为性成熟通常取决于后备母猪的发情次数，认真观察和详细记录是鉴别性成熟的关键。但由于现代母猪具有更大的性成熟体重，使得后备母猪常常达到上市体重而未进入种用猪群，并且由于母猪生物学机能的原因，最终能用于配种的比例只为母猪后代数量的 75%~80%，最终未能用于配种的母猪必定在生产和经济上增加饲料、圈室和人工等方面的成本投入。而且初情期启动除了可鉴定后备母猪是否具备繁殖能力，还可比较后备母猪对初情期诱导反应强烈与否进一步判定其繁殖力的高低，从而淘汰不合格和繁殖力低的母猪，减少生产成本的无效投入。但由于环境对初情有显著的影响，所以初情期是可变的，而诱发初情是后备母猪管理的重要措施，使其在 165 日龄时可达初情，生产实践中对后备母猪发情通过日常管理，可使后备母猪发情提前，主要措施如下。

（1）分群饲喂　按体型日龄分群饲喂后备母猪，在160日龄时开始刺激发情。

（2）用公猪刺激发情　每天让后备母猪在圈中接触10月龄以上的公猪20分钟，但要注意监视，以避免计划外配种。后备母猪定期与成熟公猪的接触，看、听、闻、触公猪就会产生静立反射而刺激发情。

（3）混群调栏　将小母猪重新组合，调整到另一圈舍，通过改变全部的合群伙伴与生活环境，往往可使后备母猪在短期内陆续发情。

2. 催情补饲

后备母猪在配种前一段时间（10~14天）内提高饲养水平，实行短期优厚饲养，可使母猪排卵数达到最大，从而达到提高后备母猪繁殖效率的目的。研究表明，催情补饲可使后备母猪多排卵2.6枚左右，可使排卵数提高15%，从而增加产仔数。具体做法是后备母猪首次发情（不配）后至下一次（第1~2次或第2~3次发情间隔一般均为21天左右）配种前10~14天，提高饲养水平，每天给每头后备母猪提供3.5~4.0千克的配合饲料，使每日摄入代谢能提高到46.0兆焦。配种后按妊娠母猪饲养，饲喂妊娠母猪料每天每头1.8~2.2千克。此时如高水平饲喂会影响胚胎着床，导致胚胎死亡增加，这主要是血浆中黄体激素水平降低的原因造成。

（三）后备母猪的合理营养与管理

1. 后备母猪饲养和管理方案的目标

母猪是生猪生产的源头，其遗传生产潜力更是决定着猪场整个生产系统的最大生产效率。近些年来，种猪生产者在遗传选育上过度追求高生产率和高瘦肉率猪种，使得现代母猪具有更大性成熟体重及对营养失衡更敏感，并且为尽量减少母猪非生产日龄（NPD）采用早期断奶等措施，都在很大程度上损害了母猪的健康和繁殖，造成的结果就是现代规模化猪场母猪年更新率高达40%~50%，甚至在68%以上。母猪高的年更新率使得猪场必须维持更大的后备母猪群来满足生产，从而也造成不良的后果，一是增加猪场额外的成本投入，二是使得整个种母猪群体的结构偏向于低胎次母猪比例，使得母猪群体繁殖潜力和生产效率随后备母猪的增加而下降。因此，如何建立和维持一个规模合理的后备母猪群，特别是能使这些猪种具有优良的繁殖性能，是摆在猪场生产者首要面临和要解决的重要问题。国内外养猪生产的实践证明，猪种品种确定以后，营养和饲养管理是决定养猪生产成败的关键。由于后备母猪的营养和饲养管理缺乏标准化和可持续性，更多是参照生长育肥猪和妊娠母猪饲养，因此，猪场无论大小制订专门的后备母猪营养和饲养管理方案是解决问题的关键所在。生产实践中制订后备母猪营养和饲养管理方案，首先必须明确其目的所在。后备母猪的培育期的营养对母猪的繁殖性能具有短期和长期作用，通过适宜饲养管理使后备母猪获得最佳繁殖性能和长久繁殖能力，继而构建高效合理的繁殖胎次结构种猪群，这是后备母猪营养和饲养管理方案的根本使命所在，这也是后备母猪饲养和管理方案的目标。

2. 后备母猪营养和饲养管理方案的主要参数

很多养猪生产者认识不到后备母猪的选择和饲养是项系统工程，但这项系统工程并非追求形式上的简洁和完美，更多的是讲究实际应用上的可操作性和有效性。传统的后备母猪饲养管理系统不能很好地为生产者提供连续而质量较高的后备母猪，其原因在于传统的管理系统把许多作为评定后备母猪潜在的繁殖性能的指标给忽略或剔除，从而生产者无法有目的地选择具备高产性能的后备母猪和有计划地制订对后备母猪进行专门的饲养与管理方案。因此，任何一个猪场在明确营养和饲养管理方案的目标后，下一步工作就是选择和确定后备母猪培育期方案的主要参数指标，然而这离不开对组成系统的要素或参数的选择和确定。生产实践已证实，后备母猪营养和饲养管理方案的主要参数如下。

（1）后备母猪初情期日龄启动　初情期日龄启动是培育高效后备母猪发育过程的关键环节，也是母猪性成熟和开始繁殖使命的重要标志。初情期指母猪具有第 1 次可观察发情表现，一般在 6~7 月龄，100~110 千克体重和背膘 11~14 毫米时启动初情期。初情期及早启动的好处在于能尽早开始后备母猪专门饲养管理，从而通过营养等技术调节，使后备母猪具有适宜的初配体重和体况，最终影响随后胚胎存活、妊娠产出和初产母猪泌乳性能等繁殖性能。初情期启动除了可鉴定后备母猪对初情期诱导反应强烈是否进一步判定其繁殖力的高低，从而淘汰不合格和繁殖力低的后备母猪，减少生产成本的无效投入。

（2）后备母猪的初配日龄、体重和体况　后备母猪初配日龄和初情日龄密切相关，一般认为在初情日龄后的 6 周或以后为初配日龄。虽然后备母猪开始其一生繁殖使命的标志很多，如初情日龄、初配日龄、初次受孕日龄和初次分娩日龄等，并且这些指标都可影响随后的种母猪阶段的繁殖性能和终身繁殖成绩，但其中初配日龄以及初配体重、体况或体储是衡量随后种母猪阶段繁殖和终身繁殖成绩的最重要参数。配种前，后备母猪必须完全成熟，而且体型合适，同时体内要有足够的瘦肉和脂肪沉积，特别是体储，这是繁殖过程必需的，体储不够的后备母猪根本不能成功地实现配种。另外，当外界营养摄入不足或环境不良时，体储可起到"缓冲物"的作用而起到自我保护。但是，后备母猪增重过快、初配时体重过大或过胖也会因易患腿病或因肥胖而来的代谢紊乱症而被淘汰。因此，后备母猪具有适宜的初配日龄、体重和体况非常重要，一旦后备母猪开始它的种用繁殖使命，再校正或弥补其身体的不足就变得非常困难，结果是其终身的繁殖性能受到影响。

从以上两个方面可见，后备母猪初情日龄和初配日龄及体况可作为制订和优化其饲养和管理方案的主要参数。好的后备母猪饲养系统起码体现在 3 个方面：一是执行最严格的选择计划用以鉴别 75%~85% 最高产的母猪；二是优化后备母猪初情期启动诱导程序，并应用最适宜营养方案以便在初配时具有适宜的体重；三是尽量减少母猪 NPD 的积累，如低生长速度、非必要的推迟初情期和初配日龄以及后备期对母猪 NPD 累积的最大因素。其中后备母猪机体生长速度是品种、性别、营养、健康和环境等因素及各因素间相互作用的结果，更简单地说就是体现母猪日龄和体重变化的一个结果。总之，快速生长的猪体重较重且比生长慢的会更早地进入初情期，初情期日龄启动更是后备母猪饲养和管理方案中的核心繁殖参数。

3. 后备母猪的饲养与运动要求

（1）后备母猪的饲养　现代工厂化猪场饲养的种猪几乎全部是从欧美引进的瘦肉型猪种，母猪更高产、个体更大、性成熟较晚、初配日龄普遍推迟 10~60 天，与 20 世纪 70~80 年代相比，现代瘦肉型猪种后躯发育丰满，背膘储备低，营养要求更高，如果继续沿用传统的限制饲养方式饲养后备母猪，必然会导致以下结果：一是接近初情期的后备母猪促黄体激素的分泌受到限制；二是配种时体重过小，基础营养储备不足。为此，张永泰（2005）研究认为，现代瘦肉型后备母猪配种时体重稍大些，要有足够的体脂储备，但体重 60 千克以上如饲粮能量水平过高，长得过快会造成猪的体质较差，肢蹄病较多。林长光（2003）曾在后备母猪达到 150 日龄（大约 90 千克）进入育成期时，提供一种中等能量水平（13.0~13.5 兆焦/千克）和较高蛋白质（16%）的饲养并限饲（2.3~2.9 千克/天），取得了较好效果。可见使用足够的蛋白质和相对低的能量饲粮，适当限饲是必要的。后备母猪在产仔时骨骼要充分矿化，所以后备母猪在配种前必须储备充足的常量元素和微量元素。李连任（2006）研究认为，一般从体重20千克起留作种用的小母猪饲粮中等水平粗蛋白质，赖氨酸、钙、磷均应比商品猪高7%~10%。大连础明集团有限公司2003年4月从丹麦10个SPF原种猪场引进长白、大白、杜洛克3个猪种共272头，该公司在丹麦提供的种猪营养标准的基础上，吸收国内一些场家饲养丹麦猪的经验教训，通过饲养实践和广泛征求有关专家意见，制订了本场饲粮营养水平，与美国NRC（1988）公母猪营养水平平均值相比，可消化能提高了2%~3%，粗蛋白质、赖氨酸、钙、磷分别提高1.0%~1.5%、0.15%~0.18%、0.20%~0.25%、0.21%~0.18%，保证了引进猪种的饲养效果。

（2）后备母猪的运动　后备母猪四肢是否健壮是决定其使用年限的一个关键因素。研究表明，青年母猪每年因运动不足问题导致的淘汰率为13%，成年母猪为11%；另有研究报道，母猪每年因运动不足问题导致的淘汰率高达20%~45%，这在工厂化猪场尤为突出。运动不足的问题包括一系列现象，如跛腿、骨折、后肢瘫痪、受伤、卧地综合征等，其中跛腿原因有骨软骨病、烂蹄、传染性关节炎、溶骨病、骨折等，而骨软骨病是引起后备母猪和成年母猪腿弱的主要原因。虽然后备母猪腿病与很多因素如饲养的地面条件、环境、遗传等有关，但运动不足和后备母猪骨骼发育所需常量元素和微量元素以及维生素的需要量供应不足，应该是后备母猪腿病和肢蹄不够健壮的主要原因。

4. 后备母猪要适度限饲

后备母猪在5月龄后应适度限制采食，育成阶段体重60~90千克后，日采食量分别是其体重的2.5%~3.0%与2.0%~2.5%，以防止后备母猪过肥而致激素分泌失衡，卵巢会有较多的脂肪蓄积，影响后备母猪的发情与排卵数。但限饲程度对后备母猪繁殖性能的影响较大，生产实践中要注意的是，一方面需采用高饲喂水平使后备母猪初情期提早，但另一方面，进入初情期后又需限饲以控制其体增重，这两方面需进行精细平衡。在实际饲养中一般采取在后备母猪培育后期和配种前一段时间适度限饲，以防后备母猪过重过肥，使后备母猪在第二次发情配种时的体重在110~120千克。限饲时，每天饲喂含代谢能13.51兆焦/千克、总赖氨酸0.8%的饲粮2.25~2.5千克，使后备母猪不至于过肥但又不影响初情期时间。在某些实际生产条件下，对采食量进行限制不可行时，可采用一些低能原料配制低能饲粮进行饲喂，这是另外一种形式的限饲。不论采取何种限饲方式，有条件的猪场，在限饲阶段可饲喂一定量的青绿饲料，对后备母猪的催情配有一定的作用。

5. 后备母猪配种前后营养要求

（1）配种前的催情补饲　在配种前10~14天提高饲喂水平以增加排卵数的措施叫催情补饲。催情补饲提高排卵数的主要原因是能量摄入的增加而非蛋白质摄入的增加。有研究报道，代谢能摄入量增加25.10兆焦可使限饲的后备母猪获得理想的排卵数。但催情补饲一般会增加排卵数2~3枚，不过也有大于此数值的报道。催情补饲后总的排卵数不会超出正常的排卵总数。在初情期至配种期间，大部分母猪都有一定程度的限饲，而这种限饲会抑制排卵，催情补饲的作用就是降低限饲的负面影响，从而保证了限饲在控制体重方面的正面作用。

（2）配种后的饲喂要求　由于后备母猪本身仍处于生长发育的阶段，因此配种后的后备母猪的饲喂要不同于经产母猪的饲喂。生产实际中在后备母猪的整个妊娠期间其饲喂要高于经产母猪，其饲喂要求是：在配种后0~21天，日喂量1.8~2.0千克，类同于经产母猪的日喂量应在配种后22~84天，日喂量2.6~3.0千克，高于经产母猪的日喂量；在配种后

85~110 天，视后备母猪的膘情体况，日喂量应提高到 3.5~4.0 千克，有时需要高。但把握的原则是对于后备母猪在不同妊娠阶段的饲喂量始终要以其本身的膘情体况为参考依据，尽可能根据膘情体况来调整饲喂量，力争避免因担心初生仔猪体重小，而过度饲喂导致母猪过肥或害怕母猪难产而限量饲喂导致母猪偏瘦的极端现象出现，两种情况均会影响母猪正常产仔。总的来说，后备母猪或经产母猪配种前的营养水平对母猪繁殖性能的影响较配种后（妊娠初期）影响大。配种前营养水平主要对卵泡的发育产生影响，而配种后营养水平则主要影响胚胎的附值以及胎盘的形成过程。目前国内外的研究支持这样的观点，在提高配种前 1 个情期最后 1 周或哺乳期最后 1 周的营养水平，将会促进卵泡的快速发育获得较高的产仔率；但在配种后的 1~2 周适当降低营养水平则有助于胎胚附植，而在 2 周后提高营养水平有利于胎盘的形成。

6. 切实关注后备母猪的正常分娩

后备母猪能否顺利分娩产仔，决定了母猪的生死存亡，也决定其是否可以继续投入到下一个繁殖生产周期中去。但在生产中会有部分头胎母猪因产仔不顺利而遭淘汰，这种情况对于猪场来讲损失巨大。因此，关注后备母猪的正常分娩，应引起足够重视。生产中要从产前的准备工作，正确接产和产后护理等环节，细致周到，帮助后备母猪度过产仔关，并且在日后的哺乳过程中辅以人性化的关照，尤其是控制掉膘幅度，保证断奶后正常发情配种才算过好一个繁殖周期关，至此才算培育出一头合格的种母猪。

（四）后备母猪不发情的原因和对策

后备母猪 8 月龄，体重在 110 千克以上仍未发情时，称为后备母猪乏情。母猪乏情在饲养管理不够规范的中小型猪场时有发生，这直接影响养猪场母猪的利用率，也导致养猪生产成本上升，经济效益下降。

1. 后备母猪发情观察与配种情况分析

针对不少猪场反映选留或购买的后备母猪存在不发情、配不上种等繁殖障碍问题，据廖波等（2003）结合该公司对半年连续选留的 10 批 301 头后备母猪的发情、配种至分娩的整个过程进行系统详细的观察记载，并将获得的有关资料进行整理，分析结果如下。

① 后备母猪正常发情配种情况。能正常发情配种的母猪 284 头，占总数的 94.35%，说明在一般情况下，绝大多数母猪是能发情配种。

② 始终没有发情征状或假发情的后备母猪。此类情况后备母猪共 17 头，占总数的 5.65%。

③ 出现返情的母猪。正常发情配种后，出现一次返情的母猪 61 头，占总数的 20.27%；返情的母猪 61 头，占总数的 20.27%；返情 2 次的 25 头，占一次返情再配数的 40.78%，即配上了种的约 59%，连续 3 次以上返情（主要是生殖道炎症）共 13 头，占后备母猪总数的 4.32%。

④ 配种后不发情又空怀的后备母猪 8 头，占总数的 2.66%，其原因，一是配上种后，后备母猪早期因病使胚胎死亡吸收，二是子宫有炎症等。

⑤ 301 头后备母猪从 6 月龄左右选留起，观察至分娩止，其间的淘汰处理情况：不发情或假发情拒配淘汰 17 头；因子宫炎症等多次返情配不上种淘汰 16 头；配种后至产前空怀淘汰 8 头。以上共计淘汰 41 头，占总数的 13.62%。

⑥ 选留 301 头后备母猪，实际配种受胎 260 头，占选留后备母猪数的 86.38%。

⑦ 从怀孕至初胎分娩，因病流产和肢残淘汰 11 头，疾病和应激死亡 3 头，难产及出现全窝死胎、木乃伊 9 头，共损失 23 窝，占受胎总数的 8.85%。正常产仔 237 窝，占妊娠母

猪数的 91.15%，占总数的 78.74%。

综上，真正由于遗传性疾病引起生理上变化导致不能发情配种的后备母猪是少数，只占总数的 5.65%；配种后因各种疾病及部分人为原因导致配种后不孕而淘汰的占有相当高比例，约占总数的 18.27%。总之，后备母猪不发情、配种后返情及配种后因病等原因淘汰的母猪还是占了一定的比例。从该报道上看，对后备母猪必须减少各种原因导致的繁殖障碍损失，应是猪场对后备母猪管理的重点，并对此采取相应措施才能提高母猪繁殖率。

2. 后备母猪不发情的原因分析

（1）选种失误　在一些中小型猪场存在的一个主要问题是缺乏科学的选种标准，特别是当市场急需大量的后备母猪时，往往是见母就留，将不具备种用价值的小母猪留作种用。

（2）疾病因素　后备母猪在培育期患慢性消化性疾病（如慢性血痢）、寄生虫病、猪繁殖与呼吸综合征、子宫内膜炎、圆环病毒病等疾病，导致卵巢发育不全、卵泡发育不良使激素分泌不足而影响发情。

（3）饲料营养问题　后备母猪饲料营养水平过低或过高，最常见的是怕后备母猪体况过肥使能量摄入不足，体脂肪贮备偏少。有些后备母猪体况虽然正常，但在饲养过程中维生素添加不足，特别是缺乏维生素 E、维生素 A、维生素 B_1、叶酸和生物素，使后备母猪性腺发育受到抑制，性成熟推迟。在饲养过程中，任何一种营养元素的缺乏或失调，都会导致后备母猪发情推迟或不发情。

（4）饲养管理不当　一是膘情控制不合理，过瘦或过肥都会影响性成熟的正常到来；二是后备母猪单圈饲养或饲养密度过大，可导致初情期延迟；三是猪舍温度过高或过低、卫生状况差、空气质量差等应激因素也会导致后备母猪不发情或发情延迟。

（5）公猪刺激不足　后备母猪的初情期早晚除由遗传、营养等因素决定外，还与后备母猪开始接触公猪的时间有关。试验证明，当后备母猪达 160 日龄以上时，用性成熟的成年公猪进行直接刺激，可使初情期提前 30 天左右。

（6）饲喂霉变饲料　对母猪正常发情影响最大的是玉米霉菌毒素，母猪摄入有这种毒素的饲料后，其正常的内分泌功能将被打乱，导致发情不正常或排卵抑制。

3. 后备母猪乏情的应对措施

（1）合理选种　外购后备母猪要到具有种猪繁育资质，市场信誉好的专业种猪场引种。选留的后备母猪标准应体长腹深、四肢健壮、外阴大小适中、后躯丰满、健康无病。

（2）科学饲养管理　合理配制后备母猪饲料，为其提供合理日粮，特别是要满足日粮中矿物质、维生素、蛋白质和必需氨基酸的供给，注意钙磷比例，防止高钙日粮，不饲喂发霉变质饲料，这是后备母猪日粮配制的最低标准要求。此外，如促使后备母猪躯体全面发育，培育前期（80 千克以上）则采取定量限饲（此期的日喂量应为猪体重的 2.5% 以下为宜）。在后期的日粮中，可适当添加维生素 E 和中草药催情剂。有条件的猪场对后备母猪舍应设置运动场，保证后备母猪有充足的运动空间，栏舍光照要充足，防止各种环境应激，特别是要防止群体咬斗和高热高湿应激，每栏饲养头数 4 头左右，不宜大群或单个饲养，要为后备母猪提供福利化的生活环境。

（3）调控体况　体况瘦弱的母猪应加强营养，短期优饲，使其尽快达到八成膘情；对过肥母猪可采取饥饿应激处理，日粮减半，多运动少喂料，直到恢复种用体况，或在保持正常供水的前提下停止喂料 1 天，促使发情。

（4）做好疫病预防工作　按免疫程序接种疫苗（猪瘟苗、伪狂犬病苗、蓝耳病苗、细小病毒苗、乙脑苗等），以防病毒性繁殖障碍疾病引起的乏情。后备母猪的防疫种类要根据本场实际情况，不要注射本场根本没有发生过的疫病的疫苗。立足本场制订免疫计划和程序，实事求是的防疫。在后备母猪实施各种疫苗防疫间隔2周后，逐头检测抗体滴度，对抗体不合格的要补防，一头也不得漏掉，不留疾病的隐患。为了保证后备母猪的种用安全，有条件的猪场必须对其活体采扁桃体检测猪瘟的抗原，并抽血做伪狂犬的抗原检测，做到猪瘟、伪狂犬等病源的净化，为种猪群提供健康的保证。在防疫期间，公猪诱情工作不得间断，通过防疫刺激和公猪诱情，一般情况下，有部分后备母猪表现发情症状。

（5）**药物保健** 生殖道炎症和呼吸道疾病特别是前者是导致后备母猪利用率低的主要原因。因此，在后备母猪的日常饲养管理过程中，要分阶段使用中西药保健，提高抗病力，净化体内的病原体，控制支原体肺炎、放线杆菌胸膜肺炎和链球菌等细菌性疾病，防止续发感染和病原体从后备母猪垂直传给下一代仔猪。应尽量选用安全、毒性小的药物，不使用禁用兽药，少用或不用易产生残留的兽药和对猪体有毒性作用的兽药。药物保健工作还要注意的是，在防疫期间，在防疫后2周禁止采取药物保健措施，以保证各种疫苗刺激相应抗体应答的产生。

（6）**强制发情措施** 对于8月龄后体重110千克以上不发情的后备母猪，应采取强制性措施，令其发情。

① 混群调栏。将不发情的后备母猪重新组合，调换到另一圈舍，通过改变全新的合群伙伴和生活环境，往往可令原先不发情的母猪在短期内陆续发情。

② 加强运动。将不发情后备母猪赶到公共活动场内任其自由活动或适当驱赶，连续2~3天。

③ 公猪调情。每天将试情公猪赶到后备母猪栏边或活动场内，刺激不发情母猪。若经常更换调情公猪，诱情效果会更好。

④ 母猪诱导。每天将正在发情旺盛的母猪赶到不发情的后备母猪栏内或运动场中，通过嗅觉刺激和爬跨接触，诱导后备母猪发情。

（7）**药物处理** 通过各种方法仍不见效的情况下，对乏情的后备母猪可进行药物处理1~2次，如饲喂催情中药制剂、肌内注射氯前列烯醇、绒毛膜促进腺激素、孕马血清等激素促进母猪发情排卵。肌内注射激素可任选以上一项，一般催情后2~3天即可见效，个别不发情的后备母猪可于5天后重复催情一次，或改用另一种激素。激素的使用，在某些情况下可以取得比较好的效果，但激素的使用必须以饲养管理为前提，维持母猪中等偏瘦的体况，防止疾病感染，在此基础上仍不能正常发情配种的母猪，才可用激素调节。也有一些猪场常用乙烯雌酚催情，这是不适宜的，因为乙烯雌酚注射之后，虽有发情症状，但不排卵，往往屡配不孕，或窝均产仔数极低。有资料记载，乙烯雌酚长期使用还可诱发卵巢囊肿，应予以注意。对祖代和曾祖代猪场及原种猪场，应禁用激素。

（五）后备母猪的淘汰与更新

在对后备母猪培育与饲养管理过程中，要及时淘汰不合格者，尽量减少妊娠期淘汰，以降低经济损失。一是对后备母猪达270日龄从未发情，或者得了繁殖性疾病或传染性疾病而影响繁殖的要及时淘汰；二是病残或治疗效果不佳，如生长缓慢、被毛粗乱、眼睛有大量分泌物的后备母猪要及时淘汰；三是对患有气喘病、胃肠炎、肢蹄病或者患病后治疗2个疗程，未见好转的也要及时淘汰。

第九章
现代的种猪繁殖与配种技术

种猪的繁殖和配种是养猪生产中的重要环节，也是养猪技术的重要组成部分。提高种猪的繁殖潜力，充分挖掘种猪的生产性能，是猪场提高生产水平的目的，其唯一途径就是提高繁殖与配种技术水平。

第一节　种猪的生殖器官与生殖生理

一、公猪的生殖器官与生殖生理

（一）公猪的生殖器官的组成与功能

公猪生殖器官由睾丸、附睾、输精管、尿生殖道、副性腺（包括精囊腺、前列腺和尿道球腺）、阴茎及包皮等组成。其功能主要是产生精液、排出精液以及与母猪交配。

1. **睾丸**

睾丸是产生精子和睾酮的组织，是公猪最主要的性器官。精子产生于"曲细精管"，各"曲细精管"间的间质细胞，可以分泌雄性激素——睾酮，它有维持公猪雄性特征和激发公猪交配欲的作用。

2. **附睾**

附睾是精子后期成熟和贮存精子的组织器官。精子在附睾中停留很长时间，并经历重要的发育阶段而完全成熟。

3. **阴囊**

阴囊有保护睾丸和调节睾丸内温度的作用，以确保精子正常生成。阴囊温度比腹腔温度低 3~4℃，如果睾丸温度与腹腔温度相等，就不能产生精子，因此，患隐睾症的公猪不能产生正常的精子。

4.输精管

输精管是一条细长管道，是精子由睾丸排出的通道。

5.副性腺

副性腺由精囊腺、前列腺、尿道球腺等腺体组成，其分泌物是构成精液的成分，作用是冲洗尿生殖道、稀释、营养、活化精子，运送精液和形成阴道栓以防止精液倒流。

6.尿生殖道

尿生殖道为尿液和精液的共同通道，起源于膀胱，终于龟头。

7.阴茎与包皮

阴茎是公猪的交配器官，包皮可保护阴茎。

（二）公猪的生殖生理

1.公猪的性成熟与性行为

小公猪生长发育到一定阶段，睾丸中产出成熟的精子，此时称为性成熟。性成熟的时间受猪的品种、年龄、营养情况等影响。在正常饲养条件下，我国地方猪种在3~4月龄，体重25~30千克时达到性成熟；而培育猪种、引进猪种及其杂种猪，性成熟期稍晚，一般在5~6月龄，体重达70~80千克时才性成熟，还有些瘦肉量高的引进猪种，性成熟更晚，其体重达90千克以后才性成熟。公猪达到性成熟，只表明生殖器官开始具有正常的生殖功能，此时的公猪还不能参加配种。过早地使用刚刚性成熟的公猪配种，不仅影响生殖器官的正常生长发育，还会影响其自身的生长发育，缩短使用年限，降低种用价值。

公猪性成熟后，在神经和激素的相互作用下，表现喜欢接近母性、有性欲冲动和交配等方面的反射，这些反射称为性行为。性行为的出现是由刺激性因素的作用所引起，视觉、嗅觉、触觉等感官刺激，通过神经传导系统传入大脑性兴奋中枢，引起一系列的行为变化。母猪腕腺可分泌一种特殊物质，对公猪的性行为有刺激作用。公猪的性行为主要表现为交配行为，交配要经过一系列的反射动作才能完成，而这些动作是按一定的先后次序出现的。性行为由求偶、爬跨、抽动反射和交配结束等过程组成。

2.影响公猪性行为的因素

在种猪生产中，常常遇到公猪性行为不强的问题，其原因除了品种、年龄太大、生殖内分泌机能紊乱等原因外，还与以下因素有关。

（1）环境因素　公猪的性欲一般在春季强、夏季弱。夏季气温高、湿度大，不仅影响公猪性行为，且对精液品质有影响。特别是炎热的夏天，30℃以上较长时间的持续高温时公猪性行为有抑制作用，表现为爬跨次数减少，射精持续期缩短。

（2）管理和使用　一般讲，足够的光线和运动，以及合理的饲养管理与使用，对增强公猪的性行为有利，反之均可抑制公猪的性行为。

（3）体型大小　公猪与交配母猪体型不一致，可引起公猪性行为异常，主要表现为攻击行为或恐惧行为，不利于交配行为的顺利进行，易引起交配失配。

（4）群居环境　小公猪自断奶后单栏饲养，对性行为发育十分不利，交配行为显著减弱。但将性行为受影响的成年公猪靠近发情母猪舍4周后，性机能恢复正常。成年公猪单栏饲养，但与发情母猪舍靠得很近时，求偶行为与交配行为均增强。此外，配种前用发情母猪对公猪进行适当的性刺激，或让欲交配的公猪观看其他公猪的交配活动，或让公猪进行空跨1~2次等，都可增强公猪的性行为。

3.公猪的适配年龄

种公猪应在体成熟后开始配种利用，但不同的品种达到体成熟的年龄有区别，地方猪种公猪一般在 8~10 月龄，体重 60~70 千克，引进猪种和杂种猪种公猪一般在 10~12 月龄，体重 90~120 千克开始配种。

二、母猪的生殖器官与生殖生理

（一）母猪的生殖器官的组成与功能

母猪的生殖器官由卵巢、输卵管、子宫角、子宫、阴道、阴唇等组成。其功能主要为产生卵子、排出卵子以及与公猪交配。

1.卵巢

卵巢位于肾脏后方及骨盆腔内，左、右各 1 个，是椭圆形或多棱形，主要功能是产生卵子和雌性激素，其中雌性激素是刺激母猪发情的直接因素。

2.输卵管

输卵管位于子宫与卵巢之间，由两根细管组成，是卵子进入子宫的通道，主要功能是卵子和精子相互运行以及精子获能、受精和胚胎卵裂的场所，并将受精卵输入子宫内。

3.子宫

子宫由子宫角、子宫体和子宫颈组成，位于腹腔内及骨盆腔的前部，在直肠的下方，膀胱的上方。子宫是胎儿发育的场所。

4.阴道

阴道既是交配器官，又是分娩时的产道，还是子宫颈、子宫黏膜和输卵管分泌物的排出管道，由阴户和阴蒂组成。

（二）母猪的生殖生理

1.初情期

初情期指母猪初次发情和排卵的时期，也是指母猪繁殖能力开始的时期，但此时的生殖器官仍在生长发育。初情期前的母猪由于卵巢中没有黄体产生而缺少孕酮，因为发情前需要少量孕酮与雌激素的协调作用才能引起母猪发情。因此，初情期母猪往往是安静发情，即只排卵而不表现发情症状。母猪初情期到来的早与晚与品种、饲养水平、生态条件和公猪效应等因素有关，但主要因素有两个：一个是遗传因素，主要表现在品种上，一般体形较小的品种较体形大的品种到达初情期的年龄早；二是管理方案，如果一群后备母猪在接近初情期与一头性成熟的公猪接触，则可以使初情期提前。此外，营养状况、舍饲、猪群大小和季节等生态条件都对初情期有影响，一般春季和夏季比秋季或冬季母猪初情期来得早，我国的地方猪种初情期普遍早于引进猪种与培育猪种，因此在管理上要有所区别。一般国内猪种平均 97 日龄达到初情期。青年母猪初情期出现时还不适宜配种，因为生殖器官尚未发育成熟，如果此时配种受胎率低、产仔少，并影响母猪以后的生产性能。

2.性成熟期

性成熟期指母猪初情期以后的一段时期，此时生殖器官已发育成熟，具备了正常的繁殖能力。但此时母猪身体发育还未成熟，故不适宜配种，以免影响母猪和胎儿的生长发育。据研究，国内猪种在第一情期发情配种，受胎率只有 20%，但自第二情期开始几乎所有母猪均可配种受胎，国内地方猪种的性成熟期平均为 130 日龄，引进猪种性成熟较晚，一般为 180 日龄左右。

3.性行为

母猪的性行为主要表现为发情行为。母猪发情开始时，表现不安，有时鸣叫，阴部微充血，肿胀，食欲稍减退，以后阴门充血，肿胀明显，并显湿润，喜爬跨别的猪，同时亦愿意接受别的猪尤其是公猪的爬跨，表现出明显的交配欲。

（三）母猪的适配年龄

母猪的适配年龄应根据其生长发育情况而定，一般开始配种时的体重应不低于其成年群体平均体重的70%。适宜配种时间为：地方猪种6月龄左右，体重70~80千克；引进猪种或含引进猪种血液较多的猪种（系）7~8月龄，体重90~110千克。

第二节 母猪的发情规律与鉴定方法及配种时间

一、母猪的发情规律

（一）发情周期

小母猪在达到性成熟后，就出现周期性发情，即卵巢内有规律性进行着卵泡成熟和排卵，并周期性地重复这个过程。而且母猪在发情期内，除内生殖器官发生一系列生理变化，其身体外部征候也很明显，主要表现出行为和体态的变化，如不爱吃食，鸣叫不安，爬墙拱门，爬跨其他猪等，而且外阴部发生红肿，用力按压母猪腰部和臀部时静止不动，两耳直立，尾向上举，有接受公猪爬跨的要求。母猪上次发情开始到下一次发情开始的这段时间，称为发情周期，一般为18~25天，平均为21天。母猪的一个发情周期有四个阶段，即发情前期、发情期、发情后期、休情期。发情期的不同阶段，母猪有不同的表现。

1.发情前期

母猪行为不安，食欲减退，外阴部逐渐红肿胀，阴道湿润并有少量黏液，对公猪声音和气味表示好感，但不允许过分接近。此期可持续2~3天，但不宜配种。

2.发情期

发情期是母猪性周期的高潮阶段，从接受公猪爬跨开始到拒绝接受公猪爬跨时为止，可持续2~5天，并分为3个阶段。

（1）接受爬跨期 此期母猪外阴肿胀达到高峰，阴道黏膜潮红，从阴道内流出水一样的黏液，黏稠度小。此期持续8~10小时，母猪开始接受公猪爬跨与交配，但尚不十分稳定。

（2）适配期 母猪外阴肿胀开始消退并出现皱纹，黏膜呈红色，阴道分泌物变得少而黏稠，阴门有裂缝，母猪主动接近公猪，并允许公猪爬跨。按压母猪背部时不动，两耳直立，精神集中，即所谓的"呆立反射"，是配种的最佳时期。

（3）最后配种期 外阴户肿胀消退，黏膜光泽逐渐恢复正常，黏液减少或不见。

3.发情后期

发情后期又叫恢复期，母猪发情征状完全消失，外阴部恢复正常，压背反射消失，生殖器官和精神状态逐渐恢复正常。母猪不允许公猪接近，拒绝公猪爬跨。

4. 休情期

休情期又叫间情期，从这次发情消失到下次发情出现，母猪精神保持安静状态逐步过渡到下一个性周期。

（二）发情持续期

母猪发情开始至发情结束所持续的时间即发情持续期，是从母猪呈现压背站立不动或接受公猪爬跨开始算起，到拒绝压背或公猪爬跨为止，是集中表现发情征状的阶段。母猪的发情持续时间，因品种、年龄而有所不同，因而适宜配种的时间亦不一样，一般地方品种母猪发情持续时间长，可达 3~5 天；培育品种母猪发情时间短，多为 2~3 天；杂种母猪发情时间多为 3~4 天。从年龄来看，老龄母猪发情持续时间短，幼龄母猪发情持续时间长，壮年母猪发情持续时间中等。不同类型母猪发情持续时间也有差别，初配母猪的发情期持续时间比经产母猪稍短，发情表现不如经产母猪明显。另外，经产断奶母猪之间发情期持续时间也有较大差别。经产母猪断奶后出现发情时间、发情持续时间与排卵时间之间具有一定关系。母猪断奶后出现发情时间越早，发情期持续时间越长，排卵出现时间越迟；母猪断奶后出现发情时间越迟，发情持续时间越短，排卵出现时间越早。一般来说，经产母猪发情期持续时间短的不超过 20 小时，长时可达 100 小时，但 70% 左右为 24~48 小时。在养猪生产中，可根据母猪发情持续期的长短来确定配种时间。

二、母猪的发情鉴定方法

所谓发情鉴定是指通过观察母猪外部表现，阴道变化及对公猪的性欲反应等，来判定母猪是否发情和发情程度的方法。其意义在于：判断母猪的发情阶段，预测排卵时间；确定适宜配种期，及时配种或人工授精，提高受胎率。母猪的发情鉴定方法较多，生产中常用的是外部观察法和试情法。

（一）外部观察法

此法简单、有效，是猪场生产中最常用的也是最主要的母猪发情鉴定方法。猪场饲养员或配种员每天需要进行两次发情观察，上午和下午各一次，并根据以下发情特征进行鉴别，做到适时配种。

1. 神经症状

母猪开始发情时，对周围环境十分敏感，常常表现不安，两耳耸立，东张西望，食欲下降，嚎叫，拱地拱门，爬圈，追人追猪等表现。

2. 外阴部变化

母猪发情时，外阴部充血肿胀，到了发情中期卵巢开始排卵时，外阴部充血红肿程度有所减退，变成紫红色，并出现皱纹，多带有浓稠黏液，此时阴门有裂缝，是配种的最好时期。

3. 静立反应

用手按压母猪的腰椎部，母猪两耳直立或有煽动行为，多数母猪四肢叉开，呆立不动，弓腰或稍向人靠近。出现明显的"静立反应"，也是适宜配种期。

（二）公猪试情法

有些母猪，如外来猪种的瘦肉型猪和初次发情的母猪，一般发情表现不明显，压背时站立不动的表现也不明显，需要用公猪试情。所谓公猪试情法，就是母猪在发情时，对于公猪的爬跨反应的程度判断其发情阶段。其方法是将公猪赶到母猪圈内，发情母猪见到公猪时，表现痴呆站立，两耳竖立，注视公猪，接受公猪爬跨时站立不动，是母猪的最佳配种期，但此时要及时将试情公猪赶下，以免误配。

三、母猪的适时配种时间

（一）适时配种的生殖依据

母猪的配种时间准确，可提高母猪的受胎率和产仔数。但是母猪的配种时间取决于排卵时间，由于母猪在发情期即将结束的时候排卵，因此应在发情期及时配种。其原因是猪交配后，精子、卵子必须在输卵管上 1/3 处结合才能受精。由于精子要经过 2~3 小时才能到达受精部位，精子在母猪生殖道内只能存活 15~20 小时，而卵子排出后在生殖道内有受精能力的时间为 8~10 小时，所以，精子和卵子都在生命力比较旺盛的时候，在受精部位即输卵管上 1/3 处相遇结合才能受精。若过早交配，当卵子出现在受精部位，而精子部分已经死亡或衰老，达不到受精的目的；若交配过晚，精子还未到达受精部位，而卵子已经排出来，在受精部位不能相遇，同样达不到受精的目的。可见，过早或过晚配种都会影响受胎率和产仔数。

（二）适时配种的实践经验

在生产上，因母猪发情开始时间很难掌握，到底什么时候配种为适时，一般多凭实践经验。

1. 阴门抽褶和出现"止动反射"

一般在母猪发情后第 2 天，见阴门肿胀达到高峰后，刚见抽褶时配种为宜。此外，在早上巡视母猪时观察，发情母猪一般早醒、早起并爬跨其他母猪，拱门或翻圈等神经症状，配种人员到圈里按压母猪臀部，如母猪站立不动，有时两耳煽动，出现"止动反射"时配种为宜。

2. 发情母猪主动接近试情公猪

试情时赶公猪从母猪圈前经过，若母猪发情充分，即会主动上前有求偶的表现，此时配种为宜。

3. 断奶后发情母猪配种时间

对于断奶后 7 天之内的发情母猪，观察到母猪发情后在 8~24 小时内首次配种为宜，然后在第 2 天上午和第 3 天上午各再配一次；而对于断奶后 7 天以上母猪，观察到母猪发情后应立刻进行首次配种，隔 12 小时左右再配一次。一般情况下，每头母猪每个情期配种两次即可，有少数发情期持续时间长的母猪，需进行第 3 次配种。

4. 根据母猪年龄确定配种时间

在适时配种时还要考虑母猪的年龄，一般老龄发情母猪要早配，青年发情母猪要晚配，即采取"老配早，小配晚，不老不少配中间"的办法。

5. 根据猪种确定配种时间

引进猪种母猪要适当早配，地方猪种母猪可晚配，杂种母猪交配时间介于两者之间。

第三节 猪的配种技术

一、猪的配种方式和方法

配种是公、母猪达到性成熟年龄繁衍后代的性交行为。根据其方式不同，分自然交配、人工辅助交配和人工授精。

（一）自然交配

自然交配也称本交，是公、母猪性成熟后本能的性交行为，是养猪生产中常用的传统繁殖方法。将公、母猪放在一起，任其自由性交，达到繁殖的目的。生产上可分为单次配种、重复配种、双重配种和多次配种方法。

1. 单次配种

单次配种指在母猪的一个发情期内只与种公猪交配 1 次。这种配种方法在适时配种的情况下，也能获得较高的受胎率，但在难以掌握最适宜的配种时间交配，会降低受胎率和产仔数。

2. 重复配种

重复配种指在母猪的一个发情期内，用同 1 头种公猪先后配种 2 次，即在第一次配种后间隔 8~12 小时再配种 1 次，这样可以提高母猪受胎率和产仔数。

3. 双重配种

双重配种指在母猪的一个发情期内，用不同品种的 2 头公猪或同一品种但血缘关系较远的 2 头公猪先后间隔 10~15 分钟，各与母猪配种一次。这种配种方法，不仅受胎率高，而且产仔多。

4. 多次配种

多次配种指在母猪的一个发情期内隔一段时间，连续采用双重配种的方法或重复配种的方法配几次。这种配种方法可提高母猪多怀胎，多产仔的效果。

（二）人工辅助交配

这种方法是在人工辅助的情况下配种。具体做法是：让母猪站在适当位置，辅助人员在公猪爬跨母猪时，一手将母猪尾巴拉向一侧，另一手牵引公猪包皮将阴茎导向母猪阴户，然后根据公猪肛门附近肌肉伸缩情况，判断公猪是否射精。当公猪射完精离开母猪后，用手拍压母猪腰部，可防止精液倒流。这种方法在本交中往往也要采用。此外，当公猪与交配母猪体格大小不一致时，一般要采取一些辅助措施。当公猪小母猪大时，要为公猪准备一个斜面垫板，或把母猪赶斜坡上，让公猪站在高处交配，称之"顺坡爬"；当公猪大母猪小时，应准备配种交配架或让公猪站在斜坡上的低处交配，称之为"就高上"。人工辅助交配在生产实践中对初次参加配种的青年公猪尤为重要。由于初次参加配种的青年公猪性欲旺盛，往往出现多次爬跨而不能使阴茎插入阴道，造成公、母猪体力消耗很大，甚至由于母猪无法支撑而导致配种失败。因此，对青年公猪初次配种实施人工辅助交配尤为重要。

（三）人工授精

猪的人工授精又称为人工配种，是人为地采集公猪精液，经过精液品质检查、稀释、保存等一系列处理后，再将合格的精液输入到发情母猪的生殖道内使其受胎的配种方法。

二、猪的人工授精技术

（一）采精方法

1. 采精室的设计

采精室是收集公猪精液的地方，采精室适宜温度为 15~25℃，不宜低于 10℃，有条件的猪场采精室可安装空调来保持采精时的适宜温度。采精室与实验室之间应安装传递口，不能安装门。考虑到采精员的安全，一般在采精区外 80~100 厘米处，设安全区用安全栏隔开，方法是用直径 12~16 厘米的钢管埋入地下，使其高出地面 75 厘米，两根钢管间的间距为 28 厘米，并安装一个栅栏门。

2. 假母猪的设计

假母猪是用来供公猪爬跨采精的器械，可用木材制作，也可购买钢制假母猪商品。

3、种公猪采精调教

种公猪采精调教方法见前章所述。

4. 采精操作技术

公猪精液的获得，一般有两种方法，即假阴道采精法和徒手采精法，假阴道采精法适合寒冷地区采用，目前猪场最常用的是后一种方法。

徒手采精法也叫手握法，其原理是模仿母猪子宫对公猪螺旋阴茎龟头约束力而引起公猪射精。手握法采精的操作步骤如下：

第一步，采精员一手戴双层手套（内层为对精子无毒的聚乙烯手套，外层为一次性塑料薄膜手套），另一手持 37℃保温集精杯用于收集精液。

第二步，饲养人员将待采精的公猪赶进采精室（栏），用 0.1% 高锰酸钾溶液清洗其腹部和包皮，再用水清洗干净。

第三步，采精员挤出公猪包皮积尿，并按摩公猪包皮部，刺激公猪爬跨假母猪。

第四步，公猪爬跨假母猪并逐步伸出阴茎，此时采精员脱去外层手套，左手握成空拳，手心向下，于公猪阴茎伸出的同时导入空拳内，立即紧紧握住阴茎头部，不让其来回抽动，使龟头微露于拳心之外约 2 厘米，用手指由轻到紧、带弹性、有节奏地压迫阴茎，并摩擦龟头部，激发公猪的性欲，公猪的阴茎即开始作螺旋式的伸缩抽送。此时，采精人员握拳要做到既不使公猪阴茎滑掉，又不握得过紧，满足公猪的交配感觉要求，直到公猪的阴茎向外伸展开时公猪开始射精。公猪射精时，采精员拳心要有节奏收缩。

第五步，用 4 层纱布过滤收集精液于保温集精杯内。

公猪的射精过程可分为 3 个阶段，第一阶段射出少量白色胶状液体，不含精子，不收集；第二阶段射出的是乳白色浓度高的精液，为收集精液；第三阶段射出含精子较少的稀薄精液，也可不收集。公猪射精时间为 1~5 分钟不等。当公猪（第一次）射精停止，可按上述办法再次压迫阴茎及摩擦龟头，可第二次、第三次射精，直至射完精为止。正常情况下 1 头公猪射精量为 150~250 毫升，但射精量与公猪年龄、个体大小、品种、采精技巧和采精频率有关。

第六步，采精结束后，先将过滤纱布丢弃，然后用盖子盖住集精杯，迅速送到精液处理室。

良好的采精操作程序是保障公猪健康和精液生产的基础，由训练有素的采精员进行科学合理的采精，不仅每次采集的精液量大，精液品质好，而且可使精液保存的时间延长，还使种公猪的利用年限延长。

5. 采精注意事项

（1）采精员要用拇指和食指抓住阴茎的螺旋体部分　采精员无论用左手或右手，当握住公猪的阴茎时，都要注意用食指和拇指抓住阴茎的螺旋体部分，其余3个手指并予以配合，要随着阴茎的勃动而有节律地捏动，给予公猪刺激产生快感而射精。

（2）采精员要戴双层手套　采精时采精员握阴茎的那只手一般要戴双层手套，最好是聚乙烯制品的手套，对精子杀伤力较小。当将公猪包皮内的尿液挤出后，将外层手套去掉，以免污染精液或感染公猪的阴茎。

（3）注意手握阴茎的力度　采精时，采精员手握阴茎的力度太大或太小都不行。用力太小，阴茎容易脱掉，采不到精液；用力太大，一是容易损伤阴茎，二是公猪很难射出精液。采精时，公猪一旦开始射精，手应立即停止捏动，而只是握住阴茎，见公猪射精完后，手应马上捏动，以刺激公猪再次射精。

（4）弃去前面较稀和最后射出的精液　当公猪射精时，一般前面射出的较稀的部分精清弃去不要。由于尿生殖道是尿液和精液的共同通道，公猪最初射出的精液中会有尿生殖道中残留的尿液，其中含有大量的微生物和危害精子的机体代谢物质，而且最初射出的精液中几乎不含精子，主要是副性腺分泌物。当射出乳白色的液体时，即为浓精液，要用采精杯收集起来。公猪在射精的过程中，再次或多次射出较稀的精清和最后射出的较为稀薄的部分，都应弃去。精液品质的好坏其评价标准是取决于在相同的取舍方法下所得精子的密度和活力的高低，精液量只是其中一个标准。

（5）防止包皮液混入精液　公猪具有发达的包皮囊，其中积有不少于50毫升的发酵尿液和分泌物，包皮液对精子的危害性极大。当采精员右手按摩包皮囊时，尽可能挤净包皮液，并用消毒过的纸巾擦净包皮口。

（6）精液要用4层纱布过滤　采精杯上面套的4层过滤用的纱布，使用前不能用水洗，若用洗则要烘干后再用。

（7）采精员要注意人身安全　采精员应耐心细致，确保自身和公猪的安全，一旦公猪出现攻击行为，采精员应立即逃至安全区内。

（8）固定每次采精时间　应在上午采食后2小时采精，饥饿状态时和刚喂饱不能采精，最好固定每次采精的时间。采精频率也要固定，成年公猪每周2~3次，青年公猪（1岁左右）每周1~2次。

（9）对公猪实施奖励　公猪射精的过程少则1~5分钟，多则5~10分钟，采精员要耐心操作。采精结束要让公猪自然爬下假猪台，对于那些采精后不下来而又不射精的公猪，不要让它形成习惯，应将它赶下假猪台。对采精后的公猪最好实施奖励，饲喂1~2枚鸡蛋，使公猪形成条件反射，以利于后续的采精。

（二）精液品质的检查

1. 精液品质检查的目的和方法及基本操作原则

公猪精液品质的好坏直接影响繁殖力，因此，进行精液品质检查的目的是鉴定精液的质量，一方面以此来判定种公猪生殖功能状态和采精技术的成败，了解公猪精液的优劣，确定其配种负担能力，检验公猪饲养水平；另一方面，决定人工授精时精液的取舍和确定制作输精的头份、稀释的倍数等。现行评定精液品质的方法有外观检查法、显微镜检查法、生物化学检查法和精子生活力检查法四种，但在实际应用上又分为常规检查和定期检查。不论采取哪一种检查方法，必须遵守精液检查基本操作原则，一是采得的精液立即置于30℃左右恒温容器中，防止低温打击，并标记来源；二是检查要迅速、准确，取样要有代表性（摇匀）。

2. 常规检查

精液的常规检查是指每次采精后都必须检查的项目，包括射精量、色泽、气味、浑浊度、pH值、精子活力、精子密度等。

（1）色泽　色泽也称为颜色，正常猪精液为淡乳白色或浅灰白色，精液乳白程度越浓，精子数越多。如果精液颜色异常，说明生殖器官有疾病，应废弃，并立即停止采精，查明原因及时对公猪治疗。

（2）精液量　由于公猪精液中含有胶状物质，需先用4~6层的消毒纱布过滤，然后倒入一个有刻度的量杯中计量。后备公猪的射精量一般为150~200毫升，成年公猪一般为200~300毫升。精液量的多少因品种、品系、年龄、采精间隔、气候和饲养管理水平等的不同而有差别，尤以不同品种公猪之间较为突出，如大白猪公猪的射精量大，但浓度低，而杜洛克猪公猪射精量小，但浓度高。因此，在相同的采精方法下，应以精子密度、活力为主进行评价，而精液量只是其中一个标准。

（3）气味　新鲜猪精液略带腥味，是由前列腺中的蛋白质、磷脂所引起的。有异常气味的精液应废弃。

（4）云雾状程度　云雾状也称为混浊度，由于精子运动翻腾如云雾状，精液混浊度越大，云雾状越显著，精子密度和活力越高。因此，据精液混浊度可估测精子密度和活力的高低。家畜中牛、羊的精液精子密度大，放在玻璃容器中观察精液呈上下翻滚状态，云雾状程度很明显，这是精子运动活跃的表现。云雾状明显可用"+++"表示，"++"表示较为明显，"+"表示不明显。猪的精子密度小，可用"+"表示。

（5）pH值测定　新鲜猪精液pH值为7.4~7.5，pH值偏低的精液品质较好，偏高则受精力、生活力和保存效果降低。采精后，用一滴精液于试纸上，与标准色标对照来确定，或用pH值计测定。

（6）精子活力　又称精子活率，是指精液中呈直线前进运动的精子数占总精子数的百分比。精子活力与受精能力关系密切，是评定精液品质的主要指标，因此，每次采精后及输精前，都要检查精子活力，以确定精液能否使用。常用的方法是通过光学显微镜视觉评定精子，在显微镜下放大200~400倍观察。

① 检查方法。检查方法有平板法和悬滴法两种。

平板压片法：取一滴精液于载玻片上，盖上盖玻片，使溢满但不外流为标准，放在镜下观察。此法简单，操作方便，但精液易干燥，检查应迅速。

悬滴法：取一滴精液于盖玻片上，将盖片反过来盖于载玻片的凹窝中，作成悬滴检查标本，放在37~38℃显微镜恒温台或保温箱内，400倍下观察。

② 评定。精子的运动方式在显微镜下观察有3种运动形式。一是直线运动，即精子按直线方向向前运动，精子前进运动时以尾部的弯曲传出有节奏的横波，这些横波自尾的前端或中段开始，向后达于尾端，对精子周围液体产生压力，而使精子向前游动；二是精子沿圆周转动做转圈运动；三是精子头部左右摆动，失去前进运动的能力。只有做直线运动的精子，才具有受精能力，才是有效精子。检查时，一般采用十级评分制，若视野中100%为直

线运动则评为1.0，90%为直线运动则评为0.9，依此类推。若有条件可在显微镜上配置一套摄像显示仪，将精子放大到电脑屏幕上观察。一般新鲜精液的活力为0.7~0.8，应用于人工授精的活力要求不能低于0.6。检查精子活力，一是要使样品始终在37℃的恒温下，否则检查的结果不准确；二是检查的显微镜的倍数不宜过高，倍数过高后视野中看到的精子数量少，评定的结果不准确。

（7）精子密度　也称精子浓度，指单位容积（1毫升）的精液中含有精子数。精子密度的大小直接关系到精液的稀释部数和输精剂量的有效精子数，也是评定精液品质的重要指标之一。测定精子密度的方法有目测法、红细胞计数法和光电比色法。

① 目测法。也称为估测法，本方法常与检查精子活力（原精）同时进行，在显微镜下根据精子的稠密和稀疏程度，划分为"密、中、稀"三级。猪精子密度一般较稀，平均每毫升有1亿~2亿个，所以每毫升精液中精子数在3亿个以上为密，2亿个左右为中，1亿个左右为稀。这一方法受检查者的主观因素影响，误差较大，但对于直观的估价，方法简便，尤其适用于人工授精现场的观察有一定的参考意义。

② 血细胞计数法。用血细胞计数法可以准确测定每毫升精液中所含的精子数量。先准备显微镜、红细胞计数板等，基本操作步骤如下。

在显微镜下找到红细胞计算板上的计算室：计算室为一正方形，高度为0.1毫米，边长1毫米，由25个中方格组成，每一个中方格分为16个小方格。寻找方格时，先用低倍镜看到整个格的全貌，然后用高倍镜计算。

稀释精液：用3%食盐溶液稀释精液，同时杀死精子，便于观察精子数目。用白细胞吸管（10或20倍）稀释，抽吸后充分混合均匀，弃去管尖端的精液2~3滴，把一小滴精液滴入计算室。

镜检：把计算室置于400倍显微镜下对精子计算，在25个中方格中选取有代表性的5个（四角和中央）计数，按公式计算，推算出1毫升精液内的精子数。简化的计算方法是数出5个大方格的精子数×5万×稀释倍数，即为所测精子的数量。

为保证检查结果的准确性，在操作时要注意：一是滴入计算室的精液不能过多，否则会使计算室高度增加；二是检查方格时，要以精子头部为准，为避免重复和漏掉，对于头部压线的精子采取"上计下不计，左计右不计"的办法；三是为了减少误差，应连续检查两次，求其平均值，如两次检查结果差异较大，必须做第三次检查。

③ 光电比色法。此法快速、准确、操作简单，现世界各国普遍应用于牛、羊的精子密度测定。其原理是根据精液透光性的强弱，精子密度大，透光性越差。目前可将被测样本的透光度输入电脑，即可显示其精子密度。根据光电比色原理，目前已开发出一种精子密度仪，市场上有售，检查精子密度十分方便。

3. 定期检查

精液的定期检查，指不必每次采精后都检查的项目，有的可每月检查1次，有的每季度检查1次即可。定期检查也称为其他检查，主要检查以下项目。

（1）精子存活时间和存活指数　精子存活时间是指精子在体外的总生存时间，存活指数是指平均存活时间，表示精子活率下降速度的标志。精子存活时间越长，存活指数越大，精子生活力越强，精液品质越好，所用的稀释液处理和保存方法越佳。这两项指标与受精能力密切相关，是评定精液品质和处理效果的一项重要指标。

检查方法：将采出的精液经过镜检后，按1：（2~3）的比例稀释，取出10毫升分装在

2个试管内，用软木塞塞紧，再用纱布包好放在0~5℃的冰箱中，也可在37~38℃的条件下检查，直到无活动精子为止。所有间隔时间累加后减去最后两次间隔时间的一半即为精子的生存时间，其公式为：精子存活时间（小时）=检查间隔时间的总和－最末两次检查间隔时间的一半。生存指数是指相邻两次检查的间隔时间与平均活力的积之和，其公式为：精子生存指数=每前后相邻两次检查精子活率的平均数+间隔时间乘积。

一般优质精液用良好的稀释液保存，在0~5℃条件下保存时间应在24~48小时，在37~38℃条件下保存时间应在4~6小时。

（2）美蓝褪色试验　美蓝是一种氧化还原指示剂，用来测定精子呼吸能力和含有去氢酶的活性，氧化时为蓝色，可被还原为无色。精子在美蓝溶液中，由于精液中去氢酶在呼吸时氧化脱氧，美蓝获氢离子后使蓝色还原为无色。根据美蓝褪色时间可测知精液中存活精子数量的多少，判定精子的活力和密度的高低。

测定方法：取含有0.01%美蓝的生理盐水与等量的原精液混合，置于载玻片上，用内径0.8~1.0毫米、长6~8厘米的毛玻璃管吸取，使液柱高1.5~2厘米，然后放在白纸上，在18~25℃的温度下观察并计时。猪精液褪色时间在7~10分钟为品质良好；10~12分钟为中等；12分钟以上视为品质较差。

（三）精液的稀释

1. 精液稀释时间

猪的精液若不经稀释，在体外最多保存30分钟，活力很快下降而且很快失去受精能力。精液的稀释就是在精液中加入适宜精子存活并保持受精能力的稀释液，扩大精液容量，提高种公猪一次射精量的可配母猪数，而且降低精液能量消耗，延长精子寿命，也便于精子的保存和运输。

2、精液稀释液的主要成分

（1）营养物质　用于提供营养以补充精子生存和运动所消耗的能量。能被精子利用的营养物质主要有：果糖、葡萄糖等单糖以及卵黄和奶类（鲜奶、脱脂乳和纯奶粉等）。

（2）保护性物质

①缓冲物质。其作用是保持精液适当的pH值，利于精子存活。常用的缓冲物质有：柠檬酸钠、酒石酸钾钠、磷酸氢二钠、磷酸二氢钾等，以及近些年来应用的三羟甲基氢基甲烷（Tris）、乙二胺四乙酸二钠（EDTA）等。这些物质是一种螯合剂，能与钙和其他金属离子结合，起缓冲作用；还能使卵黄颗粒分散，有利于精子的运动。

②抗菌物质。在精液稀释液中加入一定剂量的抗生素，以利于抑制细菌的繁衍。常用的抗生素有青霉素、链霉素以及氨苯磺胺等。

③抗冻物质。在精液的低温和冷冻保存过程中需降温处理，精子易受冷刺激，常发生休克，造成不可逆的死亡，所以加入一些防冷刺激物质有利于保护精子的生存。常用的抗冻剂为甘油、乙二醇、二甲基亚砜（DMSO）等，此外卵黄、奶类也具有保护作用。

④非电解物质。副性腺中钙离子、镁离子等强电解质含量较高，这些强电解质能促进精子早衰，使精液的保存时间缩短，因此，需向精液中加入非电解物质或弱电解质，可改变和中和副性腺分泌物的电离程度，以防止精子凝集和补充精子能源，如糖类、磷酸盐类等。

其他添加剂　主要用于改善精子外环境的理化特性，以及母猪生殖道的生理机能，有利于提高受精机会，促进合子发育。

①酶类。如过氧化氢酶能分解精子代谢过程中产生的过氧化氢，消除其危害，维护精

子活力；β－淀粉酶可促进精子获能，提高受胎率。

②激素类。如催产素、前列腺素 E 型等可促进生殖道蠕动，有利于精子向受精部位运行而提高受精率。

③维生素类。如维生素 B_1、维生素 B_2、维生素 B_{12}、维生素 C 和维生素 E 等，能改善精子活力。

④其他。二氧化碳、植物汁液等调节稀释液 pH 值；乙烯二醇、亚磷酸钾等有保护精子的作用；三磷酸腺苷（ATP）、精氨酸等有提高精子保存后活力的作用。

3.稀释液的种类和配制方法

根据稀释液的用途和性质，可将稀释液分 4 类。

（1）现用稀释液　用于采精后立即稀释精液后输精用，目的是扩大精液量，以增加配种母猪数。此类稀释液常以简单的高渗糖类或奶类配制而成，也可用生理盐水作为稀释液。

①葡萄糖液。葡萄糖 6 克，蒸馏水 100 毫升，青霉素 10 万单位，链霉素 100 毫克。配制方法为：按量称取葡萄糖后，用 100 毫升蒸馏水溶化，灭菌后冷却，再加入青霉素和链霉素混匀即可。

②鲜奶稀释液。将新鲜牛奶用 3~4 层纱布过滤，装在三角烧瓶或烧杯内，放在水浴锅中煮沸消毒 10~15 分钟后取出，冷却后除去浮在上面的油皮，重复 2 次后即可使用。

（2）常温（15~20℃）保存稀释液　在 15~20℃条件下短期保存的稀释液，此类稀释液以糖类和弱酸盐为主，pH 值偏低。

①葡—柠液。葡萄糖 5 克，二水柠檬酸钠 0.5 克，蒸馏水 100 毫升，青霉素 10 万单位，链霉素 100 毫克。

②葡—柠 –EDTA 液。葡萄糖 5 克，二水柠檬酸钠 0.3 克，乙二胺四乙酸二钠（EDTA）0.1 克，蒸馏水 100 毫升，青霉素 10 万单位，链霉素 100 毫克。

目前市场上有商品化的猪精液常温保存稀释药品，一般为粉剂，按说明书要求加入蒸馏水即可。商品化稀释液剂药品的好处在于商家大量配制，可减少误差，方便猪场使用，成本也不高。

（3）低温保存稀释液　适用于精液在 0~5℃条件下低温保存，具有以卵黄液和奶类为主的抗冷休克物质。低温保存稀释液配方如表 9-1 所示。

表 9-1　低温保存稀释液配方

	成分	葡－柠－卵液	葡－卵液	葡－柠－奶液	蜜糖－奶－卵液
基础液	二水柠檬酸钠（克）	0.5	—	0.39	—
	牛奶（毫升）	—	—	75	72
	葡萄糖（克）	5	5	0.5	—
	蜜糖（毫升）	—	—	—	8
	氨苯磺胺（克）	—	—	0.1	—
	蒸馏水（毫升）	100	100	25	—
稀释液	基础液（容量，%）	97	80	100	80
	卵黄（容量，%）	3	20	—	20
	青霉素（单位/毫升）	1 000	1 000	1 000	1 000
	双氢链霉素（微克/毫升）	1 000	1 000	1 000	1 000

资料来源：魏庆信等主编《怎样提高规模猪场繁殖效率》，2009。

配制方法：基础液按量配好，灭菌后冷却，加卵黄和青霉素、链霉素，充分混合均匀。新鲜鸡蛋擦干净，用75%酒精棉球消毒，待酒精挥发完毕后，将消毒好的鸡蛋直接打在平皿内，用注射器针头刺破卵黄膜抽取卵黄液。

（4）冷冻保存稀释液　适用于精液的冷冻保存，其稀释液成为较为复杂，具有糖类、卵黄液，还有甘油或二甲基亚矾等抗冻剂。

4. 配制稀释液时应注意的事项

（1）一切用具要干净并作消毒处理　配制稀释液使用的一切用具应洗涤干净并消毒，用前还必须用稀释液冲洗。

（2）现用现配　配制稀释液原则上是现用现配，如隔日使用和短期保存（7天），必须严格灭菌、密封，放在0~5℃冰箱中保存。

（3）使用蒸馏水或离子水要求　所用蒸馏水或离子水要求新鲜，pH值呈中性。

（4）使用药品要求　药品最好用分析纯，称量药品必须准确，充分溶解并过滤；经过滤密封后消毒（隔水煮沸或蒸汽消毒30分钟），加热应缓慢。

（5）使用奶类要求　使用奶类要新鲜，鲜奶要过滤后在水浴中灭菌（92~95℃）10分钟，去奶皮后方可使用。

（6）使用卵黄要求　卵黄要取自新鲜鸡蛋，先将外壳洗净消毒，破壳后用吸管吸取纯卵黄。在室温下加入稀释液，充分混合使用。

（7）使用抗生素、酶类、激素和维生素等要求　添加抗生素、酶类、激素和维生素等，必须在稀释液冷至室温条件下，按用量准确加入。氨苯磺胺应先溶于少量蒸馏水，单独加热到80℃，溶解后再加入稀释液。

5. 精液的稀释方法和稀释倍数

（1）精液的稀释方法

① 精液的稀释环境要求。精液稀释应在洁净、无菌的环境下进行，避免精子受到阳光或其他强光的直接照射，尽量减少精液与空气接触，杜绝精子直接接触水和有害、有毒的化学物质。精液处理室内严禁吸烟和使用挥发性有害气体（如苯、乙醚、乙醇、汽油和香精等）。

② 精液的稀释规程。新采集的精液应迅速放入30℃保温瓶，当室温低于20℃时，要注意因冷刺激导致精子休克。精液采出后稀释越快越好，一般在半小时之内完成为宜。稀释液与精温的温度必须调整致一致，一般将两者置入30℃保温瓶或恒温水浴锅内片刻，做同温处理。精液在稀释前首先检查精子活力和密度，然后确定稀释倍数。稀释时，将稀释液沿精液瓶壁缓慢加入，并轻轻摇动，使之混合均匀。切忌剧烈震荡。但一定要注意，不能将原精倒入稀释液中。如做高倍稀释（20倍以上）时，要分两步进行，预防精子环境突然改变，造成稀释打击。先加入稀释液总量的1/3~1/2，混合均匀后再加入剩余的稀释液。稀释后再进行精子活力和密度的检查，在活力与稀释前一样，则可进行分装和保存。

（2）精液的稀释倍数　精液的稀释倍数决定于每次输精的有效精子数、稀释液的种类以及稀释倍数对精子保存时间的影响。一般稀释2~4倍或按每毫升稀释含1亿活动精子为标准进行稀释。稀释倍数过大，对精子存活不利且严重影响受胎率；稀释倍数过小，不能充分发挥精液的利用率，所以，应准确计算精液的稀释倍数，如活率≥0.7的精液，一般按每个输精量含40亿个总精子，以输精量为80~90毫升确定稀释倍数。某头公猪一次采精量200毫升，活力0.8，密度2亿/毫升，要求每个输精剂量含40亿精子，输精量为80毫升，则总精子数为200毫升×2亿/毫升=400亿,输精份数为400亿÷40亿=10份,加入稀释液的量为10×80毫升–200毫升=600毫升。精液稀释后,检验员要认真填写种公猪精液品质检查登记表,如表9-2所示。

表9-2　种公猪精液品质检查登记

采精		精液品质检查							稀释		检验员	备注
时间	公猪号	采精量（毫升）	颜色	气味	pH值	活力	密度（亿个/毫升）	畸形率（%）	倍数	总量（毫升）		

（四）精液的保存和分装

精液稀释后如不立即输精,则要在适宜的环境条件下保存。精液保存的目的是延长精子的存活时间及维持其受精能力,也便于运输,扩大精液的使用范围,增加受配母猪头数,提高优秀种公猪的配种效能。精液保存方法有:常温（15~25℃）,低温（0~5℃）和冷冻保存（-196~-79℃）3种。前两种在0℃以上,为液态短期保存,又称液态保存,后者冷冻后长期保存,又称冷冻保存。

1、精液保存

（1）常温保存　将精液保存在一定变动幅度的室温（15~25℃）下,称为常温保存或室温保存。一般将稀释的精液分装后密封,用纱布或毛巾包好。置于15~25℃环境下避光存放,春、秋季可放置室内,夏季可置于地窖或有空调控制温度的房间内。常温保存主要是利用一定范围的酸性环境抑制精子的活动,减少其能量消耗,使精子保持在可逆性的静止状态而不丧失受精能力,达到保存精子的目的。由于不同酸类物质对精子产生的抑制区域和保护效果不同,一般认为有机酸较无机酸好。但常温保存精液也有利于微生物的生长繁殖,因此必须加入抗生素。此外,还要加入必要的营养物质（如单糖）并隔离空气等,均有利于精液的常存。常温保存精液,也可把精液置于室温（22~25℃）1小时后（或用几层毛巾包被好后）直接置于17℃冰箱中。保存过程要求:每12小时将精液混匀一次,防止精子沉淀引起死亡;每天检查精液保存箱温度并记录,若出现停电应全面检查贮存的精液质量。尽量减少保存精液保存箱开关次数,以免造成对精子的打击而致精子死亡。目前规模猪场普遍采用此法保存精液。此外,还可采用隔水降温方法保存,将贮精瓶直接置于室内、地窖和自来水中保存。一般地下水、自来水和河水的温度在15~20℃范围内,可用作循环流动控制温度相对恒定,保存精液效果良好,设备简单,易于普及推广。

（2）低温保存　精液低温保存的分装与常温保存相同,保存的温度是0~5℃。一般将稀释并分装好的精液置于冰箱或广口保温瓶中,在保存期间要保持温度恒定,不可过高或过低。精液低温保存操作时注意严格遵守逐步降温的操作规程,具体做法是:精液从30℃降至0~5℃时,按每分钟下降0.2℃左右的速率,用1~2小时完成降温过程。但在生产实践中,为了提高工作效率,都采用直接降温法,即将分装有稀释精液的瓶或袋,包以数层纱布或棉花,再装入塑料袋内,而后直接放入冰箱（0~5℃）或装有冰块的广口保温瓶中,也可吊入水井深水保存。在没有冰箱或冰源时，可用食盐10克溶解在1 500毫升冷水中，再加氯化铵400克，配好后及时装入广口瓶使用，温度可达2℃，每隔一天添加一次氯化铵和少许食盐以继续保温；也可用尿素60克溶于1 000毫升水中，温度可降至5℃。低温保存的精液在输精前一定要作升温处理，将存放精液的试管或小瓶直接浸入30℃温水中即可。

精子保存还要注意的是不同的稀释液适用于不同的保存时间。保存1天内即行输精的可使用葡－柠－EDTA液，中效稀释液可保存4~6天，如蔗糖奶粉液等长效稀释液可保存7~13天。但无论用何种稀释液保存精液，均需尽快用完。

（3）冷冻保存　利用液氮（-196℃）干冰（-79℃）作冷源，将精液经过特殊处理，保存在超低温下，达到长期保存的目的。但猪的冷冻精液保存尚在试验改进中，就目前的技术而言，还不可能大规模地应用于生产。存在的问题：一是目前猪冷冻精液的受胎率比鲜精或常温保存的精液平均低10%~30%，生产上难以接受；二是猪每头输精份需大量的精子（3亿~6亿个），而目前的冷冻精液制作技术，无论是颗粒、细管，还是安瓿，都无法达到这样的剂量，塑料袋法虽可增加剂量，但冷冻的效果不理想。

2. 精液的分装

常温保存的精液首先要分装，分装方式有瓶装和袋装两种。装精液用的瓶和袋均为对精子无毒害作用的塑料制品。一般精液瓶上有刻度，最高刻度为100毫升，精液袋一般为80毫升。精液分装前先检查精子活力，若无明显下降，可按每头份80~100毫升分装，含20亿~30亿个有效精子。一头种公猪在采精正常情况下，其精液稀释后可分装10~15瓶（袋）。分装好后将精液瓶（袋）加盖密封，封口时尽量排出瓶（袋）中空气，要逐个粘贴标签，标明种公猪的品种、耳号及采精日期与时间。

（五）输精技术

输精就是把一定量的合格精液，适时而准确地输入到发情母猪生殖道内的一定部位，使发情母猪达到妊娠的操作技术。输精是人工授精最后一个环节，直接关系到母猪的受胎率。

1. 输精前的准备

（1）母猪消毒　保定接受输精的发情母猪，用0.1%高锰酸钾溶液清洁外阴，尾根和臀部周围，再用温水或生理盐水浸湿毛巾，擦干外阴部。

（2）输精员消毒　输精员清洗双手并用75%酒精棉球消毒，等待酒精挥发干后才可操作输精。

（3）精液的准备　新鲜精液经稀释后检查品质，符合标准方可使用；常温和低温保存的精液需升温到35℃，经显微镜检测活力不低于0.6，方可使用；精液经解冻后精子活力不低于0.3，方可用于输精。

（4）输精管的选择　辅精管有多次性和一次性两种。

多次性输精管为一种特别的胶管，其前端模仿公猪的阴茎龟头，后端有一手柄，因头部无膨大部分或螺旋部分，输精时易倒流，而且每次使用均需清洗消毒，加上容易传染子宫炎，虽然可重复使用、成本低，但隐患较大，规模化猪场最好不要使用。

一次性输精管有螺旋头型和海绵头型两种，前者适用于后备母猪的输精，后者适用于经产母猪的输精。海绵头输精管也有后备母猪专用的。一次性输精管使用方便，不用清洗，可降低子宫炎的发生率，目前已成为规模化猪场的首选。但选择海绵头输精管时，一要注意海绵头的牢固性，不牢固的则容易脱落到母猪子宫内，二要注意海绵头内输精管的深度，一般以0.5厘米为好。

2. 适宜的输精时间和次数

根据发情母猪的排卵时间，并计算进入母猪生殖道内精子获能和具有受精能力的时间来决定最佳输精时间。母猪发情后一般 24~30 小时开始排卵，但真正排卵是在发情开始，接受公猪爬跨后的 40 小时。发情持续短的母猪排卵较早，持续长的排卵较晚。母猪排出的卵子在输卵管内保持受精能力的时间为 8~12 小时，交配后的精子到达输精管上端要 2~5 小时，精子在母猪生殖道内保持受精能力的时间为 25~30 小时，因此，输精时间以排卵之前 6 小时为宜。但在实际工作中很难确切地掌握这个时间，常通过发情鉴定来判定适宜的输精时间，即母猪在发情高潮过后的稳定时期，接受"压背"试验或从发情开始后第二天输精为宜。以外部观察法和试情法进行发情鉴定不易确定排卵时间时，常在一个发情期内两次输精，其间隔时间为 12~18 小时。在实际情况下，对断奶后 3~6 天发情的经产母猪，出现压背站立不动反应后 6~12 小时第一次输精；后备母猪和断奶后 7 天以上发情的母猪，出现压背站立不动反应时立即进行输精。在 1 个发情期中，母猪以输精 1~2 次为宜，如果输精 2 次或 2 次以上，每次输精的间隔时间为 12~18 小时。输精次数主要根据母猪发情持续时间的长短而定。

3. 输精量和精子数

常温和低温保存的精液输精量为 30~40 毫升，有效精子数 20 亿~50 亿个；冷冻保存的精液输精量 20~30 毫升，有效精子数 10 亿~20 亿个。

4. 输精方法

输精方法有注射法和自流式两种。母猪阴道和子宫颈接合处无明显界限，一般采用输精管插入法输精。从密封袋中取出未受污染的一次性输精管（手不应接触输精管前 2/3 部分），在其前端涂上精液或人工授精专用润滑胶或凡士林作为润滑液。输精时让母猪自由站立，输精员站（或蹲）于母猪后侧，用手将母猪阴唇分开，将输精管呈 45° 角向上插入母猪生殖道内，插进 10 厘米后再水平推进，并抽送 2~3 次，直至不能前进为止，当感到阻力时，证明输精管已到达子宫颈口，再逆时针旋转输精管，同时前后移动，直到感觉输精管前端被锁定，轻轻回拉不动为止，可判断输精管已进入子宫内，然后向外拉一点。用注射法输精，用注射器吸取精液，接上输精管，输精员左手稳定注射器，右手将输精管插入母猪阴道，插入深度初产母猪 15~20 厘米，经产母猪 25~30 厘米。左手拉住尾巴，右手持注射器，按压注射器柄，借助压力或推力缓慢注入精液，精液便流入子宫。当有阻力或精液倒流时，再抽送输精管，旋转并注入精液。也有学者提出不能用注射器抽取精液通过输精器直接向母猪子宫内推注精液，而应该通过仿生输精让母猪子宫收缩产生的负压自然将精液吸入到子宫深处，目前把这种输精法称为自然法，在生产中应用为宜。注射时，输精员最好用左（右）脚踏在母猪腰背部，并将输精管左右轻微旋转，用右手食指按摩阴核，增加母猪快感，刺激阴道和子宫的收缩，避免精液外流，输完精液后，把输精管向前或左右轻轻转动 2 分钟，然后轻轻拉出输精管。一般输精时间 3~5 分钟，输精完毕，并继续按压母猪背部防止精液倒流。自流式输精应将输精器倒举至高于母猪，使精液自动流入，但必须控制输精瓶的高低来调节输精时间。输完精后，不要急于拔出输精管，先将精液瓶取下，将输精管后端一小段打折封闭，这样可防止空气进入，又能防止精液倒流，最后让输精管慢慢滑落。

5. 填写精液品质检查和输精记录表

输精员输精后，还要认真填写母猪输精记录表（表 9-3）。

表 9-3　母猪输精记录

母猪			第1次输精时间	第2次输精时间	第3次输精时间	预产期	输精员
耳号	胎次	发情时间					

三、提高猪场人工授精受胎率的综合技术措施

提高能繁母猪配种受胎率，人工授精技术又是关键的关键，但在实际操作中，有相当一部分猪场还没认识到人工授精是一项复杂的系统工程，每一个环节不科学不到位，最终将影响人工授精受胎率。因此，应用人工授精配种的猪场，必须采取综合配套技术措施，才能保证人工授精配种的效果，达到母猪受胎率高的目的。

（一）人工授精受胎率低的原因分析

1. 种公猪饲养管理原因

（1）运动不足　保证种公猪有适宜的运动，不仅能使其增强体质，同时对提高精液品质有着重要作用。但目前在有些生产精液的种公猪站，特别是一些大中型规模的猪场，大多都存在着种公猪运动不足的问题。其原因：一是公猪养殖场地多为封闭式，种公猪不能到户外运动，而场地内又没设置运动场地，对种公猪无法运动；二是场地内虽设置了运动场地或运动通道，但为了节省人力和资金，也没有采取运动措施，以为有了运动空间就能达到运动的目的，其实不然，正常情况下，种公猪吃饱后，在圈舍内大多是趴卧状态，如不进行人为的驱赶和引导很难达到运动的效果；三是有些猪场业主缺乏对种公猪运动作用的认识，所以不重视种公猪的运动。

（2）补充青饲料不足　生产中有的猪场由于缺乏青饲料来源，也是为了省事，不为种公猪提供或提供很少的青饲料，而且维生素饲料添加剂也代替不了青饲料。优质青饲料中含有丰富的胡萝卜素、维生素K、维生素E和B族维生素，这些营养物质是种公猪维持性生理功能不可缺少的。在种公猪饲养过程中，饲料中添加青饲料，不论是生长发育还是性欲、精液品质都明显好于不加青饲料。

2. 公猪精液原因

公猪精液品质是影响母猪情期受胎率和产仔数的直接原因，以下原因往往会导致公猪精液品质不良而影响受胎率。

（1）精液本身品质　采出的精液未经认真观察，当精液中死精率超过20%或活力低于0.7时，稀释处理后便直接进行输精，或者由于稀释液放置时间太长，密封不好，被污染等原因，导致稀释后的精液品质下降，都会影响母猪的受胎率和产仔数。

（2）精液受温差的影响　有的输精员为了操作方便，精液稀释时不测温度，不知精液和稀释液的温度相差是否超过1℃，并且稀释后立即存放16~17℃冰箱，以至从35~33℃突然降温到17℃，精液保存温度，也会使保存的精液品质明显下降；或在炎热的夏天及寒冷的冬天，精液瓶或袋在外界裸露时太长，由于热应激或冷应激的影响，精液品质均会发生变化。

3. 母猪原因

（1）母猪体况　母猪太肥或太瘦，发情表现不明显，即使输了精，也容易返情；或由于母猪日粮中部分营养成分缺乏，容易造成胚胎早期死亡，导致母猪返情或产仔少。

（2）母猪疾病　如果母猪患有某种繁殖障碍疾病，输精后很容易返情，即使受胎，也容易造成胚胎早期死亡而导致母猪产仔少；或母猪患有可视性或隐性子宫炎，无论怎样输精都不会受胎。因此，母猪自身有某种疾病发生时，人工授精的效果就差。

4. 人为原因

配种员是母猪情期受胎率和产仔数的重要影响因素，人工授精需要有一定实践经验的人来操作，而且还要真正地把握好人工授精的每一个环节。目前，人工授精技术在猪场实践中应用困难："不在于认真地学，而在于老实地用"，否则会造成人为原因的出现。

（1）观察发情的失误　有的配种员只是观察母猪阴户的变化，有的在母猪出现站立反应时即开始输精，有的在发情结束时才观察到，这样都会影响母猪的受胎率和产仔数。由于母猪的发情受品种、年龄、季节等因素的影响，发情表现和发情时间都有一定差异。如地方种猪发情明显，输精效果好，引入猪种特别是长白猪、大白猪发情不明显，如不注意观察，输精效果略差。因此，观察母猪发情也不能从单一方面进行，必须综合判断，并根据发情症状和排卵时间来计算输精时间，否则输精时间太早或太迟都会影响母猪情期受胎率。

（2）配种员的消毒意识差　由于一些配种员卫生消毒意识淡薄，输精时对母猪外阴消毒不认真而导致子宫炎的发生率高达 20% 之多，严重影响了母猪受胎率。

（3）输精操作方法不当　向发情母猪配种插入输精管时，要斜向上 45° 左右旋转插入，不能硬插，并且在输精管头部事先涂上润滑剂以利于插入。根据母猪体长，一般插入 30 厘米左右就到子宫颈口，往回拉有一定阻力即可输精。但由于一些配种员无此操作经验，往往把精液输入阴道内，使受胎率降低。

（4）输精时间把握不当　输精时间与母猪情期受胎率和产仔数也有很大关系，有时配种员为了赶时间，一头母猪 2~3 分钟便输完精，也没注意精液是否有倒流现象。经验表明，输精时间在 3 分钟以内的比 3~5 分钟的母猪受胎率和产仔率低，且差异显著。

（5）配种员差异　一个猪场母猪繁殖性能的高低，除与品种、公猪等有很大关系外，还与配种员有一定关系。在有的猪场，配种员存在如下问题：一是责任心问题。有技术但对待遇不满，三心二意；技术一般，但自以为是；没技术且自负。二是技术问题。发情观察太早或太迟；事前准备工作不到位；输精管的插入不正确；输精太快或太慢；精液稀释时稀释液的温度、稀释剂和水的质量、稀释程序等。因此，猪场业主要注意选择责任心强、有耐心的人当配种员，以此提高猪场母猪繁殖效益。

综上，猪人工授精效果的好坏，既受到公母猪自身因素、公猪精液的影响，也受人为等因素的影响。但只要各个因素协调得当，配种员技术水平达到一定程度，人工授精就能取得良好的效果，使母猪情期受胎率和产仔数达到理想水平。

（二）猪场人工授精技术的关键控制点及注意事项

1. 配种前检查母猪

在母猪配种前，首先要检查母猪的体况是否适合配种，出现以下情况一般考虑淘汰。

（1）慢性感染和有腿病　母猪有消瘦症状而检查不明原因；慢性感染病，母猪重配流产、假孕现象出现的次数不止 1 次；子宫炎临床症状，经过处理后仍反复发作；母猪的腿损伤或有坏疽。

（2）胎龄过大或产仔数少　胎次大于 7 胎的母猪，产仔数下降；每胎产仔数小于 7 头，且胎次在 2 胎以上的母猪。

2. 有效的发情鉴定

发情判断的准确性在配种过程中十分重要，受胎率高、产仔数多的关键是判断发情和配种方式，必须有高度责任心的人来做这件事。实践中有效的发情鉴定重点要掌握以下几个方面。

（1）发情鉴定步骤　配种人员工作时间的 1/3 应放在母猪发情鉴定，关键是找到母猪发情的最高点。

① 每日进行两次发情鉴定，让公猪在母猪前走动。

② 每 3 人一组检查母猪发情，一人控制公猪，一人骑在母猪背上，一人检查发情症状并标上配种时间记号。

③ 发情鉴定完毕后，将公猪赶回公猪舍，输精前 1 小时不要让发情母猪受到公猪的刺激。

（2）检查母猪发情要点

① 阴户红肿，阴道内有黏液性分泌物，阴道黏膜颜色由苍白变为潮红，阴道内湿润。

② 目光呆滞，频频排尿。

③ 神经质，食欲差。

④ 压背静立不动，后退叉开，耳根竖起，尾根上翘。

⑤ 互相爬跨并接受公猪爬跨。

3. 正确的采精操作

（1）采精的操作程序　采精的操作程序必须按前面所叙述的操作步骤，并注意采精事项。

（2）采精时的注意事项

① 在收集精液过程中，防止包皮液进入采精杯杀死精子；伸拉阴茎呈一定的弯曲度（近似水平方向）。

② 采精过程中，公猪停止射精时，不要轻易松手，因为公猪在整个射精过程中，一般会有 2~4 次间歇射精；而且公猪间歇射精时，要不断刺激阴茎龟头或五指不断松紧刺激阴茎。但在采精过程中不要碰到阴茎体，否则阴茎将迅速缩回，停止射精。

③ 公猪射精完成前，不要放松阴茎，也不要催促采精，否则会使公猪受挫而影响该公猪的下次采精。

4. 精液品质控制

（1）温度控制　高温可促进精子运动，但不利于精子保存，温度低于 10℃又会导致精子冷休克，所以温度控制在精液采集、稀释和保存过程中至关重要。

（2）精液品质检查　采精后，首先要过滤，除去精液中不可用的蛋白质凝块等，再进行颜色、气味、精子活力、密度、射精量、顶体完整率、畸形率及抗温测定，使各项指标达到要求，鲜精活力要在 0.6 以上。

（3）精液的稀释　评估精液质量后，应立即稀释精液。如做高倍稀释时，应先进行低倍稀释，1:（1~2），稀待片刻后再将余下的稀释液沿杯壁缓慢加入，以防造成"稀释打击"。活力 ≥ 0.7 的精液，一般按每个输精量含 40 亿个有效精子，输精量为 100 毫升来确定稀释倍数。精液稀释后要求静置一分钟以后再做活力检查，若无明显下降，要马上按 80~100 毫升分装入瓶。为了减少精液与空气接触，输精瓶中最好装满。

（4）稀释精液时的注意事项

① 稀释时用玻璃棒导流稀释液。

② 稀释过程中精液的搅拌一定控制好速度及方向，最好进行二次搅拌（1次在稀释后镜检前，第2次在分装前。）

③ 稀释后精液应有一定时间的缓冲时间（让精子与稀释液充分混合均匀），不要急于分装（稀释后放置5~10分钟后再分装）。

④ 稀释液的温度应与新鲜精液的温度一致，两者的温差不超过 0.5℃，要注意的是只能调整稀释液的温度，不能调整精液的温度。为了保证稀释液的温度与新鲜精液的温度一致，因此，每次采精前应准备好 20~30℃的稀释液备用。调整好两者的温度后，沿杯壁缓慢注入精液中，慢慢摇均匀。

⑤ 在整个操作过程中，要求无菌操作，并且减少对精子的移动和震动。

5. 正确的输精技术

（1）输精时的操作过程

① 将发情的母猪赶到配种栏内，并将一头试情公猪置于邻近母猪栏内，同母猪保持鼻对鼻接触，刺激母猪性欲会使输精容易些，同时促进精液的吸收。

② 在开始输精前，用带有消毒溶液的湿毛巾清洗母猪外阴部并擦干，同时清洁双手。

③ 根据发情母猪不同，选择适宜的输精管。

④ 输精时输精人员同时要对母猪阴户或大腿进行按摩，能增加母猪的性欲。输精人员倒骑在母猪背上，并进行按摩，效果也很显著。

⑤ 输精时连接精液盛放容器（袋、瓶、管）至输精管，抬高精液盛放容器至垂直状态，轻轻挤压确保精液能够流出盛放容器，通过仿生输精让母猪子宫收缩产生的负压自然将精液吸入到子宫深处（至少5分钟，2~3个宫缩吸纳）；当容器内精液排空后，放低容器约15秒，观察是否有精液回流到容器，如果精液有回流容器，抬高容器再将回流的精液输入；在容器最后排空之前，需2~3次放低和抬高容器；在容器排空之后，为了防止精液倒流，输完精后，不要急于拔出输精管，将输精瓶取下，将输精管尾部打折，插入去盖的精液瓶内，这样即可防止空气的进入，又能防止精液倒流。折弯输精管使之在母猪生殖道内停留5分钟后再缓慢拔出输精管，或让输精管慢慢滑落为宜。

（2）输精前后注意事项

① 发情的母猪突然见到公猪时会表现出强烈的"静立反射"7~10分钟，静立反射是最佳输精时刻，之后发情母猪会进入"平静阶段"，静立反射就不明显。因此，输精员授精操作要熟练，从母猪首次接触公猪到输精管插入的时间间隔要可能缩短。为了达到这种效果，可以在栏外先清洗发情母猪外阴以便节省时间，保证在"静立反射"阶段输完精液。

② 输完精液的母猪如果马上卧下，精液容易倒流，影响受精效果，因此，要防止母猪卧地。让母猪安静 20~30分钟，再把母猪赶入定位栏内，也不要马上给母猪喂料，之后几小时就不要干扰母猪休息，避免应激等不利因素的出现。

③ 母猪后躯卫生状况与猪舍限位栏有密切关系，漏缝地板明显好于水泥地面，配种后7天重点关注后躯卫生，防止管理上造成生殖系统感染。

④ 如果配种后母猪需要转圈，则要么在配种后3天内转圈，要么在配种30天后转圈，配种3~30天这段时间是胚胎迁移、着床的时间，这段时间里，母猪转圈可能会导致母猪流

产或窝产仔的降低。

（三）配种模式

为了提高母猪受胎率，猪场应根据实际情况选择适宜的配种模式。

1. 情期的发情母猪配种 2 次为宜

当前配种模式一般每个情期输精二次，但具体的配种次数还要根据母猪外阴黏膜色泽和黏液、断奶后发情时间的早晚以及"静立"时间的长短灵活掌握，如果前两次配种状态较差，可以增加一次配种。但要注意在任何配种点配种前，若发现发情症状已经消失，不要再配或试图刺激发情，因为再配或试图刺激发情，子宫炎或早产将于 3~5 周后出现。

2. 人工授精与本交结合

在人工授精技术不太成熟时，配种方式以一次本交一次人工授精最好。除非纯繁时全部用人工授精，生产杂交猪也应以本交与人工授精结合为主，以充分利用杂交优势的影响。

3. 采取混合精液输精

生产中，有时会采用 2 头或 2 头以上种公猪的精液混合输精，以此提高母猪繁殖性能，采用这种方法是因为目前生产现场只有检查精液品质的方法，而没有对精子受精能力评定的实用方法。试验表明，应用混合精液输精，可以提高窝产仔数 0.5~1 头。生产商品肉猪的猪场，可以通过混合精液输精来提高产仔数，育种场则不能使用，而且公猪之间的精液的组合，需经试验筛选。

第十章
现代种猪饲养管理技术

饲养管理是提高规模化种猪场繁殖效率的重要环节。对种猪的饲养主要是以日粮的调控为主要措施，管理则是日常的管理措施和技术。饲养公、母猪的目的就是获得数量多、质量好的仔猪，而公、母猪饲养得好坏对猪群的影响很大，对每窝仔猪数量的多少和体质优劣也起着相当大的作用；同时，种猪繁殖效率也决定了猪场生产和经济效益。因此，种猪的饲养管理技术在一定程度上也决定了猪场的兴衰和发展。

第一节　种公猪的饲养管理技术

一、种公猪的类型

（一）纯种公猪

纯种公猪有外来和地方猪种。外来猪种公猪有大白猪、长白猪、杜洛克猪、汉普夏猪、皮特兰猪等，这些猪种的公猪主要用于纯繁和杂交配种。地方猪种的公猪主要用于地方猪种的纯繁。

（二）杂种公猪

杂种公猪主要是优良猪种的杂种公猪，杂种公猪的使用是对传统观念的突破。杂种公猪完全可以将优良的生长速度、胴体品质等性状遗传给后代，而且其个体有很强的配种能力，可以给现代养猪生产，尤其是工厂化养猪带来很大方便。除杜洛克猪、汉普夏猪、皮特兰猪的杂种后代可作种公猪外，其他杂种公猪如长大、大长也是很好的改良父本，特别是配套系猪种，杂种公猪的使用起到了很大作用。

二、种公猪的饲养原则与营养需要

（一）种公猪的饲养原则

优良的种公猪具有较强的雄性表现，性欲旺盛，体质健壮，后躯丰满，肢蹄强健有力，睾丸发育良好匀称。种公猪具有的这些表现必须在合理的饲养条件下才可达到。种公猪的营养供应是维持公猪生命活动，产生精液和保持旺盛性欲和配种能力的物质基础。品质好的蛋白质饲料，对于保证公猪的体质健壮和性欲旺盛及精液质量十分重要。饲养公猪应遵循的原则是，既保持公猪具有良好的体况、旺盛的性欲和高质量的精液，又要保持公猪营养、运动和配种三者之间的平衡。如果三者之间失去平衡，就会对公猪体况及其繁殖力产生不良影响，如在营养丰富而运动和配种使用不足的情况下，公猪就会肥胖，导致性欲降低，精液品质下降，影响繁殖力和配种效果；但在运动和配种使用过度，营养供应不良的情况下，也会影响繁殖力和配种效果。因此，对于种公猪可通过营养和管理的手段，使其达到性欲旺盛，体质健壮，四肢结实，射精量大，精子密度大和活力强的饲养目的。

（二）种公猪的营养问题

种公猪的营养是保持其健康体质和旺盛性欲的关键。然而，目前对种公猪的营养研究较少，适合于种公猪在不同年龄、体重和使用强度条件下的饲养标准还未确切制订，种公猪的营养问题还没有引起国内管理者和学术界的重视。目前多数猪场没有专用的种公猪饲料，直接用哺乳母猪饲料饲喂种公猪，导致其生长速度过快，运动不足，体重超标，影响繁殖力和精液品质，不得不提前淘汰。资料显示，种公猪的淘汰率已达到近40%，会增加猪场培育成本和生产成本。目前，一些猪场生产者为解决种公猪超重问题，采取的主要方式是限饲，即通过降低蛋白质和能量水平来降低种公猪的日增重。然而，过度限饲和限饲不足都会对种公猪的繁殖力（包括性欲、精液量、精子数量和质量等）产生不同程度的影响。在种公猪的营养需要上，NRC和ARC中有关种公猪的推荐量都是基于繁殖母猪，且这些推荐量是建立在良好的圈舍和生态环境条件基础上的，与实际种公猪的营养需要量有一定差异，特别是与国内猪场饲养的引入种公猪的营养需要量差异更大。因此，在实际生产中应根据猪场种公猪的具体饲养情况，适时合理地调整，以改善种公猪的体况，提高种公猪的精液质量和繁殖力。

（三）种公猪的营养需要

种公猪的营养需要主要指对能量、蛋白质、维生素、矿物质的需要，但这些营养物质是保证公猪正常生理需求的物质基础。应根据公猪本身正常生理需要和生产阶段来考虑和设计。

1. 能量的需要量

种公猪的日粮能量需要量是维持、产精、交配活动和生长需要量的总和。在能量供给量方面，后备公猪和成年公猪应有所区别。后备公猪由于尚未达到体成熟，身体还处于生长发育阶段，消化能水平以12.6~13.0兆焦/千克为宜。如果后备公猪日粮能量供应不足，将影响睾丸和附属性器官的发育，性成熟推迟。成年公猪消化能水平以12.5~12.9兆焦/千克为宜，如果成年公猪的日粮能量供应不足，性欲降低，睾丸和其他性器官的机能减弱，所产生的精液浓度低，精子活力弱。但是无论是后备公猪还是成年公猪，能量供给均不宜过多，否则过于肥胖。生产中为了不影响种公猪的繁殖力，在配种阶段还应适当增加营养需要量，一般在配种前1个月，在标准需要量基础上增加20%~25%，在冬季严寒期也可增加10%~20%。

2. 蛋白质和氨基酸的需要量

蛋白质对精液数量和质量以及精子寿命都有很大影响。种公猪精液干物质占 5%，参与精子形成的氨基酸有赖氨酸、色氨酸、胱氨酸、组氨酸、蛋氨酸等，其中最重要的是赖氨酸。关于种公猪蛋白质和氨基酸的需要量的系统研究很少。目前，我国肉脂型种公猪饲养标准按体重分别给予粗蛋白的量为小于 90 千克为 14%，大于 90 千克为 12%，对于瘦肉型种公猪粗蛋白质水平为 16%。实际上，在考虑种公猪适宜蛋白质水平时，采精频率是一个重要的参数。有研究证实，公猪处于高营养水平和高采精频率时，将比低营养水平、高采精频率有较高的精子量。因此，当公猪高强度使用时，可以通过添加赖氨酸或蛋氨酸的方法来保持精子产量，即公猪不同的使用强度要喂以适宜的蛋白质和氨基酸水平。生产中，在公猪配种季节，蛋白质水平一般在 15% 以上，赖氨酸水平在 0.7%~0.8%。在实际操作中，在配种旺季，为公猪每天增加 2~3 个鸡蛋，或在日粮中加喂 3%~5% 的优质鱼粉。

3. 维生素的需要量

关于种公猪对维生素的需要量研究不多，生产中也没有根据种公猪的品种、体况、饲料品种、季节和采精频度等情况而专门配制的维生素添加剂。在一些猪场的种公猪的日粮中并不添加维生素，有的即使添加了，但是添加品种、剂量较为笼统，结果造成种公猪维生素营养的失衡，影响到种公猪的体况和繁殖力。种公猪对维生素的需要主要是以下几种。

（1）维生素 A　维生素 A 对种公猪的繁殖性能有很大的影响。若公猪日粮中维生素 A 缺乏，性欲降低和精液质量下降，如长期严重缺乏，会引起睾丸肿胀或萎缩，不能产生精子而失去繁殖能力，还会使公猪体质衰弱，上皮组织出现角质化、步态蹒跚、动作不协调，从而也导致各种疾病。体重在 150 千克以上的种公猪在配种期间的日粮中维生素 A 需要量为每千克饲料 4 100 国际单位。

（2）维生素 D　当维生素 D 缺乏时，钙、磷吸收与代谢紊乱，种公猪易发生骨软症，不利于公猪爬跨交配，影响繁殖。在生产中如果种公猪每天有 1~2 小时的日照，就能满足其对维生素 D 的需要。体重在 150 千克以上的种公猪维生素 D 需要量为每千克饲料 200~400 国际单位。封闭式猪舍的种公猪，如保证不了 1~2 小时日照，可在日粮中添加维生素 D 300 国际单位/千克。

（3）生物素　种公猪缺乏生物素除表现繁殖力下降外，更主要表现在皮肤脱毛、蹄壳干性龟裂而开裂出血，有的继发炎症感染，剧烈的疼痛使种公猪严重跛行，从而不能爬跨采精或配种，丧失性欲。现有研究得出，种公猪日粮中至少应添加 0.03 毫克/千克的生物素，如有肢蹄疾患，应增至 1 毫克/千克。

（4）氯化胆碱　氯化胆碱属于 B 族维生素，近些年来对氯化胆碱的研究取得一些成果。日粮中缺乏氯化胆碱，会影响到锰、生物素、B 族维生素、叶酸和烟酸的吸收，即使饲料中这些物质含量丰富，也不能被充分利用。另外，氯化胆碱还是重要的抗脂肪因子，能减少脂肪沉积，提高饲料转化率。在饲料中添加 0.1%~0.2% 的氯化胆碱，对提高种公猪的繁殖力相当有益。

（5）维生素 E　维生素 E 对种公猪的繁殖性能也有较大影响，据有关学者试验，每头公猪每天口服 1 000 国际单位维生素 E，可明显增加精子数量和提高精液品质。维生素 E 可用麦胚芽来补充，也可在每千克日粮中添加维生素 E 8.9~11 毫克。维生素 E 的吸收与元素硒（Se）有密切关系，如果饲料中缺乏硒，也会影响猪机体对维生素 E 的吸收，引起贫血和精液品质下降。每千克日粮中添加 0.35 毫克的硒和 50 国际单位的维生素 E，可满足种公猪的需要。

4. 矿物质的需要量

（1）钙与磷　钙与磷在种公猪的矿物质营养中最重要，它们能促进骨骼中矿物质的沉积和四肢坚实。公猪日粮中钙、磷的不足或比例失调，会使精液品质显著降低，出现死精，发育不全或活力不强的精子。公猪的日粮中钙、磷的比例以 1.5 : 1 为好，或对体重超过 50 千克的种公猪在整个繁殖期内，日粮所需钙、磷分别是 7~7.5 克 / 千克和 5.5~6 克 / 千克。但要注意的是钙离子浓度过高会影响精子活力。

（2）锌　锌与公猪繁殖性能密切相关，且锌的正常供给对减少公猪的蹄病有益，特别是锌对维持睾丸的正常功能的发挥非常重要。锌是多种酶的组成成分或激活剂，缺锌会对种公猪的精子生成、性器官的原发性和继发性发育产生不利影响。在精子生成的后期阶段，特别是精子成熟时期，必须有大量的锌加入到精子及精细胞膜的介质中。种公猪缺锌则性欲减退，精子质量下降，皮肤增厚，严重的在四肢内外侧、肩、阴囊和腹部、眼眶、口腔周围出现丘疹、龟裂、结痂，蹭痒后会溃破出血。锌的推荐浓度为 70~150 毫克 / 千克。但高水平的锌和有机替代物并不能提高精液的数量和质量。生产中在饲料中加入硫酸锌 1 000~2 000 毫克 / 千克或氧化锌 400~600 毫克 / 千克，能在短期内改善缺锌状况。但应注意，饲料中钙含量过高，维生素缺乏，都会影响锌的吸收。

（3）硒　近年来对硒的研究取得了很大进展，人们已认识到硒的作用与维生素 E 有密切关系，对机体酶的活性均有影响，硒具有一系列生物学特性，可预防许多疾病，硒能提高动物的繁殖性能。动物体内的代谢过程不断产生氧化自由基，这些基团可导致动物不育。硒通过谷胱甘肽过氧化物酶的抗氧化作用来保护精子原生质膜免受自由基的损害。种公猪缺硒可使性行为减弱，附睾小管上皮变性、坏死、精子不能在附睾发育成熟，因此附睾对缺硒的反应比睾丸本身的发育和生理功能的发挥更敏感。有试验表明，随着日粮中硒浓度从 0.01 毫克 / 千克增加至 0.08 毫克 / 千克，精子的活力几乎呈直线上升。由于维生素 E 与硒有很好的协同作用，种公猪使用维生素 E– 亚硒酸钠添加剂添加到饲粮中（硒 0.1~0.5 毫克 / 千克饲料），可以满足种公猪的需要。

（4）钴　缺钴可直接引起种公猪繁殖机能的障碍，因为钴可提高锌的吸收和利用，减少因日粮中钙的含量过多而导致的缺锌症状。钴在肝脏内大多以维生素 B_{12} 的形式存在，种公猪补充维生素 B_{12} 即可满足对钴的需要。

（5）锰与铁　锰对动物具有重要的营养生理功能，缺锰可引起动物骨骼异常，跛行、后关节肿大。日粮中缺锰，公猪睾丸缩小，性欲降低，精子生成受损；而锰的利用不足也会导致公猪性欲缺失，曲细精管变性，精子缺乏，精囊中堆积许多变性精细胞。锰的缺乏不仅会引起贫血，还可使公猪出现精神困倦无力而影响公猪配种。生产实践中种公猪锰、铁的供给量分别为每千克饲粮中 25~30 毫克、80~90 毫克。

（6）铬与盐　铬是近年来研究较多的微量元素，一般情况下日粮中添加三甲基础啶铬并不能增加种公猪精子的产量和提高精子的质量，但在应激情况下给种公猪添加 0.2 毫克 / 千克的铬可提高精子品质。食盐在种公猪日粮中不可缺乏，补充量为每天 10 克。

5. 粗纤维的需要量

种公猪日粮中也应有合理的粗纤维水平，一般要求粗纤维含量 5%~8%，可溶性纤维与非可溶性之比为 4 : 6。

三、种公猪的日粮配制及饲养方式和饲喂技术

（一）种公猪的日粮配制

1.日粮配制标准与要求

为了满足公猪的营养需要，首先应根据种公猪饲养标准配合日粮饲喂，同时考虑其品种类型、体重、生长率、交配频率和生存的环境状况。通常种公猪日粮消化能（DE）12.6~13兆焦/千克，粗蛋白质含量14%，其中可利用赖氨酸0.55%，钙为0.75%，总磷0.6%，在特殊条件下应对营养物质含量做适当改动。在饲料配方的选择和饲料的配制过程中，根据当地饲料作物的种植和市场情况选择适合于种公猪生长和生产的饲料原料来配制饲料。

2.日粮配制方式

种公猪的饲粮配方基本上全是精料，以玉米、豆粕为主，糠麸为辅，配合预混料。由于猪场种公猪数量有限，就是大型猪场的自有饲料加工厂，也不便为种公猪专门开动一次饲料加工设备，若为有限的种公猪加工配制一年以上的饲料存入仓库，则易招致饲粮的霉变或过度氧化，导致维生素等饲料添加剂失效。在生产实践中，如没有专门的出售种公猪配合饲料，对种公猪的饲料配制可按以下方式进行。

（1）用浓缩饲料配制种公猪全价配合料　一般专业饲料厂家生产的浓缩料含有公猪所需的优质蛋白质、氨基酸、维生素、矿物质、微量元素等营养物质。猪场可选购公猪专用蛋白质浓缩料，利用自家或购入的谷物及副产品，按公猪不同饲养时期的饲养标准配制成公猪全价配合料。浓缩料一般含38%蛋白质，可以在公猪日粮中配入25%，另75%由玉米、小麦、大麦等谷物和糠麸组成，条件好的猪场可在公猪中加入3%~5%的优质牧草粉（苜蓿等），可有效改善公猪繁殖性能，满足纤维需要量，防止便秘及胃肠溃疡。

（2）用预混料自配公猪全价配合饲料　技术和设备条件较好的中小型猪场，可以选购知名饲料厂家生产的公猪专用预混料，猪场按产品说明加入蛋白质饲料（豆粕、花生粕及鱼粉等）、能量饲料（玉米、小麦、大麦等）及粗饲料（牧草粉、麦麸、啤酒糟等）以及食盐、钙磷饲料和氯化胆碱等，自配成营养全面的公猪全价配合饲料。蛋白质饲料以豆粕为主，不要用棉籽粕、菜籽粕等杂粕，特别是不能用对公猪繁殖性能有影响的棉籽粕，但必须考虑选择多品种蛋白质饲料。由于动物性蛋白质（如鱼粉、蚕蛹等）生物学价值高、氨基酸含量平衡，适口性好，对提高公猪精液品质有良好效果，有条件的猪场，在公猪饲料配制中不应缺少鱼粉，尤其是进口优质鱼粉。实在无鱼粉，可用部分蚕蛹、鲜鱼虾等代替。

（3）用哺乳母猪料加其他营养物质　由于一些小型猪场无预混料加工或搅拌设备，用浓缩料和预混料配制公猪饲料有一定难度，一个比较简单的变通方法是可以用哺乳母猪的饲料代替。由于哺乳母猪饲料周转快，可以保持新鲜，同时，哺乳母猪和公猪的营养要求接近，只是公猪饲粮要求标准更高一点。为此，对公猪饲料可以通过以下手段额外加强营养，也能基本上达到公猪的饲养标准要求。

①在配种季节使用哺乳母猪料时，每日用2~5个鸡蛋直接加入饲料中饲喂。

②胡萝卜打浆后按1:2与羊奶或牛奶混合每头每天补饲1.5升。

③用杂鱼煲汤。原料为河中杂鱼或人工养殖的河蚌肉，适当配入鸡架、枸杞、山药、食盐少量，每头公猪每日喂量1千克。用此剂喂种公猪性欲感极强。

3.原料用料的注意事项

（1）搭配优质青饲料　种公猪在饲喂全价精饲料的同时，给予一定量的优质青饲料。如

果每天提供2~4千克牧草、蔬菜等青饲料，精饲料喂到2千克，营养就可满足。如果青饲料质量差，或公猪体重大，配种强度大，每天精料量可提高到2.5千克。

（2）种公猪饲料中严禁混入发霉和有毒饲料　有研究表明，在饲喂污染玉米赤霉烯酮的饲料3天后，种公猪射精量比对照组减少了41%，精子数在1周内显著下降，对精子活力也有影响。

（3）种公猪的饲料不能用棉籽饼粕　由于棉籽饼粕中含有较多的棉酚，棉酚作用于种公猪睾丸细精管上皮，对各级生精细胞均有影响，尤其对中、后期和接近成熟的精子影响最大，并可引起睾丸退化。为了保证种公猪有旺盛的性欲和产生高质量的精液，以便繁殖健康的仔猪，种公猪的饲料配合中不要用棉籽饼粕。

（二）种公猪的饲养方式

种公猪的饲喂方式主要根据公猪一年内配种任务的集中和分散情况，分别采取以下两种饲养方式。

1. 一贯加强的饲养方式

在规模化、集约化养猪生产模式下，母猪实行全年均衡分娩，种公猪需常年负担配种任务，因此，全年都要均衡地保持种公猪配种所需的高营养水平。

2. 配种季节加强的饲养方式

适用于母猪实行季节性产仔的猪场。用于季节配种的公猪，在配种前1个月，逐步给公猪增加营养，并在配种季节保持较高的营养水平。配种季节过后，逐步降低营养水平，只供给公猪维持种用体况的营养需要量。

（三）饲喂技术

标准化饲喂公猪要定时定量，体重150千克以内公猪日喂量2.3~2.5千克，150千克以上的公猪2.5~3.0千克，配种或采精频繁时（4次/周），3千克以上，以湿拌料或干粉料饲喂均可，每天必须供给充足的饮水。在满足公猪营养需要的前提下，要采取限饲。种公猪的限饲应根据日龄、体重、季节以及种公猪的配种量做适当调整，饲喂时还要根据公猪的个体膘情给予增减，保持7~8成膘情为标准。公猪过肥或过瘦，性欲会减退，精液质量下降，繁殖力会受到一定影响，而且过于肥胖的可能会产生肢蹄病。生产中为了提高种公猪性欲、射精量和精子活力，也为了使限饲不影响公猪的繁殖力，应全年喂给种公猪适量青绿饲料或青贮饲料，一般喂量应控制在占日粮总量的10%左右（按风干物质算），不能喂太多，以免形成草腹。种公猪一般每次只喂八成饱，一天3次，定时定量，投料后的1小时应看槽底有无剩料，如1小时后槽底还有剩料说明投料过量或公猪食欲有问题。剩料变质和公猪采食无规律是公猪拉稀的最常见因素。

四、种公猪的科学管理

保持公猪体质健壮和合适的体况，一方面在于喂给营养价值完全的日粮，另一方面要对公猪进行合理的管理。对公猪的管理除了经常注意保持圈舍清洁、干燥、阳光充足，创造良好的福利条件外，重点还要做好以下几项工作。

（一）合理运动

合理运动是保证公猪的体质健壮、体况合适以及性欲旺盛必不可少的措施，而且合理运动还可锻炼四肢，防止各种肢蹄病的发生。种公猪除在运动场自由运动外，每天还应进行驱赶运动，上、下午各运动一次，每次2千米。夏季可在早晚凉爽时运动，冬季可在中午运动一次，如果有条件可利用放牧代替运动。

（二）建立良好的生活制度

妥善安排公猪的饲喂、饮水、运动、刷拭、配种、休息等生活日程，使公猪养成良好的生活习惯，增进健康，保持良好的配种体况，是提高配种能力的有效方法。

（三）群养与分群

种公猪可分为单圈和小群两种饲养方式。单圈饲养单独运动的种公猪，可减少相互干扰和自淫的恶习，节省饲料。小群饲养种公猪必须是从小合群，一般是2头一圈。对公猪饲养头数较多的猪场，一般采用小群饲养，合群运动，可充分利用圈舍，节省人力。小群饲养，合群运动要防止公猪咬斗。为了避免争斗致伤，小公猪生后应将其犬牙剪掉。

（四）防寒防暑

饲养在封闭式猪舍内的公猪，舍温应保持在10℃左右，注意炎热季节的防暑降温工作；在敞开式猪舍饲养的公猪，冬天应防寒防冻。

五、种公猪的合理利用和淘汰

（一）种公猪的合理利用

配种利用是饲养公猪的唯一目的，生产中对种公猪的合理利用，主要抓好以下两点。

1. 掌握好初配年龄

后备公猪适宜的初配年龄，就要根据猪不同品种、年龄和生长发育情况来确定，一般宜选在性成熟之后和体成熟之前。适宜的初配年龄一般以品种、年龄和体重来确定，小型早熟品种应在8~10月龄，体重60~70千克；大中型品种10~12月龄，90~120千克，占成年公猪体重的50%~60%时初配为宜。配种时间过早，不仅会影响到公猪今后的生长发育，而且会缩短公猪的利用年限；初配时间过迟，也影响公猪的正常性机能活动和降低繁殖力。

2. 掌握好配种强度

种公猪配种利用强度过度，会显著降低精液品质，影响受胎率和利用年限；但如果公猪长期不配种，将导致性欲不旺盛，精液品质差，因此必须合理利用公猪。一般初配青年公猪以每周使用2~3次为宜，2~4岁的壮年公猪在配种旺季，在饲料营养较好的情况下，每日可采精或交配1次，在公猪少的情况下，必要时可每日利用2次，但应隔8~12小时，每周至少休息1~2天。

（二）种公猪的淘汰

由于公猪质量对猪场生产有巨大影响，特别是工厂化养猪生产，对猪群质量亦有更高的要求，为了达到低成本、高效益、高生产水平的目的，生产中应及时淘汰劣质公猪，充分利用优秀公猪。对老龄公猪、体质衰退、繁殖力降低，也要及时淘汰。生产中种公猪的淘汰分自然淘汰和异常淘汰。为适应生产需要，不断更新、补充血缘需要的后备公猪，淘汰老龄公猪属自然淘汰。在规模化猪场种公猪年淘汰率在33%左右，公猪一般使用3年。生产中因公猪精子活力差，体况过肥、性欲差、疾病、出现恶癖等现象淘汰的，称之为异常淘汰。生产中连续3次精液检查活力低于0.6，密度达不到中级或精子畸形率超过30%的公猪；性情暴躁和易攻击人的公猪；后代有遗传缺陷的公猪；繁殖力差，如产仔数低、受胎率低的公猪；性欲下降，无法配种或采精的公猪；有肢蹄病和其他疾病无法治愈的公猪；有自淫和恶癖的公猪等，都应及时淘汰。

六、种公猪饲养管理中的主要问题及采取的技术措施

（一）种公猪缺乏足够的运动

1.种公猪缺乏运动的后果

种公猪配种期要适度运动，非配种期和配种准备期要加强运动。适度运动是加强机体新陈代谢、锻炼神经系统和肌肉的主要措施；强度运动可促进食欲，增强体质，提高繁殖机能。目前，多数种公猪运动量不够。配种期内公猪运动过少，精液活力下降，直接影响受胎率；非配种期内公猪运动量强度不大，易使公猪体况过肥或易发生肢蹄病，影响公猪配种期的繁殖性能。很多猪场无性欲和患肢蹄病公猪加起来占到种公猪存栏的25%左右，品种的变更固然是原因之一，但最主要的原因是现代公猪缺乏足够的运动，而导致肢蹄疾病或体况过肥或丧失繁殖性能，使公猪不到3岁即被淘汰。公猪淘汰率过高的猪场，饲养成本和生产成本加大，必然影响经济效益。

2.对种公猪的运动采取适宜的技术方法

生产中对配种期的种公猪采取适量运动，每天运动1 000米即可。一般每天上下午各运动一次，夏天应早晚进行，冬季应中午运动，如遇酷热天气时，应停止运动。因此，配种期的公猪要适度运动。对非配种期的公猪和配种准备期的后备公猪，可采取加强运动。生产中一般采取驱赶运动，每日3 000米的驱赶运动较为合适。驱赶公猪走动和跑动有技术讲究，要掌握好"慢—快—慢"三步节奏。公猪刚一出圈门时就容易猛跑、撒欢，此时要对公猪安抚，如对公猪擦痒、刷拭背部，可使公猪慢慢安静下来，徐徐而行。公猪行程到1/3路程时要加快速度，跑成快步或对侧步，使公猪略喘粗气达到一定的运动量。1周岁以下的青年公猪体质强壮，可用驱赶细步疾跑冲刺100~200米。在行程的后1/3路段要控制公猪的速度，使之逐步放慢或逍遥漫步，并达到呼吸平稳。公猪在回程路上既要平稳慢行又不可停留，要争取直奔原圈，不可以在回程路上停留时间过长，以防公猪向配种舍或母猪舍方向奔袭。

（二）公猪自淫

由于有些猪种性成熟早，性欲旺盛，常引起非正常射精，有些公猪有舔食精液，即自淫的恶癖，影响其配种。生产中杜绝或克服这种恶癖的措施，公猪单圈饲养，公猪舍远离母猪舍，配种点与母猪舍隔开；要加强公猪的运动，采取强制驱赶运动法；降低饲养标准；建立合理的饲养管理制度等，使饲养管理形成规律，分散公猪的注意力；将公猪圈置于母猪圈下风方向，防止公猪因母猪气味而出现条件性自淫；防止发情母猪在公猪圈外挑逗；经常刷拭猪体，以克服公猪皮肤瘙痒问题。

（三）放松非配种期种公猪的饲养管理

在非配种期放松对种公猪的饲养，不按饲养标准规定的营养需要饲喂，会使公猪过于肥胖或瘦弱。因此，在非配种期应本着增强公猪体质、调整和恢复种公猪身体状况的原则，进行科学饲养管理。

（四）种公猪的利用年限缩短

1.过度利用

在配种季节，当需要配种的发情母猪较多，而公猪又较少时，有可能过度使用公猪，不但影响母猪受胎率，也影响了公猪的使用年限，不遵守初配公猪每3天采精1次，1岁公猪每2天采精1次，成年公猪每天采精1次，每周休息1~2天的原则，也不做采精记录和采

精计划，无目的采精利用，结果造成采精量减少，最后到无精子，往往使初配公猪和青年公猪未老先衰而被迫淘汰。种公猪的使用强度，一定要根据年龄和体质强弱合理安排，特别是配种高峰季节，更应该合理地使用种公猪，否则会对种公猪的种用价值造成不良影响。

2. 饲养不当

种公猪饲喂的日粮能量过高，蛋白质含量低，饲喂次数多，又不限饲，使种公猪肥胖，体重过大，采精时或配种时爬跨困难，因不能正常采精或配种而被淘汰。种公猪的日粮要高蛋白质，低能量，每天饲喂量不要超过 3 千克，可补饲一些青饲料充饥，并加强运动，这样能防止种公猪体重过大给采精和配种爬跨带来不必要的困难。

3. 对种公猪的运动和保健工作不到位

很多猪场饲养的种公猪，在非配种期，每天不驱赶运动，使种公猪体况肥胖，在配种期公猪没有进行适量运动，甚至连基本的自由运动都做不到，每天采精或配种后回圈趴卧休息，致使采出的精子活力下降，均造成种公猪繁殖性能下降。此外，很多猪场种公猪饲养员根本不按摩种公猪睾丸，即使按摩也不长期坚持，对种公猪的繁殖力提高也有一定影响。再有，每天刷拭种公猪体表具有促进血液循环、防治寄生虫病等很多好处，是保障种公猪正常采精或配种的必要工作，但很多猪场没做到，这对提高种公猪利用年限也有一定的影响。

4. 繁殖障碍

种公猪的繁殖障碍有先天性和后天性两类。先天性主要是遗传缺陷，包括睾丸先天性发育不良，隐睾、死精和精子畸形等；后天性主要有骨骼及肢蹄病、生殖器官传染病、营养缺乏病、饲养管理和环境因素（如热应激等）造成的疾病，不合理的配种制度和配种方法造成的疾病等，生产中对种公猪的繁殖障碍如性欲减退或缺乏，不能正常交配，精子活力不正常，营养缺乏及饲养管理、环境因素等可以采取措施补救外，其他繁殖障碍出现后，都要淘汰种公猪。

（1）性欲减退或缺乏及精液不正常的措施　性欲减退或缺乏主要表现对母猪无兴趣，不爬跨母猪，没有咀嚼吐沫的表现。造成此现象的主要原因是缺少雄性激素，营养状况不良或营养过剩。生产中除调整饲料中蛋白质、维生素和无机盐水平，适当运动和合理利用外，还可采取以下措施。

① 性欲减退或缺乏严重的公猪，可用 5 000 单位绒毛膜促性腺激素，每头每日 1 支，用 2~4 毫升生理盐水稀释，肌内注射。

② 使用提高雄性动物繁殖性能的饲料添加剂，可选用以下一种或两种合用。

松针粉：富含维生素 A、维生素 E 和 B 族类维生素，还富含氨基酸、微量元素和松针抗生素及未知因子，有提高种公畜性欲和精液分泌量的作用。在种公猪日粮中添加 4% 的松针粉，可明显提高性欲和采精量，并对公猪具有一定保健效果。

韭菜：富含维生素 A、维生素 E。对公猪具有强化性功能，提高精子活力作用，公猪每天可饲喂 250~500 克。

大麦芽：用大麦经人工催芽长到 0.5~1 厘米时喂种公猪，对提高公猪性欲功能，改善精液品质有效。因为其中富含维生素 A 和维生素 E，公猪每头每天可喂 150 克。

淡水虾：富含动物性蛋白质和维生素 E 等，对促进公猪精子正常发育有益，并对提高公猪性欲功能起增强作用。种公猪每天可喂 100~150 克，连用 2~3 天。

桑蚕蛹：含丰富的动物蛋白质、脂肪、钙、磷、12 种氨基酸以及维生素 E、维生素 A 和叶酸，对雄性动物有强化性欲，提高精子活力等作用。种公猪的日粮中可添加 2%~5%。

猪胎衣：将猪胎衣洗净焙干，其含丰富的动物蛋白质和必需氨基酸，以及钙、磷和维生素 E、维生素 A 等营养物质，可使雄性动物性欲增强，使精液中的精子密度增大，畸形精子数目减少，公猪每头每日内服 50~100 克。

鹌鹑蛋：富含氨基酸、矿物质、维生素和较多的卵磷脂和激素，对精子的形成有促进作用。公猪每头每天 20 个。

锌：对雄性动物的促性腺激素、性机能、生殖腺发育、精子的正常生长都有促进作用，是精液的重要组成部分。以硫酸锌为例，种公猪每天每头 30~35 毫克。

硒：硒与维生素 E 对提高种猪的繁殖性能有协同作用。硒可使种公猪精子浓度提高，活力加强，畸形比例减少。常用的有酵母硒和亚硒酸钠，添加量为 0.5~1 毫克/千克日粮。

精氨酸：对雄性动物具有增强性欲，促进睾丸酮分泌的作用，与精子正常生长发育有密切关系。在每头种公猪日粮中可添加 50 毫克精氨酸。

淫羊藿：为中草药，富含维生素 E 和其他未知因子，能促进种公猪精液分泌，间接地兴奋性机能，增进交配欲。种公猪每头每天 10~15 克。

阳起石：为矿物质中药，含硅酸镁、硅酸钙等物质，为种公畜性功能兴奋性强壮药，可防治种公畜阳痿不起，遗精等，猪每天用量 6~15 克。

（2）公猪性欲正常但不能交配的措施　发生原因：先天性阴茎不能勃起；阴茎和包皮异常；阴茎有外伤造成炎症；肢蹄伤痛等。对其可治疗的病要及时治疗，不能治疗的要淘汰。

（3）睾丸炎和阴囊炎的治疗　发生睾丸炎和阴囊炎的公猪，使精子生成发生障碍，精子尾部畸形等。对这样的种公猪要及时发现及早治疗。一般治疗方法是在睾丸外部涂以鱼石脂软膏，再配合注射抗生素等消炎药。但对于无治愈希望的公猪，应及早淘汰为宜。

（五）高温热应激对种公猪精液质量的影响

热应激是指动物机体对热应激源的非特异性防御应答的生理反应，其实质是指环境温度超过等热区中的舒适区上限温度所致的非特异性反应。近些年随着养猪业集约化规模化的发展和全球性气温的升高，热应激也越来越严重。夏季持续高温造成种公猪的热应激反应，已经受到一些猪场的重视。

1.高温对种公猪的影响机理

高温能使种公猪肾上腺皮质激素升高，抵制睾丸类固酮的产生。气温高于 34℃时，睾丸激素的合成和血液睾酮水平明显降低，致使公猪的交配欲减退，射精量减少，活精子与精子总数的比例下降。

2.高温对种公猪精子生成的危害

猪对热的调控能力很差，特别是种公猪对高温应激特别敏感。高温可引起种公猪性欲低下，精子活力降低，精子死亡率和畸形率上升等现象。公猪精子的发生、形成、发育和成熟至少需要 40 天左右的时间。睾丸外侧的附睾具有转运、成熟、贮存和获能精子的作用，精子在附睾中移动需要 12 天。一旦公猪热应激 2~3 周后还没有被察觉，当热应激发生时，必将导致精子活力、精子总数和精液密度下降，同时不正常精子浓度上升。当环境温度高于 33℃，种公猪体温超过 40℃，则会导致睾丸温度升高，精液质量随之降低，精液中精子数减少，活力降低，甚至出现死精。一旦种公猪热应激，精液的质量和数量回到正常一般需要 7~8 周。受精率和温度的相关性很高，受精率在 20℃时为 85%~90%，在 33℃下为 50%~60%。可见，高温热应激对种公猪精液质量的影响极大。

3.预防热应激对种公猪影响的技术措施

（1）防暑降温　夏季公猪舍要通风良好。有条件的猪场夏季可使用空调降温或采用湿帘或冷风机降温。采用湿帘降温循环水要用深井水，一般能降低 8~10℃，但相对湿度高时，降温效果不佳。一些开放式的公猪舍可采用吊扇加喷淋或在公猪圈内修一个 3~4 米²，25 厘米高的水池，使公猪卧于水池中，以便降温。公猪舍屋顶装一个喷水系统，这样也可使温度降低 2~3℃。

（2）营养和药物调控

① 调整日粮配方，添加油脂。高温环境下，种公猪采食量减少，造成能量供给不足，必须调整日粮配方，选择适口性好，新鲜优质的配合日粮，控制饲料粗纤维水平，减少体增热的产生。在日粮中添加 1%~3% 的脂肪，对受热应激的种公猪有利。

② 调节日粮粗蛋白质水平，补充氨基酸。夏季高温环境会使种公猪对蛋白质的需要发生变化，炎热时猪只体内氮的消耗多于补充，热应激时尤为严重，处于热应激状态下的种公猪对蛋白质的沉积有所下降。因此，夏季应调整日粮粗蛋白的含量，以满足高能量日粮配方中各种氨基酸的需要量。蛋白质需要量随温度而变化，高温时增加蛋白质摄入量会改变氮的沉积。喂给合成的赖氨酸代替天然的蛋白质饲料对种公猪有益，因为赖氨酸可减少日粮的热增耗。赖氨酸的添加量一般为每千克饲粮中 0.5 克。

③ 添加维生素 C 和维生素 E。维生素在代谢过程中起辅酶催化作用。应激状态下，动物最重要的代谢途径之一是脂解作用，这需要一系列辅助因子参与酶促反应。维生素 C 和维生素 E 参与了体内多种代谢，具有明显的抗热应激作用。日粮中添加维生素 C 200~500 毫升 / 千克和维生素 E 200 毫克 / 千克，可提高机体免疫力，有效缓解热应激，并有改善种公猪繁殖性能的趋势。

④ 在饲料中添加碳酸氢钠（小苏打）。在饲料中添加碳酸氢钠的主要作用：一是能中和胃酸，溶解黏液，降低消化液的黏度，并加强胃肠的收缩，起到健胃、抑酸和增进食欲的作用；二是在消化道中可分解 CO_2，由此带走大量热量，有利于炎热时维持机体平衡。而且碳酸氢钠可以提高血液的缓冲能力，维持机体酸碱平衡状态，提高种公猪抗热应激能力。饲料中添加 250 毫克 / 千克碳酸氢钠，可减轻热应激对种公猪的不利影响。

⑤ 饲料中添加中草药饲料添加剂。中草药饲料添加剂具有安全无公害、无耐药性、无药物残留和无毒副作用的特点，已经成为种猪抗应激饲料添加剂的研究热点之一。大量研究表明，选用具有开胃健脾、清热消暑功能的中草药饲料添加剂，如山楂、苍术、陈皮、夏枯草、金银花、鱼腥草、黄芩等喂猪，可以缓解炎热环境对公猪的影响。

第二节　妊娠母猪的饲养管理技术

一、母猪妊娠诊断的意义和方法

（一）母猪妊娠诊断的意义

母猪妊娠是猪场生产中繁殖产仔的前提，因此在生产中准确判定母猪配种后是否妊娠极其重要。母猪妊娠一般分为3个时期，即妊娠初期、中期和后期。在妊娠初期，诊断可以早期发现母猪是否受胎，如没受胎，可及时补配，减少空怀天数；在妊娠中期，通过诊断可以对已受胎的母猪加强保胎工作；在妊娠后期，通过诊断可以大概估计出胎儿头数，并根据母猪体况，确定母猪的重点护理内容，并根据掌握的分娩日期，及早做好接产准备工作，确保母猪的分娩安全。由此可见，对母猪进行妊娠诊断，可以缩短母猪的非生产饲养期，降低饲养成本，对母猪保胎防范流产，减少空怀，提高母猪繁殖力具有重要意义，在猪场生产中至关重要。

（二）母猪妊娠诊断的方法

母猪妊娠诊断的方法有很多，如直肠触诊法、不返情观察法、阴道活组织检查法、超声波诊断法、发情诱导法、雌激素测定法等。目前生产中主要的诊断方法是以下几种。

1. 外部观察法

主要根据母猪发情周期、对公猪的反应，母猪的行为和外部形态变化来判定。母猪的发情周期一般21天，如果母猪配种后21天不再发情，并表现食欲旺盛、行动稳重、性情温顺、躺睡、皮毛逐渐有光泽、有增膘现象、阴户收缩和阴户下联合向内上方弯曲等，则可判断母猪已怀孕。母猪在配种后两个月内，体态会发生一些变化，如腹下垂、乳腺乳房开始膨大等，就可以确认已妊娠。

已配种而未受孕的母猪在配种后21天左右会再度发情，此时母猪表现为食后不睡觉，精神不安，阴户微肿有黏液等，生产中，母猪配种后21天左右，观察母猪与公猪接触时的表现，有助于判断母猪是否返情，作为母猪是否需要重配或淘汰的参考依据。采取的方法是可以让公猪在母猪栏前停留2次，每次2分钟，以观察母猪反应。如果母猪愿意接近公猪，该母猪已返情，需要重配。返情超过2次以上的母猪可能有生殖道疾病，应予以淘汰。但也有个别母猪在配种后20天左右表现为假发情，此时母猪发情症状不明显，持续时间短，虽稍有不安，但食欲不减，不愿意接近公猪，应予以鉴别，以防止怀孕母猪作为未怀孕母猪因再次配种而引起流胎。因此，采用外部观察法进行妊娠诊断，要求饲养员具有丰富的经验和认真的态度。

2. 用超声波早期诊断

也称为超声图像法，该法判断母猪是否怀孕的准确率达90%~95%，用B-型超声波图像仪（B超）通过直肠或腹壁成像，可在配种后15天进行妊娠诊断。超声波妊娠诊断仪的原理是来自母猪子宫液的超声反射波，伴随着妊娠波在母猪子宫液的速度提高，配种后25~30天达到可检测水平，80~90天一直保持着可检测性。国内市场现已有许多便携式的诊断仪，虽然价格较贵，但对大型规模化养猪场具有实用价值。目前，在一些大型规模化养猪场，多使用B超进行早期妊娠诊断。方法是把超声波测定仪的探头贴在母猪腹部体表后，发射超声波，根据胎儿心脏跳动的感应信号音，或者脐带多普勒信号，可判断母猪是否妊娠。配种后1个月内诊断准确率为80%，40天测定准确率为100%。可见，超声波对妊娠30~50天的母猪诊断比较准确有效，这对母猪早期妊娠诊断具有重要意义。

3. 发情诱导法

空怀母猪在雌激素的作用下可诱导发情，而妊娠母猪却对一定剂量的雌激素不敏感，由此可用雌激素诱导发情的方式进行妊娠诊断，准确率可达90%~95%。其操作方法为在母猪配种后17天注射1毫克乙烯雌酚，如果在3~5天母猪没有发情表现，则认为已经妊娠，否则为空怀。但因母猪对激素的敏感性个体间差异较大，也影响判断的准确性。此外，也可采用 PG600 进行诊断，即给配种后 40 天内的母猪注射 1 头份 PG600，未妊娠母猪处理 3~5 天即可出现发情，而且 PG600 对妊娠母猪和胎儿无任何影响。

4. 孕酮或雌激素酶免疫测定法

由于母猪妊娠时孕酮和雌激素水平升高，但在配种后 18~21 天如果母猪空怀，则孕酮和雌激素水平降低。因此，测定这个时期的孕酮或雌激素水平，可以诊断母猪是否妊娠。目前，国外已根据酶免疫测定的原理生产出十余种母猪妊娠试剂盒供应市场，操作时只需按说明书要求加样（血样或尿样），然后根据反应液的颜色判断是否妊娠。酶免疫测定技术具有操作简单、快速、无污染和成本低的优点。

二、妊娠母猪的营养需要

母猪妊娠期的营养，除供母猪本身的维持需要外，还包括供胎儿和胎盘的生长、子宫的增大、乳腺的发育及母猪本身的增重和妊娠期代谢率所需。因此，妊娠母猪的营养与胚胎和胎儿的生长发育、仔猪的初生期、出生后的生活力和日增重、产后泌乳力等密切相关。

（一）能量的需要量

妊娠母猪能量用于维持、胚胎生长发育、子宫生长、母体增重等部分。其中 75%~80% 维持需要，即每千克代谢体重需要代谢能 457 千焦，母体增重约需消化能 21.4 兆焦 / 千克，胚胎生长发育需消化能约 0.87 兆焦 / 天。然而，妊娠母猪的能量需要量因妊娠所处时期、自身体重、妊娠期目标增重、管理环境因素而异。就妊娠全期而言，应限制能量摄入量，但要注意的是能量摄入量过低时，则会导致母猪断奶后发情延迟，降低母猪使用年限。这是由于妊娠母猪采食量与哺乳期采食和增重之间的关系是一种反比关系。妊娠期增重多，则哺乳期减重也多，即妊娠母猪体内蓄积或沉积的物质为泌乳而贮备，哺乳时可被迅速利用。但妊娠期母猪过肥，会导致产后食欲不振等不良后果。因此，生产中应避免妊娠母猪增重过多。生产中为了解决妊娠母猪的能量需要中的问题和矛盾，可对妊娠母猪的能量需要按 3 个时期进行供给。

1. 妊娠前期（0~30 天）

妊娠前期是胚胎细胞减数分裂、分化和早期生长发育阶段，此期所需营养主要用于维持母猪基础代谢和胚胎早期生长需要。配种后 24~48 小时的高水平饲喂可降低胚胎成活率，这是因为饲料采食量增加能够增加肝脏血流量和增加孕激素的代谢清除率，从而影响胚胎的成活和生长。在初产母猪妊娠期内将采食量由 0.9 千克 / 天增至 2.5 千克 / 天时，妊娠期第 15 天时胚胎的存活率由 86% 降至 67%。其原因为高采食量导致血浆孕酮水平降低，从而降低了胚胎成活数。因此，母猪配种后 3 周内，受精卵形成胚胎几乎不需要额外营养，给母猪饲喂低能量低蛋白质的妊娠日粮（消化能 ≤ 12.54 兆焦 / 千克，粗蛋白质 ≤ 13%），日饲喂 1.5~2 千克即可。

2. 妊娠中期（31~85 天）

妊娠中期是胎儿肌纤维形成、母体适度生长及乳腺发育的关键时期，此期的营养水平还影响初生仔猪肌肉纤维的生长及出生后的生长发育。肌肉纤维数量也是决定仔猪出生后生长速度和饲料转化率的重要因子。在母猪妊娠中期（25~80 天）将采食量提高 1 倍，胎儿肌肉纤维总数提高 5.1%，次级肌肉纤维数提高 8.76%，仔猪出生后的日增重提高 10%，饲料转化率提高 7.98%。由此可见，妊娠中期的营养目标是维持母猪适度增重及营养物质的储备，在此阶段提高饲喂水平可以改善初生仔猪的生产性能，一般此期喂量为 2~2.5 千克 / 天。

3. 妊娠后期（86 天至分娩）

妊娠后期，母猪的营养需要随着胎儿的发育而相应增加。在此期间，母猪能量摄入不足，会增加初生重较轻的仔猪比例，增加哺乳期仔猪死亡率，降低仔猪生长速度。初产母猪妊娠期消化能摄入量由 11.7 兆焦 / 天增加至 25.92 兆焦 / 天，仔猪的初生重随之线性增加，但摄入量超过 35.95 兆焦 / 天，仔猪初生重并不继续增加；经产母猪的消化能摄入量由 10.03 兆焦 / 天增加至 41.8 兆焦 / 天，仔猪的初生重随之线性增加。因此，为了防止妊娠后期体脂肪的损失，能量摄入量应不低于 30.5 兆焦 / 天。如果妊娠后期能量摄入量不足，母猪就会丧失大量脂肪储备，会影响下一周期的繁殖性能，此阶段的采食量为 2.5~3 千克 / 天。

（二）蛋白质和氨基酸的需要量

妊娠母猪的蛋白质营养主要是保证其有足够的体蛋白质沉积，以提高泌乳期的产奶量，从而改善其繁殖性能。一般来说，蛋白质需要量随妊娠期的增长而增高。但由于妊娠期蛋白质轻微不足带来的负面影响可在哺乳期以超过推荐量的蛋白质水平加以补偿，因此在日常生产管理中很少发生因蛋白质不足而降低母猪生产性能的情况。但如果长期缺乏蛋白质，就会影响到以后的繁殖性能及仔猪的生后表现，对初产母猪的影响尤为明显。然而，日粮中蛋白质水平过高，既是浪费，也无益。因此，为获得良好的繁殖性能，必须给予一定数量的蛋白质，同时考虑品质。保证妊娠母猪饲粮蛋白质的全价性，可显著提高蛋白质的利用率，降低蛋白质的需要量，正常情况下，日粮粗蛋白质和赖氨酸水平分别为 13% 和 0.6%，即可满足妊娠母猪的繁殖需要。但对我国肉脂型猪种可适当降低蛋白质和氨基酸水平。我国猪的饲养标准（NY/T65—2004）规定，瘦肉型妊娠母猪每千克饲粮粗蛋白质含量为：前期 12%，后期 13%，同时也规定了赖氨酸、蛋氨酸、苏氨酸和异亮氨酸的含量：前期分别为 0.49%、0.13%、0.37% 和 0.28%，后期分别为 0.51%、0.13%、0.40% 和 0.29%。由于赖氨酸是母猪日粮的第一限制性氨基酸，NRC（2012）针对母猪妊娠期体重及胎次的不同，总结出赖氨酸需要量与 NRC（1998）中的需要量相比，NRC（2012）新模型第 1 胎母猪的值稍高，为 10.6 克 / 天，第 2 胎母猪的值稍低，为 8.6 克 / 天，第 3、4 胎母猪的值显著降低，分别为 7.7 克 / 天和 6.9 克 / 天。因妊娠母猪的赖氨酸需要量因能量摄入和猪种的不同而有明显差异，但提高赖氨酸与粗蛋白质比例可改善妊娠母猪繁殖性能。日粮赖氨酸为 0.56%~0.63%，可显著提高仔猪的初生窝重和产活仔数，并可以提高母猪对氮的利用率。精氨酸对胎儿生长也具有重要意义，精氨酸也称为胎儿的必需氨基酸之一。精氨酸在胚胎组织的沉积率是所有氨基酸中沉积率最高的。常规的玉米和大豆基础日粮通常含 0.8%~1.0% 的精氨酸，降低精氨酸供给会减少母猪供给胎体的营养，最终会导致胎儿生长延迟。还有研究表明，与饲喂 13% 粗蛋白质相比，14.39%~15.7% 粗蛋白质，产仔数提高 25%，初生窝重提高 34.96%。有学者研究报道，妊娠期间饲喂含 16% 粗蛋白质的日粮，增加采食量，可增加初产母猪所产仔猪的初生重和断奶重，但对经产母猪的产仔性能影响不大。

（三）矿物质的需要量

研究表明，母猪的矿物质添加有"窗口期"，而且不同的矿物质有不同的"窗口期"。有试验报道，胎儿的矿物质沉积主要是在妊娠的 105~114 天。同时钙的增加比磷更快。目前，一些研究证实，母猪在妊娠的最后 3~4 周和整个哺乳期以及断奶后最初 3~4 周的时间，对微量元素的需求量较高，在这个时段内，母猪每日摄入的有效微量元素的量对母猪的繁殖表现极其关键，对妊娠母猪来说，下列矿物质及微量元素的需要量在生产中要重视。

1. 钙和磷

钙和磷是妊娠母猪不可缺少的营养物质，饲料缺乏钙和磷时，势必影响胎儿骨骼的形成和母猪体内钙和磷的储备，能导致胎儿发育受阻、流产、产死胎或仔猪生活力不强，患先天性骨软症以及母猪健康恶化，产后容易发生瘫痪、缺奶或骨质疏松症等。很多研究表明，胎儿发育的最后 2~3 周，需要额外添加钙、磷。在生产中一般通过妊娠后期 2~3 周适当提高母猪饲喂量来实现，因此，妊娠母猪必须从饲料中获得适当的钙、磷，即钙、磷比以（1~1.5）：1 为好。

2. 铬

铬是近些年研究比较热的微量元素。铬是葡萄糖耐受因子的组成成分，系胰岛素发挥最大功能所必需，母猪饲料中添加铬可通过提高胰岛素活性而改善繁殖力。有研究表明，使用吡啶铬或铬酵母，在母猪第一次配种前最少饲喂 6 个月，在母猪的整个繁殖期连续饲喂，能够提高全群母猪的繁殖表现。

3. 硒

有机硒的吸收机制与氨基酸一致，在提高产仔数和泌乳力上都有作用。妊娠后期和整个哺乳期，以硒酵母的形式喂给母猪有机硒，可以提高乳汁中硒的含量，增加母猪和仔猪肝脏中硒的储备量。

4. 铁

母猪在妊娠期间会丢失大量的铁，特别是高产母猪，常常表现临界缺铁性贫血状态，不但影响健康，还降低对饲料的利用率。有研究表明，在母猪妊娠晚期和哺乳期，饲料中添加来源于有机物质的 200 毫克 / 千克的铁，能够提高初生仔猪的铁含量，降低仔猪的死亡率，提高断奶窝重，缩短断奶至配种的间隔天数。有机铁的吸收速度快，效率高，且不会引起矿物质间的拮抗作用，因此氨基酸螯合铁是一种良好的来源。

可见，及时供给妊娠期母猪的矿物质和足够的微量元素，能保证母猪的繁殖力，表10-1 给出了 NRC（2012）妊娠母猪日粮中矿物质的推荐添加量，在生产中参考应用。

表 10-1　妊娠母猪日粮中矿物质的推荐添加量

矿物质	NRC（2012）
钠（%）	0.15
氯（总量，%）	0.12
铜（毫克 / 千克）	10
铁（毫克 / 千克）	80
锰（毫克 / 千克）	25
碘（毫克 / 千克）	0.14
硒（毫克 / 千克）	0.15
锌（毫克 / 千克）	100
铬（微克 / 千克）	—

资料来源：印遇龙，阳成波，敖志刚主译《猪营养需要》（第十一次修订版），2012 年。

（四）维生素的需要量

在妊娠母猪日粮中补充与繁殖有关的维生素不仅可以满足妊娠母猪的需要，保证母猪健康，且还可以充分发挥母猪的繁殖性能。

1. 维生素 A 和 β - 胡萝卜素

维生素 A 参与母猪卵巢发育、卵泡成熟、黄体形成、输卵管上皮细胞功能的完善和胚胎发育等过程，母猪妊娠期缺乏维生素 A，胚胎畸形率、死胎率和仔猪死亡率增加。补充维生素 A 或 β - 胡萝卜素可促进排卵前卵母细胞的发育，能增强早期胚胎发育的一致性，可提高胚胎成活率，增加窝产仔数。

2. 维生素 E

维生素 E 称为抗不育维生素，是影响母猪繁殖性能的主要维生素之一。母猪严重缺乏维生素 E 和硒，可引起胚胎重吸收和降低窝产仔数。在母猪饲粮中补充维生素 E，可预防仔猪维生素 E 缺乏，改善窝产仔数，还增加奶中维生素 E 的含量，并改善母猪健康状况。有研究表明，母猪临产前 2~3 周和哺乳期每千克日粮中添加 60~100 国际单位的维生素 E，还可减少乳房炎、子宫炎和泌乳量不足等综合征的发生率。

3. 叶酸

叶酸对促进胎儿早期生长发育有重要作用，可显著提高胚胎的成活率。妊娠母猪日粮中添加 15 毫克 / 千克叶酸，胚胎的成活率提高 3.1%。母猪妊娠期补充叶酸，通过提高胚胎成活率而不增加排卵数来增加窝产仔数。但妊娠后期或哺乳期补充叶酸效果不明显。

4. 生物素

繁殖母猪饲粮中添加生物素可缩短断奶至发情天数，增加子宫空间，增强蹄部健康，改善皮肤和被毛状况，从而提高母猪生产效率和使用年限。生物素参与能量代谢，并可刺激雌激素分泌，降低不发情率。在妊娠母猪日粮中添加 0.33 毫克 / 千克生物素，母猪断奶发情时间由 6.45 天缩短到 6 天，产仔数提高 2.73%，21 日龄仔猪提高 11.38%。

（五）纤维素的需要量

日粮中粗纤维含量太低，亦会引发妊娠和哺乳母猪的一系列问题，如母猪便秘、胃溃疡等；妊娠前期的母猪如果饲喂低纤维日粮，受采食量的限制，很难有饱腹感，从而引发跳圈之类的问题。近些年来学者们对妊娠母猪日粮中添加纤维对母猪和仔猪的影响进行了大量研究，结果表明，妊娠母猪日粮中添加适量的粗纤维可在一定程度上提高母猪的繁殖性能，提高妊娠母猪采食量、妊娠期增重、减少泌乳期失重。妊娠母猪日粮中粗纤维含量 8%~10%，对母猪繁殖性能有利。而且在妊娠母猪日粮中适当添加纤维素可以增加母猪饱腹感，减少饥饿，降低刻板行为的发生率。

生产中要注意的是，高纤维日粮可增加热应激，夏季母猪如果采食高纤维日粮，会导致体热增加，产生热应激。尤其是妊娠后期的母猪，常因热应激造成气喘、不安、厌食及发热等现象，导致无乳、缺乳及养猪者经常忽略的非炎症性乳房水肿。此外，应综合考虑各生理阶段母猪饲料中粗纤维影响。妊娠前期母猪饲喂含较高纤维的饲料肯定有好处，但妊娠后期由于胎儿的发育，母猪腹压增加，对营养摄入亦增加，因此不宜大量采食容积过大的饲料（高纤维饲料），但同时考虑便秘问题，纤维含量不宜降得太快。对于补充纤维问题，可以考虑在饲料中添加苜蓿草粉等高质纤维类饲料，当然有条件的猪场可饲喂一定量的青饲料。

（六）合理添加脂肪

合理添加脂肪可提高日粮能量水平，多数试验表明，妊娠后期和泌乳初期母猪日粮中添加脂肪 2%~4%，可以提高日产奶量和乳脂率，并进而提高仔猪的成活率。

三、妊娠母猪的日粮配制

（一）妊娠母猪前期（0~90 天）的日粮配制标准与要求

日粮营养要求：消化能 12.0~12.54 兆焦 / 千克，粗蛋白质 13%~14%，赖氨酸 0.55%，钙 0.85%，总磷 0.5%，增加维生素 A、维生素 D、维生素 E、维生素 C 的水平。矿物质除常规添加外，可增加有机铬。另每头每日饲喂 1~2 千克青绿饲料。

（二）妊娠后期（91 天至分娩）的日粮配制标准与要求

日粮营养要求：消化能 13.38~14.21 兆焦 / 千克，粗蛋白质 16%，赖氨酸 0.85%，钙 0.85%，总磷 0.6%，也要增加维生素 A、维生素 D、维生素 E、维生素 C 的添加量。此外，在饲料中添加植物脂肪 3%~5%，可提高仔猪的体脂储备和糖原储备，母猪产前脂肪采食总量达 1~4 千克时，仔猪成活率最高。妊娠后期也要饲喂一定量的青绿多汁饲料，一方面可促进母猪食欲，缓解便秘现象，另一方面可促进胎儿发育及提高产仔率。

四、妊娠母猪的饲喂方式

（一）妊娠母猪的三阶段饲喂方式

妊娠母猪的营养需求供给不可固定不变，生产实践中应根据妊娠进展、胚胎生长发育需要和母猪体重状况而适当调整。一般来讲，妊娠初期降低能量摄入量以提高胚胎成活率和窝产仔数为目标；妊娠中期应以维持母猪体况为目标；妊娠期最后 1 个月胚胎生长发育的营养需要很高，胚胎的生长与母猪能量摄入量直接相关，因此，在此阶段增加母猪的能量摄入量有助于增加仔猪的初生重和断奶体重，达到提高仔猪初生重和断奶成活率，维持母体体况，改善母猪繁殖性能的目标。由于规模化猪场大都是饲养的现代高产母猪，因此，生产中对妊娠母猪的饲养以分三阶段的饲喂方式较为适宜。

1. 妊娠前期（0~20 天）的饲喂

妊娠前期的母猪日平均饲喂量 1.8~2 千克，胚胎存活率受母猪妊娠早期（第 1 个月）采食量的影响，高水平饲喂的可降低胚胎存活率，其中配种后 1~3 天的胚胎死亡率最高，特别是配种后 24~48 小时的高水平饲喂对窝产仔数非常不利。

2. 妊娠中期（21~90 天）的饲喂

妊娠中期的营养水平对初生仔猪肌纤维的生长及出生后的生长发育十分重要，采食量可稍有增加，每日饲喂量为 2~2.5 千克。

3. 妊娠后期（91 天至分娩）的饲喂

妊娠后期的营养水平增加能提高仔猪的初生重和断奶体重，但为保持母猪体况，也不可饲喂过量，以避免因仔猪过大而造成母猪难产，甚至母猪被淘汰。生产中一般采取产前 1 周降低饲喂量 10%~30%，在预产期前 3~5 天逐渐减少母猪的喂量，调整为 2~2.5 千克，以利于母猪的分娩，并能减少乳房炎的发生率。

（二）中国传统的 3 种饲喂方式

与其他生理时期相比，妊娠母猪对营养利用具有十分明显的特点，其中之一就是妊娠母猪往往能在较低营养水平饲养条件下，获得满意的繁殖成绩，表明妊娠母猪对饲料利用的经济性和特殊性，养猪生产者也常常对此采用特殊的利用方式。中国传统养猪在以青粗饲料为主的条件下，总结妊娠母猪的特点，提出了以下 3 种饲喂方式。

1. 两头精中间粗

这种饲喂方式也称为"抓两头，顾中间"，适用于断乳后体瘦的经产母猪。有些经产母猪经过分娩和一个哺乳期后，体力消耗大，为使其担负下一阶段的繁殖任务，必须在妊娠初期加强母猪营养，使其迅速恢复繁殖体况，这个时期连配种前 10 天共 1 个月左右，加喂精料，所饲日粮全价，特别是日粮要富含蛋白质和维生素，待体况恢复后加喂青粗饲料或减少精料量，并按饲养标准饲喂，直到妊娠 80 天后再加喂精料，以增加营养供给，这种饲喂方式形成了"高—低—高"的营养供给。

2. 前低后高

对配种前体况较好的经产母猪可采用此方式。因为妊娠初期胚胎生长发育缓慢，加之母猪膘情良好，这时在日粮中可以多喂些青粗饲料或控制精料给量，使营养水平基本上能满足胚胎生长发育的需要。到妊娠后期，由于胎儿生长发育加快，营养需要量加大，所以应加喂精料以提高日粮营养水平。

3. 步步登高

步步登高的饲喂方式也称为阶段加强的饲喂方式，适用于初产母猪。因为初产母猪本身还处于生长发育阶段，胎儿又在不断生长发育，因此，在整个妊娠期间的营养水平，是根据母猪自身的生长发育需要及胚胎体重的增长而逐步提高的，至分娩前 1 个月达到最高峰。也就是说，这种饲喂方式是随着妊娠期的延长，逐渐增加精料比例，并增加蛋白质和矿物质饲料，但到产前 3~5 天，日粮饲喂量应减少 10%~20%。

（三）用测膘仪测定母猪膘情等级的饲喂方式

目前大多数猪场对妊娠母猪的营养调控并不根据哺乳期基础营养储备损失情况来确定，主要是根据母猪群的膘情，由技术人员决定给料量，这种方式主要依靠技术人员的经验，是一种既原始又没有准确依据的方法。科学的饲养必须做到精准，用这种粗糙而原始的方法来饲养现代高产瘦肉型母猪，其结果不可能得到高回报。

近年来，国内外研究更多的是繁殖母猪的给料方法，因在母猪妊娠阶段控制适宜的饲料喂量，是提高生产水平的关键措施。给繁殖母猪的给料方法，也就是依母猪体况的实际情况而确定给料量，为此，认定母猪的膘情就成了第一位工作。目前，确定母猪膘情可以采用活体测膘法。方法是根据 P2 背膘（最后肋骨距背中线 6.5 厘米处背膘）的测定情况来确定妊娠母猪的给料量，母猪断奶当天进行测定，可以将测定结果分为 3 个等级：16~20 毫米为标准失重状态，低于 16 毫米为偏瘦，高于 20 毫米偏肥。这样可以根据 P2 背膘测定情况来确定不同等级母猪的给料量，每头妊娠母猪每天的喂料量＝每头母猪每天应该摄入的代谢总量（千卡）/ 每千克饲料中代谢能总量（千卡）。如果分为 5 个等级则效果会更好，若用 P2 背膘来划分可分为：16~20 毫米为正常，14~16 毫米为偏瘦，14 毫米以下为过瘦，20~22 毫米为偏肥，22 毫米以上为过肥，每个等级增减 200 千卡的代谢能来确定妊娠母猪的饲料量会更精准一些。也有学者提出，用测膘仪测定母猪最后肋骨处下方 6.5 厘米处脂肪厚度，按 6 级评分法判断膘情。

（四）以体况评分体系的饲喂方式

猪场如没有测膘仪，可根据母猪的体况评分体系对母猪进行评分，采取适宜的饲料给量，控制妊娠期母猪的增重。我国台湾的颜宏达博士采用了加拿大五点评分法（表 10-2）。第 1 产母猪妊娠体重增加以 35.5~45.5 千克，第 2~5 胎母猪以 36.5~41 千克，5 胎以上母猪以 75 千克为宜。但从国内猪场的情况来分析，控制初产母猪以妊娠期体重增加 30~40 千克，经产母猪体重增加 30 千克，3~4 产母猪体重增加 45 千克为好。

表10-2　母猪膘情五点评分法

体型评分	体型	臀部及背部外观
1	消瘦	骨骼明显外露
2	瘦	骨骼稍外露
3	理想	手掌平压可感觉到骨骼
4	肥	手掌平压未感觉到骨骼
5	过肥	皮下厚、覆脂肪

从表 10-2 可见，1 分为过瘦，这样的母猪为瘦弱级，不用压力便可辨脊柱、尖脊、削肩，膘薄，大腿少肌肉；2 分为稍瘦级，这样的母猪脊柱尖，稍有背膘（配种最低条件）；3 分为标准级，这样的母猪体况适中，身体稍圆，肩膀发达有力（配种理想条件）；4 分为稍肥级，这样的母猪平背圆膘，胸肉饱满，肋条部丰厚（分娩前理想状态）；5 分为肥胖级，这样的母猪体况太肥，体型横，背膘厚。

生产中还可采用称重评级的饲喂方式，虽然比较繁琐但非常精准。在产前称母猪体重，断奶时再进行一次称重，减重在 15 千克之内视为正常，每增减 10 千克可作为一个评级单位。这种方法虽然准确，但因操作困难，工作量大，影响猪场使用。

五、妊娠母猪的饲养方式

（一）小群圈养方式

中小型猪场一般采取 3~5 头母猪一圈，猪栏面积一般为 9 米²（2.5 米 × 3.6 米）。其优点是妊娠母猪能活动，死胎比例降低，难产率也低，母猪使用年限长；其缺点是无法控制每头妊娠母猪的采食量，从而出现肥瘦不均，也由于拥挤、争食及返情母猪爬跨等造成母猪流产情况会发生。

（二）单体限位栏饲养方式

工厂化养猪实行一头母猪一个限位栏，整个妊娠期间一直让母猪饲养在限位栏中，因此，也称为定位栏饲养。其优点是采食均匀，能根据母猪体况阶段合理供给日粮，能有效地保证母体胎儿生长发育，节省饲料，降低成本；缺点是由于母猪缺乏运动，死胎比例大，难产率高，肢蹄病较多，使用年限缩短等。

（三）前期小群饲养后期定位栏饲养方式

此饲养方式是针对小群圈养和定位栏饲养方式的问题而改进的一种饲养方式。母猪妊娠前期约 1 个月，采用小群饲养，让母猪多运动，增强体质。1 个月后转入限位栏中饲养，可节省猪栏，控制母猪采食量，使母猪能保持合理体况。但此种方法仍然难避免前中期采食不均的问题，也难免会出现母猪因抢食拥挤产生应激，对胚胎生长发育也有一定影响。

六、妊娠母猪的科学管理

（一）妊娠母猪的护理要点

妊娠母猪在管理上的中心任务是护理好母猪或整个妊娠期胎儿的正常生长发育，防止母猪流产。根据妊娠母猪的生理特点和饲养要求，妊娠期分 3 个阶段护理。

1. 妊娠初期

母猪配种至确定妊娠约需要 35 天，初期的护理重点是防止胚胎早期死亡，提高产仔数。要保持原来的群体饲养，不宜合群并群饲养，防止咬斗，造成隐性流产。初期首先要保证饲料的全价性，但要适当降低能量水平，供给干净而充足的饮水；其次要注意环境卫生，保持适宜的环境温度。

2. 妊娠中期

妊娠 35~80 天母猪代谢能力增强，能迅速增膘，且贪食、贪睡，因此，此时要适当降低能量水平或限饲，以防母体过肥。还应随时注意母猪的健康状况，每天重点检查采食、精神、粪便，一旦发现异常迅速采取措施处理。

3. 妊娠后期

妊娠 81~110 天是胎儿迅速生长时期，营养物质要充分供给，满足胎儿生长需要为重点。因此，妊娠后期最重要的是保持母猪旺盛的食欲和健康的体质，产前 3~5 天日粮应减少 10%~20%。还要注意母猪乳房的变化，并根据其变化情况，调整饲料组成和喂给量，如有较明显的分娩症状，提前转入产仔房。

（二）妊娠母猪管理的注意事项

1. 饲料品质

不饲喂发霉、腐败、变质、冰冻和带有毒性或有强烈刺激性气味的饲料，否则会引起流产。而且饲料种类也不宜经常变换，有条件的猪场以饲喂湿拌料为宜。

2. 保持猪舍安静、防止应激反应

妊娠舍一定要保持环境安静，严禁人为粗暴对待母猪；此外，要注意猪舍内温度，特别是夏季高温要做好防暑降温，防止热应激反应而引起流产，尽量使舍内温度不超过 24℃。

3. 注意免疫应激引起母猪流产

妊娠母猪也要严格执行免疫程序，但有的疫苗注射后能引起母猪流产，可能是免疫应激所致。从目前有关报道分析，易引起母猪免疫后流产的疫苗主要是油佐剂疫苗，如口蹄疫苗、伪狂犬苗、乙脑苗等，按常规要求这几种疫苗都要注射。但从一些猪场出现的情况看，全群猪一刀切接种，一些妊娠母猪接种后第 2~3 天发现陆续有流产，多则 2%~3% 流产率，少则 0.5%~1%。而且流产以妊娠 30~50 日龄居多，通常是母猪无症状。为减少免疫应激，免疫接种要避开合群，在母猪整个妊娠期前 40 天属于胚胎不稳定期，在给母猪接种甚至药物保健时，应尽力避开此期。此外，为改善注射疫苗后的免疫应激反应，口蹄疫苗可采用进口佐剂，伪狂犬苗选择水佐剂苗，比油佐剂苗应激要小得多，乙脑疫苗按常规是一年注射两次，即每年 3 月和 9 月，也可根据妊娠母猪的怀孕天数选择合适的免疫时间，以防流产。

4. 产前消毒

母猪妊娠 110 天或预分娩前 7 天，需由妊娠舍转入产仔舍。转群不要赶猪太急或惊吓猪，更不能打猪。母猪进入高床分娩架内饲养前，应对母体特别是乳房及外阴部进行严格清洗消毒，有条件的猪场可采用温水淋浴消毒，千万不可用凉水冲刷妊娠母猪，以免造成感冒或发生应激反应而影响母猪的正常分娩。

七、提高妊娠母猪受胎率的综合技术措施

（一）控制影响胚胎存活的因素，降低胚胎死亡率的措施

影响胚胎存活的因素很多，如遗传因素、排卵数、母猪的胎次、妊娠持续期、胎儿在子

宫角的位置、疾病、营养、管理和环境等，其中，疾病、营养、管理和环境在一定程度上人为可以控制，可降低胚胎死亡率。

1. 搞好疾病防治及防止热应激，消除影响胚胎存活及流产的因素

母猪感染细小病毒、日本乙型脑炎病毒、猪呼吸-繁殖障碍综合征病毒、猪伪狂犬病病毒、布鲁氏菌和衣原体后，可引起繁殖障碍，引起胚胎死亡、流产和窝产仔数减少；此外，感冒发烧、生殖道炎症、热应激等也极易引起流产。生产中，对繁殖障碍疾病可用有关疫苗注射预防，感冒发烧和热应激反应也可采取加强饲养管理和环境卫生，降低环境温度等措施进行防止。环境温度过高是造成胚胎早期死亡的主要因素，特别是配种后 0~15 天内高温的影响更为严重。因此，必须把夏季母猪降温措施落到实处。另外，应避免妊娠母猪早期混栏或粗暴管理，减少机械性流产。母猪子宫感染已成为妊娠母猪常发的一种疾病，其中人工授精操作不当、器械消毒不严、细菌感染等是主要原因。子宫感染细菌是引起胚胎死亡的另一个原因可采取抗生素防治。据有关资料报道，配种后子宫感染可降低妊娠率 5%~20%。目前，为防治子宫感染，在饲料中添加抗生素可提高胚胎存活率，增加产仔数。

2. 实行营养与饲养水平调控技术，提高胚胎存活率

（1）保证饲料的全价性　猪胚胎死亡率受品种、遗传、胎次和环境条件的影响较大，一般为 30%~40%，但胚胎死亡以囊胚开始快速伸展和附植前后发生率最高，有 30%~40% 的胚胎死亡发生于囊胚附植时期，即母猪配种后 13~14 天，约 22% 的胚胎死亡发生于母猪配种后 6~9 天。其原因是母猪配种后 24 天内，胚胎仍处于游离状态，主要从母体子宫液中吸收组织营养维持自身的发育，这样，一方面由于胚胎相对生长速度较快，对营养物质的需要量增加，但另一方面由于母猪子宫液中营养物质即子宫乳有限，而且子宫内环境变化也在此时表现最明显，最易引起胚胎死亡。生产中，对妊娠早期的母猪，如提供优质饲料，维持子宫内环境的正常，可减少胚胎死亡率。饲料中的某些特殊营养物质如维生素、矿物元素和氨基酸等，影响胚胎发育，如维生素 A、叶酸、β-胡萝卜素和维生素 E。近十年的研究表明，给经产母猪饲喂补充 5 毫克/千克叶酸的日粮，使妊娠 35 天的胚胎存活率提高了 7%；而当排卵数增加时，补充叶酸提高胚胎存活率的效果更加明显，达到 10%。而且在采用"催情补饲"技术促进青年母猪排卵数增加时，添加叶酸对提高产仔数和成活率具有更加明显的效果。研究表明，叶酸之所以能提高窝产仔数的关键是叶酸通过主动转运机制转运到胚胎中，从而提高胚胎的成活率，降低早期的死亡率。因此，在母猪配种前后的日粮中添加叶酸是必须的，特别是对排卵数较多、胎次较多（窝产次）及催情补饲的母猪，效果更明显。此外，在催情补饲的情况下，对提高初产母猪胚胎存活率具有重要作用的一个维生素是维生素 A，其机理是高能日粮往往是造成初产母猪胚胎直径的变异增大，因此，尽管催情补饲后排卵数增加了，但胚胎的存活率却下降了，而维生素 A（目前认为特别是注射维生素 A）可以改善胚胎大小的整齐度，提高胚胎发育的同步性，从而降低胚胎死亡率。研究表明，饲喂维生素充足日粮的母猪如用注射方式补充 β-胡萝卜，可以进一步改善母猪的繁殖性能，其主要作用机制是通过促进卵巢中孕酮的合成而降低胚胎死亡率。因此，保证饲料的全价性，在妊娠母猪饲料中合理添加氨基酸、维生素、矿物质等饲料添加剂，对提高胚胎存活率具有一定意义。

（2）禁喂有毒有害及发霉变质饲料　饲料中的某些有毒物质，也对胚胎发育有影响，如植物雌激素、棉酚（棉籽饼中）、硫代葡萄糖苷毒素（菜籽饼中）以及饲料加工、贮存过程中所污染的毒素等，都影响胚胎发育，因此，在妊娠母猪的饲料配制中，禁用棉籽饼、菜籽饼等杂饼及发霉变质的原料，对提高胚胎成活率有一定作用。

（3）注意日粮能量水平　生产中虽然提供优质全价饲料可提高胚胎成活率，但妊娠前期实行限饲也可提高胚胎成活率。妊娠期的能量水平对胚胎存活具有显著的影响，如妊娠早期增加能量水平（即提高采食量）不仅不能增加产仔数，而且会导致胚胎死亡率增加。其原因是增加妊娠期采食量使血浆中孕激素水平降低，结果降低了胚胎的存活率。因此，为了保证母猪饲粮的营养水平和全价性，维持母猪内分泌正常，防止胎儿因营养不足或不全而中途死亡，对妊娠母猪前期能量不可过高，妊娠前期的消化能需要量在维持基础上增加10%即可。

（4）因猪而异采取不同的饲养方式　生产实践中，饲养方式要因猪而异，对于断奶后体瘦的经产母猪，应从配种前10天起增加饲喂量，直至配种后恢复体况为止，然后按饲养标准降低能量浓度，并多喂青饲料；对于妊娠初期七成膘的经产母猪，前、中期饲喂低营养水平的日粮，到妊娠后期再给予优质日粮；对于青年母猪，由于其本身尚处于生长发育阶段，同时负担着胎儿的生长发育，因此在整个妊娠期内，可采取随着妊娠日期的延长逐步提高营养水平的饲养方式。

（5）把握好限制饲喂原则　妊娠母猪的饲养水平直接会影响到怀孕率、活仔数及所占比例、初生前窝重及产后母猪泌乳性能，因此成功饲喂母猪的关键在于坚持哺乳期的充分饲喂，在妊娠期间的限制饲喂。规模化猪场饲养的是现代高产母猪，因此必须使用妊娠不同阶段的全价饲料，才可保证提高怀孕率。在环境适宜、没有严重的寄生虫病，妊娠母猪在采取限饲，一般每日投喂1.8~2.5千克，并再投饲一定量的青饲料。

（二）更新对妊娠母猪阶段的饲养设备及饲养管理观念

目前，我国规模化猪场对妊娠母猪的饲养，在理念及饲养方式上还存在以下主要问题，从而也导致了妊娠母猪怀孕率低。

1. 饲养设备及饲养理念的局限

母猪生产力低下一直困扰我国规模养猪，表现最明显的是母猪繁殖性能差，产活仔数这一性状尤为明显，平均产活仔数很难超过10头。而对于母猪繁殖性能低下，产仔少，更多的猪场管理人员都在母猪发情、配种环节上找原因。事实上，母猪产仔少是我国养猪业的普遍问题，而其主要原因有两条：一是哺乳母猪基础营养储备消耗过大，母猪繁殖体况差；二是妊娠期母猪饲养管理不科学，基础营养储备没有得到很好的恢复。妊娠母猪是母猪繁殖期技术要求较高的一个阶段，而我国多数规模化猪场的设备条件和技术管理能力及观念，都很难达到现代高瘦肉率繁殖母猪精细化管理的要求，因为母猪繁殖性能属于低遗传力性状，母猪繁殖性能表现受饲养管理的影响比遗传因素大，也就是说，一头现代高瘦肉率繁殖母猪是否能够高产的主要因素是饲养管理。由于哺乳期母猪基础营养储备消耗过大，其基本特征为断奶到配种的间隔时间长，发情不集中，下一胎的平均产仔数少，变异数大。因此，当母猪进入妊娠期后，饲养管理的目的是对哺乳期体储消耗不同程度的母猪进行营养调整，使母猪在产前达到整齐划一的营养储备状态。这就需要合理的饲喂策略。虽然母猪基础营养储备状态对繁殖性能影响非常大，但因国内多数猪场受饲养管理条件限制，如没有像发达国家对妊娠母猪采取智能化饲养，以及对妊娠期母猪基础营养储备调整的重要性认识不够，母猪妊娠阶段的饲养管理非常粗放，特别是在中小型猪场表现尤为突出，这与现代瘦肉型母猪的饲养管理标准要求相差甚远，也是国内有关养猪专家感叹我国的科学养猪技术水平落后于发达国家30年的原因。

2. 饲养方式的问题

目前我国的规模化猪场大都采用 20 世纪 80 年代开始引入的限位栏饲养方式，由于理念及资金的限制，至今仍然还有一大部分猪场对妊娠母猪采用小圈分群饲养。也有猪场生产者针对这 2 种饲养方式存在的问题，采取了前期小群饲养后期定位栏饲养。这几种饲养方式从实质上并没有解决妊娠母猪饲喂量确定的问题，因此，对妊娠母猪并没有真正达到在前、中、后期采取营养调控技术措施，虽然比传统的饲养方式有很大程度的改进，但与国外对妊娠母猪实行电子饲喂方式相比，也还是没有从技术管理能力上达到对妊娠母猪的精细化管理的程度。

（1）小圈分群饲养方式的主要问题及改进措施　这种方式是养猪业发展过程中一种原始方式。30~40 年前，美国多数猪场采用这种饲养方式，而我国目前很多猪场仍然采用这种饲养方式，特别是中小型猪场。虽然这种饲养方式有其优点，但由于这种饲养方式很难做到按每头母猪配种时的基本体况来进行营养调控，导致妊娠母猪在妊娠阶段的体况参差不齐。母猪繁殖体况是决定母猪繁殖性能的关键要素，而这种饲养方式的最大问题是没有办法解决强者夺食弱者吃不饱的问题。当年美国养猪者对这种饲养方式存在的问题也采取了一些改进措施，但仍无法从根本上解决母猪群体繁殖性能要达到的最佳状态，浪费了饲养者和管理人员很多时间和精力。由于这种饲养方式仍然很难达到精确饲养与合理营养调控的饲养标准要求，研究人员又把妊娠母猪分为 5 个等级，根据所评等级进行分类饲养。目前，根据体况评分体系的饲喂方式在一定程度上解决了小圈分群饲养方式中存在的问题，特别是采用活体测膘仪科学判断母猪膘情的等级，以此根据母猪配种前后体况进行营养调控，但这种方式也并非十分科学的方式。

（2）单体限位栏饲养方式存在的问题及采取的措施　我国的一些大型猪场在 20 世纪 80 年代后期开始采用单体限位栏饲养妊娠母猪的饲养方式，与小圈分群饲养方式相比有很大进步，解决了强者夺弱食的问题。但因多数猪场采用人工给料，也很难做到准确定量，仍然解决不了对妊娠母猪合理的营养调控问题。其主要原因是我国的劳动力成本低，用人工代替机械，经济投入少，但其真正的原因除设备投入资金受到限制外，主要还是猪场业主的理念和技术管理能力问题。国外一些猪场采取定位栏饲养妊娠母猪，都使用了定量自动饲喂系统，达到了按妊娠母猪的繁殖体况分阶段进行科学饲喂，做到了精细化的饲养标准要求。而我国这种饲养方式也可以说是一种不完全的单体限位栏饲养系统。虽然一些猪场针对单体限位栏饲养妊娠母猪运动不足、肢蹄病较多等系列问题，而采取前期小圈分群后期单体限位栏的饲养方式，但由于没有使用定量饲喂系统，仍未达到对妊娠母猪进行精细化的管理和营养调控的技术。因此，我国的猪场无论采取何种饲养方式，如不采取机械投料和定量饲喂系统，在一定程度上难以提高妊娠母猪怀孕率。

综上论述可见，妊娠母猪饲养技术要求较高，而国内猪场一些业主却仅仅认为由于受资金投入的限制，难以做到对妊娠母猪的精准饲养，实质上国内一些猪场对妊娠母猪的饲养方式，不仅仅是资金投入的问题，更重要的是对妊娠母猪饲养的基本要求，要达到的饲养目的并不十分清楚，在技术和理念上存在误区，不清楚妊娠母猪饲养水平对母猪繁殖性能的影响有多大。因此，不从根本上解决妊娠母猪的精准饲喂问题，就很难解决现代高产母猪繁殖性能低下的问题。从长远看，高度重视妊娠母猪饲养管理，必须要对妊娠母猪舍进行改造投资，可以使用欧洲电子自动饲喂系统，也可采用单体限位栏自动化上料系统，而使用单体限位栏就必须有饲料计量设备，这两种饲养方式都可以解决妊娠母猪的营养调控问题。精准化的饲养管理方式是改变目前国内猪场母猪繁殖力低下的唯一出路，也是未来中国养猪业发展的要求，而使用电子饲喂系统应该是一个途径。

第三节 分娩母猪的饲养管理技术

一、母猪分娩前的饲养管理

（一）母猪分娩前的饲养要求

母猪产仔前的饲养主要是根据母猪体况和乳房发育情况而定。对于膘情较好的母猪，在产前 5~7 天后按每日喂量的 10%~20% 的比例减少精料，以后逐渐减料，到产前 1~2 天减至正常喂料量的 50%，停喂青绿多汁饲料。对膘情好的产前母猪减料，可防止发生乳腺炎和初生仔猪腹泻。一般来讲，多数产前母猪膘情较好，产后初期乳量较多，乳汁也较稠，而仔猪刚出生后吃乳量有限，有可能造成母乳过剩而发生乳腺炎；此外，仔猪吃了过度的浓稠乳汁，常常会引起消化障碍或先口渴后饮水量大，结果造成腹泻。因此，对膘情较好的母猪应逐渐减料，并在分娩当天可少喂或不喂料，可喂一些麸皮、盐水汤等轻泻饲料，防止母猪产生便秘。相反，对于体况偏瘦的产前母猪，不仅不能减少日粮给量，还应增加一些富含蛋白质、矿物质、维生素的饲料。一般对体况太差的母猪，分娩前不限量，否则会影响分娩后乳汁的分泌，但在分娩前 1 天和当天也要限量饲喂。国外饲养母猪在妊娠最后 1 个月开始喂泌乳期饲粮，并且在产前 1 周也不减料，这样有利于提高仔猪初生重，但要求母猪不过肥，避免造成分娩困难甚至影响哺乳，但在分娩当天采取限饲。

（二）母猪分娩产前管理技术

1. 产前准备工作

临产母猪一般在产前 1 周转入产房，而母猪产前的准备工作非常重要，是母猪安全产仔，提高母猪产仔成活率的重要保证。因此待产母猪转入产房前必须做好准备工作。

（1）产房的清洗消毒　产房的清洗消毒对减少仔猪腹泻和保障仔猪成活十分重要。待产母猪进入产房前，要彻底清洗干净猪舍及产床，干燥后，用 2%~3% 的氢氧化钠溶液或 2%~3% 来苏儿溶液等消毒，经 12 小时干燥后再用高压水冲洗干净，空舍凉晒 7 天后，方可调入待产母猪。

（2）待产母猪的消毒　母猪在产前 7 天，最迟 5 天要转至产房，并在高床上饲养，使其熟悉并适应新的环境，便于特殊护理。待产母猪上产床后，为了预防仔猪腹泻，产前应清洁母猪的腹部、乳房及阴户附近的脏物，然后用 2%~5% 的来苏儿溶液消毒。消毒后清洗擦干等待分娩。同时，还应对分娩用具如红外线灯、仔猪箱等严格检查后并清洗消毒。

（3）接产用具准备　包括消毒用的酒精、碘酒和棉球，装仔猪用的箱子、取暖设备、红外线灯或保温箱等，手电筒、消毒过的干净毛巾，剪犬齿的铁钳子、秤及记录本等用具，一定要事先准备好。对地面饲养的母猪还需准备垫草，垫草长短适中（10~15 厘米）、干燥、清洁、柔软，对分娩母猪提供福利条件，尽量不在凉冷的水泥地面产仔。

（4）产房环境要良好　产房应保持干燥卫生，相对湿度最好在 65%~75%，温度要控制在 20~23℃，仔猪箱内的温度保持在 33~34℃，另外，产房内应保持光照充足，通风良好，空气新鲜。

2. 预产期的推算

母猪配种后，经过 114 天（112~116 天）的妊娠，胎儿发育成熟，母猪将胎儿及其附属物从子宫排出体外，这一生理过程称为分娩。母猪预产期的推算可按"三、三、三"法推算，即从配种日期后推 3 个月加 3 周再加 3 天。还可用一个简便的方法推算其产期：就是其配种日期月上减 8，日上减 7。如 10 月 12 日母猪被配上种，产期就是第 2 年的 2 月 5 日。如果配种的时间月上不够减 8，或者日上不够减 7，在月上加 11，或在日上加 30，就够减了，减出的时间就是母猪的产期。以上两种预产期的推算均非常准确。

3. 分娩判断

母猪妊娠期末，在生理和行为上会产生一系列变化，称为分娩预兆。生产中可根据观察分娩征兆与临产时间做好接产准备。

（1）根据乳房变化判断　母猪产前 15 天左右，乳房就开始从后向前逐渐膨大下坠，到临产前乳房富有光泽，乳头向外侧开张，呈八字分开。一般情况下，当临产母猪前面的乳头能挤出少量浓稠乳汁后，24 小时左右可能要分娩，后边的乳头出现浓稠乳汁后 3~6 小时内可能要分娩，若用手轻轻按压母猪的任意一个乳头，都能挤出很浓的黄白色乳汁时，临产母猪马上就要分娩了。

（2）根据外阴变化判断　母猪分娩前 1 周外阴逐渐红肿，颜色由红变紫，尾根两侧出现凹陷，这是骨盆开张的标志，用手握住尾根上下掀动时，可明显地感到范围增大。在母猪分娩前会频频排尿，阴部流出稀薄黏液。

（3）根据母猪行为变化判断　母猪临产前表现不安，并有防卫反应，如不在产床产仔的母猪，如果圈内有垫草时，临产母猪会将垫草衔到睡床做窝行为，这是其祖先原来在野生环境条件下形成的习惯，这在一些品种猪中仍有不同程度保留。在工厂化猪场饲养的母猪临产前在专用产仔床上，也常有咬铁管的行为，一般出现这种现象后 6~12 小时将要产仔。若观察到母猪进一步表现为呼吸加快、急促、起卧不定、频频排尿，常呈犬坐姿势，继而又侧身躺卧，开始出现阵痛，四肢肿展，用力努责，而且阴道内流出羊水等现象，这是很快就要产仔的征兆。生产中可根据母猪产前征兆与临产时间的关系，做好产前和接产准备（表 10-3）。

表 10-3　母猪产前征兆与临产时间的关系

母猪产前征兆	距产仔的可能时间
乳房肿大	15 天左右
阴道红肿，尾根两侧下陷	3~5 天
前面乳头挤出透明乳汁	1~2 天
衔草做窝或啃咬铁管	8~16 小时
从最后一对乳头挤出乳白色乳汁	6 小时左右
呼吸频率 90 次 / 分钟	4 小时左右
躺下，四肢伸直，阵缩间隔时间渐短	10~90 分钟
阴道流出血色液体	1~20 分钟

4. 分娩控制技术

在猪场实际生产中，母猪大多在夜间分娩，这给母猪的分娩监护和仔猪接产工作带来了很多不便。国外从 20 世纪 70 年代起就开始用前列腺素及其类似物进行母猪的同期分娩研究，我国也在 20 世纪 80 年代初也开始了这方面的研究，目前这一技术已达到较高水平。通过用氯前列烯醇肌肉注射，同期分娩且于白天分娩的母猪达 87.5%，基本达到分娩控制，而且氯前列烯醇还能提高母猪的繁殖性能。据陈伟杰和姜中其（2004）报道，控制母猪白天分娩肌肉注射氯前列烯醇，剂量以 0.05 毫克 / 头为佳，肌内注射时间宜在上午 10:00—11:00，而且使用氯前列烯醇在母猪妊娠 112~115 天注射能明显降低死胎率，提高窝产活仔数和 28 日龄育成率；另外，使用氯前列烯醇诱导分娩的母猪与自然分娩的母猪断奶后发情配种率差异不显著。一些试验表明，使用氯前列烯醇及其类似物，用药后开始分娩的时间与用药时的妊娠时间有关。试验结果为妊娠 110 天者用药后平均 24 小时产仔，111 天者 30 小时产仔，112 天者 39 小时产仔，113 天者 33 小时产仔。由此可见，在现代工厂化猪场中，利用生物技术人工控制母猪分娩时间具有重要意义，可以使母猪产仔相对集中，分娩时间安排在工作日内的白天，便于劳动力的组织，有利于仔猪接产、助产、寄养和同期断奶、同期转群、同期消毒，真正实行"全进全出"的生产工艺。

二、母猪分娩过程中的护理技术

（一）了解分娩发动和分娩过程是科学接产及处理分娩问题的基础

1. 分娩发动

应该说分娩是所有哺乳动物胎儿生长发育后的自发生理活动，也可称为分娩发动，过程复杂。目前对分娩研究的最新观念认为，母猪分娩发动是由来自母体和胎儿双方的激素、神经、机械等多种因素相互联系，相互协调而共同形成的。

（1）母猪分娩前激素变化　与动物性器官、性细胞、性行为等的发生和发育以及发情、排卵、交配、妊娠、分娩和泌乳等生殖活动有直接关系的微量生物活性物质，称为生殖激素。对临产母猪分娩前激素变化主要有以下几种。

① 孕酮：由睾丸和卵巢分泌的激素统称为性腺激素，其中孕激素是性腺类固醇激素中的一种。孕激素种类很多，胎盘也可分泌，孕激素通常以孕酮为代表，孕激素的生理功能，是通过刺激子宫内膜腺体分泌和抑制子宫肌肉收缩，促进胚胎着床并维持妊娠。在生理状况下，孕激素主要与雌激素共同作用，通过协同和拮抗这两种途径调节生理活动。在临床上，孕激素主要用于治疗因黄体机能失调而引起的习惯性流产、诱导发情和同期发情等。现已知，血浆孕酮和雌激素浓度的变化是引起母猪分娩的重要因素。在母猪妊娠期间，由于大量孕酮的存在，能够维持子宫处于相对安静的状态，但母猪分娩前孕酮浓度下降，从而抑制子宫兴奋性的作用降低，继而引起子宫收缩而激发分娩。

② 雌激素：主要来源于卵泡内膜细胞和颗粒细膜。雌激素对母猪各个生长发育阶段都有一定生理效应。母猪分娩期间，雌激素与催产素有协同作用，可刺激子宫平滑肌收缩，有利于分娩。分娩时，雌激素直接刺激子宫肌发生节律性收缩，克服孕酮的抑制作用，增强子宫肌对催产素的敏感性，也有助于前列腺素的释放。产前 1 周到分娩开始，血液中雌激素浓度逐渐升高，但分娩结束即胎衣排出后，雌激素的浓度急剧下降。雌激素在临床上主要配合其他药物（如三合激素）用于诱导发情、人工泌乳、治疗胎盘滞留、人工流产等。

③ 催产素：为脑部生殖激素中的一种。脑部生殖激素由于分子中均含有氮，故称为含

氮激素，这些激素均由神经分泌细胞合成并分泌，其作用方式类似于神经递质和激素，因此又称为神经内分泌激素。催产素由下丘脑视上核和室旁核合成，在神经垂体中贮存并释放的下丘脑激素，此外，卵巢上的黄体细胞也可分泌催产素。催产素的主要生理功能除刺激乳腺肌上皮细胞收缩，导致排乳等外，主要是刺激子宫平滑肌收缩。母猪分娩时，催产素水平升高，使子宫收缩增强，迫使胎儿从阴道产出。产后仔猪吮乳可加强子宫收缩，有利于胎衣排出子宫复原。研究表明，母猪分娩时催产素有着重要作用。母猪分娩时，血液中孕酮含量低，雌激素分泌量高，可导致催产素释放；子宫颈扩张以及子宫颈、阴道受到胎儿和胎囊的刺激，也可反射性地引起催产素的分泌。催产素经血液循环作用于子宫平滑肌，使子宫有节律性收缩，从而产出胎儿。临床上催产素常用于促进分娩、治疗胎衣不下、子宫脱出、子宫出血和子宫内容物（如恶露、子宫积脓或木乃伊）的排出等。临床应用中事先用雌激素处理，可增强子宫对催产素的敏感性。但催产素用于催产时，必须注意用药时期，在产道未完全扩张前若大剂量使用催产素，易引起子宫撕裂。临床上催产素（缩宫素）一般用量为10~50单位。

④ 前列腺素：早在20世纪30年代，国外有多个实验室在人、猴、羊的精液中发现能兴奋平滑肌和降低血压的生物活性物质，并设想这类物质由前列腺分泌，故此命名为前列腺素。后来研究证明，前列腺素几乎存在于身体各种组织和体液中，其中生殖系统，如精液、卵巢、睾丸、子宫内膜和子宫分泌物以及脐带和胎盘血管等各种组织均可产生前列腺素。前列腺素种类很多，不同种类生理功能有别。母猪临产前雌激素水平升高，激发子宫内膜产生前列腺素。有试验表明，母猪分娩时羊水中的前列腺素较分娩前明显增多，子宫中的前列腺素有溶解黄体、减少孕酮对子宫肌的抑制作用，以及刺激垂体释放催产素，导致子宫收缩排出胎儿的作用；同时，子宫中前列腺素可通过母体胎盘渗入子宫壁，也可由血液循环带至子宫肌，刺激子宫肌，使之收缩增强。因此，前列腺素具有促生殖道收缩作用，诱导胎儿娩出。研究表明，母猪分娩时，血中前列腺素水平升高是触发分娩的重要因素之一。在临床上前列腺素常用于控制分娩和治疗黄体囊肿、持久黄体、子宫内膜炎、子宫积水和子宫脓肿等症；此外，还可用于提高公猪的繁殖力，在稀释公猪的精液时，添加2毫克/毫升的前列腺素，可以显著提高受胎率。

（2）引起分娩胎儿的因素　母猪是多胎动物，一般10头左右，胎儿在子宫内的迅速增长，子宫承受的压力逐渐增加，当其压力达到一定程度，会引起子宫反射性收缩而分娩。据研究，发育成熟的胎儿肾上腺分泌的皮质激素是引起分娩的一个主要因素。

从上可见，能引起母猪分娩是由母体和胎儿都参与了分娩的发动，特别是分娩前激素变化，使母体子宫阵缩增强而引起分娩。但大脑皮层的机能状态及其皮层下中枢的相互关系，对母猪分娩也有重要影响。研究表明，在母猪临产的最后1天，大脑皮层的兴奋性降低脊髓的反射性兴奋升高，通过实践观察到母猪分娩大部分都在夜间进行，主要是因为这时大脑皮层的兴奋性降低，其对皮层下中枢的抑制性影响减弱，因而有利于分娩。这也许是一些专家和学者不提倡使用激素控制分娩或慎用激素控制分娩的一个原因。生产实践也证实，千百年采用的母猪自然分娩对繁殖性能有一定好处。也有研究表明，使用激素分娩，非专业人士不容易把握剂量，而且易使母体产生依赖性，会造成母猪早淘。夜间环境安静，对母猪分娩产仔有一定好处。因此，不是"全进全出"饲养工艺的工厂化猪场，还是提倡自然分娩产仔为宜。

2. 母猪的分娩过程

母猪的分娩是一个连续完整的过程，目前人为地将其分成 3 个阶段，即准备、胎儿产出和胎衣排出阶段，其目的是可以针对各阶段母猪的生理状况，对有关问题进行处理。

（1）准备阶段　据观察，母猪在准备阶段初期，子宫以每 15 分钟左右周期性地发生收缩，每次持续 20 秒，随着时间的推移，收缩频率、强度和时间增加，一直到每隔几分钟重复收缩。收缩的作用是迫使胎膜连同胎水进入已松弛的子宫颈，促使子宫颈扩张，此时胎儿和尿膜绒毛膜被迫进入骨盆入口处，尿膜绒毛膜在此处破裂后，尿膜液顺着阴道流出阴户外，准备阶段结束，进入胎儿产出阶段。生产中如没观察到临产母猪准备阶段的阵缩表现，可判断为难产，就要采取处理措施。

（2）胎儿产出阶段　在此阶段子宫颈完全开张到排出胎儿。临产母猪在这一期中多为侧卧，有时也站起来，但随即又卧下努责。母猪努责时伸直后腿，挺起尾巴，每努责 1 次或数次产出 1 个胎儿。一般情况下每次只排出 1 个胎儿，少数情况下可连续排出 2 个胎儿，偶尔有连续排出 3 个胎儿的。第 1 个胎儿排出较慢，产出相邻 2 个胎儿的间隔时间，我国地方猪种 2~3（1~10）分钟，国外猪种 10~17（10~30）分钟，杂种猪 5~15 分钟。当胎儿数较少或个体较大时，产仔间隔时间较长。但如果分娩中胎儿产出的间隔时间过长，应及时检查产道，必要时人工助产。一般母猪产出全窝胎儿通常需要 1~4 小时。

（3）胎衣排出阶段　指全部胎儿产出后，经过数分钟的短暂安静，子宫肌重新开始收缩，直到胎衣从子宫中全部排出为止。一般在产后 10~60 分钟，从两个子宫角内分别排出一堆胎衣。如发现胎衣未排出，就要采取措施。

（二）接产程序及相关工作

仔猪的接产程序比较繁杂，有些发达国家对母猪分娩不接产，但中国千百年来一直遵守一定的接产程序，对保证母仔安全和提高仔猪成活率也有一定作用。生产中也要认识到新生仔猪刚出生很脆弱，经不起过多的"折腾"，比如打耳缺、称重、打针、灌药、超前免疫等，这些对刚出生的仔猪伤害都很大，不符合福利养猪的要求，不是迫不得已，这些操作应该尽量避免。生产中接产程序相关的工作重点应该是以下几项。

1. 擦干仔猪黏液

仔猪从阴道下来后，接生员首先用消毒过的双手配合把脐带从阴道里拉出来（不可强拉扯），中指和无名指夹住脐带，可防止脐带血流失，用拇指和食指抓住肷部（其他部位容易滑掉）倒提仔猪，用干燥卫生毛巾掏净仔猪口腔和鼻部黏液，然后再用干净毛巾或柔软的垫草迅速擦干其皮肤，这对促进仔猪血液循环，防止体温过多散失和预防感冒非常重要。最好在分娩母猪臀部后临时增设一个保温灯，提高分娩区的温度，可防止仔猪出生后温差大而发生感冒或受冻。

2. 断脐带

生产中要注意的是用手指断脐带非用剪刀剪断。仔猪出生后，一般脐带会自行扯断，但仍拖着 20~40 厘米长的脐带，此时应及时人工断脐带。正确方法是断脐带之前，先将脐带内血液往仔猪腹部方向挤压，然后在距仔猪腹部 4~5 厘米处，用手指钝性掐断，这样就不会被仔猪踩住或被缠绕。断脐后用 5% 碘酊将脐带断部及仔猪脐带根部一并消毒。

3. 剪犬牙

目前多数猪场对新生仔猪都提倡剪犬齿，因为没有剪犬齿的仔猪在 10~20 日龄时，大部分都会因打架导致肤外伤，很容易感染病菌和导致"仔猪渗出性皮炎"的高发。剪犬牙后的仔猪还有利于在日后饲养上进行口服给药的操作。特别是犬齿，十分尖锐，仔猪在争抢乳头发生争斗时极易咬伤母猪的乳头或同伴，故应将其剪掉为益。仔猪出生就有4枚状似犬齿的牙齿，上下颌左右各2枚，剪齿时，只剪犬齿的上1/3，不要剪至牙齿的髓质部，以防感染，对弱仔可不剪牙，以便有利于乳头竞争，也有利于其生存。还要注意的是牙钳一定要锋利，每进行一头仔猪的剪牙操作后，都要将牙钳放在消毒水浸泡一下。

4. 慎重断尾

有些猪场把不留作种用的仔猪，也有些猪场考虑到猪群会出现咬尾现象而把所有仔猪及时断尾。断尾的方法常用的是钝性断法和烙断法，将其尾断掉1/2或1/3。但从目前一些情况看，猪尾有一定的价值和作用，不断尾有利于对猪健康状况的观察和判断，也有利于猪的捕捉和出栏时的操作，而且市场上对猪尾的消费需求量也大。生产实践已证实，猪群发生咬尾现象，反倒是一个良好的信号，提示注意营养是否平衡，微量元素是否满足需要，密度是否过大，环境条件是否不良等。倘若没有咬尾现象，表示饲养管理良好。因此，在养猪生产中不断尾的利大于弊。

5. 打耳号

一般对留作种用的仔猪生后可及时打上耳号（耳缺和耳孔）进行标识。

6. 保温

新生仔猪保温很重要，新生仔猪的体温是39℃，且体表又残留有胎水、黏液、皮下脂肪薄，体内能量储存有限，体温调节能力差，因此刚产下的仔猪应放入预先升温到32℃的保温箱内。生产中要明白保温工作的重点不是把产房或保温箱的温度升高到多少，而是从接产、吃初乳开始，就要训练仔猪进保温箱，不让其在产床上或母猪身边睡觉，这样可以很好地防止仔猪被压死或被踩伤，还可有效防止仔猪"凉肚"引起腹泻。

7. 及时吃上初乳

母猪的初乳对新生仔猪有着特殊的生理作用，因其含有免疫球蛋白，能提高仔猪的免疫力，使初生仔猪吃足初乳，获得均衡的营养和免疫抗体，提高成活率。生产中母猪产仔完毕后，应让所有仔猪及早吃上初乳，一般不超过1小时。如果母猪产仔时间过长，应让仔猪分批吃初乳。可让弱小的仔猪优先吃，也可将已吃到初乳的仔猪先关入保温箱内，让弱小的仔猪在无竞争状态下吃2~3次。吃初乳之前，应该用消毒水把母猪的乳头、乳腺再次擦一遍，并用干净毛巾擦干，并挤掉乳头前几滴奶水。仔猪吃初乳还可以促进母猪分泌催产素，有效缩短母猪产程，促使子宫复原。

8. 固定乳头和寄养

固定乳头和寄养都是为了提高仔猪的成活率、断奶整齐度及断奶重。生产中，在仔猪吃初乳的过程中就要开始固定乳头的训练。固定乳头的重点是让相对弱小的仔猪吸吮第3、第4对乳头，理论上让弱仔吃靠前面的乳头行不通，因为前面的乳头太高，弱仔猪根本够不着。寄养的方法是把弱仔猪集中给母性好、奶水好的母猪哺乳。寄养时只需把寄养的仔猪在"妈妈"旁边的保温箱内关1小时，无需涂抹母猪尿液或刺激性药物，这种方法可以减少饲养人员劳动强度。当然，当被寄养的仔猪被"妈妈"拒哺时，可采取涂奶水或尿液等措施。

9. 假死仔猪的急救

仔猪产下来不能活动，奄奄一息，没有呼吸，但心脏和脐带有跳动，此种情况称为假死。造成仔猪假死的原因较多，如母猪分娩时间过长黏液堵塞气管、仔猪胎位不正而在产道内停留时间过长等。接产中对假死仔猪的急救有以下几个方法。

（1）刺激法　用酒精或白酒等擦拭仔猪的口鼻周围，刺激仔猪呼吸。

（2）拍打法　倒提后腿，并用手拍打其胸部，直至仔猪发出叫声。

（3）浸泡法　将仔猪浸入38℃温水中3~5分钟后可恢复正常，但其口和鼻要露在水外。

（4）憋气法　用手把假死仔猪的肛门和嘴按住，并用另一只手捏住仔猪的脐带憋气，发现脐带有波动时立即松手，仔猪可正常呼吸。

日常生产中发现被母猪压着的仔猪出现假死，也可采取以上方法抢救。对假死弱仔猪无需抢救，因其生活力很低，基本无饲养价值，应丢弃为好。

10. 难产的处理

（1）难产的原因　难产在生产中较为常见，当今规模猪场大都采取全程限位栏饲养，母猪缺乏足够的运动，导致难产比例较高；此外，母猪骨盆发育不全、产道狭窄（早配初产母猪多见）、死胎多、分娩时间拖长、子宫弛缓（老龄、过肥、过瘦母猪多见）、胎位异常或胎儿过大等也会导致难产，如不及时救治，可能造成母仔死亡。

（2）难产的判断和处理方法　关于难产的判断，主要靠接产员的经验和该母猪的档案记录（有无难产史）。一般而言，母猪破羊水半小时仍产不出仔猪，即可判断可为难产。难产也可能发生于分娩过程的中间，即顺产几头仔猪后，长时间不再产出仔猪。接产中如果观察到母猪长时间剧烈阵痛，反复努责不见产仔，呼吸急促，心跳加快，皮肤发红，即应立即采取人工助产措施。对老龄体弱，娩力不足的母猪，可肌肉注射催产素10~20单位，促进子宫收缩，必要时同时注射强心剂和维生素C，注射药物半小时后仍不能产出仔猪，应手术掏出。具体操作方法是：术者剪短并磨光指甲，先用肥皂水洗净手和手臂，后用2%来苏儿或1%的高锰酸钾水溶液消毒，再用7%的酒精消毒，然后涂以清洁的无菌润滑剂（凡士林、石蜡油或植物油）；将母猪阴部也清洗消毒；趁母猪努责间歇将手指合拢成圆锥状，手臂慢慢伸入产道，抓住胎儿适当部位（下颌、腿），随母猪努责慢慢将仔猪拉出。但对破羊水时间过长、产道干燥、狭窄或胎儿过大引起的难产，可先向母猪产道内注入加温的生理盐水、肥皂水或其他润滑剂，再按上述方法将胎儿拉出。对胎位异常的胎儿，矫正胎位后可能自然产出。在整个助产过程中，要尽量避免产道损伤和感染。助产后必须给母猪注射抗生素，防止生殖道感染发病。一般对难产后的母猪连续3天静脉滴注林可霉素＋葡萄糖液＋肌苷＋地塞米松。若母猪出现不采食或脱水症状，还应静脉滴注5%葡萄糖生理盐水500~1 000毫升，维生素C 0.2~0.5克。

难产母猪要做好记录，以免下一胎分娩时采取相应措施。对助产时产道损伤、产道狭窄或剖腹产的母猪予以淘汰。

11. 登记分娩卡片

接产工作中，分娩记录工作也很重要，从母猪临产"破羊水"，就要开始记录下时间，接下来，每产下1头仔猪（包括死胎、木乃伊、胎衣）和每进行一次操作（擦黏液、断脐带、剪犬齿、吃初乳、助产和称重等）都记录下相应的时间和项目。记录有利于技术人员对整个接产过程的评估和接产工作的交接，还可准确统计出产仔数量以及清楚地了解母猪的繁殖性能。分娩结束后，还要把分娩卡片中记录情况及时地存入电脑档案。分娩卡片记录也是猪场精细化管理的一项重要工作，能反映出该猪场的科学管理水平。

12. 对产后母猪及产圈或产床进行清洗和清理

产仔结束后，接产人员应及时将产圈或产床打扫干净，并将排出的胎衣按要求处理，以防母猪由吃胎衣到吃仔猪的恶癖。胎衣也可利用，切碎煮汤，分数次喂给母猪，以利母猪恢复和泌乳。污染的垫草等清除后换上新垫草。还要将母猪阴部、后躯等处血污清洗干净后擦干。

三、母猪分娩后的饲养管理

（一）母猪产后的护理

1. 母猪产后护理的意义

母猪产后机体抵抗力减弱，容易受到细菌和疾病的侵袭。对产后母猪进行全身和局部护理，以提高母猪抗感染能力，促进子宫尽快排出有害分泌物，加快子宫复原，促使母猪尽快恢复正常，并防止发生产后疾病。

2. 母猪产后护理的重点

（1）补充能量以使母猪尽快恢复体能　因母猪产后身体虚弱，分娩过程体力消耗大，体液损失较多，加之在分娩当天采食基本停止，所以产后常表现疲劳和口渴，此时应及时给产后母猪补充能量，使母猪尽快恢复体能。生产中常采用的方法是用电解质多维水或1%温盐水加麸皮供母猪饮用；对于分娩时间过长或者人工辅助分娩的母猪，常通过输液来恢复其体能。具体如下：用500毫升的5%葡萄糖盐水加鱼腥草20~30毫升、维生素C20~30毫升和10毫升复合维生素B注射液，每天1次，连续3天静脉注射。以上方法的目的是通过大量补充葡萄糖盐水使血流量扩充并加速，提升血压，补充和改善体内的大量能量消耗，并可为产后的哺乳蓄积能量和体力，加抗生素可预防和治疗子宫和阴道感染。

（2）产后清洁　产后清洁指母猪分娩结束后，立即清除胎衣及污染的产床或产圈，并用温肥皂水或表面活性剂洗净母猪的外阴部、尾巴及后躯的污染物及乳房乳头。由于产后母猪阴户松弛，卧下时阴道黏膜容易脱垂而接触到地面。为防止病原或其他产生的毒素侵入，导致全身感染，有必要经常保持产床及产圈的清洁卫生。

（3）产后的检查　母猪产后的检查一般是以下几项。

① 检查胎衣。胎衣是胎儿附属膜的总称，其中也包括部分断离脐带。母猪在产后10~60分钟从子宫角内分别排出一堆胎衣，有些母猪需要更长的时间。猪一侧子宫内所有胎儿的胎衣相互粘连在一起，极难分离，所以常见母猪排出的胎衣是明显的两堆。胎衣排出后应及时清点检查，看是否完全排出。清点时可将胎衣放在水中观察，这样就能看得非常清楚，通过核对胎儿和胎衣上的脐带断端的数目，可确定胎衣是否排完；检查到两个封头胎衣，可证实胎儿和胎衣完全排出。仔细检查胎衣，发现产仔数与胎衣"座位"不对，则表明有死胎或胎衣残生滞留，如果排出的胎衣两个子宫角缺损或重量太小，应注意防止胎衣不下而导致子宫炎，可在母猪分娩结束后，给母猪注射缩宫素，以便胎盘和恶露完全排出，降低子宫炎的发生率。

② 观察恶露。恶露指产后母猪从阴户中排出的分泌物。母猪产后应注意观察恶露的排出量、色泽及排出时间的长短。猪的恶露很少，初为暗红色，以后变为淡白，再成为透明，常在产后2~3天停止排出。如恶露的排净时间延长，则母猪可能受病原感染。可用0.1%的高锰酸钾、生理盐水等溶液冲洗子宫。冲洗时应注意用小剂量反复冲洗，直到冲洗液透明为止，在充分排出冲洗液后，可向子宫内投入抗生素，如青霉素粉。此外，对于产后恶露不尽，可连续3天注射催产素，并在料中加些益母草粉或流浸膏，以利恶露排尽，同时喂黑糖水也可，消炎同时进行，但切不可用氨苄青霉素，以防止引起母猪乳房胀疼而拒绝哺乳。

③ 检查乳房。对产后母猪的乳房胀满程度及有无炎症、乳量多少及乳头有无损伤等都

要检查和观察，这样可知产后母猪是否患乳房炎和产后无乳症等。

④ 观察外阴。还要注意观察产后母猪外阴部是否肿胀、破损等情况。出现肿胀、破损要及时处理，可采取清洗消毒。

（4）依产后仔猪健壮程度和胎衣颜色做好产后保健　若仔猪健壮，整齐度和膘情好，胎衣颜色鲜红，血管清晰，这样的母猪可不必在产后注射消炎针保健，自然恢复即可。但为了促进母猪消化，改良乳质，预防仔猪下痢，每天喂给产后母猪 25 克小苏打，分 2~3 次溶于饮水中投喂；对粪便干燥，有便秘倾向的母猪，要多供给饮水，适当喂些人工盐。一般不提倡对产后母猪进行药物保健，但若分娩有死胎或木乃伊，胎衣颜色有灰暗色情况，产后要进行抗菌消炎，通常是"左边打磺胺，右边打卡那霉素"，比用青霉素效果好，一般注射 1~2 天即可。

（二）母猪产后的饲喂方式

分娩后 1 周内母、仔猪的健康状况，与仔猪育成率和断奶体重有很大关系，且产后母猪的健康状态决定其哺乳阶段开始时的产奶量。因此，注重产后母猪 7 天内的饲喂方式相当重要。由于产后的母猪消化机能很弱和容易产生能量代谢障碍，所以产后的母猪应采取逐步饲喂的方式来满足日粮营养水平（消化能 12.97 兆焦 / 千克、粗蛋白质 16%、钙 0.5%、磷 0.5%、赖氨酸 0.75%）。

1. 产后母猪 7 天内的饲喂要求

母猪产后 8~10 小时内原则上不喂料，只喂给豆饼麸皮加盐的汤水或调得很稀的加盐汤料，使其尽快地恢复疲劳和胃肠消化功能。产后 2~3 天内不应喂料太多，但饲粮要营养丰富，容易消化，并视母猪膘情、体力、泌乳及消化情况逐渐加料。有条件的猪场可将饲料调制成稀粥状。产后 5~7 天逐渐达到标准喂量或不限量饲喂。但要注意的是如果母猪产后还是体力虚弱，过早加料可能引起消化不良，导致乳质变化而引起仔猪拉稀。如果母猪产后体力恢复较强，消化又好，哺乳仔猪数较多，则可提前加料或自由采食，以促进泌乳。

2. 母猪产后 7 天内乳量不足的处理

母猪的健康状态决定其哺乳阶段开始的产奶量，产奶量通常在 14 天时达到峰值。为了避免在产奶过程中出现问题，一般在产后 3~5 天内应逐渐增加饲料供应量直至达到给料最大值。为此，对因妊娠期营养不良、产后无乳或奶量不足的母猪，可喂给小米粥、豆浆、胎衣汤或小鱼小虾汤等催奶。对膘情好而奶量不足的母猪，除喂催奶饲料外，可同时采用药物催奶，如当归、王不留行、漏芦、通草各 30 克，水煎后配小麦麸服，每天 1 次连喂 3 天。

（三）母猪产后的科学管理

1. 提供安静舒适的环境

母猪产后极度疲劳，需要充分休息，在安排好仔猪吃足初乳的前提下，应让产后母猪在一个安静舒适的环境下尽量多休息，以便迅速恢复体况。

2. 多观察产后母猪

母猪产后 3~5 天内，注意观察体温、呼吸、心跳、皮肤黏膜颜色、产道分泌物、乳房、采食、粪尿等情况，发现异常应及时诊治。

3. 产后母猪多运动

非集约化猪场或有条件的猪场，应在母猪分娩 3 天后，在外界气温适宜下，可将母猪放到运动场自由活动，上午 9~11 时，下午 2~4 时，各活动 1 小时，有利于母猪子宫复原和恢复体力。

4. 注意产房小气候

要保持产房温暖、干燥、空气新鲜和干净卫生。产房小气候恶劣，产房不卫生可能造成母猪产后感染，表现恶露多、发热、拒食、无奶等，而且仔猪也常发生拉痢。如不及时改善和治疗，仔猪常于数日内全窝死或半数死亡，存活下的仔猪往往因发育不良而成为僵猪。

四、分娩母猪护理不当及常见问题的正确处理

（一）母猪分娩障碍产生的原因

科学合理饲养管理分娩母猪能够极大地提高其繁殖力，从而提高了整个猪场的生产能力。然而，在旧的养殖模式下，忽视了对分娩母猪的正确饲养管理和一些易发疾病的防治，从而造成了分娩后母猪健康水平低下，繁殖障碍增多，淘汰率升高，猪场经济效益差。其中原因是一些猪场没认识到分娩是母猪围产期（产前 7 天和产后 7 天）最重要的一个环节，更没认识到分娩是母猪体力消耗大、极度疲劳、剧烈疼痛、子宫和产道损伤、感染风险大的过程，是母猪生殖周期的"生死关"。现代高产瘦肉型猪种的母猪不同于国内地方猪种，若护理不到位，护理知识与专业知识水平低，护理责任心不强和缺乏护理经验等，易致母猪分娩障碍。

（二）母猪分娩护理上常犯的错误

1. 没有正确掌握母猪分娩障碍的临床判断标准

有些猪场的分娩母猪产程过长或难产现象普遍存在，这虽然与集约化的限位栏饲养方式有一定关系，但人为因素也是其中一个方面。按猪场的管理规定，母猪分娩要加强重点监控，细致观察分娩的情况，详细记录产仔间隔时间，及时发现分娩障碍。但在实际工作中，一些接产员在处理母猪产程过长或难产问题时，因没有正确掌握分娩障碍的临床判断标准，有时在母猪出现分娩障碍后 3~4 个小时才发现，错失了最佳处理时间，常引起严重的后果。母猪分娩时间超过 8 小时以上，会造成母猪产道脱出或子宫脱出，胎儿在产道内憋死甚至母猪由于大出血发生死亡等。有资料表明，一般经产母猪（以分娩 12 头仔猪计）正常分娩的时间为 3~4 小时，其正常分娩的平均间隔时间为 10~20 分钟，分娩胎儿成活率可达 97.86%。而产程从 3 小时延长到 8 小时时，每窝死胎率由 2.14% 提高到 10.53%。当胎儿数较少或个体较大时，产仔间隔时间较长。按母猪分娩过程中产仔间隔推算，一般平均间隔 15~20 分钟产一个胎儿，相当于 3~4 个小时产一窝仔猪，产仔间隔达到或超过 30 分钟，相当于 6 个小时产一窝，这就是母猪分娩障碍的判断标准。临床上，凡是母猪产仔间隔达到或超过 30 分钟，接生员就要意识到分娩母猪可能出现了分娩障碍，应及时检查产道，必要时人工助产。因此，掌握好这个分娩障碍的判断标准，就能及时发现分娩母猪产程过长或难产预兆，可及时采取措施，就能避免严重后果发生。

2. 没有正确掌握和分辨出母猪产程过长或难产不同的分娩障碍症状

（1）产程过长　指分娩母猪由于产力不足即子宫阵缩力不大，腹壁收缩无力使腹压不高，胎儿在子宫内停留时间过长引起胎儿没有进入产道的一种分娩障碍。产程过长也可能是分娩母猪的准备阶段和胎儿产出阶段的问题。分娩母猪准备阶段的内在特征是血浆中孕酮含量下降，雌激素含量升高，垂体后叶释放大量催产素；表面特征是子宫颈扩张和子宫纵肌及环肌的节律性收缩，收缩迫使胎膜连同羊水进入已松弛的子宫颈，促使子宫颈扩张，由于子宫颈扩张而使子宫和阴道间的界限消失，成为一个相连续的筒状管道，胎儿和尿囊绒毛膜被迫进入骨盆入口处，尿囊绒毛膜在此处破裂，尿囊液顺着阴道流出阴门外。此时进入胎儿产

出阶段，在此期内，子宫的阵缩更加剧烈，频繁而持久，同时腹壁和膈肌也强烈收缩，使腹壁内的压力显著提高，此时胎儿受到压力最大，最终把胎儿从子宫经过骨盆口和阴道挤出体外。由于一些分娩母猪产力不足，即子宫阵缩力不大，腹壁收缩无力致腹压不高，胎儿在子宫停留时间过长而没有进入产道，致使分娩产程过长的分娩障碍出现，这与分娩母猪的体质虚弱、缺乏运动、肢蹄不结实、心肺功能低下或夏季天气炎热致血氧浓度低等因素有很大关系，集约化猪场的限位栏饲养的母猪及夏季炎热而防暑降温条件较差猪场的母猪尤为突出。此时的分娩母猪表现精神差，体力不支，看不到子宫和腹部收缩的迹象，这种现象常出现在老龄、瘦弱、缺乏运动及炎热季节产仔的母猪。

（2）难产　指由于产道狭窄、胎儿过大、羊水减少等因素引起胎儿进入产道后不能正常分娩的一种分娩障碍。宫缩无力是难产的最主要原因之一，内分泌失调、营养不足、疾病、胎位不正或产道堵塞而致分娩持续时间加长，都会引起宫缩无力。母猪子宫畸形、产道狭窄或后备母猪配种、妊娠小于 210 天是难产的另一个原因。分娩母猪便秘、膀胱肿胀、产道水肿、骨盆挫伤和骨盆周围脂肪太多、阴道瓣过于坚韧、外阴水肿而引起产道堵塞也会发生难产。此外，胎儿过大、畸形、胎位不正、木乃伊也能引起难产。临床上母猪难产表现妊娠期延长，超过 116 天，食欲不振、不安、磨牙，从阴门排出分泌物是褐色或灰色，有恶臭，乳房红肿，能排出乳汁；母猪努责、腹肌收缩，但产不出胎儿或仅产出 1 头或几头胎儿而终止分娩；产程延长，最后母猪沉郁、衰竭，若不及时抢救，可能引起死亡。

（3）产程过长和难产的不同处理方法

在一些猪场由于接生员专业知识有限，没有正确掌握和分辨出母猪产程过长和难产不同的分娩障碍症状，更有甚者把分娩母猪产程过长和难产混为一谈，混淆处理。由于难产和产程过长的分娩障碍机理不同，临床上处理方法也不同。临床上一旦发现分娩母猪产仔间隔超过 30 分钟就要意识到母猪可能出现分娩障碍，应立即向子宫内先灌注宫炎净 100 毫升，强力止痛、快速消肿，并要准确判断母猪分娩障碍是产程过长还是难产，分别采取不同的处理方法。

① 产程过长的处理方法。一般来说分娩母猪产程长短与分娩产力和分娩阻力有关，母猪分娩时产力不足，阻力过大，或产力不足和阻力过大同时发生，就可引起分娩障碍，表现为产程过长。产程过长中的产力不足其原因是母猪长期使用抗菌药物，饲料中长期使用脱霉剂，都会导致母猪消化能力下降、便秘、贫血、健康受损、体质虚弱；天气炎热、呼吸困难能导致血氧不足；老龄母猪体质虚弱等，均可造成分娩时子宫收缩无力或根本不收缩、腹压过低等产力不足状况。阻力过大与羊水不足导致产道润滑度下降，胎儿过大以致通过产道困难（一般第 1 胎母猪容易出现胎儿过大），这与产道狭窄或畸形等也有直接关系。临床上对产程过长处理方案为：增加产力和降低阻力；增加产力的方法有乳房按摩、踩腹部增加腹压、静脉输液补充能量、恢复体力、缓解疲劳。处理程序为：产道内没有胎儿，是由于子宫阵缩无力，腹压不高等产力不足引起，可马上输液缓解母猪疲劳，并按摩乳房（这是增加子宫阵缩的方法，可用热高锰酸钾水在母猪乳房清洗消毒，并由下向前向后推拿乳房或把先产出的仔猪放出来吮吸乳头刺激乳房），引起母猪宫缩使腹部鼓起后踩压腹部（在腹部鼓起时将一个脚固定在产床上控制重心，另一个脚小心地踩在腹肋部，向下用力要均匀，可增加腹压）以增加产力，促进胎儿进入产道，此时，胎儿受到的压力达到最大，一般会从子宫经过骨盆口到阴道被挤出体外。对产程过长的处理严禁将手或助产钩直接伸入子宫助产，也慎用缩宫素助产，可采取输液护娩助产。输液的目的是缓解母猪分娩时疲劳，防止应激。输液的

原则是先盐后糖（先输生理盐水，后输葡萄糖溶液）、先晶后胶（先输入一定量的晶体溶液如生理盐水和葡萄糖液来补充水分，后输入适量胶体溶液如血浆等以维持血浆胶体渗透压，稳定血容量）、先快后慢（初期输液要快，以迅速改善缺水缺钠状态，待情况好转后，应减慢输液速度，以免加重心肺负担）、宁酸勿碱（青霉素类、磺胺类、大环内酯类和碳酸氢钠均为碱性药物，应避免在分娩中使用，以免加重分娩过程中的呼吸性碱中毒）、宁少勿多、见尿补钾、惊跳补钙。

② 难产的处理方法。临床上针对单纯性的宫缩无力，每30分钟注射50万单位催产素；针对产道堵塞的原因，分别采取措施，疏通产道；胎儿原因和母猪子宫畸形、产道狭窄等原因引起的难产要进行助产；助产时先检查阴道，然后消毒手臂和外阴部，并润滑，必要时借助产科器械，应在母猪努责没有停止前立即掏出胎儿。

3. 没有正确掌握辅助分娩技术

母猪分娩障碍猪场普遍存在，已经成为猪场管理的关键性难题之一，为此，使用缩宫素缩短产程或掏猪助产等辅助分娩方式，在一些猪场母猪分娩障碍中得到了广泛应用。然而，有些猪场不分情况、不分缘由就使用缩宫素；有些猪场优先使用缩宫素来解决母猪产程过长问题；有些猪场在母猪分娩困难时使用缩宫素助产；有些猪场在母猪分娩间隔超过1~2个小时甚至更长的时间没有胎儿产出时才使用缩宫素助产；很多情况下即使注射了缩宫素后，母猪仍然未产出胎儿，此时只好将手深入产道内甚至子宫内掏猪助产。过分强调辅助分娩措施如滥用生殖激素（延期分娩使用氯前列烯醇、产程过长使用缩宫素），在阴道深处甚至子宫内掏猪等，忽视了母猪自身的分娩产力，最终会造成不良后果，加快母猪淘汰。

（1）使用缩宫素要注意的问题　缩宫素的使用虽然增加了子宫收缩能力，但同时也增加了产道的阻力，会引发一系列问题。其一，轻者造成胎儿与胎盘过早分离，或在分娩前脐带断裂，使胎儿失去氧气供应而致胎儿窒息死亡；重者，如果母猪骨盆狭窄，胎儿过大，胎位不正，会造成子宫破裂。其二，增加了子宫和产道的疼痛，加快了子宫和产道的水肿，使产道的阻力进一步加大。其三，产道的痉挛性收缩、疼痛、水肿等，给人工助产掏猪也带来了极大的困难，加重了掏猪对产道造成的损伤，使产后出血严重，也加重了产后感染。其四，缩宫素具有催乳作用，能引起母猪初乳的丢失。临床上尽量不用缩宫素，其原因是缩宫素由于剂量不同而呈现不同作用。小剂量兴奋子宫平滑肌，呈现催产甚至流产作用；中剂量有催产作用；大剂量呈现止血作用。非专业兽医不容易把握其剂量，且机体易产生依赖性，特别是由于子宫平滑肌在缩宫素作用下呈现阵发性、强直性甚至痉挛性收缩（正常情况下呈现节律性收缩），易引起子宫疲劳、弹性降低、子宫老化、收缩无力等，造成母猪早淘。因此，过度使用缩宫素催产其后果及造成的一系列问题使母猪早淘。此外，临床上分娩母猪产道阻塞、胎位不正、骨盆狭窄及子宫颈尚未开放时忌用缩宫素催产。

（2）临床上可以使用缩宫素（催产素）的情况

① 在仔猪出生1~2头后，估计母猪骨盆大小正常，胎儿大小适度，胎位正常，从产道分娩是没问题的，但子宫收缩无力，母猪长时间努责而不能产出仔猪时（间隔时间超过45分钟）可考虑使用缩宫素，使子宫增强收缩力促使胎儿娩出。可在皮下、肌内注射，一次20~40单位，隔30分钟后可再注射1次。

② 人工助产时，进入产道的仔猪已被掏出，估计还有仔猪在子宫角未下来时可使用缩宫素。

③ 胎衣不下。产仔后1~3小时即可排出胎衣，若3小时以后仍未排出则为胎衣不下，

可注射缩宫素。

④ 恶露不净。母猪产仔后 2~3 天内可排净恶露，如果超过 2~3 天，见阴户还有褐色或灰色恶露，表示是子宫炎。在抗菌消炎和服中药的同时，可注射 1~2 次缩宫素促使恶露排净，有利于子宫恢复正常。

（3）人工助产的方式要注意的问题　母猪分娩正常时无需助产，因为助产会增加产道感染的危险性；但如果分娩不顺利，则必须及时助产。临床上要分别处理难产和产程过长。产程过长是产道内没有胎儿，是由于母猪极度疲劳，血氧不足引起子宫收缩无力，腹压不高或骨盆狭小，产道狭窄等。处理产程过长要耐心等候，以缓解母猪疲劳，引起子宫收缩，增加腹压的助产方式为主。难产是母猪破羊水后，已超过 45 分钟仍产不出仔猪，多由母猪骨盆发育不良不全、产道狭窄（早配初产多见）、死胎多、分娩时间延长、子宫弛缓（老龄、过肥或过瘦母猪多见）、胎位异常、胎儿过大等原因所致。临床上见母猪阵缩加强，尾巴向上卷，呼吸急促，心跳加快，反复出现将要产仔的动作，却不见仔猪产出的难产，应实行人工助产。人工助产尽量通过保守助产方式加快胎儿的产出，如通过保守方法不能将胎儿产出，必须立即用手伸入产道将胎儿掏出。临床上首先用力按摩母猪乳房，再按压腹部，帮助其分娩。若反复按压 30 分钟仍无效，可肌肉注射缩宫素，促进子宫收缩，用量按每 100 千克体重 2 毫升计，必要时可注射强心针，一般经过 30 分钟即可产仔。若注射缩宫素仍不见效，则应实行手掏法助产。

（4）手掏法助产操作要注意的事项

① 助产操作者应用温水加消毒剂（新洁尔灭、洗必泰等）或温肥皂水彻底清洗母猪阴户及臀部。

② 助产操作者手和胳膊消毒清洗后最好要戴经过消毒的长臂手套并涂上润滑剂（如液体石蜡），将手卷成锥形，要趁母猪努责间歇产道扩张时伸入手臂。如果母猪右侧卧，就用右手，反之用左手。

③ 将手用力压，慢慢穿过阴道，进入子宫颈，子宫在骨盆边缘的正下方。

④ 手一进入子宫常可摸到仔猪的头或后腿，要根据胎位抓住仔猪的后腿或头或下巴慢慢把仔猪拉出。但要注意不要将胎衣和仔猪一起拉出。

⑤ 如果两头仔猪在交叉点堵住，先将一头推回子宫，抓住另一头拖出。但要注意动作要轻，避免碰伤子宫颈和阴道。

⑥ 如果胎儿头部过大，母猪骨盆相对狭窄，用手不易拉出，可将打结的绳子伸进仔猪口中套住下巴慢慢拉出。

⑦ 对于羊水排出过早，产道干燥，产道狭窄，胎儿过大等原因引起的难产，可先向母猪产道中灌注生理盐水或洁净的润滑剂，再根据仔猪情况，可按上述方法中的一种将仔猪拉出。

⑧ 对胎位异常的难产，可将手伸入产道内矫正胎位，待胎位正常后将仔猪拉出。

⑨ 有的异位胎儿矫正后即可自然产出，如果无法矫正胎位或因其他原因拉出有困难时，可将胎儿的某些部分截除，分别取出，以救母为先。但在整个过程中，必须小心谨慎，尽量防止损伤产道。

⑩ 实行手掏法助产。如果通过检查发现子宫颈口内无仔猪，可能是子宫阵缩无力，胎儿仍在子宫角未下来，助产者不能把手伸入子宫内或更深处。在母猪难产的助产中，只允许将手伸入产道和子宫颈口，引起阴道炎没关系，可引起子宫炎会导致母猪屡配不孕。临床上

如检查子宫颈口无胎儿，这时可用缩宫素，促使子宫肌肉收缩，帮助胎儿尽快娩出。临床上可试用阴唇外侧一次注射 20 单位缩宫素，效果较好，不仅发挥作用快，还能节省用量。如果 1 个小时仍未见效，可第 2 次注射缩宫素，如果仍然没有仔猪娩出，则应驱赶母猪在分娩舍附近平地走一段时间，可使胎儿复位以消除分娩障碍，一般能使分娩过程顺利进行。

⑪ 人工助产后必须给母猪注射抗菌消炎药物，防止生殖道感染引起泌乳障碍综合征。

4. 仔猪护理中断脐和剪牙操作不规范的问题

（1）先将脐带血后断脐是规范的操作方法　仔猪出生后应先将脐带的血向仔猪腹部方向挤压，其方法是：一手紧捏脐带末端，另一手自脐带末端向仔猪体内捋动，每秒 1 次不要间断，待感觉不到脐动脉跳动时，在距仔猪腹部 4 指处用拇指指甲钝性掐断脐带，并在断端处涂上 5% 碘酊，可再在断端处涂布"洁体健"等，有利于干燥。要注意是在距脐孔 3~5 厘米断脐，不能用剪刀直接剪断脐带，否则会血流不止。用手指掐断，使其断面不整齐有利于止血。还要注意的是，如无脐带出血，不要结扎，因结扎脐带后断端渗出液排不出去，不利脐带干燥，反而容易招致细菌感染。仔猪出生后一定要及时断脐，否则脐带拖于地面，很容易被踩踏而诱发"脐疝"。

（2）剪断仔猪 4 颗犬齿非 8 颗　剪牙的主要目的是防止较尖的牙齿刮伤母猪乳房。乳猪生下来只有 4 颗最尖的牙齿，即上下左右 4 颗犬齿，这就是要剪的牙齿。剪断这 4 颗犬齿即达到了剪牙的目的，其他牙齿不需要剪。剪牙钳一定要锐，否则会把牙齿剪得不齐，达不到剪牙的目的，而且不锐的剪牙钳剪牙时能引起牙根出血。

5. 分娩母猪的围产期以抗菌消炎为主的管理并不科学

围产期指母猪产前 7 天至产后 7 天，是由分娩急转到哺乳的过渡期。母猪分娩后容易出现产后感染、高热、乳腺炎和子宫内膜炎等。因此，国内许多猪场在围产期的管理上坚持以控制产后感染和产后护宫（冲洗子宫）为主。其实产后感染是由于延期分娩、产程过长、助产操作时损伤阴道或子宫颈口以及分娩护理不到位等原因引起的胎产诸病之一。因此，单纯以解决产后感染为主要目的的做法并不科学。产后感染过分强调使用抗菌药物消炎，忽视了母猪的分娩疲劳，剧烈疼痛和代谢紊乱等应激状况，最终会造成围产期顽症，加快了母猪淘汰。还有人提出产后应彻底清洁子宫，避免胎衣、死胎滞留子宫，消肿止痛，加快恶露排出，避免细菌繁殖，促进母猪产后恢复，强化子宫和阴道的局部消炎，在产后向子宫灌注宫炎净 50~100 毫升，并加青、链霉素或其他对厌氧菌敏感的药物（直接溶解在宫炎净内）直接消炎。其实这种做法并不科学，在母猪正常分娩下，产后尽量不要冲洗子宫，猪的子宫与产道直通，冲洗过程操作不当，易造成损伤、扭转、嵌顿甚至穿孔。母猪生殖道内环境及菌群平衡具有强大的自洁作用，冲洗液也有污染，也有压力，会造成新的感染和对产道与子宫有新的损伤。一般来讲，抗菌消炎效果不佳时才可冲洗子宫，如母猪到了冲洗子宫的地步，其后果可想而知，早淘为宜。生产中对正常分娩的母猪，要强化产后阴户清洗消毒，可使用温热的高锰酸钾水，连续 5~7 天清洗消毒产后母猪阴户，现用现配宜。这样可阻止病原或其产生的毒素侵入而导致全身感染；此外，要保持圈舍的卫生清洁。临床上恶露排净时间延长（2~3 天后）的母猪，标志着母猪产后可能受病原感染。临床上对于产后恶露不尽，可连续 3 天注射缩宫素，并在料中加些益母草粉，以利恶露排尽，同时消炎，但不可使用氨苄青霉素，以免引起母猪乳房胀疼而拒绝哺乳。在此法无效下，可使用 0.1% 的高锰酸钾生理盐水等溶液冲洗子宫。冲洗时应注意小剂量反复冲洗，直到冲洗液透明为止，在充分排出冲洗液后，可向子宫内投入抗生素药物，如青霉素粉，但必须使用产科器械。还要注意，必须对母猪采取站立灌注（可用输精管灌药），灌完继续站15分钟为止，缓慢灌注（3~5分钟），防止输药管内残留药液，输药管要留在子宫内15~20分钟。此操作方法必须是有经验的兽医或接生员才行。

五、分娩母猪产仔后常见疾病的防治

（一）泌乳不足

兽医临床上泌乳不足又称泌乳失败、产褥热、乳房炎 – 子宫炎 – 无乳综合征（MMA）。MMA虽然目前广泛使用，但有其明显不足，因为猪的泌乳不足不是完全无乳。此外，有的母猪乳房肿胀、疼痛、发热也不一定会引起泌乳问题。泌乳不足是产后母猪常发的疾病之一，发病率1.1%~37.2%，是一个全球性疾病。据美国调查，死亡的新生仔猪中，压死的占30.9%，饥饿的占17.6%，弱产的占14.7%，猪传染性胃肠炎以外的腹泻占12.9%，而压死、饥饿、弱仔和腹泻，多与母猪泌乳不足有密切关系。

1. 病因

产后母猪泌乳不足是由多病原、多因素引起的综合征。传染性病原主要与埃希氏大肠杆菌、β – 溶血型链球菌和其他致病性单兰氏阴性菌感染，或它们的混合感染有关；其他病原还有放线杆菌、葡萄球菌、支原体等。非传染性因素包括饲喂方法、饲料质量（尤其是缺乏硒和维生素E、饲料霉变）、季节、产房温度、饮水等管理不当因素；此外，应激因素及母猪内分泌失调、胎衣不下或胎儿滞留引起的乳房炎、子宫炎、遗传因素、过早配种、乳腺发育不良等因素均可导致产后母猪泌乳不足。

2. 症状

临床上可见母猪泌乳量少或无乳、厌食嗜睡、精神沉郁、发热、无力、便秘、排恶露、乳房红肿、有痛感。有的母猪乳房干瘪，松弛，人工挤奶时仅能挤出少量稀淡如水的乳汁。母猪表现不让仔猪吮乳，由于吃不到奶，仔猪追赶母猪，乱钻乱叫，整窝仔猪被毛粗糙，明显消瘦，发育不良，下痢较多，有的仔猪因体弱而被母猪压死。

3. 治疗与饲养措施

解决产后母猪泌乳不足的办法是消除病因，改善饲养管理，措施如下。

（1）仔猪的代养或人工饲养　泌乳不足母猪所产的仔猪，3天以内让其他母猪代养，如不能代养可对仔猪进行人工饲养，以代乳品饲喂，同时注射或口服抗生素药物，预防和治疗仔猪下痢。

（2）母猪的治疗和饲养　对产后母猪肌内或皮下注射缩宫素30~50单位，每3~4小时注射1次，分离培养阴道分泌物，用药敏试验选择抗生素，同时注射人工合成的皮质类固醇激素等。若无药敏试验条件，可用青霉素800万单位、链霉素400万单位，混合在20毫升复方鱼腥草注射液中进行肌肉注射，每天1次，连续注射3天。此外，用10%樟脑酒精溶液100毫升，加入2%~4%碘酊20毫升混合，用棉球浸湿药液直接涂擦乳房，反复擦到乳房发热为止，可消除母猪乳房发热、疼痛，并能刺激母猪泌乳。同时，使用中药催乳协助治疗效果明显，处方一：甘草20克，当归20克，党参20克，粉碎后加红糖300克，混合拌入饲料，一次喂服，每日1次，连喂5~7天。处方二：黄芪40克，当归20克，王不留行80克、通草40克，粉碎后拌料，一次喂服，每日1次，连喂3~5天。有的母猪因妊娠期间营养不良，产后无奶或奶量不足，应及时催乳，首先要考虑给母猪补充硒和维生素E，用0.1%亚硒酸钠 – 维生素E注射液10毫升肌内注射1次，必要时间隔7~10天再注射1次，同时可采用中药催乳法；此外，可喂给催乳饲料，如豆浆、麸皮汤、小米粥、小鱼汤等。

4. 预防措施

（1）产房要有良好的生态环境　产房要保持良好的卫生和通风，控制好温、湿度，减少外源性应激。

（2）掌握好饲喂量　临产母猪1周进入产房，可改换用哺乳母猪料，要根据体况决定日喂量。产仔当天可少喂或停喂饲料，但要保证充足的饮水。

（3）使用轻泻类药物　围产期的饲料中可添加轻泻剂类药（每吨饲料添加1.8千克硫酸钠），能有效地防止乳房水肿和促进肠道排空，降低泌乳不足的发病率。

（4）严格淘汰发病和预后不良的母猪

（二）产后不食

1. 病因

母猪产后不食的情况较常见，从中兽医上讲是气血不足，瘀血残留，伴有生殖系统损伤及感染，因腹部疼痛拒食；管理上产前缺乏运动，产后母猪疲倦而不食；饲养上产前喂精料过多或突然转换饲料，导致消化不良或饲料中营养不够均衡等因素。

2. 症状

母猪精神状况差，体温偏低，四肢发凉，眼黏膜苍白，不愿意走动，如处理不及时，可致母猪体衰而死亡。

3. 治疗措施

临床上一旦发现母猪产后表现食欲减退或废绝，就应立即查明原因，对症治疗。

① 对因产后母猪衰竭引起的不食，可用氢化可的松7~10毫升、50%葡萄糖100毫升、维生素C 20毫升一次静脉注射。

② 对因产后母猪大量泌乳，血液中葡萄糖、钙的浓度降低的母猪产后不食，用10%葡萄糖酸钙100~150毫升、10%~35%葡萄糖500毫升、维生素C 20毫升静脉注射，连注2~3天。

③ 因生殖系统感染而导致的母猪产后不食，可用青霉素400万单位、10%安钠咖10~20毫升、维生素C 20毫升、5%的葡萄糖生理盐水500毫升，静脉注射，每天2次，连注2~3天。

④ 对因母猪产后感冒，高烧引起的产后不食，可用庆大霉素25毫升、安乃近20毫升、维生素C 20毫升、安钠咖10毫升、5%葡萄糖生理盐水500毫升，静脉注射，每天2次，连用2~3天。

⑤ 对因消化不良厌食的母猪，及时减料，给予助消化的药物，可用中药龙胆末15克，内服，每天1次，连用2~3天；大黄末10~20克，内服，每天1次，连用2~3天；碳酸氢钠2~5克，内服，连用2天，每天1次；干酵母片，每次60克，连用2~3天。

（三）便秘

1. 病因

便秘是粪便干硬，停聚肠内，排出困难的一种常见病症。母猪在妊娠期间运动较少，产仔后生理上发生很大的变化，特别是消化器官受挤压程度减轻后功能异常活跃，对肠内容物水分吸纳的能力增强，此时饮水量不够，又由于妊娠后期限饲或青绿饲料得不到保障，加上继发某种热源性疾病等，都会影响母猪的消化系统，导致产后便秘。

2. 症状

轻者不爱吃食，精神不振，不愿活动，频频努责排出少量干小粪球；重者拒食，精神沉郁，卧圈不起，粪球干似算盘珠，甚至不见排粪，腹部胀满，出现发烧等症状。

3. 治疗

增加母猪活动量，可以促进胃肠蠕动，增加消化液分泌，使形成的粪便利于排出。临床上根据轻、重者不同采取以下治疗方案。

① 添加轻泻作用的药物。在饲料中增加麸皮用量，加大青饲料的饲喂量；增加饮水量，可在饮水中加入盐类泻药如干燥硫酸钠 10~25 克，连服 2~3 天。

② 轻微便秘者，可在饲料中添加小苏打或大黄苏打粉，健胃消食；中等便秘者，可在饲料中添加硫酸钠或硫酸镁适量导泻；严重便秘者，可使用 10% 氯化钠注射液 500 毫升输液，直肠灌注甘油或开塞露。

（四）产后瘫痪

产后瘫痪是母猪产仔后发生的一种急性神经性疾病，其临床特征是知觉丧失，四肢瘫痪，关节肿大且疼痛，站立困难或无法站立。

1. 病因

主要是钙、磷代谢失衡，一般认为母猪在妊娠期间尤其是妊娠后期饲料营养不全，钙、磷比例不当或能量不足，在产后出现血钙、血糖和血压降低，是引发本病的主要原因。此外，甲状腺功能亢进，引发纤维性骨营养不良，以及关节机械性损伤或感染或产后大量泌乳，血钙、血糖随乳汁流失过多，也会引发本病。

2. 症状

本病多发生在产后 5~7 天。轻者起立困难，四肢无力，左右摇摆，食欲减少；重者出现四肢瘫痪，完全不能站立，精神高度沉郁，常呈昏睡状态，食欲显著减少或废绝，粪便干硬、量少、泌乳量降低甚至无奶。如不及时治疗，母猪因长期卧地易发生褥疮而被淘汰，仔猪因奶量不足而饥饿消瘦至死亡。

3. 治疗

补充饲料营养，加强饲养管理。首先要补钙，提高血糖；治疗中加强母猪的护理，防止褥疮。

静脉注射 10% 葡萄糖酸钙注射液 100~150 毫升，或 10% 氯化钙 20~50 毫升。补钙应每日 1 次，连注 5~7 天。低血磷时静脉缓注 20% 磷酸二氢钠 100~150 毫升，每日 1 次，连注 3~5 天。粪便干燥时，应服硫酸钠 25~50 克 / 次，并补充青绿多汁饲料。

在护理上要每日给卧地母猪翻身 2~3 次，以免发生褥疮，也可同时用 50% 的医用酒精涂抹皮肤并进行人工按摩，以促进其血液循环，恢复神经机能。长期卧地不起的母猪，应于断奶后及时淘汰。

第四节　哺乳母猪的标准化饲养与管理技术

一、哺乳母猪的饲养管理目标

哺乳母猪是猪场的管理核心，是获得母猪高产的关键。如果营养不足，会降低哺乳母猪的再生产性能，延长断奶到发情的时间间隔，增加母猪非生产天数，胚胎存活率下降，窝产仔数降低，也影响仔猪的生长发育与健康。因此，生产中一定要根据哺乳母猪的营养需要和生理特点，结合本地区和本场的地理和气候特点以及母猪群的品种、胎次、带仔数、食欲、膘情等情况，制订科学的饲养管理目标，才能有计划、有步骤、有重点地开展各项工作，最大限度地提高分娩舍的各项生产指标和猪场的经济效益。由此可见，对哺乳母猪的饲养管理目标，就是最大限度地提高总营养摄入量，提高母猪泌乳的数量和质量，减少泌乳期母猪失重。这样不仅可以充分发挥母猪的泌乳潜力，促进仔猪的生长发育，提高仔猪的断奶窝重，而且可以使母猪维持良好的体况，促进母猪断奶后按期发情配种和提高母猪繁殖性能。

二、哺乳母猪的生理特点

（一）乳房与乳腺结构及泌乳特点

母猪的乳房内没有乳池，不能随时排乳，使仔猪不能任何时候都能吃到奶。因此，只有当母猪放乳时仔猪才能吃到奶，而且只有当仔猪反复拱揉乳房，刺激母猪中枢神经，才能反射性地导致母猪放奶。此外，母猪的每个乳头有 2~3 个乳腺团，各乳头之间相互没有联系。

（二）泌乳行为及规律

1. 猪乳成分的变化

哺乳母猪在全程泌乳期内，乳汁的数量和质量变化较大。猪乳分初乳和常乳，初乳指分娩后 3 天内的乳，但在实际生产中，主要指产后 12 小时之内的乳，以后的乳为常乳。初乳与常乳中营养成分差异很大，详见表 10-4。初乳中干物质、蛋白质、维生素等含量较常乳高，特别是免疫球蛋白含量很高。免疫球蛋白是仔猪获得母源抗体的主要来源，仔猪出生后就要及早吃到初乳，以增强仔猪的免疫力，预防疾病的发生。

表 10-4 母猪初乳和常乳的蛋白含量

营养成分	初乳	常乳
总蛋白（克 /100 克）	20.0	5.4
酪蛋白（克 /100 克）	1.48	2.74
乳清蛋白（克 /100 克）	14.75	2.22
血清白蛋白（毫克 / 毫升）	15.79	4.61
免疫球蛋白 G（毫克 / 毫升）	95.6	0.9
免疫球蛋白 A（毫克 / 毫升）	21.2	5.3
免疫球蛋白 M（毫克 / 毫升）	9.1	1.4
乳铁蛋白（微克 / 毫升）	1200	<100

2. 泌乳量的变化

乳汁由乳腺细胞分泌，而腺泡上皮部分活动始于妊娠中期，而乳汁分泌活动，自分娩以后开始。母猪的泌乳量在分娩以后处于增加趋势，一般在产后 10 天上升较快，3 周龄左右达泌乳高峰，后逐渐下降。在哺乳期间母猪分泌 300~400 千克乳汁，平均日泌乳量 6 千克。

3. 泌乳受神经调节与仔猪吮吸

母猪产仔后，虽然乳汁生产量迅速增加，但神经调节与仔猪哺乳对促进乳汁分泌起着重要作用。在哺乳时，仔猪用鼻端不断摩擦和拱动乳房，刺激母猪乳房，此刺激通过神经传导到母猪脑垂体后叶，引起有关激素的释放，使乳腺上皮细胞收缩，促进乳汁形成和排放。可见，母猪泌乳不但需要丰富的物质基础保证，同时也需要神经系统的调节作用。

4. 不同乳头其泌乳量不同

母猪有 6~8 对乳头，一般认为前面的几对奶头比后面的泌乳量高。因此，在仔猪固定乳头时，弱仔可以固定在前面或中间的乳头（前面乳头个别弱仔可能够不到）。

5. 泌乳次数的变化

不同的泌乳阶段或同一阶段昼夜间的泌乳次数不同，一般前期泌乳次数高于后期，白天稍高于夜间。虽然母猪放乳时间短，平均只有十几秒到几十秒，但泌乳次数多，据观察，平均每昼夜约 22 次。

（三）产后母猪机体的抵抗力下降

母猪在分娩和产后阶段，整个机体特别是生殖器官发生着迅速而剧烈的变化，机体的抵抗力下降。由于产出胎儿时，子宫颈开张，产道黏膜表层可能造成损伤，产后子宫内又有恶露从阴户排出，这都为病原微生物的侵入和繁殖创造了条件。子宫要在一定时间复原，为下一期繁殖奠定基础。因此，对产后期的母猪要进行合理的饲养管理，也可在饲料中添加抗生素进行产后护理，对已感染子宫炎、阴道炎等疾病的母猪还要及时注射抗生素及能量等药物。临产后母猪饲料中添加中成药制剂，成本低，预防母猪产后感染效果较好，可促进母猪尽快恢复正常。

三、哺乳母猪的营养需要

（一）能量的需要量

哺乳母猪的营养需要应考虑体重大小（维持需要）、产奶量和乳成分以及可能产生的母体储备的动用，其中产乳需要是最大的部分。能量是保障哺乳母猪向仔猪提供足够乳汁的根本，是哺乳母猪营养需要量计算的基础。母猪哺乳期维持能量每千克代谢体重需要消化能约 500.7 千焦。如果采食的营养物质满足不了生理的需求，母猪就会分解自身的脂肪组织以提供哺乳所需要的能量。这样将会使得母猪哺乳期间损失过多的体组织，断奶后发情间隔延长，胚胎存活率下降，也不利于仔猪的生长发育。有试验证实，母猪哺乳期增加能量摄入量直至 50 160 千焦 / 天，将减少母猪断奶至发情的间隔天数。研究表明，哺乳期母猪应确保日粮消化能在 14 兆焦 / 千克以上，代谢能大于 13 兆焦 / 千克。添加高能量浓度的脂肪可以提高日粮的能量浓度和母猪的能量采食量，而且可以增加乳汁中的脂肪含量和乳汁的总能，一般在饲料中脂肪添加量以 2%~3% 为宜。

（二）蛋白质与氨基酸的需要量

泌乳期母猪蛋白质和氨基酸的摄入量对泌乳性能极为关键，当哺乳母猪蛋白质和赖氨酸不足时，就会动用体蛋白质来补充泌乳需要，将会导致母猪体重损失过大和仔猪断奶体重偏小，断奶至发情间隔延长。

1. 蛋白质的需要量

哺乳母猪每天泌乳中含有 0.41~0.54 千克蛋白质，泌乳前 8~9 天内，从乳中分泌出的蛋白质相当于母猪在 14 天妊娠期内增长体组织和胎儿沉积的蛋白质，因此泌乳期饲粮蛋白质需要量比妊娠期高。据报道，饲料中蛋白质含量从 12% 提高到 18% 时，母猪的日采食量由 5.0 千克 / 头增加到 6.3 千克 / 头，而且泌乳量增加。氮平衡试验表明，为了最大限度地提高氮的沉积，日粮蛋白质水平应不低于 202 克 / 千克（赖氨酸 12.8 克 / 千克）。

2. 赖氨酸的需要量

赖氨酸通常是泌乳母猪的第一限制氨基酸，哺乳母猪赖氨酸日均需要量为 50~70 克，在哺乳初期和后期分别将降低和提高 30%。哺乳较多仔猪的经产母猪在哺乳后期要日摄入赖氨酸 80~90 克，以满足其代谢需要。研究表明，必须提供高于最大泌乳量所需的赖氨酸摄取量才能保证最低的氮损失和最佳的下一窝产仔数。日粮能量和赖氨酸之间有强烈的相互作用，母猪只有在同时摄入较高水平的能量时，才能对较高水平的赖氨酸产生反应。提高日粮能量摄入量的一种方法就是添加脂肪，但脂肪添加率大于 5% 会降低母猪以后的繁殖性能。一般母猪泌乳期不发生体蛋白质的丧失（泌乳期失重），即母猪的赖氨酸维持需要量为 2.09 克/天，为每千克窝重仔猪增重需赖氨酸 26.2 克。

3. 其他氨基酸的需要量

亮氨酸、异亮氨酸和缬氨酸均为必需氨基酸，同时均为支链氨基酸，它们是一组在碳链上具有支链结构的脂肪族中性氨基酸。在泌乳母猪的营养研究中，支链氨基酸的营养作用越来越受到重视。研究表明，不同生产水平的母猪对缬氨酸与赖氨酸的比值似乎有不同的需要，对于高产母猪（哺乳 10 头或以上）添加缬氨酸对提高仔猪日增重的幅度要大于生产水平一般的母猪。在采食高赖氨酸（1.2%）的高产母猪中，提高缬氨酸水平和提高赖氨酸水平对仔猪的贡献率相似，但赖氨酸和缬氨酸不存在相互作用，而且盲目过量使用赖氨酸会导致缬氨酸不足。所以在制作哺乳母猪饲粮时，在满足赖氨酸需要量的同时，尽可能保持高的缬氨酸水平而不至于带来成本的过量增加，并能防止因合成赖氨酸的盲目过量使用而导致的缬氨酸不足。缬氨酸在常规饲料（谷物和豆粉）中含量低，缬氨酸含量高（5% 以上）的饲料只有血粉、羽毛粉和酪蛋白。因此，在哺乳母猪日粮中使用一定量的血粉和羽毛粉，对补充日粮中缬氨酸含量，提高哺乳母猪泌乳量有所裨益。

（三）矿物质的需要量

矿物质营养对于哺乳母猪和仔猪具有重大的影响，例如钙、磷含量过低或比例失调可造成哺乳母猪发生低血钙症和骨质疏松症状；长期饲喂低锰日粮将导致母猪发情周期异常或消失，产奶量下降和初生仔猪弱小。猪的初乳和常乳中都缺铁（表 10-5），为此以乳为主的日粮要强化补铁，仔猪出生的 7 天内要对仔猪注射和口服铁制剂。但是猪对无机矿物质的吸收与利用会受到一定的限制，所以饲料中必须添加一定的有机矿物质。

（四）维生素的需要量

1. 哺乳母猪饲粮中添加维生素的作用

各种维生素不仅是母猪本身所需要的，也是乳汁的重要成分，仔猪从生长发育所需要的各种维生素及矿物质几乎都是从母乳中摄取。从表 10-5 可知，哺乳母猪饲粮中必须添加足够量的维生素才可满足仔猪对维生素的需要，保证仔猪的生长发育。

表 10-5　初乳和常乳中维生素和矿物质含量

养分	初乳	常乳
维生素（毫克/100 毫升）		
维生素 A	169	96
维生素 D	158	0.95
维生素 E	390	26

养分	初乳	常乳
维生素 C	7.2	8.42
维生素 K_3	9.68	9.37
维生素 B_{12}	—	0.15
硫胺素	—	0.07
核黄素	—	0.28
烟酸	—	0.74
泛酸	—	0.46
叶酸	—	0.39
生物素		1.4
矿物质（毫克/100 克）		
钙	68.6	162.8
磷	101.7	118.3
钾	11.0	58.7
钠	68.5	39.3
镁	7.9	9.0
铁	0.2	0.2
锌	1.6	0.7
硫	—	3.6
铜	0.4	0.2

2.影响母猪维生素需要的因素及母猪维生素需要量（每千克饲料含量）标准

维生素作用的发挥是以能量、蛋白质、氨基酸、矿物质等充分合理的供应为基础，同时维生素之间也存在一定的相互作用。饲养管理水平、观测指标、母猪因素（胎次和繁殖潜力）、饲粮组成、环境条件不同，均会明显影响母猪对维生素的需要量，也影响维生素添加的实际效果。生产中还要注意的是，由于营养标准中所规定的维生素需要量指饲料原料中的含量与添加的维生素之和，但实际生产中饲粮维生素的总供应量一般都高于 NRC（1998）的推荐量，尤其是种猪更高于 NRC 标准，其中以脂溶性维生素含量更高，主要原因：其一，NRC（1998）标准本身偏低，尚未充分考虑现代种猪的实际需要量、实际饲养管理环境和各种应激；其二，饲料原料中维生素含量变异很大，且利用率低，如猪几乎不能利用玉米、小麦和高粱中的烟酸；其三，中国多数猪场的饲料要经受不合理加工、较长时间贮存等，对添加的维生素破坏严重，同时种猪遭受多种应激，特别是高产和疫病应激，在成本允许的范围内超量添加维生素是权宜之策；其四，饲粮平衡度较差（比如能蛋比偏低，氨基酸不平衡），饲粮中使用的抗生素抑制了肠道微生物合成维生素，富含维生素的原料（如发酵产物、乳制品、草粉、青草等）使用量减少，饲料中可能出现霉菌毒素及维生素拮抗物等，均迫使维生素添加量的增加。由于猪场实际饲养过程中（尤其是中国），母猪会遇到转群、热冷环境、注射疫苗、病菌侵入、饲粮中存在维生素拮抗物及可能的霉菌毒素等产生的各种应激，以及饲料加工不合理和饲料储存过程中对维生素的破坏。针对上述情况，帝斯曼公司（原罗氏公司）从 1997 年提出了优选维生素营养（OVN）这一概念，其推荐的母猪维生素供应量与有关育种公司建议量接近，远高于 NRC（1998）和中国（2004）标准（表 10-6）。

表 10-6 母猪维生素需要量（每千克饲粮总含量）标准

资料来源	NRC（1998）		中国（2004）		帝斯曼（2004）*
生理阶段	妊娠母猪	泌乳母猪	妊娠母猪	泌乳母猪	种猪
维生素 A（国际单位）	4 000	2 000	3 620	2 050	10 000~15 000
维生素 D_3（国际单位）	200	200	180	205	1 500~2 000
维生素 E（国际单位）	44	44	40	45	60~80
维生素 K（毫克）	0.5	0.5	0.5	0.5	1~2
生物素（毫克）	0.2	0.2	0.19	0.21	0.3~0.5
胆碱（克）	1.25	1	1.15	1	0.5~0.8
叶酸（毫克）	1.3	1.3	1.2	1.35	3~5
烟酸（毫克）	10	10	9.05	10.25	25~45
泛酸（毫克）	12	12	11	12	18~25
维生素 B_1（毫克）	1	1	0.9	1	1~2
维生素 B_2（毫克）	3.75	3.75	3.4	3.85	5~9
维生素 B_6（毫克）	1	1	0.9	1	3~5
维生素 B_{12}（微克）	15	15	14	15	20~40

注：* 当所有饲养管理条件良好时采用下限推荐量，处于应激状况下建议将添加量增至上限；为了获得最佳仔猪健康，建议妊娠后期和哺乳日粮中维生素 E 总量控制在 250 毫克 / 千克；为改善母猪繁殖率，从断奶至妊娠期间每头母猪每天饲喂 300 毫克 β - 胡萝卜素，应激状况下推荐每千克饲粮中添加 200~500 毫克维生素 C。

资料来源：魏庆信等编著的《怎样提高规模猪场繁殖效率》，2010。

3. 确定母猪维生素需要量要掌握的原则

目前仍没有确定在现代生产条件下母猪达到最佳健康状况和最佳生产水平时的经济有效的维生素添加水平，确定实际情况下母猪维生素添加的适宜需要量是一项长期而复杂的任务，但可以通过权衡饲料中添加维生素的成本与母猪维生素缺乏症，或维生素不足导致的非最佳生产性能及健康状况所造成的风险，来确定实际生产中维生素的添加量。对母猪维生素的补充要突出主要维生素，如维生素 A、β - 胡萝卜素、维生素 E、叶酸、生物素以及维生素 C、维生素 B_2、维生素 B_{12} 和胆碱等，并抓住关键时期，如配种前期、妊娠后期、泌乳早期等，同时应与基础日粮、环境条件等相配套。通常情况下，由于维生素的无毒性（维生素 A 和 D 除外）和特殊作用以及在整个饲料中所占成本很低，日粮中超量添加维生素不失为权宜之计，并对母猪尤为必要和有显著的经济回报率，这对哺乳母猪更为显著。

四、确定哺乳母猪的营养需要考虑的因素与问题

（一）确定哺乳母猪的营养需要所考虑的因素

近 20 多年来，由于遗传选育，现代母猪具有瘦肉率更高、体型更大、产仔数更多、采食量更少、配种年龄更小、泌乳期更短等特点，体现在哺乳母猪的特点为繁殖性能提高、机体营养储备减少以及采食调节能力差等。所以，现代母猪更易遭受营养应激。由于泌乳是所有哺乳动物特有的机能和生物学特性，泌乳期母猪饲养的主要目的是提高母猪的泌乳量和乳的品质，以保证仔猪的正常生长发育和健康，同时还要保证母体健康，能够在下一个繁殖周期正常发情、排卵、配种、体重下降适中。基于上述原因，对现代母猪营养管理的要求也越来越高。一些研究表明，哺乳母猪的营养需要量取决于乳中的成分、泌乳量与乳的合成效率，其需要量要根据母猪本身的维持需要、带仔头数、乳汁化学成分和泌乳量的多少进行综合考虑。对于初产母猪还需要考虑其自身生长发育的需要。如果再进一步考虑，哺乳期母猪繁殖器官（子宫内膜等）的恢复也需要消耗能量和氨基酸，按照析因法分析这部分需要是独立于上述部分的，应该单列出来，但一般研究和标准中没有提及。一般在哺乳母猪的日粮中，蛋白质占 15% 以上，160~200 千克体重的经产哺乳母猪，日供给蛋白质 750 克，每千克日粮含有 3 300 国际单位的维生素 A、220 国际单位的维生素 D，每日每头供给哺乳母猪食盐 29 克、钙 40 克、磷 28 克。若以上营养物质长期供给不足，会使泌乳量降低，仔猪瘦弱患病，母猪消瘦，影响再次发情配种。研究也表明，在日粮不限量的情况下，粗蛋白质水平降低到 14% 也不会降低泌乳量，一般也不会影响仔猪发育和育成数，但当粗蛋白质降到 12.5% 时，泌乳和仔猪发育均受到影响。

（二）确定猪场哺乳母猪饲养标准的依据及要注意的问题

饲料配方以饲粮中所含的营养素浓度来表达，而采食量是决定配方或者营养标准是否适合的重要因素。猪每天需要的营养素量确定，如果采食量过低，那么需要配制较高营养浓度的饲粮才能使其采食到足够的营养，反之亦然。但由于哺乳母猪的营养需要受基因、猪群环境、胎龄、哺乳阶段、养殖设施、采食量、饲料品质和组成、水供应以及健康状况的影响，精确计算哺乳母猪的营养需要量也不现实，因为与上述多个变量相关。即使是单独考虑一个猪场中的一头哺乳母猪的营养需要量，但随着哺乳期延长，用于生长、维持和产奶各部分的营养需要量也会发生变化。在实际生产中，猪场营养专家或配方师需要关注的是自己猪场条件下，母猪的能量和氨基酸需要量，这必须从整个哺乳母猪群的需要来考虑，而非单独的某一头母猪。因为实际生产中哺乳母猪群是猪场养猪生产流程中一个环节，它们处于流动交替更新状态，群体之间的母猪胎龄和健康状况有所差异，而且这个过程也与季节的更替交织在一起，将受到内外生态环境的影响。因此，严格上说确定猪场哺乳母猪的营养需要量，特别是能量和氨基酸需要量考察的对象应该是猪场生产中流动的母猪群，而不可能是单独一批或者几批次的哺乳母猪。这样，在猪场同一个哺乳期内随着哺乳进程延续，母猪的能量、蛋白质、氨基酸等需要将发生变化，而猪场生产流程中不同批次的哺乳母猪以及生态环境条件又有所不同，所以很难精确地预测出它们的营养需要量。现在的哺乳母猪能量、蛋白质、氨基酸等需要量标准是在一定的试验研究基础上或采用析因方法推算出来的。中国《猪饲养标准》（NY/T65-2004）和美国 NRC（2012）第 11 版营养需要中提供的母猪能量和氨基酸需要量，虽猪场制作哺乳母猪饲料配方经常参考，但相对来说，后者（NRC）是在大量试验基础上并结合动物模型推算出来的，而前者参考的原始研究资料有限，根据国外的研究估测的

数据较多。因此，无论怎样都应清楚地认识到，这2个标准所依据的直接或间接数据是以某些特定母猪群体为研究对象，并在一定的条件下获得的。严格地说，与研究对象群体和饲养条件越接近的哺乳母猪群就越适合采纳标准中的能量和氨基酸需要量数据，但并不是所有猪场的哺乳母猪群状况及其所处的条件都与此接近，而且中国猪场之间的差异巨大，母猪群的能量和氨基酸需要量也必然有所差异。因此，在实际生产中不要把有的饲养标准看成一成不变的"法典"，作为任何猪场中的营养专家或配方师，不应该只是简单的引用某个饲养标准中的数据，而是应该根据自己猪场的状况作出适应性调整，对自己所掌握的哺乳母猪群能量和氨基酸需要量进行必要的修正。当然有条件的猪场，按照科学的原则设计试验来测定基于自己猪场现实状况下的哺乳母猪能量和氨基酸等营养物质需要量实为上策，但一般猪场对此都无法做到系统的研究。生产中，猪场配方师，只根据前人和相关研究，对影响哺乳母猪营养需要量的因素进行策略性调整也可获得满意结果。实际生产中，任何一个猪场的哺乳母猪饲料配方都相对稳定，针对的是基于生产流程中不断更新交替的母猪群，而不是单独某一批次或几批次母猪群。一般来讲，哺乳母猪营养中的能量和氨基酸需要量，应该根据预估的当期母猪群自由采食量和群体组织损失情况来确定，但很少有配方师这样做，多数营养专家往往根据自己认为准确的饲养标准，如国际上通用的 NRC（2012）或中国《猪饲养标准》或某个（些）试验研究报告或根据自己经验来判断。一般来说，如果一个猪场的猪群状况稳定，外界生态环境变化不大，可以参考上一个批次哺乳母猪群的自由采食量和体重及背膘损失来确定哺乳母猪的营养需要量。当然，还可以从国内外猪的饲养标准、引种公司的猪营养指南、自己总结的经验数据、本猪场条件下进行的实证研究等方面获得的这些数据来制订哺乳母猪的营养需要量或饲料配方。但需注意的是，无论数据来源为何，都要根据配方所应用的群体及其影响因素变化情况（如温度和胎龄结构）做适应性调整，其中预期采食量和体组织变化情况是哺乳母猪营养需要决策的重要依据。

五、哺乳母猪的营养标准及每头每日营养需要量

（一）哺乳母猪的营养标准

由于哺乳母猪担负着自身和仔猪的双重营养需求，因此需要较高的能量和蛋白质的饲料，而且要求饲料原料易于消化和吸收，具体营养标准可参考 NRC（2012）和中国《猪饲养标准》（NY/T65-2004）及有关标准。但参考任何标准配制的日粮，对现代高产母猪日粮要达到如下要求：能量 14.0~14.3 兆焦 / 千克，蛋白质 17%~18%，赖氨酸 0.8%~1.2%，钙 0.8%，磷 0.7%，还要有较高的维生素和微量元素才可满足高产母猪哺乳期的营养需求。

（二）哺乳母猪每头每日营养需要量

哺乳母猪每头每日营养需要量可参考表 10-7。

表 10-7　哺乳母猪每头每日营养需要量

项目	体重（千克）			
	120 以下	120~150	150~180	180 以上
采食风干料量（千克）	4.80	5.00	5.20	5.30
消化能（兆焦）	58.28	60.70	63.13	64.35
粗蛋白质（克）	672	700	728	742

项目	体重（千克）			
	120 以下	120~150	150~180	180 以上
赖氨酸（克）	24	25	26	27
蛋氨酸 + 半胱氨酸（克）	14.9	15.5	16.1	16.4
苏氨酸（克）	17.8	18.4	19.2	19.6
异亮氨酸（克）	15.8	16.5	17.2	17.5
钙（克）	30.7	32.0	33.3	33.9
磷（克）	21.6	22.0	23.4	23.9
食盐（克）	21.1	22.0	22.9	23.3

（三）哺乳母猪每千克饲料养分含量

哺乳母猪每千克饲料养分含量见表 10-8。

表 10-8　哺乳母猪每千克饲料养分含量

项目	含量
消化能（兆焦）	12.13
粗蛋白质（%）	14.0
赖氨酸（%）	0.50
蛋氨酸 + 半胱氨酸（%）	0.31
苏氨酸（%）	0.37
异亮氨酸（%）	0.33
钙（%）	0.64
磷（%）	0.46
食盐（%）	0.44

六、哺乳母猪的日粮配制及饲养和饲喂方式

（一）哺乳母猪的日粮配制

哺乳母猪日粮应分为初产和经产母猪日粮。初产母猪指产仔第 1 和第 2 胎的母猪，因生理发育尚未成熟，其营养需要量明显大于经产母猪。生产中初产哺乳母猪日粮中的消化能为 14.21 兆焦 / 千克、粗蛋白质 17%、赖氨酸 1%、钙 0.85%~0.9%，总磷 0.6%；高产母猪（产仔 10 头或以上）可参照或略高于青年母猪的营养需要标准。经产哺乳母猪日粮中的消化能为 13 376~14 212 千焦 / 千克，含粗蛋白质 16%，赖氨酸 0.85%，钙 0.85%，总磷 0.6%。

（二）哺乳母猪的饲养方式

1. 前高后低方式

这种方式一般适用于体况瘦的经产母猪。有的经产母猪妊娠期间由于受到限饲，体况不肥，产仔后又由于泌乳，体重失重会过大。为了保证一定的泌乳量和防止体重失重过大，必须给体况较瘦的经产母猪充足的营养素供应，可采用前高后低的饲养方式，既能满足母猪泌乳的需要，又能把精料重点地使用在关键性时期。

2.一贯加强方式

这种方式一般适用于初产母猪和高产母猪，当然也可适用于妊娠期体况较差的哺乳母猪。用较高营养水平的饲料，在整个哺乳期对母猪不限量，吃多少给多少，充分满足母猪本身生长和泌乳的需要。

（三）哺乳母猪的饲喂技术

1.哺乳母猪的饲喂方案

正确的饲喂技术能够使泌乳期母猪保持强烈的食欲，而确保妊娠期间不要过度饲喂，是提高母猪泌乳期饲料采食量的方法之一。此外，母猪产仔后到断奶前喂料量不宜平均化，一般母猪分娩当天不喂料，但应提供饮水；而产后立刻供充足的饲料也会影响母猪的食欲，导致以后采食量下降。产仔后的母猪第2天的饲喂量在1千克左右，以后每日增加0.5~1千克，最晚到第7天达到最大采食量，1周后自由采食，以适应现代母猪泌乳期产奶量高峰提前的特点，直到断奶前为止。据美国对24 000窝母猪的统计资料表明，产后1周尽快达到最大采食量的母猪繁殖性能最好，而产后食欲不振或过分限制饲喂的，断奶后母猪会延迟发情。

2.保证母猪产后食欲量的措施

为使哺乳母猪达到采食量最大化，可分别采取以下措施。

（1）自由采食，不限量饲喂　即从分娩3天后，逐渐增加采食量的办法，到7天后自由采食。

（2）多餐制，做到少喂勤添　每天喂3~6次。

（3）时段式饲喂　利用早、晚凉爽时段喂料，充分刺激母猪食欲，增加其采食量，这在夏季尤为重要。

（4）湿拌料　不管是哪种饲喂方式，切忌饲料发霉、变质。为了增加适口性，可采取喂湿拌料的方法。

（5）防止母猪食欲不振　产前3~5天或5~7天应减少饲料10%~20%，以后逐渐减料至产前的1~2天，减料至正常喂料量的50%，可有效防止母猪产后食欲不振。如果母猪产后食欲不振，可用150~200克食醋拌1个生鸡蛋喂给，能在短期提高母猪食欲。

（6）适当饲喂青绿多汁饲料　在饲喂全价饲料的同时，适当饲喂一些青绿多汁饲料，既可提高母猪的食欲，增加乳汁的分泌，又可减少母猪的便秘。

3.哺乳母猪的饲喂要注意的问题

（1）保证日喂量　哺乳母猪日饲喂量应达到5~6千克，饲喂时根据营养需要特点灵活掌握；青饲料不可过多，以免影响对全价料的采食量。

（2）饲料质量要好　饲料不宜随便更换，且饲料质量要好，不喂发霉变质的饲料；饲喂的青饲料也要保证干净、卫生。

（3）保证充足的饮水量　母猪泌乳每天需要25~35升清洁水，夏季更高达35~40升，粗略要求饮水器的流量要达到每分钟2~2.5升才能满足母猪的需求。饮水不足或不洁影响母猪采食量及消化和泌乳功能，因此，哺乳期母猪的饮水应不限量供应。如果是水槽式饮水，则应一直装满水，如果是自动饮水器则勤观察、勤检查，保证水流畅通无阻，而且要求水流速、流量达到一定程度。饮水应清洁、符合卫生标准。

七、哺乳母猪的科学管理

(一) 产房的环境控制

产房的管理是影响泌乳期母猪采食量的主要因素，对哺乳期母猪的管理，在一定程度上讲，重点是对产房的环境控制。

1. 保证适宜的温度

泌乳母猪的最适温度在 18~20℃，而且泌乳母猪的饲料进食量与环境温度呈负相关。因此，产房的温度调控首先要重视夏季的防暑降温。在夏季，如果没有有效的降温系统，很难维持母猪有最佳的泌乳采食量，因此，夏季必须想方设法降低环境温度以增加母猪采食量。理想方法是安装水帘，配合负压通风，可降低环境温度 8℃左右；蒸发降温可部分减轻高温对机体的有害作用，但给猪滴水或向地面洒水要配合舍内空气的流动，可用负压通风吊扇作为辅助手段，以保证在较湿的环境里有足够的空气流动和最大的蒸发降温。初生仔猪所处的保温箱内小环境温度要控制在 30~35℃，以后每周降 2℃；母猪由于皮厚毛长，皮下脂肪层较厚且无汗腺，容易继发热应激，因此，冬季的产房，在产仔期，室温可以高一点，达到 24~25℃，1 周后环境温度马上就要低下去，达到 20~21℃即可，以增加母猪的采食量。冬季的产房，只要把仔猪的局部温度升到要求的范围内就好，没有必要把整个产房的温度升得太高，当然，北方地区三九寒冷天气时产房要达到一定的温度范围。产房的环境温度千万不能做到冬季不低，夏季很高，那就很难解决母猪的采食问题了。因此，产房尽量做到冬暖夏凉。

2. 产房一定要保持环境安静、清洁、干燥和通风良好

母猪分娩前后应注意产房的通风换气，减少噪声，舍内氨气浓度过高或噪声过大均会使母猪分娩时间延长，甚至难产。对哺乳期母猪日常管理以确保母猪正常泌乳为前提。禁止大声吆喝、粗暴对待母猪，保持产房安静环境。日常管理工作首先要保持栏圈和产房清洁卫生，空气新鲜，每天要清扫产房，冲洗排污道沟，但在母猪放奶时不要扫圈、喂食和大声喧哗，以保证母猪正常放奶哺仔。不能用水带猪冲洗高床，若气候干燥时用水冲洗，也要尽可能减少冲洗次数和用水量，以降低舍内湿度。

哺乳母猪要单圈饲养，且每天应有适当运动，并调教母猪，使其养成到猪床外定点排粪的习惯，防止母猪尿窝，在冬季圈舍内应铺厚垫草，保持圈舍内舒适和温暖。

3. 保证母猪乳头清洁，防止乳头损伤

母猪的乳头一定要保持干净，以免仔猪在吃奶时被污染而生病。要保护母猪乳头不受损伤，并经常检查，发现有损伤，要及时治疗，以免造成母猪乳头疼痛而拒绝哺乳或乳头感染而引发乳房炎。

4. 严格做好产房的消毒工作

母猪分娩 1 周后，每周选用无害的消毒剂对母猪和仔猪带体消毒 1 次，并对高床、保温箱、食水槽、走道等严格喷雾消毒，并在舍内悬挂冰醋酸自然熏蒸。

(二) 及时处理生产管理中的异常情况

1. 母猪无乳或缺乳

在哺乳期内有个别母猪产后缺奶或无奶，导致仔猪发育不良或饿死，遇到这种情况，应查明原因，及时采取措施加以解决。

（1）原因　母猪营养不良，过度瘦弱、胎龄高、生理机能衰退；或母猪过肥，乳房和乳

腺发育不全；或产后患子宫炎、乳房炎、高烧等均可造成母猪无乳或缺乳。

（2）治疗措施　对母猪产后患子宫炎、乳房炎、高烧等疾病，要抗菌消炎、消除病原因素；其他原因引起的无乳或缺乳可采取以下措施。

① 应用催产素催乳。先将母猪和仔猪暂时分开，每头母猪用 20 万 ~30 万单位的催产素肌内注射，用药 10 分钟后仔猪吮吸母猪乳房放奶，一般用药 1~2 次即可。

② 用食物催乳。在煮熟的豆浆中，加入适量的熟猪油即荤油，连喂 2~3 天。或用花生仁 500 克、鸡蛋 4 个，加水煮熟，分两次喂给，1 天后就可催乳；或用海带 250 克泡胀后切碎，加入荤油 100 克，每天早晚各 1 次，连喂 2~3 天；或用白酒 200 克，红糖 200 克，鸡蛋 6 个，先将鸡蛋打碎加入红糖搅拌，一次性喂给，一般 5 小时左右产奶量大增；或用新鲜胎衣，清水洗净，煮熟，剁碎，加入少量的饲料和少许盐，分 3~5 次喂完；或用泥鳅或鲫鱼 1500 克加生姜、大蒜适量及通草 5 克，煎水拌料连喂 3~5 天，促乳效果好。

③ 中药催乳。母通 30 克、茴香 30 克，水煎后拌入少量稀粥，分两次喂给；或王不留行 35 克，通草、穿山甲、白芍、当归各 20 克，白末、黄芪、党参各 30 克，水煎后加红糖喂服。

2. 便秘

便秘往往被人轻视，看似小问题，其实是不小。便秘轻则引起食欲下降，重则造成母猪食欲废绝，导致无奶水仔猪中会饿死。生产中一般在产前 2~3 天和产后 1 周，适当给母猪投喂一些缓泻剂可防治母猪便秘。对于便秘已发生，粪便已经变干的母猪，更要及时地投喂泻药或用开塞露直肠灌注，同时要适量投喂青绿多汁饲料，加大饮水量。

3. 拒绝哺乳处理

母猪不让仔猪哺乳，多发生在初产母猪。由于一些初产母猪没有哺乳经验，对仔猪吸吮乳头刺激总是处于兴奋和紧张状态而拒绝哺乳。可采取醉酒法，用 2~4 两白酒拌适量的精料，一次喂给哺乳母猪，然后让仔猪吃奶；或者肌内注射冬眠灵，每千克体重 2~4 毫克，使母猪睡觉，再哺乳。一般经过几次哺乳，母猪习惯后，就不会拒绝哺乳。此外，有的经产母猪因营养不良而无奶，仔猪吃不饱老是缠着母猪吃奶，母猪烦躁而拒绝哺乳，表现为母猪长时间平爬地面，而不是侧卧地上。对此应加强母猪的营养供给，加大采食料量，特别是蛋白质饲料的喂量，母猪有奶后，就不会拒哺。

4. 母猪吃小猪处理

个别母猪吃小猪是一种恶癖。其因一是母猪吃过死小猪、生胎衣或泔水中的生骨肉；其因二是母猪产仔后，非常口渴，又得不到及时的饮水，别窝仔猪串圈误入后，母猪闻出气味不对，先咬伤、咬死后吃掉；其因三是由于母猪缺奶，造成仔猪争奶而咬伤奶头，母猪因剧痛而咬仔猪，有时咬伤、咬死后吃掉。消除母猪吃小猪的办法：供给母猪充足的营养，适当增加饼类饲料，饲料中不可缺矿物质、食盐，并保证有适量的青绿多汁饲料供给；母猪产仔后，要及时处理胎衣和死小猪，对弱仔难以成活的最好也要处理掉，让母猪产前、产后饮足水，不让仔猪串圈等。

（三）断奶时间的确定

断奶时间的确定关系到哺乳期的饲养与管理、配种时间等工作，因此，在猪场管理中断奶时间的确定也关系到猪场生产的连接。但对哺乳母猪而言，断奶时间的确定，主要是缩短断奶至重新发情间隔，及早配种。7~14 天哺乳期的母猪，断奶后重新发情的时间间隔范围为 8~15 天；21~28 天哺乳期的为 5~9 天；35 天以上哺乳期的为 4~10 天。可以看出，并非哺乳期越短越好，从缩短断奶至重新发情间隔时间这一角度考虑，合适的断奶时间为21~28天，母猪在分娩后3~4周时断奶足以保证母猪能迅速重新进入下一个繁殖周期，能提高母猪繁殖率，而无需拖延至5周以上；而过早断奶延长母猪再发情的时间，如果哺乳期少于3周（如提早隔离断奶）可能影响下一个配种期的受胎率，而我国的一些规模化猪场在硬件设施、管理水平、饲料配制等方面还难以实行超早仔猪隔离断奶。因此，猪场一定要根据自身管理水平和生态环境等条件，选择适宜的断奶时间。

一般来说，为了提高母猪利用率和猪场设备及人员的合理利用，保育条件合适的猪场应尽量采用早期断奶的饲养方式，选择在28~30天断奶，这样可以保证1头母猪年产2~2.5窝，能提高繁殖效率，节约饲料成本。实行早期断奶饲养方式的母猪，一般在断奶后5~7天即可发情配种，受胎率在90%~95%。

八、提高母猪泌乳量的科学调控策略

（一）从科学的饲喂策略上提高母猪泌乳期采食量

1. 提高泌乳期母猪采食量的作用

对哺乳母猪而言，采食的营养物质只有满足了维持需要后，多摄入的部分才用于泌乳。研究表明，母猪泌乳期每天多采食1千克饲料至少能多产1千克乳，乳产量每增加1千克，窝增重就多增重250克/天，同时母猪断奶后不发情比例下降。一般来说，泌乳期提高母猪采食量能增加21日龄仔猪增重，降低母猪体重损失，降低断奶后延迟发情或返情母猪比例；而泌乳期采食量低下背膘损失过多将导致严重的繁殖问题，如延长断奶发情间隔，能加速初产母猪泌乳早期未被吮吸腺的衰退速度，影响胚胎成活，降低排卵率，缩短利用年限。因此，当泌乳母猪采食量下降时（4千克/天），为了有效维持母猪的泌乳需要，必须补充蛋白质、氨基酸、维生素、矿物质等营养素，以保证仔猪窝增重和母猪断奶后发情不受影响。现代的母猪生产力得到改进，繁殖性能大大提高，导致对能量和氨基酸的更高需要，尤其是泌乳期。但现实状况是青年或成熟母猪泌乳期自由采食量不足以维持、产奶和体生长的需要。营养摄入不足时，母猪会动用体储以保证产奶。母猪体储备的动用，很大程度上缓解了泌乳期能量供应不足，还可能是高产母猪不可替代的合成乳的能源，"泌乳期掉膘的母猪哺乳性能好"是被生产者普遍接受的事实，然而，母猪采食量低下，泌乳期体重和背膘损失过多，将导致一系列繁殖问题的事实却没被猪场生产者认识到。现在，初产母猪泌乳期采食量不足，热应激下母猪食欲不足等现象格外严重。维持泌乳期间高水平采食量的重要性早已被证明，哺乳母猪的泌乳量直接影响仔猪的健康和断奶成活率，而哺乳期足够的采食量是保障母猪奶水充足的前提和基础。泌乳期母猪采食量较低，会使得初产母猪不能达到成年母猪的繁殖性能，而且初产母猪的泌乳量和繁殖性能对营养物质的摄入非常敏感。研究表明，初产母猪的繁殖性能，如断奶到发情的间隔增加、受胎率较低、淘汰率增加以及第2胎窝产仔数减少等，已成为限制繁殖母猪群生产性能的主要因素。

2. 影响泌乳期母猪采食量的主要因素

（1）母体因素

① 猪种。就猪种本身来说，因为其体重、体组成、产奶能力、窝产仔猪数的差异，其自由采食量也有差异。如中国地方猪种明显比大白猪、长白猪吃得多。汉普夏猪因为其基因差异而对热敏感，所以采食量也就易受高温影响而下降。但初产二元杂交母猪的泌乳期采食量，比其同代纯种和父母代纯种猪都高。

② 胎次。胎次极显著影响怀孕期、泌乳期体重和背膘变化，从而影响母猪泌乳期采食量。母猪胎次越高，体重越大，维持需要就越高，其采食量也可能高一些。

③ 带仔数。每窝仔猪个体数越多，吮吸强度就越大，母猪产奶量就越多，并且母猪体蛋白、体脂肪的流动有所不同，它对能量的需求也变大，因此，自由采食量增加。

④ 泌乳期。有学者分析 30 个养殖场 25 719 头泌乳母猪自由采食数据，分娩后泌乳母猪采食量很低，但随泌乳期推进，采食量增加，在分娩后第 12.6 天达到最大，然后下降。

（2）环境因素　各种造成母猪应激反应的环境因素，均会降低母猪的采食量。其环境温度与母猪营养关系密切，不仅直接影响泌乳期母猪的采食量、代谢和产热，而且可导致饲料能量在母猪体内分配和利用效率的改变，最终导致母猪对各种营养物质的需求量及其比率的改变。泌乳母猪适宜的温度为 18~20℃，温度超过 25℃属于高温，母猪随意采食量下降。因此，分娩舍的有效环境温度是影响泌乳期母猪采食量的重要因素之一。保持分娩舍适宜的环境温度，可增加母猪的采食量，减少母猪体重的下降，提高仔猪断奶重。

（3）营养因素

① 能量。日粮中能量水平对哺乳母猪的采食量有重要影响，哺乳母猪采食的实质就是获取足够的能量。若无其他干扰，如营养缺乏、疾病等存在，恒温动物采食是满足能量的需要。哺乳母猪为了有足够的乳汁分泌，必须尽可能采食饲料。通常采食 5~7 千克 / 天。当摄入的能量高于其维持和泌乳的需要，部分多余的能量就转为恢复体脂肪或储备为体脂肪和肌肉，当哺乳母猪采食量在 4~8 千克 / 天时，泌乳量增加的最多。日粮浓度是影响泌乳母猪采食量的重要因素之一，有研究表明，随着能量水平的增加，采食量下降，但总能摄入量可能增加。

② 蛋白质。日粮蛋白质水平对泌乳母猪的饲料采食量也有影响，一般来讲，蛋白质水平越低，则采食量越少，体重损失越多，高蛋白质水平可提高仔猪断奶重。泌乳期低蛋白质日粮会延长断奶后母猪的发情期，并导致怀孕率下降，初产母猪这种现象尤为严重。

③ 氨基酸。近些年，人们认识到氨基酸对于控制采食量具有一定作用，氨基酸对采食量的影响可能存在直接或间接作用。直接作用，即氨基酸直接作用于中枢神经，如血液中特定氨基酸的浓度可能作为反馈信号直接影响摄食中枢的功能；间接作用可能是形成神经递质来实现，如酪氨酸、苯丙氨酸和色氨酸是某些神经递质的前体物，当日粮缺乏这些氨基酸时，由于神经递质数量下降，从而引起采食量升高或下降。但在正常情况下，氨基酸对采食量的控制作用很小。日粮氨基酸含量和平衡状况影响哺乳母猪的采食量。当饲喂氨基酸缺乏程度较小的日粮时，猪会略微提高采食量以弥补氨基酸的缺乏。若日粮氨基酸严重不平衡，某种氨基酸严重缺乏或过量时，猪的采食量就会急剧下降。从母猪泌乳性能来看，当饲料中蛋白质水平从 11.5% 增加到 20.2%，相应赖氨酸水平从 0.16% 增加到 1.15% 时，母猪的泌乳量呈线性增加。

④ 饲料添加剂。猪日粮中加入少量的抗生素、风味剂均可增加采食量，而且风味剂还可减少应激或掩盖某些不良的饲料风味，也可提高泌乳期母猪的生产性能。

（4）其他因素

① 饲喂技术。正确的饲喂技术能使泌乳期母猪保持强烈的食欲，其中，饲喂频率影响母猪采食量。母猪 1 天饲喂 2 次比 1 次的采食量大。NRC（1989）表明，在自由采食的情况下，母猪每天饲喂 1 次和 3 次，结果饲喂 3 次的母猪在整个泌乳期采食量为 108.4 千克，而饲喂 1 次的采食量为 101.6 千克；此外，饲喂 3 次的体重损失也相应减少（28.5 千克和

22.5 千克）。母猪饲喂次数越多，可能采食量越大。

②日粮的适口性。适口性是一种饲料或日粮的口感和质地特性地综合，是动物在采食过程中视觉、嗅觉、触觉和味觉等感官器官对饲料或日粮的综合反应。由于适口性决定饲料被母猪接受的程度，与母猪采食量密切相关但又很难定量描述，它一般通过外界刺激母猪的食欲来影响采食量。猪更喜欢采食带有甜味略湿的粉料（湿拌料），其采食速度比采食干料快 25%。

③饮水。水是影响采食量的重要因素之一，只有充分保证饮水的情况下，猪的采食量才能达到最大。但饮水方式和水的质量也影响到猪的饮水量，一般来说，泌乳母猪采用水槽比饮水器饮水量要多，可能是饮水器的水流量慢或饮水器安装的高度不标准等原因；水的质量包括水的清洁、味道（高碱、高盐）等都有可能影响猪的饮水量。

④健康状况。疫病因素是影响泌乳期母猪采食量的重要因素之一，患病的和处于亚临床感染的母猪常表现为食欲废绝或下降。

3. 提高泌乳期母猪采食量的方法与策略

哺乳母猪并非全程都需要提高采食量，在产仔后和断奶前后几天一般要限饲。生产中限饲容易做到，在需要提高采食量的时候，如何能够达到预期的采食量，其方法和策略也多，但从母猪实际能达到采食量的需要上，主要从适宜的采食量调节和饲喂方法，饲粮的适口性，电解质平衡及保证饮水量上做比较容易也结合实际。

（1）适宜的采食量调节与饲喂方法　与 20 年前的母猪相比，现代的母猪更瘦、繁殖力更强，由于选育偏向于瘦肉型，所以这些母猪的采食量都相对较少。因此，现代母猪在哺乳期经常需要分解自身组织蛋白来泌乳以满足哺乳仔猪的营养需求，从而导致哺乳母猪尤其是初产母猪营养不良。为此，需提高泌乳期母猪自由采食量。

①适宜的采食量调节。采食量的调节要根据母猪生产阶段、平均哺乳仔猪头数、体况、失重情况等因素。生产中常用的方式是在母猪分娩前 2 天，喂料量可以适当减少到 2.5 千克/天，如果体况不好也可不减料。饲料应稀一些，这样消化道内粪便少，有利于分娩。分娩当天不喂料或只给些麸皮稀粥。产后 2~5 天逐渐加到最大采食量，不可以突然加料，否则会引起消化不良。现代母猪体重较大，体重 200 千克的泌乳母猪为了满足泌乳和自身维持需要，按产仔 10 头计算，每天采食量 6~8 千克。为了防止断奶后母猪得乳房炎，在断奶前后各 2 天，要减少配合饲料喂量，可补给一些青粗饲料充饥，使母猪尽快干乳。此后再采取补饲催情方法，使断奶后的母猪尽早发情配种。适宜的采食量调节对哺乳母猪的哺乳、缩短断奶间隔能起到一定作用，可提高母猪的繁殖率和利用年限。

②适宜的饲喂方法。哺乳母猪的饲养方式中首先考虑的是饲喂频率，每天多次饲喂（3 次或超过 3 次）的效果优于每天饲喂 1 次或 2 次。为此，养猪专家建议，哺乳母猪圈舍内的料槽需设计得更完善。料槽应深一些并且易让母猪接触，饮水器要安装在料槽上面或料槽边，并采取适宜的饲喂方法。我国多数猪场采取人工饲喂方法。虽然在哺乳母猪饲养方式中有许多饲喂方法可用于提高哺乳母猪的采食量，但不管采用哪种方法，最重要的是保证母猪始终能吃到饲料。一个最简单的方法是，如果料槽空了，再加饲料进去。具体的操作程序为，每次喂料时投喂 1 舀或 2 舀料（1 舀料大约为 1.8 千克），如果上次投喂的料仍剩下很多的话，不要再往料槽中加料；如果剩下少量的料，应再加进 1 舀料；如果料槽中没有剩料的话，可加入 2 舀料。但在母猪分娩前后 2~3 天里应采取轻微限饲，即每餐喂 1 舀料，不要投喂 2 舀，当然在母猪分娩当天最好是不喂料或喂稀汤料，这样不会影响母猪分娩后的自

由采食量及诱发繁殖障碍综合征的发生。哺乳母猪不限饲的具体饲喂时间和方案为：上午喂料，即第1次喂料，如果料槽中有少量剩料的话，加1舀料，如果料槽空了则加2舀料，上午喂前的料槽空或剩则表示母猪夜晚吃料的情况，如果剩余较多，就要查找原因，中午喂料即第2次喂料，可在傍午或午饭后进行，喂料量与上午相同。如果上午喂的料没有吃的话，应检查母猪是否发烧或其他可能的原因；下午喂料即第3次喂料，在傍晚进行，喂料量与上面相似，但可根据剩料情况做一下调整。一天中食欲良好的母猪但料槽中还有一点剩余的话，可喂2舀料；对食欲正在增加的母猪应喂1舀料。同样，上次喂的料剩余较多的话，应调查不吃料的原因。该方案可及早地发现不吃料的母猪，及时查找原因，也能减轻饲养人员的劳动强度（有的人提出每天饲喂6~8次）。但此饲喂方案要注意的一个问题，对料槽中剩余过多的料要清除，尤其是在夏季，过夜的剩料已变质，一般来说料槽中的剩料如果超过4个小时后，极易被污染变质，特别是湿拌料，不可再饲喂母猪，否则会导致消化疾病或其他疾病发生。

（2）饲料适口性　视觉、嗅觉、触觉和味觉在刺激动物的食欲及影响采食量方面起着重要作用。适口性这个术语常被用来描述猪对饲料的接受程度，但是适口性和采食量并不是同义的。适口性仅仅包括味觉、嗅觉和触觉，一般来说大部分的家养动物具有嗅闻行为，但这只是为了定位和选择食物，采食量的多少最终决定于猪获得能量的自我调控，即所谓"猪为能而食"的道理。生产中哺乳母猪需要采食多少饲料？一个简单的计算方法是，每头母猪每天饲喂2千克，另外，每头仔猪加0.35千克。如果一头哺育10头仔猪的母猪至少应喂7千克（2×0.35×10=7），但实际生产中，哺乳期间的母猪平均采食量在5~5.5千克。因此，营养学家和养猪生产者致力提高日粮适口性和质量，以期最大限度地提高泌乳期母猪饲料采食量。生产中提高饲料适口性一般从以下几个方面入手。

① 饲料的加工与调制技术。除注意氨基酸平衡、选用易消化、适口性好的原料外，还需要对饲料进行精细加工，有利于提高适口性和消化率。母猪饲料粉碎的适宜粒度为400~600毫米，或对玉米、大豆等原料进行膨化，采用蒸汽调质的制粒技术，都有利于提高适口性和消化率。此外，与干料相比，泌乳母猪喜欢采食湿料，而且能提高消化率。因此，哺乳母猪料型以湿拌料最佳，料水比1：1或1：2，干料或稀汤料都会让哺乳母猪采食时感觉不适。饲料消化率提高5%，采食量可以提高12%。

② 选用有机微量元素添加剂。矿物质与微量元素的超量添加会降低饲料的适口性，这方面经常被忽视。硫酸盐特别是硫酸锌有令猪不舒服的涩味，会显著降低饲料的适口性。现在一些猪场或饲料厂家使用的矿物质和微量元素大都超量添加，超量添加不仅增加成本造成浪费，还降低饲料的适口性。目前，最好选用有机微量元素，添加剂量少而且吸收利用率较高，对猪的适口性也无不良影响。

③ 甜味剂的选用。猪一般喜吃带甜味的饲料，因此，商品化饲料中一般都加了甜味剂。甜味剂的主要作用是增强饲料的甜味，掩盖饲料中原有的不良味道，提高采食量。目前饲料行业使用的甜味剂以糖精钠为主。从使用效果上看，生产工艺一般的产品难免会有苦味，即使生产工艺先进的对糖精钠苦味进行了掩盖与处理，糖精钠对动物味蕾的刺激强烈，导致使用过量或随使用期延长动物会产生厌食。如果选用常规甜味剂，要选用正规厂家生产的产品。有条件的猪场可以考虑选用天然植物提取物的甜味剂。能够达到饲用甜度的天然植物主要有甜味菊和罗汉果等，再加甘草提取物等复合而成，与普通甜味剂的最大区别在于，天然植物提取物的甜味剂对动物味蕾的刺激小，口感柔和，不会因为使用过量或随使用期延长而

使动物产生厌食，相反它还有提高葡萄糖耐受性和调节血糖水平的作用使动物产生饥饿感，达到最佳的采食效果。

（3）电解质平衡与供给充足饮水　电解质指那些在代谢过程中稳定不变的阴阳离子。生理体液中的电解质与渗透压、酸碱平衡紧密相关。哺乳母猪可通过饮水量调节、预防或纠正自身的酸中毒或碱中毒，因此，哺乳母猪电解质平衡中最重要的内容就是保障充足的饮水。只有饮水供应充足，哺乳母猪才有可能获得足够的采食量，进而有充足的乳汁分泌。哺乳母猪日平均饮水量为45千克，与妊娠后期的饮水量相比大幅增加。因此，必须保证哺乳母猪有良好的水源。但是在一些猪场中供水的水压不够，夏季水温太高，冬季水温过低，水的质量与卫生达不到标准，饮水器水流速慢，水嘴安装不当等往往引起饮水不足。生产中饮水器流速过慢是大多数饲养管理者最容易忽视的问题。对于哺乳母猪来说，出水的水压应稍大一些，让饮水器有足够的出水量，每分钟出水量应大于2升。另外，要经常保持水的供应，可让哺乳母猪尽量多饮水。有条件的猪场尽量采用饮水槽，饮水槽中保持饮水不断，可保证哺乳母猪有充足的饮水。饮水应清洁，符合卫生标准。饮水不足或不洁可影响哺乳母猪采食量及消化泌乳功能。夏季温度较大，对哺乳母猪饮水量影响较大。猪在热应激时主要靠排尿来降温，显示出夏季母猪的饲用水的供应重要性。母猪排泄量的增大会导致电解质的流失，因此夏季补充电解质也不能忽视。除在每吨饲料中添加3~4千克的食盐外，在夏季哺乳母猪料通常补加1~2千克的小苏打或硫酸钠，以补充流失的电解质，并有助于防止母猪便秘。

（二）从科学的营养调控策略上提高母猪泌乳期采食量

哺乳母猪营养和饲养的目标是最大限度地提高总营养摄入量，这样，不仅可以充分发挥母猪的泌乳潜力，提高泌乳量，促进仔猪的生长和成活，而且可以使母猪维持良好的体况，促进下一个繁殖周期尽早到来和提高繁殖性能。然而，实际情况下由于母猪消化道物理容积及其他条件的限制，哺乳期母猪特别是现代高产母猪在泌乳阶段往往很难获取较高的采食量且还需要消耗一部分体组织用于生产和维持。为此，为了保证哺乳期母猪能达到较高采食量，生产中可采取营养调控策略。

1. 从全繁殖周期确定饲养方案

母猪生产由妊娠、泌乳、断奶后再发情配种几个阶段连续循环。母猪饲养绝非一个简单的每日供给营养和"维持＋生产"消耗平衡的问题，不同的繁殖阶段，母猪自由摄取食物能力和生产需要之间有很大差距。若自由采食，妊娠期往往进食过量，泌乳期又常常摄入不足，特别是高产母猪泌乳期几乎不可能摄入足够能量。因此，对母猪营养分配上要遵循"繁殖优先"规律，而母猪体组织在保证繁殖所需能量的动态平衡中起了重要的缓冲作用，对维持母猪持续高产而言，这种作用更不容忽视。如一头体重为142.5千克的高产母猪哺乳12头小猪，每头增重为240克/天，需要含13.8兆焦/千克消化能的日粮8.34千克，显然母猪不能采食8.34千克的饲料，因而体储备的动员不可避免。由此可见，高产母猪泌乳期营养摄入不足是母猪营养研究中的难点。母猪泌乳期间的采食量有限，在现有的饲养条件下，可以配制出满足高产泌乳母猪蛋白质和氨基酸需要的日粮，但是根据理论值推算，瘦肉型母猪维持高泌乳力需消化能90兆焦/天以上，在实践中很难配出15兆焦/千克的饲粮，高产母猪也几乎不可能摄入当日泌乳所需的能量。提高饲粮能量浓度固然是有效解决方法之一，但是目前我国市场上还没有国产的饲料级油脂产品，食用油脂和进口产品价格又过高，不可能为多数生产者接受。因此，母体脂肪组织在不同繁殖阶段的沉积和动用，在很大程度上缓解了泌乳期能量供应不足的问题，这可能也是高产母猪不可替代的合成乳的能量。然而，也要看到虽然母猪泌乳期体重和背膘损失由摄入代谢能支配，但泌乳期体重变化极显著受怀孕期体重影响。研究表明，经产母猪妊娠期母体平均氮储备及体增重都随能量供应的增加而线性增加。因此，为了保证足够的体储备，应至少在怀孕母猪日粮中供 35.53 兆焦的消化能。但怀孕期母猪饲喂高能量日粮将会降低泌乳期母猪采食量，增加泌乳期体重和背膘损失，延长断奶至发情间隔。总之，妊娠期能量摄入影响泌乳期自由采食量，泌乳期能量摄入又对下一个繁殖周期妊娠期能量摄入有影响。因此，在实际生产中应关注全繁殖周期营养的合理分配，以提高母猪繁殖性能为主要出发点，着眼于全繁殖周期母猪能量需要，生产中可采取以下营养调控策略。

（1）妊娠母猪可采取青粗饲料日粮和"前低后高"饲养方式　母猪的妊娠期相当长，占整个繁殖周期的 70%，此阶段可以充分利用青粗饲料，可节约粮食，降低饲料成本。目前，中国的猪种改良也发生了变化，以地方猪种为母本的改良策略已成为趋势，其目的是要充分利用地方猪种抗逆性、耐粗饲、充分利用青饲料肉味鲜美的特点。因此，对妊娠母猪根据"维持 + 生产"的生理特点，并采取"前低后高"的饲养模式，在母猪妊娠第 84 天开始加料，妊娠前 84 天，仅供给妊娠全期胎儿和子宫内容物增长所需总能量的 1/4，其余的 3/4 平均在妊娠后 28 天（分娩前 2 天减料，实际为 26 天）中供给，此营养调控策略可行，且对泌乳期母猪采食量不会产生副作用。

（2）妊娠期按母猪体况确定饲养水平　研究表明，体脂厚度能显著影响泌乳母猪泌乳前 3 周的自由采食量，但泌乳第 1 周，母猪主要依赖其体储满足产奶需要，为了保证有足够的体储，满足泌乳早期产奶的需要，必须对妊娠期母猪体况进行科学的营养调控。生产中根据妊娠期母猪膘情来确定饲养水平，一般妊娠前、中期依据母猪第 10~11 肋间边膘厚确定饲喂量。对配种时过肥的母猪，妊娠前、中期仅供给略高于维持需要的能量，并不影响胎儿发育。妊娠后期，不论母猪体况如何，均供给母体沉积和乳腺发育所需能量，并随气温变化调整每日喂量。据朱锡明（2001）对 78 头长大母猪全繁殖周期各阶段能量分配饲养方案的研究，充分利用青粗饲料，经产母猪妊娠给予低能日粮，按母猪体重、背膘厚度、妊娠阶段确定每头喂量，实行"前低后高"饲养方式，均取得预期效果，其中如 1 头怀孕母猪，配种体重 182 千克，膘厚 3.0 厘米，妊娠前、中期日饲 1.8 千克日粮，后期可饲喂 3.0 千克，转入产房时，体重可达 243 千克，膘厚 3.15 厘米，产活仔 12 头，窝重 20.05 千克，平均个体重 1.67 千克。妊娠期母猪日喂两餐，每餐定量，中间每头加喂约 2 千克青饲料，实行"前低后高"的饲养方式，对母猪泌乳阶段及全繁殖周期均无不良影响。

从目前的研究看，妊娠期母猪根据背膘厚饲喂比根据体况评分更精确、更方便。为了保证泌乳前期母猪有足够的体储动员来产乳或满足自身生长，一般来说，妊娠期体重增长率以 110%~120% 为宜，即第 3~4 胎母猪至少得在妊娠期获得母体增重 25 千克，而胎儿以及其他妊娠产物增重将近 20 千克为标准。具体做法可采取"前低后高"等饲养方式，但也有研究表明，在预产期前 21 天开始加料能显著提高仔猪初生窝重；从连续繁殖周期考虑，给母猪妊娠期提供高含量可发酵非淀粉多糖（NSP，以 45% 的甜菜渣供给）日粮，使其自由采食，对繁殖性能无不利影响，可在断乳后尽快转入下一个繁殖周期。但在实际生产中，一般生产者以提高仔猪窝增重为主要目标。因为仔猪的断奶窝重是泌乳期母猪饲养水平的重要指标，反映了泌乳期母猪饲养管理水平及对后续保育猪和商品肉猪均产生影响。研究表明，提高窝重主要靠母猪泌乳期多摄入能量并伴以母猪体组织的动员。生产中对哺乳母猪日喂 3 餐，分娩后一般按 3 千克 / 天提供日粮，第 3 日起增加 0.5 千克，泌乳前 2 周最多加至

5.5~6.0 千克 / 天，后 2 周最高量为 6.5~7.0 千克 / 天，断奶前 4~5 天逐渐减少日粮给量，转入配种舍 1~5 天，日定量 2 千克，未发情的饲喂量加至 2.5 千克或采取补饲催情。此饲喂方式一般不至于影响下一繁殖周期配种，但一定要结合下一周期妊娠前、中期的实际膘厚或体况饲养。生产中为了达到提高仔猪窝增重的目标，根据当地饲料条件，配制出提高泌乳日粮能量浓度的饲料配方，有益于高产瘦肉型母猪泌乳潜力的充分发挥。因为饲料配方以饲粮中所含的营养素浓度来表达，虽然采食量是决定配方或者营养标准是否适合的重要因素，但配制较高营养浓度的饲粮才能使其摄入足够的营养。从经营角度上讲，由于妊娠期间猪实行限饲，妊娠期 114 天节省的饲料费用足以保证提高 1 个月泌乳饲料质量所需的费用，因此，泌乳期饲喂高浓度的能量饲粮，从产出与投入算很经济。

从以上论述可见，从母猪全繁殖周期合理分配营养，是科学的营养调控策略。因此，在实践中应根据生产目标、母猪品种、体储状况（膘情）、饲料资源和其他生态环境条件，确定相应的母猪全繁殖周期饲养方案。

2. 从饲粮配制标准上提高泌乳母猪日进食营养总量

随着育种和饲料研究的进展，饲养母猪追求高泌乳、高产仔。因此，对哺乳母猪的营养调控策略的研究成了国内外营养学家一个研究重点。母猪繁殖性能与其泌乳量有直接关系，而后者又受许多因素影响，包括该品种（系）、胎次、带仔数、妊娠期增重、乳头的数量和位置及粗细、产后发情时间及哺乳期营养水平等，其中哺乳期日粮和营养水平对泌乳量有着重要影响。相应地，哺乳母猪的营养需要量也受多方面因素的制约，如直接或间接地受母猪的品种（系）、带仔数、体重、失重、泌乳量及其所处环境温度等影响。但采食量是决定哺乳母猪营养摄入量的一个主要因素，哺乳母猪摄入的营养素难以满足泌乳的需要。研究表明：按 1 头 150 千克体重哺乳母猪（哺乳期 28 天）哺乳 10 头仔猪，每天生产 9.4 千克乳汁的饲粮和能量需要预测：日需含消化能 13.97 兆焦 / 千克的饲粮 7 千克，含消化能 97.79 兆焦；而实际哺乳母猪日采食量是 5.5 千克，含消化能 76.84 兆焦，两者相差 20.95 兆焦，其中饲粮中的蛋白质和赖氨酸水平也难以满足产乳需要。150 千克体重母猪在能量平衡的条件下，哺乳 10 头 8 千克的仔猪，平均每天需要蛋白质和赖氨酸分别是 1080 克和 63 克。但根据母猪实际平均日采食量 5.5 千克，饲粮中蛋白质和赖氨酸的含量分别是 19 .7% 和 1.05%，为了实现能量和必需营养物质基本平衡，哺乳母猪不得不动用自身的体组织（失重）满足其需求。我国的猪场多数由于哺乳阶段母猪营养供给偏低，造成哺乳阶段母猪储备消耗过大，母猪连续性生产力遭到破坏。由此可见，保证哺乳母猪日进食营养总量是关键。母猪日进食营养总量不足是导致哺乳母猪营养储备过度消耗，繁殖能力下降的重要原因。影响哺乳母猪日进食营养总量的原因主要有两个方面：一是饲喂次数少导致日进食饲料总量不足，营养总量自然就受到影响；二是饲料配方营养标准偏低，能量、蛋白质和氨基酸的不足是普遍问题。生产实践证明，哺乳母猪应该根据日采食量来制订饲料配方的营养标准，如高温季节哺乳母猪采食量下降，就应该大幅度的提高各营养素的浓度。但这种营养调控策略在实际生产中会遇到几个问题，首先，高营养浓度的饲料在夏季容易酸败变质，即使极其轻微变质也会影响母猪的采食；其次，高营养浓度的饲料容易使猪产生饱腹感，反而不利采食量的提高；最后，高档饲料不利于猪场的成本控制。因此，夏季和冬季泌乳母猪饲粮营养水平的确定还是要从泌乳母猪的营养需要出发。就是对日粮进行调整，调整标准也要根据采食量确定每头母猪每日能否达到 60 克赖氨酸和 66.94 兆焦以上的代谢能。

由于能量水平与赖氨酸水平之间有着强烈的相互作用，哺乳母猪只有在同时摄入较高水平的能量时才能对较高的赖氨酸水平发生反应。必须提供高于最大泌乳量所需的蛋白质、赖氨酸摄入量，才能保证最低的氮损失和最佳的下一窝产仔数，还能获得较高的母猪泌乳量。

（三）哺乳母猪营养调控策略要注意的问题

1. 过高的饲养标准并不能提高母猪泌乳量和繁殖性能

邵水龙等（1987）研究发现，当母猪哺乳期日采食的消化能和可消化蛋白质已基本满足，再提高日粮标准并不能相应增加泌乳量，反而会造成饲料浪费。以第2胎枫泾哺乳母猪的营养需要研究为例，研究发现超过标准的高水平组比低水平组全期多耗混合精料41.5千克，而泌乳量仅增加18.52千克，其中产后21天中占44.3%（60天泌乳量算）。因此，母猪在产后的21天内适当提高营养水平对提高泌乳量有利，而以后再提高营养水平无多大作用。

唐春艳等（2005）对在哺乳期母猪采用高能量、高蛋白质、高赖氨酸水平饲粮，以及对哺乳母猪自由采食与常规饲粮和饲喂方式进行了比较研究。试验选用14头分娩日期相近的杜长大经产母猪，按体重、胎次随机分成2个处理，第1组为对照组，第2组为试验组，每个处理7个重复，1头1个重复。在28天的试验期内母猪自由采食和饮水。研究饲喂按NRC（1998）配制的高蛋白质、高能量水平日粮（蛋白质为18.5%，代谢能为14.23兆焦/千克）与按NRC（1988）配制的日粮（蛋白质为17.1%，代谢能为13.19兆焦/千克）对母猪生产性能的影响。试验用基础日粮由玉米、麦麸、大豆粕、鱼粉组成。试验日粮中通过添加膨化大豆来提高日粮营养水平。试验结果分析：2组哺乳母猪日均采食量均超过5千克，对照组为5.24千克，试验组5.80千克，组间差异极显著。但母猪采食的赖氨酸和蛋白质组间没有显著差异，对照组平均日赖氨酸和蛋白质采食量为50.83克和969.36克，试验组为52.22克和992.19克，且低能量水平组由于采食量提高，赖氨酸和蛋白质采食量有所提高，这说明哺乳母猪具有为能而食的能力；此外，本试验给哺乳母猪采取自由采食的饲喂方式，同时膨化大豆能量高，饲料适口性和消化性好，能提高母猪采食量。从对猪背膘厚的变化和失重损失的影响上看，对照组体重损失比试验组损失大大降低。但与张金枝等（1998）的试验发现，从哺乳期母猪的失重情况来看，高营养水平组（蛋白质18%，代谢能14.73兆焦/千克），哺乳期失重18.9千克，低营养水平组（蛋白质15%，代谢能13.30兆焦/千克）哺乳期失重20.2千克。两者比较，高营养水平组比低营养水平组少失重1.3千克。但本试验中对照组母猪失重9.21千克，试验组13.21千克，与张金枝等（1998）的结果相差较大，但基本的趋势一致。蛋白质、能量水平对仔猪生长性能的影响主要有两点：一是对仔猪窝日增重的影响。窝重和窝日增重随日粮蛋白质、能量水平的提高而提高，本试验0~21日龄、21~28日龄窝平均日增重对照组比试验组分别提高14.84%和18.58%。邵永龙等（1987）研究发现，当哺乳期母猪日采食的消化能和可消化蛋白质量已基本满足，再提高日粮标准并不能相应增加泌乳量，反而会造成浪费饲料。这与本试验的结果一致。二是对仔猪存活率的影响。对照组0~21日龄、0~28日龄仔猪存活率分别比试验组提高2.49%和2.60%，说明提高饲粮的营养水平对仔猪存活率有提高的趋势。母猪泌乳期间的总采食量与母猪的泌乳性能以及随后的繁殖性能之间呈现出正相关关系。选择特定的饲料原料来提供能量会直接影响母猪的繁殖性能，提高日粮能量采食量的一种方法就是向日粮中添加脂肪，但脂肪添加率大于5%会降低母猪以后的繁殖率。本试验结果表明，添加膨化大豆来提高泌乳母猪饲粮蛋白质和能量水平有提高母猪繁殖性能的趋势，这与周响艳等（2002）的试验结果一致。最近的研究证实，给猪喂膨化的谷物籽实，可将其生产性能和养分消化率提高5%~25%。这间接说明通过添加膨化大豆来提高能量水平对母猪以后的繁殖性能有积极作用。研究表明，母猪体重损失的构成因日粮所缺养分（能量和蛋白质）的不同以及被动员组织（脂肪或肌肉）的不同而有所变化，经产母猪乳蛋白中大约79%的赖氨酸来自日粮，因此，乳蛋白中余下的21%赖氨酸则来自体内。虽然肌肉和其他组织中的体蛋白质是泌乳母猪获取氨基酸和能量的一个重要来源，其中哺乳期日粮的营养水平对泌乳量起决定作用，而且泌乳母猪的能量水平和赖氨酸水平之间有着强烈的相互作用。本试验也证明，随着能量水平的提高和赖氨酸的添加，21天的窝重也随之增加，这可间接说明母猪的产奶能力随之增加。但很多试验结果表明，一旦母猪哺乳期日采食的消化能和可消化蛋白质已基本满足，再提高日粮标准并不能相应增加泌乳量。本试验也有相似的结果，即随着能量和赖氨酸添加比例的提高，仔猪的窝重和窝日增重未呈增加趋势。现代母猪由于体型较大、瘦肉率高、背膘薄、繁殖性能高，但采食量小，即便对哺乳母猪采取自由采食的饲喂方式，也不能满足母猪对能量和营养的需要，从而导致体贮备的动员，而过多的体重损失和体组织的动员将影响以后母猪的繁殖性能。为获得母猪最佳的长期繁殖力，需最大限度地减少其泌乳期失重。因此，增加泌乳期的采食量是母猪饲喂方案中最重要的方面，而传统的饲养方式，母猪常采用低蛋白质、低能量水平的饲粮，加之哺乳期采食量低（5千克以下），使得每日摄入的消化能和氨基酸不足，导致泌乳力降低，仔猪发育慢，哺乳期母猪失重过高等。本试验日粮根据 NRC 标准配制，并添加膨化大豆来提高日粮蛋白质和能量水平及自由采食量，蛋白质、代谢能水平分别为18.50%和14.23兆焦/千克的日粮，比蛋白质、代谢能水平分别为17.10%和13.19兆焦/千克的日粮对哺乳母猪与仔猪的体况有明显的改善作用，提高了哺乳母猪采食量，降低了体重损失，虽然也提高了仔猪增重和存活率，但效果不显著。此结果证实了母猪的高能量、高蛋白质日粮标准只有在泌乳阶段起到一定的作用；一旦当母猪哺乳期日采食的消化能和可消化蛋白质已基本满足，再提高日粮标准并不能相应增加泌乳量，而且对提高仔猪和存活率效果也不显著。

2. 要从母猪全繁殖周期角度进行营养的合理分配

母猪蛋白质、氨基酸需要量研究涉及营养、生理、生化、遗传等多个领域，各个繁殖阶段及不同胎次母猪生理状况较大，影响因素众多。国内对母猪的营养需要量研究也不够系统，主要采用饲养试验喂给母猪不同营养水平日粮，再根据测得的繁殖性能确定哪一种日粮接近母猪的营养需要，比较笼统。国外确定母猪日粮和赖氨酸需要量，多采用析因法，即先对母体的维持需要、增重需要、胎儿需要、泌乳需要等分别估测，最后汇总出总需要量。虽然国内外一些营养专家参照有关营养标准配制母猪日粮，但在实际应用中还是存在或多或少的问题。但是要明确的是，一些研究结果虽然差异很大，但从中可以看出，母猪繁殖周期各个阶段日粮营养水平对母猪的繁殖性能均有影响，必须根据各个阶段的生理特点配制日粮，决定喂料量，不但要考虑日粮蛋白质、赖氨酸的绝对含量，还应考虑能蛋比。即使在同一生理阶段，如哺乳阶段，也应根据前、中、后期对营养需求的不同作适当调整，并不是日粮营养水平配得越高，母猪的泌乳量越高和采食量越大以及母猪的繁殖性能越高。

总之，对母猪的营养需要首先要从全繁殖周期角度进行营养调控策略，强调蛋白质、氨基酸等营养素的平衡供给，调整妊娠期饲喂方案以使母猪有足够的体储备以补充上胎的体脂动员或满足自身生长（特别是初产母猪），保证泌乳期营养摄入以缓和母猪高营养需要与低自由采食的矛盾，最大限度提高母猪泌乳期采食量，提高或保证母猪的泌乳量最大程度的发挥。因此，除了做好饲养管理和疫病控制外，科学的营养调控策略已成为规模化猪场经营可变因素的关键。

第五节 空怀母猪的标准化饲养与管理

一、空怀母猪的饲养管理目标

哺乳母猪断奶到再次配种这段时间为空怀期，一般在7~10天。此期要保持空怀母猪的适当膘情，有利于再次发情和排卵；母猪一般食欲旺盛，要保持科学的饲喂方法。因此，空怀母猪的饲养管理目标就是在空怀期内，采取科学的饲养管理，尽快恢复母猪正常的种用体况，尽量缩短空怀期，促进空怀期母猪如期发情、排卵、及时配种受孕，而达到较高的受胎率。

二、空怀母猪的生理特点

空怀期内母猪最大的生理特点：一是母猪由高负担的哺乳期转为断奶空怀期，断奶前母猪乳房还能分泌乳汁，断奶后由于没有仔猪吮吸，乳房负担迅速减轻，而乳房结构也即发生变化，逐渐干瘪转入干乳期；二是母猪断奶后，卵巢机能也慢慢开始变化，由于黄体的迅速退化，卵泡开始发育。在正常情况下，母猪断奶后3~5天就出现发情期，可见外阴部发红肿大，母猪发情症状能表现出来，一般第7天便可配种。

三、空怀母猪的营养需求

对空怀母猪要在配种准备期应供给营养全面的日粮，使其尽快恢复种用体况，能正常发情排卵。由于对空怀母猪的营养需要研究薄弱，目前市场上还没有专门的空怀母猪饲料。一般空怀母猪日粮营养水平比其他母猪低，推荐：消化能11.70~12.10兆焦/千克，粗蛋白质12%~13%，赖氨酸0.9%，钙0.8%，磷0.7%。但在生产中大都采用哺乳母猪料饲喂，因为空怀母猪一般都采取短期优饲的饲养方法，因此，这种方法在中小规模猪场采取的较多。

生产中对空怀期母猪日粮配制一定要注意营养平衡，特别是蛋白质的供给。蛋白质不仅要考虑到数量，还要注意品质。蛋白质供应不足或品质不良，会影响卵子的正常发育，使排卵数减少，受胎率降低。此外，有条件的猪场还应供给空怀母猪大量的青绿多汁饲料，这对排卵数、卵子质量和受精都有良好的作用，也有利于空怀母猪恢复正常的繁殖功能，以便及时发情配种。

四、空怀母猪的科学饲养

（一）供给营养水平较高的日粮

首先，在空怀母猪配种准备期应供给营养全面的日粮，使其快速恢复种用体况，正常发情排卵，及时配种受孕。一般来讲，空怀母猪日粮营养水平比其他母猪低，但要重视蛋白质、能量及矿物质和维生素的供给量，特别是青绿多汁饲料也要有一定的供给，这对排卵数、卵子质量和受精都有良好的影响。

（二）根据体况确定饲喂方式

空怀母猪饲养的关键是保持正常的种用体况。在正常情况下，哺乳母猪在断奶前应保持7~8成膘，这样在断奶后 3~10 天内即可发情配种，开始下一个繁殖周期。配种前的母猪太瘦会出现不发情、排卵少、卵子活力弱、受精能力低，并易造成母猪空怀；母猪过肥，也会造成同样的结果。因此，空怀母猪在配种前的饲养十分重要。生产中一般根据断奶前后母猪的体况，采取不同的饲喂方式。

1. 膘情较差的母猪采用短期优饲

对于哺乳后期膘情不好，过度消瘦的母猪，特别泌乳力高、产仔多的母猪，因哺乳期消耗营养较多，可采用短期优饲的饲喂方式，尽快在短时间内增膘复壮，促进母猪发情配种。在配种前用高营养浓度的催情料或继续喂哺乳母猪料，促进母猪排卵发情。一般从断奶第2天开始加大饲料喂量，每头每天喂 3.5~5 千克，经过 2~3 天，在断奶后 7 天内绝大部分母猪能表现发情可及时配种。配种结束后停止加料，实行妊娠母猪前期的饲养方式。但对断奶膘情过差的母猪可自由采食，待膘情恢复到 7~8 成，有发情症候后可及时配种，一旦配种后，立即降至 1.8~2.0 千克 / 天，并按膘情喂料，但要保证青绿多汁饲料供给。

2. 对膘情较好的母猪应减少饲料喂量

对于膘情很好，体况在 8 成膘以上的母猪，断奶后不宜采用短期优饲的方式，断奶后应减少配合饲料，增加青饲料喂量，适当加大粗饲料比例，并加强运动，使其恢复到适度膘情，发情正常后及时配种。

五、空怀母猪的科学管理

（一）分群饲养，适当运动，公猪诱情

空怀母猪的饲养方式应根据饲养规模、膘情而定。前提是根据膘情分群饲养，膘情较差的母猪要单独补饲复壮，对膘情过肥的要减料饲养。因此，既可单圈饲养，也可小群饲养。生产中除个别膘情过瘦或过肥的母猪单圈饲养外，一般采用小群饲养。小群饲养是将同期空怀母猪，每 4~5 头饲养在 9 米² 以上的栏圈内，使母猪能自由运动。有条件的猪场还可采取大运动的饲养方式，将哺乳母猪断奶赶离产房后，可以直接先赶至大运动场，让母猪在运动场内自由运动 1~2 天，充分接受阳光照射和呼吸新鲜空气，其间可不喂或少喂饲料，但要保证饮水充足和一定的青绿多汁饲料供给，运动 1~2 天再赶至空怀母猪舍，进行小群饲养，这样可以尽快促进母猪的再次发情。实践证明，小群饲养空怀母猪可促进发情排卵，特别是同群中有母猪出现发情后，由于母猪间的相互爬跨和外激素的刺激，可诱导其他空怀母猪发情。或将试情公猪按时同圈混养，可促进不发情母猪发情排卵。生产中要注意的是群养群饲，定时喂料，防止互咬互斗。

（二）提供适宜的生态环境条件

空怀母猪适宜的饲养温度为 15~18℃，相对湿度 65%~75%。空怀母猪舍一定要保持干燥、清洁，温湿度适宜，通风、光照良好。冬季要防寒保暖，夏季要防暑降温。只有达到这样的生态环境条件，才可保障空怀母猪正常发情排卵，配种受孕。

（三）做好消毒和驱虫工作

在断奶母猪转到空怀母猪舍前，要对全面清扫、冲洗、消毒猪舍。此后，用气味浓的消毒药逐头消毒，夏天可彻底消毒洗澡一次。这样做既起到消毒的作用，又能除去不同个体的体味，可减少咬斗致伤或致残的可能。为了在配种前驱除体内外寄生虫（很多母猪有体癣），

可在母猪断奶当天采食量不高的情况下，于第 1 餐或第 2 餐饲料中添加规定量的左旋咪唑或其他低毒高效的驱虫药，可驱除体内外寄生虫，或用 2% 敌百虫全身喷雾，驱除体外寄生虫，但对体癣严重的母猪可进行体表涂擦驱虫药，效果更好。驱虫时要注意观察母猪，对个别有反应的要及时采取解毒措施。对驱虫的母猪舍，要及时清扫粪便以防二次感染。临床中一般连续进行二次驱虫效果较好，可在配种前彻底驱除体内外寄生虫，为母猪妊娠期打好基础。

（四）预防断奶应激并及时做好保健和治疗

仔猪断奶一般采用"赶母留仔"的一次断奶法，因此，也极易导致母猪断奶应激，发生乳房炎、高烧等疾病。临床上采取的措施：一是在断奶前后，应根据母猪膘情，适当限饲，每日两餐，定量饲喂 1.6~2 千克，并将哺乳料换成生长猪料，经 2~3 天就会干乳；二是注意观察其健康状况，发现病猪及时治疗。临床上可在饲料或饮水中添加清热、解毒的中草药制剂如板蓝根等，或免疫调节剂黄芪多糖等，或具有催情作用的中草药制剂，此保健措施在生产中具有一定效果。

（五）做好发情观察和发情鉴定

经产母猪断奶后的再发情，因季节、天气、哺乳时间、哺乳仔猪数、断奶时母猪的膘情、生殖器官恢复状态等不同，发情早晚也不同。母猪哺乳期间的饲养管理，对断奶后的发情有着重要影响。因此，对母猪的发情观察与发情鉴定是空怀母猪管理的重要方面。

生产中发情鉴定方法主要有依据发情征状鉴别和公猪试情法 2 种，或把此两种方法结合到一起。临床上一般母猪发情前期表现出爬跨其他母猪，外阴部膨大，阴道黏膜呈大红色，有黏液，但不接受公猪爬跨（持续 12~36 小时）；发情中期，压背母猪时静立不动，耳竖立，外阴部肿大，阴道黏膜呈浅红色、黏液稀薄透明，嘴里没有任何声音（一般对人静立），此时为最佳配种时期；发情后期，母猪趋于稳定，外部开始收缩，阴道黏液呈淡紫色，黏液浓稠，不愿接受公猪爬跨。

（六）适时配种

发情母猪的最佳配种时间是在发情中期，其配种方式和方法及具体操作可参照前面章节中有关论述。

六、空怀母猪的乏情原因与处理措施

乏情俗称不发情，指青年母猪 6~8 月龄或经产母猪断奶 10~15 天后仍不发情，其卵巢处于相对静止状态的一种生理现象。乏情降低了母猪的年产胎次，进而降低了母猪的利用率，增加了养猪生产成本，也影响了养猪的经济效益。由于现代规模化猪场采取密集型的饲养和现代化的繁殖方式，使母猪出现乏情和返情的几率大大地增加。目前母猪乏情已成为影响猪场养猪生产效益的一个重要因素，越来越受到猪场生产者的重视。

（一）母猪乏情的机理及类型

母猪的发情受下丘脑、垂体和性腺调节轴系统的调节，当卵巢处于相对静止状态，垂体不能分泌足够的促性腺激素，以促进卵泡发育成熟及排卵时，就引起母猪不发情。临床上一般按引起乏情的因素分类，可分为季节性、生理性（如妊娠期、泌乳期、衰老性乏情等）、病理性乏情（如传染病和非传染病、生殖道疾病性、营养不良、应激性乏情等）几种类型。

（二）引起母猪乏情的原因分析

1. 营养不良

营养不良对母猪的生殖机能有较大的负面影响，其中矿物质和维生素不足是引起母猪乏情的一个重要原因。矿物质不足主要是钙、磷不足或比例不当，造成钙、磷的有效吸收障碍。缺乏钙、磷可使卵巢的机能受到影响，严重时阻碍卵泡的生长和成熟，导致母猪不发情，严重时完全丧失生育能力。正常饲喂条件下维生素 A、维生素 B、维生素 E 和维生素 D 即有一定程度的缺乏，一般不会直接影响到母猪的发情。但是某些应激因素同时存在（如疾病、寒冷、高温、发热等），机体的某些营养素的需要量增加，而使这种维生素缺乏状况突然出现，会导致母猪的生殖机能受到影响。如维生素 A、维生素 E 和维生素 B_{12}、锌、硒等缺乏，都可引起母猪乏情或生育障碍。在母猪怀孕期特别是哺乳期营养不足，产仔、带仔数多，饲料能量不足，哺乳期失重过多，会造成母猪断奶时过瘦，抑制下丘脑产生促性腺激素释放因子，降低了促黄体素和促卵泡素的分泌。

2. 缺乏运动

现代化猪场由于采用是限位栏饲养，母猪运动不足带来了一系列问题，其中使母猪的性腺得不到相应刺激，而表现不发情。加上母猪的哺乳期在产床上，也限制了母猪的活动空间，在一定程度上对有些母猪发情造成了一定影响。还有的猪场由于无运动场地，对断奶后的母猪关在小圈中小群或单圈单头饲养，也使断奶后的母猪缺乏足够的运动，影响了断奶后母猪的发情。

3. 饲养环境

猪场生产中的繁殖母猪至少要经过空怀舍、配种舍以及分娩舍等环境，更换一个环境就是一次应激，母猪都需要一个调整期和适应期，而更主要的是环境的优劣对下一阶段产生直接影响，特别是产房的环境将直接影响母猪群体断奶后的发情。由于我国工厂化养猪普遍采用了限位栏饲养，使得饲养母猪缺乏运动，尤其是体重大的经产母猪，起卧困难而引发肢蹄病多，而且对母猪的体质和况也有较大的影响。此外，为了兼顾仔猪的保温效果，在冬春季节或早晚时段，产房往往开窗少或开窗小，这对没有较好换气设施的产房，其舍内势必产生高浓度的氨气、二氧化碳、硫化氢及甲烷等有害气体，而这些气体将直接影响母猪的繁殖性能，甚至造成呼吸道疾病，可使母猪发情不正常，配种后产仔少，死胎增多。

饲养环境引起母猪乏情主要是来自环境温度的影响。目前，猪场饲养的母猪多为引进猪种或优良猪种的二元杂交和三元杂交猪种，条件好的猪场还饲养配套系杂交的猪种，这些猪种对环境的适应能力远不及本地猪种。为此，现代的母猪对环境温度要求严格，正常情况下，母猪所需的生理环境在 14~18℃，如果在饲养过程中长期处于非正常的环境温度内（25℃以上或 5℃以下），或环境温度冷热变化无常，其内源性激素的分泌就会出现紊乱或抑制，生殖器官的生理功能就会受到影响（卵泡发育受阻），从而使母猪推迟发情而出现乏情。生产中因环境温度不正常造成的母猪乏情占乏情母猪的 50% 以上。特别是早春天气寒冷，昼夜温差大，而夏季天气炎热，如果管理不到位，环境温度很容易形成对母猪的应激，使母猪乏情。

4. 气候条件

炎热潮湿的气候条件对母猪应激大，轻则影响母猪食欲，重则导致母猪内分泌失调。由于我国工厂化猪场普遍采取高密度的限位饲养，其本身身体散热量大，如果气温过高，那么其身体散热就会非常困难，无法通过自身调整产热和散热的比例，从而导致代谢紊乱。炎热的夏天，环境温度达到 30℃以上时，母猪卵巢和发情活动受到抑制，7—9 月份断奶的母猪乏情率就比其他月份要高，一般不发情的时间会超过 10 天。此外，高温使公猪精液质量下降，从而也导致母猪配种后返情率上升。光照对舍外和舍内饲养的空怀母猪发情影响也很明显，有人研究每日光照超过 12 小时对母猪发情有抑制作用。

5. 生殖道疾病和无乳综合征（MMA）

患乳房炎、子宫内膜炎和无乳（MMA）综合征的母猪发生乏情的比例极高，因此，控制 MMA 综合征是解决空怀母猪乏情的前提。子宫内膜炎引起的配种不孕是非传染性疾病导致母猪繁殖障碍的主要疾病，其因是配种时人工授精操作不当和消毒不严或分娩时人工助产操作不当，将细菌带入子宫内。产后胎衣不下，恶露不净时可诱发本病。

6. 传染病因素

传染病因素有 3 个方面：一是病毒性感染，如蓝耳病、猪瘟、伪狂犬病、乙型脑炎、细小病毒病多见；二是细菌性感染，以布氏杆菌病、结核杆菌病、链球菌病等为主；三是寄生虫感染，以猪弓形体病为主。

7. 霉菌毒素的影响

在中国，因为农民在玉米的反复晾晒储存过程中或者在饲料储存或喂饲中，条件适宜，使得田间霉菌再次有机会继续代谢繁殖，尤其是玉米赤霉烯酮的污染严重。近年来研究发现，造成母猪不发情或屡配不孕的一个重要原因是霉菌毒素，主要是玉米发霉变质产生的霉菌毒素，危害最大的是赤霉烯酮。该毒素分子结构与雌激素相似，母猪摄入含有这种毒素饲料后，其正常的内分泌功能将被打乱，导致发情不正常或排卵抑制，可引起母猪出现假发情，即使真发情，配种难孕，孕猪流产或死胎。

8. 母猪的体况

对空怀期母猪而言，配种时的体况与哺乳期的饲养有很大关系。产仔、带仔数多的高产母猪，哺乳期失重过多，会造成母猪断奶时过瘦，抑制了下丘脑产生促性腺激素释放因子，降低了促黄体素和促卵泡素的分泌，能推迟经产母猪的再发情。母猪体况过肥、卵泡及其他生殖器官被许多脂肪包围，母猪排卵减少或不排卵，造成母猪不发情或屡配不孕。

9. 胎次和年龄

一般 85%~90% 的经产母猪在断奶后 7 天内表现发情；初产母猪只有 60%~70% 的首次分娩后 1 周内发情。由此可见，猪场母猪胎次结构也是影响母猪群体断奶后进入发情高峰的重要因素。母猪不同胎次意味着不同的抵抗力和身体的调节力。正常情况下，健康经产母猪在产后 14 天内子宫能够修复完整，断奶后 2~5 天进行下一发情期，而初产母猪断奶后 3~7 天发情，可见，初产母猪其身体调节较经产母猪差，断奶后发情高峰会比经产母猪推迟 1~2 天。造成初产母猪比经产母猪发情率低的主要原因：一是初产母猪在第 1 胎哺乳过程中，出现过度哺乳的现象，从而使母猪子宫恢复过程延长；二是青年母猪配种过早，瘦肉型品种及二元杂交母猪，生长速度快，6 月龄体重可达 90~100 千克，此时部分后备青年母猪进入初情期，其生殖器官已具有正常生殖机能，已经性成熟，但从体重上讲尚未达到体成熟，不宜配种受胎。如果后备青年母猪过早配种受孕，不仅会导致产仔少，仔猪初生重小，断奶体重小及成活率低，还会影响母猪本身增重，这种体重偏小的母猪，初产仔猪断奶后发情明显推迟，有的甚至永久不发情。

母猪年龄过大，特别是高胎龄的母猪，其卵巢逐渐萎缩和硬化，其他生殖器官也逐渐萎缩而丧失繁殖能力；也有的还未到绝情期就未老先衰，不发情或发情不明显。

（三）预防母猪乏情的综合措施

从以上的分析可看到，引起母猪乏情的病因复杂，因此，防治母猪乏情，应根据猪场自身的情况，从多方面综合考虑，有针对性地采取措施。首先，要改变观念，要"以养为主，养治并重"的原则。其次，在对引起母猪乏情原因分析的基础上，并提出有效的预防措施，消除或减少引起母猪不发情的因素。

1. 改善饲养环境

改善饲养环境就是为母猪创造适宜的生活环境，而这些生活环境中，对母猪断奶后进入发情高峰影响最大的是产房。创造适宜的产房环境包括取暖、降温设备以创造合适的温度条件；建设合理的通风换气、除尘设施以提高产房内的空气质量；建立科学的消毒、粪便清理的制度来减少产房内病原微生物的种类和数量。从而减少各种因环境因素带来的应激，为泌乳母猪健康及其断奶后迅速进入发情高峰提供必要的保障。

2. 以"养"为主，分阶段强化母猪营养

营养对于母猪的重要性不言而喻，妊娠阶段，营养不仅用以维持代谢，同时要满足胚胎的生长发育；哺乳阶段，营养以维持代谢外，还用以满足泌乳以及分娩后子宫的修复需要，在此期间，低水平营养将直接导致母猪分解自身组织以满足泌乳等需要，哺乳期母猪营养水平低下将直接影响生殖器官尤其子宫修复，从而进一步推迟断奶后发情。有试验表明，如果泌乳期间限制母猪营养摄入，比如限饲，会降低排卵率，延长断奶至发情间隔，即推迟断奶后发情。因此，对母猪的饲养要改变理念，要以"养"为主，根据母猪不同繁殖阶段对营养物质的需要量标准，科学配制日粮，保证营养的全价性，切实改变饲料品种单一和质量不良，提高蛋白质、矿物质、微量元素和维生素的水平；强化叶酸、生物素，均衡维生素E、硒及氨基酸等，有条件的猪场要补充足够脂肪；并严格控制玉米等原料的品质，不使用霉变饲料，在饲料中加入适量霉菌吸附剂。

由于母猪繁殖阶段营养用途不同，因此其各阶段营养水平也要相应做出调整。为此，对母猪的饲养以抓好怀孕期和哺乳期这2个阶段为重点，可有效防止母猪断奶后发情推迟或乏情。

（1）妊娠期采用前控后敞的饲喂方案　一般来讲，母猪断奶后3~5天优饲，可促进其快速发情；配种妊娠后20天从能量和蛋白水平及饲量上进行限饲，以便使胚胎快速着床，妊娠中期需要满足胚胎生长发育及母猪增重，因此需要适当提高母猪饲喂量；妊娠后期尤其是临产前30天内，胚胎迅速发育需要大量营养，故此阶段不但需要提高母猪采食量而且应提高饲料营养水平。生产中一般对妊娠前85天的母猪每周进行1次膘情评定，确定喂料方案。基本以维持或略多于维持的喂料量进行饲喂，以保持母猪合适膘情，但对过肥的母猪应当限饲减膘。妊娠86天以后，除对过肥的妊娠母猪仍应控制喂料量外，可用7天左右的时间，逐渐加料至完全自由采食。这样母猪在妊娠后期能将采食量逐渐增加，有利于自身脂肪贮备和提高产后采食量，避免哺乳期过度失重，造成断奶后发情推迟或不发情。

（2）哺乳期最大限度提高母猪采食量，减少失重　泌乳阶段母猪需要大量的能量和蛋白质用以泌乳，恢复身体以及维持代谢等，因此必须保证其质和量，尽管断奶后短期优饲对促进母猪发情影响最为直接，但是对断奶后发情影响最大的是泌乳期间母猪的营养。试验表明，以玉米－豆饼为代表的日粮，其消化能为13.88兆焦／千克，在此能量浓度水平左右，母猪体重减少，背膘消耗减少，还会促进断奶后发情高峰的到来。而要达到此水平，以玉米－豆饼为代表的日粮，平均带仔10头，体重为200千克的母猪其采食量平均每天不得

低于6千克。生产中带仔数正常的哺乳母猪应在第1周逐步增加采食量，直到完全自由采食量。每天最少清槽1次，以保持母猪的食欲。夏季应提高哺乳母猪饲料中粗蛋白质水平，使粗蛋白质17%~18%，并添加脂肪3%~5%，提高饲料能量水平，减轻因采食量下降造成的体重损失。

3.切实做疾病的预防工作

猪场的疾病预防工作比较重要，生产中一般要抓好以下几个方面的工作。

（1）消毒与卫生　平时抓好消毒与卫生工作，特别是母猪发情期间的卫生，可减少子宫内膜炎的发生。

（2）严格按照科学的免疫程序进行免疫　根据猪场的整体情况拟定切实可行的免疫程度，并严格按照科学的免疫程度进行免疫注射。

（3）对大围产期母猪采用"以养为防"的保健管理模式　大围产期，即产前1个月，哺乳+空怀期1个月，配种后1个月，是维护母猪健康和胎儿发育的关键时期。当前，规模猪场普遍使用的小围产期，即产前7天至产后7天。小围产期管理是围绕产后感染为中心的管理方法，仍然是一种疾病管理思维。而大围产期保健，管理是以提高母仔健康和胎儿活力，促进胎儿发育，提高奶水质量和窝产仔数，促进断奶发情为中心的保健管理模式。大围产期保健管理模式，符合中国目前猪场的状况，饲养环境相对较差，营养水平难以达到现代母猪的营养需求，加上疫病流行及母猪繁殖障碍疾病的复杂性，使中国的猪场一般采用抗菌药物保健模式。但是长期、定期在母猪饲料中添加抗菌药物对母猪和胎儿有害，其中氟苯尼考有免疫毒性和胚胎毒性，磺胺类药物也不宜在母猪饲料中添加做保健。此外，长期在饲料中添加抗生素对猪的肝脏和肾脏有一定损伤，在肝脏损伤时，肝解毒功能下降，毒物积聚引起中毒，所以临床上经常见到猪患病后，打抗生素会导致猪的死亡，不打反而更好的现象。肾脏病变引发不同程度的水电解质、酸碱平衡紊乱，严重时死亡率会大幅上升。目前猪场中有的母猪突然猝死，其中肝肾严重损伤也是一个原因。抗生素的作用不可小觑，关键是要合理利用。生产中对母猪添加药物必须有针对性，如在母猪饲料中添加阿散酸200克/吨，连续用15天，可防附红细胞体引起的乏情。因此，大围产期使用抗菌药物保健模式可针对不同情况采取不同方式：当处于临床感染时使用西药能快速控制；当处于亚临床状态时可考虑中西医结合方式；当机体处于亚健康状态时使用中药恢复健康；当机体处于正常状态下采取以"养"为主，可在饲料中添加多维或者复合微生态制剂、免疫调节剂来增强猪的体质，可以有效防止疾病的发生。以冬季为例，冬季猪呼吸道疾病多发，罪魁祸首是氨气，氨气损伤了猪的鼻腔黏膜，使病原微生物乘虚侵入。临床上可以通过提高饲料中氨基酸的含量减少蛋白质的添加，或者添加酶制剂、芽孢杆菌等，还要通过改善通风等措施，才能有效降低氨气浓度，减少呼吸道疾病的发病率和母猪的乏情率，并不是以靠添加抗菌药物来控制。再以消毒为例，消毒是养猪人经常提到的话题，但是消毒很难做到彻底。猪场内可以无死角，但漏逢地沟却很少能够顾及。对于空气消毒养猪人更加无所适从，再加上猪场的消毒剂合格率不高，这就意味着要想彻底消灭病原微生物几乎不可能，所以对于病原微生物不能做到"净化"，只能做到"驯化"，这就是病原微生物与宿主之间的稳态关系。稳态是生物学一个概念，稳态就是病原微生物可以和宿主和平共处的状态。从一定程度上讲，就是猪群在病原菌微生物存在的状态下生产性能仍然持续保持稳定，猪保持新陈代谢的平衡状态。为什么同样是蓝耳阳性猪场，有的猪场的猪发病，有的猪场不发病，这其中主要还是机体的抵抗力和免疫力。因此，提高母猪大围产期的保健要改变以"药"为防的传统观念为以"养"为"防"

的新的理念，"养大于防"将是中国猪场一个新的保健模式，特别是对大围产期的母猪，尤为重要。

（4）搞好病原检测和抗体检测　加强猪场疫病监控特别是对一些引起母猪不发情、延迟发情或流产等繁殖障碍的疾病进行防控尤为重要。目前在我国母猪繁殖障碍疾病防控形势严峻，疾病种类较多，而且常常为混合感染。细菌性疾病主要有猪链球菌病；病毒性疾病主要有猪瘟、猪细小病毒、猪繁殖与呼吸道综合征、猪伪狂犬病、猪乙型脑炎等；其他如弓形体猪病、猪衣原体病、猪传染性胸膜肺炎及副猪嗜血杆菌病等也对母猪繁殖障碍推波助澜。因此，猪场可根据自己实际情况进行病原检测及抗体监测，从而为制订科学的免疫程序提供依据，最终创建健康的母猪群体，为促进母猪群体断奶后迅速进入发情高峰创造重要条件。

（四）促进空怀母猪发情排卵的措施

空怀母猪一旦不发情，往往会越来越肥；而且时间越长，母猪对管理和药物等催情措施越不敏感。因此，应及时发现不发情的母猪并及时采取相应措施。

1. 营养调控法

空怀母猪过肥或过瘦都可能不发情，这时应根据实际情况调整营养水平。对于体况瘦弱的母猪应加强营养，增加优质蛋白质、碳水化合物及脂肪，及时补充优质青绿多汁饲料，使其体重尽快达到应有的标准。青绿多汁饲料中除含有多种维生素外，还含有一些类似雌激素的物质，具有催情作用。对于过肥母猪实行降低营养标准及限饲，减少饲喂次数或不喂精料，并增加运动量，直到恢复利用体况标准，即七八成膘情即可。

2. 公猪诱导法

用试情公猪追爬不发情母猪，每次20分钟左右。母猪接触公猪受到刺激后，通过神经系统使脑下垂体产生促卵泡成熟激素，从而使空怀母猪发情排卵。成年公猪的精液、尿液、包皮液、唾液（泡沫）中均含有丰富外激素，这些外激素能够刺激母猪的性腺发育和发情表现。可将成年公猪的精液、尿液、唾液或包皮液每天1次，每次2毫升喷入乏情母猪的鼻孔中去，以刺激鼻中体，促进母猪发情。

3. 发情母猪刺激法

对不发情并单独饲养的母猪，应及时调整到有发情母猪的圈舍合并饲养，发情母猪的爬跨及饲养环境的改变，有促进母猪发情排卵的作用。

4. 加强舍外运动，饲喂青绿多汁饲料

将不发情母猪放入舍外大圈饲养，增加运动量，接受新鲜空气，享受日光浴，促进新陈代谢，刺激性腺活动，能促使空怀母猪发情排卵。对空怀母猪饲喂青绿多汁饲料，可使母猪获取丰富的维生素和未知因子，也有利于空怀母猪发情。

5. 激素治疗法

母猪乏情的主要原因是卵巢处于相对静止状态，垂体不能分泌足够的性腺激素以促进卵泡发育成熟及排卵。此时，增加体内促性腺激素、促性腺激素释放激素及其类似物，可促进卵泡发育成熟，使乏情母猪发情。正确地使用生殖激素控制母猪发情时间或治疗母猪不发情，一般对母猪不会造成不利影响。但对于后备母猪，严禁使用外源性激素进行诱情。

（1）用雌激素治疗　适量的雌激素可对母猪的促性腺激素分泌形成正反馈，不发情母猪雌激素处理后，部分母猪第1次发情就有卵泡发育和排卵，配种后能正常受孕。但也有不少母猪是单纯因外源性雌激素作用而起的发情，并没有卵泡发育和排卵。所以用雌激素治疗乏情母猪，母猪刚发情就配种，往往不能确定母猪是否真正受孕；另外，不发情母猪用雌激素治疗而发情的，配种后的母猪受胎率低且不稳定。因此，凡用雌激素治疗而发情的母猪，包括用中药如淫羊藿注射液、催情散等，应等下一次自然发情时再配种为好。雌激素类有雌二醇、三合激素、己烯雌酚等，这类激素使用中一定要掌握好剂量，过量使用雌激素可导致母猪卵泡囊肿，表现长时间的发情症状，引发不育而淘汰。

（2）用促性腺激素类治疗 促性腺类激素包括孕马血清促性腺激素（PMSG）、绒毛膜促性腺激素（HCG）、促卵泡素（FSH）、促黄体素（LH）。促性腺激素单独使用或联合用的剂量为 PMSG 500~1500 国际单位/头，HCG 500~1000 国际单位/头；也可按每头母猪 PMSG 500 国际单位，HCG250 单位使用，效果更好。目前市场上销售的 P·G·600 激素合剂就是 PMSG 和 HCG 组成的复方促性腺激素，专门用于治疗母猪乏情。

6. 中草药疗法

中草药治疗乏情母猪可活血调经，暖宫催情，滋阴补肾，通调经络，促进发情排卵，达到标本兼治，在中兽医临床上，具有一定的可靠性和疗效法。中草药主要以淫羊藿、益母草、当归等为主要成分。

处方一：淫羊藿 50~80 克，当归 30 克，阳起石 15 克，陈艾 80 克，益母草 60 克，水煎喂服（1 头乏情母猪 1 天剂量），每日 2 次，连用 3 天。

处方二：淫羊藿 60 克，红花 40 克，丹参 60 克，当归 50 克，益母草 50 克，桃仁 40 克，水煎口服，1 剂/天，连用 2 天。

处方三：淫羊藿 50 克，水、黄酒各 150 毫升，煎服，连用 2 天。

处方四：韭菜 100~200 克，红糖 150 克，打烂兑热黄酒喂服，连用 2 天。

（五）对乏情母猪的淘汰处理

在养猪生产中，常见母猪乏情，在管理水平中等的猪场，约有 10% 母猪断奶后乏情，管理较差的猪场饲养的现代高产母猪或二元杂交母猪，因乏情不能正常繁殖的可达 50%。由于引起母猪乏情的因素较多，兽医临床上，虽然可采取一定的治疗方法加上适宜的饲养方式，能对一些乏情母猪发情排卵；但对一些母猪乏情其作用不大，尤其是对患生殖道疾病和传染性疾病的繁殖性障碍的乏情母猪。因此，生产中对超过 10 天不发情的母猪要采取一定的措施促进其发情排卵，但经过治疗处理和改善饲养方式后仍不发情的母猪，或对超过两个情期仍不发情的空怀母猪要及时淘汰处理，以免再增加猪场生产成本。

第十一章
现代养猪生产的仔猪培育技术

在现代规模养猪生产中，仔猪分哺乳和保育两个阶段，即依靠母乳生活阶段和由母乳过渡到独立生活的断乳阶段，通常也指从出生至 70 日龄左右的仔猪，生产中也常称为幼猪。哺乳期是仔猪出生后最为重要的生长发育阶段，哺乳仔猪的饲养管理技术以及环境、卫生、防疫等是一门综合性技术，其中心任务是提高仔猪育成率和断奶个体重。因此，生产中应根据仔猪的生产发育特点，采取科学的饲养管理，并应用综合配套技术，以减少仔猪发病率与死亡率，提高断奶个体重，避免不必要的损失，才能保障猪场生产效益。

第一节　哺乳仔猪的现代培育技术

一、哺乳仔猪的生理特点

哺乳仔猪又称新生仔猪，是指从出生到断奶期间的仔猪。目前的规模化猪场中，条件较好实行 28 或 21 日龄断奶，一般 35 日龄断奶，少数猪场还实行隔离式早期断奶技术。新生仔猪从母体中分娩出来后，生存和生活环境发生了根本性变化，通俗讲即从"水生"到"陆生"。胚胎发育成胎儿后，仔猪在母猪羊水中通过胎盘获取营养和氧气，温度恒定，无菌；出生后仔猪要靠肺部呼吸氧气，并要主动吸取母乳才能满足生长需要，且过渡到独立生活，是一个严峻的考验。适者生存，对任何动物来说都一样。因此，在生产中，了解新生仔猪的生理特点，可采取相应措施，为仔猪创造良好的生活与生存的环境条件，实行科学的饲养与管理措施将对提高仔猪成活率有很大帮助。

（一）代谢旺盛，生长发育快，需要营养多

仔猪哺乳期是生长发育最快，物质代谢最旺盛的阶段。仔猪初生重小，不到成年体重的 1%，与其他家畜相比是最小的，但出生后生长发育快，物质代谢旺盛，需要营养多。一

般仔猪出生重1千克左右，30日龄增长5~6倍，60日龄长10~13倍，高的可达30倍。一般出生个体重约1.3千克的仔猪，60日龄约22千克，增长近15倍，而60日龄后到出栏（90~100千克），生长体重只增加8~9倍。

仔猪生长发育快，因其物质代谢旺盛，特别是蛋白质、钙、磷、氯和铜、铁等矿物质元素的代谢比成年猪旺盛很多。一般生后20多天的仔猪，在身体内每千克体重每天沉积蛋白质9~14克，而成年猪每千克体重只沉积0.3~0.4克，相当于成年猪的30~35倍。研究表明，一头10千克的仔猪，每千克体重每天约需钙0.48克、磷0.36克、铁4.8毫克、铜0.36毫克；而一头200千克体重的泌乳母猪每千克体重每天约需钙0.22克、磷0.14克、铁2毫克、铜0.13毫克。可见，仔猪对营养物质的需要，无论在数量和质量上都高，对营养物质的供给不全的反应特别敏感，营养结构不平衡，往往容易引起营养缺乏症，导致生长发育受阻或发病死亡，这就给养猪生产增大了饲养的难度，这也是部分养猪人特别是技术水平较低的人感叹仔猪难养的原因。

（二）消化器官不发达，消化机能不完善

猪的消化器官在胚胎期已经形成，但发育相当不完全，出生时重量小。如初生仔猪胃重4~8克，而60日龄就会增长25~30倍，即200克左右。初生仔猪的消化机能不完善，主要在以下几个方面。

1. 消化酶分泌不全，活性低

初生仔猪胃内仅有凝乳酶，胃蛋白酶游离很少，胃底腺不发达，尚不能大量分泌游离盐酸（35日龄后才能大量分泌），胃蛋白酶不能被激活，不能消化蛋白质，这时只有肠腺和胰腺的发育比较完善，胰蛋白酶、肠淀粉酶和乳糖酶活性较高，食物主要在小肠内消化。因此，初生仔猪只能吃奶而不能利用植物性饲料。虽然新生仔猪消化液不完善（缺乏盐酸、胃蛋白酶等），消化机能差，但在饲料的适宜刺激下，其消化器官能迅速发育，这也是提倡对初生仔猪提早补饲的原因。但初生仔猪对葡萄糖不需分解，概括仔猪对糖类的适应性为：葡萄糖不需消化，适合任何日龄段仔猪；乳糖适于幼猪，渐进不适于5周龄仔猪；麦芽糖适于任何日龄仔猪，但不及葡萄糖；蔗糖极不适于幼猪，渐进到9周龄始宜饲喂；果糖不适于幼猪；木聚糖不适于2周龄前的仔猪；淀粉要熟食。生产实践中，了解仔猪从出生后到7周龄的消化酶的发生发展及对糖类的适应性，有助于合理安排仔猪科学饲养。

2. 胃液缺乏

由于仔猪胃和神经系统之间的联系还没有完全建立，缺乏条件反射性的胃液分泌，仔猪的胃液只有当饲料直接刺激胃壁时才能分泌，但量也很少。

3. 食物在胃肠的滞留时间短，排空速度快

有研究表明，食物在仔猪胃内滞留的时间随日龄的增长而明显加长。15日龄时为1.5小时，30日龄3~5小时，60日龄16~19小时。因此，仔猪日龄越小，对饲料的消化利用率越低。

（三）体内铁源不足，易患贫血病

新生仔猪出生时体内含铁很少，仅为45~50毫克，只够其1周所需，而且母乳中含铁量极低（每天只能向仔猪提供1毫克左右）。铁元素又是血红蛋白的重要组成部分，因此，对生长发育快，物质代谢旺盛的新生仔猪来说，及时补充外源性铁尤为重要，否则7~10天即会出现贫血现象。

（四）缺乏先天性免疫力，容易患病

仔猪出生时，因为母猪血管之间被多层组织隔开，限制了母猪抗体通过血液转移到胎儿，特别是母体内大分子的 γ- 球蛋白无法通过胎盘血液进入胎儿，因此新生仔猪没有先天免疫力，必须及时吃上初乳，才能获得被动免疫。初乳中免疫球蛋白高，但降低也快。对初生仔猪必须在生后 1 小时以内吃上初乳，此时仔猪对 γ- 球蛋白的吸收率可达 99% 以上，3~9 小时，即下降 50% 的吸收能力。一般仔猪 10 日龄开始产生抗体，35 日龄前还很少，因此 3 周龄内是免疫球蛋白的匮乏期，各种病原微生物都易侵入，引发疾病，如仔猪黄白痢等，由此可见这是最关键的免疫期。并且这时仔猪已开始吃料，胃液中又缺乏游离盐酸，对随饲料、饮水而进入胃内的病原微生物没有抑制作用，因而容易引起仔猪下痢，甚至死亡。仔猪免疫能力在不断发育，直至 4 周龄甚至更久才真正拥有自身的免疫力。仔猪应激可降低循环抗体水平，抑制细胞免疫力，引起仔猪抗病力下降，导致拉稀等，这也是仔猪断奶后死亡率高的一个原因。

（五）调节体温的机能不完善，对外界环境的应激能力弱

初生仔猪大脑皮层发育不全，通过神经调节体温的能力差；又由于仔猪体内能源的贮存较少，遇到寒冷，血糖很快降低，如不及时吃到初乳，就很难成活，因此初生仔猪对外界环境的应激能力弱。仔猪调节体温的能力是随着日龄的增大而增强的，日龄越小，调节体温的能力越差。仔猪的正常体温是 38.5℃，而初生仔猪的体温较正常的体温低 0.5~1℃。据试验，生后 6 小时的仔猪，如放在 5℃的环境条件下 1.5 小时，其直肠温度就要下降 4℃，即使将初生仔猪放入 20~25℃的气温中，也要 2~3 天内才能回复到正常的体温。据有关研究报道，初生仔猪如在 13~24℃的环境中，体温在生后第 1 小时可降低 1.7~7.2℃，尤其在生后 20 分钟内，由于体表羊水的蒸发，温度降低更快。这就是在接生时要迅速擦干仔猪羊水，马上放入保温箱的原因。一般来讲，仔猪体温下降的幅度与其体重和环境温度有关。吃上初乳的健壮仔猪，在 18~24℃的环境中，约两天后可恢复到正常体温；在 0℃（-4~2℃）左右的环境条件下，经 10 天也尚难达到正常体温。初生仔猪如果裸露在 1℃环境中 2 小时，可冻昏冻僵，甚至冻死。初生仔猪出生时所需要的环境温度为 30~32℃，当环境温度偏低时，仔猪体温开始下降，下降到一定范围开始回升。但仔猪生后体温下降的幅度及恢复的时间随环境温度而变化，环境温度越低，则体温下降的幅度越大，恢复时间越长，而当环境温度低到一定范围时，仔猪就会被冻僵而死亡。

生产实践中，常发现初生仔猪往往堆叠在一起，即所谓的"扎堆"现象，不仅在寒冷季节，就是夏季出生的仔猪亦有此表现，这说明初生仔猪是怕冷的。因此，对初生 3~5 天的仔猪要特别注意保温，以免因受冻而死亡。

二、哺乳仔猪的饲养与管理

（一）哺乳仔猪饲养的关键技术措施

哺乳仔猪的生理特点决定其饲养的独特性，生产实践中必须抓好以下几项关键措施。

1. 早吃并吃足初乳

初乳指母猪分娩后 36 小时内分泌的乳汁，严格地讲应是母猪分娩后 12 个小时内的乳汁，它含有大量的母源性免疫球蛋白，让初生仔猪出生后 1 小时内吃到初乳，是初生仔猪获得抵抗各种传染病抗体的唯一有效途径，推迟初乳的吸食，会影响免疫球蛋白的吸收。初生仔猪若吃不到初乳，则很难成活。

2. 早补铁、铜和硒

给初生仔猪补饲铜、铁可有效预防仔猪贫血。铁是造血和防止营养性贫血必需的元素，每100克母乳中含铁仅0.2毫克，仔猪每日从乳中获得的铁约1毫克，为需铁量的1/7，远远不能满足仔猪生长发育对铁的需要量。因此，应在仔猪出生后2~3天补铁，否则，仔猪体内铁的贮量很快耗尽，从而生长停滞并发生缺铁性下痢，导致死亡。铜也是造血和酶必需的原料。据研究，高铜可抑制肠道细菌，有明显的促进生长的作用，因此，补铁的同时应补铜。具体方法为：每头仔猪在出生后3日龄内一次性肌肉注射血多素0.1毫升/头或皮下注射右旋糖苷铁1毫升/头；3日以后用硫酸铜1克，硫酸亚铁2.5克，1000毫升凉开水制成铜铁合剂，用奶瓶饲喂，每日2次，1次10毫升，或把铜铁合剂滴于母猪乳头处让仔猪同乳汁采食，每天4~6次。在缺硒地区，还应同时注射0.1%亚硒酸与维生素E合剂，每头0.5毫升，10日龄时每头再注射1毫升。

3. 及早供给饮水

水是动物血液和体液的重要组成成分，是消化、吸收、运送养分、排出废物的溶剂，对调节体液电解质平衡起着重要作用。由于新生仔猪体温高，呼吸快，生长迅速，物质代谢旺盛，加之乳汁较浓，母乳中含脂肪量高达7%~11%，因此需水量较多。由于母乳和仔猪补料中蛋白质和脂肪含量较高，若不及时补水，就会有口渴之感。生产中一般从3日龄开始，必须供给清洁的饮水。若不供给清洁的饮水，会造成食欲下降、失水、消化能力减弱，口渴后仔猪则常会喝脏水或尿液，容易导致下痢。可在仔猪补料栏内安装自动饮水器或适宜的水槽，随时供给仔猪清洁充足的饮水。还可使用自动饮水器饮水，其方法如下：在仔猪饮水器内插一小棍，使水呈滴状，可训练仔猪提前学会饮用饮水器饮水。据试验，在仔猪生后吃初乳之前，应喂一次葡萄糖盐水以清理胃肠道，并消除胎粪，其配方为：食盐3.5克，葡萄糖20克，碳酸氢钠2.5克，氯化钾1.5克，维生素C 0.06克，温开水1升。另据相关试验报道，对3~20日龄仔猪可补给0.8%盐酸水溶液，20日龄后改用清水。其作用是补饮盐酸水溶液可弥补仔猪胃液分泌不全的缺陷，具有活化胃蛋白酶和提高断奶重之功效，能大大提高饲料报酬，且成本也较低。

4. 早期诱食和补料

仔猪培育阶段，关键在于抓好3个阶段的饲养和管理工作，即抓好出生后的"奶食"关；训练吃料，过好"开食"关；抓好补料"旺食"期，过好断奶关。

（1）提早诱食补料的作用 给仔猪提早诱食补料，是促进仔猪生长发育，增强体质，提高成活率和断奶重的一个关键措施。由于仔猪出生后随着日龄的增长，加之其生理特点因素需求，其体重及营养需要与日俱增，一般从第2周开始，单纯依靠母乳已不能满足仔猪生长发育与体重日益增长的要求。如不及时诱食补料，弥补营养的不足，就会影响仔猪的正常生长发育。而且及早诱食补料，还可以刺激胃肠分泌消化液，也锻炼了仔猪的消化器官及其功能，促进胃肠道发育，能有效防止仔猪下痢。可见，对仔猪提早诱食补饲，不仅可以满足仔猪快速生长发育对营养物质的需要，提高日增重，而且能刺激仔猪消化系统的发育和功能完善，可防止断奶后因营养性应激而导致腹泻，为仔猪断奶的平稳过渡打下基础。提早对仔猪诱食补料，是仔猪生产中一个关键性技术措施，此项工作抓好后，对仔猪进入旺食期有很大作用。

（2）对仔猪诱食补料的方法 仔猪出生7天后，前臼齿开始长出，喜欢啃咬硬物以消除牙痒。为此，对仔猪的开食时期是5~7日龄。仔猪诱食料要求香、甜、脆，这时可向料槽中投入少量易消化的具有香甜味的教槽料，供其自由采饲。此外，也可用炒熟的玉米、大麦、大米拌少量糖水，撒些切细的青饲料，撒入饲槽内让仔猪采饲。为了有效保证诱食成功，可将仔猪和母猪分开，在仔猪吃奶前，令其先吃诱食料后再吃奶。奶、料间隔时间以1~2小时为宜。对泌乳量多的母猪所产仔猪可采用强制诱食，即先将教槽料调成糊状，然后涂于仔猪的嘴唇上，让其舔食，重复几次后，仔猪能自行吃料。从开始训练到仔猪认料，约需1周时间。对仔猪诱食认料，可有效地解除仔猪牙床发痒，防止乱啃乱咬脏物而致下痢，并为补饲打好基础。

5. 抓好仔猪旺食期补饲

经过早期诱食认料，哺乳仔猪到20日龄后，采食量增加，进入旺食期。但由于母乳已不能满足生长发育的需要，为此，应补饲乳猪全价料。旺食期仔猪的饲养标准为：仔猪体重3~8千克阶段每千克饲料养分含量为消化能14.02~14.3兆焦，粗蛋白质18%~22%，赖氨酸0.8%~1.2%，蛋氨酸＋半胱氨酸0.7%，钙0.88%，磷0.74%。每天采食量300克左右，预计日增重250千克以上。

仔猪旺食期补饲的次数要多，以适应胃肠能力，根据仔猪日龄一般每天4~6次，尽量少喂勤添，可利用仔猪抢食行为刺激猪只食欲和采食量的增加。生产中要注意的是仔猪往往一次过量采食会发生消化不良性腹泻，所以无论自由采食还是分次饲喂，都要有足够的料槽面积，使一窝仔猪能同时采食到饲料。实践中注意观察仔猪粪便便可知仔猪采食量状况，饲料喂得少时粪便成黑色串状，喂得多时粪便变软或成稀便，仔猪一次性采食饲料过多会发生消化不良性腹泻。饲料应香甜、清脆、适口性好，还应清洁、卫生、新鲜、无霉变。在补料期要补充充足的清洁饮水。仔猪补料可以使用自动饲槽，使用自动饮水器饮水。

（二）哺乳仔猪的科学管理

1. 防寒保温，提供适宜的饲养环境

（1）仔猪与产房适宜的温度与湿度标准　仔猪的适宜温度因日龄而异，哺乳仔猪适宜的温度为：初生后6小时内为35℃，1~3日龄30~34℃，4~7日龄28~30℃，8~30日龄26~28℃，31~60日龄24~26℃。湿度要求：60%~70%，高于80%或低于50%对仔猪的生长发育均带来不利影响。产房温度应保持在20~24℃，此时母猪最适宜，还要注意贼风，尽可能限制仔猪卧处的气流速度，空气流速为9米/分钟的贼风相当于气温下降4℃，28米/分钟相当于下降10℃，一般在无风环境中生长的仔猪比在贼风环境的仔猪生长速度提高6%，饲料消耗减少26%。

（2）仔猪保温的方法

① 使用仔猪保温板。目前市售的电热恒温保暖板板面温度26~32℃，产品结构合理，安全省电，使用方便，调温灵活，恒温准确，适用于各大中型猪场。

② 使用远红外线加热板和仔猪保温箱。目前红外线加热板也被广泛采用，一般与保温箱配套使用。保温箱为长100厘米，高60厘米，宽50~60厘米。用远红外线发热板接上可控元件放在箱盖上，保温箱的温度可根据仔猪的日龄进行调节。

③ 使用红外线保温灯。红外线保温灯早已被广泛应用，方法是吊红外线保温灯泡挂在仔猪躺卧的保温箱上面，并根据仔猪所需的温度随时调整吊挂高度。此法设备简单，保温效果好，并有防治皮肤病的作用。

2. 固定乳头

哺乳母猪不同乳头的泌乳量也不相同，一般是靠前的几对乳头泌乳量比后面的多。为了保证仔猪发育整齐，要在母猪分娩后应尽快固定乳头。其方法是：先让仔猪自由选择乳头，再根据仔猪大小、强弱人为个别调整，强壮仔猪固定在后面，弱小仔猪放在前面，调整 3~4 天后，仔猪便可固定乳头位置。

3. 防压防踩

新生仔猪反应迟缓，行动不灵活，稍有不慎就会被母猪压死和踩死。因此，生产管理中对新生仔猪的防压防踩也很重要。仔猪出生 3 天内，要保持产房安静，饲养人员要加强照管，一旦发现母猪有踩压仔猪行为，应立即将母猪赶开。出生 3 天后，仔猪行动逐渐灵活，可自由出入保温箱，被踩和压死的风险减少。生产中要在仔猪吃初乳开始，训练仔猪养成吃乳后迅速回保温箱休息的习惯。

4. 预防腹泻病

哺乳期仔猪危害最大的是腹泻病。仔猪腹泻病是一种总称，它包括多种肠道传染病，常见的有仔猪红痢、白痢、黄痢和传染性胃肠炎等，生产中对该病一般采取综合防治措施。

（1）注射疫苗　生产中除按常规的卫生环境管理及加强妊娠母猪和产后母猪的饲养管理外，还可以使用疫苗预防。如在母猪产前 30 天注射仔猪红痢菌苗 5 毫升，过 14 天再注射 10 毫升，可有效防控仔猪红痢病发生。再如仔猪大肠杆菌腹泻 K88-LTB 基因工程活菌苗（简称"MM 活菌苗"）的注射，有 K88、K99、987P、F41 的单价或多价灭活苗，可通过对母猪注射菌苗进行免疫，使仔猪获得保护。生产中一般在母猪分娩前 4~6 周免疫，但应根据大肠杆菌的结构注射相对应的菌苗才会有效，当然也可注射多价苗。

（2）口服病原菌　用本场分离的病原菌给产前 15 天的母猪口服，也可使仔猪获得保护。

（3）使用中西药物　在饲料中加入杆菌肽锌、大蒜素等，可起到预防作用。

（4）对发病仔猪尽早治疗　临床上对已发生的病猪应尽早治疗，可注射抗生素：新诺明 1 毫升，环内沙星 1 毫升，1 天 2 次。对于脱水的仔猪用葡萄糖生理盐水 10 毫升，10% 维生素 C 1 毫升及时补液，并配合抗生素腹腔注射，1 天 2 次，连用 2~3 天。

5. 去势

去势也称为阉割，凡不能做种用的小公猪都要在哺乳期间去势。去势后则可减小由于性躁动所造成的影响，且去势后的仔猪生长速度快，胴体瘦肉率高，肉质好，无异味。目前对肉用小母猪不再去势，因为现代肉用猪种生长快，母猪发情对育肥影响较小。小公猪的去势时间应根据仔猪断奶日龄而定，如 30~35 日龄断奶，则在 10~15 日龄以内去势；21~28 日龄断奶，可在出生后 7 天内去势。一般来讲，小公猪哺乳期间去势日龄越早，手术伤口小，不易感染，易操作。但也要注意去势日龄过早，睾丸小且易碎，不易操作；去势过晚，出血多，伤口不易愈合对疼痛应激反应剧烈，影响仔猪的正常采食和生长。还要注意的是防疫和去势不能同日进行。去势时间应选在晴朗的上午，有利于伤口的干燥，防止感染。在去势的前 1 天对猪舍进行一次消毒，以减少环境中病原微生物的数量，也减少病原微生物与刀口接触机会。去势的操作程序为：抓住仔猪一侧后腿，倒提使腹部朝外侧卧地面，操作人员用一只脚轻踩仔猪头部，一只脚轻踩贴在地面上的一只后腿，用中指用力上顶睾丸，使睾丸突起，阴囊皮肤紧张；先用 5% 的碘酒消毒入刀部位皮肤，再用消过毒的手术刀切开每侧睾丸外的阴囊皮肤 1~2 厘米的切口，用拇指和食指将睾丸挤出切口，挤出后往上牵拉摘除，同时尽可能地除去所有疏松组织。在睾丸挤出时，用手指捻搓精索血管，有一定止血作用。仔细检查有无隐性腹股沟疝所致的肠管脱出，以便及时采取措施。切口处再用 5% 碘酊消毒。仔猪去势时由于捕捉、惊吓、疼痛以及性腺切除而引起仔猪内分泌失调，从而造成阉割应激，会导致仔猪采食量下降而影响其生长，这种影响至少要持续 3~5 天，长的可达 7 天以上。因此，对去势的仔猪要注意观察，防止伤口感染。

6. 寄养与并窝

寄养指母猪分娩后因疾病或死亡造成缺乳和无乳的仔猪，或超过母猪正常哺育能力的过多的仔猪寄养给 1 头或几头同期分娩的母猪哺育。并窝则是指将同窝仔猪数较少的 2 窝或几窝仔猪，合并起来由一头泌乳能力强、母性强的母猪集中哺育，其余的母猪则可提前催情配种。母猪以带仔 10~12 头为宜，能使每个乳头都能得到仔猪吸吮，以免乳房的乳腺萎缩。寄养可充分利用母猪功能正常的乳头和发挥母猪的泌乳能力，特别是二、三、四胎青年母猪。猪场实行寄养和并窝是提高哺乳仔猪育成率，充分发挥母猪繁殖力的一个重要措施。

（1）寄养的类型　寄养技术确实能减少仔猪死亡并提高断奶体重，但对处于生命早期阶段的仔猪而定，还应根据情况具体应用。

① 紧急寄养。在原生母猪死亡或因急性病发作时，应立即给仔猪找一头母猪寄养，称为紧急寄养。

② 单纯寄养。在活产仔数超过母猪有效乳头时，必须将多余的仔猪转给其他母猪哺乳，称为单纯寄养。

③ 合并寄养。在产后几天内，有两头以上的母猪产仔数都较少，通常可并养即并窝给一头泌乳量高的母猪哺育，使其中一头担任哺育任务的母猪的乳头都能得到利用，另一头母猪可补饲催情配种。

④ 回养。将其母猪喂养不好的仔猪转给另一头不久即准备断奶的母猪寄养称为回养。

⑤ 断奶前寄养。母猪断奶时，对于体重不足 6.5 千克（28 日龄）的仔猪一律不予断奶，这样可把体重不足的仔猪由其他母猪哺养，至仔猪达到要求体重为止。

（2）寄养和并窝要注意的问题

① 母猪产期接近。寄养和并窝的仔猪与其他母猪产仔时间要接近，时间相隔在 2~3 天内，最好不超过 4 天，同时做到寄大不寄小，一般对弱仔猪难以寄养成功，以丢弃为宜。

② 被寄养的仔猪一定要吃到初乳。寄养和并窝仔猪之前，仔猪吃到初乳才容易成活，如因特殊原因仔猪没吃到生母的初乳时，可吃养母的初乳，否则不易寄养成活。

③ 寄养的母猪与仔猪数量要求。寄养于同一母猪的仔猪数可视具体情况而定，一般控制在 2 头以内，以免养母带仔过多，影响仔猪的生长发育。寄养的母猪必须是泌乳量高，性情温顺，哺育性能好的母猪，只有这样的母猪才能哺育好多头仔猪。

④ 被寄养仔猪与养母猪有相同的气味。猪的嗅觉特别灵敏，母仔相认主要靠嗅觉。为了使寄养顺利，可将被寄养的仔猪涂抹上养母猪的奶或尿液，混淆母猪嗅觉，使养母猪接纳被寄养仔猪吮乳。

⑤ 病仔猪不能寄养。要对营养不良和有疾病的仔猪正常区分，病仔猪不能寄养，以免疾病的传播。

⑥ 夜间进行寄养。将被寄养仔猪和养母仔猪在夜晚合并在同一个仔猪箱内，在养母猪放乳时放出，使母猪分不出被寄养仔猪的气味。

7. 免疫接种

适时搞好预防注射，是增强仔猪免疫力，减少发病率和死亡率，提高育成率及断奶窝重的重要措施，也是保证整个猪场猪群健康的关键措施之一。因此，对常见主要传染病要按程序免疫接种，但在不同地区和猪群中，可能涉及接种的疫苗较多，哪些要接种，哪些不必要，视具体情况而定。如猪瘟的免疫，有的猪场在仔猪生后未吃初乳前用猪瘟冻干弱毒疫苗肌内注射（1~4 头剂 / 头），2 小时后再哺喂初乳，即俗称的仔猪超前免疫（也叫乳前免疫），60~65 日龄时，再加强免疫 1 次。这种方法能克服母原抗体干扰，使仔猪尽早获得主动免疫，具有一定的独特优点。也有研究表明，70 日龄猪胎在抗原（疫苗）刺激下，已能产生特异性抗体，仔猪出生后，其免疫机能已完善，这就是仔猪超前免疫的依据。对于疫区，特别是反复暴发猪瘟的地区与猪场，最好实行仔猪超前免疫，能很快控制疫情，在控制猪瘟的连续发病上可收到显著效果。仔猪超前免疫曾在国内引起过争议，反对的人认为仔猪乳前免疫加重了仔猪产后应激反应，初乳中含有免疫球蛋白，可使新生仔猪能获得被动免疫力，没有必要乳前免疫。从猪场实际情况看，管理好而且未发生过猪瘟的猪场，一般在仔猪 20 日龄时注射猪瘟单联苗，55 日龄时再免疫一次，这属于常规免疫注射。猪场仔猪常规注射疫苗的程序为：1 周龄进行萎缩性鼻炎疫苗滴鼻，0.5 毫升 / 头；2 周龄仔猪注射喘气病灭活菌（仔猪 7、14 日龄各免疫 1 次、2 毫升 / 次）；仔猪 3 周龄（20 天）注射猪瘟单联苗；仔猪 4 周龄（30 天）注射喘气病灭活菌菌苗，注射或口服仔猪副伤寒菌苗；7~8 周龄注射口蹄疫疫苗，4 周后再注射一次加强免疫；仔猪 8 周龄时再进行一次猪瘟强化免疫注射，同时还要进行猪丹毒、猪肺疫苗预防注射。

8. 确定适宜的断奶时间和方法

（1）确定适宜的断奶时间　断奶时间直接关系到母猪年产仔猪窝数和育成仔猪数，也关系到仔猪生产的效益。据报道，若 60 日龄断奶，母猪一年内只能产仔猪 1.8 窝左右，可育活仔猪 16 头左右；40~50 日龄断奶，则可年产仔猪 2 窝，育活仔猪 18 头左右；28~35 日龄断奶，可年产仔猪 2.3 窝，育活仔猪 20 头左右。猪场要根据各自的实际情况，确定适宜的断奶时间，过迟过早都不宜。一般讲，工厂化养猪技术条件好，使用乳猪诱食补料，对断奶仔猪能提供适宜的环境条件，可选择 28 日龄或 21 日龄断奶；对农村中小型规模猪场因饲养条件和环境条件一般达不到早期仔猪断奶的饲养要求，以选择 35 日龄断奶为宜。

（2）确定适宜的断奶方法　断奶的方法较多，生产中可根据猪场实际情况选择。一般讲，主要有以下两种。

① 逐渐断奶法。即在预定断奶日期 4~6 天起，把母猪从原圈隔出单独关养，控制哺乳次数。第一天白天哺乳 5 次左右，以后逐渐减少，只在哺乳时将母猪放回，哺乳后又分开；或者使母仔白天分开，夜晚将母猪赶回，使母仔有个适应过程，最后于断奶日期顺利断奶。母仔分开后，不能再让仔猪听到母猪声，见到母猪面，闻着母猪的味，否则会影响断奶效果。此种方法断奶可减少仔猪断奶应激反应，也减少仔猪断奶后的发病率，可提高仔猪断奶成活率。但此法繁杂，需有空圈和人力，适合于中小型猪场。

② 母去仔留法。仔猪到断奶日龄后，将母猪调回空怀母猪舍，仔猪仍留在原圈饲养 3~5 天或 1~2 周，称为母去仔留法。由于是原环境和原窝仔猪，可减少断奶应激，待仔猪适应后，再转入仔猪保育舍饲养，此法适合集约化工厂养猪全进全出工艺饲养模式的早期仔猪断奶，可提高母猪繁殖率和设备利用率，对提高规模养猪生产效益具有一定优势和作用。但由于是 21 日龄或 28 日龄断奶，母源抗体下降，而仔猪自身免疫系统发育还不完善，如果饲养条件较差，管理及环境措施不到位，会导致仔猪早期断奶综合征发生及仔猪断奶后易出现的问题，反而会使保育成活率降低。

第二节 现代养猪保育仔猪的综合培育技术

保育是哺乳仔猪由断奶顺利过渡到独立生活的重要阶段，搞好仔猪保育是提高仔猪育成率和经济效益的关键。因此，规模化猪场应用仔猪保育综合技术尤为重要。

一、保育仔猪的饲养任务和目标

（一）保育仔猪饲养的任务

保育仔猪是指仔猪断奶后（28 日龄或 35 日龄）至 70 日龄左右的仔猪。保育仔猪是哺乳仔猪由断奶顺利过渡到吃料的重要阶段，保育猪的饲养管理在整个养猪过程中起着至关重要的作用，特别是在大中型规模化养殖的猪场更是关系到整个猪场的成败。主要任务是给断奶仔猪创造良好的生活环境，供给营养丰富，适口性好，能增强猪群免疫力的饲料，来保证保育仔猪快速生长和防止掉膘，提高抗病力，为后期的生长肥育打下良好基础。

（二）保育仔猪的饲养目标

现代化猪场保育仔猪的饲养目标有 4 点：仔猪保育期成活率 ≥ 97%，或保育阶段的死亡率小于 4%；9 周龄转出体重 ≥ 22 千克或 70 日龄体重大于 25 千克；保育仔猪培育期正品率 ≥ 97%；保育仔猪料肉比 ≥ 1.3 : 1。

二、保育仔猪的饲料配制

保育仔猪的饲料要求较高，特别是 40 日龄前，加入适量的喷雾干燥血浆蛋白粉或小肠绒毛膜蛋白粉和油脂，对提高饲料的质量十分有利。在先进的集约化养猪场，对保育仔猪都采用三阶段饲养法，即 21~30 日龄、31~40 日龄、41~70 日龄。3 个阶段分别用不同的饲料。深圳市农牧实业有限公司 1997—1998 年使用的三阶段保育仔猪饲料，经试验和实践检验具有一定的实用效果，对集约化猪场具有一定推荐使用价值（表 11-1）。

表 11-1 三阶段仔猪的饲粮组成及营养水平

	项目	100#（21~30 日龄）	100#（31~40 日龄）	100#（41~70 日龄）
	玉米（%）	49	58	66
	豆粕（%）	16	18	25
配	鱼粉（%）	5	6	2
	乳制品（%）	20	10	0
方	油（%）	3	3	3
	添加剂（%）	7	5	4
	合计（%）	100	100	100

	项目	100#（21~30日龄）	100#（31~40日龄）	100#（41~70日龄）
	消化能（兆焦/千克）	14.11	13.94	14.19
	粗蛋白质（%）	21.33	21.45	18.68
	赖氨酸（%）	1.45	1.38	1.10
营养指标	蛋氨酸+半胱氨酸（%）	0.76	0.68	0.66
	钙（%）	0.93	0.87	0.85
	磷（%）	0.80	0.77	0.74
	粗灰分（%）	7.76	8.28	6.52
	粗纤维（%）	1.62	2.11	2.26
	粗脂肪（%）	7.40	5.84	5.15

资料来源：赵书广主编的《中国养猪大成》（第2版），2013

三、保育仔猪易出现的主要疾病和问题

据有关报道，在当前我国养猪生产中，仔猪从断奶到上市，其死亡率高达25%；在仔猪出生到出栏造成猪只死亡中，其断奶期间死亡约占40%尤其是保育阶段，这也是保育仔猪易出现的主要问题。

（一）保育仔猪疾患的机制

断奶时，仔猪各种生理机能和免疫功能还不完善，主动免疫系统还未发育成熟，抗病力低，极易受各种病原微生物的侵害，加之断奶时多种应激因素（如断奶、环境、饲料、营养等）的影响，易诱发疾病。

1.保育仔猪的生理特点

仔猪整个消化道发育最快的阶段是在20~70日龄，也正是仔猪断奶后的保育期阶段，说明3周龄以后因消化道快速生长，仔猪胃内酸环境和小肠内各种消化酶的浓度有较大的变化。由于仔猪出生后的最初几周，胃内酸分泌有限，一般要到8周龄以后才会有较为完整的分泌功能，这种消化生理特点也影响了8周龄以前断奶仔猪因母乳中含有乳酸，使胃内酸度较大，即pH值较小，仔猪一经断奶，胃内pH值则明显提高。此外，仔猪出生后其消化道内酶的分泌量一般较低，但随消化道的发育和食物的刺激而发生重大变化，其中碳水化合物酶、蛋白酶、脂肪酶会逐渐上升。由此可见，由于仔猪的生理特点中消化机能不完善，断奶后极易受到饲养条件的限制，而且断奶后仔猪需要一个过程（一般为1周），这就是通常所说的"断奶关"，这期间若饲养管理不当，仔猪会出现一系列问题。

2.仔猪的免疫状态

新生仔猪从初乳中获得母源抗体，在1周龄时母源抗体达到最高峰，然后逐渐降低，到第3~4周龄时，母源抗体较低，但此时仔猪的主动免疫还不完善。如果在此期间断奶，由于仔猪抵抗力较弱，易受应激反应刺激，仔猪也很容易发病。

3.微生物区系变化

哺乳仔猪消化道内存在较多乳酸菌，它可减轻胃肠中营养物质的破坏，减少毒素的产生，提高胃肠黏膜的保护作用，能防止因病原菌造成的消化紊乱和腹泻。乳酸菌最适宜在酸性环境中生长繁殖。但仔猪断奶后，胃内pH值升高，乳酸菌逐渐减少，大肠杆菌逐渐增多（在pH值6~8的环境中生长），原微生物区系受到破坏，能导致疾病，尤其腹泻是断奶仔猪

常发病。

4. 断奶应激反应

仔猪断奶后遭受最大的是营养应激，由母乳为主要营养到改变为采食固体饲料，会造成很大应激，可导致小肠绒毛萎缩。如果此时用低档饲料或变换断奶前用的教槽料，必然会造成消化不良，采食少、腹泻，各种疾病都会在此时表现出来。此外，仔猪断奶后，因离开母猪，会在精神和生理上产生应激，加之离开原来的生活环境，对新环境一时不适应，如果保育舍温度低、湿度大、有贼风，以及圈舍消毒不彻底，从而导致仔猪发生条件性腹泻。

（二）保育仔猪易出现的疾病

1. 断奶后仔猪腹泻

仔猪腹泻主要由气候剧变，消化不良，流行性消化道疾病等引起，表现为食欲减退，饮欲增加，排黄绿稀粪。腹泻开始时病猪尾部震颤，但直肠温度正常，耳部发绀。死后解剖可见全身脱水，小肠胀满。临床上仔猪腹泻重点是区分消化不良与流行性疾病，这可以通过仔猪粪便、临床特点进行区别诊断。

消化不良很少有并发症状（例如体表有出血、精神极度沉郁、食欲废绝、发热等），更少见明显的内脏器官病变（例如脾脏肿大、肾脏皮质出血、淋巴结坏死等）。流行性消化道疾病所涉及的范围较广，可能有猪瘟、传染性胃肠炎、猪痢疾、弓形体病、仔猪副伤寒病等，但这些疾病的流行形式、临床症状、病理变化都有各自的特征，一般不难做出诊断。

2. 断奶仔猪多系统衰竭综合征

前几年，我国许多地区流行着一种严重影响小猪生长发育，且死亡率和淘汰率极高的复杂呼吸道疾病，特别是在冬、春季节或气候多变时发病率极高。此病可引起典型的临床症状和病理变化，临床表现以多系统进行性功能衰竭为特征，称为仔猪断奶后多系统衰竭综合征（PMWS）。

PMWS 多发生于 4~18 周龄的仔猪，以 5~12 周龄最为常见。PMWS 是一种慢性、进行性、高死残率的疾病，受感染的猪群发病率为 10%~60%，病死率 20%~50%，存活的猪群生长明显受阻，甚至成为僵猪。

PMWS 临床症状主要表现为仔猪断奶后进行性消瘦、生长缓慢、被毛粗乱、皮肤苍白或黄疸、精神沉郁、喜扎堆、眼睛分泌物增多、体温升高、食欲下降或废绝、呼吸急促、困难、呈腹式呼吸，部分病猪后躯或腹下、四肢皮肤出现紫红色斑点，有的还有腹泻或神经症状。剖检可见全身体表淋巴结肿大，有的甚至坏死；肺表面有红色至灰褐色斑点或出血性病变，肺脏的变化为间质性肺炎；肾脏苍白、肿大；脾脏肿大，周边呈锯齿状或坏死。

PMWS 病因复杂，猪圆环病毒 2 型是 PMWS 的原发病原，但在致病性上，需与其他病原或某些因素（如免疫刺激、环境因素等）诱导才能发生广泛的临床症状和病理变化。在临床上最常见与猪蓝耳病毒，伪狂犬等病毒及肺炎支原体混合感染后并发其他细菌性如副猪嗜血杆菌、胸膜肺炎放线杆菌、多杀性巴氏杆菌、链球菌、附红细胞体、弓形体等多种细菌性病原。由于本病是典型的免疫抑制性病毒病，可抑制免疫细胞的增殖，减少 T 淋巴细胞和 B 淋巴细胞的数量，使其缺乏有效的免疫应答，导致其免疫力低下，抗病力降低。因此，在临床上常见本病与其他病毒、细菌或寄生虫等发生双重感染或多重感染，使病情复杂化，难以防控，这在猪高热性和猪呼吸道病综合征中极为多见。因 PMWS 是由多病原混合感染的结果，到目前为止还没有有效的治疗方法。猪群发病后，病猪治疗效果一般不理想，防治上应坚持以防为主，在控制该病时应采取综合的防治措施，才能达到理想的效果。

3. 其他传染性疾病发作

水肿病、败血型链球菌病和附红细胞体病等疾病的流行，也影响到保育仔猪成活率，这些疾病往往此起彼伏，而且停药后有可能反复。但现在看来，问题的根本不在于这些疾病本身，而是由于病毒性疾病或饲料霉毒素造成了仔猪免疫机能的抑制，以至于对某些常见的病原体易感染。其中仔猪水肿病多发生于断奶后的第 2 周，患病猪表现震颤，呼吸困难，运动失调，数小时或几天内死亡。

4. 生长下降（生长倒扣）

母乳满足仔猪营养需要的程度是 3 周龄为 97%，4 周龄 37%，因此，只有成功训练仔猪早开食才能缓解 3 周龄后的营养供求矛盾，刺激仔猪胃肠发育和分泌机能的完善，减少断奶应激的影响。仔猪断奶前采食饲料 500 克以上，能减轻断奶后由于饲粮抗原过敏反应引起的小肠绒毛萎缩、损伤。猪因断奶应激，一般断奶后几天内的猪食欲差，采食量不够，造成仔猪体重不会增加，反而下降。往往需 1 周时间，仔猪体重才会重新增加。但如果使用低档饲料或不继续用教槽料，必然造成消化不良，采食少，掉膘严重，生长下降，即出现所说的生长倒扣，会导致各种疾病。断奶后第 1 周仔猪的生长发育状况会对其一生的生长性能有重要影响，据报道，断奶期仔猪体重每增重 0.5 千克，则达到上市体重标准所需天数就会减少 2~3 天，反之就会延长上市体重标准和饲养天数。可见，断奶仔猪若出现生长倒扣现象，其不良影响严重。

四、提高保育猪成活率的综合配套技术

（一）加强母源抗体的保护，减少病原微生物的传播

母猪抗体对哺乳仔猪和断奶仔猪非常重要，因为仔猪免疫器官的发育要到 6 周龄才能完善，之前通过主动免疫来产生足够抗体保护的可能性很小。因此，母源抗体的保护时间最好能延续到 6 周龄之后，那么加强母猪的免疫，保证初乳中含有较高水平的抗体显得尤为重要。重点是加强母猪的免疫注射和药物保健。母猪的免疫重点是伪狂犬病、猪瘟、口蹄疫和细小病毒；另外，根据本场和本地区的疾病流行情况，可加强萎缩性鼻炎、气喘病等疫苗的免疫。注射疫苗时，每种疫苗必须间隔 7 天以上。母猪的药物保健重点放在分娩前后，即产前、产后 1 周加保健药物，在每吨饲料中加 80% 支原净 125 克 + 金霉素 300 克 + 阿莫西林 200 克；产后肌内注射一针长效土霉素 10~15 毫升或阿莫西林油剂 20 毫升，一可以保证母猪正常的泌乳，二可以增强乳猪的体质，三可以减少病原微生物传播给仔猪。

（二）加强免疫空白期的药物保健和使用调控营养物质，可降低仔猪免疫空白期的风险

在母源抗体的被动免疫和仔猪接种疫苗的主动免疫之间存在着免疫空白期，而这种情况多发生在仔猪 3~9 周龄时，给断奶仔猪的生存带来极大的威胁。这个空白期也往往使一些生产者忽视或没有引起足够的重视，由此导致了断奶仔猪发病率和死亡率高，药物保健和高铜高锌以及酸化剂、酶制剂等调控营养物质使用，可能是最好的选择。尽管药物无法对付病毒性疾病，但可把细菌继发感染的风险降低到最小，因大多数的病毒性疾病往往通过细菌继发感染而造成保育仔猪发病导致死亡率高，如 PMWS 就是一个典型。

1. 免疫空白期的药物保健

免疫空白期需要加强药物保健措施，可减少病原微生物感染。猪场生产中可根据实际情况，选择适宜的药物保健方法。

（1）肌内注射抗菌药物　仔猪在 3、7 和 21 日龄肌内注射抗菌药物，如用得米先或磺蒽

双杀（主要成分为复方磺胺间甲氧嘧啶注射液），每头每次 0.5~1 毫升。

（2）饲料中添加抗菌药物 一是仔猪在断奶前后或转群前后加保健药物 1 周，可每吨饲料添加 2% 纽弗罗（主要成分氟苯尼考）2 千克 + 泰乐菌素 250 克。二是密切注视猪群发病的时间，总结呼吸道疾病的发病规律，提前进行药物预防。在疾病发生前 1 周使用药物预防，可在每吨饲料中加入支原净 125 克 + 金霉素 300 克或加康 500 克 + 先锋 4 号 150 克或氟苯尼考 60 克 + 利福平 200 克等。三是仔猪断奶前、后各 6 天，于 1 吨饲料中加入氟康王（氟苯尼考细胞因子）400 克、板蓝根粉 400 克，连续饲喂 12 天；或在 1 吨饲料中加入强力毒素 140 克、阿莫西林 180 克，连续饲喂 12 天，可有效预防链球菌病及其他细菌性疾病的发生。

（3）饮水中投药保健 断奶仔猪一般采食量较小，甚至一些仔猪在断奶时的 1~2 天根本不采食，所以在饲料中加药物保健一般不理想。饮水投药则可避免这些问题，能达到较好的效果。生产中保育第 1 周在每吨饮水中加入支原净 60 克 + 多维 500 克 + 葡萄糖 1 千克或加入加康 300 克 + 多维 500 克 + 葡萄糖 1 千克，可有效地预防呼吸道疾病的发生。也可从断奶开始，饮用质多维 + 葡萄糖 + 黄芪多糖粉，共饮 12 天，可有效地增加机体抵抗力和免疫力，降低营养应激，防止圆环病毒 2 型感染、蓝耳病和腹泻等疾病的发生。

2. 使用营养物质调控手段

（1）酸化剂 断奶仔猪饲粮中添加酸化剂，能弥补胃酸不足，促进乳酸菌、酵母菌等有益微生物，抑制病原菌的繁殖，激活胃蛋白水解酶的活性，并有助于保持饲粮的新鲜度。但无论哪种类型酸化剂，其使用效果都与饲粮类型和断奶时间有关。一般来讲，断奶前两周内使用酸化剂效果明显优于两周后。仔猪消化道酸碱度（pH 值）对日粮蛋白质消化重要，在 3~4 周龄断奶仔猪玉米 - 豆粕型日粮中添加有机酸，可明显提高仔猪日增重和饲料转化率，能使胃保持一定酸度，提高胃蛋白酶的活性。据张心如等（1995）试验，用含 1% 柠檬酸的玉米 - 豆饼型饲粮饲喂断奶仔猪，试验组仔猪腹泻发生频率较对照组仔猪低 41.88%，水肿病发生率低 48.7%。目前，已知的有机酸中效果确切的有柠檬酸、富马酸（延胡素酸）和丙酸，添加量依断奶日龄而定。

（2）酶制剂 仔猪断奶前后营养源截然不同，所需消化酶谱差异很大，断奶后淀粉酶、胃蛋白酶活性明显不足，加之断奶应激对消化酶活性增长的抑制作用，因此在断奶仔猪饲料中加入外源酶制剂可以补充内源酶的不足。由此可见，断奶仔猪日粮中添加酶制剂的目的是为了弥补仔猪断奶后体内消化酶活性的下降，促进营养物质的消化吸收，提高饲料利用率，并消除消化不良，减少腹泻，改善仔猪的生长率。目前最为成功的酶制剂是植酸酶。

（3）益生素 益生素也称活菌制剂、饲用微生物添加剂或微生态制剂。益生素大都是胃肠道内正常菌群，在胃肠道内产生有机酸或其他物质抑制病原菌的致病能力，其作用有：① 能维持肠道菌群平衡，益生菌在肠道内大量增殖，使大肠杆菌等有害菌减少；② 在肠道内产生有机酸，降低仔猪胃肠 pH 值；③ 产生过氧化氢，对一些潜在性病原菌的杀灭作用；④ 能减少肠道内有害物质的产生，在肠道能合成多种酶类、维生素，产生抗生素类物质，增强免疫功能等。益生素在使用中受使用时间、仔猪应激程度、断奶日龄等因素影响，一般在幼龄仔猪以及饲养环境差时使用效果较好。

（4）高铜高锌 在早期断奶仔猪日粮中添加高剂量的铜和锌，能减少仔猪腹泻，提高日增重，改善饲料转化效率。研究表明，日粮中添加 250 毫克 / 千克的铜，可使生长猪增重提高 8%，饲料利用率提高 5.5%。但高铜只能饲喂 30 千克和 2 个月龄前的幼猪，而且过量的铜在肝脏蓄积，会引起慢性中毒；此外，高铜日粮会引起某些营养素缺乏，增加饲养成本。在生产实践中采用高锌日粮（含锌量 2 000~3 000 毫克 / 千克）来降低断奶后两周的仔猪腹泻的发生率。多数研究认为，只有氧化锌来源的高锌具有防止仔猪腹泻和促进仔猪生长的作用，而且高剂量锌添加量在短期内（2~3 周）对猪无毒副作用，因此，高锌日粮只在短期内使用，而且应在保育期最初两周内喂给断奶仔猪药理浓度的锌，可防止仔猪腹泻，增加仔猪的生长性能。长期添加高锌会导致猪中毒，而且日粮中添加高锌会打破原来各种元素的平衡，特别是锌过量会影响铜、铁的吸收，从而引起仔猪贫血。

（三）规范免疫程序，减少免疫应激

疫苗接种应激不仅表现在注射上，还明显地降低仔猪采食量，影响其免疫系统的发育。研究表明，过多的疫苗注射甚至会造成免疫抑制，所以在保育期应尽量减少对仔猪疫苗的注射。一般来讲，保育仔猪必须免疫猪瘟、口蹄疫疫苗，再根据本地区及本猪场疫病流行的实际情况来决定疫苗的使用种类。有条件猪场仔猪在免疫前先摸清抗体的消长规律，采集不同周龄健康仔猪血液做血清学抗体监测，再根据检测结果决定免疫时间。如果条件有限，可采取这样的方法：仔猪在 20 日龄肌内注射猪瘟单联苗，每头肌内注射 4 头份，55~60 日龄第 2 次注射，肌内注射 6 头份；28 日龄肌内注射伪狂犬疫苗 1 头份（2 毫升）；45 日龄注射口蹄疫疫苗，4 周后再注射一次以加强免疫。保育期仔猪应尽量避免过多的无效接种造成的不必要的免疫应激，在注射疫苗期间，饲料或饮水中加入复合型维生素，可以在一定程度上缓解应激。

（四）做好常见猪病的及时防治

1. 采取具体的药物保健与驱虫方案，做好常见猪病的防治

（1）采取切实可行的药物保健方案及治疗措施　药物保健方案具体要根据保育猪群的健康状况调整，需要注意每次用药的目的。这就需要建立定期剖检制度，根据疾病发生的情况，适时调整用药方案。对保育猪首先要预防腹泻病，对免疫空白期的仔猪做好药物保健，并使用营养物质调控手段，可有效预防仔猪腹泻病。此外，近些年来，一般南方猪场保育仔猪常见传染性疾病病原体以链球菌、副嗜血杆菌为主，其中脑膜炎型链球菌较为常见，发现后一般是在饮水中加药，加药的同时放掉保育舍内厕所的水，一般加阿莫西林粉，每 150 千克水加 100 克，每天 2 次，连加 3~5 天，或采用脉冲式加药都可以控制住。对于发病早期的仔猪可以用磺胺嘧啶钠或磺胺（6-）甲氧一侧肌肉注射，另一侧注射阿莫西林钠，连续注射 3~5 天可痊愈；急性发病的可以采用静脉滴注，但应控制输液量，一般以 250 毫升为宜。皮肤性疾病以葡萄球菌感染为主，多在夏季蚊虫多的季节，经蚊虫叮咬后继发附红细胞体、圆环病毒等混合感染，也称皮炎肾病综合征，主要症状为全身红点，严重的全身皮肤红斑，成紫红色。发现猪群中有此病后应在饲料中加驱虫药，并每天下班时在猪舍排水沟周围喷洒敌敌畏等药，但应防止人猪中毒；此外，全群在饮水中加维生素 C 粉供猪饮用，也可另外加阿莫西林粉与维生素 C 交替使用。对个别发病猪可一侧注射磺胺（6-）甲氧，一侧维生素 C 加地塞米松和阿莫西林，每天 2 次，连续注射 3~5 天。采取以上防治方案 2~3 天后皮肤上红斑点会慢慢消失，恢复到正常。

（2）驱虫　仔猪断奶后 3 周应驱除体内外寄生虫，可选用伊维菌素类广谱高效的驱虫药。

2. 对病弱仔猪的治疗和护理方法及对病弱仔猪的治疗原则和淘汰制度

（1）对病弱仔猪的治疗和护理方法　刚断奶的仔猪易因受凉、环境潮湿、病菌感染、饲

料的突然转换、饲料霉变等因素导致下痢，对下痢的仔猪应及时治疗，并加强饲养管理，搞好日常的环境卫生、保温和消毒工作。临床上对已经出现明显症状、失去治疗价值的病仔猪应及早淘汰，其他有治疗价值的病仔猪集中到隔离栏饲养和治疗，这样才能发挥饲料拌药或饮水中加药的治疗效果。临床上对于病弱仔猪应坚持 3 分治疗，7 分护理。生产中应把及时发现的病弱仔猪单独关在一个栏内继续喂教槽料，并每天在小料槽内喂稀料，冬天可用温水喂。具体的做法一般是教槽料用水拌稀，加适量的奶粉，再根据病情加抗生素和葡萄糖、多维等营养素，口服补液盐等，但应注意要适当。最后还要加一点保育料，以让仔猪慢慢适应，利于以后换料时教槽料向保育料的过渡。一般喂 1~2 周后，病弱仔猪会逐渐康复，然后继续喂加药的教槽料和少量的保育料直到恢复正常。

（2）对病弱仔猪的治疗原则　临床上对病弱仔猪的治疗应采取以下几条原则：① 个别弱小、掉膘或采食差的病仔猪，要及时隔离，集中投药和治疗，可采用饮水加药或饲料湿喂加药等方式饲养；② 严重病仔猪应采取注射方式，饮水量少或遇紧急情况时应采用静脉滴注或腹腔注射方式给药；③ 坚持个体治疗与群体预防相结合，经过 1~2 个疗程治疗后不好转，以及无治疗和饲养价值的坚决淘汰。

（3）及时淘汰残次仔猪　在饲养过程中猪场也要建立定期淘汰残次仔猪制度，一般每周淘汰 1 次。残次仔猪生长缓慢，即使存活，养至出栏需要较长的饲养时间和较多的饲料，得不偿失；而且残次仔猪一般多为带病猪，在保育舍中对健康猪群构成很大的威胁，残次仔猪越多，保育舍内病原微生物越多，健康猪群就越容易感染。残次仔猪在饲养、治疗的过程中要占用兽医和饲养人员很多时间，则花在健康猪群饲养和护理的时间就相对减少，势必造成恶性循环，因此，及时淘汰残次仔猪或病弱仔猪具有一定意义。

（五）保育仔猪的科学饲养管理

1. 强化日常操作规程，做到科学管理

生产中关于保育舍的操作方法说起来很容易，就是做好药物保健、控制好温度和湿度、通风以及生产一线饲养人员的培训，但是具体操作起来并不容易，特别是在大中型规模化猪场。须抓好以下几项日常工作，才能做到科学管理。

（1）保育猪舍进猪前的准备　主要做好以下几项工作：一是圈舍消毒。先将保育舍清洗，待干燥后，用 2%~3% 烧碱消毒 1~2 次，有条件的猪场烧碱喷洒空栏 1 天后再把烧碱冲净，然后用火焰消毒，或者选择一次熏蒸消毒，再次清洗后，空栏 5~7 天即可调入断奶仔猪。二是进猪前做好猪栏设备及饮水器的维修。饮水器经常因加一些添加剂而堵塞，所以要经常仔细检查，一般在每天猪饮完药水后应全部检查一遍，并对加药桶彻底洗净。

（2）做好分栏和饲养密度控制工作　断奶仔猪转入保育舍尽可能保持一窝一栏，如需并栏应将仔猪的个体重、品种、性别、健康状况等较为接近的并在一起。每头仔猪体重相差不能超过 1 千克，体重相差太大会使体重小的仔猪被体重大的仔猪欺负，导致吃不到料而变得越来越瘦，抵抗力降低，进而发病或成为弱仔。一般要求转入保育猪舍仔猪（3 周龄）体重应大于 5 千克，并在哺乳期间已能每天采食固体饲料 200 克。断奶后仔猪至少每次要摄入 30 克乳猪料才能维持正常的机体功能，采食量不足会出现生长倒扣。此外，要留两个空栏，以便于以后把体质弱和生病的挑出来单独饲养。一般每栏 18 头左右，夏天可适当调整到 12~15 头，保证每头仔猪有 0.3~0.5 米² 的空间，使仔猪有个宽敞的活动空间。保育仔猪宽敞的活动空间，可显著提高成活率。此外，要在每个栏靠近过道的四角绑上铁链等玩具，可防止小猪乱排泄粪便和减少因混栏引起的互相斗殴打架，也可在每栋猪舍内安装音响，每

天上班时间放一些轻音乐，可减轻猪的应激和压力，能使饲养的仔猪格外温顺，便于饲养管理。猪也有情感的交流与需求，关注猪的福利待遇，有利于猪的健康与生长。

（3）温湿度与通风的控制 猪的生活环境，包括空间、温度、湿度、空气流速、地板类型、空气质量以及光照，都会影响断奶仔猪的生产性能和健康，药物保健和保温是养好保育仔猪的关键，尤其是温度是保育仔猪饲养成败的关键因素，不管是北方还是南方，在寒冷天气时尤其应当引起重视。断奶仔猪从产房转入保育舍后，第1周的温度要高于产房的温度，一般第1周的温度要求为28~30℃，以后每周降1~2℃，直到22~24℃。对于自动化控温系统要做适当调节，如抽风机定时开关要调节好温度与通风量，冬季锅炉温度要调节好规定的温度，让其低于设定的温度时会自动升温，地面饲养的打开地热设备。断奶仔猪对环境温度的要求很高，即便空气质量（氨气水平上升）短期下降，也要优先满足温度要求。一般猪舍中的空气质量，特别是氨气水平，根据猪舍饲养人员的承受能力确定。氨气水平提高会刺激猪的免疫系统，提升皮质醇（应激激素）水平，但对生长性能的影响程度有限。氨气水平提高可能会降低某些疾病在断奶仔猪当中发生的阈值。因此，在生产中要考虑到实际环境（舍内）温度与有效温度（仔猪实际感受到的温度）之间的差异。一般有效温度随空气流速，地板类型以及墙壁绝热性能的不同而变化。如果舍内气温24℃，用塑料地板，并且贼风情况中度，那么，仔猪感觉到的温度实际上是13℃。这个现象表现在常常发现尽管舍内温度计显示的温度处于适宜水平，然而，断奶仔猪却仍然在角落里扎成一堆。因此，必须考虑温度计或温度传感器在猪舍内安放的位置，以便更准确地测量猪体高度上的温度，而非测量诸如屋顶附近的温度。对于栏圈中安装了供暖地板的情况，猪舍内的温度可以偏低2~3℃，但这种情况下要确保采暖地板空间足够，让所有仔猪都能平躺在地板上。虽然栏内贼风会出现的风险，如咳嗽、喷嚏、腹泻和皮肤损伤等，但在生产中，对于有些猪场一味过度地关注通风的做法不对，因为猪是恒温动物，对于温度极其敏感，特别是保育舍刚转进来的断奶仔猪，南方省份昼夜温差大，有时相差10℃，因此，做好保育舍内温度的恒定就显得尤为关键。冬季转入保育舍后的第1周尽量不冲洗地面，低床饲养的在天冷时也要尽量减少冲洗次数，防止因潮湿阴冷而诱发疾病。保育舍的湿度控制在60%~70%，过大会造成腹泻的发生，过低会造成舍内粉尘增多诱发呼吸道病。现代化猪场的栏圈很宽敞，一般要求建水厕所，就是占保育栏10%面积的水池，可以吸附氨气，减少猪舍氨气、二氧化碳等有害气体的浓度，减少呼吸道的刺激；还可调节舍内湿度，使猪舍不会干燥，还可以保持猪舍卫生，使猪形成固定地方排泄粪便。

2.做好断奶仔猪的药物保健工作

断奶仔猪一般转入保育猪舍后第1周，每天应在饮水中加阿莫西林、葡萄糖等，可减少转群应激和防止腹泻，以后视健康和天气情况而采取药物保健。一般在换料过程中要在料中或饮水中连续加最少1周的保健药物。

3.做好"三维持"和"三过渡"

对仔猪断奶生产中可实行"三维持、三过渡"的原则。"三维持"：一是仔猪断奶后不直接转入保育舍，而是维持在原圈饲养（将母猪转入空怀母猪舍）1周，再转入保育舍；二是仔猪转入保育舍后，继续用原有教槽料（乳猪料）饲喂1~2周；三是维持原窝转群和分群，不轻易并群或调群。"三过渡"：一是在饲料营养上要逐步过渡，防止饲料变化而导致营养应激。断奶仔猪的消化系统发育仍不完善，生理变化较快，各个生理阶段特点不一样，对饲料营养及原料组成都十分敏感，营养需求也不一样。为了充分发挥各阶段的遗传潜能，仍需高营养浓度、高适口性、高消化率日粮。虽然从哺乳到保育由于生长时期不同，饲喂饲料的营养要求也不同，但为了使保育仔猪有一个适应期，避免因饲料品质突然改变而引起胃肠不适，可采取饲料变换逐渐过渡的方法。在断奶后第1周继续饲喂乳猪料，第2周第1天饲喂乳猪料，第2天饲喂5份乳猪料+1份仔猪料（保育猪料），第3天饲喂4份乳猪料+2份仔猪料，第4天饲喂3份乳猪料+3份仔猪料，直至第7天全部改回仔猪料。此外，为防止在换料时部分仔猪拒食或采食量下降，可在饮水中加入葡萄糖、电解多维等，以补充营养防止因换料而出现弱仔，也可防止换料不适引起仔猪腹泻，导致猪的小肠绒毛刷状缘不可逆的损伤，使仔猪分泌的消化酶减少，直接影响以后的生长发育。二是实行饲喂方式上的逐渐过渡。哺乳仔猪饲养用教槽料一般有固定时间和次数（饲喂次数一般在6次左右），而保育期改用粉料，且实行自由采食，这一改变很容易导致过食、消化不良或下痢等疾病的发生，因此，要实行断奶后第1、2周限量饲喂，第3周后采用自由采食，使保育仔猪慢慢适应饲喂方式的改变。三是环境条件逐步过渡，防止断奶后环境变化产生应激。仔猪断奶后离开母乳和母体，要到新的栏舍，而且还要合并和拆群，环境发生很大变化，易产生应激。生产中除让断奶仔猪先在原圈饲喂1周然后再转入保育舍饲养，重点是将保育舍内的温度控制在28~30℃，以后每周下降1~2℃直到正常的22~24℃。此外，在合并中做到夜并日不并，拆多不拆少，留弱不留强，减少环境应激，保证保育仔猪有个良好的生长环境。

4. 经常巡视和仔细观察，及时发现和解决问题

完善的保育舍管理的最重要的一个要素是敬业的饲养人员。饲养人员必须每天能够拿出自己的最佳状态，断奶仔猪进入保育舍后头72小时，饲养人员要为今后的保育舍工作定下基调，每天都要对每头仔猪仔细观察和评估，以便确定哪些个体需要更多的照顾，帮助它们采食、饮水并适应新的社群秩序。断奶仔猪转群后更要经常巡视，仔细观察（每天至少两次），及时发现和解决问题，特别是要严格控制仔猪咬耳咬尾等不良行为发生。导致仔猪咬耳咬尾行为的原因有营养、环境、密度和心理等诸方面因素，这些不良行为如不能被及时发觉或制止，将会导致猪只相互咬伤或咬死，造成经济损失。可采取如下措施防止猪只不良行为：一是要防止饲养密度过大。二是要做到清洁卫生和保证猪舍干燥，提高猪群的环境舒适度。如果栏舍内由于仔猪不良排便模式形成了部分粪便覆盖区，或因水管或饮水器泄漏而形成潮湿区域，那么栏内有效面积就减少了，也导致仔猪活动空间减少，使饲养密度过大，也促使猪只不良行为发生。三是要提供全价优质饲料，特别是矿物质、微量元素和食盐的供给。四是要驱除猪体表寄生虫，防止仔猪因皮肤不适而乱动影响其他仔猪休息，或因瘙痒而损伤皮肤出血后，会导致其他仔猪舔咬出血的仔猪而导致死亡。五是要移走争强好斗的仔猪，隔离受伤仔猪，对受重伤严重者及时使用抗生素治疗。六是在仔猪栏内提供一些玩具如铁球、木棍等，也可减少仔猪的好斗和撕咬现象。此外，确认病弱个体，做好标记，及时隔离饲养和治疗，并严格实行淘汰制度。生产中病弱仔猪的症状表现如下：不合群（独自扎在角落里），不愿起立，被毛乍起（毛发竖立），目光呆滞，后躯被稀粪沾污，呼吸异常（喘气），跛足或步态不均，消瘦、毛长、采食量低或拒食等。生产中对弱仔猪可采取以下措施：首先要尽早发现弱仔猪个体，然后把弱仔猪转移到空置栏中；每天轻柔地把弱仔猪抱起，抓一把乳猪料送到嘴中咀嚼，放到护理栏里的料槽旁边，这个步骤每天进行3~4次，可调教弱仔猪采食；在护理栏里加一个粥盘，吸引弱仔猪多采食；安置仔猪罩和热源（供暖灯或供暖板），给弱仔猪提供温暖和舒适的环境；按照兽医规程治疗，及时淘汰残次仔猪。残次弱仔猪生长缓慢，即使存活养至出栏需要较长的时间和较多的饲料，经济上得不偿失；而且残次弱仔猪多为带病猪，在保育舍内对其他健康仔猪也构成很大威胁；而且残次弱仔猪越多，保育舍内病原微生物也多，健康仔猪就越容易感染。因此，残次弱仔猪在饲养、治疗中势必造成恶性循环。

5. 保证保育仔猪的饮水量要充足

（1）水的作用　水是影响仔猪健康最重要的养分，然而常被猪场生产者忽视，充足、清洁的饮水供应再怎么强调都不为过。水构成了仔猪80%的体重，水是维持身体组织正常的完整性和代谢功能的必需成分，还起到调节、维持体温、矿物质平衡、排出代谢废物、产生饱感以及满足行为需要等作用。

（2）断奶仔猪饮水不足的原因　通常断奶后的仔猪一般无法摄取足够的饮水。断奶前仔猪吸吮母乳，不觉渴，较少次数到杯式饮水器饮水。断奶后改喂固体饲料，鸭嘴式饮水器使饮水量及获得方式方面都产生较大变化。由于饮水器供应的是冷水，加之有的仔猪断奶后下痢需要更多饮水，通常会出现饮水量不够的问题。

（3）保证仔猪饮水充足的措施　断奶仔猪进入保育舍后必须尽快找到栏位里水源并开始饮水，也为了使断奶仔猪能更快适应鸭嘴式饮水器及饮更多的水，生产中可顶开饮水器让其自流1~2天，使刚进入保育猪舍的仔猪能尽快找到水源的地方。每个饮水器供应仔猪头数、水压和流速，及饮水器安装角度对应的高度都会影响仔猪的饮水量。一般在保育舍用鸭嘴式自动饮水器，需要数量为：1个饮水器能喂10~15头猪，3个能喂50头猪，饮水器流速250~500毫升/秒，水压20帕斯卡。一般要求饮水器出水压力应小于0.2千克/米²，水流过急，容易呛到仔猪。在采用可调节高度的饮水器情况下，要确保饮水器的高度要调到与栏内最小的仔猪的肩部位置齐平。生产中饮水器安装角度对应的高度和水流量要求见表11-2所示。

表11-2　饮水器安装角度对应的高度和水流量要求

猪只种类	90° 对应高度（厘米）	45° 对应高度（厘米）	水流量（升/秒）
保育 ~5 千克	275	300	0.5~0.8
6~7 千克	300	350	0.5~0.8
8~15 千克	350	450	0.8~1.2
16~20 千克	400	500	0.8~1.2
21~30 千克	450	550	0.8~1.2

为了保证仔猪的饮水质量和卫生标准达到国家规定的人饮用水标准，应每年多次采集水样分析细菌污染情况以及水质，具体采样频率取决于水源情况。对于断奶下痢脱水仔猪只可在饮水中添加钾、钠、葡萄糖等电解质以及维生素、抗生素等。生产管理的每天日常工作中，都要检查饮水器的出水情况，对堵塞不出水的饮水器应及时更换。每个管理者和饲养人员要牢记一句话，"宁缺一天料，但不能缺一口水"，否则容易引起仔猪脱水死亡。

6. 做好保育仔猪的调教管理

仔猪转入保育栏后，无论是在吃食、卧位、饮水和排泄方面尚未形成固定位置，其采食和饮水经调教会很快适应。因此，饲养管理人员从仔猪转栏开始，就要精心调教，使仔猪形成定点吃料、定点饮水、定点睡觉、定点排粪尿的"四定位"的生活规律。训练方法是：仔猪赶进保育舍的前几天饲养员就要调教仔猪区分睡卧区和排泄区。饲养员在每次清扫卫生时，要及时清除睡卧区的粪便和脏物，同时留一小部分粪便于排泄区。对不到指定地方排泄的仔猪，用小棍哄赶，并加训斥。在仔猪睡卧时，可定时哄赶到固定地点排泄，经3~5天的调教，即可建立起定点睡卧和排泄的条件反射。这样既可保持圈舍卫生，减轻污染，有利于仔猪健康，又可减轻饲养人员的劳动强度。

7. 搞好清洁卫生和消毒工作

要经常保持保育舍内的清洁和卫生，指定专人定时打扫，及时清除网床、料箱、栏杆及走道内的杂物。饲养过程中不用水冲洗猪栏，粪便以清扫为主，控制舍内湿度为宜。保育舍一般每周消毒两次，安排在周二、周五进行。带猪消毒包括空气、栏舍地面、高床。消毒液选择复合醛、强效碘等，配制浓度适中。消毒器特别是喷头良好，喷出雾状微粒为标准。

保育仔猪采取上述技术措施，经8~9周龄保育饲养后，保育阶段成活率可达95%以上，头均体重可达20~25千克，此时即可转入育肥阶段。

8. 坚决执行"全进全出"制度。

"全进全出"这个词虽早已不新鲜，关键在于对该管理措施的理解和应用。"全进全出"有利于切断某些病原和不同批次猪之间的循环，有利于猪群的健康。因为对一头病猪危害最大的是另外一头猪，留下的猪很可能是生长不良的猪，而这些猪最有可能是病原库，每天对环境排出大量病原微生物，所以这些猪不能转入下一批猪群。根据"全进全出"的理念，保育舍一定要划分为相对独立的小区间、小单元，按计划将一个个小单元的猪，经过保育期饲养后全部转完，经彻底清洗、消毒、空栏，1周后再转入同一周断奶的仔猪，不要连续饲养，混杂转群，这是防疫的大忌。坚持"全进全出"的饲养管理制度，是实现生物安全与健康养殖的关键所在，"全进全出"也体现了一个猪场的管理程度和水平。

第十二章
现代商品肉猪生产技术

商品肉猪也叫生长育肥猪，一般 70~180 日龄，是生长速度最快的时期，也是养猪生产的最终环节。商品肉猪这一阶段消耗的饲料占总消耗量的 68.5%~75%，因此，该阶段猪的生产性能与饲料成本直接关系到猪场的经济效益。

第一节　现代商品肉猪生产的杂交模式和繁育体系

一、杂交与杂种优势的意义和作用

（一）杂交的意义

杂交是指不同品种或品系间的公母猪相互交配。世界养猪生产已越来越多地利用杂交繁育的方法，它不仅用于品种之间，而且也用于同一品种的品系之间。目前的养猪生产中，80%~90% 的商品肉猪为杂种猪。杂交应用如此广泛，是因为正确的杂交模式和方式可获得优良的杂种优势，使杂交后代具有较好的适应性，较强的生活力，较高的繁殖力，较快的生长速度以及良好的胴体品质。

（二）杂种优势的作用

杂交所生的后代称为杂种，杂种优势是指不同品种或品系间的公母猪杂交所产生的后代的性能水平超过均值的现象。现代养猪杂交生产的特点是在纯种（纯系）选育的基础上，通过配合力测定和杂交组合试验，筛选出最优的杂交组合和杂交模式，才能高产、优质、高效地生产商品瘦肉型猪。目前在全世界养猪生产中，杂种优势利用已作为多快好省地生产商品肉猪的重要措施之一，是提高养猪生产经济效益的有效手段。

（三）杂交和纯繁的关系

杂种优势利用也被一些学者和专家称之为"经济杂交"，但从现代养猪生产发展过程中已认识到经济杂交这个专业术语的涵义似乎窄了一些，因为生产实践中，要想更好地利用杂种优势，不仅仅是一个杂交的问题，更重要的是杂交亲本的选纯与杂交组合的选择问题。研究表明，杂交是否有优势，在哪些方面表现优势，有多大的优势，主要取决于杂交亲本的性能水平及其相互间的配合力，也就是基因型的高度杂合性是形成杂种优势的主要原因。配合力是指种群通过杂交所能获得杂种优势的程度，亦称杂交效果的好坏。一般配合力是指一个品种（系）与其他群杂交所能获得的平均效果。如果一个品种与其他品种杂交经常能够得到较好的效果，则说明其一般配合力好。一般配合力的基础是基因的加性效应。由此可见，如果亲本群体缺乏优良的基因或亲本的纯种差，或两个亲本在来源上很近，或缺乏充分发挥杂种优势的饲养管理条件等，杂种猪都不能表现出理想的杂种优势。要想充分利用杂种优势，必须先搞好杂交亲本的选优提纯，同时还要搞好杂交组合的选择与杂交工作的组织。因为杂种优势的利用既包括纯繁，又包括杂交，它是一整套的综合措施。这也是为什么在国内一些同一个规模猪场难以开展纯繁又同时开展杂交的原因。但在养猪生产中也不能把纯繁和杂交孤立地对立起来，它们在育种工作中的作用是相互联系、相互配合、互相补充而又不能互相取代。纯繁和杂交的交互作用是提高养猪生产水平的有效方法，养猪生产中培育纯种是为了生产高产的杂种，如长大或大长二元杂交母猪，杂交主要是利用非加性基因效应以获得杂种优势，如用杜洛克公猪与长大或大长二元杂种母猪杂交后可获得杜长大或杜大长三元杂交的商品肉猪，也称为经济杂交。

（四）获得杂种优势的一般规律

杂种优势现象在自然界普遍存在，达尔文就认为，亲本性细胞的差异是杂种优势形成的原因。以后许多科学家对产生杂种优势的原理又提出了酶学说、显性学说、超显性学说和上位学说，为此也使人们认识到获得杂种优势的一般规律有以下几点：一是不同的经济性状，杂种优势表现不同。研究表明，一般遗传力低的性状如繁殖性状，杂种优势率高，为20%~40%；遗传力中等的性状如肥育性状，杂种优势率较高，为15%~25%；遗传力高的性状如胴体、肉质性状，杂种优势率较低，为0%~15%。二是亲本间的差异程度愈大，杂种优势率愈高。如杜洛克猪与湖北白猪遗传差异大，因而杂种优势明显，因此杜湖猪杂交组合是以湖北白猪为母本，与杜洛克公猪杂交所生产的商品瘦肉猪；但长白猪与湖北白猪遗传关系接近，特别是湖北白猪 IV 系含长白猪血缘 50%，故未表现明显的杂种优势。三是亲本越纯，遗传稳定性强，杂种优势率越高。四是亲本品质越好，杂交效果越明显。

由于杂交主要是利用非加性基因效应以获得杂种优势，不同经济性状受不同基因类制约，因而有些性状如肥育性状与胴体性状可在纯繁中选育提高，有些性状如繁殖性状和生长性状则可通过杂交方式提高。通常通过选择来提高遗传力高的性状，以形成纯种和纯系，然后通过品种或品系间杂交再提高那些遗传力低，又容易获得杂种优势的性状。为此，根据杂交效果表现不同，可将猪的经济性状分为 3 种类型：第 1 类为最易获得杂种优势的性状，如产仔数、泌乳力、断奶重、育成数和肢蹄的结实性等；第 2 类为较易获得杂种优势的性状，如生长性状和饲料利用率；第 3 类为不易获得杂种优势的性状，如胴体长、屠宰率、膘厚及肉的品质、外形结构等。由此也可见，养猪生产中开展杂交的主要目的，主要有 3 点：增加断奶仔猪数和断奶窝重；提高仔猪和杂交母猪的生活力；提高猪的生长速度和饲料利用率。

二、现代商品肉猪生产的杂交模式

（一）最佳杂交模式的标准

"最佳"的杂交模式应是相对的，中国养猪生产在不同时间、区域、市场、营养水平都可能有其相应的最佳杂交模式。但相对一个猪场而言怎样确定最佳杂交模式，必须具备以下几点。

1. 生产性能优良

生产性能优良指所生产的商品肉猪，其生长肥育性能、胴体品质和肌肉品质等主要经济性状达到当地最高水平和居于国内先进水平。

2. 杂种优势明显

杂种优势明显指能充分利用几种主要的杂种优势，使繁殖和生长性状的杂种优势得到充分表现，并在特定条件下可取得最大的杂种优势值，并能利用性状互补原理。在生猪业上利用猪的杂交效应是提高生产水平的重要途径，包括杂种优势效应和遗传互补效应。杂种优势效应是指不同种群杂交所生杂种，在生活力、生长势、增重耗料等方面往往高于两亲本群的平均值，分为父本效应、母本效应和个体效应。遗传互补效应即不同种群间的互补性，是指所具优点的相互补充。通过杂种优势利用非加性基因的效应，通过遗传互补利用加性基因的效应，既提高繁殖性，又提高肥育性能和瘦肉率。在国内的生猪生产中，杜湖猪可称为一个典范，其杂种优势相当明显。

3. 适应市场需要

适应市场需要指所生产的商品猪体型外貌一致，商品价值高，竞争力强，适合一段时间内特定市场的需要。北京黑猪的成功培育可称为一个典范。目前，北京黑猪适应北京市市场需要，其他猪种已难以竞争。

4. 合理利用猪种资源

合理利用猪种资源指充分利用国内地方猪种、培育品种（品系）及外来良种资源。国内苏太猪的成功培育可称为一个典型。苏太猪是一个含有 50% 太湖猪血统和 50% 外来猪种血统的瘦肉型猪新品种，并具有稳定的遗传性。以苏太猪为母猪进行三元杂交生产，减少传统的"二外一土"杂交生产模式中二元杂种母猪制种这个环节，也就是利用苏太猪可将三元杂交的过程缩短为二元杂交，可生产出与"二外一土"三元杂交同等效果的瘦肉型商品猪。

5. 适应性强

适应性强指能适应特定的气候环境、管理条件及饲养水平，有效利用当地饲料资源。湖北白猪的培育成功可称为典型。湖北白猪能很好适应长江中下游地区夏季高温和冬季湿冷的气候条件，并能较好地利用青粗饲料，兼有地方品种猪耐青粗饲特性。

6. 可操作性强，且经济效益高

可操作性强，且经济效益高指在生产组织上具有可操作性，且经济效益显著。在此方面北京黑猪可称为范。北京黑猪属优良瘦肉型的配套母系猪种，也是北京地区的当家品种，现在也是北京地区规模化养猪企业杂交繁育体系中配套母系品种，与国外瘦肉型良种如长白猪、大约克夏猪（大白猪）杂交，均有较好的配合力，生产的三元杂种商品猪具有良好的肉质，从未发现劣质肉，瘦肉率均在 58% 以上，深受市民欢迎。而且规模化猪场用北京黑猪作为母本，与长白猪、大白猪杂交在生产组织上具有可操作性，且经济效益也显著。

（二）杂交方式

1.固定杂交

固定杂交主要有二元、三元和四元杂交、回交，但在商品肉猪生产中常用的是前2种。

（1）二元杂交 又称单杂交，指的是两个不同的品种或品系间的公母猪交配，利用杂种一代进行商品肉猪生产。二元杂交的优点是杂交方式简便，生产组织简单。但由于其亲本均系纯种，因而不能充分利用父本和母本本身的杂种优势。采用二元杂交生产商品肉猪，一般选择当地饲养量大，适应性强的地方品种或培育品种作母本，选择外来猪种如杜洛克猪、汉普夏猪、大白猪、长白猪等作父本，当然，我国培育的瘦肉猪新品种（系）也可作父本使用。

（2）三元杂交 指采用两品种杂交的杂种一代作母本，如长大或大长二元杂种母猪，再与第三品种公猪交配，如杜洛克猪，所生的后代全部作为商品肉猪育肥。采用这种杂交方式，杂交母本是两品种杂种，可充分利用母本的杂种优势。一般，杂种母猪生命力强，繁殖力高，易饲养。三元杂交也能充分利用个体杂种优势，相对二元杂交能更好地利用互补性原理。因此，三元杂交已被世界各国广泛用以生产优质瘦肉型商品猪。

2.轮回杂交

轮回杂交有其突出优点，但严重缺点是互补性差，因为无法固定参与杂交的品种谁作父本，谁作母本，这与现代专门化品系的选育方向和利用方法相违背，因此，在商品猪生产中一般不采用轮回杂交。轮回杂交主要有两品种轮回杂交和多品种轮回杂交。

（1）两品种轮回杂交 又称为交叉杂交，用甲品种母猪与乙品种公猪杂交，产生杂种一代（F_1）。从F_1中选留优秀母猪与甲品种公猪杂交，产生杂种二代（F_2）母猪，再与乙品种公猪杂交，依次逐代轮流杂交，从而不断保留子孙杂种优势，其中杂种公猪一律不留种，全部育肥。可见采用这种杂交方式的优点是，可在杂种中综合两个品种的有利性状，并增加杂合性即杂种优势的遗传基础。

（2）多品种轮回杂交 一般选择3个以上的优良品种，先用甲品种公猪与乙品种母猪杂交，从F_1中选留部分优良母猪与丙品种公猪杂交，然后从F_2中选留优良母猪再与甲品种公猪杂交，如此轮流进行下去，可用此轮回杂交方式的杂交公猪和部分母猪用作肥育。这种轮回杂交能防止杂种优势退化，这主要是因为充分利用了杂种母猪繁殖性状的杂种优势，充分综合了几个品种的优良性状，同时，杂种母猪全是自己繁殖的后代，从生物角度和健康方面来说，可减少引种传染疾病的风险。

3.级进杂交

级进杂交在杂交方式上也称为改良杂交，所用的高产品种称改良品种，低产品种称被改良品种。即选择一个高产的优良品种公猪，同低产的母猪品种交配，所获得的杂交后代持续多代与此高产父本品种交配，从而起到改良低产品种的作用。

4.顶交

顶交是近交系杂交的一种应用形式，它是用高度近交的公猪与非近交的母猪配种。顶交法常用以测定近交系的一般配合力，用近交系公猪与基础群的非近交母猪进行杂交，其后裔的平均值可以衡量近交系的一般配合力。

5.专门化品系杂交

在养猪业中，生产者希望各个猪群都具有优良的性状，如要求商品肉猪生长发育快和饲料利用率高，要求母猪具有较高的繁殖力和哺乳力，要求仔猪有较大的初生重和断奶重及断奶窝重，这样均能获得更好的生产和经济效益。但上述诸要求在纯种繁育中难以达到，科学家们通过运用现代遗传学理论，对猪的各类经济性状的遗传力和遗传相关进行深入研究，发现不容易将许多优良性状固定于一个品种或品系内，还有部分性状之间呈负的遗传相关。虽然某些品种，特别是地方品种繁殖力很高，母性也好，但生长缓慢，而另一些品种虽然生长快，胴体品质好，但其繁殖力较低，肉质较差。如想把这些优良性状固定于一个品种或品系内，会出现提高了这个性状的同时又降低了另一个性状，往往出现顾此失彼的现象。为此，从 20 世纪 60 年代末，养猪发达国家通过培育专门化品系，开展专门化品系杂交和配套系生产来获得杂种优势明显、互补性强、特点突出的优质商品肉猪，也称为杂优猪。

近十年来，随着国内外养猪生产向集约化、专业化方向发展，在普遍应用品种间杂交的基础上转向专门化品系间杂交从而获得高而稳定的杂种优势效应。目前，英国、美国、荷兰、丹麦、德国、日本等许多国家均培育出很多专门化品系，其培育过程多采用中亲和远亲的繁育方法，也有采用近交法的，且多数由两个以上的品种杂交合成，一般多为父系和母系。父系主要选择生长速度、饲料利用率、产肉率和胴体品质等优良性状；母系则注重产仔数、泌乳力、生活力和母性品质等优良性状。无论是父系和母系，一般突出选择 1~2 个重要优良经济性状，使这些品系在某个性状上各具特色，而其他性状保持中等水平。通过培育建立无亲级关系的多个专门化品系，再通过品系间配合力测定，筛选出最优异的杂交组合。有效地开展专门化品系间杂交，能生产出杂种优势明显、生产性能稳定、经济性状优异的杂优商品肉猪，其经济效益明显超过品种间杂交。

我国在"七五"、"八五"期间也开展了"中国瘦肉猪新品系选育与配套"攻关研究，培育出了 5 个专门化母系和 4 个专门化父系，通过初步配套杂交研究试验，筛选出了 6 个配套系杂优组合，已取得了良好的杂交效果，如杜洛克猪与中国瘦肉猪 DIV 系杂交猪，日增重 788 克，达 90 千克体重在 155 日龄，饲料利用率 3.0，胴体瘦肉率达 64.1%；再如大白猪与中国瘦肉猪 DV 系杂优猪，日增重 766 克，达 90 千克体重在 169 日龄，饲料利用率 3.05，胴体瘦肉率为 63.32%，均充分展示出了瘦肉猪专门化品系间杂交的明显优势。专门化品系杂交在不久的将来，会在一些集约化、专门化猪场大量应用，也可能要取代品种间杂产。由于专门化品系和配套系育种具有周期短、投资省、遗传进展快、杂种优势明显、杂种后代品质均一、适应性强等优点，逐步被世界各国接受，它已成为提高养猪生产效益，增强市场竞争力的重要环节，已成为世界猪业育种的主导方向。

（三）我国商品肉猪的优良杂交组合模式

目前，我国猪的杂交模式主要有以下几种：农村仍以"一内一外"的二元杂交和"一内二外"的三元杂交为主体；在城郊规模化猪场和饲料条件好的农村地区，采用一新（新品种、新品系）一外的二元杂交和"一新二外"的三元杂交；在外贸出口活猪生产基地和城市菜篮子工程基地，采用三个外来品种（杜长大或杜大长）的三元杂交和"一新一外"、"一新二外"的二、三元杂交模式生产商品瘦肉猪；在养猪发达地区，已开展了专门化品系培育和配套系生产，而且在一些市、县通过以场带户（专业养猪合作社）、推广配套系杂优猪生产。总之，我国在猪杂交模式的摸索上已取得了较好的成绩。从 20 世纪 70 年代中期起在全国范围内推行了"公猪外来良种化，母猪本地良种化、商品猪杂交化"的二元杂交模式，开始改变过去杂交的无计划状态。从 1984 年起，国家通过试点工作又先后在 26 个省市的 151 个县开展了商品瘦肉猪基地县的建设，推行有组织的二元和三元杂交。1983—1985 年国家商品猪科技课题研究，对 17 个品种或品系的 165 个杂交组合在中等营养水平条件下进行了 146

批次的试验，筛选出了 8 个立足于我国猪种资源利用，适应我国某些地区饲养和不同市场要求的优良杂交模式，主要有以下优良杂交组合。

1. 长本（或大本）

即用地方良种母猪与长白猪或大白猪进行二元杂交所生产的杂交商品肉猪，一般适合农村饲养，其杂交方式简便。杂交商品肉猪在良好的饲养条件下日增重可达 500~600 克，饲料利用率 3.8 左右，达 90 千克体重在 210~240 日龄，胴体瘦肉率在 50% 左右。

2. 大长本（或长大本）

即用地方良种与大白猪或长白猪的二元杂交后代作母本，再用长白猪或大白猪公猪进行三元杂交所生产的商品肉猪，杂种商品肉猪在良好饲养条件下日增重为 600~650 克，饲料增重在 3.5 左右，达 90 千克体重在 180 日龄左右，瘦肉率 50%~55%。

3. 杜长大（或杜大长）

该组合是以长白猪与大白猪的杂交一代作母本，再与杜洛克公猪所产生的三元杂种商品肉猪，也是目前国内一些规模化猪场所使用的主要杂交组合。但杂种商品猪的饲料和饲养管理的要求相对较高。由于利用了 3 个外来品种的优点，三元杂种商品肉猪，体型好，出肉率高，生产与经济效益也较高。三元杂种商品肉猪日增重可达 700~800 克，饲料 / 增重 3.1 以下，胴体瘦肉率 63% 以上。

4. 杜长太

即以太湖猪为母本，与长白公猪杂交所生杂交一代（F_1），从中选留母猪与杜洛克公猪所产的三元杂交的商品瘦肉猪。其突出的特点是充分利用了杂交母猪繁殖性能好的优势，适合我国饲料条件较好的农村地区饲养。该组合杂种商品肉猪日增重达 550~660 克，达 90 千克体重在 180~200 日龄，胴体瘦肉率 58% 左右。

5. 杜湖猪

杜湖猪是以湖北白猪为母本，与杜洛克公猪杂交所生产的商品瘦肉猪。该杂交组合是华中农业大学与湖北省农业科学院在"六五"期间承担国家瘦肉猪攻关项目，通过广泛的杂交组合试验筛选出的优良杂交组合，被列为国家"八五"和"九五"重大科技成果推广项目。杜湖猪的肥育期日增重 650~780 克，达 90 千克体重在 170~180 日龄，饲料 / 增重 3.2 以下，90 千克屠宰平均产瘦肉量 40 千克以上，胴体瘦肉率 62% 以上，表现出生产性能最好，增重快，单位增重耗料少，肉质好等优点，已成为湖北省外向型猪场生产出口猪的主要杂交组合之一，并已推广至湖南、广东、海南、江西等省。

6. 杜浙猪、杜三猪、杜上猪

这 3 个杂交组合分别以浙江中白猪 I 系、三江白猪、上海白猪为母本，与杜洛克为杂交父本所生产的商品瘦肉猪。杂种商品猪日增重 600 克以上，饲料 / 增重 3.2~3.4，胴体瘦肉率 58%~61%。

三、现代商品肉猪生产繁育体系

（一）现代商品肉猪生产繁育体系的结构

1. 现代商品肉猪生产繁育体系的含义和内容

生猪完整的繁育体系的建立决定了现代规模化养猪生产的基本框架。商品猪生产的杂交繁育体系是将纯系的改良、良种的扩繁和商品肉猪的生产有机结合起来形成的一套体系，在杂交繁育体系中，将育种工作和杂交扩繁任务划分给相对独立而又密切配合的育种场和各级猪场来完成，使各个环节的工作专门化。但现代商品猪生产繁育体系已超出了这个窄义的概念和范围，由于现代育种学的发展和现代养猪技术的进步，以及现代养猪生产的理念变化，现代商品猪生产繁育体系的概念和范围更广泛。因此，所谓现代商品猪生产的繁育体系，指对现有品种（品系）开展测定选育，而不断提高其性能水平与遗传纯度，在此基础上进行配合力测定和杂交组合试验，筛选出既符合当地生产条件又符合市场需要的优选杂交模式和杂交组合；而且通过建立核心育种群、纯种繁殖群和商品生产群，严格按照固定的杂交模式和杂交组合，规模化和专业化的生产技术，标准化的饲养管理方法，高产、优质、高效地进行商品肉猪生产。从此概念中也由此看出现代商品肉猪繁殖体系建设应包括4个方面的内容：品种品系的选育提高；杂交组合模式的筛选；猪群结构的合理布理；商品肉猪生产的标准化饲养管理。

2.金字塔式的繁育体系

商品肉猪生产的繁育体系无论是国内还是国外，一般用金字塔或用宝塔形状来说明商品肉猪生产繁育体系的结构和层次，即最上层为核心群，中层为繁殖群，最下层为商品群或生产群组成，在发达养猪国家最下层还包括合作屠宰公司。位居塔尖的核心群，在大多数情况下只占该品种总数的很小比例，但在品种遗传改良中起核心作用，主要饲养曾祖代种猪和繁殖群祖代种猪；繁殖群的种猪来自核心群，其任务是扩繁足够数量的合格母猪，满足商品猪群生产的需要；商品猪群母猪主要来自繁殖群，小部分来自核心群，其任务是进行杂交繁殖，生产杂优商品肉猪。

3.现代商品肉猪生产繁育体系的组成与任务

在养猪业中一个完整的商品猪生产繁育体系，包括以下几部分。

（1）原种猪群（场）　指经过高度选育的种猪群，应包括基础母猪的原种群和第1、第2轮杂交父本的选育群。原种猪场的主要任务是强化原种猪品质，不断提高其生产性能，为下一级种猪群（繁殖群）提供高质量的种猪。原种猪群（场）应包括原种猪育种场和原种猪繁殖场，也称为曾祖代场，下设祖代场也称为一级种猪场。原种猪都有明确的育种目标和较强的技术力量，并能采用先进技术进行原种猪选育工作，育种设备齐全，育种手段先进科学，并能运用于育种实际，达到较好的选育效果。

（2）种猪性能测定站　大型种猪场都建有供本场使用的测定场所，但公共测定站一般不能与原种猪场建在一起，以防疫病传播。种猪性能测定站的任务主要是对原种猪群进行测定，为育种工作服务，为选种引种提供依据，为引种者提供参考资料。

（3）种公猪站　原种猪场为适应育种需要，往往多留种公猪，而且这些种公猪都是经过性能测定后质量较好的公猪，其公猪留种数量多于一般生产场的几倍至十多倍。为充分利用优良种公猪，通过建立种公猪站，以人工授精形式提高优良种公猪的利用效率，可减少种猪场饲养种公猪的数量，降低生产成本。

（4）种猪场　主要任务是扩大繁殖种母猪，研究适宜的饲养管理方法和优良的繁殖技术。

（5）杂种母猪繁殖场　用基础母猪与第一父本杂交生产杂种母猪。繁殖的杂种母猪同样要选择，选择标准为生产性能优异、体型好、有效乳头多、体质健壮、供商品肉猪场杂交生产商品肉猪使用。

（6）商品肉猪场　主要任务是利用上述繁育体系所生产的父母代种猪进行杂交，开展商品瘦肉猪生产。

（二）建立商品肉猪生产繁育体系的要求及方案

1.建立商品猪生产良种繁育体系的要求与原则

在现代集约化和规模化商品肉猪生产中，建立完整的繁育体系和系统优化是保证猪场高效益养猪生产的前提。完整的繁育体系，是指在以育种场为核心，繁殖场为中介，商品猪生产场为基础的金字塔式繁殖体系，按照统一的育种计划，把核心群的遗传改良成果能迅速地传递到商品猪生长群化为生产力，即生产出杂种优质瘦肉商品猪。因此，完整的繁育体系它是遗传基础的改良、良种的扩大繁育和商品猪生产有机联系在一起的一个完整系统。这个体系呈"金字塔"形，基因的流动方向自上而下，在传统繁育体系中它是一个闭锁的群体，基因流动的方向不可逆。但在牛、羊的成功利用开放核心群育种体系在猪繁育体系中也有应用的趋势，这种开放核心群育种体系的最大好处是有助于缩短世代间隔，降低群体近交增量，提高选择进展。完整的良种繁育体系，应该是品种（系）间科学利用的法定途径。体系一经建成，不能盲目任意改变利用形式。养猪生产中建立繁育体系，确定猪种，选用杂交模式和组合，原则是应根据当地条件、基础母猪品种及数量、市场需要、生产规模和有关的研究成果而定。

2.国内商品猪繁殖体系建设的典范

目前，国内建立繁育体系的常规措施是筛选出合适的杂交模式和杂交组合后，以商品群的生产规模来反推出繁殖群、核心群的规模，并依据一些系统优化方法，如线性规划、目标规划等，进行群体结构优化设计。国内杜湖商品猪生产繁育体系（图12-1）可称为一个典范，其核心育种群母猪400头，每年提代良种猪2 000头，300头用于更新繁殖群，1 700头直接进入商品生产群；有纯种繁殖母猪1 000头，年提供种5 000头进入商品生产群；商品群母猪为2 500头，与杜洛克公猪杂交，年生产"杜湖"商品瘦肉猪40万头。

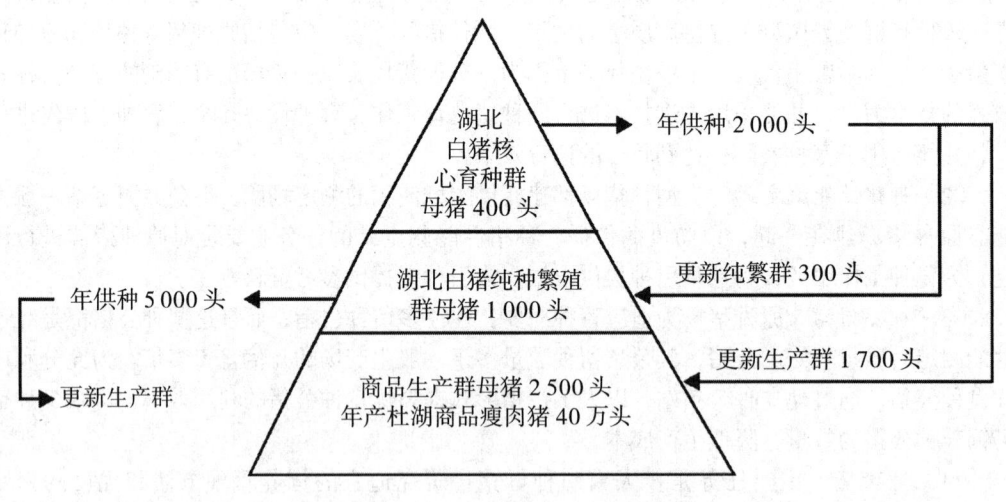

图12-1　杜湖商品瘦肉猪繁育体系

从图12-1可见，杜湖商品瘦肉猪繁育体系虽为"金字塔"形，但充分利用了塔尖核心育种群，也能为生产群母猪提供一定数量的种猪，其创新力超过了丹麦的良种繁育体系。

3.建立商品猪生产繁育体系的方案

杜湖猪杂交繁育体系是华中农业大学和湖北省农业科学院畜牧兽医研究所共同完成的一

个国家级科研项目，该项目的成功对建立商品猪生产繁育体系有一定的启示，为此，国内有关养猪专家和学者如赵书广、熊远著等人提出建立商品猪生产繁育体系，应从以下几方面入手。

（1）成立课题协作组　在我国可试行采用科研院校＋公司＋农户或大专院校＋基地场＋农户等多种模式建立商品猪生产繁育体系，并成立由管理、科研、生产、销售等部门共同组成的商品猪生产繁育体系的课题协作组，负责制定育种方案与技术路线，规划繁育体系的层次结构，落实任务，明确分工，负责资金筹措，组织具体方案的实施。

（2）筛选出优异的杂交组合　利用现有品种（系）开展专门化品系选育，同时进行配合力测定和杂交组合试验，筛选出优异的杂交组合。由于建立繁育体系的根本目的在于提高商品猪的综合生产性能，使其既能满足消费与市场需要，获得较高地商品价值，又能使养猪生产者获得较高的经济效益。因此，优异的杂交组合其效果应体现在：一是所生产的商品肉猪瘦肉率高，肉质好，能满足市场的需要，而且商品价值高；二是生长肥育猪生产力强，易饲养，能适应特定的营养水平，而且生长快，肥育期短，饲料利用率高；三是杂种优势明显且稳定，活体与胴体整体度好，一致性也强；四是对国家和生产者及屠宰销售商都有一定的经济效益。

（3）系统开展配套研究，完善综合生产技术　现代种猪生产性能较高，因此，要针对高性能种猪及杂优商品猪对饲料营养、环境条件、饲养管理方法等方面的特殊要求，要有目的、有计划地开展适宜营养水平、生长发育规律、繁殖生理与特性、饲养管理方法、饲养肥育日龄和屠宰体重、环境控制技术与方法、防疫消毒和免疫程序、生产工艺流程、饲养与猪舍设施设备配套等综合饲养管理技术的系统研究与组装配套。

（4）建立商品猪生产繁育体系正常的运转秩序　整个商品猪生产繁育体系的运作为：从市场预测→亲本品种选择→专门化品系选育提高→配合力测定→纯种繁育→配套杂交→商品猪生产→市场销售。

（5）开展技术培训与咨询服务，提高养猪生产队伍人员的技术素质和生产水平

（6）建立商品猪产供销网络体系，沟通生产与市场的有机联系

第二节　现代商品肉猪的科学饲养技术

商品肉猪生产中在品种、环境条件一致的情况下，通过对饲料营养物质的合理配制与控制，实行科学饲养，就能提高生长肥育猪的增重速度和饲料转化效率，改善胴体品质，可生产出量多质优的商品瘦肉猪。

一、现代商品肉猪的生理特点与生长发育规律

（一）生长肥育猪的生理特点

从猪的体重增长看，生长育肥猪的生长过程可分为生长期和育肥期两个阶段，而且此两个阶段的生理特点也不相同。

1. 生长期的生理特点

体重 20~60 千克为生长期。此阶段猪的机体各组织、器官的生长发育功能尚不完善，尤其是刚刚 20 千克体重的幼猪，其消化系统的功能比较弱，消化液中某些消化成分不能满足猪的消化需要，影响了营养物质的吸收利用；此时的胃容积较小，神经系统和机体对外界环境的抵抗力也正处于逐步完善阶段。这个阶段的猪主要是骨骼和肌肉的生长，需要较高的营养水平。

2. 育肥期的生理特点

体重 60 千克至出栏为育肥期。此阶段猪的各器官、系统的功能都已逐渐完善，尤其是消化系统，对各种饲料的消化吸收能力都有很大改善，神经系统和机体对外界的抵抗也逐步提高，也逐渐能够快速适应周围温度、湿度等环境因素的变化。此阶段猪的肌肉和骨骼的生长较为缓慢，而脂肪组织生长旺盛。因此，此阶段在不影响增重的情况下，适当限制能量水平，控制猪脂肪的大量沉积，以改善胴体品质。

（二）生长育肥猪的生长发育规律

1. 体重的增长规律

现代养猪饲养的大都是二元或三元的瘦肉型品种猪的杂交猪，少数为配套系杂优猪。生长育肥猪体重的 75% 要在 110 天内完成，平均日增重需保持在 700~750 克，其中 25~60 千克体重阶段日增重应为 600~750 克，60~100 千克应为 800~900 克。在正常的饲料和营养水平、饲养管理条件下，生长育肥猪的每日绝对增重是随着年龄的增长而增长，而每日的绝对增重（当月增重 ÷ 月初体重 × 100）是随着年龄的增长而下降，到了成年则稳定在一定水平。也就是说，小猪的生长速度比大猪快，一般生长育肥猪在 100 千克前，日增重由少到多，而在 100 千克以后，日增重由多到少，到成熟期时停止生长。由此可见，生长育肥猪的绝对增重呈现慢—快—慢的趋势，而相对生长率则以幼年时最高，然后逐渐下降。根据 1993 年国内组合的杂种肉猪体重增长速度的分析，75~80 千克体重阶段为增长速度高峰，少数推迟到 90 千克活重以后，这一般都是在生后 180 日龄前的时期。因此，在商品肉猪生产上应抓住增长速度的高峰期，加强饲养管理，提高增重速度，减少每千克增重饲料消耗，才能降低饲养成本。

2. 猪体内组织的增长规律

现代瘦肉型猪种骨骼、皮、肌肉、脂肪的生长有一定规律，随着年龄的增长，体组织的生长势是骨骼＜皮＜肌肉＜脂肪，而地方原始猪种是骨骼＜肌肉＜皮＜脂肪，说明不论什么猪种，脂肪是发育最晚的组织。从局部组织或器官的生长来看，最先生长发育的器官是内脏器官，以后依次为骨骼、瘦肉、皮和脂肪组织。由此可见，猪体骨骼、肌肉、皮肤、脂肪的生长强度也是不平衡的，一般骨骼是最先发育，也是最先停止生长的。骨骼从生长育肥猪生后 2~3 月龄开始到活重 30~40 千克是强烈生长时期，肌肉继骨骼的生长之后而生长，当活重达到 50~60 千克以后脂肪开始大量沉积。初生仔猪体内脂肪含量只有 2.5%，到体重 100 千克时含量高达 30% 左右。虽然因猪的品种、饲料营养与管理水平不同，几种组织生长强度有所差异，但基本上表现出一致性的规律。总之，20~60 千克阶段为骨骼发育的高峰期，60~90 千克为肌肉发育高峰期，100 千克以后为脂肪发育的高峰期。因此，故有小猪长骨、中猪长皮、大猪长肉、肥猪长膘之说。但现代瘦肉型猪种及其杂优猪肌肉的成熟期推迟，在活重 30~110 千克期间保持强度增长，110 千克以后开始下降，至成年期不再增长。所以，一般杂优商品猪应于 110 千克体重出栏较为适宜。生产实践中，要利用生长育肥猪的这一规律，生长前期给予高营养水平饲养，并注意日粮中氨基酸的含量，促进骨骼和肌肉的快速生长发育；而在后期适当限饲可减少脂肪的沉积，既能防止饲料的浪费，又可提高商品猪胴体品质和肉质。

3.猪体内化学成分的变化规律

随着生长肥猪体组织及增重的变化，猪体的化学成分也呈一定规律性的变化，即随着年龄和体重的增长，机体的水分、蛋白质相对含量下降，而脂肪相对含量则迅速增长，但矿物质从小到大一直保持比较稳定的水平。有研究表明，生长育肥猪体内蛋白质在 20~100 千克这个主要生长阶段沉积，每日沉积蛋白质 80~120 克，水分则随年龄的增长而减少。如体重 10 千克时，猪体组织内水分含量为 73% 左右，蛋白质含量为 17%，到体重 100 千克时，猪体组织水分含量只有 49%，蛋白质含量只有 12%。而猪体脂肪含量随体重增长而逐渐增多，脂肪增加的同时水分在下降。有研究表明，体脂肪在活重 140 千克时仍强度沉积，保持 10% 的增长速度。猪体化学成分变化的内在规律是制订生长育肥猪不同体重时期营养水平和科学饲养管理技术措施的依据，生产实践中只要掌握此内在规律后，就可以在其生长育肥的不同阶段，实行营养调控措施，可加速或抑制猪体组织的生长发育，可改变猪的体形结构、生产性能和胴体品质，达到生产者所要求的商品猪饲养标准。

二、现代商品肉猪的营养需要与日粮配制要求

（一）商品肉猪的营养需要

1.能量需要

在各种营养成分中，能量水平与日增重、胴体瘦肉率关系密切。一般来说，在日粮中蛋白质、必需氨基酸水平相同的情况下，生长育肥猪摄取能量越多，日增重越快，饲料利用率越高，胴体脂肪含量也越多，但摄入能量超过一定水平后情况就会有变化。有试验证明，在体重 20~90 千克阶段，分高、低 2 个能量水平，蛋白质则全期一致，两组饲料中每种氨基酸都相等，试验结果见表 12-1。

表 12-1 能量水平对生长速度和肥度的影响

能量水平	低能量水平		高能量水平	
摄取蛋白质	低（共 34 千克）	高（共 43 千克）	低（共 35 千克）	高（共 45 千克）
粗蛋白质含量（%）	13.4	18.0	14.4	18.0
日增重 20~50 千克阶段	483	564	548	610
50~90 千克阶段	808	780	828	945
20~90 千克阶段	616	664	652	735
三点膘厚（毫米）	17.5	15.0	19.0	16.5

资料来源：赵书广主编《中国养猪大成》第二版，2013。

从表 12-1 可见，无论蛋白质水平高低，随日粮能量的提高，各阶段日增重也逐步提高，胴体脂肪含量也就越高。此试验表明，生长育肥猪生长各阶段不论蛋白质水平高低，日增重随着能量水平的提高而提高，但胴体相应变肥。也可以说，能量水平对日增重的影响主要是脂肪沉积发生了变化，也就是对胴体的脂肪比率影响极大，但对饲料利用率和胴体品质

也有影响，如表 12-2 所示。

表 12-2　肉猪活重 48~90 千克日摄入消化能及其生产性能

项目	摄入消化能（兆焦/日）				
	22.5	27.3	32.5	37.2	42.0（不限量）
日沉积蛋白质（克）	75	98	137	136	137
瘦肉日增重（克）	300	392	541	544	548
活重日增重（克）	418	576	793	830	834
饲料/增重	3.92	3.39	2.9	3.10	3.46
体脂肪（克/千克）	196	250	254	316	352

　　从表 12-2 可看出，生长育肥猪活重在 48~90 千克期间，随着每日摄入消化能的增加，日沉积蛋白质、瘦肉日增重均呈线性增长，但摄入量达到 32.5 兆焦以后（大致相当于维持需要的 2.5~3 倍），再增加能量摄入也不能使蛋白质和瘦肉量的沉积继续增长，反而出现饲料转化率开始降低，唯有体脂肪组织沉积继续增加，造成饲料资源极大浪费，并降低了胴体品质，这在经济上不合算。在生产实践中，特别在农村一些猪场，由于不重视日粮能量水平的控制，往往把瘦肉型的纯种长白猪或大白猪养肥，饲料消耗量大，生产成本也高，这也是造成养猪效益不高的一个原因。很多研究表明，对于不同品种，不同类型和不同性别的猪种，应分别确定最佳期的能量水平。对生长育肥猪而言，因为能量水平对日增重的影响主要是脂肪沉积发生变化，因此，在肥育后期采用限量饲喂，限制能量水平，就可控制脂肪的大量沉积，可相应提高瘦肉比例，这在经济上是很合算的一种措施。如中国农业科学院饲料研究所曾用高能（每千克日粮消化能 12.97 兆焦）、低能（每千克日粮含消化能 11.71 兆焦）两种能量水平饲喂育肥猪，虽然日增重低能组比高能组低，但膘厚降低 5.5 毫米，瘦肉率提高 5.0%，从饲料利用率和经济效益上讲是合算的，详见表 12-3。

表 12-3　不同能量水平对日增重与胴体的影响

能量水平	日增重（克）	背膘厚（毫米）	瘦肉率（%）
高能组（12.97 兆焦/千克）	513.5	46.0	47
低能组（11.7 兆焦/千克）	434.5	40.5	52

　　从以上的论述可见，提高饲粮能量，虽然可提高增重速度及饲料转换效率，但会使育肥猪的胴体过肥；而饲粮能量水平过低，则增重缓慢，饲料转换效率太低。生长育肥猪一般在生长期，饲粮含消化能 13.0~13.5 兆焦/千克，肥育期要控制能量，减少脂肪沉积，饲粮含消化能 12.2~12.9 兆焦/千克。

3. 蛋白质和氨基酸需要

　　日粮的蛋白质水平对现代商品肉猪的日增重、饲料转化率和胴体品质影响极大，并受猪的品种、日粮的能量水平及蛋白质的配比所制约。如果提高日粮中的能量水平可提高日增重，降低胴体瘦肉率，那么，提高日粮中蛋白质水平，除提高日增重外，还可以获得背膘薄、眼肌面积大、瘦肉率高的胴体，这也是现代商品肉猪生产的目的。据黑龙江红兴隆农场试验，用同一品种的长白猪在同样的条件下，两组日粮中能值一样（消化能为 12.9 兆焦），高蛋白质组每千克饲料中含可消化蛋白质159.4克，低蛋白质组为139克。试验结果表明，高蛋白质组比低蛋白质组瘦肉率高，胴体背膘薄，详见表12-4。

表12-4　不同蛋白质水平对胴体的影响

胴体性状	高蛋白质组	低蛋白质组
膘厚（厘米）	2.71	3.14
瘦肉率（%）	55.02	52.24

从表12-4可见，要想提高现代商品肉猪胴体瘦肉率，需要相应提高日粮中蛋白质的含量。但一些研究成果表明，适当较低的粗蛋白质水平并不一定会降低瘦肉率，就是说不是蛋白质水平愈高对生产瘦肉有效，而是以适度最有利。因此，从生产角度和经济效益上考虑，应重点研究蛋白质投入和产出的最佳方案。有资料报道，在商品肉猪肥育的不同阶段，采用3组不同的蛋白质水平饲料进行试验，当分别喂给粗蛋白质含量为16%~19%、13%~16%和11%~13%的日粮时，前两组育肥猪增重最快，肥育效果最好；而后1组眼肌面积最小，背膘薄，臀腰比例小。类似的试验报道还有，在催肥阶段喂粗蛋白质含量14%~16%的比喂10%~12%的增重快，饲料利用率高，胴体品质好。还有试验报道，粗蛋白质含量超过18%时，对增重无益，但能改善肉质，降低肥度，提高胴体瘦肉率，日粮粗蛋白水平与生产性能见表12-5。

表12-5　日粮粗蛋白水平与生产性能

生产性能指标	日粮粗蛋白质含量（%）					
	15.0	17.5	20.0	22.5	25.0	27.5
日增重（克）	676	749	745	749	717	676
胴体瘦肉率（%）	44.7	46.6	46.8	47.6	49.0	50.0

资料来源：引自陈清明等主编的《现代养猪生产》，1997。

虽然日粮中蛋白质水平能改善生长育肥猪生产性能，但从经济上分析，用提高蛋白质水平来改善肉质并不经济，因此，肥育猪的蛋白质水平一般以不超过18%为宜。ARC认为，50千克以下的生长猪饲料中粗蛋白质占16%~17.5%，50~90千克的育肥猪日粮中粗蛋白质占13%~14%，对生长育肥猪的增重和胴体瘦肉率有良好的影响。根据我国情况及近期科研成果对日粮蛋白质水平提出建议：体重20~60千克时瘦肉型猪为16%~17%；60~100千克14%（为了提高日增重）或16%（为了提高瘦肉率）。在现代商品肉猪日粮中还应保持一定的可消化能与可消化粗蛋白质的比例，即能量蛋白质比，活重20~60千克时，能量蛋白质比为23∶1；活重60~100千克为25∶1。

蛋白质对生长肥育猪的增重和胴体品质的影响，关键在于质量，即氨基酸的平衡，因此，研究蛋白质水平还应注意氨基酸的比例。在现代商品肉猪日粮中，供给合理的蛋白质时，要注意各种氨基酸的给量配合比例。猪需要10种必需氨基酸，缺乏任何一种都会影响增重，尤其是赖氨酸、蛋氨酸和色氨酸等限制性氨基酸更为突出。有研究表明，赖氨酸占粗蛋白质4.5%为佳，它对增重、饲料利用率和瘦肉率都较适宜；也有一些报道认为，赖氨酸占蛋白质的 6.4% 最好。还有试验表明，不同蛋白质水平，从生长育肥猪 40 千克饲喂 60 天，高蛋白质组日增重比对照组高 85.2 克，低蛋白质组虽然蛋白质含量只有 11.8%，但由于补加了赖氨酸，与高蛋白质组比较相差不大，见表 12-6 所示。

表 12-6 不同蛋白质水平和补加赖氨酸对日增重和胴体品质的影响

指　标	对照组 （13.9%）	高蛋白质组 （17.2%）	低蛋白质组 + 赖氨酸组 （11.8%）
猪数（头）	9	9	9
饲养时间（天）	60	60	60
日增重（克）	564.8	650	644.3
屠宰率（%）	73.4	73.6	73.4
背膘厚（毫米）	42	44	42
瘦肉率（%）	47	46.7	49.7

资料来源：赵书广主编的《中国养猪大成》（第 2 版），2013。

由表 12-6 可见，体重在 40 千克的育肥猪，日粮中补加少量赖氨酸可以达到高蛋白质水平的增重效果，而且胴体瘦肉率也较高。但在生长育肥猪的日粮中，赖氨酸占粗蛋白质的配比是多少，华中农业大学用杜洛克猪进行了日粮中不同蛋白质、赖氨酸比例对肉猪生产性能及胴体品质的影响研究证明，试验前期（27~60 千克）日粮消化能均为 13.67 兆焦 / 千克，后期（60~90 千克）均为 13.44 兆焦 / 千克；赖氨酸前期 1、2、3 组分别为 1.2%、1.1%、0.9%，后期分别为 1.1%、1.0%、0.8%，赖氨酸 4、5、6 组前期分别为 1.1%、1.0%、0.8%，后期分别为 0.95%、0.87%、0.70%。结果表明，4、5、6 组平均日增重、饲料利用率及胴体瘦肉率都略高于 1、2、3 组，但差异不显著。试验结果见表 12-7 和表 12-8。

表 12-7 试验饲料配方的主要营养水平（每千克饲粮）

组别	前期（27~60 千克）				后期（60~90 千克）			
	日粮消化能 （兆焦）	粗蛋白质 （%）	赖氨酸 （%）	赖蛋比	日粮消化能 （兆焦）	粗蛋白质 （%）	赖氨酸 （%）	赖蛋比
1	13.67	18	1.2	6.67	13.44	16	1.1	6.88
2	13.67	18	1.1	6.11	13.44	16	1.0	6.25
3	13.67	18	0.9	5.00	13.44	16	0.8	5.00
4	13.67	16	1.1	6.88	13.44	14	0.95	6.79
5	13.67	16	1.0	6.25	13.44	14	0.87	6.21
6	13.67	16	0.8	5.00	13.44	14	0.70	5.00

资料来源：陈清明等主编的《现代养猪生产》，1997。

表12-8　日粮粗蛋白质与赖氨酸水平对肉猪生产性能的影响

组别	组别					
	1	2	3	4	5	6
前期						
日增重（克）	674.75	745.88	724.88	725.5	782.63	746.63
饲料转化率	2.89	2.59	2.65	2.76	2.41	2.53
后期						
日增重（克）	841.13	819.63	838.88	850.88	875.25	787.63
饲料转化率	3.35	3.61	3.57	3.25	3.59	3.47
瘦肉率（%）	64.8	63.9	63.34	63.34	65.79	66.19

资料来源：陈清明等主编的《现代养猪生产》，1997。

从表12-7和表12-8可见，前期5组与2组肉猪增重最快，达782克与745克，两组赖蛋比为6.1%~6.2%；后期还是5组增重速度最快，达875.25克。从粗蛋白质与赖氨酸水平组合看，以粗蛋白质14%，赖氨酸0.87%，赖蛋比6.21%的5组增重效果最好（875克）。以全期饲料转化率上看，4、5、6组为2.98，略好于1、2、3组（3.11），但差异不显著，其中以6组和5组最好，分别为2.96和2.98。此试验结果显示，日粮蛋白质、赖氨酸水平对胴体瘦肉率的影响均不显著，胴体瘦肉率均达到或超过64%；粗蛋白质为14%~16%组比16%~18%组平均瘦肉率高1.55%；从全期看，6组与5组瘦肉率较高，分别达到66.19%和65.79%。

从以上论述可见，生长育肥猪饲粮中赖氨酸供给水平，对增重和饲料转换效率有十分明显的影响，特别赖氨酸作为生长育肥猪的第一限制性氨基酸，对生长育肥的日增重、饲料转化效率及胴体瘦肉率提高具有重要作用。当赖氨酸占粗蛋白质的6%~8%时，其蛋白质的生物学价值最高。因此，生长育肥猪的饲粮，必须注意日粮中赖氨酸占粗蛋白质的配比。从经济角度上考虑，赖氨酸占风干饲粮的0.9%~1%或饲粮中蛋白质的6.2%~6.4%为宜。此外，生长期蛋氨酸+半胱氨酸为0.37%~0.42%；肥育期蛋氨酸+半胱氨酸为0.28%。

4.矿物质和维生素需要

生长育肥猪必需的矿物质有十几种，在配合饲粮时，一般主要考虑钙、磷和食盐的供给。据试验，与喂给贫钙饲粮相比，喂给含钙符合要求的饲粮育肥猪增重可提高18%，单位增重耗料量节省13%。还有报道，以玉米加豆饼为基础的饲粮中，按标准加食盐的育肥猪增重为720克，而没有加食盐的育肥猪日增重只有560克。通常在饲粮中补加食盐量为0.25%~0.5%。生长期为满足骨骼的快速增长，钙的添加量0.50%~0.55%，磷0.40%~0.45%；肥育期钙的添加量0.45%，磷0.35%~0.4%。

生长育肥猪对维生素的需要量随其体重的增加而增加，因此，在现代商品肉猪生产日粮中必需添加一定数量的多种维生素。由于生长育肥猪维生素的需要量及在饲料中的含量在查阅、计算时比较麻烦，有人计算过，生产中每头生长育肥猪每天喂给1~2.5千克的青饲料，基本上可以满足对维生素的需要。若没有或缺乏青饲料时，可购买专业厂家生产的生长育肥猪多种维生素产品，按说明添加就行。

5.粗纤维需要

饲粮中粗纤维的含量是影响饲粮消化率和适口性的重要因素。若其含量过低，则易出现拉稀现象；含量过高，则适口性差，饲粮消化率降低。而且日粮中粗纤维含量多或少均会影响生长育肥日增重和胴体瘦肉率。研究表明，日粮中粗纤维含量有其最高界限，每超过 1 个百分点，就可降低有机物（或能量）消化率 2 个百分点，粗蛋白质 1.5 个百分点，从而使采食量减少，日增重降低和背膘变薄，胴体瘦肉率上升。由于现代商品肉猪是杂优猪，生长速度快，但需要营养平衡的日粮，而且粗纤维含量不能过高。一般来讲，我国地方猪种对日粮中粗纤维的消化率为 74.2%，肉脂型巴克夏猪为 54.9%，而瘦肉型猪就耐受不了粗饲和低营养水平的日粮。研究表明，在日粮消化能和粗蛋白质水平正常情况下，20~35 千克阶段，日粮粗纤维含量为 5%~6%，35~100 千克阶段 7%~8%，不能超过 9%。有研究表明，生长肉猪日粮中粗纤维最适水平是 6.57%（增重最好）和 6.64%（经济性最好）。对中国地方猪种而言，生长育肥猪日粮粗纤维含量最高也不应超过 16%。

6. 水需要

水是生长育肥猪机体的重要组成部分，生长育肥猪机体从幼龄含水 68% 到出栏机体含水 53% 都离不开水。生长育肥猪缺水或长期饮水不足，常使健康受到损害。若生长育肥猪体内水分减少 8% 时，即会出现严重的干渴感觉，食欲减少或丧失，消化物质作用减缓，并因黏膜的干燥而降低对疾病的抵抗力；水分减少 10% 时就会导致严重的代谢失调；减少 20% 以上的即可引起死亡。夏季高温季节的缺水要比降温时更严重。生长育肥猪的需水量是每千克饲料干物质的 3~4 倍即体重的 16% 左右，夏季可增加 50%，约占体重的 23%。对生长育肥猪可采取自由饮水方式，使用自动饮水器要比水槽好。

（三）商品肉猪的日粮配制要求和典型饲料配方介绍

1. 注意饲料对肉脂的影响

现代的商品肉猪肉脂品质主要决定于饲料。饲料含不饱和脂肪酸多的玉米、糠、大豆等配合比例过大时，育肥猪脂肪过于松软呈淡黄色，易腐败不耐储存。相反，用大麦、小麦、马铃薯等饲料时，则肉脂坚实、洁白、易保存。此外，在配合育肥猪饲粮时，同样不能用霉烂变质、有毒有害的饲料，不能添加使用激素及饲料和兽医法规禁用的添加剂、兽药等，对要求宰前一段时间内停药的添加剂，也一定要严格执行，否则会在育肥猪的肉脂中残留，危害人的健康。

2. 设计饲料配方的要求

（1）饲料配方的设计要体现出良好的饲喂效果和经济效果 饲料配方的设计是养好现代商品猪的关键技术之一，而且良好的饲料配方饲喂效果好、经济效益高、生产成本低。因此，办好一个现代商品肉猪场，应当了解当地的饲料资源，饲料利用的经济价值；要有良好的配方设计，饲料原料种类间配合比例适宜。

（2）根据生长育肥猪的生长发育阶段所需要营养物质来设计配方 饲料配方的设计要根据猪的生理特点，对饲料的消化能力和需要，设计不同比例，组成完善的日粮，猪只采食后才可获得良好的效果。饲料配方要满足生长发育阶段所需的营养物质，如果配方中选用原料不当，所需营养物质得不到满足，就会影响生长和日增重。不同生长发育阶段的猪，需要的营养物质也不一样，30~60 千克阶段为生长期，此时肌肉进入旺盛生长时期，需要较高的营养水平才能满足营养物质需要。体重 60 千克以后，脂肪沉积能力增强，瘦肉生长处于缓慢，此期称为育肥阶段，需要能量饲料较多，如不限制，猪的采食量加大，摄取能量营养物质越多，日增重相应也越大，但体内脂肪的沉积也就越多，屠宰后胴体瘦肉率也就越低，在经济上很不合理。因此，要根据生长发育阶段和饲养目标，除设计好配方外，也要选好饲料配方，使生长育肥猪不仅增重快，而且符合胴体质量要求。

3.典型饲料配方介绍

（1）使用预混料和浓缩料自配全价饲料 现代商品肉猪饲养为了降低生产成本，保证生长育肥猪能获得生长与生产所需的营养物质，根据生长育肥猪的生理阶段、生长状况及对产品的质量要求，按饲养标准或配制饲料条件的不同，可分别采用预混料、浓缩料配制全价配合料。一般采用浓缩料配制生长育肥猪全价配合料的猪场较多，即生长猪（60~130日龄，30~60千克体重）全价配合饲料由浓缩饲料20%、玉米64%、麦麸16%，玉米粉碎后共同拌匀配制而成；育肥猪（131~160日龄，61~100千克体重）全价配合饲料由浓缩饲料15%、玉米60%、麦麸25%，玉米粉碎后共同拌匀配制而成。自配的全价配合饲料营养标准：外来和国内猪种的杂种猪（15~60克）消化能分别为13.5兆焦/千克和12.5兆焦/千克，粗蛋白质分别为17.5%和15.5%，赖氨酸分别为1.03%和0.9%；60~100千克至出售，消化能分别为13.0和12.0兆焦/千克，粗蛋白质分别为14.5%和13.5%，赖氨酸分别为0.8%和0.75%。使用的预混料和浓缩料，要以我国长期以来应用范围较广，影响力较大的知名厂家生产的产品为主。

（2）典型饲料配方实例

① 中国农业科学院北京畜牧兽医研究所研制的低蛋白质日粮配方，适用于华北地区蛋白质饲料不足的地方使用，饲喂大白 × 长白 × 北京黑猪，日增重分别为615克和705克，见表12-9。

表12-9 生长肉用型猪饲料配方

饲料种类（%）	生长阶段		营养物质含量	生长阶段（千克）	
	20~60	60~100		20~60	60~100
玉米	55.09	65.04	消化能（兆焦/千克）	12.56	12.93
豆饼	4.66	10.00	代谢能（兆焦/千克）	11.64	11.94
麦麸	5.00	5.00	粗蛋白质（%）	13.24	11.75
大麦	25.00	15.00	钙（%）	0.75	0.45
鱼粉	5.00	–	磷（%）	0.65	0.50
草粉	3.00	3.00	赖氨酸（%）	0.76	0.61
蛋氨酸	0.10	0.10	蛋氨酸＋半胱氨酸（%）	0.56	0.51
维生素与矿物质	0.28	0.25	苏氨酸（%）	0.51	0.46
骨粉	1.37	1.20	异亮氨酸（%）	0.50	0.44
食盐	0.50	0.50			
合计	100.00	100.00			

资料来源：赵伟广主编《中国养猪大成》第二版，2013。

② 由华南农业大学提供，适用华南地区常用饲料配制的标准日粮，需另外再加多种维生素及微量元素，饲喂杜洛克 × 长白杂交猪，日增重分别为528克和623克，见表12-10。

表 12-10　生长肉用猪饲料配方

饲料种类（%）	生长阶段		营养物质含量	生长阶段（千克）	
	20~60	60~100		20~60	60~100
玉米	50.1	50.4	消化能（兆焦/千克）	13.28	13.17
豆饼	21.0	15.0	代谢能（兆焦/千克）	12.319	12.27
小麦麸	5.0	8.0	粗蛋白质（%）	15.90	14.10
细麦麸	10.0	10.0	钙（%）	0.59	0.50
稻谷	12.0	15.0	磷（%）	0.48	0.46
骨粉	1.0	0.4	赖氨酸（%）	0.77	0.65
贝壳粉	0.6	0.9	蛋氨酸+半胱氨酸（%）	8.61	0.56
食盐	0.3	0.3	苏氨酸（%）	0.61	0.54
合计	100.00	100.00	异亮氨酸（%）	0.62	0.53

资料来源：同表 12-9。

③摘自英国 C.T. 惠塔莫尔著《实用猪的营养》，根据饲养标准与当地饲料价格建议饲料加工厂使用的饲料配方，饲喂瘦肉型大白猪、长白猪及其杂种，日增重分别是 575 克和 867 克，见表 12-11。

表 12-11　生长肉用猪饲料配方

饲料种类（%）	生长阶段		营养物质含量	生长阶段（千克）	
	20~60	60~100		20~60	60~100
大麦	70.3	77.9	消化能（兆焦/千克）	13.0	13.0
饲用小麦	8.4	5.0	代谢能（兆焦/千克）	12.03	12.10
豆饼	12.9	8.6	粗蛋白质（%）	17.0	14.5
花生饼	5.0	5.0	赖氨酸（%）	0.8	0.6
维生素+微量元素	0.3	0.3	蛋氨酸+半胱氨酸（%）	0.65	0.49
碳酸钙	1.7	1.6	钙（%）	0.81	0.78
磷酸氢钙	1.1	1.3	磷（%）	0.65	0.59
食盐	0.3	0.3	粗纤维（%）	5.0	6.0
合计	100.00	100.00			

资料来源：同表 12-9。

三、现代商品肉猪的饲养方式

（一）育肥方式

1. 阶段育肥法

阶段育肥法又叫"吊架子"肥育法，过去我国农村多饲养地方猪种，常采用这种方法把生长育肥猪的整个过程划分为 3 个阶段，即小猪、架子猪和催肥阶段，分别给以不同的营养水平，把精料集中在小猪和催肥阶段，在中间架子猪阶段主要利用青粗饲料，尽量少用精料。

（1）小猪阶段　从断奶时体重 12~15 千克开始到 25 千克，大概饲养 2 个月，要求日增重 150~200 克，主要长骨骼。小猪生长速度较快，对营养要求全面，饲料能量和蛋白质水平相对较高，因而日粮中精料大于青粗饲料。

（2）架子猪阶段（中猪阶段）　体重从 25 千克 60 千克，饲养 4~5 个月，饲喂青粗饲料为主，主要生长肌肉，增加体长，日增重 150~200 克。

（3）催肥阶段（大猪阶段）　体重达 60 千克以上，饲养 2 个月，此阶段为脂肪大量沉积的阶段，日粮中精料比例大，营养浓度高，脂肪沉积迅速，日增重可达 500 克以上。

阶段肥育法主要是在饲养中控制能量水平，以求达到经济利用饲料的目的，其优点是能大量利用农副产品，节约精料。其缺点一是拖长了饲养期，改变了猪体内组织状况，生产的肉猪胴体瘦肉少，脂肪多，不适应当前市场的需要；二是肥育期消耗饲料多，饲料利用不经济。

2. 直线育肥法

直线育肥法又叫"一条龙"育肥法，即根据肉猪生长发育的不同阶段对营养需要的特点，始终保持较高的营养水平，自由采食，不限量饲养，也不用任何青、粗饲料，充分满足生长育肥猪各种营养物质的需要，并提供适宜的环境条件，使其发挥最大生产潜力，以获得较高的增重速度和优良的胴体品质。直线育肥法符合生长育肥猪的生长发育规律，抓住了生长快和省饲料的特点，强制饲养，充分生长，以求达到经济生产的目的。一般从体重 10 千克至 90 千克，约 5 个月，料重比（3.0~3.5）：1。现代商品肉猪生产多采用直线育肥法，克服了"阶段肥育"的缺点，缩短了育肥期，减少了维持消耗，节省饲料，提高了出栏率和商品率，同时也大大提高了圈舍和设备的利用率。但缺点是有点浪费饲料，由于后期不限量饲喂，胴体瘦肉率含量会降低，经济效益仍然不理想。

3. "前高后低"育肥法

"前高后低"是在直线育肥的基础上，为了提高瘦肉率而改进的一种前期高营养水平饲养，后期限制饲养的一种育肥方法，也叫"前敞后控"育肥法。由于育肥猪的瘦肉率，主要取决于日粮中蛋白质和必需氨基酸的供给；而脂肪的生长量，主要取决于日粮中的能量含量。在现代商品肉猪生产中，一方面在其饲粮中全期都要保持一定的蛋白质和氨基酸的供给，以促进体蛋白的沉积，增加瘦肉量；另一方面，应适当降低育肥期饲粮中的能量含量，以限制脂肪的沉积，这样可以多长瘦肉。其具体做法是：体重 60 千克前，采用高能量高蛋白质的饲粮，每千克饲粮消化能在 12.5~12.97 兆焦，粗蛋白质 16%~17%，并让生长猪自由采食。体重 60 千克后，采用限量饲喂，限制育肥猪的采食量，即控制为自由采食量的 75%~80%，这样既不会严重影响肉猪增重速度，又可减少脂肪的沉积；或者仍让育肥猪自由采食，但降低饲粮能量浓度，最低不能低于 11 兆焦 / 千克，否则虽提高了瘦肉率，却会影响日增重，降低经济效益。这种育肥方法可使生长育肥猪增重速度快，饲料利用率高，瘦肉率也高，肥育期短，是现代商品肉猪比较理想的一种育肥方法。

（二）饲喂方法和次数

1. 饲喂方法

饲喂方法有自由采食与限饲两种。曾有学者做过 89 次自由采食和限量饲喂的比较试验，结果显示自由采食对增重有益的 38 次，对饲料利用率有益的仅 13 次，有损的 60 次，对胴体品质有益的仅 1 次，有损的 72 次。这充分说明，自由采食对提高日增重有益，但由于采食过量，沉积脂肪较多，饲料利用率降低；而限量饲喂饲料利用率高，胴体背膘薄，瘦肉率较高。因此，对现代商品肉猪饲喂，有些国家采用限饲法；有的自由采食饲料的70%~80%；有的采用间断饲喂，即连续饲喂3天或4天，停喂1天；有的在自由采食情况下，为防止因采食过量形成厚背膘，而把粗纤维含量高的饲料添加到日粮中，以限制育肥猪对能量的摄取。生产实践中可根据饲养目标来选择饲喂方法。为了追求高的日增重用自由采食方法最好，为了获得瘦肉率较高的胴体采用限量饲喂方法最优。但由于各地情况不同，因此，究竟采用哪种饲喂方式还是需根据本场的实际情况而定，如饲养的规模、猪的类型、料槽的类型、饲养人员的责任心、饲料的成本及最终的经济效益综合考虑。

大规模商品猪生产饲养最好采用自动料槽（筒）自由采食。自由采食优点：节省人工、方便；给料充足，发育均匀。缺点：易导致猪"厌食"，采食量小，生长速度慢；饲料浪费大，易霉变；不利于猪群的观察，不能及时发现病猪，延缓治疗期。自由采食一般选择干粉料型，喂粉料具有省工，减少应激的优点，但也有易增加空气中的粉尘，不易观察到病猪，浪费水等缺点。粉料的颗料要求：30千克以下的生长猪，粉料的颗粒直径在0.5~1.0毫米为宜；大于30千克，颗粒直径以2~3毫米为宜。过细的粉料易黏于口腔上难咽下，影响采食量。生产中最好采用水料一体的自动干湿料槽喂猪，猪边吃边喝，节约用水，刺激采食，促进增重，可缩短育肥周期，提高饲料利用率。

小规模饲养商品肉猪可采用非自动料槽（筒）人工定时喂料，少给勤添，看猪投料，每餐不剩或少剩料。此种喂料方式优点：可提高猪的采食量和生长速度，缩短出栏时间；保证猪群活动同步，易于观察猪群的健康状况及异常变化；可减少饲料浪费，防止饲料霉变。缺点：饲养人员的工作量大，对饲养员素质要求高，易出现猪的体重大小分离差异。定时喂料可选择干湿料型（水料比1:1）最好，喂干湿料具有适口性好，增加采食量，减少空气中粉尘，节约用水等优点。定时喂料要求是尽可能"充分喂养"，提高肉猪的采食量，每日每头肉猪的喂料量是体重的3%~5%。也可参照以下公式，即50千克以前：体重 × 0.045 = 饲喂量；50~95千克：体重 × 0.040 = 饲喂量。饲喂次数和饲喂量要求，小猪要少喂多餐，中大猪每日3次，做到"早餐多，中餐少"。早餐占喂量的35%，中餐占25%，晚餐占40%，中餐以调节为主。此外，生产中还要注意，从保育舍转入的生长育肥猪用的饲料配方暂不变动，5~7日内不能过量采食，第1天喂8~9成饱，5~7天后逐渐过渡到中猪料；30~60千克喂中猪料，每头每天喂1.6~2.5千克；60千克以上用大猪料，每头每天2.5~3.5千克。每次换料用1周时间，前后饲料混合逐渐过渡，减少换料应激，换料方式为2:1、1:1、1。

2. 饲喂次数

自由采食不存在饲喂次数，限量饲喂有饲喂次数问题，生产中应视饲料形态、日粮中营养物质的浓度以及生长育肥猪的日龄和体重而定。如果日粮的营养物质浓度不高，容积大，可适当增加饲喂次数，相反则可适当减少。但对生长阶段的小猪，日喂次数可适当增加，以后逐渐减少。英国做了肉猪饲喂次数的对比试验，1天喂两次的肉猪平均日增重为621克，每千克增重耗料3.24千克，屠宰率为74.5%，胴体长72.3厘米，一级胴体占72.3%；1天喂1次的肉猪平均日增重为625克，每千克增重耗料3.22千克，屠宰率为71.4%，胴体长78.6%。由此可见，1天喂1次日增重与饲料转化率基本无差异，胴体长与胴体等级均比对照组高，只有屠宰率稍低些。因此，从劳动效率上看1天1次饲喂可提高效率1倍，胴体等级与经济效益高。国外有的猪场对肉猪生长后期实行每周停食1天的自由采食方法，供水不断，关闭自动饲槽口，结果提高了饲料利用率，出栏日龄不受任何影响，并对提高胴体品质有益。这种饲喂方式是在饲料营养充足情况下值得推广的技术措施。由于饲喂次数对肉猪的增重影响目前报道不一致，据测定，定量饲喂对每日喂1次与用同样数量的日粮分5次喂，生长速度没有差异，但每日喂1次的猪吃料间隔时间长，可能是消耗体脂的缘故。一般来说，每日喂两次料的肉猪，饲料报酬稍高。因此，对现代商品肉猪的饲喂次数要根据本场的实际情况及饲养的品种（品系）来定。

3. 饲料形态

全价配合饲料的加工调制一般分为颗粒料、干粉粒和湿拌料3种形态。饲料形态也同饲喂次数一样对育肥效果有一定影响，一般而言，颗粒料优于干粉料，湿料优于干料。

（1）干粉料　将饲料粉碎后根据饲养标准和营养成分按比例配合调制后为干粉料。试验证明，喂干粉料日增重的饲料利用率均比喂稀粥料好，特别在自由采食自动饮水的饲喂方式下，可大大提高劳动生产率和栏圈及设备利用率。干粉料的生产成本比生产颗粒料成本低，因此，一些猪场采用干粉料饲喂生长育肥猪。干粉料其饲料的粉碎细度标准为：30千克以下的小猪，0.5~1.0毫米；30千克以上，2~3毫米，过细的粉料易粘于口腔和舌上较难咽下，影响采食量，而且过细的粉料易使肉猪患胃黏膜溃疡性疾病，同时细粉易飞扬易引起肺部疾病。

（2）湿拌料　也称为水拌料，是一种常用的饲料形态，由于料与水比例不同分为稠料和稀料，稠料的料水比为1：4，稀料的料水比为1：8，生产中也有按干粉料与水的比例1：1作为湿拌料。据北京市农林科学院畜牧兽医研究所2009年的试验证明，生长肥育猪以稀料饲养效果最好。在57次颗粒料与粉料的对比试验报告中，在增重速度上有39次认为喂颗粒料好，2次喂粉料好，16次无差异；在饲料利用率上，有48次认为颗粒饲料好，7次无差异，1次粉料好；在44次湿喂与干喂的对比试验中，湿喂对增重有益的29次，有损的3次，无差异的12次。湿喂对饲料利用率有益的25次，有损的4次，无差异的15次。湿喂对胴体品质有益的6次，有损的1次，无差异的16次，无结果的21次。最近也有报道，湿颗粒料、干颗粒料与湿粉料的对比群饲3个处理，其结果湿粉料处理在增重速度和饲料利用率上显著超过湿颗粒料和干颗粒料，而湿颗粒料和干颗粒料之间无差异。但不管采用何种饲料形态饲喂，试验均证明胴体品质不受处理的影响。

（3）颗粒饲料　将干粉料通过颗粒机就可压制成颗粒饲料。用颗粒饲料饲喂生长育肥猪，便于投食，损耗少，易贮存，不易发霉，并能提高营养物质的消化率。颗粒料饲喂生长育肥猪在增重速度和饲料转化率上都比粉料好。一些研究表明，颗粒料可使生长育肥猪每千克增重减少饲料消耗0.2千克。德国研究证明，活重25~106千克的生长育肥猪，由湿粉料改为颗粒料饲喂，可使平均日增重从649克增至663克，提高2.16%，饲料转化率从3.09降至2.98，节省饲料3.69%。目前，国内规模猪场已广泛使用颗粒饲料。

第三节　现代商品肉猪的科学管理技术

一、实行全进全出的饲养管理模式

全进全出是现代猪场控制感染性疾病的重要措施之一，也是现代猪场的工艺流程和饲养管理模式，目前大部分规模化猪场按照全进全出的饲养模式设计。现代的猪场进行商品肉猪生产，不论规模大小，如果做不到完全的全进全出，就易造成猪舍的疾病循环。一批猪中，如出现 1~2 头或十几头出栏达不到体重的肉猪，往往是生长发育不良的猪、病猪或病原携带者，等下一批生长育肥猪进来后，这些猪就有可能作为传染源感染新进来的猪，而后者又有部分发病，也有成为隐性感染者，生长缓慢或成为僵猪，又会留下来，又成为新的传染源。因此，如果猪场能够做到全进全出，就会避免这种现象，从而降低这些负面影响给猪场带来的不必要损失。在一定程度上讲，猪场能做到全进全出饲养模式，也保证了猪场的生物安全。

二、合理分群与合理的饲养密度

（一）合理分群

1. 生长育肥猪栏圈面积与占用面积要求

生产中在仔猪 11 周龄始由保育舍转入生长育肥舍，可采取大栏饲养，每栏 18 头左右，一般栏长 7.8 米，宽 2.2 米，高 1 米，每个栏圈使用面积 17 米 ^{2}，每头生长育肥猪占用面积 0.85 米 ^{2}。肉猪活重 100 千克出栏，标准床面 0.7~0.8 米 ^{2}/头，生产效果最佳。

2. 分群与组群要求

为了提高肉猪的均匀整齐度，保证全进全出工艺流程的顺利运作，必须从仔猪转入保育舍开始，根据其公母、体重、体质等进行合理组群，每栏中的仔猪体重要均匀，同时做到公、母分开饲养。分群时一般应遵守"留弱不留强，拆多不拆少，夜并昼不并"的原则，并注意观察，以减少仔猪争斗现象的发生，对个别弱仔猪要进行单独饲养和特殊护理。

保育仔猪转入育肥猪舍，一般一个栏可放 18~20 头，经过一段时间饲养，还要随时调群，才能保证出栏的肉猪整齐度均匀，也达到全进全出。其方法是换中猪料时将栏内体重相对较小的两头挑出重新组群，换大猪料时再将每栏挑出一头体重小的育肥猪重新组群。挑出来体重相对小的生长育肥猪要精心饲养，能提高增重速度，有利于做到全进全出。此外，饲养人员每天巡栏时发现脱肛、被咬尾的猪时要及时调出，放入隔离栏；有疑似病猪的要及时隔离诊断和治疗，对确定患传染病要及时隔离扑杀处理。

（二）合理的饲养密度

圈养密度直接影响生长育肥猪的群体行为。随着圈养密度或肉猪群头数的增加，生长育肥猪平均日增重和饲料转化率均下降，而且群体越大生产性能表现越差，其原因可能有以下几点：一是密度增高，圈内猪四周的气温上升，而导致采食量减少；二是由于密集的猪群内部积累的亚健康疾病所致；三是密集猪的群居环境不同。而真正的原因，更可能是以上因素的综合所致。随着圈养密度或肉猪群头数的增加，平均日增重和饲料转化率均下降，群体越大生产性能表现越差。有研究者曾做过试验，在相同的饲养管理条件下，按每头肉猪占地面积分别为0.5、1和2米²3个组，测定试验期间增重、采食量和饲料利用率。结果表明，随着密度增大，增重和饲料利用率也有所下降，见表12-12所示。

表12-12　密度对增重和饲料利用率的影响

饲养密度		试验期增重（千克）	日采食量（千克）	饲料利用率（%）
每头占地面积（米²）	0.5	40.4	2.42	4.09
	1.0	41.8	2.37	3.86
	2.0	44.7	2.36	3.69
每圈数量（头）	3	42.8	2.56	4.15
	6	42.5	2.32	3.79
	12	42.2	2.26	3.17

资料来源：赵书广主编的《中国养猪大成》（第2版），2013。

还有试验证明，猪群大小和每头猪占据床面多少能影响肉猪的生产性能，在不同活重与不同环境条件下，其影响程度有一定差异，如表12-13所示。

表12-13　圈养密度对肉猪生产性能的影响

指标	密	标准	一般
每群养肉猪头数	10	10	10
35~50千克活重猪每头占床面（米²）	0.3~0.37	0.45	0.60
75~100千克活重猪每头占床面（米²）	0.55	0.80	1.10
每头肉猪每天消耗饲料量（千克）	2.31	2.48	2.59
每头平均日增重（克）	531	622	613
饲料转化率	4.33	4.00	4.25

资料来源：赵书广主编的《中国养猪大成》（第2版），2013。

由表12-13可见，在超过合理密度情况下，密度越大增重越慢，主要原因由于圈内肉猪饲养过多时则单位时间内肉猪群体间摩擦次数增加，反攻的比例随之增加，说明密度高时，强弱位次对于维持肉猪正常秩序已失去作用，特别是在饲槽前打乱秩序更为突出，加上密度过大气温过高，影响采食量，日增重也低。但若密度不够，会使生长育肥猪体热散失较多，采食增加，用于维持需要的热能也较大，日增重也减少，肉猪活重达100千克出栏体重时，标准床面0.7~0.8米²生产效果最佳。

研究表明，在每头肉猪占据床面相同情况下，而每栏养肉猪数不同也直接影响肉猪的采食量和饲料转化率，往往大群比小群的生产指标低。因为大群打乱了强弱位次，表现为互相频繁咬斗，削减了采食和作息时间，所以圈养数量越多，增重越慢，饲料利用率越低。一般，圈养密度影响日增重达16%，影响饲料转化率8%。因此，尽可能保证密度不要过大也不能过小，保证每一栏肉猪10~16头比较合理。超过了18头，猪群大小很容易分离。

生产中还要注意生长育肥猪舍要留有空栏，主要为以后的第2次、第3次分群或调群做好准备，还要把病、残、弱的隔离开。比如说进500头从保育舍转过来的生长育肥猪，不要把所有栏都满猪，每栋最起码要留 5~6 个空栏。如果计划一栏猪正常情况下养 13 头，那么入栏时可以多放 2~3 头，装上 16 头。过 1~2 周后，就把大小差异明显的猪挑出来，重新组群分栏，这样可保证肉猪出栏整齐度高，栏舍利用率也高，也达到了合理的饲养密度的目的。

三、提供充足清洁的饮用水

研究表明，肉猪的饮水量随体重、环境温度、日粮性质和采食量等而变化。饮水用的设备以自动饮水器最佳，每个栏圈以 15 头猪安装 1 个，可防止水质被污染，并保证肉猪自由饮水。但当饮水器高度不合适、堵塞、水管压力小、水流速度缓慢，都会影响到肉猪的饮水量。饮水器的水流速度控制在 1.0~1.5 升 / 分钟，饮水器的高度为：中猪 35~45 厘米，大猪 45~55 厘米。目前采用的鸭嘴式饮水器，其最大缺点是常常漏水，增加了猪舍的湿度，使用碗式自动饮水器能减少水的浪费，不漏水。在无自动饮水器条件下可在圈内单独设一水槽，经常保持充足而清洁的饮水，让猪自由饮水也可。

四、提供适宜的环境卫生条件

（一）适宜的温度、湿度及光照

1. 温度和湿度对肉猪的影响

现代肉猪生产是高密度舍饲，猪舍内的小气候乃是主要环境条件，其中猪舍的温度和湿度是肉猪的主要环境，直接影响肉猪的增重、饲料利用率和经济效益。有研究表明，11~45 千克的生长猪最适宜的温度是 21℃，45~100 千克最适宜温度 18℃。猪的体重、最高生长速度与所需最适宜温度之间呈直线相关。当生长肉猪每增加 10 千克，舍内温度下降 0.6℃，在最适宜的温度条件下，生长肉猪平均日增重可达 907 克；但气温在适温以下时，每下降 1℃ 日增重减少 17.8 克，高于最适宜温度时，日增重下降最多，如气温超过 37.8℃ 时，68 千克以上的肉猪全都减重。75 千克活重肉猪最适宜温度为 15~21℃，从 15℃ 降至 10℃ 时采食量增加 10%，降到 5℃ 或 0℃ 时则采食量分别增加 20% 和 35%，日增重从 800 克分别减到 530 克和 540 克。由此可见，猪在育肥过程中，需要有适宜的温度，过冷或过热都会影响育肥效果，一般适宜的温度为 15~23℃。

当外界环境高于 30℃ 时，就应采取降温措施，打开纵向排风系统，喷洒凉水或加喂青绿多汁饲料。当气温高于 25~30℃ 时，为了增强散热，猪的呼吸每分钟高达 100 次；如继续升温，呼吸频率进一步升高，此时食欲下降，采食量显著减少，出现中暑现象，甚至死亡。

舍内温度对肉猪增重的影响，也与湿度有关，获得最高日增重的最适宜温度为 20℃ 和相对湿度为 50%。一般，最适宜温度条件下，湿度对肉猪增重的影响较小，因湿度的高低与其他环境条件（如空气净化度）有关，并有可能造成疾病发生而间接影响增重。空气湿度过高使空气中带菌微粒沉降度提高，从而降低了咳嗽和肺炎的发病率，但是，高湿度有利病原微生物和寄生虫的滋生，容易患疥癣、湿疹等疾患；此外，高湿常使饲料发霉造成损失。猪舍空气湿度过低，也易引起皮肤和外露黏膜干裂，降低其防卫能力，使呼吸道及皮肤病发病率提高。一般要求猪舍的相对湿度以 60%~70% 为宜。

2. 光照的影响

由于肉猪舍光照标准化问题研究的较少，一般认为，光照对肉猪的日增重与饲料转化率均无显著影响，也有研究证明光照对猪体健康和生产性能都有影响。光照特别是阳光可杀灭病原微生物，促进钙、磷的吸收利用，降低猪舍内的湿度。而且适宜的光照能加强机体组织的代谢过程，提高猪的抗病能力；然而，过强的光照会引起猪的兴奋，减少休息时间，增加甲状腺分泌，提高代谢率，影响增重和饲料转化率。有试验报道，在无窗肉猪舍人工光照40~50勒克斯下的生长肉猪，表现出最高的生长速度，而5~20勒克斯和120勒克斯光照，可使平均日增重下降3.3%~11.3%。还有人进行过暗舍养猪试验，结果可提高饲料转化率3%，提高日增重4%。但通过比较发现光照饲养可使胴体瘦肉率较暗舍饲养增加16%~30%，暗舍饲养可使胴体脂增加20%~30%。这个研究表明，一定的光照强度有利于提高肉猪的日增重，但过强的光照可使日增重下降，胴体较瘦，而光照过弱能增加脂肪沉积，胴体较肥，特别在黑暗环境下饲养肥育猪，容易造成体质衰弱，抗疾病能力差，以致患慢性病。可见，光照对肥育猪有一定影响，生产中一般育肥猪舍内的光照可暗淡些，只要便于猪采食和饲养管理工作即可，能使育肥猪得到充分休息。一般要求猪舍窗地比（窗的面积与地面面积之比）1∶（15~20），辅助照明（自然光照猪舍设置人工照明以备夜晚工作照明用）强度50~75勒克斯；无窗肥育猪舍要采用人工照明，光照强度30~50勒克斯，光照时间8~10小时。

（二）合理的通风换气

猪舍要保持干燥，就需要强制通风。通风，不仅可以降低舍内的湿度和温度，还可以改善猪舍内空气质量，提高舍内空气的含氧量，排出有害气体，对肉猪生长有利。肉猪舍内的通风换气与风速和通风量有直接关系，而且通风换气速度大小对肉猪的日增重和饲料转化率有一定影响。有试验报道，用40千克活重肉猪做试验，在不同气温下比较不同风速对生产性能的影响，当气温超过37.8℃以上时，加快风速，日增重也下降，并增加了饲料消耗；当气温为4~19℃时，遭受贼风侵袭，也会降低日增重和增加饲料消耗。由于现代肉猪采用高密度饲养，猪舍小气候中其他因素对肉猪的影响也较大。肉猪在高密度群养条件下，空气中的二氧化碳、氨气、硫化氢、甲烷等有害成分的增加，都会损害肉猪的抵抗力，使肉猪发生疾患和容易感染疾病。特别是在设有漏缝地板的肉猪舍里饲养的生长育肥猪，如果通风换气不良，舍温20~23℃时，贮粪沟里的粪便发酵最旺盛，空气中氨气含量及其他有害气体大大增加，由于肉猪气管受到刺激，从而增加了呼吸道病的感染率。此外，肉猪舍内空气中尘埃量的多少也是影响肉猪健康的因素之一，空气中尘埃含量的增加，主要是由于使用低质量的颗粒饲料、散撒饲料或干粉料造成的。当肉猪舍内空气中的尘埃达到300毫克/米³时，就会影响肉猪的生长。据测验，87%患肺炎的肉猪发生于尘埃最多的肉猪舍。另外，尘埃量不多，但氨气及有害气体味太浓，也会使肉猪发生组织病变。再有，肉猪舍内潮湿、黑暗、气流滞缓、通风换气不良的情况下，空气中微生物能迅速繁殖，并长期生存。一般来讲，微生物在猪舍内的分布不均匀，通道和猪床上空较多，这也与生产活动有着密切关系。因此，凡在生产过程产生的尘埃、水雾较多时，则空气中微生物数量也增加。若保证肉猪舍温度适宜、干燥和通风换气良好，病原微生物就得不到繁殖和生存的环境条件，生长育肥猪呼吸道与消化道疾病的发生就可以控制在最低限度。

由于现代肉猪采取高密度饲养，因此猪舍一年四季都需通风换气，但在冬季必须解决好通风换气与保温的矛盾，特别是冬春寒冷季节，不能只注意保温而忽视通风换气，这会造成猪舍内小气候环境中空气卫生状况恶化，使肉猪增重减少和增加饲料消耗。一般在冬春季，可采取中午打开风机或南窗，下午3~4时关风机或窗户，就能降低舍内湿度而增加新鲜空气。一般要求猪舍内气流以0.1~0.2米/秒为宜，最大不超过0.25米/秒。生产中应根据猪舍的湿度要求控制通风量，并在保证猪舍环境温度基本得以满足的情况下采取通风措施。密闭式肉猪舍要保持舍内温度 15~20℃，相对湿度 50%~75%，冬、春、秋季空气流速每秒 0.2 米，夏季为 1.0 米，每头肉猪每小时换气量冬季为 45 米^3，春秋季为 55 米^3，夏季为 120 米^3。

（三）保持圈舍卫生

肉猪生产中要保持圈舍卫生及周围环境卫生，经常清除粪便，刷洗饲槽；定期驱除杀灭蚊蝇鼠害，并进行环境大消毒。经常保持圈舍干燥卫生，可防止猪群慢性病的发生。

（四）控制噪声

猪舍的噪声来自于外界的传入，舍内机械和猪只争斗等方面，噪声会使肉猪的活动量增加而影响增重，还会引起猪的惊恐，降低食欲。因此，要尽量避免突发性的噪声，噪声强度以不超过 85 分贝为宜。

五、采取合理的调教措施

生长猪在调群入肉猪舍后，首先就要让猪养成在固定地点排泄粪尿、睡觉、进食和互不争食的习惯，这不仅可简化日常管理工作，减轻劳动强度，还能保持猪舍内的清洁干燥，猪体卫生等良好的猪居环境。生产中调教重点在以下两个方面。

（一）限量饲喂要防止强夺弱食

当保育猪的猪调入生长育肥猪舍时，要注意让所有猪都能均匀采食，除了有足够长度的料槽外，对喜争食的猪要勤赶，使不敢采食的能得到采食，这样可帮助群居秩序，分开排列，同时采食。

（二）固定采食、睡觉、排便"三定位"

生长育肥猪入栏后，最重要的一点是要对猪群进行"采食区"、"休息区"、"排泄区"的"三点定位"，保证猪群养成良好的习惯。只要把猪"三点定位"调教好了，饲养人员的劳动量也就减轻了，猪舍的环境卫生也好了。因此，三点定位的关键是"排泄区"定位。因保育猪在保育床上饲养，习惯于金属栏边排泄，因此调教时要把猪舍的栏门守住，不能让其在这个地方排泄。栏圈外无活动栏，可把靠近猪舍窗户的那边作为排泄区，转群的第 1 天要求饲养人员对栏圈要不停地清扫粪便，并将粪便扫到靠近窗边的墙角，这样可引导猪群固定在靠窗墙角排泄。如果栏圈外有活动栏，猪群入栏可将猪赶到外面活动栏里去，让猪在外排粪尿，经 1 天定位基本成功。

六、商品肉猪生产疾病的综合防控措施

（一）提高生长育肥猪抵抗力是防控的关键

1. 确保生长肥育猪饲料质量

生长育肥的饲料成本占猪场总饲料成本的 70% 左右，一般情况下猪场饲养管理的重点在母猪或哺乳仔猪，如大部分猪场育肥猪舍设施最简单，饲料的营养也最低，总是把最差的饲料用于育肥猪。由于营养不够充分，生长育肥猪中容易出现腿病、猝死和免疫力低下等问题。生长育肥猪生长速度快，所以其营养需求较高，特别在应激过程中，如热应激能降低猪的采食量，此时猪对营养物质特别是对维生素等需求要提高。此时除采取降温措施外，可适当提高饲料中维生素和微量元素的添加量，甚至可在饮水中添加，缓解热应激反应。生长育肥猪饲养关键是保持饲料营养平衡，确保饲料质量，才可提高猪的免疫力和抗病力。生产中

要特别注意霉菌毒素的污染。饲喂过程中注意观察，如果生长育肥猪明显饥饿，但添加饲料后只是到料槽边转一圈，就要怀疑饲料的问题，如观察到育肥猪中母猪的外阴红肿，就要考虑饲料霉菌毒素的问题。饲喂被霉菌毒素污染的饲料会引起胃肠道炎症、肺水肿和免疫抑制，从而激发胃肠道疾病及呼吸道疾病。临床常见在治疗猪支原体肺炎、猪痢疾及增生性肠病等疾病时，若同时饲喂被霉菌素污染的饲料，治疗效果极不理想。选用好的饲料原料，合理储存，适当添加霉菌毒素吸附剂能明显改善肉猪的生产水平，降低慢性消耗性疾病的发病率。

2. 制订合理的免疫程序及适时防病和驱虫

猪场要根据自身的具体情况和疫苗的免疫保护率等因素，确定必须接种的疫苗和可免可不免的疫苗，尽可能减少疫苗接种的次数，减少免疫刺激。生长育肥猪阶段需要接种的疫苗不多，一般对 65~75 日龄生长育肥猪用猪瘟活疫苗（细胞源）每头份抗原含量 750 RID（免疫反应量）注 4 头份，每头份抗原含 7 500 RID 注 1 头份，或用猪瘟脾淋苗肌内注射 1~2 头份；猪 O 型口蹄疫灭活苗 60~70 日龄肌内注射 2 毫升，110~120 日龄全面免疫 1 次；猪副嗜血杆菌灭活疫苗 40~50 日龄肌内注射 2 毫升。

当猪场内或周边地区疫病流行、猪群处于亚健康状态、疫病多发季节、饲养管理条件不良或天气突变等情况下，应适时防病，选用以下用药方案。

方案一：1 吨饲料中添加土霉素粉 600 克、黄芪 2 千克、板蓝根 2 千克、防风 300 克、甘草 200 克，连喂 12 天。后四种中药粉碎混合使用。

方案二：1 吨饲料中添加福乐（氟苯尼考、微囊包被的细胞因子）800 克、黄芪多糖粉600 克、溶菌酶 140 克，连续饲喂 12 天。

方案三：13~15 周龄用药 1 次，可每吨饲料添加 80% 支原净 125 克 +15% 金霉素 2 千克 +10% 阿莫西林 2 千克。

生长育肥猪的寄生虫主要有蛔虫、姜片吸虫、疥癣和虱子等体内外寄生虫，病猪多无明显的临床症状，但生长缓慢，被毛粗乱而无光泽，严重时增重速度降低 30% 以上，因此，必须对生长育肥猪进行驱虫。通常在生长猪 75 日龄左右进行第 1 次驱虫，必要时在 135 日龄左右再进行第 2 次驱虫。常用药物有左旋咪唑、虫必清、驱蛔灵等，具体使用时按说明书要求进行。服用驱虫药后，应注意观察，若出现副作用，应及时解救。驱虫后排出的虫卵和粪便，应及时清除并堆积发酵处理，以防猪再度感染。体表寄生虫如猪疥癣对猪的危害也较大，病猪主要表现为生长缓慢，病部痒感剧烈，因而常以患部摩擦墙壁或围栏，甚至摩擦出血，以至患部脱毛、结痂、皮肤增厚形成皱褶或龟裂。其治疗方法很多，常用 1%~2% 敌百虫溶液等药物喷洒猪体表或擦洗患部几次后即可痊愈。

3. 合理使用药物保健

（1）合理使用药物的原则　生长育肥猪饲养中用药应遵守国家有关规定，不能使用违禁兽药和饲料添加剂，还要遵守药物的停药期。长期用药、盲目用药疗效并不确定，也不经济。因此，最好在某些特定的阶段策略性用药，可最大限度发挥药物的作用。

（2）合理使用药物的阶段和方式　生长猪从保育舍转到育肥舍是一次比较严重的应激，会降低生长猪的采食量和抵抗力。一般在转群后 1 周左右即可见部分猪发生全身细菌感染，出现败血症或者在 12 周龄以后呼吸道疾病发病率提高。实际情况中，无论是呼吸道疾病还是大肠炎，都可以从保育后期一直延续到生长育肥阶段，只是从保育舍转群后有加重的趋势。为此，生长猪转群后可在饲料中连续添加 7 天的药物，可有效控制转群后感染引起的败血症或者呼吸道疾病，还可预防甚至治疗肠炎和腹泻。其方式为每吨饲料中添加 80% 支原净 125 克、10% 强力霉素 1.5 克或 15% 金霉素 2 千克，或者在饮水中每 500 千克加入 10% 氟苯尼考 120 克、10% 阿莫西林 100 克。此药物组合还可预防甚至治疗由细胞内劳森菌引起的回肠炎、猪痢疾和结肠炎。因此在育肥阶段也可定期使用此药物组合。如在 12~13 周龄时添加使用，由于这时育肥猪的采食量提高，需要的药物也要增加。一般来说，如果已经发生呼吸道疾病或急性出血性大肠炎，则最好通过饮水给药。因为发病后猪的采食量会降低，而饮水量降低不明显，所以通过饮水给药比通过饲料给药效果好。如果在病猪栏，可通过饮水给药，也可通过注射给药。

生产实践中合理使用药物保健，可采用脉冲给药法，是防控呼吸道疾病、消化道疾病和慢性消耗性疾病的重要措施，但用药前，一要做好病原检测和药敏试验，根据混合感染病原菌选择适合的保健方案。选择方案时要考虑药物间配合的协同与拮抗作用。从目前的药物组合效果上看，支原净与金霉素组合能降低呼吸道疾病和慢性消耗性疾病及猪附红细胞体病的发病率，一般在肥育猪 100 日龄开始连续 2 周在每吨饲料中添加支原净 100 克 + 金霉素 300 克，并能提高日增重，缩短饲养时间，提高饲料报酬，从而增加经济效益。二要考虑采食量，特别是腹泻、发热的病猪，因为采食量影响药物的摄入，可以采用饮水给药。三要考虑疗程，有的慢性消耗性疾病和呼吸道疾病的治疗时间要延长达 2~3 周，否则容易复发。四要了解猪场不同阶段猪群发病的时间和规律，确定最佳的用药时机，在病情出现之前或出现早期给药，对成功控制慢性消耗性疾病和呼吸道疾病非常重要。

4. 调节猪舍环境小气候，降低应激反应

15~22℃的舍温和 55%~65% 的湿度最有利于育肥猪生长。高温高湿将有利于细菌生长繁殖，寒冷天气猪躺在潮湿的地板易受寒感冒，这些都会导致肠道及呼吸道疾病加重；过于干燥空气中的尘埃增加，并可黏附很多细菌和内毒素，导致呼吸道疾病增加。利用通风可调节猪舍温度和湿度，管理人员可根据不同季节的温度和湿度，指导饲养人员开窗的时间和大小调节通风，但在寒冷天气要特别注意防止贼风侵袭。育肥猪舍的自然通风远远满足不了猪群换气的需要，要改自然通风为强制通风，使用纵向通风风机效果较好。此外，高温季节降温可安装湿帘风机降温，效果较好。

5. 清洁卫生和消毒是防控猪病的基础

粪便也是疾病传播最重要的方式，尤其是猪痢疾与增生性肠病，因此，要按时搞好圈舍卫生。猪栏每天上、下午各清扫 1 次，扫栏时要将猪群赶动，既可及时发现病猪，尤其是腿疾的猪，又可促进排粪排尿，增加采食量。此外，每月要清理 1 次排粪沟。每周要消毒 1 次猪舍，舍门外消毒垫药液两天要更换 1 次。清洁和消毒贵在坚持，要注意的是消毒药不仅要高效，更要安全。刺激性大的消毒药会刺激呼吸道，为了避免刺激，有的工作人员会人为降低消毒浓度而使消毒效果降低。

（二）降低病原体数量是防控的根本

1. 实行全进全出管理制度

全进全出制度是降低发病率最重要的一环，生长育肥猪舍在进猪前对圈舍要彻底清洗和消毒，能降低病原体数量。可采用"一清、二冲、三喷、四蒸"的消毒程序。"一清"：肉猪出售后 1~2 天内彻底清除圈舍内的排泄物、垫料、洒落饲料、昆虫等，以及水箱、水管内的污染物、杂物等；"二冲"：先用去污剂低压喷雾高床、网架、栏舍、地面、墙壁和其他设备，使其充分浸泡 1 小时后，用高压水枪冲洗干净后晾干；"三喷"：对圈舍使用聚维酮碘、复合醛、百胜等药物进行密封汽化消毒，用高压喷雾消毒可触及屋檐、通风口和不易触

及的角落、缝隙等处，喷雾粒子直径为 80~100 微米，然后让圈舍充分干燥；"四蒸"：封闭肉猪舍门窗，将舍温升到 26℃，相对湿度保持在 80% 以上时，每立方米空间按照福尔马林30 毫升、高锰酸钾 15 克的标准计算用量（刚发生过疫病的猪舍，消毒浓度可提高 2~3 倍），分别将高锰酸钾放入消毒容器内置于猪舍的不同部位，并根据高锰酸钾的放入量将福尔马林准备好，放在相应的消毒器旁边，然后由远至近的顺序将福尔马林全部倒入相应的容器内，迅速撤离。密封熏蒸 24 小时以上，如不急用，可密闭 1~2 周。

2. 及时隔离、淘汰发病猪

要远离生产区设立病猪舍，而不是在健康猪舍内设立隔离栏。生产中饲养人员要经常观察猪的健康状况、精神状态、采食、躺卧、排泄情况，发现猪精神不佳，不愿吃料，粪便稀或干，尿发黄或红，咳嗽气喘等异常情况，及时将病猪隔离治疗，并细心护理。病猪舍由专人管理，有专门的工具和衣服、鞋等。对治愈好的猪不能再放到以前的猪群里，以防止再次感染发病。对没有治疗或饲养价值的猪应坚决淘汰。

七、选择适宜的出栏体重

肉猪出栏活重选择是现代肉猪生产中的一个重要课题，因为这关系到猪肉产品的数量和质量，更关系到猪场的经济效益。因此，对猪场而言，肉猪的最佳出栏活重的确定，要结合日增重、饲料转化率、每千克活重的售价、日饲养费、种猪饲养成本的分担费等费用综合分析。由于我国猪种类型和经济杂交组合较多，各地猪场饲养条件差别也大，肉猪的最佳出栏活重也不一样。根据国内研究成果的总结，地方猪种中较早熟体型矮小的肉猪及其杂种肉猪出栏体重为 70 千克左右，体型中等的地方猪种及其杂种肉猪出栏体重为 80 千克左右。我国培育猪种和某些地方猪种为母本，国外瘦肉型品种猪为父本的二元杂种肉猪，最佳出栏活重95 千克；而用两个瘦肉型品种猪为父本的三元杂种肉猪出栏活重 100 千克，配套系生产的杂优肉猪 115 千克。

第四节　提高现代商品肉猪肉质和生产效率的技术措施

一、猪肉品质的含义和品质评定原则与标准

（一）猪肉品质的含义

现代肉猪生产的目的主要是为消费者生产出味美质优的鲜猪肉及其制品。猪肉的品质由肉质来决定。肉质指肌肉原有的各种理化特性在由肌肉转化为食用肉的过程中与消费和流通密切相关的品质特性，如肉色、系水力、pH 值、风味等，简称为肉质。通常将颜色不好，水分过多，脂肪变色，硬度加大，不适合消费者口味的肉，统称为劣质肉。劣质肉中有 PSE 肉和 DFD 肉。PSE 肉指宰后一定时间内肌肉出现颜色灰白、质地松软和切面汁液外渗的现象，是应激敏感猪宰后易出现的一种劣质肉；DFD 肉指宰后一定时间内肌肉出现颜色深暗、质地紧硬和切面干燥的现象，是应激敏感猪宰后易出现的另一种劣质肉。劣质肉中还有酸肉，指猪肉在宰后 45 分钟内能维持 pH 值 6.1 以上，但随后 pH 值迅速下降至 5.5 以下形成

的肉，是携带 RN- 基因个体宰后表现出来的劣质肉。此外，劣质肉中还有黄膘肉。正常猪的脂肪应为白色，有些商品猪屠宰后脂肪呈淡黄色或黄色，这种猪肉称为黄膘肉。猪产生黄膘肉的原因，一类可能系黄疸病所致，一类可能为色素所引起。黄疸病所引起的黄膘，一般是由肝胆病所致，主要是饲喂霉变饲料由黄曲霉毒素中毒引起。对于色素所引起的黄膘肉，主要与饲料种类有关，如常喂新鲜鱼粉、大量的蚕蛹易使脂肪变黄。使用低维生素 E 而鱼肝油高的日粮，脂肪也易呈黄色。大量饲喂南瓜，也易形成黄膘肉，此类黄脂虽无异常腥味，但因脂肪呈黄色，也降低了猪肉的商用价值。此外，肥育后其大量饲喂玉米、米糠、豆饼等，脂肪也多少带有黄色。猪肉品质包括感官品质、深加工品质、营养价值和卫生质量 4 个方面，其中感官品质最容易引起消费者重视，是猪肉对人的视觉、嗅觉、味觉和触觉等器官的刺激，即给人的综合感受。与猪肉感官品质直接相关的是猪肉的色泽、嫩度、多汁性和风味等。

（二）肉质的评定原则与标准

1. 评定原则

目前人们对猪肉品质的评价有主观评分和客观分析两种方法。由于猪肉品质是一项综合和相对模糊的概念，因此很难用一两项客观指标来评价，虽然人为的感官评分仍占有重要位置，但肌肉品质评定应以客观评定为主，主观评定为辅，不宜单独采用主观评定方法评定。

2. 客观评定标准

（1）正常肉　色值 10%~25% 或肉色评分为 3~4 分；pH_1 值 5.9~6.5 或 pH_2 值 5.6~6.0；滴水损失 2%~6% 或失水率 6%~15%。

（2）PSE 肉　色值 > 26% 或肉色评分为 1~2 分；pH_1 值 < 5.9 或 pH_2 值 < 5.6；滴水损失 > 6.1% 或失水率 > 15.1%。

（3）DFD 肉　色值 < 10% 或肉色评分为 5~6 分；pH_1 值 > 6.5 或 pH_2 值 > 6.0；滴水损失 < 2% 或失水率 < 5%。

（4）RN- 肉　当 pH_1 值在 6.1 以上，而 pH_2 值在 5.5 以下时，该肌肉可判定为 RN- 肉，即酸肉。

3. 主观评定标准

于宰后 1 小时取横断背最长肌，厚 5~6 厘米，平置于洁净干燥的瓷盘中 10 分钟后观察，若切面显潮湿但无汁液外渗，且颜色鲜亮，红润，切面略有改变，但富弹性，则可判定为正常肉；

若有汁液渗出，且颜色苍白，切面松软变形，则可判定为 PSE 肉；若切面干燥，无汁液，且颜色较暗，切面平坦不变形，则可判定为 DFD 肉。

有黄膘肉的猪体况大多消瘦，食欲不好，以至眼结膜亦呈淡黄色。如怀疑有黄膘肉，可用取料探针取出皮下脂肪少许，或对猪的毛囊进行镜检，可以判断是否为黄膘肉。对于黄疸病所致的黄疸性黄脂，可根据其他组织变化特征与色素引起的黄脂进行鉴别。黄疸性黄脂除脂肪组织变黄外，其他如黏膜、巩膜和结膜均为发黄，关节液的黄色特别明显；此外，结缔组织和皮肤也为黄色。而一般黄脂，除脂肪组织发黄外，其他组织不见黄色。

（三）肉质评定的质量指标

肉质是一个综合性状，它包括系列指标，评定过程中，主要从外观、口感、营养价值、卫生以及药物残留等方面开展。度量肉质性状的重要指标包括：颜色、系水力、pH 值、肌内脂肪、嫩度等。

1. 肉色

肌肉颜色指背长肌截面颜色鲜亮程度，简称肉色。肉色反映了肌肉生理、生化和微生物学的变化，是人们最直接的感官印象。肌肉颜色与肌肉中的肌红蛋白含量及氧的结合状态有关，正常情况下为鲜红色。肉色的深浅取决于肌肉中的色素物质肌红蛋白（Mb）和血红蛋白（Hb）的含量，Mb和Hb构成肉色的主要物质，但起主要作用的是Mb。正常情况下，Mb呈紫色，但当与氧结合时则形成氧合肌红蛋白（MbO_2）而呈鲜红色，当结合氧释放后则形成高铁肌红蛋白（MMb）而呈褐色。因此，Mb与氧的结合状态，影响着肉色，Mb含量越高，肉色越深，但也与肌肉pH值有关，其次为遗传力。通常畜禽肌肉中Mb的含量：牛肉＞羔羊肉＞猪肉＞家禽肉＞兔肉。猪肌肉中Mb的含量为0.6~4毫克/克，介于牛羊肉和禽兔肉之间。

2. 肌内脂肪含量

肌内脂肪含量指肌肉在特定有机溶剂中其内含脂肪的浸出量。肌肉中的脂肪主要以甘油脂、游离脂肪酸和游离甘油等形式存在于肌动纤维、肌原纤维肉或它们之间。研究表明，肌肉脂肪与肌肉的食用品质如香味、多汁性、嫩度等有关。肌内脂肪含量主要表现为大理石纹，大理石纹指肌肉横截面可见脂肪与结缔组织的分布情况。研究表明，大理石纹与肌内脂肪含量密切有关，也就是说，大理石纹反映了肌肉中脂肪层的分布情况，与肉的多汁性、风味与嫩度有密切关系。若肌内脂肪较少则会导致口感不佳，肌肉脂肪含量达2%时为最佳标准。

3. 肌肉嫩度

嫩度是口感的首要物理指标，主要由肌肉中肌原纤维、结缔组织和肌浆蛋白的含量与化学结构状态所决定，也一定程度上反映了肌肉中肌原纤维、结缔组织及脂肪的含量、分布和化学状态。结缔组织蛋白质和肌原纤维蛋白质对肌肉嫩度有较大影响。肌束上肌纤维越多，肌纤维越细，肉就越嫩。影响肌肉嫩度的因素主要有遗传因素、营养因素、年龄等。嫩度的评定有主观评定法和客观评定法，其中主观评定法通常用口感品尝来评定，客观评定法采用嫩度计等仪器进行测定。也可对肉样进行剪切值测定法进行处理，切片后在显微镜下测定肌纤维直径和密度等指标进行辅助判定。剪切值越小，嫩度越好。

4. 肌肉pH值

肌肉pH值是评判宰后一定时间内肌肉中肌糖原酵解速率的一个重要指标，也是鉴定正常肉质或异常肉质（PSE肉或DFD肉）的依据之一。猪宰后一定时间内肌肉仍继续着特定的代谢活动，如肌糖原酵解所产的乳酸、磷酸、肌酸等在肌肉内的积累，导致肌肉pH值从稍偏碱性开始下降，其下降速度与肌肉中一些酶系如糖酵解酶系的活性、遗传基础、屠宰条件等因素有关。由于肌肉中存在的水分和酸性代谢产物可以满足并符合酸度计的使用需求，因此，可以用酸度计进行肌肉pH值的测定。pH值越高的肉意味着酸性越小，而酸性是造成肉色变浅，肉质松软和腐烂的重要因素。pH值下降的程度对肉色、嫩度、系水力和货架期都有明显的影响。虽然pH值与屠宰前后的处理方法有关，屠宰应激会使动物高度兴奋狂躁，糖原酵解加强，产生过量乳酸，使肌肉pH值大幅下降；而屠宰前长时间的绝食和肌肉运动，会使肌肉中糖原耗竭而几乎不产生乳酸，pH值较高。提高猪肉pH值的最重要的措施之一，就是保证屠宰后的胴体被迅速冷藏。

5. 系水力

系水力指离体肌肉在特定条件下，在一定时间内控制其内含水的能力。肌肉中的水分以结合水、非活动水及自由水的形式存在，其中结合水约占5%，这部分相当恒定；非结合水约占80%，活动相当有限，只有当肌肉蛋白质变性或有外力作用时才发生变化；自由水约占15%，活动自由且较易失去。正常情况下，猪肌肉中的水以结合水、非活动水和自由水形式存在肌肉的微观结构中，它决定了在贮藏过程中液体损失的多少。系水力直接影响肉的颜色、风味、嫩度和营养价值。系水力高，肉表现为多汁、鲜嫩和表面干爽；系水力低，则肉表面水分渗出，可溶性营养成分和风味损失严重，肌肉干硬，肉质下降。影响新鲜猪肉系水力的因素很多，如猪的品种、样品的保存和测定条件等。

6. 风味

猪肉风味是现代猪肉市场和消费者关注的基本问题，也是现代肉猪生产和猪肉产品的竞争焦点之一。经典的猪肉风味概念，是人们品尝某一特定肉品时感觉神经传入大脑的综合品味感官印象。这种综合印象来自两个侧面：其一是由猪肉非挥发性呈味物质刺激舌面味觉神经末梢产生滋味或异味感觉；其二是猪肉挥发性呈味物质刺激鼻腔嗅觉神经稍产生香味或膻气感觉。由此可见，猪肉风味是肉质中最实用的性状，指肉中水溶性呈味物质刺激味蕾，挥发性化合物刺激黏膜后引起的综合反应，包括滋味和香味两部分。可见，风味由滋味和香味结合而成。滋味的呈味物质非挥发，如无机盐、游离氨基酸、小肽、肌苷酸和核糖等；香味的呈味物质主要是挥发性的芳香物质，主要是由肌肉基质在烹调加热后一些芳香前体物质经脂质氧化、美拉德反应以及硫胺素降解产生的挥发性物质，如不饱和醛酮、含硫化合物及一些杂环化合物等。猪肉风味的影响因素较多，包括：品种、性别、年龄、营养、环境、饲养工艺、饲养模式、屠宰方式、加工工艺及烹饪方法等，其中对于特定条件和特定品种性别的猪来说，营养因素对猪肉风味的影响最大。就新鲜胴体或切块而言，常规肉质参数与风味有密切联系。纵观世界养猪历史，风味优良的著名猪种大多为中国猪和南欧本地猪。由于猪肉中的风味物质及其前体物质有1 000多种，难以一一测定，因此风味是无法客观、准确、直接量化测定的肉质指标，所以不常作评定指标，故通常的肉质风味评定仍以口感品尝评定小组的形式进行。

二、改善现代商品猪的肉质营养调控措施

（一）控制日粮适宜的营养水平

1. 能量水平影响日增重和胴体品质

在各种营养成分中，能量水平与日增重、胴体瘦肉率关系密切。一般来说，能量摄取越多，增重越快，饲料利用率越高，背膘越厚，胴体脂肪含量也越多。因生长规律所制约，在不影响增重的情况下，在肉猪不同生长阶段供给或限制能量水平，可控制脂肪的沉积，以改善胴体品质。生产中，对肉猪的饲养一般划分为两个阶段，即在生长发育的前期（体重20~60千克），给予高能量高蛋白质的优厚饲养，尽量使猪生长更多的肌肉；而在后期（60~100千克），适当限制能量，可控制脂肪的大量沉积，相应提高瘦肉比例，可改善胴体品质。如中国农业科学院北京畜牧兽医研究所在开展杂交试验时，最初的长×北杂交组合试验，采取不限量饲养，结果瘦肉率只有46%。第2次试验，公猪去势，母猪不去势，限饲，全期减量18%，结果瘦肉率53%。第3次试验，育肥猪60~90千克阶段，在第2次减料18%的基础上，再减10%，结果瘦肉率55%。这个结果说明，在现代瘦肉猪生产中，可以通过科学饲养调节营养，控制能量摄入，可达到控制脂肪大量沉积，提高胴体瘦肉率的目的。在自由采食的情况下，30~90千克的生长育肥猪，平均每日采食混合日粮2.7千克，每

千克日粮含消化能 12.55 兆焦，每日增重 750 克，增重较快。当限量程度为自由采食的 25%时，每日采食混合料 2.0~2.2 千克，每千克日粮消化能 12.55 兆焦，饲料转化率提高 6.6%，胴体瘦肉率较高。研究表明，限量幅度一般以限制自由采食的 20%~25% 为好，过高或过低对胴体的影响不利。现代消费者对猪肉的消费理念也发生了变化，并不完全追求以瘦肉为主，正向肥瘦兼顾上发展。根据当前消费者的理念、变化和经济因素特点，现代肉猪饲养也可不限量饲喂，三元杂种猪或杂优猪 110 千克活重出栏也不会降低胴体等级，可能更适应消费者对"肥中有瘦"、"瘦中有肥"的肉质要求。

2.蛋白质与氨基酸水平影响增重和胴体品质

日粮蛋白质水平与肉猪的日增重、饲料转化率和胴体品质的关系极大，并受猪的品种、日粮能量水平及蛋白质饲料的种类和配比所制约。日粮蛋白质水平在一定范围内（9%~18%），在每千克日粮消化能和氨基酸都满足需要的条件下，随着蛋白质水平的提高，肉猪日增重随之增加，饲料转化率也增高，但超过 17.5% 时，日增重不再提高，反而有下降的趋势，但瘦肉率有所提高。根据我国情况及对日粮蛋白质水平的研究成果：体重 20~60 千克的瘦肉型猪为 17%~16%，60~100 千克为 14% 或 16%，但在肉猪日粮中，供给合理的蛋白质营养时，要注意各种氨基酸的给量和配比合适，尤其是赖氨酸、蛋氨酸和色氨酸，其中，赖氨酸作为猪的第一限制性氨基酸，对猪的日增重、饲料转化率及胴体瘦肉率的提高具有重要作用。研究表明，当赖氨酸占粗蛋白质的 6%~8% 时，蛋白质的生物学价值最高。

（二）脂肪和脂肪酸对猪肉品质的影响

饲粮脂肪不仅影响胴体脂肪的数量，而且影响其脂肪酸的组成，从而影响猪肉的食用品质。日粮中添加 4% 脂肪可显著提高背最长肌和肋肌的脂肪含量，但过高的脂肪添加量会导致肉猪过肥。现代瘦肉型猪种倾向于生产含较高比例不饱和脂肪酸的猪肉，益于消费者的健康。近些年来有关脂肪的研究热点是共轭亚油酸（CLA），这是一类含有共轭双键的十八碳二烯酸（亚油酸）异构体混合物，具有多种代谢效应。研究表明，日粮中添加 CLA 可降低背膘厚，提高瘦肉比例；而且 CLA 在改善猪肉品质方面的效果令人惊喜，在日粮中添加 0.12%~5% 的 CLA，CLA 可在猪肉中大量沉积。需要特别注意的是，育肥期不要喂给含较多不饱和脂肪酸的油料饲料，以免形成黄膘肉。

（三）微量元素和维生素对猪肉肉质的影响

1.微量元素对猪肉肉质的影响

微量元素是猪机体需要量不大而又必需的营养物质，主要以酶或激活剂等组织形式参与体内的生理反应，从而影响母猪体内的代谢和生长发育。但如果在日粮中大量添加微量元素，或在猪体内不能吸收排出体外给环境带来污染，或残留在体内影响猪肉品质，因此必须根据猪的需求及作用添加必需补充的微量元素。目前，饲料工业中主要存在两方面的问题：一是饲料原料中微量元素含量较低，达不到动物营养需要，需要人为添加；二是在经济利益的驱使下，过量添加微量元素，影响猪的健康和猪肉产品食用安全。

（1）铜的过量添加与危害　高铜对猪的增重作用报道较多的是仔猪阶段，而育肥期增重效果一般。但育肥期高铜对猪肉的品质有影响，有研究表明，使用高铜后，猪背最长肌粗蛋白质、粗脂肪和粗灰分含量未产生显著变化，但猪肌肉失水率略有升高，大理石纹评分和色泽呈下降趋势。还有研究表明，生长猪饲喂高铜日粮（125~250 毫克/千克）可使体脂显著变软，从而增加脂类的氧化程度，其原因可能是高铜提高了猪肉中不饱和脂肪酸（油酸/硬脂酸）的比例或增加了脱饱和酶的活性。大剂量使用铜不但导致环境污染，破坏土壤质地和微生物结构及影响作物产量和养分含量，还直接影响动物健康和畜产品的食用安全。当肉猪饲料中添加铜100~125毫升/千克时，猪肝铜上升2~3倍；250毫升/千克，升高10倍；500毫克/千克，升高70倍。除肝铜升高外，饲粮中铜添加量达到150毫克/千克时，肌肉中铜含量显著增加。钱莘莘等（1997）在肥育猪饲料中分别添加150毫克/千克、300毫克/千克铜，饲养75天后，结果肌肉中铜的含量为10.8毫克/千克、11.3毫克/千克，肝铜分别为154.93毫克/千克、407.8毫克/千克。过高肝铜可影响肝功能，降低血红蛋白含量和血液比容值，人食用这种猪肝后会出现血红蛋白降低和黄疸等中毒症状。有研究表明，细胞内过量的铜可使自由基增多，引起生物损伤，促使细胞癌变及引起视网膜和神经末梢病变。可见，猪肉中高铜残留对人体有很多危害。此外，人食入铜残留超标的肉食品，可造成铜在肝、脑、肾等组织中的累积，使机体内自由基水平增加，改变脂类代谢，导致动脉粥样硬化并加速细胞的死亡（王建辉，2003）。铜在脑中某些部位沉积，可导致脑萎缩、灰质和白质退行性改变，神经原减少，最后发展为老年性痴呆。

高铜的使用对人体和环境造成的危害已引起世界上一些国家的高度重视，美国不允许在饲料中使用高铜，欧盟将饲料铜添加量限制在160毫克/千克以内，日本规定猪饲料中铜的添加上限分别为：仔猪（30千克以下）125毫克/千克，生长猪（30~70千克）45毫克/千克，肥育猪（70千克以上）10毫克/千克。我国农业部2008年发布的《饲料添加剂安全使用规范》中规定30千克以下、30~60千克、60千克体重以上猪的配合饲料中铜的含量分别不应高于200毫克/千克、150毫克/千克和25毫克/千克。

（2）铁的过量添加与危害　　铁既是血红蛋白和肌蛋白的重要组成部分，对肉色的形成有决定性作用，又是机体抗氧化系统过氧化酶的辅酶因子，对防止肉质脂类氧化有重要作用。日粮中添加（209~420毫克/千克）铁时，猪肉中的非血红素铁和脂类过氧化反应产物含量显著增加，血红素铁与非血红素铁能加速过氧化反应，导致脂质过氧化而使猪肉中产生异味。而且饲粮中铁含量过高，会使肌肉颜色过深，不受消费者欢迎。因此，应尽量避免在日粮中添加高浓度铁。但有机铁（甘氨酸亚铁）由于其独特的吸收机制，以氨基酸或肽的整体形式被机体所吸收，具有较高的生物学效价和吸收率，大大降低了铁的添加量，并且能够达到改善肉质的效果。

（3）铬对肉质的影响　　肉猪在运输、转群和不良的屠宰过程中容易发生应激反应，机体分泌大量的肾上腺素，分解体内肝糖原和肌糖原，从而影响屠宰后肉品的酸败速度和程度，对肉质产生不利影响。如果应激是发生在接近屠宰时，糖酵解发生在胴体温度尚高时，就会导致PSE肉。因此，急性应激导致白肌肉（PSE肉），慢性应激导致黑干肉（DFD肉）。

铬可以作为一种抗应激剂来减少动物应激而提高肉质。通过补铬可降低血清中皮质醇的含量和提高血液中免疫球蛋白的水平，使猪安定。铬的补充增加了球蛋白的含量。铬还能促进脂肪的分解和蛋白质的合成，降低脂肪总量和脂肪率。在肉猪屠宰前，补充铬可以降低肌肉糖原的消耗，从而减少乳酸的生成，缓解屠宰前应激，防止PSE肉的发生。肉猪日粮中以吡啶铬的形式添加铬20微克/千克，可显著降低PSE猪肉的发生率，同时提高了10.2%的正常肉。因此，饲料中添加铬制剂可减轻发生在运输和屠宰过程中的应激程度，减少PSE肉和DFD肉的发生。猪饲料中添加有机铬可能提高生长激素基因的表达，从而提高猪的瘦肉率，降低胴体脂肪含量，改善猪肉品质。但有关有机铬对猪肉品质影响的研究结果不尽一致。有学者认为补铬增加了肉的嫩度，背最长肌中酸性肌间脂肪增加，眼肌面积及肌间脂肪含量增加。也有学者研究认为，铬能促进脂肪分解和蛋白质合成，从而改善胴体品质。

Dugan 等（2004）综合了 27 个添加 200 微克/千克吡啶甲酸铬的试验发现，背膘厚平均降低 1.5 毫米，眼肌面积提高 2 厘米²，瘦肉率提高 1.5%。陈代文等（2002）研究表明，200 微克/千克有机铬趋于提高眼肌面积和肉色评分，降低肌肉大理石纹评分和肌间脂肪含量，但可极显著提高猪肉的滴水损失，对肉质可能有一定影响。

（4）硒对肉质的影响　硒是动物必需的微量元素，具有多种重要的生物学功能，显著影响动物机体的自由基代谢，是体内磷脂过氧化氢和谷胱甘肽过氧化物酶的重要组成成分，能清除细胞内形成的过氧化物，防止细胞和亚细胞受到过氧化物的破坏，它与维生素 E 具有协同作用。补硒可使机体自由基水平下降，减少细胞的损伤，从而减少肌肉渗出汁液。硒的来源有无机硒（亚硒酸钠）和有机硒（蛋氨酸硒和酵母硒等）。研究表明，在改善肉品质方面，有机硒的作用好于无机硒。有机硒与增加组织硒质量浓度，有助于维持组织细胞的完整性，减少猪肉的滴水损失，显著增加生长育肥猪的眼肌面积，降低背膘厚。以硒酵母给生长猪饲料添加 0.3 毫克/千克硒，可减少 PSE 肉的发生，且猪肉味道较好。

2. 维生素对肉质的影响

（1）维生素 E　维生素 E 作为保护性抗氧化剂的作用已为人们所认识。维生素 E 是一种潜在的抗氧化剂，能阻止肌肉中的脂肪在组织中的氧化，在饲料中添加高水平维生素 E 可减少脂类氧化速度，维持屠宰肌肉细胞的完整性，减少滴水损失，从而改善猪肉品质。另外，维生素 E 能有效抑制鲜猪肉中高铁血红蛋白的形成，增加氧合血红蛋白的稳定性，在猪饲粮中添加维生素 E（100~200 毫克/千克饲料），能显著降低脂类过氧化反应，从而延长鲜肉理想肉色的保存时间。有研究表明，当日粮中的维生素 E 的添加量高于 NRC（1998）的最低推荐值时，维生素 E 还能提高平均日增重和饲料转化率。有些试验报道，虽然维生素 E 有改善肉质的作用，但把握补充维生素 E 的时间和剂量十分关键，而且天然维生素 E 的吸收率是合成维生素 E 的 2 倍，且能很好的保存在组织中，因此添加天然维生素 E 效率更高。

（2）维生素 B_2　又称核黄素，是氨基酸代谢和脂肪代谢的必需成分。有研究显示，用于蛋白质沉积所需的维生素 B_2 比脂肪多 6 倍，这就意味着维生素 B_2 的需要将随着肌肉的生长而显著增加。

（3）维生素 C　维生素 C 通过其抗氧化作用可防止脂肪氧化，提高猪肉品质。试验表明，维生素 C 具有防止猪屠宰应激的作用，减少 PSE 肉产生。陈代文（1996）指出，猪饲粮中维生素 C 添加量大于 50 毫克/千克时可减少 PSE 肉的发生率。在肥育期以 75 毫克/千克日粮水平添加较为合适。为了保证维生素 C 的效果，应在屠宰前 1 个月添加。但饲粮中维生素 C 的稳定性差，并且不易在猪肉中沉积，因而限制了其对肉品质氧化稳定性的增强作用。

（四）其他添加剂成分对肉质的影响

1. 中草药

中草药是我国特有资源，饲料中添加能改善畜禽的肉品质。中草药饲料添加剂能够增加动物产品色泽，增加产品中营养物质，清除或减少胴体中的有害成分，提高肉产品风味。张先勤等（2002）报道，在育肥猪日粮中添加中草药能显著提高胴体瘦肉率，增大眼肌面积提高胴体瘦肉率，增大眼肌面积降低胴体脂肪率、背膘厚和板油重。同时，能极显著提高肌间脂肪含量，增加肉的柔嫩度、多汁性和香味，从而改善肉品风味。另据童建国等（2008）试验报道，中草药提取物均能提高生长育肥猪的生长速度和饲料报酬；有效提高猪的抗病能力；可显著提高猪的胴体瘦肉率，增大眼肌面积，降低背膘厚，有效改善育肥猪肉质。胡忠泽等（2006）报道，日粮中添加1%杜仲，肌肉的滴水损失显著下降，改善胸肌肉色，提高肌肉pH值，使胸肌纤维明显变细。

2. 甜菜碱

甜菜碱为降低猪体脂的营养添加剂，最早是从甜菜糖蜜中分离出的一种天然物质。在动物体内，甜菜碱是胆碱的氧化产物，它主要通过提供甲基合成多种营养物质间接参与体内的许多生理过程。甜菜碱对猪胴体肉质的作用曾有争议，饲粮中添加甜菜碱可提高肥育猪胴体瘦肉率，降低脂肪率和板油重，眼肌面积增大，平均背膘厚度降低。而且，甜菜碱还可通过提高猪肉中肌红蛋白、肌内脂肪和肌甘酸含量，有效改善猪肉色泽，提高肉的柔嫩度、多汁性和香味。有试验表明，在肥育猪饲料中添加1 75克/千克的甜菜碱，眼肌面积增大了11.99%；1 25克/千克的甜菜碱，使肥育猪背膘厚度降低15%，眼肌面积增大。余东游等（2004）报道，在杜×长×大生长猪日粮中添加0.1%和0.15%甜菜碱，日增重分别提高13.2%和9.28%，日采食量分别增加7.3%和7.33%，料重比分别下降7.93%和6.55%。

3. 半胱胺和L–肉碱

生长抑素由神经系统和胃肠道产生，对单胃动物的生长激素、甲状腺素、胰岛素等代谢激素起到抑制性调节作用，严重制约了动物生长。研究表明，添加外源半胱胺能迅速选择性地降低动物体内生长抑素的免疫活性或使生物活性丧失，但对机体内其他神经激素没有影响。半胱胺主要通过这种机理来解除生长抑素对动物生长的抑制，而且还能起到促进动物生长和改善动物胴体品质作用。韦习会等（2003）研究表明：育肥后期猪日粮中添加半胱胺可提高胴体瘦肉率和骨骼比率，降低脂肪比率，改善肉质性状。有试验报道，在生长肥育猪基础日粮中添加200~250毫克/千克的半胱胺，瘦肉率提高4.63%~5.42%，脂肪率降低8.53%~9.52%，背膘厚下降8.47%~10.17%。

肉碱最早于1947年在虫体内及幼虫发育的有关成分中发现，具有生理作用的是其左旋异构体即L–肉碱。脂肪酸作为动物体内的主要能量物质，其释放能量的场所是细胞线粒体，而含能量高的长链脂肪酸不能独自进入线粒体中，需通过载体的转运，而这唯一的载体就是肉碱，它能将脂肪酸转运进入线粒体，并将其在线粒体基质中氧化，从而加快β–氧化的速度，并最终降低血清胆固醇及甘油三酯含量。90%的肉碱分布在动物的肌肉组织中，虽然成年动物体内能利用赖氨酸经甲醛化合成肉碱，但是初生动物和高产动物的需求量是动物自身合成不能满足的。据崔艳红等（2002）试验报道，饲料中添加50毫克/千克的肉碱，可明显降低肉猪的平均背膘厚，提高背最长肌面积和胴体瘦肉率。还有试验表明，L–肉碱试验组瘦肉率提高了3.7%，眼肌面积增大8.3%，皮脂率降低1.43%，背膘厚减少10.5%，板油率减少9.8%。由此可见，L–肉碱能调节猪体内脂肪代谢，减少体脂沉积，增强瘦肉生长，且具有一定的营养调配剂的作用。

生产中半胱胺和L–肉碱可同时使用效果更好。扬彩梅（2005）研究表明：饲料中添加75毫克/千克半胱胺和75毫克/千克半胱胺+100毫克/千克L–肉碱可使肥育猪平均日增重分别提高7.83%和8.55%，平均日采食量分别提高8.43%和8.05%，75毫克/千克半胱胺+100毫克/千克L–肉碱组可使肥育猪脂肪率下降17.05%，瘦肉率提高6.11%，眼肌面积提高9.49%，肋骨处背膘厚下降27.03%。

三、选择适宜的品种和肉猪生产杂交组合模式

（一）选择适宜的品种

现代人们对肉类的消费总体来说还是以猪肉为主，猪肉占肉食总量的67%左右。对猪肉的消费主要偏向于瘦肉。猪的100克瘦肉中含蛋白质16.7克、脂肪28.2克，胆固醇77毫克；而100克肥肉中含蛋白质2.2克，脂肪90.8克，胆固醇107毫克。可见，肥肉中蛋白质含量太低、胆固醇含量太高，对健康不利。我国饲养的地方猪种的肉猪胴体瘦肉率偏低，一般40%~50%。由于猪的品种和类型的形成及培育条件的差异，猪体间的经济性状和人们对肉猪产品要求的不同，在肉猪的产肉力性状和胴体品质上均有差异。猪的胴体瘦肉率是一个高遗传力的性状，目前的猪种中只有国外一些品种瘦肉率较高，而且抗应激。因此，无论是从瘦肉率上，还是生产效率上国外优良猪种都高于我国地方猪种。在国外猪种中，杜洛克猪不仅生长快，适应性强，瘦肉率高，而且肌内脂肪含量高，产生PSE肉等劣质肉的比率很低，也属于抗应激品种，其次是大白猪、汉普夏猪、长白猪，多数品系应激发生率较高，而皮特兰猪应激发生率最高。然而，现代遗传研究表明，猪胴体瘦肉率与猪肉品质密切相关，过高的瘦肉率与过快的日增重必然导致猪肉品质的下降。我国大多数优良地方猪种都有肉质性状和繁殖性能的优势，在肌肉脂肪、肌纤维细度、肉色、口味等方面都优于国外猪种，多数是经济杂交的理想母本。为了提高我国地方品种猪的胴体瘦肉率，可利用瘦肉型高的品种，如杜洛克猪、长白猪、大白猪等做杂交父本，与其进行杂交，来提高后代的胴体瘦肉率。一般两品种杂交，其胴体瘦肉率介于两亲本之间，大致为父母本的平均数，并向高值亲本偏移，杂交父本胴体瘦肉率越高，越有利于提高杂种后代的胴体瘦肉率。

（二）选择适宜的杂交组合模式

现代肉猪生产中的肉猪，多数为二元或三元的瘦肉型品种猪的杂交猪或杂优猪，少数为四元杂优猪。现代肉猪生产要求肉猪体重的75%在110天内完成，平均日增重700~750克，其中体重25~60千克阶段的日增重600~700克；60~100千克阶段的日增重为800~900克。三元杂种肉猪比二元杂种肉猪，生长速度快12.18%，每千克增重节省饲料8.22%，胴体瘦肉率高10%，经济效益高16%；而配套系生产的杂优肉猪，更优于三元杂种猪，具有生长快、饲料报酬高、瘦肉率高、肉质好、商品猪整齐度好，一致性强，杂种优势突出综合效益显著的特点。

四、肉猪原窝饲养和合理组群

原窝饲养肉猪是根据行为学研究所确定的一条养猪原则。猪属于群居动物，原窝肉猪在哺乳期就已经形成的群居秩序，在生长育肥期会仍保持不变。生长育肥猪群居生活中的睡眠、休息、站立和活动、吃食和饮水、排粪排尿、相互戏逗、咬架与追逐等构成了行为上的互作，对生长育肥猪的生长速度和饲料转化率均有一定影响。当来源不同的猪合群时，往往会出现咬架、相互攻击、强行夺食，分群躺卧各居一方，这一行为会造成个体间增重的差异达13%左右。原窝饲养就不会出现这个现象，这对肉猪生产极为有利，在一定程度上对提高生产效率有一定作用。

肉猪生产工艺设计一般为小栏饲养8~10头，大栏18~20头，生产中在将个别生长猪调出后，原窝猪7头以上，12头以下都应原窝饲养，不要再重新组群。除因疾病或体重差别过大，体质过弱不宜在原窝内饲养调整外，一般不应任意变动。当两窝生长猪头数都不多，

并有许多相似性时，要合群并圈最好在夜间进行。但在生长猪整齐度稍差有弱猪和猪体重小的情况下，可把来源、体重、体况和吃食等方面相近的生长猪合群饲养。同一群育肥猪个体间体重差异不能过大，在保育阶段群内体重差异不宜超过 2~3 千克。组群后也要保持群的稳定，并要加强管理和调教，避免或减少咬斗现象。

五、保证最优的环境条件

现代肉猪生产是高度舍饲饲养，猪舍内的小气候乃是主要的环境条件。猪舍的小气候主要有舍内的温度、湿度、气流、光照、噪声等舍内生态环境，此外猪舍内氨气、二氧化碳、硫化氢等化学因素和尘埃、微生物等其他因素，均都会对肉猪生产造成影响。特别是猪舍的温度和湿度是肉猪生长的主要环境条件，直接影响肉猪的增重速度、饲料利用率和肉猪生产效率。研究表明，适于蛋白质沉积的环境温度是 $18~20℃$，过高过低的环境温度对脂肪和蛋白质的沉积都不利，而且对脂肪沉积的影响要大于蛋白质。将试验猪分别饲养在 $10℃$ 和 $20℃$ 的环境下，前者胴体瘦肉率下降 10.6 个百分点，背膘增加 3.4 个百分点。如气温超过 $37.8℃$，68 千克活重以上育肥猪全都减重，但低于 $4.4℃$ 时，采食量增加，体力消耗也增多，也直接影响到增重的效果。实践证明，获得最高日增重的适宜温度同样能获得最好的饲料转化率，而且可提高胴体瘦肉率。因此，为生长肉猪群创造最适宜的环境条件，对提高现代肉猪生产效率十分重要。

第十三章
猪的饲料和饲料配合技术

饲料是猪的粮食，也是猪的食物，它为猪提供生长发育、繁殖、生产所需的各类营养物质。在现代养猪生产中，饲料是猪场生产的物质基础，由于生产中饲料支出占养猪总成本的70%左右，因此，饲料的原料选择、饲料的配制及贮藏等对猪场生产及效益影响较大。

第一节　猪的饲料

猪的饲料种类繁多，按国际饲料命名和分类原则及我国惯用的分类法，可将猪的饲料分为八大类，即能量饲料、蛋白质饲料、矿物质饲料、维生素饲料、添加剂饲料、青绿多汁饲料、粗饲料、青贮饲料。在现代养猪生产中主要以使用前五类饲料为主。

一、能量饲料

能量饲料是指干物质中粗纤维含量低于18%和粗蛋白质低于20%的谷实类、糠麸类、草籽树实类、块根块茎类、瓜果类及油脂类饲料等。现代养猪生产主要以谷实类饲料为主，其次是糠麸类和油脂类饲料。谷实类及糠麸类饲料，一般每千克饲料中含消化能在10兆焦以上，消化能高于12.5兆焦者属于高能量饲料。这类饲料因富含淀粉、糖类和纤维类，是猪饲料的主要组成部分，其用量通常占日粮的60%左右。

（一）谷实类饲料

谷实类饲料大多是禾本科植物的成熟种子，其特点是淀粉含量高，粗纤维含量低，可利用能量高；缺点是蛋白质含量低，氨基酸组成上缺乏赖氨酸和蛋氨酸，并缺钙及维生素A、维生素D，磷含量较多但利用率低。谷实类饲料常用的有玉米、大麦、小麦、燕麦、稻谷、高粱、荞麦和粟等。现代养猪生产以玉米、大麦、小麦和稻谷为主要原料用来配制饲粮，其次是高粱等。

1. 玉米

（1）玉米的分类　禾本科玉米属一年生草本植物，又名苞谷、苞玉、苞芦、玉蜀黍，玉米一词专指籽实。玉米根据颜色可分为黄玉米、白玉米和混合玉米。黄玉米指以黄色籽粒为主，其他颜色籽粒不超过5%，暗红色籽粒在50%以下或呈淡红色者均属黄玉米。白玉米指以白色籽粒为主，其他颜色不超过2%，籽粒表面淡红色在50%以下者或呈淡黄色均属白玉米。混合玉米指黄、白两色比例相近或上白下黄的玉米。玉米的定义、分类、质量要求及分级标准见中华人民共和国国家标准GB 1353—1999。2008年7月3日，中国国家标准化管理委员会（SAS）制订了新的国家标准《玉米》。

（2）玉米的营养成分　玉米是现代养猪生产中主要的能量饲料，适口性和消化性均好。含淀粉多，消化率高，每千克干物质含代谢能13.9兆焦，粗纤维含量较少，脂肪含量3.5%~4.5%，玉米的可利用能高，是谷实类饲料中最好的能量饲料，常作为衡量某些能量饲料能量价值的基础。而且玉米中亚油酸含量也是谷实类饲料中最高的，可达2%，占玉米脂肪含量的近60%。亚油酸（十八碳二烯脂肪酸）不能在动物体内合成，只能靠饲料提供，是必需脂肪酸，猪缺乏亚油酸时繁殖机能受到破坏，生长受阻，皮肤发生病变。猪日粮中要求亚油酸1%，如果玉米在猪日粮中的配比达到50%以上，则仅玉米就可满足猪对亚油酸的需要。

玉米蛋白质含量低，一般占饲料8.6%，蛋白质中氨基酸组成不平衡，特别是赖氨酸、蛋氨酸及色氨酸含量低。玉米维生素A和E的含量高，但维生素D和K几乎不含有。水溶性维生素中以维生素B_1较多，维生素B_2及烟酸较少。玉米中还含有β-胡萝卜素、叶黄素等，主要是黄玉米含有较多的胡萝卜素及维生素E。玉米中80%的矿物质存在于胚芽中，其中钙仅为0.02%，磷为0.25%，其大部分为难以吸收的植酸态磷。

（3）使用玉米配合饲料时要注意的问题　玉米在饲料配方中使用量最大，一般50%以上，但饲用过多会使肉猪、种猪的脂肪加厚，降低瘦肉率和种猪的繁殖力。实质上由于玉米的蛋白质含量少，品质差，常量元素和微量元素及维生素等含量低，均不能满足猪的营养需要。尽管玉米主要用以提供能量，但其提供的蛋白质也占到配合饲料中总蛋白质的1/3左右，但由于玉米的赖氨酸和色氨酸含量低，因此，玉米并非优质的蛋白质来源，故在配合饲料中要注意这些氨基酸的平衡，特别要注意补充赖氨酸等必需氨基酸。近些年，培育的高蛋白质、高赖氨酸等饲用玉米，营养价值更高，饲喂效果更好。如中国农业科学院作物研究所选育的中单9409，解决了优质蛋白玉米的质优与高产、抗病力的矛盾问题，产量比普通玉米高8%~15%，赖氨酸与色氨酸含量提高50%左右，并提高了亮氨酸与异亮氨酸比值及总尼克酸、游离尼克酸含量。由于玉米含钙少，含磷也偏低，饲喂时必须补钙和磷。因此，在以玉米为主的配方中应权衡各种矿物质微量元素的实际可利用量进行补充。

（4）提高玉米饲喂效果的措施　玉米经膨化处理后，其中的淀粉α化程度达92%以上，提高了玉米的消化率，特别对断奶仔猪具有提高采食量、消化率，减少下痢均具有良好效果。现代养猪生产断奶仔猪的应激及提高其生长发育，生产中往往采取添加抗生素等措施，虽然有一定效果，但也有负面影响。膨化玉米对断奶仔猪具有良好的消化和减少下痢的效果。王潇等（2005）研究表明膨化玉米可以提高日粮粗淀粉和有机物的消化率，从而也提高了断奶仔猪的日增重，降低了料肉比，而且随着膨化玉米添加量的增加，效果更好（表13-1）。现代养猪生产中对断奶仔猪或哺乳期仔猪使用膨化玉米，虽然成本有所提高，但带来的效益可观。

表13-1　不同添加量的膨化玉米对断奶仔猪（25~54日龄）生长性能和养分消化率的影响

项目	试验Ⅰ组	试验Ⅱ组	试验Ⅲ组	试验Ⅳ组
生玉米占配合饲料比例（%）	60	40	20	0
膨化玉米占配合饲料比例（%）	0	20	40	60
始重（千克）	6.91	6.93	6.90	6.90
平均日增重（克）	417	424	431	472
平均日采食量（克）	668	687	706	693
料重比（0~14天）	1.61	1.43	1.41	1.27
料重比（2~28天）	1.61	1.62	1.63	1.48
有机物消化率（%）	80.56	80.46	83.70	82.85
粗淀粉消化率（%）	84.56	85.96	86.63	88.12

资料来源：赵伟广主编《中国养猪大成》第二版，2013。

（5）霉变玉米的危害　玉米发霉变质的原因是玉米胚大，玉米胚部几乎占全粒体积的1/3，吸湿性强，带菌量大，易酸败。玉米胚部富含营养，并有甜味，可溶性糖含量较大，易感染虫害，这又加快了玉米霉变的程度。在玉米收获季节，一般新收获玉米的水分在20%~35%，玉米难以充分干燥，使储藏稳定性大大降低，极易霉变。

霉菌生长需要适合的温度、湿度、氧气及能源。当湿度大于85%，温度高于25℃时，霉菌就会大量迅速生长，并产生毒素。霉变玉米产生的毒素主要有黄曲霉菌、赤霉烯酮、伏马霉素及呕吐霉素等。其危害主要表现在以下几个方面：一是产生有毒的代谢物，改变饲料的营养成分，降低猪对养分的利用，可使养分利用率最少下降10%；二是造成饲料适口性差，猪采食量减少，呕吐、甚至拒食饲料；三是降低猪的生长速度和饲料利用率；四是造成猪免疫抑制，抗病能力下降；五是种猪生殖系统被破坏，繁殖力低下甚至失去生殖能力，中毒严重时母猪导致流产，中毒严重猪无论大小，可导致死亡。

（6）玉米贮存时的注意事项　玉米贮存方式的妥当与否对玉米的品质影响极大。由于玉米含水量大，不易干燥，贮存不当可造成品质下降，最主要的是易发生霉变，霉菌污染而产生毒素。现代养猪生产规模饲养量大，饲料消耗量也大，采购的玉米量大，而且一般是贮存半年时间，因此，玉米贮存非常重要，生产中对玉米的贮存要注意以下事项：

① 入仓前清理破碎玉米及杂质等，玉米贮存时有碎玉米存在时，易发生霉变质，因此，玉米入仓时要用清理机清除其中的破碎粒及粉状物等，将完整的玉米籽粒入仓贮存。

② 水分与温度。进仓玉米含水量应在14%以下，贮存温度不能超过25℃，夏天应避免长期贮存。

③ 注意仓温变化。日常要注意仓温变化，有异常情况立即采取措施，如提前使用或翻仓、通风等。

④ 定期采样检查。测定含水量、发芽率及脂肪酸价，了解玉米的品质变化情况。

2. 大麦

（1）大麦的分类　禾本科大麦属一年生草本作物，有带壳的"皮大麦"（草大麦）和不带壳的"裸大麦"（青稞）两种，通常饲用的是皮大麦。大麦是古老的作物之一，其单产仅次于玉米、水稻。目前播种面积最大的省（自治区）有江苏、西藏自治区（以下简称西藏）、青海和四川，占全国裸大麦种植面积的70%以上，其次是河北、山西、山东、陕西、甘肃。大麦具有在高寒、高纬度、盐碱、干旱、迟播和贫瘠等不利条件下产量较为稳定的特点。目前，我国拥有可垦荒地近 5 亿亩，盐碱地 6 000 多万亩，南方冬闲田 2 亿多亩，在这些生态条件较差的地方，充分种植大麦来代替玉米作为能量饲料，对解决人畜争粮、争地具有重要意义。大麦质量指标及分级标准有《饲料用皮大麦》(GB 10367—1989)，裸大麦国家标准 GB/T 11760—2008。

（2）大麦的营养价值　大麦是猪只喜欢吃的一种饲料。大麦代谢能水平低，约为 11.51 兆焦 / 千克，适口性好；大麦的粗蛋白质含量（11%~14%）高于玉米，蛋白质品质比玉米好，其赖氨酸为谷实中含量较高者（0.42%~0.44%），某些品种的赖氨酸含量比玉米高 1 倍，异亮氨酸与色氨酸也比玉米高，但利用率比玉米差。大麦的营养成分大致为：水分 11.6%，粗蛋白质 11.5%，粗脂肪 2.0%，粗纤维 6.0%，粗灰分 3.0%，钙 0.05%，磷 0.4%。

大麦中碳水化合物主要是淀粉、纤维素、半纤维素和水溶性物质。大麦中的脂肪含量平均为 1.9%，其主要成分是亚麻油酸和次亚麻油酸。大麦富含 B 族维生素，也含有少量生物素和叶酸，但脂溶性维生素、维生素 B_{12} 少。大麦粗脂肪含量较玉米低，消化能也低于玉米，但钙含量较高，铁、铜、锰、锌、硒较玉米高，维生素中生物素、胆碱及烟酸含量较玉米高。大麦中含有 1 种胰蛋白酶抑制因子和两种胰凝乳酶抑制因子，前者含量很低，后者可被胃蛋白酶分解，故对动物均有抗营养作用。

（3）饲喂大麦要注意的事项

① 饲喂对象和用量。饲用大麦宜磨成中等细度或制成颗粒喂猪，可提高饲料利用率和增重速度 14% 左右。大麦不宜喂仔猪，但若是裸大麦或脱壳、压片以及蒸煮处理大麦则可取代部分玉米喂仔猪。大麦是猪肥育后期较理想的饲料，用大麦喂肥育猪可获得色白、硬度大的脂肪，减少不饱和脂肪酸含量，改善肉的品质和风味，增加胴体瘦肉率。金华猪传统的饲养方式就是以大麦饲料为主，从而产出了闻名于世的"金华火腿"。以大麦喂育肥猪，日增重与玉米效果相当，但饲料转化率不如玉米，其相对饲养价值为玉米的 90%，故用大麦取代玉米不宜超过 50%，或在饲料中用量以不超过 25% 为宜。

② 添加复合酶制剂。大麦，特别是有壳大麦能值偏低，粗纤维含量高，大麦含有较多的抗营养因子、可溶性非淀粉多糖（SNSP，主要是 $\beta-$ 葡聚糖），它在消化道中能使食糜黏度增加，进而影响三大营养物质（脂肪、碳水化合物和蛋白质）的消化吸收，是限制其在单胃动物饲料中应用的重要因素。许多研究者提出了一些消除大麦中 SNSP，提高大麦营养价值的方法，并取得了一些进展，其中尤以酶制剂（$\beta-$ 葡聚糖酶和木聚糖酶）最有效、最简便。在以大麦为能量饲料的饲粮中，添加以 $\beta-$ 葡聚糖酶为主的复合酶制剂，能消除抗营养因子 $\beta-$ 葡聚糖的影响，降低食糜黏度，还能提高饲粮养分消化率，可使能量的利用率提高 13%，饲粮蛋白质的消化率提高 21%。

③ 防止霉菌感染。大麦常有霉菌感染，最重要的是麦角要素，这些霉菌的孢子会侵害生长中的谷粒，形成一个较大的黑色菌团，其中含有各种有毒的生物碱，这些生物碱对种猪、仔猪有极高的毒性。因此，饲喂大麦一定要注意其品质和霉变。

3. 小麦

（1）小麦的分类及产品　禾本科麦属一年生或二年生草本作物，属中国古老的粮食作物之一。我国小麦总产量居世界首位，小麦播种面积约占全国粮食作物总面积 1/4，按栽培制度可区划为春麦区、冬麦区及冬春麦三大区，我国栽培的小麦 80% 以上是冬小麦。小麦按播种季节可分为冬小麦和春小麦，按谷粒质地可分为硬小麦和软小麦，按种皮颜色可分为红麦（呈茶褐色）与白麦（呈淡黄色）和花麦。有试验表明，软小麦和硬红小麦在喂肥育猪时，无生长性能的差异。

小麦籽实由麦皮（籽实皮）、胚（胚芽）、胚乳等部分组成，其中胚乳占83%，胚芽占2.5%，其余部分占14.3%。小麦在加工制粉过程中可生产出精粉、标准粉、次粉及小麦麸等不同档次的产品、副产品。小麦的次粉又称黑面、黄粉、三等粉等，是小麦籽实磨制各种面粉后获得的副产品之一。次粉与小麦麸是面粉加工副产品，由于加工工艺不同，制粉程度不同，出麸率不同，次粉差异很大。因此，用小麦次粉作饲料原料时，要测定其营养成分。

（2）小麦的营养特点　小麦的化学成分受到小麦品种、土壤类型、环境状况等影响。小麦籽粒的化学成分，尤其是蛋白质含量相差较大，最低为9.9%，最高为17.6%，大部分在12%~14%，高于玉米。小麦的能量（14.6兆焦/千克）、粗纤维含量（2.2%）与玉米相近，粗脂肪含量（1.6%~2.7%）低于玉米。小麦含有多种氨基酸，且氨基酸比其他谷实类完全，尤其是赖氨酸含量高，B族维生素丰富。缺点是缺乏维生素A和D，而且小麦内含有较多的非淀粉多糖，黏性大，粉料中用量过大会黏嘴，降低适口性。非淀粉多糖主要包括纤维素、戎聚糖、果胶多糖、阿拉伯聚糖等。非淀粉多糖又分为可溶性和不溶性两类。不溶性成分主要是纤维素和木质素，对小麦营养影响不大，水溶性成分主要是戊聚糖，被认为是小麦主要抗营养因子，其抗营养作用主要与其黏性及对消化道生理、形态和微生物区系的影响有关。

（3）小麦与玉米的营养价值比较　小麦作为能量饲料其饲喂价值与玉米相当，当饲喂生猪时，小麦的能值相当于玉米能值的91%~97%，然而，小麦中标准回肠可消化氨基酸，特别是色氨酸、赖氨酸和苏氨酸含量比玉米中的含量更高。而就猪饲粮最易发生不足的赖氨酸而言，小麦的含量为0.3%，是玉米赖氨酸含量（0.24%）的1.25倍；此外，猪饲粮中容易缺乏的色氨酸与苏氨酸，小麦的含量分别为0.15%和0.33%，分别是玉米含量（0.07%和0.3%）的2.14倍和1.1倍。而且这3种必需氨基酸消化率，除苏氨酸相同外，其余两种氨基酸都比玉米高，小麦的赖氨酸和色氨酸消化率分别为71%和78%，玉米赖氨酸和色氨酸消化率分别为69%和67%。小麦中各种重要的矿物质元素也均高于玉米，特别是锰和锌的含量；小麦中的钙和磷含量比玉米高，而且由于小麦中植酸酶含量较玉米高，磷的利用率也较高。小麦除不含胡萝卜素，维生素A的含量低于玉米外，B族维生素的含量均高于玉米，尤其是烟酸。

（4）小麦作为猪饲料原料需要考虑的问题

①抗营养因子。小麦中的主要抗营养因子是非淀粉多糖中的戊聚糖（主要是阿拉伯木聚糖）含量为6.6%，而玉米为4.2%；小麦中含β-葡聚糖0.7%，而玉米中不含β-葡聚糖。由于猪机体不分泌葡聚糖酶，猪采食富含β-葡聚糖的饲粮后，β-葡聚糖溶于水中形成黏性物质，可提高肠内容物的黏度，阻碍酶的进入和消化，也阻碍营养的吸收，降低食物通过消化道的速度，从而使猪采食量下降。此外，由于β-葡聚糖的黏性作用，使得肠道中微生物数量增加，并可引起结合胆盐的溶解，使脂肪乳化效率降低，降低肠道对脂肪的吸收率，同时也能引起肠黏膜形态和功能的变化。更重要的是β-葡聚糖的热稳定较高，利用热加工处理不能消除其抗营养作用。

②容重。容重是小麦的一个重要经济性状，用以衡量小麦质量的好坏。小麦粒的正常容重范围是720~830克/升。研究表明：当小麦容重降低时，其能量浓度降低，猪需要食入较多的小麦饲粮满足能量需要，这时平均日增重不受影响，但饲料报酬降低。有资料显示，当猪饲喂的小麦容重由750克/升降低到650克/升和570克/升时，饲料报酬分别降

低 6.5% 和 8.0%。由于小麦是人类的主要粮食，但贮藏期过长，或小麦的容重低于正常水平时，可将小麦部分替代玉米、高粱使用于猪的饲料中。

③ 配方调整。小麦与玉米的营养成分存在一定的差异，因此在实际生产中，要对小麦饲粮的配方进行适当调整，适当添加小麦专用复合酶，才可提高饲料转化率。调整方法有两种：一种方法是重新调整配方，根据饲喂猪的营养需要，可利用配方软件进行全面调整。调整时在配方中适当增加 1~2 个粗蛋白质的指标，可以适当降低磷酸氢钙、赖氨酸、苏氨酸等的添加量，甚至可以不添加苏氨酸。但是，在选用小麦饲粮时必须使用合适的小麦专用复合酶以降低抗营养作用，增强饲喂效果，小麦可以占到全价饲粮的 30%~40%，能够获得与玉米同样的饲喂效果。另一种方法是直接用小麦替代玉米，但要注意小麦蛋白质、氨基酸的不平衡性。小麦的蛋白质、赖氨酸含量较高，用小麦替代玉米作为猪的能量饲料时，饲粮中豆粕的用量可降低。有试验表明：猪用饲料全部用小麦饲喂，不加豆粕，会产生比其他饲料组合更坏的生产性能，如能添加赖氨酸 2.7 克 / 吨可显著提高增重和饲料报酬，但要获得更好的生产成绩，小麦饲粮中必须同时加入赖氨酸和合成苏氨酸，或用豆粕来替代这些所必需的赖氨酸和苏氨酸。由于现阶段合成苏氨酸价格高，小麦饲粮需加豆粕以补充必需氨基酸的不足，但还要添加小麦专用复合酶。总之，在谷类饲料中，小麦蛋白质含量仅次于大麦，其含有必需氨基酸，但赖氨酸、含硫氨基酸、色氨酸等均较低，小麦有效能值仅次于玉米，含磷 1/2 是植酸磷，以上问题均需在制定配方时注意营养平衡。

④ 生产加工。在实际生产中，小麦的加工工艺直接影响小麦饲粮的利用率。小麦中淀粉约占 75%，由 22%~26% 的直链淀粉和 74%~78% 支链淀粉组成，而支链淀粉的含量与小麦的糊化程度成正比。小麦淀粉糊化温度是谷物籽实中最低的，为 53~64℃，玉米为 61~72℃。淀粉的糊化增加了颗粒的黏性，有利于加工制粒，可作为制粒的黏结剂，降低颗粒饲料的粉化率，因此，小麦饲粮在饲料加工的制粒方面有利，但是对加工的粒度有一定的要求。虽然将小麦磨细会改善其能量和氨基酸消化率，这可能也会改善猪的生产性能，但小麦不能粉碎过细，以免因糊化而影响采食量。而且饲喂精细粉碎小麦型饲粮能增加猪患胃溃疡的风险。此外，精细粉碎也会增加粉尘含量，并且粉碎期间需要额外的电力。然而，现在没有公布用于猪饲料的最佳小麦粒度。有研究者认为，饲喂 860~1 710 微米小麦的保育猪和生长猪增重没有差异，饲喂粒度范围在 500~3 350 微米小麦型基础的生猪生产性能也相似（Choct 等，2004），但与 1 000 微米的粒度相比，将小麦型基础饲粮粉碎至 500 微米，并且进行制粒会稍微改善氨基酸的标准回肠可消化率（Lahaye 等，2008），因此，推荐小麦的平均粉碎粒度为 500~1 000 微米。研究表明，小麦饲粮应用在猪饲料中，加工的最适宜粒度为 700~900 微米，也就是说一粒小麦粉碎成 4~5 个碎粒为宜（吴灵英，2000；李晓城等，2007），这样既可获得较高的消化率，又可获得较高的饲料报酬，还会具有较好的饲料流动性。如用锤片或粉碎机粉碎小麦时，可将筛孔由 1/8 英寸调至 3/16 英寸。用滚筒式粉碎机粉碎小麦较好，它可保证碎粒形式大小一致，以免过细成粉状。

⑤ 霉菌毒素。初夏的冷湿天气易使小麦发生穗枯病或叫结痂病。这种病由真菌引起，能产生呕吐素。呕吐素是一种霉菌毒素，它能显著降低被污染饲料的采食量。发了此病的小麦粒通常皱缩，麦粒芯呈粉红或淡红色。穗枯病真菌感染的小麦不能喂 20 千克以前的仔猪及妊娠和泌乳母猪。此外，小麦籽粒易受霉菌毒素如呕吐毒素和玉米赤毒烯酮的污染，在 21~29℃贮存温度大，当小麦含水量超过 20% 时就会发生感染。而且小麦贮存时，若水分超过 14% 时，会因籽粒呼吸作用旺盛而降低质量，甚至会发热变质失去饲用价值，生产中，

饲喂生猪，小麦中呕吐毒素的含量不能超过 5 毫克 / 千克，饲粮中感染的小麦也不能超过 20%。另外，小麦在收获前遭雨淋等一些因素可引起小麦发芽。有研究认为，发芽率 15% 的小麦与完全没发芽的小麦喂肥育猪，没有表现出生产性能的显著差别。但要注意发芽小麦或低容重小麦不能同时遭到霉菌毒素的污染。

（5）小麦替代玉米在猪饲料中的应用条件及要求

① 合理评价小麦的相对饲用价值。一是从营养成分上分析，小麦的消化能为每千克 14.18 兆焦，粗蛋白质 13.9%，分别是玉米的 98.54% 和 173.75%；小麦的蛋白质和氨基酸含量高，在一定程度上，可以节省蛋白质原料的费用；小麦比玉米或高粱的赖氨酸含量高 30%~50%，可利用磷的含量是玉米和高粱的 3 倍多，当用小麦替代这两种常用的能量籽实时，可以减少饲粮中豆粕和无机磷源的使用比例。由于小麦的非植酸磷含量高（小麦 0.21%、玉米 0.1%），可以节省磷酸氢钙的使用量。二是小麦的粗脂肪含量低（小麦 1.7%，玉米 3.6%），且亚油酸的含量也远低于玉米，这对于肥育猪来讲是优点，但对于仔猪来说要予以注意。当饲粮中玉米的用量达 50% 时，就不需要考虑必需脂肪酸的问题。小麦替代玉米时，则必须添加油脂以补充必需脂肪酸的不足，一般添加 0.5% 豆油可以保证消化能的稳定。研究表明，饲料中用小麦替代玉米，可增加猪脂肪硬度，在一定程度上可改善猪胴体品质。三是小麦消化率与玉米基本相当，但不同品种、地区所产的小麦营养成分差异大，应用时应加以注意。小麦加酶处理后，消化率超过玉米，而且，小麦加酶制剂能更有效地改善饲喂效果，对猪的生长速度没有负面影响。目前，在小麦饲料中添加的主要是复合酶制剂，添加小麦复合酶的比例为，当小麦总比例在 20%~30% 时，普通型小麦复合酶添加量为每吨 500~600 克，随着小麦的添加量增加，小麦复合酶的比例逐渐提高，到小麦代替全部玉米时添加量在每吨 1 千克。四是小麦对猪的适口性优于玉米，可大量替代玉米用于猪的饲粮，但是要注意粉碎的细度。

② 小麦与玉米的性价比。小麦作为能量饲料在猪饲粮中应用已有很长历史。在前苏联、欧洲（法国）和北美（加拿大）等小麦主产区，畜禽饲料中多使用小麦作为主要能量饲料。如今在我国小麦能否在猪饲粮中应用主要取决于小麦与玉米的营养价值与价格的比值。当小麦的性价比高于玉米时，用小麦部分或全部代替玉米喂猪能取得很好的饲养效果和经济效益。一般来讲，使用小麦和玉米日粮的选择上，最大程度是取决于豆粕、鱼粉和赖氨酸的价格，在豆粕价格高位的情况下，根据小麦和玉米的差价，选择使用小麦日粮，是现代养猪生产的规模猪场最经济的选择。因此，在将小麦加入到饲粮中喂猪之前，生产者要根据当地的玉米、豆粕和小麦价格计算，评估可行性，一般要求使用小麦替代玉米不提高全价料成本所能承受的最高小麦价格。有资料显示，小麦价格比玉米价格不高于 55 元 / 吨的时候，选择小麦替代玉米最经济（吴灵英，2001）。但近几年，随着现代养殖业的不断发展和玉米需求量的不断上涨，小麦与玉米价格出现了严重倒挂的现象，一度达到了价差 300 元 / 吨以上。在现代养猪业的发展对玉米需求量增加及国际市场上玉米行情变化的大环境下，玉米采购难、价格高、质量差的现状使玉米替代品的应用成为当前饲料行业及现代养猪生产的必然趋势。在玉米短缺地区，使用小麦型饲粮并加小麦专用酶，达到降低饲料成本，可增加规模养猪效益。此外，小麦比玉米的霉菌毒素含量低，使用小麦能够降低饲料霉菌毒素超标的危险，这对于改善现代养猪生产中霉菌污染对母猪的繁殖影响也是一条措施。

③ 适宜用量。小麦在猪饲粮中的适宜用量决定于猪的年龄、生理阶段、生产性能、饲粮组成、饲养水平等因素。猪的年龄越小，小麦的用量宜少，生长猪饲粮中小麦用量宜少，

肥育猪饲粮中小麦用量可多些；哺乳母猪用量宜小。饲粮以优质大豆蛋白和动物蛋白作蛋白质来源时，小麦的用量比例可适当加大。小麦替代玉米的一般比例为：小猪 10%~20%，中猪 20%~40%，肥育猪 40%~60%，怀孕母猪 20%~30%。生产中要注意的是小麦替代玉米时要逐渐加量替换，不能一次性换完。在换料过程中，应由小比例逐渐增大，7~10 天完成换料过程，否则猪因突然换料而引发应激，造成不必要的损失。

4. 高粱

（1）高粱的分类　禾本科高粱属一年草本作物，古称蜀秫、蜀黍，是世界五大谷类作物之一，也是中国最早栽培的作物之一，北方地区种植面积大，其中辽宁省是全国栽培高粱面积最大，总产量最高的省份。高粱适合在干旱、半干旱地区及瘠薄、涝洼、盐碱地区栽培，因此，发展高粱生产，既可利用其他作物适应不了的自然条件，又能收到投入少、收益高的效果。高粱按性状及用途分为食用高粱、饲用多穗高粱及扫帚用高粱。高粱标准见国家标准 GB/T 8231—2007。

（2）高粱的营养成分　高粱的籽实是一种重要的能量饲料，主要成分为淀粉，含量为68.5%，粗纤维含量较少为1.93%，可消化养分高。粗蛋白质含量为13.99%，但质量较差。高粱的蛋白质含量为8.5%，属醇溶蛋白，这种蛋白与玉米的胶蛋白相似，含必需氨基酸较少，尤其是赖氨酸、精氨酸、组氨酸、蛋氨酸较少，因此蛋白质品质不佳。高粱含脂肪3%，其饱和脂肪酸较玉米多，其中亚麻油酸为49%，油酸30%，硬脂酸2%，棕榈酸13%，蜡质约占0.25%，为玉米的50倍。蜡质中约含5%的磷脂，其中95%是卵磷脂，因此高粱脂肪熔点较高。高粱中矿物质以磷、镁、钾含量较多，含钙量少，磷有40%~75%为植酸磷，生物利用率低。高粱中胡萝卜素及维生素D的含量少，B族维生素含量与玉米相当，烟酸、泛酸及生物素含量多于玉米，但烟酸以结合型存在，故不能利用。

（3）高粱的饲用价值　高粱代谢能水平因品种而异，壳少的籽实，代谢能水平与玉米相近，是很好的能量饲料。高粱与优质蛋白质配合喂猪，饲养价值与玉米没有本质差别，一般相当于玉米价值的95%~97%。饲用高粱代替玉米喂猪，若补充缺乏养分，喂法合理，可获得良好效果，猪的胴体瘦肉率比喂玉米的高。高粱在猪饲粮中取代部分玉米，生长期的猪以25%及50%的高粱取代玉米，日增重及饲料利用率均优于全玉米组；但高粱完全取代玉米时，饲料利用率及生长速度均有所下降。

高粱含有单宁，味苦，适口性差。高粱中的单宁属抗营养因子，含0.4%，褐色高粱单宁含量1%~2%。单宁由酮类化合物构成，为没食子酸的诱导体，对猪的生长有一定抑制作用。饲料中若含0.5%的单宁，影响适口性。此外，饲料中单宁还可降低蛋白质和氨基酸的利用率，增加血液中的胆固醇，但与脂肪吸收有关。高粱中的单宁主要存在于壳部，色深者含量高，所以在猪饲粮配合中，色深者只能加到10%~15%，色浅者只能加到15%~20%。若能除去单宁，则可加到70%。此外，使用单宁含量高的高粱时，还注意添加维生素A、赖氨酸、蛋氨酸、胆碱和必需脂肪酸等。

5. 稻谷

（1）稻谷的种类及产品　稻谷按粒形和粒质可分为籼稻、粳稻和糯稻3类。稻谷去壳后剩颖果，俗称"糙米"，糙米去米糠后为精白米，在加工过程中生成一部分碎米。每100千克稻谷经机械加工后产稻壳20~25千克，糙米70~80千克，碎米2~3千克，一般米糠占糙米重的8%~11%。

（2）稻谷的饲用价值　稻谷粗纤维含量较高（8.5%左右），是玉米的4倍多，但低于燕麦，粗蛋白质含量较玉米低（7.2%~9.8%），但早稻中含有约8%的粗蛋白质，60%以上的无氮浸出物及8%的粗纤维，如不脱壳，在能量饲料中属低档谷物，其因是稻谷的有效能值与其中粗纤维含量呈强负相关。稻谷中的蛋白质由谷蛋白、球蛋白、白蛋白及醇溶蛋白组成，为谷类优良蛋白质来源。但稻谷中赖氨酸、胱氨酸、蛋氨酸、色氨酸等必需氨基酸少，粗蛋白质中赖氨酸、蛋氨酸和色氨酸与玉米近似，不能满足猪的需要。

稻谷中微量元素中除锰、锌含量较高外，所有必需的微量元素都不能满足猪的营养需要。但稻谷含锰和硒较玉米高、钙少、磷多。

糙米的主要成分是淀粉，无氮浸出物含量为74.2%，略高于玉米；糙米的粗纤维含量低（0.7%），脂肪含量少（2%），消化能与玉米近似（14.39兆焦/千克）。糙米以胚乳为主要成分占91%~92%，种皮占5%~6%，胚芽占2%~3%。饲料用糙米含水分13.5%，粗蛋白质7.6%，粗脂肪2.4%，无氮浸出物74.1%，粗纤维1.04%，粗灰分1.28%。碎米是糙米加工成精米的副产品，含少量米糠。碎米的粗蛋白质和粗纤维含量、消化能、钙、铜、锰、锌含量较糙米高。糙米和碎米的必需氨基酸含量与玉米相近，仅色氨酸比玉米高，亮氨酸比玉米低。糙米和碎米的适口性好，饲喂生长肥育猪具有与玉米相同的饲养价值，但脂肪硬度增大，可提高胴体品质。糙米用于猪饲料可完全取代玉米，肉猪食用糙米后其脂肪比喂玉米硬。由于糙米的适口性和消化率高，用于配合饲料喂猪效果较好，对改善胴体脂肪硬度、提高肉质有一定效果。生产中用糙米喂猪仍以磨碎为宜。

（3）用稻谷作饲料要注意的问题　因糙米中B族维生素较多，但 β- 胡萝卜素含量低，故用作饲料还要注意补充维生素A。此外，稻谷中脂肪大部分存在于米糠及胚芽中，脂肪中脂肪酸以油酸（45%）及亚麻油酸（33%）为主。米油极易酸败，生米糠及精米中脂肪极易氧化变质。稻谷中的无机物主要存在于种皮及胚芽中，糙米约含3%，白米仅为0.5%，以植酸磷为主，但利用率低，同时含钙量也低。另外，稻谷中稻壳不仅粗蛋白质含量低，40%以上为粗纤维，用以喂猪，有效能与可消化营养均为负值，因此，在用稻谷喂猪时要注意稻壳的副作用。

6. 燕麦

（1）燕麦的分类　燕麦为禾本科燕麦属一年生草本植物，别名莜麦、有皮燕麦和铃铛麦。燕麦的品种比较繁杂，通常见到的是普通燕麦，其他还有普通野生燕麦、红色栽培燕麦、大粒裸燕麦和红色野生燕麦；按颜色分为红色、白色、灰黄色、黄色和混合色等；按栽培季节有冬燕麦和春燕麦之分。

（2）燕麦的营养成分　燕麦的麦壳占的比重较大，占籽实重量的1/3~1/2，营养价值因壳的厚度及脱壳程度而异。燕麦含粗纤维较高（9.1%~13.2%），因此消化能值低；淀粉含量33%~43%，较其他谷实类少，但燕麦油脂较其他谷实类高，约4.5%，脂肪主要分布于胚部，脂肪中40%~47%为亚麻油酸，油酸占34%~39%，硬脂酸占10%~18%，因此燕麦去壳后容易酸败、发芽，故不耐贮存。燕麦粗蛋白质含量较高（10.1%~16.0%），赖氨酸含量较玉米高，故燕麦蛋白质的生物学价值比玉米高。燕麦B族维生素含量丰富，但烟酸含量比其他谷实类低，脂溶性维生素及矿物质含量较低。

（3）燕麦的饲用价值　燕麦的容积大，适口性差，粗纤维的消化率低。但燕麦去壳质地疏松，适口性好，燕麦中的燕麦蛋白，能发生刺激作用，可促进健康，因此，去壳燕麦可用于哺乳仔猪的开食料和补料，适口性和营养价值较高。此外，燕麦的乙醚浸出物中含有抑制胃酸分泌的物质，可防止猪胃溃疡病的发生。燕麦必须磨碎才能喂猪，细磨和中磨比粗磨要好，也可压成薄片或压皱饲喂，饲喂全脱壳燕麦比部分脱壳和不脱壳燕麦能提高 18%~49% 的增重，饲料报酬提高 16%~77%。由于燕麦的粗纤维含量高，能值低，因此不宜作为猪的主要能量饲料来源，可以喂种猪和生长猪，对肥育猪的用量也不宜过高，以防软脂发生。妊娠母猪和哺乳母猪用量不得超过 40% 和 15%，肉猪宜低于 20% 为宜。

（二）糠麸类

糠麸类饲料是谷实加工的副产品，其产品有米糠、麦麸、玉米皮、高粱糠等。我国糠麸类饲料以小麦麸和米糠产量最大、应用最广，玉米糠和高粱糠用得较少。

1. 米糠

（1）米糠的来源　水稻加工大米的副产品称为稻糠，包括砻糠、米糠、统糠、中细糠、米皮糠和粗糠。砻糠是稻谷的外壳或其粉碎品；米糠是除壳稻（糙米）加工的副产品；统糠是砻糠和米糠的混合物，如通常所说三七统糠，意为其中含 3 份米糠，7 份砻糠；二八统糠也是指其中含 2 份米糠，8 份砻糠，此外还有一九统糠和四六统糠，它们营养价值相差很大，不易确定。中细糠谷壳所占比例减少，米皮糠比例增大，故营养价值中等，粗糠中谷壳所占比例很大，约 90% 不宜喂猪。由于砻糠是稻谷的外壳或其粉碎品，稻壳中仅含 3% 的粗蛋白质，但粗纤维含量大于 40%，且粗纤维中半数以上为木质素，营养价值极低，应和粗糠划归为秕壳类。

通常所说的米糠是指全脂米糠，主要由糙米的种皮、糊粉层、胚乳外层、部分胚和极少许碎米组成。其相对营养价值因出糠率的多少而不同，出糠率一般占糙米的 8%~11%，出糠率高的米糠，营养价值也较高，饲养价值也愈大。

米糠经脱脂处理的饼粕称为脱脂米糠，压榨法去油后的产品称为米糠饼，有机溶剂去油后的产品称米糠粕，目前我国 80% 采用机榨工艺。米糠提取脂肪后的米糠饼（粕），其营养成分主要受机榨或溶剂浸提出油率高低的影响。95 型机榨出油率为 7%~11%，出饼率 80%~90%；溶剂浸提出油率为 13%~15%，出粕率 80%~85%。据对 33 个米糠饼、4 个米糠粕测定结果，米糠饼比米糠粕粗脂肪含量高 7%，粗蛋白质低约 2%，消化能高 1 兆焦 / 千克左右。

（2）米糠的营养成分　米糠的粗蛋白质含量高于玉米，约为 13%，氨基酸的含量与一般谷物相似或稍高于谷物，赖氨酸含量（0.7%~0.73%）也高于玉米和小麦麸。米糠的脂肪含量高，但变化大（11.9%~22.4%），平均 14%，且多数为不饱和脂肪酸（油酸及亚油酸占 79.2%）。米糠的粗纤维含量不高，质地疏松，容重较轻。米糠中无氮浸出物含量不高，一般在 50% 以下。有的米糠含脂率接近于大豆，消化能含量较高，可用于补充部分能量。米糠的消化能在糠麸类饲料中最高，消化能（猪）为 12.64 兆焦 / 千克。因此，米糠的有效能较高，其因显然与米糠粗脂肪含量高达 10%~18% 有关。脱脂米糠能值下降，但脱脂米糠除粗脂肪比米糠大大降低外，粗蛋白、粗纤维、氨基酸等均比米糠高。米糠中含有丰富的磷、铁、锰，但缺钙、铜，而且米糠所含矿物质中钙多磷少，钙、磷比例极不平衡（1：20），但 80% 以上的磷为植酸磷，利用率低。米糠中富含 B 族维生素和维生素 E，但缺乏维生素 A 和维生素 D。

米糠、米糠饼（粕）的营养成分见表 13-2。我国饲料用米糠、米糠饼及米糠粕的国家标准有 GB 10732—1989，GB 10373—1989，GB 10371—1989。

表 13-2　小麦麸和米糠中各养分含量

类别	干物质（%）	粗蛋白质（%）	粗脂肪（%）	无氮浸出物（%）	粗纤维（%）	粗灰分（%）	钙（%）	总磷（%）	猪消化能（兆焦/千克）
小麦麸	87.0	15.7	3.9	56.0	6.5	4.9	0.11	0.92	9.37
米糠	87.0	12.8	16.5	44.5	5.7	7.5	0.07	1.43	12.64
米糠饼	88.0	14.7	9.0	48.2	7.4	8.7	0.14	1.69	12.51
米糠粕	87.0	15.1	2.0	53.6	7.5	8.8	0.15	1.82	11.55

（2）米糠喂猪要注意的问题

① 注意酸败发热和霉变。由于米糠不饱和脂肪酸含量高，还含有脂肪分解酶和氧化酶，加上微生物的作用，米糠很容易酸败发热和霉变。一般新鲜米糠放置4周即有60%的油脂变质，酸败变质的米糠适口性差，能引起猪腹泻甚至死亡等，因此，米糠一定要在新鲜时饲喂。生产中贮存可采取降低温度或添加抗氧化剂来延缓油脂氧化酸败的速度，但一般抗氧化剂效果不佳。特别是夏季天热时，米糠更易酸败变质，因此，米糠宜经榨油制成米糠饼（粕）再作饲用。米糠经脱脂或加热后可破坏其中的酶，可避免酸败。

② 注意用量。新鲜米糠对猪适口性好，但喂量过多，会产生软脂肪，降低胴体品质。新鲜米糠在生长猪饲粮中可用10%~12%，但在肥育猪饲粮中不能过量饲用，用量以15%以下为宜，不得超过20%。脱脂米糠的适口性比米糠好，且不会影响胴体品质，经加热破坏其胰蛋白酶抑制因子后可增加用量。仔猪应避免使用米糠，因易引起下痢。

2. 小麦麸和次粉

（1）小麦麸和次粉的来源　小麦由胚乳、糊粉层种皮和胚芽所构成。小麦麸和次粉均是小麦加工成面粉时的副产品，次粉习惯上又称为四号粉。小麦麸主要由小麦种皮、糊粉层、少量胚芽和胚乳组成；次粉由糊粉层、胚乳及少量细麸组成。小麦在加工面粉过程中可产22%~25%的小麦麸，3%~5%的次粉和0.7%~1%胚芽等副产品。生产中一般把小麦副产品分为小麦麸、细小麦麸及次粉等。

（2）小麦麸和次粉的营养成分　小麦麸习惯上称为麸皮，麸皮的营养成分因小麦的品种差异较大，一般硬冬小麦的麸皮含粗蛋白质较高，软春小麦麸皮含粗蛋白质较低；红小麦制成的红麸皮比白小麦的粗蛋白质含量高；此外，小麦的筛余含量、小麦麸的混入量以及粉碎阶段不同都会影响麸皮的营养成分。小麦麸的各养分含量见表13-2。小麦麸的成分变异也较大，主要受品种、制粉工艺、面粉加工精度等因素影响。次粉的营养成分也随精白粉的出粉率和出麸率的不同而变化。因此，选用麦麸和次粉时应注意营养质量。

小麦麸和次粉的粗蛋白质含量均较高，两者接近，一般为15%左右，氨基酸组成较佳，但蛋氨酸含量少。小麦麸的粗纤维含量高于次粉，因此消化能值明显低于次粉，但二者所含蛋白质品质较玉米或小麦佳。与原粮相比，小麦麸中无氮浸出物（60%左右）较少，但粗纤维达10%，甚至更高，因此，小麦麸中有效能值较低，如消化能（猪）为9.37兆焦/千克。小麦麸中矿物质元素较多，所含矿物质中钙少（0.1%~0.2%），磷多（0.9%~1.4%），钙、磷比例（约1∶8）极不平衡，但其中磷多为（75%）植酸磷，利用率不高。但小麦麸中存在较高活性的植酸酶，铁、锰、锌较多。由于麦粒中B族维生素集中在糊粉层和胚中，故小麦麸中B族维生素和维生素E含量较高，如含核黄素在3.5毫克/千克，硫胺素在8.9毫克/千克，但缺乏维生素A和维生素D。此外，小麦麸容积大，具有轻泻性，可通便润

439

肠，是母猪饲粮的良好原料。

（3）饲喂小麦麸和次粉注意的问题

① 与其他饲粮合理搭配。由于小麦麸质地疏松，容积大，含有适量的粗纤维和硫酸盐类，有轻泻作用，加之能值低，因此不宜作为猪的主料使用，而应与玉米、高粱、大麦等谷实类饲料搭配饲喂。

② 合理用量。由于麦麸能值低，粗纤维含量高，容积大，还具有缓泻与通便的功能，因此用量不宜过多，一般生长肥育猪日粮不宜超过 20%，适宜添加量在 10% 左右；母猪妊娠期和分娩前后使用 10%~25% 的小麦麸，可预防便秘。

③ 注意补钙。麸麦中矿物质最大缺陷是钙少磷多，如果长期给猪单喂麸皮，易造成严重缺钙，因此要合理补充钙。

④ 次粉喂猪用量不宜过大。次粉喂猪的效果优于小麦麸，次粉中因有较多的淀粉，是颗粒料很好的黏结剂，但在粉料中用量大时，有黏嘴现象，故只适用颗粒料的原料为宜。

（三）块根块茎类

块根、块茎类饲料主要指甘薯、木薯、马铃薯、胡萝卜、饲用甜菜等，在这些饲料中，前三者水分含量少，较易脱水干燥后饲用。此类饲料中的蛋白质含量低，仅及玉米的一半，一些主要矿物质和某些 B 族维生素含量也少，缺钙、磷和钠，鲜甘薯和胡萝卜含胡萝卜素丰富。

1. 甘薯及甘薯干

（1）甘薯的特点　甘薯原产于南美洲、欧洲、亚洲各国，我国栽培已有 400 多年历史。甘薯为旋花科甘薯属蔓生一年生或多年生的块根，又名白薯、红薯、山芋、地瓜等。由于甘薯耐瘠薄，抗病力强，对土壤要求不高，并能抵御自然灾害（风雹雨涝等），不仅高产、稳产，且具有增产潜力，因此在我国分布广，种植面积和总产量仅次于水稻和玉米，居第 3 位，全国总产鲜薯在 1 亿吨以上。甘薯有红心、黄心、白心、紫心之分，其中黄心、红心甘薯含 β- 胡萝卜素较多。甘薯中淀粉含量高，味甜、质细，蛋白质、胡萝卜素含量较高，粗纤维含量低；甘薯的茎叶可作为叶蛋白及天然维生素资源，或利用甘薯叶和嫩藤作草粉，有较高的经济价值。我国劳动人民传统的养猪方法是常用甘薯煮熟后加少量玉米糁等用来催肥育肥猪，即所谓的"吊架子"肥育法；此外，甘薯收获后，把甘薯藤架在屋檐下，阴干后来年粉碎并搭配青饲料等饲料用来喂猪。此种传统方法如今还在一些山区应用，已成为饲养"土猪"的方式，其"土猪肉"很受一些消费者的青睐。

（2）甘薯及甘薯干的营养成分　甘薯的蛋白质含量低（4.2%），仅为玉米的一半；所有必需氨基酸含量都比玉米低，但鲜甘薯的胡萝卜素含量丰富，按干物质计为 32.2 毫克/千克，高于黄玉米 5 倍；矿物质含量少，且随地区与产地不同而有很大差异。经测定，一般新鲜甘薯含水分 68%，粗蛋白质 1.35%，粗脂肪 0.24%，粗纤维 0.55%，粗灰分 0.67%；经晒制的甘薯干含水分 13%，粗蛋白质 4%，粗脂肪 0.8%，粗纤维 2.8%，粗灰分 3.33%，钙 0.31%，磷 0.10%。

（3）甘薯喂猪要注意的问题　甘薯含有胰蛋白酶抑制因子，不利于蛋白质在猪体内的消化利用，但经加热后可去除。由于甘薯淀粉含量高（70% 以上），喂猪适口性好，但是营养价值不如玉米，因此不宜多喂，一般喂肉猪可取代 1/4 玉米或占饲粮的 15% 较为适宜，并根据饲粮营养平衡适当增减（注意蛋白质与氨基酸的不足），对仔猪以少用或不用为宜。有试验表明，在同一饲喂水平下，甘薯熟喂生长肥育猪比生喂的采食量、日增重均有所增加，饲料利用率提高 10%~17%，总能消化率也稍有提高。但要注意染有黑斑病的甘薯不能喂猪。此外，当用甘薯干作为配合饲料的主要能量饲料时，必须补充优质蛋白质和必需氨基酸，只可取代 1/4 的玉米或占日粮 15% 以下，如用量太高，会随用量的增加而饲养效果变差。

2. 木薯及木薯干

（1）木薯的特点　木薯又称为树薯，木戟科木薯为多年生亚灌木或小乔木，原产于巴西亚马逊河流域，分布在南美热带地区，1820 年输入东南亚等国，以后又经越南传入中国的广东和广西。全国鲜木薯总产量达 63 万吨，其中广东和广西约占 80%。木薯大部分食用及工业用，部分供饲料用。木薯属热带作用，在平均温度 20℃ 以上地区生产，当气温降至 15℃ 时停滞生长，8~10℃ 便会冻害。木薯根系发达，块根延伸能穿透土壤，有耐旱、耐瘠、病虫害少、抗杂草能力强的特点，能在平原、山区、丘陵、坡地、熟地或新荒地均可种植。而且种植在新垦荒地上有疏松土壤、改良土壤质量的效果，生产上均采用种茎扦插繁殖，栽培与种植方法简单。木薯分甜和苦两种，前者含氢氰酸 0.01% 以下，后者含 0.02%~0.03%。木薯根分块根和须根，块根呈一头尖圆柱形，皮呈紫、白、灰、淡黄色，肉质白色。块根分表皮、皮层、肉质及薯心四个部分。

（2）木薯干的营养成分　木薯产量较高，但木薯单产受品种、土壤、施肥和栽培条件不同差异较大，一般每公顷可产鲜木薯 7 500~10 500 千克，鲜木薯含水 54%~64%，平均60%，一般 4 千克鲜薯可得 1 千克木薯干。木薯干的主要营养特点：含水 9%~14%，无氮浸出物含量高（77.7%~83.7%），其中 80% 为淀粉，消化利用率高，粗蛋白质和粗脂肪都很低，分别为 2.5%~3.8% 及 0.5%~1.3%，粗纤维 2.5%~3.2%，消化能 13.1 兆焦 / 千克，属能量饲料。木薯干钙多磷少，蛋白质含量低，几乎所有氨基酸含量远不能满足猪的需要。我国国家标准《饲料用木薯干》中规定：以粗纤维 <4.0%，粗灰分 <5.0%，两项质量指标必须全部符合规定。从鲜木薯中提取淀粉后的木薯渣，脱水后粗纤维含量达 16%，无氮浸出物 63%，可作为粗饲料用。

（3）饲喂木薯要注意的问题　木薯块根中含亚麻苦苷和百脉根苷这两种生氰葡萄糖苷，在常温 β– 糖苷酶的作用下，可产生具有毒性的氢氰酸。鲜木薯块根中氢氰酸含量变动范围在 15~400 毫克 / 千克，皮层部比质部的含量高 4~5 倍，因此在实际应用中应注意皮层部分的去毒处理。未去毒的木薯喂猪易引起猪腹泻、中毒，母猪的死胎率增加，泌乳量下降。木薯在喂前削皮煮熟后在水中浸泡 1~2 天，或生薯切片后在自流水中浸泡 3~5 天，就是鲜茎叶鲜喂时也要在水中浸泡 2~3 天，以防中毒。木薯经晒干或加工处理后可大大减少氢氰酸的含量，一般而言，鲜木薯块根经日晒 2~4 天后氢氰酸含量约降低一半；在 75℃ 下烘干7~8 小时可降低 60% 以上，在水中煮沸 15 分钟可降低 95% 以上。我国国家标准《饲料卫生标准》（GB 13078—2001）中规定饲料用木薯干氰化物（以 HCN 计）不得超过 100 毫克 /千克。因此，木薯一般在饲用前均需进行去毒处理。

3. 马铃薯

（1）马铃薯的特点　马铃薯又称土豆、洋芋、洋山芋、山药蛋，属茄科茄属多年生草本植物，原产于南美洲高山地区，因产量高，适应性强，种植栽培管理简单，因此世界各国均有栽培，它是非谷物类的重要粮食作物，又可作为蔬菜食用。我国是种植面积较多的国家之一，主要产区在东北、华北、西南和西北的黄土高原。马铃薯以凉爽的气候条件为宜，因此西北、东北的高海拔地带种植的马铃薯结薯多且薯块大。马铃薯北方地区种植一般在早春季节，选用无病、大小适中的完整薯块，切留 1~3 个芽眼或温床催芽后种植，每公顷一般下种块 750~1 200 千克，3 万 ~6 万个穴为宜。马铃薯的茎叶变黄时，地下块茎停止生长可以收获，一般每公顷可产 22.5~45 吨。

（2）马铃薯的饲用价值　马铃薯属高能量饲料，营养丰富，消化率高，2 吨马铃薯相当于 600 多千克玉米。据我国对其营养成分测定，马铃薯块茎的水分含量较高，为 79.5%（63%~87%），粗蛋白质 2.3%，粗纤维 0.9%，无氮浸出物 15.9%，粗灰分 1.3%。马铃薯块茎最大的优点是赖氨酸含量高，为玉米、大麦的 2 倍。猪对马铃薯的干物质和无氮浸出物的消化率高，分别为 94% 及 96%，喂猪效果很好，属于很好的能量饲料。目前在一些地区的农户中，一直用马铃薯搭配其他饲料用来养猪。

（3）饲用马铃薯要注意的问题　马铃薯含有毒物质龙葵素，尤其是出芽苞的马铃薯含量较高。正常成熟的马铃薯中，100 克鲜重含 2~10 毫克龙葵素，若该毒素超过 20 毫克，有致猪中毒的危险。生马铃薯的适口性差，有轻泻作用，直接喂猪消化率低，熟喂效果佳，而且蒸煮去水后可降低龙葵素毒性，并能提高适口性和消化利用率，在同等营养水平下，煮熟可提高增重 30% 左右。马铃薯的茎叶因含少量茄素（有毒物质），对口感有一定影响，故以和其他青绿多汁饲料混合饲喂较好。此外，马铃薯块茎在长期贮藏中，见光变绿色或出芽时其茄素含量剧增，在喂前必须将芽苞除去，以免中毒。

（四）油脂饲料

1. 油脂的分类

油脂是能量含量最高的饲料，其能值为淀粉或谷实饲料的 3 倍左右。饲用油脂有动物性和植物性油脂，生产中以植物性油脂为好。

（1）植物性油脂　植物性油脂绝大多数在常温下是液态，常见大豆油、菜籽油、花生油、棉籽油、玉米油、葵花籽油、芝麻油和胡麻油等。其中玉米油、大豆油、花生油、芝麻油和向日葵油的品质优良。劣质的植物油熔点高，如椰子油、桧柏籽油；含有毒素，如蓖麻油、桐油、棉籽油等。植物性油脂和动物性油脂的差别在于含有较多的不饱和脂肪酸（占油脂的 30%~70%），与动物油相比，植物油含有效能值较高，代谢能可达 37 兆焦 / 千克。植物油只有少量用于饲料，有的用精炼前的毛油，或用油脚作饲料。

（2）动物性油脂　动物性油脂指分割可食用动物组织过程中获得的含脂肪部分，经熬油提炼获得的油脂。原料应来自单一动物种类、新鲜无变质或经冷藏、冷冻保鲜处理；不得使用发生疫病和含禁用物质的动物组织。本产品不得加入游离脂肪酸和其他非食用动物脂肪。产品中总脂肪酸不低于 90%，不皂化物不高于 2.5%，不溶杂质不高于 1%，名称应标明具体的动物种类，如：猪油。强制性标识要求有：粗脂肪、不皂化物、酸价、丙二醛。我国饲用动物性油脂潜力大，除工业用途外也是一种高能饲料。动物性油脂在常温下凝固，加热则熔化成液态。动物性油脂含代谢能 35 兆焦 / 千克，约为玉米的 2.52 倍。一般用于饲料的动物性油脂的水分含量高，不溶物等杂质较多，能量也被降低，这在生产中应用时要注意的问题。

2. 猪饲料中添加油脂的优点

在饲料中加入少量的油脂，除作为脂溶性维生素的载体外，其优点有：一是可配制能量浓度高的饲粮，能提高日粮中的能量浓度，满足猪高效生产的需要；二是补充亚油酸的不足，调节饱和与不饱和脂肪酸的比值；三是可减少饲料加工过程中粉状饲料因粉尘所致的损失；四是在夏季猪饲料添加油脂，可减轻热应激，尤其对种猪生产更为重要；五是能提高饲粮的适口性；六是增强颗粒饲料的制粒效果，减少混合饲料及压粒机具的磨损，并改善饲料外观。

3. 饲料中添加油脂的效果及添加量

母猪妊娠后期和哺乳前期饲粮中添加油脂，能提高仔猪成活率 2.6 个百分点，断奶仔猪数每窝增加 0.3 头，母猪断奶后 6 天发情率由 28% 提高到 92%，30 天内发情率由 60% 提高 96%，可见母猪饲料中添加油脂可提高繁殖力。仔猪开食料中加油脂，能提高适口性，对于哺乳仔猪早开食及提前断奶有利。此外，生长肥育猪饲料加入 3%~5% 油脂，可提高增重 5%，增重耗料比降低 10%。油脂添加量为：妊娠母猪和哺乳母猪为 10%~15%，仔猪开食料 5%~10%，生长猪 3%~5%。生产中要注意的是，生长猪体重达到 60 千克以后不宜使用油脂性饲料。

二、蛋白质饲料

根据国际饲料命名及分类原则，蛋白质饲料是指绝对干物质中粗蛋白质含量大于或等于20%，粗纤维含量低于 18% 的豆类、饼粕类、动物性饲料等饲料原料的总称。现代的动物营养学研究表明，蛋白质饲料还包括单细胞蛋白质饲料以及酿造工业副产品等。

（一）动物性蛋白质饲料

由于动物性蛋白质饲料主要来自畜、禽、鱼类等肉品加工和提取脂肪过程中的副产品及乳制品等，品种较多，主要包括鱼粉、肉骨粉、肉粉、血粉、蚕蛹、蚕蛹饼、脱脂乳粉、乳清粉和羽毛粉等。我国对动物源性饲料产品都有严格的规定和要求，农业部第 1773 号（2012 年 6 月 1 日）的《饲料原料目录》中对各种动物性蛋白质饲料在定义、特征描述及强制标识要求上都有规定。应该说品质优良的动物性蛋白质饲料是补充必需氨基酸和限制性氨基酸的良好来源，也是补充维生素、矿物质和某些未知因子的良好来源。但是，现代养猪生产使用动物性蛋白质饲料还要有明确及清醒的认识，要改变传统观念，不能认为什么样的动物蛋白质饲料都是好饲料或者说都可以用。在目前疾病传播复杂，有些疾病来源不明的情况下，也有可能是某些品质不良的动物源性蛋白质饲料，如鱼粉、肉粉、肉骨粉和血粉等为传染源而造成。因此，有选择性使用动物性蛋白质饲料，并对某种动物性蛋白质饲料进行安全风险评估、质量检测，这应是现代养猪生产者的明智选择。

1. 鱼粉

（1）鱼粉的来源及分类　鱼粉是用全鱼或鱼下脚料（即头、尾和内脏等）加工制成的干燥粉状物。鱼粉加工工艺较多，而生产出的鱼粉质量也不同。用蒸煮压榨法或脱脂膨化工艺加工，然后疏松（膨化）、干燥、粉碎得出的就是普通鱼粉；把汁液除去鱼油后，浓缩成鱼汁膏，再加回到普通鱼粉中制成的鱼粉称为全鱼粉；用鱼下脚料为原料制成的鱼粉称为粗鱼粉或称为鱼副产品；用汁膏干燥粉碎制成的称为鱼精粉，为优质蛋白质饲料。在鱼粉产品中全鱼粉质量最好，普通鱼粉次之，粗鱼粉最差。质量最好的是秘鲁鱼粉及鱼蒸粉，粗蛋白质在 60% 以上。

目前，液化鱼蛋白也研制成功。液化鱼蛋白是将鱼或鱼废弃物绞碎，加酸（用甲酸、有机酸或无机酸也可）防腐，利用自身的酶把鱼液化，或者加乳酸菌或蜜糖等，旋转在密封容器中厌氧发酵而成的一种液状产品。其产品含干物质 17%~35%，粗蛋白质 10%~15%，粗灰分 2%~7%，尤其是小肽含量丰富，比氨基酸更易吸收，但不同原料鱼及生产方法的液化鱼蛋白营养成分有一定差异。研究表明，以鱼废弃物生产液化鱼蛋白技术条件要求不高，无污染，是生产高质量蛋白质鱼饲料的途径。

（2）鱼粉的营养价值和作用　鱼粉是一种优质的动物性蛋白质饲料，其氨基酸谱与谷物有良好的互补性，猪对其消化率也很高，并且还被认为含有未知促生长因子，并常用作评价动物性蛋白质饲料原料的参比标准。但鱼粉的营养价值因鱼种、加工方法和贮存条件不同而有很大差异。鱼粉含水量平均为10%，蛋白质含量40%~70%，其中进口鱼粉一般在60%以上，国产鱼粉在50%左右。鱼粉最大特点是氨基酸含量高，且比例平衡，氨基酸的组成适合于同其他饲料配伍，加上鱼粉的消化能含量较高（12.47~13.05兆焦/千克），钙、磷含量丰富，硒和锌较多，与其他饲料原料配合，可提高饲用价值，满足猪的营养需要。因此，在现代养猪生产中的饲料配合中都要添加一定量的鱼粉。鱼粉中赖氨酸、蛋氨酸含量高，而精氨酸含量少，其中进口鱼粉赖氨酸含量可达5%以上，国产鱼粉在3.0%~3.5%。鱼粉粗脂肪含量5%~12%，平均在8%左右，海鱼的脂肪中含有高度不饱和脂肪酸，具有特殊的营养生理作用。鱼粉中钙磷含量丰富，而且所有的磷都为可利用磷，其中钙含量为5%~7%，磷含量为2.5%~3.5%，鱼粉中粗灰分含量越高，表明其中鱼骨越多，鱼肉越少。微量元素中，铁含量最高，可达1 500~2 000毫克/千克，其次是锌，达100毫克/千克以上，硒为3~5毫克/千克。鱼粉中盐和碘含量高，其中食盐含量为3%~5%。鱼粉在加工过程中大部分脂溶性维生素被破坏，但B族维生素尤其是维生素B_{12}和B_2含量高。此外，鱼粉中还含有未知生长因子。

（3）鱼粉在现代养猪生产中的添加量及应用效果　鱼粉可应用于从仔猪至大猪及种猪的各个阶段。因价格高，所以在实际猪饲粮中，添加量一般2%~8%。一般乳仔猪用量较高，生长肥育猪用量少，但对现代生长速度较高的瘦肉型猪种，在肥育猪饲粮中配以3%以上的鱼粉往往会取得比较理想的效果。Laksesvela（1961）试验表明：在猪20~90千克阶段，鱼粉低于或等于2%，对生产性能影响不明显；3%以上生长速度增加，饲料效率提高；6%~8%时可达到最大效果。许秀平等（2005）试验证实，用鱼精粉0.2%、0.3%、0.5%和豆粕等量替代2%的秘鲁鱼粉饲喂生长猪，可明显提高日增重、料重比和经济效益。关于鱼粉在生长肥育猪饲粮中用量，日本规定为1%~3%。泌乳母猪中添加适量鱼粉可增加泌乳量。由于国产鱼粉蛋白质含量较低，在饲粮配方中，仔猪用量12%，生长肥育猪5.5%~12%，母猪用量6%。若食盐含量高时，其用量应减少。

（4）使用鱼粉要注意的有关问题　虽然鱼粉是一种优质动物性蛋白质饲料，但因鱼种、加工、贮藏等不同条件，而使鱼粉的质量参差不一，也可能存在安全隐患。

①质量。鱼粉以全鱼粉质量最好，普通鱼粉次之，粗鱼粉最差。由于国产鱼粉除了湿法生产外，还用蒸干法、滚烘法和晒干法。蒸干法生产鱼粉只能脱去20%~40%的脂肪，故含脂肪较高（12%左右），品质较蒸煮压榨法生产的鱼粉低；而且用生鱼干粉碎加工制成的生鱼粉，含抗营养因子，对猪的日增重和饲料报酬显著低于加热处理过的熟鱼干粉。滚烘法不脱脂，而且加了辅料，鱼粉蛋白质含量较低，杂质较多。晒干法生产因需防腐，一般用盐渍工艺，因此含盐分较高，又由于没经高温杀菌，安全性没有保障。国外生产鱼粉大多采用浸提工艺，方法是将捕捞的海鱼先烘干再粗粉碎，高温高压作用下用有机溶剂萃取（脱脂），再经粉碎而成。由此可见，鱼粉因生产加工方法和工艺不同而使质量参差较大。此外，原料鱼的新鲜度对鱼粉质量也有很大影响。国外生产鱼粉往往在捕捞船上就加工成鱼粉，原料新鲜一致，因此质量好而稳定。当然，国家进出口管理部门近几年对进口鱼粉质量的严格控制，也是进口鱼粉质量稳定的原因之一。而国产鱼粉多数是回港后加工而成，加上鱼品种杂

和生产工艺也不够先进，因此质量次之。不过也有一些国产鱼粉的质量不次于进口鱼粉，用户只需挑选和检测便可知。此外，不同鱼加工的鱼粉，其营养成分也有一定差别，如鲈鱼粉粗蛋白质为57%，鲱鱼粉为72%；以高油鱼生产的鱼粉，脂肪可达11%，而以低油鱼白鲑生产的鱼粉脂肪含量只有3%左右。低脂鱼粉价格较高，因此使养猪生产和一些饲料生产厂家用的多为脂肪含量较高的普通鱼粉。

② 病原微生物。鱼粉存在对人和动物有较强致病力的有沙门氏菌、志贺氏菌、肺炎克雷伯氏病、阴沟肠杆菌等，在进口鱼粉中检出率较高；存在安全隐患的微生物还有芽孢杆菌、非发酵菌等。此外，以腐败变质的鱼生产的鱼粉或霉变的鱼粉都可产生病原微生物，猪食后可致病或致死。

③ 毒素。鱼粉中的毒素较多，主要有组胺、肌胃糜烂素、黄曲霉毒素、肉毒梭菌毒素等。以不新鲜鱼生产的鱼粉挥发性盐基氮和组胺含量较高，劣质的鱼粉组胺含量在0.3%以上，当猪摄入组胺超过100毫克时，即可引起过敏性食物中毒；而肌胃糜烂素是组胺的衍生物，在加工鱼粉中当温度超过120℃，在鱼粉中含量上升，它的致病能力是组胺的100倍，鱼粉用量高时可使猪中毒乃至死亡。黄曲霉毒素、肉毒梭菌毒素均是鱼粉生产过程控制不严、贮藏不当被污染或腐败变质而产生。鱼粉在贮藏过程中，质量都会下降，如加抗氧化剂能减缓此过程，并可防止鱼粉腐败变质。

④ 重金属。鱼粉中毒性较强的重金属是镉和汞。镉在猪机体中蓄积可引起肝、肾慢性毒性，并能引起骨质疏松等；鱼粉中的甲基汞易被猪吸收，汞毒性强，能够引起神经和肾脏为主的多系统和脏器损害。重金属在进口鱼粉中检出率较高。

⑤ 脂肪氧化。检测鱼粉的酸价和过氧化值是衡量鱼粉脂肪氧化透明度和鱼粉新鲜度的重要指标，数值越低表示越新鲜。鱼粉脂肪氧化产生游离脂肪酸，再进一步产生醛、酮、酸等物质，也导致蛋氨酸和色氨酸破坏，从而影响鱼粉的适口性和饲用价值，也对猪产生不良影响。如用腐败变质的鱼粉或霉变的鱼粉饲喂猪后可致发病而死亡。

⑥ 盐分。不少国产鱼粉的盐分在6%~8%，用这样的鱼粉配制饲粮，比例超过6%，即容易出现饲料产品盐分超标，而导致猪食盐中毒。因此，应重视鱼粉盐分的检测。一般进口鱼粉含盐约2%，国产鱼粉含盐量应小于5%。

⑦ 停用期。当鱼粉在肥育猪的饲料中用到6%以上时，屠宰前（出栏前）应有2周的停用期，以免猪肉尤其是加工火腿和腌肉带有不良鱼腥味而影响胴体品质或产品质量。

⑧ 掺假。鱼粉掺假主要是提高劣质鱼粉粗蛋白质含量而掺入一些有害物质，如三聚氰胺、尿素和劣质皮革粉等。

（5）鱼粉的品质鉴别

① 色泽与气味。不同种类的鱼粉色泽存在差异，正常鲱鱼粉呈淡黄或淡褐色；沙丁鱼粉呈红褐色；雪鱼等白鱼粉呈淡黄色或灰白色，蒸煮不透，压榨不完全、含脂较高的鱼粉颜色较深。各种鱼粉均具有鱼腥味，如果具有酸、臭及焦灼腐败味，则品质欠佳。

② 定量检测。鱼粉中水分含量一般为10%左右，水分过高不宜贮藏，过低可能存在加热过度，会导致氨基酸利用率降低。鱼粉粗蛋白质含量一般在60%左右；正常鱼粉的胃蛋白酶消化率应在88%以上；鱼粉的粗脂肪含量一般不应超过12%，大于12%可能存在加工不良或原料不新鲜，这样的鱼粉贮藏时易发生酸败和出现异味，并影响其他营养物质的消化利用。此外，全鱼鱼粉粗灰分含量多在16%~20%，超过20%可疑为非全鱼鱼粉。

③ 定性检测。有两种检测方法，即氨基酸分析方法和离体消化率测定方法。

对于鱼粉等蛋白质原料中的氨基酸的判定，可以从氨基酸总量和平衡性进行分析。对于纯化的蛋白质，在水解过程中氨基酸残基结合水分子成为游离的氨基酸，氨基酸的总量大于蛋白质的总量。但是，在进行氨基酸分析时，一般是采用酸水解的方法对蛋白质水解后再进行分析，而在水解过程中部分氨基酸如色氨酸、苯丙氨酸等破坏，使氨基酸总量下降。因此，对于一般的鱼粉和其他蛋白质原料的氨基酸分析结果，要求氨基酸总量为蛋白质质量的90%以上，能够达到95%以上为最好。但是，对于掺入不同处理的羽毛粉、猪蹄角粉、血粉等蛋白质原料，单从氨基酸总量和氨基酸平衡性方面是难以进行分析和判定，目前有些掺假蛋白质原料，尤其是掺假鱼粉的氨基酸指标与真鱼粉的氨基酸组成几乎没有差异。因此，还可采用离体消化率测定方法。

常规离体率、国家标准中消化率测定方法是经过酶水解后再过滤、离心，测定残渣中的蛋白质含量，据消化前、后样品中蛋白质含量的差异计算，测定的是溶解于消化液中的所有含氮物。因此，若在饲料原料中掺入的非蛋白质物质（如三聚氰胺等）能够溶解或部分溶解，则测定的消化率就会高于真实结果。当蛋白质原料中掺入不同处理的羽毛粉、猪蹄角粉、血粉时，也可以采用这种方法鉴定。

2. 肉粉和肉骨粉

（1）肉粉和肉骨粉的来源及要求

① 肉粉。肉粉是指以分割可食用鲜肉过程中余下的部分为原料，经高温蒸煮、灭菌、脱脂、干燥、粉碎获得的产品。原料应来源于同一动物种类，除不可避免的混杂，不得添加蹄、角、畜毛、羽毛、皮革及消化道内容物；不得额外添加骨；不得使用发生疫病和含禁用物质的动物组织。产品中总磷含量不高于3.5%，钙含量不超过磷含量的2.2倍。产品名称应标明具体动物种类，如鸡肉粉。强制性标识要求有：蛋白质、粗脂肪、总磷、骨蛋白酶、消化率、酸化价。

② 肉骨粉。肉骨粉指以分割可食用鲜肉过程中余下的部分原料，经高温蒸煮、灭菌、脱脂、干燥、粉碎获得的产品。原料应来源于同一动物种类，除不可避免的混杂，不得添加蹄、角、畜毛、羽毛、皮革及消化道内容物的动物组织。产品中总磷含量不低于3.5%，钙含量不超过磷含量的2.2倍，骨蛋白酶消化率不低于85%。产品名称应标明具体动物种类，如：鸡肉骨粉。强制性标识要求有：粗蛋白质、粗脂肪、总磷、胃蛋白酶，消化率、酸价。

（2）肉粉和肉骨粉的营养价值 肉粉和肉骨粉的消化能为9.41~14.73焦耳/千克，肉粉磷量在3.5%以下，含粗蛋白质53%~56%，肉骨粉总磷量3.5%以上，含粗蛋白质40%~50%，钙5.3%~6.5%。肉骨粉氨基酸组成不佳，蛋氨酸和色氨酸含量低，其中蛋氨酸0.36%~1.09%；赖氨酸为7%~8%，赖氨酸含量比植物性饲料高，但比鱼粉、血粉低，接近或低于豆饼（粕）。因此，它们的消化利用率较低，蛋白质营养价值也差，故其生物价值比鱼粉和豆粕（饼）低。肉粉和肉骨粉含脂肪较高，一般在4.8%~7.2%，B族维生素也较多，但维生素A、维生素D及维生素B_{12}含量却低于鱼粉。肉粉或肉骨粉的营养价值低于豆粕，只有由纯软内脏经适当加工制备的低钙肉粉，可代替豆粕而不影响仔猪的生产性能。虽然肉粉和肉骨粉饲用价值比鱼粉稍差，但价格远低于鱼粉，因此也是很好的动物蛋白质饲料，生产中最好与植物蛋白质饲料混合使用。

（3）肉粉和肉骨粉的添加量及使用中要注意的问题 肉粉和肉骨粉在猪饲粮中用量为3%~10%，一般不超过5%。其因是肉粉和肉骨粉的适口性影响其饲用效果，适口性不够好的肉粉和肉骨粉在仔猪饲粮中不宜使用。此外，肉粉和肉骨粉易变质腐烂，用量不宜过大，饲喂前还要注意检查。以腐败原料制成的肉骨粉质量差，易受沙门氏菌污染，应禁用。此外，应禁止使用从有疯牛病国家进口的肉粉和肉骨粉。处理不好或贮存时间过长、发黑、发臭的肉粉和肉骨粉，则不宜饲用。

3.血粉

（1）血粉的来源与分类　血粉是屠宰场的另一种下脚料，即家畜或家禽屠宰时的新鲜血液经适当加工制成的干燥粉状物。原料应来源于同一动物种类，不得使用发生疫病和变质的动物血液。产品粗蛋白质含量不低85%。产品名称应标明具体动物来源，如：猪血粉。强制性标识要求为粗蛋白质。血粉也是很有开发潜力的动物性蛋白质饲料之一，因加工方法不同，有喷雾血粉、蒸煮血粉、发酵血粉等产品，因此产品质量和应用范围及剂量也均有所不同。有研究表明，血粉如与花生饼（粕）或棉籽饼（粕）搭配使用效果更好。

（2）各类血粉产品的特点及添加量

① 喷雾血粉。喷雾血粉是动物鲜血经脱去血纤维后，用真空喷雾干燥而成。因在加工过程中受热温度低（80~90℃），时间短，消化性很高，但由于血腥味重而使适口性差。喷雾血粉的消化能为12.18兆焦/千克，蛋白质和赖氨酸含量很高，粗蛋白质为86.2%，赖氨酸为7.64%，仅次于喷雾血细胞粉，高于蒸煮血粉和发酵血粉；蛋氨酸和异亮氨酸含量较低，分别为0.74%和0.92%，但亮氨酸含量特别高，为10.87%。由于异亮氨酸和亮氨酸之比达1：（9~10），两者有可能因竞争转运系统而影响异亮氨酸的吸收，会加剧氨基酸的不平衡，这在其他几种血粉中也存在。因此，用于仔猪和生长肥育猪饲粮，一般用量不超过4%，超过此用量应补充蛋氨酸和异亮氨酸。仔猪粉料日粮中添加2.5%喷雾血粉能降低仔猪的采食量，从而影响仔猪的日增重。

② 蒸煮血粉。蒸煮血粉是用动物鲜血蒸汽加热凝固后用框滤脱水，再在烘干机烘干后粉碎制成。但由于受热温度高达130℃以上，时间为6~8小时，虽然化学分析其氨基酸含量与喷雾血粉相似，然而可消化氨基酸含量低15%以上。蒸煮血粉在生长肥育猪饲粮中的用量也在4%以下为宜，超过此量也需要添加蛋氨酸、赖氨酸和异亮氨酸，特别是加热过度的蒸煮血粉。此外，由于蒸煮血粉水分含量较高，不易烘干，贮存中易为微生物分解而产生很浓的氨味，这都是在使用时要注意的问题。

③ 发酵血粉。发酵血粉并非纯血粉，它是将动物鲜血（包括一部分蒸煮血粉）和植物载体以一定比例混合后加入米曲霉、根霉等微生物，经发酵（还可以再加动物鲜血和微生物菌种进行二次发酵）、干燥和粉碎制成。因具有浓厚的酒曲香味，极大地改善了适口性。虽然发酵血粉粗蛋白质含量为52.5%，赖氨酸含量为4.96%，但亮氨酸含量为4.92%，有试验证明，在微生物发酵作用下，血粉中的游离氨基酸和水溶性物质增加，此外还由于加入了载体，增加了通透性，血粉干燥时间也大大缩短，因此就血粉的成分而言，可消化性比蒸煮血粉高。因此，近年来推广的发酵血粉，既提高了蛋白质的消化率，也增加了氨基酸的含量。发酵血粉在生长肥育猪饲粮中以2%~14%的比例等氮代替鱼粉或豆粕，并不影响猪的生产性能。饲粮中加入3%~5%的发酵血粉，可提高日增重9%~12%，降低了饲料消耗。

4. 血红素蛋白粉

（1）血红素蛋白粉的来源及要求　血红素蛋白粉是以屠宰食用动物得到的新鲜血液分离出的血球为原料，经破膜、灭菌、酶解、分离等工序获得血红素，再浓缩、喷雾干燥获得的产品。卟啉铁含量（以铁计）不低于1.2%。强制性标识要求是粗蛋白质、卟啉铁（血红素铁）。

（2）血红素蛋白粉的营养成分　血红素蛋白粉高蛋白质、高赖氨酸，但异亮氨酸缺乏，其中粗蛋白质含量高达91%，赖氨酸含量为7.28%，异亮氨酸0.28%，但其他氨基酸均能满足仔猪营养需要。此外，铁含量丰富，达0.34%。研究表明，血红素蛋白粉的真消化率为83%，生物学效价为72%，蛋白质利用率为60%。

（3）血红素蛋白粉在养猪生产中的添加量　有试验报道，血红素蛋白粉可应用于仔猪和生长肥育猪，在断奶仔猪日粮中，添加量3%可取代2%的鱼粉和1%的豆粕，尤其在35~65日龄的保育期间，可显著地提高增重和饲料转化效率。研究证实，血红素蛋白粉在仔猪日粮中适宜添加量为2%~3%，添加1%作用不明显，用量超过3%须注意它对日粮氨基酸平衡的影响。

5. 血浆蛋白粉

（1）血浆蛋白粉的来源和种类　血浆蛋白粉是利用现代生物技术和加工手段，将收集的新鲜全血（牛血或猪血），立即加入抗凝剂（如柠檬酸钠），泵入连续转动的离心机，使血细胞和血浆分离，通过超微过滤，将血浆从8%浓缩到20%，并随即冷却至1~2℃，喷雾干燥，而制成粉状的乳白色或浅棕褐色产品，其产品通常也叫喷雾干燥血浆蛋白粉（SDAP）。我国规定其原料应来源于同一动物种类，不得使用发生疫病和变质的动物血液。产品名称应标明具体动物来源，如喷雾干燥猪血浆蛋白粉。强制性标识要求是粗蛋白质、免疫球蛋白（IgG和IgY）。由于它含有大量的功能性蛋白质，如免疫球蛋白和较理想的氨基酸组成，从20世纪70年代中后期开始，血浆蛋白粉作为一种新型、高效、安全的功能性蛋白质在畜禽养殖与水产饲料中应用。特别是近几年，由于养猪生产者也认识到血浆蛋白粉氨基酸组成很符合仔猪的营养需要，已在现代养猪生产的仔猪饲料中被越来越多的应用。

血浆蛋白粉的主要组成分成3部分，即低分子量蛋白、中等分子量蛋白（清蛋白）和高分子量蛋白（免疫球蛋白）。血浆蛋白粉的种类按血液的来源主要有以下几类：猪血浆蛋白粉（SDPP）、低灰分猪血浆蛋白粉（LAPP）、母猪血浆蛋白粉（SDSPP）和牛血浆蛋白粉（SDBP）。一般喷雾干燥血浆蛋白粉主要指猪血浆蛋白粉。

（2）血浆蛋白粉的营养价值

① 营养全面。血浆蛋白粉含有优良的蛋白质，粗蛋白质含量高达78%，含粗脂肪2.0%，灰分9.0%，且具有90%以上的消化率。血浆蛋白粉蛋白质品质优良，具有较理想的氨基酸组成模式，特别是赖氨酸、色氨酸和苏氨酸含量相对较高，但蛋氨酸和异亮氨酸的含量较低。

② 消化率高。血浆蛋白粉由于特殊的生产工艺，已将较难以消化的血细胞分离，因此，各种氨基酸的消化利用率也较高，除蛋氨酸和甘氨酸外，其他各种氨基酸的回肠末端的消化率都在70%以上。

③ 适口性好。血浆蛋白粉的加工工艺消除了血液的腥味，降低了黏稠度，因而具有比脱脂奶粉、鱼粉、大豆粉等适口性好的特点。Ermer等（1994）研究了断奶仔猪对含有20%脱脂奶粉和含有8.5%血浆蛋白粉的两种日粮的偏爱情况，发现供试的35头仔猪有28头更偏爱添加血浆蛋白粉的日粮。

④ 富含免疫物质。血浆蛋白粉含有丰富的免疫物质，包括白蛋白、低分子量蛋白以及免疫球蛋白等功能性蛋白，这些蛋白都具有生物学活性，其中免疫球蛋白的含量大约有22.5%。此外，免疫球蛋白粉还含有大量的促生长因子、干扰素、激素、溶菌酶等免疫物质，具有增强免疫力的作用，能够提高仔猪的抗病力、抗应激力和生产性能。

（3）血浆蛋白粉在仔猪生产中的应用效果

① 能提高仔猪的生长性能。Gatneu 等（1989，1990）研究表明，与含有乳清粉、酪蛋白或分离大豆蛋白的传统玉米 – 豆粕型日粮比较，血浆蛋白粉能提高仔猪断奶后的生长速度及饲料采食量。Vandijk 等（2001）对关于血浆蛋白粉促生长作用的 14 篇研究报告进行了统计，发现血浆蛋白粉对仔猪断奶后两周平均日增重（ADG）和平均日采食量（ADFI）有较大影响，分别提高了 26.8% 和 24.5%，且断奶第 1 周的效果比断奶第 2 周的效果要好。Kats 等（1994）试验表明，血浆蛋白粉是 3 周龄断奶仔猪日粮中的一种有效蛋白质源，可作为脱脂奶粉和干乳清的替代品。陈冬星等（2000）添加喷雾干燥血浆蛋白粉饲喂仔猪试验表明，仔猪在断奶前后饲喂含有一定比例的喷雾干燥血浆蛋白粉，仔猪个体平均增重比不添加的提高 24.5%，饲料转化率提高 17.7%，每千克饲料增重成本降低 2.21%，采食添加猪血浆蛋白粉饲料后的仔猪，其粪便细菌总数在 4 周龄明显少于不添加的仔猪。

血浆蛋白粉提高仔猪的生长性能可能是两方面的综合作用的结果，血浆蛋白粉饲喂断奶仔猪，仔猪喜食并可提高其采食量，同时，血浆蛋白粉消化率高。Wairhead（1992）用 35 头 26 日龄断奶仔猪分别饲喂血浆蛋白粉日粮和脱脂乳日粮（日粮的乳糖含量相同），发现仔猪普遍表现出喜食血浆蛋白粉日粮，并且喜食的程度随着时间的推移而增加。Eiher 等（1992）也证明，日粮中含血浆蛋白粉与含脱脂奶粉相比，仔猪喜食含血浆蛋白粉日粮，且采食量大。另一方面，血浆蛋白粉中含有免疫球蛋白等活性成分，能提高猪的免疫力，防止病毒和细菌对肠壁的侵害，增加肠道功能还可使仔猪肠道内麦芽糖酶和乳糖酶活性提高。高汉林等（1998）研究认为，免疫球蛋白能明显提高仔猪的免疫力，使仔猪腹泻、下痢减少，并可避免仔猪断奶造成的应激综合征的发生。国内外研究者对此基本认可。国内研究者近些年来对血浆蛋白粉对仔猪生产性能的影响的研究比较深入。丰艳平（2008）研究血浆蛋白粉对 4 周龄断奶仔猪生产性能的影响。对照组和试验Ⅰ、Ⅱ、Ⅲ组分别饲喂含血浆蛋白粉 0、3.5%、5% 和 7.5% 的饲粮。试验结果显示：血浆蛋白粉能提高仔猪的采食量。以对照组采食量为 100% 计，试验Ⅰ、Ⅱ、Ⅲ组平均日采食量分别为 101.7%、108.98%、112.13%。二是能提高仔猪日增重。试验结果显示，对照组，试验Ⅰ、Ⅱ、Ⅲ组平均日增重分别为 172.14 克、242.5 克、288.33 克、296.07 克，与对照组相比，试验Ⅰ、Ⅱ、Ⅲ组平均日增重分别提高了 40.87%、67.49%、71.99%。三是能提高饲料转化效率。试验结果还表明，对照组，试验Ⅰ、Ⅱ、Ⅲ组料重比分别为 2.18、1.58、1.43、1.41，与对照组相比，试验Ⅰ、Ⅱ、Ⅲ组料重比分别下降了 27.52%、34.40%、35.32%，差异极显著。

② 降低断奶仔猪的腹泻率。Binnendijk 等（1995）采用 720 头 28 日龄断奶、体重 7.9 千克的仔猪，研究了血浆蛋白粉对断奶仔猪腹泻的影响。试验设 4 个处理组，分别为：a. 动物性蛋白质；b. 用 5% 血浆蛋白粉代替动物性蛋白质；c. 植物性蛋白质；d. 用 5% 血浆蛋白粉替代植物性蛋白质。结果表明，日粮中添加血浆蛋白粉可降低腹泻的发生率。丰艳平（2008）在 4 周龄断奶仔猪饲粮中设 1 个对照组，3 个添加不同量血浆蛋白粉的Ⅰ、Ⅱ、Ⅲ组，试验期 14 天，结果表明，对照组仔猪腹泻率为 33.33%，添加血浆蛋白粉 3.5% 的Ⅰ组仔猪腹泻率为 10%，添加血浆蛋白粉 5% 和 7.5% 的Ⅱ和Ⅲ组腹泻均为不严重的稀便，很少有水样便，而对照组部分仔猪腹泻严重。

③ 可减少环境应激对仔猪的影响。当仔猪处于应激的环境中时，饲喂血浆蛋白粉效果最显著。Coffey 等（1995）用 18 日龄断奶仔猪进行试验，将仔猪放在两种不同的环境中（常规的同场哺乳和异地哺乳），日粮添加干燥脱脂奶粉或血浆蛋白粉，日粮的赖氨酸和乳糖

含量相同。试验结果表明，在常规哺乳舍饲环境下，与饲喂干燥脱脂奶粉日粮相比，饲喂含血浆蛋白粉日粮的仔猪生长速度和饲料消耗增加，然而在异地清洁的哺乳仔猪舍中增加的较少，即在较差环境中舍饲的仔猪，应用血浆蛋白粉的效果更好。

④ 血浆蛋白粉与抗生素联合使用有加性作用。依阿华州立大学 Rojas 等学者测定了血浆蛋白粉和抗生素合用对断奶仔猪的影响，结果表明，猪血浆蛋白粉和抗生素这两种成分对仔猪生长性能具有加性作用。饲料中既含血浆蛋白粉又含抗生素时，仔猪增重和饲料转化率最优。因此，使用抗菌药可适当降低断奶仔猪日粮中血浆蛋白粉的含量而达到相同的使用效果。因血浆蛋白粉价格普遍反映太高，高比例使用经济上并不划算，仅在高档的早期断奶仔猪中限量使用，而采用此种方法，这对于降低仔猪日粮成本具有一定作用。目前认为，猪血浆蛋白粉和抗菌素作用的促生长机制是不同的，血浆蛋白粉可能提供了作用于肠道病毒或内毒素的抗体，而抗菌素则可克服断奶仔猪的断奶应激。因此，血浆蛋白粉和抗菌素合用可抑制肠道病原菌、病毒或内毒素。

（4）血浆蛋白粉的最佳添加量与使用阶段　由于血浆蛋白粉价格高，目前多应用于断奶仔猪饲料中，且血浆蛋白粉的作用效果以断奶前 2 周为好，所以血浆蛋白粉应在断奶前的两周添加。为了经济有效的使用血浆蛋白粉，了解其最适添加比例非常重要。Gatnau 等（1990）对断奶仔猪日粮中血浆蛋白粉的最适添加比例进行了研究，在玉米 - 豆粕 - 乳清粉型基础日粮中，分别用 0、2%、4%、6% 和 8% 血浆蛋白粉替代豆粕，通过调整玉米的用量，以维持相同的赖氨酸与代谢能的比率。试验用猪为 35 头 28 日龄、体重 7.1 千克的断奶仔猪。结果表明，在仔猪断奶后的头 2 周，用 6% 血浆蛋白粉组猪的日增重、饲料采食量和饲料转化效率最高。美国蛋白质公司推荐血浆蛋白粉最佳添加量为：哺乳期 7.5%~10%，断奶后第 1 阶段 5%~7%，第 2 阶段 2.5%~5%，第 3 阶段没必要添加。

丰艳平（2008）在 28 日龄的断奶仔猪饲料中分别添加 3.5%（Ⅰ组）、5%（Ⅱ组）和 7.5%（Ⅲ组）的血浆蛋白粉，与不添血浆蛋白的试验组为期 14 天试验。结果表明，Ⅰ、Ⅱ组试验期仔猪增重成本比对照组低，但Ⅲ组却比对照组高出 0.93 元 / 千克，也比Ⅰ、Ⅱ组分别高出 1.13 元 / 千克和 1.09 元 / 千克。虽然此试验在断奶仔猪饲粮中添加 3.5%~7.5% 的血浆蛋白粉后，提高了仔猪的生长性能，表现为平均日增重和平均日采食量的提高及料重比的降低，而且随着血浆蛋白粉用量增加，效果更好，虽然Ⅲ组效果比Ⅱ组好，但效果不显著。从全期来看，添加血浆蛋白粉 3 个组的采食量均比对照组高，说明血浆蛋白粉有促进采食，提高转化率的效果。但由于血浆蛋白粉价格较高，虽然Ⅲ组对于仔猪的生长性能影响优于其他组，但其成本较高，考虑到综合经济效果，认为Ⅱ组饲喂断奶仔猪生长性能最佳。此试验也说明，随着饲粮中血浆蛋白粉用量的增加，仔猪采食增强，日增重增加，但未呈现线性关系。因此，综合生产性能和经济效益考虑，饲粮中添加 5% 血浆蛋白粉饲喂断奶仔猪效果最佳。

（5）饲料加工中对添加血浆蛋白粉的饲料制粒温度要求　在添加血浆蛋白粉的饲料制粒时，更要注意温度。Steidinger 等（2000）研究表明，仔猪料中血浆蛋白粉在高于 77℃ 环境中制粒时，会影响血浆蛋白粉的促生长效果。因此，在饲料加工过程中应采用低温制粒，避免破坏其功能性蛋白成分。美国蛋白质公司推荐的适宜制粒温度为 60~75℃。

（6）血浆蛋白粉的安全评估　虽然血浆蛋白粉和血粉已被公认为优质的蛋白质原料，已在现代养猪生产中广泛应用，但如果血浆蛋白粉和血粉存在疫病传染来源，将会对猪的健康和猪场生产造成巨大损失，而且对人类的健康也是一种潜在的危险。但血浆蛋白粉和血粉在喷雾干燥过程中的温度和压力的快速变化会使水分立即蒸发，能导致微生物数量的快速减少。Polo等（2005）研究表明，血浆经过喷雾干燥可以很好的消灭猪伪狂犬病毒，从而认为血浆蛋白粉作为饲料组分安全。虽然有人怀疑在仔猪饲粮添加血粉和血浆蛋白粉的安全性，但在国内外20年应用中，至今还未有过报道。在北美、欧洲的法规中，血浆蛋白粉归属于奶类蛋白产品同样的范畴，被认为是低风险的原料，可用作动物饲料原料使用。目前，部分国外的血浆蛋白粉产品已经在我国农业部注册，准许在国内推广使用。因此，总体认为：血浆蛋白粉和血粉等血液制品由于经过过滤除菌，瞬间高温喷雾干燥等工艺处理，性质较为稳定，贮期较长，且不含各种病毒及细菌，不易感染沙门氏菌等致病细菌，也不存在有害物质残留和污染环境等副作用，因此，血浆蛋白粉及血粉等血液制品在使用上比较安全。

6. 奶粉

（1）奶粉制品的来源及种类和要求　奶粉是牛奶经脱水（一般为喷雾干燥法）加工制成的干粉状产品，包括全脂、脱脂、部分脱脂奶粉和调制奶粉。产品名称应标明具体的动物品种来源和产品类型，如：全脂牛奶粉、脱脂牛乳粉。产品须由有资质的奶制品生产企业提供。强制性标识要求是蛋白质和脂肪。奶粉产品中以全牛奶制成的产品称为全奶粉。在全脂奶粉中，除微量元素含量较低外，几乎可以说是仔猪最完美的食物。脱脂奶粉因在乳脂被提取的同时脂溶性维生素也被提掉了，因此，在以脱脂奶粉作为日粮的主要成分时，还可能会缺乏脂溶性维生素，但脱脂奶粉其余营养成分较全脂奶粉高。

（2）使用乳和乳制品的作用　母乳是哺乳动物完美的食品，乳及乳制品是包括人类在内的哺乳动物可以从自然界摄取的单一食物中营养素最丰富、最接近完善的食物。牛乳的成分十分复杂，含有上百种化学成分，主要包括蛋白质、脂肪、乳糖、矿物质、维生素等几大类。牛乳中含有人体必需的8种氨基酸，是全价蛋白质，消化率达98%。乳脂肪中含较高的花生四烯酸、亚油酸等不饱和脂肪酸，其消化率在95%以上。乳脂肪组成中，水溶性、挥发性脂肪含量高，因此风味良好，易于消化。乳糖是哺乳动物乳腺中分泌的特有化合物，乳糖为D-葡萄糖与D-半乳糖以及1,4-糖苷键结合的双糖，含有醛基，属还原糖。乳糖水解产生的半乳糖是形成脑神经中重要成分的主要来源，对初生婴儿生长发育有着很重要的作用。而且乳糖与钙的吸收有密切关系，牛乳及其乳制品是人类钙质最好的来源之一。由此可见，由于乳中含有多种活性成分，对于幼龄动物的肠道发育、免疫机能的形成和发育，早期的生长，具有不可替代的作用。因此，奶粉及乳清制品目前已广泛地应用于现代养猪生产中的仔猪饲粮中。

（3）奶粉的营养价值与营养成分　虽然任何年龄的猪都可饲喂奶粉，但因价格昂贵，实际生产中只有在高档乳猪料中，尤其是超早期断奶的代乳料中才会使用。当仔猪体重达到15千克以上时，奶粉与鱼粉和豆粕（饼）的饲喂效果差别已不明显，这时就没有必要再用乳制品了。全脂奶粉和脱脂奶粉的营养成分见表13-3。

表13-3　全脂奶粉和脱脂粉粉的营养成分

项目	全脂奶粉	脱脂奶粉	项目	全脂奶粉	脱脂奶粉
干物质（%）	93.2	93.5	半胱氨酸（%）	0.39	0.44
消化能（兆焦/千克）	22.77	15.36	苏氨酸（%）	1.32	1.53
粗蛋白质（%）	28.0	34.2	缬氨酸（%）	2.14	2.28

续表

项目	全脂奶粉	脱脂奶粉	项目	全脂奶粉	脱脂奶粉
粗脂肪（%）	26.6	1.0	异亮氨酸（%）	1.85	2.19
粗灰分（%）	5.4	7.9	亮氨酸（%）	2.91	3.34
钙（%）	1.26	1.23	酪氨酸（%）	1.33	1.13
磷（%）	0.69	0.91	苯丙氨酸（%）	1.42	1.54
盐分（%）	1.45	1.44	组氨酸（%）	0.81	0.89
赖氨酸（%）	2.28	2.68	精氨酸（%）	1.04	1.21
蛋氨酸（%）	0.66	0.90	色氨酸（%）	0.45	0.44

注：全脂奶粉是 5 个样品的平均值；脱脂奶粉是 7 个样品的平均值。
资料来源：赵书广主编的《中国养猪大成》（第 2 版），2013。

（4）奶粉质量的物理鉴别

① 色泽。真品奶粉呈均匀一致的淡黄色，假冒奶粉呈白色或其他不正常颜色。

② 组织状态。真品奶粉颗粒均匀，粉末干燥，无结块；假冒奶粉颗粒不均匀，而且颗粒偏小。

③ 味觉。真品奶粉具有牛奶特有的乳香味，甜度较淡。在口腔中奶腥味浓郁且留香时间长，无任何渣滓；假冒奶粉味道不正，由于加入了较多的糖或者甜味剂，反而很甜，有时会有沙质颗粒。

④ 冲调性。喷雾干燥的奶粉速溶，冲调后无团块，杯底无沉淀；假冒奶粉溶解慢，冲调有团块，杯底有沉淀物。

⑤ 手感。真品奶粉用手捏后手感柔软，舒适，手握有"沙沙"声响感觉；而假冒奶粉手捏无"沙沙"声响。

⑥ 火烧闻味。把奶粉均匀地撒在一张纸上，用火点燃，闻味。真正的奶粉因含有蛋白质就能闻到一种焦臭味，类似于羊毛点着的味道；而假奶粉蛋白质含量少或者根本不含，无焦臭味。

（5）掺假奶粉的化学鉴别

① 掺入淀粉。取 2 克样品于试管中，加水 5 毫升，温热使其溶解，冷却后加 2 滴 2% 碘液，如有深蓝色出现，说明样品中含有面粉或淀粉。如无 2% 碘液，也可用外用消毒碘酒液代替。

② 掺入蔗糖。可利用蔗糖在酸性溶液水解的果糖与溶于强酸的间苯二酚加热后呈红色沉淀反应进行鉴别（间苯二酚配制方法：取 0.01 克间苯二酚溶于 10 毫升浓盐酸和 10 毫升水中，混匀而成）。取 2 克样品于试管中，加 5 毫升水溶解，再加入苯二酚 1 毫升及数滴盐酸加热至沸腾，若有红色出现，表示样品中有蔗糖。

③ 掺入豆粉。取奶粉 2 克左右于试管中，加入 2 毫升 60℃热水溶解，稍冷后加入 1 : 1 的乙醇－乙醚混合液 2 毫升，再加入 1 毫升 10% 氢氧化钾溶液，同样做一空白对照试验，如样品试管中有微黄色出现，则表明样品中掺入了豆粉。

④ 掺入尿素。取鲜乳样 5 毫升加入 5% 氢氧化钠溶液 10 滴，加饱和苦味酸钠 1 毫升放置 5 分钟，正常乳为黄色，掺入尿素的乳呈棕色。

⑤ 掺入三聚氰胺。三聚氰胺是由德国化学家 Justus Von Liebig 于 1834 年首次合成，俗称密胺，为白色单斜棱晶，是一种有机含氮杂环化合物，为重要的化工原料。其主要用途

是与醛缩合，生成三聚氰胺－甲醛树脂，不易着火、耐火、耐热、耐老化、耐电弧、耐化学腐蚀，有良好的绝缘性能和机械轻度，是木材、涂料、造纸、纺织、皮革、电器等不可缺少的原料。三聚氰胺是一种白色结晶粉末，无气味，含氮较高（66%），掺杂在饲料、鱼料和奶粉中可提高产品的含氮量，从而导致检测得到的蛋白质含量高于实际含量。

三聚氰胺在动物机体内不会发生任何代谢变化，而是迅速随尿排出，单胃动物以原形式或同系物形式排出三聚氰胺，三聚氰胺对不同动物的毒性具有选择性。三聚氰胺口服半数致死量：鼠为 3.2 克／千克，猫、犬为 1.25 克／千克，这和食盐或酒中的乙醇毒性大体相当，因此通常被认为无毒或微毒。但是在动物试验中发现，动物长期摄入三聚氰胺会损害生殖与泌尿系统，造成膀胱、肾部结石，并可进一步诱发膀胱癌。动物试验证明，高剂量三聚氰胺（4 500 毫克／千克）或每天每千克代谢体重 263 毫克剂量持续饲喂（2 年），会导致雄鼠膀胱结石，并增加膀胱和尿道患恶性肿瘤的风险。2007 年 3 月，在美国发生的宠物猫、狗因食用含有较高浓度三聚氰胺食品而导致死亡的事件中，美国食品药品管理局调查显示，在回收的宠物食品、死亡动物的尿液结晶和肾脏细胞中都发现有三聚氰胺，表明动物食用含有三聚氰胺饲料后发生肾衰竭并导致死亡。中国 2008 年的"三鹿奶粉"事件中，三聚氰胺也导致了全国几百名婴幼儿出现尿道结石等疾病，更有甚者因肾衰竭而死亡。因此，在饲料、鱼粉、奶粉和食品中使用三聚氰胺存在安全隐患，含有三聚氰胺的掺假奶粉及鱼粉也禁止用于猪饲料。

三聚氰胺的检测方法很多，我国农业部于 2007 年发布了农业行业标准 NY/T 1372—2007《饲料中三聚氰胺的测定》，标准中规定液相色谱和气相色谱－质谱法为饲料中三聚氰胺检测的测定方法。

需要指出的是，奶粉是否掺真假，只有从蛋白质、酪蛋白、乳糖、乳脂等几个主要的、特殊的营养物质含量的检测，才能较全面反映乳品的品质。精确检测全效营养物质，需要使用气相色谱、液相色谱、原子吸收、荧光、气质联运等复杂仪器，而且样品处理、操作要求也较高，成本也高昂。此外，全面地检测还需要进行卫生标准的检测。

（6）补饲全脂奶粉的效果　全脂奶粉营养浓度高（乳蛋白≥20%，乳糖≥35%，乳脂≥15%），粗灰分含量低，乳中钙和磷等矿物质成分易消化吸收；具有鲜奶特有的腥香味，具有高乳蛋白、中等乳脂、富含功能成分的特点，很适合配制幼龄仔猪日粮。给出生两周左右的哺乳仔猪补饲全脂奶粉有如下效果。

① 营养全面均衡，易吸收，能明显增加采食量。

② 因含有天然的功能性乳蛋白，如乳铁蛋白、免疫球蛋白以及其他具有生物活性的营养物质，能大大提高哺乳仔猪健康水平和成活率。

③ 因含有极易吸收的乳脂，可提高日粮能量浓度和日增重。

④ 因含有天然乳寡聚糖，提高哺乳仔猪消化道的健康水平，可大大减少腹泻发生。

⑤ 因具有天然牛奶香味，可提高饲料的适口性。

（7）全脂奶粉的使用方法

① 直接温开水（60~80℃）冲调给乳猪补饲，或用于母猪泌乳不足或者产仔过多。

② 作为原料加入教槽料中，用量 10%~60%。

③ 作为开胃剂加入教槽料中，用量 20% 左右。

④ 在断奶仔猪料中，作为功能性产品在断奶前后各 1 周使用，用量 10%~15%。

⑤ 饲喂高产哺乳期母猪，每天每头使用 500 克，可有效缓解母猪掉膘，提高泌乳量，

改善乳汁品质。

⑥ 单猪饲喂，用于饲喂病猪时，将全脂奶粉适量用温开水冲调后，直接饮用。对病情严重的仔猪可用奶瓶灌服。

7. 乳清粉

（1）乳清粉的来源及要求　以制乳酪后的液体做成的产品称为乳清粉。生产中乳清粉主要是从乳中除去乳脂、酪蛋白质，以乳糖为主要成分的产品，产品须由有资质的乳制品生产企业提供，产品强制性标识要求是蛋白质、粗灰分和乳糖。

（2）乳清粉的营养成分及饲用价值　乳清粉主要成分是乳糖，一般蛋白质含量低于20%，为12%~17%，应该不归属于蛋白质饲料一类。但由于又属于乳制品类产品，品质好，含糖70%左右，维生素 B_2、泛酸等 B 族维生素丰富。特别是维生素 B_2 比脱脂乳高，矿物质成分与牛乳类似，1 千克干乳清相当于 13~14 千克乳清。因此，乳清粉目前仍是乳替代品，也是蛋白质的来源；因其具有良好的适口性与可消化性，已成为仔猪饲粮的传统典型蛋白质原料，被用作人工乳和早期断奶仔猪饲粮中的原料。

8. 浓缩乳清蛋白

（1）浓缩乳清蛋白的来源及产品要求　浓缩乳清蛋白是乳清蛋白粉的一种，蛋白质含量不低于34%。产品须由有资质的乳制品生产企业提供。强制性标识要求是蛋白质、粗灰分和乳糖。研究表明，浓缩乳清蛋白是一种良好的蛋白质资源，可以促进动物生长，增强免疫机能。目前，随着超滤、喷雾干燥等新兴工艺在乳清粉加工过程中的应用，浓缩乳清蛋白已广泛应用于仔猪生产。浓缩乳清蛋白品种较多，不同产品在组成上有显著差异，通常根据蛋白质含量的不同来划分。

（2）浓缩乳清蛋白的营养特征　浓缩乳清蛋白是由牛乳清经喷雾干燥生产的粉状物产品，含有蛋白质、多种必需氨基酸、乳糖、矿物元素和少量脂肪，富含 B 族维生素和高比例免疫球蛋白、抑菌蛋白（如溶菌酶、乳铁蛋白、生长因子、核苷酸、激素、细胞因子）等，蛋白质含量在 34%~80% 之间任意变动，具有良好的适口性和可消化性。研究表明，乳清蛋白具有高蛋白质营养价值，提供的蛋白质功效大于 3.0；乳清蛋白含有的 α- 乳白蛋白部分有高蛋白质利用率和蛋白质净利用价值，含有的 β- 乳球蛋白部分有高蛋白质净利用价值和中等蛋白质的效率。

（3）浓缩乳清蛋白粉在仔猪生产上的应用

① 产品性质与成本优势。浓缩乳清蛋白性质稳定，储存期长，一般不含生长毒素、肌胃糜烂素等有害物质，相对安全可靠。浓缩乳清蛋白实质上与脱脂奶粉具有相同的化学组成，另外，浓缩乳清蛋白只有脱脂奶粉大约 40% 的成本，这就为现代仔猪生产应用浓缩乳清蛋白替代脱脂奶粉提供了一个成本空间，而且浓缩乳清蛋白与脱脂奶粉和酪蛋白相比，具有更好的氨基酸组成，更适用于仔猪饲粮。

② 提高断奶仔猪生长速度。研究表明，与鱼粉相比，浓缩乳清蛋白粉更能提高断奶仔猪生长速度，浓缩乳清蛋白可以混合或完全替代血浆蛋白而不降低断奶仔猪生产性能。Gottlob 等（2007）研究早期断奶仔猪 0~14 天饲喂高质量浓缩乳清蛋白或血浆蛋白粉，14~28 天统一饲粮，结果表明，0~14 天或全程两组平均采食量和料重比无差异。可见，高质量浓缩乳清蛋白粉是仔猪饲粮中血浆蛋白粉潜在替代品。但由于浓缩乳清蛋白粉质量和功能主要依靠来源和加工过程，因此，不同来源浓缩乳清蛋白对早期断奶日增重影响差异显著。

③ 仔猪理想的蛋白质来源。詹黎明等（2010）研究发现，仔猪断奶后10天，浓缩乳清蛋白组仔猪生长性能（采食量、日增重、料重比、腹泻指数和腹泻率）、免疫指标（IgG、IgA、IgM、C3、C4）和血清激素（皮质醇、胰岛素样生长因子1）均与血浆蛋白粉组无差异，没有降低断奶仔猪生长性能，浓缩乳清蛋白可替代血浆蛋白粉。同时，詹黎明等（2010）研究还发现，与浓缩大豆蛋白组、鸡蛋粉组比较，浓缩乳清蛋白组料重比分别降低10.53%和7.24%；浓缩乳清蛋白与浓缩大豆蛋白比较，可使仔猪断奶后第5、10天血清中皮质醇浓度分别降低13.10%、9.47%，并降低十二指肠隐窝深度，提高绒毛高度与隐窝深度比值。此研究结果表明，高质量浓缩乳清蛋白能修复仔猪断奶后肠道形态完整性，降低或减少断奶应激，是仔猪理想的蛋白质来源。

（二）植物性蛋白质饲料

植物性蛋白质饲料包括豆科籽实和饼粕类饲料。

1. 大豆与膨化大豆

（1）大豆的特点及抗营养因子对仔猪影响　大豆中粗蛋白质（35%~40%）和粗脂肪（14%~19%）均较其他豆类高，粗纤维含量低（15%左右），故消化能值高，达15.82~17.40兆焦/千克。大豆蛋白质中氨基酸组成良好，其中赖氨酸含量高（约6.5%），与动物性蛋白质中的赖氨酸含量相近，因此，主要用作仔猪蛋白质饲料。但是大豆中蛋氨酸和半胱氨酸含量少，特别是生大豆中存在多种抗营养因子，如胰蛋白酶抑制因子、大豆抗原蛋白、凝集素、脲酶、皂苷和寡糖等。生大豆遇水，在适当pH值和温度条件下会产生脲酶，可将大豆中含氮化合物迅速分解成氨，引起氨中毒。大豆中抗营养因子的含量及对动物的危害见表13-4。Tokes等（1987）以大豆抗原蛋白为过敏原的试验结果表明，仔猪肠道发生过敏反应时，其结构和功能将发生损伤性变化，出现绒毛萎缩、腺窝细胞增生、黏膜双糖分解酶活性下降等现象。Li等（1990）研究认为，饲粮中的抗原是导致断奶仔猪腹泻的先决条件，而病原微生物感染只是继发性原因。大豆中含有4种球蛋白，它们是大豆蛋白中主要的抗原成分，对断奶仔猪引起过敏性反应的主要是大豆蛋白和大豆聚球蛋白。Miller等（1984）提出了早期断奶仔猪的"腹泻过敏理论"，认为动物采食日粮抗原后，大部分大分子抗原物质和蛋白质被消化成不能引起免疫反应的小分子物质，而不足0.02%的大分子物质被原样吸收进入循环系统，刺激机体的免疫产生应答即产生分泌型IgA、血清IgA、IgM、IgG与IgE。大豆抗原主要是引起断奶仔猪的消化道过敏反应，表现为：肠绒毛萎缩、腺窝细胞增生、黏膜双糖分解酶的数量及活性降低，肠道吸收功能降低，从而导致仔猪腹泻及生长受阻。Wilson等（1981）发现，3周龄仔猪肠道仍可以吸收抗原蛋白，引起仔猪腹泻，因而用生大豆直接饲喂仔猪，容易引起其消化功能障碍，以及肠道过敏、损伤，进而导致仔猪腹泻，故大豆不宜生喂，可通过加热使脲酶等抗营养因子失去活性，因此，在任何情况下，大豆都应熟饲。研究发现，生大豆经过膨化加工等工艺处理后饲喂仔猪，可以有效降低大豆中的抗营养因子和有害微生物含量，特别是通过物理作用能去除抗原蛋白，提高了大豆蛋白质和脂肪的消化率，从而充分发挥了大豆的营养功能。

表13-4　大豆抗营养因子的含量及对动物的危害

抗营养因子	含量（占全粒重）（%）	对动物的危害
胰蛋白酶抑制剂	20	增加胰腺的合成与分泌，胰腺肥大，抑制生长
大豆抗原		肠绒毛萎缩，腺窝细胞增生，肠道吸收功能降低
脲酶		分解含氮化合物，引起氨中毒
植物凝集素	1.5	凝集红细胞，降低食欲
致过敏因子		过敏反应，延缓生长发育
皂苷	0.3~0.5	抑制胰凝乳蛋白酶和胆碱酯酶活性
植酸	1.41	降低磷的有效性、微量元素生物效价及蛋白质利用率
抗维生素因子		降低维生素的有效性
赖丙氨酸		螯合金属元素使酶失活和肾毒作用
大豆低聚糖	0.8~5.1	过量引起胃肠胀气，影响消化
大豆异黄酮	0.26	过量抑制生长，子宫增大

资料来源：徐奇友、许红《膨化对大豆抗营养因子的影响》，《中国饲料》，2006年第16期。

（2）膨化大豆的加工方法及对大豆抗营养因子的影响　膨化加工是一种高温、高压、高剪切力的瞬时加工工艺。膨化处理的原理是在一定温度下，通过螺旋轴转动给一定的压力，使原料从喷嘴喷出，原料因压力瞬间下降而被膨化，抗营养因子随之失活。因胰蛋白酶抑制因子（TI）和凝集素在化学上都是蛋白质，加热处理使蛋白变性从而失去其生物活性，挤压膨化通过加热和剪切力双重因素失活抗营养因子。研究表明，膨化加工可降低大豆的脲酶（UA）、抗胰蛋白酶（TLA）的活性。挤压膨化处理可分为干法和湿法两种。干法膨化是指将大豆粗碎后，不加水或蒸汽，仅依靠大豆与挤压机外筒壁及螺杆之间的相互摩擦产生的高温高压进行加工。湿法膨化是指将大豆粉碎后，先在调制机内注入蒸汽，提高水分和温度，再经过挤压机螺旋轴摩擦产生的高温高压加工。晏家友（2011）分析了不同加工工艺生产的膨化大豆存在较大的质量差异，见表13-5所示。从表13-5可见，不同膨化方式、方法、工艺参数对大豆UA、TLA的灭活程度不同，这是因为大豆加热过程中，如果温度过低，其中的热稳定性抗营养因子（如大豆抗原蛋白）不容易被去除；但温度过高，又容易引起美拉德（Maillard）反应，导致氨基酸尤其是赖氨酸的利用率大大降低。谯仕彦和李德发（1996）研究不同温度的干法挤压膨化对大豆中TI活性的影响，结果表明，100~140℃膨化加工可使大豆TI的活性降低74.8%~88.6%，随温度升高，TI灭活程度加强。席鹏彬等（2000）研究了不同温度下湿法挤压膨化对大豆中抗营养因子的影响时也得出类似的结果。热处理法是目前大豆产品加工的最佳方法，但许多研究表明，普通热处理的大豆产品仍会引起断奶仔猪的消化过程异常，包括消化物的运动和肠黏膜的炎症反应，这种变化由仔猪胃肠道对热处理大豆产品的抗原过敏反应引起。但膨化大豆和膨化加工的大豆粕能减轻仔猪对大豆蛋白引起的过敏反应程度。Frisesn等（1993）研究表明，膨化可显著降低大豆及其产品中的TI和抗原含量，饲喂21日龄断奶仔猪（平均体重5.8千克）表明，饲喂膨化大豆产品的仔猪平均日增重、干物质消化率、氮消化率得到提高，血清尿素氮，血清IgG滴度降低。谯仕彦（1995，1996）研究也发现，膨化大豆加工可降低仔猪细胞免疫应答反应的程度和血清中抗大豆球蛋白的抗体效价。因不同膨化方式、方法、工艺参数对大豆UA、TLA的灭活程度不同，因而在现代养猪生产中要合理选择大豆膨化工艺。Friesen 等（1993）研究湿法和干法膨化大豆对 21 天断奶仔猪（平均体重 5.9 千克）生产性能的影响，结果表明，用湿榨法处理的豆粕与未处理的豆粕相比，显著提高断奶仔猪的日增重和饲料报酬。

从以上所述可见，与其他大豆产品比较，膨化大豆中大豆抗原少，抗胰蛋白酶活性低，可改善仔猪肠道形态，降低仔猪过敏反应，提高营养物质的消化率等；而且膨化处理使大豆细胞壁破裂，增加其营养利用价值，尤其是提高了油脂的利用率。膨化大豆所含的油脂，不仅消化率高，而且还含有丰富的磷脂、维生素 E，可满足仔猪营养需要，促进小肠脂类消化吸收。由此可见，膨化大豆是仔猪优质的蛋白质来源。

表 13-5　干法膨化和湿法膨化生产的膨化大豆比较

项目	干法膨化	湿法膨化
生产设备	成本低、操作容易	成本高、操作复杂
颗粒感官	粗、硬	细、软
豆香味	浓	淡
水分含量	低	高
营养物质破坏	大	小
抗营养因子去除	多	少

（3）膨化大豆的营养价值　Vandergrift 等（1983）研究表明，仔猪对膨化大豆饲粮中氮、氨基酸含量和能量的小肠表观消化率显著高于生大豆。Hancock（2001）研究也证实，仔猪对膨化大豆饲粮中干物质（62.0% VS. 55.6%）、能量（64.9% VS. 57.9%）和粗蛋白质（69.2% VS. 62.4%）的回肠表观消化率显著高于豆粕。很多研究表明，经过膨化处理加工的大豆与生大豆相比，具有较高的消化能和代谢能，而且水分、粗纤维和粗灰分含量较低，粗脂肪含量高，多属不饱和脂肪酸，氨基酸组成较好，抗营养因子含量和蛋白质溶解度较低，见表 13-6 和表 13-7。由此可见，对大豆进行膨化处理后，可以改善其营养价值，提高仔猪对大豆蛋白质和脂肪的利用率。

表 13-6　膨化大豆和生大豆主要营养指标

项目	膨化大豆	大豆
猪消化能（兆焦/千克）	17.74	16.61
猪代谢能（兆焦/千克）	15.77	14.77
粗蛋白质（%）	35.50	35.50
水分（%）	12.13	13.51
粗脂肪（%）	18.70	17.3
粗纤维（%）	4.60	4.30
粗灰分（%）	4	4.20
钙（%）	0.32	0.27
总磷（%）	0.40	0.48

资料来源：《中国饲料成分及营养价值表》（第 21 版），2010。

表13-7　膨化大豆和生大豆必需氨基酸含量　　　　　　　　　（%）

项　目	膨化大豆	大豆
赖氨酸	2.37	2.20
蛋氨酸	0.55	0.56
蛋氨酸＋半胱氨酸	1.31	1.26
苏氨酸	1.42	1.41
色氨酸	0.49	0.45
异亮氨酸	1.32	1.28
亮氨酸	2.68	2.72
精氨酸	2.63	2.57
苯丙氨酸	1.39	1.42
缬氨酸	1.53	1.50
组氨酸	0.63	0.59

资料来源:《中国饲料成分及营养价值表》(第21版),2010。

（4）膨化大豆的饲喂效果和应用前景　研究果表明,在仔猪饲粮中应用膨化大豆替代大豆或豆粕,可有效减缓仔猪腹泻,提高生长性能应用膨化大豆替代豆粉或大豆浓缩蛋白也不影响仔猪生长。唐春燕等（2005）研究发现,在哺乳母猪饲粮中,添加15%膨化大豆配制高能量高蛋白质饲粮,可以提高哺乳母猪的生产性能,这可能与膨化大豆对饲粮适口性和消化率的改善作用有关。晏家友（2011）总结了国内外膨化大豆在养猪生产上的应用效果,见表13-8。从表13-8可见,在现代养猪生产中,充分应用膨化大豆替代鱼粉、大豆浓缩蛋白及血浆蛋白粉等昂贵的蛋白质饲料,可以极大节省仔猪生产饲料成本,这对规模猪场的成本核算有极大的可比空间。

表13-8　膨化大豆在猪饲料中的应用效果　　　　　　　　　（%）

动物	应用方案	日增重变化	日采食量变化	饲料利用率变化	资料来源
断奶仔猪	干法膨化大豆替代豆粕	10.59	1.35	8	Myer等（1983）
	湿法膨化大豆替代豆粕	2.12	−2.7	7.43	
断奶仔猪	干法膨化大豆替代生大豆	42.39	21.75	8.26	Gundel等（1996）
生长猪	4%膨化大豆替代4%豆粕	15.14	6.33	7.88	顾炯等（2000）
断奶仔猪	5%膨化大豆替代5%豆粕	7.54	0.01	14.55	余东游等（2000）
	5%乳清粉替代3%豆粕	9.17	1.91	15.76	
生长猪	10%膨化大豆替代5%大豆浓缩蛋白	8.31	10.90	0.71	孙平清等（2006）
断奶仔猪	7.5%膨化大豆替代5%鱼粉	−6.08	0.75	−7.27	周治平（2011）

2.大豆饼（粕）

（1）大豆饼（粕）的特点与营养价值　大豆饼（粕）是以大豆为原料取油后的副产品。因制油工艺不同,以压榨法生产的称豆饼,以溶剂提取法生产的称豆粕。由于大豆饼（粕）粗蛋白质含量高,一般40%~50%,必需氨基酸含量高,组成合理,赖氨酸与精氨酸比约为

100 ：130，比例较为恰当，赖氨酸含量在饼（粕）类中最高，占 2.4%~2.8%，色氨酸与苏氨酸含量也很高，与谷实类饲料可起到互补作用，因此，大豆饼（粕）是世界上使用最广泛的植物性蛋白质饲料。因大豆饼（粕）中蛋氨酸含量不足，在玉米 – 大豆饼（粕）为主的饲粮中，一般要额外添加蛋氨酸才能满足猪的营养需求。大豆饼（粕）中粗纤维含量较低，主要来自大豆皮。目前生产的去皮豆粕是一种粗纤维含量低，营养物质浓度比普通豆粕更高的蛋白质饲料，蛋白质含量在48%~50%，粗纤维含量低，一般在3.3%以下，营养价值较高。但由于价格较高，一般仅在高档乳猪料中使用。豆饼、豆粕、去皮豆粕的营养成分和氨基酸含量见表 13–9 和表 13–10 所示。大豆饼（粕）中的无氮浸出物主要是蔗糖、棉籽糖和多糖类，淀粉含量低，矿物质中钙多磷少，磷多为植酸磷（约占61%），硒含量低。大豆粕和大豆饼相比，脂肪含量较低，而蛋白质含量较高，且质量较稳定，因此，现代养猪生产中以使用豆粕为多。

表 13–9　豆饼（粕）的常规营养成分　　　　　　　　　　　　　　　　　（%）

项目	豆饼	豆粕	去皮豆粕
干物质	90.0（87.5~90.0）	89.5（88.0~90.0）	90.0（87.5~90.0）
粗蛋白质	42.0（41.0~45.0）	45.0（43.5~47.0）	49.0（49.0~51.0）
粗脂肪	4.0（3.5~5.5）	0.5（0.3~1.50）	0.5（0.5~1.0）
粗纤维	6.0（5.0~7.0）	6.5（5.0~7.0）	3.0（2.0~3.5）
粗灰分	6.0（5.0~7.0）	6.0（5.0~7.0）	6.0（5.0~6.5）
钙	0.25（0.15~0.35）	0.25（0.15~0.35）	0.20（0.15~0.25）
磷	0.60（0.5~0.80）	0.60（0.50~0.80）	0.60（0.50~0.70）

注：括号外为期待值，括号内是范围。

资料来源：刘丙古等译，1988。

表 13–10　豆饼（粕）的营养成分和氨基酸含量　　　　　　　　　　　　（%）

项目	豆 饼	豆 粕	去皮豆粕
干物质	87.0	87.0	90
消化能（兆焦 / 千克）	13.77 ± 0.54	13.35 ± 0.38	15.40
粗蛋白质	40.9 ± 1.1	43.0 ± 0.7	47.5
粗脂肪	5.3 ± 0.7	2.1 ± 1.5	3.0
粗纤维	4.7 ± 0.6	4.8 ± 0.7	8.9
粗灰分	5.7 ± 0.4	5.5 ± 0.4	—
钙	0.31	0.32	0.34
磷	0.49	0.57	0.69
有效磷	0.19	0.19	0.16
赖氨酸	2.38	2.45	3.02
蛋氨酸	0.59	0.64	0.67
胱氨酸	0.61	0.66	0.74
苏氨酸	1.41	1.88	1.85
缬氨酸	1.66	1.95	2.27
异亮氨酸	1.53	1.76	2.16

项目	豆 饼	豆 粕	去皮豆粕
亮氨酸	2.69	3.20	3.66
酪氨酸	1.50	1.53	1.82
苯丙氨酸	1.75	2.18	2.39
组氨酸	1.08	1.07	1.28
精氨酸	2.47	3.12	3.48
色氨酸	0.63	0.68	0.65

资料来源：1. 豆饼和豆粕数据来自朱世勤等，1992；2. 去皮豆粕数据来自 NRC，1998。

（2）评定大豆饼（粕）质量的主要指标与检查方法　生大豆中已知含胰蛋白酶抑制因子，包括血凝素、大豆抗原、皂角苷、胃肠胀气因子（主要是棉籽糖和水苏糖）、植酸、脲酶和致甲状腺肿物等抗营养因子，它们都能在热处理中被灭活。但如果热处理不够，抗营养因子未被灭活，它们会干扰营养物质的消化吸收，从而导致猪的生长发育受阻，尤其是仔猪；然而，如果热处理过度，使赖氨酸、精氨酸受热被破坏，并因美拉德（Maillard）反应，使得氨基酸的可利用性降低，从而也使大豆饼（粕）的营养价值也降低。因此，大豆饼（粕）虽是大豆加工后的副产品，但也含有一些抗营养因子。一般评定大豆饼（粕）质量的指标主要为抗胰蛋白酶活性、脲酶活性、水溶性氮指数、维生素 B_1 含量、蛋白质溶解度等。研究表明：当大豆饼（粕）中的脲酶活性在 0.03~0.04 范围内，饲喂效果最佳。因此，检查大豆饼（粕）热处理是否恰当，常用的方法是测脲酶活性，其原理是利用脲酶分解尿素产生的氨反应或以酚红指示剂变红的时间长短判别，或以 pH 值增值法判别；另一种方法是蛋白质溶解度（PS）85% 时表示过生，PS ＜ 70% 时表示过热。生产实践中，也可用大豆饼（粕）的颜色来判定大豆饼（粕）加热程度适宜与否，正常加热时大豆饼（粕）为黄褐色，加热不足或未加热时，颜色较浅或灰白色，加热过度呈暗褐色。生产中用感官判定大豆粕的质量指标可分为 4 个等级，即 A 级、B 级、C 级和不合格（表 13–11）。

表 13–11 大豆粕质量指标及分级标准

质量指标		A 级	B 级	C 级	不合格
必检	水分（%）	≤ 11.5	11.6~12.5	12.6~13.0	≥ 13.1
	粗蛋白质（%）	≥ 45.0	43.0~44.9	42.5~42.9	≤ 42.4
	脲酶活性（定性）（%）	5~20 分钟之内变红	5~20 分钟之内变红	3~5 分钟之内变红	3 分钟之内变红
必检	感官性状	浅黄色，不规则碎片，色泽一致，无发酵、霉变、结块、无虫蛀及异味、异臭、无掺杂和污染等	浅黄色，不规则碎片，色泽一致，无发酵、霉变、结块、无虫蛀及异味、异臭、无掺杂和污染等	浅黄色，色泽一致，有轻微发酵、霉变、结块、无虫蛀及异味、异臭、无掺杂和污染等	浅黄色，色泽一致，有轻微发酵、霉变、结块、无虫蛀及异味、异臭、无掺杂和污染等

续表

质量指标		A 级	B 级	C 级	不合格
参考	粗灰分（%）	≤ 5.0	5.1~6.0	6.1~7.0	≥ 7.1
	尿酶活性（定量）（%）	0.05~0.25	0.26~0.40	0.26~0.40	≥ 0.41
	蛋白溶解度（%）	75~80		71~74 或 80~84	≤ 70 ≥ 85
	黄曲霉毒素 B_1（微克 / 千克）	≤ 30			> 30
	霉菌总数（10^3 个 / 千克）	< 50			≥ 50

资料来源：李长强等主编的《生猪标准化规模养殖技术》，2013。

（3）大豆饼（粕）的饲用价值及在猪饲料中的用量　大豆饼（粕）消化能为每千克13.18~14.65 兆焦，适口性好，含有生长猪所需的平衡氨基酸，除蛋氨酸稍低外，没有特别限制的氨基酸，并能被哺乳仔猪（2~21 日龄）外所有年龄的猪很好地消化，其用量可达 30%。现代养猪生产中大豆饼（粕）在猪饲粮中用量为：仔猪 10%~25%，生长猪5%~20%，肥育猪 5%~16%，妊娠母猪 4%~12%，种公猪和哺乳母猪 10%~12%。对在生长迅速的生长猪的玉米 – 豆粕型饲粮中，最好适量再补充动物蛋白质饲料或合成氨基酸。虽然适当处理后的大豆饼（粕）是猪的优质蛋白质饲料，适用任何阶段的猪，但因大豆饼（粕）中粗纤维含量较多，多糖和低糖类含量较高，哺乳仔猪体内无相应消化酶，加上大豆饼（粕）中还存在一定量的抗原性蛋白质，如大豆球蛋白、伴大豆球蛋白，在乳猪的免疫系统尚未发育完善时，可引起过敏性肠黏膜损伤和腹泻，故在人工代乳料或教槽料中，应限制大豆饼（粕）的用量，以小于 10% 为宜。乳猪宜饲喂熟化的脱皮大豆粕或去皮膨胀豆粕为宜，可减缓腹泻，并最终能提高乳猪的生产性能和饲料利用率。目前研究认为，大豆饼（粕）经乙醇处理（70%~80%，75℃）或膨化处理可减少抗原活性，提高乳猪对大豆蛋白质的利用率。去皮膨胀豆粕是在去皮豆粕生产的溶剂浸提工艺前增加了一道膨胀工艺（利用膨胀机的水分、温度、压力和机械剪切力的综合作用，基本与膨化的作用相仿）所生产的一种豆粕。由于膨胀处理后的豆粕发生了一系列的物理、化学性变化，诸如蛋白质变性、有毒成分及微生物的失活等，从而提高了膨胀豆粕的消化率，降低了抗营养因子含量，还减少了饲料中携带细菌、霉菌及粉尘的数量，作为教槽料和断奶仔猪饲料使用，可提高仔猪的生产性能和饲料转化效率。陈昌明等（2004）在 24 日龄断奶仔猪饲粮中添加去皮膨胀豆粕，制成去皮膨胀豆粕用量达到 29.36% 的无鱼粉饲粮，结果仍获得了与含 5%~6% 鱼粉相同或稍好的生产性能。

3. 菜籽饼（粕）与双低菜籽饼（粕）

（1）双低油菜的发展　油菜籽富含油脂、蛋白质，是当今世界发展最快的多用途作物，但普通油菜籽受较高含量的硫苷影响，作为油脂加工副产品的菜籽饼（粕）虽然蛋白质含量较高，但一直在养猪日粮中用量较少，即使采用一些物理、化学或生物学等技术脱毒处理，往往费工费时和费用较贵，且效果也并不明显，因此，发展双低（低硫葡萄糖苷、低芥酸）优质油菜是当今国内外油菜生产的方向。

双低油菜通常是指低硫葡萄糖甙（简称硫苷）和低芥酸（油脂中芥酸含量低于 2%）的

优质油菜品种。加拿大、欧洲等油菜主产地早在 20 世纪 50 年代末就开始了该品种的选育研究。到 20 世纪 80 年代末期，德国、英国、法国等欧洲油菜国家也基本实现了油菜品种双低化。

中国双低油菜育种的研究始于 20 世纪的 70 年代中、后期，从 1986 年至 1998 年，我国已审定选育出的双低油菜常规品种 43 个，双低杂交油菜品种 13 个。目前，我国双低品种（包括杂交种）种植面积已达到油菜种植总面积的 60% 以上。

（2）菜籽饼（粕）中抗营养因子　菜籽饼（粕）中存在硫葡萄糖苷（或称芥子苷或硫苷）、酚类化合物（菜籽粕中非聚合酚类占 1.3%~1.8%，其主要组分是芥酸，其中芥酸胆碱即为芥子碱，占菜籽粕的 1%~1.5%；聚合酚类主要为单宁，在菜籽粕中含量为 1.5%~3%）、植酸等抗营养因子。

① 硫葡萄糖苷。菜籽饼（粕）中硫葡萄糖苷（简称硫苷）按其化学结构的不同，可分为脂肪族硫苷、芳香族硫苷和杂环芳香族硫苷三大类。硫苷本身没有毒，但在芥子酶 [存在菜籽饼（粕）中，在动物肠道中也存在硫苷酶] 的作用下，水解产生噁唑烷硫酮、硫氰酸盐、异硫氰酸盐、腈等有毒物质。据报道，双低油菜品种通过育种主要是降低了带丁烯基和戈烯基侧链的硫苷（属于脂肪族硫苷），而带吲哚基侧链的硫苷在双低油菜品种和普通油菜（高硫苷）品种的含量几乎没有差别（Mcgregor，1978）。吲哚基硫苷可水解产生硫氰酸酯和乙腈，对动物有一定的毒性，可引起甲状腺肿大，肝、肾肿大和肝出血，影响动物生长。

② 芥酸。在菜籽饼粕中主要以胆碱酯（芥子碱）的形式存在，芥子碱有苦味，可降低饲料的适口性。双低菜籽饼（粕）中芥子碱含量为 0.6%~1.8%（Bell，1993），与普通菜籽饼（粕）没有差异。芥子碱在酯酶等的作用下分解产生芥酸和胆碱，芥酸能导致精子不成熟，引起生殖功能障碍；芥子碱与蛋白质结合，降低了蛋白质的消化利用率。

③ 植酸和单宁。植酸和单宁均是重要的抗营养因子，能降低饲料中矿物质元素的利用率和蛋白质的消化率。双低菜籽饼（粕）中含有 3%~6% 的植酸和 1.5%~3.0% 的单宁（Bell，1993），这一含量与普通菜籽饼（粕）没有多大差别。植酸是一种强螯合剂，能与金属离子和蛋白质分子形成难溶性的植酸螯合物，降低矿物质生物效能，能阻止蛋白质酶解，抑制消化酶的活性。单宁具有涩味，可降低饲料的适口性和猪的采食量，降低蛋白质和微量元素的利用率。近年有报道认为，油菜籽和双低油菜籽中的单宁在对动物消化酶的影响方面与高粱中的单宁有所不同。Mitaru 等（1982）的体外（in vitro）试验结果表明，从油菜籽壳中分离的缩合单宁对 α- 淀粉酶活性几乎无影响，而高粱中的单宁则抑制了 79% 的 α- 淀粉酶活性。

（3）双低菜籽饼（粕）的营养特性与饲用价值

① 蛋白质含量高，氨基酸组成合理。双低菜籽饼（粕）是由低硫苷、低芥酸（含量低于 2%）油菜籽榨油后得到的蛋白质饲料。双低菜籽粕中粗蛋白质含量为 38%~40%，高于普通菜籽粕（37%），略低于大豆粕（43%）。据彭健等（1998）测定，我国的"双低"油菜品种中"中双四号"、"华杂三号"、"华杂四号"饼（粕）中蛋白质含量高达 41.6%~43.3%，高于加拿大双低油菜品种 Canola 饼（粕）含量（40.7%）。从氨基酸组成来看，双低菜籽饼（粕）的赖氨酸含量为 2.1%~2.6%，显著高于普通菜籽粕中赖氨酸含量（1.2%~1.3%），略低于大豆粕（2.82%）。据报道，Canola 的赖氨酸回肠真消化率为 78%（NRC，1998）；而普通菜籽的赖氨酸回肠真消化率为 68.4%（周圻，1986）及 62.4%（王明侧，1987）。而且双低油菜籽饼（粕）含硫氨基酸（蛋氨酸 + 半胱氨酸）含量显著高于大豆粕（1.7%+1.3%），

因此，双低菜籽饼（粕）与大豆饼粕合用时，可以起到氨基酸的互补作用，使氨基酸更趋平衡。双低菜籽饼（粕）其他氨基酸的组成比例与 NRC（1998）提出的理想蛋白质模式很近似，而其中丰富的含硫氨基酸和精氨酸，使双低菜籽饼（粕）成为猪日粮中极为宝贵的蛋白质饲料资源。由以上可见，双低菜籽饼（粕）的营养价值，特别是在蛋白质品质方面有了较大的改善。

② 钙磷含量丰富。双低菜籽饼（粕）中钙、磷含量是大豆饼（粕）的 2 倍，钙含量为 0.55%~0.63%，总磷 0.94%~1.11%，其中 0.24%~0.31% 为有效磷，远高于其他植物性饲料。

③ 有效能值低。因菜籽粒小皮厚，菜籽饼（粕）中壳比例大，因此粗纤维含量显著高于大豆饼（粕），约为大豆饼（粕）的 3 倍，过多的纤维含量导致菜籽饼（粕）有效能值偏低。一般而言，双低菜籽粕（以干物质为基础）代谢能只有 8.7 兆焦 / 千克，而大豆粕中代谢能为 9.8 兆焦 / 千克（NRC，1998）。

（4）双低油菜籽饼（粕）在猪饲料中的添加量和应用效果　由于菜籽饼（粕）中有抗营养因子，使得菜籽饼（粕）在猪饲粮中的应用受到了一定的限制。生产中对体重 8 千克以下的哺乳仔猪饲粮中基本不用，8~20 千克体重仔猪饲粮中也限用 5% 以内。菜籽饼（粕）在生长肥育期猪饲粮中用量一般不要超过 18%，而且长期饲喂菜籽饼粕可能会产生毒性积蓄作用，时间越长，影响越明显，因此，菜籽饼（粕）长期使用时应当降低配合比例。在使用菜籽饼（粕）解毒剂或菜籽饼（粕）专用添加剂的情况下，其用量可高达 20%~22%，对生长肥育猪生产性能无显著影响。菜籽饼（粕）对种猪生产性能的影响，国内外观念不一致，有用 6%（硫苷 < 5 毫克 / 克），10% Tower 菜籽饼不显著影响后备母猪，12% Tower 菜籽粕不影响经产母猪繁殖性能的报道。卢福旺等（1993）研究表明，从 6 月龄后备母猪开始至第 2 胎分娩后 20 天的母猪饲粮中，随着菜籽粕用量（0.3%、7%、11%）提高，仔猪初生重、产仔数有减少趋势；而母猪发情周期有延长趋势；20 日龄、60 日龄仔猪平均体重菜籽粕组显著低于豆粕组，其中 3% 菜籽粕组仔猪 60 日龄高于 7% 和 11% 菜籽粕组。因此，一些动物营养学家比较保守观点认为，菜籽饼（粕）在母猪饲粮中的用量以不高于 3% 为好；但对种公猪不推荐使用菜籽饼（粕），以免影响繁殖力。

双低菜籽饼（粕）在养猪生产中的应用研究报道的较多，但因其硫苷含量、猪的品种、日粮配方等因素的不一致，所得出的试验结果也往往差异较大。但比较一致的研究结果认为，双低菜籽饼（粕）的饲养效果优于普通菜籽饼（粕）。华中农业大学养猪科学研究所自 1994 年以来，对我国种植、推广面积最大的几个双低油菜品种的饼（粕）营养价值进行了系统评价。经研究发现，当双低菜籽（粕）中硫苷含量在 30~50 微摩尔 / 克之间，用双低菜籽（粕）等氮替代日粮中的大豆粕饲喂生长肥育猪，在生长前期（30~60 千克体重）替代比例为 37.5%~50%，后期（60 千克至出栏）替代比例为 50%~62.5% 时，生长肥育猪平均日增重 800 克以上，达 100 千克体重日龄在 170 天以内，饲料利用率在 3.2∶1 以下。一般而言，对仔猪（20 千克以前）通常要限制双低菜籽（粕）的用量，其最大用量不应超过 12%。有研究表明，双低菜籽（粕）（低芥酸、低硫苷）限用 8% 以内，或者替代饲粮中 1/4 的豆粕；如双低菜籽（粕）用量由 9% 增加到 36% 时，每增加 1%，仔猪采食量减少 0.6%，日增重降低 0.5%。对于体重大于 20 千克的生长肥育猪，可用较高比例双低菜籽（粕）。一般认为，双低菜籽（粕）在猪 30~60 千克体重阶段用 8%，60~90 千克体重阶段用 13%，比使用更高比例组的生产性能更好，但国内研究结果不尽一致。彭健等（1995）用国产"中双4号"双低菜籽（饼）饲喂生长肥育猪，结果表明，饲粮中双低菜籽（饼）的用量以不超过9.5%为宜，在生长后期也可用到14%。李绍章等（1999）用"中双4号"双低菜籽（粕）饲喂生长肥育猪的试验表明，饲粮中用量在17%左右是安全的。于炎湖（1999）用湖北"华双3号"双低菜籽（粕）饲喂生长肥育猪的结果表明，用量前期为16%和后期为18%是可行的。张德明（1999）关于加拿大双低菜籽（粕）的试验结果表明，20千克的生长猪饲粮中添加量不宜超过14%；25~30千克以后的生长猪，饲粮中14%~20%的双低菜籽（粕）都是可接受的添加比例。此外，还有研究证明，双低菜籽与普通菜籽的机榨混合菜籽饼20%饲粮饲喂肥育猪3个月，可使甲状腺肿大，肝、肾、胃、脾、淋巴结、肺、心的变性与坏死及炎症等变化。因此，菜籽饼（粕）在生长肥育期的猪用量一般不要超过18%。虽然双低菜籽（粕）可替代50%~75%的豆粕，肥育猪饲粮的双低菜籽（粕）可替代75%~100%的豆粕，但应以可消化氨基酸平衡饲粮中的氨基酸。但当饲粮中的蛋白质太低时，加晶体氨基酸也不能改善猪的生产性能。

4. 花生饼（粕）

（1）花生饼（粕）的营养价值　花生饼（花生仁饼）是指脱壳或部分脱壳（含壳率≤30%）的花生经压榨取油后的副产品。强制性标识要求是粗蛋白质、粗脂肪、粗纤维。花生粕（花生仁粕）是指花生经预压浸提或直接溶剂浸提取油后获得的副产品，或花生饼浸提取油获得的副产品。强制性标识要求同花生饼。由于带壳花生饼含粗纤维15%以上，饲用价值低，国内一般都是去壳榨油，去壳花生饼含蛋白质、能量比较高。花生饼（粕）的饲用价值仅次于豆饼，蛋白质和能量都比较高，粗蛋白质含量略高于豆饼，为42%~48%。但花生饼（粕）的蛋白质含量主要受混进的花生壳的数量影响，以及加工时所受的加热类型和程度影响，在31%~55%的大范围内变化。花生饼（粕）蛋白质和氨基酸的可消性好（约80%），精氨酸和组氨酸含量高，但赖氨酸含量低。花生饼（粕）含赖氨酸1.5%~2.1%，色氨酸0.45%~0.51%，蛋氨酸0.4%~0.7%，胱氨酸0.35%~0.65%，精氨酸5.2%；含胡萝卜素和维生素D极少，硫胺素和核黄素5~7毫克/千克，烟酸170毫克/千克，泛酸50毫克/千克，胆碱1 500~2 000毫克/千克。

（2）花生饼（粕）的饲用价值及在猪日粮中的添加量　花生饼（粕）粗纤维含量低（5.8%~6.2%），适口性好于豆饼，是猪喜欢吃的一种蛋白质饲料。但因其赖氨酸含量低，当用作生长猪谷物基础饲粮的唯一蛋白质补充料时，生产性能会显著下降，但与豆粕配合使用效果较好，而加菜籽饼（粕）效果不理想，补充赖氨酸或加鱼粉或血粉可获得理想的生产性能。一般来说，以花生饼（粕）代替25%~50%的豆粕，不会显著减少采食量和日增重，只是饲料转化率可能差一点。花生饼（粕）的脂肪酸中含有53%~78%的油酸，喂量过多会使猪胴体脂肪变软。虽然只要饲粮氨基酸平衡，花生饼（粕）的用量没有严格限制，但在生长育肥猪饲粮中一般用量在10%以内为宜，不宜超过15%，否则胴体软化，影响肉质。仔猪、种猪的饲粮用量也以低于10%为宜。

（3）使用花生饼（粕）要注意的问题　花生饼（粕）也含有胰蛋白酶抑制因子，加热（120℃）可失其活性，但热处理过度会影响蛋白质生物学价值。而且花生饼（粕）不耐贮存，在贮藏中很容易遭到产黄曲霉毒素的真菌污染。受污染的花生饼（粕）喂猪可引起食欲减退，增重速度下降，肝内维生素A的水平下降，对种猪的繁殖性能影响也较大，故感染有黄曲霉的花生饼（粕）不能使用。一般来讲，生产性能的抑制程序取决于黄曲霉毒素的水平，添加蛋氨酸或甘露寡糖等可消除或部分消除黄曲霉毒素的毒害作用。

5. 芝麻饼（粕）

（1）芝麻饼（粕）的营养特点　芝麻饼是芝麻籽经压榨取油的副产品，强制性标识要求是粗蛋白质、粗脂肪、粗纤维；芝麻粕是芝麻籽经预压浸提或直接溶剂浸提取油后的副产品，或芝麻籽饼浸提取油后的副产品，强制性标识要求是粗蛋白质、粗纤维。芝麻饼（粕）中粗蛋白质含量 40% 左右，蛋氨酸含量高（1.22%~2.65%）。芝麻饼（粕）中最贫乏的氨基酸是赖氨酸（0.91%~1.1%），而含硫氨基酸和色氨酸相对丰富，除赖氨酸的消化率稍低外，其余氨基酸的可消化性良好，而且钙、磷含量丰富，钙为 1.9%~2.25%，磷为 1.25%~1.75%。由于芝麻饼（粕）中蛋氨酸含量高，适当与豆饼（粕）搭配喂猪，能提高蛋白质的利用率。近年的研究表明，在芝麻饼（粕）中含有一定量的生理调节物质——木脂素化合物，包括有芝麻素、表芝麻素、芝麻素酚、芝麻林素、芝麻林素酚以及芝麻酚等，芝麻木脂素可抑制 $\Delta 5$ 不饱和酶的活性，与 α- 生育粉具有较强的协同抗氧化效果，并对肝脏的自发性脂质过氧化有抑制作用；此外，还有降低胆固醇、抗菌防腐、保护肝脏以及免疫激活等生理作用。

（2）芝麻饼（粕）的添加量及使用中要注意的问题　芝麻饼（粕）作为谷物基础饲粮的蛋白质补充，虽然蛋氨酸、精氨酸均能满足猪的需要，但氨基酸利用率相对较低，必须与其他含赖氨酸丰富的蛋白质饲料，如豆粕、鱼粉等混合使用，必要时还要添加赖氨酸。芝麻饼（粕）中抗营养因子主要是植酸（1.4%~5.2%）和草酸盐，有苦涩味道，适口性欠佳，因此，芝麻饼（粕）在猪饲粮中一般以不超过 10% 为宜，但仔猪和肥育后期猪不宜推荐使用。使用时添加植酸酶等饲用酶制剂，有利于营养物质的利用。生产工艺以及杂质含量也影响芝麻饼（粕）的营养物质含量，特别是我国传统芝麻香油生产工艺生产的芝麻饼，由于经过高温炒制，氨基酸的利用率低，适口性差，因此，一般在仔猪饲粮中不宜使用。此外，由于芝麻饼含脂肪多而不宜久贮，最好是现粉碎现喂。

6. 棉籽饼（粕）与发酵棉籽粕

（1）棉籽饼（粕）的营养特性与主要营养成分　棉籽饼（棉饼）是棉籽经脱绒、脱壳和压榨取油后的副产品。强制性标识要求是粗蛋白质、粗脂肪、粗纤维。棉籽粕（棉粕）是棉籽经脱绒、脱壳、仁壳分离后，经预压浸提或直接溶剂提取油后获得的副产品，或由棉籽饼浸提取油获得的副产品。强制性标识要求是粗蛋白质、粗纤维。棉籽饼（粕）是一种资源巨大、蛋白质含量较高的蛋白质饲料。棉籽饼（粕）中蛋白质含量为 36.3%~47.0%，仅次于豆粕；蛋白质由 17 种氨基酸组成，其中必需氨基酸约占 41%，也较豆粕略低。棉籽饼（粕）中赖氨酸、蛋氨酸的含量低，但精氨酸的含量多，其中赖氨酸为 1.4%~2.13%，精氨酸为 3.94%~4.98%，与 NRC（1989）推荐的氨基酸理想模式赖氨酸与精氨酸比为（7.0~6.0）：（3.0~1.0）相比，显然对猪而言棉籽饼（粕）的赖氨酸比例较低。棉籽饼（粕）钙少磷高，其中磷多为植酸磷，钙含量为 0.21%~0.28%，磷含量为 0.83%~1.1%；另外，棉籽饼（粕）中富含铁、钾、镁和 B 族维生素及维生素 E，粗纤维含量 6%~15%。棉籽饼（粕）中蛋白质、粗纤维及其他一些营养成分含量，受棉籽壳去除程度及饼（粕）中残油量的影响变化较大。此外，棉籽饼（粕）中含有棉酚、环丙烯脂肪酸、植酸、单宁等抗营养因子，其中棉酚的毒性最大，是棉籽粕（饼）利用的主要限制因素。

（2）棉酚的毒性机制与毒性作用及猪中毒症状

① 棉酚的毒性机制。棉酚是棉葵科棉属植物中的固有成分，其存在棉属植物的根茎叶中以及棉籽的色素腺体中，是棉葵科棉属植物色素腺产生的多酚二萘衍生物，在棉籽仁的球

仁的球状色素腺体中含量较多，是一种黄色结晶，不溶于水，可溶于大多数有机溶剂。棉酚含有化学性质活泼的醛基和羧基，具有酚和醛的性质，如显酸性，可以和氨的衍生物发生显色反应等。另外，相邻的羟基和醛基的相互影响，使得羟基和醛基活性加强，为此有学者认为，棉酚的毒性主要由相邻的羟基和醛基决定，这也是棉酚发挥毒性作用及利用其脱毒的理论基础。棉酚分为游离棉酚和结合棉酚两类，结合棉酚在动物体内不能被吸收而被直接排出体外，也有毒性；游离棉酚可被动物少量吸收，并在动物体蓄积，从而对动物产生毒害作用。

② 棉酚的毒性作用。棉籽在高温蒸炒过程中使棉酚跟棉籽蛋白的游离氨基结合，变成丧失活性的结合棉酚，一般对猪毒性作用不大；而游离的棉酚对猪却有高毒作用，其毒性表现主要在以下几个方面。

其一，损害机体细胞、血管和神经系统，造成心力衰竭和组织水肿。其二，降低蛋白质的利用率。游离棉酚能与体内蛋白质结合形成不溶性复合物，从而妨碍消化吸收；与消化道中的蛋白消解酶结合而抵制其活性，从而降低蛋白质的利用率。其三，游离棉酚能与铁结合，妨碍铁的吸收，从而导致缺铁性贫血发生。同时，棉酚可使机体严重缺钾，使肝、肾细胞及血管神经受损，中枢神经受抑，导致心脏骤停或呼吸麻痹。其四，对生殖系统和器官机能的毒害。游离棉酚能破坏种公猪睾丸生殖上皮、对附睾等雄性附属生殖器官也有不同程度的损害，从而造成死精、少精和无精症；对怀孕母猪可引起流产、死胎、产弱胎及胎儿畸形等。其五，影响维生素 A 的吸收利用。由于在游离棉酚的作用下，能使猪引起维生素 A 缺乏症，从而引起消化、呼吸、泌尿等器官的黏膜炎症及新生仔猪失明和某个器官畸形。

③ 猪游离棉酚中毒症状。猪对游离棉酚敏感，其耐受量为 100 毫克 / 千克，在通常含粗蛋白质 15%~16% 的猪日粮中，游离棉酚的水平不能超过 0.01%，否则会引起猪生长缓慢、中毒和死亡。游离棉酚中毒的猪临床表现为倦怠，不愿活动，喘气，食欲不减但逐步消瘦，直至死亡。游离棉酚对猪的毒性是累积性的，一般猪在采食含游离棉酚饲粮的 4~8 周内不会发生死亡，而且毒性症状的出现和发生死亡的时间取决于日粮中蛋白质水平、游离棉酚浓度及某些矿物质元素的含量。

（3）棉籽饼（粕）中游离棉酚的规定标准　鉴于游离棉酚的毒理机制和毒性作用，世界卫生组织规定棉籽饼（粕）中游离棉酚含量应 < 0.04%，美国食品药品管理局规定食用棉籽蛋白标准为游离棉酚含量 < 0.065%。我国《饲料卫生标准》（GB 13078—2001）规定饲料原料棉籽饼（粕）游离棉酚含量 ≤ 1 200 毫克 / 千克（0.12%），生长肥育猪配合料和混合饲料中 ≤ 60 毫克 / 千克（0.006%）。

（4）棉酚的去除方法　棉籽饼（粕）中存在的游离棉酚是棉籽饼（粕）中毒性最大的抗营养物质，也是限制棉籽饼（粕）应用的主要因素。研究表明，降低棉籽饼（粕）的毒性主要是降低棉酚的含量或者钝化棉酚。目前，对棉酚脱毒方法主要有物理法、化学法、溶剂萃取法、微生物发酵法。

① 物理法：主要有高压热喷法和膨化法。高压热喷法是在棉籽榨油工艺中添加料胚蒸煮工序，在高温、高压作用下，使游离棉酚与赖氨酸等氨基酸结合变为结合棉酚，从而降低游离棉酚含量。膨化法是在高温、高压、高剪切力作用下使棉酚中的游离棉酚分子变形、降解或者是与赖氨酸等结合形成结合棉酚，进而降低游离棉酚含量。

② 化学法：是向棉籽饼（粕）中加入硫酸铁、碱、氨、尿素等化学添加剂，破坏游离棉酚或者使其变为结合棉酚。应用较多的是硫酸亚铁法和热碱法。硫酸亚铁法的机制是亚铁离子与游离棉酚螯合，使游离棉酚变为结合棉酚。热碱法的机制是游离棉酚显酸性与碱生成

溶于水的盐类，去除游离棉酚。

③ 溶剂萃取法：利用游离棉酚溶于甲醇、丙酮等有机溶剂的特性把其萃取出来。主要方法有混合溶剂萃取法和液-液-固萃取法，其中后者是最新的棉粕脱毒技术，该法制备的脱酚棉籽的蛋白质含量达50%以上，游离棉酚含量≤0.04%，赖氨酸含量可达到2.33%，其中浸出提油系统和浸出脱酚系统提油和脱酚分部进行。目前，脱酚棉籽蛋白已经在猪、牛饲料中应用。

④ 微生物发酵法：是通过发酵过程以实现棉酚的转化，降解作用而脱毒，该法成功的关键在于筛选合适的菌株。目前已经筛选出假丝酵母、球似霉菌、黄曲霉、黑曲霉等高效降解棉酚的菌株。但在现代养猪生产中利用发酵棉籽饼（粕）时也必须注意，因发酵所用的菌种、发酵底物和发酵工艺条件不同，可能会使发酵棉籽饼（粕）的脱毒效果和营养成分有较大的差异。贾晓锋等（2009）研究发现，在某些情况下还会出现发酵棉籽饼（粕）中的游离棉酚比灭菌后的底物中含量更高的现象。因此，在配制猪日粮使用发酵棉籽饼（粕）应有所选择，不要盲目认为凡是发酵棉籽饼（粕）质量都好。

（5）棉籽饼（粕）在猪饲粮中的使用限制与添加量　普通棉籽饼（粕）在猪饲粮中应限量使用，一般在断奶仔猪料中不超过3%，生长猪饲粮中不超过5%，肥育猪饲粮中不超过6%。在使用脱毒棉籽饼（粕）时，可增加2~3个百分点。高振川等（1989）研究用无腺棉籽粕在生长肥育饲粮中可替代全部的豆粕，而基本上不影响猪的生产性能。研究表明，在怀孕和哺乳母猪饲粮中使用棉籽饼（粕）提供一半的补充蛋白质饲料，就可以使出生仔猪数、断奶仔猪数、仔猪饲料采食量、体重等减少，母猪在怀孕期增重减少，繁殖周期延长；种公猪饲粮添加棉籽饼（粕）会使生殖机能降低，精子数减少，精子活力减弱，影响受精率，从而降低繁殖力。因此，种猪和乳猪饲粮中不推荐使用棉籽饼（粕）。

7. 玉米蛋白粉

（1）玉米蛋白粉的饲用价值与营养特性　由于玉米蛋白粉是玉米籽粒生产淀粉或酿酒工业提醇后的副产品，其蛋白质营养成分丰富，并具有特殊的味道和色泽，代谢能与玉米相当或高于玉米，与常用的鱼粉、豆饼比较，资源优势明显，饲用价值高，不含有毒有害物质，抗营养因子含量少，不需进行再处理，饲用安全性能好，可直接用作蛋白质原料。美国Minnesota大学的Sharson（2002）研究表明，在实际生产中，计算玉米蛋白粉替代豆粕的机会成本，可获得一定的经济效益。可见，应用玉米蛋白粉作为蛋白质来源，可提高养猪生产效益。但因不同用途、不同生产工艺生产的玉米蛋白粉营养成分不同，生产中可直接影响其有效利用率。玉米蛋白粉主要分为两种类型：医用玉米蛋白粉和提醇玉米蛋白粉。医用玉米蛋白粉是医用工业中玉米加工的主要副产物，其蛋白质含量在60%以上，甚至高达70%；除了含有丰富的蛋白质外，还含有较多的类胡萝卜素，主要包括玉米黄质、β-胡萝卜素、叶黄素等。提醇玉米蛋白粉是酿酒工业中玉米加工的副产品，其蛋白质低，粗纤维含量高，营养价值不及医用玉米蛋白粉，但因含有未知促生长因子，日粮中添加后可显著提高猪的生产性能。李维峰等（2007）对医用玉米蛋白粉和提醇玉米蛋白粉的化学组成进行了分析（表13-12）。玉米蛋白粉虽是高能、高蛋白质饲料，但赖氨酸和色氨酸不足，而且异亮氨酸和亮氨酸、赖氨酸和精氨酸的比例不合理，除类胡萝卜素和铁含量丰富外，其他维生素和矿物质元素含量较少。虽然玉米蛋白粉的氨基酸组成不佳，但这种独特的氨基酸组成通过生物工程控制其水解度，可以获得具有多种生理功能的活性肽。特别是玉米蛋白粉的氨基酸总和高于豆粕和鱼粉，其中含硫氨基酸和亮氨酸也比豆粕和鱼粉要高，因此，玉米蛋白粉可以与豆粘和鱼粉等蛋白质源相互补充。由于玉米蛋白粉蛋白质含量高，含氨基酸丰富，因此，在豆粕、鱼粉短缺的饲料市场中可用来替代豆粕、鱼粉等蛋白质饲料。

表 13-12　医用玉米蛋白粉和提醇玉米蛋白粉的化学组成

类型	医用玉米蛋白粉	提醇玉米蛋白粉
蛋白质（%）	65	20.9
淀粉（%）	15	4.9
脂肪（%）	7	3
水分（%）	10	
纤维（%）	2	18.6
灰分（%）	1	9.3
类胡萝卜素（毫克/千克）	200~400	

（2）玉米蛋白粉在猪饲粮中的应用效果及注意事项　玉米蛋白粉对猪的适口性好，且易于消化吸收，它与豆粕合用还可以起到平衡氨基酸的作用，在猪配合饲料中可用 15% 左右。秦旭东（2000）研究表明，在育肥猪配合饲料中添加 50% 提醇玉米蛋白粉可以提高猪的平均日增重、体长和胸围，试验猪平均日增重较对照组猪多 0.046 千克，全期多 3.22 千克，且体长和胸围分别比对照组猪增加了 6.5 厘米和 3 厘米。祁宏伟等（1996）通过对 40 头生长育肥猪的全程饲养试验发现，利用玉米蛋白粉、脐籽粕和纤维渣饲喂生长育肥猪后，取得了良好的生产效果，比全豆粕型日粮经济效益提高了 12.1%~25.7%。虽然玉米蛋白粉的蛋白质含量高，氨基酸种类丰富，可以用来替代鱼粉、豆粕等作蛋白质饲料原料，用玉米蛋白粉替代豆粕作猪的蛋白质饲料原料时，必须在其日粮中添加赖氨酸。

（3）玉米蛋白粉掺假鉴别与掺入量的测定　由于现代畜牧业的突飞猛进的发展和蛋氨酸价位的坚挺，玉米蛋白粉的用量逐年增加；加之其不易储存、易变质，导致其供给量常常出现紧张。近年来，玉米蛋白粉掺假已呈愈演愈烈之势，而对于饲料生产企业和养殖业造成重大损失。据阮光琼（1998）报道，掺假的玉米蛋白粉常掺入部分淀粉和似蛋白假物，其色泽淡黄，气味为非典型的甜香味，手感粗糙，有淀粉的细腻感；而未掺假的玉米蛋白粉手感流动性好，有甜香味，因此可用感官与气味来鉴别真假玉米蛋白粉。此外，还可通过显微镜检法、物理检测和化学检测来识别掺假玉米蛋白粉。卢利军等（2000）利用基尔特克 1030 自动分析仪，采用不经消化直接蒸馏法，根据蛋白粉中以酰胺形式结合氮与滴定剂消耗体积的相关性，作一无线性回归处理，可快速作出定性鉴别，实现了对掺假玉米蛋白粉的简便、快速、有效和准确鉴别。此方法的蒸馏、吸收、滴定同步完成，测定一个样品仅需 8 分钟，达到了快速测定的要求。近年来，近红外（NIR）扫描仪以绿色、快速、非破坏性的质量检测特点，备受饲料生产企业的欢迎，已被广泛用于饲料原料的定性鉴别和定量测定。

8. 玉米 DDGS（酒糟及残液干燥物）

（1）玉米 DDGS 的来源及营养价值　玉米 DDGS 是指玉米在生产酒精过程中，经过糖化、发酵、蒸馏提取酒精后得到的残留物，通过低温干燥处理形成的产物。DDGS 由两部分组成：一是 DDG，干酒精糟，是玉米发酵提取酒精后剩余的谷物碎片处理的产物，其中浓缩了玉米中除淀粉和糖以外的其他营养成分，如蛋白质、脂肪、维生素等；二是 DDS，干酒精糟可溶物，是玉米发酵提取酒精后稀薄剩余物中酒精糟的可溶物干燥处理的产物，其中包含玉米中一些可溶性营养物质和发酵中产生的未知因子、糖化物、酵母等。

虽然不同种类、来源、加工工艺的玉米 DDGS 营养价值不尽相同，但从总体上说，玉米 DDGS 中的粗蛋白质含量通常都在 24.8%~28.5%，粗脂肪含量通常可达 7.3%~9.7%，粗纤维含量在 4.0%~11.5%，属蛋白质饲料。与玉米相比，玉米 DDGS 中的粗蛋白质、粗脂肪、粗纤维及矿物元素含量增加，其中钙在 0.05%~0.29%，磷在 0.4%~1.03%，而淀粉含量降低。但一些优质的 DDGS 蛋白质含量接近豆粕，蛋白质中氨基酸的组成也比较合理，除赖氨酸（0.49%~0.82%）较低外，其他氨基酸含量较高。张宏福等（1994）研究表明，DDGS 中的必需氨基酸、非必需氨基酸和总氨基酸在生长猪的回肠末端表观消化率分别为 72.3%、73% 和 72.2%，真消化率均为 75.8%。而且 DDGS 还富含菌体蛋白、水溶性维生素和脂溶性维生素 E，以及未知生长因子，对猪的肠道健康和免疫系统有益。此外，DDGS 不含抗营养因子，适合作为猪日粮中的蛋白质和能量来源。

（2）DDGS 的质量控制指标　对 DDGS 质量影响最大是加工工艺、干燥方法以及原料质量，目前，评价 DDGS 质量的指标主要是 DDGS 的颜色和气味，粗蛋白质和氨基酸、脂肪、粗纤维及霉菌毒素，但最主要的是前两者。

① DDGS 的颜色和气味。DDGS 产品表现质量控制指标主要是气味与颜色，通常颜色越浅，气味越淡的 DDGS，其营养价值越高。其原因是糟液中含有蛋白质等热敏性物质，在高温下会发生美拉德（Maillard）反应引起变性，表现为 DDGS 颜色较深，气味浓，这种情况会影响其氨基酸的利用率，从而降低 DDGS 的营养价值。Cromwell 等（1993）研究结果表明：DDGS 颜色越浅的，赖氨酸含量越高（0.86%），颜色中等的，赖氨酸含量居中（0.74%），颜色最深的，赖氨酸含量最低（0.62%）。而且颜色较深的 DDGS，精氨酸、半胱氨酸和总含硫氨基酸含量也较低。有饲养试验表明，不同色泽的 DDGS 对于猪的饲喂效果存在显著差异，色泽较淡的 DDGS（日粮中含 20% DDGS）饲喂猪，其日增重达 319 克；而饲喂较差的色泽较深的 DDGS 的猪日增重仅为 218 克。由此可见，猪的饲料转化效率也随着 DDGS 的色泽变深而变差。

② 粗蛋白质和氨基酸的含量。粗蛋白质和氨基酸的含量及其消化率，是 DDGS 作为蛋白质饲料最重要的营养指标。Cromwell 等（1993）研究表明，不同来源的 DDGS 之间，粗蛋白质（23.4%~28.7%）和赖氨酸（0.62%~0.86%）含量差异极大。虽然其他氨基酸含量也有差异，但差异程度不及赖氨酸。Spiehs 等（2002）检测了 1997—1999 年新酒精企业生产的 DDGS 样品 118 个，结果表明，在所检测氨基酸指标中，赖氨酸的变异最大，其次是蛋氨酸。

（3）DDGS 在猪的饲粮中应用效果　由于玉米 DDGS 中赖氨酸的含量低，因此，其生物学价值低于豆粕，但 DDGS 的氨基酸总量较麸皮等副产品多，而且高品质 DDGS 的能量、磷和大部分氨基酸的消化率均高于其他玉米蛋白质饲料，如玉米胚芽粕等。而且 DDGS 还是一种优良的有效磷源，在日粮中添加 DDGS 时，可减少磷酸氢钙的用量。因此，从饲用价值和营养角度上，DDGS 是猪不同阶段所需能量、蛋白质和其他养分的良好来源。而且 DDGS 由于低廉的价格对于降低现代规模化猪场饲料成本十分重要，因此，合理利用 DDGS 对发展节粮型现代养猪生产，提高现代规模化猪场经济效益具有重要意义。

① 对仔猪生长性能影响的应用研究。Whitrey 等（2004）研究 DDGS 对断奶仔猪生长性能的影响，采用两个试验组进行 DDGS 不同添加量的对比。试验 1 中断奶仔猪始重 7.1 千克（19 日龄），试验 2 中断奶仔猪始重 5.26 千克（17 日龄），两试验日粮营养水平一致。DDGS

分别以 5%、10%、15%、20%、25% 的添加比例替代饲粮中的玉米和豆粕，结果显示，DDGS 用量达 25% 不会影响仔猪断奶 14 天后的生长性能，但对于体重低于 7 千克的仔猪，高水平的 DDGS 能影响其增重。

② 对生长肥育猪生长性能影响的应用研究。研究表明，与断奶仔猪相比生长肥育猪能更好地利用 DDGS 中的能量和蛋白质。吴晋强等（1997）将酒糟–SCP 按当量蛋白比以 15% 和 22.5% 替代生长肥育猪饲料中的 9% 和 13.5% 大豆粕，可使猪增重分别提高 6.81% 和 8.96%，饲料利用率则相应提高 3.76% 和 4.28%。Cromwell 等（1984）研究 DDGS 对生长肥育猪的影响时发现，以 10% DDGS 添加于试验日粮中，两组间平均日增重（对照组 830 克，试验组 820 克）和料重比（对照组 3.12，试验组 3.09）均无较大的差异。李玖等（1992）研究 DDGS 在瘦肉型猪生长前期和生长后期日粮中的应用，结果显示在不添加赖氨酸的条件下其用量低于 10% 时，猪的日增重与豆粕日粮相似；其用量大于 15% 时饲养效果变差，此时通过添加赖氨酸可显著改善饲养效果，日增重可达 DDGS 用量小于 10% 时的水平。杨连玉等（2003）用 18% 的 DDGS 取代 8% 豆粕和 10% 的玉米粉，配制与对照组等能（12.96 兆焦/千克）等蛋白质（13.8%）的试验日粮，在同等条件下观察其对生长肥育猪生长性能及胴体品质的影响。结果显示，试验组和对照组在增重速度和饲料报酬上基本无差异；在胴体品质测定方面，试验组的屠宰率、瘦肉率和肌肉的失水率较高，肉的 pH 值、肉色评分较低，胴体脂肪含量较高。由此可见，18% 的 DDGS 添加量对生长肥育猪的胴体品质有一定影响。Whitney 等（2006）在生长肥育猪日粮中按照总氨基酸一致的基础上，添加 0、10%、20% 和 30% DDGS，谷物添加量不变，随着 DDGS 水平增加，饲料效率得到改善，产肉量和脂肪厚度未受影响，但当添加 DDGS 30% 时，对脂肪质量有负面影响，其因可能是 DDGS 中含有高水平的不饱和油脂所致。研究结果显示生长肥育猪日粮中添加不超过 20% 的 DDGS，不会影响其生长性能和胴体品质。

③ DDGS 在种猪日粮上的应用研究。由于 DDGS 中的可消化粗纤维含量高，有利于母猪健康，因此，DDGS 也可用于种猪日粮。Thong 等（1978）研究了 DDGS 对妊娠母猪的影响，DDGS 分别以 17.7% 和 44.2% 的比例替代对照组饲粮中的玉米和豆粕。结果显示，DDGS 添加水平不影响窝产仔猪数和仔猪初生重，各处理间断奶窝仔数、仔猪断奶重和母猪体重变化无差异。可见，在日粮赖氨酸一致的前提下，DDGS 能部分替代妊娠母猪日粮中的豆粕和玉米。

④ 有助于维持小肠的完整性。据美国的养猪者报道，猪日粮中添加 10% 或者更高水平的 DDGS 可以有效控制回肠炎和肠出血综合征，有助于维持小肠的完整性。

（4）玉米 DDGS 在猪日粮使用中需要注意的问题　由于玉米 DDGS 的来源、加工工艺不同，其质量与营养价值差异较大。因此，在使用 DDGS 时，应了解产品的来源、营养成分、可消化氨基酸和有效磷含量、粗纤维和粗脂肪的含量以及霉菌污染等情况。

① DDGS 加入日粮要以可利用氨基酸平衡饲粮。虽然 DDGS 粗蛋白质含量通常在 26%~30%，属蛋白质饲料，但由于 DDGS 中氨基酸的消化率低于豆粕中的氨基酸，且氨基酸含量低，消化率也显著低于豆粕，因此，在将 DDGS 加入猪日粮中时，必须采用可利用氨基酸值而不能采用总氨基酸值才能满足猪的营养需要量。

② 注意 DDGS 中的粗纤维含量。DDGS 中粗纤维含量较高（7%~13%），单胃动物不能有效利用它。但通过使用复合酶制剂，可以提高猪对 DDGS 中纤维及其他营养物质的消化利用率，并减少排泄物中氮和磷的排放。

③ 注意 DDGS 中的脂肪含量和贮存时间。DDGS 中含 7%~12% 的脂肪，虽可为猪提供

能量，但 DDGS 的脂肪中不饱和脂肪酸比例高，易氧化，对猪健康不利，还影响生产性能和胴体品质。因此，一是在猪日粮中不可用量过大，二是在饲料生产中要使用抗氧化剂，在采购时要选择新鲜的 DDGS，并在夏季要减少 DDGS 的储存时间，尽量在 1 个月内用完。

④ 注意 DDGS 中霉菌毒素的含量。研究表明，近些年来饲料原料和全价饲料中以黄曲霉毒素为主的"仓储型毒素"的污染减轻，但以玉米赤霉烯酮、烟曲霉毒素和呕吐毒素为主的"田间毒素"的污染却越来越严重。由于生产酒精的过程是利用谷物中的淀粉发酵，对谷物中的霉菌毒素指标没有要求。有研究证明，1 吨玉米生产乙醇后可以产生 330 千克 DDGS，所以 DDGS 中的霉菌毒素被浓缩成玉米中的 3 倍。而且在玉米价格居高不下的今天，酒精生产企业为降低生产成本，也趋向于选择使用质量差，价格较低的玉米。由于用来生产酒精的玉米质量较差，则生产的 DDGS 中霉菌毒素污染也较严重，而且存在多种霉菌毒素。据美国奥特奇生物制品（中国）有限公司于 2007 年，对来自黑龙江、辽宁、河北、山东和广东的 20 份 DDGS 样品进行 6 种霉菌毒素含量的检测情况结果显示，被检样品中除了烟曲霉毒素（94.7%）外，5 种霉菌毒素的检出率均高达 100%。其中，黄曲霉毒素和 T-2 毒素超标率较低，分别为 25% 和 27.8%，其平均含量分别为 21.53 微克 / 千克和 61.95 微克 / 千克，没有超标或刚刚达到标准，属于轻度污染；赭曲霉毒素、玉米赤霉烯酮、烟曲霉毒素和呕吐毒素的超标率分别为 78.9%、100%、52.6% 和 100%，平均含量分别为 103.06 微克 / 千克、997.91 微克 / 千克、2 220 微克 / 千克和 2 900 微克 / 千克，达到相关规定上限的 5~10 倍，属于重度污染。此检测结果表明，由于 DDGS 生产过程中对毒素的浓缩效应，与玉米和全价饲料样品相比，DDGS 中 6 种霉菌毒素的污染不但比较普通，而且检出水平较高，应该引起注意。因此，在猪饲料中使用 DDGS 注意控制用量和在饲料生产过程中使用有效的霉菌毒素吸附剂。否则，霉菌毒素中毒导致猪的免疫力低下，患病率上升，生产性能下降，尤其对种猪的繁殖力影响更大。

（5）DDGS 在猪日粮中的添加量　由于 DDGS 中的粗纤维含量高，赖氨酸含量偏低，粗纤维含量高会降低营养物质的消化率；而赖氨酸不足会使饲粮的营养价值降低，使氨基酸的不平衡加剧。因此，猪日粮中使用 DDGS 时应控制用量。此外，使用 DDGS 时，应从低比例开始循序渐进，最后达到配合上限，从而可减少换料造成的采食量下降。DDGS 对仔猪日粮应严格控制用量，虽然 DDGS 在生长肥育猪日粮中使用效果较好，从目前的文献资料中报道看，有学者将 DDGS 在肥育猪饲粮中添加到 30% 而未发现有不良反应，但根据多方面试验结果，在生长肥育猪日粮中 DDGS 添加量以不超过 20% 为宜。在添加赖氨酸和色氨酸的前提下，优质玉米 DDGS 在不同阶段猪日粮中的最大添加量和建议添加量如表 13-13 所示。其中，建议添加量也可作为起始添加量。

表 13-13 玉米酒糟在猪日粮中的最大添加量和建议添加量 （%）

项目	最大添加量	建议添加量（起始添加量）
仔猪（＞6.81 千克）	25	5
生长肥育猪	20	10
后备母猪	20	10
妊娠母猪	50	20
哺乳母猪	20	5
公猪	50	20

三、矿物质饲料

（一）常量矿物质饲料

常量矿物质饲料在养猪生产中，需要补充的是含氯和钠、钙和磷以及含硫和镁饲料等。后两者在饲料中含量丰富，一般无需添加。

1. 含氯和钠饲料

植物性饲料含钠和氯的数量大都较少，相反含钾丰富，而钠和氯又都是猪所需的重要矿物质元素，为了保持生理上的平衡，对以植物性饲料为主的养猪生产中常用食盐（氯化钠）来补充。食盐除了具有维持体液渗透压和酸碱平衡的作用外，还可刺激唾液分泌，提高饲料适口性，增强猪的食欲，具有调味剂的作用。

食盐中含氯 60%、钠 39.7%，少量的钙、镁、硫等杂质，碘盐还含有 0.007% 的碘。食用盐为白色细粒，工业用盐为粗粒结晶。工业用盐因含重金属等有害物质，一般不能在饲料中使用。有专门加碘和加硒的饲用食盐，在缺碘、缺硒地区建议使用。一般食盐在猪风干饲粮中的用量为 0.25%~0.5% 为宜，但食盐的补充量与猪的种类和日粮组成有关。补充食盐时，除了直接加入配合饲料中应用外，还可直接将食盐加入饮用水中饮用，但要注意浓度和饮用量。猪日粮中食盐不足可引起食欲下降，采食量降低，生产性能下降，并导致异食癖。食盐过量时，只要有充足的饮水，一般对猪健康无不良影响；但若饮水不足，则可能出现食盐中毒，而且在使用鱼粉、酱油渣等含盐量高的饲料时应特别注意；此外，赖氨酸盐酸盐和氯化胆碱中也含有氯，添加量较大时也应予以注意。存在这种情况均应调整日粮食盐添加量。

食盐吸湿性强，在相对湿度 75% 以上时开始潮解，要妥善保管。此外，应注意饲用食盐的品质，是否含杂质或其他污染物，而且饲有食盐的程度应通过 30 目筛（0.59 毫米），纯度在 95% 以上，含水量不超过 0.5%。

2. 含钙和磷饲料

单纯补钙和补磷的饲料种类不多，而能同时补充钙和磷的矿物质饲料种类较多。猪日粮中一般均需补充钙和磷，而且钙补充量大于磷。

（1）含钙饲料

① 石粉。石粉是用机械方法直接粉碎天然含碳酸钙的石灰石、方解石、白垩沉淀、白垩岩等而制成的产品，钙含量不低于 35%。石粉是补充钙最廉价、最方便的矿物质饲料。猪石粉的粒度越细，一般吸收性越好。猪用石粉粒度为 0.5~0.7 毫米。石粉在配合饲料中的用量一般为 0.5%~2%。品质良好的石粉必须含有 38% 的钙，而镁含量不可超过 0.5%，而且石粉中铅、氟、汞、砷和镉的含量应符合国家卫生标准（GB 13078—2001）。砷（以总砷计）的允许量（每千克产品中）≤ 2.0 毫克；铅（以 Pb 计）的允许量（每千克产品中）≤ 10 毫克；氟（以 F 计）的允许量（每千克产品中）≤ 2 000 毫克；汞（以 Hg 计）的允许量（每千克产品中）≤ 0.1 毫克；镉（以 Cd 计）的允许量（每千克产品中）≤ 0.75 毫克。

② 贝壳粉。贝壳粉为牡蛎、蚌、蛤蜊、螺丝等去肉烘干后的外壳，经粉碎而成的产品。强制性标识要求是粗灰分、钙。

贝壳粉的主要成分为：水分 0.4%、钙 36%、磷 0.07%、镁 0.3%、钾 0.1%、钠 0.21%、氯 0.01%、铁 0.29%、锰 0.01%。

品质良好的贝壳粉含钙约 38%，含镁小于 0.5%。优质的贝壳粉含钙高、杂质少、呈灰白色，杂菌污染少。劣质的贝壳粉肉质未除尽或水分含量高，放置过久便会腐臭发霉，甚至带来传染病。贝壳粉中常掺有砂砾等杂物，使用时应注意检查。

石粉和贝壳粉是猪饲粮中常用的含钙饲料，特别是微量元素预混料中常常使用石粉或贝壳粉作为载体或稀释剂，而且所占比例较大，在配制饲料时应该把它的含钙量计算在内。

（2）含磷饲料

① 骨粉。骨粉指未变质的食用动物骨骼经灭菌、干燥、粉碎获得的产品，原料应来源于同一动物种类，不得使用发生疫病和变质的动物骨骼。产品名称需标明具体动物种类，如猪骨粉、牛骨粒。强制性标识要求是粗灰分、钙、总磷。

骨粉按加工工艺可分为以下几类。蒸制骨粉：是家畜骨骼在高压下（2个大气压）以蒸汽加热，除去大部分蛋白质和脂肪后，加以压榨、干燥而成。蒸制骨粉一般含钙24%，含磷10%，含粗蛋白质10%。脱胶骨粉：制法与蒸制骨粉基本相同，用4个大气压处理，骨骼和脂肪几乎都已除去，故无臭味；为白色粉末，含磷量可达12%。其他骨粉类：未用加压蒸煮所制的骨粉，因品质不稳，最好不用。

骨粉为黄褐色或灰褐色，因有机物除去程度不同，钙、磷含量不同，一般含钙24%~30%，磷10%~15%，蛋白质10%~13%。骨粉是我国配合饲料中传统的常用的磷源饲料，优质骨粉含磷量可以达到12%以上，钙磷比例为2:1左右，符合动物机体的需要，因此有人把骨粉叫做钙磷平衡调节剂。同时，骨粉还富含微量元素、18种氨基酸和多种脂肪酸，营养丰富，作为添加剂可补充多种元素，是饲料中必不可少的有效成分，一般在猪饲料中添加量1%~3%。

使用骨粉作矿物质饲料时，仍需注意氟中毒，《饲料卫生标准》（GB 13078—2001）中规定，猪每千克配合饲料中氟（以F计）≤100毫克，骨粉中的氟（以F计）的允许量（每千克产品中）≤1 800毫克；铅（以Pb计）的允许量（每千克产品中）≤10毫克。由于骨粉的加工工序，骨粉中的磷、钙含量也有一定差异，特别是蒸骨粉中含氟量高达3 569毫克/千克，故在使用中要用脱氟的骨粉。此外，有机物含量高的骨粉不仅钙、磷含量低，而且常携带大量致病菌，并易发霉结块，产生异臭，降低品质。低劣的骨粉有异臭，呈灰泥色，常常有大量的细菌，用于饲料易引发疾病传播。另外，有的收购骨骼场地，因避免蛆蝇繁殖而喷洒敌敌畏等有毒药剂，致使骨粉带毒，这样的骨粉不能饲用。因此，在猪饲料中添加骨粉，应谨慎选择优质的骨粉使用。一般来讲，只要骨粉含氟量低，灭菌消毒彻底，便可安全使用。但因其成分变化大，来源不稳定，而且有异臭，在饲料工业上的使用量已逐渐减少。但是只要注意原料的保鲜和消毒杀菌，从营养成分存在形式、元素比例、毒性诸多方面看，用骨粉作饲料添加剂明显优于磷酸氢钙，应该说骨粉是首选的饲料钙磷平衡调节剂。

② 磷酸盐。无机磷饲料，磷酸盐有钙盐和钠盐等，用磷矿石或磷酸制成，一般为白色粉末或白色结晶粉末，常见含磷饲料的成分规格如表13-14所示。

生产中常用的磷酸盐产品为磷酸氢钙，也叫磷酸二钙，为白色或灰白色的粉末或粒状产品，又分为无水盐（$CaHPO_4$）和二水盐（$CaHPO_4 \cdot 2H_2O$）2种，后者的钙、磷利用率较高。磷酸二钙一般是在干式法磷酸液或精制湿式法磷酸液中加入石灰乳或磷酸钙而制成的。市售产品中除含有无水磷酸二钙外，还含有少量的磷酸一钙及未反应的磷酸钙。磷酸氢钙含磷18%以上，钙1%以上，钙磷比例约为3:2，接近动物需要的平衡比例，是猪用的优质钙、磷补充饲料。使用饲料级磷酸氢钙应注意使用脱氟处理的产品，含氟量及砷、铅重金属不得超过《饲料卫生标准》（GB 13078—2001）中规定的卫生指标标准值。《饲料级磷酸氢钙质量标准》（HG 2861—1997）见表13-15。

生产中使用磷酸盐要注意的是以钠的磷酸盐补饲磷将改变日粮中钠的比例，还要特别注意氟的含量，一般应低于 0.18%。氟含量低的磷矿石才可作为磷源补充，如氟含量大，需先脱氟以降低氟的含量。脱氟磷酸盐为磷酸三钙与磷酸钙、钠盐的混合物，是磷矿石经煅烧、溶解及沉淀或磷酸与适宜的钙化合物反应，并经高温加热脱去氟而制得的产品，含磷 18% 以上，钙 32% 以上，氟在 0.18% 以下，呈淡灰色或灰褐色。国家《饲料卫生标准》（GB 13078—2001）规定磷酸盐卫生指标为：砷 ≤ 20 毫克 / 千克，铅 ≤ 30 毫克 / 千克，氟 ≤ 1 800 毫克 / 千克。

表 13-14　几种含磷饲料的成分及规格　　　　　　　（%）

含磷饲料	磷	钙	钠	氟
磷酸氢钙	≥ 16	≥ 21		≤ 0.18
磷酸一钙	≥ 22	≥ 15		≤ 0.22
磷酸三钙	≥ 18	≥ 32		
磷酸二氢钠	≥ 26		≥ 19	
磷酸氢二钠	≥ 21		≥ 31	
脱氟磷酸盐	≥ 18	≥ 32		≤ 0.18
过磷酸钙	≥ 26	≥ 17		

表 13-15　饲料级磷酸氢钙质量标准（HG 2861—1997）

项目	指标	项目	指标
钙（Ca）含量（%）	15.0~18.0	重金属（以 Pb 计）含量（%）	≤ 0.003
总磷（P）含量（%）	≥ 22.0	pH 值	≥ 3.0
水溶性磷（P）含量（%）	≥ 20.0	水分（%）	≥ 3.0
氟（F）含量（%）	≤ 0.20	细度（通过 500 微米筛）（%）	≤ 95.0
砷（As）含量（%）	≤ 0.004		

（3）选购或确定选用钙、磷饲料时要注意的问题　使用含钙、磷饲料主要考虑的是其利用率，因此，在确定选用或选购钙、磷饲料时，应考虑主要的因素：一是含钙和磷饲料的纯度，只有纯度高的产品其利用率才高；二是有害元素（氟、铅、砷、汞等）的含量，有害元素高的产品不能在猪饲料中添加使用；三是物理形态，如比重、细度等，其中细度是主要的，对每个含钙、磷饲料产品都有一定要求；四是生物学效价，只有生物学效价高的含钙、磷饲料产品，其利用率才高。一些矿物饲料磷的生物学效价见表 13-16 所示。

表 13-16　一些矿物饲料磷的生物学效价　　　　　　　（%）

饲料名称	钙	磷	生物学效价
脱脂骨粉	29.80	12.50	80~90
磷酸一氢钙	20~24	18.50	95~100
磷酸二氢钙	17.00	21.10	100
脱氟磷酸盐	32.00	18.00	85~95
磷酸一铵	0.35	24.20	100

续表

饲料名称	钙	磷	生物学效价
索拉库磷酸盐石粉	35.09	14.23	40~60
软硫酸盐石	16.09	9.05	30~50
磷酸氢二钠	—	21.15	100
磷酸二氢钠	0.09	24.94	100

注：生物学效价估计值通常以相当于磷酸一钠或磷酸一钙中磷的生物学效价表示。

资料来源：NRC，1998

3. 含硫饲料

含硫的饲料较多，鱼粉、肉粉等蛋白质饲料含硫丰富，谷实和糠麸中含硫也较多，因此，饲料中含硫丰富，猪饲粮中一般无需添加。生产中常用的补硫添加剂主要有蛋氨酸、硫酸钾、硫酸钠、硫酸钙等。

4. 含镁饲料

由于饲料中含镁量也较多，一般能够满足猪的需要，也无需在饲粮中添加，常用的镁盐主要有硫酸镁、氧化镁、磷酸镁、碳酸镁等。

（二）天然矿物质饲料

一些天然矿物质，如麦饭石、沸石、膨润土和稀土等，它们不仅含有常量元素，也富含微量元素，并且由于这些矿物质结构的特殊性，所含元素大都具有可交换性或溶出性，因而也易被猪吸收利用。研究表明，在猪饲料中添加麦饭后、沸石和膨润土及稀土可提高猪的生产性能，节约饲料，降低成本，但从目前人们的关注点上看，主要是沸石和膨润土在养猪生产与饲料生产中的应用研究。

1. 沸石

（1）沸石的来源　天然沸石是火山熔岩形成的一种碱和碱金属的含水铝硅酸盐矿物，在1756年由瑞典矿物学家Cronsted首次在玄武岩中发现，目前已报道过的天然沸石有40多种，种类很多，品位不一，在畜牧生产中广泛应用的只有高位的斜光沸石和丝光沸石。

（2）沸石的作用机理　天然沸石主要成分为氧化铝，另外还有动物不可缺少的矿物元素，如钠、钾、钙、镁、钡、铁、铜、锰和锌等；而且沸石中所含的铅、砷都在安全范围内。由于天然沸石具有较高的分子孔隙度、良好的吸附、离子交换及催化性能，自1965年日本首次将其用于养殖场除臭剂以来，许多国家进行了大量的研究。研究表明，沸石的促生长作用机理，除与其离子交换、吸附等理化特性和所含的多种常量和微量元素有关外，还能显著降低血清尿素氮水平，提高生长激素、血清睾酮、血清胰岛素、三碘甲状腺原氨酸和甲状腺水平，从而有效地促进蛋白质合成，改善营养代谢，提高营养物质消化吸收率。因此，沸石作为天然矿物质作为饲料添加剂使用，可促进猪的生长，改善肉质，减少肠道疾病，增强免疫力，除臭，节约饲料等作用。

（3）沸石在养猪生产中的应用

① 仔猪中的应有效果。沸石应用于仔猪饲料可提高体增重和饲料利用率，增加经济效益。据试验，用3%的沸石添加量还能显著降低仔猪腹泻率。

② 生长肥育猪中的应用效果。沸石在生长肥育猪中的应用研究报道的较多。蒙妙枝等（1997）以5%的沸石取代5%的玉米饲喂育肥猪，日增重和饲料转化率均有提高，经济效益效益。陈安国等（1999）在生长猪中分别添加5%和3%的沸石，经过35天的试

验，结果表明：试验猪的增重效果比对照组分别提高 12.45% 和 4.84%，经济效益分别提高 25.4%、17.08%，每吨饲粮成本分别降低 56 元和 33.6 元。浙江大学动物科技学院（1998）分别选用杜 × 长 × 大的生长猪 140 头和肥育猪 160 头，分别进行了不同沸石添加量、不同能量和蛋白质水平的试验研究，结果显示，对 20~60 千克生长猪和 60~90 千克肥育猪，分别采用 4% 沸石粉、消化能 3.1 兆焦 / 千克、蛋白质 16% 的饲粮和 7% 沸石粉、消化能 3.025 兆焦 / 千克、蛋白质 14% 的饲粮，均可获得最佳饲养效果和最佳经济效益，均比对照组增重提高 12.08%~14.3%，节约饲料 6.25%~18.75%。上述一些研究表明了天然沸石在现代养猪生产中具有应用的前景。

③ 母猪中的应用效果。沸石应用于母猪日粮中有良好的效果，可使其后代生命力大大加强。Buto 等（1967）报道，妊娠母猪每天加喂 400 克沸石直至生产后 35 天的仔猪断奶期，其仔猪生长速度显著增加，35 日龄试验组的仔猪比对照组体重增加 65%~85%。在对产前 49 天母猪每头每天加喂 200 克沸石粉的试验中发现，对照组 1.8% 的母猪流产，1.08% 的死亡，2.43% 迫宰；试验组 0.52% 迫宰，无流产和死亡。另据报道，连续 35 天给怀孕母猪日喂 400 克沸石，可使胎儿的生长速度明显加快，与未加喂沸石的怀孕母猪相比，虽然产仔数不相上下，但前者的仔猪存活率高。

④ 提高饲料转化率。研究表明，猪日粮中添加沸石，可提高饲料主要成分的消化利用率，粗蛋白质消化率提高 1.55%，粗脂肪消化率提高 3.2%，纤维素和有机物质的消化率分别提高 0.85% 和 1.1%。有试验证明，含 50% 甲酸钙、8% 甲酸和 42% 天然斜发沸石的饲料添加剂能够提高猪的生长速度和改善猪的饲料转化率。在饲料中添加 1.5% 的上述添加剂，可以使测试组猪的第 1 个月增重达到 13.4 千克，而对照组对应的体重增加是 8.3 千克；测试组的日增重是 0.47 千克，对照组为 0.29 千克；测试组的料肉比是 3.13，而对照组为 4.7。

⑤ 增强免疫力与预防疾病。沸石在养猪生产中具有增强免疫力、预防疾病的功效。Torill 用 4 000 头猪作了为期 12 个月的试验，发现饲喂含 6% 的沸石的猪发病率和死亡率显著低于对照组。另据报道，仔猪加喂沸石，试验组比对照组消化疾病发生率低，试验组患猪的病程缩短 4 天。由此也可见，沸石对肠道中的大肠杆菌、痢疾杆菌等致病菌有吸附作用和抑制作用，从而减少腹泻等疾病发生，增强仔猪的健康，提高成活率。大量试验已经证明，饲料中加入沸石对猪腹泻综合征发病率的降低和病情的缓解都起到了积极的作用，而且沸石用于毒枝菌素的结合吸附也是近年来很热门的研究课题。沸石预防猪特定疾病的可能机理见表 13-17。

表 13-17 沸石预防各种猪特定疾病的可能机理

作用	可能机理
降低毒性重金属浓度	通过离子交换作用结合毒性重金属离子
铜毒性的消除	防止过量的铜积累于肝，促进铜的肠吸收
黄曲霉毒素隔绝效应	毒枝菌素生长抑制影响的排除
减少玉米烯酮的吸收	降低玉米烯酮的吸收，提高猪的生殖性能
P- 甲酚残渣的排放	减少对肠内微生物退化毒性产物的吸收
提高胰腺酶活性	为饲料成分水解提供更宽泛的 pH 范围，改善能量和蛋白质维持能力
氨阻隔效应	消除肠内微生物活动产生的 NH_4^+ 毒性影响

资料来源：兰丽敏等，2006。

⑥ 除臭除湿作用。天然沸石具有很强的吸附和离子交换性，而且其程度高于硅胶和活性炭，可作为猪场环境净化剂，尤其对氨气、二氧化碳等高极性分子具有很高的亲和力，使粪氨及水分排出减少，以及对猪舍有毒有害气体的吸附，改善猪舍饲养环境。中国科学院地质与地球物理研究所1998年在北京市郊一个猪场研究表明，猪饲料中添加5%的沸石可使猪舍空气中氨气浓度降低40%~60%，硫化氢浓度平均降低10%，粪便含水率降低3%左右，饲养人员和监测人员的嗅觉也可直观感觉到饲喂沸石后对猪舍环境的改善效果。

⑦ 用作饲料添加剂载体。沸石属中性矿物质，pH值7~7.5，不必顾及对添加原料的破坏；其孔道及孔穴对各种维生素及微量元素有吸附作用，具有保护和缓释功效。沸石含水量一般低于4%，并可吸附矿物盐中所含游离水，使添加剂具有良好的流动性和分散性。由此可见，沸石是一种优良的饲料添加剂载体。此外，由于沸石具有吸附作用，可吸附饲料中有毒有害成分，在一定程度上可防止饲料霉变，消除、减轻或抑制霉菌毒素对猪的危害。

（4）应用沸石的安全性问题

① 天然沸石本身无毒无害。国外从20世纪60年代就开始了研究应用，国内也从20世纪80年代逐渐应用，至今未见有毒和有危害性的报道。饲料级沸石粉中砷含量小于1毫克/千克（国家《饲料卫生标准》规定≤10毫克/千克），铅含量小于20毫克/千克，氟含量小于300毫克/千克，此3项有害物质的含量均低于国家规定的卫生标准。

② 天然沸石饲喂动物安全可靠。鞠玉琳等（2001）对斜发沸石进行了急性毒性、蓄积毒性及繁殖毒性试验研究，结果表明：急性毒性试验小鼠半数致死剂量（LD_{50}）>20克/千克，表明斜发沸石属实际无毒物质；经20天蓄积毒性试验，小鼠均未见消瘦和死亡，表明斜发沸石无蓄积毒性作用；繁殖试验证明，2.5%剂量组小鼠的出生存活率、体重、哺育存活率和增重都明显高于其他试验组和对照组，但当大于5%剂量时，对动物不利。此外，沸石有助于阻止有毒有害元素在组织内积聚，国外一些学者以镉为例的研究表明，饲料中加入斜发沸石后，可大大降低镉在肝脏中的积累，与对照组相比下降30%。中国科学院地质与地球物理研究所等科研单位的试验结果也表明，试验猪肾脏含镉下降38.2%，肝脏含镉下降32.1%。

③ 饲喂沸石饲料的动物产品品质安全无毒害。中国科学院地质与地球物理研究所与中国农业科学院饲料研究所的科研人员对饲养129天的试验组和对照组猪进行了屠宰试验，并委托中国肉类食品综合研究中心的专业人员进行了肉样的割取及分析，检验结果表明，沸石粉作为饲料添加剂饲养肥育猪，其屠宰胴体肉质的常规营养成分和无机元素的含量差异不显著，符合国家规定的卫生标准。

（5）沸石应用中的注意事项　沸石的作用效果主要与以下各参数相关：沸石的种类、纯度、地理来源、理化性质、在饲料中使用比例以及使沸石的功能持续作用于动物所需要的饲料和环境条件等。生产实际应用中，沸石应用中主要注意以下几项。

① 种类。天然沸石种类繁多，其中，有利用价值的有斜发沸石、丝光沸石、毛沸石、方沸石、片沸石、镁碱沸石、八面沸石等。在畜牧养殖业和饲料工业中尤以斜发沸石和丝光沸石使用价值最大。

② 品位。天然沸石的饲用效果与品位有着密切的关系。动物的平均体增重和饲料转化率随品位的降低而降低，当沸石品位低于40%时，其饲用意义不大。因此，作为饲用沸石的有效品位不应低于40%。

③ 吸氨值。沸石作饲用，其质量和吸氨值密切相关。研究表明，随着沸石吸氨值的上

升，动物增重和饲料报酬逐渐提高，当沸石吸氨值大于103毫摩尔/100克时，产生显著的增重效果。沸石吸氨值低于90毫摩尔/100克就可能出现不良情况，其吸氨值越低，饲用效果就越差。综合有关研究报道，饲用沸石的吸氨值必须大于130毫摩尔/100克，即纯沸石含量要求≥55%。

④ 添加量。沸石中除了一些矿物微量元素外不含任何营养成分，添加过多必将降低饲料的营养水平而影响动物生长发育和生产性能。因此，在实际生产中应根据动物的种类、生理阶段、日粮营养水平和健康状况等来确定其添加量。一般在猪日粮中添加5%~7%。

2. 膨润土与蒙脱石

（1）膨润土的来源与基本性质　膨润土也叫斑脱石或膨土岩，最早发现于美国的怀俄明州的古地层中，为黄绿色黏土，加水后膨胀成糊状，后来人们就把这种性质的黏土，统称为膨润土。膨润土的主要矿物成分是蒙脱石，含量大于80%，可以成致密块状，也可为松散的土块，用手指搓擦时有滑感，在水中呈悬浮，水少时成糊状。由此可见，膨润土是一种以蒙脱石为主要组分的细黏土，其理化性质主要由其所含的蒙脱石决定。由于蒙脱石具有巨大的比表面积和阳离子交换量，因而表现出强大的强附性和阳离交换能力。蒙脱石属酸性胶基，对强酸强碱具有一定的缓冲能力，因此能保持体系pH值相对稳定。由于蒙脱石层间可因其他物质分子进出发生胀缩，因此可通过采用适当的物质对膨润土进行改性处理，从而达到对有害物质进行选择性吸附的目的。干燥时，膨润土无黏结力，但加入适量的水后，由于水膜的出现，在表面张力作用下，膨润土表现出明显的黏结性，因此，在饲料生产，膨润土既可作为流散剂，又可作为颗粒饲料生产中的黏结剂（齐德生等，2002）。

我国膨润土的总储量占世界总量60%，主要集中分布于新疆、广西、内蒙古以及东北三省，其中新疆是目前已探明储量的全国最大膨润土矿区，据新疆地矿部门证实，和布克赛尔蒙古自治县境内有7处膨润土矿床，膨润土矿含量已突破23亿吨，是目前已探明储量的全国最大膨润土矿区。按成因我国膨润土矿矿床主要分为：火山岩型、火山岩-沉积性、沉积性、侵入岩型等，其中以沉积（含火山岩沉积）型为最重要，储量占70%。据不完全统计，目前我国膨润土年产量已超过350万吨，是重要的出口创汇产品，其产品主要销往日本、俄罗斯、韩国、泰国、新加坡等国家及我国台湾省。

（2）膨润土的矿物组成和化学成分及功用　膨润土的主要矿物成分是蒙皂石族矿物，次要矿物有石英、方石英、磷石英、长石、云母、高岭石、伊利石、石膏、方解石、丝光沸石、斜发沸石等。膨润土含有动物生长所需的磷、钾、钙、镁、钠、铝、铁、铜、锰、锌、硅、钼、钛、钒、铬、镍等20余种常量和微量元素，由于其具有很强的离子交换性，所以这些元素容易交换出来为动物利用。膨润土在养猪与饲料生产中主要有4项功用：一是用作饲料添加剂的成分，以提高饲料效率；二是用作颗粒饲料的黏合剂；三是代替粮食作为各种微量成分的载体，起承载和稀释作用，同时其所含的元素参与机体的新陈代谢。由于蒙脱石是一种层状硅酸盐矿物，因此膨润土的质量性能主要取决定其中蒙脱石的含量，蒙脱石的含量愈高其质量就越高，性能就越优越。

（3）膨润土在饲料生产中的作用　齐德生等（2002）研究报道，膨润土在饲料生产的作用有以下几个方面。

① 改善动物生产性能。膨润土在消化道内吸水膨胀，使食糜黏度增加，在消化道中存留时间长，营养物质吸收增加；膨润土能吸附氨、硫化氢、消化道中其他有毒代谢产物，细菌毒素及病毒粒子等；同时，膨润土中含有多种动物所必需的常量、微量元素，因此，在畜

禽饲料中适当添加膨润土可提高动物生产性能，提高幼畜成活率。

② 对抗有害物质的毒性作用，其应用效果主要显示在以下两个方面。

其一，可减轻棉、菜饼粕中有害物质的毒性。膨润土对棉籽饼粕中的棉酚及菜籽饼粕中的硫甙、单宁等有毒有害物质有很强的吸附性，能减少动物对这些有毒有害物质地吸收并可催化其分解破坏，同时，膨润土对动物胃肠黏膜具有机械保护作用，因此，在饲料中适当添加膨润土可减轻或消除这些有害物质的毒性作用。符金华（1998）在含20%菜籽粕的架子猪基础饲粮中添加1%的膨润土，经30天饲养，试验组猪平均每头日增重达620克，而对照组猪平均每头日增重仅300克，且有3头猪表现出临床中毒症状。另在含有15%棉籽粕的架子猪基础饲粮中添加1%的膨润土，经30天饲养，试验组猪平均每头日增重达596克，而对照组猪平均每头日增重仅297克，且有2头猪表现出轻度临床中毒症状。

其二，减轻霉菌毒素的毒性。饲料防霉与去毒一直是饲料生产中一个难题，全世界每年因动物霉菌毒素中毒造成的养殖业损失无法估量，但至今仍未找到一种适合大规模饲料生产条件下应用的理想脱毒方法。自Carson等（1983）证明膨润土能阻止T-2毒素在大鼠小肠内吸收，从而可减轻其对大鼠的毒性以来，人们对膨润土等铝硅酸盐类矿物进行较深入地研究。Schell等（1993）证明在断奶仔猪日粮（黄曲霉毒素污染水平为800微克/千克）中添加0.5%的钙基膨润土可消除黄曲霉毒素的毒性，使仔猪生长性能不受毒素影响。Schell等（1993）在断奶仔猪和生长猪日粮（黄曲霉毒素污染水平为922微克/千克）中添加1%的钠基膨润土，证明膨润土能部分抵消黄曲霉毒素对猪生长及血液生化指标的不良影响。众多的试验研究表明，膨润土价格低廉，对霉菌毒素脱毒效果确实，本身对动物无毒副作用，对畜产品无不良影响。

③ 作为颗粒饲料黏结剂。由于物料黏结性发生在物料颗粒表面，属于表面现象，其大小与颗粒比表积有关；而膨润土颗粒细小，比表面积巨大，在适量水分下表现出极高的黏结性，因此，在颗粒饲料中添加1%~3%的膨润土可生产出品质良好的颗粒饲料。

④ 作为微量元素添加剂载体。膨润土比表面积大，性质稳定，具有较强的承载能力，且含有多种动物必需的微量元素；同时，膨润土密度与微量元素添加剂相近，容易混合均匀。因此，膨润土是比较理想的微量元素添加剂载体。

（4）膨润土在猪饲粮中的应用效果

① 在仔猪生产中的应用主要在以下几个方面。

其一，仔猪护理方面。纳米蒙脱石用于仔猪护理，对皮肤、消化及呼吸系统等无毒、无害、无刺激性，刚出生的仔猪用于布抹除胎衣后，取纳米蒙脱石均匀在猪体表涂抹一层，尤其是涂抹在脐带部位，可以有效地保持仔猪体温，并可使脐带迅速干燥。直接涂抹于母猪阴户，起到干燥、抑菌的作用。而且在仔猪去势、断尾后直接涂于伤口，可有效地消毒、止血，有助于伤口愈合。

其二，为仔猪饲料添加剂。郭彤等（2006）在断奶仔猪日粮中添加0.2%纳米蒙脱石对生产性能无显著影响。王修启等（2008）试验结果显示，添加纳米蒙脱石对断奶仔猪生产性能无明显影响，对平均日采食量有提高趋势，可能是由于添加纳米蒙脱石在一定程度上控制了腹泻，减少断奶应激反应，因而提高了采食量。王修启等（2008）试验还发现，随着添加水平的增加，表现出提高平均采食量和平均日增重以及降低料重比的趋势，其中以添加0.3%效果最好。

其三，预防断奶仔猪腹泻。由于仔猪断奶过程的应激影响肠道和黏膜免疫系统的改变，微生态失衡，造成肠道的损伤，胃肠道酶水平和吸收能力下降，导致断奶腹泻。李辉等（2003）报道，纳米蒙脱石对消化道黏膜有覆盖能力，并通过与黏液糖蛋白相互结合，修复和提高胃肠黏膜对致病因子的防御功能，对仔猪腹泻、痢疾等疾病预防和治疗有独特的效果，王修启等（2008）试验研究结果与之报道相似。王荣锦等（2007）和马玉龙等（2007）证实纳米蒙脱石对控制仔猪腹泻具有良好作用。谢长青等（2006）报道，用纳米蒙脱石作止泻药治疗仔猪白痢和早期断奶腹泻综合征，其治疗总有效率高于抗菌药物烟酸诺氟沙星注射液和思密达。虽然对仔猪白痢的治疗效果各组间差异不显著，但纳米蒙脱石与抗菌药物联用效果很好。纳米蒙脱石对非感染仔猪腹泻总有效率高达94.1%。其因是蒙脱石本身可在消化道内形成一层胶体保护膜，对各种病毒、细菌及所产生的毒素等有良好的吸附能力，可在一定程度上阻止病原菌对肠上皮细胞的侵入，从而保护肠黏膜，可见蒙脱石是一种消化道黏膜保护剂。此外，蒙脱石的可膨胀性层状结构和非均匀性的电性分布，可以对消化道内的一些病毒、病菌和毒素产生较强的选择性吸附作用，同时能加强肠胃黏膜屏障，保持肠道微生态平衡。这可能是蒙脱石预防仔猪腹泻的机制，也有试验验证了这一机制。马玉龙等（2007）试验表明，添加0.2%纳米蒙脱石或载铜蒙脱石组的断奶仔猪十二指肠、空肠和回肠绒毛及十二指肠微绒毛高度均明显优于对照组，透射电镜下可见，微绒毛排列规则，致密而整剂，隐窝深度明显变浅。由此表明，纳米蒙脱石或载铜蒙脱石均能显著改善断奶仔猪小肠黏膜的形态结构。

② 对生长猪具有良好的饲养效果。张瑛等（1997）报道，在"长新"、"约新"杂交猪饲粮中添加2%的膨润土，经过120天饲养，每头猪比对照组多增重4.94千克，而对瘦肉率等无明显影响。马锐（1992）在60日龄（16~20千克）杜长大三元杂交猪饲粮中分别添加1.5%、2%、2.5%、3%的膨润土进行饲养试验，结果发现，饲粮中添加1.5%~2.5%的膨润土可使生长猪日增重提高9.4%~14.8%，日采食量提高6%~14%。

（5）蒙脱石在现代养猪生产中应用需要注意的问题

① 暂无饲料级膨润土质量标准及膨润土与蒙脱石的明确定义。齐德生等（2002）研究指出，我国暂无饲料级膨润土质量标准，对饲用膨润土的吸蓝量、阳离子交换量、盐基离子种类、粒度及有害物质含量等未做出明确规定，这为膨润土产品的加工、销售、质量监测与仲裁等工作带来困难。目前市场上销售的膨润土质量良莠不齐，使用效果难以保证。我国农业部公告第1773号（2012年6月1日）的《饲料原料目录》中的天然矿物质把蒙脱石、膨润土（斑脱岩、膨土岩）纳入之中，但我国关于两者产品的定义不统一，常造成对两者产品歧义。蒙脱石是膨润土的一种起主要作用的成分，但膨润土不是蒙脱石，蒙脱石也不是膨润土，蒙脱石由颗粒极细的水合铝硅酸盐构成的矿物，一般为块状或土状。蒙脱石是膨润土的功能成分，需要从膨润土中提纯获得。强制性标识要求是吸蓝量、吸氨值、水分。膨润土（斑脱岩、膨土岩）以蒙脱石为主要成分的黏土岩——蒙脱石黏土岩。强制性标识要求是水分。很显然，膨润土和蒙脱石之间存在一定区别，但在生产中常被当作同一概念而被混用（齐德生等，2002）。我国的《饲料卫生标准》（GB 13078—2001）中规定了膨润土砷（每千克产品中）的卫生指标≤10毫克，并未规定蒙脱石，就是以后对GB 13078—2001《饲料卫生标准》的修改，也并未把蒙脱石纳入之中。因此，不能不说我国关于蒙脱石产品的定义不统一，常造成蒙脱石产品歧义。目前关于蒙脱石产品的定义有两个，一个是非金属矿行业的蒙脱石产品定义：黏土矿中蒙脱石含量大于80%就称为蒙脱石，如蒙脱石干燥剂等，其产品含量多用吸蓝量等方法定性定量，品位不外乎为高纯度的膨润土；另一个是医药化妆品等

行业对蒙脱石产品的要求，这是真正意义上的蒙脱石，其概念接近科研研究领域上的蒙脱石的界定，其产品含量多用X射线衍射（XRD）等方法定性定量。为了和非金属矿行业的蒙脱石产品区别开来，目前国内外常常采用八面体蒙脱石或十六角蒙脱石的叫法。

② 蒙脱石用于动物养殖上，产品必须经过提纯，必须确定无毒（砷、汞、铅、方英石不超标），任何将膨润土原矿直接用于饲粮的结果都将造成畜禽的伤害。蒙脱石在动物养殖上应用非常广泛，其热点几乎都集中在护肠止泻、饲料脱霉、止血消炎、移栏维护等方面。

③ 相关的基础性研究滞后。膨润土已在饲料生产中得到广泛应用，但人们对其在动物消化道中的行为及作用机制并不十分清楚。虽然使用者希望添加到饲料中的膨润土能牢固吸附饲料中的有毒有害物质及动物消化道中有害菌群产生的细菌毒素等，并在它们通过消化道时不会重新解离，从而减轻或消除有害物质对动物的毒害作用。但动物各段消化道酸碱环境并不一样，一方面蒙脱石边面为可变电荷表面，在不同的酸碱环境中，其电荷性质及荷电量将会改变，吸附性能将受到影响；另一方面，在不同的酸碱环境中，有害物质本身带电性质也会不同，膨润土对其吸附量及吸附强弱也会改变，因此，膨润土与有害物质形成的复合物由胃到肠道即由酸性环境进入碱性环境时，有害物质可能会重新释放出来，并危害动物健康。目前，这方面的研究还非常少（齐德生等，2002）。此外，膨润土作为吸附剂，在吸附有害物质的同时，可能还会吸附饲料中正常营养成分，如微量元素、维生素、氨基酸等，有害物质和正常饲料营养成分之间可能还存在竞争吸附，因此，如何对膨润土作适当改性处理，以增加其对有害物质的吸附而减少对有益物质的吸附，是一个值得深入研究的课题（齐德生等，2002）。

目前，对膨润土的改性研究已有了突破，纳米载铜蒙脱石也已应用于现代养猪生产中。由于在动物养殖生产中长期使用抗生素和抗菌药物，造成诸如细菌耐药性、耐药基因转移，动物养殖产品中药物残留等不良后果，直接或间接威胁人类健康，而且由于长期滥用抗生素引起生态环境污染，导致养殖环境恶化，生态平衡失调。但在动物养殖生产中，特别是现代规模集约化饲养条件下，由于抗生素和抗菌药物有其不可替代的功能和作用，也使现代规模化集约化饲养的动物一时还难以离开。因此，研制新型的抗菌材料已迫在眉睫。目前，采用无机材料为载体，掺入抗菌金属离子而制成的无机抗菌剂，具有抗菌谱广、细菌不易产生耐药性、使用安全等特点，引起了人们的极大关注。由于蒙脱石的晶体结构为两层硅氧四面体片夹一层铝氧八面体片，构成2∶1型层次结构，是一种双八面体层状结构的天然纳米级铝硅酸盐矿物，具有良好的分散性与防离子交换能力，十分适合于用作无机抗菌剂的载体。研究表明，通过吸附，离子交换反应把抗菌性铜离子植入蒙脱石晶格，制成载铜蒙脱石，并使蒙脱石在搭载铜离子后表面剩余正电荷，从而提高其吸附带负电荷的细菌的能力；此外，利用蒙脱石巨大的比表面积及其缓释效应，通过抗菌性铜离子的溶出而具有很强的吸附、杀菌能力。赵飞等（2009）研究认为，载铜蒙脱石作用机制是，载铜蒙脱石载铜主要以水合成复合阳离子形式进入蒙脱石层间，还有少量铜进入蒙脱石的微孔，进入层间和微孔的铜均可降低蒙脱石所带负电荷的密度，并可导致电价失衡，使之带正电荷，从而增大其与细菌间的静电吸附；细菌吸附到载铜蒙脱石表面后，表面富集的铜离子对其执行杀菌作用。载铜蒙脱石的抗菌能力和两方面因素有关：一方面是其表面剩余正电荷能从介质中大量吸附表面带负电荷的细菌；另一方面是载铜蒙脱石释放至表面的铜离子直接作用于细菌，也就是说，载铜蒙脱石表面的有效铜离子浓度，大大高于它在介质中的实际浓度。由此可见，载铜蒙脱石对细菌的抗菌效能，是静电吸附与铜离子杀菌能力协同作用的综合结果。载铜蒙脱石作用机制，也使人们对这种天然矿物材料良好的物理化学性能给饲料科学的研究注入新的内容，为仔猪腹泻的预防和无机抗菌材料的研究提供了新的有效途径。

④ 在饲料中适宜的添加量。膨润土（蒙脱石）因有良好的物理化学性能，可做饲料添加剂、黏结剂、悬浮剂、触变剂、稳定剂、净化脱色剂、充填剂、催化剂等，广泛用于饲料工业、轻工业及化妆品、药品等领域，是一种用途广泛的天然矿物材料。但是膨润土作为饲料添加剂为动物提供的营养性元素实际上是很有限的，生产中饲料中添加膨润土的主要目的是为了利用其适宜的物化性能，因此，在饲料中使用膨润土时存在适宜添加量问题。当在饲料中过量添加膨润土时会造成饲粮营养浓度降低，从而不能满足猪营养需要，并有可能对猪造成其他不良影响。从生产实践来看，饲粮中膨润土的添加比例一般不宜超过 5%；在妊娠母猪饲粮中，膨润土的添加比例一般不宜超过 4%，否则会造成便秘等（齐德生等，2002）。

（三）微量矿物质饲料

矿物质微量元素是动物必需的五大类养分之一，具有不可替代的生理生化作用，是机体必需的成分。现代养猪生产中常用作微量元素补充的矿物质饲料有铜、铁、锌、锰、碘、硒、钴的化合物，由于猪对微量元素的需要量极少，生产中微量元素通常作为添加剂预混料加入到配合料中。目前，微量元素补充料的化学形式已逐渐从无机盐（硫酸盐、碳酸盐、氧化物等）向金属络合物或螯合物发展，即金属元素与蛋白质及其衍生物如乳清、酪蛋白、氨基酸，或其他配位体如柠檬酸、水杨酸、富马酸、葡萄糖、乳酸等，或与多糖衍生物合成螯合剂，如乙二胺四乙酸（EDTA）结合形成离子键与配位键共存的化合物。与其他无机盐微量元素比，螯合物性质稳定，流动性好，在体内 pH 值环境下溶解性好，生物效价比无机盐高，并能促进蛋白质、脂肪等的消化和利用。此类产品有复合型和单一型。复合型有国内生产的蛋白微素精，单一型如蛋氨酸铁、蛋氨酸锌、蛋氨酸铜、酵母铬、吡啶羧酸铬、酵母硒等，但因价位较高，一般只用在高产种母猪和仔猪生产上。因此，现代养猪生产中用得较广泛的还是无机盐类。我国农业部《饲料添加剂安全使用规范》（第 1224 号），对微量矿物质饲料的使用有明确的规定。因此，使用微量矿物质饲料必须遵守《饲料添加剂安全使用规范》中的推荐量和最高限量及适用范围等要求。

1. 含铜饲料

含铜饲料主要为硫酸铜、碱式氯化铜、碳酸铜和氧化铜等，生产中常用的是硫酸铜。硫酸铜有 3 种存在形式：无水硫酸铜、一水硫酸铜和五水硫酸铜，三者的含铜（Cu）量分别为 39.8%、35.8%、25.5%。碱式氯化铜含铜（Cu）量为 58.1%。《饲料添加剂安全使用规范》对含铜饲料在猪饲料中的添加量有严格的要求与限制，在配合饲料或全混合日粮中的推荐添加量（以元素计）：硫酸铜为 2.6~5 毫克 / 千克，在配合饲料或全混合日粮中的最高限量（以元素计）、仔猪（≤ 30 千克）200 毫克 / 千克，生长肥育猪（30~60 千克）150 毫克 / 千克，生长肥育猪（≥ 60 千克）35 毫克 / 千克，种猪 35 毫克 / 千克。

硫酸铜为蓝色晶体，易溶于水，利用率高，不仅生物学效价高，同时还具有类似抗生素的作用，饲用效果好，应用比较广泛，但其易吸湿返潮结块，不易拌匀。饲料用的硫酸铜主要是五水硫酸铜，细度要求通过 200 目筛。硫酸铜对眼、皮肤有刺激作用，使用时生产人员应戴上防护罩（套）及手套。

2. 含铁饲料

含铁饲料主要有硫酸亚铁、碳酸亚铁、富马酸亚铁、柠檬酸亚铁、乳酸亚铁、氧化铁等，其中硫酸亚铁的生物学效价较好，氧化铁最差。硫酸亚铁有 3 种形式：无水硫酸亚铁、一水硫酸亚铁、七水硫酸亚铁，三者的含铁（Fe）量分别为 36.8%、32.9%、20.1%。含 7 个结晶水的硫酸亚铁为绿色结晶颗粒，吸湿性强，易结块，使用前需脱水。该产品如长期暴露于空气中，部分亚铁去氧化成三价铁，颜色由绿色变成黄褐色，而且黄褐色越深，表示三价铁越多，利用率就越低。含 1 个结晶水的硫酸亚铁经过专门的烘干焙烧，粉碎过 80 目筛，可直接作饲料用。硫酸亚铁的价格便宜，生物学利用率最高；但大剂量地添加无机铁剂，可导致猪的氧化应激增加，降低猪的免疫力。而且硫酸亚铁对有些营养物质有破坏作用，在消化吸收过程中常可降低理化性质不稳定的其他微量化合物的生物效价。

《饲料添加剂安全使用规范》规定，含铁饲料在猪配合饲料或全混合日粮中的推荐添加量（以元素计）40~100 毫克 / 千克，最高限量（以元素计），仔猪（断奶前）250 毫克 / 头 . 日，其他猪为 750 毫克 / 千克。

3. 含锌饲料

含锌饲料主要有硫酸锌、氧化锌、蛋氨酸锌络（螯）合物。硫酸锌利用率高，有一水硫酸锌和七水硫酸锌，含锌（Zn）量分别为 34.5%、22%。七水硫酸锌为无色结晶，易溶于水，易潮解；一水硫酸锌为乳黄色至白色粉末，易溶于水，但潮解性比七水硫酸锌差。饲料用硫酸锌细度要求通过 100 目筛。氧化锌为白色粉末，稳定性好，不溶解，不溶于水，含锌量 76.3%。含锌饲料在猪配合饲料或全混合日粮中的推荐添加量（以元素计）为 40~110 毫克 / 千克。最高限量（以元素计）乳猪料 200 毫克 / 千克。虽然高剂量（2 000~3 000 毫克 / 千克）的氧化锌能有效降低仔猪腹泻发生率，并促进增重，但考虑到高锌的安全性及对环境污染的后果，《饲料添加剂安全使用规范》规定，仔猪断奶后前 2 周配合饲料中氧化锌形式的锌的添加量不超过 2 250 毫克 / 千克。农业行业标准《饲料中锌的允许量》（NY 929—2005）自农业部《饲料添加剂安全使用规范》公告发布之日（2009 年 6 月有 18 日）起废止。

4. 含锰饲料

含锰饲料主要有硫酸锰、氧化锰、氯化锰、碳酸锰、氨基酸螯合锰。常用的含锰饲料是硫酸锰，有两种形式：一水硫酸锰和五水硫酸锰，含锰量分别为 32.5% 和 22.8%。硫酸锰以一水硫酸锰为主，为白色或粉红色粉末，易溶于水，稳定性高，在高温高湿情况下贮藏过久可能结块，对皮肤、眼及呼吸道黏膜有损伤作用，直接接触或吸入粉尘可起炎症，使用时生产人员应戴防护用具。饲料用硫酸锰细度要求通过 100 目筛。硫酸锰的生物学利用率较高，但价格较贵。美国饲料工业多用氧化锰。氧化锰由于烘焙条件不同，纯度不一，含锰量为 55%~75%，由于其他品种的锰化合物价格都比氧化锰贵，所以氧化锰的用量也较大。饲料用氧化锰的细度要求通过 100 目筛，最低含锰 60%。氧化锰为褐色，无臭，稳定性好，不具潮解性，含锰 60% 以上，生物学利用率较高，是良好的锰源饲料。

锰在猪配合饲料或全混合日粮中的推荐添加量（以元素计）为 2~20 毫克 / 千克，最高限量（以元素计）为 150 毫克 / 千克。

5. 含碘饲料

含碘饲料主要有碘化钾、碘化钠、碘酸钾、碘酸钠、碘酸钙，前 4 种碘化物不够稳定，易分解而引起碘的损失。碘化钾含碘（以干基计）79.4%，为无色或白色结晶粉末，无臭，极易溶于水，长期暴露在空气中会释出碘而呈黄色，在高温高湿条件下，部分碘会形成碘酸盐。碘酸钙含碘（以干基计）61.8%，为白色至乳黄色粉末，在水中溶解性极低，稳定性高，生物学利用率与碘化钾相似。含碘饲料在猪配合饲料或全混合日粮中的推荐添加量（以元素计）为 0.14 毫克 / 千克，最高限量为 10 毫克 / 千克。

6. 含硒饲料

含硒饲料主要有亚硒酸钠、硒酸钠和酵母硒。亚硒酸钠含硒（以干基计）为 44.7%，为白色至粉红色粉末，易溶于水；硒酸钠为白色结晶粉末，含硒（以干基计）为 45.7%。补硒一般以亚硒酸钠形式添加。酵母硒来源于发酵生产，是酵母在含无机硒的培养基中发酵培养，将无机态硒转化生成有机硒，有机态硒含量（以元素计）为 0.1%，产品需标明最大有机硒含量。亚硒酸钠和硒酸钠为剧毒物质，操作人员必须戴防护用具，严格避免接触皮肤或吸入粉尘，工作结束后要洗手。使用前必须有专业人员配合处理，添加量有严格限制，使用时应先制成预混剂形式加入饲料，禁止将纯亚硒酸钠添加到饲料中，加入饲料中应注意用量和混合均匀度。加入添加剂预混料中，且产品标签上应标明最大硒含量。无机硒含量不得超过总硒的 2%。

含硒饲料在猪配合饲料或全混合日粮中的推荐添加量（以元素计）为 0.1~0.3 毫克 / 千克，最高限量（以元素计）不得超过 0.5 毫克 / 千克。我国大部分地区为缺硒区，饲料中需要添加硒，但也有部分地区为高硒区（如湖北省的恩施自治州，陕西省安康市的紫阳县，可能还有其他高硒地区），一定要限制硒的添加，以防硒过量而中毒。

7. 含钴饲料

含钴饲料有硫酸钴、氯化钴、乙酸钴和碳酸钴，生物利用率均好，但硫酸钴、氯化钴贮藏太久易吸潮结块，碳酸钴可长期贮藏。生产中多用一水硫酸钴，含钴量（以元素计）33%，呈血青色，要求细度应通过 200 目筛。钴是比较特殊的微量元素，动物不需要无机钴，只需含钴的维生素 B_{12}，含钴饲料一般在反刍动物和鱼类饲料中添加使用。

四、青绿多汁饲料

按饲料分类青绿多汁饲料是指饲料中自然水分含量大于 60% 的青绿饲料，主要包括天然牧草、人工种植牧草、新鲜树叶、水生植物、菜叶类、根茎类以及非淀粉质的块根、块茎、瓜果类等，其中块根、块茎、瓜果类为多汁饲料，其他为青绿饲料。

（一）青绿多汁饲料的营养特性

1. 水分含量较高，鲜嫩可口，能量较低

陆生植物饲料，无论是牧草、叶菜类、块根块茎类，其水分含量均为 70%~90%；而水生植物含水量还要高，在 90% 以上。由于青绿多汁饲料含有大量水分，具有多汁性与柔嫩性，所以适口性强。但随着植物生长期的延长，水分逐渐减少，干物质中粗纤维也增加，粗蛋白质含量也随之下降。青饲料是一种营养相对平衡的饲料，但由于青饲料干物质中消化能较低，从而限制了它们其他方面的潜在营养优势。然而，优良的青饲料仍可与一些中等能量饲料相比。新鲜植物热能较低，每千克鲜重的消化能陆生植物在 1.26~2.51 兆焦，块根类在 3.35~4.18 兆焦，而水生植物仅 418.4~627.6 千焦。除块根类外，其他青绿多汁饲料干物质中粗纤维含量较高，为 18%~30%，其热能也较能量饲料低，能量含量为 10 兆焦 / 千克左右，接近麦麸。青绿多汁饲料中有机物质消化率在 40%~50%。

2. 粗蛋白质含量较高，品质好

青绿多汁饲料中蛋白质含量丰富，除块根块茎中含粗蛋白质 1% 左右外，一般禾本科牧草和叶茎类饲料含粗蛋白质 1.5%~3%，豆科牧草 3.2%~4.4%，以干物质计算粗蛋白质含量分别为 12%~15% 和 18%~24%，比禾本科籽实中蛋白质含量还高，如青绿苜蓿干物质中含

粗蛋白质 22% 左右，为玉米籽实中粗蛋白质含量的 2.25 倍，约为大豆饼含氮量的一半，与豌豆中含氮量相似。青饲料叶片中的叶蛋白质接近于酪蛋白质，能很快转化为乳蛋白质。赖氨酸含量较高，可弥补谷物饲料中赖氨酸含量的不足。青饲料蛋白质中含氨化物，其中游离氨基酸占 60%~70%，对猪生物利用率较高。生长旺盛期植物氨化物含量高，但随植物生长，粗纤维增加而蛋白质含量逐渐减少。

3. 维生素含量丰富，种类多

猪必需的 14 种维生素中，青饲料中就含有 13 种，尤其是胡萝卜素，每千克青绿苜蓿中含 50~80 毫克，豆科牧草高于禾本科饲料。B 族维生素含量除维生素 B_6 含量较低，其他含量均较高。青绿苜蓿中核黄素含量为 4.6 毫克 / 千克，比玉米籽实高 3 倍，尼克酸含量为 18 毫克 / 千克，硫胺素含量为 1.5 毫克 / 千克，均高于玉米籽实。此外，维生素 C、维生素 E 和维生素 K 的含量也丰富，但缺乏维生素 D。一般来讲，如能保证一定量的青绿饲料喂猪，就能满足猪的维生素需求。

4. 粗纤维含量较低，无氮浸出物高

优质青饲料纤维素含量低，木质素少，无氮浸出物高。青饲料干物质中粗纤维不超过 30%，叶菜类不超过 15%，无氮浸出物在 40%~50%。粗纤维的含量随着植物生长期延长而增加，木质素含量也显著增加。木质素增加 1%，有机物质消化率下降 4.7%。因此，应在植物开花或抽穗之间，粗纤维较低时收割青饲料。

5. 矿物质的良好来源

青绿饲料矿物质含量为 1.5%~2.5%，其中钙磷比例适宜，较适宜猪的生长需求，而且生物利用率高，是猪钙、磷等矿物质的良好来源，其中豆科牧草含钙更多。青绿饲料矿物质含量因青饲料品种、土肥条件不同而有差异。

（二）青绿多汁饲料喂猪的效果

1. 青绿饲料喂生长肥育猪，能节约成本，增加效益，改善肉质

用适量的优质青绿饲料饲喂生长肥育猪，可节省饲料，减少疾病，提高生长性能，降低生产成本，增加收入。吴其仁（1998）试验用 30% 切碎鲜黑麦草 +70% 全价颗粒饲料，饲喂长大一代杂种猪，从 20 千克开始饲养 60 天，结果其增重（39.75 千克）和日增重（663 克）与 100% 饲喂全价颗粒饲料的对照组（增重 40.1 千克，日增重 668 克）无显著差异；每千克增重的饲料成本降低 0.72 元。金升藻等（2004）用优质牧草加混合精料饲喂生长猪有良好效果，比对照组每日每头多增重 0.045 千克，饲养 90 天每头猪增加收入 34 元，经济效益显著。优质牧草在一定使用范围内是猪精饲料的可用替代品，而且效果显著。

2. 青绿饲料喂种母猪，可节省精料，提高母猪的健康水平与繁殖性能和利用年限

辽宁省丹东市种畜场 2002 年，对后备母猪在额定配合饲料外，体重 20~60 千克每头日喂串叶松香草 0.5 千克；60~100 千克每头喂精料 1.75 千克，串叶松香草 3 千克；妊娠后期每头日喂精料 2 千克，串叶松香草 2.5 千克；哺乳母猪每头日喂精料 5.5 千克，串叶松香草 0.5 千克。试验表明，从后备母猪至哺乳期这一阶段，每头母猪可节省精料 67 千克。该场 2007 年试验表明，母猪喂青饲料还能促发情，而且母猪产仔数和 28 天仔猪断奶成活数分别提高 1.3 头和 1.1 头。

优质青绿饲料对提高母猪健康、繁殖性能与利用年限有一定作用，陶向荣等（1996）用红薯藤、包菜、萝卜叶代替 15%、25% 的母猪精料（按能量计），饲喂南昌白猪三世代二产母猪 14 头、四世代母猪 33 头。结果显示，三世代母猪 15% 和 25% 青饲料替代组产活仔数

分别达 11.3 头和 10.12 头，比对照组（全精料组）9.4 头分别增加 1.9 头和 0.72 头；四世代母猪产活仔数青饲料替代组分别比对照组增加 0.92 头。

（三）青绿多汁饲料的种类与选择

1. 青绿多汁饲料的种类

适合猪场喂猪的青绿多汁饲料种类很多，可分四大类。

（1）人工栽培牧草和优质饲料作物类　人工栽培牧草有串叶松香草、聚合草、籽粒苋、苦荬菜、冬牧 70、黑麦草、菊苣、紫花苜蓿、白三叶、油苋草（又称皱果苋）、氨基酸草（又称齿缘苦荬菜）、紫云英、篁竹草（包括新型篁竹草）、杂交猪尾草、台湾甜象草、大叶速生槐等；优质饲料作物有青饲玉米、墨西哥玉米、先锋高丹草、朝牧 1 号稗谷等。

（2）叶菜类与藤蔓类　叶菜类主要有大白菜、空心菜、包菜、萝卜缨、甜草叶、白菜帮、大豆叶、南瓜、红薯、土豆、萝卜、胡萝卜、甘蓝等，多为蔬菜类；藤蔓类主要有红薯藤、竹叶菜、南瓜藤、地瓜秧等。

（3）水生饲料类　主要有水葫芦、水浮莲、水花生、水竹叶、水芹菜等。

（4）野生青饲料类　主要有各类野生藤蔓、树叶、野草、野菜等。其中有很多野草、野菜属中草药，如蒲公英、车前草等。

2. 猪场种草养猪的牧草选择原则与要求

虽然青绿多汁饲料中含有猪体需要的多种营养物质，特别是蛋白质含量高，一般禾本科牧草和蔬菜类干物质中含蛋白质 5%~15%，豆科牧草的干物质中含蛋白质 18%~24%，而猪饲料蛋白质含量要求为 18%，故豆科类饲料可满足猪对蛋白质的营养需要。但是，不同种类的青绿多汁饲料营养特性差别很大，同一类青绿饲料在不同生长阶段，其营养价值也有很大不同。因此，猪场在选择种草养猪模式时，要选择更适于猪场喂猪的牧草品种。一般来说，水生饲料、野生青饲料和野生树叶不适合大中型猪场采用，前者含寄生虫多，后两者产量低且难以采集。

（四）种草养猪模式适宜种植的主要牧草与饲料作物品种

1. 紫花苜蓿

（1）紫花苜蓿的特性与产量　紫花苜蓿是世界上分布最广的豆科牧草，其产量高、品质优、适应性广、适口性佳，被称为"牧草之王"，也是我国主要栽培牧草品种之一，可饲喂各种畜禽。紫花苜蓿是多年生豆科牧草，一般寿命 5~8 年，适应性广，在年降水量250~800 毫米，无霜期 100 天以上的地区均可种植，喜中性或微碱性土壤，不宜在强碱性地区种植。苜蓿根系发达，耐旱，怕水淹，在排水不良的地块不宜种植。紫花苜蓿品种繁多，在北方栽培要选择耐寒品种，确保安全越冬。据辽宁省草原监督管理站和丹东市种畜场试验结果表明，紫花苜蓿中的创新苜蓿、苜蓿王、费纳尔、阿尔冈金、甘农 1 号、敖汉、飞马等可适合在东北地区种植。北方地区种植紫花苜蓿主要选择冬眠期长的品种，而南方地区要选择冬眠期短的品种。紫花苜蓿第 1 年生长缓慢，第 2 年生长速度快，再生能力强，可多次刈割。在我国自然降雨条件下，初花期刈割，留茬高度 4~5 厘米，每公顷产草 45~60 吨，如加强人工管理，大面积每公顷可产鲜草达 75~90 吨。干草产量为每公顷 500~1 000 千克。

（2）紫花苜蓿的营养成分　紫花苜蓿营养丰富，含有较多的蛋白质、维生素以及常量、微量元素，而且苜蓿干草粉为猪维生素及矿物质的优良补充饲料，无论是鲜饲和干饲，其饲用价值都高。因紫花苜蓿营养成分随其生长阶段变化明显，兼顾营养价值和牧草产量最好于现蕾期至初花期刈割，这时风干物粗蛋白质含量为 17%~22%，相当于豆饼的一半，比玉米高 1~2 倍，赖氨酸含量 1.05%~1.38%，比玉米高 4~5 倍；其他营养成分含量也较高，而纤维素含量较低，必需氨基酸、维生素和微量元素含量非常丰富。据浙江省农业科学院畜牧兽医研究所测定：青刈紫花苜蓿（开花期）含水分 76.62%、粗蛋白质 5.38%、粗脂肪 1.24%、粗纤维 5.93%、无氮浸出物 8.7%、粗灰分 2.13%（其中钙 0.19%、磷 0.08%）。晋南苜蓿（干物质）含粗蛋白质 21.98%、粗脂肪 3.5%、粗纤维 16.44%、无氮浸出物 49.7%、粗灰分 8.9%（其中，钙 1.5%、磷 0.46%）。

（3）紫花苜蓿的饲用方法与注意事项　紫花苜蓿用于养猪可以鲜饲，调制青贮及加工草粉等形式利用。鲜饲应在现蕾期前刈割，打浆或切短后拌入饲料中饲喂，适宜喂量为占干物质总量的 10%~20%。青贮主要用于母猪，饲喂量不宜超过 30%。优质草粉可作为配合饲料原料，所占比例为肥育猪 5%~10%，母猪 15%。郑家明（1999）报道，在基础饲粮中分别添加 10%、20% 和 30% 的苜蓿草粉，饲喂生长肥育猪，结果表明每千克饲料增重成本以添加 10% 的苜蓿草粉最低，与之前美国许多州的试验表明育肥猪的饲料内可用 5%~15% 的苜蓿草粉替代精料相符。幼嫩苜蓿含有皂素，有抑制酶的作用，过量饲喂容易引起消化道疾病，抑制猪生长。因此，鲜饲不宜过量。苜蓿水分和蛋白质含量高，青贮时最好先除部分水分、压紧、严封，与禾本科牧草混合青贮，效果更佳。

2. 聚合草

（1）聚合草的特性　聚合草又名紫草根，原产于俄罗斯及欧洲中部，故有俄罗斯饲料菜之称。我国于 20 世纪 50 年代引入，1975 年我国定名为聚合草，开始在全国大规模种植。聚合草属紫草科聚合草属多年生草本植物，种植一年可利用 20 年。聚合草喜湿润气候条件，耐寒性强，由于根系发达，能有效地利用深层土壤中的水分，可成墩成簇生长，其叶片宽大肥厚，再生能力极强，我国南方地区一般全年随割随长，每年可割 5~6 茬，产草量是苜蓿的 10 倍以上，因此被称为"饲草之王"。聚合草一般用切根进行无性繁殖，也可分株繁殖，前者存苗产量高，后者形成新株快而粗壮。聚合草适应性强，并具有很强的抗旱能力，耐 -30℃ 低温，气温在 10℃ 以上开始生长，温暖地区可终年生长利用，寒冷地区也可利用 5~6 个月，一般一年可刈割利用 5~6 次。聚合草当植株现开花就可以割，但以最大叶片开始褪色时收割最适宜。生产中，在植株草层高达 30~40 厘米时收割作为饲料用，一般 25~30 天收割 1 次，每公顷产量高达 75~150 吨。

（2）聚合草的营养成分　聚合草茎叶富含蛋白质、维生素，据浙江省农业科学院畜牧兽医研究所测定：初蕾时鲜草水分 91.48%，粗蛋白质 2.53%，粗脂肪 0.39%，粗纤维 1.03%，无氮浸出物 2.93%，粗灰分 1.28%；干物质中粗蛋白质 31.05%，粗脂肪 4.88%，粗纤维 12.61%，无氮浸出物 35.76%，粗灰分 15.69%。

（3）聚合草的饲用价值和饲用方法及刈割注意事项　聚合草中的粗蛋白质含量超过其他青饲料，营养丰富，适口性好，可鲜叶生喂（切碎或打浆拌入干料中），也可青贮（在现苔开花时刈割）或干贮，均是猪的优质饲草。生产中收割后的聚合草，不能堆积，应随收随饲喂。在暴雨前后短时间内不可收割，以免病菌感染。

3. 甘薯

（1）甘薯的特性及栽培利用方式　甘薯又名红薯、红苕、地瓜，属旋花科甘薯属多蔓生草本植物，我国已有 400 多年栽培历史。以收薯块为主，要有充足的光照，氮肥配比合理，可求增产；以刈割茎叶为主的，可在较荫蔽和水肥充足的土壤条件下栽培，以促进茎叶生长，增加产量。由于甘薯抗病力强，适应性强，可在肥水充足的土壤条件下生长，其茎叶茂盛，生长速度快，又无病虫害，很适合猪场作为青绿饲料的来源。

（2）甘薯的产量和营养成分　甘薯收获以藤叶、块根兼顾的，可割藤2次，其藤叶可增产65.7%，每公顷产70.7吨，块根仅减产3.2%，藤叶每公顷19.18吨；以刈割茎叶为主的，北方地区年可刈割3次，南方地区可刈割3~5次，每公顷产量120吨左右，与聚合草产量相当；以收获块根为主的，块根即薯块每公顷产量为19.5吨左右。甘薯藤（营养期）含水分87%，粗蛋白质2.5%，粗脂肪0.6%，粗纤维2%，无氮浸出物6.6%，粗灰分1.3%（其中钙0.15%、磷0.03%）。甘薯含水分75%，粗蛋白质1%，粗脂肪0.3%，粗纤维0.9%，无氮浸出物22%，粗灰分0.8%（其中钙0.13%、磷0.05%）；消化能为3.64兆焦/千克，风干物质中消化能达13.35兆焦/千克。

（3）甘薯的饲用及注意事项　现代养猪生产由于要处理大量污水，有条件栽培甘薯的猪场，可把甘薯作为青饲料来源，而且甘薯可有效利用粪污。甘薯茎叶青绿多汁，营养丰富，适口性好，是优质的青绿饲料，鲜茎叶状态可青饲或青贮均可饲喂。甘薯也是多汁饲料，富含淀粉，对肥育猪、母猪均可使用。用甘薯肥育大猪，产生的脂肪白而硬。因甘薯含有胰蛋白酶抑制因子，不利于蛋白质在猪体内的消化利用，经加热后可去除，因此，用甘薯喂猪一般以熟饲为宜，而且喂猪时要防止黑斑病红薯中毒。因甘薯蛋白质含量低，对仔猪而言，容易产生营养性疾病，因此，仔猪一般不要饲喂为宜。

4. 串叶松香草

（1）串叶松香草的生物学和栽培特性　串叶松香草为菊科多年生宿根草本植物，原产于北美中部潮湿草原地带，国外称它为"青饲料王"，1997年从朝鲜引入我国。它适于森林草原区或农区栽培作青饲料或青贮饲料，也可制作草粉。串叶松香草适应性强，喜温暖湿润气候，是越年生冬性植物，无论春播或秋播，当年只形成莲座状叶簇，越冬后才抽茎、开花、结实。它既耐高温又耐寒，在夏季温度达40℃条件下能正常生长，在冬季-29℃下宿根无冻害。喜肥沃土壤，耐酸性土，不耐盐碱土。它能在地下水位较高和水分充足的土地上生长，能耐受10~15天的浸泡。而且此草病虫害少，抗病力和适应性最强，容易管理，一年种植多年受益。因此，串叶松香草很适合现代规模化猪场种植，它能很好吸纳粪污利用，同聚合草、甘薯一样，是现代养猪生产可选择的牧草品种之一。串叶松香草对土壤肥力要求较高，适于在pH值5.5~6的环境中生长，但也适于荒山、野坡、河滩、河边和低凹地广泛种植。此草播种1次便可连年收获，在良好的管理条件下，可连续收获10~12年，甚至15年以上。栽培当年亩产鲜草1000~3000千克，次年以后亩产可达1万~1.5万千克。该草一般茎高达2~3米，叶长60~70厘米，最长的可达90厘米。鲜草喂猪一般在株高50~80厘米时第1次刈割，以后每隔20~30天刈割1次，每年可刈割4~5次，留茬高度10~15厘米。7月初开花前和9月中旬刈割的鲜草可调制青贮饲料，这样就可以每年5~10月份喂鲜草，11月份至翌年5月份喂青贮饲料，做到四季供青。刈割不能太晚，否则茎秆粗硬，适口性差，不易消化。

（2）串叶松香草的营养成分　串叶松香草营养成分很高，含蛋白质丰富，蛋白质接近豆科植物，而以生长发育早期最高，其中叶肉中达24.5%，茎秆中含11.3%，所含的氨基酸齐全，高达16种，其中赖氨酸5.58%。串叶松香草茎叶干物质含粗蛋白质19.34%，粗脂肪2.68%，粗纤维16.63%，钙2.26%，磷0.12%，钾2%~2.8%，胡萝卜素4.25毫克/千克，维生素C 5.28毫克/千克，维生素E 65毫克/千克。

（3）串叶松香草的饲用价值　串叶松香草作为青饲料，产量高，同某些青饲料作物相比，具有一定的优势，其平均产量为苜蓿的 2 倍。从所含营养物质多少方面看，串叶松香草所含的营养物质并不次于苜蓿和三叶草，它有高比例的碳水化合物和含量比较低的无氮浸出物，与其他碳水化合物植物混合青贮，可以得到优良的青贮饲料。制作的青贮饲料，饲用价值高，适口性好。据俄罗斯饲料研究所的资料，青贮料含结合乳酸 1.78%，游离乳酸 0.8%，醋酸 0.63%，丁酸 0.03%。在营养物质方面与鲜草差不多，但其中胡萝卜素含量从 19.2 毫克/100 克到 25.4 毫克/100 克，维生素 C 从 246.9 毫克/100 克到 351.7 毫克/100克。每 100 千克青饲料相当于 15 个饲料单位。青贮料营养物质的消化率为：干物质 61.7%，蛋白质 49.6%，纤维素 59.2%，脂肪 49.5%，无氮浸出物 26.6%。串叶松香草单产超过玉米青饲料 2 倍，因此，用于养猪有很高的饲用价值。

（4）串叶松香草饲喂猪的效果

① 串叶松香草饲喂生长肥育猪效果。串叶松香草干物质中含粗蛋白质 19.3%，粗脂肪 2.51%、粗纤维 12%，赖氨酸、钙、磷及各种维生素含量丰富，饲喂生长肥育猪可代替一定量的精饲料。彭伟兵等（2001）用串叶松香草分别替代 5%、10% 和 20%（按干物质 1∶6.1 折算，即每减少 1 千克精料，补饲 6.1 千克鲜串叶松香草）的精料饲喂生长肥育猪。结果表明：替代 5% 组比对照组（全精料）日增重提高 5.68%，替代 10% 和 20% 组分别比对照组下降 10.25%、17.82%，表明替代 5% 的精料效果较理想。据辽宁省丹东市种畜场（2005）试验，当生长肥育猪 75 日龄、体重 25 千克左右，开始在饲粮中添加切碎的松香草鲜茎叶，精料与鲜草的重量比例由 1∶（0.3~0.5）逐渐增加到 1∶（0.7~1），1 头肉猪至 175日龄达 100 千克左右，需喂鲜草 120~150 千克，可节省精料 35 千克，节约开支 40 余元。

② 串叶松香草饲喂母猪的效果。辽宁省丹东市种畜场在母猪妊娠和空怀期每日饲喂鲜草 3 千克（青贮饲料 1.5 千克），泌乳期日喂 1 千克，平均每日可节省 0.5 千克精料，全年每头母猪可节省精料 180 千克；而且改善了母猪福利，使母猪有饱腹感，胃溃疡的发病率明显降低，并显著提高了母猪繁殖性能，该场母猪受胎率达 94%，仔猪初生重 1.4~1.5 千克，窝产活仔数 11.7 头，窝断奶仔猪数 10.5 头。周明君等（2002）用串叶松香草饲喂母猪，妊娠前期每天 3 千克，妊娠后期每天 2.5 千克，哺乳期每天 0.5 千克，经 149 天饲喂，每头母猪节约精料 67 千克，每头母猪每个生产周期节约精料支出费用 56.08 元。周明君等（2002）用串叶松香草替代部分精料饲喂大白猪、杜洛克猪等后备母猪和繁殖母猪，后备母猪在额定配合饲料外，体重在 20~60 千克阶段日喂串叶松香草 0.5 千克，60~100 千克阶段日喂 1 千克；妊娠前期母猪日喂精料 1.75 千克，串叶松香草 3 千克；妊娠后期日喂精料 2 千克、串叶松香草 2.5 千克；哺乳期日喂精料 5.5 千克、串叶松香草 0.5 千克。观察 135 胎，结果表明：平均每头母猪在妊娠期和哺乳期共喂串叶松香草 344.5 千克，节省精料 67 千克，节约精料费用 70.38 元。大白、长白、杜克纯种母猪平均产活仔数达 10.5 头、10 头和 8.47 头；35 日龄断奶成活分别达到 9.2 头、9.17 头和 8.23 头。该结果表明了纯种外来种猪也可利用青饲料。刘宏伟等（1999）试验表明，母猪饲粮中添加 40% 串叶松香草，其配种受胎率提高 10 个百分点，仔猪断奶窝重提高 11.4%。

（5）串叶松香草饲喂猪注意的事项　串叶松香草虽是一种优质高产牧草，其饲用价值也高，但由于容积较大，粗纤维相对较多，饲喂量可控制在 5%~10%，特别对生长肥育猪应严格控制在 5% 以下。饲喂量过大，对猪可产生负效应。

（五）青绿多汁饲料的加工与调制技术

1. 切碎（切短）

青绿饲料喂猪应适当切碎，经切碎后便于采食、咀嚼，也减少浪费，有利于和其他饲料均匀混合。青饲料切碎可用普通铡草机，其长短度可依猪的种类、饲料类别及老嫩状况而异，原则上是粗纤维含量越高，猪的年龄越小，则应切得越短，一般以 1~22 厘米为宜。

2. 打浆

青绿饲料打浆后更加细腻，猪更喜欢吃，且有利于消化吸收。打浆还可消除聚合草、籽粒苋等青饲料茎叶表面的毛刺，改善适口性。打浆前应将青饲料清洗干净，清除异物，有的还须先切短。一般可采用专用打浆机加工，边放青料边加水，料水比为 1 : 1，成浆后草浆流入贮料池等容器备用。

3. 干燥

牧草自然干燥时，要选择晴朗的天气，将适时刈割的牧草就地薄薄地平铺在地面上暴晒 4~6 小时，使青草内水分迅速减少到 40% 左右，再收回到晒坪上将半干的草用铡草机切碎，然后铺在晒坪上晾晒至干脆，最后用普通粉碎机粉碎即可。

4. 发酵

发酵就是使酵母菌、乳酸菌等有益微生物在适宜的温度下进行繁殖，产生菌体蛋白质和其他酵解产物，把青饲料变成具有酸、甜、软、熟、香的饲料，可增进猪的食欲，增加采食量。有研究表明，在生猪养殖过程中使用发酵饲料，使全程饲料 / 增重由 3.6 降至 3.3，在不增加饲养成本的条件下，在猪用配合饲料中添加 15%~25% 的微生物发酵饲料就可以实现从 20 千克至出栏的无抗生素饲养。虽然自然发酵有利于乳酸菌的定植，用自然液体发酵饲料比未发酵饲料降低饲料和胃中的 pH 值，但目前试验证实，接种有益菌的液体发酵饲料比自然发酵具有一定的优势，并有替代抗生素的潜力。向液体饲料中加酸、加酶或接种益生菌发酵提高养分的消化率，真正替代抗生素实现生猪生态绿色饲养，已成为现代养猪生产的一个发展方向。近年来，国际上尤其是欧洲一些集约化养猪生产采用液体发酵饲料养猪，它的应用面大约占整个欧洲养猪业的 30%，具体为德国 30%、英国 20%、丹麦、爱尔兰和荷兰占 30%~50%；亚洲的泰国和菲律宾也正在逐步应用。

5. 青贮

青贮饲料就是将青绿多汁的作物和牧草等在适当含水量（65%~70%）和含糖量条件下贮存在密闭容器中，当 pH 值达到 4 左右时，利用乳酸菌发酵抑制杂菌繁殖可长期保存大部分营养成分而调制的饲料。由于青贮饲料在密闭而且微生物停止活动的条件下贮存，最大限度地减少营养物质的损失，并且保持青贮饲料长期不变质。青贮饲料可以保持猪场长年不断青饲料，这是以旺补淡的有效办法。通常是把含水量 65%~70% 的青绿饲料切成 1~2 厘米后，逐层加入青贮窖等容器内压实，在 19~37℃ 条件下青贮 45~60 天，即可用于喂猪。

（1）青贮要注意的事项　豆科牧草不能单独青贮，要与其他含糖量高的牧草或饲料作物混贮，豆科牧草比例要占 60%~70%，禾本科牧草或饲料作物占 30%~40%，利于乳酸菌的繁殖生长，提高青贮质量。

（2）青贮饲料的饲喂量　发酵好的青贮料其质量标准为有酒的酸香味，色泽黄绿，质地柔软湿润。青贮饲料的喂量可按猪的不同生理阶段和体重等而不同。一般生长肥育猪每天可喂 1~3 千克，仔猪从 45 天开始饲喂，喂量逐渐增加。公猪配种期不喂，非配种期每天可喂给 3 千克。成年母猪每天 3~4 千克，空怀母猪每天 2~4 千克，哺乳母猪每天 1~2 千克。母猪妊娠的最后 1 个月，青贮料的喂给量要相应减少一半，并在产仔前两周时，日粮中不可添加青贮料，在产仔后再喂给青贮料，其喂量从 0.5 千克，经 10~15 天后，可增加至正常喂量。

（3）青贮饲料喂猪的要注意的问题

① 与精料合理搭理使用。青贮饲料必须与精饲料合理搭配使用，防止猪采食后因体内酸碱不平衡而引起中毒。对过酸的青贮饲料，可加入适量的小苏打中和。

② 饲喂量不可过大。饲喂时，要由少到多，逐日过渡；霉烂和冻结的青贮饲料不能饲喂。

③ 随吃随取。取用时应从窖的一端开始，开展取料，并保持横断面整齐，切忌用手乱抓、乱拽、乱掏坑；取用量应以 1 天饲喂量为宜，随吃随取。

（六）青饲料的饲喂要注意的事项

1. 合理搭配利用

青饲料营养物质含量丰富，且粗纤维的木质化程度低，这为现代养猪生产充分利用青绿饲料，降低生产成本提供了有利条件。然而，猪毕竟不是草食家畜，其后肠消化吸收粗纤维的能力有限，加上青绿饲料的含水量高，能值低，在现代养猪生产中特别是在饲养现代培育的增重快、瘦肉率高的外来猪种时更值得注意，不能指望用青绿饲料来大比例替代精料降低饲养成本，只能通过种植优质青饲料，经适当调制，按青、精饲料合理搭配与适当比例添加，饲喂不同猪群，才是提高养猪生产力，降低饲养成本，增加规模养猪效益的有效途径之一。

2. 按一定比例与饲喂量饲养各类猪

（1）饲喂方法 一般来讲，中小型猪场最好喂鲜草或青贮料，大型猪场可喂青干草粉，但大型猪场的母猪也可喂鲜草。饲喂方法很简单，喂法一般与精料混合喂或在喂料前 0.5 小时投喂鲜草。首次掺草量要由少到多，一般经 2~3 天训饲即可适量添加。草料比例：小猪 0.3∶1、中猪 0.5∶1、大猪（1~2）∶1。一般把刈割的鲜牧草用铡草机切成 0.5~1 厘米小段，由饲养人员按规定的比例拌料饲喂猪。

（2）饲喂量 饲喂量一般要求是外来猪种少喂，本地猪种多喂；小猪少喂，大猪多喂；饲料作物少喂，优质牧草多喂；老草少喂，嫩草多喂；质量差的草少喂，质量高的草多喂。各类猪群的饲喂量：后备猪群鲜草日喂量 1.5~2 千克，青贮料 1~1.5 千克、干草粉 0.2~0.3 千克；妊娠母猪鲜草日喂量前期 3~5 千克，后期 2~3 千克；青贮料日喂量前期 2~4 千克，后期 1~2 千克；干草粉日喂量前期 0.3~0.4 千克，后期 0.5~0.7 千克；哺乳母猪鲜草日喂量 1~2 千克，青贮料日喂量 0.3~0.5 千克，干草粉日喂量 0.1~0.3 千克；生长育肥猪鲜草喂量一般占精料量 10%~20% 添加，众多试验表明，添加量超过 20% 对生长性能有影响，青贮料日喂量 5%~10%，干草粉占精料量 3%~6%；哺乳仔猪对鲜草可作为诱食剂和调味剂，一般不在日粮中添加。

3. 注意中毒

（1）防止亚硝酸盐中毒 有些青绿饲料中含有亚硝酸盐，如在蔬菜、饲用甜菜、萝卜叶、油菜叶、芥菜叶中都含有硝酸盐，硝酸盐本身无毒或毒性很低，这些青绿饲料若堆放时间长、发霉腐败，或在锅里加热，或煮后闷在锅或缸里过夜，在细菌作用下，则会将硝酸盐还原为亚硝酸盐，这时才具有毒性。亚硝酸盐中毒一般表现急性临床症状，发病快，多在 1 天内死亡，严重者可在半小时内死亡。症状表现为不安、腹痛、呕吐、流涎、吐白沫、呼吸困难、心跳加快、全身震颤、行走摇晃、后肢麻痹，血液呈酱油色，体温无变化或偏低。发现后及时用 1% 美蓝溶液注射治疗，每千克体重为 0.1~0.2 毫升。

（2）**防止氢氰酸中毒**　青饲料中一般不含氢氰酸，但在马铃薯幼芽、木薯、三叶草、南瓜蔓等中含有氰苷配糖体。含氰苷的饲料经过堆放或霜冻枯萎，在植物体内特殊酶的作用下，氰苷会被水解而形成氢氰酸。氢氰酸中毒的主要症状为腹痛或腹胀；呼吸快而困难，呼出气体有苦杏仁味；黏液由红色变为白色或带紫色，瞳孔放大，牙关紧闭；行走站立不稳，最后卧地不起，四肢划动，呼吸麻痹死亡。发现后可及时注射 1% 亚硝酸钠液治疗，每千克体重用量为 1 毫升；也可用 1%~2% 美蓝溶液，每千克体重用量为 1 毫升。

（3）**防止农药中毒**　刚喷过农药的青绿饲料及饲料作物，不能刈割用作饲料，等下过雨或隔 1 个月后再刈割饲用，以免引起农药中毒。

（4）**定期驱虫**　饲喂青绿饲料要定期对猪驱虫，尤其是饲喂水生饲料的猪。水生青绿饲料一般有寄生虫附着，为防止寄生虫病的传播和蔓延，要定期对饲喂水生饲料的猪投喂规定的药物进行驱虫。仔猪与种猪一般不要饲喂水生饲料。

五、粗饲料

（一）粗饲料的定义

粗饲料指干物质中粗纤维含量大于或等于 18% 的饲料。中国饲料分类法中，粗饲料包括干草、农副产品、粗纤维大于等于 18% 的糟渣、树叶等。

（二）现代养猪生产中可利用的粗饲料

1. 苜蓿草粉

（1）**苜蓿草粉的营养成分及国家标准规定**　苜蓿草粉是指适时收割的苜蓿人工或日晒干燥、粉碎而制成的产品。其为配合饲料工业提供半成品蛋白质补充饲料和维生素饲料，同时促进了浓缩饲料和全价性配合饲料的迅速发展。苜蓿草粉的营养价值受苜蓿收割时间的影响，不同生长期刈割所得的苜蓿草粉营养成分有较大的变化，通常在现蕾期、初花期和盛花期收获，营养价值高；结荚期及以后收获的，粗纤维增加，粗蛋白质降低。不同生长期所制得的苜蓿草粉营养成分比较见表 13-18。

表 13-18　不同生长期所制得的苜蓿草粉营养成分比较　　　　　　（%）

生长阶段	粗蛋白质	粗脂肪	粗纤维	无氮浸出物	粗灰分
营养生长期	26.1	4.5	17.2	42.2	10.0
花前现蕾期	22.1	3.5	23.6	41.2	9.6
初花期	20.5	3.1	25.8	41.3	9.3
半盛花期	18.2	3.6	28.5	41.5	8.2
盛花期	12.3	2.4	40.6	37.2	7.5

从表 13-18 可见，初花期以前刈割制成的苜蓿草粉粗蛋白质含量在 20% 以上。苜蓿草粉还富含各种纤维素、矿物质，其中钙 1.6%、磷 0.25%、β- 胡萝卜素 211 毫克 / 千克、维生素 A 352 国际单位 / 克、叶黄素 423 毫克 / 千克。可见，苜蓿草粉的赖氨酸含量为 0.06%~1.38%，比玉米高 4~5 倍，也是植物性蛋白质的良好来源。

苜蓿草粉的营养价值也受加工方法的影响。苜蓿草粉按调制方法可分为日晒和烘干苜蓿草粉。由于日晒后堆垛、储存过程中容易引起叶片损失，从而降低粗蛋白质含量，而且日晒对 β-胡萝卜素的破坏很大，因此，日晒苜蓿加工草粉的营养价值不如人工干燥苜蓿草粉。国外多采用人工快速干燥法，把刚刈割的苜蓿，在 800~850℃高温烘干机中干燥 2~3 分钟，水分降到 10%~20%，可保持鲜苜蓿养分的 90%~95%。由于生产成本问题，国内一般采取日晒法加工苜蓿草粉。我国饲料用苜蓿草粉标准规定，感官性状为暗绿色、绿色，无发酵、霉变及异味、异臭；以粗蛋白质、粗纤维、粗灰分为质量控制指标。按含量可分为 3 级，如表 13-19 所示。国家农业部第 1773 号公告（2012 年 6 月 1 日），在《饲料原料目录》中也对苜蓿干草粉作了规定，指收割的牧草经自然干燥或烘干脱水，粉碎后不得含有毒有害草；产品名称应标明草的品种，如苜蓿干草粉（指收割的牧草经自然干燥或烘干脱水后获得的产品）。产品强制性标识要求为粗蛋白质、中性洗涤纤维。

表 13-19　饲料用苜蓿草粉的标准（GB 10389—1989） （%）

质量指标	一级	二级	三级
粗蛋白质	≥ 18.0	≥ 16.0	≥ 14.0
粗纤维	< 25.0	< 27.5	< 30
粗灰分	< 12.5	< 12.5	< 12.5

（2）苜蓿草粉在猪饲料中的应用效果　配合饲料中添加适宜水平的苜蓿草粉可提高猪的生产性能、繁殖性能及胴体品质。

① 繁殖母猪饲粮中添加苜蓿草粉的影响与效果。母猪所处的特殊生理阶段，使其具有耐粗饲的特性以及对维生素 A、维生素 D、维生素 E 和钙、磷及赖氨酸需要量较高的特点，而苜蓿草粉的营养特性正好可满足母猪这些需求。母猪日粮中添加不同比例的苜蓿，对母猪的繁殖性能影响不显著。廉红霞等（2014）报道，在妊娠母猪饲粮中添加 20% 的苜蓿草粉，可显著提高泌乳期母猪的日采食量，减缓了泌乳期母猪背膘厚的下降幅度；提高初生仔猪数、初生活仔猪数、断奶仔猪数、窝重和窝平均日增重。藏为民等（2005）研究表明，添加苜蓿草粉缩短了母猪断奶至发情的时间间隔；提高了断奶仔猪成活率，断奶平均个体重；当苜蓿草粉添加量 10% 时，仔猪生长性能最好。目前，较为一致的观点是给妊娠母猪饲喂苜蓿有很多好处，如可以提高母猪的繁殖性能、母猪初乳和常乳的乳脂率，有利于初生仔猪的成活，可以减少母猪的异常行为，防止母猪产后便秘和无乳综合征的发生等。

② 仔猪饲粮中添加苜蓿草粉的影响与效果。候生珍等（2005）用不同含量的苜蓿草粉等量代替菜籽粕饲喂仔猪，结果表明，以 2% 的苜蓿草粉替代菜籽粕饲喂，不会影响仔猪的日增重，且随着苜蓿草粉添加量的增加，仔猪腹泻明显减轻。当苜蓿草粉替代比例增加到 4% 和 6% 时，虽然能降低腹泻率，但饲粮中消化能和蛋白质水平降低，影响仔猪日增重，表明了仔猪饲粮中苜蓿草粉添加量不可过大。但也有不同的试验结果，沈桃花等（2006）在健康初生仔猪（10~20 龄）的饲粮中加入苜蓿草粉，结果表明，饲粮中加入 5% 苜蓿草粉，对仔猪的日增重、日采食量和饲料营养物质消化率没有产生不利的影响，并能有效防止仔猪腹泻，在断奶后 1 周内可极显著提高仔猪的体重。

③ 生长肥育猪饲粮中添加苜蓿草粉的影响与效果。苜蓿对生长猪生产性能的影响研究结果不一致。Cramp 等（1954）在 50 千克体重猪的日粮中添加 45% 的苜蓿，结果猪的日增重降低，猪的瘦肉率降低。Stahly 等（1986）在日粮中添加 10% 脱水苜蓿草粉，10℃环境下饲养，结果猪的背膘厚度减少 3%。而美国 1953~1955 年许多州试验表明，生长肥育猪的

日粮中含 5%~10% 优质苜蓿草粉，可使生长猪获得良好的生产性能。国内近些年来，也有不少学者对生长肥育猪饲粮中添加苜蓿草粉的影响与效果进行了研究。徐向阳等（2006）将苜蓿草粉以不同比例添加到生长肥育猪饲粮中，结果发现，5%、10% 苜蓿草粉有利于提高生长猪的日增重及饲料转化率，尤其 10% 组的日增重、日采食量较对照组有极显著改善，饲料转化率较对照组明显提高，并且饲粮中的干物质、粗蛋白质、中性洗涤纤维（NDF）的消化率提高。郑会超等（2006）在杜洛克生长猪饲粮中添加不同比例的苜蓿草粉，结果表明，5% 和 10% 的添加量使生长猪的日增重显著增加，而料肉比下降不显著，但 20% 添加量组生长性能显著下降。郑家明（1999）选用长白 × 当地杂交猪在饲粮中添加紫花苜蓿草粉，试验结果表明，苜蓿作为粗饲料中的优质牧草，在适当添加比例条件下，可以降低精料消耗和饲养成本，提高经济效益，添加比例以 10% 为最佳，不能超过 20%。王彦华等（2006）在肥育猪饲料中添加苜蓿草粉，研究发现，随着苜蓿草粉添加量的增加，日采食量下降，日增重先升后降，饲料利用率升高；饲料中添加苜蓿草粉对血液生化指标影响显著；苜蓿草粉添加量为 14% 时，对改善猪的生产性能最好。国内外造成试验结果不一致的原因，一般认为与苜蓿中未知因子和粗纤维有关。能量含量高的饲料，如果可消化能也足够，即使饲料中粗纤维的比例变化较大，对猪的生长影响也不大，但当粗纤维含量过大，日粮能量浓度显著降低时猪的生长速度就会降低。因此，少量使用苜蓿草粉有利于猪的生长，过量使用影响猪的生长。

（3）苜蓿草粉在猪日粮中的应用比例　国内外的苜蓿草粉在猪日粮中的应用研究较多，目前较一致的观点认为：限制苜蓿在猪日粮中应用的主要原因是粗纤维含量。猪对苜蓿的利用主要依靠大肠微生物发酵，猪大肠发酵纤维的最终产物是挥发性脂肪酸，可提供生长猪 5%~30% 的能量需要。另外一些研究表明，猪大肠无外源酶的情况下，对果胶和纤维素具有很高的消化力。由此可见，给猪饲喂苜蓿草粉，会对猪产生一定的影响。目前，一些国家对苜蓿草粉在猪日粮配方中应用的比例如表 13-20 所示。由于苜蓿草粉中含有抗营养因子，如皂苷、酚化合物、苯醌等，这些物质能和蛋白质结合，从而导致饲料蛋白质消化率降低，因此，仔猪饲粮中一般不用苜蓿草粉为宜。由于我国苜蓿草粉的质量较差，对生长肥育猪饲粮中一般用量在 5% 以下，在妊娠母猪饲粮中可添加 10% 以下。

表 13-20　苜蓿草粉在猪日粮配方中应用的比例　（%）

国家	生长猪	育肥猪	母猪
美国	2~10	3	10
前苏联	8~17	3	22
日本	2~4	3	2~5

资料来源：中国畜牧杂志 1993（4）。

2. 糟渣类饲料

（1）糟渣类饲料来源与营养特性　糟渣类饲料主要包括酒糟、酱油糟、醋糟、啤酒酵母、淀粉工业下脚料、糖蜜、甜菜渣、淀粉渣、菌渣等。淀粉工业下脚料一般指马铃薯渣、红薯淀粉废渣、木薯渣等。其中菌渣、啤酒酵母等可作为蛋白质饲料，酒糟、甜菜渣、淀粉渣等可作为能量饲料；纤维含量高的甜菜粕、甘蔗渣等可作为反刍动物的饲料；糖蜜可发酵生产赖氨酸，淀粉渣还可用来生产单细胞蛋白。对现代养猪生产而言，糟渣类饲料中可利用的是可作为蛋白质和能量饲料这两类。

糟渣类饲料大多是提取了原料中的碳水化合物后剩余的多水分的残渣物质，除了水分含量较高（70%~90%）之外，还含有一定的粗纤维、粗蛋白质、粗脂肪等，无氮浸出物含量较低，其粗蛋白质占糟渣物质的20%~40%，从营养特性上讲属于蛋白质饲料范畴。但糟渣中粗纤维含量较高，多在10%~20%。蔗渣高达50%~60%，其各种营养物质的消化率与其他原料相似，若按干物质计算，糟渣的能量价值与糠麸相类似。如酒糟的蛋白质含量为13%~22%，而粗纤维含量较高，在13%~14%；玉米淀粉渣风干样含粗蛋白质约12%，粗纤维约11.5%，两样几乎相等；甜菜渣含粗蛋白质9.2%~12.6%，而粗纤维16.7%~23.3%；甘蔗渣含粗蛋白质1%~2%，而粗纤维高达50%左右，只可用于反刍动物饲料。我国的酱渣、醋渣资源量大，但由于长期未解决含盐量高等问题，作为规模化养猪饲料利用率低。由此可见，虽然糟渣类饲料可作为蛋白质和能量饲料的补充料，但由于含水量高及粗纤维含量高而未得到广泛应用。部分糟渣仍含有抗营养因子，简单的加工工艺无法去除，如豆渣中含有抗胰蛋白酶。此外，有的糟渣饲料酸碱性差异大，有的偏酸，有的偏碱，如曲酒糟的pH值差异较大。另外，糟渣类饲料物理形状差异大，有片状、粒状、糊状等多种形态，易黏结，糟渣淀粉在烘干时结成团，将使干燥难度加大。由此可见，糟渣含水率高，作为配合饲料的原料，必须具有高效的脱水和烘干设备，并保证营养成分损失少或不受损失，产品不被污染。

（2）糟渣类饲料化处理方法　糟渣的处理除极少量的用新鲜糟渣直接饲喂和发酵后再干燥成饲料原料外，多采用脱水、干燥、粉碎制成配合饲料原料。目前，对糟渣类饲料的处理主要是脱水干燥法和发酵法。

①脱水干燥法。干燥糟渣类饲料必须采用特定设备，如带式真空吸滤机、卧式离心机等进行直接脱水干燥，可以脱去60%~70%的水分。目前常用的脱水干燥机有：高速搅拌干燥机、气流干燥机、流化床干燥机、转子干燥机、管束干燥机。其中高速搅拌干燥机适用面最广，可适用于各种糟渣类饲料，如酒精糟、白酒糟、啤酒糟、醋渣、味精菌体、青霉素菌体等。脱水干燥法的干燥工艺有3类，即适合于小型厂的干燥工艺、大型厂的干燥工艺和淀粉含量高的干燥工艺。

②发酵法。工业上把利用微生物生产产品的过程叫做发酵。广义的发酵是指微生物在无氧条件下通过呼吸作用等代谢过程，分解底物，产生所需要特定产品的过程。狭义的发酵是指微生物以内源的有机物作为呼吸作用中氢的受体的呼吸方式。发酵需要原料和条件，前者包括有机物、厌氧或兼性厌氧微生物。发酵所用的菌种很多，酵母是比较常用的一种，后者包括适合微生物生长的发酵的温度、pH值、氧气含量及养分等。采用发酵法处理糟渣类原料，可以改善糟渣的营养价值或直接用来生产高蛋白质饲料添加剂。发酵法处理糟渣的应用效果有很多报道。肖少香（2007）通过对豆渣发酵过程中豆渣含水量、接种量、培养时间、pH值与温度等最适条件的研究表明：采用毛霉在豆渣含水量为70%、pH值为6、接种量为10%、温度为28℃条件下发酵培养3天时，发酵效果最佳，豆渣中蛋白质得到有效分解。所得发酵产物烘干后色泽为深棕黄色或褐色，颜色均匀，并具有发酵豆渣特有的香味。赵凤敏等（2006）以马铃薯淀粉生产中的废渣为原料，利用筛选出的糖化菌种和高蛋白菌种组成的双菌发酵体系，对马铃薯渣固态发酵生产蛋白质饲料的发酵工艺进行研究，确定了发酵培养基的最佳组成与配比为：硫酸铵1.5%、尿素为1.5%，菌种T-1接种量为5%、菌种D-1接种量为20%。结果表明，发酵产品氨基酸种类齐全，维生素B_1、维生素B_2含量相对

主原料均有明显增加，黄曲霉毒素 B_1、硒、汞、铅、砷等重金属元素的测定结果符合国家《饲料卫生标准》。

（3）现代养猪生产中可利用的几种糟渣类饲料

① 酒糟。酒糟是酿酒业的副产品，分白酒糟和啤酒糟。由于酒的种类不同，所用原料和酿造技术有别，使得酒糟的营养价值差别较大，而在使用方法、添加量上要注意一些问题。

用粮食酿造的白酒酒糟多为固体，水分含量较高（70%），这类酒糟粗蛋白质含量高，一般 13%~21%，粗脂肪 4%~10%，粗灰分 8%~21%，无氮浸出物含量在 40% 左右，但粗纤维含量较高在 20% 以上，是真正的粗饲料，其因是在酿酒过程中加入了 20%~25% 的稻壳，以利蒸汽通过，并提高出酒率。酿酒工业多采用传统的微生物固体发酵工艺，使白酒糟中残留的 B 族维生素含量较为丰富；此外，酒糟在酿造过程中经过高温蒸渣、微生物糖化、发酵等过程，使酒糟质地柔软、清洁卫生、适口性好，是一种比较好的粗饲料。新鲜酒糟可以直接喂猪，但白酒糟中粗纤维偏高，对猪的消化率影响较大；另外，酒糟酸度也大，并含有一定的乙醇，使用前可在糟内添加 0.5%~1% 的生石灰，用来降低酸味，可提高适口性；也可用堆垛等储藏方法，踏实，用塑料薄膜封闭，靠自身所含的游离乳酸、醋酸的作用，可使鲜酒糟长期贮藏。为了防止乙醇中毒，鲜酒糟最好经过贮藏 1 个月以上再用。酒糟最好脱水干燥，经粉碎后为粉料可作为配合饲料的原料之一。生长肥育猪一般用量 10%~15%；妊娠期母猪最好不用，哺乳期母猪用量 5%~10%，仔猪少用，民间有"仔猪喂糟不长"之说，用量一般在 2%~5%。由于酒糟具有便秘性，同时多喂青绿饲料为宜。

啤酒糟是啤酒在酿造的下脚料，同时还有麦芽根和啤酒酵酒。鲜啤酒糟含水分（75%），经脱水处理的干啤酒糟含粗蛋白质 22%~27%；粗脂肪 6%~8%，其中亚麻油酸 3.4%；无氮浸出物 39%~43%，其中多为五碳多糖，对猪利用率不高。生啤酒糟水分高，易变质，可直接新鲜饲喂。由于啤酒糟含能低，仔猪一般不用，生长肥育猪用量一般不超过 5%，妊娠母猪可用到 20%。

② 酱油糟和醋糟。酱油和醋用豆类和大米等为原料酿造而成，其糟类副产品营养丰富。酱油糟含水分 50% 左右。风干酱油糟含水分在 10%，消化能 8.74~13.8 兆焦/千克，粗蛋白质 19.7%~31.7%，粗纤维 12.7%~19.3%，但含盐量高，为 5%~7%。醋糟含水为 65%~70%，风干醋糟含水在 10%，粗蛋白质 9.6%~20.4%，粗纤维 15.1%~28%，消化能 9.87 兆焦/千克，并含丰富的微量元素铁、锌、硒、锰等。这类糟类含有大量的菌体蛋白，粗蛋白质含量是玉米的数倍，粗脂肪含量 14% 左右，同时含有 B 族维生素、未发酵淀粉、氨基酸、糊精及有机酸等。用作猪饲料，易于消化吸收，成本也低。

此糟类作为饲料，需要注意的酱糟中食盐量高，用量超过 30% 易发生食盐中毒；醋糟中含醋酸高，影响适口性。因此，此糟类饲料均不可单一饲喂，要与能量饲料和饼粕类饲料混合饲喂，猪饲粮中一般用量在 10% 以下。

③ 粉渣和豆渣。粉渣是用豌豆、红薯等生产粉丝、粉条的副产品，干物质中主要成分为无氮浸出物、水溶性维生素、蛋白质和钙，磷量少，粗纤维含量较原料高，又由于加工过程中大量加水，使水溶性维生素已大量流失。鲜粉渣含水量 90% 以上，又含可溶性糖，经发酵产生有机酸，pH 值一般为 4~4.6，存放越长酸度越高，易被腐败菌和霉菌污染而变质，丧失饲用价值。因此，鲜粉渣不宜贮藏。用粉渣喂猪必须与其他饲料搭配使用，并注意补充蛋白质和矿物质等营养成分。在猪的配合饲粮中，哺乳母猪饲料中不宜加粉渣，尤其是干粉

渣，否则猪乳中脂肪变硬，易引起仔猪下痢；小猪不超过30%，大猪不超过50%。对霉败的粉渣不可饲喂。

豆渣是大豆加工豆腐的副产品，同原料大豆比例为1.65∶1，同豆腐的比例为5∶1。新鲜豆渣含水量70%~90%，也容易腐败。豆渣饲用价值高，干物质中粗蛋白质和粗脂肪含量多，适口性好，消化率高。但豆渣中也含有抗胰蛋白酶等有害因子，以熟饲为宜。豆渣主要用于肥育猪饲料，因钙、胡萝卜素、尼克酸等缺乏，长期饲用易引起缺乏病，故应与其他饲料搭配使用，在肥育猪饲粮中可配入30%。鲜豆渣因水分高易腐败，要注意新鲜饲喂，生产中加入5%~10%碎秸秆青贮可保存。

④ 甜菜渣。甜菜渣又称甜菜粕，是制糖业的副产品，即甜菜在制糖过程中，经切丝、渗出，充分提取糖分后含糖量很少的菜丝，亦称废糖粕。

甜菜渣的特点是非淀粉多糖含量高，木质素含量低，非淀粉多糖由纤维素、半纤维素和果胶等组成。一些天然牧草中的戊决定着纤维的消化率，而甜菜渣纤维的消化率却归因于树胶醛糖。对于猪来讲，尤其是成年猪，大肠中碳水化合物的消化率越高，就意味着产生更多的挥发性脂肪酸供给机体能量，还可以调控肠道发酵。由于甜菜渣含有很高的可消化纤维、果胶和糖分，具有在动物胃肠道内流过速度慢和在盲肠内存留时间长的消化特性，甜菜渣中的粗纤维较易被动物胃肠道中的微生物降解。因此，甜菜渣是一种适口性好、营养丰富、质优价廉的多汁饲料资源，经干燥脱水等处理后，可成为现代规模化养猪生产中一种新的饲料原料。

甜菜渣的营养价值和饲喂效果相当于玉米，有试验表明，甜菜渣可以作为生长猪能量饲料来源。鲜甜菜渣适口性好，是猪的良好多汁饲料，对母猪还有催乳作用；干甜菜渣的主要成分为无氮浸出物和粗纤维，与其他块根块茎类多汁饲料相比，其粗蛋白质的含量较高。甜菜渣含水84.8%，粗蛋白质1.34%，粗脂肪0.07%，粗纤维2.75%，无氮浸出物8.1%，粗灰分2.94%，钙0.11%，磷0.02%。干甜菜渣约含水分13.2%，粗蛋白质7.1%~9.6%，粗脂肪0.8%，无氮浸出物57%，粗纤维32.9%~41.1%，钙0.77%~1.36%，磷0.05%~0.08%。由于甜菜在制糖过程中反复用水浸泡，使可溶性营养物质流失较多。

新鲜甜菜渣可以直接饲喂猪，由于甜菜渣中有机酸含量较高，饲喂过量，易引起拉稀，一般可用10%左右，最高不超过25%，甜菜渣除了鲜喂外，为了贮存或便于运输，还可将其干燥加工成干粕。干粕的加工方法有自然干燥和人工干燥，其中人工干燥是将甜菜渣挤压降低水分后，经烘干和成形工序制成块或颗粒。此外，还可用青贮的方法将甜菜渣贮存起来。

第二节　饲料添加剂

一、饲料添加剂的概念和分类及作用

（一）饲料添加剂的概念和分类

饲料添加剂的雏形是20世纪初由英国科学家提出的饲料补充物，当时的动物营养理论是饲料补充物的基础和根据。在饲料中添加微量的维生素和无机盐等营养成分，可补充饲料中某些营养物质的不足，平衡饲料营养，并获得了良好的饲养效果。随着科学技术的进步及养殖业向集约化、规模化、专业化和工厂化方向发展，饲料补充物的种类和功能不断增加，其功能和作用机理已超出了动物营养理论范围，因而饲料补充物的概念并不全面，美国科学家于20世纪40年代首先提出了饲料添加剂这一概念，并很快得到了国际的公认并应用至今。然而，随着动物营养学、动物生理学、饲养学、生物生化、生物工程学、药物学、医药学、微生物学及计算机学等多门学科的发展，现在的饲料添加剂已融合了多门学科和多种新技术，其资源、种类、功能和应用范围得到了进一步的拓展。资源已包括植物产品、动物产品、化工产品、矿物产品、生物制品等；种类达600种之多，并在不断增多，功能也由营养成分的补充逐步发展到防病治病、提高饲料利用率、改善饲料内在和外在品质、改善动物产品以及某些特殊需求等；应用范围已包括畜牧、水产及特种经济动物养殖。因此，现代的饲料添加剂有了新的含义，是指为了完善饲料营养价值，提高动物健康水平，促进动物生长，提高生产性能和饲料利用率，改善饲料的物理特性，增加饲料耐贮性，改善畜产品品质（如提高瘦肉率、改善风味、生产某些功能食品）等特定的目的而以微小剂量添加到饲料中的一种或多种物质成分。这些物质成分一般分两类：营养性物质和非营养性物质。目前，我国已批准使用的添加剂品质有220多个，其中，国产并制订标准的近70多种，允许使用的药物添加剂57种。

（二）饲料添加剂的作用及意义

1. 促进饲料工业和饲养业及种植业的发展

现代畜牧业和传统畜牧业相比，饲料质量要求有了很大提高，其因是饲料添加剂已作为配合饲料的重要成分，饲料添加剂配方已成为饲料配方的核心技术，是饲料配方主要科技含量所在，关系着饲料产品的质量水平、生产性能和经济效益。它用量虽微，但作用却很大，起着平衡饲料营养、保证饲料质量、提高饲料有效成分利用率的重要作用，决定着配合饲料的质量。它与蛋白质饲料、能量饲料构成配合饲料原料的三大要素。因而饲料添加剂的合理应用和开发，较大地影响着饲料工业的发展，也关系着饲养业和种植业的发展。

2. 提高动物生产性能

饲料添加剂可以补充基础饲料中所缺乏的有效微量物质成分，在饲料中添加这类物质成分，其目的在于补充饲料营养成分的不足，改善饲料品质和适口性，预防疾病并增强动物的抗病能力，最终提高动物的生产性能、饲料利用率，并改善了畜产品品质。

3. 提高现代养猪生产经济效益

现代养猪生产的工厂化、集约化、规模化和专业化程度的提高，一方面使猪日益远离自然环境，对饲料的依赖程度与日俱增；另一方面，猪的生产水平不断提高，而干扰生长或生产的因素增多。因此，仅以单一饲料或一种简单饲料配合，是无法满足现代猪种对多种营养素的需要的，即使应用更多种类饲料进行配合，也会出现营养的过多或缺少。只有多种必需饲料添加剂的参与才能平衡养分，满足猪繁殖、生长、生产的需要，达到最佳饲养效益。实践证明，正确地应用饲料添加剂，可以大大提高饲料利用率，发挥猪内在的生产潜力，缩短猪的生长周期，从而提高生产效率和经济效益，一般可提高规模养猪经济效益10%以上。

4. 能有效节约粮食

现代的养猪生产饲料成本占70%左右，在饲料中添加饲料添加剂，可使配合饲料比传统的单一饲料养猪节约粮食25%左右，其因是饲料添加剂的应用，很大程度上提高了饲料营养成分的全价性和平衡性，提高了饲料利用率，从而节约了粮食。

二、营养性饲料添加剂

营养性饲料添加剂指补充饲料中缺少的、动物营养必需的、平衡饲料成分的、并能提高饲料的利用率，直接对动物发挥营养作用的少量或微量物质，包括合成氨基酸、微量元素、维生素及其他营养性添加剂。

（一）氨基酸添加剂

1. 氨基酸的定义与来源

所谓氨基酸是指一类含有羧基（—COOH）并在与羧基相连的 α- 碳原子上连有氨基（—NH_3）的有机化合物，是构成动物营养所需蛋白质的基本物质。由于侧链 R 不同，构成各种各样的氨基酸。自然界中存在的氨基酸形式有 200 多种，其中有 20 种构成动物机体蛋白质，这些不同的氨基酸按特定顺序以肽键相连，形成氨基酸残基数、分子质量、结构和功能各异的蛋白质分子和有生物功能的肽分子，成为生命活动的基础。氨基酸不仅存在于蛋白质中，有一部分也游离地存在于动植物体内。氨基酸可由蛋白质经酸、碱或酶彻底水解后获得，也可用化学法合成或微生物发酵法生产。

2. 氨基酸的作用

（1）合成蛋白质 蛋白质是构成动物组织细胞的主要成分。动物需从饲料中摄入足够数量和质量的蛋白质，经消化道分解成氨基酸，为动物合成自身所需蛋白质提供原料。由此可见，动物的蛋白质营养实质是氨基酸的营养。动物利用自身合成的蛋白质，保证细胞和组织器官的正常生长、满足动物体内各组织蛋白质更新和修补的需要。

（2）参与多种重要的生理活动 氨基酸在动物体内可合成多种具有特殊功能的蛋白质，如酶、激素、抗体及某些生理活性物质。这些物质为维持动物正常的生命活动、抵抗疾病、适应环境及保证生长、生产和繁殖所必需。可见，由氨基酸合成的蛋白质是动物生命活动的重要物质基础。

（3）提供能量 动物从饲料中摄取的氨基酸，饲料蛋白质在消化道分解产生的氨基酸及动物体蛋白质降解生成的氨基酸，主要用于合成动物组织蛋白质、酶、激素、抗体及其他活性物质，多余部分经氧化分解产生能量供动物利用。

（4）是现代养猪生产饲料中所必需的营养物质 饲料中须含有足够数量和质量的氨基酸，才能保证现代猪种的健康和提高生产性能；若饲料中某些必需氨基酸供给不足，则会导致猪的健康和生产性能下降。猪常用的饲料主要由谷物、糠麸及饼粕类构成，最易缺乏某种必需氨基酸。在猪所需的 10 种必需氨基酸中，最重要的是赖氨酸，是猪所有饲料中的第一限制性氨基酸，通常把苏氨酸、色氨酸作为第二和第三限制性氨基酸。因而，氨基酸添加剂的主要作用是补充日粮天然饲料中的限制性氨基酸，使日粮必需氨基酸达到平衡，才能满足猪的营养需要而保证猪的生产潜力充分发挥。此外，在日粮中添加一定量的限制性氨基酸，在保证合成非必需氨基酸氮源足够的前提下，可降低日粮粗蛋白质水平，从而减少猪粪尿中氮的排出量，可减少对生态环境的污染，这也是使用氨基酸添加剂的又一个作用。研究表明，在玉米 – 豆粕型日粮中补加赖氨酸可降低蛋白质两个百分点，但在生长猪日粮的粗蛋白质水平下降到 12% 时，除添加赖氨酸，还需要添加苏氨酸和色氨酸。

3. 氨基酸添加剂的种类

氨基酸开始用于饲料添加剂在 20 世纪 60 年代后期，目前用于饲料添加剂的氨基酸及氨基酸盐及其类似物品种较多。生产中常用的有赖氨酸、蛋氨酸、苏氨酸、色氨酸、谷氨酸、甘氨酸、丙氨酸、精氨酸，其中以前两者为主，占饲料用氨基酸90%以上，其次是苏氨酸和色氨酸。

（1）赖氨酸　由于猪常用饲料中大多缺乏赖氨酸，故在饲料中添加赖氨酸可改善饲料利用率，提高生产性能。由于猪只能利用 L–赖氨酸，故商品赖氨酸盐添加剂都是 L 型。饲料中添加的赖氨酸为 L–赖氨酸盐酸盐结晶体，它主要以淀粉、糖质为原料依靠微生物发酵方法生产，也可用化学合成酶法生产。L–赖氨酸盐酸盐外观为白色结晶粉末，无味或稍带特殊气味，易溶于水。L–赖氨酸盐酸盐的纯度应在98%以上，相应 L–赖氨酸含量为78%（以干基计）。L–赖氨酸盐酸盐在配合饲料或全混合日粮中的推荐用量（以氨基酸计）为0.5%。生长猪对赖氨酸需要量高，乳猪日粮占1.2%，仔猪日粮占0.9%~1%。日粮中添加合成赖氨酸，使氨基酸达到平衡后，可以减少饲料粗蛋白质水平1~2个百分点。

（2）蛋氨酸　又称甲硫氨酸，分为 L 型和 D 型两种旋光性的化合物，L 型易被动物吸收，D 型可在动物体内转化成 L 型。用化学合成法生产的蛋氨酸是 D 型和 L 型混合的外消旋化合物。常用的蛋氨酸添加剂有 DL–蛋氨酸和蛋氨酸类似物及其钙盐。DL–蛋氨酸为白色或浅黄色结晶，略带硫化物的特殊气味，纯度以氨基酸计为98.5%。一般配合饲料中添加0.1%的蛋氨酸可提高蛋白质利用率2%~3%。因此，每使用1千吨氨基酸，可节约10万吨配合饲料。DL–蛋氨酸在猪的配合饲料或全混合日粮中的推荐用量（以氨基酸计）为0.2%。

（3）苏氨酸　常用的是 L–苏氨酸，外观为无色至黄色结晶，稍有气味，易溶于水，它是西非高粱、大麦和小麦为主要饲料的第二限制性氨基酸。在仔猪日粮中，赖氨酸与苏氨酸的比例为1.5：1。试验证明，如同时平衡赖氨酸、蛋氨酸和苏氨酸，饲粮粗蛋白质可节约2~3个百分点，可见苏氨酸也很重要。L–苏氨酸以氨基酸计≥97.5%，在猪的配合饲料或全混合日粮中的推荐用量（以氨基酸计）为0.3%。

（4）色氨酸　合成的色氨酸有 L–色氨酸和 DL–色氨酸两种，但对猪而言，DL–色氨酸的生物学效价仅为 L–色氨酸的60%~80%。色氨酸外观为白色至微黄色结晶，略有特殊气味。由于软粒玉米的色氨酸是第一限制性氨基酸，因此色氨酸一般是以玉米为主的饲粮中的第二限制性氨基酸。色氨酸可生成大脑中神经传递物质5–羟色胺，体内，尼克酸可由色氨酸生成，所以色氨酸和尼克酸的需要量因二者的变化而变化。此外，色氨酸对母猪泌乳有促进作用。色氨酸多含于动物蛋白质中，由于饲料中蛋白质的种类所限，色氨酸是仔猪容易缺乏的必需氨基酸。L–色氨酸以氨基酸计≥98.0%，在配合饲料或全混合日粮中的推荐用量（以氨基酸计）为0.1%。

4.氨基酸添加剂的添加方法与应用注意事项

（1）添加方法

① 确定适宜的添加量。氨基酸在饲料原料中的含量比维生素和微量元素大得多，其添加量的多少对于配合饲料的效果及成本有很大影响。在决定其添加量时，应该采用直接测定饲料中氨基酸的含量或查饲料成分表，与饲料标准对比，求得两者之差，再适当考虑其他因素（加工、应激等）后，确定适宜的添加量。对猪来说，多数应添加赖氨酸和蛋氨酸。由于氨基酸的添加对预混料的成本及售价影响大，所以选购时不仅要比较价格，而且氨基酸的添加量必须要清楚。全价料中添加0.1%~0.15%；生长肥育猪0.05%~0.15%；仔猪全价料中添加0.03%~0.05%。

② 根据氨基酸能量比。氨基酸能量比在确定氨基酸添加量中很有用。所谓氨基酸能量

比，指日粮中或饲料中每兆焦有用能量中含有氨基酸的克数。当配合饲料能量高于标准时，氨基酸的需要量也要相应高出标准；反之，则下降。

（2）应用注意事项

① 在猪饲料中添加氨基酸，是在蛋白质水平满足需要情况下补充必需氨基酸的不足。其添加种类和添加量，视基础日粮中各原料组成、类别、生理状态和生产水平不同而有所差别。如在以玉米和豆粕为主的猪日粮中，限制性氨基酸为赖氨酸（第一）和蛋氨酸（第二）。

② 有许多因素影响饲料中氨基酸的利用率。如植物性饲料中碳水化合物所含还原性物质与赖氨酸结合而使其褐变，且随温度升高而加快，影响到赖氨酸的利用率。因此，在计算氨基酸的添加量时，应尽量采用有效氨基酸或可利用氨基酸的方法，以便更准确地满足猪对氨基酸的需要。

③ 在日粮中添加氨基酸可降低日粮蛋白质水平 1~2 个百分点，但不能无限制的降低。因为蛋白质水平过低，非必需氨基酸不能满足需要，则由必需氨基酸转化，这在经济上是不合算的。

④ 某一氨基酸过量添加，或添加不当，会造成氨基酸失衡而带来危害。因为各必需氨基酸之间有一定比例，猪日粮中氨基酸含量的"理想化"比例近似值如表 13-21 所示。

表 13-21 猪日粮中氨基酸含量的"理想化"比例近似值

氨基酸名称	猪	氨基酸名称	猪
赖氨酸	100	亮氨酸	100~110
蛋氨酸 + 半胱氨酸	50~55	组氨酸	33~39
色氨酸	15~19	苯丙氨酸	96~115
苏氨酸	60~70	缬氨酸	70
异亮氨酸	50~70	精氨酸	67

（二）微量元素添加剂

1. 猪用微量元素添加剂的原料种类和主要微量元素

微量元素添加剂原料通常有两大类：微量元素的无机和有机化合物，前者又分为硫酸盐、氧化物、氯化物等，后者包括微量元素的有机酸盐类和氨基酸盐类。国内开发的微量元素的有机化合物 - 氨基酸微量元素螯合物，与微量无机盐相比能显著提高微量元素的消化和吸收，而且吸收代谢程度优于一般无机盐，极大地提高了饲养效果，具有广阔的应有前景。但这类产品因配方、工艺、标准等原因还不十分完善，加之成本高，目前使用并不普及，只是在一些规模猪场中的高产种猪及仔猪上部分应用。

猪常用的微量元素有：铁、铜、锌、锰、碘和硒。为了保证微量元素添加剂的效果，除注意微量元素的原料选择，添加量及微量元素的最大耐受力外，还要注意纯化合物中的微量元素的含量和可利用性，见表 13-22。

表 13-22 纯合物中的微量元素含量和可利用性

化合物	化学式	微量元素含量（%）	可利用性（%）
硫酸亚铁（七水）	$FeSO_4 \cdot 7H_2O$	Fe：20.1	100
硫酸亚铁（一水）	$FeSO_4 \cdot H_2O$	Fe：32.9	100

化合物	化学式	微量元素含量（%）	可利用性（%）
碳酸亚铁	$FeCO_3$	Fe：38	15~80
氯化亚铁	$FeCl_2 \cdot 4H_2O$	Fe：28.1	98
氯化铁	$FeCl_3$	Fe：34.4	44
硫酸铜	$CuSO_4 \cdot 5H_2O$	Cu：39.8	100
碳酸铜	$CuCO_3$	Cu：51.4	60~100
硫酸锰	$MnSO_4 \cdot 5H_2O$	Mn：22.8	100
碳酸锰	$MnCO_3$	Mn：47.8	30~100
氧化锰	MnO	Mn：77.4	70
硫酸锌	$ZnSO_4 \cdot 7H_2O$	Zn：22.7	100
氧化锌	ZnO	Zn：80.3	50~80
碳酸锌	$ZnCO_3$	Zn：52.1	100
亚硒酸钠	$Na_2SeO_3 \cdot 5H_2O$	Se：30	100
硒酸钠	$Na_2SeO_4 \cdot 10H_2O$	Se：21.4	89
碘化钾	KI	I：76.45	100
碘酸钙	$Ca(IO_3)_2$	I：65.1	100

2. 猪用微量元素的添加量

猪饲粮中微量元素缺乏时会引起各种缺乏症，过量时又会引起猪体中毒，因此，在生产中通常按猪的饲养标准添加。NRC（2012）给出了猪的几种主要微量元素需要量见表13-23。

表13-23　猪的几种主要微量元素需要量和最高限量　　　　（每千克日粮）

微量元素	需要量（毫克）				母猪（妊娠、泌乳）	最高限量（毫克）
	生长猪体重（千克）					
	3~10	10~20	20~50	50~120		
铜	6.00	5.00	4.00	3.50	5.00	250
铁	100	80	60	50	80	3 000
碘	0.14	0.14	0.14	0.14	0.14	400
锰	4.00	3.00	2.00	2.00	20	400
锌	100	80	60	50	50	2 000
硒	0.30	0.25	0.15	0.15	0.15	4.00

3. 微量元素添加剂的添加技术与方法

（1）微量元素添加剂种类的确定　在配合饲料中选择用哪种矿物微量元素，与常用饲料原料的地域性关系极大，通常土壤中的矿物质成分及含量与该土壤上生长的植株及籽实中含量呈正相关。同时，水源中矿物元素的含量也常有较大差异。这往往使饲料和饮水中某些矿物元素含量与猪需要量之比，可能已满足或超过猪的需要。因而不同生态地域、不同饲料背景和组合、不同饮水中来源所用微量元素种类不能千篇一律，要通过调查了解和实际测算，以方便、实用、高效、经济的原则加以确定。因此，用微量元素添加剂时要考虑所用饲料原料中的微量元素含量，这是由于饲料的种类及地区分布都影响饲料中的微量元素含量。土壤、饮水、地理环境不同，某种微量元素含量都会有较大不同。此外，还要考虑微量元素之间的拮抗作用。铁、铜、锰、锌、硒在常用饲料中都有一定的含量，一般是饼粕类和糠麸类高于籽实类，而籽实类中玉米含量小于其他种类。由于现代养猪生产猪日粮中能量饲料以玉米为主，所以一定要添加铁、铜、锰、锌等微量元素。而且籽实类和大部分饼粕类饲料中硒的含量均低于猪的需要量，故一定要添加硒（高硒地区除外）。鱼粉中含硒丰富，所以含鱼粉日粮中，可少添加硒。因此，无鱼粉日粮中，硒的含量要高于有鱼粉日粮。一般对微量元素通常按饲养标准添加，而把饲料中微量元素含量作为富裕量，免去了计算添加量时的麻烦，但要注意的是要掌握住猪的微量元素的需要量和最大安全量是不相同的（表13-23），必须严格把握住最佳添加量，并注意微量元素之间的互相拮抗。如高剂量的硫酸铜（125~250毫克/千克）对猪促生长效果一致公认，尤其在仔猪断奶后和早期生长阶段效果更加明显。但由于锌和铜之间互相拮抗，铜又影响铁的吸收，因此使用高铜饲粮时，要提高锌和铁的用量。现普遍认为用250毫克/千克的铜饲喂生长猪，饲料中必须含有130毫克/千克的锌和150毫克/千克的铁，初生仔猪则需要270毫克/千克的铁，以抵消铜的毒性。但是高铜在猪肝内积累，对人的食用不利，而且通过粪尿排出的大量铜，引起的环境污染问题已受到世界各国的重视。因此，考虑到高锌、高铜的安全性及环境污染问题，国际上倾向于禁止使用高铜、高锌日粮，而且我国农业部公告第1224号《饲料添加剂安全使用规范》，对高铜、高锌日粮的使用作了严格的限制，使用时一定要符合规范要求，不可违规超剂量、超范围添加。

（2）微量元素添加剂原料的选择　微量元素添加剂的原料，目前主要是化学产品（一般以饲料级出售），但由于化合物形式、产品类型、规格及原料细度和纯度不同，其有效成分含量、销售价格、生物学利用率都不一样。因此，微量元素添加剂原料的选择需综合考虑其影响因素。

① 按各种化合物中所含元素的比例和每千克微量元素化合物的价格考虑，一般应选择提供同样数量元素时价格最便宜的化合物。如铜元素化合物有五水硫酸铜、一水硫酸铜和碳酸铜，其铜的含量分别为25.5%、35.8%和51.4%。按含量可选择碳酸铜，但从市场价格上看，五水硫酸铜最便宜，1千克碳酸铜的价格可以买3千克五水硫酸铜。因此，以选择五水硫酸铜为好。再如，高锌（3 000毫克/千克，以氧化锌提供）饲粮可降低仔猪断奶后腹泻的发生，并可提高断奶仔猪的采食量和生长速度，但在玉米－豆粕型日粮中添加2 000~4 000毫克/千克碳酸锌来源的锌，会导致生长猪出现锌中毒的症状。因此，为了防止断奶仔猪腹泻的发生，只能选择使用氧化锌。有机微量元素的价格较高，氧化锌价格相对要低，如在开食料中添加250毫克/千克来源于蛋氨酸锌中的锌，与添加2 000毫克/千克来源于氧化锌中的锌相比，仔猪生长性能有同等的改善。因此，考虑到成本问题，只能选择用氧化锌。

② 不同微量元素化合物，相对生物学效价不同（表13-22）。生物学效价的定义为，营养素被摄入后能在代谢中被利用的程度。生物学效价也表示出生物学利用率即生物学价值。生物学价值，又称为生物利用率。不同的营养专家对生物利用率有不同的定义，一般将其定义为被动物真正利用的部分占饲料总养分的百分率。硫酸锌的吸收率约为30%，称之为其效价的比率。通常，通过一个标准值确定微量元素的利用率。如为测定一种有机锌复合物的生物利用率，使用吸收率约为30%的硫酸锌作为标准，然后以其相对于硫酸锌的百分数计算该复合物的效价。生物学价值又分为绝对生物学价值和相对生物学价值，其中绝对生物学

价值用于表示猪用消化率。斜率比法是一种广泛用于评定各种饲料养分相对生物学价值的方法。微量元素的生物利用率直接影响猪的生理需要量和耐受量。生物利用率越低，需要量和耐受量就越高。动物体内微量元素的生物学使用的主要特征可概括为 3 个方面。其一，量少而作用大，并依靠机体内的动态平衡将其数量维持在一个狭小的正常范围内。简而言之，体内微量元素需要量极少，但如果缺少，动物的生命活动便不能正常进行，反之，过量则有害。如硒的有效范围为 1~10 毫克 / 千克，低于 1 毫克 / 千克，就不能发挥其应有的生物学作用；超过 10 毫克 / 千克，则会对动物机体产生毒害作用。其二，多以结合状态存在，并以结合状态的形式参与体内的生理过程。科学研究发现，金属螯合物普遍存在于生物体系中，并且广泛地与生物活性相联系，它可以调节金属离子的浓度。例如大豆能生长在碱性土壤中，是因为它能分泌螯合物以溶解土壤中难溶解的铁。血红蛋白对氧的输送，靠的是血红素中螯合的二价铁，形成既能结合又能释放氧的配位键。其三，微量元素在动物体内与其相结合的生物配位分子协同地发挥其正常生理功能，而且微量元素之间，微量元素与生物配位体以及其他营养物质之间也有相互影响的作用。例如饲料中缺铜时，铁的吸收量明显降低，因而发生缺铁性贫血。如果在饲料中补充 10 毫克 / 千克铜，则铁的吸收量可能提高几十倍。当日粮中缺乏叶酸时，则会引起无功能的红细胞生成，并使铁吸收增强。化学形态也是影响微量元素生物利用率的另一个主要因素，不同化学形态的微量元素，其生物利用率存在较大差异。一般来说，在无机矿物质中，氧化物往往最难吸收，而硫酸盐最易吸收。另外，微量元素之间的协同或拮抗作用（如铜与铁、锌等）以及其他一些因素（抗营养因子）也会在一定程度上影响饲料中微量的生物利用率。

③ 与无机微量元素相比，有机微量元素及矿物元素蛋白盐或氨基酸螯合物的生物学利用率要高得多。过去，在饲料生产中多利用无机盐以满足猪微量元素的需要。无机盐在消化过程中分解成自由离子后被机体吸收。然而，以无机盐形式存在的微量元素，其利用率易受 pH 值、脂类、蛋白质、维生素、氧化物等因素的影响，因而，猪的实际吸收值与理论值有很大的差别。氨基酸微量元素螯合物的吸收借助于肽或氨基酸的吸收途径，这种吸收方式可以避免不同矿物质之间的竞争，并能防止与日粮中其他营养成分发生反应而降低吸收率，可满足猪的机体对微量元素的充分吸收与利用。研究表明，氨基酸螯合物可以作为"单独单元"在猪体内起特殊作用，如减少早期胚胎死亡等，而这些作用是不能用添加高水平无机状态微量元素来替代的。在一些特殊生理时期，初生动物以"胞饮方式"直接吸收分子量较小的生物合成高分子螯合物（如铁蛋白等）。在某些特殊情况下（病变、应激、高产等），某些无机形式的微量元素转化为氨基酸螯合物后，再被机体利用的生理过程则可能受到限制。金属螯合物在饲料微量元素中的添加量一般较少，其原因是微量元素螯合物提高了生物利用率，减少了金属向环境的排放，提高了饲料利用率。因此，微量元素氨基酸螯合物作为一种双效添加剂，既提供了猪机体所需的氨基酸，又提供了微量元素，而且生物利用率高，吸收率高，易转动，比无机盐更稳定，并能避免与日粮中的其他营养成分发生反应而降低吸收率，这在生产中的利用价值和经济效益明显。矿物元素蛋白盐或氨基酸螯合物在饲料工业中的研究和应用已有近 30 年的历史。美国有单一的氨基酸螯合物产品，主要以蛋氨酸、赖氨酸等单一氨基酸为原料和微量元素结合形成一个螯合环的结构，也有蛋白质部分水解物为配体的矿物元素蛋白盐产品。前苏联、日本、德国及法国也都有类似的螯合物产品。国内一些大专院校和科研机构从 20 世纪 80 年代中期开始研制氨基酸微量元素螯合物，目前已有少量产品面市。尽管矿物元素蛋白盐和氨基酸螯合物的应用基础研究起步较早，但由于营养学理

论和生产技术方面还有许多问题没有解决，其生产应用还比较滞后。从营养学基础理论来看，矿物元素蛋白盐的代谢体系还不清楚，矿物元素蛋白盐其吸收代谢的最佳配体也不明确，是氨基酸还是肽，肽的分子质量是多大等都还不清楚。在生产技术方面也有问题亟待解决，突出的问题是产品的螯合率，严格的测定目前仅限于单一氨基酸为配体的螯合物，对大多数蛋白盐而言，尚无定量方法可检查的螯合率。只能定性地表明螯合物的存在。在此背景下，美国的产品标签保证值是矿物元素的百分含量或蛋白质的百分含量而没有螯合率。营养学家们只能通过严格的试验比较产品的成本和效益，以确定矿物元素蛋白盐或金属氨基酸螯合物的优劣。就我国目前情况来看，氨基酸螯合物或矿物元素蛋白盐在饲料工业的应用已经起步，但由于受到经济技术诸多因素的制约，市场混乱，许多产品作为氨基酸螯合物或蛋白盐销售应用，但究其实质不过是矿物元素复合物或混合物。另外，产品的成本因素也制约其应用，尤其是国外的产品价格较高。从目前市场价格和供应情况看，只能以选择微量元素的无机化合物较好，当然对高产猪种和生长性能较高的配套系，以选择使用有机微量元素为好，因其投入与产出成正比。从国内外的发展趋势看，有机微量元素广阔的应用前景和市场可以预期，由于其毒性小，生物利用率高，它可作为添加剂改善饲养效果，提高饲料报酬，应是现代养猪生产首选的微量元素添加剂。

（3）微量元素添加剂添加量的确定　确定微量元素添加剂添加量的方法有以下两种。

① 添加量 = 饲养标准中规定的需要量 – 基础日粮中相应含量。此方法虽然科学、经济，但配方设计中实际测算较为麻烦。它适用自配微量元素添加剂饲料厂及养猪场采用。

② 添加量 = 饲养标准中规定的需要量。即忽略基础日粮中微量元素含量。其理由是：其一，饲养标准中提出的微量元素需要量加上基础日粮中相应的含量，也不会超过猪对微量元素的安全限度，与中毒剂量更是相差甚远；其二，所添加的微量元素部分，因相对生物学效价和产品加工方面的原因，可能还满足不了猪的需要，因而把基础日粮中的微量元素含量作为安全量（安全系数）有必要。此方法适用于添加成本低廉的无机微量元素。商品性预混剂生产厂使用此方法可给设计与加工带来许多方便。

③ 微量元素添加剂添加量的计算。例如，无水硫酸铜纯度为 85%，猪对铜的需要量仅占日粮的 50×10^{-6}，求每吨猪用配合饲料中应加硫酸铜为多少？其计算步骤如下。

a. 选择添加量确定方法：本例使用添加量 = 饲养标准中规定的需要量。

b. 计算 1 分子硫酸铜中铜元素的含量（可查表）：其分子式为 $CuSO_4$，查常用元素相对原子质量得知：Cu=63.5，S=32.1，O=16 × 4=64，故 $CuSO_4$ 的相对分子质量 =159.6。

Cu 占相对分子质量的百分数：63.5 ÷ 159.6=39.8%。

c. 计算 1 吨配合饲料中需添加硫酸铜的量。

首先计算 1 吨饲料中需要添加铜的量：50 × 1 000 ÷ 1 000=50（克）

其次计算硫酸铜的用量：50 × 0.398=125.6（克）

最后计算纯度为 85% 的硫酸铜的用量：125.6 ÷ 0.85=147.8（克）

4. 使用微量元素添加剂时注意的问题

为了真正达到安全、准确、高效的目的，在使用微量元素添加剂时，要注意以下问题。

（1）原料宜选用真正质优、生物学效价好、价廉的产品　在确定日粮中微量元素的最大安全量时，必须注意该元素的化学形式及生物学利用率。一般来说，使用单体化合物并不要求用高标准的纯品，但要求符合饲料添加剂的卫生标准，不能使用工业级产品（重金属含量很高），要使用饲料级。有条件的猪场，特别是饲养高产猪种与配套系的猪场，可使用有机微量元素可极大提高饲养效果。

（2）考虑矿物元素之间的相互干扰作用　在确定微量元素或配方时，还应考虑矿物元素之间的相互干扰作用，进行元素之间的比例平衡，防止由于添加某一元素，而引起另一元素的不足。矿物元素之间的相互干扰作用如表13-24所示。

表13-24　矿物元素之间的相互干扰作用

元素名称	干扰元素	影响机能	建议饲粮中的比例
Ca	P	吸收	Ca：P（2：1）
Mg	K	吸收	Mg：K（0.15：1）
P	Ca	吸收	P：Ca（0.5：1）
	Cu	排泄	P：Cu（1000：1）
	Mo	排泄	P：Mo（≥7000：1）
	Zn	吸收	P：Zn（100：1）
Cu	S	吸收与排泄	Cu：S（有干扰）
	Mo	吸收与排泄	Cu：Mo（≥4：1）
	Zn	吸收与排泄	Cu：Zn（0.1：1）
Mo	S	吸收与排泄	Mo：S（有干扰）
Zn	Ca	吸收	Zn：Ca（≥0.01：1）
	Cu	吸收	Zn：Cu（10：1）
	Cd	细胞结合	Zn：Cd（有干扰）

资料来源：龚新威等，2001。

（3）严格控制各种微量元素的剂量　严格控制剂量，是指微量元素的实际用量。不同产品，化学结构式不同，杂质含量各异，应注意元素在产品中的含量。部分元素在不同化学结构中的含量有差异，要根据矿物质盐中所含元素量计算出所需盐类的数量。添加量少则达不到预期目的；则不仅造成浪费，且易产生毒副作用。从营养学角度考虑，猪对微量元素的需求是必需的，但又非常有限。尤其要纠正那种认为"使用剂量越大越好"（特别是高铜、高锌日粮中的添加量）而任意加大剂量的错误倾向。必需微量元素添加剂滥用以及不科学补充，会普遍造成添加超量。若过量、长期使用微量元素，除了会在猪组织中大量沉积外，还将随粪便排出体外，对环境造成污染。饲料中的铜、锌经代谢后，有90%以上随粪便排出，会造成土壤铜、锌污染，土壤结板等现象，一旦污染水源，将会降低水体自净能力，使水质恶化、水生物死亡，生态环境受到一定危害。尤其是在现代养猪生产集约化程度大幅度提高，饲养密度和饲养规模急剧增加，多数养猪场仍停留在使用无机形式微量元素，长期如此必然对空气、水体、土壤等生态环境造成严重破坏，不仅破坏养猪场周边地区的生态环境，影响人体健康，同时也给养猪场自身可持续发展带来不利影响。使用有机微量元素及碱式盐系列，则可有效避免此类现象。大量试验研究表明，无机与有机微量元素以1：1或2：1的比例组合，比单纯使用无机微量元素或是有机微量元素的效果都要好。碱式氯化锌相对于一水硫酸锌的生物学利用率高达122%~128%，较低添加水平的碱式氯化锌就能达到良好的饲养效果，有利于降低微量元素的添加水平，对保护饲料中的营养成分，降低排放量也有积极意义。据报道，饲料中添加相同剂量的铜，由碱式氯化铜提供时，猪粪可溶性铜含量降低15%以上，有利于保护生态环境。因此，确定微量元素需要量时应考虑多种因素，制订出猪在不同时期最佳需要量，以期用最少的用量取得最佳的经济效益。

（4）复合微量元素预混剂在饲料中的添加量　一般为0.2%、0.5%和1%，0.1%添加量一般工艺上较难解决，因原料含结晶水多，几种微量原料相加已超过0.1%，更谈不上加载体。所以，通常生产和使用0.2%、0.5%和1%预混料产品，一般不超过4%。

（5）应注意矿物质与维生素添加原则　矿物质饲料添加剂与维生素添加剂原则上不能混合配制，必须经过特殊的加工方法混合，或使用包被维生素产品。

（6）应注意微量元素的混合均匀度　微量元素添加剂的混合均匀度是一个重要质量指标，如果均匀度不高，则各组分之间的差异就大，容易造成猪采食某种元素的数量过多而引起中毒。

（三）维生素添加剂

1.猪饲粮中添加维生素的目的

维生素是猪维持正常的生长和繁殖必不可少的一类有机化合物，虽然在猪饲料原料中也含有维生素，但由饲料原料提供维生素，则维生素含量很有可能低于通常的推荐量，根本满足不了猪对维生素的营养与生理需要，因此，饲料原料并非维生素的可靠来源，需要在饲料中补充维生素。由于维生素是生命代谢活动中不可缺少的有机化合物，而必须由饲料补充。饲粮中维生素含量必须充分，才能确保猪能有效利用碳水化合物、蛋白质、脂肪、矿物质和水，满足健康和维持诸如生长、发育和繁殖等生理活动需要。如果一种或多种维生素无法获得或摄入量不足，代谢过程就会受到影响，导致生产受到干扰、生长受到抑制和疾病的发生。只有当猪有效利用了为生长、健康、繁殖和存活而通过日粮提供的养分以后才算是实现了最佳营养。虽然所有的养分如蛋白质、矿物质和水对于猪的功能都极为重要，但维生素却另有独特的作用。猪需要足量的维生素才能有效利用饲料中所有其他养分，而且维生素还对猪的免疫应答具有重要作用。无论是营养学家还是生产者现在一致认为，仅仅提供不至于发生缺乏症的最低量维生素并不能满足猪最佳健康和最佳生产性能对维生素的需要。现代的猪种生产性能随着育种和遗传的进展及房舍和管理的改进而不断提高，加之现代养猪生产集约化饲养中应激因素的增多，在猪集约化饲养的实际日粮中，也会引起多种维生素的缺乏，均可造成猪生产性能下降，这就必然提高了猪对维生素的需要量，故需补充商品化的维生素产品。

2.用最佳维生素营养理念来确定维生素的添加量

（1）"最佳维生素营养概念"的基础　维生素分为脂溶性和水溶性两类，前者包括维生素A、维生素D、维生素E和维生素K，后者包括B族维生素和维生素C，为使用方便，在猪饲粮中添加维生素时，通常使用维生素预混料即复合多维，但14种维生素并非全部添加，通常需要添加的有维生素A、维生素D、维生素E、维生素K、维生素B_2、维生素B_6和维生素B_{12}，以及泛酸、烟酸、生物素等，除应激状态外，一般不添加维生素C。通常维生素添加量根据猪对维生素的需要量来确定，而把饲料原料中含的维生素作为"保证量"而不计在内，但也并非完全不考虑饲料中的维生素含量。虽然美国NRC和英国ARC都定期出版各种动物的营养推荐量，为发展维生素添加量指南做了大量工作，但NRC和ARC的推荐量大多是基于实验室条件下的受控研究成果给出的，因而这些添加量指南提供了预防临床维生素缺乏症和维持可接受的健康和生产性能所需要的饲粮最低维生素含量，而且他们也没有考虑在现代化生产饲养条件下影响猪维生素实际需要量的负面因素。NRC维生素需要量在过去40年间仅有很小的变化，事实表明，几十年前测定的维生素需要量很有可能已不适用于现代的猪种需要。事实上大多数动物营养学家都有这一看法，因为生产实践中多数维生素的添加量都是 NRC 推荐量的 5~10 倍（30%~500%）以满足如下需要：更大的遗传潜力、更快的生长速度、更好的饲料报酬等。虽然依据逻辑推断，几十年前确定的维生素添加量可能不再适合于现代遗传性能提高的猪种需要，但由于 NRC、ARC 和其他研究机构的添加量代表着动物维生素营养基础科学，所以这些推荐量被用作了"最佳维生素营养"概念的基础。

（2）"成本－效益"核算的方式与维生素最佳水平的指导理念　饲养标准中的维生素需要量，只是猪的最低需要量，而在实际应用中，考虑到各种不利因素会对维生素的损害，如表 13-25 所示，以及为适应高生产性能及抗应激作用的实际需要，通常维生素的添加量高于饲养标准的 5~10 倍。有经验的饲料配方师和生产者会注意到这些，并根据业内的饲养经验及广泛的研究成果来评估和调整维生素添加量水平。因此，在评估并提高猪饲料中维生素添加量水平时应该考虑"风险与效益经济"，即考虑维生素添加成本时应该权衡缺乏症和非最佳生产性能及健康状况可能造成经济损失的风险。解决方法之一是找出可以获得最佳健康状况和生产性能成本核算的维生素添加量，即采用"成本－效益"法应该作为饲料中维生素添加提供原动力的一个准则。在饲料中添加必要维生素所花费的成本，应相对于发生维生素缺乏导致生产性能下降所造成的损失来进行衡量。同时，也要避免维生素添加过量，找到添加成本和经济效益之间的平衡点。此外，确定一种"成本－效益"核算的方式添加最佳水平维生素的指导理念也是必要的，这就是指在饲粮中提供的所有已有维生素水平能够使猪达到最佳健康状况和最佳生产性能，使生产者能够提高回报。这个理念可推动维生素添加水平的不断修正更新，以便正确反映遗传、环境和生产影响因素方面的发展。它提出了一个动态的维生素营养概念，即最佳维生素营养的成本－效益概念，指维生素添加水平能安全地满足而不超过最佳健康和生产力水平的需要。"最佳维生素营养的成本－效益"其目的是保持现代养猪生产向日粮提供所有已知的维生素，使日粮维生素的水平能保证猪的最佳健康和最佳生产力，同时保证推荐的维生素总是具有最佳的成本－效益比。为达到"最佳维生素营养"所需的维生素添加水平一般高于 NRC 和 ARC 等饲养标准预防临床缺乏症所需的水平。最佳添加水平补偿了应激因素，不会发生摄入量不足导致猪健康水平和生产性能水平下降的情况。如 BASF 公司的维生素推荐量大大高于 NRC 标准（表 13-26），此推荐量考虑到各种不利因素会造成维生素的破坏（表 13-25），以及为适应高生产性能猪种及抗应激作用的实际需要，因此该推荐量具有一定的实际应用的参考作用。

表 13-25　不利因素对维生素造成的损害（BASF 公司提供）

不利因素	受影响的维生素	损失量（即需要量提高）
饲料成分	所有维生素	10%~20%
环境温度	所有维生素	20%~30%
舍饲笼养	维生素 K 和 B 族维生素	40%~80%
未稳定脂肪	维生素 A、维生素 D、维生素 E、维生素 K	100% 或更多
蛔虫、线虫、球虫	维生素 A、维生素 K 及其他	100% 或更多
亚麻子饼（粕）	维生素 B_6	50%~100%
疾病	维生素 A、维生素 E、维生素 K、维生素 C	100% 或更多

表 13-26　BASF 公司的猪饲料中维生素推荐量（每千克饲粮中的含量）

维生素	乳猪料（补充料）	小猪料	生长育肥猪料①	种母猪料②
维生素 A（国际单位）	30 000	20 000	8 000	20 000
维生素 D_3（国际单位）	3 000	2 000	1 000	2 000
维生素 E（毫克）	60	45	30	35
维生素 K_3（毫克）	3	2	1③	1
维生素 B_1（毫克）	4	3	1	2
维生素 B_2（毫克）	8	6	4	6
维生素 B_6（毫克）	6	4	3	4
维生素 B_{12}（微克）	60	40	20	30
生物素（微克）	150	100	50	120
叶酸（毫克）	1	0.6	0.5④	1④
烟酸（毫克）	40	20	20	25
泛酸（毫克）	18	12	8	12
胆碱（毫克）	600	400	250	400
维生素 C（毫克）	150	80	70⑤	200⑤⑥

注：①指 35~100 千克的猪，当进入肥育阶段后，推荐量降低 20%，能量水平高时，推荐量提高 25%；②用于妊娠后期和泌乳期，如用于妊娠前期，应降低 20%；③用玉米穗饲养时，应为每千克饲料 2~3 毫克；④为抗逆境安全用量，尤其在饲喂药物添加剂，特别是磺胺类药物时；⑤抗应激，提高免疫性；⑥指妊娠后期和泌乳期

3. 复合维生素的品质鉴定方法

（1）复合维生素产品的组成　复合维生素由维生素 A、维生素 D、维生素 E、维生素 K、维生素 B_1、维生素 B_2、维生素 B_6 和维生素 B_{12}，烟酸、泛酸、叶酸、肌醇和生物素等十几种单体维生素加上特殊载体均匀混合而成。产品中大量的像手表秒针尖大小的球形颗粒，是经过包被的维生素 A 和维生素 D；而大量的像针尖大小白色的细小颗粒，是用量比较大的维生素 E 和烟酸、泛酸钙。这些细小颗粒越多，说明复合维生素的含量也就越高，反之，说明含量不高。

（2）复合维生素产品的颜色　有许多用户以复合维生素的颜色来判断产品品质的高低，认为颜色越黄，含量越高，这是错误的。因为复合维生素的颜色由载体的颜色来决定，单体维生素中除了维生素 B_2 会增加复合维生素的黄色外，其他各种维生素的颜色均与黄色无关。真正高品质的复合维生素即使添加了大量维生素 B_2，也不可能呈现人们所期望的黄色。目前，复合维生素已改用经过包被和静电处理的维生素 B_2，并解决了传统的维生素 B_2 流动性差，含量不稳定的问题，故人们对复合维生素产品的黄色感官认识也要随之改变。实际上黄色的复合维生素产品通常用金黄色的玉米蛋白粉作载体或添加色素制成，前者要当心 pH 值偏酸性而影响维生素的稳定性，后者则增加了用户的费用。

（3）复合维生素的气味　复合维生素产品所含十几种维生素中，用量最多，气味最浓的是维生素 A。如果复合维生素的载体是一些没有气味的载体，那么正常的复合维生素就是维生素 A 为主的多种维生素混合体的气味。这种气味越浓，品质越好。否则，就要看是否因为载体的气味干扰了复合维生素本身的气味。有的复合维生素产品中加有一些香味素，这严重干扰了人们对复合维生素本身气味正确判断，对此应当引起注意。

（4）复合维生素产品的流动性　复合维生素的流动性关系到维生素的均匀度和维生素本

身的稳定性。如果流动性不好，可能是因为水分偏高，高品质的复合维生素水分含量不高于4%。水分偏高，维生素的稳定性就会受到一定影响。流动性不好，就会导致维生素在饲料中混合不均匀。

（5）复合维生素产品的含量测定　感官鉴定只能作为评定复合维生素产品品质高低的一种参考，较大的用户有必要在感官鉴定的基础上。也有用户通过饲养试验来鉴定复合维生素的品质，但由于猪对维生素需要量的影响因素较多，其误差肯定比测定含量的方法更大，而且试验费用更高。

三、非营养性饲料添加剂

非营养性饲料添加剂是指加入饲料中用于改善饲料利用效率、保持饲料质量和品质、有利于动物健康、促进生长或代谢，并能提高生产性能的一些非营养性物质。其主要包括饲料药物添加剂（抗生素、驱虫保健剂）、酶制剂、益生素、酸化剂、调味剂、中草药添加剂和植物提取物、饲料保藏剂（抗氧化剂、防霉剂）等。

（一）饲用抗生素

1.饲用抗生素的概念和来源

抗生素最初定义为微生物在新陈代谢过程中产生的，具有抑制它种微生物的生长和活动，甚至杀灭它种微生物的化学物质。现代的抗生素是指由微生物（包括细菌、真菌、放线菌属）在生长过程中所产生的具有抑菌或杀菌作用的一类次级代谢产物或其人工合成的类似物。抗生素可分治疗用和饲用。饲用抗生素是在药用抗生素的基础上发展起来的，是指能抑制或破坏不利于猪健康的微生物或寄生于生命活动的可饲用有机物质，以低水平（亚治疗剂量）添加到饲料中，用以促进生长、提高饲料利用率、降低发病率、死亡率及提高繁殖性能。

2.抗生素的分类及发展阶段

（1）饲用抗生素的分类

① 按照性质和使用范围分。分人兽共用和动物生产专用抗生素。前者有青霉素、链霉素、四环素、金霉素等，后者有杆菌肽、泰乐菌素等。

② 按照化学结构分。分八大类，有青霉素类、四环素类（如四环素、金霉素、土霉素等）、氨基糖苷类（如链霉素、卡那霉素、越霉素A等）、大环内酯类（如红霉素、泰乐菌素、螺旋霉素类）、多肽素（如杆菌肽、维吉尼亚霉素、克伯霉素等）、磷酸化多糖类（如斑伯霉素、硫肽霉素等）、聚醚类（如莫能菌素、盐霉素等），其他类（如新生霉素等）。

③ 按照抗菌谱分。分为四大类，有革兰氏阳性菌的抗生素（如青霉素、杆菌肽、泰乐霉素等）、抗革兰氏阴性菌的抗生素（如链霉素、挪霉素等）、广谱抗霉素（如土霉素、金霉素、四环素等）、抗真菌抗生素（如制霉菌素、克霉唑等）。

（2）饲用抗生素的3个发展阶段　饲用抗生素的发展大致分为3个阶段：20世纪50年代为起始阶段，所使用的抗生素多为人畜共用，如青霉素、链霉素和四环素类等；20世纪60年代出现专门用于畜禽饲料的抗生素；20世纪60年代以后筛选研制新的不易被肠道吸收、无残留，对人类更安全的饲用抗生素。

3.饲用抗生素在现代养猪生产中的重要作用

自从1949年美国首次发现抗生素和杀菌剂对畜禽具有促生长作用后，迅速在全世界广泛应用，畜禽饲料中添加适量抗生素，确实能产生明显的经济效益。例如，美国从1985年开始允许在饲料中添加抗生素，产肉量增加10%，同时节约35亿美元。在中等饲养管理水平条件下，猪、鸡饲料中每吨添加 10~30 克抗生素，增重效果比对照组提高 7%~15%，饲料转化率提高 6.6%~15%；部分抗生素添加剂还能提高受胎率和繁殖率。此外，在断奶、运输等应激条件下，抗生素添加剂仍能保持良好的增重效果和饲料转化率。

抗生素的使用给生产者带来了经济效益。Zimmerman（1986）估测了抗菌促生长剂所产生的平均净收入增加：肉鸡 0.11 美元 / 羽，肥育猪 2.64 美元 / 头，肥育牛 6.5 美元 / 头。如果饲料中完全不添加抗生素，可能会有如下影响：降低动物生产性能、增加饲料消耗、死亡率提高、防治疾病费用增加、淘汰率上升并产生更多质量问题。瑞典养猪业自 1986 年 1 月禁用抗生素到 1988 年的两年间，猪的生长速度和饲料利用率受到很大影响，达到 25~30 千克体重至少延迟 7 天；据保守估计，两年间仅因饲料消耗至少多花了 2 000 万美元；断奶仔猪腹泻由禁令前的 1%~15% 增加 50%。猪暴发了回肠炎，禽类动物发生了肠坏死性肠炎，动物发病率大幅度攀升，导致治疗用药量和治疗费用直线上升，养殖成本加大，动物产品价格居高不下。2002 年丹麦、英国和荷兰都存在同样的现象。欧盟 20 世纪 90 年代初禁用抗菌剂后，50% 的猪场由于下痢导致的死亡率急剧上升，且生长速度减慢，耗料增多（陈乃琦等，2002）。而且停止使用抗生素添加剂后，由于疫病防治成本的增加，养猪的生产成本提高了 8%~15%，其中饲料成本提高了 9.5~12.5 美元 / 吨。NRC（1998）估测类似的禁令若在美国实行则将耗资 12~25 亿美元 / 年。丹麦禁用抗生素导致猪生产性能下降，造成的经济损失为平均每头猪 7.75 丹麦朗（1.03 欧元）；而且为了提供更好的管理，对环境和圈舍条件等饲养系统进行改造的成本并未计算在内，各养殖场的损失也存在很大的差异。限制饲用抗生素所带来的经济损失巨大。

4. 饲料药物添加剂的种类及使用准则和规定

（1）目前使用饲用抗生素的种类　目前抗生素广泛应用于饲料，作为饲料药物添加剂使用的有 30 多种，青霉素类、四环素类和氨基糖苷类与大环内酯类的部分为人畜共用抗生素，许多国家已禁止用作生长促进剂，主要用于短期防治疾病；越霉素 A、潮霉素 B 为畜禽专用驱线虫饲料药物添加剂。多肽类、含磷多糖类是目前应用最为广泛的抗生素促生剂，聚醚类抗生系主要用作抗球虫剂和反刍动物生长促进剂而广泛使用于饲料。

多肽类抗生素是一类抗菌作用各异的高分子多肽化合物，多数口服不易吸收，排泄迅速，毒性低，无副作用，且不易产生耐药性菌株。促生长，提高生产性能效果好，安全，目前世界各国广泛使用，其中以杆菌肽应用最为广泛，其次是维吉尼亚霉素、阿伏霉素、硫肽霉素等。

含磷多糖类抗生素主要对革兰氏阳性菌有抗菌作用，细菌对此类抗生素不易产生耐药性；分子量大，口服几乎不被消化道吸收，且排泄快，体内无残留，一般不作治疗用，是理想的畜禽促生长抗生素。目前主要添加于饲料作为生长促进剂使用。其中黄磷脂素已在 40 多个国家广泛添加于各种畜禽饲料中促进生长，提高饲料效率，降低幼畜死亡率。

聚醚类抗生素是 20 世纪 70 年代以来发展最快的一类畜禽专用抗生素。在防止球虫感染和提高反刍动物饲料利用率上取得了显著的效果和经济效益。聚醚类抗生素主要对革兰氏阳性菌有较高的抗菌活性，对畜禽球虫具有广谱活性。不仅对鸡的 6 种艾美耳球虫病有预防控制效果，对犊牛、羔羊、仔猪、仔兔等的球虫病也有较高的活性，且耐药性发展缓慢，是目前最有效、使用最广泛的抗球虫药。聚醚类抗生素对反刍动物有明显的改进饲料效率的作用。莫能菌素、盐霉素、拉沙星菌素在欧美、亚洲各国普遍用于抗球虫和反刍动物促生长剂，其中，盐霉素还用于猪促生长剂。

大环内酯类虽为人畜共用抗生素，但以其独特的抗支原体作用，常添加于饲料以控制慢性呼吸道病，而以泰乐霉素促生长效果好，也是目前仍广泛使用的促生长添加剂。此外，林可霉素用于饲料促进畜禽生长，防治猪痢疾，提高饲料效率。泰妙灵、恩拉霉素是新开发的抗生素添加剂。恩拉霉素主要用于促生长剂，而泰妙灵主要用于控制猪痢疾、肺炎并能促进生长，提高饲料利用率。

（2）合理使用饲用抗生素的准则　英国利物浦大学的约翰·沃尔顿（Johh Walton）教授曾对用于动物促生长作用的饲料药物添加剂制订了以下 10 条要求：① 成本低且见效快；② 与其他抗菌物质不产生交叉对抗性；③ 不参与可转移的药物耐药性；④ 不破坏肠道的正常菌群；⑤ 不造成沙门氏菌的泛滥；⑥ 在人药或兽药中无治疗效果；⑦ 在肠道中不被吸收；⑧ 无诱发致癌和致畸作用；⑨ 不引发环境污染；⑩ 即使在超出正常浓度数倍的情况下，也不会对动物和人产生毒性。几十年来，这 10 条要求一直是指导人们合理使用饲料药物添加剂的基本准则。虽然各国政府在制订各自的饲料药物添加剂法规上存在一定的差异，但原则上都遵循和参照这 10 条要求。

（3）我国对饲料药物添加剂使用的有关规定　由于抗生素超剂量使用后会在畜产品中残留，以及长期使用病原菌的耐药性等问题，已得到世界各国的极大关注和重视，许多国家对抗生素的使用都有严格的立法规定。我国农业部根据《兽药管理条例》、《饲料和饲料添加剂管理条例》等法规，先后颁布了农业部公告第 168 号《饲料药物添加剂使用规范》、农业部公告第 176 号《禁止在饲料和动物饮用水中使用的药物品种目录》、农业部公告第 193 号《食品动物禁用的兽药及其他化合物清单》、农业部公告第 220 号《饲料药物添加剂使用规范》补充说明、农业部公告第 2045 号《饲料添加剂品种目录》、农业部公告第 1519 号《禁止在饲料和动物饮水中使用的物质》等法规和政策性文件及标准，同时废止了一些过时的和不符合法规的规定及政策性文件和标准，使所颁布的公告及标准等尽量与国际接轨。农业部公告第 168 号《饲料药物添加剂使用规范》（以下简称《规范》），主要是为加强兽药的使用管理，进一步规范和指导饲料药物添加剂的合理使用，防止滥用饲料药物添加剂、根据《兽药管理条例》的规定制订。《规范》明确地规定了以下几项：一是凡农业部批准的具有预防动物疾病、促进动物生长作用，可在饲料中长时间添加使用的饲料药物添加剂（品种收载于《规范》附录一中），其产品批准文号须用"药添字"；生产含有《规范》附录一所列品种成分的饲料，必须在产品标签中标明所含兽药成分的名称、含量、适用范围、停药期规定及注意事项等。二是凡农业部批准的用于防治动物疾病，并规定疗程，仅是通过混饲给药的饲料药物添加剂（包括预混剂或散剂，品种收载于《规范》附录二中），其产品批准文号须用"兽药字"，各畜禽养殖场及养殖户须凭兽医处方购买、使用，所有商品饲料中不得添加《规范》附录二所列的兽药成分。三是除本《规范》收载品种及农业部今后批准允许添加到饲料中使用的饲料药物添加剂外，任何其他兽药产品一律不得添加到饲料中使用。四是兽用原料药不得直接加入饲料中使用，必须制成预混剂后方可添加到饲料中。五是凡从事饲料药物添加剂生产、经营活动的，必须履行有关的兽药报批手续，并接受各级兽药管理部门的管理和质量监督，违者按照兽药管理法规进行处理。

针对一些地方反映《规范》（168 号公告）执行过程中存在的问题，农业部于 2002 年 9 月 2 日颁步第 220 号公告《饲料药物添加剂使用规范公告的补充说明》，就有关事项进行了规定。其内容为，根据需要，养殖场（户）可凭兽医处方将"168 号公告"附录二的产品及今后农业部批准的同类产品，预混添加到特定的饲料中使用或委托具有生产和质量控制能力并经省级饲料管理部门认定的饲料厂加工生产为含药饲料，但须遵守以下规定：一是养殖场

（户）须与饲料厂签订代加工生产合同一式四份，合同须注明兽药名称、含量、加工数量、双方通讯地址和电话等，合同双方及省兽药和饲料管理部门须各执一份合同文本。二是饲料厂必须按照合同内容代加工含药饲料，并做好生产记录，接受饲料主管部门的监督管理；含药饲料外包装上必须标明兽药有效成分、含量、饲料厂名。三是养殖场（户）应建立用药记录制度，严格按照法定兽药质量标准使用所加工的含药饲料，并接受兽药管理部门的监督管理。四是代加工生产的含药饲料仅限动物养殖场（户）自用，任何单位或个人不得销售或倒买倒卖，违者按照《兽药管理条例》《饲料和饲料添加剂管理条例》的有关规定进行处罚。

5. 抗生素的联用和配伍禁忌

（1）抗生素的联用 根据抗生素的作用方式和疗效，可将抗生素分为四大类：第1类为繁殖期杀菌药，有青霉素类、先锋霉素类、杆菌肽、万古霉素等；第2类为静止期杀菌药，有氨基糖苷类（链霉素、卡那霉素、庆大霉素等）；第3类为快速杀菌药，有红霉素、四环素等；第4类为慢速杀菌药，有磺胺药物、环丝氨酸等。为了增强抗生素的作用效果，减弱毒理反应，延缓或减少耐药菌株的产生，有时联合使用抗生素。临床和生产中掌握的是第1类与第2类联用，有协同作用；第3类和第4类联用有累加作用；注意的是第1类和第3类联用有明显拮抗作用。

（2）抗生素的配伍禁忌 抗生素在临床和生产中使用时要设法避免配伍禁忌，主要是要按以下规定使用。

① 四环素类抗生素与青霉素、磺胺药、红霉素、多黏菌素、新生霉素等有配伍禁忌，须单独使用。

② 卡那霉素、红霉素、万古霉素、氨苄青霉素、新青霉素I、磺胺药等要单独使用。

③ 青霉素G钾不宜与四环素、磺胺药、卡那霉素、庆大霉素、红霉素、多黏菌素E、万古霉素等并用。

1989年我国农业部颁布了抗生素饲料添加剂配伍禁忌的规定，详见表13-27。

表13-27 抗生素饲料添加剂的禁忌配伍

第1栏	氨丙啉，氨丙啉+乙氧酰胺苯甲酯，氨丙啉+乙氧酰胺苯甲酯+磺胺喹噁啉，硝酸二甲硫胺，氯羟吡啶，尼卡巴嗪+乙氧酰胺甲酯，氢溴酸常山酮，氯苯胍，盐霉素，莫能菌素，拉沙里钠
第2栏	越霉素A
第3栏	喹乙醇，杆菌肽锌，恩拉霉素，吉他霉素，维吉尼亚霉素，杆菌肽锌+硫酸黏杆菌素
第4栏	喹乙醇，硫酸黏杆菌素，杆菌肽锌+硫酸黏杆菌素

注：表中同一栏内除规定可以同时使用的品种外，其余者两种或两种以上的品种不能同时使用。

6. 科学合理使用饲用抗生素添加剂的方法

（1）遵守法规规定，不可滥用抗生素 我国对使用饲用抗生素添加剂都有明确的法规规定及规范要求，而且对颁布的法规及规范等还不定期修正，作为现代养猪生产者和管理者，除有一定的业务技术水平外，还要遵守国家有关法规和规范性文件的规定要求，严格按国家规定执行使用饲用抗生素添加剂，限制使用对象、使用剂量、使用期限等。生产中尽量不用或少用兽医临床治疗用的抗生素作饲料添加剂，凡一种抗生素能控制病情的就不用两种；凡用窄谱抗生素有效的就不用广谱抗生素。所选的抗生素应该具有抗病原活性强、毒性低、安全范围大、无"三致"等副作用。

（2）严格规定和控制使用期及停药期　多数抗生素在动物体内的代谢时间为 3~6 天，因此严格按照停药期的规定停药，可以完全解决饲用抗生素残留的问题。在肥育猪后期应禁止使用抗生素，以避免药物残留。

（3）按规定使用剂量和使用范围　因为饲用抗生素的添加属低剂量长期使用，所以使用时应按规定剂量添加，不允许超量使用。

（4）轮换用药　在使用一种饲用抗生素一段时间后及时更换另一种，能有效地避免其产生抗药性。

（5）配合用药　根据不同抗生素的药物代谢特点，可将它们低剂量配合使用，充分发挥其协同作用，增强药效。但要注意的是，不能同时使用有拮抗作用的两种或两种以上的饲用抗生素，也不可在同一种饲料中使用同一类的两种或两种以上的饲用抗生素。

（6）严禁使用人用抗生素　将饲用、兽用和人用抗生素区分开，做到饲用抗生素促进动物生长和预防疾病，兽用抗生素治疗疾病，严禁使用人用抗生素作饲用和预防治疗猪病。

（二）饲用酶制剂

饲用酶制剂是一类以酶为主要功能因子，采用微生物发酵，通过特定生产工艺加工而成的饲料添加剂。在猪饲料中的添加应用，其目的是提高营养物质的消化利用率，降低抗营养因子含量或产生对动物有特殊作用的功能成分。

1. 酶制剂的种类

酶制剂种类很多，根据组成特点，可分为单酶制剂和复合酶制剂。

（1）单酶制剂　指特定来源催化一种底物的酶制剂。分为消化酶和非消化酶。

① 消化酶，也称内源酶，畜禽体内能够合成并非来自消化营养物质，但因为某种原因却需要强化和补充的酶类，主要包括蛋白酶、脂肪酶、β- 淀粉酶和糖化酶等。

② 非淀粉酶，也称为外源酶，包括纤维素酶，半纤维素酶、β- 葡聚糖酶、果胶酶等。

（2）复合酶制剂　指能催化不同底物的多种酶混合而成的酶制剂。目前，国内外饲用酶产品主要是复合酶制剂。复合酶制剂根据功能特点可分为：饲用植酸酶制剂，以蛋白酶和淀粉酶为主的饲用复合酶制剂，以 β- 葡聚糖酶为主的饲用复合酶，以纤维素酶、蛋白酶、淀粉酶、糖化酶和果胶酶为主的饲用复合酶制剂等。在饲料工业中应用最广泛的是植酸酶、淀粉酶和非淀粉酶。

2. 酶制剂的功能和作用

（1）提高饲料营养物质利用率，节约饲料　猪在不同时期对酶的需求和利用存在差异，仔猪断奶阶段，体内淀粉酶、胃蛋白酶和胰蛋白酶等含量较低，此时，外源消化酶可以补充内源酶的不足，降低腹泻率，增强仔猪对营养物质的消化和吸收能力，完善其消化道发育。研究表明，仔猪 49 日龄前，在日粮中添加酶制剂，可弥补其内源消化酶的不足，促进营养物质的消化吸收，减少因消化不良引起的腹泻现象。此外，作为一类功能复杂的生物活性蛋白，酶制剂能够打破细胞壁对营养物质的束缚，有利于细胞内容物淀粉、蛋白质和脂肪等养分从细胞中释放出来，使之能充分与相应的消化道内源酶相互作用，从而提高饲料的消化利用率，节约饲料。由此可见，酶制剂能从饲料原料中释放出额外的营养物质，如果在设计饲料配方的时候将此部分额外营养物质的量考虑进去，这无疑可以降低日粮本身的营养浓度，一方面有可能降低排泄物中的营养物质浓度，另一方面也有可能降低饲料成本。但如何确定酶制剂释放营养物质的能力，直接制约着其在饲料配方时是否被考虑，都有待进一步深入研究。

（2）降解饲料中的抗营养因子和有毒有害物质，提高饲料营养价值　猪饲料中存在许多抗营养因子，如植酸、植物凝集素、蛋白酶抑制因子等，均不能被猪内源酶降解，从而降低猪对饲料的利用率，几种饲料原料的抗营养因子或难于消化的成分见表13-28。酶制剂可部分或全部消除抗营养因子造成的不良影响，促进饲料消化吸收，提高猪的生产性能。如植酸酶能分解植酸和矿物质形成的络合物，提高矿物质和蛋白质等的利用率。饲料中也存在多种有毒有害物质，脱毒酶可降低或消除部分毒性的作用；酯酶可裂解玉米赤霉烯酮的内酯环，生成无毒降解产物被消化或排出体外。

表13-28　几种饲料原料中的抗营养因子或难于消化的成分

饲料原料	抗营养因子或难于消化的成分
小麦	$\beta-$葡聚糖、阿拉伯木聚糖、植酸盐
大麦	阿拉伯木聚糖、$\beta-$葡聚糖、植酸盐
黑麦	阿拉伯木聚糖、$\beta-$葡聚糖、植酸盐
麸皮	阿拉伯木聚糖、植酸盐
高粱	单宁
米糠	木聚糖、纤维素、植酸盐
豆粕	蛋白酶抑制因子、果胶、果胶类似物、$\alpha-$半乳糖苷低聚糖、杂多糖
菜子饼	单宁、芥子酸、硫代葡萄糖苷
羽毛粉	角蛋白
燕麦	$\beta-$葡聚糖、木聚糖、植酸盐
稻谷	木聚糖、纤维素
青贮饲料、秸秆	纤维素、木聚糖、果胶

资料来源：陈代文主编的《饲料添加剂学》，2003。

（3）可利用非常规植物性饲料，扩大饲料来源　生物技术在饲用酶制剂上的应用，为非常规饲料的利用提供了新的方法，为解决现代养猪生产饲料资源不足的难题提供了有效途径。非常规植物性饲料原料中的非淀粉多糖能阻止细胞中营养物质的释放，还可同食糜微粒、脂类颗粒及黏膜糖蛋白表面相互作用，影响营养物质的吸收，而且这些ANFS（抗营养因子）还能螯合一些金属离子及有机物质，造成这些物质代谢受阻。猪饲粮中添加饲用酶制剂后可以消除NSP的抗营养特性，释放细胞中被ANFS包裹的营养物质，降低消化道食糜的黏度，提高饲料营养物质的消化率。

（4）降低猪代谢物对环境的污染　由于添加饲用酶制剂可以提高饲料利用率，减少有机物、氮、磷的排泄量，从而减轻环境污染。如在猪饲粮中添加植酸酶，能使饲粮中释放植酸磷中的磷，从而改善了磷的利用率。Lei（1993）报道，在断奶仔猪饲粮中添加植酸酶750国际单位/千克，可使磷的沉积增加50%，磷排泄降低42%。

（5）降低肠道食糜黏稠度，改善营养物的消化与利用　黏度为一种物质对内部液体的抗性。肠道食糜黏稠度是影响猪对营养物质消化吸收的重要因素，黏稠度提高，会影响养分（特别是脂肪）的消化利用率，表现为：①使养分从日粮中释放出来的速度减慢，降低养分和内源酶之间的相互作用，养分的消化速度也随之减慢；②使养分向肠黏膜扩散的速度减慢，因而吸收率降低；③使肠道机械混合内容物的能力减弱，脂肪的乳化作用减弱，肠道食糜中脂肪颗粒变大，消化率下降；④食糜水分增加，排空速度减慢，促进后肠微生物发酵。饲料中添加酶制剂后可降低食糜黏稠度，改善了营养物的消化与利用，减少了粪便量，降低了氮排出率，提高了氮的利用率。

3. 饲用酶制剂在现代养猪生产中的应用

（1）酶制剂在猪饲粮配方中的综合潜在营养价值　酶制剂提高麦类日粮营养价值的观念已经被很多国家接受，但一直以来，玉米－豆粕型日粮在亚洲、美洲都被认为是比较完美的日粮组合，其原因是，通常认为玉米－豆粕型饲粮中抗营养因子含量较少，产生的抗营养作用较小，在此类饲粮中不必添加酶制剂。但通过研究发现，玉米和豆粕中也含有大量的NSP，甚至豆粕中总含量要高于小麦。NSP能结合大量水分，增加消化道内容物黏稠度，导致饲粮养分消化率和饲养效果降低，限制了谷物在饲料中的应用，使豆粕能量利用率仅为60%~70%。玉米、小麦、麸皮中抗营养因子成分主要为木聚糖和葡聚糖，豆粕中抗营养成分为 α- 半乳糖苷和木聚糖。由于大豆中存在一些抗营养因子，虽然在大豆加工过程中会破坏一部分，但不同厂家由于大豆品种、加工工艺等方面的差异，豆粕的利用率经常受到其中抗营养因子的影响。在豆粕中，危害较大的抗营养因子有蛋白质类的胰蛋白酶抑制因子、植物凝集素、抗性蛋白等，这些抗营养因子在加工过程中被部分破坏后，可通过在饲料中添加蛋白酶等来进一步在动物体内对其进行分解，从而降低其对营养物质消化吸收的抑制作用。豆粕中养分的变异及抗营养因子含量的变异同样对产品质量的稳定性造成影响，尤其在仔猪和肉鸡饲料中。添加淀粉酶和蛋白酶等酶制剂可显著提高动物小肠中玉米淀粉的消化率，有效破坏豆粕中蛋白酶抑制因子等抗营养因子，提高豆类蛋白的消化率。近些年的研究表明，动物对玉米淀粉的消化利用率并没有人们想象的那么高，因为玉米淀粉的结构、加工及贮存过程中对玉米淀粉都有影响。玉米营养成分的变异引起了人们的关注，其中，玉米的能值因受产地、收获季节、品种、干燥方式等不同变异很大，不同来源或批次玉米间能值差异可达到 1.255~2.092 兆焦／千克，这种能值的差异能严重影响到产品质量的稳定性，进而影响动物生产性能。研究表明，在玉米－豆粕型日粮中添加复合酶制剂（含淀粉酶、木聚糖酶和蛋白酶等）可提高其能量和蛋白质利用率 2%~3%。国内有关这方面的研究报道较多，证实了在玉米－豆粕型饲粮中有针对性的添加酶制剂能更充分释放饲粮营养物质，提高利用率，减少浪费。

（2）饲用酶在猪非常规饲料中的应用，扩大了饲料原料的来源　酶制剂在非常规饲料选料上应用优于常规饲料原料，其对谷物日粮，如大麦、燕麦、黑麦、小麦、菜籽粕、米糠、葵花籽粕、椰仁粕、棉籽粕、高粱等基础日粮的饲料利用率和猪的生产性能均有不同程度的提高。目前，常用于针对谷物饲料的酶为阿拉伯木聚糖酶和 β- 葡聚糖酶，它们可不同程度的消除谷物饲料如大麦、小麦、黑麦和高粱等中非淀粉多糖的抗营养作用。

唐铁军等（2006）将试验猪分为前期（22.5~70 千克）和后期（70~90 千克），分别用小麦代替杜长大三元杂交猪玉米－豆粕型饲粮中 42.5%、46.5% 的玉米，两个试验组分别添加 0.01% 的酶制剂 A（主要活性成分为木聚糖酶、β- 葡聚糖酶、蛋白酶、α- 淀粉酶和纤维素酶）和酶制剂 B（来源于细菌发酵，主要活性成分为木聚糖酶）。试验前期，日增重极显著和显著高于对照组，料重比极显著低于对照组，增重成本比对照组分别降低 0.52 元／千克和 0.53 元／千克；试验后期，日增重无显著差异，增重成本较对照组分别降低 0.28 元／千克和提高 0.31 元／千克；该结果表明用小麦饲粮添加酶制剂 A 替代玉米可显著提高肥育猪的平均增重，改善了饲料利用率，明显提高了经济效益。燕永富等（2009）选择取体重59.15 千克的健康杜长大三元杂种猪，饲喂基础饲粮：玉米 34.8%、豆粕 16%，小麦和杂粕

46%、预混料 3.2%+ 酶制剂 1（木聚糖酶和 β- 葡聚糖酶）+ 酶制剂 2（α- 半乳甘糖酶和木聚糖酶），结果表明，试验猪日增重达 973 克，日采食量 2 187 克 / 天，料重比 2.26，表明加入合适的酶制剂后，饲料利用率大幅提高，小麦和杂粕用量达 46% 也没有影响肥育猪的生长性能。

从以上的报道可见，在选择饲料配方所采用的饲料原料时，酶制剂增加了饲料原料选择的自由度，扩大了饲料原料的使用范围及利用率，可提高现代养猪生产的产出投入比，在一定程度上可大大降低饲料成本。但由于目前缺乏非常规饲用原料具体成分的数据，因此酶制剂的使用量上缺乏明确的指导，这无疑限制着酶制剂的使用效率，此问题有待进一步的深入研究。

（3）饲用酶制剂在断奶仔猪饲粮中应用　饲用酶制剂用于断奶仔猪，能够提高胃内消化酶的浓度，降低 pH 值，促进蛋白质的消化吸收，保持胃内酸度可促进机体酸菌的繁殖，保持机体健康，减少腹泻，增强机体抵抗力，具有显著的效果。大量研究和生产实践已为仔猪实际生产中科学的应用酶制剂提供了理论依据。

付广水等（2010）在杜长大三元杂种断奶仔猪的玉米 – 豆粕型基础饲粮中分别添加 0.05%、0.1% 和 0.15% 的复合酶制剂（含酸性蛋白酶、中性蛋白酶、α- 淀粉酶、糖化酶、β- 葡聚酶、β- 甘露聚糖酶和木聚糖酶），平均日增重分别提高 8.82%、15.06% 和 11.53%；料重比分别降低 6.77%、10.53% 和 8.27%；仔猪饲料纤维和磷的消化率得到明显改善，腹泻率显著降低，综合分析，以 0.1% 添加量效果最佳。

张民等（2010）在体重相近的 PIC 断奶仔猪玉米 – 豆粕型饲料中添加 100 克 / 吨复合酶，与对照组相比，日增重提高 8.65%，日采食量降低 5.33%；断奶仔猪腹泻率降低 81.3%；粗蛋白质、能量、粗脂肪、钙、磷的表观消化率分别提高 3.04%、0.99%、12.67%、13.06%.8.46%；粗纤维消化率与对照组相比差异不显著。

（4）饲用酶制剂在生长肥育猪饲粮中的应用　穆淑琴等（2004）选用体重 27 千克的杜长大三元杂交生长猪 42 头，随机分成对照组和试验组，每组 3 个重复组，对照组饲喂基础日粮，试验组饲喂基础日粮 +0.01% 复合酶制剂，试验期 32 天。试验结果表明，复合酶制剂可将猪平均日增重提高 0.057 千克；平均日采食量，降低 0.072 千克，饲料增重比降低 13.31%；每千克增重饲料成本降低 0.605 元，经济效益提高了 12.62%。

赵京扬等（2001）将 40 头体重约 41 千克的长大生长猪随机分为 4 组，在玉米 – 豆粕 – 麦麸型饲粮中分别添加 0、0.05%（试验 1 组）、0.1%（试验 2 组）和 0.15%（试验 3 组）的复合酶制剂（含纤维素酶、木聚糖酶、酸性蛋白酶、糖化酶、β- 葡聚糖酶、淀粉酶、果胶酶）。结果表明，试验 2 组、3 组生长猪日增重比对照组分别提高 2.17%、2.26%；粗纤维消化率分别提高 13.93%、18.27%，粗脂肪消化率分别提高 4.76%、5.32%，无氮浸出物分别提高 1.14% 和 1.45%。

酶制剂对猪促生长作用报道很多，但效果不一，反映了酶、底物和动物三者之间的复杂关系，其中猪的年龄、日粮等因素进一步互作，使研究和试验结果难以预测。如微生物在猪小肠后段消化活动中起重要作用，尤其是肥育猪；而生长前期肠道微生物区系未能发育健全，因而添加酶的作用较明显。这些都是在使用酶制剂中要考虑到的问题。

4. 酶制剂的使用及保存方法

（1）酶制剂的选择

① 低黏度日粮的选择。指进入消化道其黏度低，如玉米 – 豆粕型日粮，其主要抗营养

因子为木聚糖、果胶，因此应在其中加入果胶酶、木聚糖酶。

② 高黏度日粮选择。指进入消化道其黏度较大，影响猪的消化，如小麦、大麦、米糠等，其主要的抗营养因子有小麦中的木聚糖，大麦中的 β- 葡聚糖和木聚糖，因此应在其中加入木聚糖、β- 葡聚糖。

③ 高纤维日粮选择。指饲料中含有大量的纤维素、半纤维素，如谷物、酒糟、麦麸等，在其中添加纤维素酶、半纤维素酶。

④ 高蛋白日粮选择。指其中使用菜籽粕、棉粕等，这类日粮中应加入蛋白酶和一些纤维素酶。

⑤ 根据猪的不同生理阶段和生产目标选择。对于仔猪，其消化系统不完善，各类消化酶的分泌不足，则应添加高剂量的内源酶制剂，一定量的外源性酶制剂；对成年猪也可适量添加。生产中为了缩短母猪哺乳时间对仔猪进行早期断奶，为了防止断奶产生的应激现象，应在此时添加高剂量的消化酶制剂。

（2）酶制剂的用量　由于现阶段除了淀粉酶、糖化酶、蛋白酶、脂肪酶等一些研究较多、较早的酶系外，其他酶的酶活性检查方法还没有一定的标准，同时现有的酶制剂一般为复合酶制剂，故应结合酶的活性、日粮类型、猪的品种等，根据产品说明书的添加量参照使用。

（3）酶制剂的添加方式和方法　酶制剂的添加方式一是在饲料生产中添加，注意不要破坏酶的活性，一般使用经过油膜处理、化学处理之后制成的酶制剂；二是在养殖过程中添加，主要在饲养过程中混入。酶制剂的添加方法：一是一般采用多级混合原则，先以玉米面、面粉等载体按一定的比例进行稀释，再添到饲料中搅拌；二是把酶制剂（液体）在饲料生产后期采取喷涂的方法添加。

（4）酶制剂的保存　一是防止高温；二是防潮，酶制剂一旦受潮易发生霉变，以至活力下降；三是单独存放，产品应置于通风、干燥、阴凉避光处存放；四是保存时尽量缩短贮存时间，经过稳定化处理的酶制剂可在室温下保存 6 个月；酶制剂加入含有抗生素、促生长剂、矿物质、微量元素、维生素等的预混料中可保存 2 个月，酶活性不会显著降低。

5. 影响酶制剂使用的因素

目前，尽管商业复合酶制剂的开发应用取得了明显成效，但特异性酶的开发还面临着许多问题，其关键技术是如何较大程度降解非淀粉多糖。由于绝大多数日粮中非淀粉多糖为细胞壁组分与其他多聚糖或蛋白质、木质素紧密相连，目前对细胞壁的准确结构并不完全清楚，因此很难设计出准确有效的酶制剂用于降解细胞壁。另外，在酶制剂的理化参数、活力的检测方法最佳剂量，受环境条件变化规律等方面还需深入研究。可见，在使用饲用复合酶制剂上也存在许多问题：其一，酶的专一性要求底物与酶之间必须一一对应，因此饲粮组成对酶制剂的作用效果影响较大；其二，酶制剂加工程度、混合均匀度和添加量对其作用效率也有很大影响。尽管酶制剂的作用已经为人所认识，但也由于酶制剂生产的特殊性，如使用不同的菌种和生产方式（固体发酵或液体发酵），同一种发酵方式中不同生产条件和对生产条件控制能力的差异以及最终产品的测定条件的巨大差异，都给酶制剂用户选择酶制剂带来了一定难度，很难从表观上去简单判别哪种酶制剂产品是适合自己的。因此，抛开产品的差异，在决定饲料中使用酶制剂种类时至少应考虑以下因素：一是饲料的组成，包括谷物及蛋白饲料原料的种类和配比，以及抗营养因子的水平（根据来源、天气和土壤情况而不同）；二是猪本身的因素，特别是日龄和品种。一般来讲，为使饲料中加酶能取得最大效益，必须根据饲料组分选择酶的种类，并对饲料中可能出现的抗营养因子及特定成分消化率有所了解。使用恰当的复合酶往往比单一酶添加效果要好，为此，每种酶的比例、种类应与饲料中不同底物相对应，这应是使用酶制剂的原则。

（三）酸化剂

1. 酸化剂的定义

酸化剂，就是指能够提高其他物质的酸度的一类物质的总称，是主要用于幼畜日粮以调整消化道内环境的一种饲料添加剂。

2. 酸化剂的种类

（1）有机酸化剂　有机酸作为饲料添加剂可分为两大类。第1类是通过降低环境 pH 值，间接降低细菌数量的有机酸，有延胡索酸、柠檬酸、苹果酸、乳酸等。这些有机酸添加到饲料中主要在胃中起作用。第2类是在降低环境 pH 值的同时还可破坏细菌细胞膜、干扰细菌酶的合成，影响细菌 DNA 复制直接抗菌的有机酸，有甲酸（蚁酸）、乙酸（醋酸）、丙酸和山梨酸等。

有机酸还可分为单一酸和复合酸，其中复合酸是几种有机酸和无机酸（多为磷酸）的混合物。不同的有机酸各有其特点，但使用最广泛而且最好的是柠檬酸（我国普遍使用）、延胡索酸（欧洲普遍使用）或甲酸。

（2）无机酸化剂　无机酸包括强酸，如盐酸、硫酸，也包括弱酸，如磷酸。已有试验表明，硫酸使用基本无效，盐酸使用效果则取决于对日粮电解质平衡状况的影响，磷酸具有日粮酸化剂和作为磷来源的双重作用，因其用量和价格适当而受到生产者的重视。无机酸和有机酸相比，具有较强的酸性及较低的添加成本，但无机酸如果添加剂量较少，则达不到较好的效果，剂量较高，则会损害动物的器官和腐蚀饲料加工机械设备。

（3）复合酸化剂　复合酸化剂是一种应用较多的酸化剂。由于单一的有机酸和无机酸均有其特定的优缺点，加上各自作用机制有所不同，混合使用可产生互补协同效应来增强使用效果，利用几种特定的有机酸和无机酸混合产生了复合酸化剂。其中异位酸是较早应用在泌乳奶牛中的一种有机酸复合物，它是异戊酸、α-甲基丁酸、戊酸、异丁酸化剂的混合物，与单一酸化剂相比，复合酸化具有用量少，成本低等优点，通常添加量在 0.5% 以下，而单一酸化剂的用量在 1%~2%，因而复合酸化剂避免了酸化剂用量过大所引起的适口性下降及腐蚀饲料加工机械设备等问题。由于复合酸化剂能迅速降低 pH 值，保护良好的缓冲值和生物性能及最佳添加成本，最优化的复合体系将是饲料酸化剂发展的一种趋势。

3. 酸化剂在现代养猪生产中的应用

（1）降低腹泻率，提高生长性能　猪饲料中酸化剂主要应用于仔猪生产，对育肥猪的效果不显著，在母猪饲料中应用可阻断母乳中的大肠杆菌的垂直传播。

仔猪早期断奶，由于内源性酸分泌不足，以及饲料中的乳制品无法满足仔猪的营养需要，导致乳酸产生明显减少，使仔猪肠胃 pH 值明显升高，进一步引起其消化酶活性降低，胃肠微生物区系混乱，小肠壁形态改变等，从而出现"仔猪早期断奶综合征"。临床表现为食欲减退、消化功能紊乱、腹泻、生长迟缓、饲料转化率低等，死亡率较高。在仔猪饲料中添加酸化剂，可降低胃肠 pH 值，改善生产性能。

早期添加的酸化剂为无机酸，但无机酸的作用效果较差，甚至影响仔猪生长性能的提高。许多研究表明，有机酸能提高仔猪平均日增重、平均日采食量和饲料转化率，并降低仔猪腹泻发生。Giesting 等（1998）在以大豆或以脱脂奶粉为蛋白质源的仔猪开食料中添加 3% 的延胡索酸，结果与对照组相比，添加组的采食量提高 5.2%~9.7%，日增重提高 14.2%~41.5%。在早期断奶仔猪日粮中添加柠檬酸、乳酸和磷酸，仔猪腹泻分别降低 12.7%、18.5% 和 11.6%。陈代文等（2005）在以玉米 – 豆粕为基础日粮的断奶 1~2 周和 3~4 周仔猪的日粮中添加酸化剂，日增重比对照组提高 6.68%~8.33%，料肉比下降 4.76%~5.29%，并且蛋白质、总能、有机物质以及干物质消化率分别提高 2.08%、0.7%、0.29%、0.22%。邓跃林等（1993）在仔猪饲料中添加 1%、1.5% 和 2% 的柠檬酸，在 25 天试验期内，使早期断奶仔猪平均增重分别提高 3.7%、6.7% 和 9.2%，仔猪在断奶后 1~2 周内效果好，以后逐渐降低。

近些年对有机酸的研究集中在复合酸化剂的应用上，复合酸化剂是各种有机酸按一定比例混合在一起的酸化剂，在提高仔猪生长性能方面效果优于单一的有机酸。目前，复合酸化剂应用较多，在仔猪生产中有重要作用。王杰等（2010）在 28 日龄断奶仔猪饲粮中添加 0.2% 的复合酸化剂（组成成分为柠檬酸、延胡索酸、磷酸）进行 3 周的试验。结果表明，添加酸化剂的第 2 周仔猪采食量和日增重达到了最大，添加酸化剂组均能提高仔猪的日增重。景翠等（2009）在体重 7 千克左右的断奶仔猪饲粮中添加 0.2% 和 0.4% 的酸化剂（磷酸、延胡索酸），试验期为 30 天。结果表明，与对照组相比，仔猪日增重分别提高 0.75% 和 11.39%，料重比降低了 4.27% 和 3.4%。

值得关注的是，仔猪可通过母猪的粪便感染大肠杆菌，引起腹泻。但母猪饲喂酸化剂饲料后，有助于控制肠道微生物菌群的平衡，母猪粪便中大肠杆菌的数量大幅度降低，从而可减少仔猪对大肠杆菌的感染。Clpeul（2001）报道，妊娠和哺乳期的母猪饲喂酸化日粮 19 周后，母猪粪便中大肠杆菌数量较未饲喂酸化日粮减少 100 倍，对仔猪感染大肠杆菌起到了良好的预防作用。

（2）复合酸与有关添加剂合用有协同效应　近几年对有机酸研究集中在复合有机酸以及和别的添加剂的协同应用上。研究表明，复合有机酸与高铜、抗生素合用有协同效应，可使仔猪的多项生产指标达到最佳。Denis 等（1994）在添加有机酸化剂的饲料中同时添加碳酸钠，可防止有机酸引起的代谢性中毒。翟思建等（2000）将柠檬酸和高锌一起添加于仔猪饲料中，结果表明高锌（2 000 毫克 / 千克）和柠檬酸（10 克）组腹泻率远低于对照组，也低于单独添加高锌或柠檬酸的试验组。

（3）对饲料防霉保质的作用　通过在饲料中添加酸化剂，可以防止或控制饲料中霉菌的繁殖。有机酸可降低饲料 pH 值，抑制有害菌活动，同时还有较好的杀菌作用，因而被广泛用于饲料的防霉保存，延长饲料贮存期。周永红等（2001）研究表明，多种有机酸复合防霉剂比单一有机酸盐类和单一有机酸类的防霉效果好，饲料保存期长。

（4）替代部分抗生素使用　挥发性和非挥发性有机酸及无机酸的抗菌效果存在明显的差异，挥发性有机酸（甲酸、丙酸和乙酸）具有较好的杀菌作用，能直接进入细胞内，通过降低胞内 pH 值，抑制某些大分子（如 DNA、RNA、蛋白质或脂类）等的完整性，从而达到杀菌作用。挥发性有机酸盐尽管不能降低病原菌细胞间质的 pH 值，不能以酸的形式渗透进入病原菌细胞内发挥杀菌作用，但也具有抗菌作用，其作用强弱依赖于有机酸盐的溶解性。如挥发性有机酸的钠盐全溶于水，而钙盐只有部分可溶，因而在体外抑菌试验中，丁酸钠比甲酸钙和丙酸钙强；此外，有机酸的二价盐体外抑菌效果优于饱和度高的有机酸盐。非挥发性有机酸（乳酸）和无机酸（磷酸）也具有显著的抑菌作用，由于这些酸化剂通过降低病原菌细胞间质的 pH 值，破坏病原菌渗透压体系，阻止细胞正常繁殖，从而阻止病菌的发育和生长。还有研究表明，饲料中添加有机酸在猪发病的情况下，可少用抗生素。Gacld 等（1990）研究表明，大肠杆菌、葡萄球菌和梭状芽孢杆菌在肠道中生长所需 pH 值分别为 6~8、6.8~7.5 和 6~7.5，pH 值在 4 以下可使其失活，而有机酸可用来促进胃内 pH 值降低，可使有害菌失活。Scipinaie（1979）研究发现，柠檬酸对减少胃、结肠和直肠的大肠杆菌数量最为有效，胃肠内容物中细菌分别从 2 226 个 / 克、846 个 / 克和 676 个 / 克降到 1 378 个 / 克、318 个 / 克和 212 个 / 克。可见，酸化剂可以减少大肠杆菌的感染，对具有耐药性的大肠杆菌菌株，可通过添加酸化剂达到抑菌杀菌的目的。综上所述，饲料酸化剂不仅可以降低胃肠道 pH 值，增强胃蛋白酸的活性，促进蛋白质消化吸收，而且可以改善胃肠道微生物区系，抑制有害微生物繁殖，促进有益菌增殖，对部分有害菌还有杀灭作用，可替代部分抗生素使用。

4. 影响酸化剂效果的因素

仔猪饲粮中添加酸化剂的效果受多种因素的影响，如日粮类型、酸化剂种类和添加量、仔猪断奶日与体重、饲养环境条件、酸化剂与高铜和抗生素的互作等。

（1）饲粮组成 一般来讲，将酸化剂添加到以植物蛋白质为主的日粮中，比添加到富含动物蛋白质为主的日粮中效果明显。饲料中含较多植物性蛋白质，有机酸用量比含动物性蛋白质较多时要高。Giesting 等（1991）报道，在玉米 – 大豆饼和玉米 – 大豆饼 – 脱脂奶粉两种饲料中同时添加 10 克 / 千克延胡索酸，结果前者使仔猪日增重提高 10.7%，而后者为 9.8%。饲料中含较多蛋白质、矿物质等缓冲力较高物质时，如乳产品，有机酸应用效果较差。

酸化剂虽然能提高后肠道的消化率，但酸化剂提高消化率与饲料中色氨酸的含量有关。当饲料中没有色氨酸时，添加酸化剂对猪回肠的蛋白质的消化率和蛋白质结合氨基酸的吸收没有促进作用。当饲料中色氨酸含量在 0.65%~0.73% 时，则能提高回肠的蛋白质消化率和蛋白质结合氨基酸的吸收。

（2）仔猪日龄与体重 Roth 等（1982）在断奶仔猪日粮中添加 1.5%~2% 延胡索酸、仔猪日增重、采食量和饲料转化率均显著提高；但随日龄的增长，效应逐渐降低。有机酸的促生长作用在仔猪初生阶段有较好的效果，随仔猪的不断生长效果逐渐降低。一般来讲，酸化剂用于仔猪早期断奶及 30 千克体重以前效果好。

（3）酸化剂的使用种类和量 柠檬酸、延胡索酸、甲酸钙效果均比丙酸好，添加量均为 1%~2%。

5. 酸化剂存在的问题

（1）添加量大 酸化剂的添加量大，添加成本高，限制了其在现代养猪生产饲料中的应用。西班牙的一个研究小组用甲酸、山梨酸和丙酸替代饲料中抗生素饲喂断奶仔猪，仔猪健康状况良好，但必须严格控制用量，过多的有机酸会导致仔猪生长性能下降。可见，应通过现代生物技术降低酸化剂的成本和用量。

（2）作用效果不稳定 酸化剂易被饲料中的某些物质中和，失去酸化效果，并且破坏饲料中维生素活性和矿物质元素的吸收。

（3）不能在整个消化道中发挥作用 酸化剂在胃中解离速度快，抑制了胃酸分泌和胃功能的正常发挥，且酸化剂存在难以到达后消化道，特别是无法到达大肠，因此不能在整个消化道中有效发挥调整 pH 值和抑菌杀菌等作用，这也是无法替代抗生素的原因。包被的微胶囊型缓释复合酸化剂存在高成本的问题，也限制了在现代仔猪生产中的应用。因此，应通过研制后效释放的酸化剂提高其在后肠道的作用，增加酸化效果，降低酸化剂在日粮中的配比和饲料成本。

（4）与有关添加剂及日粮组分存在配伍使用问题 酸化剂与高铜、抗生素合用有协同作用，但与高缓冲能力的日粮组分（如乳产品）并用则降低其添加效果。可见使用酸化剂要充分了解各种酸的作用机理，根据猪不同生长发育阶段的特点和不同饲粮类型及各种酸的解离情况，要有针对性的进行酸化剂配方的制订。

（5）腐蚀机械与设备 酸化剂具有腐蚀饲料加工机械、储藏运输设备的问题。

综上，虽然酸化剂具有无抗药性、无残留、无毒害等特点，在现代养猪生产中的应用前景十分广阔，但还需要进一步地研究、明确其作用机理，合理的使用酸化剂；此外，针对猪的生理特点和酸化剂不同酸的理化特性，开展酸化剂与抗生素、益生素、酶制剂、铜、锌等添加配伍使用的研究，以不断提高酸化剂的使用效果。

（四）益生素

1. 益生素的定义

益生素（probiotics）也称活菌制剂、益生菌、生菌剂、饲用微生物添加剂或微生态制剂。其中文名称至今尚无统一规定，对其定义的解释也不尽一致。一般意义上所说的益生菌，与微生态制剂概念的提出密切相关（在国外仍称为益生素）。1965年，益生素一词由Lilley和Stillwell最先提出，他们将益生素定义为：由一种微生物分泌刺激另一种微生物生长的物质。1974年美国PakerL提出：益生素是维持肠道内微生物平衡的微生物或物质。Fuller（1989）将其定义为能促进肠内菌群生态平衡，对宿主起有益作用的活的微生物制剂，强调益生菌必须是活的微生物。我国微生态专家何明清（2001）将其定义为：在微生态理论指导下，采用有益的微生物，经培养、发酵、干燥等特殊工艺制成的对人和动物有益的生物制剂或活菌制剂。目前公认较为全面的定义是由Soggaard于1990年提出的，其定义为：指摄入动物体内参与肠内微生态平衡的，具有直接通过增强动物对肠内有害微生物的抑制作用，或者通过增强非特异免疫功能来预防疾病，而间接起到促进动物生长作用和提高饲料利用率的活性微生物培养物。

2. 益生素的种类和特点

目前应用于养猪业主要的益生菌主要是乳酸菌类、芽孢杆菌类和酵母菌类。

（1）乳酸菌类 乳酸菌是一类可以分解糖类产生乳酸的革兰氏阳性菌的总称。在众多的益生菌添加剂中乳酸菌是应用最早、最广泛、种类繁多的一类，目前已发现的这类菌的18个属，其中有益菌以乳酸杆菌属、双歧杆菌属为代表。目前应用的乳酸菌主要是来源于乳酸杆菌属、乳酸链球菌属和双歧杆菌属的近30种微生物。乳酸菌属肠道正常菌群，厌氧或兼性厌氧，不耐高温，经80℃处理5秒钟可损失70%~80%，但较耐酸，在pH值为3~4.5时仍可生长，对胃中的酸性环境有一定耐受力。乳酸菌能分解饲料中的蛋白质、糖类和合成维生素，对脂肪也有微弱的分解能力，能显著提高饲料的消化率和生物学效价，促进消化吸收。但该菌在生长过程中不形成芽孢，抗逆性差，易失活而难于保藏，所以在饲料添加使用时受到一定限制。目前，有些市场上销售的产品采用微胶囊技术包被，提高了其对环境的适应性和抗逆性，但成本也较高。

乳酸菌主要通过以下几种方式发挥其作用：一是通过脂磷壁酸及菌体分泌的表面蛋白对肠道黏膜细胞产生强大的黏附作用，与肠道厌氧菌共同形成生物屏障，阻止致病菌的入侵；二是与病原菌竞争黏附位点，抑制病原菌在肠道内定植；三是分泌胞外物质，产生抑菌代谢物阻止病原菌及毒素黏附于黏膜上皮；四是发生凝集反应，阻止病原菌入侵；五是竞争营养物质。此外，肠道乳酸菌对宿主还具有多种免疫调节作用，促进免疫器官发育，增强机体自身免疫力，刺激特异及非特异免疫应答，促进肠上皮细胞增生，加速损伤上皮的修复等。

乳酸菌通常厌氧或兼性厌氧，在动物体内通过生物拮抗、降低 pH 值、阻止和抑制病菌的侵入和定植、降解氨、吲哚、粪臭素等有害物质，维持肠道中正常生态平衡。活菌体和代谢产物中含有较高的超氧化物歧化酶（SOD），能增强动物的体液免疫和细胞免疫；也能够产生氨基酸、淀粉酶、脂肪酶、蛋白酶等消化酶，从而提高饲料转化率。乳酸菌在动物肠道内的定植具有特异性。乳酸菌在动物肠道系统定植，可以抵抗革兰氏阴性致病菌，增强抗感染能力，增强机体肠黏膜的免疫调节活性，促进生长。在哺乳和断奶仔猪饲料中使用能够防治其腹泻，维持肠道正常生态平衡。

（2）芽孢杆菌类　芽孢杆菌是好氧菌，在一定条件下产生芽孢，耐高温，其芽孢能迅速发芽，发芽率为 20%~70%，高稳定性，易培养。芽孢杆菌在动物肠道内可迅速繁殖，消耗肠内氧气，使局部氧分子浓度下降，从而恢复肠道内厌氧性正常微生物间的微生态平衡。目前国内外用于畜禽生产的芽孢菌种类较多，主要有枯草芽孢杆菌、蜡样芽孢杆菌、短小芽孢杆菌等。

芽孢杆菌具有以下优势：一是属于好氧菌，进入动物机体后消耗大量的游离氧，利用厌氧微生物生长，从而保持肠道微生态系统平衡。二是能产生多种酶类，促进动物对营养物的消化吸收。其中枯草芽孢杆菌和地衣芽孢杆菌具有较强的蛋白酶、淀粉酶和脂肪酶活性，同时还具有降解植物性饲料中复杂碳水化合物的酶，其中，很多酶是哺乳动物在体内不能合成的酶。由于芽孢杆菌具有多种酶活性，能降解饲料中某些较复杂的碳水化合物，而这对体内尚未健全的仔猪更重要。另外，芽孢杆菌的营养体可以分泌复杂的纤维素酶、蛋白酶、淀粉酶等胞外酶系，提高蛋白质和能量利用率。三是在动物体内生长繁殖能产生各种营养物质，如 B 族维生素，同时可产生有机酸和某些抗菌物质（如枯草菌素），对有害菌有抑制或杀灭作用，增强机体免疫功能。四是在肠道内产生氨基酸化酶及分解硫化物的酶类，降低血液和肠道中氨的浓度，从而也降低粪便和尿中氮的浓度，改善饲养环境。五是耐高温、耐酸碱、耐挤压的特点，能够经受颗粒饲料加工的影响，满足饲料加工的要求。

（3）酵母菌类　酵母菌是一种来源广、价格低、营养丰富、氨基酸比较全面的单细胞蛋白质，蛋白质含量高达 42%，且富含动物所必需的多种维生素和微量元素。饲用酵母的种类主要有红色酵母、假丝酵母、酿造酵母和啤酒酵母等。

饲用酵母对猪的主要作用：一是具有促生长特性。饲用酵母细胞富含蛋白质、核酸、维生素和多种酶，具有提供养分、增加饲料适口性、加强消化吸收等功能，并可提高猪对磷的利用率。由于饲用酵母丰富的营养组成，因此可以部分或者全部替代猪饲料中的鱼粉。二是改善肠道微生态环境。酵母菌是肠道有益微生物，能促进胃肠道中纤维素分解酶等有益菌的繁殖，提高其数量和活力，从而提高动物对纤维素和矿物质的消化、吸收和利用。三是改进动物体免疫功能，增强抗病力。由于酵母细胞壁的主要成分是甘露聚糖、葡萄糖，对免疫有增强作用，能增强动物机体免疫力和提高抗病力。此外，甘露聚糖可与肠道病原菌的纤毛结合，阻止病原菌在肠道黏膜中的定植，从而直接和肠道病原体结合，中和肠道中毒素，对防治猪消化道疾病起到有益作用。

3.益生素的主要作用

（1）对病原菌拮抗和对有益菌促生长作用　这是益生素最主要的作用，也是人们使用益生素的初衷。使用益生素后，一方面人为地加大了肠道内有益菌的比例，使有害菌的比例降低；另一方面是由于益生素所含的菌体对致病菌的拮抗作用而使致病菌的生长受到抑制，绝对数量降低，正常菌群状态得以恢复，维持了肠道菌群平衡，从而也减少和防治猪腹泻的发生。

（2）提供营养素　益生素的有益菌群能在消化道繁衍，促进消化道内多种氨基酸、维生素等营养素的有效合成和吸收利用，提供了营养素，从而改善了饲料利用率，促进了动物生长。

（3）刺激机体的免疫机能　益生素是良好的免疫激活剂，直接饲喂动物可有效提高巨噬细胞的活性，增强机体的免疫功能。此外，由于益生素在动物饲养中往往作为饲料添加剂应用，这种低剂量的持续刺激可使动物机体的整体免疫机能得到调动和提高，因而提高了其整体抗病能力。益生素能刺激宿主对病原菌的非特异性反应，因此能通过降低过敏反应来调整宿主对病原菌的免疫反应，从而提高了机体免疫力。

（4）净化肠道内环境　肠道内的大肠杆菌等腐败菌增多，会产生有害物质如氨、生物胺和吲哚等，这些物质具有潜在抑制生长和危害作用；益生素对这些有害物质有抑制作用，可降低肠道内细胞产生的氨气、毒胺等浓度，净化肠内环境。

4. 益生素在现代养猪生产中的应用

（1）在仔猪生产中的应用　多数试验报道，益生素能促进仔猪增重，对降低仔猪腹泻的作用比较明显。但也有一些试验结果显示，益生素只降低仔猪腹泻率，而对增重没有影响。这可能受其他多种因素的影响，如饲养环境、饲喂方式、饲料配方等。

哺乳仔猪生长发育快，可塑性大，但由于此阶段仔猪消化器官不发达，消化腺机能不完善，缺乏先天免疫力，最易发生下痢和感染传染性疾病，所以此阶段仔猪死亡率高。近些年研究表明，应用益生菌添加剂对控制哺乳期乳仔猪病原菌感染和提高机体免疫力有显著效果。王士长等（2000）用不同益生菌乳剂在仔猪出生 0.5 小时后灌服，使益生菌抢先占领肠道内环境，结果发现，1 组使用活菌数为 10^9 菌落形成单位 / 毫升的复合菌乳剂（2 株蜡样芽孢杆菌、1 株地衣芽孢杆菌、1 株嗜酸乳杆菌、1 株保加利亚杆菌、1 株嗜热链球菌、1 株双歧杆菌），仔猪的腹泻率为 32.71%，2 组使用活菌数为 10^9 菌落形成单位 / 毫升的植物乳杆菌乳剂，仔猪腹泻率为 25.71%，而且哺乳仔猪日增重比对照组提高 8%~13%。

断奶仔猪处在快速生长发育时期，其消化机能和抵抗力还没有发育完全，研究显示，在断奶仔猪日粮中添加益生菌，对控制仔猪腹泻率，提高生产性能有良好效果。胡艳等（2013）为研究复合益生菌对断奶仔猪生长性能和养分利用率的影响，在 28 日龄断奶的杜大长三元杂种仔猪基础饲粮中添加复合益生菌 200 克 / 吨，结果表明，复合益生菌组断奶仔猪平均日增重高于对照组，但料重比却明显低于对照组；复合益生菌组饲料干物质、粗蛋白质和能量表观消化率也显著高于对照组。结果显示断奶仔猪饲粮中添加复合益生菌可显著提高养分利用率，从而改善仔猪生长性能。陈丽仙等（2013）在 7.5 千克左右的杜长大仔猪饲粮中添加 0.1% 益生菌制剂，结果显示，益生菌制剂能显著降低仔猪腹泻率，促进仔猪生长。尚定福等（2008）研究地衣芽孢杆菌对仔猪生长性能和猪舍氨浓度的影响，在仔猪预混料按 10^{10} 菌落形成单位 / 千克添加地衣芽孢杆菌，试验期 15 天，结果显示，断奶 2 天的仔猪日增重比对照组提高 12.67%，料重比降低 1.47%，仔猪腹泻率减少 33.3%；断奶 10 天的仔猪日增重比对照组提高 26.87%，料重比降低 23.66%，仔猪腹泻率减少 70.37%，差异显著；而且添加益生菌组的粪便中氨含量显著下降，表明饲料中添加地衣芽孢杆菌能有效提高仔猪生长性能，减少猪场环境污染，提高仔猪抗病力。

（2）在生长肥育猪生产上的应用　张治家（2011）研究益生菌制剂对生长肥育猪生长性能的影响，结果显示，饲料中添加益生菌制剂能明显提高24千克左右生长肥育猪的平均日增重，饲料转化率和平均日采食量；腹泻率比对照组降低73.5%，差异极显著；经济效益提高8.41%。李维炯等（2003）用EM饲喂育肥猪，采用不同的处理：1组EM饮水+普通饲料；2组EM饲料+EM饮水。试验结果显示：2组育肥猪日增重较对照组高21%，1组较对照组高16%；1组和2组的饲料利用率分别较对照组提高8.3%和15.1%，达到了显著水平。以上试验均表明，在猪的生长育肥阶段，饲料中添加益生素可提高日增重和饲料利用率。此外，在生长肥育猪饲粮中使用益生素还可改善猪舍饲料环境。欧阳荣林（2000）在育肥猪日粮中添加10%的EM菌发酵料，试验组比对照组平均增重4.66千克/头，同时，饲喂EM菌料1周后，猪舍粪尿臭气明显下降，20天后臭气明显减轻，大大改善了猪的饲养环境。

（3）在母猪生产上的应用　母猪的营养与健康直接影响其繁殖性能，江绍安（2005）在妊娠母猪65天左右的日粮中添加0.5%活菌数为10^8菌落形成单位/克的酵母，结果显示，试验组的平均初生重，平均断奶重及仔猪育成率比对照组增加了22.71%、20.3%和0.2%。哺乳母猪在养猪生产中处于重要地位，哺乳母猪饲养管理好，母猪断奶后易于发情，能保持良好的繁殖性能，同时仔猪易于饲养，育成率也高。李春丽等（2005）将22头临产母猪按预产日期、胎次、品种分为对照组和试验组，对照组母猪及其所产仔猪饮用自来水，试验组母猪及其所产仔猪饮用含有0.1%乳酸杆菌和酵母菌的自来水，其活菌数10^9菌落形成单位/毫升。试验期40天，结果表明，试验组母乳的免疫球蛋白浓度一直维持不变，对照组的浓度下降了4.2%；试验组的仔猪较对照组平均日增重提高8.33%，发病率降低30.31%。

5.影响益生素使用效果的因素

（1）使用效果的阶段性与持续性　益生素在猪的整个生长过程中都可以使用，但不同生长时期其作用效果不尽相同，一般多用于仔猪阶段以防止病原微生物侵害肠道，提高其防御能力。此外，在饲养环境因素使猪处于应激状态时，体内微生态平衡遭到破坏，使用益生素对形成优势种菌群极为有利。使用益生素主要是为了维持正常微生态平衡，这是一个长期的过程，在猪的饲养过程中必要时应不间断地应用才保持其效果。

（2）使用的活菌制剂　使用活菌制剂是获得理想效果的关键更是猪能摄入活菌的数量，一般认为每克中活菌（或孢子）数以$2 \times 10^5 \sim 2 \times 10^6$个为佳，所以，活菌制剂的稳定性、饲料成分、饲料加工、贮存条件和时间等一切影响微生物活性的因素，都会影响活菌制剂的使用效果。一般而言芽孢杆菌（孢子制剂）对各种不良环境有很好的抵抗力，乳酸菌群在饲料加工及贮存过程中易被破坏、灭活，特别是制粒过程中，除孢子制剂外，其他菌的成活率都很低。因此，使用时应避免制粒阶段添加，一般在制粒后添加。此外，注意产品的有效期，并避免与其不相容的抗菌药和化学药品同时使用，制剂还应在低温、干燥等条件下保存。活菌制剂与抗生素、抗菌药物的并用，需视相容性而定，未了解其相容性前，不应并用。研究发现在使用活菌制剂前使用某些抗生素消除消化道内杂菌，可取得较好的效果。为了保证活菌制剂的使用效果，使用时应注意的问题：一是使用时间要早，从新生仔猪开始使用，以保证其中的有益菌先占据消化道；二是活菌制剂中应有足够量的活菌；三是应用于猪应激期（如断奶、饲料和环境突变、运输等）效果最明显。

（3）饲料中不同的营养物质　研究表明，益生素与一些营养物质混合，显著影响微生物的活性。特别是饲料中的不饱和脂肪酸对益生素有拮抗作用，配合日粮中添加益生素应尽量避免与油脂直接接触。但也有研究表明，饲料中的油脂，在制粒过程中对微生态制剂耐受温热压的能力具有保护作用。此外，饲料中的矿物质、防霉剂、抗氧化剂对微生物有拮抗作用，可降低其活性。

（4）载体　目前益生素产品的载体多为液态，固态的相对少些。在液态中存活的菌群数量相对稳定且活力强，而固体状态下保存的益生素随着时间推移数量越来越少且活力也弱。

（5）益生素的保存　根据微生物的生物学特性，应注意避免与益生素有拮抗作用的物质接触。同时，应注意环境的温度、湿度、pH 值等条件，以保证益生素的浓度和活性。使在饲喂益生素时要含有一定量的活菌，一般要求 3 亿个以上的活菌体，且活力要强，才能达到饲喂效果。

① 保存时间。大量试验表明，随着保存时间的推移，存活的微生物数量会不断地消减，但消减的速度因微生物种类不同而异，其稳定性强弱依次为：芽孢杆菌 > 肠球菌群中的粪链球菌 > 足球菌和明串球菌 > 乳酸菌 > 双歧杆菌。研究表明，不稳定的菌种不允许作为益生素添加剂，因为不稳定的菌种很难进行工业化生产，而且完全使用保存时间较短的菌类，其效果肯定会下降或无效果。因此，除了培育稳定性较强的菌株外，还需从保存手段等方面进行研究，使一些菌株具有一定的保存时间。

② 水分。在固体状态条件下水分对菌群的活力有明显影响，但在贮藏条件下，提高水分含量则菌群活力可能明显下降。有研究表明，受水分影响大的有益微生物不宜作添加剂。水分对菌群的活力影响最小的是芽孢杆菌，其次是粪链球菌，水分对乳酸菌影响最大。为了保证益生素中菌群活力，固态饲料中含水量越低越好，含水量低于 10% 比较理想。

③ pH 值。大多数微生物 pH 值在 4~4.5 的条件下均会自动死亡。芽孢杆菌类耐受低 pH 值的能力强。因此益生素在干燥收获以前，置于 pH 值在 6~7 的中性条件下培养为宜。

④ 温度。不同种类微生物对温度耐受力不同。芽孢杆菌能耐受较高温度，在 52~102℃ 范围内损失很小，加入配合饲料中，在 102℃ 条件下制粒，贮藏 8 周后仍然比较稳定；乳酸菌类在温度 66℃ 或更高时几乎完全失去活性；链球菌在 71℃ 条件下，活菌损失 96% 以上；酵母菌在 82~86℃ 条件下完全失去活性。益生素正常贮藏条件以温度不高于 25℃ 为宜。

6. 使用益生素应注意的问题

（1）益生素的安全性问题　益生素中的饲用益生菌是一种可通过改变肠道菌群而对动物施加有利影响的微生物饲料添加剂，鉴于益生菌有助于无公害和绿色动物性食品的生产，目前对其开发和应用比较深入和广泛，但由于微生物本身的复杂性，在实际研究和应用中也存在安全性问题。

可作为益生素菌种很多，在实际应根据菌种的生理特性，从中筛选出一些优良菌种，而且要尽量选育一些来自动物正常菌群的菌种，在试验过程中定期进行安全检测，以保证菌株无毒、无副作用，这样才能最大限度地发挥其益生作用。在以前的研究中人们普遍认为双歧杆菌、乳酸杆菌安全，关于其有害的报道很少。但随着研究方法和技术手段的不断改进和提高，对益生菌安全性认识也在发生变化。近些年发现，乳酸杆菌、明串球菌、片球菌、肠球菌和双歧杆菌等被普遍认为安全的益生菌经常能够从感染性的病变组织中分离出来。关于这些微生物在感染部位起何种作用，是否与感染有关，是促进还是抑制感染还需要进一步研究。但从这些报道也可见，对益生菌安全性的评价和认定是一个不断变化和更新的过程，旧的安全性概念随时都可能发生改变，这也是使用者随时要关注的一个问题。

（2）选择益生素应注意菌株的有效性和稳定性　在菌株的发酵过程中会产生丙酮酸、乳酸及细菌素，使产品 pH 值下降，可能影响到菌株的稳定性和有效性。在益生菌发挥作用以前，除了要耐受加工过程的影响，还必须受到酸、胆汁及胃蛋白酶的影响，因此抗酸力是筛选菌种的一个重要条件。虽然体外试验可以检测评估菌株的耐酸性，但这只能作为一个参考标准，因为菌株在胃肠道可能随之发生变化；另外，菌株的传代也可能使菌株原有特性发生变化，因此，体外评估耐酸性也只能反映出当前菌株的部分性质。随着环境的不同，菌株传代后性状的遗传相似性现在还没有很好的研究手段。从上面的分析可见，对菌种的筛选上还存在很多与实际环境不相符的地方，这在很大程度上影响了使用者对益生菌有效性及稳定性和使用效果的判断。为了保证所使用的益生素具有一定的有效性和稳定性，只能选用含有一定量的活菌，即有效活菌和生物活性，且质量稳定的产品。目前市面上很多产品都标注产品菌数多少亿以上，然而，在选择上，首先要判断此类产品所标注的菌是单一菌株还是多种菌株复配，产品标注的菌数是有效活菌数还是所有的菌数等。另外，从理论上讲，复合菌株的作用效果虽优于单一菌株，但为了保证产品提供菌数的真实性和有效性，最好能检测，但复合菌株在实际检测中会存在一定困难。相对复合菌株而言，单一菌株的优势在于其检测相对简单且精确度高，更有利于使用者实际生产中验证其有效性，而复合菌株的检测和验证相对困难。因此，在实际使用中，为了保证益生素的有效性，如果单一菌株活力很强，菌数够，方便检测，能起到很好的实际应用效果，那么选择单一菌株的益生素产品优势依然很大。

当前，益生素和微生态制剂的菌株发酵方式有固体和液体发酵法。固体发酵法产生的菌数多，成本低，但存在发酵过程参数不稳定，不易控制，杂菌多及产品质量不稳定等问题；液体发酵法产生的菌数相对固体发酵法低，成本也高，但发酵过程参数稳定，控制严格，产品质量稳定。为保证产品效果的稳定，尽量选择菌株纯粹无杂菌的产品。而且良好的益生素和微生态制剂产品由于其产品的稳定性，则能在动物试验中表现出良好的试验可重复性，因此，使用者最好要选择有充分可重复性试验数据证明的厂家的产品。

（3）加到饲料中益生菌的数量　益生菌的作用方式是通过大量有益生菌在胃肠道造成优势菌群，从定植、营养、分泌以及免疫增强等方面抑制有害菌增殖，其最终效果同添加益生菌的数量密切相关。数量不足，在胃肠道内不能形成优势菌群，难以起到益生作用。然而活菌数量过多，超出占据肠内附着点和形成优势菌群所需的菌量，可能会产生负面效应。但由于益生菌的使用剂量与菌的种属、动物种类、环境等很多因素有关，因此，确定某种菌饲喂特定种类、年龄动物的准确需菌数也非常困难，目前的研究水平也远远没有达到准确添加的水平，因此在实际应用中，益生菌的益生效应也往往得不到充分发挥，有时甚至产生负效应。在实际生产中，也有一些使用者在选择益生素和微生态制剂时，认为产品中含菌量越高越好，加到饲料或饮水中的菌数越多越好。然而，有研究表明，饲料或饮水中的益生菌加入过量时，不但消耗营养，还会引起动物拉稀等。动物本身肠道中存在一个微生态菌数的平衡，无论益生素是何种类型，当进入动物肠道食糜中外源菌数大于 1 000 万个 / 克时，都会对肠道内原有菌群产生较大的影响。因此，益生素和微生态制剂在产品中活菌数含量为 10 亿~20 亿 / 克时效果最佳。

（4）益生素中的益生菌受饲粮中其他添加剂的影响　饲料中的其他成分也会对益生菌产生影响。刘来婷等（2001）报道，将含有乳酸菌和芽孢杆菌的益生菌分别加在 1% 的猪和鸡预混料中 5 天，乳酸菌受到很大影响，15 天后已检不出乳酸菌，而芽孢杆菌受到的影响比较小；同时猪预混料活菌数损失远大于鸡预混料，可能与猪预混料中铜含量较大有关。研究表明，痢特灵、氯霉素对各种菌抑制最强，金霉素、红霉素、土霉素次之，其他一些抗生素对芽孢杆菌无显著的抑制作用；益生素一般禁止与磺胺类或化学类药物同时使用。

（5）施用的针对性和时间　目前市场上益生素产品，一般侧重于3个不同的方面：一是通过改善饲料转化效率，补充多种营养成分，促进增重；二是防治疾病；三是改善环境卫生条件。这3个方面又相互影响，密不可分。因此，应根据生产实际，在使用益生素时要充分考虑其作用对象以及使用目的，对不同动物要区别对待，对不同的生产需要选择合适的制剂，才能最经济地达到最理想的效果。如用于促进仔猪生长发育则选择双歧杆菌等菌株为好；用于改善养殖环境则主要选用光合细菌等；再如在我国市场上的 EM 制剂，由数十种有益微生物组成，它既可以加到饮水中，也可向饲养场地喷洒，在消除环境污染、改善猪的饲养卫生条件方面表现出比其他产品较多的优势。一般来讲，益生素在猪的整个生长过程中都可以使用，但不同生长时期其作用效果不尽相同，一般多用于仔猪阶段以防止病原微生物侵害肠道，提高其防御能力。在环境因素影响猪处于应激状态下，体内微生态平衡遭到破坏，此时使用益生素对形成优势种群极为有利。生产中使用益生素主要是为了维持正常维生态平衡，这是一个长期的过程，因此，在猪养殖过程中必要时应不间断地应用。

第三节　猪饲料的科学配制与配方设计技术

一、猪饲料配方和配合饲料的概念与猪饲料的分类

（一）猪饲料配方和配合饲料的概念

1.猪饲料配方与日粮配合的概念

现代养猪生产中根据猪的营养需要、饲料的营养价值、原料的现状和价格等条件，合理地确定饲料的配合比例，这种饲料的配合比（往往是百分比例）即称为饲料配方。在进行饲料加工前，均需要进行饲料的配合，饲料的配合一般均须有饲料配方。单一的饲料不能满足现代猪种的营养需要，按照饲料配方的需求，选取不同数量的若干种饲料和饲料添加剂互相搭配，使其所提供的各种养分均符合饲养标准的要求，叫日粮配合。

2.配合饲料的概念

配合饲料是根据猪的不同体重、生理阶段、生产性能的营养需求与饲料的可利用性，结合猪的生理特点，根据饲养标准及饲料安全要求，按科学配方把不同饲料原料及饲料添加剂以一定比例配合在一起，经特定的饲料加工工艺流程制成的混合均匀一致饲料产品。

（二）猪用饲料的分类

1.按营养成分和用途分类

（1）添加剂预混料　基本原料是各种饲料添加剂，由一种或多种饲料添加剂经一定方法处理后与载体或稀释剂配制而成的混合物。包括微量元素预混料、维生素预混料、复合预混料等。添加剂预混合饲料是经过加工的饲料产品、半成品或中间产品，是全价配合饲料重要组成部分，虽然只占全价配合饲料的 2%~5%，却是全价配合饲料的核心成分。不同生理阶

段和生产性能的猪用添加剂预混料组成成分不同，不能单独饲喂，也不能随意超量使用，以防某些微量成分过量引起中毒。

（2）浓缩饲料 浓缩饲料又称平衡用配合饲料，是由添加剂预混料、蛋白质饲料、常量矿物质饲料等按不同的比例配合而成，其中蛋白质含量一般为30%~75%。浓缩饲料也是半成品饲料，也不能直接饲用，必须按一定比例与能量饲料混合均匀后才可使用。浓缩饲料与能量饲料的配比有一九料（用1份浓缩饲料与9份能量饲料混合）、二八料（用2份浓缩饲料与8份能量饲料混合）、三七料（用3份浓缩饲料与7份能量饲料混合）、四六料（用4份浓缩饲料与6份能量饲料混合）。混合的比例根据猪的生理阶段、生产性能的不同，并依据饲养标准进行配比后方可饲用。一般浓缩饲料占全价配合饲料的15%~40%。

（3）全价配合饲料 全价配合饲料又称全日粮配合饲料，是根据猪的不同生理阶段和生产水平及饲养标准，把多种饲料原料和添加剂预混料按一定比例，在饲料加工流程中配制而成的均匀一致、营养价值完全的饲料。全价配合饲料是配合饲料的最终产品，其中内含能量、蛋白质、维生素、矿物质饲料及香味剂和促生长剂或饲用抗生素等允许使用的饲料添加剂，在营养上能全面满足现代猪种的需要，可直接饲喂。

2. 按形态分类

（1）粉料 粉料的生产工艺简单，加工成本低，易与其他饲料搭配，是一些规模化猪场自配饲料使用的一种主要料型。它与颗粒料相比，容易引起挑食，采食时容易造成浪费，且其容重相差较大的饲料原料混合而成的粉料易产生分级现象，而且加工粉料时粉尘较大，必须采取安全措施。一般来讲，中小型猪场采用粉料与水配比后，用湿拌料饲喂猪效果较好，尤其是用于饲喂母猪，可避免粉尘对猪呼吸道造成一定危害。

（2）颗粒料 颗粒料是以粉料为基础，经过蒸汽调质、环模加压处理、冷却后制的饲料产品，其形态有圆筒状和角状。颗粒料是全价配合料中的一种主要料形，饲料容量大，适口性好，可增加猪的采食量，又避免挑食，保证了饲料的营养全价性，饲料报酬高，与粉料相比可使生长猪增重提高5%~15%。但颗粒料经加热加压处理后，可使部分维生素、抗生素和酶等受到影响，而且耗能大，成本高，但与粉料相比卫生，经过加热处理后可消除一些有毒有害物质。

（3）碎粒料 用机械方法将生产好的颗粒料破碎，加工成细度为2~4毫米的碎料，用于哺乳仔猪教槽料。

（4）膨化饲料 膨化饲料是把粉状的配合饲料或者是大豆、玉米等，在通过膨化饲料加工机械的喷嘴时，以10~20秒时间内加热至120~180℃挤出，使之膨胀发泡成饼干状，再根据需要切成适当的大小。膨化饲料适口性好，容易消化吸收，是哺乳仔猪的良好开食饲料。

（5）液体饲料 液体饲料在国内规模化猪场使用不多，国外有些大型现代化猪场为了输送方便，将配合饲料制成流体状使用。液体饲料中可方便添加酸化剂、酶制剂和益生素等，而且液体饲料经过发酵后成为发酵饲料，饲喂生长肥育猪效果显著。液体饲料具有适口性好，饲料报酬高，易输送自动饲喂，将是现代养猪生产饲料使用的一个趋势，尤其是发酵处理后的液体饲料。

3. 按饲喂对象分类

按饲喂对象可把全价配合饲料又分为乳猪料、断奶仔猪料、保育猪料、生长猪料、育肥猪料、妊娠母猪料、哺乳母猪料、种公猪料及空怀母猪料和后备种猪料。

二、猪用全价配合饲料的优势与作用

(一)营养丰富而全面

全价配合饲料是根据猪的营养需要，并参考最新养猪生产与营养等方面上的研究成果，根据现代猪种的不同生理阶段和生产性能而制订的科学配方，用现代饲料加工工艺而生产出的饲料产品。由于全价配合饲料中添加了饲料原料中缺乏的和没有的多种营养成分，如微量元素、维生素、药物饲料添加剂等，这些营养成分虽然在日粮中所占比例很低，但能使日粮营养更加丰富而全面，并能防止各种营养缺乏症的发生，提高饲料转化率，增强猪的抗病力，在很大程度上保证了现代猪种生产潜力的充分发挥。

(二)科学合理地利用饲料资源

全价配合饲料是由多种饲料原料配合而成，因而可以因地制宜、科学合理地利用各地饲料资源，如各种农副产品、食品工业下脚料等。由此还可根据饲料来源，科学地选择饲料原料及合理地制订饲料配方，可降低饲料成本。

(三)饲用安全与方便

全价配合饲料是由现代的饲料生产与加工体系配制而成的饲料产品，由严格的质量检测和管理体系、成套的现代饲料生产设备及先进的加工工艺组成，因而保证了饲料产品的饲用安全性。此外，全价配合饲料一般制成颗粒料，可直接饲用，简单方便。如使用自动饲料箱后，可自动投料饲用，提高了投料饲喂效率，大大节约了劳动力成本。

三、猪饲料配方设计和日粮配合的依据和原则

猪的日粮指一头猪一昼夜所需要各种营养物质而提供的各种饲料的总量。由于现代养猪生产采用的是集约化全封闭饲养，使猪处于基本上与自然环境隔绝的条件下，其所需的日粮完全由生产者提供，因此，猪日粮的配制和配方设计关系到规模养猪生产的成败与效益的高低。因此猪日粮的配制与配方设计必须遵循以下几条原则。

(一)科学性原则

科学性是指以饲养标准为基础，注意饲料营养的全面和平衡，并且符合猪的生理特点和生产性能。猪因其品种、性别、生长阶段、饲养环境和生产性能的不同，对营养物质的需求也不同。但总的来讲，猪的营养需求实际是3个方面的需求，即基础营养需要、免疫营养需求和转化营养需求，这3个方面的营养需求必须体现在日粮配制中。因此，配合猪日粮时，首先应该以猪的饲养标准为依据。饲养标准的基本作用在一定程度上讲就是猪营养需求的依据。但猪的营养需要也是个极其复杂的问题，其原因：一是猪的品种、类型、饲养管理条件等影响营养的实际需要量；二是温度、湿度、有害气体、应激因素、饲料加工调制方法等也会影响营养需要和消化吸收；三是饲料原料的品种、产地、保存好坏也影响饲料的营养含量。因此，在实际生产中原则上按饲养标准配合日粮，才能保证猪的营养需要，当然，也要根据实际的具体情况做适当的调整。由此可见，依据饲养标准和养猪生产实际需求科学确定营养指标是猪日粮配合的首要原则。

(二)适口性和体积适中的原则

配合日粮时必须根据各类猪的不同生理特点，选择适宜的饲料原料进行搭配及合理加工调制，但要注意日粮的适口性和日粮的体积适中原则。

1.适口性原则

猪实际摄入的饲料中的养分，不仅决定于配合饲料的养分浓度，而且决定于猪的采食量。因此，判断一种饲料是否优良的其中一项重要指标是饲料的适口性，即食欲。如饲料中带苦味的菜籽粕或带涩味的高粱用得太多，饲料的适口性较差，影响猪的食欲，采食量会降低，从而影响到猪的生长和生长性能，尤其是仔猪的开食饲料和教槽料的适口性，对仔猪采食相当的重要。因此，在饲料原料选择和搭配时，应特别注意饲料的适口性。适口性好的饲料，可刺激猪口腔的唾液分泌，刺激食欲，增加采食量；适口性差的饲料，可抑制猪的唾液分泌，降低采食量，从而影响猪的生长和生产性能。

2.体积适中原则

猪是单胃动物，胃的容积相对小，因此对饲料的容纳能力有限。配合日粮时，除了满足各种营养物质的需求外，还要注意饲料干物质的供给量，使日粮保持一定的体积既要使猪吃饱，又要吃得下。这其中最重要的因素是要注意控制饲粮中粗纤维的用量和粗纤维的含量。粗纤维过多会影响其他营养物质的吸收和利用。仔猪饲料中粗纤维含量不应超过 5%，生长肥育猪在 6%~8% 为宜，种猪应控制在 10%~12%。

（三）经济实用性原则

现代养猪生产中饲料费用占很大比例，一般要占养猪成本的 70%~80%，因此，在满足营养需要的同时，尽可能选用当地来源广、价格低廉的原料以降低饲料成本，但前提是要保证饲粮的相对稳定，力求达到经济实用性。

（四）配制的饲料要符合国家饲料安全与卫生质量标准的原则

1.饲料安全的含义

饲料安全就是指饲料中不含有对动物的健康与生产性能造成实际危害的有毒、有害物质或因素，并且这类有毒、有害物质或因素不会在动物的产品中残留、蓄积和转移进而危害人体健康以及不会对人类、动物生存的环境构成威胁。可见，饲料的安全的含义包含 3 个方面：一是指饲料生产过程与饲料供应安全；二是指饲料产品对动物产品无不良影响，不会引起某些有毒、有害物质在动物产品中残留、蓄积和转移；三是指饲料产品对人类与动物的生存环境无不良影响。

2.影响饲料安全的主要因素

影响饲料安全的因素有许多，概括起来主要有 5 个方面：一是饲料原料本身含有的有毒、有害物质，如植物性饲料中的生物碱、生氰糖苷、棉酚、单宁、蛋白酶抑制剂、植酸以及有毒硝基化合物等；动物性饲料中的组氨、抗硫氨素及抗生物素等。二是饲料或原料在储存、加工和运输过程中可能造成的霉变和由致病性微生物引起的生物污染。三是由多种化合物，如有毒重金属和非金属，某些有机化合物或无机化合物引起的饲料非生物性污染。四是滥用药物与抗生素添加剂，在饲料配方中超剂量、超时间及超频率使用抗生素等。五是在饲料配方中超量使用矿物元素和维生素。一般来讲，后两者情况最易引起饲料安全问题。矿物元素超量添加的原因主要包括 4 个方面：一是为了某种特殊目的促生长、防治腹泻进行高剂量添加，如在饲料配方设计中使用高铜、高锌日粮；二是由于饲料中某些矿物元素的利用率较低，引起的额外添加；三是在日粮配合时往往忽视饲料本身含有的矿物元素含量，导致日粮中矿物质含量超标，尤其是高硒地区；四是对矿物质原料的把关不严引起的某些矿物元素含量超标。

维生素同其他营养物质一样，过量的添加也会引起机体的负面影响。在实际生产中，维生素的过量主要针对维生素 A、D 和 E，而且与维生素 D 和 E 相比，维生素 A 的过量剂量与正常剂量范围相差较小，在生产中更易发生过量。在饲料配方设计中，通常在添加高剂量维生素 A 的同时，也需要添加高剂量的维生素 D 和 E，不仅增加了饲料成本，还会引起动物代谢负担，影响动物的钙、磷代谢。因此，为了保证猪的健康，在饲料配方中不要超量使用维生素 A。

3. 严格遵守国家有关法规和饲料卫生标准，确保在饲料配方中做到饲料安全

饲料安全关系到猪群健康，更关系到肉食品安全和人民健康。因此，配制的饲料要符合国家饲料卫生质量标准，严格执行《饲料及饲料添加剂管理条例》等法规中的相关规定，对饲料中含有的有毒物质、药物饲料添加剂、霉菌总数、重金属等不能超标，确保饲料质量才能做到饲料安全。

四、猪饲料配方设计技术要点

（一）选定合适的饲养标准和饲料营养成分表

1. 猪饲养标准的种类和选择

猪饲养标准是根据大量饲养试验结果和猪生产实践的经验总结，对各种猪所需要的各种营养物质（包括能量、粗蛋白质、氨基酸、矿物元素、维生素、脂肪酸等）作出的规定，这种系统的营养定额及有关资料统称为饲养标准。猪饲养标准是猪营养需要研究应用于猪饲养实践最有权威的表述，反映了猪生存和生产对饲养及营养物质的客观要求，高度概括和总结了营养研究和生产实践的最新进展。因此，猪的饲养标准是进行饲粮配合的基本依据。

一个完整的饲养标准至少包括两部分内容：一是猪的营养需要量；二是猪的饲料营养成分和营养价值表。每类猪的营养需要量又分别规定了两个标准：一个是日粮标准，规定了每头猪每日要多少风干饲料，其中，包括多少能量、蛋白质、氨基酸、矿物质、维生素和脂肪酸等；另一个是饲粮标准，规定了每千克饲粮中应含多少能量、蛋白质、氨基酸、矿物质、维生素和脂肪酸等。在饲料配制加工中，常常是一次配制一定时间或阶段的饲粮，所以往往使用的是饲粮标准，即按照每千克饲粮中含多少营养物质来配制。

猪饲养标准大致可分为两类：一类是国家规定和颁步的饲养标准，称为国家标准。如目前常用的有美国 NRC 猪的营养需要，其次是英国的 ARC 饲养标准。我国农业部在 2004 年颁布了行业标准——《猪的饲养标准》（NY/T 65—2004），此饲养标准包括肉脂型猪饲养标准和瘦肉型猪饲养标准。另一类是大型育种公司根据自己培育出的优良品种或品系的特点，制订的符合该品种或品系营养需要的饲养标准，称为专用标准，地方猪饲养标准也包括在此范围内，如《四川猪饲养标准》、《南方猪饲养标准》、《湖北白猪饲养标准》等。

虽然饲养标准是进行饲粮配合的基本依据，但不同国家所定标准不尽相同，而且不同品种和饲养管理条件都会与营养物质需求与标准发生偏离。况且饲养标准也不是一成不变，连世界各国公认的美国 NRC 也定期修订。因此，要根据所养猪种的遗传类型、生产性能及饲料与饲养条件参考适宜的标准，确定日粮的营养物质含量，设计成饲料配方，并经过饲养实践检验不断完善。生产实践中，在饲料配方设计前，选用不同营养需要标准，必须清楚该标准制订的基础和条件与要设计的饲料配方使用条件的差异，尽可能选择差异小的标准使用。由于我国现代养猪生产所饲养的猪种大都是引进国外瘦肉型猪种，另外，利用外来猪种与中国地方品种进行杂交，如"二洋一土"杂种猪，瘦肉率也超过 56%，也属于瘦肉型猪。这些猪生长速度快，饲料转化率高，要求较高的日粮营养水平，因此，对引进外来猪种和杂种猪均要选用我国《猪饲养标准》（NY/T 65—2004）中的瘦肉型猪饲养标准较适宜，当然也可选用美国NRC、英国ARC等国的饲养标准，但这些标准与所涉及猪群的近似程度要低。这主要是因不同地区、不同国家，饲养管理条件、环境卫生条件、猪种的培育条件不同，但最主要是前两个条件差异大，最后一个条件，经过在同样条件下研究证明，不同品种之间对营养素的确切需要没有明显差异。正因为如此，在手边没较好"饲养标准"时，借用美国NRC或英国ARC等国的饲养标准尚属可行。但饲养的肉脂型猪就不可用瘦肉型猪饲养标准来配制饲粮，更不可参考美国NRC、英国ARC等饲养标准，一般要参照我国《猪饲养标准》（NY/T 65—2004）中的肉脂型猪饲养标准，如是饲养四川猪可选用《南方猪饲养标准》，湖北白猪选用《湖北白猪饲养标准》。但不管哪种饲养标准，只能是作为参考，最后还是根据所涉及猪的具体情况而决定配方营养水平。

2.饲料营养成分表的科学使用

（1）饲料营养成分表是制订饲料配方的基本依据　饲养标准颁布时一般都附有该类动物的饲料成分及营养价值表，猪饲养标准也一样。虽然配合饲料的最好的方法是先实际分析和测定具体每一批饲料的营养成分，但在生产实践中往往不易做到，特别是现代的中小型猪场的自配料加工，所以，很多情况下是参考已颁布的饲料成分表。饲料成分表中的饲料成分一般是指可在实验室中直接测定的各种营养成分，而营养价值是指用动物试验测定的饲料中可被动物消化利用的养分数量。

饲料营养成分表中的饲料成分和营养价值是通过对各种饲料的常规成分、氨基酸、矿物质和维生素等成分进行化验分析，经过计算、统计，并在动物的饲喂基础上，对饲料进行营养价值评定之后而综合制订的。它客观的表示了各种饲料的营养成分和营养价值，它同饲养标准配合使用，是制订饲料配方、科学养猪的基本依据，而且还能对饲料资源的合理利用，提高猪的生产性能、降低饲养生产成本有着重要的作用。在计算饲料配方前，所用原料的各种营养成分在饲料营养成分表中均能查到。但由于饲料原料的产地、品种、加工方法、贮藏时间不同，其中的营养成分含量与表中会出现较大差异。因此，具备分析饲粮成分条件的猪场或饲料加工厂，应对所购进的每批饲料原料做营养成分分析，实测原料中的营养成分含量，没条件的也尽量选用本地区的饲料成分表或与本地自然条件相近似地区的饲料成分及营养价值表，或者查阅最新版本的中国饲料数据库。对饲料原料的品质起码应合乎中等要求，劣质的原料通常是配合饲料品质较差和饲养效果下降的主要原因。

（2）猪常用饲料成分表的应用要注意的事项　由于饲料养分的含量受许多因素的影响，故饲料养分含量的查表值与具体采用的饲料原料之间常常存在较大差异。因此，在使用饲料成分表时需注意以下几点。

① 要根据样品说明来选择数据。样品说明反映了饲料的可利用部分（籽实、茎叶、秸秆等）的主要的加工方法、收获季节、品质等级等。要特别注意所用的饲料原料与饲料成分表中每种原料的饲料描述是否相同，描述相同时引用表中的数据是可靠的，否则将会有误差甚至误差会很大。因为在我国饲料存在着同名异物的情况，所以在使用饲料表中数据时，除饲料名称外，还要注意饲料描述。一般饲料成分表中一条饲料描述对应一个中国饲料和与之对应的成分含量数据。

② 注意饲料表中所列各种原料的干物质含量。因饲料表中各项成分含量是相对某原料干物质含量而言，如配料时所用的原料和干物质含量与饲料表中的干物质含量不同，则相对应的各种成分含量应按实际干物质含量进行折算。由于饲料表中所列矿物质含量因原料产地

的土壤等条件不同，故测试结果数据差异较大。

③ 注意饲料成分表中各种营养成分的表述。在设计饲料配方时，必须从饲料营养成分表中查出所选用原料的各种养分含量。查饲料营养成分表时除了注意对饲料原料的描述外，还必须注意其对养分的描述。不同书籍中对同一成分的表述有时不尽相同，如能量，有些书籍或资料同时标出总能、消化能和代谢能值；矿物质中的磷有总磷、非植酸磷（有效磷）和植酸磷之分等；同时，有些计量单位也不相同，过去能量用千卡或兆卡，现在则多用国际单位焦耳制，即千焦或兆焦。近年来，普遍采用了更为确切的能量衡量单位"焦耳"。而中国饲料成分及营养价值表中，则同时列出两种单位。再如维生素有的用国际单位，有的用毫克或微克，但现在除了维生素 A、维生素 D 的衡量单位仍沿用国际单位（IU）外，其他维生素均以重量单位（毫克 / 千克或微克 / 千克）来表示，胆碱在饲养标准中以克为计量单位，而在饲料营养成分表中则以毫克表示。因此，在计算饲料配方时，一定要根据饲养标准的养分表述和计量单位，查出相对应的饲料营养成分数据，然后进一步计算，切勿张冠李戴，否则会造成不应有的误差，甚至还会给饲料生产和养猪生产带来重大损失。

④ 尽可能选择使用最新的饲料成分及营养价值表。因为新版比旧版更能反映猪的营养最新科学研究成果，体现在营养指标的全面、测定方法和技术手段的更新方面等。

（二）根据猪不同的生理阶段和生产性能设计饲料配方

1. 仔猪、保育猪及生长猪的饲料配方设计重点和方案

（1）仔猪、保育猪及生长猪的全价饲料配方设计重点　仔猪（3~5 周龄以前）、保育猪（5~8 周龄以前）和生长猪（20~50 千克体重）的全价饲料配方设计重点是消化能、粗蛋白质、赖氨酸和蛋氨酸及血浆蛋白粉等优质动植物蛋白质饲料的数量和质量。3~5 周龄以前的仔猪必须遵循高消化能、高蛋白质的配方设计原则；低于 50 千克的猪，生长性能的80%~90% 靠高消化能、高蛋白质这些营养物质发挥作用。另外，尽可能考虑使用生长促进剂和与仔猪健康有关的保健剂，如使用饲用抗生素、益生素、酸化剂和微生态制剂，有利于最大限度提高仔猪、保育猪、生长猪的生长速度和饲料利用率及健康水平。

（2）仔猪、保育猪和生长猪的全价配合饲料的配方设计方案　制订仔猪、保育猪和生长猪的全价配合饲料的配方设计方案，首先要了解哪些因素可能影响这个生理阶段猪的生长发育。现在人们已充分认识到猪不同品种之间生长率、成熟体重和组织生长模式各不相同，但它们都直接受着日粮组成和饲喂方式的影响，虽然与环境及管理也有一定关系。一般说，经过遗传改良的现代猪种，蛋白质沉积能力很高，有的可高达每天 210~240 克，高瘦肉沉积和低脂肪沉积是相关的，但不同肉脂率的仔猪和生长猪对养分的需要量和养分的平衡要求不同，现代的集约化猪场必须为仔猪至断奶后的生长猪至屠宰期间的生长肥育猪确定其生长及沉积模式后，才能据以确定猪的养分需要量，从而设计出适合的日粮。在饲料配方设计中虽然可以用析因法计算出猪对能量和赖氨酸的需要量，但赖氨酸对代谢能的比率随猪体重增加而下降，日粮必须不断调整才能适应变化的需要量。一般来讲，日粮越是精确地符合变化中的需要量，猪在其食欲范围内对饲料的利用就越有效。但是，在生产实践中很难采用这种日粮，通常方法是进行折中。现在一种实用的方法是分阶段饲养，提供 2 种日粮。一种是高养分标准日粮（A 日粮），另一种是低养分标准日粮（B 日粮），分别满足仔猪断奶后 20 千克体重和 100 千克体重前时的营养需要，当其体重在 20~100 千克范围内时，可对两种日粮的比率调整，20 千克体重时为 85% A 日粮 +15% B 日粮，40 千克体重时为 75% A 日粮 +25% B 日粮，60 千克体重时为 50% A 日粮 +50% B 日粮，80 千克体重时为 25% A 日粮 +75% B 日

粮，阶段的划分甚至可能更细，可把 A 日粮 100% 用到 20 千克体重以前的仔猪；另一种方法是提供 A、B 2 种日粮供猪自由采食，但它们对氨基酸的进食标准却比需要量高 20%。以上饲喂方法猪只性能间没有显著差异，但选食猪的赖氨酸需要量比前一种单一日粮低 10%。目前的研究成果和生产实践已证实，猪的日粮配制按不同生理阶段设计配方比较科学，这样可以实行分阶段饲养。

2. 肥育猪的饲料配方设计

肥育猪的饲料配方首先满足猪生长所需要的消化能，其次是粗蛋白质需要。可采取低营养标准日粮（B 日粮）。由于肥育最后阶段的饲料配方要考虑饲料对胴体质量的影响，微量营养物质和非营养性添加剂可酌情考虑，但需要选用符合安全肉猪生产有关规定的添加剂，保证胴体质量。

3. 种母猪的饲料配方设计

现代养猪生产的集约化猪场的种猪群已经具有了较高的生产效率，现代高产母猪年可生产仔猪 22~25 头，目前也有已达到年产仔猪 30 头水平，这虽然和遗传育种工作有着重要关系，但与营养、管理上的进步也是分不开的。现在人们已认识到，种用母猪群（包括后备母猪）的营养，是获得优良繁殖性能的基本条件，但在配方设计中，重点是泌乳母猪的日粮。

（1）妊娠母猪饲料配方设计　生产中妊娠母猪饲料配方可以参考肥育猪。微量营养素的考虑原则与泌乳母猪明显不同，应根据妊娠母猪的限制饲养程度，保证在有限的采食中能供给充分满足需要的微量营养物质，特别是矿物元素。此外，饲料配方设计特别要注意有效供给与繁殖有关的维生素 A、维生素 D、维生素 E、生物素、叶酸、尼克酸、维生素 B_{12}、胆碱及微量元素锌、碘、锰等。妊娠母猪的饲粮中可考虑用紫花苜蓿草粉、甜菜渣等，日粮中要保证有一定比例的粗纤维含量，防止便秘发生。

（2）泌乳母猪饲料配方设计　在种猪群中，泌乳期母猪的日粮尤其重要，因为这时期的日粮不但可以影响母猪的生产性能，而且可能控制仔猪生长发育。因此，供给哺乳母猪的日粮供给要考虑到母猪体重、泌乳阶段、哺乳仔猪数以及断奶时可能的体重。由于现代种母猪均为高产瘦肉型品种，泌乳量高，产仔数高，需要高能量及丰富而平衡的氨基酸的日粮，以满足泌乳母猪生产性能需要，同时为下一期繁殖奠定基础，这也是饲料配方设计要把握的原则。如果与整个泌乳期日粮供给量的平均数作比较，泌乳初期的供给量应较其低 30%，泌乳中后期应较其高 30%。一般来讲，泌乳期的饲喂方案是确保母猪按食欲充足采食而尽量减少限制其食欲的因素，但由于现代母猪在集约化条件下处于满负荷生产，泌乳期常常会减轻体重，体脂储备有限的母猪还会过度减重，这将影响其繁殖性能，使很多母猪在未充分利用时就被淘汰，造成母猪繁殖潜力的巨大浪费，这也是一些规模猪场母猪淘汰率高的原因。因此，泌乳母猪饲料配方设计考虑的重点是消化能、蛋白质和氨基酸的平衡，泌乳高峰期更要保证这些营养物质的数量和质量，否则会造成母猪动用体内储存营养物质维持泌乳，导致体况明显下降，会严重影响下一周期的繁殖性能。由于泌乳母猪泌乳量大，采食量也大，微量营养素特别是维生素和微量元素供给不要超过需要量。此外，哺乳母猪日粮中应尽量少使用单体氨基酸。氨基酸应主要由动、植物蛋白质饲料提供，如果大量添加单体氨基酸，其效果往往适得其反。研究表明，在满足赖氨酸、蛋氨酸、胱氨酸、苏氨酸、色氨酸等限制性氨基酸的同时，提高饲料中缬氨酸的含量能改善哺乳母猪的泌乳力。血球蛋白粉中含缬氨酸 8% 以上，在哺乳母猪料中使用血球蛋白粉具有明显的效果。

（三）合理选择和利用饲料原料的途径和措施

饲料原料的选择和利用：一要保证质量；二要考虑原料的适宜用量；三是利用原料的相加效应；四是要综合考虑价格因素。

1. 选择和利用主要几种饲料原料要注意的质量问题

饲料配方设计时首先要强化对于饲料原料的质量意识，饲料原料质量直接影响到饲料配合后的使用效果，只有选择利用优质的饲料原料才有可能配出优质的全价配合饲料，常用的饲料原料有能量饲料、蛋白质饲料等，对这些常用的饲料，最基本的要求是：无论任何饲料原料都必须保证新鲜，不掺假，无发霉变质现象，无有毒有害化学物质掺入。几种主要原料要注意的质量问题如下。

（1）玉米　玉米是猪饲料中用量最大的一种原料，占配方成分的60%~70%，是主要的能量饲料。玉米有早熟和晚熟2种，早熟的玉米呈圆形，顶部光滑，光亮质硬，富有角质，含大量蛋白质；晚熟的玉米粒呈扁平形，顶部凹陷，光亮度差，蛋白质含量低。玉米因所含淀粉丰富，粗脂肪含量高，所以是养猪所需的最重要的高能量原料。选择使用的要求是：籽粒整齐、均匀，色泽呈黄色或白色，无发酵霉变、结块及异味异臭，一般地区玉米水分不得超过14%，东北、内蒙古、新疆等地区不得超过18%；不得掺入玉米以外的物质（杂质总量不超过1%）。养猪所用玉米为防止发霉，一般多采用隔年玉米而不是新鲜玉米，因为旧玉米水分含量低，营养价值高。因此，有条件的猪场尽量选择北方玉米，尤以吉林、内蒙古所产为好。玉米的质量控制指标及分级标准见表13-29。

表13-29　玉米和小麦麸的质量指标及等级　　　　　　　　　　（%）

质量指标	玉米			小麦麸		
	一级（优等）	二级（中等）	三级	一级（优等）	二级（中等）	三级
粗蛋白质	≥9.0	≥8.0	≥7.0	≥15.0	≥13.0	≥11.0
粗纤维	<1.5	<2.0	<2.5	<9.0	<10.0	<11.0
粗灰分	<2.3	<2.6	<3.0	<6.0	<6.0	<6.0

注：玉米和小麦麸各项质量指标含量均以86%干物质为基础。低于三级者为等外品。

（2）小麦麸　小麦麸是由小麦经加工后的小部分胚乳、种皮、胚等组成的，粗纤维含量较高，能量价值较低，但粗蛋白质含量高，达13%~16%，B族维生素含量高。因此，除了作为能量与营养来源，更重要的在于它的物理性质，比较松散。为了调节猪日粮中的营养浓度和改变大量精料的沉重物质，麸皮可以表现出重要作用。另外，麸皮还具有轻泻性质，产后的母猪给予适量的麸皮可以调节消化道的机能。使用麸皮要注意的事项：一是麸皮易变质，变质后不能饲喂。因为变质的麸皮严重影响猪的消化机能，严重时造成拉稀等，影响猪的生长发育和繁殖性能等。二是饲料配合中不能加入太多的麸皮，因其吸水性强，饲料中太多的麸皮可造成猪便秘，应根据猪只大小适量添加麸皮。三是麸皮粗纤维高，能量低，应针对不同的猪只考虑适宜的添加量。对小麦麸的质量要求是呈细碎屑状，色泽新鲜一致，无发酵、霉变、结块及异味异臭；水分含量不得超过13%；不得掺入小麦麸以外的物质。小麦麸的质量指标及分级标准见表13-29。

（3）大豆饼（粕）　大豆饼（粕）是大豆榨油后的副产品。大豆含粗蛋白质36.2%，粗脂肪 16.1%；而大豆粕含粗蛋白质在 42%~48%，去皮大豆粕粗蛋白质含量更高。大豆粕是猪饲料中的主要蛋白质原料，其关键注意的问题：一是作为蛋白质饲料原料，在饲料配合中，大豆粕的含量要根据猪的不同生长阶段和生长要求而定，其用量不能太高，也不能太低，应视不同阶段、群别的猪决定适宜的用量。二是根据大豆粕本身蛋白质的含量，适当调整其在饲料配合中的百分比。三是每批使用的大豆粕都要进行检验，主要检验有无掺假现象，有时大豆粕里可能有其他杂粮或尿素等；另外是检验蛋白质的含量和氢氧化钾溶解度，以确保大豆粕可利用性和有效性。四是注意抗营养因子的不利性。大豆粕的质量要求是外观呈黄褐色或淡黄色不规则的碎片状（大豆饼呈黄褐色饼状或小片状），一般要求颜色以浅黄色为主，太深则过熟，太浅则过生，过熟或过生的大豆粕都会降低其利用率，影响猪的正常生长需要；色泽一致，无发酵、霉变、结块及异味异臭；水分含量不得超过 13%；不得掺入大豆饼（粕）以外的物质；若加入抗氧化剂、防霉剂等添加剂，标签上应有标识和说明。大豆饼（粕）的质量指标及分级标准见表 13-30。

表 13-30　饲料用大豆饼（粕）质量标准　　　　　　　　　　　　　　%

饲料	质量指标	一级	二级	三级
大豆饼	粗蛋白质	≥ 41.0	≥ 39.0	≥ 37.0
	粗脂肪	< 8.0	< 8.0	< 8.0
	粗纤维	< 5.0	< 6.0	< 7.0
	粗灰分	< 6.0	< 7.0	< 8.0
大豆粕	粗蛋白质	≥ 44.0	≥ 42.0	≥ 40.0
	粗纤维	< 5.0	< 6.0	< 7.0
	粗灰分	< 6.0	< 7.0	< 8.0

（4）鱼粉　对单胃动物猪而言，鱼粉作为日粮的主要动物性蛋白质源至今仍有重要作用。它的粗蛋白质含量高，蛋白质消化率最高可达 90%，富含各种必需氨基酸，且组成较为平衡；碳水化合物含量少，粗纤维几乎等于零；钙、磷含量较高，且比例适当，利用率好；此外，它富含较高能量、维生素和重要的脂肪及未知促生长因子。因此，猪日粮添加一定数量鱼粉的作用至少表现在以下 2 个方面。

① 促进日粮氨基酸的平衡。在猪日粮中，鱼粉适合与其他饲料原粮配合，以弥补其他许多原料尤其是低质植物蛋白质中必需氨基酸（EAA）的不足。由于鱼粉中赖氨酸与蛋氨酸含量都很高，而精氨酸含量却很低，这与绝大多数饲料的氨基酸组成相反，因而使用鱼粉配制日粮，在蛋白质水平满足要求时，氨基酸组成也容易平衡。因此，当用已有饲料原料不能配合出营养平衡的日粮时，添加鱼粉即可确保日粮养分的平衡，使由于某些养分缺乏造成的生长受阻或限制得以避免或降低到最低程度。

② 为动物补充必需的 n-3 型脂肪酸。鱼粉中脂类多为不饱和脂肪酸（PUFA），如二十碳五烯酸（EPA）和二十二碳六烯酸（DHA）等，属于 n-3 型脂肪酸，为猪尤其是仔猪生长发育所必需，而一般饲料原料中 n-3 型脂肪酸比较缺乏。

鱼粉的上述营养特性及作用，决定了日粮中添加鱼粉可使种猪、乳猪、仔猪、生长肥育猪的生产性能可得到不同程度改善。

种猪：日粮添加鱼粉可提高种猪的繁殖性能。其原因一是添加鱼粉使得日粮的蛋白质品质得到改善；二是鱼粉中独特的 n-3 型长链 PUFA 与胚胎发育有关。试验显示，母猪日粮添加鱼粉，可使产仔数增加。Palmer 等（1970）试验发现，日粮添加 5% 的鱼粉，可使初产母猪的产仔数，由无鱼粉日粮的 11.06 头增加到 11.61 头，而经产母猪的产仔数基本不变（分别为 11.36 头和 11.35 头）。

乳猪：产仔数较多的母猪或初产母猪，其产奶量往往不足，无法满足乳猪的哺乳需要，因此必须给乳猪提供一定的补料（诱食料或教槽料）。Miller 等（1984）研究认为，鱼粉适合作乳猪的补料，尽管在初生的几周内乳猪的消化酶系统还未发育完全，除了母乳外的其他蛋白质源在乳猪消化道会引起过敏反应，尤其是植物蛋白质更为明显，但鱼粉引起的过敏反应十分轻微，和其他奶蛋白质如牛奶十分相似，所含高蛋白质和能量能被乳猪很好地消化吸收。此外，鱼粉中所含独特的长链 n-3 型脂肪酸，是大脑神经组织和视网膜组织重要的组成的，主要通过哺乳来供给。如果从母乳中摄取不足，就必须由日粮来补充。此外，还有许多研究发现，n-3 型脂肪型还能在受到感染时帮助乳猪抵抗疾病。

仔猪：很多试验结果表明，鱼粉可提高仔猪的生长性能。Stoner 等（1990）通过生长试验研究了日粮添加鲱鱼粉对早期断奶仔猪生长性能的影响。试验选用 21 日龄断奶仔猪（体重约 4.8 千克）150 头，依据体重按随机区组设计分为 6 个处理，分别在日粮中添加鲱鱼粉 0、4%、8%、12%、16% 和 20%，所有处理日粮的其他养分含量均相等。试验持续进行 5 周，结果发现，第 5 周（试验结束）时，添加 8% 鲱鱼粉的处理猪只日增重达 0.42 千克/天，比对照组提高 11.5%；添加 12% 鲱鱼粉的处理猪只平均日采食量为 0.5 千克/天，比对照组的 0.51 千克/天增加 17%。

生长肥育猪：使用鱼粉可以提高生长猪的平均日增重和饲料转化效率。尽管鱼粉的价格较高，但在生长肥育猪日粮中用鱼粉可以改善猪的健康状况，提高生产性能，最终的生产性能优于不使用鱼粉的饲料。

鱼粉的饲用价值虽然高于其他蛋白质饲料，但由于价格较贵，用量受到限制。在猪饲料中的用量一般为：仔猪不超过 8%，种畜和生长肥育猪前期不超过 5%。当鱼粉价格超过豆粕 1 倍时，生长肥育猪后期一般不使用。饲粮配方设计时要考虑的是，不是所有的饲料配合中都需要加鱼粉，要根据实际需要适当添加，达到既节约成本，又增加生产效果的目的。此外，要本着"一分价钱一分货"的原则，不用则已，若用就用质量有保证的鱼粉。

2. 选择利用添加剂预混合料要注意的问题

饲料添加剂是添加到全价配合饲料中的各种微量成分，主要作用是为了平衡全价配合饲料的全价性，提高其饲喂效果，促进猪的生长和预防疾病，减少饲料贮存期间营养物质的损失及改进猪肉产品品质，提高经济效益。其类型包括单一添加剂预混合饲料和复合添加剂预混合饲料。现在绝大多数猪场均采用 2%~4% 的复合预混料来配制全价配合饲料。饲料配合中选择利用添加剂预混合饲料要注意以下质量问题。

（1）保质期　添加剂预混料都有一定的保质期，贮存好的可在保质期内使用它，超过保质期的效果会明显下降，一旦有变质现象不可使用。

（2）稳定性　好的饲料添加剂预混料有很强的稳定性。经试验对比后，选择使用效果明显，品质稳定的添加剂预混料，在使用正常的情况下，最好不要经常更换，以免影响生产的正常进行。

（3）混合均匀度　混合均匀度是添加剂预混料与配合饲料的一项质量指标。一般饲料添加剂预混料的用量比较少，以 4% 的为主，在配制全价配合饲料时，与饲料原料混合要均匀，混合不均匀时，整个猪群的生长发育不平衡，甚至造成猪的正常生长与繁殖受阻。

3.选择与利用常量矿物质饲料要注意的问题

常量矿物元素中钙、磷、钠、氯在配合饲料中的合理利用十分重要，但在饲料配方设计中主要注意矿物元素中磷、钠和氯的利用的有关问题。一是注意磷源。生产实践中进行饲料配合，按无机磷的适宜比例和用量考虑磷源的利用比较简单易行。只要无机磷源（如磷酸氢钙等）提供的磷不低于营养标准需要量的63%，即可认为其配合的饲料磷含量满足了需要。但若在饲料中有效磷含量比较齐全的情况下，按有效磷的数据进行配制更为可靠。二是注意钠和氯。生产中常用食盐用来补充饲料中钠和氯中的不足部分。然而，食盐很难使配合饲料中的钠和氯按营养需要标准平衡，而且在使用了氯化胆碱和盐酸赖氨酸的情况下，钠和氯更难平衡。为了解决此难题，生产中饲料配合的计算过程中，以食盐满足氯需要，用0.1%~0.5%的碳酸氢钠平衡配合饲料中的钠是平衡钠和氯的一个有效办法，而且也在一定程度上保证了钠、氯、钾之间的平衡。

4.综合考虑价格因素

饲料原料价格是影响饲料配方成本的最直接因素，因其市场价格是配方选择的指南。饲养标准通常规定了猪正常生理情况下的营养最低需要量，仅达此需要量有时还不能满足现代猪种的高产需要，而提高标准又势必会使配方成本增加，所以饲养标准的确定还应参考饲料市场行情进行取舍。此外，拟制饲料配方还要充分了解毛猪和猪肉市场价格与行情，毛猪和猪肉产品市场价格看好，应以高质高价早出栏为原则，反之，若毛猪价格低，就要降低饲料成本，则以平质平价出栏为宜。若能随时关注市场最新信息与动态，对饲料市场价格和猪肉产品市场价格的波动进行有效预测，并对饲料配方随时调整，用豆粕、鱼粉的替代物代替其用量，可大大降低饲料配方成本，在一定程度渡过猪价低的难关。因此，饲料配方的设计要综合考虑市场价格因素，用经济学原理设计配方应是配方师的一个新理念。

（四）豆粕替代物在饲料配方中的选择和应用的方法和措施

1.杂饼（粕）的营养价值与在饲料配方中应用的作用

我国每年生产大量杂饼（粕），如棉籽饼（粕）年产量600万吨以上，菜籽饼（粕）约300万吨。而且杂饼（粕）的价格通常比豆粕价格低，价格蛋白比较豆粕有优势，在饲料配方中合理利用，可有效地降低饲料配方成本。随着育种及浸油加工工艺的不断完善，目前杂饼（粕）已具有较高的饲用价值，有很大一部分杂饼（粕）蛋白质含量都在35%以上，如花生仁粕粗蛋白含量比大豆粕还高，棉籽粕与大豆粕接近，菜籽粕的粗蛋白质含量相当于大豆粕的87.7%。有些杂饼（粕）的猪回肠氨基酸消化率也很高，如花生仁饼的赖氨酸和蛋氨酸的猪回肠消化率均达到89%（大豆粕氨基酸平均消化率为90%）。此外，大多数杂饼（粕）的总磷及有效磷含量均高于豆粕，但多为植酸磷，利用率不高。另外，杂饼（粕）本身还存在着大量的抗营养因子，而且有些还含有有毒物质。因此，在配制猪饲料时应准确了解各种杂饼（粕）的特性以追求在饲料中的最大安全用量，达到最大限度地降低饲料成本的目的。

2.使用杂饼（粕）代替饲粮中豆粕的措施和要注意的问题

（1）巧用价格蛋白比　饲料配方的配制与设计既要考虑配方的性能，也要考虑配方的成本。由于豆粕以其良好的营养特性及营养价值，与动物性蛋白质饲料鱼粉分别被誉为植物性和动物性蛋白质饲料"之王"，两者和能量饲料"之王"玉米组合的日粮长期以来是现代养猪日粮最佳配方，其因是三者可以相互取长补短，使日粮中各种氨基酸基本达到平衡，无需另外添加。其中，豆粕在蛋白质饲料中的应用占有较大的比例，在很大程度上影响着饲料配方的成本，从而也在一定程度上对现代养猪生产的经济效益高低也有很大的影响。用杂粕（饼）替代豆粕用来降低饲料配方成本，是目前降低现代养猪生产成本，提高生产效益的一种有效的途径。那么，如何衡量应用哪种或哪几种杂粕（饼）来替代豆粕更为经济，价格蛋白比即是最重要的衡量指标之一。

现代的养猪生产中各种饲料原料价格时有波动，尤其是豆粕和鱼粉，因而需调整配方，用一定量的杂粕部分或全部代替豆粕，以使配方成本更经济。蛋白质饲料通常是影响饲料配方成本的最重要因素。选用蛋白质饲料时可按照"价格蛋白比"，即原料价格除以该原料的蛋白质含量，则能知晓选用哪种蛋白质饲料更经济，再结合其品质与限量，决定该种蛋白质原料的最佳用量，即可较快地算出低成本配方。从经济的角度来讲，所选用杂饼（粕）的价格蛋白比低于豆粕才具有替代意义，而且低得越多越划算。此外，在使用杂饼（粕）与豆粕的能量及赖氨酸的差距大小，再比较该差距所造成的成本与上述节约成本之差为正还是为负，方知是否划算，然后再考虑杂饼（粕）中抗营养因子给猪的生产性能造成的影响，以确定其适当的使用阶段和用量。

（2）注意氨基酸的平衡与补充　猪蛋白质的营养的实质是氨基酸营养，氨基酸的平衡尤其是赖氨酸、蛋氨酸和色氨酸三大限制性氨基酸的平衡，是影响现代猪种生产水平的关键因素。在玉米＋豆粕＋鱼粉的配方组合中，玉米赖氨酸缺乏，豆粕含赖氨酸高，鱼粉中的蛋氨酸含量丰富，正好又可以弥补豆粕的蛋氨酸的不足。研究表明，如果仅仅将仔猪"玉米＋豆粕"日粮简单的换成"玉米＋花生粕"日粮后，蛋白质可以满足，但是赖氨酸缺乏了0.53%，仔猪的日增重540克降到250克，添加了0.53%的赖氨酸后，日增重也只能提高到420克，其因是还有其他氨基酸的不平衡，对仔猪的生长性能也造成了一定影响。因此，豆粕在饲料配方上的替换不是简单意义上的替代，只有在保证日粮中所有氨基酸都平衡的基础上进行豆粕的替换，才能保证不影响现代猪种的生产性能。

（3）注意蛋白质和氨基酸的消化率　作为蛋白质饲料的原料很多，但由于不同蛋白质原料之间蛋白质和氨基酸消化率相差很大。例如，豆粕蛋白质消化率为87%，棉籽粕和菜籽粕的消化仅70%；豆粕氨基酸消化率为87%，棉籽粕和菜籽粕的消化率分别为68%和60%，用棉籽粕和菜籽粕替代豆粕，除了赖氨酸缺乏，蛋白质的消化率相差15%以上，氨基酸的消化率相差20%以上，豆粕与玉米蛋白粉相比，虽然玉米蛋白粉的蛋白质消化率高达90%，在实际的饲料配方中，计算玉米蛋白粉替代豆粕的机会成本，可获得一定的经济效益，但是其氨基酸消化率仅66%，氨基酸的消化率也相差20%以上，而且玉米蛋白粉同样缺乏赖氨酸。由此可见，用其他蛋白质饲料原料资源代替豆粕时，因蛋白质或赖氨酸消化率低，在配方设计时蛋白质和氨基酸水平应该比豆粕稍高，尤其是特别注意要补充赖氨酸。

（4）注意适口性　在杂粕饲料中，除花生粕以外，其他饼（粕）饲料由于气味、颜色或有毒有害物质的存在，适口性都较差。因此，在饲料配方设计中应根据具体杂饼（粕）原料的适口性情况，在日粮配制中添加一定量的诱食剂或香味剂等。

（5）使用复合酶制剂　杂饼（粕）中通常纤维含量高，这些纤维素包裹营养物质，妨碍与消化酶的充分接触，降低了杂粕中营养的利用率。纤维还与日粮中的钙、铜、锌等金属离子发生螯合反应生成不溶性盐，影响矿物质元素的吸收和利用。因此，使用杂粕要考虑在饲料配方中应用复合酶制剂，特别是纤维酶制剂，可降解纤维素提高杂粕的利用率。

（6）注意杂粕中有毒有害物质　多数杂粕饲料中都含有有毒有害物质，包括胰蛋白酶抑制因子、棉酚、葡萄糖硫苷、生氰糖苷等，就是豆粕中也含有过敏原、致甲状腺肿和抗凝血因子等，这些抗营养因子经过适当加热即可除去，但是花生粕、棉籽粕和菜籽粕中的有毒性物质不易解除，而且从这些饼粕中除去有毒性物质的方法复杂。如棉籽粕中的棉酚是多酚醛，是一种抗氧化剂和聚合作用的抑制因子，对单胃动物有毒。高温条件下棉酚同赖氨酸容易结合，使棉籽粕质量下降。但在棉籽粕中加入硫酸亚铁、尿素、碱、氨等化学添加剂，在一定程度上可破坏游离棉酚或使其成为结合态则丧失毒性，以达到脱毒目的。在棉籽脱脂过程中，通过直接加热干燥，不但可以使游离棉酚或蛋白质结合而减少毒性，还能保存部分赖氨酸。另外，利用一些酶和微生物对棉籽粕进行发酵处理，也可脱毒。一般来讲，在生长肥育猪配合饲料中单独使用棉籽粕，添加量达7%~8%即有危害，但同时使用5%的棉籽粕，5%的菜籽粕安全；若在日粮中同时添加0.2%~0.3%的赖氨酸，饲喂效果可接近完全使用豆粕日粮；若添加0.5%的赖氨酸，可取得与完全使用豆粕相当的效果。

菜籽饼（粕）中含有葡萄糖硫苷、芥子碱、植酸、单宁等抗营养因子，对猪的生长性能及适口性存在较大影响，使菜籽饼（粕）在猪饲粮中的应用受到一定限制。由于菜籽饼（粕）中葡萄糖硫苷等可溶性有害物质为热敏物质，通过加热处理可减少这些抗营养因子的含量。使用"菜籽饼解毒剂"和"菜籽饼专用添加剂"，可消除菜籽饼（粕）中芥子甙产生的有毒、抗营养物质对猪的毒害作用，可使菜籽饼（粕）在配合饲料中的用量由5%增加到20%或22%，对生长肥育猪的生产性能无显著影响。

花生仁饼（粕）中的抗营养因子主要是胰蛋白酶抑制因子、植物凝集素和皂苷等，其中最主要是胰蛋白酶抑制因子。120℃左右可破坏胰蛋白酶抑制因子，且加热后对于消化有良好的效果，因此，使用时要判定熟度。此外，对花生粕要特别注意防止黄曲霉素污染，最好新鲜时使用。脱壳与带壳花生仁粕的营养成分及饲用价值差异很大，饲料配方中一般使用脱壳采油后的花生仁粕，花生仁粕对猪适口性良好，且热能值低，其蛋白质含量虽高于豆粕3~5个百分点，但从蛋白质的质量分析，则不如豆粕，如赖氨酸含量仅为豆粕的1/2，除精氨酸含量较高外，其他必需氨基酸的含量均低于豆粕。因此，对猪来讲，其饲料价值必然低于豆粕。所以，当花生仁粕用作生长猪谷物基础饲料的唯一蛋白质补充料时生产性能会显著下降。在仔猪饲粮中单独使用花生仁粕时，即使补充足够的氨基酸，其生长性能也不如豆粕。但在2周龄时，仔猪料代替1/4大豆粕，5周龄时代替1/3，仔猪生长性能不受影响。另外值得注意的是，花生仁粕高水平饲喂生长肥育猪会使体脂变软，胴体品质下降。

芝麻饼粕含粗蛋白质40%左右，蛋氨酸和精氨酸含量丰富，赖氨酸偏低，氨基酸利用率较低；钙、磷含量较高，但因含有草酸和植酸影响其吸收利用，故应注意钙、磷补充，添加植酸酶效果会更好。芝麻饼（粕）不含对畜禽发生不良影响的因素，是安全饼（粕）类饲料，因粗纤维含量为7%左右，加上含有草酸和植酸影响其吸收利用，故在猪日粮中含量不超过10%为宜，还需补充赖氨酸。

亚麻是分布在我国北方地区的一种油料作物，也叫胡麻。亚麻籽饼（粕）粗蛋白质为32%~37%，其赖氨酸和蛋氨酸含量不足，但含精氨酸高，是其产区猪的一种重要蛋白质饲料来源。亚麻籽饼（粕）中含有许多有毒物质和抗营养因子，如生氰糖苷、亚麻籽胶、植酸、变应原胰蛋白酶抑制因子、抗维生素B_6因子等，这些抗营养因子中的生氰糖苷，能水解生成氢氰酸，当用量过大时可引起中毒，但加热后易挥发。磨碎和发酵可去除氢氰酸。亚麻籽饼（粕）在生长肥育猪饲粮中的用量以不超过蛋白质补充料的1/3为宜，用量控制在8%以内，并且以富含赖氨酸的蛋白质饲料（如鱼粉、豆粕、鱼粉等）配合使用。亚麻饼

（粕）具有轻泻作用，母猪日粮中加入适量还可预防便秘。

综上，利用杂饼（粕）替代豆饼（粕）能够较大幅度降低饲料成本，但必须充分了解所应用的杂饼（粕）的营养成分含量及具有什么抗营养因子等特点，才能更准确，更合理地应用好杂饼（粕）。因此，用价格低廉而来源丰富的杂饼（粕）完全或部分替代豆粕作猪日粮蛋白质饲料是可行的，是现代养猪生产降低饲料配方成本，提高规模生产效益的有效途径。其在饲料配方设计中的应用程度如何，对日粮配制的成本起决定作用。

（五）猪常用饲料原料的一般用量

饲料配方设计时，除要综合考虑各阶段猪的营养需要、饲料的消化特点和营养特点、饲料的适口性、饲料价格高低等因素，还要考虑到各种饲料原料在猪日粮中所占的比例不尽相同，但都有一个大致的配比范围（表13-31）。在市场价格因素和贮存量发生变化的情况下，可参照表13-31所示的大致配比范围进行调整。

表13-31　猪常用饲料的大致配比范围　　　　　　　　　　（%）

饲料	配比				
	生长肥育猪	后备母猪	哺乳母猪	妊娠母猪	种公猪
谷实类	35~80	35~80	50~80	30~80	50~80
玉米	40~60	50~60	50~60	50~60	50~60
高粱	10~20	20~30	10~20	10~20	10~20
小麦	10~30	10~30	10~30	10~30	10~30
大麦	10~30	10~30	10~30	10~30	10~30
碎米	10~40	10~40	10~30	10~30	10~30
植物蛋白质类	10~25	10~15	5~20	5~20	5~15
大豆饼（粕）	10~15	5~15	5~20	5~20	5~15
花生饼（粕）	10~20	10~20	10~20	10~20	10~20
棉籽饼（粕）	5~10	10~15	2~4	—	—
菜籽饼（粕）	5~10	—	—	—	—
芝麻饼（粕）	5~10	5~10	10~15	10~15	10~15
豆科籽实	0~15	0~20	0~20	0~10	0~20
鱼粉	0~8	0~8	0~10	0~10	0~10
糠麸类	5~10	5~20	0~5	5~10	5~10
粗饲料	1~5	1~5	1~5	1~7	1~5
青绿青贮类	5~10	5~10	5~10	10~20	5~10
矿物质类	1~2	1~2	2~3	1~2	1~2
石粉	1.5	1.5	1.5	1.5	1.5
食盐	0.5	0.5	0.5	0.5	0.5
酒糟	10~20	5~10	5~10	5~10	5~10
酵母	0~5	0~5	0~5	0~5	0~5

五、猪饲料配合的技术与方法

（一）饲料配方师具备的基本综合素质与技能

饲料配制是技术性强的工作，饲料配方并非简单地把几种饲料原料组合起来。饲料配方拟制一般分为确定饲养标准（营养指标、营养定额、采食量等）、选定饲料原料、确定饲料营养成分、配方计算、调整结果等几个步骤，而完成上述所有的步骤，需要配方师有综合性的技术能力，除此还必须具备一些基础性工作，才有可能为各类猪群设计与配制出高效又在成本上有可比性的饲料配方。

1. 掌握好数据库（饲养标准和饲料原料库）以便随时调用

饲养标准对饲料配方运算具有一定的技术指导性作用，有国外标准和国内标准。国外标准以美国 NRC、英国 ARC 等较为权威，尤其是美国 NRC；国内标准亦有国家标准、行业标准、地方标准及企业标准之分；此外，还有大型育种公司制订的专用标准。而且，有些饲养标准每几年还要进行修订完善，对其中的有关营养指标等进行更新和补充，如美国 NRC已修订 11 次之多。因此，作为配方师应注意积累有关饲养标准的发布，并对各种饲养标准的特点有一定的了解和掌握，建立好饲养标准库，以便根据生产需要随时调用。一个完整的饲养标准至少包括两个部分，一是猪的营养需要量，二是猪的饲料营养成分和营养价值表。饲料营养成分和饲料营养价值表是进行配方运算的基础数据，对饲料成分的正确把握程度是似制饲料配方好坏的前提。饲料成分和营养价值表是通过对各种饲料的常规成分、氨基酸、矿物质和维生素等成分进行分析化验，经过计算、统计，并在动物饲喂基础上，对饲料进行营养价值评定之后而综合制订的，它客观地反映了各种饲料的营养成分和营养价值，对饲料资源的合理利用，科学合理地设计配方和配制饲粮有着重要的作用。而且《中国饲料》每年发布一次最新的饲料营养价值表，可参考使用。

2. 积累原料学知识及留意原料和成品分析记录

饲料原料品质直接影响饲料配方效果。设计饲料配方前或调整配方前均要充分考虑饲料原料的品质：陈或新、生或熟、掺杂掺假情况、是否霉变、适口性、抗营子因子与毒性程度、存放条件、保存时间与保质期、添加限量等。如维生素等原料易于氧化失效，使用前就要考虑其活性成分是否失效。另外，平日应经常查看化验室的分析记录，留意当地或购入饲料原料及成品的成分变化，对所用原料的成分波动范围做到心中有数，这样在设计配方或给定饲料原料的成分指标时，不会盲从于饲料成分表。

3. 调用数据库要点

饲养标准库和饲料成分库中营养指标多而全，但在配方设计与运算时不必全部考虑，而需根据猪的生理阶段和生产性能特点对数据库中的指标进行筛选。通常拟制饲料配方时应至少考虑能量、蛋白质、氨基酸、钙和磷等指标。需遵循的一个原则就是从饲养标准库和饲料成分库中所选定的营养指标及单位要匹配。

4. 综合考虑价格因素巧用价格蛋白比

一定程度上可以说，饲料配方师也是经济师，其原因是饲养标准通常规定了猪的正常生理情况下的营养最低需要量，仅达此需要量有时不能满足现代猪种的高产需要，而提高营养标准又势必会使配方成本增加；又由于饲料原料价格是影响配方成本的最直接因素，而饲料原料价格则是配方定位取向的指南，所以饲养标准的确定还应参考市场饲料情况取舍，也就是说要有经济观念。另外，拟定饲料配方还要充分考虑毛猪价格和市场猪肉价格。也就是说饲料配方成本要与毛猪价相联系才行，其因是饲料报酬的高低决定了一个猪场效益的高低。毛猪价低时就要调整配方，采取一些低价原料代替高价原料，配出低成本配方，降低饲料成本，使猪场在猪价低时少亏损或不亏损。又由于各种饲料原料价格时有波动，因而需调整配方，以使配方更经济，其技术措施是巧用价格蛋白比。因为蛋白质饲料通常是影响配方成本的最重要因素，尤其是玉米－豆粕型饲料配方，为此，选用蛋白质原料时可按照"价格蛋白比"，用杂粮蛋白质饲料来代替豆粕，即原料价格除以该原料的蛋白质含量，则能知晓选用哪种蛋白质饲料更经济，再结合其品质与限量，决定该种蛋白质原料的最佳用量，从而可较快地算出低成本配方。

5. 配方运算工具要得手

配方运算方法很多，可手算或计算机算，机算分为数字处理软件运算（如 LOTUS、EXCEL 等）和配方软件运算，这需要系统学习计算机操作的基本知识，熟练掌握软件操作技能。

6. 注意饲养效果的反馈信息与加强学习与交流

饲料配方的好坏需由生产实践检验，因此，配方师要主动追踪饲养效果的反馈信息，及时对配方作出评估，以利再次调整配方中的不足。此外，平时要关注和了解饲料和现代养猪生产行业最新科研动态和成果，加强行业间联系，取长补短，才能提高饲料配方技能水平，也才能做到观念的更新。

7. 集积典型配方为参考素材

有关书籍或文献资料中现有的饲料配方，通常称为典型饲料配方，是由科研人员或养猪生产场经过反复试验、调整或经长期生产实践的检验多次修订研究而制成。一般来讲，典型饲料配方在原料品种搭配及其配合比例等方面较为合理，而且在某一特定的饲养管理条件下，基本符合某一特定的猪群的营养需要。经过验证饲喂效果好，饲料效率高，能获得比较满足的经济效益，具有一定适用性。如果有些典型饲料配方能适合本地区的饲料来源，原料的配合比例均在较适宜的范围内，又与所饲养的猪种相匹配，参照此典型饲料配方选择原料可避免盲目性。集积一些典型饲料配方作为素材，对一个配方师来讲具有一定的参考和应用指导价值。有经验的配方师，平时积累与参照一些典型配方，对提高配方技能水平有很大的作用。但是，再好的典型饲料配方也有局限性，尤其是在实际生产应用中不能照搬照抄照用。这是因为，即使是同种饲料原料，也会因为品种、来源、加工、工艺等的不同，其养分含量有一定的差异。如同是鱼粉，粗蛋白质含量有的高达 60% 以上，有的低到 50% 以下，进口与国产的鱼粉在质量上有较大的不同；同是豆饼，机榨和土榨的粗蛋白质含量就不同。一般来讲，原料水分含量越高，营养成分的含量越低。因此，一些现有的典型饲料配方，对于配方师而言只是一个参考，在一定程度上参考和借鉴可少走弯路，或者说从中受到一定启示，使用前需要对其营养含量进行复核，并通过重新调整主要原料的比例或添加其中未有的原料而达到营养指标得到满足的饲料配方，也就是说，参考现有典型配方，创新出新的配方这也是一个配方师应具备的技能水平。

（二）猪饲料配方的计算技术与方法

手工计算有试差法、方块法和联立方程式法。目前常用的方法是试差法和电子计算机法。不管是哪种方法，如果做得正确，最后结果都接近，即比例合适的营养物质平衡和满足猪营养需要量的配方，同时也是饲料原料成本合适又能够获得最大利润的配方。

1. 试差法

（1）试差法的定义 试差法也叫试差平衡法，养猪生产中常用。根据配方师的经验粗略地拟出各种原料的比例，编制出一个配方，初步规定用量进行试配，然后将其所含养分与饲养标准对照比较，减多补少，反复调整，逐一计算，直到所有指标基本符合或接近饲养标准为准。

（2）试差法配制饲粮的具体步骤　试差法虽然计算繁琐，但条件容易满足，不需要计算机等设备，具有人为灵活性等优点，缺点是原料比例的确定需有一定经验。但试差法配制饲粮时按以下具体的步骤，可配制出符合猪营养需要的配方。

① 只考虑主要的几项营养指标计算。由于饲养标准中规定的指标很多，为了便于计算，通常只考虑主要的几项营养指标，如消化能、粗蛋白质、赖氨酸、钙和磷等。

② 选定饲养标准。根据所选定的饲养标准，查营养需要量标准，确定饲粮中营养物质需要量。

③ 查饲料营养成分表。确定饲料原料种类，查饲料营养成分表，列出所用饲料的营养成分含量。

④ 初步拟定各种原料的大致比例。根据配方人员的经验，先初步拟定各种原料的大致比例，计算配方中的主要营养成分含量，并与确定的营养需要量相比较。

⑤ 调整配方。根据主要营养的余缺情况，调整配方再计算，直到主要养分含量基本符合要求。

应用试差法一般经过反复的调整计算和对照比较后，才可设计出符合饲养标准规定的饲料配方。

（3）试差法配制生长猪全价配合饲料的配方示例　某猪场需要为 20~60 千克阶段的生长猪配制全价日粮，现有饲料原料有：玉米、豆粕、小麦麸、次粉、鱼粉、食盐、石粉、磷酸氢钙和 1% 复合预混料，根据此原料种类，可为 20~60 千克阶段的生长猪配制出玉米 - 豆粕型全价配合饲料，配制饲料的具体步骤如下。

第 1 步：查饲养标准，确定 20~60 千克阶段生长猪的营养需要量。依据我国猪《饲养标准》（NY/T 65—2004）中《瘦肉型猪饲养标准》，确定 20~60 千克阶段猪的营养需要量为：消化能 13.38 焦 / 千克，粗蛋白质 17%，赖氨酸 0.8%，钙 0.6%，总磷 0.5%，蛋氨酸 + 半胱氨酸 0.4%、食盐 0.3%。

第 2 步：在饲料营养成分表中查出所用的饲料原料的营养物质含量，见表 13-32。

表 13-32　各种饲料原料的营养物质含量

饲料	消化能（兆焦 / 千克）	粗蛋白质（%）	钙（%）	总磷（%）	赖氨酸（%）	蛋氨酸 + 半胱氨酸（%）
玉米	14.27	8.7	0.02	0.21	0.24	0.38
豆粕	13.74	43.0	0.31	0.61	2.45	1.30
次粉	13.68	14.5	0.08	0.48	0.52	0.49
麸皮	12.12	15.5	0.11	0.92	0.58	0.39
鱼粉	14.0	63.0	4.04	2.90	5.12	2.21
石粉			35.00			
磷酸氢钙			23.80	18.0		

第 3 步：初拟配方。根据饲养实践经验，初步拟定一个原料配合比例，然后计算消化能

和粗蛋白质含量，见表 13-33。

表 13-33 初拟配方及配方中消化能和粗蛋白含量的计算

饲料	配比（%）	消化能（兆焦/千克）	粗蛋白质（%）
玉米	53.2	14.27×0.532=7.59	8.7×0.532=4.63
豆粕	15	13.74×0.15=2.06	43×0.15=6.45
次粉	10	13.68×0.1=1.37	14.5×0.1=1.45
麸皮	16	12.12×0.16=1.94	15.5×0.16=2.48
鱼粉	3	14.0×0.03=0.42	63×0.03=1.89
石粉	1.0		
磷酸氢钙	0.5		
食盐	0.3		
预混料	1.0		
合计	100	13.38	16.90
标准		13.38	17.00
与标准比较		+0	-0.10

　　第4步：调整配方，平衡饲料中的消化能、粗蛋白质和钙、磷等。由表 13-33 可见，配方中消化能与饲养标准相符，而粗蛋白质低于标准 0.1%。因此，需要调整此配方，增加蛋白质饲料的比例，但也要相应减少能量饲料。当能量和蛋白质满足需要时，要计算配方中钙和总磷的含量。由于能量和蛋白质饲料中的钙和磷不能满足需要，通常要添加磷酸氢钙补充磷，添加石粉补充钙。此配方通过计算钙和磷均略高于标准，钙磷比合适，可以不需再做调整。赖氨酸也接近标准，而蛋氨酸+半胱氨酸略高于标准。一般来说，通常以玉米、豆粕和鱼粉为主配制的饲料配方，主要的必需氨基酸基本能满足需要，故不需要再添加合成氨基酸。但如果为了降低成本，减少豆粕和鱼粉的配比例例，加一些杂饼（粕）配制，就必须注意赖氨酸的添加。调整后的饲料配方，见表 13-34。

表 13-34 调整后配方的营养成分计算结果

饲料	配比（%）	消化能（兆焦/千克）	粗蛋白质（%）	钙（%）	总磷（%）	赖氨酸（%）	蛋氨酸+半胱氨酸（%）
玉米	54.2	7.73	4.71	0.01	0.114	0.13	0.206
豆粕	16	2.19	6.88	0.050	0.098	0.392	0.208
次粉	10	1.37	1.45	0.008	0.048	0.052	0.049
麸皮	14	1.70	2.17	0.015	0.129	0.081	0.054
鱼粉	3	0.42	1.89	0.12	0.087	0.154	0.066
石粉	1.0			0.35			
磷酸氢钙	0.5			0.12	0.09		
食盐	0.3						
预混料	1.0						

饲料	配比（%）	消化能（兆焦/千克）	粗蛋白质（%）	钙（%）	总磷（%）	赖氨酸（%）	蛋氨酸+半胱氨酸（%）
合计	100	13.41	17.10	0.67	0.566	0.809	0.58
标准		13.38	17.00	0.60	0.50	0.80	0.41
与标准比较		+0.03	+0.10	+0.07	+0.09	+0.09	+0.17

第 5 步：列出饲料配方和主要营养指标。

饲料配方：玉米 54.2%、豆粕 16%、麸皮 14%、次粉 10%、鱼粉 3%、石粉 1%、磷酸氢钙 0.5%、食盐 0.3%、复合预混料 1%，合计 100%。

营养水平：消化能 13.41 兆焦/千克、粗蛋白质 17.1%、钙 0.67%、总磷 0.57%、赖氨酸 0.81%、蛋氨酸 + 半胱氨酸 0.58%。营养水平基本与我国《猪饲养标准》（NY/T 65—2004）中《瘦肉型猪饲养标准》相符。

（4）试差法设计配方的注意事项

① 调整偏差以 5% 为标准。平衡饲粮中的消化能、粗蛋白质和钙、磷等，要求和标准比不超过 5%，既不能大于 5%，也不能少于 5%。

② 通常以调整粗蛋白质为准。在能量、粗蛋白质和其他指标调整时，首先应根据各项指标的初算结果与相应项的标准进行比较，再根据偏差的大小决定是否做调整，一般偏差在 5% 以内可不调，其次再决定欲调整指标的主次，就能量和粗蛋白质两项指标而言，通常以调准粗蛋白质为准，而对能量指标则要求其偏差在许可的范围内即可。

③ 选择使用既补磷又补钙的原料。多数预混料使用的载体中含有钙和磷，因此，钙、磷补充时应考虑预混料中所含的钙、磷量，不足需补充时先补充磷，再补充钙。因单一补磷的原料少且价格又贵，应选择用既补磷又补钙的原料，如磷酸氢钙、骨粉。

2.四角形法

（1）四角形法配制日粮的适用范围　四角法又称四边形法，交叉法或对角线法，此法简单易学，适用于饲料原料品种少，指标单一的配方设计，尤其特别适用于使用浓缩饲料加上能量饲料配制成全价配合饲料的中小型猪场。当饲料种类和营养指标项目较多时，计算就要反复进行两两组合，且不容易使配合饲料同时满足多项营养指标，因此，一般不采用这种日粮配制方法。

（2）四角形法的具体方法与步骤

① 画一个正方形，在其中间写上所要配的饲料和粗蛋白质百分含量，并与四角连线。

② 在正方形的左上角和左下角分别写上所用能量饲料（玉米）、浓缩料或某种植物性蛋白质饲料的粗蛋白质百分含量。

③ 沿两条对角线用大数减小数，把结果写在相应的右上角及左下角，所得结果便是玉米和浓缩料或某种植物性蛋白质饲料配合的份数。

④ 把两者份数相加之和作为配合后的总份数，以此作除数，分别求出两者的百分数，即为它们的配比率。

（3）四角形法配制猪日粮示例　以玉米、豆粕为主要原料，给20~35千克阶段的瘦肉型生长猪配制饲粮。其步骤如下：

第1步：确定饲养标准和原料营养成分数值。依据我国猪饲养标准（NY/T 65—2004）中的《瘦肉型饲养标准》，规定20~35千克生长猪饲料的粗蛋白质水平为17.8%，查饲料成分及营养价值表可知玉米的粗蛋白质含量为8.5%，豆粕含量为44%。

第2步：画一个四边形，左上角标明玉米的粗蛋白质含量8.5，左下角标明豆粕的粗蛋白质含量44；四边形中间标明20~35千克生长猪要求的粗蛋白质水平17.8；然后再画上对角线，用左下角的豆粕的粗蛋白质含量44减17.8后，右上角为26.2为玉米份数，再用17.8减去左上角玉米的粗蛋白质含量后为9.3，为豆粕份数。具体见图13-1。

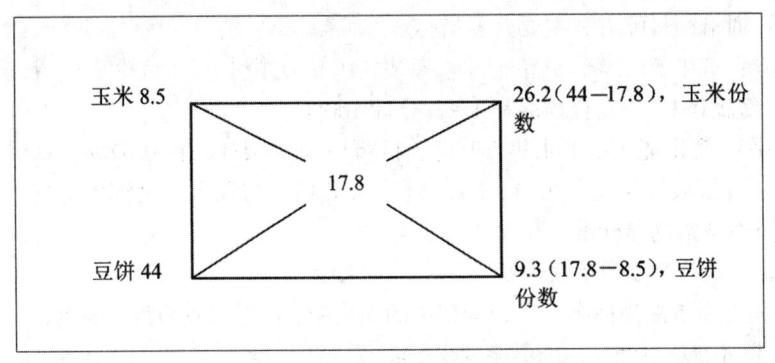

图13-1　四角形法配制猪饲粮

第3步：折算成百分比。根据图13-1中各差数分别除以两差数的和，就得到这2种饲料混合的配比。

玉米：26.2÷（26.2+9.3）×100%=73.8%

豆粕：9.3÷（26.2+9.3）×100%=26.2%

由此得出20~30千克阶段的生长猪的混合饲料，由73.8%的玉米和26.2%的豆粕组成。

3.计算机优化饲料配方

用计算机设计配方，可在保证满足营养需求和配比合理的前提下，追求最低成本或最佳经济效益，一般计算机设计配方比手工计算配方每千克饲粮可降低成本0.02~0.05元，这也是计算机优化饲料配方法的优势。

用于猪日粮配方的软件较多，有的价格不菲，具体操作各异，但无论哪种配方软件，所有原理基本相同。计算机设计饲料配方主要是根据有关数字模型编制专门程序软件进行饲料配方的优化，因此，又称为计算机优化饲料配方法。其涉及的数学模型包括线性规划法、多目标规划法、模糊线性规划法、参数规划法等，其中最常用的是线性规划法，可优化出最低成本饲料配方；目标规划法及模糊线性规划法也是目前较为理想的优化饲料配方的方法。应用这些方法获得的配方也称为优化配方或最低成本配方。配方软件主要包括2个管理系统，即原料数据库和营养标准数据库管理系统及优化计算配方系统。对熟练掌握计算机应用技术的配方师，除了购买现成的配方软件外，还可以应用电子表格、SAS软件等设计配方。使用计算机成本优选配方技术可采用多种饲料原料，同时考虑多项营养指标，设计出营养成分合理，价格较低的饲料配方，计算工作简化，效率较高。但计算机也只能是辅助设计，需要有经验的营养师和营养专家进行修订原料限制以及最终的检查确定。此外，使用计算机优化饲料配方，要注意的事项有：一是操作人员也必须遵循常规饲料配方计算的基本知识和技能。虽然使用配方软件已不要求使用人员一定得精通数学计算方法，但了解它的原理却有利于更好地使用软件。二是阅读手册。不同配方软件，具体的操作可能有差异，所以，新手应阅读使用手册，再多上机实践以积累经验。现今的软件都有联机帮助功能，碰到问题可以利用在线帮助功能获得系统正确操作的提示信息。三是建模是关键。要想计算机设计饲料配方，首先要为计算机建立适当的数学模型，这是饲料配方设计的关键。选用合适的原料和正确设置各种原料用量的上下限，配方所依据的饲养标准和配方指标的上下限确定，都需要使用者运用营养学、数学和经济学方面的知识综合考虑。总之，电子计算机在现代配合饲料中的应用，不仅大大提高了饲料加工的自动化程度，减轻了配方师的脑力劳动强度，同时也明显提高了现代饲料加工企业和规模化养猪场的经济效益。在一定程度上可说，计算机优化饲料配方法，是现代养猪生产者和配方师的好帮手。

六、规模猪场自配料的配制与加工技术

（一）自配料的优势与缺点

1. 自配料的优势

自配料的优势有以下几点：其一，可以根据猪场生产情况适时调整配方和添加药物，使饲料配合更加符合生产实际。可以把握饲料原料质量，同时，可以购买一些农副产品，灵活调整配方进行配料，降低配方成本。其三，投药方便。在猪的饲养过程中，有时需要对猪进行用药物预防或治疗，可以在饲料配制过程中进行投药，使药物能够均匀地加入饲料，保证了用药效果。其四，减少了中间环节，节省了饲料运输费用，在一定程度上能降低饲料成本。其五，饲料保存时间短，不需要在饲料中添加防霉剂、抗氧化剂等非营养性添加剂，也不需要专门的包装袋。由此可见，自配料的目的是为了取得更好的生产效益。

2. 自配料的劣势

与品牌饲料相比，自配饲料存在很多方面的差距，尤其一些中小型猪场的自配料加工。其一，在购买大宗原料时，因为没有专业的饲料检测部门，也缺乏专业的检测设施和仪器，因此在购买原料时质量不容易控制，有时可能买到一些低劣或假冒的原料。其二，由于对原料的购买没有专业饲料加工厂量大，在价格上也处于劣势，能造成原料成本的提高。其三，在饲料配制过程中，有时不按专业推荐配方进行配料，随意改动饲料配方，若没有专业配方技术人员，会对产品质量造成影响。其四，有些中小猪场的粉碎机、混合机等饲料生产设备比较落后，达不到饲料加工质量要求，变异系数大，影响饲料质量。其五，全价颗粒料经过高温熟化，一般的细菌都被杀死，对疾病方面的控制应比粉料好；而粉料粉尘大，易引起猪的呼吸道疾病，未经熟化杀菌又易引起肠道疾病，而吸收利用率也比颗粒料低。从以上分析可见，自配料加工如果存在以上状况，用自配料在一定程度上可以说是平买贵用，这应是自配料猪场要注意的问题，否则平买贵用影响猪场经济效益。

（二）自配料的饲料配方设计原则

1. 有利于饲料生产加工

自配料首先要根据饲料加工设备情况制订配方，许多中小型猪场采用人工配料，如果饲料配方不便于人工操作，配方实施的准确性就难以保证。因此，自配料的配方要有利于饲料

生产加工。

2.有利于猪的生长和生产性能

自配料生产加工在制订饲料配方时，不管猪价行情如何，原则上都不能降低营养标准，只能在低成本配方上做文章，并要有利于提高猪的生长和生产性能。

3.有利于降低饲养成本

根据原料行情的变化或者采用新的科技成果，在不降低饲料营养标准的前提下，从有利于降低饲养成本的角度调整饲料配方。

4.有利于规避市场风险

自配料在一定程度上可以规避市场风险，如饲料价格和猪价上涨的风险，但必须做到注重搜集各种信息（包括饲料科技信息和饲料原料行情信息），了解饲料科技发展的新动态和成果，采购价格相对较低的原料，然后对搜集的各种信息加以综合分析，制订出符合生产实际的饲料配方，才能规避市场风险。

（三）自配料的原料质量保证措施

1.植物性原料的质量措施与要求

（1）控制水分　原料主要是谷实类及粮油加工的副产品，如玉米、大麦、小麦、米糠、麦麸、豆粕、棉籽粕、菜籽粕、芝麻籽粕、酒糟和其他糟渣等，在使用时应严格监控其水分。因为这些原料的水分因季节和加工条件不同变化很大，而水分贯穿并影响整个饲料加工过程和最终产品质量。

（2）减少抗营养因子　饲料原料中主要存在的问题有：大豆及大豆粕中抗胰蛋白酶、β-伴球蛋白；棉籽粕中的棉酚与环状丙烯酸类；菜籽饼粕中的硫葡萄甙的水解产物噁唑烷硫酮、异硫氰酸酯、腈等；其他豆类中的胰蛋白酶抑制因子、血球凝集素、致甲状腺肿素、抗原蛋白等。这些物质轻者降低饲料消化率，重引起猪的中毒，并对人类造成潜在威胁。因此，有条件的自配料厂应检测其含量，并进行脱毒处理，如挤压膨化、添加化学脱毒剂等。另外，几乎在所有的饲料原料中均含有大量的粗纤维、果胶、植酸及非淀粉多糖等。虽然这些成分对猪本身没有毒害作用，但由于这些成分的存在，影响了猪对饲料的消化吸收率，应在饲料中使用一些相应的酶制剂，减少它们对猪的负面影响。

（3）提高卫生质量

① 防止有害菌与致病菌感染。有害菌主要有沙门氏菌、大肠杆菌、结核菌、链球菌等，能导致猪发生疾病。因此，猪场与饲料厂应有严格的卫生灭菌措施和防疫制度，防止这些致病微生物的污染和交叉感染以及流行病的暴发。

② 消除霉菌与霉菌毒素。霉菌污染是饲料中最突出的微生物污染，据调查，饲料霉菌的感染率几乎为100%，带菌量超过国家标准的约有50%。污染饲料的霉菌主要有曲霉菌、青霉菌、镰刀霉菌、毛霉菌等。霉菌生长不仅消耗了饲料中的营养物质，而且产生大量的毒素，其中危害最大的毒素主要有黄曲霉素、玉米赤霉烯酮、呕吐毒素和T-2毒素等。霉变使饲料营养价值降低，适口性下降，影响猪的生长，致使猪中毒，破坏猪免疫系统和内分泌系统。同时大部分毒素具有积累性，使肉产品有微量残留，对人体健康造成危害。因此，对于部分结块、发热、有轻微异味物的原料可立即进行散热处理，有条件的应进行挤压膨化处理；对于已经有一定霉变的原料，在使用前可添加霉菌毒素吸附剂或添加一定量沸石粉、黏土、凹凸棒土等。如果霉变严重则应坚决弃之，决不能掺和使用。

2. 动物性原料的质量

动物性原料主要有鱼粉、肉骨粉、血粉、羽毛粉和动物脂肪等下脚料以及血浆蛋白粉等，它们质量的好坏和使用的正确与否会很大程度地影响到饲料和饲喂动物安全。

（1）鱼粉 鱼粉因原料来源、加工方法的不同在质量上会存在很大差异，国家标准虽然根据发展需要对鱼粉的质量作了许多改进，但大多还是集中在营养指标上，而对影响饲料安全的评价，特别是掺假未作规定，因此还存在一定局限性。影响鱼粉安全性的主要因素有以下几个方面。

① 掺假。鱼粉中掺假的物质很多，在不同时期有不同的掺假物质，掺假的手段随着科技进步在同步发展。其一是"乱"了鱼粉内在营养质量；其二，是"乱"了鱼粉的安全质量。由于所掺的物质对鱼粉来说都是"异物"或"杂质"，它们的"掺和"就会带来安全隐患，如有害微生物、皮革粉中的有害重金属，泥土、砂石等中一些细菌和重金属超标。因此，自配料使用鱼粉要有检测意识和手段。

② 储存时的安全隐患。鱼粉在储存过程中，若环境条件控制不当，其品质会发生变化。如高温下氧化脂肪酸与氨基酸结合成脂蛋白，使某些氨基酸不能被猪所利用。当水分含量为 8% 的鱼粉经 250 天储存后，氨氮升高 19.92%，挥发性氮升高 24.41%，氨升高 25.4%。因此，自配料应尽量使用新鲜鱼粉，储存时间过长的鱼粉，应经验测后再根据情况使用。

③ 肌胃糜烂素与有害病菌。研究证明，鱼粉若加热过度，如蒸汽压力高到 8~10 个大气压，温度 180℃以上，加热时间超过 2 小时，就会产生一种有害物质叫肌胃糜烂素。若日粮中肌胃糜烂素含量超过 0.2 毫克 / 千克，就会导致动物发生"黑色呕吐症"。因此，在购买时应了解厂家的生产条件，避免此类事故的发生。此外，动物性原料中会携带许多有害病菌，尤其是沙门氏杆菌要比植物原料高得多，鱼粉也不例外。因此，自配料使用鱼粉一定要购买优质鱼粉，安全没有保证的鱼粉坚决不要使用。

（2）血粉 血粉因来源和加工工艺的不同品质也相差很大，与安全有关的问题有 4 点：一是掺假；二是血粉在干燥前液态状况下，微生物会大量繁殖，导致血粉 pH 值下降，产生氨味，影响成品的品质和味道；三是血粉在保存时极易吸潮、结块、生蛆、发霉和腐败；四是动物血液中会承带一些有害的病菌或病毒，加工时应有严格的灭菌措施。

（3）肉骨粉 许多肉骨粉来源比较复杂，原料原始状况和加工条件也相差很大，因此很难鉴别其质量的优劣和安全。一般建议在配方中的使用量不超过 5%。还由于肉骨粉的使用还受到一些安全因素的限制，如是否应用了抗氧化剂以确保加工过程中和加工之后其中脂肪和氨基酸的质量；产品是否受到有毒物或其他有害物质的污染；产品是否受到沙门氏菌和其他有害微生物的重复污染。自配料使用肉骨粉必须测定其质量之后才可应用，否则安全性问题得不到保证。

3. 矿物原料的质量

矿物原料正确把关和使用一般不会带来安全问题，但由于有些猪场为追求所谓的经济效益，在自配料中使用非饲料级质量低劣的矿物质添加剂，引起一些重金属元素如汞、镉、铅、砷等以及毒性元素氟的超标。当猪采食低质量矿物原料的饲料后，吸收和富集大量毒性元素，结果必然会出现中毒症状，重者甚至死亡。因此，自配料使用矿物原料一定要采购正规厂家的产品。

4. 合理使用药物饲料添加剂

长期以来，在饲料中大量使用的药物主要有抗生素、合成抗菌药物等，这些药物饲料添加剂对于改善猪的生长和生产性能及预防疾病的发生均起到极大的作用。但由于药物饲料添加剂长期使用也有一定的副作用，大多数药物也存在耐药性。目前我国部分地区的规模猪场的标准化建设程度低，环境条件较差，使一些自配料猪场为了防病，盲目性使用药物饲料添加剂现象严重。饲用抗生素的长期大量使用，会使猪体内正常的微生物菌群遭到破坏，使机体免疫力下降。还有的抗菌药物对猪的繁殖器官的发育不利，会造成母猪不发情、排卵数和产仔数减少等后果，如阿散酸对猪的生殖器官有毒副作用，在种猪饲料中不可使用。自配料中添加药物饲料添加剂盲目使用、违规使用和滥用及超量使用均对猪的生产性能造成一定影响，而且还会造成猪一旦发病用药治疗无效的结果，这种现象已在一些猪场形成了恶性循环。

（四）自配料原料的管理措施

1. 原料的采购

加强原料采购的科学管理，根据原料的产地、品种、加工方法和质量等级等影响原料成分和质量的影响，采购接近需要的消化率和营养水平的原料，是保证原料质量、生产合格自配料的前提。

（1）制订合理科学的采购控制机制　制订合理科学的采购流程是保证采购到"适质、适价、适量"原料的措施。避免独家采购、暗箱操作，从需求计划、采购计划、采购认证、订货到采购管理实行货源组织权、订货审批权、质量验收权相对分离、互相监督制约、公开透明、权利分散的采购控制机制。

（2）健全原料采购质量控制体系　主要包括原料质量的采购程序与标准、原料的接收、检化验操作规程及原料的贮存、使用情况检查等质量保证体系。

（3）原料供应商的选择　供应商的信誉度、可靠性、产品质量、质量控制体系的完善度、资质、设施设备能力等，均是选择原料供应商的条件。此外，对原料产品质量多做市场调研，多方询价，培养足够可供选择的供应商，在保证质量的前提下控制成本。

（4）采购原则　采购的原料和饲料添加剂等要符合国家相关质量标准，符合饲料安全的要求，做到坚决不采购国家明令禁用的饲料添加剂或禁用药品。

2. 原料接收

原料的接收要明确质量标准、规格要求等，一般按以下2条措施接收原料。

（1）初步检查　一是查对包装、清点包装件数、并核定其真实重量；二是通过眼、手、鼻、口即可感觉到原料的物理性状，如色泽、气味是否正常、有无杂质、是否有结块霉变、原料的饱满度、均匀性、流动性是否正常，含水量如何等，可以初步确认原料质量是否符合要求。初步感官检验不过关的原料，拒绝接受使用。

（2）科学抽样送检　严格按照抽样程序要求抽样，作好标识和保存，作好样品留样并及时送检进行理化分析。对原料主要进行蛋白质、脂肪、水分、钙、磷及杂质等常规指标检测；同时进行霉菌毒素的检测，确保原料质量。特别要控制原料水分，这是安全贮藏，保证饲料质量的措施。大宗原料的水分一般在13%（南方）或14%（北方）以下，微量组分的水分和干燥失重应在标准要求以下，特殊饲料应根据需要确定。对检测不合格的原料坚决不接收。检测报告要存档并复印交相关人员参考决策。

3. 贮存和盘存

（1）贮存　原料贮存应设专职管理，责任到人，重点做好以下贮存工作。一是原料贮存过程中应尽量避免受高温、高湿、昆虫、鼠类、鸟类、霉菌及其他微生物影响，以减少贮藏过程中的损失。二是原料仓库本身及物料应整洁、有序,定期进行清理和检查,不允许地板和其他物料的表面积有灰尘,减少交叉感染,并做到定期熏蒸消毒杀菌,定期投放鼠药。仓库必须有防鼠、鸟、虫害的设施设备。三是原料入库后及时登记、挂牌、标明产品名称、包装件数、包装规格、号码或批号、接收人员的签字、有关破损包装或其他问题的记录、产品的生产日期和保质期等。四是原料应分类垛放,下有垫板,各垛间应留有间隙,使能通风防潮。原料使用要先进先出,后进后用,每批次原料用完要进行库房清理,防止陈旧原料,散落的部分霉烂原料污染库房。五是对药物性原料和添加剂原料要严加管理,并分开贮存,不能与大宗原料库一起贮存。该贮存区应远离日常加工操作线路并在正常的环境下贮存,只有直接使用药物和微量原料的人员才能进入本区域。对有毒性或限量使用的添加剂如亚硒酸钠等,要单独贮存,并要求双人保管各用一把锁,同时双人到场开门,并做到用量登记,避免事故发生。

(2)定期盘点　原料贮存和使用一定要定期盘点。定期盘点能及时发现贮存、使用问题,可纠正处理存在的问题减少损失。盘点过程中注意检查质量问题、用量问题、账实相符与否问题等。

(五)猪场各类猪群的自配料配制技术

1.断奶仔猪自配料的配制技术

(1)根据断奶仔猪的生理特点采取营养调控措施　断奶仔猪是指仔猪断奶后(一般28~35日龄)至70日龄左右的仔猪,体重一般为6~20千克。现代养猪多实行集约化饲养,采用仔猪早期断奶,即21~28日龄断奶,多数小型猪场和少部分中型猪场则实行35日龄断奶。实行早期断奶最大的优点是能提高母猪生产力和提高仔猪的饲料利用率,其因是仔猪出生后越早断奶,母猪在哺乳期的耗料就越少;而且仔猪断奶后直接摄取饲料所获得的饲料利用率,要比断奶前饲料通过母猪摄取,然后转化为乳汁,再由仔猪吮吸转化为体组织的要高。然而,早期断奶对仔猪而言是一个综合应激的生理反应,主要的应激因子有心理、营养和环境3个方面。但以上3种应激生理反应中以营养应激最为激烈,影响程度最大,会引起仔猪失重,血糖、胰岛素、生长激素和肝糖原水平降低,胃液 pH 值、游离脂肪酸水平提高。而另外2种应激的影响则较小,而且通过人为调控可得到较大改进,能降低对仔猪的影响。虽然仔猪断奶的各种生理机能已基本完善,但是消化功能较弱,胃酸分泌还不能完全满足消化需要,而且一系列应激因素会明显降低仔猪的消化能力和抵抗力。因此,断奶仔猪很容易突发腹泻、水肿病等综合征,且极易死亡。此外,断奶仔猪生长强度大,对营养要求高。如果断奶过渡不良,断奶仔猪会出现能量负平衡,导致体重下降。由此可见,断奶仔猪的生理特点决定了对断奶仔猪的饲料配制有很高的要求。对断奶仔猪采取营养调控措施,是解决仔猪断奶生理反应的有效途径。

(2)断奶仔猪自配料的配制要求　断奶仔猪料应是高营养水平的全价配合饲料,与哺乳期仔猪料相比,除应含有全面平衡的养分外,应满足以下要求。

① 易消化。由于断奶仔猪的消化器官尚未完全发育成熟,胃酸和消化酶的分泌都不足,因此饲料中最好能添加酸化剂和酶制剂等,配制出易消化吸收的全价配合料。

② 防病促生长。断奶仔猪由于对饲料的消化能力差,容易因消化不良而致腹泻;有些饲料原料(如豆粕)中有过敏原,能使仔猪肠道因过敏而发生病灶,也引起腹泻。加上仔猪的免疫系统未发育完善,抵御病菌和不良卫生条件的能力差,也容易发生腹泻和各种疾病。故一般在断奶仔猪饲料中都要添加抑菌促生长剂和微生态制剂等。还有研究表明,在仔猪饲

料中如果大量使用单糖、钾离子、合成氨基酸、小肽，可以降低肠道内渗透压，减少腹泻。此外，硫酸盐类也有这个作用，如硫酸钠，不是因为它有什么特殊的营养作用，而是增加了渗透压，促进了采食量，使限制性营养素的缺乏症得以减轻。

（3）断奶仔猪自配料的配制方法　断奶仔猪，对营养要求高，但又要平稳过渡，这对一些自配料的规模猪场而言是一个挑战。考虑到断奶仔猪的生理反应，营养需求及平衡过渡可采取以下2种营养措施配制断奶仔猪的饲料。

① 用预混料配制出营养平衡性的自配全价料。预混料中含有仔猪生长发育所必需的维生素、微量元素、氨基酸等营养成分及药物，一般根据饲料加工设备的情况，可以选用4%或1%的仔猪用预混料。1%预混料含有仔猪所需要的维生素、微量元素、氨基酸、保健促生长添加剂等；4%预混料除此以外，还含有钙、磷、食盐等。规模猪场购回预混料后，只需按照推荐配方，选用优质原料，经过粉碎、混合，即成为全价配合饲料。只要将其合理使用，用预混料配制的自配料就可保证饲料质量，同时可降低生产成本，也可取得良好的效果。但这样配制的饲料配方成本一般较高。另一个问题是，尽管生产销售预混料的厂商都提供推荐使用配方，但在实际生产中却常出现可使用原料不尽一致的情况。因此，需要根据本场的原料自己配制。其方法是：一可以让预混料厂家技术人员根据猪场情况和当地原料设计出符合本场仔猪生产的饲料配方；二可以自己制作配方，但必须是猪场有自己的专业技术人员。制作配方的第1步是选择仔猪适宜的营养标准，确定一定能量与蛋白质组成的配合料；第2步是将一定量的配合料与一定量的预混料均匀混合后则成为营养平衡性的自配全价料，其核心是配合料的配制。自配全价料技术是用配制好的96%配合料与4%的复合预混料均匀混合，但在配制中还可添加其他功能性添加剂，如酶制剂、寡糖或微生态制剂等，如果复合预混料中无适用的饲用抗生素，可另外添加适宜用量的饲用抗生素等抑菌促生长剂。

② 尽量配制出断奶仔猪两个阶段的自配全价料，即仔猪1号料和2号料，也可称为保育期仔猪料。1号料作为断奶仔猪过渡料，有条件的猪场尽量制成颗粒料，主要在仔猪断奶后喂10~14天，此后可以过渡到喂2号料，一直喂到25千克左右。生产中在饲喂方法上前5天中可用一半乳猪料加一半1号料饲喂，5天后可完全用1号料，这样可保证仔猪变动不大，能促使仔猪采食。实际上1号料与乳猪料接近，含有一定比例的优质动物蛋白质饲料，如进口鱼粉、乳清粉、血浆蛋白粉，谷物原料最好热处理一部分，还应添加1%~3%的植物油；此外，还要添加饲用抗生素、酶制剂、酸化剂或微生态制剂、香味剂或甜味剂。与乳猪料（教槽料）区别的是豆粕比例应适当降低，蛋白质水平要降低1~2个百分点，其因是由于断奶仔猪胃酸不足，乳糖来源断绝，饲料中一些蛋白质及无机阳离子还会与胃酸结合，使胃液 pH 值上升到 5.5，一直到8~10周龄，仔猪胃液 pH 值才会较少受采食影响，而达到成年猪的水平（pH 值2~3.5）。断奶仔猪 pH 值过高，使胃蛋白酶活性降低，饲料及其蛋白质的消化率降低，并进而破坏肠道的微生态环境，微生物群落改变，肠内渗透压升高，使分泌量进一步增加，从而引起仔猪腹泻，即所谓渗透性腹泻。此外，饲料蛋白质可能含有会引起仔猪肠道免疫系统过敏反应的抗原物质，如大豆中的大豆球蛋白和 β-伴大豆球蛋白，这些饲料抗原蛋白可使仔猪发生细胞介导过敏反应，对消化系统甚至全身造成损伤，其中包括肠道损伤，如小肠壁上绒毛萎缩、隐窝增生等，并引起功能上的变化，如双糖酶的活性和数量下降，肠道吸收功能下降。由于肠道受损伤后，会使病原微生物大量繁殖，致使仔猪发生病原性腹泻。因此，仔猪断奶时，须降低蛋白质水平，减少豆粕使用量，使用血浆蛋白粉、乳清粉，并使用饲用抗生素和功能性添加剂，如酶制剂、酸化剂或微生态制剂，尽可

能减少应激因子对仔猪的刺激，使仔猪顺利渡过断乳期。采取营养调控措施，防治仔猪断奶腹泻及其他疾病发生，也是自配料的一个优势。

断奶仔猪平稳渡过断奶2期左右后，此时仔猪食欲旺盛，消化功能已完全适应保育期2号料，日龄已达45天以上，2号料中只要求动物蛋白质原料可添加一定比例的优质鱼粉，没有必要再配入血浆蛋白粉、乳清粉等高价格原料，谷物也不必进行热处理，只需粉碎细一些。植物性蛋白质饲料主要还是豆粕，但此时可搭配一些杂粕降低配方成本，如花生饼粕、芝麻粕，但不应配入菜籽粕、棉籽粕等杂粕。为了增加能量浓度，还可添加1%~3%的植物油。保育后期仔猪的2号料酌情可继续使用饲用抗生素、酸化剂、酶制剂、香味剂或微生态制剂。2号料可用干粉料饲喂，条件许可可制成颗粒。

2. 生长肥育猪自配料的配制技术

（1）生长肥育猪自配料的配制要求　生长肥育猪实质上分为生长猪（30~60千克）和肥育猪（60~110千克）2个阶段，因此在配制自配料时可分为1号料（生长猪料）和2号料（肥育猪料），而且，在配制饲料和使用添加剂上应有所区别。由于猪从25千克到110千克对饲料蛋白质、氨基酸、矿物质、维生素等营养浓度需要量逐渐下降，因此2个阶段的营养水平应有区别，否则会导致饲料浪费。一般要求30~60千克阶段消化能在13.4~13.8兆焦/千克、粗蛋白质在16.5%~17.5%；60~110千克阶段消化能在12~13兆焦/千克，粗蛋白质在13.5%~15%。生长肥育猪自配全价配合饲料的关键是根据生长猪和肥育猪的需要设计2套营养全面、平衡的饲料配方，可以利用饲料配方软件，配出低成本配方，但也需要有动物营养知识和经验的配方技术人员进行配方设计。首先必须满足生长肥育猪的营养需要，这可依据我国《猪饲养标准》或参阅其他饲养标准进行配方设计。其次，对于所用饲料原料的特性必须要了解清楚。虽然生长肥育猪对于饲料的适应能力较强，可以应用各种价格较低的饲料原料，但对大部分饲料原料要限制配入的比例，如粗饲料、棉籽粕、菜籽粕、鱼粉、血粉、油脂等。但生长肥育猪饲料中钙的含量要足够，以促进骨骼的正常发育，后期的肥育期对钙、磷的要求稍低。除了营养水平的最低标准应满足外，生长猪粗纤维水平一般不要超过6%，粗脂肪水平一般不超过8%；肥育猪饲料粗纤维水平也应低7%，粗脂肪的水平不宜超过10%。饲料添加剂的使用可尽量不用饲用抗生素，可改用中草药饲料添加剂，或使用酶制剂、微生态制剂。

（2）生长肥育猪自配料的配制方法

① 用浓缩料配制生长肥育猪饲料。中小型规模猪场的饲料加工设备简单，又没有专业的饲料配方人员，可以购买浓缩饲料，再利用购入或自产的谷物及副产品就可配制饲料。浓缩料中含有蛋白质、氨基酸、矿物质、维生素、微量元素和保健促生长添加剂等，可以配制出生长猪和肥育猪2个阶段的自配料。当浓缩料配方所使用的原料相对便宜时，可直接使用推荐配方，否则要重新设计配方。使用浓缩料配制配合料时，必须明确浓缩料的蛋白质量、消化能浓度，之后用2种或3种原料（如玉米、麦麸、次粉）与之配合，可用交叉法设计计算出用量。

② 利用预混料配制生长肥育猪全价配合料。由于一些大中型规模化猪场有比较现代的饲料加工机组、检验和验测设备仪器、配方技术人员，可购买品牌的预混料，根据能量、蛋白质以及矿物质饲料和添加剂来源，加工配制出全价配合饲料。这样的自配料能降低饲料成本，而且自配料营养更符合生长肥育猪的需要。尽管生产销售预混料的厂商提供了推荐使用配方，在实际生产中却常出现可使用原料不尽一致的情况，而且厂商提供的推荐配方其成本

较高，因此需要自己设计配方降低成本。自配料的关键是根据生长肥育猪的营养需要设计 2 套营养全面而又平衡的饲料配方，即生长猪和肥育猪的饲料配方。可以利用计算机饲料配方程序，但必须由具有动物营养知识和经验的配方技术人员进行设计。首先要参考饲养标准，确定生长猪与肥育猪的营养需要，一般依据我国《猪饲养标准》中的《瘦肉型猪饲养标准》较为适宜。其次，对于所用饲料原料的特性必须要了解，选用本场已有的原料和添加剂，当把能量饲料、蛋白质饲料及所需要的添加剂，按一定比例 配合成可满足生长肥育猪能量与蛋白质需要的混合料后，再与一定量的预混料均匀混合配制成全价配合料。其核心是能量与蛋白质饲料的配制，这其中要依据饲养标准配制生长猪和育肥猪 2 个配方，然后根据饲料加工设备的情况，可以选用 4% 或 1% 的生长肥育猪用的预混料。一般要求生长猪选用 4% 的预混料，肥育猪选用 1% 的预混料，这样根据营养需要不同，依据原料的来源能适宜的设计出生长猪和肥育猪的自配料。育肥猪的自配料尽量使用杂粮代替部分或全部代替豆粕，有条件的可充分利用酒糟、红薯、马铃薯、甜菜等廉价饲料，既可大大降低饲料成本，又能提高肉猪胴体品质。

3. 妊娠母猪自配料配制技术

（1）妊娠母猪自配料的配制要求　母猪妊娠后，内分泌的活动增强，物质和能量代谢提高，对营养物质的利用率显著提高，体内的营养积蓄也比妊娠前为多，妊娠母猪的营养需要得不到满足，会导致产仔数减少，仔猪初生重较低，存活力下降。在饲料配制中主要对妊娠后期的母猪注重蛋白质和矿物质的供给，以满足胎儿的需要。由于妊娠前期胎儿增长量少，但到后期尤其是 1/3 的时段里，胎儿生长发育较快，对营养的需求量也大，加上母体在妊娠后期子宫的增大变化及泌乳组织激烈发育，产道也增生肥厚，体组织贮备脂肪能力加强，对营养需求量也大。由此可见，妊娠母猪对营养的需要前低后高，因此，妊娠前期营养需要对质量要求较高，尤其是氨基酸、维生素、矿物质等营养要全面，但需要量不能过多；到后期既要求质量又要求数量，但也不能过分强调，以免妊娠母猪体况过肥，造成胎儿体重过大而可能造成难产，甚至还会影响母猪产后采食量和泌乳。生产中对妊娠母猪的饲料配制只实行一个配方，只是在前期实行限量饲喂，后期以体况定喂量，如体况过肥就要限量，加喂一定量的青绿多汁饲料，使妊娠母猪的膘情在 8 成为宜。

（2）妊娠母猪的自配料配制方法

① 用预混料配制。饲料加工设备条件好和有配方技术人员的猪场，可以利用 1% 或 4% 预混料，加入配合成的能量饲料、蛋白质饲料、矿物质饲料及适量粗饲料等，即成为妊娠母猪全价配合料。配合饲料的营养水平可依据我国《猪的饲养标准》来设计配方，蛋白质饲料以豆粕为主，也可加入一定比例的杂粮，但总量不要超过蛋白质饲料的 5%；需要注意的是棉籽饼等含有毒性的杂饼最好不要用，所有原料不能被霉菌污染。粗饲料可适当饲喂，一般可配入麦麸 15%~25%，也可用其他粗饲料替代部分，如苜蓿草粉、花生秧、啤酒糟等，有条件的猪场还要适量添加青绿多汁饲料，这样可使母猪更有饱腹感、安静，不易发生便秘。

② 用浓缩料配制。有简单饲料加工设备的中小型猪场，可以用浓缩饲料加能量饲料和适量粗饲料如麦麸等配制出配合饲料。这样不但可以大大降低饲料成本，而且能利用一些廉价而优质的粗饲料。要求妊娠前期饲料消化率不低于 60% 即可，后期饲料的消化率应当稍高一些。饲料中浓缩饲料比例最好参考厂商推荐的使用，这样可保证矿物质、维生素的浓度。

4. 哺乳期母猪自配料的配制技术

（1）哺乳期母猪自配料的配制要求　母猪在哺乳期的营养需要量大大超过妊娠期，而且营养充足对实现母猪最大生产能力和经济效益至关重要，其因是泌乳期母猪主要营养需要都用于泌乳，其次是恢复体况，为再发情再配种做好准备。如果营养需要量得不到满足，母猪产奶量降低，影响哺乳仔猪的生长发育及断奶到配种间隔时间延长，从而降低母猪的繁殖力。因此，哺乳母猪的饲粮必须是全价配合饲料，日粮每千克配合饲料中含14%~16%的可消化粗蛋白质，每千克饲料中要有0.5%的赖氨酸和0.4%蛋氨酸+半胱氨酸。不论是瘦肉型，还是地方猪种的母猪，都应满足维生素和微量元素需要。推荐饲料配方：玉米63%、豆粕20%、麦麸5%、鱼粉8%、骨粉2.5%、食盐0.5%、1%预混料。如用4%复合预混料可不用骨粉和食盐，降低鱼粉用量。

（2）哺乳母猪自配料的配制方法

① 利用预混料。猪场饲料加工设备条件较好，又有专业配方技术人员，可以利用预混料加蛋白质饲料、能量饲料等配制全价配合料。能量饲料主要以玉米等谷物及其副产品，蛋白质饲料以豆粕为主，棉籽粕、花生粕等杂粕也可适量添加，但一般不用菜籽粕，否则影响泌乳力。如使用3%~5%的优质鱼粉，可提高泌乳量；如再添加2%~5%的油脂，对泌乳量的提高更有作用。预混料的使用可根据条件选用1%~4%的泌乳母猪专用预混料，一般按厂商推荐的饲料配方比较适宜。虽然配方成本较高，但能配制出营养丰富及平衡的全价配合料。

② 利用浓缩饲料。饲料加工设备条件较差的中小型猪场，可以利用谷物及副产品，与母猪专用浓缩饲料，配制出泌乳期母猪的自配料。一般用含38%蛋白质的浓缩料，在泌乳母猪日粮中配入25%，另外75%由玉米、麦麸、米糠组成。饲料配方尽量采用厂商推荐的饲料配方，如自己设计的配方，粗纤维含量应当低于7%，代谢能浓度不低于13兆焦/千克，粗蛋白质水平不能低于14%，尽量采用我国《猪饲养标准》中哺乳母猪的营养需要设计配方。

5. 种公猪自配料的配制技术

（1）种公猪自配料的配制要求　种公猪与其他猪群不同的是，饲料配方要考虑到提高其繁殖力，因此配制的饲料能量含量不能过高。生产中一般对种公猪的营养需要分为配种期和非配种期。种公猪对能量的要求，在配种期可在非配种期的基础上再提高25%，在非配种期，可在维持需要的基础上提高20%。由于种公猪饲养期长，一般2~3年，为了防止过肥，一般要限量饲喂，但在配种期必须给予一定数量的日粮。

种公猪的精液中干物质含量的变动范围为3%~10%，蛋白质是精液中干物质的主要成分，因此，日粮中蛋白质的含量与品质可直接影响配种公猪的射精量和精液品质。因此，对种公猪必须保证蛋白质的需要量及质量。目前，种公猪日粮中粗蛋白质水平在17%左右，若日粮中蛋白品质优良，可相应降低。此外，对种公猪的矿物质需求不可忽视，钙磷对种公猪的生长速度、骨骼生长、四肢的健壮程度、公猪的性欲及爬跨能力有直接的影响；另外，矿物质元素锌对精子的形成起主要作用，在日粮中不可缺乏。种公猪对维生素的需要量与母猪相比并不高，但维生素E和C对种公猪抗应激有重要作用，在日粮中可适量提高，尤其是夏季。

（2）种公猪自配料的配制方法　目前，市场上专用的种公猪预混料和浓缩料较少，生产中一般采用泌乳母猪的浓缩料和预混料来替代。浓缩料一般含38%蛋白质，可在公猪日粮中配入25%，另外75%由玉米、麸皮等组成。如有条件，可在饲料中配入3%~5%的优质苜蓿草粉，对改善种公猪的繁殖力，防止便秘及消化道溃疡等有利。如果猪场饲料加工设备条件好，可用泌乳母猪预混料与能量饲料、蛋白质饲料配制成全价配合饲料。能量饲料主要是玉米等谷物及副产品，蛋白质饲料以豆粕为主，但不要使用菜籽粕、棉籽粕等杂粕，尤其是棉籽饼粕在日粮中不可使用。在种公猪日粮中配入一定比例的优质鱼粉，对提高繁殖力有很大作用。预混料以使用4%复合预混料为宜。

（六）自配料的加工制作关键技术控制要点

1. 强化饲料原料的质量意识

自配料加工由于质量检测及化验条件有限，在原料的采购，接受上往往对质量把关不到位。因此，自配料的生产者首先要强化对于饲料原料的质量意识，最基本的要求是：无论任何原料都必须保证新鲜、不掺假、无发霉、变质现象，无有毒有害化学物质掺入。无论是饲料原料还是浓缩料、预混料，任何一个环节出现质量与安全问题，都会影响猪场的正常生产经营，影响猪群健康，造成不良后果。

2. 浓缩饲料的选择和使用要注意的问题和事项

（1）选购浓缩料时应注意的问题

① 正确认识浓缩料的质量。浓缩料的质量优劣决定于其所用原料质量的优劣和配比是否符合不同阶段猪的生长、生产所需的营养需要。但有些自配料生产者在购买浓缩料时，单纯把浓缩料中有无鱼粉作为鉴别其质量好坏的标准，片面认为有鱼粉的浓缩料质量就好，无鱼粉的质量就差，这是一种认识上的偏见。由于优质鱼粉价格昂贵，目前在一些技术成熟的饲料加工企业，都能研制出无鱼粉饲料配方，况且饲料配方正趋向于无鱼粉化。因此，只要饲粮中含有足够的有效成分即可达到预期的饲喂效果，就可表明此浓缩料质量可行。为了保证选购到质优价廉的浓缩料，最好购买正规化饲料厂生产的品牌产品。

② 要根据猪不同生理特点和生产阶段来选择使用浓缩料。不同的猪种、不同的生长发育阶段和不同生产性能的猪，对各项营养成分需要的差异极大。因此，自配料的使用者在选购时，要首先了解产品的性能、适用对象等情况，认真阅读和理解产品说明书和标签，然后再结合自己饲养的品种、生产阶段实际情况对号入座，切忌盲目使用浓缩料。

③ 购买浓缩料可用"三看一捏"来判断其质量。根据国家对饲料产品的质量监督管理规定，浓缩饲料生产必须具备的条件是：一要有注册商标，其标志印在产品标签说明书或外包装上；二要有产品标准和标签，其内容包括有产品名称、饲用对象及日龄、产品登记号或批准文号、产品执行标准、主要原料类别、营养成分分析保证值（通常粗蛋白质含量在30%左右，水分含量在13%以下，还有粗灰分、钙、磷、盐分、氨基酸、维生素等保证值）及主要添加剂名称及含量，用法与用量、净重、生产日期、保质期、厂址、厂名、电话等；三要有产品合格证，并必须加盖检验人员印章和检验日期；四要有产品说明书，内容包括推荐饲料配方、使用方法、保存方法及注意事项等。选购浓缩料时可采取"三看一捏"的办法。一看饲料标签和产品合格证。一般在包装袋上的缝口处或者在包装袋上。购买时要看是否有饲料标签和产品合格证，其内容是否完全可靠，以及外包装袋的新旧程度。若包装和标签陈旧，饲料标签字迹图形褪色、模糊，说明其产品贮存过久或转运过多，或者是假冒产品，不宜购买。二看生产日期和保质期。购买浓缩料一定要购买新鲜的产品，贮存时间长或过期产品，营养会有损失，饲喂效果差。因此，购买时一定要看生产日期和保质期。三看产品颜色是否一致。质量合格和无掺假的浓缩料其产品的颜色色度一致，劣质产品就会出现色度不一致，其因是有掺假情况。一捏，即选购时，先用手捏缝口内及包装袋的四角，若感觉不松散的有成团或成块现象，可能是贮存过久或水分大或被水淋湿等情况造成，不宜购买。浓缩料的水分应低于13%，高于此标准属于不合格产品。此外，还把包装袋打开，用手捏

一把。合格的产品松开手即自然松散，若出现手松开后不散或重捏成团现象，说明水分含量过高，易发霉变质，不宜购买。

（2）使用浓缩料要注意的事项

① 勤购少买保管好。浓缩饲料中的蛋白质、维生素、氨基酸等成分，由于贮存时间长，效价会逐渐降低，甚至发霉变质。因此，购买浓缩饲料时要注意生产日期和保质期，不要一次性购买太多。贮藏时要放在遮光、低温、干燥通风的地方，避免营养物质受到破坏。

② 正确配比使用。浓缩料使用正确与否直接关系到饲养效果。浓缩饲料不能直接饲喂，必须加入能量饲料，才可供猪只饲用。使用中要注意的是浓缩饲料与能量饲料配比适宜。通常，浓缩料产品说明书中推荐的混合比例可参照使用，但推荐的猪只日龄或适用阶段及能量饲料品种与生产实际往往不尽相同，需要自己计算配合比例。因此，正确配比使用是保证浓缩料取得一定饲养效果的主要技术保障。

③ 混合均匀。浓缩料在自配料中的比例一般不超过35%，其余是能量饲料，若与能量饲料混合不均匀，会导致猪吃得少营养不良，吃得多营养过剩。稀释浓缩时，应采用逐步多次稀释法混合均匀后再用。

④ 不可再加入添加剂。使用浓缩料时不必再加入其他饲料添加剂。若重复添加，会造成成本增加，甚至导致猪只中毒。若要另外添加，则必须是其产品中未含有的添加剂。

3. 预混料的选择和使用中要注意的问题和事项

（1）选择使用的预混料要注意种类和作用　根据猪用预混料的活性成分，可分为微量元素、维生素和复合预混料，其作用不同。

① 微量元素预混料。指铜、铁、锌、锰等与载体混合而成的产品，在配合料中的用量一般在0.1%~0.2%。在猪饲料中除注意微量元素的添加量外，还应考虑钙、磷与锌和锰等元素的互作，使用中还要注意铜、锌含量，虽然高剂量铜、锌与猪体保健促生长有关，但只适用于35千克前的仔猪和生长猪。因此，使用微量元素预混料要注意其适用阶段，不要盲目使用。

② 维生素预混料。通常维生素有15种，但猪用维生素预混料一般只添加维生素 A、D、E、K、B_2、B_{12}、B_5、B_3 等8种，其余的维生素在猪基础料中一般足够使用而不加，但现代养猪生产在集约化条件下，猪对维生素的需要种类不止这8种，为了提高生产性能和减少应激，还需要在配合饲料中另外添加需要的种类。因此，使用维生素预混料一定要根据猪的需要和生产条件选择适宜的产品，在配合料中还要根据需要添加未有的维生素。此外，生产维生素预混料的厂商大多习惯采用美国 NRC 标准，事实上，NRC 给的现值属最低需要量，数值偏低，使用者一般是按超过 NRC 的 3~5 倍的需要量添加到饲料中。添加量低达不到饲喂效果，添加量过高会加大生产成本。

③ 复合添加剂预混料。指能够按照国家有关饲料产品的标准要求，全面提供猪饲养阶段所需微量元素（4种或以上）、维生素（8种或以上）、氨基酸和非营养性添加剂中任何2类或2类以上的组分与载体或稀释剂，按一定比例配制的均匀混合物。猪用复合添加剂预混料分1%~2% 和4%~5%2 种，1%~2% 由微量元素、维生素、氨基酸、药物添加剂、胆碱等组成；4%~5% 的复合预混料是在前一种基础上添加钙磷饲料、食盐等组成的预混料。因此，使用者一定要弄清楚两种复合预混料的营养含量，特别是其中添加的药物饲料添加剂是什么种类。

（2）慎重选择需要的预混料　国家对预混料的生产与产品管理相当严格，预混料产品除具备浓缩饲料的4个条件外，标签上还必须注明生产许可证号。目前，预混料的品种繁多，质量不一，特别是预混料中的药物添加剂的种类和质量也相差甚大。因此，选择使用预混料不能只看价格，更重要的是看质量。一般而言，要选择信誉高、加工设备好、技术力量强、产品质量稳定的厂家和品牌。选择使用的预混料其饲养效果较好，生产者在自配料中不要再换其他品牌和厂家的，不要轻信一些推销员的宣传，以免上当受骗。

（3）严格按规定剂量使用　预混料的添加量是厂商按猪只不同生长发育阶段，依据有关饲养标准而设计配制，特别是含钙、磷、食盐的复合预混料，使用时必须按规定的比例添加，也不可将不同厂家的产品混合使用。

（4）合理使用推荐配方　预混料产品的饲料标签或产品包装袋上都有一个推荐饲料通用配方，可参照；也可充分利用当地原料优势，请预混料厂家的技术人员现场指导，设计出新的配方。一般要求自己不要随意调整配方，除非是具备了动物营养知识的技术人员，根据本场饲料加工设备条件、饲料原料，有针对性的重新设计出适宜的饲料配方。调整配方时，严格地讲其预混料的配方也应调整。因此，有条件的大中型规模化猪场自己配制预混料更好。

4.饲料原料的称量配料要准确

原料的称量配料是饲料加工工艺的核心环节，配方的正确实施须由称量配料工艺来保证。常用的称量器具分电子秤（适用于规模化饲料加工厂）和磅秤（小型饲料加工厂）。目前，还有猪场自配料加工采用的磅秤，即人工称量配料。自配料的原料称量应做到以下两点：一要有符合要求的称量器具。要求称量器具具有足够的准确度和稳定性，满足饲料配方所提出的精确配料要求，不宜出现故障、结构简单、易于掌握和使用。二要准确称量。配料人员要有高度的责任心，一丝不苟，认真称量，保证各种原料准确无误，并定期检查称量器具的准确程度，发现问题要及时解决。

5.原料添加顺序要合理

首先要加入量大的原料，量越小的原料应在后面添加，如维生素、矿物质和药物添加剂等。量大的原料首先要加入到搅拌机中，在混合一段的时间后再加入量小的微量成分。有的饲料中需加入油等液体原料，在液体原料添加前，所有的干原料一定要混合均匀，然后再加入液体原料，再次进行混合搅拌。

6.饲料搅拌混合时间要合适

目前，饲料原料经粉碎后，主要采用机械拌和。常用的搅拌机有立式和卧式两种类型。立式搅拌机适用于拌和含水量低于14%的粉状饲料，含水量过多则不易拌和均匀。这种搅拌机所需动力小，价格低，维修方便，在一些中小型猪场中普遍使用。这种搅拌机搅拌时间长，一般每批需10~20分钟。卧式搅拌机的搅拌时间为3~7分钟。不管何种搅拌机，确定最佳搅拌时间十分必要。应以搅拌均匀为限，搅拌时间不够，饲料搅拌不均匀，影响饲料质量；过久使饲料混合均匀后又因过度混合而导致分层现象，同样影响混合均匀度。混合均匀度指搅拌机搅拌饲料能达到的均匀程度，一般用变异系数表示。饲料的变异系数越小，说明饲料搅拌越均匀；反之，越不均匀。生产成品饲料时，变异系数不能大于10%。现代饲料厂大多采用自动混合程序控制，其作业方式可分为分批式和连续式混合机。其中分批式混合机是将各种饲料原料按配方比例要求配制一定容量的一个批量，将这个批量的物料送入混合机，一个混合周期即生产一个批量的产品。连续式混合机将各种饲料分别按配方比例要求连续计量，同时送入混合机内进行混合，它的进料和出料都是连续的。现代饲料厂普遍使用分批式混合式。由此可见，混合机是饲料生产中的关键和核心设备之一，是确保配合饲料质量和提高混合效率以及决定饲料厂规模的关键设备之一。有条件的自配料猪场，建立一个现代化的饲料加工厂相当重要，一般规模达到万头以上的猪场。

第十四章
现代猪场的生产经营管理

不同于其他企业，养猪场的产品是具有生命的活体动物。随着养猪现代化进程的加快，规模化养猪场面临许多生产和发展上的问题，必须通过科学的经营管理，才能保证猪场正常生产。因此，猪场的生产经营管理是实现经营目标的核心和关键，只有不断提高管理水平，才能实现规模化猪场的经济效益。

第一节　现代猪场生产经营管理的理念与内容和特点

一、规模猪场的管理理念

（一）生产发展战略理念

我国是世界养猪和猪肉消费第一大国，但并非世界养猪生产强国。2006年7月份猪价开始上涨，高价位维持了22个月，养猪业经历了超长高盈利期，各地纷纷建起了一大批规模化猪场，并从国外引进了大批性能较好的优良种猪。此后几年，劣淘优存。但从总体上看，与国外规模化猪场和国内农业产业化企业相比，目前我国的规模化猪场从规模、资金、实力、品牌、市场网络到许多企业构成要素都显得薄弱，市场竞争能力、占有率和抗风险能力都比较差。而且我国生猪价格波动较大，由于受猪肉安全及品质的制约，加上国际市场在中国猪肉市场的开拓，养猪业的发展受到一定的影响；又由于饲料价格波动大，加上疫病的复杂化及饲料原料霉菌毒素对猪群的危害，规模养猪面临的处境越来越严峻。由此可见，对于一个规模化猪场而言，要想生存，必须要有自己的发展战略目标，即应有生产发展整体性、长远性、基本性的谋略。规模养猪生产发展战略是猪场在激烈的市场竞争中，根据猪场所处环境的变化而进行的带有战略意义的总体策划，运用最小的投入和最科学的方法达到生存发展的目的。面对日益激烈的竞争环境，规模养猪生产的路应怎样走，怎样制订规模养猪生产发展战略，规模养猪生产中长期的定位是什么，靠什么求生存、求发展，又怎么发展等，并在此基础上实施怎样的管理创新和技术创新，以此提高猪场规模效益，达到长期生存与发展，这应是每个规模养猪场业主或管理者经常要思考的问题。

（二）系统工程理念

现代的规模化养猪生产是一项系统工程，它集饲料营养学、畜牧管理学、环境工程学、遗传育种学、兽医学、经营管理学等学科之大成。猪场技术管理人员，如兽医技术主管，不仅要精通疫病诊断治疗，更重要的是要保证和维护猪群的健康，这就需要学习和应用上述各学科的相关知识，发现各学科体现猪群健康方面的问题，以此来探索或研究，形成全方位的保护猪群健康的整体方案或疫病防控技术体系，从而才能达到猪场疫病的有效防控。

（三）树立"以养为主，养防结合"的新理念

这里所说的"养"，是指提供全价营养、舒适环境、细化管理，是对猪无微不至的照顾，是提高猪群免疫力的综合措施。在泰国猪场没有专职兽医技术人员，但仍能取得非常好的生产成绩，如泰国正大西球猪场是1974年建成投产的老猪场，设备条件也与目前国内一些猪场相差不大，但母猪年提供26头上市肉猪，母猪年产胎次2.5胎。泰国的规模猪场能获得如此高的生产成绩，主要有超前的养殖理念，在"养"上很下工夫。目前，国内不少猪场虽然已将疫苗和预防及药物预防与治疗当成了最重要的工作，但疾病问题不但未得到有效的解决，反而越来越严重。这表明了在目前猪病异常复杂的形势下，"以防为主，防治结合"的理念已经过时。

（四）树立生物安全理念

1. 生物安全的涵义

生物安全是一种猪群管理策略，通过它尽可能减少致病性病源，并且从现有环境中去除病源，是一种系统的连续的管理办法，也是最有效、最经济的控制疫病发生和传播的方法。生物安全必须考虑到可行性、严格性、灵活性、系统性、重点性和相关性的因素。

2. 生物安全的几个重点

（1）厂址的选择　猪场选址尽量选地势较高，远离村镇，又能充分利用粪污，而且交通便利的地方。还要充分考虑猪的品种、饲养管理方式、猪的生理状态、当地气候状况、周围环境情况等科学设计，做到合理、适用、标准。

（2）严格隔离和检测新引进的猪群　不论是新建场还是老场，都要有隔离猪舍，对新引进的种猪至少隔离30天，进行隔离观察与检测，在最终混群之前要做1次检测。目前主要检测的猪病是猪瘟、口蹄疫、猪蓝耳病，对检测为阳性和抗体水平较低的种猪要根据具体情况采取适当方法处理，如淘汰、加强疫苗注射等。

（3）严格消毒

① 猪场应建立门口消毒池，猪舍内外，猪场道路要定期消毒。

② 根据不同的要求选择不同的消毒剂。主要根据消毒剂的浓度、环境温度以及污染程度，调整消毒时间，定期更换不同的消毒液。

③ 抓好生产环节的隔离和消毒。运入和运出生产场所的车辆，必须经过严格的清洗和消毒；实行生产区运输工具的管理，做到有明确分工使用，按照工艺流程对不同日龄和不同生产性能的猪群实行隔离饲养；生产人员工作顺序应从仔猪到母猪，出入要经过消毒洗涤池；定期利用2个生产周期的空舍期，通过清洗和消毒措施来打断疫病自身的循环模式；所有设备特别是常与猪群接触的要进行严格的清洗和消毒。

④ 谢绝参观活动，必要参观者与工作人员进场一样对待；要重视水电工等非饲养人员，

控制其接触猪群，所有人员都要使用已消毒的胶靴和工作服，最好能对不同用途的工作服和胶靴做明显的区别标志。

（4）严格实行封闭式管理　首先是对封闭式管理有一个正确的认识，要真正清楚它在疾病预防中的重要性。在一个健康的猪群中，防止疾病传入的最有效方法是实行封闭式管理。虽然大多数猪场在这个问题上都能达成共识，但在生产实践中还是存在很多问题，要么是封闭式管理执行的并不严格，要么是在执行过程中不得要领。封闭式管理的技术要点是，根据对疾病传播途径的研究，制订出把握猪场封闭式管理的关键点：一是对人流物流的控制；二是严把引种关，包括精液的引进；三是坚持全进全出的饲养方式；四是新建猪场选址要科学，采用多点式生产方式；五是严格控制其他动物如犬、猫、鸟类、鼠、昆虫等进入猪舍；六是生猪饲养地绿化。在猪场及圈舍周围实行环境绿化，夏季可起到降温作用，还可以起到隔离作用，改善猪场小气候环境条件，对猪的生长与生产有利。

（五）精细化管理理念

精细化管理源于工业生产，它是以生产管理为核心，追求生产上不断降低产品成本。精细化管理要求生产中的各项活动都必须"精益思维"。"精益思维"的核心就是以最小资源投入，包括人力、设备、资金、材料、时间和空间，创造出尽可能多的价值。可见，精细化管理是一种理念，一种文化。它是源于发达国家的一种企业管理理念，是社会分工的精细化以及服务质量的精细化对现代养猪生产管理的必然要求，是建立在常规生产管理基础上，并将常规生产管理引向深入的基本思想和管理模式，是一种以最大限度地减少管理所占用的资源和降低管理成本为主要目标的管理方式。精细化管理的前提是把种猪作为机器，把猪舍作为设备，进行工厂化管理。然而，猪是有生命的动物，必然要消耗饲料，要有人饲养和防疫。因此，猪场的精细化管理始终要围绕生产、管理、技术、销售、成本等进行。可见，规模化猪场的精细化管理主要就在于把科学养猪理论与生产实践有机的结合，不论是宏观调控还是微观处理，都必须严格按科学规律办事，不放过一个细节，落实管理责任，将责任具体化、明确化，确保每一个管理者都要检查当天的情况，发现问题及时纠正。

（六）与时俱进的市场理念

一是体现在融入市场竞争的观念上。竞争是商品生产和商品交换的必然产物，没有竞争，就没有市场经济，也就没有产业的发展壮大。在现代养猪生产的经营中，树立竞争观念，可提升猪场业主的竞争能力，这对于优化产品结构，提高产品质量，丰富企业内涵，都具有重要作用。二是体现在差异发展的创新观念上。现代养猪生产也需要创新，这里所说的创新，不单单是指改善与市场发展不相适应的管理制度和方法，更主要体现在品种创新上。每个猪场的差异除表现在管理和技术上，更主要体现在品种的"差异"特色上，品种的"差异"特色，不单单是指符合技术标准的内在品质，还指品种符合消费者的实际需要，做到适销对路。以"莱芜猪"为例，新改良的"莱芜猪"从仔猪出生到商品猪投放市场，全程实行科学的生态饲养模式，出生3个月后以放养为主，屠宰时"莱芜猪"虽然猪肉价格较高，但猪肉质量好，是名符其实的"土猪肉"，与洋三元猪肉比，口感香，营养更丰富，在市场上很受消费者欢迎。

（七）切合实际的规模效益理念

规模养猪最终要看效益，几乎每一个业主都把经济效益看做是第1位的追求目标，而且有规模才有效益，这是很多人的一个认识。然而，影响规模效益的因素有很多，如饲养管理、市场机遇、品种特性、养殖规模等。规模养猪业主必须有切合实际的规模与目标定位，有细致到位的管理措施，有善于把握市场机遇的能力，才能真正获得理想的规模效益。现实生产中，很多人认为规模出效益，但现代养猪生产已经进入微利时代，一夜暴富的念头只能是不切实际的幻想。如果是新手，猪场的规模就不能太大，一般以1 000~3 000头为主，因为刚加入到养猪行列，需要学习的东西很多，规模大了很难掌控，一旦出现异常，如暴发疫病，常常无法应对；如果是养猪在5年以上的老手，饲养规模可以达到5 000~10 000头，因为在生产实践中已经积累了比较丰富的经验，对市场行情比较了解，也有了足够的资金积累，具备了一定的抗风险能力，经营管理上可以放得更开。但从目前的疫病复杂、污染处理难度等问题上看，现代养猪生产的规模猪场，在有可消纳粪污处理的土地利用上，规模养猪也不可超过3万头。超大型猪场的建设在中国不现实，以中小型规模为主。

（八）保护环境的生态理念

养猪生产最终目的是为人类提供优质的猪肉产品，但规模养猪生产的粪污排泄却是污染环境的大问题。规模养猪生产者没有保护环境的理念，就会对环境造成严重危害。一个千头规模的小型养猪场，每年能排出2 000吨以上的粪便，周边3千米范围内都能闻到粪臭味。国家已颁布了《畜禽规模养殖污染防治条例》，对规模养猪场的粪污处理都有严格的规定和要求，对新建、改建、扩建的规模养猪场，应当符合畜禽养殖污染防治规划，依法进行环境影响评价。规模养猪场要根据养殖规模的污染防治需要，建设相应的粪便、污水与雨水分流设施，粪便、污水的贮存设施，粪污厌氧消化和堆沤，有机肥加工、污水处理、病死猪尸体处理等综合利用和无害化处理措施。未建设污染防治配套设施、配套设施不合格，或者未委托他人对养殖废弃物进行综合利用和无害化处理的，规模养殖场不得投入生产或者使用。

（九）以人为本的理念

猪场的系统管理，就是：管人、养猪、理事。管人必须有以人为本的理念，尤其是规模化猪场的业主或老板们必须是人性化管理。养猪不只是体力活，也是脑力活，所谓养猪，重在养，猪养得好不好，与养猪的人关系重大，因此对从业者尤其是饲养员应该重新定位，应该高眼相看，同时也要预测到大学生毕业做饲养员的时代一定会到来。发达国家养猪业已走上智能化的生产与管理，中国的养猪业也不会超过10年或20年。养猪人才是养猪企业发展的第一要素，养猪管理与技术人才更是养猪业未来竞争核心。可以说，谁拥有养猪管理和技术人才，谁就会拥有养猪业的未来！然而，现有养猪人主要是务工农民，俗称"打工"人员，猪场管理和技术人才十分稀缺，中国的传统职业歧视让素质较高的人往高处走，中国农业大学培养了大量畜牧兽医人才，现工作在第一线猪场中的又有多少呢？这也许是中国现代养猪生产落后于发达国家的原因之一。目前的规模猪场人才极不稳定，流动性大，短期就业者多，随时准备改行者多，最主要的是养猪环境封闭难以对外交流，人员管理陷入管严管松都别扭的尴尬局面。因此，规模化猪场必须实行人性化管理，尊重人，重视人显得尤为重要。人员管理的关键点是任何时候都强调人力再造，给每一个追求进步的员工成就自我的机会，有一个展现的平台，做好岗位工作与职业生涯目标的匹配程度方面的工作，不断地达到其需要的外在满足（工资、奖金、提升、表扬、尊重、理解、支持等）和需要的内在满足（成就激励与机会激励）。管理制度增加人性化的因素，如分区居住与人猪分离居住制度、节假日会餐制度、生日祝福等。

（十）动物福利理念

猪场的管理一定要符合动物的福利要求，人们应重新审视规模化猪场环境中不符合猪只生物学特性的技术和措施，让猪在自由、舒适、安逸、康乐状态下生活。目前的集约化饲养，已经过多地干预了猪的生活规律，如定位栏饲养。猪是有生命的，它需要什么，就要给它提供什么，用人性化的理念对待猪，也就是提高猪的福利。其实，现在很多养猪人已经接受了福利养猪的观念，但要真正去实施却比较困难，因为改变意味着增加投入，因此，意识到了并不等于能做到。但是，死1头猪的损失就可以改善一个栏，那不如提前去改。对猪只而言，定期运动、晒太阳、猪舍通风、群养和定位栏饲养轮流使用、定时饲喂青饲料、尽力还原猪的原始生活环境，让其健康生长，这在一般的规模猪场均可做到。

二、规模猪场生产经营管理的重要性与特点

（一）规模猪场经营管理的重要性

近些年来，规模猪场的数目越来越多，规模也越来越大，但纵观各地规模猪场，发现大多生产经营情况并不理想，特别是一些其他行业的有志之士轰轰烈烈地粉墨登场，并投入大量资金进行规模养猪，多以失败告终。究其原因，规模猪场的生产过程不同于其他行业，进入的人士才认识到养猪生产并非低端产业，现代的养猪生产是个系统工程，猪难养，难在牵涉到的学科太多，而且风险大，相对利润空间却不高，就是有一定生产管理基础的猪场，也由于不同猪场因地理位置、运行机制、管理水平、技术力量、基础设施、职工素质等千差万别，导致生产水平差异较大。通过对一些猪场的经营管理方式及生产状况的调查分析，发现导致生产状态差异的主要原因是没把理论与生产管理有机地结合起来，历年有一定经济效益的猪场，其业主或者是管理者都有一套系统的猪场生产经营管理方法，能按部就班，比较规范化的管理好规模猪场，从而达到了以加强规模猪场的经营管理来提高生产能力，实现了规模养猪的效益最大化。由此可见，规模化猪场的经营管理就是科学地组织生产力，正确的调整生产关系，只有这样才能保证规模猪场经济效益持续提高。

（二）规模猪场生产与经营的特点

规模化猪场生产与经营管理有其自身的特点，猪场的生产和经营管理与其他企业的生产与经营管理相比，有其特殊性。猪场经营者必须明白和掌握猪场生产经营的特殊性，才能搞好生产经营和管理，也才有可能保证猪场生产过程中正常运转，从而提高生产效率。

1. 猪场的生产过程特点

猪场的生产活动是一个"投入—产出"过程，包括3个阶段，即资金和资源的投入阶段、物质和能量的转换阶段、产品的产出阶段。

（1）投入阶段　猪场在生产前，首先要解决资金、设施和饲料等生产条件，购买种猪、饲料等，进行生产活动。对于猪场生产的投入量，主要从2个方面进行衡量：一是看猪场生产的实际规模，即饲养猪的头数，投入劳力数和生产设施等；二是看猪场投入的资金数量，在猪场生产过程中，只有有效地运用资金，才能开展养猪生产经营活动。

（2）转换阶段　转换阶段是猪场经营者在饲养猪的生产过程中，通过猪的生理作用，将饲料中的能量转化为动物性能量的过程。一种产品的产出和其所需要的投入之间的关系，可以用函数表示：

$$Y=f(X_1 X_2 X_3 \cdots X_n)$$

简写为：

$$Y=f(X_n)$$

式中，Y是产出，在猪场生产中y表示产品的数量，X是各种投入，如饲料、劳动力、资金等；f表示投入和产出之间的函数关系。衡量猪场生产投入与产出的比例关系，可以从

能量和价值两个方面进行。从能量转换规律来看，由于物质能量在生物转换过程中的损耗，一般产出能量低于投入能量，能量转换率在 1 以下，如肉料比大约为 1：3，也就是所谓的饲料报酬。提高能量转换率是衡量猪场生产管理水平的重要标志。如把生产成本作为投入的价值量，产品销售收入作为产出的价值量，则产出价值高于投入价值，它给猪场生产者带来一定数量的盈余，因此，获得更大的利润是猪场生产管理需要考虑的主要问题。

（3）产出阶段　猪场生产的"产出"包括种猪繁殖、肉猪增重等，一般用产品的数量和质量来表示。猪场生产管理者在计算产出时，必须具备饲养时间、生产成本、产品数量等几方面的资料，以便衡量其投资的效益和生产的水平。

2.猪场的生产经营特点

猪场生产经营模式可分为传统的饲养和现代的集约化饲养两种模式。传统的饲养模式指小型猪场饲养 100~500 头猪，是生产力低下的表现，很多农户一般不进行经济核算。集约化生产经营模式是在一定规模上投入较多的生产资料和劳动量，采用先进的技术措施，并以资金集约、劳力集约和技术集约的综合表现形式进行猪场规模经营和生产。集约化经营是生产力水平提高的集中表现，也是猪场规模养猪的生产特点，特别是猪场规模养猪的技术，集约在技术进步上，主要表现为良种的繁育、适宜的经济杂交模式、使用配合饲料、应用先进的饲养设施、采用饲料营养调控技术和改进饲养管理技术等。

三、规模猪场生产经营管理的内容

猪场经营管理的主要内容指猪场投资者对用于生产经营的人、财、物进行计划、决策、组织、调解和核算及管理，具体包括：投资决策、计划管理、经营规模、生产管理和销售、经济核算、效益评价、财务管理、环境保护和管理、经济合同、人员素质与技术等方面。

（一）投资决策

1.投资决策的含义

猪场生产中，固定资金和流动资金的投入叫投资。也就是说，投资是指以收回现金并取得收益为目的而发生的现金流出。投资决策指投资方面的确定、各种投资设计方案的选择等。对于决策的传统理解，就是在能够达到同一目标的众多的可行性方案中，选择出一个最满意或最优化方案的行动。可见，所谓决策，就是为了达到某种目标，对若干个准备行动方案进行选择。决策的核心是择优，除了在几种行动方案中选择一个最优化、最满意的方案外，还包括在做最后选择之前所进行的一系列活动，如问题的诊断、信息的收集和整理、各种可能方案的构思和设计、评价方案的标准和方法等。规模养猪也是经营活动，进行任何生产都要有经营决策。所谓经营决策，就是根据已知的各种信息，经过整理加工，对经营方案进行技术比较、经济评价、效果分析、总体权衡，最后作出决定。

2.投资决策的内容

猪场的投资决策内容按其范围来说，主要有以下几点。

（1）经营目标决策　投资决策中最关键的是经营目标决策。决策按其目标要求可分为最优决策和满意决策。最优决策是指理想条件下的最优目标的决策，但理想条件一般是不存在的，因此最优目标难以实现。满意决策是指在现实条件下，求得一个满意目标的决策。满意目标一般分为两种：必成目标和期望目标。必成目标是必须达到的经营目标，期望目标是希望达到的目标。猪场投资决策就应该以必成目标和期望目标为努力方向，制订决策方案。

（2）生产决策　生产决策主要指生产项目的选择与组合；生产要素的结合；猪场的猪群

饲养与杂交组合模式、猪群周转、饲料配方、日粮饲料组合等技术经济方案的选择。

（3）财务决策　财务决策主要指猪场资金的来源与占用、资金的构成、养猪成本或费用目标的确定等。

（4）技术决策　技术决策的原则是：在技术选择上，提倡适宜性，重视经济性，反对盲目性；在技术方案的实施上，要强调综合性，防止单一性。

（5）销售决策　销售决策指市场的选择、肉猪的销售渠道和方式的选择、销售范围的确定、销售量和销售价格的确定等。

3. 投资决策程序

对猪场作出正确的投资决策，必须掌握一定程序。决策有4个环节：第一，要有一个预定的目标；第二，要有多个可供选择的实施方案；第三，要对这些实施方案进行评估，从中选择最优方案或满意方案；第四，要付诸行动。贯穿这4个环节的决策程序大体上有以下基本步骤。

（1）确定决策目标

① 目标的概念。决策就是达到预定的目标，因此确定目标是决策的前提，也是投资决策最关键的过程，是决定后继过程的依据，是整个决策过程所必须遵循的标准。目标选不准，决策就很难正确。所谓目标，是指在一定的环境和条件下，在预测的基础上所希望得到的结果。它有3个特点：成果可计量；时间可规定；责任可确定。

② 目标要求。首先，猪场投资决策的目标要求具体、明确，在时间、地点、内容和数量上都要有明确的规定。比如，希望投资得到什么成果，要完成哪些工作，要达到什么利益和到什么程度，要避免哪些风险等。投资决策目标应该是单义的，避免多义性，以便比较和评价。其次，投资决策目标要力求数量化，要有明确的衡量标准。要算投入产出账，要根据猪场的生产实际和约束条件为生产成本规定一个允许范围，为经济效益规定一个必须达到的界限和标准，在这个范围内寻求最优化方案。对于经济效益，还需要分解成若干个指标，如种母猪的繁殖率、仔猪的成活率、肉猪的只平均收入等。再次，要确定投资目标，还应从资源、经济、技术和市场等诸多方面来考虑和确定。也就是说，对于猪场投资目标的确定，要认真分析内外条件，包括政府的支持，有关部门的项目扶持和社会化服务体系等。在环境、资源和政府及有关部门和一定社会化服务条件下确定的决策目标，才有可靠的基础。

（2）拟定可行性方案

① 方法。根据确定的目标，拟定几个可行性方案，这是科学决策的基础。而各种可行性方案拟定的数量和质量，取决于对信息资料的占有，更取决于决策者的知识、经验和能力。拟定方案就是按照投资目标，并对实现这一目标的条件、可能出现的情况及问题作深入调查研究，尽可能把所有的可行性方案提出来，以供选择。因此，拟定方案的过程是设想、分析和淘汰的过程。一般采用筛选的方法把那些对解决问题作用小，或难以办到又不符合投资决策目标要求的，或可能产生严重后果的决策方案排除掉。这样，剩下的就是为数较少的可行性方案了。

② 要求。在拟定投资方案中，最大的难点是新方案的设想和构思。因此，猪场投资决策者必须思想解放，敢于打破陈规陋俗的束缚，敢于探索和创新。总之，投资决策虽要求"慎重"，但为投资决策准备选择方案时，必须大胆进取，只有这样，才能获得创新的方案，最终获得稳妥可行投资决策。

（3）方案的评估和选择

① 选择最佳方案的方法。选择最佳方案是投资决策的关键一步。要根据可行性原则和对未来所要达到的效益进行预测。在所有的可行性方案中，紧紧地围绕着投资决策目标作出抉择和决定。也就是说，方案的抉择和选优，就是对拟定的各种可行性方案进行比较、评估，选取其中之一，或综合成一。评价和选优的方法，主要根据成熟经验和借助数学分析的方法。对各种可行性方案的评估，要有量的分析，各种经济数学方法在决策中的运用，主要在这个阶段。目前使用的一般方法有决策目标评分法、线性规则、决策分析法、库存模型等。在评价方案时，由于有些因素难以量化，故仅用经济数学方法来计算，会有一定的局限性。因此，要结合其他非数量化因素的综合评估，才能得出准确的结论。

② 选择最佳方案的标准。在选择最佳方案时要把握的标准是，只能从众多可行性方案中选择一个技术可行、经济合理的最优方案。因此，选择决策方案的准则，不但要讲技术上的可行性，还要讲经济上的有效性。

（二）计划管理

1. 重要性

计划管理是经营决策的具体化，也是猪场经营管理的首要职能。猪场作为一个企业或实体存在，要完成有序的生产组织过程，其具体表现形式就是对生产经营过程中的计划管理。生产实践也证实，任何猪场只有进行有序的计划管理，才能将众多的生产要素和生产环节，按照养猪生产规律、经济规律科学而合理地组织起来，才有可能使各项生产指标、技术指标、经济指标达到预期的生产经营水平，从而也才有可能提高猪场的养殖效益。

2. 基本内容

一个猪场的计划，从时间上可划分3类，即长期计划、年度计划和阶段计划。这3类计划各有侧重，每类计划中包括生产计划、成本计划、财务计划、劳动计划、饲料计划、商品猪或种猪产品销售计划等。

（1）长期计划　一般指五年计划，要求从整体上反映出猪场5年内的发展方向、生产规模、生产水平和效益水平，勾画出猪场发展的蓝图，如表14-1所示。

表14-1　猪场长期发展计划

年度	存栏猪数（头）				出栏猪数（头）				经济目标（元）		基建或基改			技术研究项目
	合计	其中			合计	其中			产值	利润	内容	投资额	资金来源	
		种公猪	种母猪	后备猪		肥育猪	仔猪	种猪						

在现实中，一些猪场经营者不愿制订长期计划，尤其是一些中小型猪场，怀着短期投资、短期见效的心态来搞猪场生产。这在猪场生产中，特别是规模化养猪中，注定会失败。在投资决策中，猪场投资者可用现金偿还期和投资利润率对长期计划进行评估。

① 现金偿还期法。现金偿还期法又叫回收期法，所谓现金偿还期，指资金投入要收回所需的时间。计算公式为：

现金偿还期 = 投资总额 / 每期现金收入

这个方法计算简单，容易掌握，适用于现金偿还期短的中小型规模猪场投资，没有考虑资金的时间价值和投资者的利益。

② 投资利润率法。一个投资者之所以决定投资兴办猪场，是为了取得投资报酬，衡量投资报酬的指标叫做投资收益率（又叫投资利润率），是指项目达到设计生产能力后的一个正常生产年份的年利润与项目总投资的比率。其计算公式为：

投资利润率 =（年利润总额 / 投资额）× 100%

（2）年度计划　一年内按时间顺序安排的各项计划，是根据当年猪场生产和经营实际情况制订的，也是猪场生产和经营的基本计划，必须能反映出当年生产经营的全部实际情况。其内容有以下几个方面。

① 生产计划。年度生产计划是反映猪场基本的生产经营活动，是猪场各项计划的中心，也是制订其他计划的依据。生产计划主要有种猪配种计划、分娩计划、肉猪出栏计划等。

② 财务计划。即对全年一切财务的收支进行全面核算，保证生产对各项资金的需要和合理使用。财务计划内容包括财务收支、销售猪等收入、资金周转、年度利润和资金信贷等。

③ 生产费用及产品成本计划。此计划反映本年度各生产阶段的费用成本、总费用成本及其支出的时间、数额。其主要项目有：饲料、兽药及消毒药、水电、工资、固定资产折旧等。

④ 基建改造和科技计划。此计划反映本年度进行的基建改造或技术攻关项目的具体内容和时间表，各阶段资金投入量和投入使用后的生产效益分析。猪场必须重视基建改造和科技计划，此计划对猪场生产持续性发展有一定的作用。

3. 制订计划的方法

计划管理的目的是猪场经营者对生产经营做到心中有数，并便于找出生产过程中存在的问题及原因，这是提高猪场经营管理水平的重要方法。为此，在制订计划时应注意两点：一是要正确确定定额标准，详细整理以往的有关技术、经济统计资料，确定本猪场、本年度应达到的生产、技术、经济定额标准；二是定额标准应具有先进性、可行性。

4. 计划的检查与调整

猪场的长期计划和年度计划制订后还要进行检查和调整。检查计划完成情况是顺利完成计划的重要手段，检查的目的是分析生产情况及其计划符合情况，并进行客观的综合评价，以便找出差距，总结经验，解决问题；必要时针对存在的问题可适当调整计划指标。一般要求，对于反映生产水平、计划任务的主要指标，可每月检查一次；对于包括生产水平和经营状况的全面指标，可每季度检查一次。只有经常检查，不断地改进和提高，才能确保猪场生产经营运转正常，也才能确保计划的完成。

（三）生产管理

生产管理是猪场日常生产的计划、组织和控制等各项管理工作的总称。猪场生产管理水平决定了猪场的生产与经营状况，更决定了猪场的经济效益的高低。因此，生产管理是猪场生产环节的关键。

1. 生产管理的内容

一般来说，猪场的生产管理的内容包括生产要素、生产过程和产品的管理。

（1）生产要素的管理　生产要素包括劳力、资金、种猪、生长肥育猪、饲料与兽药等，对这些要素进行合理组织，才能形成一定的生产能力。

（2）生产过程的管理　养猪的生产过程，是指从准备生产一直到种猪的繁殖、肉猪出栏上市为止的全部过程。合理组织生产过程是生产管理的主要内容。猪场生产经营者首先要熟知饲养对象的特征，要按其饲养条件考虑生产组织问题，其次要弄清猪的生育繁殖阶段，以及各阶段对环境和饲养条件的要求，确定哪些阶段是饲养管理的关键阶段，还要计算各个饲养阶段的时间，如母猪的妊娠期、仔猪的哺乳期和断奶时间、肉猪育肥时间；最后计算各饲养阶段的生产效率和生产成本，根据猪的生长特性来确定饲养标准，确定生长肥育猪各个阶段应达到的生长发育标准与体重，并且还要保证生产成本在计划成本之内。

（3）产品的管理　产品主要指肉猪、种猪等，必须经过销售活动以实现其生产经营的目标。其中肉猪的出栏时间、肉猪的育肥技术与饲养模式、肉猪的销售价格与方式等是管理的重点。

2. 生产管理的重点

（1）人员的管理是规模猪场管理的基础　要养好猪，首先要管好人，其因是猪靠人去养，人员的管理是猪场管理的根本，也是规模猪场发展和运行的主要动力。规模猪场的业主或管理者只有认识到"人"是一个企业生产经营活动中最活跃的因素，才会注重把人管理好。对人的管理，必须分层管理，分工负责的管理制度，加上激励机制。

① 制度的建立。规模化猪场一般要制订员工管理、防疫等管理制度。在生产管理规程性制度制订时一定要考虑可操作性，制订时还应力求详尽。制度需要延续性，不足的地方尽快修改完善，逐步形成良好的制度管理机制。

② 制度的执行。制度的遵守与执行需要管理者以身作则，按章办事。完善管理，需要一个系统的管理模式，而非几个管理制度。管理模式是由若干个管理体系构成，管理体系又是由若干个流程而定，在流程的基础上才能体现制度，这样的制度才能得到顺畅的落实。

③ 激励机制的运用。激励机制是各项管理制度的补充，也是猪场生产管理的有效手段，运用得当，会使猪场充满活力，大大提高员工的积极性。激励机制一般采取绩效考核管理，但大部分猪场仍然局限在生产计酬，如生产成绩、利润提成等。一般来讲，报酬激励是猪场激励机制的核心，可以吸引、保留和激励猪场所需的人力资源。一个完整的激励报酬体系，应充分考虑报酬的内部公平性和外部竞争性，建立一个报酬合理的结构将对调动员工的积极性有极其重要的作用。因此，对员工绩效考核的指标不要定得太高，定得太高员工达不到，就失去了激励的目的，只要定一个中等程度的指标，通过努力就可以达到，这样才能达到绩效考核的目的。此外，情感是最直接的一种激励因素，管理者的情感感染力能够控制和影响员工的情感形成激励；同时，管理者还要表现对员工的关心和热情。猪场管理者若能够充分发扬民主，给予员工参与决策和管理的机会，那么这个猪场的生产、工作和员工情绪都处于良好状态，同时，参与管理为员工提供了一个取得别人重视的机会，从而获得一种成就感。荣誉也是贡献的象征，每一个员工都有一种强烈的荣誉感。满足员工的荣誉感，可以迸发出强大的正能量，也体现了猪场的精神文明建设的程度和人性化管理的标志。

（2）制订主要的经济技术指标　经济技术指标的制订要切实可行，过高过低都不好，要给员工一个竞争与努力的平台。制订的方法可在历史生产平均水平的基础上适当提高，设3个不同水平（表14-2）。制订经济技术指标可使员工工作有目标，薪酬与绩效挂钩，可调动员工的积极性和技术水平。而且经济技术指标可供业主或管理者考核分析生产水平、猪群健康状况及饲养人员及兽医的工作业绩，以便找出问题及时改进。

表14-2　猪群主要生产技术指标

序号	项目		领先水平	较高水平	一般水平
1	哺乳期（天）		21	25	28
2	断奶至下次发情（天）		< 6	6~9	> 10
3	母猪年产胎次（胎）		2.2	2.1	2
4	胎产健壮仔数（大于700克）（头）	经产	10	9.6	9
		初产	9.2	8.5	8
5	健壮仔猪哺乳期成活率（%）		97	90	85
6	保育猪成活率（%）		97	92	88
7	生长肥育猪成活率（%）		98.5	97	94
8	全程成活率（%）		90	85	75
9	初生重（千克）	经产	1.4~1.5	1.3~1.4	< 1.3
		初产	1.2~1.3	1.0~1.2 或 1.3~1.8	< 1.0 或 > 1.8
10	25日龄重（千克）		7.2	6.8	6
11	56日龄重（千克）		20	19	17
12	达到100千克日龄		150~160	160~170	> 170
13	料重比	全程	2.4	2.6	2.8
		全群	2.9	3.2	3.4
14	配种分娩率（%）		85	83	80

注：表中数据为年平均生产成绩。

（3）实行流程化管理　由于现代规模化猪场生产周期性和规律性相当强，生产过程环环相扣，要求员工对自己所在岗位的操作流程和细节要非常清晰，每日都按工作流程操作，如几点喂料、几点打扫卫生、几点观察猪群等。

现代化规模猪场，在建场之前，其生产工艺流程就已确定。生产工艺流程至关重要，如哺乳期多少天、保育期多少天、各阶段的转群日龄、全进全出、空栏时间等都要有节律性，万头猪场多数以周为生产节律安排生产。

（4）制订适合于本场的各种技术操作规程　在猪场的技术环节中，各个生产环节细化的科学技术操作规程是重中之重，是猪场的生产指南。它包括各类猪的饲养管理、猪病防控、饲料加工、人工授精、遗传育种等方面的技术规程。技术规程的制订，本着"专、精、细、严"的原则，要让员工参与制订，让他们多提意见，尽量做到先进性、实用性和可操作性。一旦定好就要认真组织学习，让员工熟记，一丝不苟地去执行，并在执行过程中指导监督，查找漏洞及时改正。

（5）抓好影响经济效益的关键技术

① 优良种猪的引进与选育。有条件的种猪场可从国外引入长白、大白、杜洛克、皮特兰等优良品种，生产纯种公母种猪或生产杂交一代种猪。同时，种猪场应参与联合育种，应用先进的育种技术，选育和培育用于杂交亲本的品种、品系，使原种猪保持较高的生产性能，并通过严格选育不断提高，避免走"引种—退化—再引种—再退化"的老路。有资金投入和有技术力量的业主或投资者，可建立高标准的原种猪场，从国外引进纯种长白、大白、杜洛克原种猪，用于改良现有品种的生产性能；还可建立高标准、现代化的人工授精

站，将优秀的种猪基因充分利用，并积极参与区域和国家联合育种体系。

② 全价配合饲料。猪的不同生长期，要用不同的饲料才能保障其正常生长发育。猪全价配合饲料是按照猪的不同生长阶段，选用相应的饲养标准，适宜的饲料原料，利用配方新技术，筛选最佳经济有效配方，达到高效益、低成本的目的。

③ 现代养猪生产工艺。 现代养猪生产工艺是一项行之有效的养猪实用技术。第一，可采用四阶段饲养，即空怀配种妊娠段、产仔哺乳段、仔猪保育段、生长肥育段。也可采用三阶段饲养，空怀配种妊娠段、哺乳保育段、生长肥育段；或空怀配种妊娠段、产仔哺乳段、保育生长肥育段。这样可减少转群次数和因环境改变造成的应激反应。第二，采取单元式全进全出的生产方式，为其创造适宜的繁殖生产环境，实行常年配种，常年产仔，常年均衡生产。第三，实行主要工序自动化。如新建猪场可采取喂料、饮水、清粪全部自动化。第四，有条件的猪场可实施多点式、按性别或分胎次饲养模式。

④ 粪便污水处理技术。规模化猪场应在舍内外粪沟改造的基础上，实行干湿分离，粪便捡拾，堆积发酵。也可对新建养殖场实行水泡粪模式，出栏清圈时一次性的排放，在污水处理站干湿分离。有条件的猪场要使用粪污处理新技术，对污水进行无害化处理，所产沼气用于发电，污水达标排放，实现循环利用，做到资源化、无害化。

⑤ 疫病综合防控技术。应树立养重于防、防重于治、综合防治的理念。养是平衡的营养、舒适的环境、到位的管理，对猪无微不至的照料，是增强猪体免疫力的综合措施；防是完善的生物安全措施、合理的免疫、科学的保健用药程序；治是早治疗、合理治疗、经济治疗。为建立稳定的健康猪群，要对猪场主要危害疫病进行监测，摸清猪场的疫病情况，净化猪瘟、伪狂犬病，培育健康的后备群，控制好口蹄疫、蓝耳病、圆环病毒病、喘气病等疾病。

（6）填好各类报表进行统计分析 规模猪场需要填写生猪生产、死亡、销售、饲料、原料的入出库、资金流动和固定资产投入、报废等报表，统计各类报表数据，从中找出生产管理中的优势和漏洞。因为报表能有效反映猪场的生产管理情况，是规模猪场不断提高管理水平的有效手段。要搞好各种报表的填写和统计，就要求填写报表的人员对规模猪场高度负责，杜绝数字游戏，为决策者提供最原始、最真实的数据，才能得出正确的结论并有助于采取有效的措施，提高猪场的生产管理水平，使猪场的经济效益最大化。

（7）根据生猪的市场行情调整生产 生猪市场行情的好坏直接影响到养猪场的经济效益，特别是对规模猪场的影响更为明显。如果规模猪场业主能够及时了解生猪市场行情，做到肉猪的适时出栏，在价格低迷时及时调整肉猪上市体重，采取提前出栏，减少因价格下降带来的损失。调整生产的另一方面要考虑到消费者的消费习惯，在猪的品种选择上应符合消费者的消费习惯，保证肉猪的顺利销售。

（四）绩效考核管理

1. 绩效考核管理的作用和目的

绩效考核管理其作用是猪场通过实行"岗位绩效薪酬制"，即在岗位技能工资制的基础上，扩大活的部分，缩小固定部分，将猪场的效益目标，各项管理目标全方位与工资分配直接挂钩，形成"猪场靠分配激励带动效益提高，员工靠绩效提高带动薪酬增长"的分配运行机制，从而使猪场与职工结成风险共担，责任共负，利益共享的经济共同体，有效发挥员工的生产和工作的积极性和创造性。由此也可见，规模猪场绩效考核是提高养猪生产与技术水平的关键措施，任何事物没有考核、检查和监督也就没有管理。规模化猪场如果对生产和工作没有考核，没有检查，无法立足于生产发展。同时，考核是对过去工作和生产业绩作出的客观全面评价，是发现问题并提出改进方案的基础，是提高猪场生产管理水平和员工的工作效率的依据，是实现猪场生产利润，高效发展的重要步骤，这均是绩效考核之目的。

2. 猪场关键绩效考核指标设定的原则和一般程序

（1）猪场绩效考核岗位的分类　猪场绩效考核管理是一个系统，包括绩效考核的设定、信息的收集和结果的反馈等过程。在这个过程中，考核指标的设定是构成了绩效考核管理的基础和依据。因此，设定科学、全面、有效的绩效考核指标体系就成为绩效考核管理工作的重中之重。规模猪场的人员岗位可划分为两类：一类是适合用目标来考核的岗位或者说是承担猪场关键绩效指标的岗位，包括猪场主管场长、配种员、兽医技术人员、饲养人员等；另一类是不适合目标来考核的常规岗位（如财务、统计、保管、门卫等后勤人员）。第1类岗位采用关键绩效指标考核，第2类岗位采用岗位绩效标准（也称工作标准）考核。

（2）规模猪场设定关键绩效指标的原则　现代的规模化猪场设定关键绩效指标的原则有以下几条。

① 具体的：是指关键绩效指标要切中特定的工作目标，不能是抽象的，而应该适度细化。

② 可衡量的：是指关键绩效指标应该是数量化的，即指标尽可能量化。

③ 可实现的：是指制订的绩效目标在员工付出努力后可以实现，不可过高或过低。

④ 现实的：是指关键绩效指标，是实实在在可以被检查、被观察和能被考核及评估的。

⑤ 有时限的：是指使用时间的人，能在规定期限完成关键绩效指标时间。

（3）设定关键绩效指标的一般程序

① 找出关键成功要素。是指对规模猪场生产发展的成功起关键作用的战略要素的定性描述，即对猪场生产发展战略目标的实现起到直接控制作用的关键岗位职责，如规模化商品猪场的战略目标是"降低成本，保证增重，提高质量，获取利润"。

② 建立评价指标。关键成功要素确定之后，建立评价指标，对适合用目标来考核岗位员工进行考核，评价关键成功要素的指标大致有4种类型：数量、质量、成本、时限。数量型指标主要有生产量、育成率、销售额等；质量型指标主要有初生重、断奶重、出栏重、销售价等；成本型指标主要有生猪每千克增重饲料和兽药等成本、单头猪饲料和兽药效益；时限型指标主要有断奶时间、出栏日龄等。

③ 建立评价标准。评价标准是指在各个指标上员工应该达到一个什么样的水平，考核的是员工做的怎样的问题。

④ 确定数据来源。主要有两种途径，一是客观的生产数据记录，二是他人或自己的主观评价或评估。

3. 规模猪场的考核和评价的关键绩效指标

（1）绩效考核和评价指标的重点　猪场的绩效考核指标重点考核3个：利润、成本（每千克增重成本）、生产指标（每头母猪年提供的合格仔猪和育肥猪）。一般来讲，代表猪场生产管理水平的有3个主要指标，这3个指标又各分3个档次：一是平均每头母猪年提供出栏猪头数，分为3个档次：18头以下，18~20头，20头以上；二是全群（全场）料肉比是多少：3.2以上，3.0~3.2，3.0以下；三是平均每头出栏猪所摊药费是多少？60元以上，40~60元，40元以下。第1个指标几乎囊括了猪场的所有生产技术指标，如母猪年产胎数、配种分娩率、胎均产仔数、成活率等。第2，第3个指标能够代表猪场成本控制的经营水平，正常满负荷生产的猪场仅饲料成本就占猪场总成本的70%~80%，其次是药物成本。对一个满负荷均衡生产经营的猪场，可以考虑将年度指标设置为：平均每头母猪年提供出栏猪20头（种猪场18头），全群料肉比3.1（种猪场2.9），平均每头出栏猪所摊药费60元。

（2）猪场各阶段正常生产目标管理指标 猪场各阶段正常生产数据指标，是衡量猪场生产成绩的标准和导向，在生产实践中可根据诸多因素进行适当调整。但为了达到考核的目的，而且又能充分调动员工，尤其是饲养人员的积极性，制订的目标不可过高，并且根据所设定的目标还要有警戒水平和实际水平，这样便于管理和考核（表14-3）。在生产中根据猪场各阶段正常生产目标管理指标、分类，定数到有关车间和圈舍如下。

① 配怀舍。配种受胎率不得低于90%，配种分娩率不得低于85%，批次母猪断奶发情配种率不应低于80%，批次后备母猪（270天以内）发情配种率不应低于85%，母猪分娩窝均总产仔数不应低于11.2头，窝均合格产仔数不应低于10.1头。

② 哺乳舍。窝均合格产仔数不应低于10.1头（防止出现接产人员不管不问现象，造成不必要的死亡）、批次成活率不应低于95%或窝均断奶头数不应低于9.6头、断奶转群重可根据日增重情况制订。

③ 保育舍。批次仔猪育成率不应低于96%，70日龄转群重不应低于23千克。

④ 育肥舍。批次饲养成活率不应低于97%，出栏时体重不应低于95千克（大约160日龄）。

表14-3 猪场各阶段正常生产目标管理指标

各阶段管理项目	目标	警戒水平	实际水平
后备母猪首配日龄	225	270	
间情期（天）	5~7	9	
返情率（%）	8	15	
流产率（%）	3	3	
空怀率（%）	1	4	
分娩率（%）	85	80	
每窝产活仔数	10.9	10.2	
死胎率（%）	3	3	
木乃伊胎（%）	1	1.5	
仔猪死亡率（%）	6	10	
每窝断奶仔猪数	10.2	9.2	
每头母猪年产窝数	2.25	2	
每头母猪产仔猪数	23	20	
保育猪死亡率（%）	2	2	
生长肥猪死亡率（%）	2	3	
母猪死亡率（%）	4	5	
21日龄体重（千克）	6~6.5	5	
60日龄体重（千克）	20~22	18	
达100千克生长日龄	155~160	170	
达100千克肥猪料肉比	2.8~2.9	3.0~3.2	

（3）规模猪场关键绩效指标评价　绩效评价是一个周期对绩效指标的检查与考核。平时（月、季）是为了绩效提高和事前控制，年度主要是综合性绩效评价。为了提高规模养猪生产水平，在制订关键绩效指标评价时，要明确其标准（表14-4）。

表 14-4　规模猪场关键绩效指标评价

生产方式	阶段	关键控制要素	评价指标	指标类型	评价标准
传统生产	配种、妊娠、哺乳、保育	出栏仔猪数	单头有效母猪年供仔猪数	数量	＞19.0头
		饲料兽药成本	每千克增重仔猪耗用饲料兽药成本	成本	单头仔猪饲料兽药效益
		出栏仔猪重量	60日龄仔猪出栏头重	质量	＞22千克
现代生产	配种妊娠舍	产活健仔数	单头有效母猪年产活健仔数	数量	＞20.7头
		饲料兽药成本	产一头活健仔猪耗用饲料兽药成本	成本	单头活健仔猪饲料兽药效益
		初生重	头平均体重	质量	＞1.40千克
	产仔哺乳舍	断奶仔猪数	育成率	数量	＞95%
		仔猪断奶重	28日龄断奶头均重	质量	＞6.5千克
	仔猪保育舍	饲料兽药成本	保育猪每千克增重耗饲料兽药成本	成本	单头保育猪饲料兽药效益
		出栏仔猪数	育成率	数量	＞98.5%
		出栏重	饲养37天出栏重量	质量、时限	头均重＞22千克，或日增重420克以上
	生长育肥舍	饲料兽药成本	育肥猪每千克增重耗饲料兽药成本	成本	单头育肥猪饲料兽药效益
		出栏活肉猪数	育成率	数量	99%以上
		出栏天数	达95千克体重出栏饲养天数	时限	112天或日增重650克以上

注：以上项目和数据各猪场均可根据实际生产情况制订。

（4）关键绩效指标计算方法

单头有效母猪年提供仔猪数 =[全年出栏仔猪数 +（期末存栏仔猪数 – 期初存栏仔猪数）]/ 全年饲养有效母猪数

每千克增重仔猪消耗饲料兽药成本（元 / 千克）=[本期耗用饲料兽药费用 – 转出头数 ×（转出头均重 –22）× 2 × 仔猪料单价]/[本期总增重 – 转出头数 ×（转出头均重 –22）]

单头仔猪饲料兽药效益（元）= 计划单头仔猪饲料兽药成本 – 实际单头仔猪饲料兽医成本

单头有效母猪年产活健仔数 = 全年产活健仔猪总数 / 全年饲养有效母猪数

单头活健仔猪消耗饲料兽药成本（元 / 头）= 本期耗用饲料兽药费用 / 本期产活健仔总数

单头活健仔猪饲料兽药效益（元）= 计划单头活健仔猪饲料兽药成本 – 实际单头活健仔

猪饲料兽药成本

每千克增重保育猪消耗饲料兽药成本（元/千克）= 本期耗用饲料兽药费用/本期增重

单头保育猪饲料兽药效益（元）= 计划每千克增重保育猪饲料兽药成本 – 实际每千克增重保育猪饲料兽药成本 ×（22–6.5）

每千克增重育肥猪消耗料药成本（元/千克）= 本期耗用饲料兽药费用/本期增重

单头育肥猪料药效益（元）= 计划每千克增重育肥猪饲料兽药成本 – 实际每千克增重育肥猪饲料兽药成本 ×（95–22）

4. 规模猪场绩效考核管理的方案

（1）岗位设置与人员定岗　规模化猪场实行的是工厂化养猪，从母猪配种妊娠—分娩哺乳—断奶保育—生长育成—出栏上市，目前多数猪场采取四阶段生产工艺流程，在管理上分配种妊娠舍、分娩哺乳舍、断奶保育舍、生长育成舍和后勤组5部分，但生产实践中，配种妊娠舍与分娩哺乳舍，分娩哺乳舍与断奶保育舍之间往往存在矛盾，互相连带，影响生产。为此，有的猪场采用新的管理模式，将养猪生产改为两阶段管理，将配种妊娠舍、分娩哺乳舍、断奶保育舍合并为一组管理，生长育成舍和种猪测定舍合并为一组管理，实行主管场长领导下的组长负责制。

根据工厂化养猪生产工艺流程，规模猪场岗位设置有配种妊娠舍、分娩哺乳舍、断奶保育舍、生长育成舍、种猪测定舍和饲料加工、兽医防治、财务统计、水电维修、门卫、食堂、市场营销兼采购12个岗位。根据猪群规模、猪舍建筑和人员素质，确定岗位人员定额。如饲养500头母猪的猪场，一般的岗位定额为：配种保育组7个人，其中由技术人员兼兽医担任组长；生长育成组6~7人，其中技术人员一名兼兽医担任组长；后勤组9人，其中主管场长1人，会计1人，出纳兼统计1人，饲料加工2人，市场营销兼采购1人，门卫1人，维修1人，食堂1人。

（2）各车间生产内容、定员及生产指标　根据猪场人员、圈舍、工作精细程度、劳动强度以及节律周期、出栏形式等实际情况制订各车间的生产内容、定员及生产指标，以拥有500头基础母猪的猪场为例，以周为生产节律，生产工艺流程分为配种、妊娠、分娩、保育和生长肥育5个阶段。配种阶段（包括妊娠前期）：从断奶至配种后42天；妊娠阶段（包括妊娠中期，后期）：从妊娠42天至妊娠107天；分娩阶段：母猪从妊娠108天到产后28天断奶，仔猪28日龄断奶，原圈饲养1周，35日龄转到保育；保育阶段：36日龄至70日龄；生长肥育阶段：71日龄至170日龄左右出栏。根据生产工艺流程，各车间的生产内容、人员及生产指标如下。

①配种妊娠车间。生产内容：饲养公猪，妊娠母猪，后备猪等以及配种、育种等工作。生产定员：主管1人，公猪饲养员兼配种员1人，共7人。生产指标：可繁母猪年平均产2.2窝以上，每头母猪窝均产活仔10.5头以上，配种分娩率85%以上，健仔率95%以上。种猪非正常淘汰率低于5%。

②分娩保育车间。生产内容：哺乳母猪、哺乳仔猪、保育仔猪的饲养管理工作。生产定员：主管1人，兽医1人，饲养员7人，每人饲养30头哺乳母猪及其哺乳仔猪；保育饲养员3人，每人饲养保育仔猪580头以上，共计12人。生产指标：产房指标，28日龄断奶，35日龄转群时平均体重在10千克以上，仔猪窝均转群在9.5头以上；保育指标，70日龄转群时平均体重在28千克以上，料重比1.6以下，育成率98%以上。

③生长肥育车间。生产内容：生长肥育猪的饲养管理工作。生产定员：主管1人或兽

医1人，饲养人员6~7人，每人饲养肥育猪400头。生产指标：170日龄体重达到100千克以上，成活率97%以上，料重比3.0以下。

④ 种猪测定舍。保证测定育成率99%，数据准确，资料完整，人员1人。

⑤ 饲料加工车间，保证各类猪饲料供应和营养平衡，饲料损耗率低于5%，人员2人。

（3）明确岗位职责　明确岗位职责的目的是了解各岗位职工日常操作的动向及工作的完成效率。抓好基础工作，做好事前控制，掌握经常产生问题的环节，制订切实可行的控制标准，并经常加以检查考核。以便及时发现生产中潜在问题并预先处理。

① 配种人员职责。配种人员职责主要有3条：一是严格按配种技术规程操作，遵照繁育工作，严格无误保质保量的做好母猪群的配种工作。要做好母猪的发情检查和鉴定，准确适时配种。重点是配种质量。配种质量是提高准胎率和多产仔、产活仔猪的关键，是保证后备猪质量的前提，决不能掉以轻心，草率从事，由此引起的失误将受到严惩。二是根据生产母猪存栏数量，有计划地补充后备母猪，调节断奶计划，做到均衡配种。缩短母猪平均空怀天数，提高后备母猪的利用率，做好催情、诱情工作。充分利用公猪，进一步提高母猪的繁殖性能，尤其是后备母猪，要用公猪刺激，以便获得较高发情率。三是一定要养好、用好种公猪，在管理中要充分将运动、刷拭、合理利用三者有机结合，保证其健康水平和良好体况。

② 妊娠舍饲养员职责。妊娠舍饲养员职责有4条。一是供给猪只新鲜、干净、无发霉变质的饲料，充足清洁的饮水，灵活操作猪群的饲喂状况，减少无形的饲料浪费。二是创造各类群体温暖、干燥、卫生、舒服的环境，认真细微地做好各项管理工作，如温暖、干燥、卫生、分群、保胎、各类档案管理等技术措施。三是协助配种人员及早发现空怀、返情母猪，并转群至空怀舍。四是对空怀母猪实施短期优饲方案，特别是对那些从产仔舍转来的非正常断奶的母猪和不达7成膘的母猪，要特别单独饲养和护理，使其尽快增膘复壮，发情配种。

③ 哺乳舍饲养员职责。职责主要是管好哺乳母猪，是产仔舍饲养员的头等大事，是直接关系提高仔猪成活率和断奶重的关键，是保证断奶后母猪良好体况的唯一手段。其职责有3条：一是以空气质量为中心，调控环境温度。控制好舍内温湿度，做好预防大猪怕热，小猪怕冷的工作。二是妥善做好产前、产后的服务工作，如断脐、剪牙、打耳号、阉割、寄养、防压等防护和技术处理。三是把主要精力用在哺乳母猪的采食量上，产前饲喂量递减，产后逐渐增加，7天后自由采食（吃得越多越好），并使猪始终保持不吃剩料和不浪费饲料的原则。

④ 保育、育肥舍饲养员职责。其职责有4条：一是强化断奶后第1周的饲养管理，控制好采食，少喂勤添，因断奶后饥饿感增强，小猪很容易过食，易引起腹泻，此时应适当控料。1周后，过食现象消失，可以采用自由采食，即吃多少给多少。二是保证温度，提高温度的控制水平。温度的恒定在第一周最为关键，原因是仔猪因体温调节机能差，直肠的温度往往偏低，而相对体表散热却高于成年猪，在具体掌握中还要同猪适温相结合。三是保温、通风、干燥、潮湿的相互关系相辅相成，要综合治理。圈舍必须始终保持干燥，通风是降低室内湿度的最有效的手段，通风还可以排除舍内污气，也只有通风才能保证舍内的空气清新。四是减少各种应激，做到合理分群，及时淘汰无饲养价值猪只，掌握猪群数量，做好饲养日志及相关的记录，做好猪的出售转群工作。

⑤ 兽医人员的工作职责。其职责主要有4条：一是按照防疫消毒程序，做好猪场的生

物安全工作，监督场内的卫生消毒程序的执行情况及效果，保证猪场不发生传染病，维护猪群健康。二是按照防疫程序，做好各类猪群的疫苗注射，注射部位准确，避免漏免或无计划的免疫。三是根据检测计划定期对猪群抗体滴度及机体健康状况进行抽检。四是对防疫消毒程序执行过程中存在的问题，提出修订建议。

⑥ 各管理人员职责。主管场长：保证猪场全年生产任务和人猪安全，并做好人员调整，负责监督各车间等工作岗位人员的职责。会计：按财务管理规定，准确记录和计算猪场财务收支，按周完成各类表格，及时发现问题报告场长。出纳统计：保证猪场各种财务登记、统计、分析，发现问题报告场长处理。市场营销：保证饲料、兽药、疫苗、消毒药品质量，降低采购成本，提高猪产品售价。水电维修：确保猪场供水，供电，并做好维护、检修设备及器械工作，努力做到节水、节电。门卫：确保猪场安全和做好来往人员登记工作。食堂：保证食物安全，准时开饭和做好对客人的招待工作。

（4）根据生产指标及职责做出考核　除各项考核工资外，猪场还要制订出最基本的工资，是指在各项生产指标没有完成的情况下给予的最基本、最保底的工资，往往最后拿保底工资的人也是将要淘汰之人。

① 生产指标考核。根据猪场的实际生产效益利润做出考核计件工资，计件工资的高低取决于指标完成率。也就是说这部分工资有可能很高或较低，每一项生产指标都有相对应的考核工资数量，如：配种分娩率85%，计件考核工资为300元，完成指标拿相对应的300元工资，每多或少完成一头做出相应的奖励或者处罚。一般考核指标工资的方式为：同奖同罚或多奖少罚，尽量避免出现少奖多罚局面，以免打击职工的工作积极性，造成人员流失。

② 岗位职责考核。即在日常饲养管理操作过程中出现的问题及过失做出的考核。这方面考核往往是比较难把握，是需要通过现场管理来做出评判，这要看各阶层管理人员能不能做到公平、公正。同时也看出一个管理人员能力、心态及品德。职责考核的方式：根据现场管理做出百分制评价，可以设定出最基本的完成分数，完成基本分数拿相对应的工资，如：80分为基本分数，完成80分不奖不罚，多或少完成1分进行奖励或处罚。

③ 基层管理人员考核。同样设定最基本工资，其余考核工资为本区域或阶段职工考核工资的若干倍，也就是说生产指标完成率越高，职工的工资就越高，那么基层管理人员的工资就越高。这样能够显现出一个基层管理人员有没有能力抓好生产管理工作，起到一个良好的督促、实干效果。

5. 规模猪场绩效考核管理实例

（1）300头母猪规模猪场绩效考核指标

在我国的养猪业中，300头母猪属于中等规模猪场，但无论规模大小，都离不开绩效考核管理。平均每头母猪年生产2.2窝，提供18.0头以上肉猪，母猪利用时间平均为3年，年淘汰更新率30%左右。全年共产660胎，平均每月55胎。肉猪达100千克体重的日龄为161天左右（23周），肉猪屠宰率75%，胴体瘦肉率65%，猪群存栏2800头，基础母猪300头，其中空怀24头，妊娠220头，哺乳48头，公猪10头，后备母猪36头，后备公猪2头，整个生长期的成活率大于84%，猪场的绩效考核指标见表14-5。

按上述指标计算得出下列数据：

全年断奶活仔数660胎×9.5=6 270头，平均每月负荷522.5头。

分娩舍仔猪数6 270头×94%=5 893.8头［6 270头×（1-94%）=376.2头］，平均每月负荷491.15头。

保育舍猪只数 5 893.8 头 ×93%=5 481.234 头 [5 893.8 头 ×（1-93%）=412.566 头]，平均每月负荷 456.769 5 头。

育肥舍 5 481.234 头 ×97%=5 316.797 头 [5 481.234 头 ×（1 — 97%）=164.437 头]，平均每月负荷 443.066 4 头。

以此对猪场员工分别提出绩效考核指标和考核奖罚方法。

表 14-5 猪场的绩效考核指标

项目	指标	项目	指标
配种分娩率（%）	85	23 周龄个体重（千克）	100
胎均活产仔数（头）	10	哺乳期成活率（%）	94
出生重（千克）	1.3~1.5	保育期成活率（%）	93
胎均断奶活仔数（头）	9.5	育成期成活率（%）	97
28 日龄个体重（千克）	7.0	全期成活率（%）	84
60 日龄个体重（千克）	20	全期全场料肉比	3.1

（2）根据绩效考核指标实行考核奖罚办法

① 猪场主管场长年度指标：平均每头母猪年提供出栏猪 18.0 头，全群料肉比是 3.1，平均每头出栏猪所摊药费是 30 元。考核奖罚办法：按平均每头母猪年提供出栏猪 18.0 头算出总出栏数，每增减 1 头，奖罚 30 元，全群（全场）料肉比 3.1 计算，每增减饲料 1 吨，奖罚 50 元，平均每头出栏猪所摊药费每减增 10 元，奖罚 2 元。

② 兽医人员年度指标：哺乳期成活率 94%，保育期成活率 93%，育成期成活率 97%。奖罚办法：提高各阶段指标的 1 个百分点，奖 1 000 元，降低 1 个百分点罚 500 元。

③ 配种员年度指标：配种分娩率 85%，平均胎产活仔数 9.5 头，每平均产胎数 2.2 胎，奖罚办法：多产 1 窝奖 50 元，少产 1 窝罚 10 元，每胎多产活健仔 1 头奖 10 元，少产 1 头罚 1 元。

④ 妊娠舍年度指标及奖罚办法：母猪死亡率指标为 2%，每增减 1 头奖罚 50 元，母猪多产 1 窝奖 20 元，少产 1 窝罚 10 元，每胎多产活仔 1 头奖 5 元，少产活仔 1 头罚 1 元。药费为 2 元/头，结余或超额（疫苗、消毒剂、保健费用除外）奖罚结余或超额部分的 10%。

⑤ 分娩舍年度指标及罚奖方法：产房哺乳仔猪成活率指标为 94%，每少死或多死 1 头奖罚 10 元，28 日龄断奶仔猪重 7 千克，每多 1 千克奖 1 元，每少 1 千克罚 0.5 元；药费每胎母猪 3.5 元，结余或超额部分奖罚结余或超额部分的 10%，（疫苗、消毒剂、保健费用除外），仔猪的药费标准每头 1 元，结余或超额部分奖罚结余或超额部分的 10%，下床时每发现 1 头子宫炎、阴道炎母猪罚款 5 元，母猪死亡率标准为分娩母猪 1%，死亡每递减 1 头奖罚 50 元，仔猪转出时若无阉割，则罚款 5 元/头；月底按指标统计猪头数，多 1 头或少 1 头奖罚 20 元。

⑥ 保育舍年度指标及奖罚方法：保育仔猪成活率指标为 93%，每少死 1 头奖 20 元，每多死 1 头罚 5 元，肉料比指标为 1：1.8，节约或多损耗 1 千克饲料，奖罚 0.1 元，药费指标为 1 元/头，结余或超额部分（疫苗、消毒剂、保健费用除外）按节余或超额部分的 10% 奖罚；月底按指标统计猪头数，多 1 头或少 1 头奖罚 25 元。

⑦ 育肥舍年度指标及奖罚办法：育肥成活率指标为 97%，每少死 1 头奖 50 元，多死 1

头罚 25 元，肉料比指标为 1：3.0，节约或超额损耗部分按每 100 千克奖罚 5 元，药费指标按 0.8 元 / 头出栏计算，节余或超额部分按节余或超额部分的 10% 奖罚，月底按指标统计猪头数，多 1 头或少 1 头奖罚 50 元，70 千克以上伤残病猪算出售，70 千克以下的伤残病猪算淘汰，淘汰 2 头算作 1 头死亡。

根据绩效考核对员工的饲养管理工作进行量化评定，并给予相应的奖励和处罚，有助于增强员工的责任感，提高员工的积极性，也使猪场能够取得较好的经济效益。

（五）财务管理

1. 财务管理的涵义

猪场生产实质上是企业生产活动。在企业的管理中，财务管理是核心。财务管理就是有关资金的筹措、投资和分配的管理，财务管理的对象是现金（或者资金）的循环和周转，主要职能是决策、计划和控制。财务管理主要是资金管理，其对象是资金及其流转。资金流转的起点和终点是现金，其他资产都是现金在流转中的转化形式。当然，财务管理也涉及成本、收入和利润问题，但成本和费用是现金的耗费，收入和利润是现金的来源。因此，猪场的财务管理是在这种意义上来研究成本和收入，而不同于一般意义上的成本管理和销售管理，也不同于计量收入、成本和利润的会计工作。

2. 财务管理的内容

猪场生产实质上是再生产活动过程。从此角度讲，财务管理基于猪场再生产过程中客观存在的财务活动和财务关系而产生，是猪场组织财务活动、处理财务关系的一项价值管理工作。在市场经济条件下，社会产品是使用价值和价值的统一体。猪场生产的再生产过程，表现为使用价值的生产和交换过程与价值的形成和实现过程的统一。在这个过程中，猪场的投资者和劳动者将生产中所消耗的生产资料的价值转移新创造的价值得以实现，从而获取经济收入。因此，财务管理是一项旨在实现价值增值、增加财富和获取经济收入而实施的价值管理工作。

在猪场的再生产过程中，资金的实质是再生产过程中运动着的价值。随着实物商品（猪等）不断地运动，其价值形态也不断发生变化，由一种形态转化为另一种形态（猪的繁殖、仔猪到肉猪上市），周而复始，不断循环，形成了资金运动。因此，猪场的生产经营过程，表现为实物商品（猪）和资金的运动过程。资金运动不仅以资金循环的形式存在，而且表现为一个周而复始的周转过程。资金运动，构成猪场生产经济活动的一个独立方面，具有自己的运动规律，这就是财务活动。财务管理工作的一个重要内容就是组织财务活动。猪场的资金运动，从表面上看是钱和物的增减变动，其实，钱和物的增减变动都离不开各利益相关者之间的经济利益关系。这种由于资金运动所体现的经济利益关系，就是财务关系。处理财务关系也是猪场财务管理工作的一项内容。

（六）资金管理与核算

资金管理和核算是财务管理的重要组成部分，也是猪场生产经营管理的一项重要工作。

1. 资金管理

加强资金管理，有利于保证猪场生产经营资金的需要，可加速资金的周转，以期达到以有限的资金占用和消耗，取得尽可能多的生产经营成果，以及获取经营效益。

（1）猪场资金的构成和分类

① 资金的含义。猪场用于圈舍、设备等占用的固定资金及支付各项生产经营用的货币和银行账户存放的专项资金、现金可统称为资金。

② 猪场资金的构成和分类。猪场使用资金可分3类：一为圈舍和设备占用的固定资金；二为猪群、饲料、兽药及消毒药物等占用的流动资金，其中，猪场中的种猪也可作为固定资金；三为银行账户存放的专项用途的专项资金等，这一类资金是国家和有关部门支持的基建改造或科研试验等方面的专项资金，财务会计记账称为专项资金。在财务会计管理上，一般将对固定资金的占用称为固定资产，对流动资金的占用称为流动资产，专项资金的账户中待用的为专项货币。

（2）猪场提高资金使用效率的措施　猪场要提高经济效益，主要取决于猪场怎样提高资金使用效率。因为猪场的生产经营过程说到底是用一定的资金投入来保证，生产经营中资金链断裂，无一定的资金用来投入后续生产，这个猪场就无法继续生产经营下去。因此，猪场养殖效益的提高也要在资金使用上提高效率，并采取以下积极措施。

① 提高固定资金的利用率。前提是在猪场建设上，在固定资产投资前应进行科学的论证和评估。论证的内容包括市场可行性、饲养模式的采取、经济可行性、适当的建筑形式和设备设施水平等。主要评估要建或已建成的猪场在资金、生产能力、经营收入、经济效益等方面，从固定资产的利用方面保证固定资产投资的高效率。对于中小型猪场来说，其经营者和投资者一定要注意，固定资产不要过高，特别是猪场建设不要过"洋"或讲究气派，养猪生产还是一个微利的生产项目，并有其特殊性，规模效益较差。一般来说，任何猪场的固定资产投入回收期超过5年，就难以盈利。此外，要降低固定资产费用，一般而言，固定资产量与猪场生产量大小无关或关系很小，其特点是一定规模的猪场随着生产量的提高，由固定费用形成的成本显著降低，从而降低生产总成本，这就是规模效应。因此，降低固定资产费用，也是提高猪场经济效益的重要途径。

② 提高流动资金的使用效率，即想方设法降低流动资金的占用额。比如，采取较低的存栏数，较高的出栏率，合理、及时淘汰生产能力低的种猪等，都能提高生产效率，加快流动资金周转速度。保证生长肥育猪出栏上市时间，是加快资金周转、提高生产效率的有效途径。

③ 专项资金要做到专款专用。如猪场的沼气池修建，一般地方政府及有关部门都会给以扶持或补助，如挪用到其他生产项目中，对猪场的粪便处理、环境卫生状况会带来一定的影响；再如猪场的更新改造、专项技术研究试验与推广等资金，应及时保证到位，否则会造成影响生产效率和经济效益的严重后果。

2. 资金核算

资金核算是经济、经营核算的重要内容，是通过相关指标计算后，来衡量固定资金、流动流金的利用效果，并找出资金在利用过程中存在的问题及解决方法。

（1）固定资金的核算　可分为固定资产折旧核算和固定资金的利用核算。

① 固定资产折旧核算。固定资产在生产过程中损耗的价值，称固定资产折旧，简称"折旧"。这部分价值随着损耗程度的加深，逐渐转移到产品中去，构成产品成本的一个组成部分，并通过产品的销售而从收入中提取回收。折旧用货币来表现，正确计算和提取折旧，有利于猪场加强经济核算。通过计算折旧，提取折旧基金，固定资产因使用而损耗的那部分价值就能得到有效补偿；当固定资产因长期使用而清理报废时，重新建场和购置设备就有可靠资金保证，还可扩大生产规模。而且适当加大折旧，缩短其折旧年限，以加速设备的更新改造，采用新的设备和技术，这也是提高规模猪场养殖效益的有效途径。

固定资产折旧费的计算，根据固定资产的不同情况，可采用单项和综合折旧的方法。

a. 单项折旧法，又称个别折旧法。单项折旧是根据固定资产原值和预计使用年限计算，同时考虑有无清理费用和残值。清理费用是指固定资产报废时发生的拆卸、搬运等费用，应预先估计，连同固定资产原值一并摊入生产费用。残值即残余价值，是报废后的残料价值，也应预先估计，从固定资产的原值中减去。单项折旧法，一般适用于大型、价值高的固定资产，如圈舍、汽车、抽水机等。其计算公式是：

某项固定资产年折旧额 =（某项固定资产原值 - 残值 × 清理费）/ 预计使用年限

为了简化计算手续，固定资产折旧额通常是利用固定资产折旧率来计算的。折旧率就是折旧额占固定资产原值的百分比。

年折旧额 = 某项固定资产原值 × 个别折旧率

个别折旧率或单项折旧率的确定，应根据固定资产的实际情况，经过计算确定。如房屋及建筑物的折旧率为 5%，动力设备折旧率为 8%。

b. 综合折旧法。综合折旧是把多种固定资产合在一起，按综合折旧率计算折旧费。计算公式如下：

年综合折旧费 = 固定资产原值总额 × 年综合折旧率

如砖木结构猪舍可使用 20 年，年折旧率为 5%，土木结构猪舍可使用 10 年，年折旧率为 10%；设备折旧率为 10%；普通设施折旧率为 25%。

② 固定资金利用核算。猪场计算的主要指标有：固定资金盈利率、固定资金产值率、设备利用率。

固定资金盈利率：衡量单位固定资金的盈利。计算公式如下：

固定资金盈利率 = 全年盈利总额 / 固定资金占用总额 × 100%

固定资金产值率：说明单位价值的固定资金在一定时期内生产的总产值。计算公式如下：

固定资金盈利率 = 总产值 / 固定资金占用总额（百元）

设备利用率：指设备实际使用天数与日历天数的比率。计算公式如下：

设备时间利用率 =（每年使用总天数 /365）× 100%

（2）流动资金的核算　流动资金的投资包括储备资金、生产资金、结算资金和货币资金，主要用于生产经营过程中购买饲料、兽药、支付水电费和少量临时工工资等。一般把流动资产投资称为流动资金。流动资金按资金来源可分为自有和借入流动资金，按资金周转环节和形态可分为生产领域和流通领域的流动资金。生产领域的流动资金直接为生产过程服务，包括储备资金和生产资金；而流通领域的流动资金与生产过程没有直接关系，是保证流通过程顺利进行的必要条件，它包括成品资金、货币资金和结算资金。流动资金一般是沿着供应、生产、销售 3 个阶段连续不断地循环周转。在生产经营过程中，流动资金由货币资金顺次地转化为储备资金、生产资金、成品资金，最后又回到货币资金，这就叫资金循环，资金不断的循环往返就叫做资金周转。加速资金周转对猪场的经营管理水平提高有着重要意义。一是加速流动资金周转，就能够减少规模养猪经营所占用的资金，这在资金比较缺乏的情况下，可以起到不增加或减少投入资金，就可以生产和销售更多肉猪的作用，从而达到增产增收的目的；二是加速流动资金周转，可减少物质消耗，节省利息支出，从而降低生产成本，获得更多的盈利；三是加速流动资金周转，就能缩短肉猪销售时间，减少存栏积压，及早获得货币收入。

（3）流动资金的利用效果分析指标　猪场在生产经营中，常用以下几个指标衡量流动资金利用效果。

① 流动资金周转率。流动资金周转率指反映流动资金周转速度的指标。其计算公式有：

年周转次数 = 年销售收入总额 / 年流动资金平均占用额

周转一次天数 = 360 / 年周转次数

资金占用系数 = 年流动资金平均占用额 / 年销售收入总额

年周转次数多，周转一次的天数少，资金占用系数小，说明资金周转快；反之，则慢。

② 百元流动资金利润率。百元流动资金利润率指每百元流动资金所能获得的利润量，反映着经营效果和水平。其公式是：

百元流动资金利润率 =（利润总额 / 流动资金平均占用额）× 100%

③ 流动资金盈利率。流动资金盈利率指流动资金在年内所获取的效果，计算公式如下：

流动资金盈利率 =（期内盈利总额 / 期内平均流动资金占用率）× 100%

④ 产值资金率。产值资金率指流动资金在产值中所获取的效率，计算公式如下：

产值资金率 =（定额流动资金平均占用率 / 总产值）× 100%

（七）生产成本管理与核算

1. 成本管理的概念和目的

成本是商品经济的价值范畴，是商品价值的组成部分，即生产某一产品所耗费的全部费用。成本作为产品生产过程中的各项费用支出，反映猪场生产经营活动中"投入"和"产出"的关系，是猪场决策和计算盈亏的依据，也是衡量猪场生产经营管理水平的综合指标。

一般来说，生产成本是指为了达到特定目的所耗用或放弃的资源，生产成本通常用取得货物或劳务必须付出的货币数来衡量，因此，在财务会计中，成本是指取得资产或劳务的支出。在猪场生产中成本管理就是对饲养的猪或猪产品生产成本进行预测、计划、控制、核算和分析，是猪场经营管理的主要组成部分。其目的是有利于计划、控制生产费用开支，改善决策，衡量资产和收益，能保证一定的投资在一定时间和生产过程中取得一定的效益。

2. 成本计划的编制及作用

成本计划是猪场进行成本预测、成本核算、成本分析、成本控制的依据。在生产实践中，经营猪场赚钱与否的原因是生产成本的控制。因此，成本计划编制主要作用是增强猪场经营者预见性，减少盲目性，做到有计划地开支生产费用。

3. 成本核算的概念和核算对象的确定及作用

（1）成本核算的概念 猪场的成本核算，是指把在生产过程中所发生的各项费用，按不同的产品对象和规定的方法进行归集和分配，借以确定各生产阶段产品的总成本和单位成本。

（2）猪场成本核算对象的确定 现代的猪场由于实行的是工厂化养猪模式，流水线式作业，因此，猪场生产成本的核算应实行分群、栋、批核算，分群、栋、批核算是将整个猪群按不同日龄，划分为若干猪群分车间、分栋舍、分批次归集生产费用，分群、栋、批计算猪产品成本。即按不同的日龄和饲养用途以及分群、栋、批的猪群作为成本核算对象，具体划分标准如下。

① 公猪：包括公猪站的生产公猪、诱情查情老公猪。

② 配怀母猪：包括断奶母猪、空怀母猪、妊娠母猪等。

③ 哺乳母猪：包括临产母猪、哺乳母猪。

④ 仔猪：指产房未断奶仔猪（0~23 天），体重 6~7 千克。

⑤ 保育猪：指断奶后的仔猪（24~63 天），体重 7~20 千克。

⑥ 肥育猪：指生长猪、肥育猪（64 天至出栏），生长猪 20~80 千克，肥育猪 80~125 千克及以上，包括至 105 或 125 千克各阶段上市肥育猪。

⑦ 父母代母猪（二元）育成前期：指二元后备母猪培育前期（64~105 天），体重 20~50 千克。

⑧ 父母代母猪（二元）育成后期：指二元后备母猪培育后期（106 天至配种），体重 50~120 千克。

⑨ 祖代公母猪（纯种）育成前期：指纯种后备公母猪培育前期（64~140 天），体重 20~80 千克。

⑩ 祖代公母猪（纯种）育成后期：指纯种后备公母猪培育后期（141 天至性成熟），体重 80~120 千克。

（3）成本核算的作用　现代的养猪生产会计核算要按照财政部规定的有关行业核算规定进行。由于养猪行业有其不同的特点，养猪盈亏常常与生产成本及行业周期和猪价波动关系密切。但猪场盈利或亏损多少在一定程度上讲完全是成本控制问题。尤其是养猪行业从 2007 年开始规模化大生产到产业化大发展，而在 2014 年春节前猪价塌方式下跌，宣告现代养猪生产的产业化大发展时代的结束和专业化大竞争时代的开始，成本控制已成为专业化大竞争时代规模猪场的核心竞争力。"多生、少死、降成本"已成为规模猪场经营管理的核心任务。因此，现代的规模猪场，成本核算既是改进生产管理提高效益的工具，又是考核主管场长、车间组长、畜牧兽医技术人员、饲养人员的绩效的重要依据，还是猪产品销售定价的重要参考。因此，成本核算合理性、准确性、可比性，已成为规模猪场业主或投资者关注的焦点。由于成本核算是成本控制和生产经营分析的基础，必将成为现代规模猪场经营管理的核心工作。而且精准的成本核算方法是猪场经营管理的核心要素。

4. 规模猪场成本核算的必要条件

除小型猪场外，规模猪场进行成本核算必须具备几个条件：一是规范的生产流程和明确的岗位分工；二是有确定的核算对象；三是有完善的数据统计系统和清晰地生产记录及各项成本费用账目即成本核算凭证；四是有专业的成本核算人员。

5. 猪场成本核算的基础性工作及成本核算凭证

（1）猪场成本核算的基础工作

① 建立和健全原始记录工作。原始记录是反映生产经营活动的原始材料，是进行成本预测、编织成本计划、进行成本核算、分析消耗定额和成本计划执行情况的依据。猪场对生产过程中饲料、兽药的消耗，低值易耗品等材料的领用，费用的开支，猪只的转群、销售、淘汰、死亡等，都要有真实的原始记录。

② 做好均衡生产和全进全出的生产管理工作，是猪场分群、栋、批成本核算基础的基础。主管场长是猪场成本核算的第一负责人，须按生产工艺和周节律均衡生产要求，严格做好猪群、栋舍、批次管理，做好猪群的全进全出和合理转群工作。要求猪场会计人员加强与生产技术人员沟通协调，成为管理型会计。

③ 做好猪场生产统计工作，做到生产数据和财务数据无缝对接。生产统计是成本核算的数据基础，包括猪群生产日报表和猪群动态月报表及各车间月末存栏报表等。生产指标统计包括配种分娩率、窝产健仔数、各阶段各栋批次成活率、残次率及母猪年产窝数，以及种猪选留率、育成合格率等，这都是进行成本预测、编制成本计划、进行成本核算、分析消耗

定额和成本计划执行情况的依据。

④ 建立饲料、兽药、低值易耗品、猪只等各项财产物质的收发、领退、转移、报废、清查、计量和盘点制度。

⑤ 严格计量制度。按照生产管理和成本管理的要求，不断完善计量和检测设施，如猪只的初生、转群、销售、淘汰、死亡等的称重、存栏猪只头数重量清点和称重（估重）、种猪背膘检测、妊娠检查和妊娠天数记录等。

⑥ 做好各项消耗定额的制订修订工作。生产过程中的饲料、兽药、低值易耗品、水电等项消耗定额，既是编制成本计划的依据，又是审核控制生产费用的重要依据，应根据生产实际变化不断地修订定额，充分发挥定额管理的作用。

（2）猪场成本核算凭证　为了正确组织猪场生产成本核算，必须建立健全猪场生产凭证和手续，作好原始记录工作。生猪生产的核算凭证有：反映猪群变化的、反映产品出售的、反映政府补贴和保险公司赔偿的、反映饲养成本费用的凭证等。

① 反映猪群变化的凭证。一般有猪群转群磅码单、猪只销售磅码单、种猪淘汰磅码单等，据此可编制猪群生产日报表和猪群动态月报表，对于猪群的增减变动应及时填到有关凭证上，并逐日地记入猪群生产日报表。月末应根据猪群生产日报表编制猪群动态月报表，作为猪群动态核算和成本核算的依据。

② 反映猪只出售的凭证。有出库单、出售发票，应随时报告财务部门，作为销售入账的原始凭证。

③ 反映政府补贴和保险公司赔偿的凭证有母猪补贴单、病死猪无害化处理补贴单、保险公司种猪死亡赔款单等，作为营业外收支的原始凭证。

④ 反映猪只饲养成本费用的凭证。有土地租赁费摊销、固定资产折旧摊销、生产性资产折旧摊销、饲料消耗汇总表、疫苗兽药消耗汇总表、低值易耗物料领用汇总表、工资福利社保分配表、水电费用分配表以及间接费用摊销凭证。月终均作为财务核算的依据。

6. 规模猪场成本的划分及构成

猪场的生产费用按其经济用途不同分为生产成本（又称饲养成本）和期间费用两大类。

（1）猪场生产成本的分类　生产成本又分饲料、兽药、人工和制造费用（简称"料、药、工、费"）4部分，饲料包括全价料、浓缩料、预混料、饲料添加剂及饲料原料等；兽药包括生物制品（疫苗）、保健药物、治疗药物及消毒药物等；人工指饲养人员与饲料生产加工人员及技术管理人员工资福利社保支出；制造费用指直接用于生产的费用，包括猪舍和生产机器设备折旧、生产性资产折旧、水费、电费；低值易耗物品等及猪场在生产过程中为组织和管理生产经营发生的各项间接费用及提供的劳务费。

① 饲料费：指饲养过程中，猪只耗用的各种饲料。

② 兽药费：指猪只在饲养过程中耗用的生物制品、保健药、治疗药、消毒药等。

③ 人工费：指猪场各车间各栋舍从事饲养工作的人员工资、奖金及津贴，以及实际发生的福利费、伙食费、社保费或社保补助。

④ 制造费用：固定资产折旧，指能直接计入成本的猪舍房屋及建筑物、机器设备、运输设备和电子设备的折旧费。根据猪场性质不同折旧分摊方式有区别，种猪场和父母代猪场全部折旧按月分摊到初生仔猪成本（俗称落地成本）中比较简单合理，肥育场和培育场按当月猪场平均总存栏头数平均分摊核算。猪场各种设施年折旧率见表14-6。

表 14-6　猪场各种设施的年折旧率

设施	使用年限（年）	残值率（%）	年折旧率（%）
猪舍房屋及建筑物	20	5	4.75
机器设备	10	5	9.5
运输设备	5	5	19
电子设备	5	5	19

⑤ 生产性生物资产折旧：指生产母猪、公猪的原值摊销，使用年限为 3 年，残值率 10%，采用平均年限法按月计提折旧 2.5%，按当月出生仔猪头数分摊折旧；若二元（父母代母猪）母猪价值低，残值和原值接近，淘汰更新快，实际操作也可以不提折旧也不摊销，采用残值抵消法，差额作营业外收入或支出，有益简化核算。猪场一旦确定折旧方式就要统一标准，采取固定化。

⑥ 土地租赁费及猪场开办费：土地租赁费分年份按月平均分摊；猪场开办费分 5 年按月平均分摊完，自猪场母猪产仔后保育猪上市销售或转育成之月起开始摊销，育肥场自生产之日起开始摊销，分摊方法同固定资产折旧。

⑦ 低值易耗品：指能直接计入各车间、各栋舍批次的低值工具、器具、器械、物料摊销等费用。

⑧ 水电费：指直接由各车间、各栋舍水电表计提的水费电费。如果各车间、各栋舍未安装水表电表，按当期猪场平均总存栏头数平均分摊。

⑨ 间接费用：指猪场在生产过程中为组织和管理各车间及各栋舍生产经营发生的各项间接费用及提供的劳务费，根据猪场性质不同分摊方式有区别，种猪场和父母代猪场全部间接费用按月分摊到出生仔猪成本中比较简单合理，育肥场和培育场按当月猪场平均日总存栏头数平均分摊核算。间接费用项目较多，主要包括以下几项。

工资及福利社保费：指管理及后勤部门人员工资、奖金及津贴、福利费、社保费。

燃料费：指耗用的全部燃料，包括煤、液化气、汽油、柴油等燃料。

水电费：指猪无法计入各生产车间各栋舍而耗用的水费、电费。

修理费：指维修猪舍、设备及其他部门发生的劳务费及耗用的零配件（包括运输工具的维修费、保养费）。

运输费：车辆的油费、养路费、保险费、停车过桥过路费等以及租用货车费。

低值易耗品摊销：指不能直接计入各猪群及其他部门的低值工具、器具、物料的摊销。

办公费：管理后勤部门负担的电话费、手机费及购置的办公用品等费用。

网络费：使用网络及网络设施等费用。

抗体抗原检测费：对猪只病原抗原及对疫苗效果抗体检测的检测费。

排污费：指因排污而产生的费用。

其他费用：指除上述以外的其他费用，包括存货盘亏盈、坏账损失等其他费用，以及不属于以上各项的间接费用。

（2）猪场期间费用的分类　猪场的期间费用是指猪场在生产经营过程中发生的，与产品生产活动没有直接联系，属于某一时期耗用的费用。这些费用容易确定其发生期间和归属期间，但不容易确定它们应归属的成本计算对象。所以期间费用不计入产品生产成本，不参与成本计算，而是按照一定期间（月份）季度或年度进行汇总，直接计入当期损益。猪场期间费用包括管理费用、销售费用、财务费用。

① 管理费用。管理费用是指业主为组织和管理猪场生产经营活动而发生的期间费用。费用项目如下。

工资及福利费：指管理、后勤人员的工资、津贴和奖金及发放的福利费，以及按劳资部门规定缴纳的各种社保费。

应酬费：指接待各类人员发生的应酬费。

差旅费：指人员出差的差旅费及员工报销的市内交通费。

办公费：指管理部门负担的电话费、手机费、办公低耗品。

税金：指印花税、车船使用税、房产税、土地使用税等。

固定资产折旧费：指办公楼、设施、设备、车辆等固定资产的折旧费。

租赁费用：指租赁办公楼、设施、设备、车辆等的费用。

水电费：指使用的水电费用。

网络费：使用网络及网络设施等费用。

② 销售费用。销售费用是指猪场在销售猪产品等过程中发生的各项费用，包括销售部人员工资、提成、奖金、福利费、差旅费、手机费等；销售业务中发生的广告宣传费、参展费、促销费、中介佣金、检疫费、运费及运输损耗、销售补偿等。

③ 财务费用。财务费用是指猪场在筹集资金过程中发生的费用，费用项目如下：利息支出；利息收入；金融机构手续费，指与金融机构业务往来发生的手续费；其他筹资费用等。

7. 规模猪场成本核算原理

猪场的成本核算，是把在生产过程中所发生的各项费用，按不同的产品对象和规定的方法进行归集和分配，借以确定各生产阶段猪产品的总成本和单位成本。根据各猪场生产目的的不同，单位产品类型差异较大，如猪场出售断奶仔猪，有出售 7 千克或 10 千克为标准；有猪场出售保育猪，有出售 15 千克或 20 千克为标准规格化；以生产种猪的猪场主要以销售种猪为目的，包括纯种、二元、配套系等。纯种母猪销售一般以 50 千克或 80 千克为标准体重，纯种公猪销售大都以 80 千克为标准体重，二元种猪销售标准体重有时 30 千克，有时 50 千克，配套系销售标准体重 30 千克、50 千克、80 千克都有。猪种销售时有标准体重的均以头为基本计价单位，超过标准体重部分再参照肉猪价格以千克计价；肉猪和淘汰猪销售全部以千克为计价单位。可见，单位产品成本核算必须依照产品销售的类别和计价单位来开展，单位产品有头和千克两个计量单位，单位产品成本有头成本和千克成本两个概念。但是，猪场的生产成本核算，不能以头和千克为单位归集和分配费用，必须以"群栋批"为核算对象计算总成本，再以销售或转群的产品类别的总数量来计算头成本和千克成本。所谓"群栋批"就是将猪场所有猪按用途和日龄划分为若干猪群再分栋舍分批次进行饲养管理，即"群栋批"是猪场归集和分配生产费用的基本单位，即按"群栋批"确定成本核算的对象。

目前规模化猪场成本核算势在必行。但很多在养猪场干了很久的老会计只会给业主算利润，不愿意细算成本。很多新招会计人员尤其是财务总监类的高层人物，到猪场生产线了解生产工艺和流程没几天就不愿意为养猪业服务了，其原因大都是对猪场生产费用的"归集、摊销和结转"的三大难题没法化解。第一，生猪生产属于连续性生产，需连续消耗"料、药、工、费"，周而复始，直到猪只销售出场；猪只属于非标产品，无法用产品标准来界定中间半成品，生产费用归集难清晰。第二，各猪场生产工艺和流程不同，有多种不同阶段功能的车间，生产费用摊销方式难统一。第三，各猪场猪只产品销售定位不相同，产品经营模式也有很多种，比如某养猪企业"公司＋农户"生长猪有投保育猪的，也有投断奶仔猪的，生产成本结转方式区别大，无可比性。然而，用群栋批进行的成本核算方法解决了以上三大难题，简单地说就是"分猪群分栋舍分批次（简称群栋批）进行生产管理分栋批归集费用，繁殖场以初生仔猪作为公摊费用归集摊销的终点和变动费用形成的生产成本结转的始点，公摊费用包括固定资产折旧、生产性资产折旧、土地租赁费和猪场开办费、间接费用等集中摊销到初生仔猪，饲料、兽药、人工、低值易耗品、水电费等变动费用分群栋批归集计（转）入各阶段成本"。这样便于简化、统一成本核算，更加便于行业对比及猪场内部考核。一般来讲，没有在规模猪场工作3年以上人员，就是学历再高，没有生产实践经验，是难以胜任猪场成本管理和核算工作。

8. 猪场成本核算方法及计算公式

（1）阶段成本核算方法 生猪成本核算是按照生猪自然生长的各个阶段来划分，以各猪群各栋舍各批次的猪群作为成本核算的对象，以公猪、空怀和怀孕母猪、哺乳母猪、仔猪、保育猪、育成猪、后备种猪等转群、销售、死淘、清群空栏作为阶段成本核算的起始终点；以各猪群各栋舍各批次发生的生产费用"归集、摊销、转入、转出、结转"作为成本核算计算总成本和单位成本的具体方法。其具体方法如下。

① 采用分群栋批核算。以产房初生仔猪为批次起点，建立编号，按批次记录成本，当本批次生猪转群或销售时结转成本。

② 分群栋批建立消耗性生物资产账号。猪群分阶段为哺乳仔猪、保育猪、肥育猪、后备种猪（祖代育成前期、后期，父母代育成前期、后期）。

③ 种猪成本的核算方式。种猪成本计入"生产性生物资产—种猪"，种猪价值＝买价＋运输费用＋配种前发生的饲养成本，内部供种原值＝转出的成本＋配种前发生的饲养成本。

④ 猪的死亡和淘汰也要计入成本。生猪生产受品种、饲料、环境及管理等因素的影响会出现正常的死亡和淘汰，但因生物安全失效、饲料霉变、空气污染、污水、高温、寒冷、疾病等因素引起的死亡率、淘汰率波动较大，远超出合理范畴。如果在波动大的情况下，死亡淘汰猪只不分摊成本，就会造成产品成本严重偏离，无法给产品定价提供参考，失去成本核算的意义，所以死亡淘汰猪只必须和正品猪只一样按平均重量或增重分摊成本，计入当期损益。这就是生猪成本核算的特殊性即废品也要摊入成本。种猪死亡或淘汰清理时计入营业外收支，至于是属营业外支出还是收入，应视处理销售淘汰种猪收回的残值款是否大于未折旧完的种猪净值来定，如果残值收入大于种猪净值，则差额应计入营业外收入，否则计入营业外支出。

⑤ 配种和妊娠舍的种猪成本核算方式。配怀舍的种猪成本（含断奶母猪、空怀母猪、妊娠母猪、公猪）作为待摊销种猪成本，转入到产房时结转到产房初生仔猪成本，即生产公猪和生产母猪耗用的"料、药、工、费"全部归集到初生仔猪落地成本中核算。

⑥ 断奶仔猪成本核算方式。断奶仔猪成本以每单元产房为一个批次，建立批次编号，本单元的哺乳母猪成本（包括临产母猪成本）＋初生仔猪成本＋本期仔猪成本作为本批次仔猪断奶成本，断奶时断奶仔猪成本结转到保育舍。

⑦ 断奶仔猪转入保育舍时需要计数和称重。为避免应激太大，不必全部称重，随机选5％的猪称重，计算平均数作为断奶均重，断奶仔猪转入保育舍应按批次分栏饲养，原则上

是一批次转一栋保育舍，分批记录成本。当栏舍紧张时每栋不超过两批次，并且批次栏舍要分开标识，分别记录成本。

⑧保育猪的成本核算方式。保育猪在保育舍饲养39天为周期，39天就下保育床，随机称重计算平均重量，结转到育成舍。如果栏舍紧张，保育舍不能下床，财务应在39天时结转成本，结转后的成本为肥育猪。

⑨选留种猪的成本核算方式。种猪场如纯种、二元选留种猪，保育转育成年猪阶段应将超过标准猪苗（以三元猪苗为标准）的成本部分转移结转分摊到选留种猪，分别按公、母各占50%、纯公选留30%、纯母选留60%、二元母猪选留70%分摊到选留种猪。

⑩育成舍经常销售种猪，出现并栏时，尽量本批次的猪并到一起。如果一栋有两批次的猪，应分开记录成本。

每次转群时，应由交接双方签字确认，生产场长和财务会计签字确认，并且财务会计要及时进行成本结转。

由于养猪行业的特点，猪只生产会有正常的死亡和淘汰，规定哺乳仔猪、保育猪、肥育猪、后备猪的死亡损失按平均重量核算其成本，计入当期损益，淘汰猪只成本比照销售成本计算。

（2）阶段成本、头成本、千克成本核算过程计算

①配怀阶段成本摊销转入初生仔猪成本，以月为周期计算初生仔猪成本。其计算公式如下：

配怀舍总饲养成本 = 期初配怀阶段总成本 + 本期配怀发生的总饲养成本

本期初生仔猪成本 = 固定资产折旧摊销 + 生产性生物资产折旧摊销 + 间接费用摊销 +（本期转入产房待产母猪怀孕总天数 / 本期怀孕母猪怀孕总天数）× 配怀车间总饲养费用

初生仔猪头成本 = 本期初生仔猪成本 / 本期总健仔数

②断奶仔猪成本转入保育猪成本。其计算公式如下：

断奶仔猪成本 = 初生仔猪成本 + 本期仔猪发生的饲养成本 + 本期临产及哺乳母猪发生的饲养成本

断奶仔猪头成本 = 批次断奶仔猪成本 /（批次断奶仔猪数 + 本期批次死淘数）

③保育猪成本转入育成猪成本。其计算公式如下：

保育猪成本 = 断奶仔猪成本 + 本期发生的饲养成本

保育猪头成本 = 批次保育猪成本 /（批次保育猪转出数 + 本期批次死淘数）

④保育、育成猪只转群的饲养成本，以重量（千克）为单位计算。其计算公式如下：

转群猪只的饲养成本 =（期初饲养成本 + 本期饲养成本）× 转群猪只重量 /（转群猪只重量 + 销售猪只重量 + 死淘猪只重量 + 期末存栏猪只重量）

⑤仔猪、育成猪只销售的饲养成本，以重量（千克）为单位计算。其计算公式如下：

销售猪只的饲养成本 =（期初饲养成本 + 本期饲养成本）× 销售猪只重量 /（转群猪只重量 + 销售猪只重量 + 死淘猪只重量 + 期末存栏猪只重量）

⑥保育、育成猪只死亡的饲养成本，以重量（千克）为单位计算。其计算公式如下：

死亡猪只的饲养成本 = 期初饲养成本 + 本期饲养成本）× 死亡猪只重量 /（转群猪只重量 + 销售猪只重量 + 死淘猪只重量 + 期末存栏猪只重量）

⑦转群猪只的"料、药、工、费"的分项成本核算。其计算公式如下：

转群猪只的饲料成本 =（期初饲料成本十本期饲料成本）× 转群猪只重量 /（转群猪只

重量＋销售猪只重量＋死亡淘汰猪只重量＋期末存栏猪只重量）

转群猪只的兽药成本＝（期初兽药成本＋本期兽药成本）×转群猪只头数/（转群猪只头数＋销售猪只头数＋死亡淘汰猪只头数＋期末存栏猪只头数）

转群猪只的人工成本＝（期初人工成本十本期人工成本）×转群猪只头数/（转群猪只头数＋销售猪只头数＋死亡淘汰猪只头数＋期末存栏猪只头数）

转群猪只的制造费用＝（期初制造费用＋本期制造费用）×转群猪只头数/（转群猪只头数＋销售猪只头数＋死亡淘汰猪只头数＋期末存栏猪只头数）

销售、死亡淘汰猪只的"料、药、工、费"的分项成本核算方法同上一样计算。

（3）成本核算方法实例　由于各个规模猪场实际情况不一样，而且养猪生产经营内容复杂，生产周期长，一般进行成本核算的关键是建立完善的数据统计系统和清晰的成本费用会计账目，并借助生产管理财务核算等软件。因此，猪场可以根据自身情况建立适合自己的成本核算方法和体系。下面以自然月为1个会计月介绍成本的核算方法。

① 按本月所有费用和出栏肥猪总重量计算。即本月全场发生的各项费用之和（包括直接和间接费用）除以本月出栏肥猪总重量。例如，某猪场2013年6月份全场发生各项费用总计为60万元，出栏肥猪500头，总重量为50吨，则该场6月份出栏肥猪的成本为12元/千克。

此种核算方法优点是简便、易算，适用于小型猪场。但因出栏肥猪易受市场行情等因素的影响而可以人为控制出栏时间，就会在一定程度上造成成本的忽高忽低，不能客观地反映产品的真实成本，也不利于成本分析。

当前，规模化猪场基本实行了节律生产（全年均衡生产）和全进全出的管理制度，也就是说猪群的管理通过一定头数的批次为单位来实现。下面就以某一批次为成本核算对象。介绍成本核算的方法。

② 按批次核算生长猪各阶段的成本，即将某批次生长猪按照实际生产流程中阶段的划分，跟踪核算出不同阶段的生产成本，在出栏时将管理等间接费用分摊后计入成本中，便得到出栏肥猪的总成本。因此，需按批次建立各项费用消耗的会计账目。

落地成本的核算方法：将全场所有种公、母猪实际消耗的所有费用计入落地成本，主要包括种公、母猪的饲料费用以及兽药费用、工资及福利费用（饲养种公、母猪人员的工资）、折旧费用（包括种猪折旧和猪舍等设备折旧）、低值易耗品费、物料、燃料、水、电、维修等费用。例如：某规模化猪场2013年6月份全场所有种公、母猪实际消耗的所有费用总计为7.2万元，出生2批仔猪，第1批190头，第2批210头，共计400头，则该场6月份落地成本为180元/头。第1批初生仔猪的落地成本总计3.42万元，第2批初生仔猪的落地成本总计3.78万元。

哺乳仔猪饲养成本核算方法：某批次哺乳仔猪在转群时的饲养成本为该批次哺乳仔猪的落地成本与其在哺乳阶段直接消耗的所有费用之和。该阶段直接消耗的所有费用主要包括饲料、兽药、物料、燃料、水、电、维修等费用（工资及福利费用、猪舍等设备的折旧费用、低值易耗品费等已计入落地成本中）。若该月有若干批次哺乳仔猪转群，则该月哺乳仔猪饲养成本为转群批次的加权平均。例如：以第1批190头为例，在哺乳阶段死亡10头，于7月中旬转入保育时结存180头；总重量1.8吨，期间各项费用消耗总计0.9万元，则该批次哺乳仔猪饲养成本为：3.42＋0.9＝4.32万元，头均240元，24元/千克。

保育仔猪饲养成本核算方法：某批次保育仔猪在转群时的饲养成本为该批次保育仔猪转

入保育时的饲养成本与其在该阶段直接消耗的所有费用之和。该阶段直接消耗的所有费用主要包括饲料费用、兽药费用、工资及福利费用、猪舍等设备的折旧费用、低值易耗品费、物料、燃料、水、电、维修等费用。若该月有若干批次保育仔猪转群，则该月仔猪饲养成本为转群批次的加权平均。例如：以第1批180头为例，在保育阶段死亡5头，与8月中旬转入育肥时结存175头，总重量5.25吨，期间各项费用消耗总计1.9万元，则该批次保育仔猪饲养成本为：4.32+1.9=6.22万元，头均355.43元，11.85元/千克。

育肥猪饲养成本核算方法：以第1批175头为例，在育肥阶段死亡5头，于12月上旬出栏170头，总重量17吨，期间各项费用消耗总计12.48万元，则该批次育肥猪饲养成本为：6.22+12.48=18.7万元，头均1 100元，11元/千克。

育肥猪总成本核算方法：育肥猪总成本为出栏育肥猪饲养成本与该月所有管理费用之和。管理费用主要包括企业非生产人员工资、财务费用、招待费等。例如：该场12月出栏肥猪2批，第1批170头：总重量17吨，饲养成本为18.7万元，第2批190头，总重量19吨，饲养成本为19.95万元，该场12月份发生管理费用1.8万元，则12月份出栏育肥猪总成本为40.45万元，头均1123.61元，11.24元/千克。

因工资及福利费用（直接从事饲养工作人员的工资）、折旧费用（猪舍等设备折旧）、低值易耗品费、物料、燃料、水、电、维修等费用在成本中所占比例较低（约25%），且很难准确划分和核算到某批次猪群，因此将这部分费用统称为公共费用，按月直接进入该月出栏肥猪的生产成本中。各阶段生产成本只考核饲料和兽药等主要费用，相对简便，易算，也能较真实地反映实际成本。

（八）养殖档案与生产记录管理

1.养殖档案与生产记录管理的意义

养殖档案是根据我国《畜牧法》和农业部的规定，并结合本地的实际情况建立的养猪生产记录报表制度。建立养殖档案是法规强制执行的一项养殖行为，是实现数据化、精细化和电子化管理，提高劳动生产率，增加收入的重要手段。养殖档案一般由畜牧兽医卫生监督部门统一制作。规模猪场可根据畜牧兽医卫生监督部门的要求，结合本场实际情况制定。

2.养殖档案和生产记录的作用

（1）养殖档案和生产记录反映猪场生产经营活动的状况 完善的养殖档案和生产记录，可将整个猪场的生产经营活动记录无遗。有了完整和详细的猪场档案和生产记录，经营者、管理者和饲养人员可以了解现阶段和过去猪场的生产经营情况，有利于加强管理，有利于对比分析，以及正确预测未来的生产经营情况，为作出正确的经营决策奠定了基础。

（2）猪场档案与生产记录也是经济核算的基础 详细的档案和生产记录包括各种物资的消耗、猪产品的产出和销售情况、财务收支情况、种猪的生产繁殖及仔猪育成情况、饲养管理情况等。没有详细的、原始的、全面的猪场养殖档案记录资料，经济核算就是个虚假的核算。

（3）猪场养殖档案与生产记录是提高经营管理水平和生产及经济效益的保证 养殖档案和生产记录是猪场经营者、管理者和饲养人员查找问题的依据。猪场只有通过记录详细的养殖档案，并对记录进行整理、分析和必要的生产、技术、会计上的计算，才能不断发现生产经营和管理上的问题，并采取有效和恰当的技术措施来解决和改善，这样对猪场养殖经济效益的提高具有一定作用。

3.猪场养殖档案记录的原则

（1）及时、准确和真实　及时是指根据养殖档案对记录的要求，在第一时间认真填写，不积压不拖延，以避免出现遗忘和虚假记录。准确是指按照猪场当时的生产经营实际情况进行记录，既不夸大也不缩小。真实是指在准确的基础上，做到记录可靠和精确，特别是一些数据必须真实，不能虚构。如果记录不精确，将失去记录的可靠性和真实性，这样的养殖档案和生产记录毫无价值，也失去了养殖档案记录的意义和作用。

（2）简洁、完整和通俗　养殖档案与生产记录比较烦琐复杂，一般不易持之以恒地实行。所以，养殖档案设置的各种记录簿册和表格，要力求扼要简明，通俗易懂，明目清楚，便于记录。完整记录要全面系统，最好设计成不同的表格和记录册，用手工填写时必须完全、工整，易于辨认。猪场最好用电脑记载养殖档案和生产记录，可以提高工作效率，方便实用；保证完整，又易于辨认；信息量大，在一定程度上也标志着猪场达到了信息化和现代化的水平。

（3）便于分析与归类　进行猪场养殖档案和记录的目的是为了分析猪场生产经营活动的情况。分析是通过一系列生产与技术指标的计算来实现的，如利用种猪繁殖率、仔猪育成率、饲料消耗和转化率等技术效果指标来分析资金投入、生产资料的投入和猪产品数量的关系，以及分析各种技术的先进性和有效性；再如，利用经济效果指标分析猪场的经营效果和盈利情况，这都可为猪场的再生产提供依据。因此，设计表格和档案记载项目时，要考虑记录下来的资料便于整理、归类和统计，还要注意记录内容的可比性和稳定性。

4.猪场养殖档案与生产记录的内容

猪场养殖档案和生产记录的内容因猪场的生产经营方式与所需的资料不同而有所不同，但不论何种规模的猪场，一般均应包括以下记录内容。

（1）生产记录

① 猪群生产情况记录。此记录是最基本、重要的记录，是猪场第一手材料，是各种统计报表的基础，应认真填写，不得间断。有猪群生产情况周期表（表14-7）、猪场生产情况月报表（表14-8）。

表14-7　猪群生产情况周报表　　　　　　　　　　　　　　　　　　单位：头

上周存栏数		转入		转出		死亡		淘汰		出售		新增		本周存栏数		备注
公猪	母猪	公猪	母猪	公猪	母猪	公猪	母猪	公猪	母猪	公猪	母猪	公猪	母猪	公猪	母猪	

填表时间：　　　　　　　　　　　　　　　　　填表人：

表 14-8　猪场生产情况月报表

单位：头

类别	上月末存栏	转入	转出	死亡	淘汰	出售	新增	月末存栏	备注
妊娠母猪									
哺乳母猪									
后备母猪									
种公猪									
后备公猪									
培育种猪									
哺乳仔猪									
保育猪									
肥育猪									
其他									
合计									

填表时间：　　　　　　　　　　　　　　　　　　　填表人：

② 种母猪产仔哺乳成绩，种母猪配种和后备猪测定记录情况，见表 14-9、表 14-10 和表 14-11。

表 14-9　母猪产仔哺乳成绩

猪舍栋号：

单位：头、千克、%

产仔日期	产次	与配公猪		产仔数	存活				死亡				初生仔猪			28天断奶仔猪			哺育成绩				备注
		品种	耳号		公	母	合计	存活率	木乃伊	死胎	死产	即死	头数	窝重	平均	头数	窝重	平均	头数	窝重	平均	哺育率	

填表时间：　　　　　　　　　　　　　　　　　　　填表人：

表 14-10　种母猪配种登记表

猪舍栋号：

母猪号	母猪品种	与配公猪		第1次配种时间	第2次配种时间	分娩时间	备注
		品种	耳号				

填表时间：　　　　　　　　　　　　　　　　　　　填表人：

表 14-11　后备猪测定记录

猪舍栋号：

测定日期	品种	耳号	体重	体尺/厘米	背膘厚/厘米	体重	体尺/厘米	背膘厚/厘米	备注
			50千克	长×高×围		100千克	长×高×围		

填表时间：　　　　　　　　　　　　　　　填表人：

（2）饲料消耗记录　饲料消耗记录指每月消耗各类猪饲料的数量（表14-12）。

表 14-12　猪群饲料消耗月报记录表

猪舍栋号：

领料时间	领料人	领料品种					备注
		配合料	添加剂	青饲料	粗饲料	其他	

填表时间：　　　　　　　　　　　　　　　填表人：

（3）兽药疫苗和消毒药使用记录　兽药疫苗和消毒药使用要登记药物的名称、数量、金额、领取人等，由保管员填报，领取人签字（表14-13）。

表 14-13　兽药疫苗领用记录

名称	单位	数量	金额	领取人	时间	备注

（4）猪疾病防治与死亡登记　猪疾病防治情况，包括免疫、发病、死亡、隔离、消毒、诊断及治疗、用药、驱虫等（表14-14）。

表 14-14　猪发病与死亡登记表

猪舍栋号：

品种	耳号	性别	年龄	发病时间	诊断病名	用药名	用药方法	死亡猪				备注
								只数	体重	时间	原因	

填表时间：　　　　　　　　　　　　　　　填表人：

（5）财务登记

① 收支情况记录。包括猪产品的销售数量、价格、时间以及各项生产经营支出等，见表 14-15。

表 14-15 猪场收支情况记录

单位：元

项目			本月金额	累计金额	备注
收入	种猪	公猪			
		母猪			
		培育猪			
	仔猪				
	肥猪				
	淘汰猪				
	精液				
	其他				
	收入合计				
支出	工资及补贴				
	四险一金				
	饲料				
	防疫				
	燃动费				
	维修费				
	差旅费				
	低耗				
	其他				
	支出合计				
收支递减					

填表时间：　　　　　　　　　　　　　　　　填表人：

② 生猪存栏估价记录。规模猪场一般每月都要根据存栏猪数量进入估价记录，其目的是在财务账目上有一个大致的经营情况反映，对猪场经营分析有一定作用，见表 14-16。

表 14-16　猪场存栏猪估价表

单位：元、千克、头

存栏猪				平均体重	头数	单价	金额	备注
上月存栏	种猪	公猪	种猪					
			后备					
		母猪	哺乳					
			妊娠					
			空怀					
			后备					
		培育猪						
	商品猪	哺乳仔猪						
		小于 15 千克						
		15~30 千克						
		30~60 千克						
		60 千克至出栏						
	合计							
本月存栏	种猪	公猪	种猪					
			后备					
		母猪	哺乳					
			妊娠					
			空怀					
			后备					
		培育猪						
	商品猪	哺乳仔猪						
		小于 15 千克						
		15~30 千克						
		30~60 千克						
		60 千克至出栏						
	合计							

产品递减

经营成果分析：

填表时间：　　　　　　　　　　　填表人：

第二节　猪场经济效益综合评价指标及
提高猪场目标利润的途径

　　猪场不论规模大小，其生产经营有 2 个目的：一是向社会提供优质的猪产品，如猪肉、种猪等；二是获得经济效益。因此，对猪场的经营成果也应从这两个方面进行评价与分析，即生产经营水平和经济效益。这也是猪场在经营管理上最重要的内容，体现了猪场经营者或投资者的经营管理水平及盈利能力。

一、猪场生产经营水平综合评价指标的分类体系

猪场的生产经营水平和经济效益的体现包括综合指标和单项指标，综合指标由各个单项指标所组成。从生产经营水平中可看出 猪场科学技术的成效，经济效益实质上就是生产经营水平的最终结果。猪场经济效益的获得，一是从生产效率上，二是从财务管理与资金核算上。为了更清楚地评价猪场的生产经营水平和经济效益，可用指标分类体系来表示，见表14-17。表14-17所示的生产经营水平中，种猪繁殖成绩、仔猪培育成绩、育肥猪和肉猪出栏成绩等几大类指标，体现了猪场对物质资源的利用效率；经济效益指标体现了资金和劳动利用率的高低，也体现了猪场生产猪产品的同时，应获得经济效益的多少。从表14-17可见，猪场没有较高的生产经营水平，不可能有好的经济效益，而没有好的经济效益，猪场生产经营水平也就会失去经营持续发展的动力。因此，全面评价一个猪场的生产经营，需要使用多个指标组成的体系，并运用适当的分析方法，进行客观、准确地计算，才能说明猪场的实际生产经营水平和经营成果。

表14-17 猪场生产经营水平评价指标分类体系

分类	生产经营水平				经济效益	
	种猪培育成绩	仔猪培育成绩	生长育肥猪成绩	肉猪出栏成绩	劳动效益	资金效率
综合指标	繁育效率	培育效率	生长育肥效率	出栏率	劳动利用效率	资金利用效率
单项指标	年产胎次数 胎产仔猪数 仔猪成活率 仔猪断奶日龄 仔猪断奶窝重	仔猪死亡率 仔猪成活率 仔猪增重速度	育肥增重速度 全群料肉比 育肥日龄 生长育肥猪死亡率	出栏率 肉猪出栏日龄 猪舍利用率	劳动生产率 劳动盈利率 劳动产值率	流动资金周转率（周转速度） 资金占用盈利率

二、猪场生产经营水平综合评价指标的计算方法

一般要通过计算才能反映出猪场在各项指标上的生产成效。

（一）财务核算指标

1.资金利润指标

猪场只有获得利润才能生存和发展，利润是反映猪场生产经营好坏的一个重要指标。利润评价指标有以下内容。

（1）产值利润及产值利润率

产值利润=产品产值－可变成本－固定成本

产值利润率（%）=（利润总额/产品总值）×100

（2）猪产品销售利润及销售利润率

销售利润=销售收入－生产成本－销售费－税金

597

销售利润率（%）=（产品销售利润/产品销售收入）×100

（3）资金利用率　资金利用率把利润和占用资金联系起来，反映资金占用效果，具有较大的综合性。其计算公式如下：

资金利用率（%）=（利润总额/流动资金和固定资金的平均占用额）×100

2.资产利润指标

资产利润衡量指标主要有总资产利润率、总资产报酬率、总资产净利润以及猪舍利用率。

（1）总资产利润率　指猪场的利润总额与平均资产总额的比率，它反映猪场综合运用所拥有的全部经济资源获得的成果，是一个综合性的效益指标。其计算公式为：

总资产利润率（%）=（利润总额/平均资产总额）×100

总资产利润率表现猪场利用全部资产取得的综合利益。一般情况下，该指标越高，反映猪场资产的利用效果越好。

（2）总资产报酬率　指猪场一定时期内获得的报酬总额与平均资产总额的比率。是反映资产综合效果的指标，也是衡量猪场利用债权人和所有者权益总额所取得盈利的重要指标。其计算公式为：

总资产报酬率（%）=（息税前利润总额/平均资产总额）×100

其中：

息税前利润总额 = 利润总额 + 利息支出

= 净利润 + 所得税 + 利息支出

总资产报酬率全面反映了猪场全部资产的获利水平，猪场所有者和债权人对该指标都非常关心。一般情况下，该指标越高，表明猪场的资产利用效益越好，整个猪场盈利能力越强，经营管理水平越高。

（二）生产技术指标

生产技术指标是反映猪场生产技术水平的量化指标。通过生产技术指标的计算分析，可以反映出猪场的生产技术措施的效果和标准化生产水平。猪场生产技术指标见表3-3。

（三）劳动效率

劳动效率也反映了猪场生产经营水平，其衡量指标有：

劳动效率（只/人工·年）=出栏标准商品猪只数（或总重量）/全场用工总量

劳动生产率（只/人工·年）=合格商品猪只数/年内用工总量

劳动产值率（只/人工·年）=总产值/年用工总量

三、猪场生产经营分析方法

猪场的生产经营分析方法有成本和盈利核算法，主要指标评估法，本、量、利公式分析法，盈亏平衡点图和因素分析法等。此处仅介绍成本和盈利核算法及主要生产指标评估法。

（一）成本和盈利核算法

1.成本核算的作用

猪场的生产成本核算是一项综合性强的经济指标，它反映了猪场的技术水平和生产经营状况。猪场的品种是否优良、饲养技术水平高低、饲料质量的好坏、固定资产利用的充分与否、人工费用的高低等，都可以通过生产成本反映出来。因此猪场通过成本和费用的核算，可知生产成本中各项费用的发生是否合理和在计划预算之中。猪场的生产成本如超过计划成本预算，一般而言，这个猪场是亏损的。通过成本和费用的核算，降低生产成本费用，也是提高猪场经济效益的一个有效途径。

2. 猪场生产成本的构成项目

一般来讲，猪场的生产成本主要有固定资产折旧费、饲养人员工资、兽药及消毒药物和生物疫（菌）苗费用、种猪摊销费、低值易耗品费用、燃料水电费、其他费用等。以上几项构成了猪场生产成本。从构成成本比重上来看，前5项金额较大，是构成生产成本项目的主要部分。但在这几项生产成本中，饲料费用（特别是圈养舍饲模式下）、饲养人员工资、兽药和消毒药物、燃料和水电费、低值易耗品费用、其他费用为猪场生产过程中的直接费用，应当重点控制，这是降低猪场生产成本的有效措施。

3. 生产成本核算的基础工作

（1）做好各项原始记录 原始记录指饲料费用、兽药及消毒药物费用、低值易耗品费用、燃料水电费及其他费用、猪的发病和死亡等，是计算成本的依据，直接影响着生产成本计算的准确性。假如原始记录不实，就不能正确反映成本费用和生产效率，就会使成本核算变为"假账真算"，使成本核算失去意义和作用。

（2）作好生产成本的计划定额标准 猪场要制订各项生产要素的耗费定额标准，不管是饲料、低值易耗品、还是人工费、资金占用周转等，都应提前制订出切实可行的计划定额标准。在实际生产中要控制所制订的定额，不可超计划开支。当然，在生产中对个别计划定额确实需要超支的，也不能控制。只要对猪场生产发展需要有利，有时超计划开支也是必需的。此外，每年年底对所定的计划定额与实际发生的生产费用要对比分析，找出存在的问题，为下一年计划定额的制订提供依据。

（3）加强实物核算 猪场年底的猪群存栏、全年肉猪的出栏数量、猪粪等的收入，以及猪舍、设备等固定资产，都是猪场的财产物资；财产物资的实物核算是其价值核算的基础，因此，做好猪场各种财产物资的计量、收集和保管工作，是加强生产成本管理、正确计算生产成本的前提条件。

4. 盈利核算的计算方法

盈利核算是对猪场的盈利进行记录、计量、计算、分析、比较等工作的总称。在财务会计中把盈利也称为税前利润，这是猪场在一个时期（一般为一年）内的货币表现的最终生产经营成果，也是考核猪场生产经营好坏的一个重要经济指标。

（1）盈利核算的计算公式

盈利 = 销售猪产品价值 – 销售成本 = 利润 + 税金

（2）衡量盈利效果的经济指标

① 销售收入利润率。

销售收入利润率（%）=（产品销售利润 / 产品销售收入）× 100

销售收入利润率表明产品销售利润在产品销售收入中所占的比重，比重越高，生产经营效果越好。

② 销售成本利润率。

销售成本利润率（%）=（产品销售利润 / 产品销售成本）× 100

销售成本利润率反映生产消耗的经济指标，在产品价格、税金不变的情况下，产品成本愈低，销售利润愈多，其值愈高。

③产值利润率。

产值利润率（%）=（利润总额 / 总产值）×100

产值利润率说明实现百元产值可获得多少利润，用此分析生产增长和利润增长比例关系。

④资金利润率。

资金利润率（%）=（利润总额 / 流动资金和固定资金的平均占用额）×100

资金利润率把利润和占用资金联系起来，反映资金占用效果，具有较强的综合性。

5. 规模猪场成本与盈利核算的实例分析

成本与盈利核算是猪场进行猪产品成本管理和计划管理重要内容，学会科学分析核算的结果，并适时做出正确决策是现代猪场提高市场竞争力的重要措施。猪场的成本核算就是对猪场仔猪、商品猪、种猪等消耗的物化劳动和活劳动的价值总和进行计算，得到每个生产单位产品所消耗的资金总额，即产品成本。定期的财务分析可使经营者明确目标，做到心中有数，从而做出正确的决策，有针对性地加强成本管理。由此可见，成本管理是在细致而严格地进行成本与盈利核算基础上，考察构成成本的各项消耗数量及其猪场盈利或亏损的原因，寻找降低成本的途径和措施，做到事半功倍，获得最佳效益。张寿慧等（2011）以中型规模猪场为例进行成本核算与效益分析，同时提出降低饲养成本、提高经济效益的具体措施，值得养猪行业的同行参考。

（1）中型育肥场和繁殖成本核算与效益分析　中型专业育肥猪场是指年出栏规模 5 000 头左右的商品猪场。肉猪成本的构成包括仔猪、饲料、人工、运费、兽药防疫、猪舍折旧、水电费、管理费（直接管理费与共同管理费）等。下面是一个年出栏规模 5 000 头的规模化肉猪场的当前成本与利润分析。

12 个工人养肉猪 5 000 头，饲养期 140 天。猪平均进圈体重 15 千克，出栏时 120 千克，仔猪 46.6 元 / 千克，肉猪 20 元 / 千克，玉米 2.36 元 / 千克，豆粕 3.2 元 / 千克，肉猪全期用配合料 2.42 元 / 千克，料重比 3 : 1；肉猪场年折旧费 10 万元，水电费 1.2 万元 / 月，管理费 5 000 元 / 月，兽药防疫费用平均每头猪 10 元。肉猪死亡率 5%，则 1 头肉猪可盈利 742.06 元，成本利润率达 48.25%，见表 14-18 和表 14-19。

肉猪成本计算方法如下：

人工费 = 工人数（12 人）× 月工资（2 000 元）× 饲养月数（4.6）/ 肉猪数（5 000）=22.08 元

猪场折旧费 =（年折旧费（100 000 元）× 饲养月数（4.6）/12 个月）/ 肉猪数（5 000）=7.67 元

水电费 = 月水电费（12 000 元）× 饲养月数（4.6）/ 肉猪数（5 000）= 11.04 元

管理费 = 月管理费（5 000 元）× 饲养月数（4.6）/ 肉猪数（5 000）= 4.6 元

贷款利息费用与猪粪收入抵消。

表 14-18　1 头肉猪成本的构成及分析

项目	重量（千克）	元 / 头	比例（%）
仔猪	15	700	45.52
饲料费（含损耗2%）	315	777.55	50.56
人工费（每月工资2 000元）		22.08	1.43
运费（每头运料2.5元，运猪2.5元）		5	0.32

续表

项目	重量（千克）	元/头	比例（%）
兽药防疫费		10	0.65
猪场折旧费		7.67	0.5
水电费		11.04	0.72
管理费		4.6	0.3
合计		1 537.94	100

表 14-19　1 头肉猪销售的收入及利润

项目	费用（元）	比例（%）
肉猪 120 千克（售价 20 元/千克）	2 280	成活率 95
盈余	742.06	成本利润率 48.25

由上述分析可见，在正常情况下，1 千克育肥猪卖 13.49 元可盈亏平衡。猪粮比价（活猪价与玉米价之比）在 5.72 以上时，只要经营管理好，没有大的疫病发生，养肉猪均能有利可图；如猪粮比价在 5.72 以下，再加上管理不适当或发生大的疫病，则会造成养猪亏损；人工费占肉猪总成本的比例是次于饲料、仔猪的第 3 项重要因素。

（2）中型专业繁殖场母猪成本的构成与分析　中型专业繁殖场是指专业饲养母猪为配套猪场。以一个有 200 头母猪的繁殖场为例，主要参数如表 14-20 所示，猪场造价 120 万元，折旧年限 15 年，每年水电费 6 万元，医药费 3 万元，工人 5 人，年平均工资 3.6 万元，年管理费 2 万元，养公猪 4 头，母猪年产 2 窝，购种猪费 40.8 万元，银行贷款 100 万元，该场的母猪与公猪基本饲料配方与单价见表 14-21，添加剂外购。

表 14-20　200 头母猪繁殖场的主要参数

项目	参数	项目	参数
母猪数（头）	200	公猪数（头）	4
猪场造价（万元）	120	母猪年产窝数	2
工人（人）	5	保育猪价（元/千克）	46.6
工人年工资（万元）	2.4	购种猪费（万元）	40.8
管理人员（人）	3	每头种猪价（元）	2000
管理人员年工资（万元）	3.6	种猪更新率（%）	30
年管理费（万元）	2	年医药费（万元）	3
贷款额（万元）	100	贷款年利率（%）	8.5

表 14-21　繁殖场的母猪和公猪饲料基本配方

项目	单价（元/千克）	平均每千克母猪饲粮配方（千克）	平均每千克公猪饲粮配方（千克）
玉米	2.36	0.64	0.64
豆粕	3.2	0.16	0.18

项目	单价（元/千克）	平均每千克母猪饲粮配方（千克）	平均每千克公猪饲粮配方（千克）
麦麸	1.57	0.16	0.14
添加剂	6.7	0.04	0.04

根据上述参数，1头饲养6个月母猪的成本由饲料费、分摊公猪费、人工费、医药防疫费、猪舍折旧费、水电费、管理费等组成，合计2 894.81元。

一头母猪6个月成本的具体计算方法如下：

饲料费 = 半年精料量（480千克）× 饲料单价（2.54元）+ 半年青饲料量（350千克）× 青饲料单价（0.24元）=1 303.2元

分摊公猪费 = 公猪数（4头）×6个月公猪料费（1 405.51）/ 母猪数（200头）=28.11元

人工费 = 工人数（5人）× 年工资（24 000元）× 管理人员（3人）× 年工资（36 000元）/ 母猪数（200头）×1/2=570元

医药防疫费 = 年医药费（30 000元）/ 母猪数（200头）×1/2=75元

猪场折旧费 = [猪场造价（1 200 000元）/ 折旧年限（15年）]/ 母猪数（200头）×1/2=200元

水电费 = 年水电能源费（60 000元）/ 母猪数（200头）×1/2=150元

管理费 = 年管理费（20 000元）/ 母猪数（200头）×1/2=50元

种猪折旧费 = 购种猪（408 000元）× 种猪更新率（30%）/ 母猪数（200头）×1/2=306元

贷款利息 = 贷款数（1 000 000元）× 年利率（8.5%）/ 母猪数（200头）×1/2=212.5元

上述合计：2 894.81元

按比例分析，饲料费用占45.02%，折旧费6.91%，工人工资19.69%，种猪折旧费10.57%，贷款利息7.34%，水电费5.18%，管理费1.73%，医药防疫费2.59%，分摊公猪费0.97%。需要说明的是，这里把除饲料以外的所有费用都算在母猪成本中，亦即如果该母猪6个月内不产1头仔猪，则其所需费用为2 894.81元左右，见表14-22。

表14-22　繁殖场母猪成本分析

项目	母猪	占母猪成本（%）	公猪
饲料价（元/千克）	2.54		2.57
饲养天数（天）	182		182
6个月料量（千克）	480		546
6个月饲料费（元/头）	1 303.2	45.02	1 405.51
分摊公猪费（元）	28.11	0.97	
6个月人工费（元）	570	19.69	
窝断奶成活数（头）	8.5		
6个月医药防疫费（元）	75	2.59	
6个月猪场折旧费（元）	200	6.91	
6个月水电费（元）	150	5.18	

项目	母猪	占母猪成本（%）	公猪
6个月管理费（元）	50	1.73	
6个月种猪折旧费（元）	306	10.57	
6个月贷款利息（元）	212.5	7.34	
合计	2 894.81	100	

在计算28日龄仔猪成本时，假设1头母猪窝产断奶成活仔猪8.5头，则每头仔猪成本349.17元，也就是说，哺乳期多死去1头仔猪就多损失近350元，保育猪成活率95%，每头成本429.23元，见表14-23。

表14-23　繁殖场哺乳仔猪和保育猪成本的计算和分析

项目	哺乳仔猪	保育猪
头耗料量（千克）	1	13.125
窝耗料量（千克）	8.5	105.98
饲料价（元／千克）	8.6	4.7
总料费（元／窝）	73.1	498.11
分摊母猪费（元／头）	340.57	
仔猪成本费（元／头）		349.17
料重比		1.75
成活仔猪（头）	8.5	8.075
成活率（%）	90	95
仔猪体重（千克）	7.5	15
每窝成本（元）	2 967.91	3 466.02
每头成本（元）	349.17	429.23
每窝产值（元）		5 644.42
每窝盈利（元）		2 178.4

28日龄断奶仔猪成本计算方法如下：

仔猪窝耗料量 = 头耗料量（1千克）× 仔猪数（8.5头）=8.5千克；

仔猪总料费 = 窝耗料量（8.5千克）× 料单价（8.6元／千克）=73.1元

分摊母猪费 = 母猪成本（2 894.81元）/ 仔猪数（8.5头）=340.57元

仔猪窝成本 = 仔猪总料费（73.1元）+ 母猪成本费（2 894.81元）=2 967.91元；

仔猪每头成本 = 仔猪窝成本（2 967.91）/ 窝产仔猪数（8.5头）=349.17元

人工、水电等其他费用成本已列入母猪成本，不再重复计算。

保育猪成本的计算方法：

断奶仔猪成本 =349.17元

保育猪窝总耗料费＝保育猪窝总耗料（105.98 千克）× 饲料单价（4.7 元 / 千克）＝498.11 元

保育猪窝成本＝断奶仔猪窝成本（2 967.91 元）＋保育猪料成本（498.11 元）＝3 466.02 元

保育猪每头成本＝保育猪窝成本（3 466.02 元）/28 日龄仔猪（8.5 头）× 保育猪成活率（95%）＝429.23 元

保育猪每窝产值＝保育猪数（8.075 头）× 保育猪体重（15 千克）× 保育猪单价（46.6 元 / 千克）＝5 644.42 元

人工、水电等其他费用成本已列入母猪成本，不再重复计算。

通过分析，饲养 200 头母猪，年提供 3 230 头仔猪，每头 700 元出售，盈余 87 万元，平均每头母猪盈余 4 350 元，1 头仔猪出售在 430 元可盈亏平衡。

通过以上核算，定量了育肥猪和繁殖猪各种成本在总成本中的比例，同时得到了生猪产品的总成本及单位产品的成本。了解这个比例有利于决策者对现实的成本构成做出正确评价，发现问题的同时找到机遇。核算结果是，每生产 1 头猪需用多少资金，那么就可以根据产品市场销售随时了解猪场的盈亏状态。

通过此实例成本核算看到，产品的成本由固定和变动成本组成，提高生产效率可以同时降低 2 项成本的总额。例如：提高猪场经济效益最有效的办法就是提高每头母猪的年提供仔猪数。该猪场平均每头母猪年提供仔猪 20 头以上。如果按 20 头计算，200 头母猪的猪场每年可多生产仔猪 800 头，这 800 头仔猪只增加了饲料费、医药防疫费和饲养员工资，而其他成本没有增加，增加的部分成本每头仔猪以 85 元计，如果按 700 元 / 头出售，它的纯利润为 615 元 / 头，合计 49 万多元。可见，提高每头母猪的年提供仔猪数能显著增加经济效益。所以提高生产技术水平，调动职工积极性，提高合格猪只的数量，减少单位产品的摊销费用，从而达到提高经济效益的目的。

6. 降低规模猪场饲养成本的措施

通过以上成本核算与盈亏分析实例可看出，要降低养猪成本，提高猪场经济效益关键要做到以下几个强化管理。

（1）强化成本管理

① 降低饲养成本。饲料在成本中所占比例呈现逐年下降趋势，但其仍占总生产成本 75%~80%，居第 1 位。因此，加强饲料采购和使用过程中各环节的管理与控制是降低饲养成本的有效途径。

② 降低非生产性开支。一般来说饲料成本在总成本中占的比例越高，非生产性开支所占的比例就越少，说明猪场的管理越好。所以，要尽量减少非生产人员和非生产费用的开支，节约水、电、煤和机械设备费用。

（2）强化人员管理　人工成本所占比例逐年攀升，目前已达到母猪总成本的 20%。猪养得好不好，关键在人，人管好了，效益也就有了。管理好的猪场不是靠人管人，而是靠制度、规程管人。要建立健全猪场各项规章制度、工作流程和饲养管理技术操作规程，做到制度化、流程化和规范化管理。实行绩效考核管理是规模猪场一个有效措施，可最大限度地调动人的生产积极性。

（3）强化精细管理　只有做到精细管理，才能高产、低耗、安全、高效。比如：夏季猪采食量降低，自然就会想到是高温所致，如果不细心很难发现槽底部长时间不清理，造成饲料发霉，也是导致猪采食量降低的重要原因。因此，夏季要求必须做到定期清理料槽，每周定期定时清理 2 次以上。再比如：育肥猪在 16~21℃条件下日增重率最高，若气温在 4℃以下，增重速度将降低 50%。这就要求必须给猪创造适宜温度、湿度。同时保持猪舍干净、干燥，制订并落实合理地免疫程序，搞好定期驱虫、保健和消毒工作，降低生猪的发病率和死亡率。

（4）强化记录管理　原始记录是猪场生产的核算凭证，建立完整的生产统计记录报表，可以及时、真实反映猪群动态和生产状况，并通过整理分析，找出问题，指导生产，改善管理。

（5）强化购销管理

① 能动地多渠道收集市场信息。要主动地调研先期市场，并做出判断，考察产业上、下链条的互动影响，包括收购商，同行场饲料、兽药等。只有这样，经营者才能把握信息的先机，做到货比三家，售比三家，得出较为实际的价格。在市场普遍不景气时，价格超过或达到成本就出售，不苛求较高的利润，根据市场行情把握好利润点的高低，什么情况下调高和调低利润值，与供求有关，也与地域等有关。但很多时候，比如市场很低迷，甚至要抛弃利润，留住资金，以期未来的市场。

② 充分把握好生猪市场价格的周期性变化。要根据市场的变化调整自己的销售心态，并从销售过程和长期以来价格的变动中发现市场规律。在价格走入低谷时及时淘汰劣质和老龄化母猪，控制母猪群体规模，减少存出栏量，选留好后备母猪，安全度过低谷期，这样就能避免生猪出现高价时大量购进种猪，以减少不必要的投入。

③ 做到适时出栏。适时出栏就是饲养的每头育肥猪在单位时间内且同等劳动强度下获得利润的最大化。肥猪适时出栏说起来容易，真正做到很难。肥猪上市体重不能一概而论，应根据市场变化、品种特点、猪价变化等各方面的因素，适当调整，才能获取最大的经济效益，根据市场需求和生猪价格走势判断适宜出栏时间。总的来说，如果通过各种因素的综合分析，猪价低谷期可适当推迟出栏，反之即要提前或者适时出栏。一般讲是宜大不宜小，最好控制在 120~140 千克范围出栏。

（二）规模猪场主要生产指标评估法

1. 规模猪场存在的问题及主要指标评估法的作用

（1）规模猪场存在的普遍问题　现在的一些规模猪场的业主只要认为猪群不发病，每头母猪年上市 15~17 头商品肉猪就万事大吉了。很多猪场业主也知道生产中出现了问题，却不知道主要问题出在哪儿以及严重程度。目前我国规模猪场的普遍问题有以下几个方面。

① 窝产活仔数少。窝产活仔数少于 10 头，平均 9.2~9.7 头，初产更低，一般 8~9 头。而美国猪场产仔在 12.2~14 头，初产 12.1~12.9 头。

② 分娩率低。分娩率低于 85%，普遍在 75%~82%，母猪的年产胎次在 1.9~2.1。丹麦猪场分娩率在 86.5%~92.5%，年产胎次在 2.3~2.5。

③ 初生重偏小，普遍在 1.2~1.3 千克。

④ 母猪哺乳期采食量普遍饲喂不足。母猪泌乳不充分，断奶体况差，仔猪断奶重小。

⑤ 生长猪的死淘率高，大于 12%。

⑥ 生长猪 100 千克的上市日龄大于 175~185 天。

（2）规模猪场主要评估法的作用　规模猪场的主要问题是母猪繁殖能力普遍低下，生长猪死淘汰率高和育肥时间长。母猪群的繁殖率，常常以每头母猪年上市商品猪的数量来衡量，反映了一个规模猪场的生产水平和经济效益的高低。影响每头母猪年上市商品猪数量的最重要因素是母猪的非生产天数。非生产天数越长，母猪的年产胎次就越少，其次是窝产活仔数和生长猪的全程死淘率。在生产管理中为了能及时和按季或按年制订出一套评估猪场繁殖性能和生长性能、增重成本的标准，以此作为生产经营的分析方法，这对提高猪场母猪繁殖生产力及生产水平和经营水平具有一定的作用。可把主要生产指标分为3个水平：优秀、一般、差，可以自定目标，纵向与以往的数据，横向与其他猪场数据相比，可反映出不足或良好。生产数据虽然反映了已出现的问题和事件，但最终体现了猪场的生产水平，猪群的健康水平和生产经营状况，最终体现了盈利能力。

2. 规模猪场主要生产指标的评估标准与计算公式

（1）规模猪场主要指标与评估标准 猪的生长周期或者说生长繁殖过程为：（后备）母猪—配种—分娩—泌乳母猪、哺乳仔猪—保育猪—生长猪—育肥猪。其中，泌乳母猪断奶后—空怀—配种，生长猪符合标准的选留后备母猪。

基本生产指标：选留后备母猪的体重一般在60千克左右，后备母猪达到配种需要体重120千克以上和日龄210~230天。妊娠时间为114天；哺乳时间为21~28天，时间视各场的情况而定。空怀母猪到再次配种的时间为7天，情期受胎率85%，确定妊娠的天数为28天，产前进产房的天数为7天。断奶仔猪转移到保育舍，在保育舍的时间为6周或者7周，保育舍的成活率95%，随后转入生长育肥舍，时间为15周，育肥猪成活率98%。猪场的公母比例本交为1：25，育种为1：（5~10），人工授精为1：200。种猪的平均使用年限为3年。

据此，规模猪场的评估基本指标如下。

自我评估的繁殖性能指标有：后备母猪初配日龄；母猪群体况、胎次、分胎次产活仔数、窝死胎木乃伊胎率，母猪群断奶后7天内的发情比例；返情率、流产率、空怀率、分娩率；母猪群的非生产天数；初生重、断奶重；产房内仔猪死亡率；每头母猪每年提供的商品猪数。

自我评估的生长性能指标有：初生重、21或28日龄断奶重，60日龄保育重；100千克上市天数；全程死亡率；0~100千克育肥饲料报酬。

增重成本是饲料增重成本加其他费用支出。

根据以上的基本生产指标的评估，可制订出猪场主要目标评估标准（表14-24）。

表14-24 猪场主要生产指标评估标准

项目	差	较好	优
母猪年供出栏猪（头）	14	18	26
全群料肉比	3.4	3.2	2.8
育成（肥）105千克日龄	180	165	150
健仔成活率（%）	90	93	96
保育成活率（%）	93	95	98
育肥成活率（%）	98	98.5	99
21日龄断奶重（千克）	5.5	6	6.5
56日龄体重（千克）	16	18	20

续表

项目	差	较好	优
70日龄体重（千克）	22	26	30
情期受胎率（%）	80	85	90
分娩率（%）	85	90	95
胎均产活仔数（头）	9	10.5	12.5
窝均健仔数（头）	8	9	11
胎均总产仔数（头）	9.5	11	12
产仔初生重（头）	1	1.3	1.6
种猪更新率（%）	30	35	40

（2）各类猪数量的计算（一般以周为周期计算）

母猪的繁殖周期 = 怀孕天数 ÷ 分娩率 + 断奶至配种的天数 ÷ 情期受胎率 + 哺乳天数

年产窝数 =365 天 ÷ 繁殖周期

周产仔窝数 = 基本母猪数 × 年产窝数 ÷52 周

产仔母猪数 = 周产仔窝数 ×（哺乳周数 +1）（注：1 是怀孕母猪要提前 1 周要进入产房）

怀孕母猪数 = 周产仔窝数 ÷ 分娩率 ×（怀孕周数 –1）（注：1 同上）

空怀母猪和待配后备母猪数 = 周产仔窝数 ÷ 分娩率 ÷ 情期受胎率

产房仔猪数 = 周产仔窝数 × 哺乳周期 × 窝产仔数

保育仔猪数 = 周产仔数 × 保育周期 × 窝产仔数 × 哺乳成活率

生长育肥猪数 = 周产仔窝数 × 生长育肥周期 × 窝产仔数 × 哺乳成活率 × 保育成活率

年出栏肥猪数 = 生长育肥猪数 / 周 × 育肥成活率 ×52 周

母猪每年可提供的商品猪头数 = 年出栏肥猪数 ÷ 基本母猪数

生猪存栏数 = 产仔母猪数 + 怀孕母猪数 + 空怀和待配后备母猪数 + 产房仔猪数 + 保育仔猪数 + 生长育肥猪数 + 种公猪 + 后备母猪数

按照上边提到的生产指标的数据计算，可以算出：

繁殖周期 =114 天 ÷90%+7÷85%+21 天 =158 天

年产窝数 =365 天 ÷158 天 =2.3 窝 / 年

目前我国的规模养猪很难达到这个水平，一般年产 2 窝比较符合中小型养猪场实际水平。但其中有一个数据值得猪场业主的特别关注，那就是母猪的繁殖周期。一般而言，158天并非理论数据，如果按照受胎率和分娩率都是百分之百计算，繁殖周期应该是 142 天（21天断奶）或者 149 天（28 天断奶）。如果能达到 158 天或者 165 天这个平均水平，养猪的水平也算不错了。在实际生产中，猪场生产者一定要尽可能地减少母猪繁殖周期外的天数，即母猪的非生产天数。每增加母猪 1 天的非生产天数，所产生的成本至少为 40 元以上。

猪场业主，可以对照以上数据，查找差距和分析原因，以便能更好地管理好猪场。

3. 猪场生产指标评估数据来源

猪场生产指标评估数据主要来源于：年出栏猪头数；存栏量；母猪每年可提供的商品

猪头数；母猪的非生产天数；断奶、保育猪转群时的平均体重；猪场的每月饲料、兽药、疫苗等物品消耗的成本。必须做好以下数据统计与分析。

（1）每日数据采集

①后备母猪舍。出生日龄、诱情日龄、初情日龄、情期、初配日龄和采食量、免疫等。

②配怀舍。断奶、断奶后再发情天数、配种、返情、流产、空怀、淘汰、死亡、耳标更换等。

③产房。窝产活仔、死胎、木乃伊胎、初生重、仔猪死亡、采食量、仔猪断奶重等。

④保育舍。采食量、转栏重、死亡等。

⑤肥育舍。采食量、上市重、上市天数、死亡等。每天将生产数据汇总至各类日报表或软件中，及时修正错误数据。日报表以周或旬为周期，形成日报表累计的周报表或旬报表和简要分析。及时完成初生重、断奶重、转栏重、上市重的数据统计，根据数据的变化，采取相应的措施。

（2）每周评估比较的数据　死淘、配种数、返情、流产、空怀、窝产活仔数、死胎木乃伊、初生重、断奶日龄、断奶重、采食量、断奶至再发情配种的天数（≤7天）比例。

（3）每月评估比较的数据　母猪分娩率、窝产活仔数、各阶段的成活率、保育舍育肥舍的日增重、饲料报酬等生长性能、增重成本分析等。

（4）季度、年度评估比较的数据　每头母猪每年提供了多少头商品猪，全场饲料报酬、全场增重成本分析。

（5）数据评估分析　常以生产周报旬表、生产性能月报表汇总对比分析，与目标相对比，与纵向、与横向相对比。

（6）评估生产指标的一个时间段　最短评估时间为3个月，一般以半年、一年为宜。

（7）生产预测报告　如下一时段的产仔报告、断奶报告、配种报告、妊检报告等。

（8）生产警告报告　与母猪的非生产天数相关，如超过妊娠期未分娩报告、超过泌乳期未断奶报告、断奶7天后未配种报告。

4. 后备母猪的初配产仔指标

一般来讲，一个规模猪场是否能持续性生产或者说种猪繁殖水平，主要取决于后备母猪的培育和初产母猪的繁殖性能。因此，生产实践中对初产母猪具有以下要求和评估指标。

（1）引种要求　包括引种体重、引种前猪瘟、伪狂犬检测、场外隔离、场内适应、强化免疫等。

（2）对后备母猪培育评价　初产活仔数，最低要求是整窝不产死胎、木乃伊胎。

（3）对初产母猪饲喂要求　断奶时体况达到2.5分以上，断奶后7天内发情，第2胎的产活数高于第1胎。

（4）需要考虑的因素　不同初配日龄和体况，对母猪初次产活数和终生产仔数的影响。

（5）增加初次产仔数的办法　用结扎的公猪诱情，允许诱情公猪和小母猪交配配前短期优饲。

（6）后备母猪初配指标和评价项目　见表14-25。

表 14-25　后备母猪初配指标

评价项目	良好指标	一般指标	警戒水平
引种体重（千克）	50~60	70	≥90
诱情日龄（天）	165	186	207
初配日龄（天）	210~230	—	<210 或 >240
初配体重（千克）	≥130	≤110	≤95 或 ≥150
初配体况（分）	2.5~3.0	2.0	<2 或 >4
初配背膘（毫米）	16~22	10~15	<10 或 >23
初配情期	2~3	1	<1 或 >3
配前优饲天数（天）	10~14	7	0
初产指标（头）	11.0	10.2	≤9.5

5.经产母猪的配种和产仔指标的评估及要求

（1）经产母猪配种和产仔的评估指标　规模猪场的生产经营状况主要由产母猪的繁殖水平决定，生产实践中要用经产母猪配种指标（表14-26）及经产母猪产仔指标（表14-27）来评估。

表 14-26　经产母猪配种指标

评价项目	良好指标	一般指标	警戒水平
断奶母猪体况（分）	2.5~3.0	<2.5	≤1.5 或 ≥4.0
母猪群平均胎次（胎）	3.5	—	≤2 或 ≥5
母猪群年更新率（%）	25	—	≤15 或 ≥40
返情率（%）	8	10	≥12
流产率（%）	1~2	3	>3
空怀率（%）	1	2	>3
分娩率（%）	≥88	85	≤80
年产胎次（胎）	2.25	2.15	≤2.10
断奶再配间隔（天）	4~7	8~14	≥20
断奶7天配种率（%）	≥90	85	≤80
产仔周期间隔（天）	162	170	≥174

表 14-27　经产母猪的产仔指标

评价项目	良好指标	一般指标	警戒水平
初生重（千克）	1.5	1.3	≤1.1
窝产活仔数（头）	11.0	10.2	≤9.5
窝死胎木乃伊率（%）	≤8.0	10.0	≥14.0
断奶前仔猪死亡率（%）	5.0	7.0	10

评价项目	良好指标	一般指标	警戒水平
泌乳母猪最高采食量（千克）	≥ 6.5	6.0	≤ 5.0
断奶日龄（天）	21~28	–	< 21 或 > 28
21 天断奶重（千克）	6.5	6.0	5.5
断奶仔猪 / 母猪 / 年（头）	≥ 22	20	≤ 18

（2）经产母猪的配种要求及评估分析

① 要求经产母猪群体况合适、胎次合理，发挥母猪的遗传潜力，提高母猪的繁殖效率（见表 14-26 和表 14-27）。

② 母猪群体况关系到母猪断奶后到发情配种的间隔和非生产天数，体况评定 1~2 分为瘦，2.5~3.5 分为正常，4.0~5.0 分为肥胖。母猪妊娠 90 天为 3.0~3.5 分，断奶时为 2.5~3.0 分。母猪断奶时体况过瘦，会推迟母猪断奶后再发情甚至不发情，减少下一胎次的产活仔数和增加淘汰概率。母猪断奶时体况过瘦的衡量指标是母猪断奶后 7 天内再发情配种率 < 90% 断奶至再发情配种间隔延长，会增加母猪的非生产天数，导致母猪的分娩率下降或年产胎次减少。

③ 母猪群的分娩率、年产胎次，直接影响仔猪的生产总量。分娩率低时，首先要区分是规则返情，还是不规则返情；其次要尽快找出返情的母猪。分娩率低由受胎失败（常规返情）和妊娠失败（不规则返情）造成。

④ 母猪群胎次比例失调，问题母猪多，是窝产活仔数少、分娩率低的主要原因。母猪常年的返情率应在 6%~12%，流产率 1%~3%，空怀率 1%~2%，而且要求母猪分娩时死胎木乃伊的记录正确。判断母猪分娩正常的主要衡量指标是分娩率 ≥ 85%，窝死胎木乃伊率 ≤ 8%，初生重 ≥ 1.30 千克。

⑤ 初生重决定和影响仔猪的死亡率、断奶重和上市重，仔猪初生重与猪场效益成正相关。初生重小，不是技术问题，而是认识和管理问题，主要是妊娠后期母猪的饲喂量未达标。

⑥ 不要满足于现有的窝产活仔数，要了解母猪的遗传潜力（表 14-26 和表 14-27）。

⑦ 母猪泌乳具有优先地位。母猪主要利用饲料营养来合成乳汁，若采食量低，母猪会利用自身的脂肪和蛋白质来合成乳汁，最终使母猪哺乳期失重，这是负平衡。因此提高哺乳母猪的采食量，是猪场提高生产水平的关键控制点。

⑧ 不要刻意强调仔猪的断奶日龄，要使生长猪有更大的日增重，就要有更大的仔猪断奶日龄和断奶体重，以 23~28 日龄断奶为宜。21 日龄断奶对多数猪场而言，保护措施做不到，35 日龄断奶对有些猪场也有好处。仔猪断奶日龄太早或许是个错误，断奶仔猪整齐度差，母猪子宫尚未恢复，影响母猪断奶后的再发情。主要考虑保育舍的饲养条件，对断奶仔猪，优先考虑舒适度，即断奶时的圈舍温度达到 26℃。

6. 母猪的生产成绩影响因素的评估分析

母猪群的生产成绩 = 年产胎次 × 窝产活仔数 × 全程产活率。母猪年产胎次的相关因素是非生产天数、分娩率。在生产实践中，造成母猪繁殖能力低下的原因，是品种、饲养条件还是疾病的影响？某种疾病只影响某一时段，若母猪群长期繁殖率低下，是技术的差距，落后的观念影响，养的是现代猪种，用的是旧的、低的标准，在饲喂过程中想低投入高产出，母猪的优良性能得不到发挥。母猪群的营养总量供给和饲喂策略，影响了母猪群的断奶状况，断奶后发情延迟或不发情，增加的非生产天数，减少了母猪的年产胎次和每头母猪年提供商品猪数量。母猪的年产窝数取决于非生产天数，哺乳期的长短，非生产天数越多，母猪的年产胎次就越少，即 365/（114+23+7+ 非生产天数）；1 天非生产天数造成的损失，包括增加 1 天母猪耗料；增加 1 天非生产天数相当于每头母猪每年约少生 0.07 头仔猪和减少的商品猪所带来的效益（表 14-28）。

表 14-28　母猪生产理想成绩与现实成绩的对比

项目	理想成绩	现实成绩
个体年产胎数	365/（114+23+8）=2.52	365/（114+28+3）=2.47
群体分娩率（%）	88%	82
窝产活仔数（头）	11.0	9.5
仔猪断奶前死亡率（%）	5	7
保育猪死亡率（%）	1	2
育肥猪死淘率（%）	2	4
每头母猪年供商品猪	2.52×88%×11.0×92%=22.4	2.47×82%×9.5×87%=16.7
少上市（头）		−5.7

7. 猪场生产指标评估的管理目标

规模猪场的生产指标评估目的是了解其生产经营状况，知道生产中存在的问题，并采取相应的对策。因此，对生产指标的评估，要达到以下几个方面的管理目标。

（1）母猪群的管理目标　母猪群的管理目标是增加窝产活仔数，减少非生产天数，缩短 2 次分娩的间隔。非生产天数是母猪既未怀孕又未泌乳的天数，其原因是后备母猪配种时超过 230 天的天数，断奶母猪发情再配超过 7 天的天数、经产母猪因返情流产空怀损失的天数、配种后死淘损失的天数、猪场缺乏良好的体况评估、发情检查与妊娠鉴定也会增加非生产天数。通过对猪场母猪非生产天数的评估要明白，母猪非生产天数增加 1 天，一般会损失 40 元以上。由于母猪群的繁殖率，常以每头母猪年上市商品肉猪的数量来衡量，因此，影响每头母猪年上市商品肉猪数量的最重要因素是母猪的非生产天数。由此可见，缩短母猪非生产天数，对提高猪场母猪繁殖生产水平和经济效益有一定的作用，应是猪场生产经营活动中的一个管理目标。

（2）加强对母猪的营养管理　母猪群通过营养管理，特别是提高泌乳期采食量，各胎次平均产活仔数能达到 11 头以上，这也是对母猪营养管理的目标。然而，生产实践中，使母猪在分娩后保持良好的状态增加泌乳期母猪的采食量和泌乳量？是解决的问题。而且，对母猪的管理，还要考虑对母猪生产的长期影响，其措施是关键在于母猪的营养管理，泌乳期的足量采食，能使母猪达到其繁殖潜力和延长母猪的使用寿命。

（3）提高母猪上市商品肉猪头数，降低饲养成本　每头母猪年上市商品肉猪数 = 窝产活仔数 × 年产胎次 × 全场成活率，目标是 ≥ 20 头，后备母猪通过程序培育，初次产活仔数也要达到 11 头。母猪群通过查情、查孕，分娩率也要达到 85% 以上。通过对母猪繁殖生产指标评估要明白，无论窝产 8 头或 11 头活仔猪，母猪在断奶配种期、妊娠期所需的劳力、饲料等相似，即母猪窝产活仔数越多，仔猪初生时平摊的公母猪耗料成本，俗称仔猪落地成本就越低。如公母猪耗料 2000 元 / 头，其他固定成本如折旧、工资、利息、种猪更新等费用不会因产仔数量多少而增减。因此，提高母猪年上市商品肉猪头数，是降低猪场生产成本，提高生产经营水平和效益的有效措施，也是母猪管理的一个目标。

猪场生产经营管理的重点是：对母猪要关注窝产活仔数和分胎次产活仔数、非生产天数；对断奶仔猪和保育猪要关注断奶重和生长速度；对生长育肥猪要关注生长速度和上市天数。

四、提高猪场目标利润的途径

猪场生产的最终目标是获得利润，但猪场只有在产品量大于保本产量的情况下才会有利润。也就是说，利润由大于保本产量的那部分产品量产生。由此可见，目标利润主要受最大产品量（规模产品量）限制，不能想定多大就定多大。因为目标利润的大小受猪产品价格、单位可变成本、固定成本 3 个因素的影响，用公式表示如下：

目标利润 = 总收入 – 可变成本 – 固定成本

从此公式可见，提高猪产品价格，可增加总收入，降低单位可变成本，减少固定成本，均可提高猪场目标利润，这也是提高猪场规模养殖效益的途径。

（一）提高猪产品价格

一般来说，猪产品价格影响销售。一般情况下，同样的猪产品，降低价格可提高销售竞争力，相反则降低竞争力。提高猪产品价格，还要提高猪场竞争力，必须饲养优良品种，并提高猪产品质量。

1.饲养优良新品种，并选择适合市场需要的肉猪杂交组合生产的猪产品

猪场在肉猪生产中，一般都选择优良的品种和适宜的杂交组合，进行二元或三元杂交。在影响猪场养殖生产效率的品种、营养、疫病、环境和加工五大因素中，优良品种是提高猪场养殖效益和生产经营水平的基础。有了优良品种，在同样的投入条件下，可获得更高的产量和更优质的猪产品。在国内外养猪业发展过程中，优良品种的贡献率在 40% 以上，也充分说明优良品种是猪场肉猪生产发展的第一要素。因此，饲养优良品种，并选择适合市场需要的肉猪杂交组合生产的猪产品，可提高猪产品价格。但在生产中要注意的是，由于我国消费者的消费水平已发生了变化，并不是完全追求瘦肉为主了，尤其是对土猪肉的消费已成为一种时尚，因此，在肉猪生产中，母本的选择须以当地优良品种为主，或者是以当地品种为主培育的杂种母猪。我国地方优良品种具有经济早熟、生产性能好、繁殖率高、全年发情配种与产仔、遗传性能稳定、适应性强的特点。消费者的目标已转向对肉风味的追求。我国的优良地方猪种品种，一般都具有地方风味特色。因此，在肉猪杂交组合中一定要注意，满足消费者对猪肉风味的要求，在市场上具有一定的竞争力，其猪肉价格也一定会高。

2.提高猪产品质量

饲养优良品种，选择适当的杂交组合，本身也包含了提高猪产品质量的问题。肉猪胴体肌肉丰满，柔嫩，肉骨比高，多汁，肉有香味，肉的风味好，这些都显示了猪产品质量高。

（二）降低单位可变成本

可变成本是指除固定成本之外成本的总和。单位可变成本则是分摊在单位产品的用于该产品生产的平均可变成本，主要包括：饲料、兽药及消毒药物、固定人员以外人员（生产人员、勤杂人员等）的工资和福利、燃料和动力等费用。现代猪场生产在舍饲模式下，饲料费

用占比最高，其次是人员工资和福利。因此，通过降低单位可变成本来提高目标利润，是提高猪场养殖效益的一项有效措施，生产中主要包括技术措施和管理手段两个方面。

1. 技术措施

猪场生产中降低单位可变成本的技术措施主要有 3 条。

（1）提高种猪繁殖率　种猪的繁殖率在一定程度上决定一个猪场的效益。繁殖率高，仔猪育成率高，此猪场的效益就高，反之，猪场无利润或亏损。

（2）采用适当的配种方式　猪的配种方式有自由交配，人工辅助交配和人工授精技术。人工授精是一种先进技术，本交的公母比为 1∶（20~30），人工授精为 1∶400，种公猪的数量可减少 95%。减少 1 头种公猪，每年可节约费用 3000 元左右。

（3）提高生长育肥猪增重速度　提高生长育肥猪增重速度，做到按规定的饲养天数内出栏上市，这是加快资金周转，获取目标利润的有效措施。但也要注意，提高生长育肥猪增重速度也要考虑所采取措施的投入费用。如果采取高蛋白质的饲料来搭配，其生产成本必然会高。一般来说，在仔猪生产中，合理使用饲料添加剂，特别是添加剂复合预混料及益生素等微生态制剂，投入费用较少，作用效果显著，是降低饲养成本的有效措施之一。再如，定期定时驱除生长猪体内外的寄生虫，也可提高增重速度。此外，中草药添加剂的应用，其效果好，饲养成本又低，对生长猪的生长发育及预防疾病均有一定的效果。

2. 管理手段

猪场降低单位可变成本的管理手段主要有以下几个方面。

（1）充分利用非常规饲料降低饲养成本　非常规饲料主要包括酒糟类、各种杂饼（粕）、玉米蛋白粉和青饲料及优质苜蓿草粉等。不同非常规饲料的加工与利用方法不同，其饲喂效果也不同，降低饲养成本的程度也不同。猪场充分合理的利用非常规饲料，能显著降低饲养成本，这也是提高猪场养殖效益的有效途径。

（2）合理控制环境　合理控制环境主要指夏季猪场要做好防暑降温，冬季要做好防寒保温。适宜的环境温度（18~22℃）可提高肉猪生长速度，降低饲养成本。

（3）节约生产资料开支　制订合理的采购生产资料计划，在满足猪场生产需要的前提下，尽量避免积压生产资料引起资金的浪费；此外，预测饲料市场，决定饲料原料的储备量，也是节约生产资料开支的重要途径。

（4）减少人员开支　提高劳动效率，减少生产人员开支，实行定人、定岗、定额、定责的经济管理手段，对饲养人员和管理人员实行绩效考核管理责任制。

（5）及时清理债务　及时清理债务，加快资金周转，也可避免结算资金造成的经济损失。

（6）减少猪场生产浪费　规模猪场堵塞各种漏洞，减少各种生产浪费。猪场的生产费用主要包括：饲料费用、疫苗药物费用、种猪价值摊销、制造费用等。制造费用可细分为：工资福利费、燃料费、水电费、固定资产折旧、低值易耗品摊销、办公费用、运输费用及其他费用等。工资福利费、固定资产折旧、运输费用、种猪摊销等，属于不变成本，一旦核定，能进一步优化的空间比较小；而诸如饲料、药物、水电、燃料费用等，在生产过程中由于各种原因，很容易造成不同程度的浪费，而导致生产成本的上升。因此，控制该部分费用支出，对于规模猪场提高盈利能力，具有重要意义。

①规模猪场容易被忽视的浪费，主要有以下几个方面。

其一，饲养无效猪的浪费，包括饲养无效种猪和无效残次仔猪。种猪群是一个猪场生产成绩好坏的核心，但因管理经验欠缺或者管理者疏忽，很多猪场存在不少无效的种猪，该部分种猪生产性能差，或只消耗饲料不提供产出，或存在某些疾病隐患，已成为规模猪场生产性浪费的主要因素。猪场的无效种猪，主要有以下几种类型：超过 8.5 月龄不发情、9 月龄未配种的后备母猪；生长速度较慢，到配种时间远低于配种体重的母猪；外阴户小或先天性骨盆狭窄的后备母猪；断奶后 2 个情期不发情的母猪，或配种后连续两次返情、空怀、屡配不孕的母猪；习惯性流产，或连续 2 胎以上（包括 3 胎）产活仔数 7 头以下的母猪；因肢蹄病久治未愈而影响配种或分娩的母猪，发生严重传染病或发生普通病连续治疗 2 个疗程（6 天）而未恢复的母猪；超过 10 月龄以上不能使用的后备母猪；精液品质长期不合格的公猪；体形差、性欲低、采精能力差的公猪；严重传染病或明显病态的公猪。由于弱仔和残次仔猪体质差，生命力脆弱，增加了管理难度，成活率低，造成母猪繁殖资源与饲料资源严重浪费。弱仔即 60 日龄前其体重明显低于周期正常仔猪的个体。一般弱仔界定为出生体重低于 1.0 千克的猪只，该部分仔猪在人工的精心照料下可以成活，但其资源的浪费与存在的疾病风险往往大于自身存在的价值。残次仔猪一般是生长缓慢、体重不合格者，严重的外伤，关节肿大，皮肤溃烂，运动障碍者；严重呼吸困难，顽固腹泻，高热不退，久治不愈的猪只。

其二，直接饲料浪费。饲料成本占养猪成本的 70%~80%，规模化猪场一般都使用全价料，在最大程度上保证了合理的营养水平，正确的加工工艺。但是，猪场在全价成品料的使用和贮存过程中，往往会导致一些不必要的损失，这对微利时代的现代养猪生产会造成饲料浪费。其表现主要在 3 个方面。一是成品料贮存过程中的浪费。第一是饲料过期，一次性购进饲料过多，或者管理人员对一线饲料存放间管理疏忽（没有做到"先进先出"），导致饲料存放时间过长，维生素或功能性物质的活性和效价降低。第二是潮湿季节，由于存放不当，导致饲料发霉。由于管理不善，紧贴饲料间墙壁和地面存放，雨天和潮湿季节，地面湿度过大，或屋顶和墙壁渗水，导致饲料发霉变质，影响其品质和适口性。第三是被老鼠吃掉。一线饲料间密封性不好，或者猪场长期未做灭鼠工作，大量老鼠繁殖，造成饲料浪费。据统计，一只老鼠在粮仓停留 1 年，可以吃掉 12 千克的粮食。二是饲喂过程中的浪费。由于设计上的失误，或者管理人员引导和监管不到位，在投料过程中，饲养员或不懂、或偷懒、或无意识的造成饲料浪费。其主要表现在 3 个方面。第 1 个是不熟悉猪只生理需求，导致浪费。该项容易出现在后备猪和怀孕猪饲养阶段，属于猪场管理人员错误，没有将标准的阶段饲喂量传达至一线饲养人员。后备猪阶段，没有采取 90 千克左右至配种前 2 周限饲的方法，一方面导致饲料浪费，另一方面由于后备猪过肥影响发情配种。怀孕猪阶段容易忽略配种后 30 天左右的饲喂量，由于断奶掉膘严重，容易造成要多喂催肥的假象，饲喂量过大，由于食增热效应，会导致饲料浪费和母猪隐性流产。第 2 个是一次性投料过多，导致浪费。一次投料多，容易出现在产房和保育舍，属于一线饲养人员的失误，主要想减少劳动量。产房母猪的铸铁料槽，若每次投料偏多，很容易被母猪拱出槽外，常常能看到产床下面铺满一层饲料。保育舍每次投料多，不符合仔猪"少量多餐"的饲喂原则，还会由于仔猪玩耍或打斗，造成饲料浪费。第 3 个是料槽不够长或槽位不够。属于设计上的失误，容易出现在配种舍大栏和生长育肥舍。由于料槽设计长度不够，有些饲养员将饲料撒在地上供猪采食，一方面造成饲料的浪费，另一方面长期有饲料剩余在地面，容易发霉，影响猪只生产性能。

其三，药物、疫苗浪费。主要表现：一是抗生素使用不科学。有些猪场过渡保健预防疾病，大量使用抗生素。该项最容易出现在保育舍。仔猪机体抵抗力较低，很容易出现管理型疾病，例如，由于气候转变、转群或换料引起腹泻、呼吸道疾病等，一旦出现疾病，就长期大量使用抗生素做全群保健，由于仔猪肠道羸弱，很容易破坏肠道绒毛和微生物群，不但抗生素浪费，还影响仔猪肠道的正常消化吸收功能。此外，多种抗生素配伍使用，容易出现在各个猪只阶段。某个季节或某个生长阶段是2~3种疾病的高发阶段，猪场兽医没有根据猪群的实际状况采取针对性的保健，而是全面撒网，使用的保健药方覆盖各种疾病，很容易由于不了解各种抗生素之间的相互作用，导致药效拮抗，从而引起浪费。二是计划不周，药物过期浪费，这与饲料过期属于同一类型的浪费。由于生产一线饲养人员没有做到"先进先出"，导致部分药物和疫苗在生产线存放时间过长，超出其有效期而浪费。三是贮存不当，药物、疫苗失效，其表现第1个是疫苗稀释后，有效期内未使用完毕。比较容易出现在仔猪免疫和超前免疫的操作过程中。种猪免疫时，由于使用量比较大，一般疫苗稀释后，都能够及时使用。但是仔猪，特别是产房仔猪，由于每个单元的分娩周期一般为5~7天，所以在疫苗注射时，由于分娩头数的限制，疫苗稀释后不可能在有效期内使用完毕，弃之，则浪费，继续使用，效果很难保证。第2个是消毒药保存不当。部分避光保存型消毒药，由于兽医不注意，在室外配制消毒水后，随意丢在旁边，长时间遭阳光暴晒而导致失效。第三个是保健型药物的保存不当。为了猪群保健和调节肠道生理，很多猪场使用了大量的微生态制剂、维生素类的保健用品，一次没有使用完的随手丢放，没有将其密封保存，容易失效或潮解结块，形成浪费。四是消毒药的使用浪费。容易出现2种错误：配制时浓度太随意和室外消毒使用避光保存型的消毒药。每一种消毒药都有其使用的最佳浓度。而在生产一线的饲养人员，甚至猪场兽医技术人员，都不了解和熟悉其性能，配制时毫无浓度观念，随意性较大，浓度太低，无效，浓度过高，则浪费。猪场使用的部分消毒药是属于避光保存型药物，由于一线饲养人员不熟悉，将其用来室外脚踏桶、手洗盆或舍外环境消毒，那么经阳光照射，消毒药就失效。五是饮水加药系统不干净造成的浪费。出于猪群健康状况需要（病猪群采食量下降，需通过饮水来投药），或者操作上的方便，有时猪场兽医会采取饮水加药的方式，很多猪场也配有专门的饮水加药系统。由于监管不到位，饲养员偷懒，对饮水加药系统从未做过检查和清洁，长期会形成污垢或发臭，即使再好的抗生素，投进去都是一种浪费。

其四，水、电等浪费。主要表现在一是生产水、电浪费。第1个是由于设备维修不及时造成的浪费。许多规模化猪场都使用乳头饮水器，由于管理疏忽，对于损坏的饮水器没有及时维修，导致长期漏水，形成浪费。第2个是某些设备操作上的失误。主要出现在产房和其他猪舍。很多猪场产房夏季降温，除了使用风扇和抽风机以外，还配备有滴水降温系统，由于不注意，很多饲养人员将滴水降温系统使用为"流水降温"，效果一样，但是浪费严重。另外对饮水器水压调节不当，水压过大，猪只饮水时，造成很大浪费，且导致舍内湿度大。第3个是冲水不当导致浪费，容易出现在配种妊娠舍和生长育肥舍。出于卫生需要，配种妊娠舍和生长育肥舍需要不定期冲栏，正常冲栏顺序应该是先刮猪粪，然后再进行冲栏。但是由于饲养员偷懒，不刮猪粪而直接冲栏，会形成大量的水源浪费，且增加环境污染压力。第四个是用电浪费，容易出现在换季阶段。在冬季和夏季都会有比较强的防寒保暖或防暑降温意识，用电需求属于合理的范围。但是在换季阶段，由于管理疏忽会出现彻夜开风机，或者白天中午一直开保温灯的现象，会形成过度降温或过度保温的现象，不但造成浪费，还会导致管理型疾病。二是人用水、电浪费。主要体现在猪场生活区的各种人为的水电浪费。

② 从管理入手，减少浪费。主要抓好以下几个方面的措施，一是做好种猪引进计划，优化种猪群，减少"猪型"浪费。生产要注意的是，随母猪胎龄的增长，窝产子数增加，同时弱仔、死胎也会增多，母猪泌乳能力在第6胎以后呈下降趋势。当第6~8胎及8胎以上

母猪比例超过24%时，第6、7胎的母猪超过20%时，弱仔会增多，且后期生长速度缓慢，料肉比增高。因此，要做好种猪的淘汰更新计划，以保证种猪群的合理胎龄结构，避免由于种猪不良而造成的间接损失，从而达到最优生产力和利润空间。二是对生产力低下和隐性带毒的种猪，以及弱仔猪坚决淘汰处理，不允许兽医治疗。生产实践已证实，在兽医治疗中，所使用的药物会超过某种猪的价值，因此治疗费用也是一个浪费。弱仔猪同样，再好的饲养也是僵猪的结果，其饲养费用也是一个浪费。因此，对饲养无效的猪要坚决淘汰处理，一减少了浪费，二净化了猪场。三是从管理层入手，树立节约思想，减少"人为型"浪费。要想最大程度减少浪费，必须从管理层入手，在猪场内部打造一种"节约"的氛围。首先，全场管理干部深入生产一线，将生产中所存在的漏洞及问题一一列出，讨论出相应的对策，其次，要不定期召开全场动员大会，让"节约"观念深入员工内部，以形成一种"势"；再次，基层干部不断对生产一线所存在的浪费问题进行监督，督促员工认真整改，必要时可采取惩罚措施，以最终达到"节约"的目的。最后，切实实行规范化管理，加强细节操作，减少"生产型"浪费。规范化管理旨在规范猪场岗位配置、各项规章制度、生产流程等，加强理论及现场培训，提高员工技能和综合素质，从而达到规范生产操作，提高生产成绩，降低生产费用的目的。

（7）搞好会计核算　猪场的财务管理工作是不亚于生产管理的一项重要工作，而会计又是财务管理的重中之重。会计核算是猪场生产经营分析的重要环节，猪场生产经营最终结果都通过会计核算方法得来。因此，会计账簿记录和会计报表，具体体现了猪场的账务管理的程度。猪场不论规模大小，都需要运用专门的会计核算方法，包括设置会计账目和账户、复式记账、填制和审核凭证登记、账簿、成本计算、财产清查、编制会计报表。会计核算的各种方法是一个相互联系、密切配合的完整的方法体系。对于猪场日常发生的业务，首先要取得或填制合法的原始凭证；然后，按照规定的会计科目，对经济业务进行分类，用复式记账的方法编制记账凭证，根据记账凭证，登记有关的总分类账簿和明细分类账簿；对于生产经营过程中发生的各项费用，适用成本计算方法，计算各成本对象的实际成本；对于账簿记录，要通过定期或不定期的财产清查进行核实，以保证账实相符；最后在保证账实相符的基础上，根据账簿记录定期编制会计报表。会计核算的这几种方法不断地反复运用，就形成了会计循环。猪场如能达到规范的会计核算，可促进生产经营水平的提高。这也是猪场间接提高养殖经济效益的一个重要手段。

（三）减少固定成本

固定成本也称固定费用，是指猪产品产量或存栏量在一定幅度内变动时，并不随之增减变动而保持相对稳定的那部分成本。如猪场人员的工资、固定资产折旧费、修理费、办公费等。可见，固定费用项目实质上是与猪场生产量大小无关或关系很小的费用项目。其特点是一定规模的猪场随着生产量的提高，由固定费用形成的成本显著降低，从而降低了生产总成本，这就是猪场的规模效应，也是投资者兴办规模化猪场所要达到的最终目的。因此，为了扩大目标利润，必须降低固定成本。

参考文献

[1] 印遇龙, 阳成波, 敖志刚. 猪营养需要（2012, 第十一次修订版）[M]. 北京：科学出版社, 2014.

[2] 赵书广. 中国养猪大成（第二版）[M]. 北京：中国农业出版社, 2013.

[3] 陈清明, 王连纯. 现代养猪生产 [M]. 北京：中国农业大学出版社, 1997.

[4] 杨凤. 动物营养学（第二版）[M]. 北京：中国农业出版社, 2002.

[5] 刘庆华, 李琰. 饲料生产与应用技术 [M]. 北京：化学工业出版社, 2011.

[6] 修金生. 标准化猪场设计与管理 [M]. 福州：福州科学技术出版社, 2012.

[7] 钟正泽, 刘作华, 王金勇. 高产母猪健康养殖新技术 [M]. 北京：化学工业出版社, 2013.

[8] 魏庆信等. 怎样提高规模猪场繁殖效率 [M]. 北京：金盾出版社, 2010.

[9] 朱兴贵. 实用养猪技术 [M]. 北京：化学工业出版社, 2013.

[10] 张沅. 家畜育种学 [M]. 北京：中国农业出版社, 2001.

[11] 任智慧, 刘长富. 对当前扶持我国养猪业发展对策的探讨 [J]. 养猪, 2009（6）：4-5.

[12] 张振武, 刘志华. 我国养猪业实行"三不三要"才能健康发展 [J]. 养猪, 2009（2）：3-6.

[13] 冯永辉. 解析中国生猪养殖模式变化趋势 [J]. 饲料博览, 2010（2）：48-51.

[14] 陈影. 影响我国生猪产业可持续发展的相关因素分析与对策 [J]. 猪业科学, 2008（5）：56-58.

[15] 王林云. 发展中国养猪业要有理念上的创新 [J]. 猪业科学, 2008（9）：60-61.

[16] 张振武, 刘志华. 我国养猪业要调结构更要转变发展方式 [J]. 养猪, 2010（1）：2-5.

[17] 由建勋, 任相全, 陈留彬·诸城猪业集约与分散协同生态化循环发展模式研究 [J]. 养猪, 2011
（4）：57-59.

[18] 王楚端. 中国的养猪产业化经营 30 年 [J]. 猪业科学, 2008（8）：106-107.

[19] 王航. 现代农业的发展之路 [J]. 中国饲料, 2012（21）：1-4.

[20] 黄健, 姚焰础等. 中国生猪产业价值链分析 [J]. 养猪, 2012（2）：65-67.

[21] 贾云, 尹景羽. 外资进逼中国猪业 [J]. 中国猪业, 2008（8）：4-9.

[22] 刘志颐, 张弦. 国外现代畜牧业发展趋势及启示 [J]. 中国饲料, 2014（20）：37-42.

[23] 吴君, 赵晓. 中国未来畜牧业的发展方向 [J]. 兽医导刊, 2011（12）：4-7.

[24] 张保良. 规模化猪场技术管理概论 [J]. 养猪, 2011（2）：38-40.

[25] 孔德胜, 章熙霞. 规模化猪场的周间管理 [J]. 猪业科学, 2008（2）：70-71.

[26] 勇仲根 . 根据猪场的生产条件采取适宜的经营管理机制 [J]. 养猪,2011(3):38-40.

[27] 何书贵,初晓红 . 规模化猪场的出路何在 [J]. 中国畜牧业,2011(18):88-89.

[28] 卢绪峰 . 规模化猪场管理理念的创新 [J]. 猪业科学,2008(3):86-89.

[29] William Close（科次沃尔德国际公司的营养顾问）. 养猪获利的关键 [J]. 养猪进展,2003(1):20-22.

[30] 代广军 . 在猪价低迷的形势下规模猪场的生产与经营策略 [J]. 养猪,2009(1):38-40.

[31] 刘欣,王道坤 . 养殖户需具备的六个现代畜牧业管理理念 [J]. 中国畜牧业,2012(16):94-96.

[32] 柳东阳译 . 美国兽医职业概述 [J]. 猪业科学,2010(1):24-25.

[33] 邓志欢,梁书颖等 . 养猪企业标准体系研究初报 [J]. 养猪,2009(3):33-36.

[34] 李良华,宋忠旭等 . 湖北省中小型猪场技术不足与改进建议 [J]. 湖北养猪,2010(4):98-100.

[35] 张寿慧,王爱清,胡成波等 . 中型猪场的成本核算与效益分析 [J]. 养猪,2011(5):69-72.

[36] 王爱清,胡成波等 . 猪场记录与报表制度的建立与执行 [J]. 养猪,2012(5):73-78.

[37] 吴荣杰 . 规模化猪场成本核算探讨 [J]. 养猪,2014(2):65-70.

[38] 潘耀荣 . 养猪生产流程及各生产阶段的饲养管理技术要点 [J]. 中国猪业,2008,(10):43-45;2008(11):46-49.

[39] 余德谦 . 猪场人员管理之我见 [J]. 猪业科学,2010(2):48-49.

[40] 陈银开 . 规模化猪场关键绩效指标 [J]. 养猪,2006(3):51-53.

[41] 李玉杰,韩绍飞等 . 规模化猪场效绩定量化管理办法初探 [J]. 养猪,2009(2):49-50.

[42] 张金辉 . 透视猪场管理 [J]. 猪业科学,2008(2):47-48.

[43] 吴同山 . 四议猪场管理存在的误区 [J]. 养猪,2014(3):87-88.

[44] 胡成波 . 中小型猪场存在的若干问题及改进建议 [J]. 养猪,2010(6):41-47.

[45] 曾勇庆 . 猪遗传改良的策略与发展趋势 [J]. 养猪,2009(2):30-32.

[46] 燕富永,肖淑华等 . 母猪高产与营养模式 [J]. 猪业科学,2010(7):65-68.

[47] 付娟林,钱凤光等 . 现代瘦肉型母猪的特点与饲喂策略 [J]. 养猪,2009(2):17-19.

[48] 李莹莹,赴武等 . 猪繁殖障碍性疾病的主要发生原因与防治对策 [J]. 养猪,2014(2):124-125.

[49] 彭中致,樊斌等 . 母猪年生产力及遗传改良 [J]. 养猪,2010(6):37-40.

[50] 季文彦 . 猪场基础数据统计工作的重要性 [J]. 养猪,2011(2):14-16.

[51] 申祥科,钟运武 . 控制母猪繁殖障碍,提高猪场生产效率 [J]. 湖北养猪,2009(2):21-24.

[52] 张江涛 . 提高母猪配种率应注意的细节 [J]. 猪业科学,2008(7):41-42.

[53] 刘自逵,罗柏荣 . 中国7省部分规模猪场母猪繁殖状况调查 [J]. 养猪,2010(5):65-68.

[54] 曾勇庆 . 母猪的细化管理与年生产力（PSY）提高的策略 [J]. 养猪,2011(6):20-22.

[55] 柴静国 . 提高规模化猪场母猪繁殖生产力的主要技术措施 [J]. 湖北养猪,2010(4):82-83.

[56] 周学利,陶立等 . 提高母猪生产能力的综合措施 [J]. 中国畜牧杂志,2012(10):57-60,

[57] 傅衍 . 国外母猪的繁殖性能及年生产力水平 [J]. 猪业科学,2010(3):32-34.

[58] 池永哲 . 母猪营养与饲养系统概念 [J]. 猪业科学,2010(3):38-40.

[59] 李文军,黄若涵 . 多点式生产工艺在养猪生产中的应用 [J]. 猪业科学,2010(10):104-106.

[60] 阵景全 . 关于规模猪场栏位结构及栏位饲养量的探讨 [J]. 养猪,2011(6):69-72.

[61] 胡成波 . 满足现代养猪康乐需要的猪舍建设研究与应用 [J]. 养猪,2008:21-25.

[62] 李凯年,孟丹等 . 猪的动物福利问题及其背后的科学 [J]. 猪业科学,2010(10):100-103.

[63] 顾宪红 . 动物福利和畜禽健康养殖概述 [J]. 家畜生态学报,2011(6):1-5.

[64] 张永泰.减轻热应激对猪群影响的饲养管理对策 [J].养猪,2012（4）:33-36.

[65] 朱尚雄,李锦钰.正确评估工厂化养猪 [J].养猪,2003（5）:41-42.

[66] 丁山河,刘远丰.猪场生产工艺设计 [J].湖北养猪,2010（4）:154-156.

[67] 陶传章,邱怀文等.猪舍建筑设计关键技术 [J].养猪,2008（4）:37-39.

[68] 王均良,王忙生,贾青.养殖业污染现状概述 [J].湖北畜牧兽医,2013（2）:71-74.

[69] 边连全.畜牧业要走生态农业之路 [J].湖北养猪,2010（1）:6-7.

[70] 汪嘉燮.议我国养猪业的生态理性化发展 [J].湖北养猪,2008（2）:8-12.

[71] 肖有恩,伍少钦,李玉姿.新式环境调控猪舍与传统猪舍养猪效率分析 [J].养猪,2014（3）:81-82.

[72] 问鑫,高凤仙.规模猪场恶臭气体的排放与控制措施 [J].养猪,2014（2）:73-76.

[73] 张荣波,许炳林,李焕烈.对我国现代化养猪新工艺、新设计及新设备的探讨 [J].养殖与饲料,2005（4）:26-29.

[74] 张吉萍,魏荣贵,薛明.智能化母猪群养管理系统 - 母猪饲养中的数字化技术 [J].猪业科学,2010（6）:94-95.

[75] 乔春生.丹麦猪产业发展情况分析 [J].养猪,2011（4）:124-128.

[76] 刘炜,闫之春.美国的设施化养猪生产 [J].养猪,2011（5）:76-77.

[77] 张树敏,成体鸽.美国养猪业的发展对我们的启示 [J].猪业科学,2008（9）:20-21.

[78] 胡成波.赴瑞典考察养猪业的见闻与收获 [J].养猪,2011（2）:3-4.

[79] 吴买生,印遇龙等.加拿大养猪业考察报告 [J].猪业科学,2008（2）:18-20.

[80] 张荣波,李焕烈.我国养猪机械设备发展概况、方向及前景 [J].养猪,2011（1）:49-53.

[81] 李永辉.智能化养猪模式在中国养猪业的应用 [J].猪业科学,2010（9）:42-43.

[82] 祝胜林,吴同山,张守全.种母猪群养信息化关键技术研究 [J].猪业科学,2010（9）:38-39.

[83] 张勇.荷兰养猪业的感受与思考 [J].猪业科学,2010（11）:20-22.

[84] 叶娜,黄川.荷兰 Velos 智能化母猪饲养管理系统在国内猪场的应用 [J].养猪,2009（2）:41-42.

[85] 黄瑞林,李焕烈.现代化养猪设备在猪场中的应用 [J].养猪,2012（4）:75-78.

[86] 吴中红,王新谋.母猪舍建设与环境控制 [J].猪业科学,2010（3）:48-50.

[87] 谢萍,赵彦光等.养猪场排污情况监测研究 [J].养猪,2009（3）:30-32.

[88] 王琴,孟现成等.微生物发酵床养猪技术研究进展 [J].养殖与饲料,2014（7）:18-19.

[89] 周学利,吴锐锐等.发酵床养猪模式中猪肠道与垫料间的菌群相关性分析 [J].家畜生态学报,2014,35（2）:72-74.

[90] 帅起义,邓昌彦等.生物发酵床自然养猪技术养猪效果的试验报告 [J].养猪,2008（5）:27-29.

[91] 郑学斌,戴永平,王池丽等.微生态制剂在仔猪生产中的应用研究进展 [J].养猪,2012（5）:39-40.

[92] 袁玖,姚军虎.谷氨酰胺的生物学动能及其在断奶仔猪中的应用 [J].饲料工业,2005,26（8）:8-11.

[93] 李凯年,孟丹等.当前对仔猪营养的认识与研究进展 [J].猪业科学,2010（8）:67-69.

[94] 姚德新,张芳荣,黄霞.肉品污染与防治措施 [J].湖北畜牧兽医,2014,35（2）:56-57.

[95] 杜雪晴,廖新俤.有机废弃物好氧堆肥系统中氨氧化微生物的研究进展 [J].家畜生态学报,2014,35（9）:1-5.

[96] 万遂如. 发展生态养猪的几个技术问题 [J]. 湖北养猪, 2015, 11 (2): 3-9.

[97] 帅军波, 罗海波. 猪场成本控制 [J]. 湖北养猪, 2014, 10 (4): 42-43.

[98] 吴荣杰, 孙晓燕. 规模化猪场生产统计体系建设和数据分析利用 [J]. 养猪, 2014 (6): 81-86.

[99] 喻传洲. 中国养猪业将面临激烈竞争 [J]. 湖北养猪, 2014, 10 (2): 1-3.

[100] 秦中春. 我国生猪市场调控的局限与对策选择 [J]. 中国畜牧杂志, 2014, 50 (12): 3-9.

[101] 刘晓辉, 刘刚等. 小麦替代玉米在猪饲粮中的应用 [J]. 养猪, 2012 (2): 9-11.

[102] 鲁志. 猪低蛋白质饲粮的研究进展 [J]. 养猪, 2012 (2): 12-14.

[103] 张乃锋. 养猪实践中低蛋白日粮配制的若干技术问题 [J]. 猪业科学, 2010 (5): 40-42.

[104] 王晶, 季海峰等. 益生菌与寡糖的配伍及在猪生产中的研究应用现状 [J]. 中国畜牧杂志, 2013, 49 (23): 83-86.

[105] 高开国, 蒋宗勇等. 精氨酸在我国妊娠母猪饲料中应用情况初步调查 [J]. 中国畜牧杂志, 2014, 50 (22): 78-80.

[106] 谢祥, 赴锋. 生猪养殖场饲料转化率低的原因及解决对策 [J]. 中国畜牧杂志, 2012, 48 (6): 65-66.

[107] 刑新建, 王永杰等. 酵母蛋白粉与血浆蛋白粉在乳仔猪日粮中应用效果的研究 [J]. 中国畜牧杂志, 2012, 48 (17): 45-47.

[108] 齐德生. 生猪生产中的饲料安全问题 [J]. 湖北养猪, 2008, 4 (2): 49-53.

[109] 黄香文, 张双义. 猪饲料中杂饼 (粕) 的合理利用 [J]. 饲料工业, 2006, 27 (15): 44-46.

[110] 韩娟, 江栋材等. 茶多酚的生物学功能及其在猪生产中的应用 [J]. 中国饲料, 2014 (8): 27-30.

[111] 段晨磊, 李文立等. 降低畜禽排泄物污染的技术措施 [J]. 中国饲料, 2014 (8): 38-40.

[112] 郭首龙. 畜禽粪便污染环境的原因分析及防治对策 [J]. 湖北畜牧兽医, 2013, 34 (11): 79-80.

[113] 鲁志勇, 聂昌林等. 酵母硒在猪生产中的研究进展 [J]. 中国饲料, 2013 (6): 29-31.

[114] 晏家友. 生物饲料在养猪生产中的应用 [J]. 养猪, 2012 (5): 19-20.

[115] 唐春艳, 齐德生. 降低畜产公害的营养调控 [J]. 饲料研究, 2005 (12): 47-49.

[116] 刘瑞生. 营养调控措施缓解夏季猪热应激研究进展 [J]. 养猪, 2014 (3): 11-16.

[117] 温俊, 孙笑非. 微生态制剂的优势及在使用中的误区 [J]. 饲料研究, 2010 (5): 71-72.

[118] 曹礼华, 沈赞明, 江善祥. 营养因素对动物免疫功能的影响 [J]. 饲料研究, 2010 (8): 27-31.

[119] 易中华, 彭莉. 饲料中霉菌毒素对动物免疫功能的影响 [J]. 饲料工业, 2010, 31 (5): 43-46.

[120] 王黎文. 美国DDGS质量安全和使用技术浅析 [J]. 中国畜牧业, 2012 (16): 56-59.

[121] 罗钧秋, 曹中明, 陈代文等. 蛋白质营养研究新阶段 [J] 中国畜牧杂志, 2010, 48 (13): 73-75.

[122] 李世传, 王勇飞, 赴艳平. 膨化豆粕在饲料中的应用 [J]. 中国饲料, 2014 (19): 5-6.

[123] 唐森, 李军生等. 鱼粉新鲜度评价方法的研究进展 [J]. 中国饲料, 2014 (24): 13-15.

[124] 于长江, 闫冬梅等. 饲料配合中最佳经济效益营养浓度的选择方法 [J]. 中国饲料, 2014 (8): 22-23.

[125] 张珍珍, 杨卫军. "瘦肉精" 的危害及检测方法 [J]. 兽医导刊, 2012 (5): 61-62.

[126] 郭万正, 魏金涛等. 膨化双低菜籽对猪营养价值的研究 [J]. 养猪, 2011 (5): 7-8.

[127] 敖志刚. 玉米DDGS在猪日粮中的应用 [J]. 养猪, 2008 (4): 5-7.

[128] 刘凤华, 李光玉等. 三聚氰胺的危害及其在饲料中的检测方法 [J]. 饲料博览, 2009 (5): 27-28.

[129] 晏家友, 贾刚. 玉米蛋白粉的营养价值及其应用概况 [J]. 饲料工业, 2009, 30 (15): 53-55.

[130] 钟荣珍, 房义. 糟渣类饲料的开发现状和在动物生产中的应用 [J]. 饲料工业, 31 (1): 44-48.

[131] 马永喜, 熊凌. 猪场选择使用乳制品的几个问题 [J]. 猪业科学, 2008 (3): 40-41.

[132] 詹黎明, 郭吉余, 吴德. 乳清浓缩蛋白在仔猪生产中的应用及作用机制研究进展 [J]. 养猪, 2012

（5）：14-16.

[133] 高玉云，蒋宗　.血浆蛋白粉对仔猪的作用机理研究进展 [J].饲料工业，2009，30（16）：35-38.

[134] 魏金涛，齐德生.有生物活性的饲料添加剂 [J].兽药与饲料添加剂，2005，10（5）：17-20.

[135] 张卉，刘芳等.分子生物学在动物营养上的应用 [J].饲料博览，2009（3）：4-6.

[136] 王军，龚月生等.转基因作物及其在畜禽饲料中的应用安全性研究进展 [J].中国饲料，2006（9）：7-9.

[137] 蒋宗勇，王丽等.北欧禁用抗生素的实践对我国养猪业的启示 [J].养猪，2012（3）：9-13.

[138] 万遂如.养猪生产中要大力控制抗生素的使用 [J].养猪，2014（2）：117-120.

[139] 刘瑞生，吕永锋，张洪波.有效微生物群及其在养猪业上的研究与应用进展 [J].养猪，2012（1）：17-21.

[140] 贾涛.生猪养殖中复合微生态制剂的应用效果 [J].猪业科学，2010（3）：74-79.

[141] 朱丹，张佩华等.益生菌在生猪生产上的应用研究进展 [J].2014（3）：17-19.

[142] 候璐，季海峰等.益生菌的作用机理及其在养猪生产中的应用 [J].猪业科学，2010（4）：62-64.

[143] 王学军，李彪，戴晋军.活性干酵母在养猪中的应用 [J].养猪，2009（4）：9-10.

[144] 王延周，齐德生.高剂量微量元素的公共卫生 [J].饲料工业，2001，22（12）：30-32.

[145] 齐德生，于炎湖等.膨润土在饲料生产中的应用及存在的问题 [J].饲料工业，2002，23（4）：25-27.

[146] 何学军，齐德生.大豆异黄酮的营养生理功能研究进展 [J].兽药与饲料添加剂，2006，11（2）：23-25.

[147] 刘瑞生，张洪波，王必慧.有机微量元素在养猪业上的研究与应用概况 [J].养猪，2011（4）：12-15.

[148] 吴信，印遇龙等.国内外微量元素氨基酸螯合物的应用研究进展 [J].猪业科学，2008（3）：68-70.

[149] 查龙应，许梓荣，王敏奇.纳米技术在饲料行业中应用的研究进展 [J].饲料工业，2006，27（5）：54-57.

[150] 李学伟，陈磊.猪肉品质的遗传改良 [J].湖北养猪，2008，4（2）：109-113.

[151] 赴克斌.提高生长育肥猪饲料转化效率降低饲料成本的策略 [J].猪业科学，2008（1）：60-63.

[152] 喻传洲.在商品肥猪的生产中如何选择杂交亲本 [J].养殖与饲料，2004（8）：27-28.

[153] 喻传洲，李文献.三品五元杂交商品猪配套系之构想 [J].猪业科学，2010（10）：88-89.

[154] 胡成波.我养生长肥育猪"六十字经" [J].养猪，2012（5）：51-53.

[155] 刘康华，陈磊，冷和平.降低肉猪料重比的饲喂新方法效果验证试验 [J].养猪，2009（3）：23-24.

[156] 冯立志，樊哲炎，付中明.掌握适当的采食量能提高猪的生产性能和经济效益 [J].养猪，2009（2）：9-10.

[157] 欧伟业.肥育猪慢性消耗性疾病的危害与防控 [J].养猪，2010（1）：22-24.

[158] 刘小红，赴云翔，薛永柱等.规模化种猪育种与生产数字化管理体系建设及案例分析（V）：种母猪选育与监控 [J].中国畜牧杂志，2014，50（16）：58-66.

[159] 张伟力，薛玮玮.论中国品牌猪肉产业战略格局的创建 [J].养猪，2014（1）：3-8.

[160] 宋海彬，赴国先等.饲料营养与肉品质 [J].饲料博览，2007（9）：30-33.